Handbuch für den Bausachverständigen

Staudt · Seibel (Hrsg.)

Handbuch für den Bausachverständigen

- Rechtliche und technische Informationen für die tägliche Arbeit
- mit vielen Arbeitshilfen

mit CD-ROM

3. Auflage

herausgegeben von
Dipl.-Ing. (FH) Michael Staudt, Architekt, Hollfeld und
Dr. iur. Mark Seibel, Richter am Oberlandesgericht Hamm, Siegen

bearbeitet von
Dipl.-Ing. Dieter Ansorge, Dipl.-Ing. Arno Bidmon, Dr. Peter Bleutge,
Professor Dr. Antje Boldt, Christian Fichtl, Benjamin Gartz, Professor Dr. Gerd Motzke,
Dipl.-Ing. Jens Richter, Axel Rickert, Dipl.-Ing. (FH) Stephan Schwarzmann,
Dr. iur. Mark Seibel, Dipl.-Ing. (FH) Werner Seifert, Dipl.-Ing. (FH) Michael Staudt,
Dr. iur. Rolf Theißen, Dipl.-Ing. Helge-Lorenz Ubbelohde, Dr. Mark von Wietersheim,
Oliver Wirth, Dr. Ing. habil. Stefan Wirth

Bibliografische Information der Deutschen Nationalbibliothek

Die Deutsche Nationalbibliothek verzeichnet diese Publikation in der Deutschen Nationalbibliografie; detaillierte bibliografische Daten sind im Internet über: http://dnb.d-nb.de abrufbar.

Alle Rechte vorbehalten.
Auch die fotomechanische Vervielfältigung des Werkes (Fotokopie/Mikrokopie/ Einspeicherung und Verarbeitung in elektronischen Systemen) oder von Teilen daraus bedarf der vorherigen Zustimmung des Verlages.

ISBN 978-3-8462-0192-3
© **2014 Bundesanzeiger Verlag GmbH**
Amsterdamer Straße 192, 50735 Köln
Telefon (0221) 9 76 68-306
Telefax (0221) 9 76 68-236
E-Mail: bau-immobilien@bundesanzeiger.de
www.bundesanzeiger-verlag.de/bau

ISBN 978-3-8167-8937-6
Fraunhofer IRB Verlag, 2014
Fraunhofer-Informationszentrum Raum und Bau IRB
Nobelstraße 12, 70569 Stuttgart
Telefon (0711) 9 70-25 00
Telefax (0711) 9 70-25 08
E-Mail: irb@irb.fraunhofer.de
www.baufachinformation.de

Herstellung: Günter Fabritius

Umschlagabbildung: © Johannes Rousseau/Shotshop.com

Satz: starke+partner, Willich

Druck: Digital Print Group, Nürnberg

Printed in Germany

*Um an die Quelle zu kommen,
muss man gegen den Strom schwimmen.*

(chinesisches Sprichwort)

Vorwort

Auch die zweite Auflage dieses Handbuchs ist von den Lesern erfreulich gut angenommen worden, so dass sich der Verlag und die Herausgeber dazu entschlossen haben, an dieser Informationsgrundlage für Bausachverständige weiter zu arbeiten und eine dritte Auflage zu erstellen.

Die Neuauflage dieses Standardwerks für Bausachverständige aktualisiert und ergänzt die Vorauflagen. Dabei war es nicht nur notwendig, die bisherigen Kapitel zu überarbeiten und den aktuellen Anforderungen anzupassen, sondern auch neue Kapitel aufzunehmen, wodurch der Informationsgehalt des Handbuchs erneut vergrößert werden konnte. Hervorzuheben sind die Aktualisierungen der Kapitel zum Berufsrecht, zur Vergütung, zu den technischen Möglichkeiten bei der Schadensermittlung sowie zum Problem der Bauteilöffnung. Neu sind z.B. die Beiträge zur Berufshaftpflichtversicherung des Sachverständigen, zur Aktualität technischer Regelwerke und deren Bedeutung für die Gutachtenerstattung, zur Leitung der Sachverständigentätigkeit durch das Gericht (Schwerpunkt: Probleme bei der Zusammenarbeit zwischen Gerichten und Sachverständigen sowie Darstellung von Lösungsmöglichkeiten) und zur Bedeutung der „allgemein anerkannten Regeln der Technik" für die Baumangelbeurteilung.

Neu ist auch die Anordnung der Kapitel, die den Lesern eine noch größere Stringenz als bisher bietet. Bei der Abfassung der einzelnen Beiträge ist zudem darauf geachtet worden, die Fülle der Informationen so aufzuarbeiten, dass das Handbuch einerseits als Nachschlagewerk, andererseits aber auch als Fachbuch dient. Es wurde von allen Autoren die Zielsetzung beherzigt, ein Fachbuch zu präsentieren, das vielseitig verwendet werden kann und über die angesprochene Berufsgruppe hinaus verständliche Erklärungen zur Tätigkeit eines Bausachverständigen liefert. Dieses Ziel gilt es gerade bei der unvermeidbaren und wichtigen Zusammenarbeit von Juristen und Sachverständigen immer im Auge zu behalten, weil ansonsten die Gefahr von Missverständnissen besteht.

Das Werk soll sowohl dem Sachverständigenanwärter und dem Neuling als auch dem „alten Hasen" im Sachverständigenwesen dienen, deshalb wurde es von Praktikern für die Praxis geschrieben. Nach wie vor findet der Leser in diesem Handbuch alle benötigten Informationen zu den Anforderungen an ein Sachverständigengutachten, zur Durchführung eines Ortstermins, zur Gutachtenerläuterung vor Gericht, zur Haftung des Sachverständigen, zur Bauabnahme und zu vielen weiteren praxisrelevanten Themen. Mit seinen zahlreichen Praxishinweisen, Mustertexten und Checklisten ist das Handbuch ein unverzichtbares Hilfsmittel für die tägliche Arbeit des Bausachverständigen. Der Buchmarkt bietet zwar viele Einzelwerke zu ähnlichen Themen an, aber keine vergleichbare Erfassung aller Dinge, die den Bausachverständigen bei seiner Arbeit beschäftigen.

Trotz aller Bemühungen der Herausgeber und der Autoren besteht die Erkenntnis, dass bei einem derartigen Umfang von Beiträgen das Handbuch nicht perfekt sein kann. Für weiterführende Anregungen, Hinweise und Kritik sind die Herausgeber den Lesern daher schon jetzt dankbar.

Vorwort

Abschließend möchten sich die Herausgeber bei allen Autoren, dem Verlag und der Lektorin für deren intensive und hilfreiche Mitarbeit bedanken. Es bleibt der Wunsch, in Zukunft eine vierte Auflage des Handbuchs zu schreiben, um dann nicht nur zu aktualisieren, sondern auch weitere Themen aufzunehmen, die in einigen Jahren den Bausachverständigen beschäftigen oder gar plagen werden.

Hollfeld, im November 2013   Karlsruhe/Siegen, im November 2013

Michael Staudt   *Dr. iur. Mark Seibel*
Architekt   Richter am Oberlandesgericht

Inhalt

Abkürzungsverzeichnis		11
Literaturverzeichnis		13
1.	**Berufsrecht für Sachverständige**	21
	Peter Bleutge	
2.	**Anforderungen an ein Gutachten**	41
	Michael Staudt	
3.	**Fehlerquellen bei Gutachten**	53
	Michael Staudt	
4.	**Aktualität technischer Regelwerke und Gutachtenerstattung im Prozess**	57
	Mark Seibel	
5.	**Die gerichtliche Leitung der Sachverständigentätigkeit (§ 404a ZPO)**	65
	Mark Seibel – mit einer Anmerkung von Michael Staudt –	
6.	**Der Ortstermin**	83
	Michael Staudt	
7.	**Hilfsmittel und Werkzeuge**	97
	Michael Staudt	
8.	**Technische Möglichkeiten bei der Schadenermittlung**	103
	Michael Staudt	
9.	**Bauteilöffnung und Bauteilzerstörung**	109
	Mark von Wietersheim	
10.	**Die Beweissicherung**	121
	Michael Staudt	
11.	**Das selbständige Beweisverfahren**	125
	Michael Staudt	
12.	**Die mündliche Gutachtenerläuterung vor Gericht**	129
	Mark Seibel	
13.	**Bauvertragsrecht – Sachmängelhaftung**	145
	Gerd Motzke	
14.	**Die Bedeutung der „allgemein anerkannten Regeln der Technik" für die Baumangelbeurteilung**	197
	Mark Seibel	
15.	**Der Baumangel – der Bauschaden**	215
	Michael Staudt	
16.	**Auswirkung von Baumängeln und Bauschäden auf Mietobjekte und deren Mietwerte**	219
	Michael Staudt	
17.	**Bauabnahme und deren Folgen**	223
	Helge-Lorenz Ubbelohde	

18.	**Darlegungslast, Beweislast und deren Verteilung** *Gerd Motzke*	243
19.	**Die Verjährung von Sachmängelansprüchen** *Gerd Motzke*	267
20.	**Die Insolvenz am Bau – Folgen für die Sachmängelhaftung** *Gerd Motzke*	287
21.	**Vertrags- bzw. Verzugsstrafen** *Gerd Motzke*	311
22.	**Die Einbindung des Sachverständigen bei der Bauwerksplanung** *Dieter Ansorge*	321
23.	**Baubegleitende Qualitätsüberwachung** *Christian Fichtl*	333
24.	**Die Dokumentationspflichten des Sachverständigen bei der Bauwerksabwicklung** *Rolf Theißen*	349
25.	**Die technische Ausstattung von Gebäuden im Blickwinkel des Bausachverständigen** *Stefan Wirth, Oliver Wirth*	359
26.	**Die Statik von Gebäuden und deren kritische Betrachtung** *Jens Richter, Arno Bidmon*	385
27.	**Denkmalschutz** *Michael Staudt*	413
28.	**Arbeitsschutz, Maschinensicherheit, UVV am Bau** *Mark von Wietersheim*	417
29.	**Energiesparendes Bauen nach der Energieeinsparverordnung – EnEV** *Stephan Schwarzmann*	431
30.	**Schiedsgutachten, Schiedsgericht, Mediation, Streitschlichtung** *Axel Rickert*	451
31.	**Adjudikation** *Antje Boldt*	469
32.	**Die Vergütung des gerichtlichen Sachverständigen – das alte und das neue JVEG** *Peter Bleutge*	475
33.	**Honorierung von außergerichtlichen Sachverständigenleistungen** *Werner Seifert*	503
34.	**Die Haftung des Sachverständigen bei privatem Auftrag und bei Gerichtsauftrag** *Peter Bleutge*	551
35.	**Die Haftpflichtversicherung des Sachverständigen** *Benjamin Gartz*	581

36.	**Ablehnung wegen Besorgnis der Befangenheit im Zivilprozess**	589
	Peter Bleutge	
37.	**Strafe muss sein**	603
	Dieter Ansorge	

Herausgeber/Autoren 613

Stichwortverzeichnis 619

Inhalt der CD-ROM:

1. **Rechtsvorschriften**
   BGB (Auszüge)
   ZPO (Auszüge)
   JVEG (Auszüge)
   HOAI 2009
   HOAI 2013
   VOB/B 2006
   VOB/B 2012

2. **Mustertexte für den Bausachverständigen**

3. **Nützliche Adressen aus Wirtschaft, Industrie und Handwerk**

Abkürzungsverzeichnis

a.a.O.	am angegebenen Ort
Abs.	Absatz
AG	Auftraggeber
AGB	Allgemeine Geschäftsbedingungen
ArbSchG	Arbeitsschutzgesetz
B	Beschluss
BauR	Baurecht (Zeitschrift)
BauSV	Der Bausachverständige (Zeitschrift)
BGB	Bürgerliches Gesetzbuch
BGH	Bundesgerichtshof
BGHZ	amtliche Sammlung der Entscheidungen des Bundesgerichtshofs in Zivilsachen
BIS	Der Bau- und Immobiliensachverständige (Zeitschrift)
BR-Drs.	Bundesrats-Drucksache
BRKG	Bundesreisekostengesetz
BuW	Betrieb und Wirtschaft (Zeitschrift)
bzw.	beziehungsweise
DB	Der Betrieb (Zeitschrift)
DIHK	Deutscher Industrie- und Handelskammertag
DS	Der Sachverständige (Zeitschrift)
ff.	fortfolgende
GewA	Gewerbearchiv (Zeitschrift)
GewO	Gewerbeordnung
GSG	Gerätesicherheitsgesetz
GuG	Grundstücksmarkt und Grundstückswert (Zeitschrift)
HandwO	Handwerksordnung
HGB	Handelsgesetzbuch
HOAI	Honorarordnung für Architekten und Ingenieure
HWK	Handwerkskammer
IBR	Immobilien- und Baurecht (Zeitschrift)
IfS	Institut für Sachverständigenwesen
IfS-Informationen	Zeitschrift des IfS
IHK	Industrie- und Handelskammer
InsO	Insolvenzordnung
JurBüro	Juristisches Büro (Zeitschrift)
JVEG	Justizvergütungs- und -entschädigungsgesetz
MDR	Monatsschrift für Deutsches Recht (Zeitschrift)
Muster-SVO	Mustersachverständigenordnung des DIHK
NJW	Neue Juristische Wochenschrift (Zeitschrift)
NJW-RR	NJW Rechtsprechungs-Report (Zeitschrift)
NZBau	Neue Zeitschrift für Baurecht und Vergaberecht
OLG	Oberlandesgericht

PartGG	Partnerschaftsgesellschaftsgesetz
RBerG	Rechtsberatungsgesetz
SGB VII	Sozialgesetzbuch Buch VII (gesetzliche Unfallversicherung)
StGB	Strafgesetzbuch
StPO	Strafprozessordnung
StVZO	Straßenverkehrs-Zulassungs-Ordnung
SV	Sachverständiger
SVO	Sachverständigenordnung
TÜV	Technischer Überwachungsverein
U	Urteil
UrhG	Urheberrechtsgesetz
UWG	Gesetz gegen den Unlauteren Wettbewerb
VersR	Versicherungsrecht
VOB/A	Verdingungsordnung für Bauleistungen; Teil A: Allgemeine Bestimmungen für die Vergabe von Bauleistungen
VOB/B	Verdingungsordnung für Bauleistungen; Teil B: Allgemeine Vertragsbedingungen für die Ausführung von Bauleistungen
VVG	Gesetz über den Versicherungsvertrag (Versicherungsvertragsgesetz)
WM	Wohnungswirtschaft und Mietrecht (Zeitschrift)
z.B.	zum Beispiel
ZfBr	Zeitschrift für deutsches und internationales Baurecht (Zeitschrift)
ZIP	Zeitschrift für Wirtschaftsrecht (Zeitschrift)
ZPO	Zivilprozessordnung
ZSEG	Gesetz über die Entschädigung von Zeugen und Sachverständigen

Literaturverzeichnis

Ansorge, Dieter, Dachdeckungs-, Dachabdichtungs- und Klempnerarbeiten, 2. Auflage (Pfusch am Bau 2), 2005

Ansorge, Dieter, Gebäudeinstandsetzung und -modernisierung (Pfusch am Bau 5), 2006

Ansorge, Dieter, Wärmeschutz, Feuchteschutz, Salzschäden (Pfusch am Bau 4), 2006

Bamberger, Heinz Georg/Roth, Herbert, BGB-Kommentar, 3. Auflage 2012

Bauphysikkalender 2001–2006

Bayerlein, Walter, Praxishandbuch Sachverständigenrecht, 4. Auflage 2008

Bayerlein, Walter, Todsünden des Sachverständigen, 4. Auflage 2006

Bleutge Peter, Kommentar zum JVEG, 4. Auflage 2008

Bleutge, Peter, Das Schiedsgutachten, Merkblatt für den Sachverständigen und seine Auftraggeber, Institut für Sachverständigenwesen, 4. Auflage 2002

Bleutge, Peter/Bleutge, Katharina, Guter Vertrag – Weniger Haftung, Hrsg. Institut für Sachverständigenwesen, 2. Auflage 2009

Bleutge, Peter, Sachverständigenberuf und Sachverständigenrecht, GewA 2007 S. 184 und Der Bausachverständige 3/2011 S. 55

Bleutge, Peter, Die Pflicht zur persönlichen Gutachtenerstattung, DS 2008 S. 127

Bleutge, Peter, Die öffentliche Bestellung in der Rechtsprechung, GewA 2008 S. 9 u. GewA 2011 S. 237 u. 287

Bleutge, Peter, Was sollte im Sachverständigenvertrag geregelt werden?, Der Bausachverständige 6/2006 S. 37

Bleutge, Peter, Die Mitarbeiter des Sachverständigen, Der Bausachverständige 1/2009 S. 68

Bleutge, Peter, Die öffentliche Bestellung für EU-Ausländer, GuG 2/2010 S. 70

Bleutge, Peter, Neue Informationspflichten für öffentlich bestellte Sachverständige nach der DL-InfoV, Der Bausachverständige 4/2010 S. 49

Bleutge, Peter, Rechtskenntnisse, eine neue Bestellungsvoraussetzung, Der Bausachverständige 6/2010 S. 48

Bleutge, Peter, Soll der Beruf des Sachverständigen gesetzlich geregelt werden?, Der Bausachverständige 3/2011 S. 55

Bleutge, Peter, Das Aus für die Altersgrenze, Der Bausachverständige 3/2012 S. 68 u. 4/2012 S. 46

Bleutge, Peter, Neues zur Werbung, Bezeichnung als Bausachverständiger und Vorspannwerbung wettbewerbswidrig?, Der Bausachverständige 5/2012 S. 50

Bock, Rainer, Der Sachverständige als Schiedsgutachter, in: Bayerlein, Walter, Praxishandbuch des Sachverständigenrechts, 4. Auflage 2008

Boldt, Antje, Vorläufige baubegleitende Streitbeilegung durch ein Dispute Adjudication Board (DAB) in Deutschland, 2008

Literaturverzeichnis

Borstelmann, Peter/Rohne Peter, Handbuch der elektrischen Raumheizung, 6. Auflage 1989

Braun, Eberhard, InsO-Kommentar, 5. Auflage 2012

Brückner, Sascha/Neumann, Lorenz, Die Haftung des Sachverständigen nach neuem Delikts- und Werkvertragsrecht, MDR 2003 S. 906

Buderus-Handbuch der Heizungstechnik, 34. Auflage 2002

Buss, Harald, Aktuelles Tabellenhandbuch, Feuchte, Wärme, 2002

Buss, Harald, Der Sachverständige für Schäden an Gebäuden, 2002

Daniels, Klaus, Haustechnische Anlagen, 1982

Dietrich, Bernd, RWE Bau-Handbuch, 14. Ausgabe 2010

Dritter Bericht über Schäden an Gebäuden, Herausgeber: Bundesministerium für Raumordnung, Bauwesen und Städtebau, 3/1996

Eberl, Walter/Friedrich, Fabian, Alternative Streitbeilegung im zivilen Baurecht, BauR 2002 S. 250

Elborg, Ernst-August, Der Sachverständige als Schlichter, DS 2005 Heft 6 S. 170

Feurich/Kühl, Sanitär-Technik, 10. Auflage 2011

Finn, Markus, Schadensersatz wegen fehlerhafter Wertgutachten – Möglichkeiten zur Begrenzung des Haftungsrisikos gegenüber Dritten, DS 2005 Heft 1/2 S. 11

Finn, Markus, Zur Haftung des Sachverständigen für fehlerhafte Wertgutachten gegenüber Dritten, NJW 2004 S. 3752

Floter, Bernhard, Das Sachverständigenwesen in Europa – Aktuelle Fragen, Antworten und Perspektiven, DS 2007 S. 8

Gösele/Schüle/Künzel, Schall Wärme Feuchte, 10. Auflage 1997

Gralla, Mike/Sundermeier, Matthias, Bedarf außergerichtlicher Streitlösungsverfahren für den Deutschen Baumarkt – Ergebnisse der Umfragen des Deutschen Baugerichtstages e.V., BauR 2007 S. 1961

Groth, Klaus-Martin/Bubnoff, Daniela v., Gibt es „gerichtsfeste" Vertraulichkeit in der Mediation?, NJW 2001 S. 338

Haas, Reinhold/Frost, Andreas, Der Sachverständige des Handwerks, 6. Auflage 2009

Haas, Reinhold, Schlichtung und Vermittlung als alternative Konfliktlösungen, in: Haas, Der Sachverständige des Handwerks, 5. Auflage 2001

Haft, Fritjof/Schlieffen, Katharina, Gräfin von, Handbuch Mediation, 2002

Hammer, Gerd, Bauordnung im Bild, Ergänzende Vorschriften, 1997

Hammes, Michael/Neuvians, Nicola, Die Sachverständigen-Mediation, IDR 2004 S. 181

Hehn, Marcus/Rüssel, Ulrike, Institutionen im Bereich der Mediation in Deutschland, NJW 2001 S. 347

Heintz, D., Von der Musterbauordnung bis zur technischen Richtlinie, in: Fachkommission Bauaufsicht ARGEBAU: Muster-Richtlinie über den baulichen Brandschutz im Industriebau, MindBauRL März 2000, unter www.brandschutzkonzepte.de

Hertel, H.: Erläuterungen zum Grundlagendokument Brandschutz, Mitteilungen DIBt, 25, 1994, Nr. 2, S. 47

Hommerich/Reiß, Justizvergütungs- und -entschädigungsgesetz, Evaluation und Marktanalyse, 2010

Hosser, Dietmar, Neue Regelungen und offene Fragen im baulichen Brandschutz, Bauingenieur, Beratende Ingenieure, März 2001

Ihle, Claus/Prechtl, Franz, Die Pumpen-Warmwasserheizung, 4. Auflage 2003

Ingenstau, Heinz/Korbion, Hermann, VOB-Kommentar, 18. Auflage 2013

Jochem, Rudolf/Kaufhold, Wolfgang, HOAI-Kommentar, 5. Auflage 2012

Joussen, Jacob, Schlichtung als Leistungsbestimmung und Vertragsgestaltung durch Dritte, 2005

Kilian, Matthias, Zweifelsfragen der deliktsrechtlichen Sachverständigenhaftung nach § 839a BGB, ZGS 2004 S. 220

Kirpeit, D., Ein Beitrag zur risikoorientierten Bewertung einer großflächigen Industriehalle aus der Sicht des Bautechnischen Brandschutzes, Bauhaus-Universität Weimar, Falk. BI, Diplomarbeit 2001

Kniffka, Rolf (Hrsg.), ibr-online-Kommentar Bauvertragsrecht (www.ibr-online.de), fortlaufend aktualisiert

Kniffka, Rolf (Hrsg.), Bauvertragsrecht, 2012

Kniffka, Rolf/Koeble, Wolfgang, Kompendium des Baurechts, 3. Auflage 2008

Korbion, Hermann/Mantscheff, Jack/Vygen, Klaus, HOAI-Kommentar, 8. Auflage 2013

Laasch, Thomas/Laasch, Erhard, Haustechnik, 11. Auflage 2005

Landmann, Robert von/Rohmer, Gustav, Kommentar zur Gewerbeordnung, Kommentierung zu § 36 GewO in Band 1, Kommentierung der Muster-SVO und den Richtlinien zur Muster-SVO in Band 2 (Nr. 276) und Kommentierung des JVEG in Band 2 (Nr. 278), alle kommentiert von Peter Bleutge, Loseblatt-Kommentar, 2013

Locher, Horst/Koeble, Wolfgang/Frik, Werner, Kommentar zur HOAI, 11. Auflage 2012

Löffelmann, Peter/Fleischmann, Guntram, Architektenrecht, 6. Auflage 2012

Meinel, Stefan, Maßnahmen des Bautechnischen Brandschutzes beim Wiederaufbau der Dresdner „Semperoper" und der Rekonstruktion der Gemäldegalerie „Alte Meister", vfdB-8. Internationales Brandschutz-Seminar Karlsruhe 1990 – Tagungsband I

Meyer, Paul/Höver, Albert/Bach, Wolfgang, Kommentar zum Justizvergütungs- und Entschädigungsgesetz (JVEG), 25. Auflage 2011

Morlock, Alfred/Meurer, Carsten, Die HOAI in der Praxis, 8. Auflage 2012

Motzke, Gerd/Wolff, Rainer, Praxis der HOAI, 3. Auflage 2004

Palandt, Otto, Bürgerliches Gesetzbuch: BGB, 72. Auflage 2013

Philipps, Georg/Stollhoff, Frank/Wieck, Jürgen, Die vorsorgliche Beweissicherung im Bauwesen, 2. Auflage 2010

Pott, Werner/Dahlhoff, Willi/Kniffka, Rolf/Rath, Heike, Honorarordnung für Architekten und Ingenieure, Kommentar, 8. Auflage 2006

Prütting, Hanns, Außergerichtliche Streitschlichtung, 2003

Recknagel u.a., Taschenbuch für Heizung + Klimatechnik, 75. Auflage 2011

Risse, Jörg, Wirtschaftsmediation, 2003

Roeßner, W., 15 Gebote für den Sachverständigen, DS 2011 S. 191

Säcker, Franz Jürgen/Rixecker, Roland, Münchener Kommentar zum Bürgerlichen Gesetzbuch, 6. Auflage 2012

Sandrock, Otto, Gewöhnliche Fehler in Schiedssprüchen: Wann können sie zur Aufhebung des Schiedsspruchs führen, BB 2001 S. 2173

Schlapka, Franz-Josef, Schlichtungsmodelle – Ein Weg aus der Krise der laufenden Bauvorhaben, BauR 2002 S. 694

Schöpflin, Martin, Probleme der Haftung des gerichtlichen Sachverständigen nach § 839a BGB, ZfSch 2004 S. 241

Schwab, Karl Heinz/Walter, Gerhard, Schiedsgerichtsbarkeit, 7. Auflage 2005

Schwab, Rouven, Zur Haftung des von einem Schiedsgericht hinzugezogenen Sachverständigen, DS 2006 S.66

Schwenker, Hans-Christian, Zwangsversteigerung: Keine Ansprüche gegen Sachverständige nach § 839a BGB, IBR 2004 S. 333

Seehausen, K. R., Brand- und Bestandsschutz, Bausubstanz, 1995, Heft 7/9, S. 48; Bausubstanz, 1995, Heft 10 S. 64; Bausubstanz, 1996, Heft 10, S. 38

Seibel, Mark, Der Stand der Technik im Umweltrecht, Diss. 2003

Seibel, Mark, Baumängel und anerkannte Regeln der Technik, 2009

Seibel, Mark, ibr-online-Kommentar Selbständiges Beweisverfahren (www.ibr-online.de), fortlaufend aktualisiert

Seibel, Mark, Selbständiges Beweisverfahren, Kommentar zu §§ 485 bis 494a ZPO – unter besonderer Berücksichtigung des privaten Baurechts, 2013

Seibel, Mark, Obligatorisch Berechtigte im öffentlichen Baunachbarrecht, BauR 2003 S. 1674 – 1679

Seibel, Mark, „Stand der Technik", „allgemein anerkannte Regeln der Technik" und „Stand von Wissenschaft und Technik", BauR 2004 S. 266 – 274

Seibel, Mark, Die Konkretisierung des Standes der Technik, BauR 2004 S. 774 – 785

Seibel, Mark, Die Bedeutung allgemeiner Verwaltungsvorschriften für die gerichtliche Beurteilung unbestimmter Rechtsbegriffe, BauR 2004 S. 1245 – 1251

Seibel, Mark, Die verfassungsrechtliche Zulässigkeit der Verwendung des unbestimmten Rechtsbegriffs „Stand der Technik", BauR 2004 S. 1718 – 1724

Seibel, Mark, Recht und Technik, BauR 2005 S. 490 – 497

Seibel, Mark, Der europäische Rechtsbegriff „beste verfügbare Techniken" („best available techniques"), BauR 2005 S. 1109 – 1115

Seibel, Mark, Die Harmonisierung von öffentlichem und privatem Nachbarrecht, BauR 2005 S. 1409 – 1416

Seibel, Mark, Die Vertragserfüllungsbürgschaft auf erstes Anfordern in Allgemeinen Geschäftsbedingungen eines Bauvertrages, Baurecht und Baupraxis (BrBp) 2005 S. 398 – 405

Seibel, Mark, Die Voraussetzungen eines substanziierten Mängelvortrags im Bauprozess, IBR 2006 S. 73 [Langaufsatz: IBR 2006 S. 1602 (nur online) – www.ibr-online.de]

Seibel, Mark, Zur Gemeindebezogenheit der „im Zusammenhang bebauten Ortsteile" nach § 34 Abs. 1 BauGB, BauR 2006 S. 1242 – 1248

Seibel, Mark, Mangelhafte Bauleistung und „allgemein anerkannte Regeln der Technik", ZfBR 2006 S. 523 – 528

Seibel, Mark, Die Darlegungs- und Behauptungslast im Zivilprozess, DRiZ 2006 S. 361 – 364

Seibel, Mark, Technische Normen als Bestandteil eines Bauvertrages?, ZfBR 2007 S. 310 – 313

Seibel, Mark, DIN-Normen und vertragliche Leistungspflicht: „Dachdeckergerüst" contra „Konsoltraggerüst"?, IBR 2007 S. 291

Seibel, Mark, Einsturz der Eissporthalle in Bad Reichenhall: Verjährungsproblematik, IBR 2007 S. 292

Seibel, Mark, Das Rücksichtnahmegebot im öffentlichen Baurecht, BauR 2007 S. 1831 – 1837

Seibel, Mark, Die Verjährungshemmung im selbstständigen Beweisverfahren nach § 204 Abs. 1 Nr. 7 BGB, ZfBR 2008 S. 9 – 13

Seibel, Mark, Das Unterlassen von Einwendungen im selbstständigen Beweisverfahren und die Konsequenzen für den anschließenden Hauptsacheprozess, ZfBR 2008 S. 126 – 131

Seibel, Mark, Die Prüfungskompetenz des Gerichtsvollziehers bei Zug um Zug zu erbringenden Mängelbeseitigungsmaßnahmen, ZfBR 2008 S. 330 – 335

Seibel, Mark, Die mündliche Erläuterung des Gutachtens durch den (Bau-) Sachverständigen nach § 411 Abs. 3 ZPO, Der Bausachverständige 5/2008 S. 53 – 58

Seibel, Mark, Die allgemeine Anerkennung von technischen Regeln und ihre Feststellbarkeit, ZfBR 2008 S. 635 – 639

Seibel, Mark, Baumangel trotz Einhaltens technischer Vorschriften, Der Bausachverständige 6/2008 S. 59 – 63

Seibel, Mark, Die Bedeutung der Funktionstauglichkeit für die Beurteilung der Qualität einer Bauleistung, ZfBR 2009 S. 107 – 112

Seibel, Mark, Einwendungsmöglichkeiten gegen Sachverständigengutachten im Berufungsverfahren, BauR 2009 S. 574 – 581

Seibel, Mark, Algen- und Schimmelbefall der Außenfassade, Der Bausachverständige 3/2009 S. 48 – 51

Seibel, Mark, Das Abweichen von Herstellervorschriften bei der Bauausführung und die Konsequenzen für die Mangelbeurteilung, Der Bausachverständige 4/2009 S. 60 – 65

Seibel, Mark, Welche Konsequenzen hat das bewusste Abweichen des Unternehmers von der Baubeschreibung für den Nacherfüllungsanspruch?, ZfBR 2009 S. 731 – 734

Seibel, Mark, Aktualität technischer Regelwerke und Gutachtenerstattung, Der Bausachverständige 1/2010 S. 58 – 61

Seibel, Mark, Das Unterschreiten der „allgemein anerkannten Regeln der Technik" im Bauvertrag, ZfBR 2010 S. 217 – 219

Seibel, Mark, Schallschutz im Wohnungsbau und DIN 4109, Der Bausachverständige 2/2010 S. 67 – 72

Seibel, Mark, Die Anleitung des Sachverständigen durch das Gericht (§ 404a ZPO) – Inhalt und Aufgabe des gerichtlichen Beweisbeschlusses, Der Bausachverständige 3/2010 S. 49 – 52

Seibel, Mark, Die Bedeutung des Privatgutachtens für den Bauprozess, Der Bausachverständige 4/2010 S. 52 – 54

Seibel, Mark, Selbstständiges Beweisverfahren kontra Privatgutachten – Bietet sich das selbstständige Beweisverfahren zur Vorbereitung eines Bauprozesses an?, BauR 2010 S. 1668 – 1673

Seibel, Mark, Die „Ablösung" des Sachverständigen nach § 412 Abs. 1 ZPO, Der Bausachverständige 2/2011 S. 66 – 69

Seibel, Mark, Gutachtenerstattung durch den Sachverständigen – Muss eine Auseinandersetzung mit von den Parteien zu den Gerichtsakten gereichten Fachaufsätzen stattfinden?, Der Bausachverständige 3/2011 S. 72 – 75

Seibel, Mark, Die „Bedenkenhinweispflicht" des Bauunternehmers im Fall der vertraglichen Vereinbarung einer funktionsuntauglichen Werkleistung, ZfBR 2011 S. 529 – 534

Seibel, Mark, Zur Präklusion von Einwendungen zwischen selbständigem Beweisverfahren und nachfolgendem Hauptsacheprozess, BauR 2011 S. 1410 – 1416

Seibel, Mark, Gerichtliche Leitung der Sachverständigentätigkeit – Wunsch und Wirklichkeit, Editorial BauR 12/2011 S. I – II

Seibel, Mark, Warum der Begriff „Mangel" im gerichtlichen Beweisbeschluss grundsätzlich zu vermeiden ist, ZfBR 2011 S. 731 – 734

Seibel, Mark, Entscheidung über die Kosten des selbständigen Beweisverfahrens nach einer Forderungsabtretung, IBR 2012 S. 1061 (nur online)

Seibel, Mark, Welche Bedeutung haben Herstellervorschriften für die Baumangelbeurteilung?, BauR 2012 S. 1025 – 1034

Seibel, Mark, Zur Aufgabenverteilung zwischen Gericht und Bausachverständigem – Warum der Sachverständige nicht zur Beantwortung von Rechtsfragen berufen ist, Der Bausachverständige 5/2012 S. 59 – 62

Seibel, Mark, Die Leitung der Tätigkeit des Bausachverständigen durch das Gericht – Vorschläge zur Verbesserung der Zusammenarbeit, BauR 2013 S. 536 – 546

Seibel, Mark, Abgrenzung der „allgemein anerkannten Regeln der Technik" vom „Stand der Technik", NJW 2013 S. 3000 – 3004

Seibel, Mark/Zöller, Matthias (Hrsg.), Baurechtliche und -technische Themensammlung – Arbeitshefte für Baujuristen und Sachverständige nach Gewerken sortiert (vormalige Hrsg.: Staudt/Seibel), Grundwerk 2011, fortlaufend erweitert

Seifert, Werner, Anrechenbare Kosten aus vorhandener Bausubstanz, BauR 1999 S. 304

Seifert, Werner, Honorierungsgrundsätze für mehrere Gebäude, BauR 2000 S. 801

Seifert, Werner, Prüffähigkeitsanforderungen und Ermittlungen der anrechenbaren Kosten, BauR 2001 S. 1330

Seifert, Werner/Preussner, Mathias, Baukostenplanung, 4. Auflage 2013

Staudt, Michael, Das neue JVEG aus der Sicht des BVS, DS 2004 S. 154

Stober, Rolf, Der öffentlich bestellte Sachverständige zwischen beruflicher Bindung und Deregulierung, 1991

Stubbe, Christian, Wirtschaftsmediation und Claim Management, BB 2001 S. 685

Thode, Reinhold/Wirth, Axel/Kuffer, Johann, Praxishandbuch Architektenrecht, 2004

Turner, Tanja, Die Haftung des Sachverständigen für sein im Zwangsversteigerungsverfahren erstattetes, fehlerhaftes Gutachten, BauR 2000 S. 1523

Ulrich, Jürgen, Der gerichtliche Sachverständige, 12. Auflage 2007

Ulrich, Jürgen, Selbständiges Beweisverfahren mit Sachverständigen, 2. Auflage 2008

Usemann, K. W., Probleme der Installationstechnik aus der Sicht des Schall- und Brandschutzes bei der Instandsetzung und Modernisierung, Bauphysik, 13, 1991, 5, S. 163

Usemann, K. W., Technische Gebäudeausrüstung und Baulicher Brandschutz in der Denkmalpflege, VDI-Berichte 896, S. 263, 1991

Viessmann, Hans, Heizungshandbuch, 1987

Vogel, Thomas/Turner, Tanja, Zur Haftung des Sachverständigen bei einer Grundstückswertermittlung, BTR 2004 S. 150

Wagner, Gerhard, Alternative Streitbeilegung und Verjährung, NJW 2001 S. 181

Werner, Ulrich/Pastor, Walter, Der Bauprozess, 14. Auflage 2013

Werner, Ulrich/Reuber, Norbert, Der staatlich anerkannte Sachverständige nach den neuen Bauordnungen der Länder, BauR 1996 S. 796

Wesche, Jürgen, Brandschutzkonzepte bei der Sanierung von Gebäuden unter Denkmalschutz, Brandschutz und Denkmalschutz, 1996

Wesche, Jürgen, Brandschutz bei der Sanierung bestehender Bausubstanz, Bauzeitung, 45, 1991, 9 S. 635

Wietersheim, Mark von, Das Schiedsgutachten, Instrument zur Streitschlichtung am Bau, Der Bausachverständige 1/2005 S. 39

Zehnhausen, Jörg, Alternative Streitbeilegung im Bauwesen, 2005

Zimmermann, Peter, Wofür ein Sachverständiger so alles haften kann und weshalb das so ist, DS 2001, Teil 1: 2001 Heft 1/2 S. 21; Teil 2: 2001 Heft 3 S. 53; Teil 3: 2001 Heft 4 S. 85

Zuschlag, Bernd, Das Gutachten der Sachverständigen, 2. Auflage 2002

Zweiter Bericht über Schäden an Gebäuden, Herausgeber: Der Bundesminister für Raumordnung, Bauwesen und Städtebau, 2. Nachdruck 8/1988

Merkblätter und Broschüren

Deutscher Industrie- und Handelskammertag (DIHK)
Breite Str. 29, 10178 Berlin:

Der gerichtliche Gutachtenauftrag
8. Auflage 2007

Gebühren für Gutachter
6. Auflage 2013

Institut für Sachverständigenwesen
Hohenzollernring 85–87, 50672 Köln:

Literatur-Brevier
Wo kann man was nachlesen?
700 Literaturstellen sachbezogen aufbereitet
2006

Mit Sachverstand werben
Leitfaden für öffentlich bestellte und vereidigte Sachverständige
2. Auflage 2005

Ablehnung wegen Besorgnis der Befangenheit
Erläuterungen und 240 Gerichtsentscheidungen in Leitsätzen
und mit Fundstellen
2. Auflage 1999

Das Schiedsgutachten
Merkblatt für den Sachverständigen und seine Auftraggeber
4. Auflage 2002

Die Ortsbesichtigung durch Sachverständige
6. Auflage 2006

Todsünden des Sachverständigen
4. Auflage 2006

Die Haftung des Sachverständigen für fehlerhafte Gutachten
2002

Der Sachverständige und seine Mitarbeiter
Die Zusammenarbeit mehrerer Sachverständiger und die Einschaltung von Hilfskräften im Zivilprozess und bei Privatauftrag
2. Auflage 2003

Der Sachverständigenvertrag
Vorschläge zur Vertragsgestaltung mit Erläuterungen
2004

1. Berufsrecht für Sachverständige

Peter Bleutge

Übersicht

1.1	Allgemeines
1.2	Definition des Sachverständigen
1.3	Tätigkeitsbereiche eines Sachverständigen
1.4.	Arten der Sachverständigen
1.4.1	Die amtlich anerkannten Sachverständigen
1.4.2	Die öffentlich bestellten und vereidigten Sachverständigen
1.4.3	Die selbst ernannten Sachverständigen
1.4.4	Die zertifizierten Sachverständigen
1.4.5	Die verbandsanerkannten Sachverständigen
1.5	Öffentliche Bestellung und Vereidigung eines Sachverständigen
1.5.1	Gesetzliche Grundlage
1.5.2	Sind und Zweck
1.5.3	Rechtsnatur der Bestellung
1.5.4	Voraussetzungen einer öffentlichen Bestellung
1.5.5	Die Pflichten des öffentlich bestellten Sachverständigen
1.5.6	Die Rechte des öffentlich bestellten Sachverständigen
1.5.7	Widerruf der öffentlichen Bestellung
1.5.8	Erlöschen der öffentlichen Bestellung
1.6	Die Entwicklung in der Europäischen Union (EU)
1.7	Das Institut für Sachverständigenwesen

1.1 Allgemeines

In Deutschland gibt es kein Berufsgesetz für Sachverständige. Selbst die Bezeichnungen Sachverständiger, Gutachter, Experte, Fachmann u.Ä. sind nicht gesetzlich geschützt. Mithin kann sich jedermann unter der Bezeichnung „Sachverständiger" oder „Gutachter" am Gutachtenmarkt betätigen und im Wettbewerb mit anderen „öffentlich bestellten und vereidigten" Sachverständigen oder sonst ausgewiesenen Fachleuten seine Dienste anbieten. Die Aufnahme seiner Tätigkeit ist nicht von gesetzlichen Genehmigungen, Erlaubnissen oder Überprüfungen abhängig.

Diese freie Berufsausübung vom Sachverständigen wird aber durch weitreichende gesetzliche Regelungen eingeschränkt:

- Wenn Gerichte einen Sachverständigen benötigen, sollen sie in erster Linie öffentlich bestellte und vereidigte Sachverständige beauftragen (§ 404 Abs. 2 ZPO, § 73 Abs. 2 StPO). Da es aber nicht für alle denkbaren Sachgebiete öffentlich bestellte Sachverständige gibt, müssen die Gerichte in vielen Fällen auf andere, nicht öffentlich bestellte Sachverständige zurückgreifen. So gibt es beispielsweise im gesamten medizinischen Bereich keine öffentlich bestellten Sachverständigen; hier sind die Gerichte auf Ärzte angewiesen, die nicht zuvor von einer neutralen Stelle auf fachliche Kompetenz, Unabhängigkeit und Unparteilichkeit geprüft worden sind.

1. Berufsrecht für Sachverständige

- In den Sicherheitsbereichen, wie beispielsweise bei der Überwachung von Atomkraftwerken, Aufzügen, Kraftfahrzeugen u.Ä., verlangt das Gesetz eine periodische Überprüfung oder Überwachung. Diese Tätigkeit darf nur von Sachverständigen oder Organisationen (z.B. Technischen Überwachungsvereinen) vorgenommen werden, die staatlich anerkannt sind und besondere gesetzliche Vorgaben erfüllen; hier gibt es also eine staatliche Aufsicht mit teilweiser Monopolisierung. Solche gesetzlich vorgeschriebenen Prüf- und Überwachungsaufgaben dürfen also keine Sachverständigen durchführen, die sich selbst für fachlich kompetent halten und ihre Dienste am Gutachten- und Überwachungsmarkt ohne Nachweis einer staatlichen Zulassung anbieten.

- Die Mehrzahl der gutachtlichen Tätigkeiten wird von Personen erbracht, die bereits einen regulierten Beruf haben. Beispielhaft sei auf die Architekten, Ingenieure, Vermessungsingenieure, Makler, Rechtsanwälte, Ärzte usw. verwiesen. Auch hier dürfte ein gewisser Verbraucherschutz gewährleistet sein. Was jedoch fehlt, ist der unabdingbare Nachweis einer herausgehobenen fachlichen Kompetenz, einer langjährigen gutachterlichen Erfahrung sowie Unabhängigkeit, Unparteilichkeit und Weisungsfreiheit, Eigenschaften, die bei öffentlich bestellten und amtlich anerkannten Sachverständigen zusätzlich von einer Körperschaft des öffentlichen Rechts oder einer staatlich beliehenen Stelle überprüft werden.

- Einige Sachverständigenberufe sind reguliert: Wirtschaftsprüfer, Umweltgutachter, Vermessungsingenieur.

Vorgaben des Sachverständigenberufs ergeben sich aus gesetzlichen Bestimmungen der gerichtlichen Verfahrensordnungen (§§ 402 ff. ZPO), aus den gesetzlichen Regelungen über die öffentliche Bestellung (§ 36 GewO, § 91 Abs. 1 Nr. 8 HandwO) und aus der Rechtsprechung zur Haftung und zur unlauteren Werbung von Sachverständigen. So hat beispielsweise der BGH mit Urteil vom 23.5.1984 (NJW 1984 S. 2365) bestimmt, dass Sachverständige von privaten Verbänden nur dann anerkannt werden und sich als solche bezeichnen dürfen, wenn der einzelne Sachverständige ein überragende fachliche Qualifikation nachweist und diese Qualifikation in einer Prüfung vor einer dafür kompetenten Stelle mit Erfolg unter Beweis gestellt hat. In gleicher Weise, so der BGH, muss auch die anerkennende private Organisation über die zur Anerkennung und Prüfung erforderliche fachliche Qualifikation, Unabhängigkeit und Objektivität verfügen.

Die Vielfalt der bestehenden Regulierungen in Teilbereichen des Sachverständigenwesens und die Tatsache, dass wichtige Bereiche nicht reguliert sind, hat die Berufsverbände immer wieder veranlasst, beim Gesetzgeber ein Berufsgesetz und eine Berufskammer für Sachverständige einzufordern. Transparenz des Angebots, Schutz des Verbrauchers vor selbst ernannten unqualifizierten Sachverständigen und Rahmenbedingungen für einen fairen Wettbewerb wurden zur Begründung vorgebracht. Die jeweiligen Bundesregierungen haben solche Anliegen mit dem Hinweis auf Deregulierung und die reinigende Wirkung des Wettbewerbs bisher immer abschlägig beschieden. Der 1. Baugerichtstag im Mai 2006 in Hamm hat sich eingehend mit dieser Frage beschäftigt und unverständlicherweise eine gesetzliche Zugangsbeschränkung für den Beruf des Sachverständigen abgelehnt. Vgl. dazu die Beiträge von *Bleutge*, BauR 2006 S. 1632, Der Bausachverständige 2005, Heft 6, S. 47 u. GewA 2007 S. 184 und *Staudt*, BauR 2006 S. 1640. Dagegen hat der 50. Deutsche Verkehrsgerichtstag eine Berufsordnung für die Dienstleistungen von Kfz-Sachverständigen gefordert (DS 2012 S. 57).

1.2 Definition des Sachverständigen

Ein Sachverständiger ist eine natürliche Person, die auf einem abgrenzbaren Spezialgebiet über überdurchschnittliches Fachwissen und besondere Praxiserfahrung verfügt und persönlich integer ist. Seine jeweilige Aufgabe muss er unparteiisch, unabhängig, weisungsfrei, gewissenhaft und persönlich erledigen.

1.3 Tätigkeitsbereiche eines Sachverständigen

Inhalt und Umfang der Tätigkeit eines Sachverständigen sind ebenfalls nicht gesetzlich definiert. Hier gibt es noch nicht einmal bei den öffentlich bestellten Sachverständigen eine gesetzliche Vorgabe der Dienstleistungspalette. Mithin kann ein Sachverständiger auf seinem Spezialgebiet alle Aufträge übernehmen, die von ihm verlangt werden, natürlich immer unter der Voraussetzung, dass er dabei die in Abschnitt 1.2 genannten Eigenschaften eines Sachverständigen einbringt. Gefälligkeitsgutachten oder Gutachten in eigener Sache sollten nicht einmal in Erwägung gezogen werden.

Rechtliche Beurteilungen von tatsächlichen Sachverhalten sind bei Gerichtsauftrag nur zulässig, wenn sie untrennbar mit dem Gutachtenauftrag verbunden sind und Voraussetzung einer ordnungsgemäßen Auftragserledigung darstellen. Im außergerichtlichen Bereich sind Rechtsdienstleistungen als sog. Annextätigkeit nach § 5 RDG erlaubt.

Die Tätigkeit eines Sachverständigen besteht mithin darin, dass er seine besondere Sachkunde und Erfahrung jedermann auf Anfrage gegen Entgelt zur Verfügung stellt. Inhalt und Umfang seiner Tätigkeit werden durch den jeweiligen Auftraggeber bestimmt, wobei jedoch Unabhängigkeit und fachliche Weisungsfreiheit des beauftragten Sachverständigen unangetastet bleiben müssen. Er erstattet Gutachten für Gerichte, Behörden und Private, erteilt fachliche Ratschläge, übernimmt Prüfungs- und Überwachungsaufgaben und entscheidet fachliche Streitigkeiten für beide Vertragparteien mit verbindlicher Wirkung (Schiedsgutachten). Er kann auch als Mediator tätig werden, wenn er die Voraussetzungen des Mediationsgesetzes vom 26.7.2012 (BGBl. I, S. 1577) erfüllt (vgl. dazu *Meins*, Der Bausachverständige 2012 S. 46; *Lehmann*, DS 2012 S. 385). Auftraggeber können sein: Gerichte, Staatsanwaltschaften, Behörden, private Personen, Unternehmer, Banken, Versicherungen und Endverbraucher.

Noch ein Wort zum Gutachten. Dieser Begriff steht zwar immer wieder im Zusammenhang mit der Tätigkeit eines Sachverständigen im Vordergrund; eine gesetzliche Definition gibt es jedoch nicht. Aus der Rechtsprechung zur Gewährleistung und Haftung des Sachverständigen lassen sich folgende Begriffsbestimmungen ableiten:

Ein Gutachten ist die fachliche Beurteilung eines in sich abgeschlossenen Sachverhalts. Es besteht in der Feststellung von Tatsachen, der Darstellung von Erfahrungssätzen oder den Ableitungen von Schlussfolgerungen zum Zwecke der tatsächlichen Beurteilung eines Geschehens oder Zustandes in Form einer objektiven, aber auf den Fall bezogenen und ergebnisorientierten Darstellung. Diese muss folgende Kriterien erfüllen: Systematischer Aufbau, übersichtliche Gliederung und eine verständliche, für den Laien nachvollziehbare sowie für den Fachmann nachprüfbare Begründung.

1. Berufsrecht für Sachverständige

1.4 Arten der Sachverständigen

Je nach anerkannter Qualifikation und anerkennender Stelle muss zwischen den öffentlich bestellten oder amtlich anerkannten auf der einen und den selbst ernannten, zertifizierten oder privat anerkannten Sachverständigen auf der anderen Seite unterschieden werden. Die erste Gruppe von Sachverständigen wird aufgrund besonderer gesetzlicher Grundlagen öffentlich bestellt oder amtlich anerkannt; die zweite Gruppe von Sachverständigen betätigt sich aufgrund der geltenden Berufs- und Gewerbefreiheit ohne behördliche Zulassung oder staatliche Anerkennung am Gutachtenmarkt auf rein privatrechtlicher Grundlage.

1.4.1 Die amtlich anerkannten Sachverständigen

- werden aufgrund besonderer gesetzlicher Bestimmungen (Bundesgesetze oder Landesgesetze) auf bestimmten Sachgebieten hoheitlich tätig, indem sie amtliche Prüfungen von Gegenständen (z.B. Kraftfahrzeuge, Aufzüge) oder Abnahme von Leistungen durchführen (z.B. Prüfingenieure für Baustatik);
- können auch private oder gerichtliche Sachverständigentätigkeit ausüben und insoweit in Konkurrenz zu öffentlich bestellten Sachverständigen treten; sie dürfen in diesen Bereichen aber nicht in ihrer Eigenschaft als amtlich anerkannte oder staatlich zugelassene Prüfer oder Sachverständige auftreten;
- sind in der überwiegenden Zahl der Fälle Angestellte von staatlich beliehenen Organisationen (z.B. des TÜV, Dekra, GTÜ), können aber auch selbständige Einzelsachverständige sein, die vom Staat die entsprechende amtliche Anerkennung erhalten haben (z.B. nach dem Lebensmittelgesetz);
- müssen, wenn sie hoheitlich tätig werden, nach staatlichen Gebührenordnungen abrechnen; rechnen, soweit sie sonstige Sachverständigenaufgaben erfüllen (z.B. Privatgutachten), wie der öffentlich bestellte Sachverständige ab, d.h. in Gerichtsverfahren nach den Stundensätzen des JVEG, im außergerichtlichen Bereich nach freier Honorarvereinbarung oder Berufsgebührenordnung, falls eine solche existiert.

1.4.2 Die öffentlich bestellten und vereidigten Sachverständigen

- werden nur dann öffentlich bestellt, wenn sie besondere Sachkunde nachweisen und keine Bedenken gegen ihre persönliche Integrität bestehen (vgl. § 36 GewO);
- müssen bei ihrer öffentlichen Bestellung einen Eid dahingehend leisten, dass sie ihre Aufgaben gewissenhaft, unabhängig, unparteiisch, persönlich und weisungsfrei erfüllen (vgl. § 36 Abs. 1 GewO);
- sind in Gerichtsverfahren bevorzugt zur Gutachtenerstattung heranzuziehen; andere Sachverständige dürfen nur dann vom Gericht beauftragt werden, wenn besondere Umstände dies erfordern (§§ 404 Abs. 2 ZPO, 73 Abs. 2 StPO);

- sind gesetzlich verpflichtet, die von ihnen verlangten Gutachten zu erstatten und können daher Gerichtsgutachten nicht mit dem Hinweis auf die zu niedrige Entschädigung nach dem JVEG ablehnen (§§ 407 Abs. 1 ZPO, 75 Abs. 1 StPO);
- unterliegen während der Zeit ihrer öffentlichen Bestellung einem umfangreichen Pflichtenkatalog, der in der Sachverständigenordnung (SVO) der jeweils zuständigen Kammer normiert ist;
- genießen für die Bezeichnung „öffentlich bestellter Sachverständiger" einen gesetzlichen Schutz (§ 132a Abs. 1 Nr. 3 StGB);
- unterliegen als einzige Sachverständigengruppe einer mit Strafe bewehrten Schweigepflicht (§ 203 Abs. 2 Nr. 5 StGB);
- haben in einigen vom Gesetzgeber besonders geregelten Fällen Gutachten- und Prüfzuständigkeiten (z.B. § 7 Abs. 1 SpieleVO, § 558a Abs. 2 Nr. 3 BGB, § 6 Nr. 1 AltfahrzeugV, §§ 5, 10 TEHG);
- müssen alle fünf Jahre erneut das Vorliegen der besonderen Sachkunde und persönlichen Integrität nachweisen.

1.4.3 Die selbst ernannten Sachverständigen

- bedürfen für die Ausübung ihrer Sachverständigentätigkeit keiner behördlichen Zulassung, keiner gesetzlich vorgeschriebenen Vor- und Ausbildung und keiner staatlichen Anerkennung; sie sind in Gerichtsverfahren daher auch nicht bevorzugt heranzuziehen;
- unterliegen keiner gesetzlich einzuhaltenden Schweigepflicht und keinem öffentlich-rechtlichen Pflichtenkatalog;
- dürfen die Bezeichnung „Sachverständiger" führen, weil diese Bezeichnung nicht besonders gesetzlich geschützt ist;
- sind jedoch aufgrund allgemeiner rechtlicher Bestimmungen (Vertragsrecht, gerichtliches Verfahrensrecht – § 407a ZPO) ebenfalls zur Objektivität und Unparteilichkeit verpflichtet und sollten auch über besondere Sachkunde verfügen, wollen sie nicht in die Haftungsfalle geraten;
- unterliegen wie jeder andere Sachverständige auch den allgemeinen Gesetzen wie beispielsweise dem „Gesetz zur Bekämpfung des Unlauteren Wettbewerbs (UWG)"; nach dem UWG kann u.a. die Führung irreführender Bezeichnungen und Stempel sowie übertriebene Werbung untersagt werden (IfS-Broschüre „Mit Sachverstand werben").

1.4.4 Die zertifizierten Sachverständigen

Eine seit einigen Jahren zu beobachtende Entwicklung im Bereich der Anerkennung von Sachverständigen darf wegen ihrer Bedeutung und Ausstrahlung auf das gesamte Sachverständigenwesen in Deutschland und Europa nicht unerwähnt bleiben. Die Europäische Normeninstitution hat einheitlich für alle EU-Mitgliedstaaten Normenreihen beschlossen, die inzwischen in Deutschland als DIN-Normen übernommen wurden. In der Norm DIN

1. Berufsrecht für Sachverständige

EN ISO/IEC 17024 werden Anforderungen an akkreditierte Stellen bestimmt, die Personen zertifizieren können, die dann als Prüfer oder Sachverständige unter bestimmten Voraussetzungen und nach bestimmten Vorgaben tätig werden dürfen. Ihre Tätigkeit können sie dann entweder auf gesetzlicher Grundlage im hoheitlichen Prüfbereich (sog. regulierter Bereich) oder ohne gesetzliche Grundlage im privaten Gutachtenbereich (sog. nicht regulierter Bereich) ausüben. Im regulierten Bereich sind für die Zulassung und Überwachung dieser zertifizierten Personen staatliche Stellen zuständig. Im nicht regulierten Bereich sind privatrechtlich tätige Zertifizierungsstellen zuständig. Es kann durchaus sein, dass sich langfristig auch im Gutachtenbereich die Systeme der Akkreditierung und Zertifizierung durchsetzen und die Systeme der öffentlichen Bestellung, amtlichen Anerkennung oder privaten Verbandsanerkennung verdrängen. Sachlich wird sich aber nichts ändern, weil ein zertifizierter Sachverständiger oder ein akkreditiertes Laboratorium hinsichtlich der fachlichen Kompetenz und der persönlichen Integrität inhaltlich keine Unterschiede zu entsprechend öffentlich bestellten Sachverständigen in vergleichbaren Bereichen aufweisen sollte. Im Verhältnis der zertifizierten Sachverständigen zur Zertifizierungsstelle fehlen allerdings die öffentlich-rechtliche Kontrolle und das verwaltungsgerichtliche Überprüfungsverfahren, denen das Rechtsinstitut der öffentlichen Bestellung unterliegt. Zertifizierte Sachverständige sind daher rechtlich verbandsanerkannten Sachverständigen gleichzustellen. Zurzeit gibt es nur in drei Bereichen (Immobilienbewertung, Kfz-Schäden und Bewertung, Bauschäden) Zertifizierungsangebote in Deutschland.

Zertifizierungsstellen können im Rahmen des Akkreditierungsstellengesetzes vom 31.7.2009 (BGBl. 2009 I S. 2625), zuletzt geändert durch Gesetz vom 7.8.2013 (BGBl. 2013 I S. 3154), auf Antrag von der Deutschen Akkreditierungsstelle (DAKKS) akkreditiert werden. Die DAKKs ist eine staatlich beliehene Stelle. Durch die Akkreditierung erhält die Zertifizierungsstelle aber keinen öffentlich rechtlichen Status. Ein Verzeichnis aller akkreditierten Zertifizierungsstellen ist unter www.dakks.de abrufbar.

1.4.5 Die verbandsanerkannten Sachverständigen

- können aufgrund des BGH-Urteils vom 23.5.1984 (NJW 1984 S. 2365) von Sachverständigenorganisationen anerkannt werden, wenn folgende Voraussetzungen erfüllt sind:
    - der einzelne Sachverständige muss eine besondere, den Standard seiner als Sachverständige tätigen Mitbewerber deutlich überragende Qualifikation aufweisen und diese Qualifikation in einer Prüfung vor einer dafür kompetenten Stelle mit Erfolg unter Beweis gestellt haben;
    - die anerkennende private Organisation muss über die zur Anerkennung und Prüfung erforderliche sachliche Qualifikation, Unabhängigkeit und Objektivität verfügen und dabei den Erwartungen genügen, die das ratsuchende Publikum in die Tätigkeit eines von ihr anerkannten Sachverständigen setzt;
- genießen im Übrigen keine gesetzliche Vorzugsstellung, sondern sind in rechtlicher und tatsächlicher Hinsicht den selbst ernannten Sachverständigen gleichzustellen (vgl. Ausführungen unter Abschnitt 1.4.3).

1.5 Die öffentliche Bestellung und Vereidigung eines Sachverständigen

Der öffentlich bestellte und vereidigte Sachverständige hat in Deutschland eine herausragende Bedeutung. Dies beruht auf dem Umstand, dass jeder einzelne Sachverständige vor seiner Bestellung von einer neutralen „staatlichen" Stelle (Körperschaft des öffentlichen Rechts) auf Fachkompetenz, Berufserfahrung und persönliche Integrität überprüft wird und nach der Bestellung einer ständigen Überwachung unterliegt. Die Bestellung wird auf fünf Jahre befristet; beantragt der Sachverständige eine Verlängerung, muss er erneut besondere Sachkunde und Eignung nachweisen. Zur neueren Entwicklung der öffentlichen Bestellung: *Bleutge*, GewA 2011 S. 237 und Der BauSV 4/2012 S. 46.

Die Gerichte sollen grundsätzlich nur öffentlich bestellte Sachverständige beauftragen, wenn sie ein Gutachten benötigen (§ 404 Abs. 2 ZPO, § 75 Abs. 1 StPO). Aber auch im außergerichtlichen Bereich werden bei Bedarf gerne öffentlich bestellte Sachverständige beauftragt. Die für die öffentlich bestellten und vereidigten Sachverständigen geltenden fachlichen Anforderungen sowie der für sie von den Bestellungskörperschaften vorgegebene Katalog von Rechten und Pflichten gelten ihrem wesentlichen Inhalt nach in analoger Anwendung auch für andere Sachverständige. Das ergibt sich auch wieder aus den gesetzlichen Vorgaben der gerichtlichen Verfahrensordnungen (§ 407a ZPO), den normativen Dokumenten der Zertifizierung im Rahmen der Norm DIN EN ISO/IEC 17024 und der einschlägigen Rechtsprechung zum UWG, zur Haftung, zur ZPO und zum JVEG.

1.5.1 Gesetzliche Grundlage

Die öffentliche Bestellung und Vereidigung von Sachverständigen ist in § 36 Gewerbeordnung (GewO) und in § 91 Abs. 1 Nr. 8 der Handwerksordnung (HandwO) geregelt. Um bestellt zu werden, muss jeder Sachverständige zuvor besondere Sachkunde auf einem Spezialgebiet nachweisen und persönlich integer sein. Zusätzlich können die vom Gesetzgeber für zuständig erklärten Behörden (Industrie- und Handelskammern, Handwerkskammern, Architektenkammern, Ingenieurkammern, Landwirtschaftskammern) die Rechte und Pflichten in einer Sachverständigenordnung in Form von Satzungsrecht regeln. Ermächtigungsgrundlage hierfür ist § 36 Abs. 3 GewO. Während die Industrie- und Handelskammern für alle Gebiete der Wirtschaft und Technik zuständig sind, sind die Handwerkskammern auf die Bereiche des Handwerks und die Landwirtschaftskammern auf die Bereiche der Landwirtschaft beschränkt. Ingenieurkammern bestellen Ingenieure und Architektenkammern Architekten. Mithin sind Industrie- und Handelskammern auf der einen und Architektenkammern und Ingenieurkammern auf der anderen Seite für dieselben Sachgebiete zuständig, soweit Ingenieure und Architekten betroffen sind.

1.5.2 Sinn und Zweck

Die öffentliche Bestellung von Sachverständigen hat die Aufgabe, den Gerichten, den Behörden und den privaten Nachfragern Sachverständige zur Verfügung zu stellen, die von kompetenten Stellen auf persönliche und fachliche Eignung überprüft wurden. Die Nachfrager können darauf vertrauen, dass diese Gruppe von Sachverständigen ihre Gutachten persönlich, unparteiisch, unabhängig, weisungsfrei und nach bestem Wissen und Gewissen erstattet. Ihnen wird damit eine mühevolle eigene Nachprüfung der persönlichen und fachlichen Eignung erspart. Bei der Beauftragung eines öffentlich bestellten und vereidigten Sachverständigen haben die Nachfrager darüber hinaus eine größere Chance als bei der Einschaltung anderer Sachverständiger, dass die Gutachten von der jeweiligen Gegenseite (Banken, Versicherungen, Streitgegner, Bauunternehmer, Verkäufer, Käufer, Ersteigerer) als objektive Entscheidungsgrundlage akzeptiert werden und bei Gericht als Privatgutachten überzeugen.

Die Kammern bestellen nicht in allen denkbaren Sachgebieten Sachverständige, sondern nur dort, wo die Nachfrage so groß ist, dass ein entsprechendes, sog. abstraktes Bedürfnis zu bejahen ist. Wenn die Kammern aber ein abstraktes Bedürfnis für ein neues Sachgebiet bejahen und dieses daher für bestellungsfähig erklärt haben, hat jeder Bewerber einen Rechtsanspruch auf öffentliche Bestellung für dieses Sachgebiet. Die Ablehnung eines Antragstellers mit der Begründung, es seien für ein bestimmtes Sachgebiet ausreichend öffentlich bestellte Sachverständige vorhanden, ist rechtswidrig; diese so genannte konkrete Bedürfnisprüfung hat das BVerfG mit Beschluss vom 25.3.1992 (GewA 1992 S. 272) für verfassungswidrig erklärt.

Zurzeit gibt es ungefähr 16.000 öffentlich bestellte Sachverständige, die ca. 500 Sachgebiete abdecken. Im medizinischen Bereich gibt es dieses System der öffentlichen Bestellung leider nicht.

1.5.3 Rechtsnatur der Bestellung

Die öffentliche Bestellung ist keine Berufszulassung, sondern die Zuerkennung einer besonderen fachlichen Qualifikation, die der Aussage des betreffenden Sachverständigen einen erhöhten Wert verleiht. Die Sachverständigen können auch ohne öffentliche Bestellung ihre Dienste am Gutachtenmarkt anbieten. Der einzelne Bewerber hat einen Anspruch auf öffentliche Bestellung; es gibt keine Bedürfnisprüfung dahingehend, ob es in Deutschland für ein bestimmtes Sachgebiet bereits ausreichend öffentlich bestellte Sachverständige gibt. Die Bestellungsbehörde definiert Inhalt und Umfang des Sachgebiets sowie das jeweils erforderliche fachliche Anforderungsprofil; und schließlich legt sie fest, unter welchen Voraussetzungen der vom Sachverständigen geforderte Nachweis der besonderen Sachkunde erbracht ist. Jederzeit können neue Sachgebiete für bestellungsfähig erklärt werden, wenn die Kammern zuvor durch bundesweite Umfrage bei potenziellen Auftraggebern eine erhöhte Nachfrage nach öffentlich bestellten Sachverständigen für das betreffende Sachgebiet ermittelt haben.

1.5.4 Voraussetzungen einer öffentlichen Bestellung

Die Voraussetzungen für die öffentliche Bestellung sind in § 36 GewO geregelt.

Danach müssen Personen als Sachverständige öffentlich bestellt werden, wenn das angestrebte Sachgebiet für bestellungsfähig erklärt worden ist, sie besondere Sachkunde nachweisen und keine Bedenken gegen ihre Eignung bestehen.

Als **Personen** kommen nur natürliche, nicht aber juristische Personen in Betracht. Die Personen müssen nicht selbständig sein; unter bestimmten Voraussetzungen können auch Angestellte von Sachverständigen, Unternehmen oder Prüforganisationen öffentlich bestellt werden. Sie müssen als Angestellte nachweisen, dass sie ihre Gutachten weisungsfrei und mit eigener Unterschrift erbringen dürfen und dass sie jederzeit freigestellt werden, wenn Gerichte oder andere Auftraggeber Gutachten von ihnen verlangen. Öffentlich bestellt heißt in diesem Zusammenhang, dass der Sachverständige jederzeit für jedermann als Gutachter zur Verfügung steht.

Besondere Sachkunde verlangt erheblich über dem Durchschnitt liegende Kenntnisse, Erfahrungen und Fähigkeiten auf einem bestimmten Sachgebiet. Weiter wird von der Rechtsprechung gefordert, dass der Sachverständige in der Lage ist, sich mündlich und schriftlich so auszudrücken, dass seine gutachterlichen Äußerungen für den jeweiligen Auftraggeber verständlich und in den wesentlichen Teilen des Gutachtens nachprüfbar und nachvollziehbar sind.

Den Nachweis der besonderen Sachkunde muss der Sachverständige führen. Zu diesem Zweck legt er Zeugnisse, Diplome, Referenzen, Nachweise beruflicher Tätigkeiten und bereits erstattete Gutachten vor. Die Kammern haben für die wichtigsten Sachgebiete, also auch für das Gebiet „Schäden an Gebäuden", fachliche Bestellungsvoraussetzungen herausgegeben, die die erforderliche Vorbildung und die nachzuweisenden Fachkenntnisse konkretisieren. Diese können von der Homepage des Instituts für Sachverständigenwesen herunter geladen werden (www.ifsforum.de).

Eine durch eine akkreditierte Zertifizierungsstelle erfolgte Zertifizierung im Rahmen der DIN EN ISO/IEC 17024 wird in der Regel als Nachweis der besonderen Sachkunde anzusehen sein; Voraussetzung dafür ist jedoch, dass die Zertifizierungsvoraussetzungen und die erfolgte Sachkundeprüfung mit den entsprechenden Voraussetzungen und Prüfungsinhalten der öffentlichen Bestellung weitgehend deckungsgleich sind. Es gibt aber keinen Automatismus dahingehend, dass eine Zertifizierung dazu führt, dass sich der Bewerber überhaupt nicht mehr einem Fachgremium der IHK vorstellen muss; fehlt eine weitgehende Deckungsgleichheit der Zertifizierungsinhalte mit den Bestellungsvoraussetzungen, kann die IHK verlangen, dass ein Bewerber erneut seine besondere Sachkunde vor einem Fachgremium nachweist. Auf die Ausführungen von *Bleutge* (Der BauSV 2005, Heft 1, S. 5 u. Heft 5, S. 47; Der Immobilienbewerter 2007, Heft 6, S, 34) wird ergänzend verwiesen.

Die Bestellungsbehörde kann also bei Zweifeln am Vorliegen der besonderen Sachkunde zusätzlich verlangen, dass sich der Bewerber von einem von ihr eingerichteten Gremium von Fachleuten schriftlich und/oder mündlich überprüfen lässt. Die Zweifel müssen dem Antragsteller gegenüber spezifiziert erläutert werden; er kann sogar einen rechtsmittelfähigen Widerspruchsbescheid verlangen, um die Ablehnung gerichtlich überprüfen zu lassen. Der Bewerber für eine öffentliche Bestellung darf nach Einreichung der vorgenannten Unterlagen und erteilten Auskünfte nicht automatisch, ohne Begründung und in jedem Fall einer mündlichen und/oder schriftlichen Prüfung durch ein Fachgremium der Bestellungskörperschaft unterworfen werden. Das Bundesverwaltungsgericht hat mit Urteil vom 26.6.1990 (GewArch. 1990 S. 356) entschieden, dass die Bestellungskörperschaften im Überprüfungsverfahren nach § 36 GewO den Grundsatz der Verhältnismäßigkeit zu beachten haben. Das bedeutet, dass ein Bewerber auch ohne eine schriftliche und/oder mündliche Überprüfung durch ein Fachgremium öffentlich bestellt werden kann, wenn bereits der berufliche Werdegang, die eingereichten Unterlagen, insbesondere die erstatteten Gutachten oder eine erfolgte – gleichwertige – Zertifizierung ausreichen, um den Nachweis der besonderen Sachkunde zu erbringen. Hat der Sachver-

1. Berufsrecht für Sachverständige

ständige bereits einen Teil der besonderen Sachkunde nachgewiesen, darf sich die Überprüfung durch ein Fachgremium nach dem Grundsatz der Verhältnismäßigkeit nur noch auf den nicht nachgewiesenen Teil erstrecken (VG Hannover, 10.10.2007, IBR 2007 S. 714; *Bleutge*, GewA 2008 S. 11).

Die letzte Entscheidung trifft niemals das Fachgremium oder der Sachverständigenausschuss, sondern in jedem Fall die Bestellungskörperschaft, beispielsweise die Industrie- und Handelskammer. Ihre Entscheidung kann durch das Verwaltungsgericht überprüft werden, wenn der abgelehnte Bewerber das Gericht anruft.

Die IHKn haben übrigens ein Qualitäts- und Beschwerdemanagement, um das Vorliegen der besonderen Sachkunde zu jeder Zeit zu garantieren. Die Bestellung wird auf fünf Jahre befristet und die Verlängerung von aktuellen Sachkundenachweisen abhängig gemacht. Bei Beschwerden werden die entsprechenden Gutachten überprüft, es sei denn, ein Rechtsstreit ist bei Gericht anhängig.

Weitere Voraussetzung für die öffentliche Bestellung ist, dass **keine Bedenken gegen die Eignung** eines Bewerbers bestehen. Geprüft werden in diesem Zusammenhang insbesondere

- die persönliche und berufliche Unabhängigkeit sowie die Unparteilichkeit.
- die geordneten wirtschaftlichen Verhältnisse.
    - Wer eine eidesstattliche Versicherung geleistet hat oder mit seinem Unternehmen insolvent geworden ist, kann in der Regel nicht öffentlich bestellt werden.
- die persönliche Zuverlässigkeit.
    - Wer einschlägig vorbestraft ist und eine Eintragung im Bundeszentralregister oder im polizeilichen Führungszeugnis aufweist, kann nicht öffentlich bestellt werden.
- die einschlägigen Rechtskenntnisse.
    - Der Sachverständige muss über einschlägige Kenntnisse des deutschen Rechts verfügen (z.B.: § 407a ZPO, § 36 GewO, JVEG, Vertragsrecht, Haftungsrecht). Auf den Beitrag von *Bleutge*, Der Bausachverständige 2010 S. 48 wird hierzu verwiesen.
- das Angestelltenverhältnis.
    - Sachverständige, die ihre Gutachtentätigkeit in einem Angestelltenverhältnis ausüben wollen, müssen zusätzlich nachweisen, dass sie ihre Gutachten persönlich, unabhängig, weisungsfrei und in eigener Verantwortung erstatten können und dass sie dabei auf ihre öffentliche Bestellung hinweisen und ihre Gutachten alleine unterschreiben und mit ihrem Rundstempel versehen dürfen. Außerdem muss der Arbeitgeber oder Dienstherr eine Freistellungsbescheinigung erteilen, dass der Sachverständige jederzeit für gerichtliche Gutachtenerstattung tätig werden darf.

Vereidigung: Wenn diese Voraussetzungen gegeben sind, wird der Sachverständige durch die zuständige öffentlich-rechtliche Körperschaft (z.B. Industrie- und Handelskammer, Handwerkskammer) bestellt. Er muss zuvor einen Eid ablegen, dass er seine Aufgaben unparteiisch, unabhängig, weisungsfrei, gewissenhaft und persönlich erledigt.

1.5.5 Die Pflichten des öffentlich bestellten Sachverständigen

Inhalt und Umfang der Pflichten des öffentlich bestellten Sachverständigen werden durch die Sachverständigenordnungen der Bestellungskörperschaften in Form von Satzungsrecht bestimmt (vgl. *Landmann/Rohmer*, § 36 Rdn. 128 ff.). Weitere Pflichten finden sich in den gesetzlichen Bestimmungen der Zivilprozessordnung (§§ 407, 407a ZPO), die jedoch weitgehend mit dem Pflichtenkatalog der Kammern übereinstimmen (vgl. *Bleutge*, Der gerichtliche Gutachtenauftrag, Berlin, 8. Aufl. 2007; *ders.*, Der BauSV 4/2013 S. 56; *Zimmermann*, Der BauSV 3/2013 S. 57 und 4/2013 S. 50).

1.5.5.1 Pflicht zur unparteiischen Aufgabenerfüllung

Der Sachverständige hat bei der Erbringung seiner Leistung stets darauf zu achten, dass er sich nicht dem Vorwurf der Besorgnis der Befangenheit aussetzt. Er hat bei der Vorbereitung seines Gutachtens strikte Neutralität zu wahren, muss die gestellten Fragen objektiv und unvoreingenommen beantworten und darf mit dem Auftraggeber oder – in Gerichtsverfahren – mit einer Prozesspartei nicht freundschaftlich verbunden sein oder ihm bzw. ihr in feindlicher Haltung gegenüberstehen. Auf Gründe, die geeignet sind, Misstrauen gegen seine Unparteilichkeit zu rechtfertigen, hat er den Auftraggeber oder das Gericht unverzüglich hinzuweisen. Zur Ablehnung eines Sachverständigen genügt bereits der Anschein der Parteilichkeit. Daher darf der Sachverständige keine Gutachten in eigener Sache oder für Objekte oder Leistungen seines Dienstherrn oder Arbeitgebers erstatten. Objekte, die der Sachverständige im Rahmen seiner Tätigkeit bereits begutachtet hat, darf er nur dann sanieren, erwerben oder zum Erwerb vermitteln, wenn er einen solchen zusätzlichen Auftrag erst nach der Ablieferung seines Gutachtens vom Auftraggeber erhält.

1.5.5.2 Pflicht zur gewissenhaften Gutachtenerstattung

Der Sachverständige hat seine Aufträge unter Berücksichtigung des aktuellen Standes von Wissenschaft, Technik und Erfahrung mit der Sorgfalt eines ordentlichen Sachverständigen zu erledigen. Die tatsächlichen Grundlagen für ein Gutachten sind sorgfältig zu ermitteln und die erforderlichen Orts- oder Objektsbesichtigungen persönlich vorzunehmen. Die Gutachten sind systematisch aufzubauen, übersichtlich zu gliedern, nachvollziehbar zu begründen und auf das Wesentliche zu konzentrieren. Kommen für die Beantwortung der gestellten Fragen mehrere Lösungen ernsthaft in Betracht, so hat der Sachverständige diese darzulegen und den Grad der Wahrscheinlichkeit gegeneinander abzuwägen. Der Sachverständige soll nun einmal kein sicheres Ergebnis vorspiegeln, wo nur ein mehr oder minder hoher Grad von Wahrscheinlichkeit gegeben ist. Auf das IfS-Merkblatt zum Aufbau eines Gutachtens (IfS-Informationen 2006, Heft 1, S. 25) wird ergänzend verwiesen.

1.5.5.3 Pflicht zur Unabhängigkeit

Bei der Erbringung von Leistungen darf der Sachverständige keiner Einflussnahme ausgesetzt sein, die geeignet ist, seine tatsächlichen Feststellungen, Bewertungen oder Schlussfolgerungen so zu beeinflussen, dass die erforderliche Objektivität und Glaubwürdigkeit seiner Aussage nicht mehr gewährleistet sind. Insbesondere hat der Sachverständige dar-

1. Berufsrecht für Sachverständige

auf zu achten, dass er seine gutachterlichen Leistungen ohne Rücksicht auf das Auftragsvolumen oder auf die geschäftlichen Beziehungen zu einem einzelnen Auftraggeber (wirtschaftliche Unabhängigkeit) und auf Ergebniswünsche der Auftraggeber (persönliche Unabhängigkeit) erbringt.

1.5.5.4 Pflicht zur Weisungsfreiheit

Grundsätzlich bestimmen das Gericht das Beweisthema und der private Auftraggeber Gegenstand und Zweck des Gutachtens. Der Sachverständige darf aber keine Verpflichtungen eingehen, die geeignet sind, seine tatsächlichen Feststellungen und fachlichen Beurteilungen zu verfälschen. Insbesondere dann, wenn der Sachverständige im Angestelltenverhältnis tätig wird, darf er von seinem Arbeitgeber nicht angewiesen werden, dem Gutachten einen bestimmten Inhalt oder ein bestimmtes Ergebnis zu geben, der bzw. das fachlich nicht zu rechtfertigen ist. Ein Sachverständiger darf nun einmal von keiner Seite dazu angehalten werden, Vorgaben einzuhalten, die seine tatsächlichen Ermittlungen, Bewertungen und Schlussfolgerungen derart beeinflussen, dass unvollständige oder fehlerhafte Gutachtenergebnisse verursacht werden.

1.5.5.5 Pflicht zur persönlichen Gutachtenerstattung

Der Sachverständige hat die von ihm angeforderten Leistungen unter Anwendung der ihm zuerkannten Sachkunde in eigener Person zu erbringen. Er darf Hilfskräfte (angestellte oder selbständige Mitarbeiter) grundsätzlich nur zur Vorbereitung des Gutachtens und nur insoweit beschäftigen, als er ihre Mitarbeit ordnungsgemäß überwachen kann und seine Eigenverantwortlichkeit nicht verloren geht. Hilfskräfte dürfen nur zuarbeiten, aber beispielsweise nicht die Orts- und Objektsbesichtigung alleine durchführen. Auch die Formulierung des gesamten Gutachtens in der Weise, dass der eigentlich beauftragte Sachverständige nur noch seine Unterschrift und sein Siegel unter dieses „Fremdgutachten" setzt, verstößt gegen die Pflicht zur persönlichen Gutachtenerstattung. Sachverständige einer anderen Disziplin darf er ohne Rückfrage beim Auftraggeber oder Gericht überhaupt nicht als Hilfskraft (Untergutachter) in den Gutachtenauftrag einbeziehen. Orts- und Objektbesichtigungen muss er grundsätzlich in eigener Person vornehmen; das gilt sowohl bei Gerichtsauftrag als auch bei Privatauftrag. Auf die Beiträge von *Bleutge* (BIS & ACRONIS 2004, Heft 2 S. 45, Der Bausachverständige1/2009, 68) und DS 2008 S. 127) wird ergänzend verwiesen.

Erstatten aufgrund eines entsprechenden Auftrags mehrere Sachverständige ein Gemeinschaftsgutachten, muss zweifelsfrei erkennbar sein, welcher Sachverständige für welche Teile, Feststellungen oder Schlussfolgerungen verantwortlich ist. Übernimmt ein Sachverständiger Teile eines anderen Gutachtens, Feststellungen von Hilfskräften oder Untersuchungsergebnisse von Dritten, muss er dies im Gutachten kenntlich machen.

Erstatten Sozietäten, in welcher Rechtsform auch immer, ein Gutachten, muss auch hier die Person des Sachverständigen, der das Gutachten erarbeitet hat, deutlich herausgestellt werden, er muss das Gutachten unterschreiben. Ergänzend wird auf das IfS-Merkblatt zur Vertragserfüllung durch Sachverständige als Unternehmensleiter, Partner, Gesellschafter oder Angestellter (IfS-Informationen 2006, Heft 2, S. 5) verwiesen.

1.5.5.6 Pflicht zur Kundmachung der öffentlichen Bestellung

Der öffentlich bestellte Sachverständige muss in der Öffentlichkeit dokumentieren, dass er öffentlich bestellt und vereidigt ist, für welches Sachgebiet er bestellt ist und welche Bestellungsbehörde für ihn zuständig ist. Diese Offenbarungspflicht gilt sowohl auf Briefbögen und Gutachten als auch auf der Homepage im Internet. Die öffentliche Bestellung erfolgt ausschließlich im öffentlichen Interesse, und potenzielle Auftraggeber sollen sofort erkennen können, welcher Gruppe von Sachverständigen ein bestimmter Sachverständiger angehört. So kann sich der einzelne Auftraggeber darauf verlassen, dass bei einem öffentlich bestellten Sachverständigen dessen Sachkunde und Integrität behördlich überprüft sind und dass er bei schlechter Sachverständigenleistung eine „amtliche" Beschwerdestelle, nämlich die zuständige Bestellungskörperschaft, ansprechen kann.

Zusätzliche Bezeichnungen, Hinweise auf Mitgliedschaften und Mitteilungen sonstiger beruflicher Tätigkeiten sind nur zulässig, wenn sie weder über die fachliche Qualifikation des Sachverständigen täuschen noch über die zuständige Bestellungsbehörde irreführen. Ist eine Irreführung drucktechnisch nicht auszuschließen, müssen mehrere Briefbögen für die verschiedenen beruflichen Tätigkeiten benutzt werden. Grundsätzlich kann der Sachverständige aber auf seinem Briefbogen und im Internet auf seine sonstigen beruflichen Tätigkeiten und umgekehrt bei seiner beruflichen Darstellung auf seine Sachverständigentätigkeit hinweisen. Das nach älterer Rechtsprechung und Literatur geforderte Trennungsgebot (zwei Briefbögen, zwei Homepages) ist praxisfremd und dürfte auch mit den Pflichtangaben nach der Dienstleistungs-Informationspflichten-Verordnung nicht vereinbar sein (vgl. dazu *Bleutge*, DS 2012 S. 189 und Der BauSV 5/2012 S. 50).

1.5.5.7 Schweigepflicht

Dem öffentlich bestellten Sachverständigen ist es untersagt, bei der Ausübung seiner Tätigkeit erlangte Kenntnisse Dritten unbefugt mitzuteilen oder zum Schaden anderer oder zu seinem oder zum Nutzen anderer unbefugt zu verwerten; die Verletzung der Schweigepflicht ist mit Strafe bedroht (§ 203 Abs. 2 Nr. 5 StGB). Die Betonung liegt auf dem Wort „unbefugt". Erstattet der Sachverständige beispielsweise in öffentlicher Gerichtsverhandlung sein Gutachten, darf er darüber auch Personen, die dort nicht zugegen waren, berichten. Entbindet ihn sein Auftraggeber von der Schweigepflicht, darf er den Inhalt des Gutachtens veröffentlichen oder verwerten, sofern er dadurch keine anderen Rechte seines Auftraggebers verletzt. Stellt der Sachverständige bei der Bewertung eines Gebäudes fest, dass Schwarzarbeit geleistet oder dass übergebaut wurde, darf er dies nicht zur Anzeige bringen; der Sachverständige ist kein Polizist oder Hilfsorgan von sonstigen Ordnungs- und Verwaltungsbehörden. Inhalt und Ergebnis eines Gutachtens darf er dagegen in neutralisierter Form wissenschaftlich oder in gleich gelagerten Folgegutachten verwerten, wenn Rückschlüsse auf die Person des Auftraggebers und das begutachtete Objekt ausgeschlossen sind oder der Auftraggeber einer solchen Verwertung vorher zugestimmt hat.

1.5.5.8 Pflicht zur Erstattung von Gutachten

Die öffentliche Bestellung verpflichtet den Sachverständigen, Gutachten für jedermann zu erstatten. In den gerichtlichen Verfahrensordnungen ist diese Pflicht ausdrücklich gesetzlich geregelt (vgl. § 407 Abs. 1 ZPO, § 75 Abs. 1 StPO). Liegen hier Verweigerungsgründe vor, muss der Sachverständige einen Antrag auf Entbindung vom gerichtlichen Auftrag stellen.

Bei Privatauftrag besteht grundsätzlich eine Pflicht des Sachverständigen zur Übernahme von Gutachtenaufträgen, wie sich aus Sinn und Zweck der öffentlichen Bestellung ergibt. Die Bestellung erfolgt nämlich ausschließlich im Interesse der Öffentlichkeit, nicht aber im beruflichen Interesse des Sachverständigen. Bei Vorliegen eines wichtigen Grundes kann er jedoch die Gutachtenerstattung verweigern. Solche wichtigen Gründe sind beispielsweise: Krankheit, Überlastung, Zahlungsschwierigkeiten des Auftraggebers, Verlangen nach Gefälligkeitsgutachten, Freundschaft, Verwandtschaft oder ständige geschäftliche Beziehungen zum Auftraggeber.

1.5.5.9 Pflicht zur Fortbildung

Der Sachverständige muss sich auf dem Sachgebiet, für das er öffentlich bestellt und vereidigt ist, ständig fortbilden. Darüber hinaus hat er auch einen Erfahrungsaustausch mit Kollegen und einschlägigen Institutionen zu pflegen. Nur so ist er in der Lage, seinen Gutachten den jeweils neuesten Stand von Wissenschaft, Technik und Erfahrung zugrunde zu legen. Den Nachweis seiner Fortbildung kann er dadurch erbringen, dass er regelmäßig an entsprechenden Kursen, Seminaren und anderen Fortbildungsveranstaltungen teilnimmt und sich fortlaufend durch Eigenstudium der einschlägigen Fachbücher und Fachzeitschriften informiert. Da die öffentlich Bestellung bundeseinheitlich auf fünf Jahre befristet wird, muss der Sachverständige alle fünf Jahre der Bestellungskörperschaft nachweisen, dass er seiner Fortbildungspflicht nachgekommen ist und sich auf dem neuesten fachlichen Wissensstand befindet, um eine Verlängerung der Bestellung um weitere fünf Jahre zu erreichen. Die Fortbildungspflicht erstreckt sich sowohl auf Entwicklungen im fachlichen Bereich als auch im rechtlichen Umfeld der Sachverständigentätigkeit.

1.5.5.10 Pflicht zur Haftung

Da die Gutachtenerstattung eine persönliche und eigenverantwortliche Leistung darstellt und der Sachverständige sich in seinem Eid zur gewissenhaften Gutachtenerstattung verpflichtet hat, muss er naturgemäß für die Richtigkeit seines Gutachtens einstehen und die Haftung für diejenigen Schäden übernehmen, die auf Fehler seines Gutachtens zurückzuführen sind. Der Sachverständige darf deshalb im außergerichtlichen Bereich seine Haftung für Vorsatz und grobe Fahrlässigkeit weder ausschließen noch in irgendeiner Weise beschränken. Mithin darf der Sachverständige einen Haftungsausschluss oder eine Haftungsbegrenzung der Höhe nach nur in den Fällen leichter Fahrlässigkeit mit dem Auftraggeber vertraglich vereinbaren. Gleichzeitig soll der Sachverständige eine Haftpflichtversicherung in angemessener Höhe abschließen und während der Dauer der öffentlichen Bestellung aufrechterhalten; er soll sie zudem in regelmäßigen Zeitabständen auf Angemessenheit überprüfen. Zur Haftung und Vertragsgestaltung wird auf die IfS-Broschüre „Guter Vertrag – Weniger Haftung", Köln, 2.Aufl. 2009, verwiesen.

1.5.5.11 Pflicht zur Aufzeichnung, Aufbewahrung der Unterlagen und Auskunft

Um den öffentlich bestellten Sachverständigen kontrollieren und überwachen zu können, werden ihm eine Reihe von Aufzeichnungs-, Aufbewahrungs- und Auskunftspflichten auferlegt. Er muss von jedem Auftrag bestimmte Aufzeichnungen machen und von jedem Gutachten eine Durchschrift zehn Jahre lang aufbewahren; dabei kann er sich der elektronischen Archivierung bedienen.

Er muss von gerichtlichen Verfahren, die gegen ihn angestrengt werden, und vom Verfall seiner Vermögensverhältnisse der Kammer unverzüglich Mitteilung machen; weiter muss er die Bestellungskörperschaft über die Errichtung von Zweigniederlassungen und den Eintritt in eine Sozietät unterrichten. Schließlich muss er der Kammer Auskunft zu konkreten Gutachtenaufträgen geben, wenn Beschwerden über ihn eingehen oder seine Sachkunde oder Integrität angezweifelt werden. Die Bestellungskörperschaften können auch in den Geschäftsräumen des Sachverständigen eine so genannte Nachschau durchführen (§ 29 GewO).

1.5.6 Die Rechte des öffentlich bestellten Sachverständigen

Ein öffentlich bestellter Sachverständiger hat naturgemäß nicht nur Pflichten, sondern auch Rechte. Die wichtigsten Rechte werden nachstehend stichwortartig dargestellt.

1.5.6.1 Anspruch auf öffentliche Bestellung

Jeder Bewerber hat einen Anspruch auf öffentliche Bestellung, wenn er besondere Sachkunde nachweist und keine Bedenken gegen seine Eignung bestehen. Eine Bedürfnisprüfung dahingehend, ob die bereits bestellten Sachverständigen mit Aufträgen ausgelastet sind, so dass ein weiterer Sachverständiger erforderlich ist, findet nicht statt. Die Bestellungskörperschaften haben hier keinen Ermessensspielraum. Das BVerfG hat diese Art der konkreten Bedürfnisprüfung mit Beschluss vom 25.3.1992 (GewA 1992 S. 272) für verfassungswidrig erklärt. Zulässig ist dagegen die Bedürfnisprüfung, ob ein bestimmtes Sachgebiet für bestellungsfähig erklärt werden soll; in diesem Zusammenhang hat ein Bewerber einen Anspruch darauf, dass die Kammern durch bundesweite Umfrage ermitteln, ob ein nachhaltiger Bedarf bei potenziellen Auftraggebern, insbesondere bei Gerichten, nach öffentlich bestellten Sachverständigen für das vorgeschlagene Sachgebiet besteht.

1.5.6.2 Schutz der Bezeichnung

Nur dem öffentlich bestellten Sachverständigen ist es erlaubt, die Bezeichnung „öffentlich bestellter und vereidigter Sachverständiger" zu führen. Wer die Bezeichnung unberechtigt führt, kann strafrechtlich (vgl. § 132a StGB) verfolgt werden. Gleiche oder ähnliche Bezeichnungen können auch mit Hilfe des UWG untersagt werden, wenn sie irreführend sind, weil der betreffende Sachverständige gar nicht öffentlich bestellt ist (§ 5 UWG).

1.5.6.3 Bundesweite und internationale Betätigung

Die öffentliche Bestellung ist nicht regional auf den Kammerbezirk beschränkt. Vielmehr kann der öffentlich bestellte Sachverständige unter Hinweis auf seine öffentliche Bestellung bundesweit Gutachten erstatten oder sonstige Sachverständigentätigkeiten entfalten. Der von der Industrie- und Handelskammer Köln bestellte Sachverständige kann beispielsweise ein Gutachten für das Landgericht München erstatten oder einen Auftrag

1. Berufsrecht für Sachverständige

eines privaten Vertragspartners in Kiel erledigen, wenn er seinen Hauptwohnsitz oder Geschäftssitz in Köln hat.

Der Sachverständige darf sich auch im Ausland als öffentlich bestellter Sachverständiger bezeichnen und Gutachten erstatten, wenn dies dort erlaubt ist und er auch dort die Vorschriften der Sachverständigenordnung einhält. Dies beruht auf den Vorgaben der Richtlinie zur Dienstleistungsfreiheit (2006/123/EG) und zur Anerkennung von Berufsqualifikationen (2005/36/EG). Umgekehrt können auch Sachverständige aus den EU-Mitgliedstaaten in Deutschland tätig werden und hier auch im Rahmen des § 36a GewO öffentlich bestellt und vereidigt werden. Aufgrund dieser Dienstleistungsfreiheit ist es auch nicht mehr möglich, dass die deutschen Bestellungskörperschaften in ihrem Satzungsrecht vorschreiben, dass die Bestellung erlischt, wenn der Sachverständige seinen Geschäftssitz in einen anderen Kammerbezirk oder in einen EU Mitgliedstaat verlegt.

1.5.6.4 Wahl der Rechtsform und der Sozietäten

Der öffentlich bestellte Sachverständige kann seine berufliche Tätigkeit alleine oder zusammen mit Kollegen desselben oder eines anderen Sachgebiets ausüben. Zulässig sind dabei auch Sozietäten mit nicht bestellten Sachverständigen und anderen Berufsangehörigen. Voraussetzung ist allerdings, dass die Glaubwürdigkeit, das Ansehen und die Einhaltung der Pflichten des öffentlich bestellten Sachverständigen gewährleistet bleiben. Als Rechtsform einer Sozietät darf der öffentlich bestellte Sachverständige auch die Aktiengesellschaft oder die Gesellschaft mit beschränkter Haftung nutzen. Allerdings muss jeweils gewährleistet sein, dass der Sachverständige seine Gutachten auch in der Sozietät weisungsfrei, eigenverantwortlich und unabhängig erbringen kann. Will der Sachverständige seine Freiberuflichkeit erhalten, muss er die Rechtsform der BGB-Gesellschaft oder der Partnerschaftsgesellschaft benutzen.

Bei Privatauftrag wird die Gesellschaft Vertragspartner des Auftraggebers mit der Haftungseinschränkung bei der GmbH und der Partnerschaftsgesellschaft (§ 8 Abs. 4 PartGG). Gerichtsaufträge können dagegen nur von einer natürlichen Person übernommen werden mit der Haftungsfolge aus § 839a BGB.

1.5.6.5 Büroorganisation

Der öffentlich bestellte Sachverständige unterliegt bei der Organisation seines Bürobetriebs keinen Beschränkungen. Er allein bestimmt darüber, ob er seine Gutachten als „Einzelkämpfer" vorbereitet und erstattet oder ob er sich dabei angestellter oder außen stehender Hilfskräfte bedient. Er entscheidet weiter darüber, ob er seine Mitarbeiter öffentlich bestellen lässt oder ob er nicht bestellte Sachverständige anstellt. Sollen seine angestellten Mitarbeiter öffentlich bestellt werden, müssen sie logischerweise dieselben Qualifikationen nachweisen wie der öffentlich bestellte Inhaber des Sachverständigenbüros.

Der Sachverständige kann seine Hauptniederlassung (Mittelpunkt seiner Sachverständigentätigkeit) frei bestimmen. Das kann auch der Wohnsitz sein, muss es aber nicht. Er kann ohne Zustimmung der Bestellungskörperschaft weitere Zweigniederlassungen gründen und auch im Ausland tätig werden.

1.5.6.6 Akquisition und Werbung

Wie jeder Freiberufler oder Gewerbetreibender lebt auch der öffentlich bestellte Sachverständige von Aufträgen. Diese gibt es jedoch nur dann, wenn er sich bei potenziellen Auftraggebern bemerkbar machen kann. Dazu muss er die Möglichkeiten der Werbung nutzen dürfen. Es gibt kein Werbeverbot (vgl. dazu *Bleutge*, Der Bausachverständige 6/2008 S. 54, 1/2009 S. 62 und 5/2012 S. 50, DS 2012 S. 189; *Ottofülling*, DS 2009 S. 103; *Klute*, NZBau 2008 S. 556). Der öffentlich bestellte Sachverständige darf jederzeit potenzielle Auftraggeber durch Rundschreiben oder in anderer Weise auf seine öffentliche Bestellung und Gutachtentätigkeit aufmerksam machen; er kann darüber hinaus auch Werbeanzeigen in Fachzeitschriften oder den „Gelben Seiten" der Fernsprechbücher schalten. Bei allen Werbeaktionen sollte er sich jedoch im eigenen Interesse eine gewisse Zurückhaltung auferlegen und sich auf sachliche Informationswerbung beschränken, weil es bei Nachfragern keinen guten Eindruck macht, wenn ein Sachverständiger seine Dienstleistungen marktschreierisch wie Billigprodukte anpreist oder in aufdringlicher Weise vorstellig wird und um Aufträge nachsucht. Die Grenzen jeder Werbung werden im Gesetz gegen den unlauteren Wettbewerb aufgezeigt. Nähere Ausführungen zu dieser Thematik finden sich in der IfS-Broschüre „Mit Sachverstand werben" (3. Auflage 2013).

Hervorzuheben ist in diesem Zusammenhang, dass nach älterer Rechtsprechung und Literatur der Sachverständige seine öffentliche Bestellung nicht als Vorspannwerbung für seine sonstige gewerbliche oder berufliche Tätigkeit einsetzen darf. Er darf also bei seiner beruflichen Tätigkeit nicht gleichzeitig auf seine Sachverständigentätigkeit hinweisen und umgekehrt. Mithin muss er zwei Briefbögen, zwei Hompages und zwei Visitenkarten verwenden. Allerdings wird diese strenge Vorgabe in jüngster Zeit in der Rechtsprechung und Literatur aufgeweicht. Die IHKn haben die entsprechende Bestimmung aus der Muster-SVO gestrichen. Das OLG Naumburg (3.3.2006, DS 2007 S. 24) hat ein Trennungsgebot wegen fehlender Rechtsgrundlage verneint. In der jüngeren Literatur wird das Trennungsgebot (Vorspannwerbung) ebenfalls infrage gestellt (*Bleutge*, Der BauSV 5/2012 S. 50 und DS 2012 S. 189). Die neue Dienstleistungs-Informationspflichten-Verordnung verpflichtet den Sachverständigen auf Anfrage und bei ausführlicher Berufsdarstellung, alle beruflichen Tätigkeiten zusammen anzugeben bzw. zu veröffentlichen. Es bleibt zu hoffen, dass andere Gerichte diese unverständliche Vorgabe eines Trennungsgebots ebenfalls als eine unzulässige Einschränkung der beruflichen Tätigkeit beurteilen.

Zusätzlich zu eigenen Werbeaktivitäten machen auch die Kammern die interessierte Öffentlichkeit in jeder erdenklichen Weise auf die Tätigkeit der von ihnen öffentlich bestellten Sachverständigen aufmerksam. Sie geben landesweite und regionale Listen aller öffentlich bestellten Sachverständigen heraus und verteilen diese kostenlos an alle infrage kommenden Auftraggeber wie beispielsweise Gerichte, Behörden, Versicherungen und Rechtsanwälte. Darüber hinaus wird in den Kammerzeitschriften und Regionalzeitungen über den öffentlich bestellten Sachverständigen berichtet und dabei regelmäßig Neubestellungen, Sachgebietserweiterungen, Sitzverlegungen und Erlöschen mitgeteilt. Und schließlich sind alle öffentlich bestellten IHK-Sachverständigen im Internet (www.svv.ihk.de) abrufbar. Ebenso gibt es eine Internetplattform für alle Hwk-Sachverständigen (www.svd-handwerk.de)

1.5.6.7 Inhalt und Umfang des Honorars

Bei Privatauftrag ist der Sachverständige in der Honorargestaltung frei. Es gibt keine bundesweit geltende staatliche Gebührenordnung für alle Sachverständigen im außergerichtlichen Bereich. Mithin kann ein Sachverständiger für jeden Einzelfall mit seinem Auftraggeber Umfang und Höhe des Honorars frei vereinbaren. Gibt es jedoch für den privaten Bereich eine spezielle berufsbezogene staatliche Gebührenordnung (z.B. die HOAI), muss der Sachverständige diese anwenden, wenn sich darin ein Gebührentatbestand für gutachterliche Tätigkeit befindet.

Bei Gerichtsauftrag gibt es allerdings eine staatliche Gebührenordnung für alle Sachverständigen, Dolmetscher und Übersetzer: das Justizvergütungs- und -entschädigungsgesetz (JVEG), das mit Gesetz vom 23.7.2013 (BGBl. 2013 I S. 2586) novelliert wurde. Das JVEG findet auch Anwendung, wenn die Staatsanwaltschaft oder andere in § 1 JVEG genannte Behörden Gutachtenaufträge an Sachverständige, Dolmetscher oder Übersetzer vergeben. Auf den Beitrag in Kapitel 32 dieses Buches und *Bleutge*, DS 2013 S. 256 wird verwiesen.

1.5.6.8 Gestaltung des Vertrags mit dem Auftraggeber

Erhält der Sachverständige im außergerichtlichen Bereich den Auftrag, ein Gutachten zu erstatten, kommt nach ständiger BGH-Rechtsprechung ein Werkvertrag zustande. Der Vertrag bedarf keiner Schriftform. Es empfiehlt sich jedoch, den Vertrag schriftlich abzuschließen und darin den Auftrag präzise zu beschreiben und abzugrenzen, den Zweck des Gutachtens zu definieren und Inhalt und Umfang der Vergütung festzulegen. Die Sachverständigenordnung enthält zur Vertragsgestaltung lediglich eine Einschränkung: Die Haftung für Vorsatz und grobe Fahrlässigkeit darf weder ausgeschlossen noch in anderer Weise eingeschränkt werden. Eine Hilfestellung zur Formulierung eines Sachverständigenvertrags bietet die Broschüre „Guter Vertrag – Weniger Haftung", die 2009 in zweiter Auflage vom Institut für Sachverständigenwesen herausgegeben wurde.

1.5.6.9 Beendigung der Bestellung und Befristung

Der öffentlich bestellte Sachverständige bestimmt grundsätzlich auch darüber, wann seine Bestellung endet. Er kann jederzeit auf seine Bestellung verzichten. Die früher vorhandene Bestimmung, dass die öffentliche Bestellung mit Erreichen des 68. Lebensjahrs erlischt, wurde aufgrund des Urteils des BVerwG vom 1.2.2012 (NJW 2012 S. 1018) ersatzlos gestrichen. Das Gericht sah in dieser Bestimmung einen Verstoß gegen europäisches und deutsches Recht (§ 8 Abs. 1 AGG i.V.m. Art. 4 Abs. 1 der RL 2000/78/EG).

Alle öffentlichen Bestellungen werden auf fünf Jahre befristet. Nach Ablauf der Frist erlischt die öffentliche Bestellung. Eine Verlängerung (erneute Bestellung) um weitere fünf Jahre erfolgt auf Antrag. Dazu muss der Sachverständige nachweisen, dass er seiner Weiterbildungspflicht nachgekommen ist und seine Gutachten dem aktuellen Stand von Wissenschaft, Technik und Erfahrung entsprechen. Auf die Ausführungen von *Bleutge* (Der BauSV 2005, Heft 1, S. 5 und Heft 4, S. 52; DS 2003 S. 356; GewA 2008 S. 15) wird ergänzend verwiesen.

1.5.7 Widerruf der öffentlichen Bestellung

Die Kammern haben schließlich auch noch die Aufgabe, die öffentlich bestellten Sachverständigen während der Zeit ihrer Bestellung zu überwachen und zu kontrollieren. Wenn sich also Auftraggeber über eine mangelhafte Gutachtenleistung eines Sachverständigen beschweren wollen, können sie die jeweils zuständige Kammer anschreiben und um Überprüfung des beanstandeten Gutachtens bitten. Einen Anspruch auf Überprüfung mit entsprechender Stellungnahme hat der Auftraggeber jedoch nicht. Die Kammer muss dem Sachverständigen rechtliches Gehör gewähren und ihn auffordern, zu der Beschwerde Stellung zu nehmen. Bei Berechtigung der Beschwerde wird sie die gebotenen verwaltungsrechtlichen Maßnahmen einleiten, die bis zum Widerruf gehen können.

Ein Widerruf der öffentlichen Bestellung kommt nur bei schwerwiegenden und nachhaltigen Verstößen gegen den Pflichtenkatalog der Sachverständigenordnung in Betracht. Weiterhin kann die Bestellung widerrufen werden, wenn der Sachverständige die erforderliche besondere Sachkunde nicht mehr besitzt oder wenn aufgrund strafrechtlicher Verfehlungen oder unsolider Vermögensverhältnisse die persönliche Eignung, das Ansehen in der Öffentlichkeit und die Glaubwürdigkeit des Sachverständigen nicht mehr vorhanden sind.

1.5.8 Erlöschen der öffentlichen Bestellung

Die öffentliche Bestellung erlischt in folgenden Fällen:
- Rückgabe der Bestellung durch den Sachverständigen
- Ablauf der fünfjährigen Bestellungsfrist
- Widerruf der öffentlichen Bestellung durch die Kammer.

Die öffentliche Bestellung erlischt nicht, wenn der Sachverständige seinen Geschäftssitz (Mittelpunkt seiner Sachverständigentätigkeit) in einen anderen Kammerbezirk oder in einen EU-Mitgliedstaat verlegt. Die Bestellungskörperschaften bestimmen zwar immer noch, dass die öffentliche Bestellung erlischt, wenn der Sachverständige keine Niederlassung mehr im Geltungsbereich des Grundgesetzes unterhält; diese Regelung dürfte aber mit dem Grundsatz der Dienstleistungsfreiheit innerhalb der EU-Mitgliedstaaten nicht zu vereinbaren sein (*Bleutge*, Der BauSV 1/2010 S. 48/49). In einem solchen Fall kann sich der Sachverständige aber dadurch helfen, dass er in Deutschland eine Niederlassung unterhält.

1.6 Die Entwicklung in der Europäischen Union (EU)

In den Mitgliedstaaten der EU gibt es mit Ausnahme von Österreich kein System der Anerkennung von Sachverständigen, das mit der öffentlichen Bestellung und Vereidigung in Deutschland vergleichbar ist. In fast allen Staaten werden Überwachungs- und Überprüfungsaufgaben in den sicherheitsrelevanten Bereichen durch Angestellte des Staates oder durch Organisationen, die vom Staat anerkannt sind, durchgeführt. In den Ländern mit

1. Berufsrecht für Sachverständige

einem Rechtssystem, das mit dem in Deutschland vergleichbar ist, gibt es bei den Gerichten Listen, in denen qualifizierte Sachverständige registriert werden. In anderen Staaten (z.B. England) werden in Gerichtsverfahren die Sachverständigen nicht von den Gerichten bestellt, sondern von den Prozessparteien mitgebracht. Ergänzend wird auf die Broschüre des Instituts für Sachverständigenwesen „Das Sachverständigenwesen in Europa", Köln 2006 und die Beiträge von *Floter*, DS 2007 S. 8 und *K. Bleutge* in Bayerlein, § 39, und DS 2008 S. 293, verwiesen.

Die Entwicklung dürfte wohl dahin gehen, dass man europaweit das geltende Normensystem der Akkreditierung und Zertifizierung benutzt, das es erlaubt, auch Sachverständige hinsichtlich ihrer Qualifikation und Integrität durch akkreditierte Organisationen zu zertifizieren. In Deutschland gibt es bereits in den Sachbereichen „Bewertung von bebauten und unbebauten Grundstücken", „Bauschäden" und „Kraftfahrzeugschäden und Kraftfahrzeugbewertung" Sachverständige, die von einer nach DIN EN ISO/IEC 17024 akkreditierten Stelle zertifiziert sind.

1.7 Das Institut für Sachverständigenwesen

Das Institut für Sachverständigenwesen (IfS) ist eine unabhängige, wissenschaftliche Einrichtung, die von Architektenkammern, Handwerkskammern, Industrie- und Handelskammern, Ingenieurkammern, Landwirtschaftskammern, Sachverständigenverbänden und Sachverständigenorganisationen sowie Einzelmitgliedern getragen wird. Es hat die Aufgabe, Themen im Bereich des Sachverständigenwesens, die von allgemeiner oder grundsätzlicher Bedeutung sind, wissenschaftlich zu untersuchen und die Forschungsergebnisse für die Praxis auszuwerten.

Die Arbeit des Instituts ist darüber hinaus auf die Förderung der Zusammenarbeit und des Meinungsaustauschs unter den Sachverständigen und ihren Auftraggebern sowie der Zusammenarbeit mit öffentlichen und privaten Einrichtungen auf dem Gebiet des Gutachten- und Sachverständigenwesens gerichtet. Zu den Aufgaben des Instituts gehören auch die Planung und Durchführung von Aus- und Fortbildungsmaßnahmen für Sachverständige. Das IfS gibt eine Fachzeitschrift, die IfS-Informationen, heraus, die bereits im 35. Jahr erscheint. Und schließlich ist die IfS-GmbH akkreditierte Zertifizierungsstelle für Sachverständige im Bereich „Kfz-Schäden und -bewertung".

Postanschrift: Hohenzollernring 85-87, 50672 Köln

Homepage: www.ifsforum.de

2. Anforderungen an ein Gutachten

Michael Staudt

Übersicht

2.1	Der Aufbau des Gerichtsgutachtens
2.2	Gliederung
2.2.1	Mitteilung von Informationen als Aufgabe
2.2.2	Feststellungen von Tatsachen als Aufgabe
2.2.3	Feststellungen und Beurteilungen von Tatsachen aus der gestellten Aufgabe
2.2.4	Detailgliederung
2.3	Wichtige mögliche Fehlerquellen im Gutachten
2.3.1	Deckblatt
2.3.2	Gliederung
2.3.3	Feststellungen
2.3.4	Auswertungen und Schlussfolgerungen
2.3.5	Zusammenfassung der Gutachten-Ergebnisse
2.3.6	Allgemein übliche Gliederung eines Gutachtens in Kurzform
2.4	Äußere Form des Gutachtens
2.5	Versand/Überbringung des Gutachtens
2.6	Überstellen des Gutachtens an den AG
2.7	Ergänzungen zum Gutachten
2.8	Vergütungsansprüche
2.8.1	Private Auftraggeber
2.8.2	Behörden/Ämter
2.8.3	Gerichte (Zivil- und Strafgerichte)
2.9	Die private Gutachtertätigkeit
2.9.1	Vorbemerkungen zur Schuldrechtsmodernisierung
2.9.2	Vertragsabschluss und Vertragsinhalt, Zielsetzungen des Privatgutachtens
2.9.3	Die Pflichten des Privatgutachters sind im Einzelnen
2.9.4	Rechte des Privatgutachters
2.9.5	Erstellung des Gutachtens
2.9.6	Haftung des Privatgutachters
2.10	Sonderformen der Gerichtsgutachtertätigkeit

2.1 Der Aufbau des Gerichtsgutachtens

Der Aufbau des Gutachtens wird in erster Linie durch seine Aufgabenstellung bestimmt und in zweiter Linie durch seinen Umfang. Zweck eines jeden Gutachtens ist die Vermittlung von verwertbarem Fachwissen. Grundsätzlich sind keine rechtlichen Schlussfolgerungen zu ziehen, sonst besteht eine Ablehnungsgefahr. Das Gutachten muss vom Gericht nachvollzogen werden können. Das Schema des guten Aufbaus, die **Gliederung** des Gutachtens selbst, muss keineswegs starr an den Überschriften hängen, sondern hat sich an der gestellten Aufgabe zu orientieren.

2.2 Gliederung

2.2.1 Mitteilung von Informationen als Aufgabe

1. Auftrag
2. Informationen

2.2.2 Feststellungen von Tatsachen als Aufgabe

1. **Auftrag,**
2. **Grundlagen der Feststellungen** (angewendete Untersuchungsmethoden, Objektbeschreibungen, Ortstermine, verwendete Unterlagen),
3. **Feststellung im Einzelnen** (ggf. Unterteilungen nach Kategorie oder Örtlichkeit der festgestellten Tatsachen),
4. bei längeren Gutachten ist eine **Zusammenfassung**, möglichst kurz nach Auftrag und Ergebnis, und Lösungsweg anzugeben.

2.2.3 Feststellungen und Beurteilungen (Schlussfolgerungen) von Tatsachen aus der gestellten Aufgabe

1. **Auftrag**
2. **Feststellungen**
3. **Schlussfolgerungen (Beurteilungen)**
4. **Zusammenfassung**

2.2.4 Detailgliederung

Deckblatt mit Name, Adresse, Bestellungsgebiet und Bestellungsinstitution des Sachverständigen; gemäß Beweisbeschluss mit Spruchkörper und Datum, Benennung der Parteien, Anwälten, Verfahrensgegenstand, gerichtlichem Aktenzeichen usw.

(Gliederung zweckmäßig ab etwa 15 Gutachtenseiten)

1. **Auftrag (oder Grundlagen des Gutachtens)** Beweisthema – gegebener Sachverhalt – vom Gericht vorgegebene Anknüpfungstatsachen – Weg der Problemlösung – verwendete Unterlagen – Informationsquellen – Tätigkeit qualifizierter Mitarbeiter – u.U. Literatur – soweit nötig, allgemein verständliche Definition von Fachbegriffen.
2. **Feststellungen** wie Untersuchungen, Materialprüfungen oder Ortsbesichtigungen; im letzteren Fall etwa: Einladung, Zeitpunkt, Teilnehmer, wichtiges Vorbringen der Teilnehmer, eigene Feststellungen, ggf. Fotos, Darstellungen von Ist- und Soll-Zuständen;

3. **Schlussfolgerungen** aus Akten und eigenen Feststellungen je nach Beweisthema, etwa: Was waren die technischen Ursachen der festgestellten Mängel, was schied als Ursache aus, wer hat sie aus technischer Sicht verursacht, wie lange bestanden sie, warum wurden sie nicht beseitigt, wie ist die Höhe des Schadens?
4. **Zusammenfassung** mit kurzer Wiederholung des Themas und der Ergebnisse, Datum, Unterschrift und Stempel des SV.
5. **Anlagen** oder **Teil II** des Gutachtens; hier alles, was mit dem Text laufend verglichen werden kann oder soll: Fotos, Tabellen, ggf. Ablichtungen aus der Fachliteratur. Deshalb müssen Text und Anhang durch entsprechende Kennzeichnungen und gegenseitige Verweisungen verbunden werden; Bildunterschriften bzw. Erklärungen.

2.3 Wichtige mögliche Fehlerquellen im Gutachten

2.3.1 Deckblatt

Ungenaue Angabe oder Nichterwähnung des Sachgebietes der öffentlichen Bestellung, Nichterwähnung der bestellenden Instanz, zusätzliche, nach der Sachverständigenordnung nicht zulässige Angaben.

2.3.2 Gliederung

Sie muss das Vorgehen des Sachverständigen, die Systematik der Gedankengänge und die Trennung von Tatsachen und Schlussfolgerungen klar erkennen lassen.

2.3.3 Feststellungen

„Die richtige Tatsachenfeststellung ist das unerlässliche Fundament eines zutreffenden Gutachtens und damit Voraussetzung einer richtigen gerichtlichen Entscheidung. Auch ein großartiges Gedankengebäude, der neueste Stand wissenschaftlicher Einsichten und die überzeugendsten Schlussfolgerungen sind wertlos, ja sie führen in die Irre, wenn sie nicht den Tatsachenstoff des Prozesses betreffen, auf unsicherem Tatsachenbefund aufbauen oder auf Tatsachen beruhen, die im Prozess ordnungswidrigerweise beschafft worden sind" (Bayerlein, Praxishandbuch, 3. Aufl. 2002, § 15 RdNr. 6).

Nur vorgetragene Tatsachen beachten, unbestrittene Tatsachen sind ungeprüft zugrunde zu legen (im Zivilprozess). In der Regel keine Übernahme von Zeugenaussagen, soweit keine Anweisungen durch das Gericht vorliegen. Vorsicht bei Tatsachenfeststellungen aus Privatgutachten oder früheren Gerichtsgutachten. Vorsicht bei Verwendung von Plänen und Fotos. Rechtsfragen sind grundsätzlich nicht Sachverständigenangelegenheit, außer wenn sie im Fachgebiet des SV liegen und vorgreiflicher Natur und zweifelsfrei sind.

2. Anforderungen an ein Gutachten

Bei allen Tatsachenfeststellungen sind Quellen anzugeben. Äußerungen von Parteien während des Ortstermins können regelmäßig dann vom Sachverständigen übernommen werden, wenn von der Gegenseite ausdrücklich zugestanden, es sei denn, sie widersprechen offensichtlich dem Fachwissen des Sachverständigen (SV). Feststellungen von Hilfskräften dürfen nicht als eigene Feststellungen hingestellt werden. Bei Zweifelsfragen hinsichtlich des Tatsachenstoffs ist Rückfrage bei Gericht zu nehmen. Der SV darf von sich aus keine Kollegen in deren Sachverständigeneigenschaft zur Tatsachenfeststellung beiziehen.

2.3.4 Auswertungen und Schlussfolgerungen

Sie müssen fachlich und sprachlich schlüssig sein. Neueste Erkenntnisse der jeweiligen Lehre, allgemein anerkannte Regeln der Technik und sonstige Leitsätze sind zu beachten, aber auch, auf welchen Zeitpunkt der zur Beurteilung einer technischen Leistung erforderliche Stand der Technik zu beziehen ist. Bei notwendiger Auseinandersetzung mit der wissenschaftlichen Lehre ist der eigene Standpunkt nachvollziehbar zu begründen.

Niemals sollten wahrscheinliche Schlussfolgerungen als sicher dargestellt werden. Niemals sollte auf ein vom SV vorgeahntes Ergebnis hin argumentiert werden. Bei unklarem Tatsachenstoff ist u.U. ein Alternativ-Gutachten zu erstellen. Mit Ausnahme des Alternativ-Gutachtens muss die gezogene Schlussfolgerung endgültig sein. Auch ein Gutachten, bei dem sich eine verlangte Schlussfolgerung als unmöglich erweist, kann für das Gericht von Wert sein.

2.3.5 Zusammenfassung der Gutachten-Ergebnisse

Sie muss das Beweisthema vollständig beantworten, darf dieses aber nicht überschreiten. Im vorhergehenden Text enthaltene Wahrscheinlichkeiten, Zweifel oder vom SV ggf. nicht gelöste Fragestellungen sollten in der Zusammenfassung nochmals erwähnt werden. Der SV muss mit der Möglichkeit rechnen, dass der überlastete Richter in erster Linie die Zusammenfassung liest. Betonung der eigenen Unabhängigkeit und des „besten Wissens und Gewissens" beim öffentlich bestellten SV ist unnötig, man sollte sich **keinesfalls** unaufgefordert auf den Sachverständigeneid beziehen, weil dies nicht erforderlich ist und nur ungewollte Folgen haben könnte, da es die Eidesformel wiedergibt.

2.3.6 Allgemein übliche Gliederung eines Gutachtens in Kurzform

- Vorspann zum Gutachten
- Benennung der Aufgabenstellung
- Benennung der relevanten Beurteilungsfakten und -kriterien
- Beschreibung des **Ist**-Zustandes
- Beschreibung des **Soll**-Zustandes
- Darstellen der Abweichungen zwischen **Ist**- und **Soll**-Zustand

- Vergleichen/Prüfen von vorgesehenen **Soll**-Fakten, z.B. DIN-Normen, ATV (Allgemeine technischen Vorschriften, z.B. VOB), Herstellervorschriften und die „Allgemein anerkannten Regeln der Technik"
- Zusammenfassende Beurteilung erstellen (Gutachtensergebnis)
- Schlusspräambel
- Anlagen beifügen, diese aufzählen und benennen

2.4 Äußere Form des Gutachtens

- Gutachten sollten möglichst als Dokument gelten und nicht „teilbar", sondern gebunden sein
- Gutachten sind zu klammern, zu binden und/oder zu verkleben
- Gutachten sind in einen ordentlichen Einband zu kleiden – die eigene Visitenkarte (Werbung) sollte am Gutachten von außen erkennbar sein.

2.5 Versand/Überbringung des Gutachtens

Der GA-Auftrag – ein Werkvertrag – erfordert die Fertigstellung und Abnahme, erst dann erfolgt der Anspruch auf die Bezahlung (§ 632 BGB) oder Vergütung.

Bei fehlerhafter Ausführung muss nachgebessert werden (§ 633 BGB), erst dann ergibt sich ein „Vergütungsanspruch". Die Gewährleistung läuft, sofern nichts anderes vereinbart ist, drei Jahre (§ 195 BGB), d.i. die Verjährungsfrist! Die Verjährung beginnt aber erst zu laufen, wenn der AG Kenntnis von den Umständen des Mangels an der Sache hat und die den Anspruch begründen (§ 199 Abs. 2 BGB). Bei grober Fahrlässigkeit gelten nach wie vor 30 Jahre für die Verjährung (§ 199 Abs. 2 BGB).

Der Vergütungsanspruch entsteht, wenn die vereinbarte Leistung, d.h. das Gutachten, erstellt, übergeben und abgenommen wurde. Nach § 634 Abs. 1 bis 3 BGB besteht eine „Nacherfüllungspflicht" bei erkennbaren Mängeln des GA.

2.6 Überstellen des Gutachtens an den AG

- direkte Übergabe
- postalische Zustellung
- Zustellung per Boten
- Zustellung per Paketdienst/Kurier
- Übermittlung per Computerleitung (E-Mail, Internet)
- Übermittlung per Telex oder Telefax

> **PRAXISTIPP**
> *Es ist sinnvoll, einen Beleg über die Zustellung zu haben!*

2.7 Ergänzungen zum Gutachten

Auf Fragen der Parteien und des Gerichts sind ggf. Ergänzungs-Gutachten zu erstellen. Es besteht auch die Möglichkeit der mündlichen Erläuterung des Gutachtens bei Gericht.

2.8 Vergütungsansprüche

2.8.1 Private Auftraggeber

a) Freie Vereinbarungen, sofern sie nicht durch die Tätigkeitsmerkmale z.B. der HOAI oder anderer Kostengesetze berührt werden. Hier ist jede Möglichkeit der Honorierung/Bezahlung möglich, sofern sie von den Vertragspartnern akzeptiert wird und nicht gegen die guten Sitten verstößt.

b) Bei HOAI-Tätigkeitsmerkmalen eines Ingenieurs oder Architekten gilt meist die Vergütung nach § 6 Zeithonorar.

Bei Stundensatz-Vereinbarungen **muss** eine schriftliche Vereinbarung getroffen werden, sonst gelten nur die Mindestsätze der HOAI.

Nebenkosten werden nach § 3 HOAI und die Mehrwertsteuer nach § 9 HOAI verrechnet.

Der § 34 HOAI gilt für Wertermittlungen, egal, wer sie erstellt hat, die Tabelle ist tätigkeitsorientiert und **nicht** berufsorientiert ausgerichtet. Sie ist eine gewisse Verbindlichkeit, da es eine staatliche Gebührenordnung ist.

2.8.2 Behörden/Ämter

Vereinbarungen gelten im Prinzip wie bei privaten Auftraggebern, in Bayern gibt es die Besonderheit der ZuSEVO – Entschädigungsregelung für Zeugen und Sachverständige, die in Verwaltungssachen tätig sind – dies in Anlehnung an das ZSEG, jedoch mit höheren Stundensätzen.

2.8.3 Gerichte (Zivil- und Strafgerichte)

Es gilt das JVEG – Justiz-Vergütungs- und Entschädigungsgesetz vom 1.8.2013.

Die wichtigsten Paragrafen für Sachverständige lauten:

Abschnitt 1 Allgemeine Vorschriften
- § 1 Geltungsbereich und Anspruchsberechtigte
- § 2 Geltendmachung und Erlöschen des Anspruchs, Verjährung
- § 3 Vorschuss
- § 4 Gerichtliche Festsetzung und Beschwerde
- § 4a Abhilfe bei Verletzung des Anspruchs auf rechtliches Gehör
- § 4b Elektronische Akte, elektronisches Dokument

Abschnitt 2 Gemeinsame Vorschriften
- § 5 Fahrtkostenersatz
- § 6 Entschädigung für Aufwand
- § 7 Ersatz für sonstige Aufwendungen

Abschnitt 3 Vergütung von Sachverständigen, Dolmetschern und Übersetzern
- § 8 Grundsätze der Vergütung
- § 8a Wegfall oder Beschränkung des Vergütungsanspruchs
- § 9 Honorar für Leistungen der Sachverständigen und Dolmetscher
- § 10 Honorar für besondere Leistungen
- § 12 Ersatz für besondere Aufwendungen
- § 13 Besondere Vergütung
- § 14 Vereinbarung der Vergütung

Die jeweils gültige Mehrwertsteuer ist gesondert auszuweisen und dem Rechnungsbetrag zuzurechnen.

> **PRAXISTIPP**
>
> Zu beachten sind bei der Abrechnung:
> - Vorsicht bei Fremdleistungen, vorher ist Rücksprache mit dem beauftragenden Gericht zu nehmen,
> - es sind gewisse Formen bei der Abrechnung zu beachten,
> - bei Rechnungen an die Gerichte sind die einzelnen Leistungen aufzugliedern und zu begründen.

2.9 Die private Gutachtertätigkeit

2.9.1 Vorbemerkungen zur Schuldrechtsmodernisierung

Das Gesetz zur Modernisierung des Schuldrechts vom 26.11.2001 hatte hinsichtlich **Vertragsabschluss und Haftung** des Privatgutachters **Neuerungen** mit sich gebracht, deren wichtigste Punkte in die folgenden Texte einbezogen sind.

2.9.2 Vertragsabschluss und Vertragsinhalt, Zielsetzungen des Privatgutachtens

Während es für die gerichtliche Gutachtertätigkeit keinerlei Verträge und somit keinerlei Vertragsprobleme gibt, besteht zwischen dem privaten Auftraggeber und dem SV normalerweise ein **Werkvertrag** („geistiges Werk"). Soweit irgend möglich, soll die Schriftform

2. Anforderungen an ein Gutachten

gewählt werden. Im Streitfall kann der SV damit darlegen, dass er seinen Pflichten in vollem Umfang nachgekommen ist und sein Honoraranspruch zu Recht besteht (§§ 631 ff. BGB).

Die §§ 305 ff. BGB enthalten eine Anzahl zwingender Forderungen, die auch vom Privatgutachter zu beachten sind. Das frühere AGB-Gesetz ist dort eingeflossen. Besonderen Schutz genießt der „Verbraucher", wenn er als Auftraggeber zugleich Endverbraucher ist. Besonderheiten sind zu beachten, wenn der Vertragsabschluss ohne persönliche Gegenwart der Parteien erfolgt (Fernabsatz). Es empfiehlt sich daher, jeweils einen eigenen privaten Vertrag abzuschließen.

Wenn es Bestellungstenor und Aufgabenstellung erlauben, ist der Individualvertrag dem Formularvertrag nicht nur aus Haftungsgründen vorzuziehen. Die Bedingungen des Individualvertrags müssen zwischen den Parteien „ausgehandelt" werden. An sich ist das Werksvertragsrecht „dispositiv". Vereinbart werden darf somit, was gesetzlich nicht verboten ist. Ist nichts anderes vereinbart, so gelten die gesetzlichen Vorschriften.

Der Sachverständigenvertrag sollte im Einzelnen Folgendes enthalten und regeln:

- die **Vertragspartner** mit Anschriften,
- das **Thema** (möglichst exakt, wegen der Rechtsprechung zur Haftungsbeschränkung u.U. erwähnen, was eben nicht Aufgabe des SV ist),
- den **Zweck** des GA (auch, um die Haftung bei vertragswidriger Verwertung einzuschränken),
- ggf. benötigte **Unterlagen, Auskünfte, Besichtigungsmöglichkeiten**,
- Zuziehungsmöglichkeiten von Hilfskräften,
- erwarteter Ablieferungstermin,
- **Honorar** einschließlich Anzahlung, Abnahme und Fälligkeit, ggf. Honorarsicherung,
- **Haftungsbeschränkungen** (soweit zweckmäßig und möglich).

Im Sachverständigenvertrag, besonders bei Schiedsgutachterverträgen, sollte das Werkvertragsrecht ausdrücklich vereinbart werden, um für den Fall einer gerichtlichen Auseinandersetzung eine klare Rechtsgrundlage für beide Teile zu haben.

Mögliche Zielsetzungen des Privatgutachtens		
Vorlage bei Gericht (Parteigutachten), entweder, um später einen Gerichtsgutachter zu „fesseln", oder bereits das vorliegende Gerichtsgutachten unparteiisch kritisch zu bewerten	Außergerichtliche Klärung von Meinungsverschiedenheiten (so auch Schiedsgutachten) Vermittlertätigkeit zwischen den Parteien	Mögliche Entscheidungshilfe für (zunächst nur) einen Interessenten (Bewertungen, eine private Beweissicherung, die Grenzen zwischen der Gutachtertätigkeit und einer Beratertätigkeit sind fließend)

2.9.3 Die Pflichten des Privatgutachters sind im Einzelnen

- Herstellung des versprochenen Werks, ordnungsgemäß und rechtzeitig gemäß vertraglich vereinbarter Frist;
- Auskunfts-, Informations- und Obhutspflichten;
- Kostenvoranschlag auf Verlangen des/der Auftraggeber/s;
- Weisungsgebundenheit des SV; jedoch nicht, soweit seine Unparteilichkeit und Unabhängigkeit hierdurch beeinträchtigt werden können; neben den Honoraren sind keine weiteren Vorteile anzunehmen;
- Erstattungspflicht bei öffentlicher Bestellung, soweit kein wichtiger Grund dagegensteht, bei einer evtl. Ablehnung ist unverzüglich der Auftraggeber zu informieren;
- Befangenheitsgründe sind dem AG mitzuteilen;
- Schweigepflicht wie bei Gerichtsgutachten; der SV braucht die Gegenseite nicht über seine Tätigkeit zu unterrichten, er muss sie nicht zur Ortsbesichtigung zuziehen; es sei denn, dass die nötige Beschaffung des Tatsachenstoffes sonst nicht möglich wäre. Vor der Zuziehung der Gegenseite ist das Einverständnis des Auftraggebers einzuholen;
- Aufzeichnungspflicht der Aufträge, Aufbewahrungspflicht und Auskunftspflicht gegenüber Kammern wie bei Gerichtsgutachten, i.d.R. für die Zeit von zehn Jahren;
- Aufklärung des Auftraggebers, falls zweifelhaft ist, ob der mit der Beauftragung des Gutachtens den angestrebten Zweck erreichen kann;
- keine Rechtsauskunft geben, im Zweifel Alternativgutachten oder Rechtslage durch Anwalt des Auftraggebers vorweg klären lassen und sich im Gutachten auf diese Anwaltsauskunft beziehen;
- SV muss „Verkehrsfähigkeit" des Gutachtens sicherstellen: Dies bedeutet, dass auch Dritte sich auf die Richtigkeit des Gutachtens verlassen dürfen, wenn es ihnen entsprechend dem Gutachtenzweck vorgelegt wird und der SV mit der Existenz der Dritten rechnen musste.

2.9.4 Rechte des Privatgutachters

- Die rechtliche Grundlage für einen Privatgutachten-Auftrag ist das Bürgerliche Gesetzbuch, hier §§ 631-651 (Werkvertragsrecht) BGB; hierzu auch Kap. 9 Bauteilöffnung mit ergänzenden Erklärungen,
- Der Auftraggeber muss das ordnungsgemäß erstellte Gutachten abnehmen,
- der Anspruch auf die Vergütung besteht nach mangelfreier Abnahme des Gutachtens,
- der Mitwirkungsanspruch gegenüber dem Auftraggeber, insbesondere für die Auskünfte, die Besichtigungsmöglichkeiten und die Unterlagen,
- Urheberrecht,
- Recht auf unabhängige Auftragsdurchführung; der Auftragsumfang darf nicht unzulässig eingeschränkt werden, so dass das Ergebnis für Dritte irreführend sein

könnte; Sachverhalte können dem SV nicht gegen dessen Überzeugung vorgegeben werden, ergänzende, im Thema liegende Feststellungen des SV dürfen nicht verhindert werden,
- Ziel- oder Ergebnisvorgaben des AG dürfen nicht zwingend sein.

2.9.5 Erstellung des Gutachtens

Es gelten ähnliche Grundsätze wie beim Gerichtsgutachten, mit folgenden Besonderheiten:

- Das Thema muss, ggf. unter Mitwirkung des SV, auch in Hinblick auf die neue Gesetzgebung klar (unter Umständen mit Ausschlüssen) formuliert werden; Auftraggeber, Thema und Zweck des Gutachtens sollten für jeden Leser bereits auf der ersten Seite klar erkennbar sein,
- der Sachverhalt, die „Vorgeschichte" des Gutachtens ist so weit darzulegen, dass das Gutachten auch für den interessierten oder betroffenen Dritten nachvollziehbar ist („Verkehrsfähigkeit"),
- übernommene Informationen und selbst festgestellte Tatsachen sind sorgfältig auseinander zu halten und deutlich darzustellen,
- übernommene Informationen und von Dritten festgestellte Tatsachen sind so weit wie möglich auf ihre Verlässlichkeit zu prüfen (Haftung),
- den Beteiligten am Verfahren oder dem Rechtsstreit, soweit zugezogen, ist bei Verlangen vollständiges Gehör zu gewähren,
- der SV darf ohne Rückfrage beim Gericht kein Privatgutachten annehmen, solange er bei Parteienidentität Gerichtsgutachter ist; er darf als Parteigutachter keine vertraulichen Erkenntnisse aus seiner Gerichtsgutachtertätigkeit verwerten, die Vertraulichkeit ist oberstes Gebot,
- im Auftrag eines Versicherers erstellte Gutachten sollen häufig das zusammengefasste Ergebnis sinnvollerweise schon auf dem Deckblatt des Gutachtens wiedergeben.

2.9.6 Haftung des Privatgutachters

Der SV ist verpflichtet, sein geistiges „Werk" so herzustellen, dass es frei von Sachmängeln ist. Dies bedeutet, dass es die vertraglich vereinbarte Beschaffenheit haben muss oder, falls keine vertragliche Vereinbarung vorliegt, es sich für die gewöhnliche Verwendung eignet und eine Beschaffenheit aufweist, die bei Werken der gleichen Art üblich ist und die der Besteller nach der Art des Werkes erwarten kann. Dies bedeutet im Gutachten:

- es dürfen keine falschen Tatsachen oder Feststellungen enthalten sein,
- es müssen alle für die Beurteilung erheblichen Tatsachen oder Feststellungen dargestellt und niedergelegt sein,

- es müssen die zutreffenden Schlussfolgerungen unter Beachtung der Darstellung der allgemein anerkannten Regeln der Technik (a.a.R.d.T.), der Wissenschaft oder anderer einschlägiger Beurteilungskriterien gezogen werden.

> **PRAXISTIPP**
>
> *Die Haftung des Privatgutachters hat sich in den letzten 30 Jahren laufend verschärft. Auf die umfangreichen Darlegungen zur Haftung von Wessel in Praxishandbuch Sachverständigenrecht, 3. Aufl. 2002, 6. Kapitel, und in der IfS-Publikation „Die Haftung des Sachverständigen" ist hier verwiesen.*

2.10 Sonderformen der Gerichtsgutachtertätigkeit

Alternativgutachten, wenn aus rechtlichen Gründen der Sachverhalt in sich widersprüchlich ist, beispielsweise bei sich widersprechenden Zeugenaussagen,

Ergänzungsgutachten, wenn Parteien oder Gericht Fragen oder Bedenken gegenüber dem Erstgutachten geäußert haben und das Gericht deren Beantwortung aufgibt,

Obergutachten, wenn bereits mehrere, noch nicht überzeugende Gerichtsgutachten vorliegen, zu welchen der „Obergutachter" möglichst abschließend Stellung nehmen soll,

Gemeinschaftsgutachten, wenn die besondere Sachkenntnis eines SV zur Beantwortung des Beweisthemas nicht ausreicht und ein weiterer SV durch Gerichtsbeschluss hinzugezogen wird. Nach herrschender Auffassung muss der Bearbeitungsumfang des einzelnen SV dem bzw. den Gutachten entnommen werden können wegen der Vernehmung oder der Haftung der SV,

Vernehmung des Sachverständigen, wobei das Gericht einem entsprechenden Ladungsantrag einer Partei letztlich folgen muss. Besonders bei schwieriger Gutachtenmaterie oder hoher Streitintensität sollte sich der SV gründlich vorbereiten und um kurzfristige Überlassung der Gerichtsakten bitten. Keinesfalls soll sich der SV provozieren lassen. Den SV in die „Abseitsfalle" der Befangenheit zu locken, ist gelegentlich Hauptziel der Vernehmung.

Für den Sachverständigen gilt, sich besonders gut auf die Anhörung vorzubereiten und so dem Gericht wie den Parteien und ihren Anwälten zu zeigen, dass er mit dem Fall gut vertraut ist und die Problematik des Rechtsstreits erkannt hat.

3. Fehlerquellen bei Gutachten

Michael Staudt

Übersicht

3.1 Einführung
3.2 Verständlichkeit und Nachvollziehbarkeit
3.3 Typische Fehlerquellen

3.1 Einführung

Ein Gutachten muss ein Unikat sein, dies muss bereits am Äußeren und am Vorspann erkennbar sein. Dazu gehören klare Angaben zum Auftraggeber, zum Zweck und der Zielsetzung des Auftrags. Weiter ist klar und deutlich darzustellen, um was es sich handelt, an welchem Ort sich das begutachtete Objekt befindet und wann dieses besichtigt worden ist.

Dazu gehören auch Angaben über Beteiligte bei der Besichtigung, u.U. auch Angaben zu gewissen Zuständen, wie Witterungsbedingungen, z.B. Regen oder Sonnenschein, Wind oder Sturm und anderes mehr.

Wichtig sind ferner die Angaben zu Unterlagen und Informationen, die dem Gutachter bei der Erstellung seiner Arbeit zur Verfügung standen bzw. gestellt wurden und von wem. Dabei ist vor allem darauf zu achten, dass diese Dinge auch im Detail benannt werden, damit für den Leser des Gutachtens unmissverständlich klar wird, auf welche Grundlagen und mögliche Tatsachen der Sachverständige seine nachfolgenden Ausführungen stützt.

3.2 Verständlichkeit und Nachvollziehbarkeit

Es sind häufig Fehler in Gutachten zu erkennen, weil vielfach die präzisen Angaben zum Objekt fehlen. Beispielsweise gehören zur Orts- und Straßenangabe auch die Flurnummer und die dazugehörige Gemarkung oder bei Beschreibungen von Fassaden deren Himmelsrichtung oder auch die Umfeldsituation und anderes mehr. Diese Grundangaben sind für den Leser des Gutachtens, der die Örtlichkeiten meistens nicht kennt, wichtig und notwendig, um auch die nachfolgenden Texte verstehen und inhaltlich nachvollziehen zu können.

Es gilt immer der Grundsatz für den Sachverständigen, dass sein Gutachten verständlich und im Text nachvollziehbar dargestellt werden muss. Berechnungen müssen so exakt aufgeschlüsselt sein, dass sie auch kontrolliert werden können. Bei der Benennung von Zitaten oder Gesetzesgrundlagen bzw. Normen sind immer deren Erscheinungsdaten und die Gültigkeitszeiträume zu benennen. Häufig fehlen derartige Angaben in Gutachten, so dass es dem Verwerter oft nicht möglich ist, die Gedankengänge des Gutachters nachzuvollziehen. Er bekommt deshalb Zweifel und wird misstrauisch und stellt dann auch alle Ergebnisse und Schlussfolgerungen am Ende des Gutachtens in Zweifel, weil er sie aufgrund fehlender Informationen nicht verstehen und nicht nachvollziehen kann.

3. Fehlerquellen bei Gutachten

Als fehlerhaft in einem Gutachten ist anzusehen, wenn dieses nicht klar gegliedert und nicht didaktisch aufgebaut ist. Es ist als Fehler zu bezeichnen, wenn man in Texten das Gutachten abfasst und dabei jeweils auf Bildausschnitte verweist, die man als Anlage dem Textteil beigegeben hat. Das hat für den Leser zur Folge, dass er ständig blättern muss, um den Inhalt des Gutachtens verstehen und den Gedankengängen des Sachverständigen folgen zu können.

3.3 Typische Fehlerquellen

Im Einzelnen sind typische Fehlerquellen bei Gutachten folgende Dinge:

a) Themaverfehlungen wegen falscher Interpretation der gestellten Gutachteraufgabe.

   Sehr häufig werden private Auftragstellungen nicht richtig verstanden oder es werden richterliche Beweisbeschlüsse falsch interpretiert oder ausgelegt. I.d.R. bedeutet dies, dass das Ergebnis des Gutachtens falsch ist und damit das gesamte Gutachten nicht verwertbar wird.

b) Das Gutachten enthält übertriebene und überlange Textpassagen, die mit Schachtelsätzen versehen sind und die kaum verständlich das wiedergeben, was der Sachverständige aussagen will.

c) Gutachten enthalten zu viele Anlagen ohne entsprechende Erläuterungen; oft sind diese Anlagen umfangreicher als die eigentlichen gutachterlichen Aussagen.

d) In Gutachten werden oft komplizierte Textaussagen eingebaut, die der einschlägigen Fachliteratur entnommen wurden, aus Fachpresseveröffentlichungen stammen oder aus Seminarunterlagen entnommen wurden. Die Folge ist, dass dadurch für den Leser und Verwerter eines Gutachtens Missverständnisse entstehen, weil zitierte Texte, Aussagen und Schlussfolgerungen des Gutachters nicht miteinander harmonisieren.

e) Vielfach sind in Gutachten Passagen enthalten, die sich mit rechtlichen Fragen befassen, die nicht zum Aufgabengebiet eines Sachverständigen gehören. Oft sind Zusammenfassungen über vorgelegte Gerichtsakten enthalten, die auch die rechtlichen Gegebenheiten und Abläufe beleuchten. Damit bringt sich der Sachverständige in eine zwielichtige Situation, die sowohl ihn wie auch sein Gutachten angreifbar machen.

f) Häufig ist in Gutachten zu erkennen, dass der Sachverständige sehr sorgfältig und sauber recherchiert hat, die Dinge auch klar und verständlich darstellt, aber am Ende aus den gegebenen Verhältnissen falsche Schlussfolgerungen zieht, die damit die korrekte Vorarbeit entwerten und das Gutachten u.U. unbrauchbar machen.

g) Oftmals sind in Gutachten Verwechslungen bei Verwendung von Indizien, von Urkunden, von Fakten und von Tatbeständen erkennbar.

   Es werden Begriffe verwendet, wie Vermutungen, Annahmen oder geschätzte Möglichkeiten. Alle diese Wahrscheinlichkeiten sind keine feste Grundlage für ein Gutachten und damit auch nicht für Schlussfolgerungen und zur Beschreibung von möglichen Schadensursachen und damit verbundenen Verantwortlichkeiten geeignet.

h) Eine häufige Fehlerquelle in Gutachten ist darin zu erkennen, dass der Verfasser seinen Kenntnisstand und damit auch seinen Kompetenzbereich, der sich aus der öffentlichen Bestallung ergibt, überschreitet. Oft ist dies bereits an der fehlerhaften Wortwahl zu erkennen, die nicht die entsprechende Fachsprache wiedergibt, oder auch an einer umständlichen Beschreibung gewisser Situationen und Verhältnisse, die der Fachmann und der Spezialist im Besonderen kurz, knapp und prägnant darstellen kann.

i) Vielfach ist eine Fehlerquelle in Gutachten auch darin zu sehen, dass verwandtes Material, z.B. Zeichnungen, Beschreibungen, Berechnungen o.Ä. nicht sorgfältig geprüft wurden, nicht abgestimmt auf die gutachterliche Aufgabe sind oder auch in unzureichender Weise gekennzeichnet werden, so dass für den Leser des Gutachtens eine Zuordnung kaum möglich ist. Häufig fehlt auch der Vergleich zwischen den Darstellungen in Zeichnungen und der Wirklichkeit, d.h. Theorie und Wirklichkeit sind nicht identisch.

4. Aktualität technischer Regelwerke und Gutachtenerstattung im Prozess

Mark Seibel

Übersicht

4.1 Einleitung
4.2 Problemdarstellung
4.3 Prüfung der Aktualität technischer Regelwerke durch den Sachverständigen?
4.3.1 Ablehnende Ansicht
4.3.2 Eigene Stellungnahme
4.4 Fazit

4.1 Einleitung

Ein Sachverständiger wird wegen seines besonderen Fachwissens vom Gericht – gewissermaßen als dessen „Gehilfe"[1] – damit beauftragt, die im Rechtsstreit relevanten (technischen) Fachfragen, die das Gericht nicht selbst beurteilen kann, in seinem Gutachten zu bewerten. Im privaten Bauprozess müssen dabei überwiegend technische Fragen beantwortet werden. In den allermeisten Fällen beziehen sich Sachverständige im Rahmen ihrer Gutachtenerstattung bei der Beurteilung der Qualität einer Bauleistung auf technische Regelwerke wie z.B. DIN-Normen. Nach h.M.[2] gilt zwar die Vermutung, dass DIN-Normen grundsätzlich den „allgemein anerkannten Regeln der Technik"[3] (werkvertraglicher Mindeststandard) entsprechen. Diese Vermutung ist jedoch nicht unumstößlich, sondern widerlegbar – was sich z.B. gut anhand der DIN 4109 nachvollziehen lässt.

In diesem Zusammenhang stellt sich die Frage, ob sich (Bau-)Sachverständige im Rahmen der Erstattung ihres Gutachtens im Prozess mit der Bezugnahme auf ein technisches Regelwerk begnügen dürfen oder sie nicht in jedem Fall auch noch kurz überprüfen müssen, ob die einschlägige technische Vorschrift tatsächlich (noch) dem derzeit überwiegend praktizierten Vorgehen der Fachleute entspricht und nicht bereits überholt/veraltet ist.[4] Grundsätzlich greift dabei die bereits erwähnte Vermutung ein, dass eine technische Vorschrift den „allgemein anerkannten Regeln der Technik" entspricht. Diesbezüglich wird vereinzelt die Ansicht vertreten, diese Vermutungswirkung dürfe vom Sachverständigen im Prozess nur auf entsprechendes Bestreiten einer der Parteien überprüft werden.[5] Die

---

[1] Verbreitet werden Sachverständige als „Gehilfen" des Gerichts bezeichnet. Der Begriff „Berater" beschreibt die Funktion der Sachverständigen vielleicht aber noch besser.
[2] Dazu etwa: OLG Hamm, U. v. 13.4.1994 – 12 U 171/93, BauR 1994 S. 767 (768); OLG Stuttgart, U. v. 26.8.1976 – 10 U 35/76, BauR 1977 S. 129 (129); *Kniffka*, in: Kniffka/Koeble, Kompendium des Baurechts (3. Aufl., München 2008), 6. Teil Rdnr. 34 a.E.; *Seibel*, Baumängel und anerkannte Regeln der Technik (1. Aufl., München 2009), Rdnr. 146 ff.; *Pastor*, in: Werner/Pastor, Der Bauprozess (14. Aufl., Köln 2013), Rdnr. 1969. Siehe auch: BGH, U. v. 24.5.2013 – V ZR 182/12, BauR 2013 S. 1443 (1443 ff.), allerdings ohne Begründung.
[3] Ausführlich zu den „allgemein anerkannten Regeln der Technik" unten: Kapitel 14.
[4] Siehe zur folgenden Darstellung auch: *Seibel*, Der Bausachverständige 1/2010 S. 58 (58 ff.).
[5] Vertreten z.B. von: *Mundt*, online-Leseranmerkungen vom 15.4.2008 und 16.4.2008 zu IMR 2008 S. 89 (aufzurufen unter: www.ibr-online.de).

4. Aktualität technischer Regelwerke und Gutachtenerstattung im Prozess

nachfolgenden Ausführungen sollen verdeutlichen, warum diese Auffassung unzutreffend ist. Um das Ergebnis gleich vorwegzunehmen:

> *Ein (Bau-)Sachverständiger muss im Rahmen seiner Gutachtenerstattung im Prozess immer von Amts wegen überprüfen, ob die von ihm angewandte technische Vorschrift tatsächlich (noch) aktuell ist und auch der überwiegenden Auffassung der Fachleute und dem Vorgehen in der Baupraxis entspricht.*[1]

Anderenfalls besteht in besonderem Maße die Gefahr, dass der Sachverständige eine veraltete technische Vorschrift anwendet und in seinem Gutachten deswegen zu falschen Schlussfolgerungen gelangt.

4.2 Problemdarstellung

Für das Gericht ist die Entscheidung eines privaten Bauprozesses ohne Hinzuziehung eines Sachverständigen in den allermeisten Fällen – mangels eigener technischer Sachkunde – nicht möglich. Daher ist es gehalten, im Rahmen der Entscheidungsfindung einen Experten hinzuzuziehen, der zu den streitigen (technischen) Fragen fachlich fundiert Stellung nehmen kann. Häufig hat der Sachverständige dabei die – auch für technische Experten oft schwierige – Frage zu beantworten, ob die Bauausführung den „allgemein anerkannten Regeln der Technik" (Mindeststandard eines Werkvertrages[2]) entspricht.

Vertiefung:
Welchen Inhalt haben die „allgemein anerkannten Regeln der Technik"?

In diesem Zusammenhang kann auf die Rechtsprechung des Reichsgerichts zu den „allgemein anerkannten Regeln der Baukunst" gemäß § 330 StGB a.F. (jetzt: § 319 StGB – „allgemein anerkannte Regeln der Technik") zurückgegriffen werden. Nach den Ausführungen des Reichsgerichts ist eine Regel dann allgemein anerkannt, wenn sie die ganz vorherrschende Ansicht der (technischen) Fachleute darstellt.[3] Ausgehend davon setzt eine „allgemein anerkannte Regel der Technik" damit zunächst voraus, dass sie sich in der Wissenschaft als (theoretisch) richtig durchgesetzt hat (allgemeine wissenschaftliche Anerkennung). Dabei genügt es aber nicht, dass eine Regel im Fachschrifttum vertreten oder an Universitäten gelehrt wird. Sie muss auch Eingang in die Praxis gefunden und sich dort überwiegend bewährt haben (praktische Bewährung).

Die „allgemein anerkannten Regeln der (Bau-)Technik" lassen sich daher wie folgt definieren:

> *Eine technische Regel ist dann allgemein anerkannt, wenn sie der Richtigkeitsüberzeugung der vorherrschenden Ansicht der technischen Fachleute entspricht (1. Element: allgemeine wissenschaftliche Anerkennung) und darüber hinaus auch in der (Bau-)Praxis erprobt und bewährt ist (2. Element: praktische Bewährung).*[4]

---

[1] Für das Privatgutachten gilt nichts anderes, da der Sachverständige auch hier ein fachlich zutreffendes Gutachten zu erstatten hat.
[2] Ausführlich zu den „allgemein anerkannten Regeln der Technik" als Mindeststandard eines Bauvertrages: *Seibel*, Baumängel und anerkannte Regeln der Technik, Rdnr. 96 ff., 142 ff.; *Seibel*, Der Bausachverständige 6/2008 S. 59 (59 ff.); *Seibel*, ZfBR 2008 S. 635 (635 ff.); *Seibel*, ZfBR 2006 S. 523 (523 ff.). Siehe außerdem unten: Kapitel 14.
[3] RG, U. v. 11.10.1910 – IV 644/10, RGSt 44, 75 (79).
[4] Siehe etwa: OLG Hamm, U. v. 18.4.1996 – 17 U 112/95, BauR 1997 S. 309 (309 ff.).

4.2 Problemdarstellung

Da diese Definition der „allgemein anerkannten Regeln der Technik" vage und konkretisierungsbedürftig[1] bleibt, greifen Sachverständige verständlicherweise gerne auf einschlägige technische Regelwerke und die darin enthaltenen Vorgaben zurück. Geben diese doch einen Anhaltspunkt dafür, welche Anforderungen in technischer Hinsicht an die betreffende Bauleistung zu stellen sind. Dann muss der Sachverständige im Rahmen seiner Gutachtenerstattung „nur" noch feststellen, ob die z.B. in einer DIN-Norm genannten Werte und/oder Verarbeitungsweisen eingehalten worden sind. Danach kann er – auf den ersten Blick betrachtet – verlässlich und für alle Prozessbeteiligten gut nachvollziehbar Stellung zur Qualität einer Bauausführung nehmen. Dies führt natürlich leicht zu einer regelrechten „DIN-Gläubigkeit" getreu dem Motto *„Was in DIN-Normen geschrieben steht, ist Gesetz."* Zur Untermauerung dieser These wird oft darauf hingewiesen, dass die jeweilige technische Vorschrift schließlich in einem Normenausschuss vor deren Ausfertigung von Experten diskutiert und beraten worden sei. Das, was in solchen Normen geschrieben stehe, sei daher maßgeblich.

Der Autor hat schon oft darauf hingewiesen, dass einer solchen *„DIN-Gläubigkeit" eine klare Absage zu erteilen* ist.[2] Als Paradebeispiel kann die DIN 4109[3] genannt werden, die in ihren alten Fassungen von vornherein vollkommen untauglich war, die im Wohnungsbau maßgeblichen Anforderungen eines üblichen Komfort- und Qualitätsstandards im Schallschutz zu definieren.[4] Dennoch ist diese Norm in vielen gerichtlichen Entscheidungen als maßgeblich angesehen worden, was sich nur mit der zuvor beschriebenen „DIN-Gläubigkeit" begründen lässt. Das soll an dieser Stelle jedoch nicht weiter vertieft werden.

Zurück zum Gutachtenauftrag des Sachverständigen: Dieser muss die Qualität einer Bauleistung in technischer Hinsicht beurteilen. D.h. er muss im Regelfall – sofern die Parteien im Bauvertrag keine höherwertigen Anforderungen vereinbart haben[5] – beantworten, ob die Bauausführung den „allgemein anerkannten Regeln der Technik" (vertraglicher Mindeststandard) entspricht.

Für den Bereich „technische Regelwerke und allgemein anerkannte Regeln der Technik" gilt zunächst Folgendes:

Nach h.M.[6] besteht eine widerlegbare Vermutung dafür, dass kodifizierte technische Regelwerke (DIN-Normen etc.) die „allgemein anerkannten Regeln der Technik" wiedergeben. Dabei ist jedoch stets zu betonen, dass diese Vermutung widerlegbar ist. Technische Regelwerke können die „allgemein anerkannten Regeln der Technik" wiedergeben, jedoch auch hinter diesen zurückbleiben!

---

1 Zu den Konkretisierungsmöglichkeiten unten: Kapitel 14.
2 Vgl. nur: *Seibel*, Baumängel und anerkannte Regeln der Technik, Rdnr. 177 ff.; *Seibel*, Der Bausachverständige 6/2008 S. 59 (59 ff.).
3 Ausführlich zum Schallschutz und zur DIN 4109: *Seibel/Müller*, in: Staudt/Seibel, Baurechtliche und -technische Themensammlung (Köln/Stuttgart 2011), Heft 1 (Schallschutz).
4 So schon: OLG Stuttgart, U. v. 24.11.1976 – 6 U 27/76, BauR 1977 S. 279 (279).
5 Etwa das Einhalten des Technikstandards „Stand der Technik", der qualitativ im Vergleich zu den „allgemein anerkannten Regeln der Technik" auf einer höheren Stufe steht. Ausführlich dazu: *Seibel*, BauR 2004 S. 266 (266 ff.); *Seibel*, NJW 2013 S. 3000 (3000 ff.) – jeweils m.w.N.
6 OLG Hamm, U. v. 13.4.1994 – 12 U 171/93, BauR 1994 S. 767 (768); OLG Stuttgart, U. v. 26.8.1976 – 10 U 35/76, BauR 1977 S. 129 (129); *Kniffka*, in: Kniffka/Koeble, Kompendium des Baurechts, 6. Teil Rdnr. 34 a.E.; *Seibel*, Baumängel und anerkannte Regeln der Technik, Rdnr. 146 ff.; *Pastor*, in: Werner/Pastor, Der Bauprozess, Rdnr. 1969. Siehe auch: BGH, U. v. 24.5.2013 – V ZR 182/12, BauR 2013 S. 1443 (1443 ff.), allerdings ohne Begründung.

4. Aktualität technischer Regelwerke und Gutachtenerstattung im Prozess

Das folgt im Wesentlichen aus zwei Gründen:

Erstens sind technische Vorschriften (wie z.B. DIN-Normen) keine Rechtsnormen, sondern *"private technische Regelwerke mit Empfehlungscharakter"*.[1]

Zweitens bleibt die technische Entwicklung nicht stehen, sondern schreitet in den meisten Bereichen ständig voran (Dynamikorientierung der Technik[2]); z.B. dadurch, dass neue Baustoffe und Verarbeitungsweisen entdeckt und entwickelt werden. Werden technische Regelwerke sodann nicht fortlaufend den neuen Entwicklungen – sofern sich diese auch in der Baupraxis durchsetzen – angepasst, tritt leicht ein „Hinterherhinken" gegenüber dem technischen Erkenntnisstand ein. Dies verdeutlicht, warum die in technischen Regelwerken enthaltenen Anforderungen stets hinsichtlich ihrer Aktualität zu hinterfragen sind.

Die folgende Untersuchung wendet sich nun der Frage zu, ob sich Sachverständige im Rahmen der Gutachtenerstattung im Prozess mit der Bezugnahme auf ein technisches Regelwerk begnügen dürfen oder sie nicht in jedem Fall (quasi von Amts wegen) auch noch kurz darlegen – jedenfalls aber kurz prüfen und berücksichtigen – müssen, ob die Vorgaben einer für anwendbar gehaltenen technischen Vorschrift tatsächlich (noch) dem derzeit überwiegend praktizierten Vorgehen der Fachleute entsprechen und nicht bereits wegen einer Weiterentwicklung der Technik (z.B. wegen neuer Baustoffe oder Verarbeitungsmethoden) überholt sind.

4.3 Prüfung der Aktualität technischer Regelwerke durch den Sachverständigen?

4.3.1 Ablehnende Ansicht

Vereinzelt wird die Ansicht vertreten, dass wegen der schon oben dargestellten Vermutungswirkung, wonach technische Vorschriften wie z.B. DIN-Normen regelmäßig den „allgemein anerkannten Regeln der Technik" entsprechen, weder für das Gericht noch für den Sachverständigen von Amts wegen Anlass dazu bestehe zu hinterfragen bzw. zu prüfen, ob eine einschlägige technische Vorschrift tatsächlich den „allgemein anerkannten Regeln der Technik" entspreche. Dies sei nur dann zu überprüfen, wenn es im Bauprozess von einer Partei bestritten und das Gegenteil substantiiert dargelegt werde. Beauftrage der Richter den Sachverständigen von sich aus mit der Überprüfung der Vermutungswirkung ohne ein entsprechendes Bestreiten einer der Parteien, soll dies sogar eine Befangenheit des Richters begründen.[3]

---

[1] Ständige Rechtsprechung des BGH, z.B.: BGH, U. v. 14.5.1998 – VII ZR 184/97, BauR 1998 S. 872 (872 f.).

[2] Zur Dynamikorientierung der Technik: *Seibel*, BauR 2005 S. 490 (490 ff.); *Seibel*, Der Stand der Technik im Umweltrecht (Diss., Hamburg 2003), S. 1 ff.

[3] So wörtlich: *Mundt*, online-Leseranmerkungen vom 15.4.2008 und 16.4.2008 zu IMR 2008 S. 89 (aufzurufen unter: www.ibr-online.de).

4.3.2 Eigene Stellungnahme

Diese Ansicht ist unzutreffend.

Der Sachverständige ist im Rahmen der Gutachtenerstattung von vornherein – schon kraft seines Gutachtenauftrages – dazu verpflichtet, inzident mit zu überprüfen, ob eine evtl. einschlägige technische Vorschrift tatsächlich (noch) aktuell ist und auch der derzeit herrschenden Auffassung der Fachleute und der Baupraxis entspricht.

Der Sachverständige wird vom Gericht ja gerade wegen seiner besonderen Sachkunde damit beauftragt, diesem „unter die Arme" zu greifen und dabei aufgrund einer fachlich zutreffenden Beurteilung zu einer richtigen Beantwortung der Beweisfragen zu gelangen. Wollte man der zuvor dargestellten Ansicht folgen, würde dies zu dem absurden Ergebnis führen, dass ein Sachverständiger nur die „richtige" (= einschlägige) technische Vorschrift finden müsste und diese – ohne sich Gedanken über deren Aktualität und die neuesten technischen Entwicklungen zu machen – strikt auf den Fall anzuwenden hätte; sofern dem nicht eine der Parteien substantiiert entgegentritt. Dies kann schon deswegen nicht richtig sein, weil der Sachverständige im Vergleich zum Gericht und den Parteien die überlegene Fachkenntnis besitzt. D.h. er muss aus dem Inbegriff seiner Fachkenntnis heraus auch die in der jeweiligen technischen Vorschrift genannten Anforderungen hinterfragen. Mit seinem Gutachten bescheinigt er schließlich, dass das von ihm gefundene Ergebnis „fachlich richtig" ist.

Außerdem erweist sich die zuvor dargestellte Ansicht auch deswegen als falsch, weil sie die Rechtsnatur von technischen Vorschriften missversteht. In vielen Fällen mag es zutreffend sein, dass technische Vorschriften die jeweils maßgeblichen Anforderungen wiedergeben. Zwingend ist dies jedoch schon unter Berücksichtigung des Rechtscharakters von technischen Vorschriften – wie etwa DIN-Normen – nicht: Diese stellen gerade keine zwingenden gesetzlichen Normen, sondern lediglich *„private technische Regelungen mit Empfehlungscharakter"* dar.[1] Wenn ein Sachverständiger nicht von Amts wegen im Rahmen der Gutachtenerstattung überprüft, ob die jeweils einschlägige technische Vorschrift tatsächlich den zum betreffenden Beurteilungszeitpunkt maßgeblichen Maßstab markiert, besteht in besonderem Maße die Gefahr einer Fehleinschätzung. Dies deshalb, weil ansonsten evtl. die aktuellen technischen Entwicklungen unberücksichtigt bleiben würden und das Gericht allein wegen der Vermutungswirkung annehmen müsste, dass die DIN-Norm den „allgemein anerkannten Regeln der Technik" entspricht. Der Sachverständige hat daher schon kraft seines Gutachtenauftrages die Pflicht, das Gericht vor einer Falschanwendung dieser Vermutungswirkung zu bewahren. Dies gilt natürlich nur für den Fall, dass eine technische Entwicklung außerhalb der DIN-Norm etc. tatsächlich stattgefunden hat und sich diese deswegen als nicht (mehr) zutreffend erweist. Anderenfalls verbleibt es bei der Vermutungswirkung.

> *Wer, wenn nicht der gerichtlich bestellte Sachverständige, soll denn sonst wissen, welche Entwicklungen in dem betreffenden Bereich stattgefunden haben und welche Verarbeitungsweise sich beispielsweise völlig unabhängig von einer technischen Vorschrift tatsächlich durchgesetzt hat? Wer soll den aktuell erreichten technischen Entwicklungsstand zum Zeitpunkt der Abnahme einer Bauleistung besser beurteilen können als der Sachverständige?*

---

[1] BGH, U. v. 14.5.1998 – VII ZR 184/97, BauR 1998 S. 872 (872 f.).

4. Aktualität technischer Regelwerke und Gutachtenerstattung im Prozess

Würde man die oben dargestellte Ansicht von *Mundt*[1] konsequent anwenden, wäre auch der Sachverständige „befangen", wenn er von sich aus – also ohne Nachfrage des Gerichts und ohne entsprechendes Bestreiten einer der Parteien – eine technische Vorschrift wegen deren zwischenzeitlicher Überholung in seinem Gutachten für unanwendbar erklärt. Ein absurdes Ergebnis!

Ebenso wie der Vorwurf der „Befangenheit" gegenüber dem Richter, der von sich aus beim Sachverständigen nach der Gültigkeit und Aktualität einer technischen Vorschrift nachfragt und damit die Vermutungswirkung überprüft. Worin soll in diesem Fall die Besorgnis eines Misstrauens gegen eine unparteiliche Amtsausübung des Richters im Sinne des § 42 ZPO liegen? Etwa darin, dass der Richter die Grundlagen der Vermutungswirkung von sich aus hinterfragt? Diesen inhaltlichen Fragen müssen sich die Parteien eines Bauprozesses – insbesondere die Bauunternehmer – schon im Interesse einer sachlich richtigen Entscheidung stellen. Das zeigt im Übrigen auch die seit einer gefühlten Ewigkeit andauernde Diskussion um die Gültigkeit der DIN 4109[2]. Viele in technischer Hinsicht falschen Urteile wären in diesem Bereich vermieden worden, wenn die Anforderungen der DIN 4109 hinterfragt worden wären, ohne „blind" eine Vermutungswirkung bzgl. des Einhaltens der „allgemein anerkannten Regeln der Technik" anzunehmen.

Aus den vorstehenden Ausführungen ergibt sich folgende Konsequenz:

Der Sachverständige ist schon kraft seines Gutachtenauftrages und nicht zuletzt unter Beachtung von § 839a BGB[3] zweifellos dazu verpflichtet, eine in technischer Hinsicht zutreffende Bewertung der im privaten Bauprozess streitgegenständlichen Bauleistung vorzunehmen. Will er seine Feststellungen im Gutachten auf ein einschlägiges technisches Regelwerk stützen, muss er gleichzeitig immer bedenken und prüfen, ob dieses Regelwerk auch noch dem aktuellen technischen Entwicklungsstand entspricht. Sollte dies – beispielsweise wegen mittlerweile in der Baupraxis geänderter Verarbeitungsmethoden – nicht (mehr) der Fall sein, muss er die entsprechende technische Vorschrift unberücksichtigt lassen und darlegen, warum diese (mittlerweile) unmaßgeblich (geworden) ist. Diese Prüfung muss der Sachverständige von Amts wegen vornehmen. Sie ist keinesfalls vom Parteivortrag abhängig! Ansonsten wäre der Sachverständige dazu gezwungen, „sehenden Auges" eine unmaßgebliche – weil beispielsweise veraltete – Vorschrift solange zugrunde legen zu müssen, bis eine der Prozessparteien diese bzw. die Vermutungswirkung substantiiert bestreitet. Schon aufgrund der allgemein verbreiteten Erkenntnis, dass DIN-Normen etc. von der Baupraxis schnell überholt werden können (vgl. z.B. die Entwicklung der DIN 18195[4]) bzw. von vornherein ungeeignet sind (vgl. etwa die DIN 4109), kann es dabei auch dem Richter nicht verwehrt sein, den Sachverständigen von sich aus nach der Aktualität einer DIN-Norm und dem derzeit erreichten technischen Entwicklungsstand zu fragen. Die Besorgnis der Befangenheit (§ 42 ZPO) begründet dies ganz sicher nicht!

Pastor[5] weist in diesem Zusammenhang zutreffend auf Folgendes hin:

> *DIN-Normen können deshalb, was im Einzelfall durch sachverständigen Rat zu überprüfen ist, die anerkannten Regeln der Technik widerspiegeln oder aber hinter ihnen*

---

1 *Mundt*, online-Leseranmerkungen vom 15.4.2008 und 16.4.2008 zu IMR 2008 S. 89 (aufzurufen unter: www.ibr-online.de).
2 Ausführlich zum Schallschutz und zur DIN 4109: *Seibel/Müller*, in: Staudt/Seibel, Baurechtliche und -technische Themensammlung, Heft 1 (Schallschutz).
3 Einzelheiten zur Haftung des Sachverständigen unten: Kapitel 34.
4 Ausführlich zur DIN 18195 – Teil 6: *Seibel/Staudt*, in: Staudt/Seibel, Baurechtliche und -technische Themensammlung, Heft 2 (Bauwerksabdichtung).
5 So: *Pastor*, in: Werner/Pastor, Der Bauprozess, Rdnr. 1968 m.w.N.

> *zurückbleiben. Deshalb kommt es nicht darauf an, welche DIN-Norm gerade gilt, sondern darauf, ob die erbrachte Werkleistung zur Zeit der Abnahme den anerkannten Regeln entspricht. Aus diesem Grund ist in der Praxis auch für Sachverständige oftmals schwierig, die anerkannten Regeln der Technik für ein bestimmtes Gewerk verbindlich zu bestimmen; in keinem Fall darf aber die Prüfung unterlassen werden, ob die herangezogenen DIN-Normen (noch) den anerkannten Regeln der Technik entsprechen oder (schon) hinter diesen zurückbleiben.*

Diesen Ausführungen ist uneingeschränkt zuzustimmen. Sie verdeutlichen, warum der Sachverständige von sich aus – und nicht erst auf entsprechendes Bestreiten einer der Parteien eines Bauprozesses – beurteilen muss, ob eine technische Vorschrift tatsächlich (noch) anwendbar und maßgeblich ist. Dies gilt unabhängig von der widerlegbaren Vermutung, dass technische Vorschriften die „allgemein anerkannten Regeln der Technik" wiedergeben. Im Rahmen der Gutachtenerstattung ist der Sachverständige von Amts wegen dazu verpflichtet, Bedenken mitzuteilen, die – womöglich unter Berücksichtigung aktueller technischer Entwicklungen – gegen die Vermutungswirkung vorgebracht werden können bzw. müssen.

Nach Auffassung des Autors ist es empfehlenswert, im Gutachten kurz zu erwähnen, dass keine Bedenken gegen die Anwendbarkeit der einschlägigen technischen Vorschrift – etwa wegen deren Alter oder aktueller technischer Entwicklungen – bestehen. Wendet ein Sachverständiger eine technische Vorschrift in seinem Gutachten ohne eine solche Zwischenfeststellung an, bleibt diese Frage zunächst offen und muss vom Gericht mangels eigener technischer Sachkunde regelmäßig unter Hinweis auf die Vermutungswirkung beantwortet werden.

4.4 Fazit

Ein (Bau-)Sachverständiger muss im Rahmen seiner Gutachtenerstattung im Prozess immer von Amts wegen überprüfen, ob die von ihm angewandte technische Vorschrift und die dort enthaltenen Vorgaben tatsächlich (noch) aktuell sind und auch der überwiegenden Auffassung der Fachleute entsprechen. Anderenfalls läuft er Gefahr, ein fachlich nicht (mehr) zutreffendes Gutachten zu erstatten.

Auf diese Fachkenntnis darf das Gericht vertrauen: Es darf insbesondere davon ausgehen, dass der Sachverständige von Amts wegen darauf hinweist, falls Bedenken gegen die Anwendbarkeit einer einschlägigen technischen Vorschrift und damit gleichzeitig auch gegen die Vermutungswirkung bestehen. Dies ist keinesfalls vom Parteivortrag abhängig.

Für den Sachverständigen hat dies zur Folge, dass er immer auf der „Höhe des technischen Fortschritts" sein und die technischen Entwicklungen kennen muss. Keine leichte Aufgabe, der man eigentlich nur durch ständige und intensive Fortbildung gerecht werden kann. Anderenfalls wird ein Sachverständiger nicht guten Gewissens attestieren können, sein Gutachten unter Beachtung des aktuellen technischen Entwicklungsstandes erstattet zu haben. Für Sachverständige gilt daher in fachlicher Hinsicht der Spruch *„Wer rastet, der rostet."* umso mehr.

5. Die gerichtliche Leitung der Sachverständigentätigkeit (§ 404a ZPO)

Mark Seibel
– mit einer Anmerkung von Michael Staudt –

Übersicht

5.1	Einleitung
5.2	Ausgangslage nach der ZPO
5.3	Probleme bei der Missachtung des Trennungsgebots von Tatsachen- und Rechtsfragen im Beweisbeschluss
5.3.1	Kompetenzüberschreitung
5.3.2	Unzulässige Ausforschung
5.3.3	Unnötige Verfahrensverzögerung
5.3.4	Unbrauchbares Gutachten
5.4	Handhabung in der gerichtlichen Praxis
5.5	Lösungsvorschläge
5.5.1	Sorgfältigere Formulierung der Beweisfragen im Beweisbeschluss
5.5.2	Kooperation zwischen Gericht und Sachverständigem
5.5.2.1	Nachfragen und Hinweise des Sachverständigen
5.5.2.2	Befragung des Sachverständigen vor Abfassung der Beweisfrage (§ 404a Abs. 2 ZPO)
5.5.2.3	Durchführung eines Ortstermins
5.5.2.4	Einweisung des Richters in die fallbezogenen Probleme durch den Sachverständigen
5.6	Stellungnahme aus Sicht des Sachverständigen *(Michael Staudt)*

5.1 Einleitung[1]

Die Bedeutung von Sachverständigengutachten für den privaten Bauprozess hat *Quack*, ehemaliger Richter am Bundesgerichtshof (BGH), einmal treffend wie folgt umschrieben: *„Bauprozesse werden häufig von Gutachtern „entschieden". „Verlorene" Gutachten sind dann verlorene Prozesse."*[2] Der Sachverständige wird deshalb nicht zu Unrecht als *„Schlüsselfigur des Bauprozesses"*[3] bezeichnet. Der Autor hat bereits mehrfach darauf hingewiesen, wie wichtig insofern die ordnungsgemäße gerichtliche Leitung der Sachverständigentätigkeit nach § 404a ZPO (i.V.m. § 407a ZPO) ist.[4] Leider ist schon seit langer Zeit festzustellen, dass Gerichte dieser Anleitungsaufgabe gegenüber Sachverständigen nur unzureichend nachkommen, weil im Beweisbeschluss oft nicht hinreichend zwischen (zulässigen) Tatsachen- und (unzulässigen) Rechtsfragen differenziert wird. In privaten Bauprozessen wird Sachverständigen häufig die allein von den Gerichten zu beurteilende Frage der Vertragsauslegung – z.B. die Ermittlung der Soll-Beschaffenheit einer Bauleistung – überlassen.[5]

---

1 Siehe zu den folgenden Ausführungen auch: *Seibel*, Selbständiges Beweisverfahren – Kommentar zu §§ 485 bis 494a ZPO (1. Aufl., München 2013), § 487 Rdnr. 16 ff.; *Seibel*, BauR 2013 S. 536 (536 ff.); *Seibel*, Der Bausachverständige 5/2012 S. 59 (59 ff.); *Seibel*, ZfBR 2011 S. 731 (731 ff.).
2 *Quack*, BauR 1993 S. 161 (161).
3 Siehe z.B.: *Pastor*, in: Werner/Pastor, Der Bauprozess (14. Aufl., Köln 2013), Rdnr. 3106 m.w.N.
4 *Seibel*, Editorial BauR 12/2011; *Seibel*, ZfBR 2011 S. 731 (731 ff.); *Seibel*, Der Bausachverständige 3/2010 S. 49 (49 ff.).
5 Das hat auch schon *Kniffka*, DS 2007 S. 125 (128 f.), kritisiert.

5. Die gerichtliche Leitung der Sachverständigentätigkeit (§ 404a ZPO)

In jüngerer Zeit ist vereinzelt die These vertreten worden, der Sachverständige sei unabhängig von der Formulierung der Beweisfrage (!) zunächst dazu verpflichtet klarzustellen, welche Voraussetzungen das Werk nach der ausdrücklichen bzw. stillschweigenden Beschaffenheitsvereinbarung der Parteien erfüllen müsse.[1] Weiter ist vereinzelt darauf hingewiesen worden, es sei nicht die Aufgabe des Sachverständigen zu beanstanden, dass das Gericht ihm die Klärung der Voraussetzungen der vertraglich geschuldeten Soll-Beschaffenheit in verfahrenswidriger Weise übertragen habe.[2]

In diesem Kapitel soll verdeutlicht werden, warum derartige Thesen weder zu einer sachgerechten gerichtlichen Leitung der Sachverständigentätigkeit noch zu einer Verbesserung der dringend notwendigen Kooperation zwischen Gerichten und Sachverständigen beitragen. Die folgende Untersuchung stellt zudem praxistaugliche Lösungsvorschläge zur Verbesserung der Zusammenarbeit zwischen Gerichten und Sachverständigen vor. Damit die Problematik nicht allein aus der richterlichen Sicht des Autors geschildert wird, schließt die Darstellung mit einer Stellungnahme des seit langer Zeit u.a. als Gerichtssachverständiger – auch vor Oberlandesgerichten – tätigen Mitherausgebers dieses Handbuchs.

5.2 Ausgangslage nach der ZPO

Die Ausgangslage nach der ZPO ist eindeutig:

Gemäß § 359 Nr. 1 ZPO enthält der gerichtliche Beweisbeschluss *„die Bezeichnung der streitigen Tatsachen, über die der Beweis zu erheben ist"*. Das gilt nicht nur für den Prozess, sondern auch für das diesem in Bausachen häufig vorgelagerte selbständige Beweisverfahren[3]. Hierfür bestimmt § 490 Abs. 2 Satz 1 ZPO (vgl. auch § 487 Nr. 2 ZPO): *„In dem Beschluss, durch welchen dem Antrag stattgegeben wird, sind die Tatsachen, über die der Beweis zu erheben ist, ... zu bezeichnen."*

Die Vorschriften verdeutlichen, dass Gerichte Beweis nur über (streitige) Tatsachen erheben dürfen. Die einzelnen Facetten des Tatsachenbegriffs sollen hier nicht vertieft werden.[4] Im Beweisbeschluss eines bauprozessualen Verfahrens wird in aller Regel Beweis über eine sog. „äußere Tatsache" – vor allem die Ist-Beschaffenheit einer Werkleistung – zu erheben sein.[5]

Von der Tatsachenebene ist diejenige der rechtlichen Beurteilung strikt zu trennen. Rechtsfragen sind vom Gericht – gegebenenfalls auf einer vom Sachverständigen ermittelten *Tatsachen*grundlage – zu beantworten. Es lässt sich damit zunächst festhalten, dass das Stellen einer (reinen) Rechtsfrage im Beweisbeschluss sowohl eines Prozesses als auch

---

1 So wörtlich: *Liebheit*, Der Bausachverständige 3/2012 S. 46 (47).
2 Vertreten von: *Liebheit*, Der Bausachverständige 3/2012 S. 46 (47 f.); *ders.*, Der Bausachverständige 6/2012 S. 66 (71) [12. These].
3 Ausführlich zum selbständigen Beweisverfahren: *Seibel*, Selbständiges Beweisverfahren – Kommentar zu §§ 485 bis 494a ZPO.
4 Weitere Einzelheiten zum Tatsachenbegriff: *Ulrich*, Selbständiges Beweisverfahren mit Sachverständigen (2. Aufl., München 2008), 4. Kapitel Rdnr. 9; *Weise*, Selbständiges Beweisverfahren im Baurecht (2. Aufl., München 2002), Rdnr. 144 ff.
5 *Siegburg*, BauR 2001 S. 875 (877).

eines selbständigen Beweisverfahrens unzulässig ist.[1] Der Sachverständige ist zu einer rechtlichen Beurteilung weder befugt noch berufen.[2] Trotzdem kommt dies in der Praxis häufig vor. Gerade im privaten Bauprozess werden Sachverständigen im Beweisbeschluss vielfach unzulässige Rechtsfragen zugemutet.

Beispiele[3]

- *"Entspricht die Bauleistung der vertraglich vereinbarten Beschaffenheit?"* oder
- *"Ist die Bauleistung mangelhaft?"*

Tempel hat diesen Missstand einmal so auf den Punkt gebracht: *"Nichtssagende Beweisbeschlüsse dahin, der Sachverständige solle ein Gutachten zu den streitigen Fragen erstatten oder sich dazu äußern, ob Mängel vorliegen, sind unzulässig."*[4]

Die strikte Trennung von Tatsachen- und Rechtsfragen hat ihren Grund in der Kompetenzverteilung zwischen Gerichten und Sachverständigen.[5] Regelungen hierzu finden sich vor allem in §§ 404a, 407a ZPO.

§ 404a ZPO beschreibt die Leitung der Tätigkeit des Sachverständigen durch das Gericht wie folgt:

§ 404a ZPO – Leitung der Tätigkeit des Sachverständigen

(1) Das Gericht hat die Tätigkeit des Sachverständigen zu leiten und kann ihm für Art und Umfang seiner Tätigkeit Weisungen erteilen.

(2) Soweit es die Besonderheit des Falles erfordert, soll das Gericht den Sachverständigen vor Abfassung der Beweisfrage hören, ihn in seine Aufgabe einweisen und ihm auf Verlangen den Auftrag erläutern.

(3) Bei streitigem Sachverhalt bestimmt das Gericht, welche Tatsachen der Sachverständige der Begutachtung zugrunde legen soll.

(4) Soweit es erforderlich ist, bestimmt das Gericht, in welchem Umfang der Sachverständige zur Aufklärung der Beweisfrage befugt ist, inwieweit er mit den Parteien in Verbindung treten darf und wann er ihnen die Teilnahme an seinen Ermittlungen zu gestatten hat.

(5) Weisungen an den Sachverständigen sind den Parteien mitzuteilen. Findet ein besonderer Termin zur Einweisung des Sachverständigen statt, so ist den Parteien die Teilnahme zu gestatten.

---

1 Vgl. aus der jüngeren Rechtsprechung nur: BGH, B. v. 12.7.2012 – VII ZB 9/12, IBR 2012 S. 554 (554 f.) mit Anm. *Seibel* [Unzulässigkeit der Verwendung einer Rechtsfrage im Beweisbeschluss des selbständigen Beweisverfahrens]; OLG Naumburg, B. v. 30.12.2011 – 10 W 69/11, IBR 2012 S. 368 (368) [Unzulässigkeit der Beantwortung einer Rechtsfrage durch den Sachverständigen im Arzthaftungsprozess].
2 Dazu: BGH, U. v. 16.12.2004 – VII ZR 16/03, BauR 2005 S. 735 (735 ff.) = NZBau 2005 S. 285 (285 ff.) = ZfBR 2005 S. 355 (355 ff.) = IBR 2005 S. 271 (271).
3 Grundlegend hierzu: *Siegburg*, BauR 2001 S. 875 (875 ff.).
4 So noch: *Tempel*, in: Tempel/Seyderhelm, Materielles Recht im Zivilprozess (4. Aufl., München 2005), S. 320 f.
5 Einzelheiten zur Aufgabenverteilung zwischen Gericht und Sachverständigem folgen sogleich: 5.3.1.

5. Die gerichtliche Leitung der Sachverständigentätigkeit (§ 404a ZPO)

§ 407a ZPO bestimmt in Absatz 1 und Absatz 3 zudem:

§ 407a ZPO – Weitere Pflichten des Sachverständigen
(1) Der Sachverständige hat unverzüglich zu prüfen, ob der Auftrag in sein Fachgebiet fällt und ohne die Hinzuziehung weiterer Sachverständiger erledigt werden kann. Ist das nicht der Fall, so hat der Sachverständige das Gericht unverzüglich zu verständigen.

...

(3) Hat der Sachverständige Zweifel an Inhalt und Umfang des Auftrages, so hat er unverzüglich eine Klärung durch das Gericht herbeizuführen. ...

...

Die Vorschriften zeigen, dass das Gericht letztlich „Herr des Verfahrens" bleiben soll, während der Sachverständige „nur" weisungsgebundener (neutraler) Gehilfe[1] – vielleicht wäre der Begriff Berater treffender – ist. Zu den wesentlichen Aufgaben des Sachverständigen zählt die Vermittlung der dem Richter fehlenden Sachkunde. Auch wenn das Sachverständigengutachten im privaten Bauprozess eine immens wichtige Rolle spielt[2], ist der Sachverständige dennoch nicht zur Entscheidung des Rechtsstreits berufen[3].

HINWEIS 1

Für die gerichtliche Leitung der Sachverständigentätigkeit lässt sich schon nach den Regelungen der ZPO – insbesondere §§ 359 Nr. 1; 487 Nr. 2; 490 Abs. 2 Satz 1; 404a Abs. 1-4; 407a Abs. 1, Abs. 3 ZPO – festhalten, dass die präzise Formulierung der Beweisfrage im Beweisbeschluss eines baurechtlichen Verfahrens besonders wichtig ist.[4] Die Beweisfrage muss sich auf Tatsachen beziehen, über die Beweis zu erheben ist. Das Verwenden einer Rechtsfrage ist unzulässig.[5] Das Gericht hat insofern vor allem die Aufgabe, den Gutachtenauftrag so klar zu formulieren, dass der Sachverständige dazu in die Lage versetzt wird, sich ausschließlich mit der Darlegung seiner Schlussfolgerungen aus den ihm vorgegebenen Anknüpfungstatsachen auseinander zu setzen.[6]

5.3 Probleme bei der Missachtung des Trennungsgebots von Tatsachen- und Rechtsfragen im Beweisbeschluss

Das Trennungsgebot von (zulässigen) Tatsachen- und (unzulässigen) Rechtsfragen im Beweisbeschluss wird in der Praxis trotz der klaren Vorgaben in der ZPO dennoch häufig missachtet. Der Sachverständige erhält z.B. oft den nicht näher erläuterten gerichtlichen

---

1 *Greger*, in: Zöller, Kommentar zur ZPO (29. Aufl., Köln 2012), § 404a Rdnr. 1.
2 *Kniffka*, in: Kniffka/Koeble, Kompendium des Baurechts (3. Aufl., München 2008), 20. Teil Rdnr. 35.
3 *Siegburg*, BauR 2001 S. 875 (877 f.).
4 Siehe etwa: *Leupertz/Hettler*, Der Bausachverständige vor Gericht (1. Aufl., Köln/Stuttgart 2007), Rdnr. 151.
5 *Weise*, Selbständiges Beweisverfahren im Baurecht, Rdnr. 148 f.
6 *Ulrich*, Selbständiges Beweisverfahren mit Sachverständigen, 3. Kapitel Rdnr. 25 m.w.N.

5.3 Probleme bei der Missachtung des Trennungsgebots von Tatsachen- und Rechtsfragen

Auftrag, folgende Frage zu begutachten: *„Ist die Bauleistung mangelhaft?"*. Dies ist insbesondere aus den nachfolgend dargestellten Gründen problematisch.

5.3.1 Kompetenzüberschreitung

Zunächst – und das ist wohl das größte Problem – wird durch derartige Beweisfragen die nach der ZPO vorgegebene Kompetenzverteilung zwischen Gericht und Sachverständigem aufgegeben.

Das mag an dieser Stelle die Bestimmung der nach dem Vertrag geschuldeten Beschaffenheit einer Werkleistung (sog. „Soll-Beschaffenheit") verdeutlichen.[1] Um die eingangs genannte Frage nach der Mangelhaftigkeit der Werkleistung beantworten zu können, wäre der Sachverständige dazu gezwungen, den Werkvertrag unter Beachtung von § 633 BGB (bzw. § 13 Abs. 1 VOB/B) i.V.m. §§ 133, 157 BGB selbst auszulegen.

Dass und warum dies nicht sein darf, hat das OLG Köln bereits in seiner Entscheidung vom 4.2.2002[2] zutreffend wie folgt begründet:

> *Die ... Sollbeschaffenheit ... ist als Rechtsbegriff vom Gericht zu fixieren und darf nicht dem Sachverständigen überlassen werden. Ist die (ausdrücklich oder stillschweigend/konkludent erklärte) Sollbeschaffenheit der Werkleistung auf der Grundlage der subjektiven Theorie durch Auslegung des Werkvertrages (Bau-/Architekten-/Ingenieurvertrag) gemäß §§ 133, 157 BGB zu ermitteln, hat das Gericht im Rahmen des förmlichen Beweisbeschlusses nach §§ 358a, 359 ZPO bzw. in seiner Beweisanordnung gemäß § 490 ZPO das Ergebnis seiner Auslegung dem Sachverständigen gemäß § 404a ZPO durch entsprechende Vorgaben mitzuteilen. Erst wenn die – vom Gericht und nicht vom Sachverständigen vorzunehmende – Auslegung des Vertrages keine bestimmte Beschaffenheitsabrede ergibt, richtet sich die Sollbeschaffenheit nach dem Standard der allgemein anerkannten Regeln der Technik ..., den das Gericht im Regelfall nicht selbst kennt, ihn vielmehr durch einen Sachverständigen ermitteln lassen muss.*

In Anwendung dieser Grundsätze hat z.B. das OLG Hamburg[3] folgerichtig entschieden, dass die Auslegung einer zwischen den Parteien getroffenen Vereinbarung zum geschuldeten Schallschutz nicht Gegenstand der Beweisfrage eines selbständigen Beweisverfahrens sein kann.

Kniffka[4] fasst die vorgenannten Aspekte zutreffend dahingehend zusammen, dass das Gericht im Streitfall Angaben zur geschuldeten Leistung machen müsse, weil der Sachverständige (allein) die Abweichung davon zu beurteilen habe.[5] Dass dem Sachverständigen dies vom Gericht vorgegeben werden muss, liegt schon deswegen auf der Hand, weil der Sachverständige ansonsten – gerade bei juristisch komplexen Vertragswerken – regelmäßig nicht dazu in der Lage sein wird, eine Abweichung der Ist- von der Soll-Beschaffenheit (welcher?) festzustellen und damit Aussagen zur Mangelhaftigkeit einer Werkleistung zu

---

1 Siehe zur Vertiefung: *Siegburg*, BauR 2001 S. 875 (875 ff.) m.w.N.
2 OLG Köln, B. v. 4.2.2002 – 17 W 24/02, BauR 2002 S. 1120 (1122).
3 OLG Hamburg, B. v. 25.8.2009 – 14 W 61/09, IBR 2010 S. 1068 (nur online).
4 *Kniffka*, in: Kniffka/Koeble, Kompendium des Baurechts, 20. Teil Rdnr. 38.
5 So auch: *Joussen*, in: Ingenstau/Korbion/Kratzenberg/Leupertz, Kommentar zur VOB (18. Aufl., Köln 2013), Anhang 3 Rdnr. 69 m.w.N.; *Ulrich*, DS 2008 S. 209 (214, 215).

5. Die gerichtliche Leitung der Sachverständigentätigkeit (§ 404a ZPO)

treffen.[1] Wollte man das anders sehen, würden – um mit *Leupertz/Hettler* zu sprechen – *„Sachverständige durch schlecht vorbereitete und unsorgfältig formulierte Beweisfragen mittelbar in die Auslegung des Vertrages getrieben"*[2].

Es entspricht auch ständiger Rechtsprechung des BGH, dass der Sachverständige nicht zu einer rechtlichen Beurteilung – insbesondere nicht zu einer Vertragsauslegung[3] – befugt ist[4] und es ihm als juristischem Laien nicht überlassen werden darf, sich im Zuge seiner Gutachtenerstattung zu juristisch bedeutsamen Begriffen hinreichend sachkundig zu machen[5]. Als Beispiel sei hier das Urteil des BGH vom 30.9.1992[6] genannt. In dem dort zugrunde liegenden Fall nahm der Kläger seine Versicherung auf Zahlung einer monatlichen Berufsunfähigkeitsrente in Anspruch. Das Berufungsgericht beauftragte einen medizinischen Sachverständigen mit der Begutachtung der Berufsunfähigkeit, ohne ihm vorzugeben, von welcher Berufsunfähigkeit nach dem Versicherungsvertrag auszugehen war. Dies beanstandete der BGH mit folgender Begründung[7]:

Berufsunfähigkeit … ist ein eigenständiger juristischer Begriff und darf nicht mit Berufsunfähigkeit oder gar Erwerbsunfähigkeit im Sinne des gesetzlichen Rentenversicherungsrechts gleichgesetzt werden. Dies muß medizinischen Sachverständigen stets unmißverständlich vor Augen geführt werden, ist hier aber unterblieben. Es geht nicht an, es einem Sachverständigen, der juristischer Laie ist, zu überlassen, ob es ihm gelingt, sich im Zuge seiner Gutachtenerstattung zu juristisch bedeutsamen Begriffen hinreichend sachkundig zu machen. Soweit für eine sachgerechte Gutachtenerstattung notwendig, ist er vielmehr mit juristischen Begriffen und einschlägigen Tatbeständen ebenso vertraut zu machen wie mit allen sonstigen Umständen, von denen er bei seiner Begutachtung auszugehen hat (vgl. § 404a ZPO).

Dieser Entscheidung des BGH lag zwar kein baurechtlicher, sondern ein versicherungsrechtlicher Fall zugrunde. Jedoch haben die Ausführungen auch Bedeutung für den Bauprozess, da dort mit der Frage nach der Mangelhaftigkeit einer Bauleistung ein ebenfalls „eigenständiger juristischer Begriff" in diesem Sinne verwendet wird.[8]

Den Ausführungen eines technischen Sachverständigen kann bei der Vertragsauslegung – z.B. von Leistungsverzeichnissen – also nur eine begrenzte Funktion zukommen, die sich im wesentlichen darauf beschränkt, das für die Beurteilung bedeutsame Fachwissen – etwa Fachsprachen und Üblichkeiten – zu vermitteln.[9]

Wenig hilfreich ist deswegen der Hinweis, jeder Sachverständige wisse unabhängig vom Wortlaut des Beweisbeschlusses um die Bedeutung des werkvertraglichen Mangelbegriffs.[10] Natürlich muss ein Sachverständiger ein rechtliches Vorverständnis entwickeln,

---

1 *Joussen*, in: Ingenstau/Korbion/Kratzenberg/Leupertz, Kommentar zur VOB, Anhang 3 Rdnr. 69.
2 *Leupertz/Hettler*, Der Bausachverständige vor Gericht, Rdnr. 153.
3 BGH, U. v. 25.4.1996 – VII ZR 157/94, BauR 1996 S. 735 (735 ff.) = ZfBR 1996 S. 258 (258 ff.) = IBR 1996 S. 333 (333) mit Anm. *Kniffka*; BGH, U. v. 9.2.1995 – VII ZR 143/93, BauR 1995 S. 538 (538 ff.) = ZfBR 1995 S. 191 (191 f.) = IBR 1995 S. 325 (325).
4 BGH, U. v. 16.12.2004 – VII ZR 16/03, BauR 2005 S. 735 (735 ff.) = NZBau 2005 S. 285 (285 ff.) = ZfBR 2005 S. 355 (355 ff.) = IBR 2005 S. 271 (271).
5 BGH, U. v. 30.9.1992 – IV ZR 227/91, NJW 1993 S. 202 (202 f.).
6 BGH, U. v. 30.9.1992 – IV ZR 227/91, NJW 1993 S. 202 (202 f.).
7 BGH, U. v. 30.9.1992 – IV ZR 227/91, NJW 1993 S. 202 (202).
8 Ebenso: *Quack*, BauR 1993 S. 161 (161 ff.).
9 BGH, U. v. 25.4.1996 – VII ZR 157/94, BauR 1996 S. 735 (735 ff.) = ZfBR 1996 S. 258 (258 ff.) = IBR 1996 S. 333 (333) mit Anm. *Kniffka*; BGH, U. v. 9.2.1995 – VII ZR 143/93, BauR 1995 S. 538 (538 ff.) = ZfBR 1995 S. 191 (191 f.) = IBR 1995 S. 325 (325).
10 Missverständlich und ungenau: *Liebheit*, Der Bausachverständige 6/2012 S. 66 (66 f.).

5.3 Probleme bei der Missachtung des Trennungsgebots von Tatsachen- und Rechtsfragen

um die Beweisfragen verstehen und beantworten zu können.[1] Das berechtigt ihn jedoch nicht zu einer eigenen rechtlichen Beurteilung der nach dem Vertrag maßgeblichen Soll-Beschaffenheit der Bauleistung.

Die in der Einleitung erwähnte Ansicht, der Sachverständige sei unabhängig von der Formulierung der Beweisfrage zunächst dazu verpflichtet klarzustellen, welche Voraussetzungen das Werk nach der ausdrücklichen bzw. stillschweigenden Beschaffenheitsvereinbarung erfüllen müsse[2], kann nach alledem nicht überzeugen. Sie widerspricht einer sachgerechten gerichtlichen Leitung der Sachverständigentätigkeit und missachtet die klaren Vorgaben von §§ 404a, 407a ZPO hinsichtlich der Kompetenzverteilung. Wollte man dies anders sehen, würde der Sachverständige mit der Auslegung des Werkvertrages allein gelassen, wozu er als Nichtjurist ebenso wenig berufen sein kann wie der Jurist (Nichttechniker) zur Beurteilung technischer Fragen.

HINWEIS 2

Das Gericht muss zunächst prüfen, welche Soll-Beschaffenheit nach dem Inhalt des Werkvertrages maßgeblich ist und das Ergebnis dieser Prüfung dem Sachverständigen im Beweisbeschluss als Prämisse wie folgt mitteilen[3]:

Im Beweisbeschluss ist entweder die zwischen den Parteien vereinbarte Soll-Beschaffenheit vorzugeben oder – mangels einer solchen – danach zu fragen, ob die „allgemein anerkannten Regeln der Technik"[4] (vertraglicher Mindeststandard) beachtet worden sind.

Die vorstehenden Ausführungen verdeutlichen zudem, dass das Verwenden des in tatsächlicher Hinsicht nicht näher beschriebenen (!) Begriffs „Mangel" im gerichtlichen Beweisbeschluss grundsätzlich zu vermeiden ist.[5] Das Gericht hat dem Sachverständigen im Beweisbeschluss die maßgeblichen Anknüpfungstatsachen für die Mangelbeurteilung – insbesondere die Soll-Beschaffenheit der Werkleistung – vorzugeben. Das Verwenden des rechtlich determinierten Mangelbegriffs macht das Schildern dieser Anknüpfungstatsachen nicht entbehrlich.

Deshalb kann z.B. die (pauschale) Begründung des LG Heidelberg[6] nicht überzeugen, die Verwendung des Begriffs „Mangel" sei im Beweisbeschluss zulässig, weil der Begriff nicht nur im Rechtssinne, sondern auch im Sinne einer Abweichung von dem gebotenen fachlichen Standard – damit wird offensichtlich auf die „allgemein anerkannten Regeln der Technik" Bezug genommen – zu verstehen sei. Auf das Abweichen vom „fachlich gebotenen Standard" kommt es in rechtlicher Hinsicht (Soll-Beschaffenheit) dann nicht an, wenn die Parteien eine davon abweichende – etwa höherwertige – Beschaffenheitsvereinbarung der Bauleistung getroffen haben. Der Mangelbegriff lässt sich nicht allein auf den fachlichen *Mindest*standard „allgemein anerkannte Regeln der Technik" reduzieren.

Fazit: Schon das Vermeiden des in tatsächlicher Hinsicht nicht näher umschriebenen Begriffs „Mangel" kann daher zu einer Verbesserung der Zusammenarbeit zwischen Gericht und Sachverständigem beitragen; auch wenn dies sicherlich nur ein erster Ansatz ist.

---

1 *Kniffka*, DS 2007 S. 125 (128 f.).
2 So wörtlich: *Liebheit*, Der Bausachverständige 3/2012 S. 46 (47).
3 Dazu: *Ulrich*, Selbständiges Beweisverfahren mit Sachverständigen, 4. Kapitel Rdnr. 13.
4 Ausführlich zu den „allgemein anerkannten Regeln der Technik" unten: Kapitel 14.
5 Siehe auch: *Seibel*, ZfBR 2011 S. 731 (731 ff.).
6 LG Heidelberg, B. v. 23.3.2011 – 3 OH 3/11, IBR 2011 S. 1353 (nur online).

5. Die gerichtliche Leitung der Sachverständigentätigkeit (§ 404a ZPO)

> **HINWEIS 3**
>
> *Das Verwenden des in tatsächlicher Hinsicht nicht näher beschriebenen (!) Begriffs „Mangel" im gerichtlichen Beweisbeschluss ist grundsätzlich zu vermeiden.[1] Das Gericht hat dem Sachverständigen im Beweisbeschluss stattdessen die maßgeblichen Anknüpfungstatsachen für die Mangelbeurteilung – insbesondere die Soll-Beschaffenheit der Werkleistung – vorzugeben.*

Vertiefung: Ergibt sich die Soll-Beschaffenheit der Werkleistung aus dem vertraglichen Leistungsverzeichnis (LV), muss das Gericht im Beweisbeschluss natürlich nicht sämtliche Punkte des LV abschreiben. Es genügt dann eine Bezugnahme auf die entsprechenden Unterlagen. Das reicht als Anknüpfungstatsache für die Gutachtenerstattung zweifelsohne aus.

5.3.2 Unzulässige Ausforschung

Ein weiteres Problem, wenn im Beweisbeschluss pauschal nach der Mangelhaftigkeit einer Werkleistung gefragt wird, besteht in der Erhebung unzulässiger Ausforschungsbeweise.[2]

Das AG Halle hat in einem Fall, in dem der Antragsteller eines selbständigen Beweisverfahrens das Vorhandensein von Mängeln klären lassen wollte, ohne ein Mangelerscheinungsbild zu beschreiben, zutreffend Folgendes entschieden:[3]

> *Inhaltlich läuft der bisherige Antrag indessen auf eine unerlaubte Ausforschung hinaus. Es ist auch im Beweissicherungsverfahren nicht möglich, allgemein die Fragestellung aufzuwerfen, ob „Mängel" überhaupt vorhanden sind, da im Zuge dessen die Tatsachengrundlage für weitere rechtliche Schritte erst vorbereitet wird. Damit aber würde einer unzulässigen Beweisermittlung (d.h. einer so genannten Ausforschung) Vorschub geleistet. Das Beweisthema muss jedenfalls so präzise formuliert sein, dass der einzuschaltende Sachverständige nicht absehbar in die Bedrängnis gebracht wird, dass er im Zuge seiner Tätigkeit die an ihn herangetragenen Fragestellungen durch eigene Ermittlungen überschritten habe. Dies setzt zumindest voraus, dass die festzustellenden Tatsachen so genau bezeichnet sind, dass ein konkretes Fehlerbild mitgeteilt wird, das vom Sachverständigen überprüft werden kann ...*

Mit diesen Ausführungen wird unmittelbar die im privaten Bauprozess nach ständiger Rechtsprechung des BGH geltende sog. „Symptomtheorie"[4] angesprochen, die an dieser Stelle kurz erwähnt werden soll. Danach ist zur Darlegung des Ist-Zustandes einer Bauleistung das Beschreiben des äußeren Mangelerscheinungsbildes durch die Partei ausreichend, aber auch erforderlich. Es ist nicht notwendig, dass die Partei weitere Einzelheiten zum behaupteten Mangel – z.B. die technischen Mangelursachen – darlegt. Anderenfalls würde man von ihr schlicht Unzumutbares verlangen, weil die technisch regelmäßig unkundige Partei nichts zu den Mangelursachen vortragen kann.

---
1 Einzelheiten: *Seibel*, ZfBR 2011 S. 731 (731 ff.).
2 *Siegburg*, BauR 2001 S. 875 (886); *Ulrich*, Selbständiges Beweisverfahren mit Sachverständigen, 4. Kapitel Rdnr. 13.
3 AG Halle, B. v. 20.7.2009 – 94 H 3/09, NZBau 2010 S. 113 (113) = IBR 2009 S. 1285 (nur online).
4 Vgl. nur: BGH, U. v. 8.5.2003 – VII ZR 407/01, BauR 2003 S. 1247 (1247 f.) = NZBau 2003 S. 501 (501 f.) = ZfBR 2003 S. 559 (559 f.) = IBR 2003 S. 365 (365) m.w.N.

5.3 Probleme bei der Missachtung des Trennungsgebots von Tatsachen- und Rechtsfragen

Beispiel

Ein privater Bauherr muss nicht wissen, warum seine Fußbodenheizung nicht warm wird. Es genügt, wenn er beschreibt, dass und wo dies der Fall ist. Woran das letztlich liegt, muss gegebenenfalls der Sachverständige in seinem Gutachten feststellen.

5.3.3 Unnötige Verfahrensverzögerung

Ein nicht zu vernachlässigendes Problem bei der Verwendung unpräzise formulierter Beweisfragen im Beweisbeschluss besteht zudem darin, dass dies Ergänzungsfragen der Parteien und demzufolge auch Ergänzungsgutachten geradezu herausfordert. Das wiederum führt regelmäßig zu unnötigen Verfahrensverzögerungen[1], die durch eine präzise – in den meisten Fällen jedoch arbeitsaufwändige – Abfassung der Beweisfragen vermieden werden können. Die Arbeitszeit, die der Richter für das korrekte Formulieren der Beweisfragen aufwenden muss, ist sowohl im Interesse der Verfahrensbeschleunigung als auch im Interesse einer richtigen Entscheidung in jedem Fall gut investiert.

Bull hat das einmal mit folgenden Sätzen treffend zusammengefasst: *„Ein guter Beweisbeschluss ist das halbe Urteil."* sowie *„Der Beweisbeschluss ist ... zweifellos die wichtigste Vorarbeit für das Urteil, er rodet das Gelände, auf dem sich jenes erhebt."*[2]

5.3.4 Unbrauchbares Gutachten

Außerdem beinhaltet das Verwenden unpräzise formulierter Beweisfragen im Beweisbeschluss die Gefahr, dass das Verfahren aufgrund eines an den entscheidungserheblichen Punkten vorbeigehenden Sachverständigengutachtens auf ein „falsches Gleis" gerät, das Gericht deswegen später falsche Schlussfolgerungen zieht und falsch urteilt. Dies soll das folgende Beispiel verdeutlichen.

Beispiel

Die Parteien vereinbaren im Vertrag eine besonders hochwertige Schallschutzausführung einer Eigentumswohnung.

Gibt das Gericht dem Sachverständigen diesen Vertragsinhalt als Soll-Beschaffenheit des Schallschutzes im Beweisbeschluss nicht vor, sondern fragt dort ganz allgemein nach der Mangelhaftigkeit des ausgeführten Schallschutzes, wird der Sachverständige – wie die Praxis zeigt – sein Gutachten in aller Regel unter Anwendung der „allgemein anerkannten Regeln der Technik" (werkvertraglicher Mindeststandard) erstatten.

Ein solches Gutachten berücksichtigt dann die Tatsache der vertraglichen Vereinbarung einer im Vergleich zum Mindeststandard qualitativ höherwertigen Schallschutzausfüh-

---

1 *Kniffka*, in: Kniffka/Koeble, Kompendium des Baurechts, 20. Teil Rdnr. 38 (1. Spiegelstrich); *Siegburg*, BauR 2001 S. 875 (881).
2 *Bull*, AcP 146 (1941) S. 50 (74).

5. Die gerichtliche Leitung der Sachverständigentätigkeit (§ 404a ZPO)

rung nicht.[1] Es geht daher von vornherein an der Sache vorbei und stellt für das Gericht später keine taugliche Entscheidungsgrundlage dar.

In diesem Beispielsfall empfiehlt sich deswegen besser folgende Formulierung: *„Entspricht der tatsächlich ausgeführte Luft-/Trittschallschutz in der Wohnung ... den technischen Anforderungen einer gehobenen (luxuriösen) Ausstattung?"*

Eine solche Beweisfrage stellt zweifellos keine Rechtsfrage dar. Das Gericht gibt dem Sachverständigen hierdurch die vertragliche Soll-Beschaffenheit der Werkleistung (gehobene Schallschutzausführung) als rechtliche Prämisse vor und beauftragt den Sachverständigen mit der Klärung der *technischen* Anforderungen einer solchen gehobenen Schallschutzausführung.[2] Sollte es in technischer Hinsicht unterschiedliche Qualitätsstufen eines gehobenen/erhöhten Schallschutzes[3] geben, muss das Gericht – gegebenenfalls gemeinsam mit dem Sachverständigen – entscheiden, welche davon im Fall einschlägig ist.

Der Begriff des „erhöhten Schallschutzes" ist technischen Regelwerken auch keineswegs fremd – wie z.B. das Beiblatt 2 zur DIN 4109 zeigt. Deswegen hat u.a. *Müller*[4] in einer ausführlichen Untersuchung überzeugend nachgewiesen, dass Sachverständige auf die Frage nach den technischen Anforderungen eines gehobenen/erhöhten Schallschutzes ohne weiteres eine Antwort geben können.

5.4 Handhabung in der gerichtlichen Praxis

Gerichte tun sich mit der Leitung der Sachverständigentätigkeit in der Praxis sehr schwer.[5] *Kniffka* sieht das so: *„Je komplexer die Sachen sind, umso weniger beherrschen Instanzrichter das Verfahren, so dass sie nicht in der Lage sind, wirklich Hilfestellung zu liefern."*[6] Er spricht dabei vom *„häufig hilflosen Instanzrichter"*[7].

Der Grund dafür liegt vor allem darin, dass Gerichte bei der Beurteilung der – regelmäßig technisch geprägten – Mangelhaftigkeit einer Bauleistung zwangsläufig an ihre Grenzen stoßen. Deswegen ist die Verwendung von Rechtsfragen im Beweisbeschluss in diesem komplexen Grenzbereich zwischen Recht und Technik[8] sicherlich besonders verlockend. *Greger*[9] spricht von einer Versuchung des Gerichts, *„wegen seiner geringeren oder fehlenden Sachkunde die Sachentscheidung letztlich dem Sachverständigen zu überlassen"*. Es bedarf keiner weiteren Erläuterung, dass ein solches Vorgehen der Kompetenzverteilung zwischen Gericht und Sachverständigem widerspricht.

---

1 Vgl. auch: *Seibel*, Der Bausachverständige 2/2010 S. 67 (67 ff.) m.w.N.
2 Dies verkennt: *Liebheit*, Der Bausachverständige 6/2012 S. 66 (71).
3 Siehe etwa die Differenzierungen in VDI 4100 zwischen den Schallschutzstufen (SSt) II und III.
4 *Müller*, in: Staudt/Seibel, Baurechtliche und -technische Themensammlung (Köln/Stuttgart 2011), Heft 1 (Schallschutz) S. 43 ff., 81 ff.
5 Der BGH hat bereits mehrfach darauf hingewiesen, dass die Verwendung von Rechtsfragen im Beweisbeschluss unzulässig ist: BGH, U. v. 16.12.2004 – VII ZR 16/03, BauR 2005 S. 735 (735 ff.) = NZBau 2005 S. 285 (285 ff.) = ZfBR 2005 S. 355 (355 ff.) = IBR 2005 S. 271 (271); BGH, U. v. 17.6.2004 – VII ZR 75/03, BauR 2004 S. 1438 (1438 ff.) = NZBau 2004 S. 500 (500 ff.) = ZfBR 2004 S. 778 (778 ff.) = IBR 2004 S. 550 (550); BGH, U. v. 25.4.1996 – VII ZR 157/94, BauR 1996 S. 735 (735 ff.) = ZfBR 1996 S. 258 (258 ff.) = IBR 1996 S. 333 (333) mit Anm. *Kniffka*.
6 *Kniffka*, DS 2007 S. 125 (129).
7 *Kniffka*, DS 2007 S. 125 (129).
8 Ausführlich zum Verhältnis von Recht und Technik: *Seibel*, BauR 2005 S. 490 (490 ff.) m.w.N.
9 *Greger*, in: Zöller, ZPO, § 404a Rdnr. 1.

5.4 Handhabung in der gerichtlichen Praxis

Ein weiteres Problem liegt in der dem Richter zur Fallbearbeitung eingeräumten Arbeitszeit. Diese ist regelmäßig so knapp bemessen, dass das Abfassen eines der gerichtlichen Anleitungsaufgabe gerecht werdenden Beweisbeschlusses in komplexen Bauprozessen nur schwer möglich ist.

Zudem ist nicht zu übersehen, dass insbesondere – aber nicht nur – junge Richter mit der Materie des privaten Baurechts kaum vertraut sind und deswegen das Einarbeiten in diesen schwierigen und arbeitsintensiven Bereich nicht gerade beliebt ist.[1]

Das alles mag eine Erklärung dafür sein, warum Beweisfragen der Parteien – auch wenn es sich dabei um Rechtsfragen handelt – vom Gericht häufig vollkommen unkritisch in den Beweisbeschluss übernommen werden bzw. warum das Gericht zur Arbeitserleichterung von sich aus Rechtsfragen im Beweisbeschluss verwendet. Dies rechtfertigt aber keinesfalls das Vernachlässigen der gerichtlichen Leitung der Sachverständigentätigkeit durch Formulierung unpräziser Beweisfragen.

Wie gehen Sachverständige mit dieser Situation um?

Einerseits müssen sie ein gewisses rechtliches Vorverständnis entwickelt haben, um die Beweisfragen erfassen und beantworten zu können, andererseits dürfen sie – wie bereits gezeigt – keine eigene rechtliche Bewertung vornehmen. Dieses Problemfeld wird auch von erfahrenen Sachverständigen – z.B. mit dem Bestellungsgebiet „Leistungen und Honorare für Architekten und Ingenieure"; ein Bereich, der unmittelbar mit Rechtsfragen verknüpft ist – bestätigt.[2]

Viele Sachverständige behelfen sich hier damit, dass sie die Grundlagen ihrer rechtlichen Bewertung im Gutachten offenlegen.[3] Etwa dadurch, dass sie ihr Verständnis eines Vertragstextes, z.B. einer Leistungsbeschreibung, oder eines technischen Regelwerks ausdrücklich im Gutachten darstellen. Unerfahrene Sachverständige unterlassen dies und sehen sich dann häufig Einwendungen der Parteien ausgesetzt, nicht selten in Form von Befangenheitsanträgen.

Nach der Rechtsprechung des BGH ist das Gericht stets gehalten, das Sachverständigengutachten wie folgt zu überprüfen:[4]

> *Dagegen muß die sachverständige Begutachtung als solche neben allen übrigen maßgeblichen Umständen des Einzelfalles vom Gericht selbst gewürdigt werden. Vor allem die Abwägung der vom Sachverständigen vermittelten Erkenntnisse gegenüber denen, die sich aus der individuellen Situation ergeben, hat das Gericht in eigener Verantwortung vorzunehmen. Unter anderem hat es zudem zu prüfen, ob dem Gutachten fehlerhafte juristische Vorstellungen zugrunde liegen.*

Fazit: Da im Beweisbeschluss oftmals keine geeigneten/zulässigen Beweisfragen enthalten sind, bleibt Sachverständigen häufig keine andere Möglichkeit als eine – wie *Kniffka* es einmal treffend formuliert hat – *„praxisfreundliche Auslegung des Gutachterauftrags"*[5]. Das Problem der Verlagerung rechtlicher Beurteilungen auf Sachverständige könnte dabei leicht dadurch beseitigt werden, dass Gerichte genaue Vorgaben im Beweis-

---

1 So auch: *Leupertz*, Editorial BauR 5/2012.
2 Vgl. etwa: *Heymann*, online-Leseranmerkung zu OLG Naumburg, IBR 2013 S. 56 (www.ibr-online.de).
3 *Kniffka*, DS 2007 S. 125 (129).
4 BGH, U. v. 9.2.1995 – VII ZR 143/93, BauR 1995 S. 538 (539) = ZfBR 1995 S. 191 (191 f.) = IBR 1995 S. 325 (325).
5 *Kniffka*, DS 2007 S. 125 (129).

5. Die gerichtliche Leitung der Sachverständigentätigkeit (§ 404a ZPO)

beschluss – etwa zur Soll-Beschaffenheit der Bauleistung – machen. In der Praxis geschieht dies aus den bereits dargestellten Gründen jedoch kaum.

> **HINWEIS 4**
>
> *Gerichte kommen der ihnen nach der ZPO zugewiesenen Aufgabe zur Leitung der Sachverständigentätigkeit (vgl. nur §§ 404a, 407a ZPO) aus vielfältigen Gründen nicht hinreichend nach, weswegen Sachverständigen häufig nichts anderes übrig bleibt, als eigene rechtliche Bewertungen zur Erfüllung des Gutachtenauftrages vorzunehmen.*
>
> *Aus Sicht des Autors besteht hier dringender Handlungsbedarf!*

5.5 Lösungsvorschläge

Abschließend sollen einige aus Sicht des Autors praxistaugliche Vorschläge zur Verbesserung der Zusammenarbeit zwischen Gerichten und Sachverständigen gemacht werden.

5.5.1 Sorgfältigere Formulierung der Beweisfragen im Beweisbeschluss

Zunächst kann eine Verbesserung der Zusammenarbeit durch eine sorgfältigere Formulierung der Beweisfragen im Beweisbeschluss erreicht werden. Die Beweisfragen müssen sich auf Tatsachen beziehen; das Verwenden von Rechtsfragen ist grundsätzlich unzulässig.

Im privaten Bauprozess lässt sich schon dadurch eine Verbesserung der gerichtlichen Leitung der Sachverständigentätigkeit erreichen, dass nicht pauschal nach der Mangelhaftigkeit einer Werkleistung gefragt wird, sondern im Beweisbeschluss zunächst die Anknüpfungs*tatsachen* (äußere Mangelerscheinungen im Sinne der sog. „Symptomtheorie") für die von einer Partei behauptete Mangelhaftigkeit benannt werden. Sodann ist im Beweisbeschluss entweder die zwischen den Parteien vereinbarte Soll-Beschaffenheit vorzugeben oder – mangels einer solchen – danach zu fragen, ob die „allgemein anerkannten Regeln der Technik" (vertraglicher Mindeststandard) beachtet worden sind. Dadurch wird der Sachverständige – ohne unzulässige eigene Vertragsauslegungen – dazu in die Lage versetzt, eine Abweichung der Ist- von der Soll-Beschaffenheit zu beurteilen.

> **HINWEIS 5**
>
> *Auch wenn das korrekte Formulieren der Beweisfragen im Beweisbeschluss originäre Aufgabe des Gerichts ist, können Rechtsanwälte einen maßgeblichen Beitrag zum Gelingen des Beweisbeschlusses leisten, indem sie Rechtsfragen und Ausforschungen bei der Formulierung ihrer Beweisanträge unterlassen.*

Vertiefung: Das Verfassen sachgerechter Beweisfragen im Beweisbeschluss ist in den regelmäßig sehr umfangreichen privaten Bauprozessen sehr zeitintensiv, erfordert vor allem aber auch die Kenntnis des Richters von den Besonderheiten des privaten Baurechts und des Bauprozessrechts. Besondere Bedeutung erlangt in diesem Zusammenhang die (ständige) Fortbildung der mit Bausachen befassten Richter. Wichtig ist dabei vor allem die Vermittlung, dass Beweisfragen sorgfältig zu formulieren und Sachverständige mit prozessentscheidenden Problemen nicht allein gelassen werden dürfen.[1] Dafür müssen Richter von Beginn ihrer beruflichen Tätigkeit an sensibilisiert werden.[2]

> **HINWEIS 6**
>
> *Das regelmäßige Durchführen von Fortbildungen ist ein wichtiger und in der Praxis umsetzbarer Ansatz zur Steigerung der Qualität gerichtlicher Beweisbeschlüsse und damit zur Verbesserung der Zusammenarbeit zwischen Gerichten und Sachverständigen. Leider unternimmt die Justiz in diesem Bereich (noch) wenig, obwohl in anderen Berufen die Notwendigkeit und der Nutzen von Fortbildungen allgemein anerkannt sind. Für Architekten beispielsweise ist die Pflicht zur Fort- und Weiterbildung ausdrücklich in § 22 Abs. 2 Nr. 4 Baukammerngesetz NRW (BauKaG NRW) geregelt.*

5.5.2 Kooperation zwischen Gericht und Sachverständigem

Eine sachgerechte Leitung der Sachverständigentätigkeit kann zudem durch eine Verbesserung der Kooperation zwischen Gericht und Sachverständigem – natürlich immer unter der Voraussetzung der Einbeziehung der Parteien – erreicht werden.

5.5.2.1 Nachfragen und Hinweise des Sachverständigen

Mit seiner Reaktion auf einen (ihm unklaren) Beweisbeschluss kann der Sachverständige schon früh die Grundlage für eine konstruktive Kooperation legen.

An dieser Stelle werden Sachverständige häufig dadurch verunsichert, dass die Ansicht verbreitet wird, kritische Nachfragen zum Beweisbeschluss würden von den Gerichten als „Konfrontation" aufgefasst und seien aus taktischen Erwägungen heraus tunlichst zu vermeiden, wenn der Sachverständige weiterhin Aufträge vom Gericht erhalten wolle.[3]

Durch derartige Thesen dürfen sich Sachverständige nicht in die Irre führen lassen! Die Annahme, Gerichte würden Hinweise eines Sachverständigen auf Unklarheiten/Ungenauigkeiten im Beweisbeschluss als Konfrontation auffassen, ist unzutreffend. Der Autor kann aus eigener Erfahrung bestätigen, dass Richter derartige Hinweise von Sachverständigen zum Anlass nehmen, ihren Beweisbeschluss zu überdenken und gegebenenfalls neu zu fassen. Dies entspricht auch der beruflichen Erfahrung vieler Sachverständiger. Siehe dazu die unten folgenden Ausführungen aus Sicht des Sachverständigen (5.6). Es bleibt damit festzuhalten, dass die Sorge von Sachverständigen, wegen Nachfragen beim Gericht zukünftig bei der Vergabe von Gutachtenaufträgen nicht mehr berücksichtigt zu werden, in aller Regel vollkommen unbegründet ist.

Soweit vereinzelt die Auffassung vertreten wird, es sei nicht die Aufgabe des Sachverständigen, sondern ausschließlich der Prozessbevollmächtigten, die verfahrensrechtliche Unzulässigkeit von Beweisfragen und Verstöße des Gerichts gegen § 404a ZPO zu rügen[4], ist dem entschieden zu widersprechen. Eine derartige Ansicht stellt sich als Aus-

---
1 *Kniffka*, DS 2007 S. 125 (130).
2 Ebenso: *Ulrich*, Selbständiges Beweisverfahren mit Sachverständigen, 3. Kapitel Rdnr. 25 m.w.N.
3 So wörtlich: *Liebheit*, Der Bausachverständige 6/2012 S. 66 (66) [1. These].
4 So wörtlich: *Liebheit*, Der Bausachverständige 6/2012 S. 66 (71) [12. These].

5. Die gerichtliche Leitung der Sachverständigentätigkeit (§ 404a ZPO)

fluss eines verfehlten Verständnisses der „Hierarchie" zwischen Gerichten und Sachverständigen dar und missachtet die klaren Vorgaben der ZPO – insbesondere diejenigen von §§ 404a Abs. 2 a.E., Abs. 3; 407a Abs. 1 Satz 2, Abs. 3 Satz 1 ZPO. Werden im Beweisbeschluss Rechtsfragen verwendet, ist der Sachverständige selbstverständlich dazu befugt und auch berufen, auf diesen Missstand hinzuweisen.[1] Zunächst muss dem Sachverständigen ein solcher Gutachtenauftrag schon wegen der Kompetenzverteilung unklar sein, weswegen er nach § 404a Abs. 2 a.E. ZPO einen Anspruch auf gerichtliche Erläuterung desselben hat. Weiterhin ist der Sachverständige nach § 407a Abs. 1 ZPO dazu verpflichtet zu prüfen, ob der Gutachtenauftrag in sein Fachgebiet fällt. Die Beantwortung von Rechtsfragen fällt dabei unzweifelhaft nicht in sein Fachgebiet.

Erfahrene Sachverständige weisen daher zutreffend darauf hin, dass die Problematik, sich nicht *„in Rechtsfragen einzumischen"*, eine der wichtigsten Aufgaben in der Ausbildung von Sachverständigen sein muss.[2]

HINWEIS 7

Sachverständige sind – schon vor der Erstellung ihres Gutachtens – dazu zu ermutigen, Gerichte auf den Missstand der Verwendung von unklaren Beweisfragen und/oder Rechtsfragen im Beweisbeschluss hinzuweisen.[3] Dem Autor geht es mit diesem Appell nicht um eine „Erziehung" der Gerichte, sondern vielmehr um eine Verbesserung der Zusammenarbeit zwischen Gerichten und Sachverständigen sowie letztlich um eine Qualitätssteigerung gerichtlicher Beweisbeschlüsse.

Dass Sachverständige zu solchen Nachfragen berechtigt sind, lässt sich der ZPO unzweifelhaft entnehmen, vgl. §§ 404a Abs. 2 a.E., Abs. 3; 407a Abs. 1 Satz 2, Abs. 3 Satz 1 ZPO.

Wie schon Siegburg[4] überzeugend ausgeführt hat, kann eine solche Nachfrage des Sachverständigen die gerichtliche Vorgabe der zugrunde zu legenden Tatsachen und insbesondere die Vorgabe der Soll-Beschaffenheit einer Werkleistung notwendig machen.

Wollte man dies anders sehen und Sachverständige für verpflichtet halten, sich den Beweisbeschluss – womöglich einschließlich einer eigenständigen Vertragsauslegung – selbst zu erschließen, besteht in besonderem Maße die Gefahr, dass das Gutachten an den entscheidungserheblichen Punkten vorbeigeht und die Gerichte deswegen zu einer unzutreffenden Mangelbeurteilung gelangen (dazu schon oben: 5.3.4).[5] Auch wenn der BGH[6] fordert, dass die sachverständige Begutachtung vom Gericht u.a. daraufhin überprüft werden muss, ob dem Gutachten eine fehlerhafte juristische Vorstellung zugrunde liegt, kommen Gerichte dieser Verpflichtung in der Praxis kaum nach. Stattdessen werden die Feststellungen von Sachverständigen vielfach ungeprüft in die Urteilsgründe übernommen. Nicht selten unter Verwendung der inhaltsleeren Floskel vom *„überzeugenden*

---

1 Vgl. auch: *Kniffka*, DS 2007 S. 125 (129).
2 Siehe z.B.: *Heymann*, online-Leseranmerkung zu OLG Naumburg, IBR 2013 S. 56 (www.ibr-online.de).
3 Ebenso: *Sturmberg*, online-Leseranmerkung zu OLG Naumburg, IBR 2013 S. 56 (www.ibr-online.de).
4 *Siegburg*, BauR 2001 S. 875 (883).
5 So auch: *Pastor*, in: Werner/Pastor, Der Bauprozess, Rdnr. 3135.
6 BGH, U. v. 9.2.1995 – VII ZR 143/93, BauR 1995 S. 538 (538 ff.) = ZfBR 1995 S. 191 (191 f.) = IBR 1995 S. 325 (325).

und nachvollziehbaren Gutachten", die nach der Rechtsprechung des BGH[1] zur inhaltlichen Auseinandersetzung mit einem Sachverständigengutachten bekanntlich nicht ausreicht.

5.5.2.2 Befragung des Sachverständigen vor Abfassung der Beweisfrage (§ 404a Abs. 2 ZPO)

Die Kooperation zwischen Gericht und Sachverständigem kann auch schon früher ansetzen. Nach § 404a Abs. 2 ZPO soll das Gericht den Sachverständigen vor Abfassung der Beweisfrage hören, soweit es die Besonderheit des Falles erfordert. Diese von der Praxis vernachlässigte Vorschrift kann gerade in privaten Bauprozessen mit komplexen bautechnischen Fragestellungen hilfreich sein, um den Parteien, dem Sachverständigen und dem Gericht Klarheit über die Verhältnisse vor Ort zu verschaffen und das weitere Vorgehen abzustimmen.

5.5.2.3 Durchführung eines Ortstermins

Sowohl vor als auch nach dem Erlass des Beweisbeschlusses kann sich zudem das Durchführen eines Ortstermins in Anwesenheit des Gerichts anbieten. Innerhalb eines solchen werden – wie der Autor schon selbst erlebt hat – vielfach Umstände erkennbar, die für die Erledigung des Gutachtenauftrages durch den Sachverständigen von großer Bedeutung sein können.[2] Dieses Vorgehen ermöglicht dem Gericht nicht nur die ordnungsgemäße Erfüllung seiner Anleitungsaufgabe gegenüber dem Sachverständigen, sondern führt in aller Regel auch dazu, dass das Verfahren weniger zeit- und kostenintensiv durchgeführt werden kann.

Richter wenden gegen die Teilnahme an einem Ortstermin häufig ein, der zeitliche Aufwand sei zu groß. *Leupertz/Hettler*[3] entgegnen diesem Argument jedoch zutreffend, dass dies selten der Fall sein und dem Gericht nach der Teilnahme an einem Ortstermin auch die Würdigung des Beweisergebnisses leichter fallen wird.

5.5.2.4 Einweisung des Richters in die fallbezogenen Probleme durch den Sachverständigen

Schließen soll die Darstellung aus richterlicher Sicht mit einem interessanten Aspekt, auf den schon *Kniffka* hingewiesen hat und der ebenfalls zur Verbesserung der Kooperation zwischen Gerichten und Sachverständigen sowie der Qualität gerichtlicher Beweisbeschlüsse führt:

> *Ein Richter ist nicht gehindert, von Amts wegen einen Sachverständigen hinzuzuziehen, um sich in die fallbezogenen Probleme eines Rechtsgebiets einweisen zu lassen, also dessen sachverständige Beratung in Anspruch zu nehmen, bevor er den Fall beurteilt. Es gibt also auch die Möglichkeit, einen Sachverständigen hinzuzuziehen, wenn es darum geht, die technischen, betrieblichen oder betriebswirtschaftlichen Zusammenhänge überhaupt erst zu verstehen.*[4]

---

[1] BGH, B. v. 27.1.2010 – VII ZR 97/08, BauR 2010 S. 931 (931 f.) = ZfBR 2010 S. 367 (367 f.) = IBR 2010 S. 308 (308). Dazu auch: *Seibel*, Der Bausachverständige 4/2010 S. 52 (52 ff.).
[2] *Leupertz/Hettler*, Der Bausachverständige vor Gericht, Rdnr. 173.
[3] *Leupertz/Hettler*, Der Bausachverständige vor Gericht, Rdnr. 174.
[4] *Kniffka*, DS 2007 S. 125 (129).

5.6 Stellungnahme aus Sicht des Sachverständigen

Michael Staudt

5.6.1 Was tun, wenn der Beweisbeschluss Rechtsfragen enthält?

Grundsätzlich gilt in diesem Fall, dass man zuerst telefonische Rücksprache mit dem beauftragenden Richter bzw. mit der Richterin hält. Diese(r) kann entscheiden, ob es sinnvoll ist, den Beweisbeschluss seitens des Gerichts zu ändern bzw. zu ergänzen.

Sollte in einem Beweisbeschluss eines Gerichts eine „versteckte Rechtsfrage" enthalten sein, die man nicht unmittelbar bei Erhalt der Gerichtsakten erkennt, sollte bei der Erstellung des Gutachtens ein deutlicher Hinweis eingefügt werden, dass der technische Sachverständige hier nicht zuständig ist. Er kann nur eine technische Beurteilung liefern, die ohne Berücksichtigung des rechtlichen Hintergrunds erfolgt.

Rechtsfragen an den Sachverständigen tauchen besonders häufig im Rahmen von Ergänzungsfragen auf, die nach Vorlage des Gutachtens von den Parteien gestellt werden. Häufig gehen die Schriftsätze der Prozessbevollmächtigten bei Gericht ein und werden ohne weitere inhaltliche Prüfung von der Geschäftsstelle des Gerichts an den oder die Sachverständigen zur Beantwortung weitergeleitet mit der Aufforderung: „Der Sachverständige möge zu den Ausführungen der Partei(en) schriftlich Stellung nehmen." In diesen Schriftsätzen sind häufig nicht einmal explizit Fragen gestellt, sondern es handelt sich um Texte, die sowohl Einwände, Schilderungen von Sachverhalten und oft eben auch Rechtsfragen beinhalten. Es ist dann Aufgabe des Sachverständigen, daraus Fragen bzw. Themen zu formulieren, zu denen man dann Stellung nehmen kann.

Grundsätzlich sollte sich der Sachverständige bei einer Replik auf Schriftsätze der Parteien, die Rechtsfragen enthalten, darauf konzentrieren, nur die technischen Fragen zu beantworten. Bestenfalls kann er zu rechtlichen Fragen technische Hinweise und Erfahrungen bringen, dies muss jedoch deutlich kenntlich gemacht werden, um Missverständnisse auszuschließen.

Keinesfalls sollte sich der Sachverständige dazu hinreißen lassen, eine rechtliche Frage mit seinen laienhaften rechtlichen Kenntnissen zu beantworten. Hier gilt: „Schuster, bleib bei deinen Leisten!"

Kompetenzanmaßungen kommen in der Regel weder bei Richtern und Richterinnen noch bei der Anwaltschaft gut an und können dazu führen, dass sich der Sachverständige plötzlich in einer Verteidigungsrolle befindet. Meist führen solche Wissens- bzw. Sachgebietsüberschreitungen zu Befangenheitsanträgen i.S. des § 42 Abs. 2 ZPO i.V.m. § 406 ZPO. Mit der schriftlichen Beantwortung rechtlicher Fragen stellt der Sachverständige unter Umständen seine ganze fachliche Beurteilung in Frage, mit der Folge einer Ablehnung durch die Parteien, d.h., einem Antrag auf Ablehnung wegen „Besorgnis der Befangenheit". Wird diesem Antrag seitens des Gerichts stattgegeben, hat das weitreichende Folgen für den Sachverständigen selbst, möglicherweise bis hin zur Rückzahlung von bereits erhaltenen Vergütungen.

5.6.2 Der direkte Kontakt des Sachverständigen zum Gericht

Grundsätzlich gilt für die Zusammenarbeit von Gericht und Sachverständigen, Meinungsverschiedenheiten der streitenden Parteien zu einer Sache aufzuklären und dabei die Ursachen zu ermitteln, warum es zu den unterschiedlichen Meinungen gekommen ist.

Die Richter und Richterinnen ziehen zu ihrer Unterstützung häufig das fachliche Wissen eines Sachverständigen hinzu, dieser ist damit auf der Seite des Gerichts angesiedelt. Der Sachverständige ergänzt somit das fehlende Fachwissen der Richterschaft im Verfahren und hilft so, komplizierte Sachverhalte aufzuschlüsseln, um dann juristisch beurteilt werden zu können.

Insofern ist es nicht nur sinnvoll und angebracht, sondern vielmehr zwingend erforderlich, dass zwischen Sachverständigenseite und dem beauftragenden Gericht eine gute Kommunikation besteht. Dies sollte jeder Sachverständige nutzen, es erleichtert die Arbeit sehr.

Die praktische Erfahrung zeigt, dass davon nicht nur Gericht und Sachverständige profitieren, sondern letztendlich auch die Prozessparteien. Oft hilft der sog. „kleine Dienstweg", d.h. ein Telefonat mit dem zuständigen Richter oder der Richterin, um Probleme oder Missverständnisse, die sich aus dem Beweisbeschluss oder der örtlichen Situation ergeben können, zu klären.

In § 404a ZPO ist ausdrücklich geregelt, dass es dem Gericht obliegt, die Sachverständigen bei ihren Aufgaben und Tätigkeiten zu leiten. Dazu gehört eben auch, dass bei Fragen oder Problemen, die beim Sachverständigen bei der Bearbeitung auftreten, eine „leitende Funktion durch das Gericht" zu übernehmen ist.

Also lautet das Fazit: Ein guter Kontakt zwischen Gericht und Sachverständigem verbessert die gutachterlichen Ergebnisse.

5.6.3 Verbesserung der Kommunikation zwischen Gericht und Sachverständigen

In besonderen Fällen, d.h. bei schwierigen Sachverhalten, gibt es die Möglichkeit, dass Richter und Richterinnen Sachverständige zu einem Gespräch in ihr Amtszimmer bitten, um entsprechenden fachlichen Rat einzuholen. Gegebenenfalls werden diese technischen Erklärungen und möglichen fachlichen Empfehlungen seitens des Sachverständigen in den Beweisbeschluss eingebracht.

Eine weitere Möglichkeit zur Verbesserung der Zusammenarbeit von Gericht und Sachverständigen ist ein gemeinsamer vorgezogener Ortstermin. Dabei lädt das Gericht alle Prozessbeteiligten zu einem gemeinsamen Augenscheinstermin ein, um sich über die im Streit anstehende Sache zu informieren und um eine Vorstellung vom Ausmaß des Streitgegenstands zu erhalten. Erst danach erfolgt die Formulierung des Beweisbeschlusses (Beweisauftrag). Ein solcher Termin hat den Vorteil, dass der beigezogene Gutachter bereits hier dem Gericht erklären kann, welche Unterlagen zur Bearbeitung notwendig sind.

5. Die gerichtliche Leitung der Sachverständigentätigkeit (§ 404a ZPO)

Die Leitung eines solchen Ortstermins liegt beim Richter, die Ergebnisse werden protokolliert und bilden dann die Grundlage für den Beweisbeschluss des Gerichts einerseits und die Bearbeitung des Beweisauftrages durch den Gutachter andererseits. Eine solche Vorgehensweise hat zudem den Vorteil, dass manche strittigen Punkte an Ort und Stelle geklärt werden können und nicht mehr im Streit stehen. Somit kann auch die Prozessdauer verkürzt werden.

Grundsätzlich gilt, dass ein guter telefonischer und schriftlicher Kontakt mit dem zuständigen Richter oder der Richterin dem Sachverständigen bei der Bearbeitung des Beweisauftrags hilft. Hierbei kann direkt geklärt werden, wo das Gericht den Schwerpunkt des Auftrags sieht; somit kann auch verhindert werden, dass der Sachverständige „über sein Ziel hinausschießt".

6. Der Ortstermin

Michael Staudt

Übersicht

6.1	Auftragseingang
6.2	Ortstermin
6.2.1	Ladung zum Ortstermin
6.2.2	Persönliche Vorbereitung zum Ortstermin
6.2.3	Abhalten des Ortstermins
6.3	Vorbereitungen für einen Ortstermin für verschiedene Zielgruppen
6.3.1	Bewertungsauftrag
6.3.2	Beurteilung von Bauschäden
6.4	Besondere Hinweise zur Abhaltung eines Ortstermins
6.5	Die praktische Durchführung eines Ortstermins
6.6	Begehung des zu begutachtenden Objekts
6.7	Aufzeichnung der örtlichen Feststellungen und Angaben
6.8	Anfertigen einer Fotodokumentation
6.9	Durchführung von Messungen
6.10	Untersuchungen von Bauteilen oder Baustoffen
6.11	Beendigung des Ortstermins
6.12	Anhörungs- oder Verhandlungstermin nach dem Ortstermin
6.12.1	Einladung zur Anhörung bei Gericht
6.12.2	Vorbereitung zum Anhörungstermin
6.12.3	Teilnahme am Anhörungstermin
6.12.4	Verhaltensweisen beim Anhörungstermin
6.13	Begriffsbestimmungen im Zusammenhang mit dem Ortstermin

6.1 Auftragseingang

- Persönliche Beauftragung nach Vorsprache bei Gericht
- Telefonauftrag nach Kontakt mit der Richterschaft
- Schriftliche Beauftragung durch Beweisbeschluss des Gerichts
- Eingang per Telefax oder E-Mail

Auftragsannahme
Hier sind alle wichtigen Fakten zu erfassen, die für eine Gutachtensbearbeitung von Bedeutung sind (Karteikarte oder Datenblatt anlegen).

- Prüfung des Auftrages bezüglich Zuständigkeit und und möglicher Befangenheit auf Grund beruflicher oder persönlicher Verbindungen zu einer Partei
- Name und Anschrift des Auftraggebers, d.h. des Gerichtes,
- Anschrift des Objektes der Begutachtung,
- genaue Benennung/Beschreibung der GA-Aufgaben und Zielsetzung,
- Benennung der Beteiligten am Verfahren/Eigentümer,

6. Der Ortstermin

- Forderung/Überlassung notwendiger Unterlagen, z.B. Bilder, Pläne, Ausschreibungen,
- Festlegung der Bearbeitungszeit/Abgabefrist,
- Vereinbarung der Vergütung/Honorierung (JVEG),
- Erfragen der Zielrichtung des GA, evtl. Stichtag, auf den das GA-Ergebnis abzustellen ist,
- Terminvereinbarung zur Besichtigung (Festlegung durch den SV),
- Erfassung der Teilnehmer bei der Besichtigung,
- Zulässigkeit zum Einschalten eines Kongutachters oder eines Untersuchungslabors etc.,
- Anzahl der GA-Ausfertigungen,
- Anzahl der Rechnungsdurchschläge.

6.2 Ortstermin

6.2.1 Ladung zum Ortstermin

- **Nur** schriftlich bei Gerichtsaufträgen, möglichst mit Bestätigung, z.B. „Einschreiben mit Rückschein", keine telefonischen Absprachen mit den Parteien treffen.
- „Mit Zustellungsnachweis",
- per Boten mit Empfangsbestätigung oder über die Prozessbevollmächtigten gegen Nachweis.

Nach Klärung aller Dinge, die im Zusammenhang mit dem Ortstermin stehen, kann die direkte Vorbereitung getroffen werden.

Diese Vorbereitung ist die ordnungsgemäße Ladung der Parteien zu einem durch den SV festgelegten Besichtigungstermin unter Angabe evtl. Bedingungen, die sich zwangsläufig ergeben, wenn man die entsprechenden Fragen oder Aufgaben korrekt und umfassend beurteilen soll. D.h., ob beispielsweise in einem Ladungsschreiben der Hinweis enthalten sein muss, dass Hilfskräfte zur Verfügung gestellt werden müssen oder Unterlagen bzw. Einrichtungen, wie z.B. ein Gerüst, vorzuhalten sind.

6.2.2 Persönliche Vorbereitung zum Ortstermin

- Studieren und lesen der Unterlagen,
- Untersuchungskonzept vorbereiten,
- Fragenkomplex zusammenstellen,
- evtl. Untersuchungen vorbereiten – Messgeräte bereitstellen, deren Gängigkeiten prüfen,
- Fotoapparat überprüfen/Filme bestimmen.

6.2.3 Abhalten des Ortstermins

Bei Durchführung eines Ortstermins ist i.d.R. der Sachverständige derjenige, der diesen Termin anberaumt hat, der diesen Termin leitet und durch diesen Termin führt. Er ist souverän und sollte dies auch unmissverständlich ohne Überheblichkeit den Anwesenden deutlich machen.

Zu Beginn des Ortstermins sind die Verhältnisse zu klären, d.h., wer von den anwesenden Personen gehört zu welcher Partei oder Seite und in welcher Funktion ist diese Person beim Ortstermin zugegen, welche Aufgabe kommt dieser zu.

Dann gelten im Besonderen folgende Merkmale für den Sachverständigen:

- Kommando und Führung übernehmen,
- Streitende gegebenenfalls zur Ruhe anhalten,
- Schlagabtausch der Argumente aber zulassen – Parteien sollen sich abreagieren,
- durch sicheres Auftreten das Souveräne verkörpern,
- sorgfältig und gewissenhaft die Fragen stellen, ggf. auch näher erläutern,
- Aufzeichnungen per Hand oder Tonträger machen, bei Bedarf auch Fotoaufnahmen
- **kein** offizielles Protokoll anfertigen, dies den Parteien auch erklären,
- bei Gerichtsaufträgen insbesondere auf die Neutralität achten und die Verhaltensgebote nach der SO (SV-Ordnung) einhalten,
- Parteien jeweils über das eigene Tun vor Ort informieren, Transparenz des eigenen Tuns immer gewährleisten,
- vor Ort **keine** Schlussfolgerungen ziehen oder Untersuchungsergebnisse preisgeben, sie sind erst später Teil des Gutachtens,
- Vorsicht bei Untersuchungen: **keine** Sachbeschädigungen verursachen! – Bauteile o.Ä. nur in Ausnahmefällen selbst bearbeiten (beweispflichtige Partei hat einen Fachmann/Handwerker bereitzustellen),
- offizielles Ende des Termins verkünden, danach möglichst **nicht** mit einer Partei alleine zurückbleiben oder reden, **keine** Vertraulichkeiten mit Parteien andeuten oder aufkommen lassen.

Falls Bekanntheiten bestehen, sind diese bei Terminbeginn zu erklären. Die Einladung der Parteien zum Augenschein hat über deren Prozessbevollmächtigte zu erfolgen. Dabei ist es üblich, dass jeweils dem Schreiben eine Durchschrift für die entsprechende Partei beigefügt wird.

In der Einladung zum Augenscheintermin muss der Hinweis auf die Beauftragung enthalten sein, entsprechend sind die Aktenzeichen anzugeben, weiter müssen präzise Datum und Uhrzeit des Termins angegeben werden sowie der Ort des Geschehens, d.h. wo man sich treffen will. Weiter sollte in der Einladung enthalten sein, ob irgendwelche Vorleistungen zu erbringen sind oder Pläne oder Ausschreibungen o.Ä. zum Termin bereitgehalten werden sollen.

Sollten Messarbeiten durchzuführen sein, sollte dies auch vorher in der Einladung angedeutet werden, damit ggf. Vorbereitungen getroffen werden können. Falls der Termin wetterabhängig ist, sollte man auch darauf im Ladungsschreiben hinweisen, da dieser möglicherweise kurzfristig abgesetzt werden könnte.

Gleichzeitig ist mit einem entsprechenden Schreiben das Gericht über den Ortstermin in Kenntnis zu setzen. Meist geschieht dies mit einem entsprechenden Vordruck nach Eingang der Akten. Auf diesem ist der Eingang der Akten zu bestätigen. Dort muss auch angegeben werden, bis wann möglicherweise mit der Gutachtensfertigstellung für das Gericht zu rechnen ist.

Sollte es vorkommen, dass doch eine der am Termin beteiligten Personen an dem festgesetzten Termin nicht abkömmlich ist, muss ggf. der Termin aufgehoben und neu eingeladen werden. Dabei ist wiederum die schriftliche Form zu wählen.

Die Ladungen haben i.d.R. über die Post zu erfolgen, wobei man bei der Ladung über die Rechtsanwälte auf den einfachen postalischen Weg zurückgreifen kann, bei einer Direktladung der Parteien sollte man mit Einschreiben und Rückschein laden, damit sichergestellt ist, dass das Schreiben auch angekommen ist.

Es ist wichtig, einen Beweis dafür zu haben, dass die Partei ordnungsgemäß geladen wurde und dass sie auch die Ladung erhalten hat. Dies wird durch den Rückschein bestätigt. Wenn intern dann die Einladung verloren geht, ist es Sache der jeweiligen Partei und nicht mehr die des Gutachters den Nachweis zu erbringen, warum man dem Ortstermin ferngeblieben ist.

6.3 Vorbereitungen für einen Ortstermin für verschiedene Zielgruppen

Nachstehend einige Beispiele, die aufzeigen sollen, welche Unterlagen für welche Art der Begutachtung u.U. vor der Besichtigung vorhanden sein sollten und wie man sich darauf vorbereitet.

6.3.1 Bewertungsauftrag

a) Amtlicher Lageplan, Bebauungs- oder Flächennutzungsplan

b) Grundbuchauszug/-auszüge, Eigentumsnachweise

c) Verträge (Kaufverträge o.Ä.), notarielle Urkunden

d) Baupläne/Bauzeichnungen, Genehmigungsunterlagen

e) Werkpläne/Installationspläne, Energieausweis

– Pläne der Haustechnik, Heizmengenbedarf o.Ä.

– Entwässerungspläne o.Ä., Erdleitungsverläufe

f) Baubeschreibungen o.Ä., Standsicherheitsnachweise etc.

g) Versicherungsurkunden, z.B. Brandversicherung, Leitungswasser, Hausrat etc.

Für den Ortstermin selbst ist es zwingend notwendig, entsprechende Gerätschaften wie einen gut funktionierenden Fotoapparat vorzuhalten. Oft wird eine Taschenlampe gebraucht oder ein Messgerät (Zollstock o.Ä.), um vor Ort sichere Feststellungen treffen zu können. Diese Dinge gehören zur Grundausstattung eines jeden qualifizierten Sachverständigen.

6.3.2 Beurteilung von Bauschäden

Unterlagen

a) Planunterlagen (Bauantrags-Unterlagen)
b) Detailzeichnungen (Werkplanungen)
c) Leistungsverzeichnisse – Beschreibungen – Abrechnungsunterlagen und Aufmaße

6.4 Besondere Hinweise zur Abhaltung eines Ortstermins

An dieser Stelle ist der Hinweis zu geben, dass es für den Gutachter äußerst wichtig und entscheidend ist, wie professionell er seinen Ortstermin durchführt und dabei die Erkenntnisse sammelt, die er zur Beantwortung der ihm gestellten Fragen benötigt. Vielfach ergibt sich aus einer unsicheren Durchführung eines Ortstermins hinterher die Problematik der Ablehnung des Gutachters, weil das Ergebnis der einen oder anderen Partei nicht gefällt oder nicht passt. Es ist wichtig, dass man als Gutachter in jeder Situation, in der bei den Parteien oder mit den vom Gutachten Betroffenen, souverän und überzeugend wirkt und keinen Zweifel an der Kompetenz aufkommen lässt.

Dazu gehört u.a. auch die sorgfältige, wenn möglich perfekte Vorbereitung des Ortstermins. Dies umfasst auch die Überlegung, wie man am besten zum Ziel kommt und welche Unterlagen bzw. Gerätschaften bereit zu halten sind.

Zur Vorbereitung kann auch gehören, dass man gewisse Witterungsverhältnisse abzuklären hat, d.h., es ist zu prüfen, ob zu jeder Jahreszeit und zu jeden Bedingungen die Untersuchungen vor Ort vorgenommen werden können oder ob hier gewisse Abhängigkeiten bestehen. Im Rahmen der Vorbereitung eines Ortstermins ist auch abzuschätzen, ob dieser Termin alleine durchgeführt werden kann oder ob Hilfskräfte erforderlich sind. In diesem Zusammenhang ist ferner zu prüfen, wer diese Hilfskräfte ggf. zu stellen hat, d.h., wer ein Interesse an dieser Feststellung der Mängel oder sonstiger Dinge hat. Dieser hat üblicherweise die Hilfskräfte zu stellen oder ggf. beizubringen (bei Gerichtsverfahren i.d.R. die beweispflichtige Partei).

Abschließend ist im Vorfeld zu prüfen, ob entsprechende Hilfseinrichtungen erforderlich sind, um vor Ort Feststellungen treffen zu können. U.a. ist hier an das Aufstellen eines Gerüstes oder Einsatz eines Hubwagens o.Ä. zu denken.

6. Der Ortstermin

6.5 Die praktische Durchführung eines Ortstermins

Dabei ist der generelle Hinweis zu geben, dass man möglichst die unmittelbar betroffenen Personen herauskristallisiert, dies sind diejenigen, die ggf. bei der Klärung von Fragen und für Hinweise zur Verfügung stehen sollten. Um der anfänglichen Spannung eines solchen Termins etwas dieselbe zu nehmen, sollte man sachlich und nüchtern die Anwesenheit der einzelnen Personen auflisten, ggf. handschriftlich oder per Tonträger, dabei sind auch sehr sorgfältig die zu Namen erfragen (ggf. zu buchstabieren).

Alsdann klärt man, weshalb man gerufen worden ist und welche Aufgabe besteht. Sollte dies bei Auftragserteilung nicht ganz klar sein oder sollten sich Unklarheiten bei der Besichtigung des Objektes ergeben, sollte man hier in entsprechend gezielter Form nachfragen und die Dinge zur Kenntnis nehmen und schriftlich notieren oder auch per Tonträger aufzeichnen.

Um sich über die Örtlichkeiten zu informieren, sollte man dann in Ruhe z.B. die Planunterlagen gemeinsam einsehen und hier bereits den einen oder anderen Hinweis zur Kenntnis nehmen. Sodann ist die entsprechende Besichtigung der jeweiligen Dinge sorgfältig durchzuführen.

Um den Überblick zu behalten, ist es sinnvoll, erst die entsprechenden visuellen Feststellungen und Angaben aufzunehmen, bevor man ggf. eine Fotoaufnahme macht oder Messarbeiten o.Ä. durchführt. So empfiehlt es sich besonders dann, wenn zahlreiche Punkte an einem Objekt zur Begutachtung anstehen und beurteilt werden müssen.

Grundsätzlich gilt bei der Aufnahme der entsprechenden Informationen vor Ort, dass man keine vorzeitigen Schlussfolgerungen oder gar Aussagen zum Ergebnis der Untersuchungen macht. Diese Dinge sind dem Gutachten selbst vorbehalten. Es sollten auch keine Wertungen in irgendeiner Form abgegeben werden, die einem spontan einfallen, insbesondere keine abfälligen Äußerungen. Dies schafft Probleme, die erst nach Vorlage des Gutachtens relevant werden. Sie können häufig dazu führen, dass der Gutachter von der einen oder anderen Partei beanstandet wird, weil man mit den Aussagen und den Schlussfolgerungen im Gutachten nicht einverstanden ist.

Vorzeitige Aussagen zu der jeweils zu begutachtenden Sache sind auch deshalb möglicherweise schädlich, weil dann die Parteien erkennen, dass die Erstellung eines Gutachtens nicht mehr nötig ist. Damit wird das Auftragsvolumen des Unterzeichners geschmälert und hat zur Folge, dass auch die Honorierung kleiner wird!

6.6 Begehung des zu begutachtenden Objektes

Es bietet sich i.d.R. an, dass man erst eine gemeinsame Begehung des Objektes vornimmt. Man lässt sich im Einzelnen die Mängel zeigen, die streitgegenständlich sind. Soweit es sich um einen Gerichtsauftrag handelt, sind diese entsprechend aufgelistet, im Rahmen eines Privatauftrages mag es durchaus sein, dass man hier zur einen oder anderen Sache erst gefragt wird und dann dazu Stellung nehmen kann bzw. gibt es möglicherweise eine Auflistung darüber, welche Mängel im Einzelnen zu beurteilen oder zu begutachten sind.

Man sollte dabei mit einem gewissen System vorgehen, d.h. bei einem mehrstöckigen Gebäude entweder von unten nach oben oder von oben nach unten, je nachdem, welche logische Folgerung aufgrund der Schadensituation besteht.

Sofern entsprechende Bauteile geöffnet werden müssen oder freizulegen sind, sollte dies am Anfang des Ortstermins bestimmt werden, damit der Mitarbeiter oder der bereitgestellte Handwerker diese Arbeiten durchführen kann. Sofern diese Öffnungs- oder Freilegungsarbeiten wichtig sind und dokumentiert werden müssen, sollte der SV dabei bleiben und ggf. über die einzelnen Abläufe Fotoaufnahmen machen, d.h. diese dokumentieren.

Zerstörende Untersuchungen an Bauteilen oder Einrichtungen sind aber nur mit größtem Vorbehalt selbst vorzunehmen (siehe Kap. 9 Bauteilöffnung).

6.7 Aufzeichnung der örtlichen Feststellungen und Angaben

Wie bereits im allgemeinen Teil beschrieben, ist es notwendig, über die örtlichen Verhältnisse Aufzeichnungen zu machen. Diese Unterlagen sollen später dazu dienen, das geforderte schriftliche Gutachten ausarbeiten zu können.

Im gerichtlichen Auftragsfall ist es **nicht** notwendig, ein Protokoll zu machen, wie es auch nicht notwendig ist, Ladungen herauszugeben, sondern Einladungen zur Durchführung eines Ortstermins. Es muss den Parteien die Möglichkeit gegeben sein, beim Ortstermin dabei zu sein, sind sie es nicht, d.h. bleiben sie dem OT fern, kann der Termin dennoch durchgeführt werden.

Sofern bei der Durchführung des Termins die Parteien wichtig sind, weil sie Auskünfte oder Hinweise geben können, sollte man ggf. einen zweiten Termin anberaumen, sofern eine Partei nicht anwesend war und keinen Beitrag zur Klärung der Fragen geleistet hat.

Die Aufzeichnung des Protokolls kann in schriftlicher Form geschehen, es kann aber auch per Tonträger erfolgen, da dieses leichter für die Arbeit ist, man weniger behindert wird und den Termin wegen der Schreibarbeiten weniger unterbrechen muss. Die Aufzeichnung per Tonträger hat ferner den Vorteil, dass die Parteien ggf. zuhören können, was aufgenommen wird. Sie können dann ihre ergänzenden Angaben dazu machen. Diese können dann auch protokolliert werden, wobei, wie bereits vorstehend erwähnt, die Aufzeichnungen keinen amtlichen Charakter im Sinne eines gerichtlichen Protokolls haben, sondern nur dazu dienen, das Gutachten vorzubereiten. Das Protokoll muss nicht in die Gerichtsakten eingebracht werden, es ist i.d.R. nur für die Akten des Sachverständigen bestimmt. Es dient auch dem eigenen Nachweis, möglicherweise gegenüber dem Gericht, weil eine Partei aus Opportunitätsgründen ggf. hinterher das Gutachten angreift oder zumindest die Methode oder auch die Art des Gutachtens selber bzw. Beanstandungen im Nachhinein gegen die Durchführung des Ortstermins erhebt.

Hat man etwas Schriftliches, kann man sich wesentlich leichter daran erinnern und ggf. dies auch dem Gericht vorlegen und damit beweisen, dass man sich einerseits korrekt verhalten hat und andererseits auch alle wichtigen, zumindest aus der Sicht der Parteien wichtigen Dinge, aufgenommen und dokumentiert hat.

6. Der Ortstermin

6.8 Anfertigen einer Fotodokumentation

Die Fotodokumentation ist eine der wichtigsten Unterlagen, die der Gutachter bei der Erstellung seiner Gutachten braucht. An dieser Stelle kann nur die Empfehlung gegeben werden, möglichst viele Aufnahmen vor Ort zu machen, um ggf. damit ergänzende Informationen zu bekommen, die möglicherweise bei der Besichtigung selbst nicht sofort aufgenommen wurden und die man sich auch nicht aufgeschrieben oder per Tonträger notiert hat (Gedächtnisstütze).

Für die Fertigung von Fotoaufnahmen ist es selbstverständlich erforderlich, geeignete Gerätschaften zu besitzen, wie bereits vorstehend erwähnt. Man muss auch für entsprechende Belichtungs- und Beleuchtungsverhältnisse sorgen bzw. diese so abpassen, dass man das jeweilige Objekt bzw. den Schaden so günstig wie möglich fotografieren kann (Sonneneinstrahlung, Schatten etc.).

Bei der Anfertigung von Fotoaufnahmen ist es sehr wichtig, dass man ggf. Vergleichsmaßstäbe oder andere Größen, z.B. kleine Messplättchen oder einen Zollstock etc. verwendet. Auch das Beistellen einer Person kann ggf. dem Betrachter einer Fotoaufnahme dazu verhelfen, einen Größenmaßstab abzuschätzen und die Dinge entsprechend einordnen zu können.

6.9 Durchführung von Messungen

Eine besonders wichtige Aufgabe ist es, ggf. im Rahmen von Schadenbeurteilungen, Messungen durchzuführen. Diese Messungen können in verschiedenster Art bestehen und erforderlich sein. Messen kann „Vermessen" bedeuten, d.h. beispielsweise die Festlegung von Höhenpunkten. Dazu gibt es heute entsprechende Lasergeräte oder das gute alte Nivelliergerät. Dieses muss selbstverständlich entweder zur Verfügung stehen oder man muss es mitbringen und auch die entsprechenden Messlatten für die Feststellungen sind erforderlich.

Dabei ist zu entscheiden, dass die zweite Person, die zum Messen gebraucht wird, ein Vertrauter oder Mitarbeiter des Sachverständigen sein sollte oder ob man hier auch beispielsweise einen am Ortstermin Teilnehmenden einspannen kann, der die notwendigen Fähigkeiten besitzt, als „Hilfskraft" eingesetzt werden zu können.

Wichtig ist, dass man bei diesen Messungen weiß, worauf es ankommt und ob dies auch ein Laie tun kann oder ob dazu auch gewisse Fachkenntnisse vorauszusetzen sind.

Die Messungen durch eine Partei im Rahmen eines Gerichtsauftrages bergen die Gefahr, dass es hinterher zu Einwänden und Vorwürfen der Gegenseite kommen könnte, weil ggf. Messergebnisse nicht so ausgefallen sind, wie man sich dies selbst vorgestellt hat. Die Einwände werden dann nicht gegen das Ergebnis selbst gerichtet, sondern gegen die Art der Messung. Insofern ist es wichtig, entsprechende korrekte Messungen durchzuführen.

Messen kann aber auch bedeuten, dass beispielsweise Temperaturverhältnisse und relative Luftfeuchten zu messen sind, dazu bedarf es besonderer Bedingungen bzw. müssen diese geschaffen werden, um Erkenntnisse darüber zu bekommen, warum und weshalb dieser oder jener Schaden aufgetreten ist. Meist wird bereits von einer der Parteien behauptet, welche Ursache dahinter steckt, weshalb derartige Mängel oder Schäden entstanden sind. Entsprechend sind die Dinge vorzubereiten und auch dann jeweils zu dokumentieren, wie und wo man in welcher Form und mit welchen Geräten man gemessen hat.

6.10 Untersuchungen von Bauteilen oder Baustoffen

Die Untersuchungen von Bauteilen oder Baustoffen können vielfältig sein. Es können einfache Feuchtigkeitsmessungen sein, es können Schichtdicken von Anstrichen oder Holzteilen sein, es können Farbfeststellungen sein, Härten von Putz oder Estrichen, die Qualität der Wasseraufnahme etc. Es gibt hier vielfältige Möglichkeiten und auch Erforderlichkeiten. Diese Dinge sind im Einzelnen jeweils zu bestimmen und festzulegen und die Messungen sind transparent zu machen.

Bei der Untersuchung von Bauteilen und Baustoffen kann es notwendig sein, dass gewisse Öffnungen bzw. Zerstörungen erforderlich sind. Dazu sollte, wie bereits zuvor erwähnt, eine Hilfskraft zur Verfügung stehen. Man sollte diese Dinge nur in Ausnahmefällen alleine tun und nur dann, wenn es notwendig ist, beim Zerstören oder Aufschlagen die Möglichkeit hat, gewisse Erkenntnisse sammeln zu können, die man für die Beurteilungen braucht. Man sollte sich dabei immer die ausdrückliche Zustimmung zur Zerstörung oder Öffnung eines Bauteils von derjenigen Partei geben lassen, die davon unmittelbar betroffen ist und deren Eigentum dieses Bauteil oder dieses Objekt ist. Gleichzeitig sollte geklärt werden, bevor etwas getan wird, wer hinterher die Dinge wieder in Ordnung bringt und den ursprünglichen Zustand wieder herstellt.

Über diese Ergebnisse der Verhandlung und Vereinbarung sollte wiederum eine Dokumentation vorgenommen werden bzw. sollten diese Handlungen protokolliert werden.

6.11 Beendigung des Ortstermins

Wenn alle Maßnahmen vor Ort durchgeführt wurden, die erforderlich sind, um das verlangte Gutachten erstellen zu können, sollte man den Besichtigungstermin offiziell beenden, d.h. die Anwesenden sind deutlich darauf hinzuweisen, dass nunmehr der Termin zu Ende ist.

Man sollte nach dem Ende des Termins, insbesondere dann, wenn es sich um einen Gerichtsauftrag handelt, möglichst nicht mehr mit einer Partei sprechen. Man sollte sich vom Objekt entfernen und auch klar und deutlich anzeigen, dass die Aufgabe des SV beendet ist.

An dieser Stelle ist der besondere Hinweis anzubringen, dass ein Gutachter oder Sachverständiger im Gerichtsauftrag keine Kontakte zu den Parteien haben darf, wenn notwendig, dann nur über deren Rechtsanwälte (Vertreter/Prozessbevollmächtigte) bzw. über das Gericht.

Wenn eine der Parteien nicht anwaltlich vertreten wird, wie dies z.B. bei Selbständigen Beweisverfahren (nach § 485 ZPO) möglich ist, sollte man es dennoch vermeiden, die Parteien direkt anzusprechen, sondern nur schriftlich und am besten über das Gericht.

Ausnahme der Kontaktmöglichkeiten mit den Parteien bestehen nur bei einem durchzuführenden **Ortstermin** oder bei **Verhandlungen** oder der **Anhörung bei Gericht.** Auf diese Sorgfalt der Neutralität ist besonders großer Wert zu legen. Es geschieht immer wieder, dass später bei Vorlage des Gutachtens die Partei, der das Ergebnis des Gutachtens nicht gefällt oder nicht in den Kram passt, einen Befangenheitsantrag stellt, weil möglicherweise nach Beendigung eines Besichtigungstermins der Sachverständige noch ein Wort mit der Gegenpartei gewechselt hat. Der § 42 ZPO greift sehr umfangreich, d.h., hier ist die Frage der Befangenheit geregelt. Dabei wird wegen der Besorgnis auf Befangenheit so gehandelt, wie für einen Richter eines Gerichtes dies auch der Fall ist.

6.12 Anhörungs- oder Verhandlungstermin nach dem Ortstermin

6.12.1 Einladung zur Anhörung bei Gericht

Die Anhörung bei Gericht ist auch ohne die vorherige Erstattung eines schriftlichen Gutachtens möglich. Hier kann der Sachverständige zur Beratung bzw. zur Unterstützung des Gerichtes hinzugezogen werden. Er soll beispielsweise nach Erörterung der Sachlage und nach Prüfung der technischen Gegebenheiten (ggf. nach Aktenlage) eine Aussage darüber treffen, wie er die Dinge sieht und wie die Dinge ggf. auch technisch zu beurteilen sind.

Eine derartige Einschaltung eines Sachverständigen kommt meist dann zustande, wenn es um die Klärung von Sachverhalten geht, die nicht mehr in dieser Form direkt nachzuprüfen sind bzw. wo es um die theoretische Beurteilung von Abläufen geht oder nur die Einschätzung von Kosten oder Preisen für bestimmte Baustoffe oder Bauteile. Die Einladung zu einer derartigen Teilnahme bei Gericht erfolgt durch das Gericht. Die Ladung als Sachverständiger erfolgt nach der ZPO. Die Ladung ist identisch mit einer solchen, die auch ein Zeuge oder ein sachverständiger Zeuge erhält.

Die Wahrnehmung dieses Termins ist eine bürgerliche Pflicht, die sich aus dem Bürgerlichen Gesetzbuch (BGB) ableitet und daher für Sachverständige nur in Ausnahmefällen abzulehnen ist (z.B. andere Terminverpflichtungen, Krankheit, Urlaub u.Ä.). Sollte eine Wahrnehmung des Termins nicht möglich sein, ist dies dem Gericht umgehend mitzuteilen.

6.12.2 Vorbereitung zum Anhörungstermin

Um ausreichend für einen Anhörungstermin vorbereitet zu sein, ist es erforderlich, dass man sich mit dem Fragenkomplex, der einem ggf. mit der Ladung zur Anhörung übersandt wird, auseinandersetzt.

Die gestellten Fragen können ganz allgemeiner Art sein, sie können jedoch auch spezifisch auf das bereits erstellte Gutachten Bezug nehmen oder auf einen noch nicht geklärten Tatbestand, der jedoch voraussetzt, dass man gewisse Informationen hat, um ggf. bei Gericht zu diesem Fragenkomplex Stellung beziehen zu können. Dies können u.a. Dinge sein, die mit Baupreisen zu tun haben oder auch mit gewissen Eigenschaften und Qualitätsmerkmalen von Baustoffen oder Bauteilen.

Die sorgfältige Vorbereitung zu einem Anhörungstermin ist als sehr wichtig einzustufen. Es kommt bei der Anhörung darauf an, dass der Sachverständige sicher und überzeugend auftreten kann und dass sein Vortrag und seine Argumente dazu beitragen können, das Prozessgeschehen positiv zu beeinflussen. Wichtig ist auch, dass man ggf. mit allgemein gültigen Angaben belegen kann (zitieren) oder so überzeugend vorträgt, dass bei den Parteien und dem Gericht an den Aussagen kein Zweifel entsteht. Ggf. sind auch Bücher oder andere Dinge zu einem solchen Anhörungstermin mitzunehmen, um in Tabellenwerken oder Ähnlichem nachschlagen zu können.

Die Maxime gilt, bei der Anhörung soll das Gericht in die Lage versetzt werden, den Streitgegenstand so zu erfassen, dass darüber auch in rechtlicher Hinsicht eine Würdigung und Wertung erfolgen kann, d.h. eine zweifelsfreie Grundlage für ein Urteil bilden kann.

6.12.3 Teilnahme am Anhörungstermin

Beim Anhörungstermin bei Gericht hat der Gutachter eine ähnliche Position wie der Zeuge oder der sachverständige Zeuge. Er sitzt i.d.R. an der Seite des Gerichtes bzw. vor der Richterbank, die Parteien sitzen i.d.R. dahinter.

Der Sachverständige hat grundsätzlich nur auf Fragen zu antworten, die ihm entweder vom Gericht oder von den Parteien bzw. den Parteienvertretern gestellt werden.

Jeder Sachverständige hat sich davor zu hüten, Antworten zu geben oder Ausführungen zu machen, zu denen er nicht aufgefordert wurde. Insbesondere sollte der Sachverständige keine Schilderungen vornehmen oder lange Monologe halten oder gar von seinem Thema abweichen.

Ganz wichtig ist, dass der Sachverständige sich bestimmter Wertungen enthält Die rechtliche Würdigung von fehlerhaften Leistungen oder unzureichend angewandten Verarbeitungsmethoden oder Ähnlichem ist ausschließlich Aufgabe des Gerichtes. Der Sachverständige ist nur der fachliche „Berater" des Gerichts und kein Laienrichter!

An dieser Stelle ist nochmals der besondere Hinweis zu geben, dass in Zivilprozessen die Parteienherrschaft besteht, d.h. es liegt an den Parteien, die Dinge vorzutragen, die im Rahmen des Prozesses relevant sind und über die zu befinden ist.

Wenn sich ein Sachverständiger durch Ausführungen zu weit vorwagt und ggf. neue Prozessaspekte aufzeichnet, kann es passieren, dass aus rechtlicher Sicht das Verfahren plötzlich kippt. Die vorher möglicherweise obliegende Partei wird plötzlich schlechter gestellt und kann in Folge dessen den Prozess verlieren. Dabei können finanzielle Nachteile entstehen, die unter Umständen im Rahmen eines Zivilverfahrens dann beim Sachverständigen geltend gemacht werden, d.h., dieser wird hier von der betroffenen Partei in Haftung genommen, weil er ihr u.U. einen Vermögensschaden zugefügt hat.

Allerdings ist dazu einschränkend festzuhalten, dass ein Anspruch nur dann besteht, wenn grobe Fahrlässigkeit oder Vorsätzlichkeit dem Sachverständigen in einem Verhalten nachgewiesen wird (§ 849a BGB) und die klagende Partei alle anderen rechtlichen Instanzen ausgeschöpft hat.

6.12.4 Verhaltensweisen beim Anhörungstermin

Es ist empfehlenswert, dass sich der Sachverständige möglichst zurückhaltend bei Gericht benimmt. Er sollte immer auf die entsprechenden Fragestellungen warten und diese auch kurz und präzise beantworten.

Der Sachverständige vor Gericht sollte sich auch davor hüten, mit einer der beiden Parteien ggf. in ein Zwiegespräch zu geraten. Sein Ansprechpartner ist und bleibt das Gericht. Ein umsichtiger Richter wird den Sachverständigen durch den Termin begleiten und wird auch dafür sorgen, dass er so präzise und korrekt antworten kann, dass kein Anlass dazu besteht, ihn zu ermahnen.

Wichtig ist der Hinweis, dass der Sachverständige sich auch persönlich unter Kontrolle hat. Es geschieht sehr häufig, dass eine Partei oder ein Parteivertreter mit persönlichen Angriffen den Sachverständigen aus seiner Reserve locken will. Dies kann bewusst oder auch unbewusst von der betreffenden Person geschehen, meist jedoch steckt bei einem Parteienvertreter der Gedanke dahinter, den Sachverständigen zu einer unüberlegten Reaktion zu veranlassen.

Die Folge davon ist, dass ein Befangenheitsantrag nachgeschoben wird, der den Sachverständigen möglicherweise aus dem Verfahren herausbringt. Er will damit bei seiner Partei die Hoffnung wecken, dass ggf. durch die Einschaltung eines anderen Gutachters eine bessere Prozessposition für ihn erreicht wird. Der Sachverständige vor Gericht darf nie vergessen, dass er nur ein Erfüllungsgehilfe des Gerichtes ist und keine eigenen Interessen in diesem Verfahren zu verfolgen hat.

6.13 Begriffsbestimmungen im Zusammenhang mit dem Ortstermin

Grundsätzlich gilt, dass für die Beantwortung der Fragen, die dem Gutachter gestellt sind, eine Besichtigung des Objektes erforderlich ist, um aus eigener Erkenntnis die Sache einschätzen zu können.

Es gehört zum Bereich der „Todsünden", die ein Sachverständiger im Zusammenhang mit der Bearbeitung eines Gutachtens begehen kann, wenn er das ihm zur Begutachtung vorgelegte Objekt nicht selbständig besichtigt, einsieht oder untersucht. Für den Gutachter ist hierbei ausdrücklich die persönliche Inaugenscheinnahme verlangt (Sachverständigengesetz – Sachverständigenordnung).

Nach Eingang des Auftrages ist zu ventilieren, was der Auftrag umfasst und um welches Objekt es sich handelt bzw. welche Untersuchungen und welche Feststellungen zu treffen sind.

Sofern es sich um einen **gerichtlichen** Auftrag handelt, ergibt sich der Leistungsumfang aus dem erlassenen Beweisbeschluss, der eigens für den Gutachter von dem jeweiligen Gericht erlassen wird.

Falls in dem Beweisbeschluss die unmittelbare Angabe des zu begutachtenden Objektes fehlt, ist diese meist der Gerichtsakte zu entnehmen. Es geschieht allerdings häufiger, dass im Rahmen des Verfahrens alle wissen, wovon gesprochen wird, und folglich bei der Festlegung des Beweisbeschlusses das Objekt nicht mehr ausdrücklich benannt wird, jedoch dies nicht dem SV mitgeteilt wird. Im Zweifelsfalle ist dann Rücksprache mit dem zuständigen Richter zu nehmen, der den Beweisbeschluss erlassen hat. Der Name des Richters befindet sich entweder auf dem Beweisbeschluss oder auf dem Anschreiben, welches das Gericht zusammen mit den Akten an den Sachverständigen gerichtet hat und in dem der Auftrag bestätigt wird.

Handelt es sich um einen **privaten** Auftrag, so wird im Rahmen des Gespräches (telefonische oder persönliche Beauftragung) geklärt werden, welches Objekt zu begutachten ist. Dabei ist immer darauf zu achten, dass eine unmissverständliche Vereinbarung zu dem entsprechenden Objekt getroffen wird. Bei schriftlichen Aufträgen wird in aller Regel auch eine Benennung des Objektes und die dazugehörige Anschrift erfolgen.

Bei Auftragseingang ist dann zu prüfen, ob alle entsprechenden Unterlagen vorliegen, die der Sachverständige für die Beurteilung des Objektes benötigt und die ihm helfen, das Objekt zweifelsfrei zu identifizieren und auch lokal zu ermitteln.

Eine unmissverständliche und zweifelsfreie Angabe lautet z.B.:

> Wohnung Nr. 32, 1. OG (links)
> Karl-Wilhelm-Straße 42, PLZ Überall.

Dann kommt im Einzelnen, was in der Wohnung festzustellen, zu untersuchen oder zu begutachten ist. Sofern Planunterlagen, Beschreibungen, Verträge, Urkunden o.Ä. benötigt werden, sollte dies im Vorfeld geprüft und geklärt werden. Ggf. sind Unterlagen über das Gericht anzufordern, sofern nichts anderes seitens des Gerichtes vorgeschlagen wird, bzw. im privaten Bereich sind diese erforderlichen Unterlagen von dem jeweiligen Auftraggeber direkt anzufordern.

Die Beibringung dieser Unterlagen und die Vorprüfung des erteilten Auftrages dienen der Vorbereitung des durchzuführenden Besichtigungs- oder Ortstermins. Im Strafprozess **Lokaltermin** und im Zivilprozess **Augenscheinnahme** bzw. **Augenscheinstermin**. Manchmal ist es notwendig, einen gesonderten Fototermin oder auch Messmaßnahmen zusätzlich vorzunehmen, dies u.U. im Nachgang zum offiziellen Ortstermin.

7. Hilfsmittel und Werkzeuge

Michael Staudt

Übersicht

7.1	Einführung
7.2	Allgemeine Gerätschaften und Werkzeuge (Grundausstattungen)
7.2.1	Fotoausrüstung
7.2.2	Gerätschaften und Werkzeuge
7.3	Messgeräte
7.4	Probeentnahmen

7.1 Einführung

Damit ein Sachverständiger seine von ihm geforderte Arbeit ordnungsgemäß, fachgerecht und inhaltlich aussagefähig verrichten kann, ist es notwendig – neben dem Einbringen des überdurchschnittlichen Fachwissens – dieses auch durch Literaturstellen zu belegen. Ein Beweismittel, das die Aussagekraft eines Gutachtens erheblich stärken und dieses auch damit wesentlich weniger anfällig gegen kritische Einwände machen kann. Messergebnisse und auch Zahlendarstellungen in Gutachten können kritisch hinterfragt werden, sie sind leichter zu erklären und zu belegen, als dies mit dem gesprochenen oder geschriebenen Wort allein gegeben ist.

Es ist wichtig, beim Einsatz von Werkzeugen, Messgeräten und Probeentnahmen darauf zu achten, dass man die Gerätschaften beherrscht, mit den Gerätschaften umgehen kann und dass man den Eindruck von Kompetenz vermittelt. Nichts ist schlimmer für den Gutachter, als dass ihm von vornherein der Vorwurf gemacht werden kann, dass er mit Mitteln und Gerätschaften arbeitet, die er nicht beherrscht. Daher ist der Vorhalt von eigenen Gerätschaften zwingend notwendig, damit man auch den vom Gutachten Betroffenen jederzeit die entsprechende Kompetenz belegen kann. Nachfolgend einige Hinweise und Anmerkungen, die beispielhaft dafür gelten, welche Grundausstattung für den Sachverständigen erforderlich ist.

7.2 Allgemeine Gerätschaften und Werkzeuge (Grundausstattungen)

7.2.1 Fotoausrüstung

Die Fotoausstattung eines Sachverständigen sollte so umfangreich sein, dass die Möglichkeit gegeben ist, sowohl große als auch kleine Aufnahmen zu machen, damit der Betrachter, für den das Gutachten bestimmt ist, anhand dieser Aufnahmen auch die Dinge erkennen kann, die Gegenstand des Gutachtens sind und behandelt werden. Die Geräte sollten gute Aufnahmen produzieren, die einerseits scharf genug Detailpunkte darstellen und andererseits auch die Farbigkeit naturgetreu wiedergeben können, also mögliche Beweisstücke nicht verzerren.

Wichtig ist, dass mit diesen Kameraausrüstungen die Möglichkeit besteht, zu jeder Zeit und auch bei jedem Belichtungsverhältnis zu fotografieren. Dazu gehören entsprechende Blitzlichteinrichtungen, es gehören Weitwinkel und Teleobjektive und auch die Einrichtung für Makroaufnahmen dazu. Zum Einsatz können sowohl mechanisch-elektronische Geräte kommen, die sog. „Analogbilder" mit Negativen herstellen als auch digitale Kameras in allen Variationen.

I.d.R. wird es sinnvoll sein, Spiegelreflexkameras einzusetzen, es gibt aber auch heutzutage technisch gute und ausgereifte Kompakt-Kameras, die eine ähnlich gute Bildqualität liefern können.

Wichtig ist bei jeder Aufnahme, dass die entsprechende Aussagekraft gegeben ist, die notwendig ist, um schriftliche Darlegungen visuell zu ergänzen, um vor allem dem Laien, d.h. dem Nichtfachmann, die Dinge nahezubringen, damit er die möglicherweise komplizierten Vorgänge versteht und für ihn die Inhalte des Gutachtens auch verständlich und nachvollziehbar dargestellt werden.

Es ist in diesem Zusammenhang anzumerken, dass Fotoaufnahmen wesentlich schneller bei Nichtfachleuten schwierige Dinge vermitteln, die man sonst nur umständlich und langatmig schriftlich darstellen kann. Vor allem stellen Bilder immer Gesamtzusammenhänge dar, die damit oft Detailpunkte für den Laien besser erklären können.

Bei der Bearbeitung und Erstellung eines Gutachtens darf man nicht vergessen, dass wir heute in einer visuellen Welt leben. Tagtäglich werden wir durch Bilder der verschiedensten Art, man denke nur an das Fernsehen, beeinflusst. Über ein Bild kann man viel schneller Dinge erfassen, als dies über Schrift und Wort möglich ist.

7.2.2 Gerätschaften und Werkzeuge

Es gibt eine unendliche Zahl von Werkzeugen, die von einem Sachverständigen einzusetzen sind. Einen universellen Sachverständigenkoffer, speziell für den Bausachverständigen, gibt es nicht. Abhängig von den Schwerpunktthemen, die von jedem Einzelnen bearbeitet werden, sind entsprechende Gerätschaften zusammenzustellen. Dabei gehört sicherlich eine gewisse Grundausstattung, die ein Verantwortlicher im Baugeschehen besitzen muss. Darüber hinaus gibt es aber auch viele Anforderungen bei der Sachverständigentätigkeit, bei denen ganz normale und allgemein bekannte Werkzeuge nicht eingesetzt werden können und wo man u.U. Anleihe z.B. bei anderen Berufen nehmen muss.

In der Praxis hat sich vielfach herauskristallisiert, dass Hilfsmittel und Werkzeuge aus der Medizin, angefangen beim Skalpell bis hin zum Stethoskop, oft gute Verwendung finden können. Endoskopiegeräte, wie sie in der Medizin tagtäglich verwendet werden, haben auch zwischenzeitlich Einzug in das Baugeschehen gefunden und sind auch für Bausachverständige zu erschwinglichen Kosten zu erwerben und häufig gut einzusetzen.

Als gängige Werkzeuge für einen Bausachverständigen gelten:
- Zollstock und Bandmaß,
- elektronischer Entfernungsmesser (mit Laser oder Ultraschall/Echolot),

- Teleskopmaßstab,
- Nivelliergerät mit Messlatte und Fluchtstäben,
- Wasserwaage mit elektronischer Anzeige,
- gut ausgestattetes Taschenmesser,
- Schraubenziehergarnitur,
- Hammer (Metall und Gummi),
- Kneif- und Flachzange,
- Maurerschnur und Lotkegel,
- Tür- und Fensteröffner,
- Messkeil,
- Metallkugel,
- Kontrollspiegel,
- Taschenlampe/Kerze,
- Winkelmesser,
- Feuchtemessgerät, Thermometer etc.,

Diese Liste kann man beliebig ergänzen, je nachdem, welche Untersuchung ansteht bzw. welche Gegenstände u.U. untersucht werden sollen und müssen. Nachstehend werden anhand einiger praktischer Beispiele verschiedene zusätzliche Gerätschaften benannt, die hilfreich bei einer geforderten Begutachtung sein können.

Um ein vollständiges Sortiment der Gegenstände zu bekommen, die man bei der täglichen Praxis braucht, vergeht i.d.R. einige Zeit. Hier und da muss man seine Grundausstattung auch ergänzen, wenn es der entsprechende Auftrag erfordert. Die Dinge sollte man immer dann anschaffen, wenn man sie benötigt. Im Laufe der Tätigkeit eines Sachverständigen kristallisiert sich heraus, wo die Schwerpunkte der Gutachtertätigkeit liegen und wo man welche Gerätschaften häufig benötigt und einsetzen kann, die sinnvolle Ergebnisse für die Beurteilung bei den verschiedensten Aufgaben liefern können. Besonders wichtig ist es, alle Werkzeugen und Geräte auch richtig anwenden zu können.

7.3 Messgeräte

Es gibt viele Bereiche, die nur mit präzisen Messgeräten untersucht bzw. beurteilt werden können. Für den Bausachverständigen sind die geläufigsten Messgeräte das Thermometer, der Hygrometer oder auch ein Hygrograph, ein taugliches Feuchtigkeitsmessgerät, ein Schichtdicken-Messgerät und auch u.U. Gerätschaften zur Messung von Härtegraden bestimmter Baustoffe.

Vielfach sind entsprechende Benetzungsgeräte erforderlich, um beispielsweise Rissbildungen in Beton oder im Putz deutlich sichtbar zu machen bzw. um die Saugfähigkeit eines Untergrundes festzustellen und für eine Fotoaufnahme darstellbar zu machen.

Beim Einsatz komplizierter Messgeräte ist das Wissen über chemische bzw. physikalische Vorgänge Voraussetzung, um einerseits die Geräte richtig zum Einsatz bringen zu können und andererseits, um ordnungsgemäß und fachgerecht mit diesen umzugehen und sie zu

7. Hilfsmittel und Werkzeuge

bedienen. Dazu gehören das Wissen der Kalibrierung von Gerätschaften, die Möglichkeiten ihrer Einsatzgrößen und auch die Fähigkeit, die Messergebnisse entsprechend auszuwerten und kritisch zu beurteilen.

Nichts ist schlimmer für einen Gutachter, wenn er bei einem Ortstermin nicht in der Lage ist, mit diesen Gerätschaften sicher umzugehen und so Zweifel aufkommen lässt, ob er ausreichend kompetent ist, den Fall zu bearbeiten und damit auch im Ergebnis richtig zu liegen.

Für den Bausachverständigen ist es aber auch wichtig, Messverfahren zu kennen, die er selbst nicht beherrscht und deshalb nicht selbst zum Einsatz bringen kann. Seine Kenntnis muss dennoch so weit ausgeprägt sein, dass er u.U. diese Messungen vorschlagen, organisieren, beurteilen und auslegen kann, um daraus die notwendigen Schlüsse für den Gutachterauftrag und das Thema ziehen zu können.

Das betrifft z.B. die Messung der Luftdichtigkeit eines Bauwerkes nach dem sog. „Blower-Door-Verfahren". Der Bausachverständige muss wissen, was dort geschieht, welche Möglichkeiten der Fehlerquellen bestehen, wie die Ergebnisse aussehen müssen und wie diese interpretiert werden können. Er muss auch die entsprechenden Hintergründe kennen, auf denen die Ergebnisse fußen und wie diese abgeleitet werden.

Das Gleiche gilt für die Thermografie, d.h. die Aufnahmen von bestimmten Bauteilen mit einer Infrarotbildkamera. Die sog. „Wärmebilder" geben nicht von vorneherein eine so verbindliche Auskunft über bauliche Zustände und deren Schwachstellen, dass sie für jedermann verständlich wären. Anhand der unterschiedlichen Farbgebungen und unter Berücksichtigung der entsprechenden Temperatureinflüsse sind die Bilder entsprechend zu würdigen, auszuwerten und anschließend zu beurteilen. Erst dann sind entsprechende Schlussfolgerungen zu ziehen.

In gleicher Weise verhält es sich mit der Beurteilung des Verhältnisses zwischen der Lufttemperatur und der relativen Feuchtigkeit, z.B. bezogen auf Innenräume in Abhängigkeit von der Außenluft und bei Berücksichtigung entsprechender individueller Nutzungsvorgänge. Dazu sind ausreichende physikalische, chemische, teilweise biologische und auch in begrenztem Rahmen medizinische Vorkenntnisse erforderlich, um aus entsprechenden Messergebnissen anschließend Schlussfolgerungen zu ziehen und diese gutachterlich darzustellen.

7.4 Probeentnahmen

Oft ist es im Baugeschehen erforderlich, dass Baustoffe oder Bauteile alleine von ihrem äußeren Erscheinungsbild her nicht beurteilt werden können. Zusammensetzung, Farbe, Härte oder Gewicht sind alleine durch Betrachtung oder einfache visuelle Prüfungen nicht zuverlässig zu beurteilen.

Daher ist es notwendig, hier entsprechende Probstücke an Ort und Stelle zu entnehmen, diese zu verpacken, um sie ohne weitere Einflüsse und Beschädigungen u.U. einem Labor zur Untersuchung vorzulegen. Es gibt auch Fälle, bei denen das Labor selbst die Probeentnahmen machen muss, weil gewisse Rahmenbedingungen vorgegeben sind, um auch anschließend zweifelsfrei feststellen zu können, dass die Probe zu dem entsprechenden Objekt gehört und die Untersuchungsergebnisse auch dann so für dieses Objekt verwertet werden können. Das trifft beispielsweise bei der Entnahme von Wasserproben zu oder

7.4 Probeentnahmen

anderer chemischer Flüssigkeiten, bei denen besondere Vorkehrungen getroffen werden müssen, damit keine Beeinflussung oder Vermischungen irgendwelcher Art stattfinden, die dann am Ende auch das Untersuchungsergebnis verfälschen könnten.

Hierbei ist es sinnvoll, derartige Probeentnahmen bereits im Vorfeld mit dem einzuschaltenden Labor abzusprechen, um dann auch die notwendigen Vorsichtsmaßnahmen und Bedingungen zu berücksichtigen, die erforderlich sind, um solche Proben zu bekommen, die hinterher auch zweifelsfreie Ergebnisse bei den Untersuchungen bringen können, die sich auf das streitgegenständliche Objekt beziehen. Die jeweils zu entnehmende Probe ist abzustimmen auf die Art und Form der Untersuchung und auch auf die Möglichkeiten, die technisch, physikalisch und chemisch gegeben sind, um ein Kriterium zu erhalten, mit dem die in Streit stehende Sache, i.d.R. der Baumangel oder Bauschaden, zweifelsfrei beurteilt werden kann.

Die Entnahme von Proben sollte immer mit den im Streit stehenden Parteien abgesprochen werden, u.U. sind sie für die Probeentnahmen beizuziehen. Es ist abzuklären, ob Einverständnis besteht und welches Institut mit den Untersuchungen und Analysen beauftragt werden soll.

8. Technische Möglichkeiten bei der Schadenermittlung

Michael Staudt

Übersicht

8.1 Einführung
8.2 Prüfung vor dem Ortstermin – was ist dort zu tun?
8.3 Wie muss ich mich vorbereiten?
8.4 Was muss man vorhalten und mitbringen?
8.5 Was ist bauseits zu tun?
8.6 Welche Bedingungen kann der Sachverständige stellen?
8.7 Einsatz von eigenem Bordwerkzeug
8.8 Einsatz von Messgeräten
8.9 Aufwändige Untersuchungs- und Messmethoden

8.1 Einführung

Bei der Aufgabe, die einem Bausachverständigen übertragen wird, geht es nicht nur darum, einen Baumangel oder Bauschaden festzustellen, sondern zu dessen Ursache und Entstehen etwas zu sagen und auch um die Fragen nach Möglichkeiten der Beseitigung der festgestellten Unregelmäßigkeiten und Abweichungen von vereinbarten Leistungsumfängen bzw. Nichteinhaltung von technischen Normierungswerken.

Bereits bei Auftragserteilung oder bei Vorlage des Beweisauftrages, der i.d.R auch die Forderung nach Ursachenermittlung, Möglichkeiten der Nachbesserung und die dabei entstehenden Kosten enthält, ist zu prüfen, ob man dazu die notwendigen Voraussetzungen besitzt, also die entsprechende Kompetenz hat und auch sonst die Befähigungen und Möglichkeiten einsetzen kann, die erforderlich sind, um den Gutachterauftrag zu bearbeiten. Im Vorfeld ist daher zu prüfen, wie man an die Sache herangeht, welche Feststellungen vor Ort zu treffen sind, welche Voraussetzungen dabei vorhanden sind oder geschaffen werden müssen und welchen Einsatz man ggf. leisten muss und zu welchen Bedingungen. Zu bedenken ist also alles, was für die Bearbeitung eines Gutachtens erforderlich ist.

8.2 Prüfung vor dem Ortstermin – was ist dort zu tun?

Anhand des Auftragsumfangs und der überlassenen Unterlagen, z.B. der Gerichtsakten, ist zu prüfen und festzulegen, welche Maßnahmen erforderlich sind, um vor Ort die notwendigen Erkenntnisse zu erlangen, die erforderlich sind, den gestellten Fragenkomplex entsprechend zu beantworten.

Es ist für den Sachverständigen empfehlenswert, sich sorgfältig mit den Unterlagen zu befassen, den Stand eines Rechtsstreites zu kennen, bevor man sich vor Ort begibt und sich dort den Parteien stellt.

8. Technische Möglichkeiten bei der Schadenermittlung

Die an einer Auseinandersetzung beteiligten Parteien, die es i.d.R. bei Sachverständigenaufträgen immer gibt, erwarten von dem Gutachter, dass dieser in seiner Sache aber auch in ihrer Sache firm ist und sich auch mit dem notwendigen Nachhalt unter Einsatz seines ganzen Wissens und der Person mit ihrem Problem auseinandersetzt. Daher ist die Erwartungshaltung immer sehr groß, es wird erwartet, dass diese vom Sachverständigen erfüllt wird.

Dabei muss sich der Gutacher immer im Klaren sein, dass er i.d.R. nur dann gebraucht wird, wenn zwei Parteien über ein und dieselbe Sache unterschiedliche Auffassungen haben, die eben von einem Unparteiischen, dem Gutachter, geklärt werden sollen, weil man selbst in der Sache nicht weiterkommt.

Daher ist Kompetenz in der Sache nicht nur durch das eigene Wissen zu vermitteln, sondern auch durch den Kenntnisstand der Dinge, die zu diesem Streit geführt haben, der die Einschaltung eines Sachverständigen erforderlich gemacht hat.

8.3 Wie muss ich mich vorbereiten?

Neben dem Aneignen der Kenntnis über den zu beurteilenden Sachverhalt ist es wichtig, sich entsprechend auf die Örtlichkeiten und die Rahmenbedingungen vorzubereiten, die den Gutachter vor Ort erwarten können, insbesondere auch der Personenkreis, der an dem Termin evtl. teilnehmen wird.

Dem Grunde nach beginnt dies mit der Überlegung, was man anziehen muss, wie muss man sich zweckdienlich kleiden, welche Hilfsmittel muss man ggf. gegen die Unbilden der Witterung mitnehmen, wie z.B. Regenkleidung, Gummistiefel, Überschuhe und Ähnliches mehr. Das Mitführen geeigneter Schutzkleidung, wie z.B. eines Overalls, eines Bauhelmes u.Ä., ist zweckdienlich und wird auch i.d.R. von einem kompetenten Sachverständigen erwartet. Wie bereits vormals angemerkt, überzeugt der Sachverständige nicht nur durch sein besonderes Fachwissen und seine überdurchschnittliche Qualifikation für diese Aufgabe, sondern auch durch sein Äußeres und natürlich durch sein zweckdienliches Handeln vor Ort. Dazu gehört auch der Einsatz geeigneter Kleidung.

8.4 Was muss man vorhalten und mitbringen?

Wie schon vorstehend ausführlich dargelegt, muss der Sachverständige ein gewisses Sortiment an Werkzeugen und einfachen Messgeräten besitzen, um diese im Beisein der Parteien einsetzen zu können, um entsprechende Daten zu bekommen, die für seine Bearbeitung erforderlich sind. Das können Vermessungen von Bauteilen sein, das Aufmaß von Räumen, die Ermittlung von Massen, die Feststellung von Höhen, die Ermittlung von Schichtdicken bestimmter Baustoffe, die Messung von Temperaturen, die Überprüfung von Feuchtigkeitsgehalten oder das Vorhandensein eines Gefälles sowie die Überprüfung von Unebenheiten von Flächen, die Abstände von Bauteilen und Einrichtungsgegenständen untereinander und vieles mehr.

In diesem Zusammenhang ist es wichtig und erforderlich, dass man die notwendigen Grundlagen kennt, die beispielsweise für das Vermessen erforderlich sind. Dazu zählen u.a. die DIN 277 für die Ermittlung von Flächen, die DIN 18201 bis 18203 bei Maßtoleranzen, die DIN 18022 bei Abständen von Sanitärgegenständen und vieles andere mehr.

Im Rahmen der durchzuführenden Messungen und Prüfungen müssen die technischen Regelwerke berücksichtigt werden, um so auch die Basis zu haben, die für eine kritische Überprüfung der gutachterlichen Aussagen den Maßstab und die Grundlage bilden.

Es ist nicht erforderlich, dass man zur Ermittlung eines Schadens einen Werkstattwagen mit sich führt, um ggf. unter Einsatz von Großwerkzeugen, wie z.B. Bohrhammer oder Flexschneider, große Bauteilöffnungen oder -zerstörungen vorzunehmen. Das sind Dinge, die bauseits organisiert werden müssen, i.d.R. von demjenigen, der im Rahmen des Verfahrens den Beweis zu erbringen hat. Man nennt diesen im rechtlichen Sprachgebrauch den **„Beweispflichtigen"**.

8.5 Was ist bauseits zu tun?

Im Rahmen der Ermittlung und Beurteilung von Mängeln und Schäden an Bauwerken kann es erforderlich sein, dass entsprechende Schutzeinrichtungen geschaffen werden, z.B. bei Untersuchungen an Dachflächen oder Fassaden, demzufolge sind Gerüsteinrichtungen notwendig, über die man gefahrlos an die entsprechenden Stellen gelangen kann, die der gutachterlichen Beurteilung unterzogen werden sollen.

Oft genügt es auch, bei punktuellen Untersuchungen an höher gelegenen Stellen einer Fassade oder eines Daches mittels eines Hubwagens oder Hubgerätes dorthin zu gelangen. Dennoch sind die entsprechenden Voraussetzungen dafür zu schaffen, u.U. die Sperrung einer Straße, die Absperrung von Gehsteigeinrichtungen o.Ä. Diese Dinge sind vorzubereiten; die technischen Voraussetzungen sind erforderlich, um auch die gutachterliche Arbeit erfüllen zu können.

Bei der Überprüfung von Abdichtungen an erdberührten Bauteilen ist es i.d.R. erforderlich, dass Teile freigelegt werden müssen, damit eine optische und auch praktische Untersuchung möglich ist. Hier kommt es immer darauf an, wann der Sachverständige geholt wird. Geschieht dies unmittelbar während oder nach Ausführung der Abdichtungsarbeiten, so ist über den Arbeitsraum jederzeit die Möglichkeit gegeben, die entsprechenden Flächen zu besichtigen, zu überprüfen und zu begutachten. Wenn dem nicht mehr so ist, müssen Arbeitsräume ausgehoben und die entsprechenden Flächenteile freigelegt werden. Das kann häufig mit großen Umständen verbunden sein, weil die dort befindlichen Flächen befestigt oder auch teilweise bebaut sind bzw. im öffentlichen Verkehrsraum liegen. Deshalb sind dort entsprechende Vorkehrungen zu treffen, bevor man zu den eigentlichen Freilegungsarbeiten kommen kann.

Hier ist es unbedingt erforderlich, dass der Sachverständige vor Ort dabei ist, um auch die Details, die möglicherweise die Verfüllung betreffen, beobachten und feststellen kann. Sie können als wichtiges Indiz für die Gesamtbeurteilung von Bedeutung sein.

Bei der Untersuchung eines Flachdaches kann es nicht die Aufgabe eines Sachverständigen sein, dieses u.U. zu öffnen, d.h. die Dachhaut aufzuschneiden, um in das Innere schauen zu können. Ihm fehlen die notwendigen Möglichkeiten, anschließend wieder die Dichtigkeit des Daches herzustellen. Deshalb sind derartige Untersuchungen grundsätzlich bauseits vorzubereiten, die Voraussetzungen für die Untersuchungen zu schaffen und anschließend auch wieder die Reparatur der Untersuchungsstelle durchzuführen, d.h. durch Einsatz eines Fachmannes.

Vom Gutachter wird erwartet, dass er die örtlichen Gegebenheiten einschätzen kann, auch die Folgen, die sich u.U. aus den Untersuchungen für andere angrenzenden Bauteile und Baustoffe ergeben können und wie auch ggf. die Nachbesserung und Beseitigung erfolgen kann, um wieder ordnungsgemäße Zustände herzustellen, die ohne Folgen für das Bauwerk sind.

8.6 Welche Bedingungen kann der Sachverständige stellen?

Im Vorfeld einer Begutachtung hat der Sachverständige anhand der Aktenlage und der ihm zugegangenen Informationen zu prüfen, welche Voraussetzungen vor Ort zu schaffen sind, damit die Untersuchungen und Feststellungen für den Sachverständigen möglich werden.

Diese Forderungen hat er seinem Auftraggeber oder dem Beweispflichtigen rechtzeitig mitzuteilen, da eine gewisse Vorlaufzeit für diese Vorbereitungen i.d.R. erforderlich ist. Es empfiehlt sich, eine Rückmeldung zu fordern, um eine erfolgreiche Durchführung des Ortstermins sicherzustellen.

Für das Aufstellen eines Fassadengerüstes sind i.d.R. verkehrsrechtliche Anordnungen erforderlich, d.h., es muss ein Genehmigungsverfahren bei der zuständigen Ordnungsbehörde veranlasst werden. Das Gleiche kann auch für das Aufstellen eines Kranes oder eines Hubwagens gelten, u.U. auch für den Einsatz eines Baggers oder Bohrgerätes, was nicht nur Auswirkungen für das Objektgrundstück haben kann, sondern auch für umliegende Grundstücke und darauf befindliche Gebäude oder sonstige Einrichtungen, so u.a. Verkehrsanlagen.

Diese Dinge bedürfen der sorgfältigen Vorbereitung, damit dann auch in einem entsprechenden Zeitrahmen die notwendigen Dinge festgestellt und die Ursachen ermittelt werden können.

Deshalb hat der Sachverständige im Rahmen der Vorbereitung seines Orts- oder Besichtigungstermins sorgfältig abzuwägen und zu überlegen, was zweckdienlich ist, damit die entsprechenden Indizien und Grundlagen erreicht werden, die erforderlich sind, um den aufgetretenen Mangel oder Schaden oder auch nur den Zustand des Bauteiles oder Baustoffes festzustellen, um die Ursache, die zu einer fehlerhaften Situation geführt hat, ermittelt werden kann.

8.7 Einsatz von eigenem Bordwerkzeug

Vorstehend ist bereits bei der Ausrüstung des Sachverständigen mit sog. „Hilfsmitteln und Werkzeugen" darauf hingewiesen worden, dass eine gewisse Grundausstattung von Handwerkszeug von einem Bausachverständigen erwartet wird. Gleichzeitig wird vorausgesetzt, dass dieser auch mit den entsprechenden Hilfsmitteln und Werkzeugen umgehen und diese sinnvoll und schadenbezogen einsetzen kann. Nichts ist schlimmer, als wenn ein Gutachter vor Ort mehr Schaden anrichtet, als zur Begutachtung ansteht. Deshalb ist immer sorgfältig zu prüfen und zu überlegen, mit welchem Werkzeug welche Arbeit oder Prüfung auszuführen ist.

Bei allen Maßnahmen, die bauteilzerstörenden Charakter haben, d.h. bei Bauteilöffnungen, ist darauf zu achten, dass diese punktuell und jeweils schadenbezogen durchgeführt werden und alle angrenzenden Bauteile entsprechend zu schützen sind.

Bei all diesen Arbeiten ist die jeweils notwendige Vorsicht und Umsicht des Gutachters gefragt und auch die handwerkliche Fähigkeit, die i.d.R. kritisch von den betroffenen Parteien begleitet wird.

Es ist u.U. erforderlich, dass man bei entsprechenden Untersuchungen, die bauteilzerstörenden Charakter haben, die Betroffenen auf die Folgen hinweist und diese auch entsprechend erklärt, um einerseits entsprechenden Enttäuschungen bei den Betroffenen vorzubeugen und andererseits sich selbst gegen mögliche Haftungsansprüche abzusichern. Es ist daher empfehlenswert, nicht allzu offensiv von Seiten des Gutachters mit dem Thema Bauteilöffnung und Bauteilzerstörung umzugehen. Es bedarf jeweils einer kritischen Selbstprüfung, ob denn diese Maßnahme auch zwingend notwendig ist, sowie der Abwägung zwischen Aufwand und Ergebnis.

Deshalb gilt für jeden Bausachverständigen, sich selbst jeweils kritisch zu eventuellen Folgen der Maßnahme für das zu untersuchende Objekt/Bauwerk zu befragen, bevor man Hammer und Meißel in die Hand nimmt und Bauteile öffnet und Baustoffe zerstört. Besser ist es, wenn die beweispflichtige Partei selbst diese „Bauteilöffnungen" vornimmt.

8.8 Einsatz von Messgeräten

Der Einsatz von einfachen Messgeräten, wie Zollstock, Maßband oder Wasserwaage, gehören zum Standardprogramm und wird auch stets von den Betroffenen erwartet. Ergebnisse dieser Messungen sind sorgfältig zu vermerken, kritisch zu würdigen und dem jeweils folgenden Gutachten beizufügen, wenn notwendig mit entsprechenden Erläuterungen oder Erklärungen. Messergebnisse sind wichtige Daten mit hohem Beweiswert und Grundlage von Anknüpfungstatsachen für die entsprechenden Schlussfolgerungen des Sachverständigen in seinem Gutachten.

Messergebnisse müssen so ermittelt sein, dass sie nachprüfbar sind und zweifelsfrei erkannt werden können und damit auch u.U. die Voraussetzung sind, auf die ein Urteil gestützt bzw. aufgebaut werden kann.

8.9 Aufwändige Untersuchungs- und Messmethoden

Zur Beurteilung von Schäden an Gebäuden ist es häufig erforderlich, umfangreiche, vom Sachverständigen nicht durchführbare Maßnahmen einzusetzen, um entsprechende Ergebnisse zu bekommen, die dann über Schadensursache und Möglichkeiten der Schadenbeseitigung Auskunft geben können.

Hier gibt es u.a. fotometrische Vermessungen von Bauwerken, digitale Grundstücksvermessungen, thermografische Aufnahmen von Bauwerken und Bauteilen, Kamerabefah-

8. Technische Möglichkeiten bei der Schadenermittlung

rungen bei Rohrleitungen, Luftdichtigkeitsmessungen an Bauwerken, Lastprüfungen, schalltechnische Untersuchungen und vieles andere mehr.

Da diese besonderen Untersuchungsaufwendungen meist mit hohen Kosten verbunden sind, ist vom beauftragten Sachverständigen sorgfältig zu prüfen, abzuwägen und mit den betroffenen Parteien abzusprechen, ob der Umfang des Mangels bzw. Schadens derartige Untersuchungen rechtfertigt und notwendig macht.

Von sich aus sollte der Sachverständige derartige Untersuchungsmaßnahmen nicht veranlassen, er könnte hinterher Gefahr laufen, dafür nicht die entsprechende Vergütung bzw. den Kostenanteil ersetzt zu bekommen.

Für den Sachverständigen gilt stets die wirtschaftliche Frage und das Abwägen, ob der Aufwand des Gutachtens im Verhältnis zum Ergebnis steht und auch im Verhältnis zu der im Streit stehenden Sache. Die Kompetenz und Urteilsfähigkeit wird von einem qualifizierten Sachverständigen grundsätzlich erwartet und vorausgesetzt.

Daher bleibt für jeden Gutachter immer kritisch zu prüfen, mit welchem Einsatz und welchem Aufwand muss oder kann die Schadensache bearbeiten werden, um ein nachhaltiges, vertretbares und richtiges Ergebnis im Gutachten zu bekommen und das man auch verständlich und nachvollziehbar darstellen kann.

9. Bauteilöffnung und Bauteilzerstörung

Mark von Wietersheim

Übersicht

Einleitung
9.1 Der gerichtlich bestellte Sachverständige
9.1.1 Zwingende Zerstörung für Proben etc.
9.1.2 Andere Vorbereitungsarbeiten
9.1.3 Keine ausdrückliche Anordnung des Gerichts
9.1.4 Wiederherstellung
9.1.5 Risikohinweis des Sachverständigen/Bauteilöffnungsgutachten
9.1.6 Hinweise des Sachverständigen
9.1.7 Rechtsmittel der Parteien
9.1.8 Erstattung der Kosten für vorbereitende Maßnahmen
9.1.9 Verfahren bei Weigerung des Sachverständigen
9.1.10 Beteiligung Dritter
9.1.11 Haftung des Sachverständigen
9.2 Der außergerichtlich beauftragte Sachverständige
9.2.1 Umfang der Arbeiten
9.2.2 Haftung des Sachverständigen
9.2.3 Beteiligung Dritter

Einleitung

Die Aufgabe des Sachverständigen ist es ganz verkürzt, den Zustand einer Sache festzustellen und einer Wertung zu unterziehen. Ganz oft ist aber die zu begutachtende Sache nicht frei zugänglich. Wie erhält der Sachverständige Zugang zum Gegenstand seines Gutachtens? Welchen Zustand muss er wiederherstellen?

Diese Fragen werden in diesem Kapitel für gerichtlich beauftragte und privat beauftragte Gutachter behandelt.

9.1 Der gerichtlich bestellte Sachverständige

In selbständigen Beweisverfahren oder streitigen Gerichtsverfahren können sich die Parteien zum Beweis der ihnen obliegenden Sachverhalte auf das Gutachten eines vom Gericht zu beauftragenden Sachverständigen berufen. Der Sachverständige wird nicht von sich aus tätig, sondern im Auftrag des Gerichts.

Bei streitigen Gerichtsverfahren entscheidet der Richter über ein bestimmtes Beweisangebot, beim selbständigen Beweisverfahren gibt der Antragsteller Richtung und Tiefe der Untersuchung vor. Daher unterscheidet sich die Stellung von Gericht und damit auch des Sachverständigen.

9. Bauteilöffnung und Bauteilzerstörung

Aufgrund der Tätigkeit für das Gericht ist der Sachverständige – im Rahmen seines spezifischen Auftrags – an die gleichen Grenzen gebunden wie das Gericht. Was die Richter selber nicht dürften, darf ein Sachverständiger auch nicht.

Welche Aufgaben der gerichtlich bestellte Sachverständige genau hat, ergibt sich aus dem Beweisbeschluss. Dieser Beweisbeschluss wiederum stützt sich auf die Schriftsätze der Parteien zu dem, was sie als Sachverhalt vortragen und mit einem Beweisangebot versehen. Speziell für Gutachten müssen die Parteien die „zu begutachtenden Punkte" angeben.

9.1.1 Zwingende Zerstörung für Proben etc.

Nicht immer geht es bei Eingriffen in die vorhandene Substanz darum, Zugang zu der zu begutachtenden Sache zu bekommen. Ob setzt auch die Durchführung der eigentlichen Begutachtung zerstörerische Maßnahmen voraus.

Bei diesen Fällen ist die rechtliche Lage ganz eindeutig.

Probeentnahmen, Probebohrungen und ähnliche Begutachtungsleistungen muss der Sachverständige völlig unstreitig vornehmen. Die Begutachtung an sich darf der Sachverständige selber machen oder dazu einen Gehilfen einschalten. Das Recht zu diesen Eingriffen ergibt sich – gegenüber den Parteien des Rechtsstreits – unmittelbar aus dem Auftrag des Gerichts, der Sachverständige muss und darf nicht auf eine konkrete Weisung warten.

Es stellt sich auch bei solchen Eingriffen eine Reihe von Anschlussfragen, insbesondere dazu, ob die Beteiligten nicht spurlos rückgängig zu machende Eingriffe hinnehmen müssen.

Rechtsprechung und juristische Literatur zu dieser Frage gibt es praktisch nicht.

Es ist auf jeden Fall erforderlich, die von den Eingriffen betroffene Person über die notwendigen Maßnahmen zu informieren und dabei auch auf die Risiken und Folgen hinzuweisen. Ist diese Person auch die beweisbelastete Partei, kann sie überlegen, ob sie diese Risiken wirklich eingehen will und ggf. im Prozess von ihrem Beweisangebot abrücken.

Denkbar ist auch, dass die nicht beweisbelastete Partei den Eingriff erdulden müsste. Für den Beweisführer gibt es dann keinen Handlungsdruck, er trägt schließlich keinerlei Risiko. Dennoch kann sich der Eigentümer der Sache entschließen, den aus seiner Sicht zu gefährlichen Eingriff zu verweigern. Prozessual dürfte dies so zu werten sein, dass er die Beweisführung der anderen Partei vereitelt, so dass der zu beweisende Sachverhalt als bewiesen gilt. Allerdings liegt keine Beweisvereitelung vor, wenn der Partei der Eingriff in sein Eigentum nicht zumutbar war.[1]

Insoweit kann sich der Sachverständige auch auf den unten noch näher dargestellten § 404a ZPO berufen und das Gericht um Weisungen hinsichtlich seiner Tätigkeit bitten. Dies sollte er insbesondere dann tun, wenn er Zweifel an der Rechtmäßigkeit bestimmter Maßnahmen hat.

Auch soweit es um die Folgen eines zerstörerischen Eingriffes geht, gibt es kaum Rechtsprechung. Ganz sicher muss man vom Sachverständigen verlangen, dass er keine Situa-

---

[1] OLG Braunschweig, U. v. 29.1.2004 – 8 U 173/99, NZBau 2004 S. 550.

tion zurücklässt, von der akute Gefahren für Leib und Leben ausgehen. Deutlich schwieriger wird es beim „Rückgängigmachen" der Eingriffe. Lassen sich diese überhaupt ohne Risiko „rückgängig" machen?

Nach der Entscheidung des OLG Stuttgart,[1] muss der Sachverständige einen zerlegten Motor jedenfalls dann zusammenbauen, wenn der Eigentümer seine Zustimmung zur Zerlegung des Motors erkennbar daran geknüpft hat, dass der Motor nach Abschluss der Begutachtung wieder zusammengebaut wird.

Diese – überdies isoliert gebliebene – Entscheidung ist also für die Fälle nicht hilfreich, in denen sich der Eigentümer vor Beginn der Arbeiten nicht äußert.

Der Sachverständige sollte sich daher vor Durchführung der Begutachtung überlegen, welche Folgen etwa eine Probenahme haben könnte und die Parteien hierauf hinweisen. Bereits zu diesem Zeitpunkt muss er die von ihm beabsichtigten „Wiederherstellungsarbeiten" beschreiben. Will er nur ein Provisorium hinterlassen, muss er dies ankündigen und die tatsächlich betroffene Partei auf die weiteren erforderlichen Arbeiten hinweisen.

9.1.2 Andere Vorbereitungsarbeiten

Anders und leider nicht so eindeutig ist die rechtliche Einschätzung bei Vorbereitungs- oder Freilegungsarbeiten. Das Freilegen einer zu begutachtenden Sache kann sehr aufwendig sein.

Leider gibt es hierzu in der Rechtsprechung ganz unterschiedliche und einander widersprechende Ansätze.

Die nachfolgend zitierten Entscheidungen sind zustande gekommen, weil eine der Parteien des Rechtsstreits sich dagegen gewehrt hat, diese Arbeiten selber ausführen zu müssen und dies mit einer Beschwerde bis zum Gericht der zweiten Instanz gebracht hat.

Eine ganze Reihe von Gerichten meint, der Sachverständige sei nicht dazu verpflichtet, solche Vorbereitungsmaßnahmen selber durchzuführen.[2]

Diese Gerichte verlangen von der beweispflichtigen Partei die Bereitstellung der notwendigen Handwerker, Maschinen etc.

Die wesentlichen Argumente dieser Gerichte gegen eine entsprechende Verpflichtung des Sachverständigen sind:

- Die Bauteilöffnung käme einer unzulässigen Amtsermittlung gleich und widerspräche dem Grundsatz, dass die Parteien die prozessentscheidenden Tatsachen selber beibringen müssen.
- Der Sachverständige hatte nicht immer die notwendigen handwerklichen Fertigkeiten bzw. nicht die Ausbildung für die Bauteilöffnung und eine nachfolgend erforderliche Wiederherstellung des ursprünglichen Zustandes.

---

[1] OLG Stuttgart, B. v. 13.9.2005 – 13 W 43/05, OLGR Stuttgart 2006 S. 769.
[2] OLG Frankfurt, B. v. 13.11.2003 – 15 W 87/03, OLGR Frankfurt 2004 S. 145, OLG Braunschweig, U. v. 29.1.2004 – 8 U 173/99, NZBau 2004 S. 550, OLG Hamm, B. v. 18.10.2005 – 26 U 16/04, IBR 2007 S. 160; OLG Bamberg, B. v. 9.1.2002 – 4 W 129/01, BauR 2002 S. 829; OLG Celle, B. v. 7.4.2009 – 16 W 27/09, BauR 2009 S. 1476; LG Kiel, B. v. 30.1.2009 – 9 OH 49/07, IBR 2009 S. 358.

9. Bauteilöffnung und Bauteilzerstörung

- Eine entsprechende Verpflichtung käme einem Kontrahierungszwang gleich, würde also dem Sachverständigen Vertragspartner aufzwingen, die er freiwillig nicht beauftragen würde.
- Der Sachverständige kann sich nicht gegen Schäden und Mängel versichern.
- Es besteht das Risiko, dass es wegen Mängeln, die aus Anlass der Eingriffe oder der nachfolgenden Wiederherstellung des ursprünglichen Zustandes entstehen, zu Folgeprozessen kommt.
- Letztlich haben allein die Parteien ein Interesse an einer umfassenden Kosten-/Nutzenabschätzung und sind daher diejenigen, die über die Durchführung von Vorbereitungsmaßnahmen etc. entscheiden müssen
- Als maßgebliches juristisches Argument stützen sich die Entscheidungen darauf, dass dem Gericht für solche Maßnahmen nach §§ 404a, 407 ZPO gar kein Anordnungsrecht zusteht.

Andere Gerichte folgen der entgegengesetzten Auffassung und verlangen vom Sachverständigen, selber oder durch Handwerker die vorbereitenden Maßnahmen durchzuführen.[1] Bemerkenswert an dieser Aufzählung ist nicht zuletzt, dass beim OLG Frankfurt verschiedene Senate bei dieser Frage unterschiedliche Auffassungen haben!

Die Auffassung dieser Gerichte lässt sich in folgenden Punkten zusammenfassen:

- Nur wenn der Sachverständige selber oder durch einen unter Aufsicht arbeitenden Unternehmer die Bauteilöffnung vornimmt, besteht kein Risiko von Beweisverlust/-vereitelung.
- Es ist selbstverständlicher Teil der Aufgabe des Sachverständigen, die tatsächlichen Voraussetzungen für eine Gutachtenerstattung zu schaffen.
- Der Sachverständige kann die Kosten für Hilfspersonen weitergeben und trägt daher insoweit kein Kostenrisiko.
- Im medizinischen Bereich ist eine entsprechende aktive Vorgehensweise allgemein üblich. Ein Grund für eine unterschiedliche rechtliche Betrachtung wird nicht gesehen.
- Der Sachverständige hat, falls die Vorbereitungs- und Nachbereitungsarbeiten zu Mängeln oder Schäden, führen, Rückgriffsansprüche gegen die beauftragten Firmen.
- Führt der Sachverständige selber Leistungen aus, wird er dies i.d.R. nur im Rahmen eines Handwerksbetriebes tun, der wiederum versichert ist.
- § 404a ZPO wird von diesen Gerichten so verstanden, dass ihnen durchaus ein entsprechendes Anordnungsrecht zusteht.

---

1 OLG Frankfurt, U. v. 26.2.1998 – 18 U 50/95, BauR 1998 S. 1052; OLG Düsseldorf, U. v. 16.1.1997 – 23 W 47/96, BauR 1997 S. 697; OLG Stuttgart, B. v. 13.9.2005 – 13 W 43/05, OLGR Stuttgart 2006 S. 769; OLG Celle, B. v. 8.2.2005 – 7 W 147/04, BauR 2005 S. 1358; OLG Jena, B. v. 18.10.2006 – 7 W 302/06, BauR 2007 S. 441.

9.1.3 Keine ausdrückliche Anordnung des Gerichts

Es kommt in vielen Fällen vor, dass die Notwendigkeit vorbereitender Maßnahmen vom Gericht im Beweisbeschluss nicht angesprochen wird – entweder weil das Gericht die Notwendigkeit solcher Leistungen nicht gesehen hat oder weil es die Entscheidung hierzu vergessen hat.

Typischerweise ist für den sachkundigen Gutachter bereits aus dem Gutachterauftrag erkennbar, ob und ggf. welche vorbereitenden Leistungen erforderlich sind. Es spricht auch nichts dagegen, einmal vorab an dem zu begutachtenden Gebäude oder Grundstück vorbeizufahren und so die Notwendigkeit von vorbereitenden Maßnahmen festzustellen.

Sind diese Maßnahmen im Beweisbeschluss nicht angesprochen, sollte der Sachverständige nicht von sich aus tätig werden, sondern das Gericht informieren und dessen Reaktion abwarten. Im Interesse der Parteien an einem möglichst zügigen Verfahren sollte dieser Dialog mit dem Gericht möglichst frühzeitig stattfinden.

Der Sachverständige sollte sich bei allen Zweifelsfragen an das Gericht wenden. Gerade angesichts der uneinheitlichen Haltung der Gerichte hat er gute Chancen, dass vom Gericht eine Anweisung an die Parteien ergeht und der Sachverständige so um das Problem herumkommt.

Hilfreich ist es in vielen Fällen, bei der Rückfrage am Gericht die aus Sicht des Sachverständigen bestehende Rechtslage darzustellen. Stellt sich der Sachverständige ablehnend, wird dies das Gericht sicherlich dahingehend nachdenklich machen, ob es sinnvoll ist, ihn mit den Maßnahmen zu beauftragen.

Um auch die Parteien von seinem Ansatz zu überzeugen, sollte der Sachverständige darauf hinweisen, dass die entstehenden Kosten von den Parteien in die Kostenerstattung eingebracht werden können.

9.1.4 Wiederherstellung

Grundsätzlich muss der Sachverständige bei einer von ihm selbst durchgeführten Vorarbeit nur vor Gefahren sichern. Dies betrifft z.B. hergestellte Öffnungen, hervorstehende scharfe Gegenstände etc. Mehr muss der Sachverständige in der Regel nur auf ausdrückliche Weisung des Gerichtes machen.

Allerdings muss der vom Sachverständigen hergestellte Zustand technisch einwandfrei sein und die Benutzbarkeit der betroffenen Sache sichern. Wenn der Sachverständige ein Dach für eine Probeentnahme öffnet, muss er es nach der Begutachtung auch wieder verschließen, und zwar dauerhaft wind- und regendicht. Provisorien darf der Sachverständige nicht hinterlassen.

Der Sachverständige muss außerdem berücksichtigen, dass eine Partei und ganz besonders ein Dritter oft nur unter der Bedingung einer Begutachtung zustimmen, dass hinterher der ursprüngliche Zustand wiederhergestellt wird. Tut der Sachverständige dies nicht von sich aus, kann ihn das Gericht dazu anweisen. Bei Zweifeln sollte der Sachverständige daher bereits vor der Begutachtung bei Gericht anfragen, welche wiederherstellenden Maßnahmen verlangt werden.

9. Bauteilöffnung und Bauteilzerstörung

Im Übrigen verläuft der Streit zwischen den Gerichten ganz ähnlich und mit den gleichen Argumenten wie bei den Freilegungsarbeiten. Viele der zitierten Urteile gehen auch auf beide Fragen ein.

Unklar kann bei der Wiederherstellung der Umgang mit mangelhaften Sachen sein. War eine Sache vor der Begutachtung mangelhaft, gibt es zwei denkbare Möglichkeiten der Wiederherstellung. Der Sachverständige kann entweder den bisher vorhandenen, mangelhaften Zustand wiederherstellen oder er kann einen anderen, mangelfreien Zustand herstellen, also den Mangel (zumindest teilweise) beseitigen. Allerdings dürfte sich dieses Problem in der Praxis in aller Schärfe nur sehr selten stellen, weil der Sachverständige meist nur Proben entnimmt bzw. musterhaft einige Stellen begutachtet. Nimmt der Sachverständige also durch eine Kernbohrung eine Probe von einer Dichtungsfolie und erkennt er deren Mangelhaftigkeit, muss er das Loch in der Folie und die Kernbohrung verschließen, nicht aber flächendeckend die gesamte Folie austauschen.

Soweit ersichtlich hat sich mit dieser Frage in jüngster Zeit – allerdings im Ergebnis offen – das LG Kiel befasst[1]. Es hat sich darauf beschränkt, diese offene Frage als Argument gegen eine Pflicht des Sachverständigen zu zerstörerischen Maßnahmen zu verwenden.

9.1.5 Risikohinweis des Sachverständigen/Bauteilöffnungsgutachten

Der Sachverständige muss Gericht und Parteien eindeutig auf die mit dem Eingriff verbundenen Risiken hinweisen.

Dies kann bei unkomplizierten Fällen in einem kurzen mündlichen – aber zu dokumentierenden – Hinweis erfolgen. In allen anderen Fällen sollte der Sachverständige schriftlich auf die Bauteilöffnung eingehen und Gericht und Parteien vor Augen führen, welche Maßnahme durchzuführen ist und welche Risiken bestehen. Auf dieser Grundlage kann das Gericht die Parteien anhören und ihre Einwendungen und ggf. prozessualen Konsequenzen erfahren.

Bei diesem auch als Bauteilöffnungsgutachten bezeichneten Hinweis muss der Sachverständige auch auf die schonendste Art eingehen, das geringste Risiko erläutern und die spätere Bauteilschließung berücksichtigen.

Das Bauteilöffnungsgutachten sollte auf folgende folgende Punkten eingehen:

- Gründe für die Erforderlichkeit einer Bauteilöffnung,
- Hinweis auf die Vorgehensweise mit möglichst geringen Schäden,
- Möglichkeiten und Aussagekraft einer stichprobeweisen Untersuchung,
- mit der Bauteilöffnung verbundene Risiken,
- Möglichkeit und die Kosten der annähernden Wiederherstellung des ursprünglichen Zustands,
- voraussichtlich verbleibende Beeinträchtigungen,
- die Frage, wer als Handwerker oder Unternehmer geeignet ist,
- ob ein Bauleiter erforderlich ist,

---
1 LG Kiel, B. v. 30.1.2009 – 9 OH 49/07, IBR 2009 S. 358.

- die voraussichtlichen Gesamtkosten und einen eventuell erforderlichen Risikozuschlag.

Diese Hinweise sollte der Sachverständige unbedingt machen. Unterlässt der Sachverständige eine erforderliche Bauteilöffnung und führt er daher eine unvollständige Beweisaufnahme aus, ohne auf die Möglichkeit weiterer Maßnahmen hinzuweisen, kann er als befangen abgelehnt werden.[1]

9.1.6 Hinweise des Sachverständigen

Der Sachverständige wird vom Gericht regelmäßig mit der Beauftragung aufgefordert, die voraussichtlichen Kosten anzugeben. Dabei sind natürlich ggf. auch die Kosten für die Beauftragung eines Handwerkers oder Unternehmers zu berücksichtigen.[2] Auf dieser Grundlage fordert das Gericht von der beweisbelasteten Partei – ggf. anteilig von mehreren Beteiligten – einen Vorschuss an. Erst nach Eingang des Vorschusses beginnt die Beweisaufnahme.

Werden nicht vorhersehbare Maßnahmen bzw. Eingriffe der hier besprochenen Art erforderlich, sollte der Sachverständige unbedingt das Gericht informieren und auf die weiteren Kosten hinweisen. Mit dieser Information sollte der Sachverständige den Hinweis verbinden, dass er ohne diese Maßnahmen nur ein eingeschränktes Gutachten abgeben kann. Dieser Hinweis ist für Gericht und Parteien wichtig, um über das weitere Vorgehen entscheiden zu können. Das Gericht muss sich positionieren, ob es den Sachverständigen oder eine der Parteien auffordert, die Maßnahmen vorzunehmen.

Reagiert das Gericht nicht auf den Hinweis des Sachverständigen, gibt er das Gutachten ab, das ihm Rahmen des Vorschusses möglich ist. Hat der Sachverständige auf diese Einschränkung vorab hingewiesen, muss er sich vom Gericht keinerlei Vorwürfe gefallen lassen.

9.1.7 Rechtsmittel der Parteien

Lehnt das Gericht es ab, den Sachverständigen zur Bauteilöffnung anzuweisen, gibt es hiergegen kein Rechtsmittel.[3] Zwar betraf die Entscheidung direkt ein selbständiges Beweisverfahren. Das OLG Köln[4] weist aber darauf hin, dass im normalen Verfahren sowieso kein Rechtsmittel gegeben ist und prüft, ob für selbständige Beweisverfahren ausnahmsweise etwas anderes gilt, was es im Ergebnis ablehnt.

Allerdings ist die vom OLG Köln entschiedene Rechtsfrage umstritten, so hatten einige Gerichte gestützt auf §§ 490 Abs. 1, 567 Abs. 1 Nr. 2 ZPO ein Beschwerderecht bejaht.[5] Eine Beschwerde sei zulässig, weil die Ablehnung der Anweisung zur Bauteilöffnung letztlich die Zurückweisung eines Gesuchs darstellt.

---

1 OLG Stuttgart, B. v. 28.2.2012 – 10 W 4/12, NZM 2012 S. 427.
2 Zuletzt OLG Hamm, B. v. 2.12.2011 – 25 W 200/11, BauR 2012 S. 679.
3 OLG Köln, B. v. 15.3.2010 – 11 W 14/10, IBR 2010 S. 426.
4 OLG Köln, B. v. 15.3.2010 – 11 W 14/10, IBR 2010 S. 426.
5 OLG Jena, B. v. 18.10.2006 – 7 W 302/06, BauR 2007 S. 441, und OLG Celle, B. v. 8.2.2005 – 7 W 147/04, BauR 2005 S. 1358.

9.1.8 Erstattung der Kosten für vorbereitende Maßnahmen

Übernimmt eine der Parteien die erforderlichen vorbereitenden Maßnahmen, sind die hierfür entstehenden Kosten als notwendige Kosten der Rechtsverfolgung im Kostenfestsetzungsverfahren zu berücksichtigen.[1]

Beauftragt der Sachverständige Handwerker oder Unternehmen für vorbereitende Maßnahmen, sind die hierdurch entstehenden Kosten Teil der ihm insgesamt zu erstattenden Kosten.[2]

9.1.9 Verfahren bei Weigerung des Sachverständigen

Will sich ein Sachverständiger gegen die Anweisung des Gerichts, eine Bauteilöffnung vorzunehmen, wehren, muss er sich an das Gericht wenden. Die Verpflichtung des Sachverständigen zur Erstellung seines Gutachtens ist ausdrücklich in § 407 Abs. 1 Satz 1 ZPO geregelt.

Ein eigenes Beschwerderecht hat der Sachverständige nicht. Daher muss der Sachverständige andere Wege suchen, die Bauteilöffnungen etc. nicht vorzunehmen.

Von einigen Autoren wird angenommen, dass der Sachverständige das Recht zu einer Art „Remonstration" hat, die angelehnt sein soll an die beamtenrechtliche Regelung des § 56 Abs. 2 BBG. Diese Remonstration hat aber nur die Funktion eines Bedenkenhinweises und entspricht nicht einem Rechtsmittel. Dennoch kann der Sachverständige ausführlich auf seine Rechtsauffassung hinweisen und auf diese Weise Überzeugungsarbeit in Richtung des Gerichts leisten.

Eine andere Möglichkeit, einen Gutachtenauftrag zurückzugeben, setzt nach § 407a Abs. 1 ZPO voraus, dass der Auftrag außerhalb des Fachgebietes des Gutachters liegt.

Eigene Handlungsmöglichkeiten wie ein Beschwerderecht hat der Sachverständige nicht. Er kann nur darum bitten, gemäß § 408 Abs. 1 Satz 2 ZPO von seinem Auftrag entbunden zu werden. Diesem Ansinnen werden die Gerichte in der Regel nachkommen, da eine zeitnahe Gutachtenerstellung bei einer derartigen Weigerung nicht zu erwarten ist.

Allerdings führt dies dazu, dass der Gutachter seinen Vergütungsanspruch verliert, denn regelmäßig werden die von ihm bisher erbrachten Leistungen nicht verwendbar sein und ein neu bestellter Sachverständiger wird sie erneut ausführen müssen.

9.1.10 Beteiligung Dritter

Die vom Sachverständigen zu begutachtende Sache ist nicht immer im Eigentum der Parteien. Häuser oder Wohnungen sind oft zwischenzeitlich verkauft.

Wenn der neue Eigentümer die zerstörenden Eingriffe verbietet, so darf sich der Sachverständige nicht einfach über dieses Verbot hinwegsetzen.

Richtigerweise informiert er das Gericht über die Weigerung des Dritten. Nur das Gericht kann den Dritten dazu verpflichten, die Eingriffe hinzunehmen. Rechtsgrundlage hierfür

---

1 OLG Frankfurt, B. v. 14.8.2008 – 18 W 149/07, IBR 2009 S. 1189 (nur online).
2 Vgl. z.B. OLG Hamm, B. v. 2.12.2011 – 25 W 200/11, BauR 2012 S. 679.

ist § 144 ZPO.[1] Allerdings muss sich der Eingriff im Rahmen der Zumutbarkeit handeln, außerdem darf nicht die Wohnung des Dritten betroffen sein, weil diese grundgesetzlich besonders geschützt ist. Als Wohnung im Sinne des Gesetzes gelten auch nicht allgemein zugängliche Nebengebäude und Garagen.[2] Damit sind dieser Handlungsmöglichkeit deutliche Grenzen gesetzt.

Unzumutbarkeit dürfte vorliegen bei einem hohem Schadensrisiko bzw. Gefährdungspotenzial, oder wenn bleibende Schäden – auch ästhetischer Art – sicher oder auch nur wahrscheinlich sind.

Das Verfahren zur Verpflichtung des Dritten ist nach OLG Stuttgart ein Zwischenstreit, bei dem der Dritte zwingend und förmlich beteiligt werden muss.[3] Die Entscheidung erfolgt durch Zwischenurteil mit der Möglichkeit einer sofortigen Beschwerde. Das OLG Stuttgart wendet über § 144 Abs. 2 Satz 2 ZPO die Vorschriften der §§ 386 ff. ZPO an.

9.1.11 Haftung des Sachverständigen

Es darf nicht verwundern, dass nach dem Vorgesagten hoch umstritten ist, ob und auf welcher der Grundlage ein Sachverständiger für Mängel oder Schäden haftet, die bei der Ausführung seiner Arbeiten entstehen. Die Diskussion wird dadurch erschwert, dass es zu dieser Frage praktisch keine Gerichtsentscheidungen gibt – anders als bei der Haftung für ein unrichtiges Gutachten.

Es spricht einiges dafür, dass der gerichtliche Sachverständige selber nur ausnahmsweise haftet. Er ist nur der verlängerte Arm des Gerichts, das seinerseits nur unter den engen Voraussetzungen des § 839 BGB haftet.

Sieht sich ein Sachverständiger gezwungen, zerstörende Arbeiten vorzunehmen, sollte er dennoch auf jeden Fall ein Fachunternehmen beauftragen. Auf diese Weise hat er wenigstens gegen dieses Rückgriffsmöglichkeiten.

§ 839a BGB enthält eine Haftung des Sachverständigen für den Fall, dass er vorsätzlich oder grob fahrlässig ein unrichtiges Gutachten erstattet. Diese Regelung gilt aber nur für Fehler bei der Erstellung des Gutachtens selber, nicht für andere Schäden.[4]

In der Literatur wird vereinzelt diskutiert, dass der Justizfiskus den Sachverständigen von solchen Ansprüchen freistellen müsste.[5]

Eine persönliche Haftung könnte möglicherweise auch aus §§ 823, 831 BGB wegen fahrlässiger Beschädigung in Frage kommen. Dem Sachverständigen ist jedoch zu empfehlen, die Arbeiten durch Handwerker oder Bauunternehmer durchführen zu lassen. In diesem Fall könnte er allenfalls wegen Fehlern bei der Auswahl haften, § 831 BGB.

Besonders zu warnen ist vor Anweisungen des Gutachters an nicht von ihm selber beauftragte Handwerker. In diesem Fall haftet der Gutachter wegen dieser Anweisungen selber und persönlich. Solche Anweisungen beruhen nicht auf dem ihm erteilten Gutachtenauftrag und er erteilt sie daher auf eigenes Risiko.

---

1 KG, B. v. 21.10.2005 – 7 W 46/05, NZBau 2006 S. 717.
2 BGH, U. v. 17.7.2009 – V ZR 95/08, NZBau 2009 S. 653.
3 OLG Stuttgart, B. v. 11.1.2011 – 10 W 56/10, NZBau 2011 S. 427.
4 So LG Kiel, B. v. 30.1.2009 – 9 OH 49/07, IBR 2009 S. 358.
5 *Dötsch*, NZBau 2008 S. 221.

9. Bauteilöffnung und Bauteilzerstörung

9.2 Der außergerichtlich beauftragte Sachverständige

9.2.1 Umfang der Arbeiten

Auch beim außergerichtlich tätigen Sachverständigen stellt sich die Frage, ob er für seine Begutachtung Vor- und Nacharbeiten ausführen muss. Dies muss sich in erster Linie aus dem Vertrag mit dem Sachverständigen ergeben. Steht dort nichts zu Freilegungsarbeiten, muss der Sachverständige diese auch nicht ausführen.

Gleiches gilt für nachfolgende Arbeiten, wobei natürlich auch in diesem Fall kein gefährlicher Zustand hinterlassen werden darf.

Zum Zeitpunkt des Vertragsabschlusses kann der Sachverständige oft gar nicht wissen, welchen Zustand die zu begutachtende Sache hat. Vielleicht ist sie bereits freigelegt. Gleiches gilt für die Nacharbeiten: Die Parteien können durchaus ein Interesse daran haben, dass die zu begutachtende Sache nicht wieder zugebaut wird. Kommt es nämlich zu einer Mangelbeseitigung, erhöht dies natürlich die Kosten der Beseitigungsarbeiten.

Der Sachverständige muss daher bereits bei den Vertragsverhandlungen darauf achten, dass seine Pflichten genau definiert sind und den Vertrag daraufhin auswerten. Muss er Freilegungs- und Wiederherstellungsarbeiten übernehmen, muss er dies natürlich bei seiner Kalkulation berücksichtigen.

Als wichtigste Punkte sollten im Sachverständigenvertrag zumindest geregelt sein:

- Umfang der Begutachtung
- Rahmenbedingungen
- Vorbereitung und Nachbereitung
- vom Auftraggeber zu stellende Unterlagen
- vom Auftraggeber vorzunehmende Vorarbeiten
- Nachunternehmereinsatz
- Vergütung
- Haftung/Haftungsausschluss
- Termine

9.2.2 Haftung des Sachverständigen

Wenn der Sachverständige sich vertraglich zur Freilegungs- und Wiederherstellungsarbeiten verpflichtet hat, so ist dies ein ganz normaler Werkvertrag. Der Sachverständige haftet also wie jeder Bauunternehmer für Schäden und Mängel seiner Arbeiten.

Natürlich haftet er auch für die Richtigkeit seines Gutachtens. Er sollte daher auf jeden Fall in seinem Vertrag Regelungen zur Haftung vorsehen.

9.2.3 Beteiligung Dritter

Auch bei außergerichtlichen Begutachtungen kann es vorkommen, dass die zu begutachtende Sache nicht dem Auftraggeber des Sachverständigen gehört. In diesem Fall hat es allein der Eigentümer in der Hand, ob der Sachverständige die Sache begutachten kann, und natürlich muss er jeglichem zerstörenden Eingriff zustimmen. Verbietet der Dritte die zerstörende Freilegung oder Untersuchung, muss der Sachverständige seinen Auftraggeber benachrichtigen. Auf keinen Fall darf der Sachverständige auf eigene Faust vorgehen und sich über das Verbot hinwegsetzen.

10. Die Beweissicherung

Michael Staudt

Übersicht

10.1 Sinn und Zweck der Beweissicherung
10.2 Übersicht über Anlässe einer kurzfristigen Beweissicherung
10.3 Umfang der Beweissicherung

10.1 Sinn und Zweck der Beweissicherung

Sinn und Zweck der Beweissicherung sind i.d.R. Momentaufnahmen von Zuständen, wie sie sich im Zeitpunkt einer Besichtigung und Begutachtung für den Sachverständigen darstellen.

Die Beweissicherung, d.h. die Wiedergabe der entsprechenden Gegebenheiten kann in schriftlicher Form vorgenommen werden, d.h. in Form von Beschreibungen, die die Verhältnisse und Zustände unzweifelhaft wiedergeben und für jedermann auch anhand der Texte erkennbar werden lassen.

Besonders sinnvoll ist das Anfertigen von Fotodokumentationen, Filmaufnahmen oder digitalen Fotoaufzeichnungen, die zu einem bestimmten Zeitpunkt die Zustände der zu begutachtenden Bauteile, Baustoffe, Arbeiten oder auch Beschädigungen wiedergeben.

Die visuelle Darstellung ist diejenige, die am meisten überzeugen und auch am meisten aussagen kann und unter der sich auch ein Laie i.d.R. eher etwas vorstellen und bildhaft aufnehmen kann, als dies mit einem Text möglich ist. Dennoch gehören Bild und Text zusammen, gemeinsam ergeben sie ein erklärendes und nachvollziehbares Bild der jeweils darzustellenden Situation.

Besonders wichtig ist das Festhalten von Momentaufnahmen bestimmter Zustände dann, wenn diese sich laufend verändern, beeinflusst durch Bewitterung, Bewegungen, chemische oder physikalische Einflüsse oder auch Bearbeitung gewisser Bauteile. Hier ist an Bauwerke gedacht, die u.U. durch Einstürzen gefährdet sind. Dabei ist im Rahmen der Dokumentation klar zu beschreiben, wann, wo und unter welchen Umständen diese Momentaufnahmen gemacht wurden, zu welchem Zweck und zu welchen Bedingungen.

Diese Momentaufnahmen sind auch oft dann erforderlich, wenn es um die Ausführung einer Teilleistung Meinungsverschiedenheiten gibt. Wenn die Abweichungen in der Ausführung, bezogen auf die vertraglichen Vereinbarungen jedoch nicht so gravierend sind, dass ein Rückbau oder Ähnliches erforderlich wäre. Es kann nach einer Bestands- oder Zustandssicherung, in der Summe Beweissicherung genannt, am Bauwerk weiter gearbeitet oder weiter gebaut werden. Über Sinn oder Unsinn der fehlerhaften Leistung kann dann später verhandelt und/oder eine Wertung vorgenommen werden.

10. Die Beweissicherung

10.2 Übersicht über Anlässe einer kurzfristigen Beweissicherung

a) Um den Fortgang der Arbeiten und damit den Terminplan bei der Erstellung eines Bauwerkes nicht zu behindern, sind u.U. Momentaufnahmen erforderlich – die Beweise müssen mit den benannten Möglichkeiten gesichert werden.

b) Die Witterungsverhältnisse verändern sich so, dass u.U. für Leistungen oder Arbeiten Gefahren drohen, die Einfluss auf Güte und Qualität oder auf die Standfestigkeit nehmen. Daher ist zu einem Zeitpunkt „X" der Stand der Arbeiten zu dokumentieren.

c) Es besteht die Möglichkeit technischer Veränderungen, weil sich aufgrund von unvorhergesehenen Ereignissen z.B. Belastungsfälle ergeben, die u.U. Schäden für das Gesamtbauwerk zur Folge haben könnten, die aber durch den Einsatz besonderer Konstruktionen, z.B. durch das Verstärken von Trägern oder Stützen, technisch geheilt werden können. Dennoch stellen sie eine Abweichung von der ursprünglich vereinbarten Leistung dar und können ggf. zu Schadensersatzansprüchen führen.

d) Es gibt aber auch Ereignisse im Baugeschehen, die durch Dritte verursacht werden, wie z.B. durch nachfolgende Handwerker, die beim Einbringen von Materialien oder Hilfsgeräten andere Bauteile beschädigen oder gar zerstören. Deshalb ist jeweils der entstandene Schaden als Beweis zu sichern und ggf. auch im Rahmen dessen eine Beurteilung vom Sachverständigen gefordert, wie die Beschädigung beseitigt werden kann, ohne einen dauerhaften Schaden für das Gesamtbauwerk in Kauf nehmen zu müssen.

e) Bei Sanierungs- und Renovierungsarbeiten gibt es öfter sog. „Notfallsituationen", die dadurch entstehen können, dass man Bauteile an alten Gebäuden öffnet oder näher untersucht und dabei feststellen muss, dass eigentlich alles anders ist, als man bei der Planung unterstellt und angenommen hat.

f) Nach einem Unfallgeschehen, wenn in der Folge Gefahr für Gesundheit und Leben von Menschen besteht.

Da die Folgen für die nachrangigen Arbeiten u.U. nachhaltig und schädlich sein können, muss der plötzlich aufgetretene Zustand kurzfristig dokumentiert und als Beweis gesichert werden.

Möglicherweise entstehen durch die im Moment als veränderte Situation erkannten Verhältnisse Mehrkosten, deren Übernahme zum Zeitpunkt des Erkennens nicht feststeht. Ggf. ist dies erst viel später zu klären, u.U. auch gerichtlich. Um diese Situation im Nachhinein beurteilen zu können, bedarf es der Beweissicherung, um sozusagen eine Beweisurkunde für nachfolgende Rechtsstreitigkeiten zu bekommen.

10.3 Umfang der Beweissicherung

Die Beweissicherung ist die Basis für die Klärung von Ursachen, Verantwortlichkeiten, Beseitigungsmöglichkeiten und die Einschätzung der möglichen Kosten der Beseitigung oder Nachbesserung eines Mangels oder Schadens. Gleichzeitig soll die Beweissicherung die Möglichkeit bieten, nachfolgende Ereignisse und ggf. zukünftige Schadensentstehungen einzuschätzen. Sie kann auch Anlass sein, Gegenmaßnahmen einzuleiten, die größere negative Folgen für das Bauwerk verhindern.

Bei Bedarf sind entsprechende Sanierungs- oder Reparaturvorschläge vom Gutachter zu erarbeiten, um die Sicherheit und den Bestand des Gesamtbauwerks auf Dauer zu garantieren.

Die Beweissicherung von bestimmten Zuständen im Baugeschehen ist eine wichtige und verantwortungsvolle Aufgabe für jeden Sachverständigen. Diese Arbeiten sind nur mit Sorgfalt und Akribie vorzunehmen. Die Darstellungen in Schrift und Bild müssen ausführlich, verständlich und nachvollziehbar ausgearbeitet sein.

11. Das selbständige Beweisverfahren

Michael Staudt

Übersicht

11.1 Einführung
11.2 Aufgaben des Gutachters
11.3 Prüfung der Zulässigkeit
11.4 Vorlage des Gutachtens

11.1 Einführung

Das selbständige Beweisverfahren ist in der Zivilprozessordnung (ZPO, in der Fassung der Bekanntmachung vom 5.12.2005, zwischenzeitlich mit Änderungen) in den §§ 485 ff. geregelt. Im Gegensatz zum alten Verfahren, in dem die Antrag stellende Partei den Sachverständigen benennen konnte, ist dies im selbständigen Beweisverfahren nun nicht mehr möglich. Hier entscheidet das Gericht darüber, wer nach Antragstellung das Gutachten zu erstellen hat, d.h., das Gericht bestimmt den Sachverständigen im Rahmen des Beweisbeschlusses.

Das selbständige Beweisverfahren wurde eingeführt, um streitenden Parteien die Möglichkeit zu geben, unter Obhut des Gerichts, über einen bestimmten Tatbestand oder auch mehrere, i.d.R. sind es Mängel oder Schäden bzw. Abweichungen in Art und Form der vereinbarten Leistung, wobei zwischen den Parteien unterschiedliche Auffassungen über ein und dieselbe Sache herrschen, durch einen Sachverständigenbeweis klären zu lassen.

Unter Führung des Gerichts hat dann der neutrale, vom Gericht eingesetzte Sachverständige die Aufgabe, die von Antragstellerseite vorgetragenen Behauptungen, zusammengefasst in einem Beweisauftrag durch das Gericht, zu überprüfen und zu beurteilen. Die Erstellung des geforderten Gutachtens sieht dem Grunde nach genau so aus, wie ein Gutachten in einem ordentlichen Rechtsstreit.

11.2 Aufgaben des Gutachters

Es sind in diesen Beweisaufträgen fünf grundsätzliche Aufgaben für den Gutachter enthalten, die i.d.R. im Einzelnen lauten:

a) Feststellung der von der Antragstellerseite behaupteten Mängel und/oder Schäden (Dokumentation derselben),

b) Feststellung und Ermittlung der Ursachen für die aufgetretenen Mängel und/oder Schäden, möglicherweise mit Festlegung der Verantwortlichen,

c) Beurteilung der Möglichkeiten zur Beseitigung der aufgetretenen Mängel und Schäden mit Unterbreitung eines Vorschlags,

d) Darstellung einer Kostenschätzung für den Aufwand der Beseitigung festgestellter und beurteilter Mängel und/oder Schäden,

e) Beurteilung, ob ein technischer, wirtschaftlicher oder merkantiler Minderwert verbleibt, wenn die Mängel und/oder Schäden beseitigt worden sind.

Es ist anzumerken, dass Punkt e) erst in den letzten Jahren in den Beurteilungskriterien des Sachverständigenwesens auftaucht. Er wurde durch Kaufleute und deren kaufmännisches Denken eingebracht. Damit verlangt man von Bausachverständigen ein großes Einfühlungsvermögen in die zu beurteilenden Objekte und Baumaßnahmen und setzt Kenntnisse nach der Wertermittlungsverordnung (WertV 98) bzw. den Wertermittlungsrichtlinien (WertR 06) voraus. An dieser Stelle ist es sinnvoll, dass Sachverständige für die Beurteilung von Bauschäden und Sachverständige für die Bewertung von bebauten und unbebauten Grundstücken zusammenarbeiten. Teamarbeit und Teamgeist sind hier oft gefordert und sinnvoll einzusetzen.

Prinzipiell sind die gutachterlichen Aufgaben im Rahmen eines selbständigen Beweisverfahrens die gleichen, wie sie auch in einem ordentlichen Rechtsstreit gelten. Der Unterschied ist lediglich der, dass im Beweisverfahren die Parteien Antragsteller und Antragsgegner heißen, im zivilrechtlichen Rechtsstreit sind es Kläger und Beklagter. Selbstverständlich können es auch mehrere sein, die auf der einen, der Kläger- oder Antragstellerseite stehen wie auch auf der anderen Seite der Antragsgegner bzw. Beklagten. Zusätzlich kann es noch Streitverkündete, Streithelfer oder Nebenintervenienten geben.

11.3 Prüfung der Zulässigkeit

Im selbständigen Beweisverfahren, in dem das Gericht nur rudimentär beteiligt ist, gibt es allerdings bei Einreichung des Beweissicherungsantrages i.d.R. eine Prüfung durch den zuständigen Richter auf dessen Zulässigkeit. Oftmals sind bei derartigen Anträgen im Rahmen der Verfahren Punkte enthalten, die Ausforschungsfragen enthalten, die nicht zulässig sind. Vielfach wird nach Vorlage des Beweissicherungsantrags die Antragsgegnerseite aktiv und interveniert gegen die ein oder andere Fragestellung, so dass der zuständige Richter jeweils entscheiden muss, welche Fragen zugelassen werden und welche nicht.

In der Abfassung eines Beweisbeschlusses für den Sachverständigen sind dann nur die Fragen enthalten, die auch tatsächlich Gegenstand des Verfahrens und des Auftrags für den Sachverständigen sein können.

Dem Grunde nach gibt es hier keine Unterschiede zwischen der Form und der Abwicklung zu einem ordentlichen Rechtsstreit mit Klägern und Beklagten.

Die Mitwirkung des Gerichts ist formell, dieses überwacht die Einhaltung der gesetzlichen Regelungen und bietet nach Vorlage des Gutachtens die Möglichkeit zu einer Anhörung des Sachverständigen unter Beteiligung der beiden Parteien. Dabei übernimmt das Gericht lediglich die Führung des Termins, ohne selbst eingreifend tätig zu werden.

Die Parteien haben dann die Möglichkeit, anhand des Gutachtens ihre Chancen bei Führung eines Prozesses abzuwägen und sich ggf. zu vergleichen. Dann ist der Richter gefragt, er protokolliert einen derartigen Vergleich und besiegelt ihn, so dass daraus eine vollstreckbare Vereinbarung wird. Der Richter hat hier eine ähnliche Aufgabe wie der Notar.

Das selbständige Beweisverfahren bietet die Möglichkeit der Anhörung des Gutachters von Seiten der Parteien. Sie können Inhalte und Aussagen im Gutachten hinterfragen und zusätzliche Aspekte in der Anhörung vortragen, auf die der Sachverständige u.U. antworten muss.

Es besteht auch die Möglichkeit, dass ergänzende Aufträge zum selbständigen Beweisverfahren an den Gutachter erteilt werden, die er in gleicher Weise wie das Hauptgutachten zu behandeln hat.

11.4 Vorlage des Gutachtens

I.d.R. ist nach Vorlage des Gutachtens das selbständige Beweisverfahren abgeschlossen, eine klare Regelung steht noch aus; die Rechtsprechung hat sich formell darauf geeinigt, dass nach etwa einem halben Jahr der Untätigkeit beider Parteien im selbständigen Beweisverfahren dieses dann als abgeschlossen gelten kann. Werden erneut Beweissicherungsanträge gestellt, müssen die in einem neuen Verfahren oder in einem Rechtsstreit geklärt werden.

Das selbständige Beweisverfahren ist geschaffen worden, um streitenden Parteien die Möglichkeit zu geben, anhand geklärter Unstimmigkeiten und Meinungsverschiedenheiten den Kompromiss in Form eines gerichtlichen Vergleichs zu finden, der den Rechtsfrieden zwischen den Parteien wieder herstellt.

Das selbständige Beweisverfahren wird auch häufig dann eingesetzt, wenn bestimmte Dinge und Vorgänge sozusagen einmalig sind und deren Situation im Augenblick festgehalten werden muss, weil Veränderungen anstehen oder weil nachfolgende Arbeiten sonst behindert würden bzw. nicht ausgeführt werden könnten, bzw. wären bestimmte Bauteile nicht mehr sichtbar, weil diese durch nachfolgende Bauleistungen z.B. verdeckt werden.

Es bleibt nach Vorlage der selbständigen Beweissicherung, in der auch möglicherweise bereits Fragen zur Schadenursache und zur Schadenbeseitigung behandelt worden sind, dennoch die Möglichkeit, einen ordentlichen Rechtsstreit vor Gericht zu führen. Es besteht dann die Verpflichtung für das Gericht, die im Rahmen des selbständigen Beweisverfahrens gesammelten Erkenntnisse und Gutachten in das Hauptverfahren zu übernehmen. Möglicherweise kann dort dann auf eine weitere Beweisaufnahme verzichtet werden. Sind dann noch ergänzende gutachterliche Fragen zu klären, gilt als Grundsatz, dass derselbe Gutachter, der im selbständigen Beweisverfahren tätig war, auch dorthin übernommen wird. Voraussetzung dafür ist, dass es sich um Themen handelt, die auch in den Bestallungsbereich des Gutachters fallen, der vorher im selbständigen Beweisverfahren tätig war. Sofern es sich um ergänzende oder anderweitige Fragestellungen handelt, wird das Gericht im ordentlichen Rechtsstreit von sich aus einen oder andere Gutachter beauftragen bzw. einschalten.

Der im selbständigen Beweisverfahren tätige Gutachter bleibt aber immer Gutachter, auch in nachfolgenden Verfahren; er wird kein Zeuge, wie vielfach irrtümlich angenommen wird.

Er war ursprünglich im Auftrag des Gerichts in seiner Funktion als unabhängiger, wahrscheinlich öffentlich bestellter und vereidigter Sachverständiger tätig und nicht im Auftrag der streitenden Parteien. Folglich ist seine Neutralität nach wie vor gegeben, und er kann

11. Das selbständige Beweisverfahren

deshalb auch in nachfolgenden Rechtsstreitigkeiten in derselben Sache mit den gleichen Parteien eingesetzt werden.

Eine häufige Folge in selbständigen Beweisverfahren ist die Form der Weiterverwendung des eingeschalteten Gutachters, wenn in einem Vergleich Nachbesserungs- oder Schadensbeseitigungsmaßnahmen verabredet wurden. In die Vereinbarung wird dann der Sachverständige explizit mit hineingenommen, um eine neutrale und objektive Institution zu haben, die die Nachbesserungs- und Reparaturarbeiten überwacht und anschließend abnimmt, um so endgültig den Rechtsfrieden zwischen den Parteien zu bestätigen.

Grundsätzlich gilt, dass selbständige Beweisverfahren bei Amts- und Landgerichten, so genannte „H-Verfahren", in der Tat keine andere Art der Bearbeitung vom Sachverständigen fordern, wie dies bei Gutachten für Rechtsstreitigkeiten in Zivilsachen ebenfalls üblich ist.

Sollte der Sachverständige von einer der Parteien nach Beendigung des selbständigen Beweisverfahrens zu möglichen Nachbesserungen von im Streit stehenden Leistungen beauftragt werden, muss verlässlich geklärt werden, ob die gegnerische Partei mit einer Beauftragung einverstanden ist. Sonst könnten nachträglich Zweifel an der Neutralität bzw. Unabhängigkeit des Sachverständigen entstehen. Im schlimmsten Fall könnte die gegnerische Partei den Sachverständigen mit der Begründung „Besorgnis der Befangenheit" verklagen (§ 406 Abs. 1 ZPO).

12. Die mündliche Gutachtenerläuterung vor Gericht

Mark Seibel

Übersicht

12.1	Einleitung
12.2	Voraussetzungen der Ladung des Sachverständigen zur mündlichen Gutachtenerläuterung nach § 411 Abs. 3 ZPO bzw. §§ 402, 397 ZPO
12.2.1	Allgemeines
12.2.2	Rechtsprechung des BGH
12.2.2.1	BGH – Beschluss vom 8.11.2005 (AZ: VI ZR 121/05)
12.2.2.2	BGH – Urteil vom 5.7.2007 (AZ: III ZR 240/06)
12.2.2.3	Ausnahmen
12.2.2.4	Vertiefung: BGH – Urteil vom 4.11.2010 (AZ: III ZR 45/10)
12.2.2.5	Vertiefung: BGH – Beschluss vom 18.6.2009 (AZ: IX ZB 115/07)
12.2.2.6	Eigene Hinweise
12.3	Empfehlungen des Arbeitskreises VI des 2. Deutschen Baugerichtstages
12.4	Eigene Stellungnahme
12.5	Praxishinweise
12.5.1	Gerichtlicher Auftrag zur schriftlichen Gutachtenergänzung
12.5.2	Reaktion des Gerichts auf einen mündlichen Erläuterungsantrag
12.5.3	Vorbereitung der mündlichen Verhandlung durch den Sachverständigen
12.5.4	Verhalten des Sachverständigen in der mündlichen Verhandlung
12.5.5	Konfrontation des Sachverständigen in der mündlichen Verhandlung mit Unbekanntem?
12.5.6	Exkurs: Übersendung einer Urteilsabschrift an den Sachverständigen möglich?

12.1 Einleitung

Dieses Kapitel widmet sich der in jüngerer Zeit vermehrt in die Diskussion geratenen Thematik, wie die mündliche Erläuterung des schriftlichen Gutachtens durch den gerichtlich bestellten Sachverständigen nach § 411 Abs. 3 ZPO bzw. nach §§ 402, 397 ZPO in der Praxis gehandhabt wird.[1] Dies wurde z.B. intensiv auf dem 2. Deutschen Baugerichtstag am 13./14.6.2008 in Hamm im Arbeitskreis VI („Sachverständigenrecht") diskutiert.[2]

Bereits an dieser Stelle ist darauf hinzuweisen, dass im Bereich der Gutachtenerläuterung durch den Sachverständigen zwischen § 411 Abs. 3 ZPO und §§ 402, 397 ZPO unterschieden werden muss.[3] § 411 Abs. 3 ZPO betrifft allein die Frage, ob das *Gericht* eine mündliche Erläuterung des schriftlichen Gutachtens von sich aus (also von Amts wegen) für geboten hält – z.B. weil es das Gutachten für widersprüchlich hält oder weil ihm das

---
1 Siehe z.B.: *Kamphausen*, BauR 2007 S. 807 (807 ff.).
2 Die Inhalte des Arbeitskreises VI des 2. Deutschen Baugerichtstages sind in der Beilage der Zeitschrift BauR 4/2008 „Thesen der Arbeitskreise I bis VII" S. 29 ff.1 oder etwa in der Zeitschrift „Der Sachverständige" (DS) 2008 (Heft 5) S. 124 ff. nachzulesen. Die Thesenpapiere der Referenten und die Empfehlungen des Arbeitskreises VI sind zudem aufzurufen unter: www.baugerichtstag.de (dort: Dokumente – 2. Deutscher Baugerichtstag – Arbeitskreis VI).
3 Dazu auch: *Seibel*, Der Bausachverständige 2/2011 S. 66 (68).

12. Die mündliche Gutachtenerläuterung vor Gericht

Gutachten aus sonstigen Gründen unklar erscheint. Davon zu trennen ist die Frage, ob die *Parteien* einen Anspruch auf Ladung des Sachverständigen zur mündlichen Gutachtenerläuterung haben. Dieses Recht folgt unabhängig von § 411 Abs. 3 ZPO schon aus den allgemeinen Regelungen der §§ 402, 397 ZPO. Letztere dienen vor allem der Umsetzung des in Art. 103 Abs. 1 GG verfassungsrechtlich verankerten Anspruchs der Parteien auf Gewährleistung rechtlichen Gehörs vor Gericht.

In nahezu allen Bauprozessen ist eine gerichtliche Entscheidung ohne Einholung eines Sachverständigengutachtens unmöglich. Dies liegt darin begründet, dass dort häufig die Beantwortung technisch geprägter Baumängelfragen im Vordergrund steht. So wendet der Bauherr beispielsweise ein, der Bauunternehmer habe die Trennwand zwischen zwei Doppelhaushälften nicht – wie es erforderlich gewesen sei – zweischalig, sondern einschalig und damit in schallschutztechnischer Hinsicht mangelhaft ausgeführt.[1] Mangels eigener (technischer) Sachkunde kann das Gericht diese Frage nicht selbst beantworten. Deswegen wird ein Sachverständiger – gleichsam als „Gehilfe" des Gerichts – beauftragt, der dann in seinem Gutachten den schwierigen Spagat der technischen Wissensvermittlung gegenüber Nichttechnikern (Juristen) vornehmen muss. Die Erfüllung dieser Aufgabe ist für den Sachverständigen alles andere als einfach, da hier oftmals zwei „Welten" (Techniker – Juristen) aufeinanderprallen.

Das Prozedere der Gutachtenerstattung gestaltet sich in aller Regel wie folgt: Nach der Beauftragung des Sachverständigen erstellt dieser in der Folgezeit – regelmäßig im Anschluss an einen Ortstermin – sein schriftliches Gutachten und reicht dieses bei Gericht ein. Anschließend wird das Gutachten beiden Parteien bzw. deren Prozessvertretern mit der Aufforderung zugesandt, dem Gericht Einwendungen dagegen binnen eines nach § 411 Abs. 4 ZPO bestimmten Zeitraums mitzuteilen. Innerhalb der nach § 411 Abs. 4 ZPO gesetzten (evtl. verlängerten) Frist folgen oft ausführliche Stellungnahmen der Parteien. In diesen werden nicht selten völlig neue Gesichtspunkte vorgetragen, verbunden mit dem Antrag, auch diese Fragen dem gerichtlich bestellten Sachverständigen vorzulegen und durch diesen ergänzend beantworten zu lassen. Zumeist schließt sich dann eine ergänzende *schriftliche* Begutachtung an. Auch hinsichtlich des danach vorliegenden schriftlichen Ergänzungsgutachtens kann sich das soeben geschilderte Verfahren wiederholen, sodass es im Ergebnis zu mehreren Ergänzungsgutachten kommen kann. Dies hat zwangsläufig zur Folge, dass sich Bauprozesse – nichts anderes gilt für das diesen vielfach vorgelagerte selbständige Beweisverfahren[2] – bereits in der Begutachtungsphase über einen langen Zeitraum erstrecken können. Liegen später auch noch so viele gutachterliche Stellungnahmen vor, bedeutet dies nicht zwangsläufig, dass alle Fragen der Parteien beantwortet sind. Abschließend stellt sich häufig die Frage, ob der Sachverständige auch noch zu einer *mündlichen* Erläuterung seines Gutachtens geladen werden muss (§ 411 Abs. 3 ZPO bzw. §§ 402, 397 ZPO).

Genau hier setzt die vorliegende Untersuchung an. Der Schwerpunkt liegt dabei in der Erläuterung der grundsätzlichen Voraussetzungen für die Ladung eines Sachverständigen zur mündlichen Gutachtenerläuterung. In diesem Zusammenhang wird vor allem die Rechtsprechung des BGH relevant. Darüber hinaus stellt der Autor auch seine eigenen Erfahrungen im Umgang mit der mündlichen Gutachtenerläuterung durch Sachverstän-

---

[1] Zur Mangelhaftigkeit einer einschaligen Trennwand jüngst: BGH, U. v. 20.12.2012 – VII ZR 209/11, BauR 2013 S. 624 (624 ff.).

[2] Ausführlich zum selbständigen Beweisverfahren: *Seibel*, Selbständiges Beweisverfahren – Kommentar zu §§ 485 bis 494a ZPO (1. Aufl., München 2013).

dige vor und gibt abschließend Praxishinweise hierzu. Zwar ist diese Thematik z.B. schon von *Kamphausen*[1] aus sachverständiger Sicht recht ausführlich behandelt worden. Von diesen Ausführungen unterscheidet sich die folgende Betrachtung dadurch, dass sie die Materie speziell aus richterlicher Sicht darstellt, um dem Sachverständigen dadurch eine neue „Blickrichtung" – nämlich diejenige des Juristen – für die bestehenden Probleme aufzuzeigen.[2]

12.2 Voraussetzungen der Ladung des Sachverständigen zur mündlichen Gutachtenerläuterung nach § 411 Abs. 3 ZPO bzw. §§ 402, 397 ZPO

12.2.1 Allgemeines

Es stellt sich die Frage, welche Voraussetzungen die Ladung eines Sachverständigen zur mündlichen Gutachtenerläuterung nach § 411 Abs. 3 ZPO bzw. §§ 402, 397 ZPO hat und ob das Gericht verpflichtet ist, einem solchen Antrag einer Partei zwingend zu entsprechen.

Man vergegenwärtige sich Folgendes:

Der den Bauprozess leitende Richter hält das Gutachten und die darin enthaltenen Ausführungen für überzeugend. Er beabsichtigt, schnellstmöglich eine Entscheidung zu treffen. Die Partei, für die das Gutachten „ungünstig" ausgegangen ist – etwa der Bauunternehmer, dem eine mangelhafte Bauausführung nachgewiesen worden ist –, empfindet das Gutachten hingegen gar nicht als überzeugend und trägt eine Vielzahl anderer (evtl. neuer) Aspekte vor, die der gerichtlich bestellte Sachverständige verkannt habe, weshalb das Ergebnis seines Gutachtens unzutreffend sei.

Für den Richter besteht nun ein „Spannungsverhältnis": Einerseits will er den Fall aufgrund des ihn überzeugenden Gutachtens entscheiden; andererseits muss er abwägen, ob er die Ergänzungsfragen der Partei zulässt und in welcher Form er dies macht (schriftliche oder mündliche Gutachtenerläuterung?).

GRUNDSÄTZLICHE FRAGE

Muss der Richter dem Antrag einer Partei auf (mündliche oder schriftliche) Gutachtenerläuterung bzw. -ergänzung stattgeben oder kann er im Interesse einer zügigen Verfahrenserledigung das ihn überzeugende Gutachten seiner Entscheidung einfach zugrunde legen?

Diese Frage und auch die Grenzen des Erläuterungsrechts der Parteien sind in der Rechtsprechung des BGH bereits abschließend geklärt worden.

---
1 *Kamphausen*, BauR 2007 S. 807 (807 ff.).
2 Siehe zur folgenden Darstellung auch: *Seibel*, Der Bausachverständige 5/2008 S. 53 (53 ff.); *Seibel*, Baumängel und anerkannte Regeln der Technik (1. Aufl., München 2009), Rdnr. 471 ff.

12. Die mündliche Gutachtenerläuterung vor Gericht

Um die Rechtsprechung des BGH besser nachvollziehen zu können, sollte man sich an dieser Stelle zunächst vergegenwärtigen, warum das Erläuterungsrecht der Parteien überhaupt besteht. Der Sachverständige ist als „Gehilfe" des Gerichts eingesetzt worden, weil dieses nicht genügend (technische) Sachkunde besitzt, um die aufgeworfenen Beweisfragen selbst beantworten zu können. In seiner Funktion als Experte erstattet er nun sein schriftliches Gutachten. Das Bestreben nach einer schnellen Erledigung des Rechtsstreits kann in diesem Zusammenhang natürlich grundsätzlich kein Argument für das Zurückweisen von Ergänzungsfragen einer Partei sein. Der Richter wird in den meisten Fällen nämlich auch die Ergänzungsfragen aus eigener Sachkunde nicht einschätzen können. Woher will er dann die Befugnis nehmen, Ergänzungsfragen als „unberechtigt" zurückzuweisen? Dogmatisch ist das Recht der Parteien zur ergänzenden Befragung des Sachverständigen in ihrem verfassungsrechtlichen Anspruch auf *Gewährleistung rechtlichen Gehörs vor Gericht* (Art. 103 Abs. 1 GG bzw. Art. 20 Abs. 3 GG) enthalten.[1] Dieses Fragerecht ist auch ausdrücklich in der ZPO verankert: § 402 ZPO i.V.m. § 397 ZPO bestimmen, dass die Parteien berechtigt sind, dem Sachverständigen diejenigen Fragen vorlegen zu lassen, die *sie* – und nicht etwa das Gericht – zur Aufklärung der Sache oder der Verhältnisse für sachdienlich erachten.[2] Man kann an dieser Stelle also festhalten, dass zur Gewährleistung des Anspruchs der Parteien auf rechtliches Gehör (Art. 103 Abs. 1 GG; §§ 402, 397 ZPO) und zur Gewährleistung eines fairen Gerichtsverfahrens grundsätzlich alle Einwendungen der Parteien gegen ein Gutachten berücksichtigt werden müssen. Von diesem Grundsatz gibt es nach der Rechtsprechung des BGH – was noch zu zeigen ist – enge Ausnahmen.

12.2.2 Rechtsprechung des BGH

Unter Berücksichtigung dieser dogmatischen „Wurzeln" des Frage- bzw. Einwendungsrechts der Parteien soll kurz die Rechtsprechung des BGH zu den Voraussetzungen für die Ladung eines Sachverständigen zur mündlichen Gutachtenerläuterung nachgezeichnet werden.

12.2.2.1 BGH – Beschluss vom 8.11.2005 (AZ: VI ZR 121/05)[3]

In seinem Beschluss vom 8.11.2005 hat der BGH auf Folgendes hingewiesen:

> *Entgegen der Auffassung des Berufungsgerichts kommt es für die Frage, ob die Ladung eines Sachverständigen zur mündlichen Erläuterung des von ihm erstatteten Gutachtens geboten ist, nicht darauf an, ob das Gericht noch Erläuterungsbedarf sieht oder ob ein solcher von einer Partei nachvollziehbar dargetan worden ist. Nach ständiger Rechtsprechung des erkennenden Senats hat die Partei zur Gewährleistung des rechtlichen Gehörs nach §§ 397, 402 ZPO einen Anspruch darauf, dass sie dem Sachverständigen die Fragen, die sie zur Aufklärung der Sache für erforderlich hält, zur mündlichen Beantwortung vorlegen kann (...). Dieses Antragsrecht besteht unabhängig von § 411 Abs. 3 ZPO (...). Es kann von der Partei, die einen Antrag auf*

---

[1] *Baumbach/Lauterbach/Albers/Hartmann*, Kommentar zur ZPO (71. Aufl., München 2013), § 411 Rdnr. 10.
[2] Dazu: *Huber*, in: Musielak, Kommentar zur ZPO (10. Aufl., München 2013), § 411 Rdnr. 7 m.w.N.; *Greger*, in: Zöller, Kommentar zur ZPO (29. Aufl., Köln 2012), § 411 Rdnr. 5a m.w.N.
[3] BGH, B. v. 8.11.2005 – VI ZR 121/05, NZBau 2006 S. 650 (650 f.).

12.2 Voraussetzungen der Ladung des Sachverständigen zur mündlichen Gutachtenerläuterung

Ladung des Sachverständigen stellt, nicht verlangt werden, dass sie die Fragen, die sie an den Sachverständigen zu richten beabsichtigt, im Voraus konkret formuliert. Es genügt, wenn sie allgemein angibt, in welcher Richtung sie durch ihre Fragen eine weitere Aufklärung herbeizuführen wünscht (...).

Diese Rechtsprechung hat der BGH z.B. in seinem Beschluss vom 22.5.2007[1] bestätigt, wobei er ergänzend ausgeführt hat, dass dem Antrag einer Partei auf Ladung des Sachverständigen zur mündlichen Gutachtenerläuterung im Prozess grundsätzlich auch dann zu entsprechen ist, wenn der Sachverständige das Gutachten in einem vorausgegangenen selbständigen Beweisverfahren erstattet hat.

12.2.2.2 BGH – Urteil vom 5.7.2007 (AZ: III ZR 240/06)[2]

In seinem Urteil vom 5.7.2007 hat der BGH zu den Anforderungen an eine Ladung des Sachverständigen zur mündlichen Gutachtenerläuterung Folgendes ausgeführt:

Das Gericht ist auf Antrag einer Partei unabhängig von § 411 Abs. 3 ZPO gemäß §§ 402, 397 Abs. 1 ZPO zur Vorladung des Sachverständigen verpflichtet (...). Die mündliche Befragung und Erläuterung wäre ein taugliches Mittel gewesen, entweder die Mängel des Gutachtens in befriedigender Weise zu beheben oder diese Mängel so deutlich hervortreten zu lassen, dass dem Gericht die Überzeugung von der Unbrauchbarkeit des Gutachtens vermittelt wurde. Dies gilt auch bei voller Würdigung des Umstandes, dass die Klägerin, unterstützt durch einen Privatgutachter, bereits schriftsätzlich ausführliche Gegenvorstellungen zu dem Gutachten erhoben und der Sachverständige schriftlich darauf erwidert hatte. Die unmittelbare persönliche Konfrontation im Austausch von Rede und Gegenrede in Anwesenheit des Gerichts stellte gleichwohl ein effektives zusätzliches Instrument der Wahrheitsfindung dar.

12.2.2.3 Ausnahmen

Nach der höchstgerichtlichen Rechtsprechung gibt es von dem Grundsatz, dass das Gericht auf Antrag einer Partei zur Ladung des Sachverständigen zwecks Gutachtenerläuterung verpflichtet ist, allerdings auch (eng begrenzte) Ausnahmen. Ein Antrag auf Ladung des Sachverständigen zur mündlichen Gutachtenerläuterung darf unberücksichtigt bleiben, wenn dieser *verspätet* oder ersichtlich aus den Gesichtspunkten des *Rechtsmissbrauchs* oder der *Prozessverschleppung* gestellt worden ist.[3] Dies kann etwa dann anzunehmen sein, wenn offensichtlich abwegige, bereits eindeutig beantwortete oder gar beweisunerhebliche Fragen an den Sachverständigen gestellt werden sollen.[4] An dieser Stelle ist jedoch zu betonen, dass mit der Ablehnung des Antrags einer Partei auf mündliche Gutachtenerläuterung äußerste Vorsicht geboten ist! Im Interesse des verfassungsrechtlich verankerten Anspruchs der Parteien auf Gewährleistung rechtlichen

---

[1] BGH, B. v. 22.5.2007 – VI ZR 233/06, BauR 2007 S. 1610 (1610).
Siehe aber auch: BVerfG, B. v. 29.5.2013 – 1 BvR 1522/12, juris, wonach es verfassungsrechtlich unbedenklich sein soll, von einer Partei die Benennung konkreter Fragen und Einwendungen im mündlichen Erläuterungsantrag zu verlangen.
[2] BGH, U. v. 5.7.2007 – III ZR 240/06, BauR 2007 S. 1608 (1608 f.).
[3] Vgl. z.B.: BVerfG, B. v. 17.1.2012 – 1 BvR 2728/10, NJW 2012 S. 1346 (1346 f.); BVerfG, B. v. 3.2.1998 – 1 BvR 909/94, NJW 1998 S. 2273 (2273 f.); BGH, B. v. 14.7.2009 – VIII ZR 295/08, BauR 2009 S. 1773 (1773 f.); BGH, U. v. 7.10.1997 – VI ZR 252/96, NJW 1998 S. 162 (162 ff.); BGH, U. v. 21.9.1982 – VI ZR 130/81, NJW 1983 S. 340 (340 f.).
[4] Siehe auch: *Huber*, in: Musielak, ZPO, § 411 Rdnr. 8; *Greger*, in: Zöller, ZPO, § 411 Rdnr. 5a m.w.N.

Gehörs vor Gericht (Art. 103 Abs. 1 GG) muss ein solches Vorgehen auf absolute Ausnahmefälle (ultima ratio) begrenzt bleiben.

12.2.2.4 Vertiefung: BGH – Urteil vom 4.11.2010 (AZ: III ZR 45/10)[1]

In seinem Urteil vom 4.11.2010 hat der BGH klargestellt, dass – auch auf entsprechenden Antrag einer Partei – grundsätzlich keine Pflicht des Gerichts besteht, einen nach § 412 Abs. 1 ZPO „abgelösten" Sachverständigen zur mündlichen Gutachtenerläuterung zu laden.[2] Dies hat der BGH wie folgt begründet[3]:

> Die Ladung des erstinstanzlichen Gutachters war hier nicht schon deshalb geboten, weil das Gericht auf Antrag einer Partei unabhängig von § 411 Abs. 3 ZPO grundsätzlich verpflichtet ist, den (gerichtlichen) Sachverständigen zur mündlichen Erläuterung seines Gutachtens zu laden. Diese Pflicht besteht auch dann, wenn das Gericht das vorliegende schriftliche (Ergänzungs-)Gutachten für ausreichend und überzeugend hält und selbst keinen Bedarf für eine mündliche Erläuterung sieht. Denn die Partei hat zur Gewährleistung des rechtlichen Gehörs (Art. 103 Abs. 1 GG) nach §§ 397, 402 ZPO einen Anspruch darauf, dass sie dem Sachverständigen die Fragen, die sie zur Aufklärung der Sache für erforderlich hält, zur mündlichen Beantwortung vorlegen kann (st. Rspr.; ...). Diese Pflicht erstreckt sich jedoch nicht auf einen früheren Sachverständigen, dessen Gutachten der Tatrichter für ungenügend erachtet und deshalb zum Anlass genommen hat, gemäß § 412 Abs. 1 ZPO einen anderen Sachverständigen zu beauftragen. Das Recht der Partei auf Ladung und Befragung des Sachverständigen dient dem Zweck der Wahrung des Anspruchs auf Gewährung rechtlichen Gehörs in Bezug auf die sachverständige Beratung des Tatrichters als eine bedeutsame Grundlage der richterlichen Sachentscheidung. Hat das Gericht gemäß § 412 Abs. 1 ZPO einen anderen Sachverständigen beauftragt, so nimmt dieser anstelle des bisherigen Sachverständigen die Stellung des sachverständigen Beraters ein; dementsprechend beziehen sich die Frage- und Anhörungsbefugnisse der Prozessparteien auch (nur) auf seine – des „neuen" Sachverständigen – Begutachtung. Die Parteien haben das Recht, die Ladung des nunmehr beauftragten, „neuen" Sachverständigen zu verlangen. In Bezug auf den früheren, gleichsam „abgelösten" Sachverständigen steht ihnen ein solcher Anspruch demgegenüber nicht zu, da dieser nicht mehr die Funktion eines sachverständigen Beraters des Gerichts innehat. Unbeschadet dessen hat der Tatrichter den früheren Sachverständigen allerdings dann zu laden, wenn und soweit dies zur weiteren Sachaufklärung, insbesondere zur Behebung von Lücken oder Zweifeln, erforderlich ist (§ 286 Abs. 1 ZPO ...).

Exkurs:

Das OLG Frankfurt[4] vertritt dabei die Auffassung, dass vor der „Ablösung" eines Sachverständigen nach § 412 Abs. 1 ZPO zunächst dessen mündliche Anhörung vorrangig sei. Dies hat es so begründet:

> Die Einholung eines weiteren Gutachtens ist erst geboten, wenn die Sachkunde des bisherigen Gutachters zweifelhaft ist, wenn das Gutachten von unzutreffenden tat-

---

1 BGH, U. v. 4.11.2010 – III ZR 45/10, BauR 2011 S. 550 (550 ff.).
2 Ausführlich hierzu: *Seibel*, Der Bausachverständige 2/2011 S. 66 (66 ff.).
3 Ebenso: BGH, B. v. 7.12.2010 – VIII ZR 96/10, NJW-RR 2011 S. 704 (704 f.).
4 OLG Frankfurt, B. v. 4.2.2010 – 5 W 7/10, juris = IBR 2010 S. 246 (246).

sächlichen Voraussetzungen ausgeht, wenn es Widersprüche enthält oder wenn der neue Sachverständige über Forschungsmittel verfügt, die denen des früheren Gutachters überlegen erscheinen (BGH, VI ZR 34/98, Beschluss vom 16.03.1999; ...). Demgegenüber ist grundsätzlich und so auch hier gegenüber der Einholung eines weiteren Gutachtens die Anhörung des bisherigen Sachverständigen vorrangig (§ 411 Abs. 3 ZPO), weil erst im Anschluss nach Ausschöpfung der sich so ergebenden Erkenntnismöglichkeiten zuverlässig die Entscheidung getroffen werden kann, ob die Voraussetzungen des § 412 Abs. 1 ZPO erfüllt sind. Entsprechend dem Hilfsantrag der Antragstellerin (§§ 402, 397 ZPO) wird also die Erläuterung des Gutachtens abzuwarten sein.

Ob in jedem Fall zunächst eine mündliche Anhörung des bisherigen Sachverständigen vor der Beauftragung eines neuen Sachverständigen vorrangig ist – was in Anbetracht des dem Gericht nach § 412 Abs. 1 ZPO eingeräumten Ermessens durchaus zweifelhaft erscheint –, soll hier nicht vertieft werden. Zuzustimmen ist dem OLG Frankfurt jedenfalls darin, dass die mündliche Anhörung des bisherigen Sachverständigen vor der Entscheidung über seine „Ablösung" nach § 412 Abs. 1 ZPO eine wichtige Erkenntnisquelle zum Ausräumen von Zweifeln sein kann. Darauf hat auch der BGH bereits wiederholt hingewiesen.[1]

12.2.2.5 Vertiefung: BGH – Beschluss vom 18.6.2009 (AZ: IX ZB 115/07)[2]

Der BGH betont in ständiger Rechtsprechung, dass auch das Berufungsgericht zu einer mündlichen Anhörung des Sachverständigen verpflichtet sein kann. In seinem Beschluss vom 18.6.2009 hat er das wie folgt begründet:

Das Berufungsgericht hat sich jedoch nach den Gründen seiner Entscheidung an die erstinstanzlichen Feststellungen ... nicht nach § 529 Abs. 1 Nr. 1 ZPO gebunden erachtet, sondern ist mit demselben Ergebnis wie die erste Instanz in eine neue Beweiswürdigung auf der Grundlage des erstinstanzlich erhobenen schriftlichen Sachverständigengutachtens eingetreten. Danach hat es die Veranlassung zur Einholung eines zweiten Gutachtens verneint. Anschließend hat das Berufungsgericht geprüft, ob die von der Klägerin eingereichten privatärztlichen Stellungnahmen Anlass boten, den landgerichtlichen Sachverständigen zu einem ergänzenden Gutachten aufzufordern und auch diese Frage verneint. Nach Eintritt in die erneute Beweiswürdigung durfte das Berufungsgericht jedoch den hilfsweise gestellten Antrag der Klägerin nicht übergehen, den Sachverständigen anhand der eingereichten privatärztlichen Stellungnahmen zu seinem schriftlichen Gutachten zu befragen, wenn keine neue Begutachtung nach § 412 Abs. 1 ZPO angeordnet wurde. Denn es hatte damit wie der erste Tatrichter das hiermit bekämpfte schriftliche Sachverständigengutachten zur Grundlage seiner eigenen Überzeugungsbildung gemäß § 286 ZPO gemacht. Zu einer solchen Befragung war die Klägerin unter dieser Voraussetzung prozessual auch in zweiter Instanz nach den §§ 397, 402 ZPO berechtigt. Dem Berufungsgericht stand zur Ablehnung dieses Antrages nicht der in § 411 Abs. 3 ZPO eröffnete tatrichterliche Ermessensspielraum zu (...).

---

[1] Siehe nur: BGH, U. v. 16.1.2001 – VI ZR 408/99, NJW 2001 S. 1787 (1788) m.w.N.
[2] BGH, B. v. 18.6.2009 – IX ZB 115/07, juris = IBR 2009 S. 552 (552).

12. Die mündliche Gutachtenerläuterung vor Gericht

In seinem Beschluss vom 24.3.2010 hat der BGH ergänzend darauf hingewiesen, dass es dann einer erneuten Anhörung des Sachverständigen durch das Berufungsgericht nach §§ 402, 398 Abs. 1 ZPO bedürfe, wenn es dessen Ausführungen abweichend von der Vorinstanz würdigen wolle; insbesondere ein anderes Verständnis der Ausführungen des Sachverständigen zugrunde legen und damit andere Schlüsse aus diesen ziehen wolle als der Erstrichter.[1]

12.2.2.6 Eigene Hinweise

Die dargestellte Rechtsprechung macht deutlich, welch hoher Bedeutungsgehalt dem Frage- bzw. Einwendungsrecht der Parteien gegenüber einem gerichtlich eingeholten Gutachten im Interesse der Gewährleistung rechtlichen Gehörs einzuräumen ist. Dem Antrag einer Partei auf Ladung des Sachverständigen zur mündlichen Erläuterung seines schriftlichen Gutachtens ist grundsätzlich stattzugeben. Das Einwendungsrecht folgt unabhängig von § 411 Abs. 3 ZPO schon aus §§ 402, 397 ZPO. Nach der Rechtsprechung des BGH kann von der Partei auch nicht verlangt werden, die an den Sachverständigen zu stellenden Fragen bereits im Vorfeld konkret auszuformulieren.[2] Es genügen allgemeine Angaben, in welche Richtung eine weitere Aufklärung gewünscht wird.

Hervorzuheben sind die Ausführungen des BGH in seinem Urteil vom 5.7.2007 (oben: 12.2.2.2), wonach das Recht einer Partei auf Ladung des Sachverständigen zur mündlichen Gutachtenerläuterung nicht dadurch begrenzt wird, dass die Partei, die im Fall des BGH sogar selbst sachverständig beraten war, bereits schriftsätzlich Einwendungen vorgetragen hat, die allesamt durch den gerichtlichen Sachverständigen beantwortet wurden. Der BGH räumt in diesem Zusammenhang der *unmittelbaren persönlichen Konfrontation des Sachverständigen in der mündlichen Verhandlung in Anwesenheit des Gerichts* eine wichtige Rolle ein.

Der zuletzt genannte Aspekt ist aus Sicht des Autors in praktischer Hinsicht besonders zutreffend. Vielfach ist festzustellen, dass Sachverständige schriftlich evtl. nicht ganz so überzeugend verfasste Gutachten viel verständlicher mündlich erläutern und begründen können. Viele Fragen erledigen sich dann oft von selbst. Auch die umgekehrte Konstellation, in der schriftlich überzeugende Gutachten auf Nachfragen der Parteien im Rahmen der mündlichen Verhandlung nicht mehr überzeugend erläutert werden konnten, hat der Autor bereits selbst erlebt. Daher ist der Ansicht des BGH uneingeschränkt zuzustimmen, die Reaktionen des Sachverständigen im Wechselspiel von Rede und Gegenrede in Anwesenheit des Gerichts seien zur Überzeugungsbildung des erkennenden Gerichts ein *„wichtiges Instrument der Wahrheitsfindung"*.

Zusammenfassend kann nach der Rechtsprechung des BGH festgehalten werden, dass das Gericht völlig unabhängig von der Frage, ob es das schriftliche Gutachten selbst für überzeugend und nachvollziehbar hält, auf Antrag einer Partei zur Ladung des Sachverständigen zur mündlichen Erläuterung seines Gutachtens verpflichtet ist (Ausnahmen u.a.: Rechtsmissbrauch und Prozessverschleppung).

Insofern ist der Wortlaut von § 411 Abs. 3 ZPO („Das Gericht *kann* das Erscheinen des Sachverständigen anordnen, damit er das schriftliche Gutachten erläutere.") missverständlich, da dieser ein weites Ermessen des Gerichts suggeriert. Der Wortlaut sollte bes-

---
[1] BGH, B. v. 24.3.2010 – VIII ZR 270/09, BauR 2010 S. 1095 (1095 f.).
[2] Siehe aber auch: BVerfG, B. v. 29.5.2013 – 1 BvR 1522/12, juris, wonach es verfassungsrechtlich unbedenklich sein soll, von einer Partei die Benennung konkreter Fragen und Einwendungen im mündlichen Erläuterungsantrag zu verlangen.

ser lauten: „Das Gericht *muss auf Antrag einer Partei grundsätzlich* das Erscheinen des Sachverständigen anordnen, damit er das schriftliche Gutachten erläutere." Diese Pflicht zur Ladung des Sachverständigen auf Antrag einer Partei folgt dabei jedoch nicht aus § 411 Abs. 3 ZPO, sondern aus §§ 402, 397 ZPO (Art. 103 Abs. 1 GG).

Des Weiteren ist noch darauf hinzuweisen, dass eine Ladung des Sachverständigen zur mündlichen Erläuterung seines Gutachtens keinesfalls nur von dem Antrag einer Partei abhängig ist. Das Gericht kann nach § 411 Abs. 3 ZPO zu einer solchen Ladung auch von Amts wegen verpflichtet sein, wenn ihm das Gutachten z.B. unverständlich oder unvollständig erscheint.[1]

12.3 Empfehlungen des Arbeitskreises VI des 2. Deutschen Baugerichtstages

Mit der Frage, ob es nicht sinnvoll wäre, § 411 ZPO dahingehend zu ergänzen, dass der Antrag einer Partei auf Ladung des Sachverständigen zur mündlichen Erläuterung seines schriftlichen Gutachtens eine genaue Begründung enthalten soll, welche Abänderungen/Erläuterungen/Ergänzungen begehrt werden, hat sich der Arbeitskreis VI des 2. Deutschen Baugerichtstages am 13./14.6.2008 in Hamm beschäftigt.

Das praktische Bedürfnis für die Klärung dieser Frage liegt auf der Hand: Den Sachverständigen, den Gerichten und auch den Prozessvertretern bzw. -parteien würde die Terminsvorbereitung erheblich erleichtert, wenn der Fragenkatalog vor der Verhandlung bis ins Einzelne festgelegt werden müsste. Dann wären Überraschungen in Form von bisher nicht vorgetragenen Aspekten in der mündlichen Anhörung des Sachverständigen ausgeschlossen.

Ulbrich[2] spricht sich gegen eine solche Ergänzung von § 411 ZPO aus, während *Kamphausen*[3] zumindest für den Bereich von § 411 Abs. 4 ZPO eine Ergänzung um einen Satz 3 mit folgendem Wortlaut befürwortet: „*Die Ergänzungsfragen und die Einwendungen gegen das Gutachten sind dem Sachverständigen rechtzeitig vor dem Termin zur Gutachtenerläuterung vom Gericht mitzuteilen.*" Auf die Begründung dieser Ansichten soll hier nicht weiter eingegangen werden.

Die Teilnehmer des Arbeitskreises VI des 2. Deutschen Baugerichtstages haben sich nach einer ausführlichen Erörterung in ihrer Abstimmung mit *überwältigender Mehrheit* gegen eine Änderung des § 411 ZPO dahingehend ausgesprochen, dass der Antrag einer Partei auf Ladung des Sachverständigen zur mündlichen Erläuterung seines schriftlichen Gutachtens die Begründung enthalten *muss*, welche Einwendungen gegen das Gutachten vorgebracht werden sollen. Mit *knapper Mehrheit* haben sich die Teilnehmer dieses Arbeitskreises zudem auch gegen eine Änderung des § 411 ZPO dahingehend ausgesprochen, dass der Antrag einer Partei auf Ladung des Sachverständigen zur mündlichen Erläuterung des schriftlichen Gutachtens eine solche Begründung enthalten *soll*.[4]

---

1 Ebenso: *Huber,* in: Musielak, ZPO, § 411 Rdnr. 8 ff.; *Greger,* in: Zöller, ZPO, § 411 Rdnr. 5.
2 Ausführlich: *Ulbrich,* Beilage der Zeitschrift BauR 4/2008 „Thesen der Arbeitskreise I bis VII" S. 33 f. sowie DS 2008 (Heft 5) S. 124 (126).
3 Ausführlich: *Kamphausen,* Beilage der Zeitschrift BauR 4/2008 „Thesen der Arbeitskreise I bis VII" S. 36 sowie DS 2008 (Heft 5) S. 124 (126).
4 Die Thesenpapiere der Referenten und die Empfehlungen der Arbeitskreise des 2. Deutschen Baugerichtstages sind aufzurufen unter: www.baugerichtstag.de (dort: Dokumente – 2. Deutscher Baugerichtstag).

12.4 Eigene Stellungnahme

Was ist von der dargestellten Rechtsprechung des BGH zu § 411 Abs. 3 ZPO bzw. §§ 402, 397 ZPO und den Empfehlungen des Arbeitskreises VI des 2. Deutschen Baugerichtstages unter Berücksichtigung der Interessenlage der Sachverständigen, sich umfassend und möglichst genau auf die Verhandlung vorzubereiten, in der sie ihr schriftliches Gutachten mündlich erläutern sollen, zu halten?

Es ist nicht zu übersehen, dass das Anliegen von Sachverständigen, sich effizient und umfassend auf eine mündliche Verhandlung vorzubereiten, durchaus seine Berechtigung hat. Was nützt den Parteien und auch dem Gericht ein Verhandlungstermin, in dem der Sachverständige direkt am Anfang erklären muss, dass er auf die soeben (evtl. erstmals) gestellten Fragen nicht sofort antworten kann und dazu zunächst ausführlich recherchieren muss? Der Termin wäre dann für alle Beteiligten vergeudete Zeit. Des Weiteren ist zu berücksichtigen, dass das Gericht die mündliche Verhandlung vorbereiten muss. Dazu gehört auch die Einschätzung, wie lange die Verhandlung in etwa dauern wird.

GRUNDSÄTZLICHE FRAGE

Würde das gerichtliche Verfahren nicht unzumutbar belastet, wenn man den Parteien ein unbegrenztes Frage- bzw. Einwendungsrecht auch hinsichtlich gänzlich neuer Gesichtspunkte einräumen müsste?

Die gerade genannten organisatorischen und praktischen Aspekte sind nach Auffassung des Autors nicht dazu geeignet, den verfassungsrechtlich verankerten Anspruch der Parteien auf Gewährleistung rechtlichen Gehörs (Art. 103 Abs. 1 GG) einzuschränken. Das Gewährleisten rechtlichen Gehörs vor Gericht gebietet das Bestehen eines grundsätzlich vollumfänglichen Frage- bzw. Einwendungsrechts in der mündlichen Verhandlung. Sollten die Einwendungen erkennbar zum Zwecke der Prozessverschleppung und/oder rechtsmissbräuchlich vorgebracht werden, kann das Gericht diese in (eng begrenzten) Ausnahmefällen zurückweisen. Die Rechtsprechung des BGH ist unter Berücksichtigung des verfassungsrechtlich verankerten Anspruchs auf Gewährleistung rechtlichen Gehörs sowie unter Beachtung von §§ 402, 397 ZPO überzeugend und zwingend.[1] Aus Sicht des Autors verbietet es sich sogar, den Grundsatz des rechtlichen Gehörs und das Fragerecht nach §§ 402, 397 ZPO aus organisatorischen und praktischen Erwägungen heraus (effizientes und kosten- bzw. zeitökonomisches Vorgehen) einzuschränken.

Den Empfehlungen des Arbeitskreises VI des 2. Deutschen Baugerichtstages ist daher zuzustimmen. Der Antrag einer Partei auf Ladung des Sachverständigen zur mündlichen Gutachtenerläuterung *muss* und *soll* keine ins Detail gehende Begründung hinsichtlich der beabsichtigten Einwendungen enthalten. Dies folgt schon aus dem Anspruch der Parteien auf Gewährleistung umfassenden rechtlichen Gehörs. Deswegen bleibt zu konstatieren, dass es keinen Anlass für eine Änderung von § 411 ZPO im Sinne einer Antragsbegründungspflicht gibt – so wünschenswert dies u.a. aus Sicht des Gerichtssachverständigen vielleicht auch sein mag.

---

1 Demgegenüber hält *Kamphausen*, BauR 2007 S. 807 (809 f.), diese Rechtsprechung des BGH mit § 411 Abs. 4 Satz 1 ZPO für unvereinbar.

12.5 Praxishinweise

Abschließen soll diese Darstellung mit einigen aus Sicht des Autors praktisch wichtigen Empfehlungen.

12.5.1 Gerichtlicher Auftrag zur schriftlichen Gutachtenergänzung

Wie bereits erwähnt wurde, muss der gerichtlich bestellte Sachverständige im Vorfeld einer mündlichen Gutachtenerläuterung oftmals schriftliche Ergänzungsgutachten erstatten. Dabei ist vielfach die Tendenz der Gerichte erkennbar, die Einwendungen einer Partei gegen ein Gutachten dem Sachverständigen „ungefiltert" zur schriftlichen Beantwortung vorzulegen. Oftmals geschieht dies z.B. mit folgendem Hinweis: *„Sie werden gebeten, die im Schriftsatz des Beklagten vom ... enthaltenen Einwendungen ergänzend schriftlich zu begutachten/untersuchen."*

Diese bei vielen Gerichten verbreitete Methode kann nicht überzeugen und ist entschieden abzulehnen. Mit einem solchen Hinweis macht es sich das Gericht zu einfach und verlagert allein ihm zugewiesene Aufgaben unzulässigerweise auf den Sachverständigen. Im Falle eines solchen Ergänzungsauftrages besteht nämlich die Gefahr, dass der Sachverständige selbst den Umfang des (Ergänzungs-)Gutachtens bestimmt und sich die für ihn relevanten Punkte aus dem Schriftsatz einer Partei heraussucht. Dies ist mit den Regelungen der ZPO nur schwer vereinbar. Nach § 403 ZPO erfolgt der Beweisantritt durch die Bezeichnung der zu begutachtenden Punkte. Davon zu unterscheiden ist der allein durch das Gericht abzufassende Beweisbeschluss. Dieser muss gemäß § 359 Nr. 1 ZPO das Beweisthema substantiiert enthalten und benennen. Allein das Gericht gibt dem Sachverständigen Umfang und Grenzen des Gutachtenauftrages vor. Entscheidend ist immer, dass das Gericht auch bei der Beweiserhebung „Herr des Verfahrens" bleibt und diese Aufgabe nicht auf den Sachverständigen überträgt. Das Gericht ist verpflichtet, sich selbst und auch den übrigen Prozessbeteiligten völlige Klarheit über den Inhalt des Gutachtenauftrages zu verschaffen. Hat der Sachverständige Zweifel an dessen Inhalt, sollte er keine Scheu haben, sich an das Gericht zu wenden und um eine entsprechende Aufklärung zu bitten. Dieses Recht lässt sich nicht zuletzt §§ 404a Abs. 2 a.E., 407a Abs. 3 Satz 1 ZPO entnehmen. Das Gericht muss den Sachverständigen bei seiner Tätigkeit leiten und ihm gegebenenfalls Weisungen erteilen (§ 404a Abs. 1 ZPO). Bei streitigem Sachverhalt bestimmt allein das Gericht – und nicht etwa der Sachverständige –, welche Tatsachen der Begutachtung zugrunde zu legen sind (§ 404a Abs. 3 ZPO).

Für den eingangs zitierten Ergänzungsgutachtenauftrag (*„Sie werden gebeten, die im Schriftsatz des Beklagten vom ... enthaltenen Einwendungen ergänzend schriftlich zu begutachten/untersuchen."*) bedeutet dies im Ergebnis Folgendes:

Ein solcher Auftrag wird den Anforderungen an einen Beweisbeschluss gemäß § 359 Nr. 1 ZPO in aller Regel nicht hinreichend gerecht. Damit macht das Gericht nicht unmissverständlich klar, welche Punkte der Sachverständige genau untersuchen soll. Es besteht die Gefahr, dass der Sachverständige den entsprechenden Schriftsatz selbst interpretiert und auslegt. Dies ist mit der Leitungsaufgabe des Gerichts gegenüber dem Sachverständigen nach § 404a ZPO schlicht unvereinbar. Dem Sachverständigen kann daher nur gera-

12. Die mündliche Gutachtenerläuterung vor Gericht

ten werden, sich in einem solchen Fall direkt an das Gericht zu wenden und um gerichtliche Benennung der zu begutachtenden Punkte zu ersuchen, um Missverständnissen und Fehlinterpretationen vorzubeugen. Dies kann allenfalls dann überflüssig sein, wenn der vom Gericht bezeichnete Schriftsatz einer Partei absolut klare und unmissverständliche Beweisfragen enthält. Der Autor kann in diesem Zusammenhang aus seiner eigenen Erfahrung jedoch bestätigen, dass solche Schriftsätze praktisch äußerst selten vorkommen.

An dieser Stelle ist noch darauf hinzuweisen, dass in Bauprozessen von Sachverständigen oftmals „Rechtsgutachten" angefordert werden. Beispielsweise ist die an einen Sachverständigen gerichtete Frage *„Ist die Bauleistung mangelhaft?"* unzulässig. Die Mangelhaftigkeit einer Bauleistung bestimmt sich nicht allein tatsächlich, sondern ist vornehmlich eine Rechtsfrage.[1] Der Beurteilung durch einen Sachverständigen ist hingegen nur Tatsachenvortrag, nicht aber eine rechtliche Würdigung zugänglich. In der Praxis ist in diesem Zusammenhang immer wieder feststellbar, dass Gerichte Sachverständigen durch unpräzise oder unzulässig formulierte Beweisfragen die Auslegung eines Bauvertrages zumuten. Beispiel für eine solche Beweisfrage: *„Entspricht die tatsächlich ausgeführte Bauleistung der vertraglich vereinbarten Beschaffenheit?"*. Gegen solche Fragestellungen sollten sich Sachverständige – schon im eigenen Interesse – unbedingt zur Wehr setzen und eine Begutachtung verweigern. Das Gericht muss die Anknüpfungstatsachen für den Sachverständigen genau herausarbeiten. Der Sachverständige muss durch eine entsprechend klare und unmissverständliche Fragestellung des Gerichts dazu in die Lage versetzt werden, sich ausschließlich mit der Aufklärung von Tatsachen zu befassen.[2] Im oben gebildeten Beispielsfall muss das Gericht den Sachverständigen also nicht danach fragen, ob die ausgeführte Bauleistung der vertraglichen Vereinbarung entspricht, sondern muss ihm zunächst das vertragliche Leistungssoll selbst vorgeben und sodann danach fragen, ob die Ist-Beschaffenheit der Werkleistung in tatsächlicher Hinsicht dieser Soll-Beschaffenheit entspricht. Festzuhalten bleibt also, dass der Sachverständige darauf hinwirken sollte, dass das Gericht ihn aufgrund einer klaren und unmissverständlichen Fragestellung allein mit der Aufklärung von (technischen) Tatsachen betraut. Zur Vertiefung u.a. dieser Problematik wird auf die ausführliche Darstellung oben in Kapitel 5 verwiesen.[3]

12.5.2 Reaktion des Gerichts auf einen mündlichen Erläuterungsantrag

Wie soll das Gericht auf den Antrag einer Partei zur Ladung des Sachverständigen zur mündlichen Erläuterung seines schriftlichen Gutachtens nach §§ 402, 397 ZPO reagieren?

Auch mit seiner Reaktion auf den Antrag einer Partei zur Ladung des Sachverständigen zur mündlichen Gutachtenerläuterung kann das Gericht selbst Einfluss auf die Effizienz des weiteren Verfahrensgangs nehmen. Trotz eines solchen Antrages kann es sich emp-

---

1 Ausführlich zu den Kriterien der Mangelhaftigkeit einer Bauleistung: *Seibel*, ZfBR 2006 S. 523 (523 ff.); *Seibel*, Der Bausachverständige 6/2008 S. 59 (59 ff.); *Seibel*, ZfBR 2009 S. 107 (107 ff.); *Seibel*, Baumängel und anerkannte Regeln der Technik, Rdnr. 82 ff.
2 *Leupertz/Hettler*, Der Bausachverständige vor Gericht (1. Aufl., Köln/Stuttgart 2007), Rdnr. 153 (S. 94 f.).
3 Siehe außerdem: *Seibel*, ZfBR 2011 S. 731 (731 ff.); *Seibel*, Der Bausachverständige 5/2012 S. 59 (59 ff.); *Seibel*, BauR 2013 S. 536 (536 ff.); *Seibel*, Selbständiges Beweisverfahren, § 487 Rdnr. 16 ff. – jeweils m.w.N.

fehlen, zunächst ein schriftliches Ergänzungsgutachten zu den vorgebrachten Einwendungen einzuholen.[1] Dies dürfte sich vor allem dann anbieten, wenn die Komplexität und der Umfang der Einwendungen (z.B. Vorlage eines ausführlichen Privatgutachtens) eine mündliche Verhandlung „überfrachten" würden.[2] Dann kann das Gericht durchaus zunächst eine weitere schriftliche Begutachtung in Auftrag geben. *Huber*[3] ist der Ansicht, dass die Parteien nach dem Eingang des schriftlichen Ergänzungsgutachtens vom Gericht ausdrücklich danach zu befragen seien, ob sich ihr Antrag auf mündliche Gutachtenerläuterung erledigt habe. Dem ist z.B. das OLG Hamm entgegengetreten[4]: Äußere sich ein Sachverständiger in einem schriftlichen Ergänzungsgutachten zu den von einer Partei gerügten Punkten, müsse das Gericht keine Anhörung des Sachverständigen mehr durchführen, wenn die Partei ihren ursprünglich gestellten Antrag auf mündliche Gutachtenerläuterung nach Eingang des schriftlichen Gutachtens nicht wiederhole.

Die zuletzt dargestellte Empfehlung sollte nicht dahingehend missverstanden werden, der Autor sei ein Anhänger von schriftlichen Ergänzungsgutachten. In der Praxis ist häufig festzustellen, dass der Kreis von ergänzenden Stellungnahmen nicht aufzuhören scheint. Selbst wenn gerade eine ergänzende Stellungnahme von dem Sachverständigen abgegeben worden ist, stellen die Parteien wiederum eine Vielzahl von weiteren Fragen. Im Interesse einer effizienten und möglichst zügigen Verfahrensgestaltung hat es sich aus Sicht des Autors praktisch bewährt, die im Anschluss an das erste schriftliche Gutachten eingereichten (überschaubaren) Ergänzungsfragen sofort in einer mündlichen Verhandlung mit Anhörung des Sachverständigen zu klären. Dabei kann ein solcher Termin durchaus viel Zeit in Anspruch nehmen. Dennoch können gerade im Rahmen der mündlichen Befragung Unklarheiten und Fehlvorstellungen viel schneller beseitigt werden als im Rahmen einer schriftlichen Begutachtung: Die Parteien und auch das Gericht können den Sachverständigen viel flexibler und unmissverständlicher befragen und sich von diesem sein „Fach-Chinesisch" erläutern lassen, wenn sie die Feststellungen in seinem Gutachten nicht verstanden haben.[5]

12.5.3 Vorbereitung der mündlichen Verhandlung durch den Sachverständigen

An dieser Stelle soll kurz auf die Durchführung der Ladung des Sachverständigen zur mündlichen Erläuterung seines Gutachtens durch die Gerichte eingegangen werden. In der Praxis ist häufig festzustellen, dass der Sachverständige zur mündlichen Verhandlung mit folgendem Themenhinweis geladen wird: *„Erläuterung des Gutachtens vom ...".* Ein solcher Hinweis versetzt den Sachverständigen natürlich nur rudimentär dazu in die Lage, sich auf den Termin vorzubereiten. Erhält er nur diesen Hinweis, hat er eigentlich keine genaue Vorstellung davon, was im Termin auf ihn zukommt. Diese Situation ist unbedingt zu vermeiden. Der Autor begegnet diesem Problem dadurch, dass er die Einwendungen gegen ein Gutachten – sofern es sich um wenige handelt – in der Terminsladung unter dem Punkt „Beweisthema" im Einzelnen benennt und dem Sachverständigen gleichzeitig alle Schriftsätze der Parteien, die nach der Gutachtenerstattung zu den Gerichtsakten gelangt sind, in

---

[1] Siehe z.B.: OLG München, B. v. 1.4.2009 – 1 W 1169/09, juris = IBR 2009 S. 366 (366).
[2] Zu diesem Vorgehen: *Huber*, in: Musielak, ZPO, § 411 Rdnr. 7 a.E.
[3] *Huber*, in: Musielak, ZPO, § 411 Rdnr. 7.
[4] OLG Hamm, B. v. 14.6.2004 – 17 W 17/04, juris = IBR 2004 S. 665 (665).
[5] Zu diesen Problemen auch: *Kamphausen*, BauR 2007 S. 807 (808).

12. Die mündliche Gutachtenerläuterung vor Gericht

Kopie zur Terminsvorbereitung zukommen lässt. Mit diesen Unterlagen kann sich der Sachverständige gezielt auf die Verhandlung vorbereiten und weiß schon recht genau, was auf ihn zukommt. Sollte der Sachverständige hingegen feststellen, dass das Gericht diese Informationen bei der Ladung nicht an ihn weitergibt, kann nur empfohlen werden, von sich aus bei Gericht nachzufragen und eine Kopie der Schriftsätze anzufordern, die nach der Gutachtenerstattung eingegangen sind. Trotzdem verbleiben auch bei diesem Vorgehen Unsicherheiten: Kündigt eine Partei beispielsweise an, ihren Privatgutachter zum Termin mitzubringen, weiß der Sachverständige nicht genau, was dieser einwenden wird. Eine absolute Sicherheit im Hinblick auf die mündliche Verhandlung kann daher nicht erreicht werden. Sie wäre mit dem Grundsatz der Gewährleistung rechtlichen Gehörs vor Gericht auch nur schwerlich vereinbar.

12.5.4 Verhalten des Sachverständigen in der mündlichen Verhandlung

Sollte der Sachverständige im Rahmen der mündlichen Erläuterung seines Gutachtens feststellen, dass er nicht sofort auf die Einwendungen der Partei(en) reagieren kann, sollte er sich nicht aus der Ruhe bringen lassen. Der Autor kann aus eigener Erfahrung bestätigen, dass viele Sachverständige solche Fragen und Einwendungen als „Angriff" auffassen und entsprechend gereizt reagieren. Dies kann soweit führen, dass sie der jeweiligen Partei unter Umständen die Möglichkeit eröffnen, einen (berechtigten) Befangenheitsantrag nach § 406 ZPO zu stellen. Der Sachverständige ist daher gut beraten, alle an ihn in der Verhandlung gerichteten Fragen ruhig und sachlich zu beantworten und sich auch durch „Angriffe" nicht provozieren zu lassen. Solche „Angriffe" kommen dabei nicht selten von durch die Parteien zum Termin mitgebrachten Privatgutachtern, wobei ein Hinzuziehen derselben ohne Zweifel zur Gewährleistung von „Waffengleichheit" (Diskussion auf „Augenhöhe") rechtlich zulässig ist. Falls sich sodann in der Verhandlung neue Fragen und Tatsachen ergeben, die bisher noch nicht Gegenstand des Gutachtens waren, muss der Sachverständige genau prüfen, ob er das Ergebnis seines Gutachtens aufrechterhalten kann oder dieses nicht vielleicht sogar revidieren muss. Gegebenenfalls muss er das Ergebnis seines Gutachtens unter den Vorbehalt einer weiteren Prüfung und Begutachtung stellen. Hierzu sollte der Sachverständige dann entweder um eine kurze Unterbrechung der Verhandlung oder aber um eine Vertagung derselben zur gründlichen Prüfung bitten.[1]

Diese Handhabung führt für das Gericht natürlich dazu, dass man im Vorfeld nicht immer genau abschätzen kann, wie lange die mündliche Befragung eines Sachverständigen dauern wird. Insofern dürfte es sich empfehlen, so zu terminieren, dass noch genug „Luft" nach hinten verbleibt. Auch der Sachverständige sollte dies bei seiner Terminsplanung berücksichtigen. Reicht der angesetzte Verhandlungstermin nicht aus, um alle Fragen zu beantworten, so kommt das Gericht nicht umhin, eine Vertagung vorzunehmen.

Für das Gericht sind mündliche Gutachtenerläuterungen durch den Sachverständigen auch deswegen besonders arbeitsaufwendig, weil diese Erläuterungen nach § 160 Abs. 3 Nr. 4 ZPO zu protokollieren sind.[2] Der Sachverständige sollte dabei besonderes Augenmerk darauf legen, dass das Gericht seine Erläuterungen zutreffend und richtig protokolliert.

---

1 Ebenso: *Leupertz/Hettler*, Der Bausachverständige vor Gericht, Rdnr. 222 (S. 128).
2 Siehe auch: *Baumbach/Lauterbach/Albers/Hartmann*, ZPO, § 411 Rdnr. 10.

> **HINWEIS**
>
> In der gerichtlichen Praxis ist es leider nicht sehr verbreitet, das Verhandlungsprotokoll (auch) an den Sachverständigen zu dessen Kenntnisnahme zu übersenden. Aus Sicht des Autors bietet sich dies – vor allem im Anschluss an komplexe und umfangreiche Anhörungstermine – schon deswegen an, um dem Sachverständigen Gelegenheit dazu zu geben, seine protokollierten Ausführungen durchzusehen und das Gericht noch vor der Entscheidung auf etwaige Fehler hinzuweisen.

12.5.5 Konfrontation des Sachverständigen in der mündlichen Verhandlung mit Unbekanntem?

Ist es in der Praxis überhaupt zutreffend, dass Sachverständige in der Verhandlung häufig mit nicht bekannten Tatsachen oder Einwendungen konfrontiert werden?

Nach der dargestellten Rechtsprechung des BGH geben die Parteien zumindest grob vor, in welcher Richtung sie eine Erläuterung des schriftlichen Gutachtens wünschen. Dies resultiert letztlich aus § 411 Abs. 4 ZPO, wonach die Parteien dem Gericht innerhalb eines angemessenen Zeitraums ihre Einwendungen gegen das Gutachten mitzuteilen haben. Damit ist aber noch nicht die Frage beantwortet, wie ausführlich die Einwendungen dargelegt werden müssen. *Kamphausen* schlussfolgert aus der „strengen" Formulierung von § 411 Abs. 4 ZPO, verbunden mit der Möglichkeit einer Fristsetzung, dass die Parteien ihre Einwendungen gegen das Gutachten substantiiert bekannt geben müssten; dies entspreche dem gesetzgeberischen Willen und führe zu einer effizienten Verfahrensführung.[1] Ohne darauf an dieser Stelle im Einzelnen eingehen zu können, fällt doch auf, dass die Ansicht von *Kamphausen* unter dem Gesichtspunkt der Gewährleistung rechtlichen Gehörs vor Gericht sowie unter Berücksichtigung der dargestellten Rechtsprechung des BGH fraglich erscheint. Die Parteien sind danach gerade nicht zu einer umfassenden Darlegung ihrer Einwendungen verpflichtet. Es reicht aus, wenn sie diese in groben Zügen mitteilen. Zuzugeben ist *Kamphausen* jedoch, dass eine strengere Handhabung die Verfahrensführung in einem Bauprozess erheblich erleichtern und beschleunigen würde. Aus Sicht des Autors kann aber nicht unberücksichtigt bleiben, dass Sachverständige vor ihrer mündlichen Anhörung vor Gericht in aller Regel (mindestens) ein ausführliches schriftliches Gutachten erstattet haben werden. Sie können sich daher in den meisten Fällen schon vor dem Termin denken, in welcher Hinsicht eine Erläuterung gewünscht wird. Schon unter Beachtung dieser Aspekte dürfte es in der Praxis recht selten vorkommen, dass ein qualifizierter Sachverständiger in der mündlichen Verhandlung von den Einwendungen der Parteien vollkommen überrascht wird. Außerdem müsste seine Sachkunde den Sachverständigen dazu in die Lage versetzen, wenigstens auf „Standardeinwendungen" direkt und ohne größere Vorbereitung eingehen zu können.

Wegen des Anspruchs der Parteien auf Gewährleistung (umfassenden) rechtlichen Gehörs hat der gerichtlich bestellte Sachverständige dennoch keine absolute Gewissheit, was in der mündlichen Verhandlung genau auf ihn zukommt und in welcher Hinsicht eine

---

[1] Dazu: *Kamphausen*, Beilage der Zeitschrift BauR 4/2008 „Thesen der Arbeitskreise I bis VII" S. 36 sowie DS 2008 (Heft 5) S. 124 (126).

12. Die mündliche Gutachtenerläuterung vor Gericht

Erläuterung seines Gutachtens am Verhandlungstag von ihm begehrt wird. Es bleibt deswegen festzuhalten:

Die mündliche Erläuterung seines schriftlichen Gutachtens vor Gericht bleibt für den Sachverständigen immer eine spannende Angelegenheit.

12.5.6 Exkurs: Übersendung einer Urteilsabschrift an den Sachverständigen möglich?

Im Anschluss an den Erlass eines Urteils stellt sich in der Praxis bisweilen die Frage, ob dem Gerichtssachverständigen – wenn er dies beantragt – eine Abschrift des Urteils überlassen werden kann/darf. Gelegentlich äußern Sachverständige diesen Wunsch, um sich über den Ausgang des Verfahrens zu informieren, an dem sie beteiligt waren. Die Handhabung der Gerichte ist hier sehr unterschiedlich. Maßgebliche Vorschrift dürfte § 299 Abs. 2 ZPO sein, da Sachverständige keine Parteien im Sinne des § 299 Abs. 1 ZPO sind.

Dritten Personen kann der Vorstand des Gerichts nach § 299 Abs. 2 ZPO ohne Einwilligung der Parteien die Einsicht in die Akten nur gestatten, wenn ein rechtliches Interesse glaubhaft gemacht wird. Aber: Willigen die Parteien in die Akteneinsicht durch den Dritten ein, erübrigt sich die Darlegung eines rechtlichen Interesses. Aus Sicht des Autors sollte man die Anforderungen an das rechtliche Interesse nicht überspannen, wenn sich ein zuvor am Verfahren beteiligter Gerichtssachverständiger über den Ausgang des Verfahrens informieren will. Hier sollte eine *„mittelbare Interessenberührung"*[1] genügen, da der Sachverständige aus der Akteneinsicht durchaus nützliche Informationen für seine (weitere) Arbeit vor Gericht gewinnen kann. Auch wenn im Unterschied zu § 299 Abs. 1 ZPO in § 299 Abs. 2 ZPO die Erteilung von Ausfertigungen nicht erwähnt wird, spricht dies nach hier vertretener Ansicht nicht dagegen, Dritten (und damit auch Sachverständigen) auf ihren Antrag hin eine – evtl. anonymisierte – Urteilsabschrift zukommen zu lassen.[2]

---

[1] Dazu: *Prütting*, in: Münchener Kommentar zur ZPO (4. Aufl., München 2013), § 299 Rdnr. 22.
[2] Ebenso: *Prütting*, in: Münchener Kommentar zur ZPO, § 299 Rdnr. 26.

13. Bauvertragsrecht – Sachmängelhaftung

Gerd Motzke

Übersicht

13.1	Allgemeines
13.1.1	Bauvertragsrecht – kein Vertragstypus des Besonderen Schuldrechts
13.1.2	Werkvertragsrecht
13.2	Warenlieferungsvertrag (§ 651 BGB) – Der Bauunternehmer als Besteller objektspezifischer Bauteile
13.2.1	Frühere Rechtsprechung
13.2.2	Folgen der Neuregelung
13.3	Abgrenzung zum Dienstvertrag
13.3.1	Vertragsinhaltsfreiheit – keine Zuordnungsfreiheit
13.3.1.1	Vertragsnatur unabhängig von der Einordnung der Parteien
13.3.1.2	Vertragsnatur nach Auftragsinhalt
13.3.1.2.1	Bestimmung des Leistungsinhalts
13.3.1.2.2	Von der Rechtsprechung bejahte Dienstvertragsbeziehungen
13.3.2	Dienstvertragsrecht – Unterschied zum Werkvertragsrecht
13.4	Werkvertrag
13.4.1	Regelung im BGB
13.4.2	Regelungen der VOB/B
13.4.3	Typische bauvertragliche Regelung im BGB-Werkvertragsrecht
13.5	Der Sachmangel nach Werkvertragsrecht des BGB
13.5.1	Sachmangelfreiheit – Sachmangel
13.5.2	Das Werk im Bauvertragsrecht – körperliches und geistiges Werk
13.5.2.1	Das Bauwerk – körperliches Werk
13.5.2.2	Das Werk der Planer – geistige Werkleistung
13.5.2.3	Das geschuldete körperliche Werk – Werkbeschreibung im Rahmen des Gewerks
13.5.2.4	Werkbeschreibung – Entstehen und faktisches Anwachsen von Planungsaufgaben
13.5.2.5	Körperliches Bauwerk und Planungsaufgaben des Unternehmers nach Gewerkeüblichkeiten
13.5.2.5.1	Unternehmertypische Planungsleistungen als Teil des Unternehmerwerks
13.5.2.5.2	Atypische Planungsleistungen des Unternehmers als Auftragnehmerwerk
13.5.2.6	Körperliches Bauwerk und Planungsleistung im ausdrücklichen vertraglichen Leistungspaket des Unternehmers
11.5.2.7	Rechtsfolgen bei Kombination von Ausführungs- und Planungsverantwortung
13.5.3	Das mangelhafte Werk des Auftragnehmers (Verarbeiters)
13.5.3.1	Sachmangel nach dem bis zum 31.12.2001 geltenden Recht
13.5.3.1.1	Zugesicherte Eigenschaft
13.5.3.1.2	Der Fehler
13.5.3.1.3	Zweiaktigkeit des alten Fehlerbegriffs – Folgen für den Sachverständigen
13.5.3.2	Das neue Recht – die Sachmangelfreiheitsmerkmale
13.5.3.2.1	Grundsätzliche Folgen der Neuformulierung
13.5.3.2.2	Die Sachmangelfreiheitskriterien des neuen Rechts
13.5.3.2.3	Vorliegen und Verfehlung einer Beschaffenheitsvereinbarung
13.5.3.2.4	Vertraglich vorausgesetzte Verwendungseignung (§ 633 Abs. 2 Satz 2 Nr. 1 BGB)
13.5.3.2.5	Gewöhnliche Verwendungseignung nach § 633 Abs. 2 Satz 2 Nr. 2 BGB

13. Bauvertragsrecht – Sachmängelhaftung

13.5.3.2.6 Vorliegen eines Mangels nach § 633 Abs. 2 Satz 2 Nr. 1 und 2 BGB – einschränkungsneutral oder -abhängig?
13.5.3.3 Andere Leistung und Leistung in zu geringer Menge
13.6 Der Sachmangel nach der VOB/B
13.6.1 Sachmangelfreiheit – anerkannte Regeln der Technik
13.6.2 Leistung nach Probe und Muster
13.6.3 Sonstige Abweichungen
13.7 Rechtsfolgen aus Sachmängeln
13.7.1 Zurechenbarkeit des Sachmangels nach BGB und VOB/B
13.7.2 Sachmängelrechte vor und nach der Abnahme – BGB und VOB/B
13.7.3 Nacherfüllungsanspruch § 635 BGB – § 13 Nr. 5 Abs. 1 VOB/B
13.7.3.1 Mängelrüge
13.7.3.2 Mängelbeseitigungskosten
13.7.3.3 Verweigerung der Mängelbeseitigung
13.7.3.4 Aufgabe des Sachverständigen
13.7.4 Die Selbstbeseitigung nach § 637 BGB bzw. § 13 Nr. 5 Abs. 2 VOB/B
13.7.4.1 Rechte des Auftraggebers nach fruchtlosem Fristablauf – Position des Auftragnehmers
13.7.4.2 Kostenvorschussanspruch
13.7.4.3 Kostenerstattungsanspruch
13.7.4.4 Entbehrlichkeit der Fristsetzung
13.7.4.5 Verlust des Selbstbeseitigungsrechts
13.7.4.6 Sachverständigenaufgabe
13.7.5 Minderung nach BGB und VOB/B
13.7.5.1 Minderungsvoraussetzungen nach BGB
13.7.5.2 Vollzug der Minderung
13.7.6 Schadensersatzansprüche nach BGB und VOB/B
13.7.6.1 Schadensersatz nach BGB und VOB/B hinsichtlich der durch Sachmängel entstehenden Mangelfolgeschäden
13.7.6.2 Schadensersatz nach BGB und VOB/B hinsichtlich der Mängelbeseitigungsaufwendungen
13.7.6.3 Verschuldensvoraussetzung
13.7.7 Ohne-Rechnung-Abrede, Verstoß gegen das Schwarzarbeitsgesetz und Sachmängelhaftung
13.7.8 Mängelhaftung in der Leistungskette
13.8 Verjährungsregeln

13.1 Allgemeines

Das Bauvertragsrecht ist Teil des Werkvertragsrechts. Die Besonderheiten des Baugeschehens regelt in erster Linie die VOB/B. Diese entfaltet als Allgemeine Geschäftsbedingung jedoch grundsätzlich nur dann Wirkungen, wenn sie rechtswirksam in den Bauvertrag einbezogen worden ist. Von erheblicher Bedeutung ist auch die VOB/C. Diese erklärt § 1 Abs. 1 Satz 2 VOB/B zum Vertragsbestandteil, wenn die VOB/B nach den sich aus § 305 BGB ergebenden Regeln wirksam Vertragsbestandteil beworden ist.

13.1.1 Bauvertragsrecht – kein Vertragstypus des Besonderen Schuldrechts

Das BGB kennt kein eigenständiges Bauvertragsrecht, sondern der Bauvertrag wird im BGB im Rahmen des allgemeinen Werkvertragsrechts abgewickelt. Das BGB regelt eigenständig das Reisevertragsrecht, aber eben nicht das Bauvertragsrecht. Auch die Rechtsbeziehungen der Planer zum Auftraggeber bestimmen sich nach den Regeln des allgemeinen Werkvertragsrechts. Die HOAI ist Preisrecht und kein Werkvertragsrecht.[1] Was Planer schulden, folgt nicht aus der HOAI, sondern wird durch den geschlossenen Vertrag bestimmt, der erforderlichenfalls der Auslegung bedarf. Setzt der Vertrag mit einem Planer (Architekt, Ingenieur) die HOAI auch zu dem Zweck ein, die werkvertraglich geschuldeten Leistungen inhaltlich und umfänglich zu bestimmen, bestimmen die Leistungsbilder der HOAI und die in den Anlagen zur HOAI beschriebenen Arbeitsschritte allerdings auch den werkvertraglichen Pflichtenumfang.

13.1.2 Werkvertragsrecht

Der Werkvertrag ist im Besonderen Teil des Schuldrechts ab §§ 631 ff. BGB normiert. Ob auf eine Rechtsbeziehung Werkvertragsrecht anwendbar ist, bedarf regelmäßig der Auslegung nach Sinn und Zweck des Vertrages mit Rücksicht auf die Interessen der Vertragsparteien (§§ 133, 157 BGB). Der Einordnungsbedarf ergibt sich im Verhältnis zu einem selbständigen Dienstvertrag, also bezüglich der in §§ 611 ff. BGB enthaltenen Bestimmungen und zum Warenlieferungsvertrag (§ 651 BGB). Die Unterscheidung vom Dienstvertrag ist deshalb veranlasst, weil sich die Abwicklung eines Dienstverhältnisses von einem Werkvertragsverhältnis grundsätzlich unterscheidet. Denn der ab §§ 611 ff. BGB geregelte Dienstvertrag, dessen Vorschriften auch für einen selbständigen Dienstvertrag einschlägig sind, kennt kein eigenständiges Sachmängelhaftungsrecht, und Gegenstand der übernommenen Pflichten ist die Dienstleistung an sich und nicht ein von der Dienstleistung zu unterscheidender Erfolg. Ob der Auftraggeber mit den dem anderen beauftragten Dienstleistungen das letztlich verfolgte Ziel erreicht, ist Risiko des Auftraggebers und nicht des Dienstverpflichteten.

13.2 Warenlieferungsvertrag/Werklieferungsvertrag (§ 651 BGB) – Der Bauunternehmer als Besteller objektspezifischer Bauteile

Auf einen Vertrag, der die Lieferung herzustellender oder zu erzeugender beweglicher Sachen zum Gegenstand hat, finden die Vorschriften über den Kauf Anwendung. Soweit es sich um eine nicht vertretbare Sache handelt, sind auch die §§ 642, 643, 645, 649 und 650 BGB mit der Maßgabe anzuwenden, dass an die Stelle der Abnahme der Gefahrübergang nach §§ 446, 447 BGB tritt. Die Regelung ist in § 651 BGB enthalten. Vor dem 1.1.2002 war die Bezeichnung „Werklieferungsvertrag" gebräuchlich.

---

1 BGH, U. v. 24. 10. 1996 – VII ZR 283/95, NJW 1997 S. 586 = BauR 1997 S. 154.

13. Bauvertragsrecht – Sachmängelhaftung

Für den Bauunternehmer ist die Regelung des Warenlieferungsvertrages dann von Bedeutung, wenn er für die Erfüllung seiner bauvertraglich übernommen Verpflichtungen auf Bauteile oder Baustoffe zurückgreift, die vom Lieferanten speziell für das fragliche Bauwerk erst noch herzustellen sind. Er kauft also nicht vorkonfektionierte Materialien ein, auf welche selbstverständlich das Kaufrecht zutrifft, sondern solche Bauelemente, die in besonderer Weise auf das in Frage stehende Objekt zugeschnitten, also nach besonderen Maßvorgaben erst noch herzustellen sind (z.B. bestimmt gewendelte Treppen, Betonfertigteile, Bewehrungsstahl, der nach Bemessungsvorgaben des Tragwerksplaners in vorgegebenen Stärken abgelängt und gebogen auf die Baustelle geliefert, nicht aber in die Schalung eingeflochten wird, nach Verlegeplan zugeschnittene Natursteinplatten).

Dieser Vertragstyp (§ 651 BGB) war vor der Reform des Schuldrechts ab 1.1.2002 unter der Bezeichnung Werklieferungsvertrag bekannt. Mit Abschluss eines Vertrags, der sich inhaltlich an § 651 BGB ausrichtet, werden für denjenigen, der die Lieferung herzustellender beweglicher Sachen übernommen hat, Pflichten begründet, die sich grundsätzlich nach Kaufrecht richten. Das war aus Gründen der EU-Verbrauchsgüterkaufrechtsrichtlinie geboten, denn Art. 1 Abs. 4 dieser Richtlinie hat die Forderung erhoben, dass ein Vertragsverhältnis, das neben der Lieferung und Übereignung auch die Herstellung beweglicher Sachen zum Gegenstand hat, ausdrücklich dem Kaufrecht unterworfen wird. Die Vorschrift lautet: „Als Kaufverträge im Sinne dieser Richtlinie gelten auch Verträge über die Lieferung herzustellender oder zu erzeugender Verbrauchsgüter."

Das BGB hat diese Richtlinie nicht nur für Verbrauchsgüter im Rahmen eines Verbrauchsgüterkaufs, sondern allgemein auch für solche Verträge umgesetzt, an denen kein Verbraucher beteiligt ist, also z.B. für das Verhältnis zwischen Gewerbetreibenden, speziell z.B. zwischen Generalunternehmer und Subunternehmer oder Bauträger und Unternehmer. Denn § 651 BGB ist nicht Teil der Sonderregelungen über den Verbrauchsgüterkauf ab §§ 474 ff. BGB.

Der Unterschied zum Kaufrecht nach § 433 Abs. 1 BGB besteht darin, dass der Verpflichtete eine erst noch herzustellende oder zu erzeugende Sache zu übereignen und zu übergeben hat. Hinsichtlich der Herstellung oder Erzeugung wird durch § 651 BGB eine Rechtspflicht begründet, wogegen das Kaufrecht lediglich rein tatsächlich von einer bereits fertigen Kaufsache ausgeht. Die Abgrenzung des Werklieferungsvertrags vom Werkvertrag hat danach zu erfolgen, ob der Schwerpunkt der übernommenen Verpflichtung in der Eigentumsverschaffung der neu hergestellten Sache besteht oder ob die Bewirkung eines über die Herstellung der Sache hinausgehenden Erfolgs (Gesamterfolg) Zweck des Vertrages ist.[1] Deshalb ist ein Vertrag, nach dessen Inhalt ein Unternehmer die Zerkleinerung von Betonbruchmaterial übernimmt, als Werkvertrag zu qualifizieren.[2]

13.2.1 Frühere Rechtsprechung

Nach vormaliger Rechtsprechung wurde bei der Herstellung beweglicher Sachen, die individuell auf eine bestimmte Baumaßnahme zugeschnitten, also objektbezogen bemessen waren, Werkvertragsrecht angewendet, auch wenn der Auftragnehmer nicht den Einbau dieses Werkteils übernommen hatte. So wurde z.B. die von einem Natursteinbetrieb übernommene Verpflichtung, nach einem bestimmten Verlegeplan Natursteinplatten zuzu-

---

[1] OLG Naumburg, U. v. 20.12. 2007 – 1 U 80/07, BauR 2008 S. 1142.
[2] OLG Naumburg, U. v. 20.12. 2007 – 1 U 80/07, BauR 2008 S. 1142

13.2 Warenlieferungsvertrag/Werklieferungsvertrag (§ 651 BGB)

schneiden und zu liefern, als Werkvertrag eingestuft. Verträge über die Lieferung herzustellender unvertretbarer Sachen, die für ein konkretes Bauwerk bestimmt waren, wurden nach Werkvertragsrecht beurteilt.[1] Nicht notwendig war, dass der Betrieb auch den Einbau übernommen hatte. Dann war selbstverständlich ein Werkvertrag als Bauvertrag zu bejahen. Der individuelle Zuschnitt eines in Ausrichtung an ein bestimmtes Bauwerk herzustellenden beweglichen Teils führte zum Werkvertragsrecht.

Beispiel[2]

Der Generalunternehmer bestellte bei einem Betonfertigteilwerk nach einem Fertigteilplan herzustellende Fertigteile, z.B. Pfeiler, Stützen, die der Generalunternehmer selbst einbaute. Dann war vor der Schuldrechtsreform auf dieses Vertragsverhältnis nach der gesicherten Rechtsprechung des BGH Werkvertragsrecht anzuwenden.

Nunmehr handelt es sich um eine normale Lieferbeziehung, die Kaufrecht unterliegt und lediglich hinsichtlich der Mitwirkungsaufgaben des Bestellers (§§ 642, 643, 645 BGB), der Kündigungsregelung (§ 649 BGB) und des Kostenanschlags (§ 650 BGB) auf das Werkvertragsrecht verweist. So ist ein Vertrag über die Herstellung und Lieferung von Türen für ein ganz bestimmtes Bauvorhaben kein Werkvertrag, sondern auch dann ein Warenlieferungsvertrag, wenn diese Türen nach speziellem Aufmaß gefertigt worden sind.[3] Allerdings wird vorausgesetzt, dass der Auftragnehmer nicht mit dem Setzen der Türen befasst und beauftragt ist. Das hat für die Rügepflicht nach §§ 377 Abs.1, 392 Abs. 2 HGB zur Folge, dass nicht mehr zu unterscheiden ist, ob die Herstellung und Lieferung eine vertretbare oder nicht vertretbare Sache betrifft. Ist der Vertrag für beide Seiten ein Handelsgeschäft, hat der Besteller die Türen unmittelbar nach der Lieferung durch einen Reibeversuch auf ihre ausreichende Abriebfestigkeit zu prüfen. Auch dann, wenn die Herstellung der beweglichen Sachen Planungsleistungen voraussetzt, bleibt es beim Kauf, wenn der Planungsvorgang kein eigenständiges Gewicht aufweist.[4] Planungsleistungen, die lediglich eine Art Vorstufe für die im Mittelpunkt stehende Lieferung herzustellender Teile darstellen, sind nicht geeignet, die Anwendung der Regelungen in § 651 BGB auszuschließen.[5]

13.2.2 Folgen der Neuregelung

Das ist nicht ohne Folgen. Zwar wirkt sich dies nicht auf die Dauer der Verjährungsfrist aus, die nach § 438 Abs. 1 Nr. 2b BGB wegen der Verwendung in einem Bauwerk auch fünf Jahre beträgt – was der werkvertraglichen Verjährungsfrist bei einem Bauwerk (§ 634a Abs. 1 Nr. 2 BGB) entspricht. Die Sachmängelhaftung des Kaufrechts unterscheidet sich aber von der des Werkvertragsrechts. Das Werkvertragsrecht geht vom Nachbesserungsrecht des Unternehmers und davon aus, dass der Unternehmer die Art und Weise der Mängelbeseitigung bestimmt (§ 635 BGB). Das Kaufrecht weist in § 439 BGB dem

---

1 BGH, U. v. 27.3.1980 – VII ZR 44/79, BauR 1980 S. 355.
2 Vgl. *Thode*, ZfBR 2000 S. 367.
3 OLG Nürnberg, U. v. 11.10.2005 – 8 U 804/05, BauR 2007 S. 122 (Nichtzulassungsbeschwerde vom BGH, B. v. 28.9.2006 – VII ZR 255/05 zurückgewiesen).
4 BGH, U. v. 23.7.2009 – VII ZR 151/08, BauR 2009 S. 1581; OLG Düsseldorf, U. v. 6.11.2012 – I-21 U 75/11, BauR 2013 S. 259.
5 BGH, U. v. 23.7.2009 – VII ZR 151/08, BauR 2009 S. 1581.

13. Bauvertragsrecht – Sachmängelhaftung

Käufer das Bestimmungsrecht darüber zu, ob er Nachlieferung oder Beseitigung des Mangels am Kaufgegenstand verlangt. Das Kaufrecht kennt auch nicht die dem Werkvertragsrecht bekannten Sicherungssysteme, nämlich § 648, § 648a BGB. Teilweise unterscheidet sich auch der Sachmangelbegriff trotz grundsätzlicher Gleichstellung deshalb, weil nach § 434 Abs. 1 Satz 3 BGB zur Beschaffenheit auch die in der Werbung oder in der Kennzeichnung angegebenen Qualitäten gehören. Das kennt das Werkvertragsrecht nicht. Die Verjährungsfrist beginnt nach Kaufrecht mit der Ablieferung (§ 438 Abs. 2 BGB); das Werkvertragsrecht setzt die rechtsgeschäftliche Abnahme voraus (§ 634 a Abs. 2, § 640 BGB).

13.3 Abgrenzung zum Dienstvertrag

Der Werkvertrag ist vom Dienstvertrag zu unterscheiden. Da lediglich Vertragsbeziehungen zu einem selbständigen Dienstleister in Betracht kommen, geht es um die Abgrenzung zu einem selbständigen Dienstvertrag. Ob ein Werk- oder ein Dienstvertrag zustande gekommen ist, ergibt die Auslegung des Vertrages. Maßgeblich ist der Inhalt der übernommenen Vertragspflichten und nicht, wie die Parteien den geschlossenen Vertrag durch entsprechende Bezeichnung zuordnen.

13.3.1 Vertragsinhaltsfreiheit – keine Zuordnungsfreiheit

Den Parteien kommt zwar Vertragsfreiheit zu (§ 311 BGB), das schließt jedoch nicht ein, dass die Vertragsparteien dem Vertrag durch eine entsprechende Bezeichnung, z.B. „Dienstvertrag", den Charakter eines Dienstvertrages unabhängig vom Inhalt und dessen Auslegung beimessen.[1] Entscheidend ist der mit dem Vertrag beauftragte Leistungsinhalt. Das Problem ist beim Erwerb einer Eigentumswohnung vom Bauträger bekannt.

13.3.1.1 Vertragsnatur unabhängig von der Einordnung der Parteien

Obwohl die Parteien den notariell beurkundeten Vertrag in der Überschrift als „Kaufvertrag" bezeichnen, nimmt die Rechtsprechung bezüglich des Erwerbs vom Bauträger bei einer entweder ausdrücklich oder stillschweigend enthaltenen Herstellungsverpflichtung hinsichtlich des zu erstellenden Bauwerks Werkvertragsrecht an;[2] hinsichtlich der Eigenschaften des Grundstücks wird Kaufrecht zur Anwendung gebracht. Wenn der Auftraggeber und der Planer den Vertrag als Dienstvertrag bezeichnen und als Inhalt des Vertrags Planungsleistungen einschließlich der Objektüberwachung bezeichnen, schuldet der Planer nicht lediglich diese Leistungen, und es ist das Risiko des Planers, ob auf diese Weise ein mangelfreies Werk – Gesamterfolg und Teilerfolg – erreicht wird. Die übernommene Leistung wird mit Rücksicht auf die beiderseitigen berechtigten Interessen bestimmt.[3] Der Auftraggeber hat in der Situation, die einen zu verwirklichenden Bauwunsch kennzeichnet, nicht nur ein Interesse an der Vornahme von Handlungen. Ihm geht es nicht lediglich um ein „Wirken", sondern um ein Werk. Er hat ein Interesse daran, dass schließlich das

---

[1] BGH, U. v. 25.6.2002 – X ZR 83/00, NJW 2002 S. 3317 und BGH, U. v. 16.7.2002 – X ZR 27/01, NJW 2002 S. 3323.
[2] BGH, U. v. 21.2.1985 – VII ZR 72/84, NJW 1985 S.1551; *Pause,* NZBau 2002 S. 648.
[3] Vgl. für den Planervertrag BGH, U. v. 24.6.2004 – VII ZR 259/02, BauR 2004 S. 1640.

13.3 Abgrenzung zum Dienstvertrag

Bauwerk steht und der von ihm eingeschaltete Planer hierfür die geistigen Grundlagen – Planung, Genehmigungsplanung, Koordinierung, Ausschreibung, Objektüberwachung – schafft. Was der Planer schuldet, ist ein geistiges Werk, wofür ein Tun, nämlich die Planungsleistung in ihren verschiedenen Entwicklungsstufen, erforderlich ist. Der Auftraggeber sieht in dem Tun lediglich ein Mittel zum Erfolg. Einen solchen verspricht auch ein Planer, dessen Aufgabe es ist, die Realisierungsvoraussetzungen für das Bauwerk zu schaffen.

13.3.1.2 Vertragsnatur nach Auftragsinhalt

Die Rechtsnatur und damit die Pflichtenlagen aus dem Vertrag beeinflussen die Parteien durch die Beschreibung des Auftrags.

Werden lediglich **Dienste** beauftragt, mit denen zwar der Besteller bestimmte Zwecke verfolgt, handelt es sich um einen Dienstvertrag. Ein Projektsteuerungsvertrag, nach dessen Inhalt primär Beratungs-, Informations- und Koordinierungsleistungen übertragen werden, ist als Dienstvertrag zu qualifizieren.[1] Das soll auch dann der Fall sein, wenn sich der Vertragsinhalt nach dem Modell des Deutschen Verbandes der Projektsteuerer (DVP) ausrichtet.[2] Ob das auch dann der Fall ist, wenn sich der Vertragsinhalt nach dem Heft 9 des AHO (Allgemeiner Honorarausschuss der Architekten- und Ingenieurekammern) – Projektmanagementleistungen in der Bau- und Immobilienwirtschaft – ausrichtet, ist fraglich. Denn die dort genannten Projektstufen – Projektvorbereitung, Planung, Ausführungsvorbereitung, Ausführung und Projektabschluss – vermitteln im Ergebnis den Eindruck, dass über das bloße Bewirken hinaus ein Erfolg geschuldet wird, der darin besteht, die organisatorischen Voraussetzungen dafür zu schaffen, dass das Werk mit den vereinbarten Qualitäten und Quantitäten in den vorgesehenen Kosten innerhalb der vorgesehen Zeit verwirklicht wird. Dass hierfür eine Vielzahl weiterer Beteiligter erforderlich ist, schließt die Bejahung einer Erfolgsverpflichtung nicht aus. Dass mit einem Projektsteuerer ein Erfolgshonorar vereinbart worden ist, qualifiziert den Vertrag nicht als Werkvertrag.[3] Der Dienstverpflichtete schuldet nur Dienstleistungen, nicht aber den Eintritt des damit vom Besteller bezweckten Erfolges. Der Erfolgseintritt ist Risiko des Bestellers. Der Dienstverpflichtete wird für die Dienstleistung und nicht für einen damit erreichten Erfolg vergütet. Deshalb gibt es keine Abnahme der Dienstleistungen, und die Abnahme ist auch nicht Fälligkeitsvoraussetzung des Vergütungsanspruchs. Gemäß § 614 BGB sind die Dienste nach deren Erbringung zu vergüten. Abnahmefähig ist nur ein von einer Handlung zu trennender Erfolg, ein Werk, wie das in § 640 BGB so vorgesehen ist. Der Dienstvertrag ist handlungsorientiert. Der Werkvertrag ist erfolgsorientiert auf eine Wertschöpfung ausgerichtet. Der Auftragnehmer eines Werkvertrages schuldet mittels seiner vorzunehmenden Handlungen einen Erfolg auch dann, wenn diese Handlungen im Vertrag beschrieben werden.

13.3.1.2.1 Bestimmung des Leistungsinhalts

Über den Leistungsinhalt bestimmen die Parteien die Vertragsnatur. Wenn Planer und Unternehmer Aufgaben übernehmen, ist die Annahme eines Dienstvertrages nicht völlig ausgeschlossen. Gerade im Entwicklungs- und Forschungsbereich wie auch dann, wenn es sich um eine höchst riskante Aufgabe handelt, deren ordnungsgemäße Erledigung

---

1 OLG Düsseldorf, U. v. 1.10.1998 – 5 U 182/98, BauR 1999 S. 508.
2 OLG Düsseldorf, U. v. 16.4.1999 – 22 U 174/98, BauR 1999 S. 1049.
3 BGH, U. v. 16.1.1995 – VII ZR 49/94, BauR 1995 S. 572.

13. Bauvertragsrecht – Sachmängelhaftung

schon mehrfach versucht worden ist, ist an die Annahme eines Dienstvertrages zu denken. Der Vertrag über die **Vornahme eines Versuchs** kann je nach dem Willen der Parteien Dienst- oder Werkvertrag sein. Denn auch der Versuch einer Leistung kann Gegenstand einer werkvertraglichen Erfolgsverpflichtung sein. Das hat der BGH für Architektenleistungen hinsichtlich der Leistungsphase 4 des § 15 HOAI heraus gearbeitet; danach ist eine Vereinbarung, dass eine Planung nicht in allen Punkten genehmigungsfähig sein müsse, möglich.[1] Sind sich der Auftraggeber und sein Architekt über die Problematik, ob eine Genehmigung erteilt werden kann, einig, und wagt der Auftraggeber dennoch das Risiko, ist letztlich Gegenstand des Werks der Versuch, die Genehmigung zu erhalten.[2]

Beispiel

Ein Sanierungsplaner wie auch ein Sanierungsunternehmen sollen eine Abdichtungsmaßnahme vornehmen, die bereits von anderen mehrfach versucht immer wieder gescheitert ist. Hier haben die Parteien die Möglichkeit, einen Werkvertrag abzuschließen und die Sachmängelhaftung individuell ausgehandelt auszuschließen oder zu vereinbaren, Planer und Unternehmer sollten lediglich einen Versuch unternehmen. Dann schulden Planer und Unternehmer allein fachgerechtes Handeln, wofür sie auch vergütet werden. Sie schulden nicht die Dichtigkeit des Werks nach Durchführung ihrer Maßnahmen.

Zwar weist das BGB in § 634a Abs. 1 Nr. 2 einen Vertrag, dessen Inhalt Bauwerksleistungen oder Planungs- wie auch Überwachungsleistungen für ein Bauwerk sind, wegen der im Werkvertragsrecht enthaltenen Verjährungsregel dem Werkvertragsrecht zu. Und Abdichtungsmaßnahmen bei einem Bauwerk, z.B. einer Tiefgarage, sind Bauwerksleistungen. Das schließt jedoch nicht aus, dass die Parteien bei höchst diffizilen Bauwerksleistungen wegen der Unsicherheit des Erfolgseintritts gerade keinen Werkvertrag, sondern einen Dienstvertrag abschließen und damit die Erfolgsübernahme ausschließen. Die Fassung der HOAI 2013 bestimmt nunmehr in § 15 Abs. 1, dass das Honorar der Planer, deren Leistungsbilder in der HOAI geregelt sind, erst ab Abnahme der Leistung und Stellung einer prüffähigen Schlussrechnung fällig ist. Damit wird im Preisrecht die werkvertragliche Regelung des § 641 BGB übernommen, was dafür spricht, dass Verträge über Planungsleistungen werkvertraglichen Charakters sind. Das schließt dennoch im Einzelfall die Annahme eines Dienstvertrages nicht aus. So hat das OLG Celle einen Dienstvertrag dann bejaht, wenn ein Architekt oder Ingenieur die wirtschaftliche Beratung und technische Betreuung bei der Errichtung eines Bauvorhabens übernommen hat und die Übernahme einer Verpflichtung zur Herbeiführung eines bestimmten Arbeitsergebnisses als Erfolg nicht erkennbar ist.[3] Gleiches gilt, wenn ein Architekt oder Ingenieur die Beratung eines Bauherrn wegen aufgetretener Baumängel übernommen hat.[4]

Der Bundesgerichtshof hat im **Forschungs-** und **Entwicklungsbereich** ausgeführt, Leistungen in diesem Bereich könnten Gegenstand eines Dienstvertrages wie auch eines Werkvertrages sein. Zur Abgrenzung zwischen Dienst- und Werkvertrag müsse auf den

---

1 BGH, U. v. 25.3.1999 – VII ZR 397/97, BauR 1999 S. 1195.
2 OLG Düsseldorf, U. v. 20.6.2000 – 21 U 162/99, BauR 2000 S. 1515.
3 OLG Celle, U. v. 11.7.2002 – 14 U 225/01, BauR 2004 S. 1800 (rechtskräftig durch Zurückweisung der Nichtzulassungsbeschwerde durch den BGH vom 29.4.2004 – VII ZR 307/02).
4 OLG Hamm, U. v. 11.10.1994 – 28 U 26/94, NJW-RR 1995 S. 400.

im Vertrag zum Ausdruck kommenden Willen der Parteien abgehoben werden. Entscheidend sei, ob auf dieser Grundlage eine Dienstleistung als solche oder als Arbeitsergebnis deren Erfolg geschuldet sei. Der Tatrichter habe bei seinen Feststellungen die gesamten Umstände des Einzelfalles zu berücksichtigen, wenn im Vertrag eine ausdrückliche Regelung fehlt. Eine im Vertrag enthaltene Beschreibung des Zieles sei allein kein hinreichendes Indiz für die Bejahung eines Werkvertrages.[1]

13.3.1.2.2 Von der Rechtsprechung bejahte Dienstvertragsbeziehungen

Rechts- und Steuerberatung erfolgen gewöhnlich auf der Grundlage selbständiger Dienstverträge. Werkvertragsrecht kommt zur Anwendung, wenn Gegenstand der Rechtsbeziehung z.B. ein einzelnes Rechtsgutachten oder ein Vertragsentwurf ist.[2] Dieselben Grundsätze gelten für die Wirtschaftsberatung. Generell ist eine fortlaufende Tätigkeit dienstvertraglicher Natur und eine auf einen einzelnen Vorgang beschränkte Aufgabe werkvertraglich einzustufen.

13.3.2 Dienstvertragsrecht – Unterschied zum Werkvertragsrecht

Das Dienstvertragsrecht (§§ 611 ff. BGB) unterscheidet sich maßgeblich vom Werkvertragsrecht. Die Dienstleistung ist nach § 613 BGB im Zweifel nicht übertragbar. Das Werkvertragsrecht des BGB kennt eine solche höchstpersönliche Note nicht. Die VOB/B macht die Einschaltung eines Subunternehmers nach § 4 Abs. 8 VOB/B von der Zustimmung des Auftraggebers abhängig. Die Vergütung ist mit Leistung der Dienste fällig und nicht mit der Abnahme. Das Dienstvertragsrecht kennt kein eigenständiges Sachmängelhaftungsrecht. Werden die Dienste nicht sach- und fachgerecht geleistet, also die einschlägigen Handlungsregeln und Sorgfaltspflichten nicht beachtet, ist der Dienstverpflichtete nach § 280 Abs. 1 BGB schadensersatzpflichtig. Das Dienstvertragsrecht kennt kein Nacherfüllungsrecht des Verpflichteten. Sind derartige Nacherfüllungen – Mängelbeseitigung – faktisch möglich, spricht dies bereits für einen Werkvertrag.

Die Planer- und Objektüberwachungsleistungen für ein Bauwerk sind ebenso wie die Leistungen eines Unternehmers für ein Bauwerk durch das Gesetz dem Werkvertragsbereich zugewiesen. Das kann der Verjährungsregel in § 634a Abs. 1 Nr. 2 BGB entnommen werden. Ein Vermessungsingenieur erbringt Vermessungsleistungen auf Grund eines Werkvertrags.[3] Daraus, dass die Leistungen der sog. Beratenden Ingenieure in der Anlage 1 der HOAI 2009 und 2013 beschrieben werden und die dort dargestellten Honorierungsparameter lediglich Empfehlungen darstellen, darf nicht geschlossen werden, deren Leistungen würden auf der Grundlage eines Dienstvertrages erbracht. Denn die HOAI setzt in ihrem preisrechtlich verbindlichen Bereich nicht voraus, dass Leistungen auf der Grundlage eines Werkvertrages erbracht werden. Das Preisrecht der HOAI kommt auch dann zur Anwendung, wenn die Leistungen auf der Grundlage eines Dienstvertrages erbracht werden.[4] Die HOAI gibt für die Frage, welcher rechtlichen Natur der zugrunde liegende

---
1 BGH, U. v. 16.7.2002 – X ZR 27/01, BauR 2003 S. 143 = NJW 2002 S. 3323.
2 Vgl. z.B. BGH, U. v. 16.11.1995 – IX ZR 148/94, NJW 1996 S. 661 und U. v. 21.11.1996 – IX ZR 159/95, 1997 S. 516.
3 BGH, U. v. 9.3.1972 – VII ZR 202/70, NJW 1972 S. 901: OLG Düsseldorf, U. v. 19.2.1974 – 21 U 102/73, BauR 1975 S. 68.
4 BGH, U. v. 18.5.2000 – VII ZR 125/99, BauR 2000 S. 1512.

Vertrag ist, nichts her, wenn auch in § 15 Abs. 1 HOAI Fassung 2013 nunmehr die Abnahme der erbrachten Leistungen neben der Erstellung einer prüffähigen Schlussrechnung als Fälligkeitsvoraussetzung normiert ist und damit eine Anlehnung an § 641 BGB und folglich an das Werkvertragsrecht vorliegt.

Wenn auch die Anlage 1 der HOAI 2013 – wie auch schon in der HOAI 2009 – für die Leistungen der **"Beratenden Ingenieure"** als Überschrift "Beratungsleistungen" verwendet und Verträge über **Beratungsleistungen** gewöhnlich als Dienstverträge einzuordnen sind,[1] stellen die dort bezüglich der Umweltverträglichkeitsstudie, der Bauphysik, Geotechnik und der Vermessung beschriebenen Leistungen keine Beratungs-, sondern Planungsleistungen dar. Denn diese Leistungen stellen "durch ihre Interaktionen mit anderen Planungsdisziplinen einen elementaren Baustein im Planungsprozess dar und finden eine Verkörperung im Objekt/Bauwerk."[2] Diese tatsächlichen Feststellungen führen notwendig dazu, dass der Beauftragung derartiger Leistungen gewöhnlich Werkverträge zugrunde liegen. Denn es handelt sich dabei um Planungs- und gerade nicht um Beratungsleistungen. Daran vermag die Überschrift der HOAI in der Anlage 1, die noch dazu inhaltlich unverbindliche Aussagen enthält (vgl. § 3 Abs. 1 HOAI 2013), nichts zu ändern.

Wie eng die Verpflichtung zur Dienstleistung und die Verpflichtung zur Erstellung eines Werks nebeneinander liegen, verdeutlicht die Werkbeschreibung in § 631 Abs. 2 BGB. Danach kann Gegenstand des Werkvertrags sowohl die Herstellung oder Veränderung einer Sache als auch ein anderer durch Arbeit oder Dienstleistung herbeizuführender Erfolg sein. Entscheidend ist bei Beschreibung einer Arbeits- oder Dienstleistung in einem Vertrag, ob nur diese Leistung oder ein mittels dieser Leistung zu erzielender Erfolg Gegenstand des Versprechens ist. Deshalb ist der Dienstvertrag handlungsorientiert und der Werkvertrag erfolgsorientiert.

Beispiel

In einem Leistungsverzeichnis wird genau beschrieben, mit welchen Stoffen und mit welcher Arbeitsweise eine Beschichtung aufzubringen ist. Soll mit dieser Beschichtung der Korrosionsschutz sichergestellt werden, ist nicht lediglich die Arbeit, sondern der Korrosionsschutz das versprochene Werk.

13.4 Werkvertrag

Ein Werkvertrag liegt dann vor, wenn der Besteller ein Werk, also einen Erfolg, beauftragt, und der Auftragnehmer auch ein Erfolgsversprechen abgibt. Die Vergütung für das Werk wird erst nach Abnahme fällig (§§ 641, 640 BGB). Der Auftragnehmer steht für die Sachmangelfreiheit des Werks ein. Deshalb ist die Bestimmung der Werkaufgabe für die Abnahme wie auch die Sachmängelhaftung bedeutsam.

Das Werkvertragsrecht im Baubereich wird neben den Regeln des BGB ab §§ 631 ff. in der VOB/B strukturiert, wenn die Vertragsparteien die VOB/B rechtswirksam in den Ver-

---

[1] *Prütting/Wegen/Weinreich-Lingemann*,BGB, 8. Aufl., § 611 Rdn. 15.
[2] Aus Gutachten *Motzko/Kochendörfer* betreffend die Einordnung der Leistungen Umweltverträglichkeitsstudien, Thermische Bauphysik, Schallschutz und Raumakustik, Bodenmechanik, Erd- und Grundbau sowie Vermessungstechnische Leistungen vom 22.10.2010, im Internet herunterzuladen unter www.aho.de.

trag einbezogen haben. Da die VOB/B jedoch nur für Bauleistungen gilt, bestimmt sich der Planerbereich ausschließlich nach dem BGB-Werkvertragsrecht, soweit nicht die HOAI durch Beschreibung des Planerwerks in Anlehnung an die HOAI Einfluss gewinnt. Planerverträge, die in Anlehnung an die HOAI geschlossen werden, haben nach der höchstrichterlichen Rechtsprechung zur Folge, dass z.B. die in der Anlage 10 zur HOAI 2013 in den einzelnen Leistungsphasen beschriebenen Grundleistungen (Arbeitsschritte) als Teilerfolge neben dem Gesamterfolg geschuldet werden.[1]

13.4.1 Regelung im BGB

Die Bestimmungen des BGB befassen sich in § 631 mit den Grundpflichten der Parteien. § 632 und § 632a BGB enthalten Vergütungsregeln. § 633 BGB normiert die Verpflichtung des Auftragnehmers, das versprochene Werk frei von Sachmängeln zu erstellen, und die folgenden Bestimmungen bis einschließlich § 639 BGB befassen sich mit den aus Sachmängeln zugunsten des Bestellers ergebenden Rechten einschließlich der Verjährungsregeln. § 640 BGB sieht die Abnahme der Werkleistung vor und § 641 BGB die Fälligkeit der Vergütung in Abhängigkeit von der Abnahme. Dieses Ergebnis korrigiert § 644 BGB für den Fall, dass der Auftraggeber in Verzug der Annahme gerät; dann gehen die Leistungsgefahr und damit auch die Preisgefahr auf den Auftraggeber über. An die Stelle der Abnahme tritt nach § 646 BGB die Vollendung, wenn das Werk seiner Natur nach nicht abnahmefähig ist. Da ein Werk regelmäßig auch in Abhängigkeit von Mitwirkungen des Auftraggebers entsteht, haben §§ 642, 643 und 645 BGB mit hieraus sich ergebenden Folgen für den Fall zu tun, dass der Auftraggeber seinen Aufgaben nicht gerecht wird. §§ 647 bis 648a BGB behandeln Sicherungsrechte des Auftragnehmers, der wegen der ihn treffenden **Vorleistungsverpflichtung** besonders sicherungsbedürftig ist. Denn abgesehen von der in § 632a BGB enthaltenen Abschlagszahlungsregelung erhält der Auftragnehmer seine Vergütung erst nach Erstellung und Abnahme des Werks. § 649 BGB regelt die Vergütungsfolgen der freien Auftraggeberkündigung. § 650 BGB befasst sich mit den einen Auftragnehmer treffenden Mitteilungspflichten, wenn er für das von ihm zu erstellende Werk einen Kostenvoranschlag erstellt hat und sich herausstellt, dass die Kostenanschlagssumme überschritten wird.

13.4.2 Regelungen der VOB/B

Die VOB/B enthält als Allgemeine Geschäftsbedingung Sonderregelungen für den Bauvertrag, wenn sie von den Parteien nach § 305 Abs. 2 BGB ordnungsgemäß in den Vertrag einbezogen worden ist. Nach § 310 Abs. 1 Satz 1 BGB ist vor allem zu beachten, dass die VOB/B nicht zur Verwendung für jedermann gedacht ist. Die entsprechende amtliche Anmerkung zur VOB/B lautet wie folgt: „Diese Allgemeinen Geschäftsbedingungen werden durch den DVA ausschließlich zur Anwendung gegenüber Unternehmen, juristischen Personen des öffentlichen Rechts und öffentlich-rechtlichen Sondervermögen empfohlen (§ 310 BGB)." Die VOB/B wird demnach durch den Deutschen Vergabe- und Vertragsausschuss (DVA) nicht zur Anwendung im Verhältnis Unternehmer zu Verbraucher und umgekehrt empfohlen. Ausweislich der in § 310 Abs. 1 BGB getroffenen Regelung wer-

---

[1] BGH, U. v. 11.11.2004 – VII ZR 128/03, BauR 2005 S. 400, 405.

den die einzelnen Regelungen der VOB/B nur dann von einer AGB-rechtlichen Kontrolle verschont, wenn sie ohne inhaltliche Abweichung insgesamt in einen Bauvertrag einbezogen wird, der zwischen Unternehmen und der öffentlichen Hand und Unternehmen geschlossen wird. Stellt ein Unternehmer einem Verbraucher die VOB/B, ist die VOB/B demnach nicht privilegiert, vielmehr kann jede Einzelregelung der VOB/B einer AGB-rechtlichen Kontrolle unterzogen werden.

Die VOB/B beschreibt in § 1 näher, nach welchen Regeln die Vertragsleistung zu bestimmen ist; welche Vergütung der Unternehmer unter welchen Voraussetzungen beanspruchen kann, ist Regelungsgegenstand des § 2 VOB/B. § 3 VOB/B widmet sich besonders den Auftraggeberpflichten bzw. Auftraggeberobliegenheiten, was unter Ausführungsgesichtspunkten auch Teil der Regelung in § 4 ist. Diese Vorschrift hat jedoch auch Störungstatbestände im Bauablauf vor der Abnahme zum Gegenstand. Die §§ 5 und 6 befassen sich mit Zeitstörungstatbeständen, § 7 mit Besonderheiten der Gefahrtragung und die §§ 8 und 9 mit Kündigungsregeln. § 10 enthält Haftungsregeln im Verhältnis der Baubeteiligten zu Dritten. § 11 regelt die Vertragsstrafe, § 12 die Abnahme mit ihren Besonderheiten im Verhältnis zur Abnahme nach BGB und § 13 VOB/B enthält die Sachmängelhaftung nach der VOB/B, die entscheidend von der Haftung nach den BGB-Regeln abweicht. Ab § 14 konkretisiert die VOB/B die Voraussetzungen für Zahlungsansprüche des Auftragnehmers; die Vorschrift enthält Abrechnungs- und Aufmaßregeln und § 15 trifft Festlegungen zur Abrechnung nach Stundenlohngrundsätzen. § 16 VOB/B regelt die Fälligkeitsvoraussetzungen der einzelnen Zahlungsansprüche und § 17 befasst sich mit den Sicherheiten. § 18 VOB/B enthält einige abschließende Bestimmungen.

Insgesamt verdeutlicht der Inhalt der VOB/B einen maßgeblichen Praxisbezug, der dem Werkvertragsrecht des BGB unter Bauwerksgesichtspunkten notwendig deshalb abgehen muss, weil das BGB-Werkvertragsrecht für eine Vielzahl von Sachverhalten anwendbar und folglich generalisierender Natur ist. Deshalb entsteht immer wieder das Problem, ob nicht die Bestimmungen der VOB/B dermaßen gewerküblicher Art sind, dass sie nach Art einer Verkehrssitte Einfluss auch auf einen BGB-Bauvertrag haben. Eine solche Beeinflussung scheidet jedoch klar dort aus, wo die VOB/B vom BGB abweichende Bestimmungen enthält. Dann kann nicht die BGB-Bestimmung wegen des Umstandes, dass es um die Regelung einer bauvertraglichen Beziehung geht, mit Hilfe VOB-rechtlicher Überlegungen gleichsam beiseite geschoben werden. Die Parteien hatten die Möglichkeit, einen VOB-Bauvertrag abzuschließen; sie müssen sich an den von ihnen geschaffenen Vertragsgrundlagen festhalten lassen.

13.4.3 Typische bauvertragliche Regelung im BGB-Werkvertragsrecht

Das BGB-Werkvertragsrecht enthält nur wenige baurechtlich spezifische Aussagen. Das sind: Die Verjährungsregelung in § 634a Abs. 1 Nr. 2; § 648 BGB: Bauhandwerkersicherungshypothek und § 648a BGB: Bauhandwerkersicherungsgesetz – Möglichkeit des Unternehmers eines Bauwerks oder einer Außenanlage, seine Leistungen von der Gestellung einer Sicherheit abhängig zu machen. Das Gesetz zur Sicherung von Werkunternehmeransprüchen und zur verbesserten Durchsetzung von Forderungen (Forderungssicherungsgesetz – FoSiG) vom 23.10.2008, BGBl. I S. 2022, hat mit Wirkung ab 1.1.2009 für die ab diesem Zeitpunkt geschlossenen Verträge die Fertigstellungsbescheinigung

(§ 641 a BGB) abgeschafft und die Abschlagszahlungsregeln (§ 632 a BGB), die Fälligkeit (§ 641 Abs. 2 BGB), das Leistungsverweigerungsrecht (§ 641 Abs. 3 BGB) und § 648 a BGB erheblich geändert.

13.5 Der Sachmangel nach Werkvertragsrecht des BGB

Hinsichtlich der Sachmängelhaftung nach den Regeln des Werkvertragsrechts ist zwischen den Voraussetzungen und den Rechten aus vorhandenen Sachmängeln zu unterscheiden. Die Anforderungen an die Sachmangelfreiheit formuliert § 633 BGB. Die Rechtsfolgen aus Sachmängeln ergeben sich ab § 634 bis § 638 BGB.

13.5.1 Sachmangelfreiheit – Sachmangel

§ 633 BGB enthält die Regelung. Nach dessen Absatz 1 hat der Unternehmer, worunter der Auftragnehmer, also auch ein Planer und nicht nur ein Verarbeiter, zu verstehen ist, das **Werk frei von Sach- und Rechtsmängeln** zu verschaffen. Die Herstellung dieses Werks hat der Auftragnehmer gemäß § 631 Abs. 1 BGB versprochen. Gegenstand des Werks kann gemäß § 631 Abs. 2 BGB die Herstellung oder Veränderung einer Sache oder ein anderer durch Arbeit oder Dienstleistung herbeizuführender Erfolg sein. Für den Bereich des Bauvertrages ist zwischen den körperlichen Werken der Unternehmer (Verarbeiter) und den geistigen Werken der Planer zu unterscheiden. Weiter muss darauf geachtet werden, auf welche Weise das Werk im Vertrag beschrieben wird. Das **Werk** selbst ist von dessen Qualitäten und Beschaffenheitskriterien zu unterscheiden, wobei jedoch die Kennzeichnung des Werks durchaus Einfluss auf die Feststellung der werkvertraglich geschuldeten Qualitäten hat. Für das Vorhandensein dieser Qualitäten steht der Unternehmer nach Sachmängelhaftungskriterien ein. Hierfür ist vor der ab 1.1.2002 in Kraft getretenen Schuldrechtsreform vorwiegend der Begriff „Gewährleistung" verwendet worden. Damit waren die Ansprüche des Auftraggebers nach der Abnahme der Werkleistung gemeint. Die VOB/B hat dies in der Fassung von 2000 in § 13 VOB/B mit der Überschrift „Gewährleistung" so auch zum Ausdruck gebracht. § 13 VOB/B ist nunmehr mit „Mängelansprüche" überschrieben. Das BGB kannte den Begriff „Gewährleistung" im Kaufrecht (ab §§ 459 ff. BGB, Fassung bis einschließlich 31.12.2001), nicht jedoch im Werkvertragsrecht.

13.5.2 Das Werk im Bauvertragsrecht – körperliches und geistiges Werk

Der Unternehmer schuldet das körperliche Werk, nämlich das durch Bauleistungen herzustellende Bauwerk oder Bauwerksteil. Davon zu unterscheiden sind die für die Erstellung notwendigen Planungsleistungen, die als geistige Leistungen die Voraussetzung für das körperliche Bauwerk sind. Das besagt nicht, dass der Unternehmer ausschließlich händisch tätig zu werden hat; im Einzelfall können dazu auch Planungsleistungen gehören, wie z.B. Elementpläne, Montagepläne, Werkstattpläne.

13.5.2.1 Das Bauwerk – körperliches Werk

Das Werk der Unternehmer (Verarbeiter) ist das **Bauwerk,** das mit Grund und Boden fest verbunden ist. Auch Bauwerksteile des Rohbaus oder des technischen Ausbaus gehören zum körperlichen Bauwerk. Die Rechtsprechung hat das Bauwerk als eine unbewegliche, durch Verwendung von Arbeit und Material in Verbindung mit dem Erdboden hergestellte Sache beschrieben.[1] Die Unternehmer haben direkt mit der baulichen Anlage zu tun, indem sie diese schaffen. Die Unternehmer erbringen **Bauleistungen,** worunter nach § 1 VOB/A Arbeiten jeder Art zu verstehen sind, durch die eine **bauliche Anlage** hergestellt, instand gehalten, geändert oder beseitigt wird. Ein Bauwerk und damit auch Arbeiten bei einem Bauwerk liegen bereits dann vor, wenn ein Trainingsplatz mit Rollrasen, Rasentragschicht, Bewässerungsanlage, Rasenheizung und Kunstfaserverstärkung erneuert wird.[2] Hat ein Labor die Aufgabe, Proben der einzubringenden Rasentragschicht auf Wasserdurchlässigkeit zu untersuchen, wird sogar diese letztlich gutachterliche Leistung als Arbeit bei einem Bauwerk mit der Folge eingeordnet, dass sich die Verjährungsfrist nach der für das Bauwerk selbst richtet.[3]

Diese Bauleistungen sind von den ihnen zugrunde liegenden **Planungsleistungen** einschließlich Ausschreibungsleistungen (Leistungsbeschreibungen) zu unterscheiden. Nach § 3 Abs. 1 VOB/B hat ein ausführender Unternehmer einen Anspruch gegenüber dem Auftraggeber auf die Zurverfügungstellung der für die Ausführung erforderlichen Unterlagen. Der Bundesgerichtshof neigt dazu, diese Mitwirkungsaufgabe des Auftraggebers nicht als eine – dann auch einklagbare – Pflicht, sondern als eine – nicht einklagbare – Obliegenheit zu qualifizieren, deren Erfüllung der Auftraggeber gleichsam sich selbst, nicht aber einem Auftragnehmer schuldet.[4] Dazu gehören nach der Leistungsphase 5 des einschlägigen Leistungsbildes der Planer die Ausführungspläne, die Teil der Planungsleistungen der Objektplaner und Fachplaner sind (vgl. z.B. § 34, § 43 § 51, § 55 HOAI 2013 und die jeweils zugehörigen Anlagen, nämlich 10, 12, 14 und 15 zur HOAI 2013).

Das schließt nicht aus, dass der Auftraggeber im Rahmen der Ausschreibung von Bauleistungen auch Planungsleistungen zum Inhalt der Ausschreibung machen darf. Das sieht § 99 Abs. 3 GWB ausdrücklich so vor. Denn danach sind – unter Ausschreibungsgesichtspunkten – Bauaufträge Verträge entweder über die Ausführung oder die gleichzeitige Planung und Ausführung eines Bauvorhabens oder eines Bauwerks, das Ergebnis von Tief- oder Hochbauarbeiten ist und eine wirtschaftliche oder technische Funktion erfüllen soll, oder einer Bauleistung durch Dritte gemäß den vom Auftraggeber genannten Erfordernissen. Übernimmt ein Unternehmer auf der Grundlage eines VOB/B-Bauvertrags in diesem Vertrag auch Planungsleistungen (z.B. die Ausführungs-/Werkplanung), spricht vieles dafür, insoweit nicht VOB/B-Regeln, sondern das BGB zur Anwendung zu bringen. Denn die VOB/B gilt für Bau- und nicht für Planungsleistungen.[5] Das trifft nicht auf unternehmerische Planungsleistungen zu (vgl. 13.5.2.5.1) und gilt wohl auch nicht für solche Planungsleistungen, durch die der Unternehmer Lücken im Planungsbereich des Architekten füllt (vgl. 13.5.2.4). Wird ein Unternehmer eigenständig mit Planungsleistungen beauftragt und zusätzlich mit Bauleistungen, für welche die VOB/B gilt, beurteilt sich die Sachmängelhaftung bei Planungsmängeln ausschließlich nach BGB-Regeln, womit die

---

1 BGH, U. v. 30.1.1992 – VII ZR 86/90, BauR 1992 S. 369 = NJW 1992 S. 1445.
2 BGH, U. v. 20.12.2012 – VII ZR 182/10, BauR 2013 S. 601.
3 BGH, U. v. 20.12.2012 – VII ZR 182/10, BauR 2013 S. 601.
4 BGH, U. v. 27.11.2008 – VII ZR 206/06, BauR 2009 S. 515, 520.
5 BGH, U. v. 17.7.1987 – VII 7 ZR 166/86, BauR 1987 S. 702.

Verjährungsfrist fünf Jahre beträgt. Stellt der Auftraggeber keine ausführungsreifen Pläne bei, was später im Rechtsstreit ein Sachverständiger eigentlich als Aufgabe eines Planers bezeichnet, und hat der Auftragnehmer zur Erfüllung des ihm erteilten Bauauftrags auch die Planungsleistungen erbracht, stellt sich die Frage, ob unter haftungsrechtlichen Gesichtspunkten eigenständig an diesen Planungsleistungen als Ursache für einen aufgetretenen Baumangel angeknüpft werden kann. Das Problem besteht darin, ob die Planungsleistung lediglich einen Zurechnungsfaktor für den aufgetretenen Baumangel darstellt; ist das der Fall, dann bindet die Sachmängelhaftung allein am Baumangel an, und Verjährung ist eingetreten, wenn bei einem VOB-Bauvertrag der Sachmangeltatbestand erst im 5. Jahr nach der Abnahme auftritt. Für diese Beurteilung spricht vieles deshalb, weil allein dadurch, dass ein Unternehmer eine für einen Mangel ursächlich werdende Planungsleistung erbringt, die Vertragspflichten nicht auf die Planungsleistung ausgedehnt werden (vgl. auch unter 13.5.2.4).

13.5.2.2 Das Werk der Planer – geistige Werkleistung

Das Werk der Planer ist ein geistiges. Der Planer schuldet nicht das Objekt (Gebäude oder sonstige bauliche Anlagen wie z.B. eine Verkehrsanlage), sondern er schuldet das mangelfreie **Entstehenlassen** des Bauwerks durch Planung, Koordinierung und Überwachung. Die Planer haben mit ihren Plänen (Leistungsphase 1 bis 5 z.B. des § 34 HOAI 2013), ihren Koordinierungsmaßnahmen, Vorbereitungs- und Mitwirkungsmaßnahmen bei der Vergabe sowie der Objektüberwachung dafür zu sorgen, dass das Bauwerk mangelfrei entsteht und zur Vollendung kommt.[1] Das ist der vom Planer geschuldete **Gesamterfolg.** Schließt der Planer mit dem Auftraggeber einen Architektenvertrag in Anlehnung an die HOAI in der Weise, dass ihm Leistungen nach dem Leistungsbild des § 34 HOAI Phasen 1 bis 8 (vgl. Anlage 10 zur HOAI 2013) übertragen werden, schuldet der Planer wegen dieser Art des Vertragsschlusses als Werk nicht nur den Gesamterfolg, sondern er schuldet nach der Rechtsprechung des BGH alle in den einzelnen Leistungsphasen des jeweiligen Leistungsbildes angeführten Arbeitsschritte (Grundleistungen) als **Teilerfolge.**[2] Diese Rechtsprechung ist gefestigt, und die HOAI entfaltet jedenfalls dann, wenn ein Planervertrag in Anlehnung an die HOAI geschlossen wird, Wirkungen als Auslegungshilfe.[3]

Der Unternehmer ist damit grundsätzlich nicht gehalten, die für die körperliche Bauleistung erforderlichen geistigen Leistungen, insbesondere die für die Ausführung nötigen Unterlagen, zu erbringen und für die Koordinierung zu sorgen. Hierbei handelt es sich um Bauherrenmitwirkungsaufgaben, was die VOB/B in § 3 Abs. 1 hinsichtlich der Werkplanung und in § 4 Abs. 1 VOB/B hinsichtlich der Koordinierung deutlich zum Ausdruck bringt. Grundsätzlich handelt es sich dabei um Obliegenheiten und nicht um einklagbare Verpflichtungen.[4]

Zur Erfüllung dieser dem Bauherrn im Verhältnis zum Verarbeiter obliegenden Mitwirkung wird der Planer eingeschaltet. Der Planer ist deshalb insoweit ein Erfüllungsgehilfe des Auftraggebers mit der Folge, dass das Planerversagen dem Auftraggeber wie eigenes Versagen nach §§ 278, 254 BGB zugerechnet wird. Deshalb reduziert sich im Haftungsfall bei Vorliegen einer Verantwortlichkeit auch des Unternehmers, z.B. bei Verletzung von

---

1 BGH, U. v. 14.2.2001 – VII ZR 176/99, BauR 2001 S. 823 = NJW 2001 S. 1276.
2 BGH, U. v. 24.6.2004 – VII ZR 259/04, BauR 2004 S. 1640.
3 BGH, U. v. 27.7.2007 – VII ZR 42/05, BauR 2007 S. 1761.
4 BGH, U. v. 27.11.2008 – VII ZR 206/06, BauR 2009 S. 515.

13. Bauvertragsrecht – Sachmängelhaftung

Prüfungs- und Mitteilungspflichten nach § 4 Abs. 3 VOB/B, der Umfang der Haftung des Unternehmers gegenüber dem Auftraggeber um diese auf den Planer entfallende Haftungsquote.

13.5.2.3 Das geschuldete körperliche Werk – Werkbeschreibung im Rahmen des Gewerks

Das bedingt die Notwendigkeit der genauen Beschreibung des dem Unternehmer (Verarbeiter) übertragenen Werks als Grundlage für die Festlegung auch der Sachmangelfreiheitskriterien. Die Sachmangelfreiheitskriterien sind werkbezogen zu bestimmen.

Die Werkbeschreibung kann detailliert oder pauschal erfolgen. Bei der Bestimmung der Werkleistung sind auch der Sinn und Zweck wie auch die Erwartungen des Bestellers zu berücksichtigen, die üblicherweise mit einem solchen Werk verbunden sind. Jedoch muss gleichsam der letzte vom Auftraggeber verfolgte Zweck nicht Gegenstand des werkvertraglich geschuldeten Erfolgs sein. Der Erfolg in Gestalt einer Sache ist von dem mit dieser Sache verfolgten Zweck zu unterscheiden. Im Einzelfall ist die Auslegung als Aufgabe des Gerichts gefordert, was nicht ausschließt, dass der Sachverständige dabei eine Hilfestellung leistet. Die **Auslegung** darf jedoch nicht insgesamt zum Gegenstand des **Sachverständigenbeweises** werden.[1] Der BGH erklärt, bei der nach § 133, § 157 BGB gebotenen Auslegung eines Leistungsverzeichnisses kann den Ausführungen eines technischen Sachverständigen nur eine begrenzte Funktion zukommen. Sie beschränkt sich im Wesentlichen darauf, das für die Beurteilung bedeutsame Fachwissen zu vermitteln, also etwa Fachsprache und Üblichkeiten, vor allem, wenn sie sich zu einer Verkehrssitte i.S.v. § 157 BGB verdichtet haben.[2] Im Streit ist die Festlegung des vom Auftragnehmer geschuldeten Werks demnach klar eine richterliche Aufgabe und nicht eine dem Sachverständigenbeweis unterliegende Sachverständigenfrage. Die sachverständige Begutachtung als solche muss neben allen übrigen maßgeblichen Umständen des Einzelfalles vom Gericht selbst gewürdigt werden. Vor allem die Abwägung der vom Sachverständigen vermittelten Erkenntnisse gegenüber denen, die sich aus der individuellen Situation ergeben, hat das Gericht in eigener Verantwortung vorzunehmen und dabei auch zu prüfen, ob der Sachverständige seinem Gutachten richtige oder fehlerhafte Vorstellungen zugrunde gelegt hat.[3]

Beispiel

Bei Brunnenarbeiten ist Gegenstand des Werks nur der Brunnen und nicht das mit diesem Brunnen letztlich verfolgte Ziel, Wasser in bestimmter Ergiebigkeit und Qualität pumpen zu können. Deshalb hatte die DIN 18302 Brunnenbauarbeiten, 2002, im Abschnitt 3.1.1 wie folgt formuliert: „Der Auftragnehmer hat nicht einzustehen für eine bestimmte Ergiebigkeit der Brunnen, für eine bestimmte Absenkung des Wasserspiegels und für eine bestimmte chemische und bakteriologische Beschaffenheit des Wassers." In der Ausgabe der VOB 2006 hat die DIN 18302 die Bezeichnung „Arbeiten zum Ausbau von Bohrungen" erhalten. Die vormalige Aussage im Abschnitt 3.1.1 ist nicht mehr vorhanden.

---

1 Vgl. BGH, U. v. 9.2.1995 – VII ZR 143/93, BauR 1995 S. 538; BGH, U. v. 27.6.1996 – VII ZR 59/95, BauR 1997 S. 126; BGH, U. v. 17.6.2004 – VII ZR 75/03, BauR 2004 S. 1438.
2 BGH, U. v. 9.2.1995 – VII ZR 143/93, BauR 1995 S. 538.
3 BGH, U. v. 9.2.1995 – VII ZR 143/93, BauR 1995 S. 538.

Der **Fliesenleger** wird mit Fliesenlegerarbeiten in einem Bad beauftragt. Die Abdichtung ist nicht Teil der beschriebenen Leistung. Ohne Abdichtung, zumindest als Flüssigkeitsabdichtung auf dem Putz in Verbindung mit dem Kleber aufgebracht, funktioniert die Leistung jedoch deshalb nicht, weil beim Baden und Duschen Wasser zwischen den Fugen eindringt und Feuchtigkeitsschäden die Folge sein werden. Das Werk des Fliesenlegers sind die Fliesen, das Werk Abdichtung ist etwas Eigenständiges. Sind entstehende Feuchtigkeitsmängel Mängel am Fliesengewerk oder handelt es sich um die Verletzung von Nebenpflichten im Rahmen des Vertrages deshalb, weil der Fliesenleger im Zuge seiner Arbeiten die Aufgabe hatte, den Bauherrn auf die Defizite hinzuweisen? Der Fall liegt deutlich an der Grenze. Denn an den Fliesen selbst wie auch an den Fugen ist kein Mangel festzustellen. Der Mangel liegt darin, dass das über die Fugen eindringende Wasser nicht in den darunterliegenden Schichten vor dem weiteren Eindringen in das Bauwerk behindert wird. Allerdings ist das Gewerk des Fliesenlegers eng mit der Abdichtung in Nassräumen verbunden, denn der Fachverband des Deutschen Fliesengewerbes hat das Merkblatt Hinweise für die Ausführung von Abdichtungen im Verbund mit Bekleidungen und Belägen aus Fliesen und Platten für den Innen- und Außenbereich erstellt und damit das Abdichtungsproblem im Gewerk Fliesen und Platten thematisiert. Deshalb liegt es nahe, das Werk des Fliesenlegers im gewöhnlichen Bad- und Nassbereich unter Einschluss der Abdichtung zu bezeichnen.

Wenn nach den **Grundregeln für Dachdeckungen, Abdichtungen und Außenwandbekleidungen,** Abschnitt 5.8, beschrieben wird, dass Dachdeckungen regensicher sein müssen, dann ist die Herstellung einer Wasserdichtigkeit durch Anbringung einer Unterdeckung oder Unterspannbahn nicht das Werk des Dachdeckers, wenn im Leistungsverzeichnis keinerlei diesbezügliche Position enthalten ist. Allerdings ist gerade dieser Fall auch bereits ein Beleg dafür, dass bei Streit darüber, ob der Dachdecker ein wasserdichtes Dach als Werk geschuldet hat, also die Sachmängelhaftung unter Mangelgesichtspunkten abgelehnt werden könnte. Denn der Dachdecker schuldete bei dem Dach nicht die Beschaffenheit „wasserdicht", sondern lediglich regensicher. Stellt man darauf ab, dass ein wasserdichtes Dach einen völlig anderen Aufbau, z.B. ein Unterdach, aufzuweisen hat, ist der Ansatz über die Verschiedenheit der Werke nahe liegend. Auch die DIN 18338 Dachdeckungs- und Dachabdichtungsarbeiten unterscheidet schon in ihrer Bezeichnung zwischen den Werken Dachdeckung und Dachabdichtung und führt in Abschnitt 3.1.4 aus, die Dachdeckung müsse regensicher, die Dachabdichtung wasserdicht ausgeführt werden. Im Einzelfall ist eine gewerkespezifische Beurteilung angezeigt. Im Grundsatz wird jedoch gelten, dass derjenige, der lediglich eine Dachdeckung ausschreibt, von einer Dachabdichtung absieht, also ein Werk beauftragt, das infolge fehlender Dachabdichtung Wasserdichtigkeit nicht sicherstellt.

Dabei ist jedoch auch zu bedenken, dass sich der vertraglich geschuldete Erfolg nicht allein nach der zu seiner Erreichung vereinbarten Leistung oder Ausführungsart, sondern auch danach bestimmt, welche Funktion das Werk nach dem Willen der Parteien erfüllen soll. Das gilt unabhängig davon, ob die Parteien eine bestimmte Leistung, sei es ein bestimmtes Planungsdetail oder eine bestimmte Ausführungsart, vereinbart haben.[1] Ist die Funktionstauglichkeit für den vertraglich vorausgesetzten oder gewöhnlichen Gebrauch vereinbart und ist dieser Erfolg mit der vertraglich vereinbarten Leistung oder Ausführungsart oder den anerkannten Regeln der Technik nicht zu erreichen, schuldet

---

1 BGH, U. v. 29.9.2011 – VII ZR 87/11, BauR 2012 S. 115, 117; BGH, U. v. 20.12.2012 – VII ZR 209/11, BauR 2013 S. 624, 626.

der Unternehmer dennoch die vereinbarte Funktionstauglichkeit.[1] Auch wenn im LV lediglich eine Dachdeckung ausgeschrieben ist, aber nach dem Sinn und Zweck der einzudeckenden Halle notwendig Dichtigkeit des Daches vorausgesetzt wird, dann schließt das Funktionalitätserfordernis die Erstellung einer Dachabdichtung ein, weswegen das Werk mangelhaft ist, wenn Undichtigkeit die Folge der an der Leistungsbeschreibung und der Werkplanung ausgerichteten Ausführung ist.[2]

Der werkvertraglich geschuldete Erfolg darf deshalb nicht allein mit Rücksicht auf die einem Vertrag zugrundeliegende Leistungsbeschreibung und die gelieferten Werkplanungen bestimmt werden, Der von den Vertragsparteien mit dem Werk verfolgte Verwendungszweck und die hierfür erforderlichen Gebrauchstauglichkeitsanforderungen sind zu berücksichtigen. Bleiben Leistungsbeschreibung und Werkpläne dahinter zurück, löst dies Prüfungs- und Hinweispflichten aus, was § 4 Abs. 3 und § 13 Abs. 3 VOB/B verdeutlichen. Diese Pflichten gelten auch für den BGB-Bauvertrag und werden aus Treu und Glauben abgeleitet.[3]

13.5.2.4 Werkbeschreibung – Entstehen und faktisches Anwachsen von Planungsaufgaben

Erklären die einschlägigen Technikregeln die Planung eines körperlichen Werks oder Bauwerkteils für erforderlich, ist es nach § 3 Abs. 1 VOB/B und nach § 642 BGB grundsätzlich Sache des Auftraggebers, dem Auftragnehmer diese Ausführungsplanung zur Verfügung zu stellen. Zu verweisen ist z.B. auf die DIN 18195 bezüglich der Abdichtungsarbeiten, auf die DAfStB-Richtlinie Wasserundurchlässige Bauwerke aus Beton (WU-Richtlinie), auf die DAfStB-Instandsetzungsrichtlinie oder die DIN 1045. Diese Planungsleistung ist nicht Teil des Werks des mit körperlichen Bauwerksarbeiten beauftragten Verarbeiters. Das Werk des Unternehmers ist das körperliche Bauwerk, das Werk der Planer ist ein davon zu unterscheidendes geistiges Werk.

Als **Beispiel** ist auf die Richtlinie für die Planung und Ausführung von Abdichtungen mit kunststoffmodifizierten Bitumendickbeschichtungen (KMB) oder auf die DAfStB-Richtlinie Schutz und Instandsetzung von Betonbauteilen (Instandsetzungsrichtlinie) zu verweisen, die deutlich zwischen der Planung des sachkundigen Planers und den Aufgaben der qualifizierten Führungskraft auf Seiten des Verarbeiters unterscheidet. Auch ganz gewöhnliche Sachverhalte sind zur Demonstration geeignet: Nach DIN 18382 – Nieder- und Mittelspannungsanlagen mit Nennspannungen bis zu 36 kV – Abschnitt 3.1.3 gehören zu den vom Auftraggeber zu stellenden Ausführungsunterlagen i.S.v. § 3 Abs. 1 VOB/B auch Schlitz- und Durchbruchspläne. Wenn diese fehlen und der Unternehmer zeichnet Schlitze und Durchbrüche an, dann gehört dies zwar nach Abschnitt 4.1.3 zu den Nebenleistungen; aber dieser Leistung müsste eigentlich eine Schlitz- und Durchbruchsplanung zugrunde liegen, die der Unternehmer mit dem Anzeichnen faktisch übernimmt. Die Aufgabenaufteilung verdeutlicht die DIN 18382 sehr deutlich im Abschnitt 3.1.3. Danach gehören zu den Auftraggeberaufgaben z.B. die Erstellung von Übersichtsschaltplänen, Anlagenschemata, Funktionsfließschemata oder Beschreibungen, Ausführungspläne, Schlitz- und Durchbruchpläne und Leistungsaufnahmelisten. Die unter dem Gesichtspunkt von Planungsleistungen seitens des Unternehmers zu erbringenden Leistungen sind: Stromlaufpläne, Adressierungspläne, Aufbauzeichnungen von Verteilungen, Stück-

---
1 BGH, U. v. 8.11.2007 – VII ZR 183/05, BauR 2008 S. 344, 346.
2 Vgl. BGH, U. v. 11.11.1999 – VII ZR 403/98, BauR 2000 S. 411.
3 BGH, U. v. 8.11.2007 – VII ZR 183/05, BauR 2008 S. 344, 348.

listen, Klemmenpläne und Belegung, Funktionsbeschreibungen. Hinsichtlich der Technischen Ausrüstung nehmen die DIN 18379 ff. jeweils im Abschnitt 3.1 eine saubere Trennung der Verantwortlichkeiten vor. Das korrespondiert durchaus mit der Anlage 15 zur HOAI 2013 und der dortigen Beschreibung der Grundleistungen – Arbeitsschritte – in der Leistungsphase 5. Hinsichtlich dieser Beschreibung der Verantwortlichkeiten dürfte die VOB/C – DIN 18379 ff. – Ausdruck einer Gewerkeüblichkeit sein, was im Ergebnis dazu führt, dass insoweit die Übertragbarkeit der VOB/C-Regeln auf einen BGB-Bauvertrag gesichert ist.

Erhält der Verarbeiter von der Auftraggeberseite keine Ausführungsplanung und unterlässt der Auftragnehmer wegen dieser Behinderung nicht die Aufnahme der Arbeiten, sondern steigt er in die Ausführung ein, was nicht ohne Mängel abgeht, haftet der Auftragnehmer. Dies auch dann, wenn später der Sachverständige ausführt, es liege nicht an der Art und Weise der Ausführung, sondern es handele sich um Planungsfehler. Der Auftragnehmer kann sich dann nicht darauf berufen, diese Planungsleistungen seien ihm als Werk nicht beauftragt worden, weswegen er nicht hafte. Der Auftragnehmer hat mit Beginn der Ausführung faktisch bei technisch notwendiger Planung diese Planungsaufgabe übernommen und er steht deshalb für die Richtigkeit seiner Planung nach Werkvertragsregeln ein. Insofern wird aus Tun, zu dessen Vornahme gar keine Verpflichtung besteht, Haftung.[1] Eigentlich hat er lediglich für die Mangelfreiheit seines körperlichen Bauwerks einzustehen. Stellt der Sachverständige fest, die Ursache liegt im Planungsbereich, dann ist dieser Mangeltatbestand eben dem Unternehmer zuzurechnen, weil die Ursache faktisch deshalb in seiner Sphäre liegt, weil er die Planung tatsächlich übernommen hatte.

Das bedeutet: Dadurch, dass der Verarbeiter faktisch wegen Fehlens der eigentlich notwendigen Ausführungsplanung die Werkplanung übernimmt, erweitert sich nicht die Werkaufgabe auch auf die Planungsleistung. Es ist vielmehr lediglich so, dass vorhandene Mängel an der körperlichen Werkleistung des Unternehmers, deren **Ursache** auf Planungsfehler des Unternehmers zurückführbar ist, dem Unternehmer zurechenbar sind. Die **faktische Erledigung** der Planungsaufgabe ist lediglich ein **Zurechnungsfaktor** in dem Sinne, dass der Mangel ursächlich auf den Unternehmer zurückführbar ist und in seinem – jedenfalls faktischen – Leistungsbereich, also seiner Sphäre, liegt. Das wäre dann nicht der Fall, wenn die Werkplanung von dritter Seite käme, und der Unternehmer Prüfungs- und Bedenkenhinweispflichten nicht verletzt hat (vgl. § 13 Abs. 3 VOB/B bzw. §§ 242, 645 BGB).

Daraus ergeben sich folgende Konsequenzen: Ist der Unternehmer faktisch in die Werkplanung eingestiegen und soll er diese z.B. nach den Vorstellungen des Auftraggebers dem Planer zur Freigabe vorlegen, wäre der Verarbeiter bei Beanstandungen nicht verpflichtet, diese Planungsmängel nachzubessern. Er könnte sich auf den Standpunkt stellen, zur Vornahme der Planung überhaupt nicht verpflichtet zu sein.

13.5.2.5 Körperliches Bauwerk und Planungsaufgaben des Unternehmers nach Gewerkeüblichkeiten

Nach einschlägigen Gewerkeregeln ist es jedoch nicht ausgeschlossen, dass der Unternehmer mit einem Vertrag über ausschließlich körperliche Bauwerksleistungen von selbst und letztlich im Vertrag unausgesprochen auch Planungsleistungen übernimmt. Dies

---

[1] BGH, U. v. 11.1.1996 – VII ZR 85/95, NJW 1996 S. 1278.

13. Bauvertragsrecht – Sachmängelhaftung

erfolgt dann in der Weise, dass der Verarbeiter nicht nur zur Erstellung des körperlichen Bauwerks, sondern auch zur Erbringung der hierfür erforderlichen Planungsleistungen verpflichtet ist. Damit wird die in § 3 Abs. 1 VOB/B enthaltene und auch auf das BGB-Werkvertragsrecht nach § 642 BGB übertragbare Grundregel außer Kraft gesetzt, dass der Bauherr und Auftraggeber dem Auftragnehmer die für die Werkausführungen nötigen Unterlagen zur Verfügung zu stellen hat.

Mit der Erledigung dieser planerischen Tätigkeiten liegt demnach nicht lediglich ein faktisches Tun, sondern die Erfüllung einer vertraglich übernommenen Pflicht vor. Wird im Rahmen der Freigabe durch den planenden Architekten/Ingenieur eine Beanstandung erhoben, hat der Unternehmer diesen Beanstandungen wegen des Gebots der Mangelfreiheit der übernommenen Leistungen nachzugehen und kann die Mängelbeseitigung nicht verweigern.

Hinsichtlich dieser Planungsaufgaben des Unternehmers/Verarbeiters ist der Sache nach zu unterscheiden. Dabei kann es sich um solche Leistungen handeln, die eigentlich Planungsleistungen aus dem Bereich von Sonderfachleuten/Fachplanern sind, und um solche, die von Hause dem Unternehmerbereich und nicht als eigenständige Planungsaufgaben der Gruppe der Planer zuzuweisen sind.

Beispiel

Typisches Beispiel für die Notwendigkeit der Unterscheidung liefert die DIN 18351, Fassadenarbeiten. Deren Abschnitt 3.1.3 führt aus: „Sofern für die Ausführung erforderlich, hat der Auftragnehmer nach den Planungsunterlagen des Auftraggebers Montagezeichnungen und Beschreibungen vor Fertigungsbeginn zu erbringen."

Montagezeichnungen sind demnach von Hause aus Sache des Auftragnehmers/Verarbeiters. Die Überprüfung von Montageplänen bezüglich der vom Architekten geplanten Baukonstruktion und baukonstruktiven Einbauten auf Übereinstimmung mit der vom Architekten erstellten Ausführungsplanung ist nunmehr – neu – nach der Anlage 10 zur HOAI, Leistungsphase 5 f) eine Grundleistung und daher zu erbringen. Bis einschließlich der Fassung der HOAI 2009 war diese Leistung nach der Anlage 2, Nr. 2.6.5, eine Besondere Leistung. Für die Sonderfachleute im Bereich der Technischen Ausrüstung war das Prüfen und Anerkennen von Montage- und Werkstattplänen der ausführenden Unternehmer auf Übereinstimmung mit der Ausführungsplanung ebenfalls eine in der Leistungsphase 5 zu erbringende Leistung, die gleichfalls bis einschließlich der Fassung der HOAI 2009 eine Besondere Leistung war; die Fassung 2013 macht daraus eine Grundleistung (vgl. nun in Anlage 15, Lph 5, f) zur HOAI 2013 im Vergleich zur Anlage 2 der HOAI 2009, Nr. 2.11.4).

13.5.2.5.1 Unternehmertypische Planungsleistungen als Teil des Unternehmerwerks

Die DIN 18351 Fassadenarbeiten weist Montagezeichnungen, aus denen sich Konstruktion, Maße, Einbau, Befestigung und Bauanschlüsse der Bauteile sowie die Einbaufolge ergeben, dem Unternehmer zu (Abschnitt 3.1.3). Abschnitt 3.2.1 überlässt auch die Art der Verbindungen der Einzelteile dem Auftragnehmer, soweit nicht Zulassungen entgegenstehende Aussagen treffen.

Dieses Prinzip wird gewerkespezifisch mehrfach umgesetzt und findet seinen Ausdruck in unterschiedlichen Allgemeinen Technischen Vertragsbedingungen für Bauleistungen. Auf

DIN 18360 Metallbauarbeiten, Abschnitt 3.1.1.3 und Abschnitt 3.1.4.1, und die DIN 18334 Zimmer- und Holzbauarbeiten, Abschnitt 3.1.2, ist hinzuweisen. Die DIN 18334 spricht von **Werkstattzeichnungen** und Beschreibungen, die der Auftragnehmer vor Fertigungsbeginn zu erbringen hat und der Freigabe durch den Auftraggeber bedürfen. **Montage- und Werkstattplanungen** als Gegenstand der dem Unternehmer obliegenden Leistungspflicht führen im Bereich der Technischen Gebäudeausrüstung folgende Allgemeine Technische Vertragsbedingungen für Bauleistungen an: DIN 18379 Raumlufttechnische Anlagen Abschnitt 3.1.2, DIN 18380 Heizanlagen und zentrale Wassererwärmungsanlagen Abschnitt 3.1.2, DIN 18381 Gas-, Wasser- und Entwässerungsanlagen innerhalb von Gebäuden Abschnitt 3.1.2, DIN 18382 Nieder- und Mittelspannungsanlagen mit Nennspannungen bis zu 36 kV Abschnitt 3.1.3, DIN 18385 Förderanlagen, Aufzugsanlagen, Fahrtreppen und Fahrstege Abschnitt 3.1.1 und DIN 18386 Gebäudeautomation Abschnitt 3.1.3.

Diese Montage- und Werkstattzeichnungen oder Montage- und Werkstattplanungen beruhen auf von der Auftraggeberseite zur Verfügung zu stellenden Planungsunterlagen und Berechnungen, was die DIN 18382 im Abschnitt 3.1.3 wie folgt näher konkretisiert: „Zu den für die Ausführung notwendigen Unterlagen (siehe § 3 Abs. 1 VOB/B) des Auftraggebers gehören z.B. Übersichtsschaltpläne, Anlagenschemata, Funktionsfließschemata oder Beschreibungen, Ausführungspläne, Schlitz- und Durchbruchpläne, Leistungsaufnahmelisten der bauseits beigestellten elektrischen Komponenten." Diese Konkretisierung dessen, was an Ausführungsplänen von Seiten des Auftraggebers zur Verfügung zu stellen ist, erfolgt auch in der DIN 18379, DIN 18380 und DIN 18381 jeweils im Abschnitt 3.1.2.

Die Komplementärregelung für die **Fachplanungsleistungen der Sonderfachleute für Technische Gebäudeausrüstung** ist – wenn auch in erster Linie unter Preisgesichtspunkten – in Anlage 15 zur HOAI 2013, Lph 5, enthalten. Dort wird ausdrücklich darauf verwiesen, dass Montage- und Werkstattzeichnungen nicht Teil der Ausführungsplanung sind, wohl aber die Schlitz- und Durchbruchpläne dazugehören. Die Freigabe von Montage- und Werkstattzeichnungen durch Prüfung auf Übereinstimmung mit der Planung wurde noch in der Fassung der HOAI 2009 nach Anlage 2 Nr. 2.11.4 als Besondere Leistung eingeordnet; die Anlage 15 der HOAI 2013 macht daraus nun eine Grundleistung.

13.5.2.5.2 Atypische Planungsleistungen des Unternehmers als Auftragnehmerwerk

Als atypische Planungsleistungen des Unternehmers werden im fraglichen Zusammenhang solche verstanden, durch die Planungsleistungen von Objektplanern oder Fachplanern ersetzt werden. Das ist in den unter 13.5.2.5.1 behandelten Fallgruppen gerade nicht der Fall, sondern die dort angeführten Planungsleistungen beruhen auf vorausgegangenen und von der Auftraggeberseite zur Verfügung gestellten Planungsleistungen. Diese werden in der HOAI im jeweiligen Leistungsbild regelmäßig in der Phase 5, Ausführungsplanung, aufgelistet.

Die Allgemeinen Technischen Vertragsbedingungen für Bauleistungen (ATV) kennen jedoch auch solche Planungsleistungen des Auftragnehmers (Unternehmer/Verarbeiter), die Fachplanungs- und Berechnungsleistungen der Fachplaner/Sonderfachleute ersetzen. Das ist bei einem Vertrag über Stahlbauarbeiten, dessen Inhalt sich auch nach der DIN 18335 ausrichtet, der Fall. Nach dieser Allgemeinen Technischen Vertragsbedingung für Bauleistungen, die bei einem VOB-Bauvertrag gemäß § 1 Abs. 1 Satz 2 VOB/B Vertragsbestandteil wird, hat der Auftragnehmer die für die Baugenehmigung erforderlichen

13. Bauvertragsrecht – Sachmängelhaftung

Zeichnungen und Festigkeitsberechnungen, bei Verbundbauteilen auch für die in Verbundwirkungen stehenden Beton- und Stahlbetonteile zu liefern (Abschnitt 3.2.1). Der Abschnitt 3.2.5 betont die Verantwortung und Haftung des Auftragnehmers, die auch nicht durch die Genehmigung von Seiten des Auftraggebers eingeschränkt wird. Die Komplementärregelung enthält die HOAI 2013 im Leistungsbild Tragwerksplanung in der Anlage 14, Lph 4 und 5.

13.5.2.6 Körperliches Bauwerk und Planungsleistung im ausdrücklichen vertraglichen Leistungspaket des Unternehmers

Solche eigentlich dem Auftraggeber obliegenden Planungsleistungen können den Auftragnehmer auch kraft Vertrages ausdrücklich übertragen werden. Das ist z.B. **vertragstypisch** der Fall bei **Generalübernehmerverträgen,** bei denen die Planungsaufgabe und die Ausführungsaufgabe übertragen werden. Das ist meist auch bei **Generalunternehmerverträgen** der Fall, wenn der Generalunternehmer auf der Grundlage der bis zur Phase 4 von Seiten des Auftraggebers zu liefernden Entwurfs- und Genehmigungsplanung die Ausführungsplanung übernimmt.

Bei einer **funktionalen Ausschreibung** nach § 7 Abs. 13 bis 15 VOB/A hat der Unternehmer außer der Ausführung den Entwurf nebst eingehender Erläuterung und eine Darstellung der Bauausführung sowie eine eingehende und zweckmäßig gegliederte Beschreibung der Leistung zu liefern (§ 7 Abs. 15 VOB/A). Das sind Planungsleistungen, die bei entsprechender Beauftragung Teil der Vertragspflicht werden.

Planungsleistungen erbringt ein Auftragnehmer aber auch dann, wenn er ohne Vorliegen einer Fremdplanung für einen Auftraggeber einen z.B. nach Einheitspreisgrundsätzen aufgebauten **Kostenanschlag** (§ 650 BGB) erstellt oder ein entsprechendes **Vertragsangebot** unterbreitet. Werden diese Leistungen dann auch beauftragt, ist das vom Auftragnehmer geschuldete Werk nicht nur die körperliche Bauleistung, sondern auch die dieser zugrundeliegende Planungsleistung.

13.5.2.7 Rechtsfolgen bei Kombination von Ausführungs- und Planungsverantwortung

Welche Rechtsfolgen sich im Einzelnen aus der jeweiligen Kombination von Planungs- und Ausführungsaufgabe ergeben, ist noch nicht in jedem Detail geklärt. Dabei geht es in erster Linie darum, unter welchen Voraussetzungen bei Vereinbarung der VOB/B im Verhältnis der Vertragspartner die VOB/B-Regelung auch die Planerhaftung zum Gegenstand hat und damit insbesondere die Verjährungsregelung in § 13 Abs. 4 VOB/B auch für Planungsmängel gilt. Diesbezüglich wird auf die Ausführungen unter 13.5.2.1 und 13.5.2.4 verwiesen.

13.5.3 Das mangelhafte Werk des Auftragnehmers (Verarbeiters)

Im Unterschied zu dem bis zum 31.12.2001 geltenden Recht, das den Sachmangel selbst beschrieben hat, gibt das Werkvertragsrecht in gleicher Weise wie das Kaufrecht nunmehr Sachmangelfreiheitskriterien vor. Ein Sachmangel liegt deshalb dann vor, wenn diese Sachmangelfreiheitskriterien am konkreten Werk fehlen.

13.5.3.1 Sachmangel nach dem bis zum 31.12.2001 geltenden Recht

Das bis zum 31.12.2001 geltende Recht hat den Sachmangel beschrieben und hat dies in besonderer Weise so getan, dass auf die Beeinträchtigung oder Aufhebung der Gebrauchstauglichkeit oder des Werts abzuheben war. Nach § 633 Abs. 1 BGB alte Fassung war der Unternehmer verpflichtet, das Werk so herzustellen, dass es die zugesicherten Eigenschaften hat und nicht mit Fehlern behaftet ist, die den Wert oder die Tauglichkeit zu dem gewöhnlichen oder dem nach dem Vertrage vorausgesetzten Gebrauch aufheben oder mindern. Den Sachmangel machten zwei Tatbestände aus, nämlich das Fehlen zugesicherter Eigenschaften und ein Fehler der Sache. Beides wurde unter dem Oberbegriff Sachmangel verstanden.

13.5.3.1.1 Zugesicherte Eigenschaft

Hatte ein Auftragnehmer Eigenschaften zugesichert, deren Vorliegen vom Auftraggeber vertraglich verlangt worden sind, musste das Werk diese Eigenschaften auch tatsächlich aufweisen. Haben sie gefehlt, war das Werk mangelhaft, auch wenn sich das Fehlen dieser zugesicherten Eigenschaften nicht negativ auf den Wert oder die Gebrauchstauglichkeit ausgewirkt hat. Das ergab sich aus dem Gesetz (§ 633 Abs. 1 BGB alte Fassung), das wie folgt formuliert hatte: *„Der Unternehmer ist verpflichtet, das Werk so herzustellen, dass es die zugesicherten Eigenschaften hat und nicht mit Fehlern behaftet ist, die den Wert oder die Tauglichkeit zu dem gewöhnlichen oder dem nach dem Vertrage vorausgesetzten Gebrauch aufheben oder mindern."* Daraus ergab sich konsequent, dass das Fehlen einer zugesicherten Eigenschaft für sich für die Bejahung eines Mangels ausreiche und die Folgen dieses Defizits für die Bejahung eines Mangels bedeutungslos waren.

13.5.3.1.2 Der Fehler

Im Übrigen kam es nach dem alten Recht darauf an, dass das Werk nicht solche negativen Merkmale aufwies, die den Wert oder die Tauglichkeit zu dem gewöhnlichen oder dem nach dem Vertrage vorausgesetzten Gebrauch aufhoben oder minderten. Das hat die Rechtsprechung so interpretiert, dass der Fehlerbegriff nicht rein objektiv verstanden werden darf; er wird vielmehr vom Vertragswillen der Parteien (geschuldeter Erfolg) mitbestimmt.[1] Deshalb darf nicht allein auf das Fehlen einer Beeinträchtigung der Funktionstauglichkeit des Werks als ein objektives Kriterium abgestellt und außer Acht gelassen werden, dass die Vertragsparteien das Werk eben im Vertrag in bestimmter Weise festgelegt haben. Folglich ist ein Mangel auch nicht ausgeschlossen, wenn die Werkausführung im Vergleich zum Vertragsinhalt technisch besser ist als die vereinbarte.[2]

Objektive und subjektive Komponenten des Fehlerbegriffs

Letztlich muss gelten, dass ein Mangel nicht allein wegen der Erfüllung der Funktionalitätskriterien ausgeschlossen werden kann. Die Art und Weise wie die Leistung im Vertrag beschrieben wird und damit der Vertragswille der Parteien müssen berücksichtigt werden. So liegt ein Mangel der Werkleistung vor, wenn der Auftragnehmer anstelle des ausgeschriebenen und angebotenen zweiflügeligen Fensters mit Kreuzstock ein einflügeliges ohne Kreuzstock herstellt und einbaut.[3] Mit irgendwelchen Funktionstauglichkeitsaspekten lässt sich die Mangelhaftigkeit nicht wegdisputieren. Zwar erfüllt auch das eingebaute

---

1 BGH, U. v. 21.9.2004 – X ZR 244/01, BauR 2004 S. 1941.
2 BGH, U. v. 7.3.2002 – VII ZR 1/00, BauR 2002 S. 1536.
3 BGH, U. v. 23.6.2005 – VII ZR 200/04, BauR 2005 S. 1473.

13. Bauvertragsrecht – Sachmängelhaftung

Fenster seinen Zweck, vielleicht lässt es sich sogar einfacher pflegen. Aber dieses Fenster entspricht nicht dem bestellten Fenster. Neben der objektiven, durch die Funktionalität bestimmten Sicht hat das alte Recht auch auf den Wert abgestellt. Im Übrigen geht es nicht an, dass ein Auftragnehmer die Ausführung massiv in Abweichung vom bestellten Werk vornimmt, selbst wenn damit die Gebrauchstauglichkeit oder der Wert weder aufgehoben noch gemindert wird.

Der Sachmangel des alten Rechts war also durch **objektive und subjektive (vertragliche) Komponenten** bestimmt, wobei jedoch das objektive Moment nach dem Wortlaut des Gesetzes – Minderung oder Aufhebung des Werts oder der Tauglichkeit zu dem gewöhnlichen oder nach dem Vertrag vorausgesetzten Gebrauch – nicht völlig außer Acht gelassen wurde.

Die Rechtsprechung zu dem bis 31.12.2001 geltenden Recht hat deshalb den Sachmangel oder Fehler in ständiger Rechtsprechung jeweils wie folgt beschrieben: „Ein Fehler i.S.d. § 633 Abs. 1 BGB alte Fassung liegt schon dann vor, wenn das Werk von der Beschaffenheit abweicht, die es für den vertraglich vorausgesetzten Gebrauch haben muss. Der Auftragnehmer hat die Entstehung eines mangelfreien, zweckgerechten Werkes zu gewährleisten. Entspricht die Leistung diesen Anforderungen nicht, so ist sie fehlerhaft, und zwar unabhängig davon, ob die anerkannten Regeln der Technik eingehalten worden sind. Ausschlaggebend ist allein, dass der Leistungsmangel zwangsläufig den angestrebten Erfolg beeinträchtigt. Ein Mangel liegt deshalb auch dann vor, wenn eine bestimmte Ausführung der Werkleistung vereinbart ist, sich jedoch als für die beabsichtigte Verwendung untauglich erweist."[1]

Die Rechtsprechung hat jedoch allein in einer Abweichung von einem vertraglich beschriebenen Leistungssoll noch keinen Mangel gesehen, wenn nicht negative Tauglichkeitsfolgen damit verbunden waren. So hat der BGH wie folgt bezüglich einer Heizungsanlage formuliert: „*Die Revision übersieht, dass die bloße Abweichung von einem vertraglich vereinbarten Leistungssoll (hier: maximale Rauchgastemperatur von 150 Grad Celsius) für sich noch keinen Mangel darstellt. Vielmehr liegt nur dann ein Mangel vor, wenn hierdurch die Tauglichkeit zu dem nach dem Vertrag vorausgesetzten Gebrauch gemindert ist (§ 633 Abs. 1 BGB alte Fassung). Bei der Feststellung eines Mangels ist demnach nicht auf die prozentuale Abweichung vom Leistungssoll abzustellen, sondern vor allem auf deren Auswirkungen auf die vertraglich vorausgesetzte Nutzbarkeit (BGH U. v. 19.11.1998 – VII ZR 371/96, BauR 1999, 37)."*

Objektive und subjektive Aspekte als bewegliches System

Damit gab es demnach im Rahmen der Altfassung des § 633 Abs. 1 BGB jedenfalls die Möglichkeit, sowohl auf subjektive als auch objektive Komponenten abzustellen, womit ein bewegliches System hergestellt war, das eine sinnvolle und auch auf das Ergebnis abstellende Beurteilung zuließ. Die Argumentationsgesichtspunkte des BGH weisen eine fallbezogene Vielfalt auf, wobei objektive (Gebrauchstauglichkeit und Wert) und subjektive Komponenten (vertraglich beschriebenes Soll) gemischt wurden. So hat der BGH für einen Fall, in welchem die vorgegebene Ausführungsart nicht geeignet war, den gebotenen Tritt- und Luftschallschutz zu erreichen, Folgendes ausgeführt: „*Die Leistung des Auftragnehmers ist nur dann vertragsgerecht, wenn sie die Beschaffenheit aufweist, die für

---

[1] BGH, U. v. 20.11.1986 – VII ZR 360/85, BauR 1987 S. 208; BGH, U. v. 15.10.2002 – X ZR 69/01, BauR 2003 S. 236, 238.

13.5 Der Sachmangel nach Werkvertragsrecht des BGB

den vertraglich vorausgesetzten oder gewöhnlichen Gebrauch erforderlich ist. Im Rahmen der getroffenen Vereinbarung schuldet der Auftragnehmer ein funktionstaugliches und zweckentsprechendes Werk. An dieser Erfolgshaftung ändert sich grundsätzlich nichts, wenn die Parteien eine bestimmte Ausführungsart vereinbart haben, mit der die geschuldete Funktionstauglichkeit des Werkes nicht erreicht werden kann. Ist die Funktionstauglichkeit für den vertraglich vorausgesetzten oder gewöhnlichen Gebrauch versprochen und ist dieser Erfolg mit der vertraglich vereinbarten Ausführungsart nicht zu erreichen, dann schuldet der Auftragnehmer die vereinbarte Funktionstauglichkeit. Unabhängig davon schuldet der Auftragnehmer vorbehaltlich abweichender Vereinbarung die Einhaltung der anerkannten Regeln der Technik."[1]

13.5.3.1.3 Zweiaktigkeit des alten Fehlerbegriffs – Folgen für den Sachverständigen

Von diesen Ansätzen, die deutlich auf den Maßstab der Gebrauchstauglichkeit und des Werts abgestellt haben, weicht das neue Recht jedenfalls nach dem Wortlaut und dem Verständnis der herrschenden Auffassung ab.

Fehler als ein Doppeltatbestand

Das bis zum 31.12.2001 geltende Recht hob demnach für die Mangelfrage darauf ab, ob der Istzustand vom Sollzustand abgewichen ist **(Soll-Ist-Vergleich)** und wie sich diese Abweichung auf die Gebrauchstauglichkeit und den Wert ausgewirkt hat **(negative Differenzfolgen).** Damit war der Mangel (abgesehen vom Fehlen zugesicherter Eigenschaften, wobei auf die Auswirkungen nicht abzustellen war) **zweiaktig.** Die Prüfung bedingte die Feststellung des Istzustandes und den Vergleich mit dem Sollzustand (1. Akt); bei Feststellung einer Differenz schloss sich der 2. Akt an mit der Prüfung, ob und welche Auswirkungen sich hieraus ergaben.

Das neue Recht setzt dem Wortlaut nach nur noch auf die Abweichung des Ist vom Soll und hebt nicht mehr auf die sich hieraus ergebenden Folgen für die Brauchbarkeit der Werkleistung ab. Das **neue Recht** setzt demnach auf einen **einaktiven Mangelbegriff,** lässt jedoch nach der Auslegung in der Kommentarliteratur auch die Untauglichkeit oder eingeschränkte Tauglichkeit zur Verwendung für sich genügen (vgl. dazu näher unter Abschnitt 13.5.3.2.2).

Folgen für die Sachverständigentätigkeit

Das hat **Auswirkungen für den Sachverständigen.** Nach der Altfassung des § 633 BGB wie auch des § 13 VOB/B konnte ein Beweisthema für den Sachverständigen sein, ob der Istzustand vom Sollzustand abweicht. Bei Bejahung musste sich – wenn es nicht um eine zugesicherte Eigenschaft gegangen ist – die weitere Beweisfrage an den Sachverständigen nach den Auswirkungen dieser Abweichung des Istzustandes vom Sollzustand für die Gebrauchstauglichkeit oder den Wert anschließen.

Das neue Recht kann für den **Sachverständigen** letzten Endes bedeuten, dass seine Mitwirkung im Zusammenhang mit der Feststellung von Mängeln jedenfalls zurückgedrängt wird und der Einfluss richterlicher Meinungsbildung größer wird (vgl. dazu näher unter Abschnitt 13.5.3.2.2).

---

[1] BGH, U. v. 16.7.1998 – VII ZR 350/96, BauR 1999 S. 37.

13.5.3.2 Das neue Recht – die Sachmangelfreiheitsmerkmale

§ 633 BGB formuliert für Verträge, die ab 1.1.2002 geschlossen worden sind, drei verschiedene Sachmangelfreiheitskriterien und stellt dem Sachmangel zwei Fallgestaltungen gleich, nämlich die Herstellung eines anderen Werks und die Herstellung in zu geringer Menge.

Die Vorschrift lautet in den maßgeblichen Absätzen 1 und 2 wie folgt:

„(1) Der Unternehmer hat dem Besteller das Werk frei von Sach- und Rechtsmängeln zu verschaffen.
(2) Das Werk ist frei von Sachmängeln, wenn es die vereinbarte Beschaffenheit hat. Soweit die Beschaffenheit nicht vereinbart worden ist, ist das Werk frei von Sachmängeln,
    1. wenn es sich für die nach dem Vertrag vorausgesetzte, sonst
    2. für die gewöhnliche Verwendung eignet und eine Beschaffenheit aufweist, die bei Werken der gleichen Art üblich ist und die der Besteller nach der Art des Werks erwarten kann.
Einem Sachmangel steht es gleich, wenn der Unternehmer ein anderes als das bestellte Werk oder das Werk in zu geringer Menge herstellt."

13.5.3.2.1 Grundsätzliche Folgen der Neuformulierung

Das neue Recht bestimmt nicht mehr den Fehler, also unter welchen Voraussetzungen ein Sachmangel vorliegt, sondern formuliert **Sachmangelfreiheitskriterien.** Das geschieht in § 633 Abs. 2 Satz 1 und 2. Das Gesetz operiert dann in Satz 3 mit dem Sachmangelbegriff, was den Schluss notwendig macht, dass dann, wenn es an der Sachmangelfreiheit fehlt, ein Mangel vorhanden ist. Das neue Recht beschreibt nicht mehr den Fehler mit Hinweis auf die Aufhebung oder Minderung der Gebrauchstauglichkeit, sondern definiert die Mangelfreiheit auf die Weise, dass das Werk für die jeweils einschlägige Verwendung geeignet sein muss.

13.5.3.2.2 Die Sachmangelfreiheitskriterien des neuen Rechts

§ 633 Abs. 2 BGB kennt drei Sachmangelfreiheitskriterien, nämlich die vereinbarte Beschaffenheit, die Eignung für die nach dem Vertrag vorausgesetzte Verwendung und die Eignung für die gewöhnliche Verwendung samt Vorliegen einer Beschaffenheit, die bei Werken der gleichen Art üblich ist und die der Besteller nach der Art des Werks erwarten kann. In keiner dieser Alternativen wird die Beschreibung um eine Ergänzung in dem Sinne erweitert, dass keine Beeinträchtigung oder Aufhebung im Wert oder in der Gebrauchstauglichkeit vorliegen dürfe. Das ist das entscheidend Neue in der Beschreibung des Gesetzes. Das Gesetz hat den Begriff „Wert" ebenso eliminiert wie die Notwendigkeit, dass ein Mangel – nur – dann vorliegt, wenn die vertraglich vorausgesetzte oder gewöhnliche Gebrauchstauglichkeit (Verwendungseignung) des Werks aufgehoben oder gemindert ist.[1] In Abkehr von der bisherigen Formulierung ist dem Wortlaut nach also eine negative Auswirkung auf die Tauglichkeit oder den Wert des Werks nicht mehr erforderlich, um einen Sachmangel des Werks bejahen zu können. Der Wertbegriff verwendet das BGB nur noch im Rahmen des § 638 BGB bei Bestimmung der näheren Einzelheiten der Minderung und macht die Einschränkung im Wert der mangelhaften Sache im Vergleich zum Wert der mangelfreien Sache zum Faktor für die Bestimmung der Minderungshöhe.

---

[1] *Kniffka*, Bauvertragsrecht, § 633 Rdn. 42.

Der Mangel ist demnach nicht mehr dual bestimmt durch zwei Kriterien, nämlich Abweichung des Istzustandes vom Sollzustand und die negativen Auswirkungen, sondern ein Kriterium reicht aus, nämlich die Abweichung von der Sollbeschaffenheit.[1] Andererseits sollen Funktionsbeeinträchtigungen in aller Regel einen Sachmangel begründen,[2] was aber gerade bedeutet, dass eine Einschränkung oder Aufhebung der Verwendungseignung einen Sachmangel begründet. Hier wird die Auffassung vertreten, dass dann, wenn die Sachmangelfreiheit nach Maßgabe der vertraglich vorausgesetzten oder der gewöhnlichen Verwendungseignung zu prüfen ist, die Bejahung der Mangelhaftigkeit notwendig zumindest eine Einschränkung in dieser Verwendungseignung voraussetzt.[3] Das Dilemma dieser Betrachtungsweise liegt darin, dass die herrschende Auffassung letztlich in jeder näher differenzierten Leistungsbeschreibung eine Beschaffenheitsvereinbarung sieht und deshalb bei Abweichung hiervon zu einem Sachmangel kommt. Weyer hat in diesem Sinne hervorgehoben, dass es in der Praxis letztlich nur Fälle geben werde, die der Kategorie Verfehlung einer Beschaffenheitsvereinbarung zuzuweisen sind.[4] Dass dieses Verständnis des Gesetzes und seine Auslegung gerade im Baubereich zu erheblichen Schwierigkeiten und letztlich unverhältnismäßigen Ergebnissen führen, folgt daraus, dass der Bau als Unikat massiv durch menschliche Arbeit bestimmt wird.

13.5.3.2.3 Vorliegen und Verfehlung einer Beschaffenheitsvereinbarung

Eine Beschaffenheitsvereinbarung liegt vor, wenn sich die Parteien auf Beschaffenheiten in dem Sinne geeinigt haben, dass das Werk diese aufzuweisen hat. Das Werk weist dann einen Sachmangel auf, wenn eine vereinbarte Beschaffenheit fehlt. Das ist Ausdruck des **subjektiven Mangelbegriffs.**[5] Das Gesetz verzichtet auf eine Definition der Beschaffenheiten, insbesondere darauf, ob darunter nur Eigenschaften und Merkmale zu verstehen sein sollen, die der Sache unmittelbar physisch anhaften.[6] Der BGH sieht auch die Funktionstauglichkeit als Beschaffenheit an, wobei diesbezüglich Beschaffenheitsvereinbarungen auch stillschweigend zustande kommen können.[7] Eine Abweichung von der vereinbarten Beschaffenheit liegt vor, wenn der mit dem Vertrag verfolgte Zweck der Herstellung des Werks nicht erreicht wird und das Werk die vereinbarte oder nach dem Vertrag vorausgesetzte Funktion nicht erfüllt.[8] Mit dieser Auffassung geht jedoch die eigentlich gebotene Abgrenzung zu den Sachmangelfreiheitskriterien vertraglich oder gewöhnlich vorausgesetzte Verwendungseignung deshalb verloren, weil diese die Funktionstauglichkeit einschließen.[9]

Begriffsverständnis

Die von der Kommentarliteratur vertretenen Auffassungen gehen bezüglich der Beschaffenheitsvereinbarung sehr weit, nämlich dahin, dass nicht nur bestimmte Merkmale, sondern auch die anerkannten Regeln der Technik oder allgemein die Funktionstauglichkeit

---

1 *Bamberger/Roth/Voit*, BGB, § 633 Rdn. 8; *Palandt/Sprau*, § 633 Rdn. 5,6; MünchKomm BGB/*Busche*, 6. Aufl., § 633 Rdn. 7,9; *Kniffka*, Bauvertragsrecht § 633 Rdn. 41 ff.
2 *Bamberger/Roth/Voit*, BGB, § 633 Rdn. 9; BGH, U. v. 8.11.2007 – VII ZR 183/05, BauR 2008 S. 344.
3 So auch *Prütting/Wegen/Weinreich-Halfmeier/Leupertz*, BGB, 8. Aufl., § 633 Rdn. 17.
4 BauR 2003 S. 213, 216.
5 *Henssler/Graf von Westphalen/Wagner*, Praxis der Schuldrechtsreform, 2. Aufl., § 633 Rdn. 12.
6 Vgl. Bundestags-Drucksache 14/6040 S. 261 für das Werkvertragsrecht mit Verweis auf das Kaufrecht in S. 213.
7 BGH, U. v. 8.11.2007 – VII ZR 183/05, BauR 2008 S. 344, 346; BGH, U. v. 29.9.2011 – VII ZR 87/11, BauR 2012 S. 115, 117.
8 BGH, U. v. 29.9.2011 – VII ZR 87/11, BauR 2012 S. 115.
9 *Faust*, BauR 2013 S. 363.

13. Bauvertragsrecht – Sachmängelhaftung

eines Werks Gegenstand einer Beschaffenheitsvereinbarung sein können, was auch **stillschweigend** angenommen werden könne.[1]

Anerkannte Regeln der Technik als regelmäßiger Inhalt einer Beschaffenheitsvereinbarung

Kniffka ist der Auffassung, dass die anerkannten Regeln der Technik gleichsam stillschweigend zur Beschaffenheitsvereinbarung gehören, womit jegliche Abweichung von den anerkannten Regeln der Technik nach der gesetzlichen Regelung einen Sachmangel darstellt.[2] Diese Auffassung hat Eingang in die BGH-Rechtsprechung gefunden, wonach die Einhaltung der anerkannten Regeln der Technik als stillschweigend vereinbarte Beschaffenheit angesehen wird.[3] Dieses generelle Verständnis der allgemein anerkannten Regeln der Technik greift, wenn man sie auf diese Weise in aller Regel zum Inhalt einer Beschaffenheitsvereinbarung macht, zu kurz. Dabei wird nämlich außer Acht gelassen, dass eine Vielzahl von Techniknormen der neuen Normengeneration zwischen Prinzipien und Anwendungsregeln unterscheiden. Nur die Prinzipien müssen bindend eingehalten werden, hinsichtlich der Anwendungsregeln enthalten diese Techniknormen einen Abweichungsvorbehalt, der z.B. in der DIN 1045 und der DIN 1055 wie folgt lautet: *„Die Anwendungsregeln sind allgemein anerkannte Regeln der Technik, die den Prinzipien folgen und deren Anforderungen erfüllen. Abweichungen hiervon sind zulässig, wenn sie mit den Prinzipien übereinstimmen und hinsichtlich der nach dieser Norm erzielten Tragfähigkeit, Gebrauchstauglichkeit und Dauerhaftigkeit gleichwertig sind."*[4]

Damit sind Abweichungen von den Anwendungsregeln keineswegs bereits ein Verstoß gegen eine Beschaffenheitsvereinbarung mit dem Inhalt der Einhaltung der anerkannten Regeln der Technik, wozu die DIN 1045 und die DIN 1055 gehören; denn diese schließt gerade die Abweichungsmöglichkeit unter dem Gleichwertigkeitsvorbehalt ein.

Funktionstauglichkeit als regelmäßiger Inhalt einer Beschaffenheitsvereinbarung

Ob die Funktionstauglichkeit als regelmäßiger Inhalt einer Beschaffenheitsvereinbarung anzusehen ist, und zwar auch dann, wenn im Vertrag ausdrücklich darüber nichts zu finden ist und demnach lediglich eine stillschweigende Vereinbarung in Betracht kommt, ist nach neuerer Rechtsprechung des BGH nicht mehr zweifelhaft. *Kniffka* bejaht ein solches Verständnis,[5] andere halten eine solche stillschweigende Erweiterung um die Funktionstauglichkeit für fragwürdig. Der BGH hebt – allerdings noch zum alten Recht – beständig auf den **funktionalen Mangelbegriff** ab.[6] Die Frage ist nur, in welche Rubrik der neuen Sachmangelfreiheitskriterien die Anforderungen an die Funktionalität eines Werks einzuordnen sind. Nach BGH[7] gehören zur vereinbarten Beschaffenheit i.S. von § 633 Abs. 2 Satz 1 BGB alle Eigenschaften des Werks, die nach der Vereinbarung der Parteien den vertraglich geschuldeten Erfolg herbeiführen sollen. Dieser Erfolg bestimmt sich nicht allein nach der zu seiner Erreichung vereinbarten Leistung oder Ausführungsart, sondern auch danach, welche Funk-

---

1 *Kniffka/Koeble*, Kompendium des Bauvertragsrechts, 3. Aufl. 6. Teil Rdn. 22 ff.; *Kniffka*, ibr-online-Kommentar, § 633 Rdn. 11.
2 *Kniffka*, ibr-online-Kommentar, § 633 Rdn. 11.
3 BGH, U. v. 7.3.2013 – VII ZR 134/12, BauR 2013 S. 952 (Rdn. 12)
4 Einleitung zur DIN 1045 Teil 1 und zur DIN 1055 Teil 3.
5 ibr-online-Kommentar, § 633 Rdn. 11; *Kniffka/Koeble*, Kompendium des Baurechts, 3. Aufl., 6. Teil Rdn. 22; zurückhaltend *Palandt/Sprau*, BGB, 71. Aufl., § 633 Rdn. 6; *Voit* in Bamberger/Roth, BGB, § 633 Rdn. 6, spricht lediglich von einer ausdrücklichen Beschaffenheitsvereinbarung.
6 BGH, U. v. 10.11.2005 – VII ZR 147/04, BauR 2006 S. 375.
7 U. v. 8.11.2007 – VII ZR 183/05, BauR 2008 S. 344, 346.

tion das Werk nach dem Willen der Parteien erfüllen soll. Eine Abweichung von der vereinbarten Beschaffenheit liegt vor, wenn der mit dem Vertrag verfolgte Zweck nicht erreicht wird oder das Werk seine nach dem Vertrag vorausgesetzte Funktion nicht erfüllt. Das gilt unabhängig davon, ob die Parteien eine bestimmte Ausführungsart vereinbart haben oder die anerkannten Regeln der Technik eingehalten worden sind. Ist die Funktionstauglichkeit für den vertraglich vorausgesetzten oder gewöhnlichen Gebrauch vereinbart und ist dieser Erfolg mit der vertraglich vereinbarten Leistung oder Ausführungsart oder den anerkannte Regeln der Technik nicht zu erreichen, schuldet der Unternehmer die vereinbarte Funktionstauglichkeit. Hieran hat sich durch die Neufassung des § 633 Abs. 2 BGB im Rahmen der Schuldrechtsmodernisierung, die zu einer Rangfolge in der Beurteilung des Mangels geführt hat, nichts geändert. Insbesondere wurde nach Auffassung des BGH durch § 633 Abs. 2 Satz 2 Nr. 2 BGB nicht beabsichtigt, beim Werkvertrag die Vereinbarungen zur Funktionstauglichkeit dem Anwendungsbereich des § 633 Abs. 2 Satz 1 BGB zu entziehen und damit die Beschaffenheitsvereinbarung nur noch für die Ausführungsart, wie sie sich vor allem im Leistungsverzeichnis darstellt, vorzusehen. Der Zweck oder die Funktion als Gegenstand einer Beschaffenheitsvereinbarung muss auch nicht im Vertrag besonders angeführt werden; ist Gegenstand der Leistung eine Heizung, ist nach BGH Inhalt der Beschaffenheitsvereinbarung, dass die Heizkörper ausreichend warm werden. Die Besonderheit des vom BGH entschiedenen Falles lag darin, dass die Wärmequelle ein Blockheizkraftwerk war, mit dessen Auslegung und Erstellung der Heizungsbauer nicht befasst war; er hatte der Sache nach lediglich mit dem Wärmetauscher und dem Verteilungssystem wie auch den Heizkörpern zu tun. Das Blockheizkraftwerk aber gab zu wenig Wärme ab, weil zu wenig Strom abgerufen wurde. Der Umstand, dass der Heizungsbauer werkvertraglich mit der Wärmequelle nichts zu tun hatte, führte nicht etwa dazu, als Inhalt der Beschaffenheitsvereinbarung lediglich anzunehmen, die gleichsam bauseits gestellte Wärme sach- und fachgerecht mittels richtig bemessener Rohr- und Heizkörpersysteme weiter zu leiten.

Auf die Verfehlung der Funktionstauglichkeit als Fehler elektrisch gesteuerter Außenrollläden nach altem Recht hat der BGH in einer Entscheidung vom 25.1.2007[1] abgehoben und ausgeführt, die Beschreibung des Zustands solcher Rollläden besage nichts über die vereinbarte Beschaffenheit der Anlage. Offenbar hatte der zugezogene Sachverständige mit Rücksicht auf die im Leistungsverzeichnis beschriebene Ausführung, die eingehalten worden war, die Mangelhaftigkeit der Leistung verneint, was den BGH zur Feststellung veranlasste, eine Beurteilung des Sachverständigen, es liege kein Mangel vor, könne keine geeignete Grundlage für die Entscheidung des Berufungsgerichts sein.

Die hier vertretene Auffassung, wonach die gleichfalls normierten anderen Sachmangelfreiheitstatbestände zur Zurückhaltung bei der Annahme einer stillschweigenden Beschaffenheitsvereinbarung und einem ausweitenden Begriffsverständnis gebieten, teilt also der BGH nicht. Dieses erweiternde Verständnis, wonach gemäß *Kniffka* auch die anerkannten Regeln der Technik und nach BGH die Funktionalität der Werkleistung zum – jeweils stillschweigenden – Inhalt einer Beschaffenheitsvereinbarung gehören, führt bei entgegengesetzten vereinbarten Beschaffenheiten zu kaum lösbaren Widersprüchen auf dieser Stufe der Beschaffenheitsvereinbarung.

---

1 VII ZR 41/06, BauR 2007 S. 700, 702.

13. Bauvertragsrecht – Sachmängelhaftung

Beispiel[1]

Im Leistungsverzeichnis werden für den Dachdecker die Leistungen genau beschrieben. Auf Positionen, die – wie eine Unterspannbahn oder ein regensicheres Unterdach – für Wasserdichtigkeit sorgen, wird verzichtet. Das Dach hat die nach den Fachregeln erforderliche Dachneigung. Über die Nutzung des Dachraumes findet sich nichts. Ist jetzt Teil der Beschaffenheitsvereinbarung die Ausführung nach der beschriebenen Art oder gehört unter Funktionalitätsgesichtspunkten die Wasserdichtigkeit auch zum Inhalt der Beschaffenheitsvereinbarung, wo doch aber die Beschreibung und die gesamten Umstände unter dem Gesichtspunkt der Funktionalität nur die Funktion der Regensicherheit abdecken?

Angesichts der Formulierung des Gesetzes hat nach hier vertretener Auffassung eine Beschaffenheitsvereinbarung Merkmale, Eigenschaften des Werks zum Gegenstand. Selbstverständlich können die Parteien zum Inhalt einer Beschaffenheitsvereinbarung angesichts der Vertragsfreiheit auch Verwendungsabsichten machen. Fehlt es insoweit jedoch an einer ausdrücklichen Regelung, sollte die Verwendungseignung und damit die Funktionalität weder über die Annahme einer stillschweigenden Vereinbarung noch über eine ergänzende Vertragsauslegung zum Inhalt einer Beschaffenheitsvereinbarung erklärt werden.[2] Ein solches Vorgehen sichert den Stellenwert der weiteren Sachmangelalternativen in § 633 Abs. 2 Satz 2 Nr. 1 und 2 BGB, wogegen eine gegenteilige Betrachtung im Ergebnis dazu führt, dass die Verfehlung der Beschaffenheitsvereinbarung nach § 633 Abs. 2 Satz 1 BGB zum primären Sachmangeltatbestand wird. Gerade das wird aber in der Kommentarliteratur befürwortet,[3] jetzt auch deutlich vom BGH so verfolgt[4] und führt konsequent für den Unternehmer letztlich zu einer Verschärfung der Haftung, weil es bei der Annahme einer Beschaffenheitsvereinbarung nur auf den Soll-Ist-Vergleich und nicht auch noch auf die Einschränkungen in der Verwendung ankommt.[5]

Dieser Standpunkt bedarf jedoch notwendig einer Revision, wenn die Funktionstauglichkeit in aller Regel auch zur Beschaffenheitsvereinbarung gehört.[6] Das Problem einer „Beschaffenheitsvereinbarung nach unten", etwa deshalb, weil das Leistungsverzeichnis im Vergleich zur gewöhnlichen Tauglichkeitsanforderung bei Verwirklichung zu einer Qualitätsabsenkung führt, löst der BGH dahin, dass eine solche „Beschaffenheitsvereinbarung nach unten" nicht schon dann vorliegt, wenn die vereinbarte Funktionstauglichkeit mit der vertraglich vereinbarten Leistung oder Ausführungsart nicht zu erreichen ist.[7] Das Problem besteht folglich darin, unter welchen Voraussetzungen angenommen werden kann, dass Vertragsparteien mit der Nennung von Merkmalen und Eigenschaften der Leistung im Leis-

---

1 Vgl. zur Frage der Wasserdichtigkeit eines Hallendaches als dessen Funktion BGH, U. v. 11.11.1999 – VII ZR 403/98, BauR 2000 S. 411 = NZBau 2000 S. 74.
2 Vgl. zu diesem Vorgehen aber *Henssler/Graf von Westphalen/Wagner*, § 633 Rdn. 15 ff.; für fragwürdig wird dieses Vorgehen auch von *Faust*, BauR 2013 S. 363 ff. gehalten.
3 *Kniffka*, Bauvertragsrecht, § 633 Rdn. 14, 15.
4 U. v. 8.11.2007 – VII ZR 183/05, BauR 2008 S. 344, 346.
5 *Palandt/Sprau*, BGB, 72. Aufl., § 633 Rdn. 5 und 6; *Bamberger/Roth/Voit*, BGB, 2.Aufl., § 633 Rdn. 8.
6 So *Kniffka*, Bauvertragsrecht, § 633 Rdn. 10.
7 BGH, U. v. 29.9.2011 – VII ZR 87/11 – BauR 2012 S. 115, 117; vgl. auch OLG Brandenburg, U. v. 30.3.2011 – 13 U 16/10, BauR 2011 S. 1341.

13.5 Der Sachmangel nach Werkvertragsrecht des BGB

tungsverzeichnis auch eine damit technisch notwendig sich ergebende Funktionstauglichkeit unter Aufgabe sonstiger eventuell höherer Anforderungen vereinbaren.

Konsequenz für den Sachverständigen: Wird ein Sachverständiger nach dem Inhalt eines Beweisbeschlusses danach gefragt, ob bestimmte Erscheinungen einen Sachmangel darstellen, sollte er sich nicht in das Gestrüpp des juristischen Sachmangelbegriffs begeben. Der Sachverständige sollte sich darauf beschränken, die Feststellungen zu bewerten, insbesondere die Folgen – Nachteile – darzustellen, die sich gegenwärtig ergeben und künftig über die Lebensdauer auftreten können. Ob hieraus der Schluss zu ziehen ist, dass im juristischen Sinn ein Mangel oder kein Mangel vorliegt, sollte dem Gericht überlassen bleiben. Dies gilt insbesondere auch deshalb, weil der BGH an anderer Stelle ausgeführt hat, eine Beurteilung des Sachverständigen, es liege kein Mangel vor, könne keine geeignete Grundlage für eine richterliche Entscheidung sein.[1]

Beispiel

Im Leistungsverzeichnis ist eine Werkleistung in bestimmter Weise bemaßt, was der Auftragnehmer nicht einhält. Das Werk erbringt dennoch die Funktion, die Funktionalität ist nicht eingeschränkt. Liegt jetzt ein Mangel wegen der Verfehlung der Maße trotz sichergestellter Funktion vor?

Zustandekommen einer Beschaffenheitsvereinbarung

Eine Beschaffenheitsvereinbarung kann **ausdrücklich** zustande kommen. Das ist dann der Fall, wenn die Parteien im Vertrag Kenndaten eines Werks benennen. Ob dies jedoch notwendig bereits eine Beschaffenheitsvereinbarung im Sinne des § 633 Abs. 2 Satz 1 BGB ist oder nichts anderes als die bloße Benennung von Beschaffenheitsmerkmalen im Sinne einer gewöhnlichen Verwendungseignung nach § 633 Abs. 2 Satz 2 Nr. 2 BGB ist, bedarf einer eigenständigen Prüfung (vgl. nachfolgend unter Abschnitt 13.5.3.2.5). In der Literatur wird auch einem stillschweigenden Zustandekommen das Wort im Wege der Auslegung nach §§ 133, 157 BGB geredet;[2] wenn der BGH[3] den Zweck als Gegenstand einer Beschaffenheitsvereinbarung ansieht, werden diesbezüglich regelmäßig stillschweigend zustande gekommene Beschaffenheitsvereinbarungen vorliegen. *Voit* ist der Auffassung, bei Fehlen einer ausdrücklichen Vereinbarung des Sollzustandes sei auf die anderen Sachmangelfreiheitskriterien des § 633 Abs. 2 Satz 2 Nr. 1 und 2 BGB überzugehen.[4]

Die hier noch in der 1. Auflage vertretene Auffassung, dass ohne zusätzliche Anhaltspunkte eine Erweiterung einer vorhandenen Beschaffenheitsvereinbarung um die Funktionstauglichkeit weder im Wege der Auslegung noch über einen stillschweigenden Abschluss einer solchen Vereinbarung ausscheidet, kann angesichts der aufgezeigten Rechtsprechung des BGH nicht aufrecht erhalten werden. Verfolgen Leistungen regelmäßig bestimmte Zwecke, beinhaltet die Zweckverfehlung regelmäßig, dass das Sachmangelfreiheitsversprechen, eine vereinbarte Beschaffenheit herzustellen, nicht eingehalten worden ist, also ein Mangel vor-

---

1 BGH, B. v. 25.1.2007 – VII ZR 41/06, BauR 2007 S. 700, 702.
2 MünchKommBGB/*Busche*, BGB, 6. Aufl., § 633 Rdn. 16; wohl auch *Kniffka*, ibr-online-Kommentar, § 633 Rdn. 11,15 ff., wobei dort sogar die Auffassung vertreten wird, dass ein Werkvertrag in der Regel ohne eine Beschaffenheitsvereinbarung überhaupt nicht möglich sei.
3 U. v. 8.11.2007 – VII ZR 183/05, BauR 2008 S. 344, 346; BGH, B. v. 25.1.2007 – VII ZR 41/06, BauR 2007 S. 700, 702.
4 In *Bamberger/Roth*, BGB, § 633 Rdn. 6.

13. Bauvertragsrecht – Sachmängelhaftung

liegt. Das hat zur Folge, dass Sorgfalt darauf zu verwenden ist, den jeweiligen Zweck oder die Funktion des Werks klar zu erfassen. Mit der BGH-Rechtsprechung kann die Gefahr einhergehen, dass die weiteren Sachmangelfreiheitstatbestände in § 633 Abs. 2 Satz 2 Nr. 1 und 2 BGB entleert und letztlich überflüssig werden, wenn die Funktion betroffen ist. Ihre Existenz lässt den Schluss zu, dass insbesondere der Regelungsinhalt der Nr. 2 – gewöhnliche Verwendungseignung – nicht einfach im Wege der – auch der ergänzenden – Auslegung oder der Bejahung einer stillschweigenden Vereinbarung zum Gegenstand einer Beschaffenheitsvereinbarung erklärt werden kann. Allerdings ist im Allgemeinen sicher zutreffend, dass bei Nichterreichung der Funktion in jedem Fall ein Sachmangel vorliegt; denn die Funktion gehört nach hier vertretenem Verständnis dann, wenn es sich um die gewöhnliche Funktion handelt, zur gewöhnlichen Beschaffenheit i.S.d. § 633 Abs. 2 Satz 2 Nr. 2 BGB, deren Vorhandensein ein Besteller regelmäßig erwarten kann.

Vorliegen einer Beschaffenheitsvereinbarung

Da die Beschaffenheitsvereinbarung die zugesicherte Eigenschaft ersetzt und lediglich von einer Vereinbarung die Rede ist, besteht Einverständnis darüber, dass für die Bejahung einer Beschaffenheitsvereinbarung – in Gegensatz zur zugesicherten Eigenschaft – ein besonderer Einstandswille seitens des Auftragnehmers nicht erforderlich ist.[1] Nach *Palandt/Sprau*[2] genügt jede verbindliche Beschreibung. Das sind dann typischerweise Beschreibungen in einem Leistungsverzeichnis und Vorgaben in Werkplanungen. Die Frage ist jedoch, ob eine Beschreibung in einem Leistungsverzeichnis oder eine Zeichnung in einer Planunterlage in jedem Fall Ausdruck einer Beschaffenheitsvereinbarung mit der Folge ist, dass die Abweichung – ist sie nicht völlig bedeutungslos[3] – unabhängig von negativen Funktionseinschränkungen zu einem Sachmangel führt. Das Problem stellt sich, wenn die Beschreibung nichts anderes als die Beschaffenheitsmerkmale enthält, die bei Werken der gleichen Art üblich ist und die der Besteller nach der Art des Werks auch erwarten kann. Dann bringt die Beschreibung und damit die Beschaffenheitsvereinbarung nichts anderes als den Sachmangelfreiheitstatbestand des § 633 Abs. 2 Satz 2 Nr. 2 BGB zum Ausdruck. Ist das jedoch der Fall, führt nach hier vertretener Auffassung eine Auslegung nach Sinn und Zweck der Vereinbarung nicht zu einer Beschaffenheitsvereinbarung mit einer im Vergleich zur Einstandspflicht nach § 633 Abs. 2 Satz 2 Nr. 2 BGB verschärften Haftung. Denn die Nr. 2 verlangt für die Sachmängelhaftung eine Einschränkung oder Aufhebung der Verwendungseignung (vgl. Abschnitt 13.5.3.2.6). In einem solchen Fall spricht mehr dafür, den Ausgangspunkt der Beurteilung weniger im **subjektiven als im objektiven Mangelbegriff** zu suchen.

Beispiel

Gibt ein Leistungsverzeichnis für Fliesen- und Plattenarbeiten für das Verlegen von Solnhofener Platten eine Fugenbreite von 2 mm vor, dann entspricht dies der Angabe in der DIN 18352 Abschnitt 3.5.2, wo eine Breite von 2 bis 3 mm angegeben wird. Verlegt der Unternehmer die Platten mit Fugen von 3 mm, entspricht dies der DIN 18352, genügt den technischen Tauglichkeits- und Funktionsanforderungen, widerspricht aber der Vorgabe im Vertrag. Der Sachverständige führt aus, die Leistung sei absolut gleichwertig, soll sie jetzt wegen Verfehlung der Vorgabe mangelhaft sein?

---

1 *Bamberger/Roth/Voit*, BGB, § 633 Rdn. 4.
2 BGB, 72. Aufl., § 633 Rdn. 6.
3 *Bamberger/Roth/Voit*, BGB, § 633 Rdn. 5.

13.5 Der Sachmangel nach Werkvertragsrecht des BGB

Die Antwort hängt auch damit zusammen, unter welchen Voraussetzungen in den Sachmängeltatbeständen nach § 633 Abs. 2 Satz 2 Nr. 1 und 2 BGB ein Sachmangel vorliegt, ob auch hier die Verfehlung der Sollvorgabe ausreicht oder ob eine Funktionstauglichkeitsbeschränkung erforderlich ist. Das wird hier so bejaht, wird jedoch von der Mehrheit der Kommentatoren abgelehnt (vgl. unter Abschnitt 13.5.3.2.6.).

Nach der Rechtsprechung des BGH gehören zu den Beschaffenheiten alle Eigenschaften des Werks, die nach der Vereinbarung der Parteien den vertraglich geschuldeten Erfolg herbeiführen sollen.[1] Das lässt im Wege der Auslegung einer Vereinbarung durchaus Raum dafür, dass nicht jede z.B. in einem Leistungsverzeichnis angeführte Merkmalaussage oder Eigenschaftsbeschreibung auch eine vereinbarte Beschaffenheit darstellt. Nach OLG Thüringen ist das der Fall, wenn nicht erkennbar ist, dass besonderer Wert auf das Verwirklichung dieses Merkmals gelegt wird.[2] Nach OLG Stuttgart ist für die Annahme einer Beschaffenheitsvereinbarung in solchen Fällen erforderlich, dass der Besteller erkennbar großen Wert auf die Einhaltung der Leistungsbeschreibung legt, weil es ihm darauf ankommt, dass das Werk nach der Leistungsbeschreibung gestaltet wird und der Auftragnehmer die Einhaltung dieser Leistungsvorgaben verspricht.[3] Vielleicht gelingt eine Abgrenzung auf die Weise, dass eine Beschreibung von Eigenschaften keine Beschaffenheitsvereinbarung darstellt, wenn damit lediglich Anforderungen an die gewöhnliche oder vertraglich vorausgesetzte Verwendungseignung benannt werden. Will der Auftraggeber darüber hinaus das Werk gerade mit diesen Qualitäten, liegt ein Sachmangeltatbestand bei deren Verfehlung unabhängig davon vor, ob die Verwendungseignung eingeschränkt ist. Anderenfalls, also wenn es lediglich um die Sicherstellung der Verwendungseignung geht, ist die Leistung mangelhaft nur bei Einschränkung oder Wegfall der Verwendungseignung.

Aufgaben des Sachverständigen im Zusammenhang mit einer Beschaffenheitsvereinbarung

Über das Vorliegen und den Inhalt einer Beschaffenheitsvereinbarung entscheidet das Gericht. Dabei handelt es sich um **Rechts- und nicht um Tat- also Sachverständigenfragen.** Dem Sachverständigen könnte die Aufgabe zukommen, das Gericht über den technischen Stellenwert von Beschaffenheitsmerkmalen wie auch deren Funktion zu unterrichten und darüber Auskunft zu erteilen, wie sich das Fehlen der Merkmale unter Funktionsgesichtspunkten auswirkt. Welche Rechtsfolgen sich daraus ergeben, ob deshalb Mangelfreiheit oder Mangelhaftigkeit vorliegt, ist letztlich angesichts der Komplexität der gesetzlichen Zusammenhänge eine Rechtsfrage. Deshalb sollte der Sachverständige auf die Frage, ob ein Mangel vorliegt, nicht einfach mit Ja oder Nein antworten, sondern das Erscheinungsbild im Hinblick auf damit verbundene Folgen bewerten. Daraus mag dann das Gericht die für den rechtlichen Sachmangeltatbestand maßgeblichen Schlüsse ziehen.

13.5.3.2.4 Vertraglich vorausgesetzte Verwendungseignung (§ 633 Abs. 2 Satz 2 Nr. 1 BGB)

Auf die vertraglich vorausgesetzte Verwendungseignung ist abzustellen, soweit eine Beschaffenheitsvereinbarung fehlt. Mit der Verwendungseignung ist primär auf die **Funk-**

---

[1] BGH, U. v. 8.11.2007 – VII ZR 183/05, BauR 2008 S. 344, 346; OLG Stuttgart, U. v. 10.9.2008 – 3 U 48/08, BauR 2010 S. 98.
[2] U. v. 27.7.2006 – 1 U 897/04, BauR 2009 S. 669, 671.
[3] U. v. 19.4.2011 – 10 U 116/10, BauR 2011 S. 1824, 1825.

13. Bauvertragsrecht – Sachmängelhaftung

tionalität des Werks abzuheben.[1] Wenn der BGH[2] im Zusammenhang einer Heizungsanlage deren Zweck, nämlich dass Räume warm werden, zum Gegenstand einer Beschaffenheitsvereinbarung erklärt, die nicht ausdrücklich geschlossen worden ist, wird nach hier vertretener Auffassung ausgeblendet, dass der Wortlaut des Gesetzes gerade derartige Leistungszwecke mit dem Sachmangelfreiheitstatbestand der vertraglich vorausgesetzten Verwendungseignung – oder der gewöhnlichen Verwendungseignung – erfasst. Im Unterschied zur vereinbarten Beschaffenheit kennzeichnet die vertraglich vorausgesetzte Verwendungseignung, dass sie gerade nicht ausdrücklich vereinbart, sondern eben nur von Parteien vorausgesetzt wird.

Leistungszweck und Funktionalität als Verwendungseignungskriterien

Der Gesetzgeber hat die Funktionalität und Zweckentsprechung den subsidiären Sachmangelfreiheitstatbeständen des § 633 Abs. 2 Satz 2 Nr. 1 und 2 BGB zugewiesen.[3] Das vertritt der BGH so gerade nicht.[4]

Beispiel

> Es wird ein Estrich ohne nähere Qualitätsangaben für eine öffentliche Tiefgarage ausgeschrieben. Die vertraglich vorausgesetzte Verwendungseignung ist demnach die Brauchbarkeit des Estrichs für eine öffentliche Tiefgarage. Dann muss der Estrich den sich daraus ergebenden Nutzungsanforderungen und folglich Funktionstauglichkeitsanforderungen genügen. Danach ist die Festigkeitsklasse zu bestimmen. Der Unternehmer darf nicht die Mindestfestigkeitsklasse nach der Tabelle 1 der DIN 18353 wählen, sondern die Klasse muss anforderungsgerecht bestimmt werden.

Die vertraglich vorausgesetzte Verwendungseignung wird sich bei Fehlen von speziellen Vorgaben im Vertrag – wobei gerade im angeführten Estrichbeispiel die DIN 18353 im Abschnitt 0.2.10 die Angabe der Festigkeitsklasse einfordert – aus dem **Zweck** und der **vorgesehenen Beanspruchung** der fertigen Leistung ergeben. Deshalb führt § 7 Abs. 1 Nr. 5 VOB/A an, erforderlichenfalls seien auch der Zweck und die vorgesehene Beanspruchung der fertigen Leistung anzugeben. Die Maßgeblichkeit des Verwendungszweckes kennt auch der Anhang TS Technische Spezifikation zu § 7 VOB/A.

Widerspruch zwischen vertraglicher Verwendungseignung und Beschaffenheitsvereinbarung

Ein **Widerspruch zwischen einer Beschaffenheitsvereinbarung und einem vorgegebenen Verwendungszweck** in dem Sinne, dass die angestrebte Funktion mit den vereinbarten Beschaffenheitsmerkmalen nicht erreicht wird, wird zugunsten der **Maßgeblichkeit der Funktionstauglichkeit** gelöst. Das folgt schon daraus, dass solche meist auf Planungsleistungen beruhenden Vorgaben schlicht falsch sein können, und es dem Auftraggeber regelmäßig auch bei Vorliegen einer Beschaffenheitsvereinbarung um das Funktionieren geht. Diese Überlegung führt dazu, dass die im Gesetz ausgedrückte

---

[1] *Palandt/Sprau*, BGB, 72. Aufl., § 633 Rdn. 7; *Prütting/Wegen/Weinreich-Halfmeier/Leupertz*, BGB, 8. Aufl., § 633 Rdn. 17, 22.
[2] U. v. 8.11.2007 – VII ZR 183/05, BauR 2008 S. 344, 346.
[3] Vgl. die Bemerkung bei *Kniffka*, Bauvertragsrecht, § 633 Rdn. 11, der jedoch der Auffassung ist, dass die Funktionalität in aller Regel Teil der Beschaffenheitsvereinbarung ist.
[4] U. v. 8.11.2007 – VII ZR 183/05, BauR 2008 S. 344, 346.

Vorrangigkeit der Beschaffenheitsvereinbarung und die Subsidiarität der Sachmängelfreiheitstatbestände in § 633 Abs. 2 Satz 2 Nr. 1 und 2 BGB sogar problematisch und im Wege einer sinnvollen Auslegung korrekturbedürftig ist. Ein Unternehmer hat nach dem funktionalen Mangelbegriff, den die Rechtsprechung entwickelt hat und der durch die Neuregelung der Sachmangelbestimmungen nicht gekippt werden sollte,[1] ungeachtet der Vorgaben, die er durch den Besteller erhält, ein funktionstaugliches und zweckentsprechendes Werk herzustellen.[2] Gerade um nicht in Widersprüche zu geraten, vertritt der BGH die Auffassung, dass nicht nur Leistungsmerkmale, wie sie in Leistungsverzeichnissen enthalten sind, Gegenstand von Beschaffenheitsvereinbarungen sein können, sondern auch die Funktionstauglichkeit einer Leistung. Wird das so bejaht, und sind Kenndaten einer Leistung im Leistungsverzeichnis beschrieben, was zu deren versprochener Beschaffenheit führt, ergeben sich aber bei gleichzeitig als Beschaffenheit versprochener Funktionalität Widersprüchlichkeiten innerhalb der vereinbarten Beschaffenheiten. In solchen Fällen genießt die Funktionalität Vorrang und das Erreichen allein der Kenndaten genügt für die Bejahung der Mangelfreiheit nicht. Das Problem kennzeichnet die sog. „Beschaffenheitsvereinbarung nach unten".[3]

Beispiel[4]

Ein Dachdecker soll eine Halle decken, in dieser Halle befinden sich Maschinen und Materialien. Die Dachdeckung wird näher beschrieben, Positionen, die für Wasserdichtigkeit sorgen, fehlen. Aus dem Zweck, der im Vertrag in den Vorbemerkungen zur Leistungsbeschreibung näher beschrieben wird, wird deutlich, dass es allein die Regensicherheit nicht tut. Hier geht es dann um das Funktionieren der Dachdeckung im Sinne einer herzustellenden Wasserdichtigkeit. Ist das Werk zwar regensicher, aber nicht wasserdicht, ist wegen Verfehlung der vertraglich vorausgesetzten Verwendungseignung ein Sachmangel zu bejahen, obwohl der Auftragnehmer sämtliche Beschaffenheitsvereinbarungsmerkmale abgearbeitet hat. Der BGH hat in einem solchen Fall dem Sinne nach ausgeführt, die Nutzung einer Produktions- und Lagerhalle fordere i.d.R. ein Dach, das auch bei stärkerem Regen mit Windeinfall sicheren Schutz bietet, es sei denn, der Auftraggeber habe das Risiko der vereinbarten Konstruktion gebilligt und in Kauf genommen. Aus der Funktion der errichteten Halle habe sich ohne Weiteres ergeben, dass das Dach einem stärkeren Regen standhalten müsse und hieran ändere sich auch nichts deshalb, weil die vereinbarte Ausführung preisgünstig war. Ist die Funktionstauglichkeit für den vertraglich vorausgesetzten oder gewöhnlichen Gebrauch versprochen und ist dieser Erfolg mit der vertraglich vereinbarten Ausführungsart nicht zu erreichen, schuldet der Auftragnehmer die vereinbarte Funktionstauglichkeit.

---

1 BGH,U. v. 8.11.2007 – VII ZR 183/05, BauR 2008 S. 344, 346; *Kniffka,* Bauvertragsrecht, § 633 Rdn. 10.
2 BGH, U. v. 8.11.2007 – VII ZR 183/05, BauR 2008 S. 344, 346; BGH, U. v. 15.10. 2002 – X ZR 69/01, BauR 2003 S. 236 = NZBau 2003 S. 33.
3 BGH, U. v. 29.9.2011 – VII ZR 87/11 – BauR 2012 S. 115, 117 (Rdn. 11); OLG Brandenburg, U. v. 30.3.2011 – 13 U 16/10, BauR 2011 S. 1341.
4 BGH, U. v. 11.11.1999 – VII ZR 403/98, BauR 2000 S. 411 = NZBau 2000 S. 74.

13. Bauvertragsrecht – Sachmängelhaftung

Aufgabe des Sachverständigen im Rahmen der vertraglich vorausgesetzten Verwendungseignung

Der Sachverständige kann eine Hilfestellung insofern liefern, als er nach Maßgabe des Objekts und seines Zwecks Informationen dazu liefert, wie eine zweck- und damit funktionssichernde Leistung hätte ausgeführt werden müssen.

13.5.3.2.5 Gewöhnliche Verwendungseignung nach § 633 Abs. 2 Satz 2 Nr. 2 BGB

Auf die gewöhnliche Verwendungseignung ist abzustellen, wenn auch die Nr. 1 ausscheidet, also eine vertraglich vorausgesetzte Verwendungseignung aus den gesamten Vertragsunterlagen nicht erkennbar wird. Diesen Sachmangelfreiheitstatbestand kennzeichnen im Unterschied zur Nr. 1 – vertraglich vorausgesetzte Verwendungseignung – jedoch nicht nur Zweck- und Funktionalitätsgesichtspunkte, sondern außerdem Beschaffenheiten, die bei Werken der gleichen Art üblich sind und die der Besteller nach der Art des Werks auch erwarten kann. Neben dem gewöhnlichen Zweck einer Leistung stehen deshalb offenkundig gleichrangig die Eigenschaften und Merkmale der Leistung, die bei Werken der gleichen Art üblich sind (objektives Moment) und die der Besteller nach der Art des Werks auch erwarten kann (subjektives Moment).

Konkretisierung des Leistungszwecks – Funktionalität

Das lässt sich für den Baubereich aus anerkannten Regeln der Technik konkretisieren. Eine Abdichtung verfolgt Dichtungszwecke, wobei jedoch nach DIN 18195 die verschiedenen Lastfälle zu berücksichtigen sind. Das bedeutet, dass die Funktionalität den jeweiligen Lastfall zu beachten hat. Nach der WU-Richtlinie des Deutschen Ausschusses für Stahlbeton vom November 2003 ist auf die einschlägige Nutzungsklasse (A oder B) abzustellen. Putz verfolgt nach der Putznorm Schutz- und Gestaltungszwecke.

Bei Werken gleicher Art übliche Beschaffenheiten

Was die üblichen Beschaffenheiten bei Werken der gleichen Art sind, ergibt sich im Baubereich regelmäßig aus den anerkannten Regeln der Technik, die die Leistungsanforderungen näher beschreiben. Hier wird die Auffassung vertreten, dass auch unabhängig von der Geltung der VOB/C, die an sich strikt nur bei Vereinbarung oder nach § 1 Abs. 1 Satz 2 VOB/B gesichert ist, im Einzelfall – also nicht generell –, auf die gewerkespezifischen Allgemeinen Technischen Vertragsbedingungen für Bauleistungen zurückgegriffen werden darf.

Beispiel

Ist für die Verfugung nichts Besonderes geregelt, erfolgt diese durch Einschlämmen mit grauer hydraulisch abbindender Fugenmasse (DIN 18352 Abschnitt 3.4.3). Das ist die gewöhnliche Beschaffenheit bei Werken der gleichen Art. Nur Wohnungsinnentüren dürfen mit Buntbartschlössern versehen werden, nicht Haus- und Wohnungsabschlusstüren (DIN 18357 Abschnitt 3.1.4 und 3.1.6). Nach DIN 18363 Abschnitt 3.1.8 sind Lackierungen glänzend auszuführen. Die Dicke der Putzschichten folgt aus der Putznorm (DIN 18550), die Dicke des Estrichs aus der Estrichnorm (DIN 18560).

13.5 Der Sachmangel nach Werkvertragsrecht des BGB

Übliche Bestellererwartung

Was der Besteller üblicherweise erwarten kann, ergibt sich aus der Verkehrssitte. Nicht entscheidend ist die spezielle Erwartung dieses konkreten Bestellers, sondern maßgeblich ist, was der Besteller üblicherweise erwarten kann. Das folgt letztlich im Baubereich aus den anerkannten Regeln der Technik und aus der VOB/C, soweit diese in großem Umfang Gewerkeüblichkeiten zum Ausdruck bringt. Insofern deckt sich jedenfalls im Baubereich die Bestellererwartung mit den Beschaffenheitsmerkmalen, die bei Werken der gleichen Art üblich sind.

Beispiel

Der Besteller hat knallgelbe Fliesen bestellt, zum Fugenmaterial ist nichts gesagt. Wird der Bestellererwartungshorizont durch die Farbe gelb bestimmt oder ist entscheidend, was die DIN 18352 im Abschnitt 3.4.3 ausführt: „Das Verfugen erfolgt durch Einschlämmen einer grauen hydraulisch abbindenden Fugenmasse." Selbstverständlich kann davon abgewichen werden (vgl. Abschnitt 0.3.2 der DIN 18352), aber das ist im Vertrag nicht geschehen. Gilt jetzt die Farbe grau, oder hätte der Unternehmer vor Beginn fragen sollen?

Nach hier vertretener Auffassung liegt kein Sachmangel nach § 633 Abs. 2 Satz 2 Nr. 2 BGB vor. Die Verletzung der Frageverpflichtung, wenn man eine solche Pflicht überhaupt bejaht, begründet mangels Vorliegens eines Schadens nach § 280 Abs. 1 BGB keine Ersatzpflicht. Es ist lediglich das ästhetische Empfinden gestört, aber ein Vermögensschaden ist mangels eines Mangels nicht gegeben.

Aufgabe des Sachverständigen bezüglich gewöhnlicher Beschaffenheit

Die Aufgabe des Sachverständigen kann sehr vielfältig sein, weil es darum geht, das Gericht technisch darüber in Kenntnis zu setzen, was die gewöhnlichen Leistungszwecke sind und welche Beschaffenheitsmerkmale die jeweilige Leistung üblicherweise hat. Das hat mit Techniknormen im weitesten Sinne zu tun. Ein sehr gutes Beispiel liefert das Merkblatt „Parkhäuser und Tiefgaragen" des Deutschen Beton- und Bautechnik-Vereins. Dieses Merkblatt stellt verschiedene Planungs- und Ausführungsweisen vor (vgl. die Übersicht im Bild 7, auf S. 35). Die Frage stellt sich, ob alle fünf Varianten (1a, 1b, 2a, 2b und 3) den Anforderungen der gewöhnlichen Verwendungseignung entsprechen?

13.5.3.2.6 Vorliegen eines Mangels nach § 633 Abs. 2 Satz 2 Nr. 1 und 2 BGB – einschränkungsneutral oder -abhängig?

Soweit die Auffassung vertreten wird, dass in den Fällen des § 633 Abs. 2 Satz 2 Nr. 1 und 2 negative Auswirkungen auf die Tauglichkeit und/oder den Wert für die Bejahung eines Mangels nicht erforderlich seien, wird diese Auffassung hier nicht geteilt. Sie trifft allein auf die Verfehlung einer Beschaffenheitsvereinbarung nach § 633 Abs. 2 Satz 1 BGB zu. Wenn es nämlich nach § 633 Abs. 2 Satz 2 Nr. 1 BGB auf die Verwendungseignung hinsichtlich der Sachmangelfreiheit ankommt, was auch neben anderen Kriterien bei der Nr. 2 entscheidend ist, dann setzt die Mangelhaftigkeit zumindest die Einschränkung dieser Verwendungseignung voraus. Der BGH weist die Funktionalität einer Leistung dem Sachmangelfreiheitskriterium der Beschaffenheitsvereinbarung zu.[1] Der techni-

---

[1] BGH, U. v. 8.11.2007 – VII ZR 183/05, BauR 2008 S. 344, 346.

sche Minderwert der Leistung ist in den Fällen der Nr. 1 u. Nr. 2 maßgeblich und führt zur Mangelhaftigkeit der Leistung.[1] Gerade im Bereich der Nr. 2 ist es dann letztlich eine Rechtsfrage, die jedoch sachverständig zu begleiten ist, ob bei Verfehlung üblicher Beschaffenheiten, aber Sicherung der Funktionalität ein Sachmangel vorliegt.

Hier spielen **Risikoüberlegungen** mit Auswirkungen auf die Nutzungszeit der Leistung eine Rolle.[2]

13.5.3.3 Andere Leistung und Leistung in zu geringer Menge

Das BGB weist der Herstellung eines anderen Werks als das bestellte Werk ebenso Sachmangelqualität zu wie die Herstellung in zu geringer Menge (§ 633 Abs. 2 Satz 3 BGB). Die ausgeführte Leistung entspricht ihrer Art nach nicht dem bestellten Werk. Ein anderes Werk liegt dann vor, wenn es schon seiner Art nach im Vergleich zum gestellten Werk falsch ist. Das kann im Baubereich durchaus vorkommen, z.B., wenn anstatt Naturstein Fliesen verlegt werden, oder statt Holzzargen Stahlzargen gesetzt werden. Neben solchen unzweifelhaften Fällen existieren zweifelhafte, bei denen eher die Ausführung als die Art betroffen ist. Z.B. war das Parkett nach dem Vertrag genagelt auszuführen, der Parkettleger verklebt es. Eine vom Vertrag abweichende Befestigung wird nicht ein Fall nach § 633 Abs. 2 Satz 3 BGB sein, wohl aber, wenn das Material vom bestellten abweicht, also z.B. statt einer Wand aus massivem Mauerwerk eine Holzständerbauweise gewählt wird.

Die Bedeutung liegt darin, dass allein der Umstand, dass die Leistung anderer Art ist, den Sachmangel ausmacht. Tauglichkeitseinschränkungen hinsichtlich des Verwendungszwecks müssen damit nach dem Wortlaut der Regelung nicht verbunden sein.

Eine Leistung in zu geringer Menge liegt vor, wenn der Unternehmer z.B. die ihm beauftragten fünf Häuser noch nicht vollständig geweißelt hat. Es steht noch ein Haus aus, der Auftragnehmer ist jedoch der Auffassung, die von ihm erbrachte Teilleistung stelle den geschuldeten Gesamterfolg dar.

13.6 Der Sachmangel nach der VOB/B

Die VOB/B befasst sich in § 13 Abs. 1 mit dem Sachmangel. Die Orientierung an § 633 Abs. 2 BGB ist deutlich zu erkennen. Die VOB/B übernimmt den Ausgangspunkt mit der Beschreibung der Sachmangelfreiheit und übernimmt auch die in § 633 Abs. 2 Sätze 1 und 2 BGB genannten Tatbestände der Beschaffenheitsvereinbarung und der vertraglich vorausgesetzten wie auch der gewöhnlichen Verwendungseignung.

13.6.1 Sachmangelfreiheit – anerkannte Regeln der Technik

Die Besonderheit der VOB/B besteht darin, dass die Einhaltung der **anerkannten Regeln der Technik** ein eigenständiger Sachmangelfreiheitstatbestand ist. Dieser Tatbestand steht auf einer Stufe mit der Beschaffenheitsvereinbarung. Dies hat zur Folge, dass der Verstoß gegen die anerkannten Regeln der Technik für sich als Sachmangeltatbestand zu

---

[1] *Palandt/Sprau*, BGB, 72. Aufl., § 633 Rdn. 7; PWW/*Halfmeier/Leupertz*, 8. Aufl., § 633 Rdn. 18.
[2] Vgl. dazu BGH, U. v. 10.11.2005 – VII ZR 137/04, BauR 2006 S. 382, 383.

werten ist, was für den Sachverständigen die Notwendigkeit zur Folge hat, sich mit diesem Tatbestand besonders sorgfältig auseinander zu setzen. Vor allem spielt dabei eine Rolle, dass lediglich eine widerlegbare Vermutung des Inhalts besteht, dass die schriftlich niedergelegten Techniknormen anerkannter Regelwerksetzer – wie z.B. das DIN – Ausdruck anerkannter Regeln der Technik sind. Sind für Leistungsqualitäten unterschiedliche technische Normen anerkannter Regelwerksetzer mit unterschiedlichen Leistungsanforderungen einschlägig, ist es letztlich eine Frage der Auslegung des Vertrages, was der Unternehmer dem Besteller schuldet. Das trifft vor allem im Bereich des Schallschutzes zu.[1] Neben der auch als Eingeführte Technische Baubestimmung geltenden DIN 4109 existiert die VDI-Richtlinie 4100, die verschiedene Schallschutzstufen mit unterschiedlich hohen Anforderungen kennt. Der BGH vertritt die Auffassung, dass bei einem geschuldeten üblichen Qualitäts- und Komfortstandard die Vorgaben der DIN 4109 schon deshalb nicht herangezogen werden können, weil sie lediglich Mindestanforderungen zur Vermeidung unzumutbarer Belästigungen regeln. Anhaltspunkte können aus den Regelwerken die Schallschutzstufen II und III der VDI-Richtlinie 4100 oder das Beiblatt 2 zu DIN 4109 liefern.

Wichtig ist darüber hinaus, dass die Techniknormen häufig Abweichungsvorbehalte bei Gleichwertigkeit enthalten, so dass allein die Abweichung von der Technikregel den Verstoß gegen die anerkannten Regeln der Technik nicht indiziert. Auf die DIN 1045 Teil 1 und 1055 Teil 3 ist bezüglich der dort genannten Anwendungsregeln zu verweisen.

13.6.2 Leistung nach Probe und Muster

§ 13 Abs. 2 VOB/B enthält für die Leistung auf Probe auch eine Besonderheit dann, wenn das schließlich ausgeführte Werk qualitativ von der Probe abweicht. Die Qualitäten der Probe, wozu auch das Muster zählt, gelten zwar als vereinbarte Beschaffenheit, aber es wird im Ergebnis nicht jede Abweichung als Mangeltatbestand gewertet. Eine nach der Verkehrssitte als bedeutungslos anzusehende Abweichung löst Sachmängelrechte nicht aus. Diese eigentlich sehr bewegliche Lösung ist auf die Beschaffenheitsvereinbarung nach der Abs. 1 nicht übertragbar. Ob die Abweichung nach der Verkehrssitte bedeutungslos ist, ist durchaus technisch besetzt und kann deshalb aus technischer Sicht Beurteilungsgegenstand für einen Sachverständigen sein.

13.6.3 Sonstige Abweichungen

Im Übrigen übernimmt die VOB/B die Sachmängeltatbestände der Herstellung eines anderen Werks und des Werks in zu geringer Menge nicht.

13.7 Rechtsfolgen aus Sachmängeln

Die aus zu bejahenden Sachmängeln sich ergebenden Sachmängel listet § 634 BGB auf. Die einzelnen Rechte des Auftraggebers ergeben sich aus den nachfolgenden Bestim-

---

[1] Vgl. BGH, U. v. 14.6.2007 – VII ZR 45/06, BauR 2007 S. 1570.

mungen. Vorausgesetzt wird jedoch, dass der Sachmangel dem in Betracht kommenden Auftragnehmer zurechenbar ist.

13.7.1 Zurechenbarkeit des Sachmangels nach BGB und VOB/B

Damit ein Auftragnehmer wegen eines Sachmangels in Anspruch genommen werden kann, muss ihm der Mangel zugerechnet werden können. Das BGB enthält diesbezüglich keine ausdrückliche Vorschrift; diese Voraussetzung lässt sich jedoch mittelbar aus § 645 BGB ableiten. Die Zurechnungsvoraussetzung formuliert § 13 Abs. 5 Nr. 1 VOB/B sehr deutlich, wenn es dort heißt: *„Der Aufragnehmer ist verpflichtet, alle während der Verjährungsfrist hervortretenden Mängel, die auf vertragswidrige Leistung zurückzuführen sind, auf seine Kosten zu beseitigen, wenn es der Auftraggeber vor Ablauf der Frist schriftlich verlangt."* Zugleich ordnet jedoch § 13 Abs. 3 VOB/B die Sachmangelhaftung des Auftragnehmers auch dann an, wenn der Mangel des Werks auf die Leistungsbeschreibung oder auf Anordnungen des Auftraggebers, auf die von diesem gelieferten oder vorgeschriebenen Stoffe oder Bauteile oder die Beschaffenheit der Vorleistung eines anderen Unternehmers zurückzuführen ist. Das ist Ausdruck der massiven Erfolgshaftung des Auftragnehmers, die dann eingreift, wenn das Werk des Unternehmers Mängel aufweist. Diese Haftung tritt nicht etwa schon dann zurück, wenn die Ursache hierfür in der Sphäre des Auftraggebers oder vorleistender Unternehmer liegt. Die Entlastung der Sachmangelhaftung bewirkt erst der Umstand, dass der Auftragnehmer auf die Bedenken hinsichtlich der bezeichneten ursächlichen Vorgaben nach der vorausgegangenen Prüfung hingewiesen hat (§ 13 Abs. 3, § 4 Abs. 3 VOB/B). Die Wahrnehmung der Prüfungs- und Bedenkenhinweispflicht ist demnach ein Entlastungstatbestand und die Verletzung dieser Pflicht nicht etwa ein haftungsbegründender Tatbestand.

Liegt ein Mangel im Werk des Unternehmers vor, hängt dessen Sachmängelhaftung nicht davon ab, dass der Mangeltatbestand dem Auftragnehmer über einen Ausführungsfehler irgendwelcher Art zugerechnet werden kann. Die Erfolgshaftung setzt nicht gleichsam zusätzlich eine Handlungshaftung voraus. Der Mangel belegt eine vertragswidrige Leistung.

Die Zurechnung scheidet aus, wenn die Mangelursache in der Sphäre des Auftraggebers liegt, z.B. Planungsfehler, Anordnungsfehler, fehlerhafte Stoffvorgaben, unzulängliche Vorunternehmerleistungen ursächlich sind, auf denen die Werkleistung des fraglichen Unternehmers aufbaut, und der Unternehmer seinen Prüfungs- und Bedenkenhinweispflichten nachgekommen ist oder das hierfür erforderliche Fachwissen generell nicht verlangt und vorausgesetzt werden kann. Die Verletzung der Prüfungs- und Bedenkenhinweispflichten ist demnach kein die Mängelhaftung begründender Tatbestand. Diese Haftung knüpft allein am Werkmangel an. Deshalb sind eigentlich Beweisfragen des Inhalts, ob ein Mangel auf einen Ausführungsfehler zurückgeht, rechtlich unter Haftungsgesichtspunkten belanglos. Relevant ist die Frage, ob die Ursache in einem Planungsfehler oder in Mängeln der Vorleistung liegt, weil sich dann bei Wahrnehmung der Prüfungs- und Hinweispflichten die Möglichkeit der Haftungsbefreiung ergibt. Das gilt auch dann, wenn nach den generell geforderten gewerkebezogenen Fachkenntnissen der Unternehmer ursächliche Mängel z.B. in Ausführungsplänen oder der Vorunternehmerleistung nicht erkennen konnte. Die in den einzelnen VOB/C-Bestimmungen enthaltenen Hinweise zu den Prüfungspflichten sind lediglich beispielhafter und demnach nicht abschließender Art.[1] Die Verletzung von Prüfungs- und Hinweispflichten ist kein eigenständiger Tatbestand, der die Mängelhaftung begründet. Die verschuldensunabhängige Mängelhaftung kann nur durch einen Sach- oder Rechtsmangel des vom Unternehmer hergestellten Werks begründet werden. Die Erfüllung der Prüfungs- und Hinweispflichten ist ein Tatbestand, der den Unternehmer von der Sach- oder Rechtsmängelhaftung befreit. Das machen § 13 Abs. 3 und § 4 Abs. 3 VOB/B deutlich. Die in diesen Bestimmungen enthaltene Regelung ist eine Konkretisierung von Treu und Glauben und gilt deshalb über § 242 BGB auch im BGB-Bauvertrag.[2] Der BGH hat ausgeführt: *„Jeder Werkunternehmer, der seine Arbeit in engem Zusammenhang mit der Vorarbeit eines andern oder überhaupt aufgrund dessen Planungen auszuführen hat, muss deshalb prüfen und gegebenenfalls auch geeignete Erkundigungen einziehen, ob diese Vorarbeiten, Stoffe oder Bauteile eine geeignete Grundlage für sein Werk bieten und keine Eigenschaften besitzen, die den Erfolg seiner Arbeit in Frage stellen können. Der Rahmen dieser Verpflichtung und ihre Grenzen ergeben sich aus dem Grundsatz der Zumutbarkeit, wie sie sich nach den besonderen Umständen des Einzelfalles darstellen. Was hiernach zu fordern ist, bestimmt sich u.a. nach dem von dem Unternehmer zu fordernden Fachwissen, nach seiner Kenntnis vom Informationsstand des Vorunternehmers und überhaupt durch alle Umstände, die für den Unternehmer bei hinreichend sorgfältiger Prüfung als bedeutsam erkennbar sind. Kommt er seiner hiernach bestehenden Verpflichtung nicht nach und wird hierdurch das Gesamtwerk beeinträchtigt, so ist seine Werkleistung mangelhaft. Der Besteller ist dann berechtigt, ihn auf Gewährleistung in Anspruch zu nehmen."*[3] Allerdings führt die Mitursache im anderen Bereich zu einer Quotenbildung hinsichtlich der Gewährleistung.

13.7.2 Sachmängelrechte vor und nach der Abnahme – BGB und VOB/B

Nach der rechtsgeschäftlichen Abnahme (§ 640 BGB; § 12 VOB/B) hat der Auftraggeber die Rechte aus §§ 635 ff. BGB, bzw. nach VOB/B aus § 13 VOB/B. Welche Rechte dem Auftraggeber vor der Abnahme zustehen, ist aufgrund des § 4 Abs. 6, 7 VOB/B lediglich für den VOB/B-Bauvertrag klar. Es sind die dort in § 4 Abs. 6, 7 VOB/B genannten Rechte. Für den BGB-Bauvertrag ist gegenwärtig letztlich noch unklar, ob der Auftraggeber auf die Rechte aus dem allgemeinen Leistungsstörungsrecht (§§ 280 ff. BGB) beschränkt ist oder ob ihm auch insbesondere das Recht auf Selbsthilfe nach § 637 BGB und auf Minderung aus § 638 BGB zukommt.[4] Der BGH hat diese Frage bisher verbindlich nicht entschieden.[5]

Nachfolgend werden lediglich die Sachmängelrechte behandelt, die vormals als Gewährleistungsrechte bezeichnet wurden und nach der rechtsgeschäftlichen Abnahme greifen.

Die Sachmängelrechte stehen in einem bestimmten Stufenverhältnis. Der Auftraggeber muss notwendig mit dem Anspruch auf Nacherfüllung unter Fristsetzung beginnen, will er auf andere Rechte übergehen. Denn dem Unternehmer steht aufgrund der Formulie-

---

[1] BGH, U. v. 7.6.2001 – VII ZR 471/99, BauR 2001 S. 1414 = NZBau 2001 S. 495.
[2] BGH, U. v. 6.11.2007 – VII ZR 183/05, BauR 2008 S. 344, 348.
[3] BGH, U. v. 23.10.1986 – VII ZR 48/85, BauR 1987 S. 79.
[4] *Palandt/Sprau*, BGB, 72. Aufl., vor § 633 Rdn. 6 ff.
[5] BGH, U. v. 27.10.2011 – VII ZR 84/09, BauR 2012 S. 241, 241 (Rdn. 13, 14); vgl. in der Literatur z.B. *Voit*, BauR 2011 S. 1063, 1073.

13. Bauvertragsrecht – Sachmängelhaftung

rung der gesetzlichen Bestimmungen auch das Recht zu, den Mangel nachzubessern (Nacherfüllung, § 635 BGB), bevor er auf Geldzahlung in Anspruch genommen werden kann. Das wird deutlich aus § 636 wie auch aus § 637 BGB, die sämtlich i.d.R. eine Fristsetzung erfordern, und die gesetzte Frist muss fruchtlos abgelaufen sein, damit der Auftraggeber auf die s.g. sekundären Mängelrechte übergehen darf.

13.7.3 Nacherfüllungsanspruch § 635 BGB – § 13 Abs. 5 Abs. 1 VOB/B

In erster Linie steht dem Auftrageber ein Nacherfüllungsanspruch zu, dem ein Recht des Auftragnehmers zur Mängelbeseitigung korrespondiert. Das setzt ein Nacherfüllungsverlangen des Auftraggebers voraus.

13.7.3.1 Mängelrüge

Das Nacherfüllungsverlangen macht der Auftraggeber regelmäßig mit einer Mängelrüge geltend, in welcher der Mangel nach Art und Ort seinem äußeren Erscheinungsbild nach zu bezeichnen ist; Angaben zu Ursachen und Folgen sind nicht erforderlich.[1] Die VOB/B verlangt in § 13 Abs. 5 Abs. 1 Satz 1 eine schriftliche Mängelrüge und lässt ein lediglich mündliches Verlangen nicht genügen. Mit der Mängelrüge ist das Verlangen auf Mängelbeseitigung zu verbinden. Der Auftraggeber hat nicht das Recht, die Mängelbeseitigung in bestimmter Art und Weise zu verlangen. Diese Befugnis kommt dem Auftragnehmer zu. Denn er steht weiter für die Mängelfreiheit ein und soll deshalb auch das Recht haben, über die Mängelbeseitigungsmethode zu befinden. Die Dispositionsbefugnis über die Art und Weise der Mängelbeseitigung kommt also grundsätzlich dem nachbesserungspflichtigen Auftragnehmer zu.[2] Ausführungen eines Sachverständigen zur Art und Weise der Nacherfüllung sind folglich für den Auftragnehmer nur dann letztlich verbindlich, wenn nur auf diese Weise die Mängel beseitigt werden können.

Der Auftraggeber hat mit dem Mängelbeseitigungsverlangen eine Fristsetzung für die Mängelbeseitigung zu verknüpfen. Denn grundsätzlich kann er bei Ausbleiben der Mängelbeseitigung durch den Auftragnehmer in die Selbstbeseitigung und die weiteren Rechte nur nach fruchtloser Fristsetzung übergehen, was sich z.B. aus § 636 und § 637 BGB ergibt.

Die Verpflichtung zur Nacherfüllung ist verschuldensunabhängig.

13.7.3.2 Mängelbeseitigungskosten

Der Auftragnehmer hat für die Kosten der Mängelbeseitigung aufzukommen (§ 635 Abs. 2 BGB). Dazu gehören sämtliche Vorbereitungskosten und Nebenarbeiten, die z.B. darin bestehen können, dass andere Leistungen zerstört werden müssen, um überhaupt an die mangelhafte Leistung zu gelangen. Er kann vom Auftraggeber eine Beteiligung über **Sowieso-Kosten** nur dann fordern, wenn der Auftraggeber eine Mitursache gesetzt hat, die ihm wie bei einem Planungs- oder Koordinierungsfehler zurechenbar ist. Handelt es sich lediglich um einen Objektüberwachungsfehler, scheidet eine solche Betei-

---

[1] BGH, U. v. 7.6.2001 – VII ZR 471/99, BauR 2001 S. 1414, 1415.
[2] BGH, U. v. 27.5.2010 – VII ZR 182/09, BauR 2010 S. 1583.

ligung des Auftraggebers deshalb aus, weil der Auftraggeber dem Auftragnehmer keine Überwachung schuldet.

13.7.3.3 Verweigerung der Mängelbeseitigung

Der Auftragnehmer ist zur Verweigerung der Mängelbeseitigung berechtigt, wenn diese tatsächlich unmöglich ist (§ 275 Abs. 1 BGB). Er kann ausweislich des § 635 Abs. 3 mit Verweis auf § 275 Abs. 2 BGB die Nacherfüllung auch dann verweigern, wenn die Nacherfüllung einen Aufwand erfordert, der unter Beachtung des Inhalts des Schuldverhältnisses und den Geboten von Treu und Glauben in einem groben Missverhältnis zu dem Leistungsinteresse des Gläubigers steht. Diese Vorschrift knüpft damit an einem groben Missverhältnis und am Leistungsinteresse des Gläubigers an. Das sind hohe Anforderungen, die von der weiteren Verteidigungsmöglichkeit, nämlich der der unverhältnismäßigen Kosten, zu unterscheiden ist. Da der Auftraggeber grundsätzlich ein Interesse an einer mangelfreien Leistung hat, ist diese Verteidigungsmöglichkeit als Sondernorm nur in äußersten Grenzfällen anwendbar.

Die Verteidigung mit dem Gesichtspunkt der **unverhältnismäßig hohen Kosten,** was § 13 Abs. 6 VOB/B gleichfalls entspricht, kommt dann zum Tragen, wenn einem objektiv geringen Interesse des Bestellers an einer mangelfreien Vertragsleistung ein ganz erheblicher und deshalb vergleichsweise unangemessener Aufwand gegenübersteht. Hat der Besteller ein berechtigtes Interesse an einer ordnungsgemäßen Vertragserfüllung, kann ihm der Auftragnehmer regelmäßig die Nacherfüllung nicht wegen hoher Kosten der Mängelbeseitigung verweigern. Das Interesse an der Mängelbeseitigung, das im Hinblick auf das Risiko einer Funktionsbeeinträchtigung besteht, schließt die Berufung auf einen unverhältnismäßig hohen Mängelbeseitigungsaufwand aus.[1] Bei der Beurteilung der Unverhältnismäßigkeit der Mängelbeseitigung darf das Interesse des Auftraggebers an einer vertraglich vereinbarten höherwertigen und risikoärmeren Art der Ausführung nicht deshalb als gering bewertet werden, weil die tatsächlich erbrachte Leistung den anerkannten Regeln der Technik entspricht.[2] Im Rahmen der hinsichtlich der Frage der Unverhältnismäßigkeit gebotenen Gesamtabwägung darf auch nicht das Verschuldensmoment außer Acht gelassen werden. Vorsatz und grobe Fahrlässigkeit fallen entscheidend ins Gewicht und schließen Unverhältnismäßigkeit regelmäßig aus.[3] Allerdings kann nicht allein mit dem Hinweis auf die genannten Verschuldensformen der Einwand der Unverhältnismäßigkeit der Aufwendungen für unbeachtlich erklärt werden. Abwägungen müssen auch dann vorgenommen werden.[4] Bei optischen Mängeln kann der Verteidigungseinwand greifen und führt dann zur Minderung nach § 638 BGB bzw. § 13 Abs. 6 VOB/B.

13.7.3.4 Aufgabe des Sachverständigen

Die Frage der Unverhältnismäßigkeit ist keine Sachverständigenfrage, sondern eine Rechtsfrage. Die Höhe der Kosten und welche Vorteile der Auftraggeber mit der Nachbesserung erlangt, sind Beweisthemen für den Sachverständigen. Die Abwägung der Interessen des Auftraggebers an der Vertragserfüllung im Vergleich zum Aufwand, den der Auftragnehmer im Mangelfall zu tätigen hat, hat nichts mit Technik, sondern mit dem Recht zu tun. Denn es geht letztlich um die Bestimmung der Grenze, bis zu welcher das

---

1 BGH, U. v. 10.11.2005 – VII ZR 137/04, BauR 2006 S. 382.
2 BGH, U. v. 10.4.2008 – VII ZR 214/06, BauR 2008 S. 1140.
3 BGH, U. v. 23.2.1995 – VII ZR 235/93, BauR 1995 S. 540.
4 BGH, U. v. 16.4.2009 – VII ZR 177/07, BauR 2009 S. 1151.

Beharren des Auftraggebers an der Vertragserfüllung angemessen ist und Treu und Glauben entspricht. Wenn der Sachverständige sich in dem Zusammenhang zu einer Mängelbeseitigungsmethode äußert, ist der nachbesserungspflichtige Unternehmer bei der Art und Weise der Mängelbeseitigung daran nicht gebunden. Eine solche Bindung kann nur dann entstehen, wenn es sich hierbei um die einzig richtige Art der Mängelbeseitigung handeln würde.

13.7.4 Die Selbstbeseitigung nach § 637 BGB bzw. § 13 Abs. 5 Nr. 2 VOB/B

Lässt der Auftragnehmer die ihm gesetzte Frist fruchtlos verstreichen, kann der Auftraggeber zur Selbstbeseitigung übergehen. Dieses Selbstbeseitigungsrecht ist verschuldensunabhängig.

13.7.4.1 Rechte des Auftraggebers nach fruchtlosem Fristablauf – Position des Auftragnehmers

Der Auftraggeber hat zwar auch noch das Recht, die Nacherfüllung zu verlangen; dieses Recht verliert er durch die Fristsetzung nach BGB nicht. Der Auftragnehmer kann die Mängelbeseitigung auch noch andienen, aber der Auftraggeber muss sich auf dieses Anerbieten nicht mehr einlassen.[1]

Im Rahmen des § 13 Abs. 5 Nr. 2 VOB/B wird die Auffassung vertreten, dass der Auftragnehmer nach Ablauf der Frist auch keine Berechtigung mehr habe, eine Mängelbeseitigung anzudienen.

13.7.4.2 Kostenvorschussanspruch

Der Auftraggeber kann nach § 637 Abs. 3 BGB vom Auftragnehmer einen Vorschuss für die zur Mängelbeseitigung **erforderlichen Aufwendungen** verlangen. Das gilt unausgesprochen so auch nach § 13 Abs. 5 Nr. 2 VOB/B. Da der Auftragnehmer zweimal vertragsuntreu geworden ist, bestimmt nunmehr grundsätzlich der Auftraggeber darüber, was erforderlich ist. Das Dispositionsrecht geht vom Auftragnehmer auf den Auftraggeber über. Er darf das für erforderlich halten, was er tun würde, wenn er die Mängelbeseitigungskosten aus der eigenen Tasche bezahlen müsste. Dabei spielen nicht nur technische Gesichtspunkte, sondern auch Risikoaspekte und Sachmängelhaftungsgesichtspunkte eine Rolle. Hat ein Sachverständiger die punktuelle Mängelbeseitigung für ausreichend gehalten, findet sich jedoch auf dem Markt kein Unternehmer, der hierfür die Gewährleistung übernehmen würde, darf der Auftraggeber in die Neuherstellung übergehen. Es ist allgemein auf den Aufwand abzustellen, den ein Besteller im Zeitpunkt der Mängelbeseitigung als vernünftiger, wirtschaftlich denkender Bauherr auf Grund sachkundiger Beratung oder Feststellung aufwenden konnte und musste, wobei es sich um eine vertretbare Maßnahme der Mängelbeseitigung handeln muss.[2]

Der Vorschuss ist abzurechnen und zwar regelmäßig im Verlauf eines Jahres. Der Vorschussanspruch schließt die anfallende Umsatzsteuer ein.[3] Nach Ablauf dieser Zeit ist er

---
1 BGH, U. v. 27.11.2003 – VII ZR 93/01, BauR 2004 S. 501, 503.
2 BGH, U. v. 29.9.1988 – VII ZR 182/87, BauR 1989 S. 97, 101.
3 BGH, U. v. 22.7.2010 – VII ZR 176/09, BauR 2010 S. 1752.

zurückzuzahlen oder es kann mit dem Schadensersatzanspruch als weiteren sekundären Sachmangelrecht aufgerechnet werden. Der Anspruch auf Rückzahlung des Vorschusses unterliegt ab Fälligkeit der Verjährung, wobei die Verjährungsfrist nach §§ 195, 199 BGB drei Jahre beträgt. Der Beginn des Fristenlaufs bestimmt sich nach den Umständen des Einzelfalles, wobei es maßgeblich darauf ankommt, was dem Auftraggeber zugemutet werden kann.[1]

13.7.4.3 Kostenerstattungsanspruch

Geht der Auftraggeber hinsichtlich der Mängelbeseitigung in die Vorleistung, indem er zunächst die Kosten trägt, steht ihm in Höhe der erforderlichen Aufwendungen ein Kostenerstattungsanspruch zu. Das gilt nach § 13 Abs. 5 Nr. 2 VOB/B auch für einen VOB-Bauvertrag.

13.7.4.4 Entbehrlichkeit der Fristsetzung

Die Fristsetzung ist entbehrlich, wenn sie eine reine Förmelei darstellt. Zum alten Recht hat es insoweit eine umfangreiche Rechtsprechung gegeben,[2] die nunmehr in § 637 Abs. 2 mit Verweis auf § 323 Abs. 2 BGB Eingang gefunden hat. Eine solche Frist ist auch dann nicht mehr erforderlich, wenn die Nachbesserung fehlgeschlagen ist oder für den Besteller unzumutbar ist. Es ist eine Frage des Einzelfalles, wann von einem Fehlschlagen der Nachbesserung auszugehen ist, und ob die in § 440 BGB getroffene Regelung vom erfolglosen zweiten Versuch auf das Werkvertragsrecht übertragbar ist.

13.7.4.5 Verlust des Selbstbeseitigungsrechts

Das Selbstbeseitigungsrecht besteht nicht, wenn der Auftragnehmer nach § 635 Abs. 3 BGB mit Recht die Nachbesserung verweigern darf (§ 637 Abs. 1 BGB). Das führt in den Übergang zur Minderung nach § 638 BGB bzw. § 13 Abs. 6 VOB/B.

13.7.4.6 Sachverständigenaufgabe

Der Sachverständige wird in erster Linie gefordert sein, wenn es um die Frage der Erforderlichkeit der Aufwendungen geht. Aber im Hinblick auf die Rechtsprechung sind dabei nicht nur technische Gesichtspunkte, sondern auch darüber hinausgehende Interessen des Auftraggebers zu berücksichtigen.

13.7.5 Minderung nach BGB und VOB/B

Die Minderung ist nunmehr sowohl nach BGB als auch nach VOB/B ein Gestaltungsrecht und kein Anspruch mehr. Die Regelung erfolgt im BGB in § 638. Die VOB/B greift die Minderung in § 13 Abs. 6 auf; diese Regelung verweist auf das BGB, enthält jedoch die Besonderheit, dass allein das fruchtlose Verstreichen der für die Mängelbeseitigung gesetzten Frist den Übergang in die Minderung nicht bewirkt. Vorausgesetzt werden dort Unmöglichkeit der Mängelbeseitigung, ihre Unzumutbarkeit für den Auftraggeber oder die

---

[1] BGH, U. v. 14.1.2010 – VII ZR 108/08, BauR 2010 S. 614; BGH, U. v. 14.1.2010 – VII ZR 213/07, BauR 2010 S. 618.
[2] Vgl. nur BGH, U. v. 16.5.2002 – VII ZR 479/00, BauR 2002 S. 1399, 1400.

berechtigte Verweigerung der Mängelbeseitigung durch den Auftragnehmer wegen der Unverhältnismäßigkeit der Aufwendungen. Die Minderung ist verschuldensunabhängig.

13.7.5.1 Minderungsvoraussetzungen nach BGB

Der Auftraggeber kann anstelle des Rücktritts die Minderung wählen. Da der Rücktritt nach § 636 BGB mit Verweis auf die dort genannten BGB-Bestimmungen von Ausnahmen abgesehen regelmäßig den fruchtlosen Ablauf der für die Mängelbeseitigung gesetzten Frist voraussetzt, stellt sich also die Minderung als Alternative zur Selbstbeseitigung dar. Der Rücktritt kommt im Baubereich als unpraktisch nicht vor und wird deshalb von der VOB/B auch nicht als Reaktionsmöglichkeit erwähnt. Die Minderung kann auch wegen eines unerheblichen Pflichtenverstoßes, also wegen eines unwesentlichen Mangels, erfolgen (§ 638 Abs. 1 Satz 2 mit Verweis auf § 323 Abs. 5 Satz 2 BGB, der nicht angewendet wird).

13.7.5.2 Vollzug der Minderung

Die Minderung wird durch Erklärung des Auftraggebers vollzogen. Bei der Minderung ist die Vergütung nach der in § 638 Abs. 3 BGB näher beschriebenen Verhältnisrechnung herabzusetzen. Die vertraglich vereinbarte Vergütung für die Leistung ist in dem Verhältnis herabzusetzen, in welchem zur Zeit des Vertragsschlusses der Wert des Werks in mangelfreiem Zustand zu dem wirklichen Wert gestanden haben würde. Allerdings lässt das Gesetz auch die Schätzung zu. Die Rechtsprechung bemisst die Minderung regelmäßig bei Nachbesserungsfähigkeit des Werks nach den hierfür erforderlichen Kosten.[1] Dies ist jedoch ausgeschlossen, wenn die Mängelbeseitigung unmöglich ist oder wegen Unverhältnismäßigkeit der Aufwendungen mit Recht verweigert werden darf. Dann ist der Minderwert der Leistung zu schätzen, wobei das **Zielbaumverfahren** oder die **Nutzwertanalyse**[2] in Betracht kommen. Der BGH führt aus, bei Unmöglichkeit oder Unverhältnismäßigkeit des Aufwands sei die Vergütung um den Vergütungsanteil zu mindern, der der Differenz zwischen der erbrachten und der geschuldeten Ausführung entspricht. Zusätzlich kann ein Ausgleich für den technischen Minderwert erfolgen und auch ein merkantiler Minderwert ausgleichspflichtig sein.[3] Was das jedoch im Einzelnen bedeutet, ist schwierig zu konkretisieren und muss am Einzelfall ausgemacht werden. Das OLG Düsseldorf berechnet beispielhaft für den Fall des Shading die Minderung mit Rücksicht auf die Nutzungsdauer und die darauf bezogenen Einschränkungen.[4] Für den Fall optischer Beeinträchtigungen wird z.B. auf OLG Düsseldorf in BauR 1999 S. 498 verwiesen. Wird wegen zu geringer Wohnfläche gemindert, erfolgt die Kürzung nicht nur insoweit, als eine im Vertrag vorgesehene Toleranz überschritten ist. Die Überschreitung führt vielmehr zur Berücksichtigung der gesamten Minderfläche.[5]

Die Minderung ist nicht dazu da, dass sich der Auftraggeber mit einer unzureichenden Mängelbeseitigung zufrieden geben muss und der Rest durch die Minderung ausgeglichen wird, wenn die Mängelbeseitigung auch einwandfrei erfolgen kann.[6]

---

1 BGH, U. v. 17.12.1996 – X ZR 76/94, NJW-RR 1997 S. 688.
2 Vgl. OLG Zweibrücken, U. v. 25.4.2005 – 7 U 53/04, BauR 2006 S. 690, 691.
3 BGH, U. v. 9.1.2003 – VII ZR 181/00, BauR 2003 S. 533.
4 U. v. 19.9.1990 – 19 U 68/88, NJW-RR 1991 S. 223, 225.
5 OLG Koblenz, U. v. 5.1.2006 – 5 U 239/04, BauR 2006 S. 1758.
6 BGH, U. v. 27.3.2003 – VII ZR 443/01, BauR 2003 S. 1209.

Vergleiche zur Minderung insgesamt und zum Minderwert *Kamphausen*, BauR 1995 S. 343, und *Oswald/Abel*, Hinzunehmende Unregelmäßigkeiten an Gebäuden.

Hierbei ist der Sachverständige gefordert, der in dem Werk von *Oswald/Abel*, Hinzunehmende Unregelmäßigkeiten bei Gebäuden, mit der dort entwickelten Matrix und Hinweisen eine Hilfestellung erfährt. Allerdings besteht bei Aussagen zum Minderwert Bedarf für eine stichhaltige und nachvollziehbare Begründung.[1]

Da mit der Minderung der Werklohn reduziert wird, kann die Minderung nicht weiter als bis auf Null gehen. Bemisst sich die Minderung nach den Mängelbeseitigungskosten, ist der Ansatz der hierauf entfallenden Umsatzsteuer gerechtfertigt, wenn keine Berechtigung zum Vorsteuerabzug besteht.[2] Für den Auftragnehmer, der diese Minderung hinnehmen muss, ist dieser Umsatzsteueranteil Vorsteuer, weswegen Vorsteuerabzugsberechtigung besteht.[3] Ist wegen Unverhältnismäßigkeit der Aufwendungen die Minderung nach dem Umfang der Wertbeeinträchtigung zu bestimmen, spricht vieles dafür, für die prozentuale Reduktion des Vergütungsanspruchs am Bruttobetrag anzusetzen, denn der Auftraggeber hat auch den Bruttobetrag der Vergütung zu zahlen.

13.7.6 Schadensersatzansprüche nach BGB und VOB/B

Nach fruchtlosem Ablauf der für die Mängelbeseitigung gesetzten Frist, kann der Auftraggeber auch Schadensersatzansprüche geltend machen. Diese Schadensersatzansprüche werden in § 634 Nr. 4 und § 636 BGB mit Verweis auf § 280, § 281 und § 283 BGB genannt. Die VOB/B behandelt die Schadensersatzansprüche in § 13 Abs. 7 VOB/B abschließend.

13.7.6.1 Schadensersatz nach BGB und VOB/B hinsichtlich der durch Sachmängel entstehenden Mangelfolgeschäden

Geht es dem Auftraggeber um die sich an anderen Rechtsgütern infolge des Sachmangels darstellenden Schäden oder um den sich aus dem Sachmangel ergebenden Vermögensschaden (z.B., weil nicht rechtzeitig vermietet werden kann), dann ist die richtige Anspruchsgrundlage § 280 Abs. 1 BGB. Hierfür ist eine Fristsetzung nicht erforderlich, weil diese Schädigungen durch eine Fristsetzung zur Mängelbeseitigung nicht beeinflussbar sind. Dem Auftragnehmer steht insoweit auch kein Mängelbeseitigungsrecht zu.

Die VOB/B regelt diese Schäden in § 13 Abs. 7 Nr. 3 und unterscheidet dabei zwischen Folgeschäden an der baulichen Anlage und sonstigen Schadenstatbeständen in den Buchstaben a) bis c).

13.7.6.2 Schadensersatz nach BGB und VOB/B hinsichtlich der Mängelbeseitigungsaufwendungen

Die für die Mängelbeseitigung erforderlichen Aufwendungen werden von § 281 BGB erfasst, wenn die Mängelbeseitigung möglich ist. Ist die Mängelbeseitigung nach den sich aus §§ 283, 275 BGB ergebenden Regeln nicht durchsetzbar, kann der Auftraggeber ebenfalls Schadensersatz anstelle der Leistung verlangen. Praktisch sind die Fälle, in

---
[1] BGH, U. v. 10.11.2005 – VII ZR 64/04, BauR 2006 S. 377.
[2] KG, U. v. 15.9.2009 – 7 U 120/08, BauR 2010 S. 634.
[3] *Theurer*, BauR 2006 S. 7; *Döhler*, BauR 2006 S. 14.

denen die Mängelbeseitigung an der Unverhältnismäßigkeit des Aufwands scheitert und entweder die Minderung oder der Schadensersatz ansteht. Orientiert sich die Minderung dabei an der Vergütung, richtet sich der Schaden nach Maßgabe des Minderwerts an den als unverhältnismäßig empfundenen Aufwendungen aus.[1] Macht der Besteller nämlich werkvertraglichen Schadensersatz in Höhe der Mängelbeseitigungskosten geltend, entsprechen die für die Beurteilung der Unverhältnismäßigkeit des Aufwands nach § 251 Abs. 2 Satz 1 BGB maßgeblichen Kriterien nach der BGH-Rechtsprechung denen, die bei § 635 Abs. 3 BGB heranzuziehen sind. Das hat zur Folge, dass bei unverhältnismäßig hohen Mängelbeseitigungskosten der Anspruch auf eine Entschädigung geht, die sich letztlich der Höhe nach an dem Minderwert der erbrachten Leistung ausrichtet.

Die VOB/B befasst sich mit diesen Mängelbeseitigungsaufwendungen als Schaden überhaupt nicht, sondern behandelt nur in besonderer Weise Sachmangelfolgeschäden.

Der Schadensersatzanspruch erfasst die Umsatzsteuer nur, wenn die Mängel bereits beseitigt worden sind. Ohne Reparatur/Mängelbeseitigung gibt es keinen Anspruch auf Berücksichtigung der Umsatzsteuer.[2]

13.7.6.3 Verschuldensvoraussetzung

Der Anspruch auf Ersatz des Schadens setzt Verschulden voraus, das jedoch vermutet wird (§ 280 Abs. 1 BGB).

13.7.7 Ohne-Rechnung-Abrede, Verstoß gegen des Schwarzarbeitsgesetz und Sachmängelhaftung

In der Praxis kommen Sachverhalte vor, bei denen zwischen Auftraggeber und Auftragnehmer Einvernehmen darüber besteht, dass eine Rechnung nicht gestellt wird. Das wird dann so auch durchgezogen. Stellen sich nach der rechtsgeschäftlichen Abnahme Mängel an der Werkleistung heraus, ist die Frage, ob dem Auftraggeber werkvertragliche Sachmängelrechte zustehen oder eventuell wegen der Nichtigkeit des Werkvertrages lediglich Bereicherungsansprüche gegeben sind. Der BGH hat im Urteil vom 24.4.2008 folgende Leitsätze gebildet: *„Ob ein Werkvertrag aufgrund einer Ohne-Rechnung-Abrede insgesamt nichtig ist, richtet sich nach § 139 BGB. Hat der Unternehmer seine Bauleistung mangelhaft erbracht, so handelt er regelmäßig treuwidrig, wenn er sich zur Abwehr von Mängelansprüchen des Bestellers darauf beruft, die Gesetzwidrigkeit der Ohne-Rechnung-Abrede führe zur Gesamtnichtigkeit des Bauvertrages."* [3]

Der BGH hält fest, dass eine solche Abrede nichtig ist, weil sie der Steuerhinterziehung dient (§§ 134, 138 BGB). Die Nichtigkeit der Ohne-Rechnung-Abrede erfasst nicht den Vertrag insgesamt. Der Vertrag insgesamt wäre nur dann nichtig, wenn die Steuerhinterziehung der Hauptzweck der Abrede wäre, was jedoch nicht der Fall ist. Die Nichtigkeit des Vertrages könnte sich demnach nur über § 139 BGB ergeben, wonach bei Nichtigkeit eines Teils eines Vertrages der gesamte Vertrag nichtig ist, wenn nicht anzunehmen ist, dass er auch ohne den nichtigen Teil geschlossen worden wäre. Der BGH lässt dahin stehen, ob diese Voraussetzungen vorliegen, was dann nicht angenommen werden kann, wenn ohne die Ohne-Rechnung-Abrede bei ordnungsgemäßer Rechnungslegung und Steuerabführung der Vertrag zu denselben Konditionen, insbesondere mit derselben Ver-

---
1 BGH, U. v. 11.10.2012 – VII ZR 179/11, BauR 2013 S. 81 = NZBau 2013 S. 99 = IBR 2012 S. 699.
2 BGH, U. v. 22.7.2010 – VII ZR 176/09, BauR 2010 S. 1752.
3 BGH, U. v. 24.4.2008 – VII ZR 42/07, BauR 2008 S. 1301.

gütungsregelung abgeschlossen worden wäre. Letzteres kann allein schon deshalb nicht angenommen werden, weil sich der Rechnungsbetrag im Hinblick auf die Mehrwertsteuerbeaufschlagung wohl geändert hätte.

Der BGH lässt diesen Punkt dahin gestellt, weil der das gesamte Rechtsleben beherrschende Grundsatz von Treu und Glauben auch im Rahmen nichtiger Rechtsgeschäfte gilt. Die Berufung auf die Nichtigkeit eines Vertrages kann in besonders gelagerten Ausnahmefällen eine unzulässige Rechtsausübung darstellen. Dieser Rechtsgedanke mag im Rahmen des Anwendungsbereichs des § 134 BGB ausgeschlossen sein, kommt jedoch durchaus bei § 139 BGB zum Tragen, weil die dortige Regelung gerade den Willen der Parteien berücksichtigt, also Vereinbarungen über den Ausschluss der Gesamtnichtigkeit zulässig sind. Die in der Disposition der Parteien liegende Rechtsfolge – nämlich Wirksamkeit des Vertrages – wird durch die Anwendung des Grundsatzes von Treu und Glauben auf andere Weise herbeigeführt.

Beruft sich der Unternehmer, der eine Bauleistung erbracht hat, zur Abwehr von Mängelansprüchen des Bestellers auf die Nichtigkeit des Bauvertrags wegen der Ohne-Rechnung-Abrede, stellt dies wegen der typischen Interessenlage einen Verstoß gegen den Grundsatz von Treu und Glauben dar. Diese besteht darin, dass der Auftraggeber wegen der Mängel an der Bauleistung von einer Rückabwicklung des Vertrages, die nur wirtschaftliche Werte zerstören würde, absehen, die Leistung also behalten wird. Deshalb hat der Auftraggeber ein besonderes Interesse an der Mängelbeseitigung, was dem Auftragnehmer klar ist. Hat ein Unternehmer in Kenntnis der Ohne-Rechnung-Abrede und der Interessenlage des Auftraggebers den Vertrag durchgeführt und seine Bauleistung erbracht, setzt er sich in Widerspruch zu seinem bisher auf Erfüllung des Vertrages gerichteten Verhalten, wenn er nunmehr darauf aus ist, für die Mängelhaftung seiner Leistung nicht einstehen zu wollen.

Diese Grundsätze gelten auch für eine Ohne-Rechnung-Abrede bei Planerverträgen.[1]

Ein zwischen den Parteien geschlossener Werkvertrag ist wegen Verstoßes gegen § 1 Abs. 2 Nr. 2 SchwarzArbG gem. § 134 BGB nichtig, wenn vorgesehen ist, dass eine Vertragspartei als Steuerpflichtige ihre sich aus dem Vertrag ergebenden steuerlichen Pflichten nicht erfüllt. Die Nichtigkeit tritt ein, wenn der Unternehmer vorsätzlich gegen das SchwarzArbG verstößt und der Besteller den Verstoß des Unternehmers kennt und bewusst zum eigenen Vorteil ausnutzt. Infolge der Nichtigkeit des Vertrages scheiden Sachmängelhaftungsansprüche aus.[2]

13.7.8 Mängelhaftung in der Leistungskette

Für den BGH bestehen in einer Leistungskette hinsichtlich der Sachmängelrechte unter bestimmten Voraussetzungen Besonderheiten. Eine Leistungskette kennzeichnet, dass neben dem Auftraggeber zwei weitere Auftragnehmer eingeschaltet sind, nämlich z.B. ein Bauträger oder ein Generalunternehmer und deren Nachunternehmer.

---

1 BGH, U. v. 24.4. 2008 – VII ZR 140/07, BauR 2008 S. 1330.
2 BGH, U. v. 1.8.2013 – VII ZR 6/13, NJW 2013 S. 3167 = NZBau 2013 S. 627.

13. Bauvertragsrecht – Sachmängelhaftung

Die Kette sind demnach wie folgt aus:

Auftraggeber --------------- Bauträger --------------- Auftragnehmer

In sämtlichen Vertragsverhältnissen ist das Werkvertragsrecht einschlägig. Tritt ein Sachmangel auf, für den der Auftragnehmer einzustehen hat, sind Konstellationen denkbar, in denen der Auftraggeber gegenüber dem Bauträger bzw. Generalunternehmer keinen durchsetzbaren Mangelanspruch hat, wohl aber der Bauträger bzw. Generalunternehmer noch gegen den Auftragnehmer vorgehen kann. Das heißt: Gegenüber dem „Unternehmer in der Mitte" scheiden Sachmangelansprüche aus, dieser Unternehmer hat jedoch Ansprüche gegen den Auftragnehmer. Bei dem Unternehmer in der Mitte bleibt damit ein Vorteil und es stellt sich die Frage, ob in solchen Fällen der Bauträger oder Generalunternehmer diesen Vorteil, dass er selbst nicht mehr in Anspruch genommen werden kann, zur Ausgleichung im Verhältnis zum Auftragnehmer bringen muss.

Das bejaht der BGH und formuliert folgenden Leitsatz: *„Steht im Rahmen einer werkvertraglichen Leistungskette fest, dass der Nachunternehmer von seinem Auftraggeber wegen Mängel am Werk nicht mehr in Anspruch genommen wird, so kann er nach dem Rechtsgedanken der Vorteilsausgleichung daran gehindert sein, seinerseits Ansprüche wegen dieser Mängel gegen seinen Auftragnehmer geltend zu machen."*[1]

In dem Fall sah die Leistungskette wie folgt aus:

Bauherr ----- Generalunternehmer ------ Fenstermontagefirma -------- Fensterhersteller

Die Ansprüche des Bauherrn gegen den Generalunternehmer wie auch dessen Ansprüche gegen die Fenstermontagefirma waren verjährt. Die hergestellten Fenster waren jedoch mangelhaft und ein Gläubiger, an den die Fenstermontagefirma ihre Sachmängelansprüche abgetreten hatte, machte Mängelansprüche, nämlich Schadensersatzansprüche, geltend.

Der BGH führt aus, bei der Berechnung des Schadens sei auf die Höhe der Mängelbeseitigungskosten abzustellen und der Schaden bestehe unabhängig davon, ob und in welchem Umfang der Mangel beseitigt werden soll. Über den Schadensersatzbetrag könne auch frei verfügt werden, er müsse nicht für die Mängelbeseitigung verwendet werden. Der Umstand aber, dass die Fenstermontagefirma nicht in die Pflicht genommen werden könne, müsse jedoch nach dem Rechtsgedanken der Vorteilsausgleichung berücksichtigt werden. Es seien nämlich die Vorteile zu berücksichtigen, die in adäquatem Zusammenhang mit dem Schadensereignis stünden und dem Gläubiger zuflössen. Diese Voraussetzungen bejaht der BGH.

Zu diesem Fall ist zu bemerken, dass sich die Entscheidung nicht damit befasst, wie sich der Umstand auswirkt, dass die Fenstermontagefirma den Fensterhersteller bezahlt hat. Wenn Mängel an den Fenstern vorhanden sind, muss jedenfalls die Möglichkeit zur mangelbedingten Reduktion der Vergütung bestehen.

In einem weiteren Fall hat sich der BGH[2] mit folgender Konstellation befasst:

Bauherr ------ Generalunternehmer------ Subunternehmer 1 -------- Subunternehmer 2

Der Subunternehmer 2 verlangt mit der Klage vom Subunternehmer 1 offenen Werklohn. Der Subunternehmer 1 wendet bezüglich der Werkleistungen (Pflasterarbeiten) Mängel ein, die nur durch eine komplette Neuherstellung beseitigt werden können. Mit den hier-

---

1 BGH, U. v. 28.6.2007 – VII ZR 81/06, BauR 2007 S. 1564.
2 BGH, U. v. 28.6.2007 – VII ZR 8/06, BauR 2007 S. 1567.

für erforderlichen Aufwendungen rechnet der Subunternehmer 1 gegen die Werklohnforderung auf. Die Besonderheit der Leistungskette besteht darin, dass der Subunternehmer 1 mit dem Generalunternehmer eine Verlängerung der Verjährungsfrist für die Sachmängelansprüche auf zehn Jahre vereinbart und zusätzlich vereinbarungsgemäß eine Gewährleistungsbürgschaft über diesen Zeitraum gestellt hat. Also sind gegenwärtig keinerlei Mängelbeseitigungsmaßnahmen veranlasst, dennoch rechnet der Subunternehmer 1 mit den Neuherstellungskosten auf und tut damit praktisch so, als würde eine Mängelbeseitigung vorgenommen werden.

Auch hier verlangt der BGH die Berücksichtigung dieser Umstände als Vorteil im Rahmen des Rechtsstreits zwischen dem Subunternehmer 1 und dem Subunternehmer 2. Der Rechtsstreit wird an die Vorinstanz zurückverwiesen; dafür, auf welche Weise konkret die Berücksichtigung zu erfolgen hat, werden konkrete Hinweise nicht gegeben.

13.8 Verjährungsregeln

Hinsichtlich der Verjährung der Sachmängelhaftungsansprüche wird auf die Ausführungen im Kapitel 24 verwiesen. Im Hinblick auf die unter Abschnitt 13.5.2.4 angeführte Werkproblematik wird, soweit es um die Einstandspflicht für Planungsfehler des Unternehmers geht, auf die Frage aufmerksam gemacht, unter welchen Umständen auf diese Planungsfehler das Verjährungsrecht der VOB/B, also § 13 Abs. 4, anwendbar ist. Denn die VOB/B passt nur für Bauleistungen und nicht für Planungsleistungen. Übernimmt der Unternehmer vertragsrechtlich entweder ausdrücklich oder stillschweigend Planungsleistungen, ist nicht die VOB-Verjährungsfrist, sondern die 5-jährige BGB-Frist einschlägig. Wächst dem Unternehmer die Planungsleistung lediglich faktisch zu, weil die Werkplanung von Seiten des Auftraggebers fehlt, kann die Auffassung vertreten werden, dass dann diese Planungsleistung lediglich ein Zurechnungsfaktor für den Sachmangel am Werk des Unternehmers ist und sich deshalb bei einem VOB-Bauvertrag an der 4-jährigen VOB-Frist nichts ändert.

14. Die Bedeutung der „allgemein anerkannten Regeln der Technik" für die Baumangelbeurteilung

Mark Seibel

Übersicht

14.1	Einleitung
14.2	Einordnung der „allgemein anerkannten Regeln der Technik" innerhalb des werkvertraglichen Sachmangelrechts
14.3	Die „allgemein anerkannten Regeln der Technik"
14.3.1	Inhaltsbestimmung und Definition
14.3.2	Konkretisierungsmöglichkeiten
14.3.3	Konkretisierung durch technische Normen: Vermutungswirkung (h.M.)
14.3.4	Konkretisierung durch technische Normen: Prüfungsschema
14.3.5	Sonderfall: Konkretisierung außerhalb schriftlicher technischer Normen
14.4	Beispiele aus der Rechtsprechung (Schallschutz und DIN 4109)
14.4.1	BGH, Urteil vom 4.6.2009 (AZ: VII ZR 54/07)
14.4.2	OLG Stuttgart, Urteil vom 17.10.2011 (AZ: 5 U 43/11)

14.1 Einleitung

Die Grundzüge des werkvertraglichen Sachmangelrechts sind bereits im vorstehenden Kapitel behandelt worden. Dieses Kapitel beschäftigt sich mit der Bedeutung der „allgemein anerkannten Regeln der Technik"[1] für die Baumangelbeurteilung und vertieft die Darstellung des werkvertraglichen Sachmangelrechts damit in einem sehr praxisrelevanten Punkt.

Im Folgenden wird zunächst verdeutlicht, wo die „allgemein anerkannten Regeln der Technik" innerhalb des Systems des werkvertraglichen Sachmangelrechts (§ 633 Abs. 2 BGB bzw. § 13 Abs. 1 VOB/B) einzuordnen sind und welche Bedeutung sie insofern haben. Danach wird der Frage nachgegangen, welchen Inhalt dieser Technikstandard hat und wie er konkretisiert sowie im Einzelfall handhabbar gemacht werden kann. In diesem Zusammenhang wird oft pauschal darauf hingewiesen, die „allgemein anerkannten Regeln der Technik" würden durch technische Normen (z.B. DIN-Normen) konkretisiert. Es wird zu untersuchen sein, ob diese These zutrifft. Ohne den folgenden Ausführungen vorgreifen zu wollen, ist schon an dieser Stelle zu erwähnen, dass der Rechtscharakter und die Wirkungsweise von technischen Regelwerken wie DIN-Normen häufig missverstanden werden. Das wiederum hat – nicht nur bei Sachverständigen, sondern auch bei Juristen – oft eine regelrechte *„DIN-Gläubigkeit"* zur Folge; getreu dem Motto: *„Was in DIN-Normen geschrieben steht, ist Gesetz"*. Es ist dem Autor ein wichtiges Anliegen, diesem Fehlverständnis mit den folgenden Ausführungen entgegenzuwirken.

---

[1] Ausführlich zu den „allgemein anerkannten Regeln der Technik" und deren Bedeutung für die Baumangelbeurteilung: *Seibel*, Baumängel und anerkannte Regeln der Technik (1. Aufl., München 2009).

14. Die Bedeutung der „allgemein anerkannten Regeln der Technik"

Dieses Kapitel beschränkt sich aber nicht nur auf dogmatische Ausführungen. Zum Schluss wird die Bedeutung der „allgemein anerkannten Regeln der Technik" für die Baumangelbeurteilung anhand von zwei Beispielen aus der Rechtsprechung zum Thema „Schallschutz und DIN 4109"[1] nachvollziehbar gemacht.

14.2 Einordnung der „allgemein anerkannten Regeln der Technik" innerhalb des werkvertraglichen Sachmangelrechts

Bei der Beurteilung der Mangelhaftigkeit einer Bauleistung muss zunächst geklärt werden, welche Leistung der Unternehmer nach dem Inhalt des Werkvertrages zu erbringen hat. Ob ein Gewerk mangelfrei ist, richtet sich – sofern zwischen den Vertragsparteien nichts anderes vereinbart wurde – nach dem Leitbild von § 633 BGB (BGB-Werkvertrag) bzw. § 13 VOB/B (VOB-Werkvertrag).[2] Die vorgenannte Einschränkung folgt aus dem Umstand, dass die Vertragsparteien aufgrund der ihnen zustehenden Privatautonomie hinsichtlich der Qualität einer Werkleistung z.B. über dem Gesetzeswortlaut liegende Anforderungen vereinbaren können.

Im Rahmen der folgenden Untersuchung sind allein die Sachmangelkriterien von Interesse. Die einschlägigen Regelungen (§ 633 BGB und § 13 VOB/B) enthalten insofern folgende Vorgaben:

§ 633 BGB – Sach- und Rechtsmangel

(1) Der Unternehmer hat dem Besteller das Werk frei von Sach- und Rechtsmängeln zu verschaffen.

(2) Das Werk ist frei von Sachmängeln, wenn es die vereinbarte Beschaffenheit hat. Soweit die Beschaffenheit nicht vereinbart ist, ist das Werk frei von Sachmängeln,

1. wenn es sich für die nach dem Vertrag vorausgesetzte, sonst

2. für die gewöhnliche Verwendung eignet und eine Beschaffenheit aufweist, die bei Werken der gleichen Art üblich ist und die der Besteller nach der Art des Werkes erwarten kann.

Einem Sachmangel steht es gleich, wenn der Unternehmer ein anderes als das bestellte Werk oder das Werk in zu geringer Menge herstellt.

...

§ 13 VOB/B – Mängelansprüche

(1) Der Auftragnehmer hat dem Auftraggeber seine Leistung zum Zeitpunkt der Abnahme frei von Sachmängeln zu verschaffen. Die Leistung ist zur Zeit der Abnahme frei von Sachmängeln, wenn sie die vereinbarte Beschaffenheit hat und den anerkannten

---

[1] Ausführlich zum Schallschutz und zur DIN 4109: *Seibel/Müller*, in: Staudt/Seibel, Baurechtliche und -technische Themensammlung (Köln/Stuttgart 2011), Heft 1 (Schallschutz).
[2] Einzelheiten zu den Sachmangelkriterien: *Kniffka*, in: Kniffka, Bauvertragsrecht (1. Aufl., München 2012), § 633 Rdnr. 2 ff.; *Kniffka*, in: Kniffka/Koeble, Kompendium des Baurechts (3. Aufl., München 2008), 6. Teil Rdnr. 21 ff.; *Seibel*, Baumängel und anerkannte Regeln der Technik, Rdnr. 82 ff.; *Seibel*, ZfBR 2009 S. 107 (107 ff.).

14.2 Einordnung der „allgemein anerkannten Regeln der Technik"

Regeln der Technik entspricht. Ist die Beschaffenheit nicht vereinbart, so ist die Leistung zur Zeit der Abnahme frei von Sachmängeln,

1. wenn sie sich für die nach dem Vertrag vorausgesetzte, sonst

2. für die gewöhnliche Verwendung eignet und eine Beschaffenheit aufweist, die bei Werken der gleichen Art üblich ist und die der Auftraggeber nach der Art der Leistung erwarten kann.

...

Die maßgeblichen Sachmangelkriterien können daher wie folgt zusammengefasst werden:

1. Zunächst hat der Unternehmer dafür einzustehen, dass sein Gewerk die vertraglich vereinbarte Beschaffenheit aufweist (§ 633 Abs. 2 Satz 1 BGB, § 13 Abs. 1 Satz 2 VOB/B – **1. Sachmangelvariante**).

   Innerhalb der vereinbarten Beschaffenheit ist nach der Rechtsprechung des Bundesgerichtshofs (BGH)[1] zudem stets zu prüfen, ob eine *dauerhaft gebrauchstaugliche und funktionstaugliche Werkleistung* erreicht wird (sog. *„funktionaler Werkerfolg"*[2]).

   Beispiel

   •

   Der Bauherr schließt mit dem Unternehmer einen Vertrag über die Errichtung eines Daches. Die Ausführung des Daches wird detailliert und in allen Einzelheiten in dem zugrunde liegenden Leistungsverzeichnis beschrieben. Der Unternehmer führt sein Dachgewerk genau nach den Vorgaben des Leistungsverzeichnisses aus. Nach Fertigstellung der Arbeiten zeigt sich, dass das Dach undicht ist.

   Es unterliegt keinem Zweifel, dass das Dach im Ergebnis dicht sein muss, um mangelfrei zu sein. Nach der Rechtsprechung des BGH entspricht dies der von den Vertragsparteien (jedenfalls stillschweigend) vereinbarten Funktionstauglichkeit der Werkleistung (= Unterfall der vertraglich vereinbarten Beschaffenheit).

2. Soweit eine Beschaffenheit vertraglich nicht vereinbart wurde, muss sich das Gewerk für die nach dem Vertrag vorausgesetzte Verwendung eignen (§ 633 Abs. 2 Satz 2 Nr. 1 BGB, § 13 Abs. 1 Satz 3 Nr. 1 VOB/B – **2. Sachmangelvariante**).

3. Ansonsten muss sich das Gewerk für die gewöhnliche Verwendung eignen und eine Beschaffenheit aufweisen, die bei Werken der gleichen Art üblich ist und die der Auftraggeber nach der Art der Leistung erwarten kann (§ 633 Abs. 2 Satz 2 Nr. 2 BGB, § 13 Abs. 1 Satz 3 Nr. 2 VOB/B – **3. Sachmangelvariante**).

Vertiefung: An dieser Stelle ist zu betonen, dass die Sachmangelkriterien nicht alternativ, sondern *kumulativ* angewandt werden müssen. § 633 Abs. 2 BGB und § 13 Abs. 1 VOB/B sind – entgegen ihres missverständlichen Wortlauts – im Hinblick auf die Verbrauchs-

---

[1] BGH, U. v. 8.11.2007 – VII ZR 183/05, BauR 2008 S. 344 (344 ff.) = IBR 2008 S. 77 (77 ff.).
[2] Zur Funktionstauglichkeit einer Bauleistung und deren Einordnung in das System des werkvertraglichen Sachmangelrechts: *Seibel*, ZfBR 2009 S. 107 (107 ff.).

14. Die Bedeutung der „allgemein anerkannten Regeln der Technik"

güterkaufrichtlinie richtlinienkonform (kumulative Geltung der Sachmangelkriterien) auszulegen, um zu sachgerechten Ergebnissen zu gelangen.[1]

Wo sind die „allgemein anerkannten Regeln der Technik" innerhalb dieses werkvertraglichen Sachmangelsystems zu verorten?

Es fällt auf, dass die „allgemein anerkannten Regeln der Technik" in § 13 Abs. 1 Satz 2 VOB/B – ebenso in § 4 Abs. 2 Nr. 1 Satz 2 VOB/B – ausdrücklich genannt werden, während sie in § 633 BGB nicht enthalten sind. Trotzdem gibt es insofern keinen Unterschied zwischen einem BGB- und VOB-Werkvertrag. Nach ständiger Rechtsprechung des BGH[2] sichert der Unternehmer nämlich auch beim Abschluss eines BGB-Werkvertrags stillschweigend zumindest das Einhalten der „allgemein anerkannten Regeln der (Bau-)Technik" zu. Dieser vom BGH aufgestellte Grundsatz folgt letztlich aus der Überlegung, dass der Unternehmer eine besondere Fachkunde in seinem Tätigkeitsbereich besitzt, auf die der Bauherr vertrauen kann und darf. Aufgrund dieser (stillschweigend) zugrunde gelegten Kenntnis des Unternehmers hat der Bauherr (zumindest) einen Anspruch auf Beachtung der in der Baupraxis bekannten und bewährten Vorgehensweisen – also der „allgemein anerkannten Regeln der Technik". Diesen Standard hat der Unternehmer nach höchstrichterlicher Rechtsprechung zum Zeitpunkt der Abnahme einzuhalten (maßgeblicher Beurteilungszeitpunkt).[3]

Auch der Gesetzgeber ging bei der Neufassung von § 633 BGB durch das Schuldrechtsmodernisierungsgesetz davon aus, dass die „allgemein anerkannten Regeln der Technik" vom Unternehmer einzuhalten sind, hielt eine Erwähnung in der Norm jedoch mit folgender Begründung für überflüssig: *„Erwogen, im Ergebnis aber verworfen worden ist der Vorschlag ..., in die Vorschrift eine ausdrückliche Regelung des Inhalts einzustellen, dass grundsätzlich die anerkannten Regeln der Technik einzuhalten sein sollen. Dass, soweit nicht etwas anderes vereinbart ist, die anerkannten Regeln der Technik einzuhalten sind, ist nicht zweifelhaft. Eine ausdrückliche Erwähnung bringt deshalb keinen Nutzen."*[4]

Die „allgemein anerkannten Regeln der Technik" werden insbesondere bei der Beurteilung relevant, wann sich eine Bauleistung für die gewöhnliche Verwendung eignet und wann sie eine übliche Beschaffenheit aufweist, die der Auftraggeber erwarten kann[5] – also auf der Stufe der bereits oben dargestellten 3. Sachmangelvariante (§ 633 Abs. 2 Satz 2 Nr. 2 BGB, § 13 Abs. 1 Satz 3 Nr. 2 VOB/B). Gleichwohl ist dieser Technikstandard nicht nur dort, sondern grundsätzlich auf allen Stufen des Sachmangelrechts zu beachten[6] – gleichsam als eigenständige **4. Sachmangelvariante**[7].

---

[1] Weitere Einzelheiten: *Kniffka*, in: Kniffka, Bauvertragsrecht, § 633 Rdnr. 3; *Thode*, NZBau 2002 S. 297 (297 ff.); *Pastor*, in: Werner/Pastor, Der Bauprozess (14. Aufl., Köln 2013), Rdnr. 1964. Siehe aber auch: *Faust*, BauR 2013 S. 363 (363 ff.).

[2] Vgl. nur: BGH, U. v. 14.5.1998 – VII ZR 184/97, BauR 1998 S. 872 (873); BGH, U. v. 20.12.2012 – VII ZR 209/11, BauR 2013 S. 624 (624 ff.) = IBR 2013 S. 154 (154).
Siehe auch: *Kniffka*, in: Kniffka/Koeble, Kompendium des Baurechts, 6. Teil Rdnr. 36.

[3] Dazu z.B.: BGH, U. v. 14.5.1998 – VII ZR 184/97, BauR 1998 S. 872 (872).

[4] BT-Drucks. 14/6040 S. 261 (linke Spalte unten bis rechte Spalte oben).

[5] Vgl.: BGH, U. v. 14.5.1998 – VII ZR 184/97, BauR 1998 S. 872 (873); BGH, U. v. 28.10.1999 – VII ZR 115/97, BauR 2000 S. 261 (262); BGH, U. v. 9.7.2002 – X ZR 242/99, NJW-RR 2002 S. 1533 (1534).

[6] Ebenso: *Halfmeier/Leupertz*, in: Prütting/Wegen/Weinreich, Kommentar zum BGB (7. Aufl., Köln 2012), § 633 Rdnr. 23.

[7] Einzelheiten dazu: *Seibel*, Baumängel und anerkannte Regeln der Technik, Rdnr. 96 f.

14.2 Einordnung der „allgemein anerkannten Regeln der Technik"

ACHTUNG

Die „allgemein anerkannten Regeln der Technik" sind aber stets erst nach der Überprüfung der vertraglich vereinbarten Beschaffenheit zu beachten. Sie gelten bei der Beurteilung der Qualität einer Bauleistung als sog. „Mindeststandard". Das ergibt sich zweifellos schon daraus, dass die Parteien im Werkvertrag hinsichtlich der Beschaffenheit der Bauleistung qualitativ höherwertige Anforderungen als diejenigen der „allgemein anerkannten Regeln der Technik" vereinbaren können.[1] Sollte dies der Fall sein, liegt auch beim Einhalten der „allgemein anerkannten Regeln der Technik" ein Mangel vor, da die erhöhten vertraglichen Anforderungen nicht erfüllt werden.

Dies entspricht auch dem Willen des Gesetzgebers, der bei der Neufassung von § 633 BGB in diesem Zusammenhang auf Folgendes hingewiesen hat:

> *Dass, soweit nicht etwas anderes vereinbart ist, die anerkannten Regeln der Technik einzuhalten sind, ist nicht zweifelhaft. Eine ausdrückliche Erwähnung bringt deshalb keinen Nutzen. Sie könnte andererseits zu dem Missverständnis verleiten, dass der Werkunternehmer seine Leistungspflicht schon dann erfüllt hat, sobald nur diese Regeln eingehalten sind, auch wenn das Werk dadurch nicht die vertragsgemäße Beschaffenheit erlangt hat. Eine solche Risikoverteilung wäre nicht sachgerecht.[2]*

Beispiel

Die Ausführung einer Parkhausdecke in einer geringeren als der vertraglich vereinbarten Betongüte (Güteklasse B 25 statt B 35) reicht für die geplanten Nutzlastfälle (noch) aus. Bei Verwendung der vertraglich vereinbarten Betonqualität (B 35) wäre aber eine noch höhere Tragfähigkeit, Haltbarkeit und Nutzungsdauer erreicht worden.[3]

Auch wenn mit der tatsächlichen Bauausführung die statischen Anforderungen nach den „allgemein anerkannten Regeln der Technik" (noch) eingehalten worden sind, folgt die Mangelhaftigkeit in diesem Fall daraus, dass der Bauherr einen Anspruch auf eine höherwertigere Ausführung hatte, die nicht eingehalten wurde. Die „Ist-Beschaffenheit" weicht im Beispielsfall also negativ von der vertraglich vereinbarten „Soll-Beschaffenheit" ab.

---

1 Siehe zur Vereinbarung von über den „allgemein anerkannten Regeln der Technik" liegenden Anforderungen z.B.: OLG Frankfurt, U. v. 26.11.2004 – 4 U 120/04, BauR 2005 S. 1327 (1327 ff.); OLG Stuttgart, U. v. 12.5.2004 – 3 U 185/03, BauR 2005 S. 769 (769).
2 BT-Drucks. 14/6040 S. 261 (rechte Spalte oben).
3 Zu diesem Beispiel: BGH, U. v. 9.1.2003 – VII ZR 181/00, BauR 2003 S. 533 (533 ff.); *Oppler*, in: Ingenstau/Korbion/Kratzenberg/Leupertz, Kommentar zur VOB (18. Aufl., Köln 2013), § 4 Abs. 2 VOB/B Rdnr. 19.

14.3 Die „allgemein anerkannten Regeln der Technik"

14.3.1 Inhaltsbestimmung und Definition

Es fragt sich, welchen Inhalt die „allgemein anerkannten Regeln der Technik" haben.

In diesem Zusammenhang kann auf die Rechtsprechung des Reichsgerichts zu den „allgemein anerkannten Regeln der Baukunst" gemäß § 330 StGB a.F. (jetzt: § 319 StGB – „allgemein anerkannte Regeln der Technik") zurückgegriffen werden. Nach den Ausführungen des Reichsgerichts ist eine Regel dann allgemein anerkannt, wenn sie die ganz vorherrschende Ansicht der (technischen) Fachleute darstellt.[1] Ausgehend davon setzt eine „allgemein anerkannte Regel der Technik" damit zunächst voraus, dass sie sich in der Wissenschaft als (theoretisch) richtig durchgesetzt hat (*allgemeine wissenschaftliche Anerkennung*). Dabei genügt es aber nicht, dass eine Regel im Fachschrifttum vertreten oder an Universitäten gelehrt wird. Sie muss auch Eingang in die Praxis gefunden und sich dort überwiegend bewährt haben (*praktische Bewährung*).[2]

> **DEFINITION**
>
> Insgesamt lassen sich die „allgemein anerkannten Regeln der Technik" wie folgt definieren:
>
> Eine technische Regel ist dann allgemein anerkannt, wenn sie
>
> a) der Richtigkeitsüberzeugung der vorherrschenden Ansicht der technischen Fachleute entspricht
>   (**1. Element:** allgemeine wissenschaftliche Anerkennung)
>
> und darüber hinaus
>
> b) in der Praxis erprobt und bewährt ist
>   (**2. Element:** praktische Bewährung).[3]
>
> Auf beiden Stufen a) und b) muss die jeweilige technische Regel der überwiegenden Ansicht (Mehrheit) der technischen Fachleute entsprechen.

An dieser Stelle ist darauf hinzuweisen, dass der Normgeber, wenn er von den „anerkannten Regeln der Technik" spricht, verkürzt auf die „allgemein anerkannten Regeln der Technik" Bezug nimmt. Inhaltlich lässt sich zwischen diesen Begriffen kein Unterschied feststellen.[4] Das zeigt schon allein die historische Herleitung dieses Technikstandards ganz

---

[1] RG, U. v. 11.10.1910 – IV 644/10, RGSt 44, 75 (79).
[2] Näher zum Inhalt der „allgemein anerkannten Regeln der Technik": *Seibel*, Baumängel und anerkannte Regeln der Technik, Rdnr. 20 ff.; *Seibel*, BauR 2004 S. 266 (266 ff.); *Seibel*, ZfBR 2008 S. 635 (635 ff.); *Seibel*, NJW 2013 S. 3000 (3000 ff.).
[3] Siehe z.B.: OLG Hamm, U. v. 18.4.1996 – 17 U 112/95, BauR 1997 S. 309 (309 ff.).
[4] Ebenso nach ausführlicher Analyse: *Marburger*, Die Regeln der Technik im Recht (Köln 1979), S. 146. Die Auffassung von *Weyer*, IBR 2008 S. 381 (381) [Praxishinweis], ist daher irreführend und unzutreffend. Zur Vertiefung: *Seibel*, ZfBR 2008 S. 635 (635 ff.) m.w.N.

deutlich.[1] In technikrechtlicher Hinsicht müsste der Gesetzgeber daher richtigerweise immer von den „allgemein anerkannten Regeln der Technik" sprechen, weshalb die Verwendung des Begriffs „anerkannte Regeln der Technik" (z.B. in § 4 Abs. 2 Nr. 1 Satz 2 VOB/B, § 13 Abs. 1 Satz 2 VOB/B) unpräzise ist.

Von den „allgemein anerkannten Regeln der Technik" unterscheidet sich der **„Stand der Technik"** grundlegend. Ohne das an dieser Stelle vertiefen zu können – dies würde den Rahmen dieses Kapitels zweifellos sprengen –, sei hier nur erwähnt, dass der „Stand der Technik" den Maßstab an die Front der technischen Entwicklung verlagert und unter Verzicht auf das Kriterium der allgemeinen Anerkennung eine im Vergleich zu den „allgemein anerkannten Regeln der Technik" gesteigerte Dynamik vermittelt.[2] Daher kann verkürzt zusammengefasst werden, dass der „Stand der Technik" auf einer höheren Stufe steht – gerade was die Berücksichtigung technischer Neuerungen angeht. Eine allgemeine Anerkennung im Sinne einer vorherrschenden Mehrheitsauffassung setzt sich demgegenüber langsamer durch. Beide Standards sind damit strikt voneinander zu trennen.[3] Dieser schon seit langem bekannte Grundsatz wird auch in jüngeren Veröffentlichungen leider immer wieder verkannt, indem beide Begriffe verwechselt oder sogar miteinander kombiniert werden.[4]

Es soll nicht verschwiegen werden, dass der **„Stand von Wissenschaft und Technik"** nach h.M. (sog. „3-Stufen-Theorie"[5]) der dynamischste Technikstandard ist. Dieser Standard, der vor allem im Atomrecht (z.B. § 7 Abs. 2 Nr. 3 AtomG) Verwendung findet, wird für den privaten Bauvertrag jedoch kaum relevant.[6]

14.3.2 Konkretisierungsmöglichkeiten

Die vorstehende Definition der „allgemein anerkannten Regeln der Technik" hilft allein nicht wesentlich weiter.

Wie soll man die bei den Fachleuten vorherrschende Ansicht und die praktisch erprobten technischen Regeln konkret bestimmen?

Es ist zu klären, wie dieser Standard konkretisiert und damit für den Einzelfall handhabbar gemacht werden kann. Am einfachsten lässt sich eine solche Konkretisierung dadurch erreichen, dass man auf technische Regelwerke abstellt, die für das jeweils betroffene Gewerk Vorgaben in Form von (Grenz-)Wertangaben und/oder in Form von Verarbeitungsmethoden enthalten. Solche Angaben finden sich in vielen technischen Regelwer-

---

1 Ausführlich: *Seibel*, ZfBR 2008 S. 635 (635 ff.).
2 Einzelheiten zum „Stand der Technik": *Seibel*, Der Stand der Technik im Umweltrecht (Diss., Hamburg 2003), S. 31 ff.; *Seibel*, BauR 2004 S. 266 (266 ff.); *Seibel*, BauR 2004 S. 774 (774 ff.); *Seibel*, BauR 2004 S. 1718 (1718 ff.).
3 Siehe auch: *Seibel*, ZfBR 2006 S. 523 (525); *Seibel*, NJW 2013 S. 3000 (3000 ff.).
4 Etwa von: *Raab*, in: Nomoskommentar zum BGB (NK-BGB), hrsg. von Dauner-Lieb/Langen, Bd. 2/2 (2. Aufl., Baden-Baden 2012), § 633 Rdnr. 39 (S. 3123), und *Kniffka*, in: Kniffka u.a., ibr-online-Kommentar Bauvertragsrecht (www.ibr-online.de), Stand: 29.9.2013, § 633 Rdnr. 34, der ausführt, technische Regelwerke würden die widerlegliche Vermutung beinhalten, dass sie den *„anerkannten Stand der Technik"* wiedergeben (ähnlich: *Kniffka*, IBR 1997 S. 149 (149), der in seinem Praxishinweis vom *„allgemein anerkannten Stand der Technik"* spricht. Der zuletzt genannte Standard existiert nicht! Gemeint sind vielmehr die „allgemein anerkannten Regeln der Technik".
5 Siehe zur „3-Stufen-Theorie" nur: BVerfG, B. v. 8.8.1978 – 2 BvL 8/77, BVerfGE 49, 89 (135 f.) = NJW 1979 S. 359 (361 f.) [Kalkar I]; *Breuer*, AöR 101 (1976) S. 46 (67 f.).
6 Näher zum „Stand von Wissenschaft und Technik": *Seibel*, BauR 2004 S. 266 (268 ff.).

14. Die Bedeutung der „allgemein anerkannten Regeln der Technik"

ken (wie z.B. DIN-Normen). Es stellt sich die Frage, in welcher Beziehung diese technischen Normen zu den „allgemein anerkannten Regeln der Technik" stehen. Insofern wird vielfach darauf hingewiesen, dass die „allgemein anerkannten Regeln der Technik" alle überbetrieblichen technischen Normen umfassen.[1]

> Danach sollen insbesondere folgende **Konkretisierungsmöglichkeiten** in Betracht kommen:
> - DIN-Normen (Deutsches Institut für Normung e.V.),
> - ETB (einheitliche technische Baubestimmungen des Instituts für Bautechnik),
> - VDI-Richtlinien (Verein Deutscher Ingenieure),
> - VDE-Vorschriften (Verband Deutscher Elektrotechniker),
> - Flachdachrichtlinie,
> - mündlich überlieferte technische Regeln,
> - evtl. auch Herstellervorschriften/-richtlinien.[2]

Einer solchen Aussage kann nicht bedingungslos zugestimmt werden. Es ist nämlich zu bedenken, dass das Einhalten der Werte der gerade dargestellten technischen Normen nicht zwangsläufig dazu führt, dass auch die „allgemein anerkannten Regeln der Technik" erfüllt werden.

An dieser Stelle muss man sich zunächst den **Rechtscharakter** solcher überbetrieblichen technischen Normen verdeutlichen:

DIN-Normen sind keine Rechtsnormen, sondern *private technische Regelungen mit Empfehlungscharakter*. Technischen Normen kann – da sie keine Rechtsnormqualität besitzen – keine zwingende Bindungswirkung im Hinblick auf die Konkretisierung der „allgemein anerkannten Regeln der Technik" attestiert werden. Solche Normen können die „allgemein anerkannten Regeln der Technik" wiedergeben, jedoch auch hinter diesen zurückbleiben.[3]

Dabei wird vor allem das *Alter solcher Normen* relevant: Sind technische Normen seit langer Zeit unverändert geblieben, stellt sich die Frage, ob diese überhaupt noch die *derzeit* vorherrschende Ansicht der Fachleute wiedergeben (können). Sollten sie veraltet sein, scheidet eine Konkretisierung der „allgemein anerkannten Regeln der Technik" aus. Dies wird umso deutlicher, wenn man sich vergegenwärtigt, dass die Anerkennung technischer Regeln nicht etwas einmal und für alle Zeit Festgeschriebenes darstellt. Die Anerkennung von technischen Regeln ändert sich im Laufe der Zeit und unterliegt einem ständigen Wandel. Im Baubereich wird dies insbesondere durch das Entdecken neuer Baustoffe und Verarbeitungsmethoden deutlich. Allein mit dem Einhalten der Werte in DIN-Normen etc. kann somit nicht sicher festgestellt werden, dass auch zwangsläufig die *derzeit* „allgemein anerkannten Regeln der Technik" beachtet werden. Dieser Aspekt macht die Sache für den Unternehmer aufwändig: Er muss sich mit den jeweiligen Regeln

---

[1] Allgemein hierzu: *Kniffka*, in: Kniffka/Koeble, Kompendium des Baurechts, 6. Teil Rdnr. 34; *Pastor*, in: Werner/Pastor, Der Bauprozess, Rdnr. 1967.
[2] Ausführlich zur Bedeutung von Herstellervorschriften/-richtlinien für die Baumangelbeurteilung: *Seibel*, BauR 2012 S. 1025 (1025 ff.) mit vielen Beispielen.
[3] Dazu: BGH, U. v. 14.5.1998 – VII ZR 184/97, BauR 1998 S. 872 (872).

14.3 Die „allgemein anerkannten Regeln der Technik"

der Bautechnik in allgemeiner Hinsicht und in seinem Fachgebiet genau vertraut machen, um sicher zu gehen, dass seine Bauausführung mangelfrei ist. Sollten die einschlägigen DIN-Normen etc. aktuell sein und die dort angegebenen Verarbeitungsmethoden bzw. sonstigen Empfehlungen der überwiegenden Auffassung der Fachleute entsprechen, reicht deren Einhalten aus. Anderenfalls muss die Bauleistung abweichend davon ausgeführt werden.

Pastor fasst die dargestellten Grundsätze zutreffend wie folgt zusammen:

> *DIN-Normen können deshalb, was im Einzelfall durch sachverständigen Rat zu überprüfen ist, die anerkannten Regeln der Technik widerspiegeln oder aber hinter ihnen zurückbleiben. Deshalb kommt es nicht darauf an, welche DIN-Norm gerade gilt, sondern darauf, ob die erbrachte Werkleistung zur Zeit der Abnahme den anerkannten Regeln entspricht. Aus diesem Grund ist in der Praxis auch für Sachverständige oftmals schwierig, die anerkannten Regeln der Technik für ein bestimmtes Gewerk verbindlich zu bestimmen; in keinem Fall darf aber die Prüfung unterlassen werden, ob die herangezogenen DIN-Normen (noch) den anerkannten Regeln der Technik entsprechen oder (schon) hinter diesen zurückbleiben.[1]*

Die in der Praxis häufig anzutreffende „DIN-Gläubigkeit" ist folglich verfehlt.[2] Dies verdeutlichen auch die Ausführungen des Bundesverwaltungsgerichts (BVerwG) in seiner Entscheidung vom 30.9.1996[3]:

> *Danach lassen sich als anerkannte Regeln der Technik diejenigen Prinzipien und Lösungen bezeichnen, die in der Praxis erprobt und bewährt sind und sich bei der Mehrheit der Praktiker durchgesetzt haben (...). DIN-Vorschriften und sonstige technische Regelwerke kommen hierfür als geeignete Quellen in Betracht. Sie haben aber nicht schon kraft ihrer Existenz die Qualität von anerkannten Regeln der Technik und begründen auch keinen Ausschließlichkeitsanspruch. Als Ausdruck der fachlichen Mehrheitsmeinung sind sie nur dann zu werten, wenn sie sich mit der Praxis überwiegend angewandter Vollzugsweisen decken. Das wird häufig, muß aber nicht immer der Fall sein. Die Normausschüsse des Deutschen Instituts für Normung sind pluralistisch zusammengesetzt. Ihnen gehören auch Vertreter bestimmter Branchen und Unternehmen an, die ihre Eigeninteressen einbringen. Die verabschiedeten Normen sind nicht selten das Ergebnis eines Kompromisses der unterschiedlichen Zielvorstellungen, Meinungen und Standpunkte (...). Sie begründen eine tatsächliche Vermutung dafür, daß sie als Regeln, die unter Beachtung bestimmter verfahrensrechtlicher Vorkehrungen zustande gekommen sind, sicherheitstechnische Festlegungen enthalten, die einer objektiven Kontrolle standhalten, sie schließen den Rückgriff auf weitere Erkenntnismittel aber keineswegs aus. Die Behörden, die im Rahmen des einschlägigen Rechts den Regeln der Technik Rechnung zu tragen haben, dürfen dabei auch aus Quellen schöpfen, die nicht in der gleichen Weise wie etwa die DIN-Normen kodifiziert sind.*

---

1 *Pastor*, in: Werner/Pastor, Der Bauprozess, Rdnr. 1968.
2 Siehe auch: *Seibel*, Der Bausachverständige 6/2008 S. 59 (59 ff.); *Seibel*, Der Bausachverständige 1/2010 S. 58 (58 ff.) – jeweils m.w.N.
3 BVerwG, B. v. 30.9.1996 – 4 B 175/96, BauR 1997 S. 290 (290 ff.) = IBR 1997 S. 149 (149) mit Anm. *Kniffka*.

14.3.3 Konkretisierung durch technische Normen: Vermutungswirkung (h.M.)

Ungeachtet der vorstehenden Bedenken sind überbetriebliche technische Normen wie z.B. DIN-Normen für die Konkretisierung der „allgemein anerkannten Regeln der Technik" dennoch von besonderer Relevanz.

Nach h.M. besteht nämlich eine *widerlegbare* Vermutung dafür, dass kodifizierte technische Normen (DIN-Normen etc.) die „allgemein anerkannten Regeln der Technik" wiedergeben.[1] Das folgt schon daraus, dass diese Regeln zumeist aufgrund der vorherrschenden Ansicht der technischen Fachleute erstellt worden sind. Diese Vermutung ist jedoch – was deutlich betont werden muss – widerlegbar. Das ist insbesondere dann der Fall, wenn Anhaltspunkte dafür bestehen, dass die Norm veraltet ist.

Die dargestellte Vermutungswirkung hat erhebliche Auswirkungen auf die Beweislast im privaten Bauprozess. Sie führt zum Eintritt folgender Beweislaständerung[2].

> **Beweislaständerung im privaten Bauprozess:**
>
> Derjenige, der behauptet, die in DIN-Normen etc. enthaltenen Anforderungen würden nicht den „allgemein anerkannten Regeln der Technik" entsprechen, ist hierfür beweisbelastet.
>
> Für den Unternehmer, der seine Bauleistung anhand von technischen Vorschriften ausführt, streitet die widerlegbare Vermutung ordnungsgemäßer Arbeit.
>
> Umgekehrt spricht der Beweis des ersten Anscheins für eine mangelhafte Bauausführung, wenn der Unternehmer die in einer technischen Vorschrift enthaltenen Vorgaben nicht einhält. Dann muss der Unternehmer im Einzelnen darlegen und später gegebenenfalls auch beweisen, dass z.B. ein Schadenseintritt nicht auf einer Verletzung der technischen Vorschrift beruhte.

14.3.4 Konkretisierung durch technische Normen: Prüfungsschema

Aus Sicht des Autors hat sich bei der Prüfung, ob technische Normen (DIN-Normen etc.) den „allgemein anerkannten Regeln der Technik" entsprechen, folgende *vierstufige Prüfung*[3] bewährt:

I. Zunächst muss die DIN-Norm etc. überhaupt für den betreffenden technischen Bereich einschlägig sein (Geltungsbereich und Schutzzweck der Norm).

---

1 Vgl. z.B.: OLG Hamm, U. v. 13.4.1994 – 12 U 171/93, BauR 1994 S. 767 (768); OLG Stuttgart, U. v. 26.8.1976 – 10 U 35/76, BauR 1977 S. 129 (129); *Kniffka*, in: Kniffka/Koeble, Kompendium des Baurechts, 6. Teil Rdnr. 34 a.E.; *Seibel*, Baumängel und anerkannte Regeln der Technik, Rdnr. 146 ff.; *Pastor*, in: Werner/Pastor, Der Bauprozess, Rdnr. 1969 – jeweils m.w.N.
Siehe auch: BGH, U. v. 24.5.2013 – V ZR 182/12, BauR 2013 S. 1443 (1443 ff.), allerdings ohne Begründung.
2 *Pastor*, in: Werner/Pastor, Der Bauprozess, Rdnr. 1969 m.w.N. auch aus der Rechtsprechung.
3 Siehe zu diesem Prüfungsschema auch: *Kamphausen*, BauR 1983 S. 175 (175 f.).

II. Weiterhin ist zu prüfen, ob die DIN-Norm etc. den betreffenden technischen Bereich abschließend, d.h. lückenlos und vollständig, erfasst. Eine Konkretisierungswirkung scheidet aus, wenn die DIN-Norm etc. hinsichtlich des einschlägigen technischen Sachverhalts Regelungslücken aufweist.

III. Sind die ersten beiden Punkte geklärt, muss sich die DIN-Norm etc. am Inhalt der „allgemein anerkannten Regeln der Technik" messen lassen.

IV. Schließlich dürfen die in der DIN-Norm etc. enthaltenen und ursprünglich einmal den „allgemein anerkannten Regeln der Technik" entsprechenden Anforderungen ihre allgemeine Anerkennung nicht wieder verloren haben (technischer Fortschritt, „Altersproblematik").

14.3.5 Sonderfall: Konkretisierung außerhalb schriftlicher technischer Normen

Auch wenn technische Normen bei der Konkretisierung der „allgemein anerkannten Regeln der Technik" eine große Rolle spielen, wird dieser Technikstandard – wie schon das oben genannte Beispiel mündlich überlieferter technischer Regeln belegt – nicht allein durch kodifizierte technische Regelwerke konkretisiert. Trotz der in Deutschland vorhandenen „Normenflut" gibt es immer noch Bereiche, in denen die anerkannten und bewährten Vorgehensweisen keinen Eingang in schriftliche Regelwerke wie z.B. DIN-Normen gefunden haben, sondern allein nach den (überlieferten) Erfahrungen der Handwerker zu beurteilen sind. Als Beispiel sei hier nur das Zimmererhandwerk genannt.[1]

Dies verdeutlicht, warum z.B. die Definition der „allgemein anerkannten Regeln der Technik" in **§ 2 Nr. 12 HOAI (2009)** vollständig missglückt war[2], wonach der Begriff wie folgt zu verstehen sein sollte (Hervorhebung durch den Autor)[3]: *„fachlich allgemein anerkannte Regeln der Technik sind **schriftlich fixierte technische Festlegungen** für Verfahren, die nach herrschender Auffassung der beteiligten Fachleute, Verbraucher und der öffentlichen Hand geeignet sind, die Ermittlung der anrechenbaren Kosten nach dieser Verordnung zu ermöglichen und die sich in der Praxis allgemein bewährt haben oder deren Bewährung nach herrschender Auffassung in überschaubarer Zeit bevorsteht".*

Für den Sachverständigen erweist sich die Feststellung der „allgemein anerkannten Regeln der Technik" außerhalb von schriftlich niedergelegten technischen Regelwerken als sehr problematisch. Vor dem gleichen Problem steht der Sachverständige, wenn er überprüfen will, ob die in einem kodifizierten technischen Regelwerk enthaltenen Anforderungen (noch) aktuell sind, d.h. ob diese auch derzeit (noch) der vorherrschenden Ansicht der Fachleute entsprechen und praktisch bewährt sind.

---

1 Vertiefung: Ausführlich zur Entwicklung der „allgemein anerkannten Regeln der Technik" bei Holztreppen von den seit Jahrhunderten überlieferten Erfahrungen der Handwerker bis hin zum Regelwerk Handwerkliche Holztreppen (erstmals erschienen 1998 [1. Aufl.]): *Seibel/Kanz*, in: Seibel/Zöller, Baurechtliche und -technische Themensammlung, Heft 5 (Handwerkliche Holztreppen) – erscheint in Kürze.
2 Ebenso: *Kniffka*, in: Kniffka, Bauvertragsrecht, § 633 Rdnr. 29.
3 Folgerichtig ist diese Definition der „allgemein anerkannten Regeln der Technik" in der HOAI 2013 auch nicht mehr enthalten. Vgl. dazu: BR-Drucks. 334/13 S. 4-5, 137.

14. Die Bedeutung der „allgemein anerkannten Regeln der Technik"

In solchen Fällen stehen dem Sachverständigen – neben seiner eigenen Erfahrung und Fachkunde – insbesondere folgende **Möglichkeiten zur Konkretisierung der „allgemein anerkannten Regeln der Technik"** zur Verfügung:[1]

- eigene wissenschaftliche Untersuchungen (z.B. Baustoffprüfungen, Labortests, Berechnungen),
- Untersuchung und Auswertung von Schadensfällen,
- sorgfältige und umfassende Literaturauswertung,
- Analyse von Statistiken,
- intensiver fachlicher Erfahrungsaustausch (z.B. innerhalb von sog. „Bausachverständigen-Netzwerken"),
- evtl. auch Durchführung einer Befragung der maßgeblichen Fachleute.

Ob die zuletzt genannte Möglichkeit einer Befragung von Fachleuten ein taugliches Mittel zur Erforschung der überwiegend anerkannten und in der Praxis bewährten Vorgehensweise in einem technischen Bereich darstellt, wird zu Recht bezweifelt.[2] *Jagenburg*[3] hat – unter Bezugnahme auf die Ausführungen von *Oswald*[4] – gegen die Tauglichkeit von Meinungsumfragen insbesondere folgende Argumente vorgebracht:

> *Dagegen sind Meinungsumfragen unter Bausachverständigen ... aus den von Oswald angeführten Gründen nachdrücklich abzulehnen. Zum einen ist schon die Auswahl derer, die an einer solchen Meinungsumfrage beteiligt werden, subjektiv-willkürlich, jedenfalls nicht kontrollierbar und ebenso zufällig wie die Zahl der Antworten, da anzunehmen ist, daß nicht jeder, der angeschrieben worden ist, auf eine solche Anfrage antwortet. Zum anderen kann der Kreis der Fachleute, die über die Frage der Praxisbewährung und Anerkennung einer Bauweise urteilen, nicht auf Bausachverständige beschränkt werden, die es nur mit einer ebenso zufälligen Zahl und Auswahl von Bauschadensfällen zu tun haben. Denn Bauschäden sind nur ein und nicht das einzige Beurteilungskriterium. Außerdem geht es den Bausachverständigen wie den Ärzten, Anwälten und Richtern: ihre Sicht beschränkt sich auf die „kranken" Fälle, mit denen sie es allein zu tun haben. Das verstellt den Blick für die Wirklichkeit und dafür, daß die Schadensfälle nicht die Regel, sondern die Ausnahme sind.*

Der Autor stimmt nicht mit allen zuvor genannten Kritikpunkten überein. Entgegen *Jagenburg* scheint insbesondere die Erfahrung aus Schadensfällen ein sehr wichtiges – wenn nicht sogar das wichtigste – Kriterium zur Bestimmung der Praxistauglichkeit einer Bauweise zu sein. Was sonst kann verlässlichere Rückschlüsse auf die Gebrauchstauglichkeit einer Bauweise geben als ein Schadensfall? – selbst wenn es sich dabei um einen „Ausnahmefall" handeln sollte. Das soll hier aber nicht weiter vertieft werden.

Die Ausführungen von *Jagenburg* enthalten dennoch – vor allem im ersten Teil – einige überzeugende Ansatzpunkte, die dagegen sprechen, das Ergebnis einer Meinungsumfrage unter Fachleuten zur Konkretisierung der „allgemein anerkannten Regeln der Tech-

---

1 Siehe auch: *Jagenburg*, Jahrbuch Baurecht 2000 S. 200 (208 f.); *Kamphausen/Warmbrunn*, BauR 2008 S. 25 (28); *Oswald*, db (deutsche bauzeitung) 9/1998 S. 123 (130); *Seibel*, ZfBR 2008 S. 635 (635 ff.).
2 *Jagenburg*, Jahrbuch Baurecht 2000 S. 200 (209 f.); *Oswald*, db (deutsche bauzeitung) 9/1998 S. 123 (130).
3 *Jagenburg*, Jahrbuch Baurecht 2000 S. 200 (209).
4 *Oswald*, db (deutsche bauzeitung) 9/1998 S. 123 (130).

nik" heranzuziehen. Es dürfte äußerst schwierig – jedenfalls aber sehr aufwändig – sein, durch eine solche Befragung ein im Ergebnis repräsentatives Meinungsbild zu erhalten. Dabei erweist sich schon die Auswahl derjenigen Personen, die an einer solchen Umfrage beteiligt werden sollen, als problematisch. Sodann stellt sich die Frage, ob aus den Antworten verlässliche Rückschlüsse gezogen werden können/dürfen.

14.4 Beispiele aus der Rechtsprechung (Schallschutz und DIN 4109)

Abschließen soll die Darstellung mit zwei Beispielen aus der Rechtsprechung zu einem „Klassiker" im privaten Bauprozess, der die Gerichte immer wieder beschäftigt: Schallschutz im modernen Wohnungsbau und DIN 4109.[1] Daran lässt sich gut nachvollziehen, dass DIN-Normen keinesfalls immer zur Konkretisierung der „allgemein anerkannten Regeln der Technik" geeignet sind.

14.4.1 BGH, Urteil vom 4.6.2009 (AZ: VII ZR 54/07)[2]

In seinem Urteil vom 4.6.2009 hat der BGH seine bisherige Rechtsprechung zur DIN 4109 fortgeführt und folgende Grundsätze aufgestellt:

Rechtsfehlerhaft vertritt das Berufungsgericht jedoch die Auffassung, die Beklagte schulde nur einen Schallschutz, der den Mindestanforderungen der DIN 4109 genüge. ... Welchen Schallschutz die Parteien eines Vertrages über den Erwerb einer Eigentumswohnung vereinbart haben, richtet sich in erster Linie nach der im Vertrag getroffenen Vereinbarung. Der Senat hat in seinem nach Erlass des Berufungsurteils veröffentlichten Urteil vom 14. Juni 2007 (VII ZR 45/06, BGHZ 172, 346) darauf hingewiesen, dass insoweit die im Vertrag zum Ausdruck gebrachten Vorstellungen von der Qualität des Schallschutzes, also der Beeinträchtigung durch Geräusche, maßgeblich sind. Vorzunehmen ist eine Gesamtabwägung, in die nicht nur der Vertragstext einzubeziehen ist, sondern auch die erläuternden und präzisierenden Erklärungen der Vertragsparteien, die sonstigen vertragsbegleitenden Umstände, die konkreten Verhältnissen des Bauwerks und seines Umfeldes, der qualitative Zuschnitt, der architektonische Anspruch und die Zweckbestimmung des Gebäudes zu berücksichtigen sind (BGH, Urteil vom 14. Juni 2007 – VII ZR 45/06, aaO).

Der Senat hat auch darauf hingewiesen, dass der Erwerber einer Wohnung oder Doppelhaushälfte mit üblichen Komfort- und Qualitätsansprüchen in der Regel einen diesem Wohnraum entsprechenden Schallschutz erwarten darf und sich dieser Schallschutz nicht aus den Schalldämm-Maßen nach DIN 4109 ergibt. Denn die Anforderungen der DIN 4109 sollen nach ihrer in Ziffer 1 zum Ausdruck gebrachten Zweckbestimmung Menschen in Aufenthaltsräumen lediglich vor unzumutbaren Belästigungen durch Schallübertragung schützen. Das entspricht in der Regel nicht einem üblichen Qualitäts- und Komfortstandard.

---

1 Ausführlich zum Schallschutz und zur DIN 4109: *Seibel/Müller*, in: Staudt/Seibel, Baurechtliche und -technische Themensammlung, Heft 1 (Schallschutz).
2 BGH, U. v. 4.6.2009 – VII ZR 54/07, BauR 2009 S. 1288 (1288 ff.) = IBR 2009 S. 447 (447 ff.) mit Anm. *Seibel*.

14. Die Bedeutung der „allgemein anerkannten Regeln der Technik"

Der Senat hat ferner darauf hingewiesen, dass die Schallschutzanforderungen der DIN 4109 hinsichtlich der Einhaltung der Schalldämm-Maße nur insoweit anerkannte Regeln der Technik darstellen, als es um die Abschirmung von unzumutbaren Belästigungen geht. Soweit weitergehende Schallschutzanforderungen an Bauwerke gestellt werden, wie z.B. die Einhaltung eines üblichen Komfortstandards oder eines Zustandes, in dem die Bewohner „im Allgemeinen Ruhe finden", sind die Schalldämm-Maße der DIN 4109 von vornherein nicht geeignet, als anerkannte Regeln der Technik zu gelten. Insoweit können aus den Regelwerken die Schallschutzstufen II und III der VDI-Richtlinie 4100 aus dem Jahre 1994 oder das Beiblatt 2 zur DIN 4109 Anhaltspunkte liefern.

Diese Erwägungen gelten nicht nur dann, wenn die Parteien keine ausdrücklichen Vereinbarungen zum Schallschutz getroffen haben, sondern grundsätzlich auch dann, wenn sie hinsichtlich der Schalldämmung auf die DIN 4109 Bezug nehmen, wie das im zu beurteilenden Fall bezüglich der Trittschalldämmung geschehen ist. Denn auch in diesem Fall hat eine Gesamtabwägung stattzufinden, bei der die gesamten Umstände des Vertrages zu berücksichtigen sind. Der Umstand, dass im Vertrag auf eine Schalldämmung nach DIN 4109 Bezug genommen wird, lässt schon deshalb nicht die Annahme zu, es seien die Mindestanforderungen der DIN 4109 vereinbart, weil diese Werte in der Regel keine anerkannten Regeln der Technik für die Herstellung des Schallschutzes in Wohnungen sind, die üblichen Qualitäts- und Komfortstandards genügen (LG München I, IBR 2008, 727, mit Volltext in www.ibr-online.de). Der Erwerber kann ungeachtet der sonstigen Vereinbarungen grundsätzlich erwarten, dass der Veräußerer einer noch zu errichtenden Eigentumswohnung den Schallschutz nach den zur Zeit der Abnahme geltenden anerkannten Regeln der Technik herstellt (BGH, Urteil vom 14. Mai 1998 – VII ZR 184/97, BGHZ 139, 16, 18). Das hat auch die Beklagte in der Baubeschreibung unter dem Stichwort „Grundlagen der Planung und Ausführung" versprochen. Den Hinweis auf die DIN 4109 muss der Erwerber nicht dahin verstehen, der Unternehmer wolle davon abweichen. Vielmehr ist der Verweis auf die DIN 4109 redlicherweise lediglich dahin zu verstehen, dass ein diesem Normwerk entsprechender Schallschutz versprochen wird, soweit die DIN 4109 anerkannte Regel der Technik ist.

Will ein Unternehmer von den anerkannten Regeln der Technik abweichen, darf der Erwerber über den Hinweis auf die DIN 4109 hinaus eine entsprechende Aufklärung erwarten, die ihm mit aller Klarheit verdeutlicht, dass die Mindestanforderungen der DIN 4109 nicht mehr den anerkannten Regeln der Technik entsprechen, der Erwerber also einen Schallschutz erhält, der deutlich unter den Anforderungen liegt, die er für seine Wohnung erwarten darf (vgl. BGH, Urteil vom 16. Juli 1998 – VII ZR 350/ 96, BGHZ 139, 244; Urteil vom 9. Juni 1996 – VII ZR 181/93, BauR 1996, 732 = ZfBR 1996, 264; Urteil vom 17. Mai 1984 – VII ZR 169/82, BGHZ 91, 206; Kögl, BauR 2009, 156 f.).

Darüber hinaus können die sich aus den sonstigen Umständen des Vertrages ergebenden Anforderungen an den vertraglich vereinbarten Schallschutz nicht durch einen einfachen Hinweis auf die DIN 4109 überspielt werden. Die Gesamtabwägung wird vielmehr regelmäßig ergeben, dass der Erwerber ungeachtet der anerkannten Regeln der Technik einen den Qualitäts- und Komfortstandards seiner Wohnung entsprechenden Schallschutz erwarten darf. In der Regel hat der Erwerber keine Vorstellung, was sich hinter den Schalldämm-Maßen der DIN 4109 verbirgt, sondern

14.4 Beispiele aus der Rechtsprechung (Schallschutz und DIN 4109)

allenfalls darüber, in welchem Maße er Geräuschbelästigungen ausgesetzt ist oder in Ruhe wohnen kann bzw. sein eigenes Verhalten nicht einschränken muss, um Vertraulichkeit zu wahren (BGH, Urteil vom 14. Juni 2007 – VII ZR 45/06, aaO). Kann der Erwerber nach den Umständen erwarten, dass die Wohnung in Bezug auf den Schallschutz üblichen Qualitäts- und Komfortstandards entspricht, dann muss der Unternehmer, der hiervon vertraglich abweichen will, deutlich hierauf hinweisen und den Erwerber über die Folgen einer solchen Bauweise für die Wohnqualität aufklären. Auch insoweit kann dem nicht näher erläuterten Hinweis auf die DIN 4109 nur untergeordnete Bedeutung zukommen (vgl. auch OLG Stuttgart, BauR 1977, 279; OLG Nürnberg, BauR 1989, 740). Da zu den bei der Vertragsauslegung zu berücksichtigenden Umständen auch gehört, welcher Schallschutz nach den die anerkannten Regeln der Technik einzuhaltenden Bauweisen erbracht werden kann (BGH, Urteil vom 14. Juni 2007 – VII ZR 45/06, aaO), kann sich im Einzelfall etwas anderes z.B. dann ergeben, wenn höhere Schalldämm-Maße als nach der DIN 4109 wegen der Besonderheiten der Bauweise nicht oder nur mit ungewöhnlich hohen Schwierigkeiten eingehalten werden können.

Die auf der fehlerhaften Auslegung des vertraglich geschuldeten Schallschutzes beruhende Abweisung der Klage kann daher nicht aufrechterhalten bleiben. Das Berufungsurteil ist aufzuheben und die Sache an das Berufungsgericht zurückzuverweisen. Für die neue Verhandlung weist der Senat auf Folgendes hin: Das Berufungsgericht muss die Vertragsauslegung nach den vorgenannten Kriterien erneut vornehmen. Maßgeblich ist, ob die Wohnung den üblichen Qualitäts- und Komfortstandards genügen sollte. Einen „herausgehobenen, exklusiven Eindruck" muss eine Wohnung nicht vermitteln, um als den üblichen Ansprüchen genügende Komfortwohnung einen Schallschutz über den Mindestanforderungen der DIN 4109 erwarten zu lassen. Der Sachverständige G. spricht sowohl im Gutachten vom 14. Juli 2004 als auch in seinem Schreiben vom 14. September 2004 von „hohem Wohnstandard" und bestätigt dies in seiner mündlichen Anhörung vor dem Berufungsgericht vom 13. Februar 2007. Die Baubeschreibung spricht an verschiedenen Stellen von „gehobener Ausstattung", „neuestem Stand", „repräsentativer Konstruktion", „hochwertiger Anlage". Treppen und Treppenhäuser werden „akustisch entkoppelt" und erhalten einen „hochwertigen Steinbelag". Die Wohnungseingangstüren werden in „schalldichter behindertengerechter Ausführung" beschrieben. Die Ver- und Entsorgungsleitungen werden „gegen Schallübertragung und Wärmeverlust isoliert". Die Rede ist von „geräuscharmen Spülkästen und Abluftanlagen". Die Werbeprospekte preisen die Anlage als „Wohnpark City E.", als „Wohn- und Geschäftsresidenz" an, als „ehrgeiziges Bauvorhaben, das sich von allen Seiten sehen lassen kann", mit „unverwechselbarer Architektur" und „lichtdurchfluteten Wohnungen". Der Kaufpreis der klägerischen Wohnung betrug 1996 583.000 DM für eine 110 qm große Maisonettenwohnung. Die Auslegung des Berufungsgerichts, damit sei kein exklusiver Standard vereinbart, muss mangels einer rechtzeitigen Rüge vom Senat hingenommen werden. Das Berufungsgericht wird seine Auffassung in der neuen Verhandlung jedoch prüfen und jedenfalls erwägen müssen, ob ein üblicher Komfort- und Qualitätsstandard vereinbart ist. Daran können keine ernsthaften Zweifel bestehen. Das Berufungsgericht wird deshalb auch zu prüfen haben, welcher Schallschutz für eine solche Wohnung vereinbart ist. Im Hinblick darauf, dass die Schallschutzwerte der VDI-Richtlinie 4100 für übliche Komfortwohnungen und die erhöhten Werte der DIN 4109 Beiblatt 2 offenbar identisch sind, gibt es deutliche Anhaltspunkte, dass jedenfalls diese Schallschutzwerte auch vereinbart

> *sind. Das Berufungsgericht wird bei der Ermittlung des geschuldeten Schallschutzes auch berücksichtigen müssen, dass bei gleichwertigen, anerkannten Bauweisen der Besteller angesichts der hohen Bedeutung des Schallschutzes im modernen Haus- und Wohnungsbau erwarten darf, dass der Unternehmer jedenfalls dann diejenige Bauweise wählt, die den besseren Schallschutz erbringt, wenn sie ohne nennenswerten Mehraufwand möglich ist. Ist eine Bauweise nicht vereinbart worden, so kann der Bauunternehmer sich zudem nicht auf Mindestanforderungen nach DIN 4109 zurückziehen, wenn die von ihm gewählte Bauweise bei einwandfreier Ausführung höhere Schalldämm-Maße ergibt (BGH, Urteil vom 14. Juni 2007 – VII ZR 45/06, aaO Tz. 29; vgl. dazu auch Locher-Weiß, Rechtliche Probleme des Schallschutzes, 4. Aufl., S. 30).*

Diese Entscheidung fasst die derzeit im modernen Wohnungsbau geltenden Schallschutzanforderungen, die einem üblichen Komfort- und Qualitätsstandard entsprechen, übersichtlich und gut nachvollziehbar zusammen.

In **Ziffer 1 DIN 4109** (Anwendungsbereich und Zweck) findet sich folgende Passage: „*In dieser Norm sind Anforderungen an den Schallschutz mit dem Ziel festgelegt, Menschen in Aufenthaltsräumen vor unzumutbaren Belästigungen durch Schallübertragung zu schützen.*" Bereits das macht deutlich, dass die DIN 4109 eine im modernen Wohnungsbau übliche Schallschutzqualität nicht konkretisieren kann. Zur Präzisierung der „allgemein anerkannten Regeln der Technik" ist die DIN 4109 in diesem Bereich also grundsätzlich ungeeignet. Um in dem schon oben (14.3.4) dargestellten Prüfungsschema zu bleiben: Die DIN 4109 scheitert an der ersten Stufe der Konkretisierungsprüfung (Geltungsbereich und Schutzzweck).

Der BGH hat in der Entscheidung darauf hingewiesen, die *Schallschutzwerte der VDI-Richtlinie 4100* und die *erhöhten Werte der DIN 4109 Beiblatt 2* könnten Anhaltspunkte zur Konkretisierung der „allgemein anerkannten Regeln der Technik" geben. Ob dies tatsächlich zutrifft, muss letztlich der Sachverständige beurteilen.[1]

An dieser Stelle soll noch ein anderer wichtiger Grundsatz aufgegriffen werden, den der BGH in der Entscheidung vom 4.6.2009 betont hat: Ein Unternehmer, der von den „allgemein anerkannten Regeln der Technik" vertraglich abweichen will, muss den Auftraggeber deutlich darauf hinweisen und ihn über die Folgen einer solchen Bauweise für die Wohnqualität aufklären. Diesen Grundsatz hat der BGH auch jüngst noch einmal wiederholt.[2] An das Unterschreiten der „allgemein anerkannten Regeln der Technik" im Bauvertrag (sog. „*Beschaffenheitsvereinbarung nach unten*") sind – jedenfalls im Verhältnis zwischen Unternehmer und fachunkundigem Bauherrn – also hohe Anforderungen zu stellen.[3]

14.4.2 OLG Stuttgart, Urteil vom 17.10.2011 (AZ: 5 U 43/11)[4]

Eine Ausnahme von dem gerade dargestellten Grundsatz hat das OLG Stuttgart in seinem Urteil vom 17.10.2011 erkannt.

---

1 Ausführlich dazu: *Seibel/Müller*, in: Staudt/Seibel, Baurechtliche und -technische Themensammlung, Heft 1 (Schallschutz).
2 Siehe: BGH, U. v. 20.12.2012 – VII ZR 209/11, BauR 2013 S. 624 (624 ff.) = IBR 2013 S. 154 (154).
3 Einzelheiten: *Seibel*, ZfBR 2010 S. 217 (217 ff.).
4 OLG Stuttgart, U. v. 17.10.2011 – 5 U 43/11, NJW 2012 S. 539 (539 ff.) = NZBau 2012 S. 179 (179 ff.) = IBR 2012 S. 32 (32).

14.4 Beispiele aus der Rechtsprechung (Schallschutz und DIN 4109)

Dem lag folgender Sachverhalt zugrunde: Eine Bauträgerin (Klägerin) hatte mehrere Architekten (Beklagte) mit der Planung u.a. von Reihenhäusern beauftragt. Im Architektenvertrag war u.a. geregelt, dass die Architekten das Projekt nach den Regeln der Baukunst ausführen sollten. Außerdem hatten sie für die Käufer der Häuser eine Baubeschreibung zu erstellen, wobei die Bauträgerin ihnen hierfür ein Konzept zur Verfügung stellte. Hinsichtlich des Schallschutzes waren in der für die Häuser erstellten Baubeschreibung folgende Formulierungen enthalten: „Schallisolierung nach DIN 4109" sowie „Die Reihenhaustrennwände werden zur besseren Schallisolierung in Stahlbeton hergestellt." Da die Trennwände später einschalig ausgeführt wurden, nahm die Bauträgerin die Architekten wegen fehlerhafter Planung (Schallschutzmängel) auf Schadensersatz in Anspruch. Das OLG Stuttgart hat Schallschutzmängel mit folgender Begründung verneint:

... scheidet im Streitfall ein Planungsfehler der Beklagten aus. Denn die Klägerin hat den Beklagten ausdrücklich die Anweisung zu einer einschaligen Planung erteilt, die damit Vertragsinhalt wurde. Selbst wenn eine einschalige Bauausführung zum Zeitpunkt der Planung der Beklagten bereits nicht mehr den allgemein anerkannten Regeln der Technik entsprochen haben sollte, scheidet eine Mängelhaftung der Beklagten aus, da diese Bauausführung von der Klägerin als Vertragssoll so vorgegeben war. Diese Anweisung der Klägerin geht dabei der allgemeinen vertraglichen Verpflichtung der Beklagten nach Ziff. 4, das Projekt „nach den Regeln der Baukunst ... auszuführen", vor. ... Die einschalige Bauausführung war eine bewusste Entscheidung der Geschäftsleitung der Klägerin. Auf dieser Grundlage hat die Klägerin die Kaufpreise gegenüber den Erwerbern kalkuliert. Der Zeuge ... hat bestätigt ..., dass es zwischen allen Beteiligten klar war, dass die Reihenhäuser so wie bisher, nämlich einschalig wie bei den vorangegangenen Bauvorhaben ... und einem weiteren Bauvorhaben ..., zu planen waren. Die Frage, wie mit einschaligen Haustrennwänden der Schallschutz zu gewährleisten sei, wurde ausdrücklich zwischen der Klägerin, dem Beklagten Ziff. 2, dem Ingenieurbüro ... und dem Ingenieurbüro ... diskutiert .... . Entsprechend hat sich die Klägerin ... bereits beim Bauvorhaben ... beim Bauphysiker ..., beim Statiker ... und auch beim Beklagten Ziff. 2 ausdrücklich rückversichert, welchen Mindestquerschnitt die Haustrennwand haben muss, um den Mindestschallschutz nach DIN 4109 zu erreichen ... . Die Klägerin ließ dabei anfragen, ob es ausreiche, die Trennwände in Stahlbeton mit einer Stärke von lediglich 24 cm zu erstellen. Die Klägerin wurde vom Ingenieurbüro ... daraufhin darüber informiert, dass mit 24 cm dicken Wänden der Schallschutznachweis – bezogen auf die Anforderungen der DIN 4109 – nicht geführt werden könne. ... Dem Geschäftsführer der Klägerin war es damit nach allem klar, dass die einschalige Bauausführung gerade im Hinblick auf den Schallschutz problematisch sein kann. ... Die Klägerin als Bauherrin hat sich damit bewusst dafür entschieden, die Häuser nur einschalig zu bauen und damit nur den Mindestschallschutz nach DIN 4109 zu gewährleisten. Dies war für die Beklagten verbindliche Planungsvorgabe. ... Eine Verpflichtung der Beklagten, die Klägerin darüber aufzuklären, dass bei Reihenhäusern ein höherer, über die DIN 4109 hinausgehender Schallschutz normal ist, der nur durch Zweischaligkeit erzielt werden kann, bestand angesichts der eindeutigen Planungsvorgabe der Klägerin nicht.

Konsequent hat das OLG Stuttgart folgenden Leitsatz zu diesem Urteil formuliert:

Ein Bauträger kann den mit der Planung von Reihenhäusern beauftragten Architekten nicht wegen Fehlplanung mit der Begründung in Haftung nehmen, das Bauwerk

14. Die Bedeutung der „allgemein anerkannten Regeln der Technik"

> *entspreche hinsichtlich des Schallschutzes – trotz Einhaltung der DIN 4109 – nicht dem Stand der Technik, da eine einschalige statt einer doppelschaligen Bauweise geplant worden sei, wenn er vom Fach ist und dem Architekten auf Augenhöhe gegenübersteht und die einschalige Bauweise nach Einschaltung von Schallschutzgutachtern gezielt von ihm aufgrund einer bewussten Entscheidung angeordnet worden ist und er schon vor Erstellung der Planung die Kaufpreise entsprechend verbindlich kalkuliert hat.*

Die Ausführungen des OLG Stuttgart geben Anlass zu folgenden Hinweisen:

Ein Unterschreiten des Mindeststandards „allgemein anerkannte Regeln der Technik" durch den Unternehmer muss die Ausnahme bleiben und kommt grundsätzlich nur bei einem umfassenden, fehlerfreien Hinweis auf sämtliche Folgen in Betracht. Dabei muss der Unternehmer dem Auftraggeber in diesem Hinweis die Unterschiede der späteren Bauausführung im Vergleich zur allgemein üblichen verständlich erklären und die Auswirkungen dieser Bauweise für die Wohnqualität darlegen. Willigt der Auftraggeber – trotz Kenntnis der Folgen – in das negative Abweichen von der allgemein üblichen Beschaffenheit ein, ist dies seine privatautonom getroffene Entscheidung, an der er sich später grundsätzlich festhalten lassen muss. An die Aufklärung durch den Unternehmer sind jedoch hohe Anforderungen zu stellen, weshalb von diesem Vorgehen grundsätzlich nur abgeraten werden kann.[1]

Diese Grundsätze können anders zu beurteilen sein, wenn der Vertragspartner des Unternehmers kein „normaler" (technisch unkundiger), sondern ein technisch versierter Auftraggeber ist – etwa ein Bauträger, der regelmäßig Bauvorhaben verwirklicht und um die besonderen Probleme z.B. im Bereich des Schallschutzes weiß.[2] Ein solcher Auftraggeber verdient sicherlich weniger Schutz als ein privater Bauherr, der oft nur einmal in seinem Leben baut und in technischen Dingen völlig unerfahren ist. Sollte der Unternehmer einen Vertrag mit einem erfahrenen Auftraggeber schließen, mag der bloße Hinweis auf eine technische Vorschrift genügen, um die darin verkörperten Anforderungen zur vertraglichen Beschaffenheit werden zu lassen. Dies wird in die vom BGH in seinem Urteil vom 4.6.2009 geforderte Gesamtabwägung mit einzubeziehen sein, was das OLG Stuttgart in seiner Entscheidung getan hat.

Es ist jedoch noch einmal deutlich zu betonen, dass es sich bei der Entscheidung des OLG Stuttgart um eine Ausnahme- bzw. Sonderkonstellation handelt, die nicht mit dem vom BGH am 4.6.2009 entschiedenen Sachverhalt vergleichbar ist.

Abschließend ist darauf hinzuweisen, dass das OLG Stuttgart in seinem Leitsatz fehlerhaft nicht zwischen den „allgemein anerkannten Regeln der Technik" und dem „Stand der Technik" unterschieden hat.[3] Auf das Einhalten der erhöhten Anforderungen nach dem im Leitsatz erwähnten „Stand der Technik" kam es im zugrunde liegenden Fall nicht an. Maßgeblich war allein der Mindeststandard „allgemein anerkannte Regeln der Technik".

---

[1] Vgl. auch: *Seibel*, Baumängel und anerkannte Regeln der Technik, Rdnr. 223 ff.; *Seibel*, IBR 2009 S. 448 (448).
[2] Siehe: *Kniffka*, in: Kniffka, Bauvertragsrecht, § 633 Rdnr. 32 m.w.N.
[3] Allgemein hierzu: *Seibel*, NJW 2013 S. 3000 (3000 ff.).

15. Der Baumangel – der Bauschaden

Michael Staudt

Übersicht

15.1 Baumangel
15.2 Beispiele für Baumängel
15.3 Bauschaden
15.4 Beispiele für Bauschäden

15.1 Baumangel

Eine technisch klare Trennung zwischen einem **Baumangel** und einem **Bauschaden** gibt es nicht. Aus den Erkenntnissen der täglichen Praxis am Bau kann man den Baumangel als Vorstufe des Bauschadens bezeichnen.

Der **Baumangel** muss nicht grundsätzlich dazu führen, dass ein Bauteil oder ein Bauwerk insgesamt dadurch unbrauchbar ist oder unbrauchbar wird, vielmehr besteht die Möglichkeit, den Mangel mit vertretbaren Mitteln zu beseitigen oder auch mit diesem Mangel das Objekt zu nutzen. In der Folge sind aber gewisse Einschränkungen gegeben, die eben eine völlige und dauerhafte Benutzung oder Verwertung nicht zulassen. Für den Sachverständigen ist oft die Frage im Gutachten gestellt, ob ein solcher Baumangel hinnehmbar oder nicht hinnehmbar ist. Um dies beurteilen zu können, muss man sehr häufig eine Kriterientabelle aufstellen, anhand derer dann eine Wichtung des Mangels vorgenommen werden kann. In der Folge ist darüber zu entscheiden, ob man diesen Mangel belassen kann oder zwingend beseitigen muss.

I.d.R. nähert man sich mit der so genannten „Zielbaummethode" von Dr.-Ing. Aurnhammer dem Problem. Man legt in tabellarischer Form fest, welche Bedeutung und Wertigkeit das jeweilige Bauteil für das Gesamtobjekt hat, inwieweit eine Abweichung von der Regelausführung vorliegt und welche Bedeutung und Einflüsse damit verbunden sind. Durch die Abweichungskriterien ergibt sich dann eine prozentuale Größe, die für die Einschätzung oder Abschätzung des Mangels und seiner Auswirkung verwendet werden kann. Möglicherweise ist an den Sachverständigen die Forderung und Frage gestellt, über eine Wertminderung zu befinden, die dann durch solch ein Wertungsergebnis beurteilt bzw. eingeschätzt werden kann. Hier taucht stets die Frage nach dem technischen, wirtschaftlichen oder merkantilen Minderwert eines Objekts oder des bestimmten Bauteils auf. Diese Frage hat der Bausachverständige sinnvollerweise in Zusammenarbeit mit einem Bewertungssachverständigen zu klären, eventuell auch von diesem als Kongutachter ganz errechnen zu lassen

15.2 Beispiele für Baumängel

Unter dem Begriff „Baumangel" sind viele Dinge einzuordnen, nachstehend dazu eine kleine Übersicht:

- Feine Schwindrissbildungen in Betonbauteilen,
- feine Schwindrissbildungen im Mauerwerk,
- feine Schwindrissbildungen in Innen- oder Außenputzen,
- Unebenheiten in Flächen von z.B. Beton, Putz, Beschichtungen, schiefe Wände, unebene Decken,
- kleine Maßabweichungen bei Flächen, Höhen, Breiten u.Ä.,
- Farbabweichungen bei vorgegebenen und vereinbarten farblich gestalteten Oberflächen,
- farbliche Abweichungen bei Materialien,
- Materialverwechslungen z.B. in der Holzqualität bei Fenstern, Türen oder Treppen.

Die Liste ist beliebig fortsetzen und muss für jedes Gewerk am Bau entsprechend kritisch aufgestellt werden.

15.3 Bauschaden

Ein **Bauschaden** ist bedeutender als ein Baumangel, denn ein Schaden am Bauwerk hat Folgen für die Nutzung und für den Bestand desselben und bedarf i.d.R. der Beseitigung oder Nachbesserung, d.h., ein Schaden oder eine Beschädigung muss beseitigt werden, um die Dauerhaftigkeit und Nutzbarkeit des Bauwerks zu erhalten bzw. zu erreichen.

Der Bauschaden als solcher ist also schwerwiegender und nachhaltiger als der Baumangel, denn er hat auch i.d.R. größere Folgen für die direkte Situation, für andere Baustoffe, andere Bauteile oder für das Objekt im Ganzen.

15.4 Beispiele für Bauschäden

Als Bauschäden sind folgende Situationen einzuordnen:

- Fehlerhafte Höhenanbindungen an Gelände- und Verkehrseinrichtungen,
- fehlerhafte Platzierung eines Hauses oder Bauwerkes innerhalb eines Grundstücks, z.B. durch Abweichungen von den Vorgaben im Bebauungsplan oder den tatsächlichen Grenzverhältnissen,
- unzureichende Abdichtung der gegen das Erdreich stehenden Bauteile mit der Folge von Feuchtigkeit im Unter- oder Kellergeschoss,
- unzureichende Ausführung des Mauerwerks nach DIN 1053,
- unzureichende und fehlerhafte Ausbildung von Betonbauteilen, z.B. unzureichende Betonqualität, zu geringe Bewehrungseinlagen, unzureichende Nachbehandlung des Frischbetons u.a.m.,

15.4 Beispiele für Bauschäden

- unzureichende Höhenausbildung von Räumen,
- unzureichende Größen und Öffnungen für Fenster und Türen,
- fehlerhafte Anordnung und Ausbildung von Treppenanlagen,
- unzureichende und fehlerhafte Ausbildung von Balkonanlagen,
- nicht abgestimmte Dachkonstruktionen auf den darunter befindlichen Baukörpern,
- die Verwendung falscher Baustoffe,
- die Zusammenführung von nicht miteinander harmonisierenden Baustoffen, wie z.B. Zink- und Kupferblech (auftretende Elektrolyse und Selbstzerstörung),
- die unzureichende Ausbildung von Wärmedämmmaßnahmen,
- die fehlerhafte Ausbildung von Bauteilen im Bereich des Schallschutzes.

Die Liste ist beliebig fortsetzbar. Dabei richten sich Art, Umfang und Vielfalt der Bauschäden immer auch nach der „technischen Epoche", d.h. nach den aktuellen Methoden, Baustoffen und deren Verwendung.

Hier kann jeder einzelne erfahrene Sachverständige in vielfältiger Form Beispiele vortragen. Die rasante Entwicklung im Baugeschehen und die ständige Neuerfindung von Baustoffen und Baumaterialien führt zwangsläufig dazu, dass es zukünftig Bauschäden geben wird, von denen heute noch niemand eine Ahnung oder gar Kenntnis hat, und die die spätere SV-Generationen beschäftigen wird.

16. Auswirkung von Baumängeln und Bauschäden auf Mietobjekte und deren Mietwerte

Michael Staudt

Übersicht

16.1 Einführung
16.2 Aufgaben des Sachverständigen
16.3. Mietminderung
16.4 Bauschäden
16.5 Gutachten

16.1 Einführung

Bausachverständige werden sehr häufig in Mietstreitigkeiten einbezogen, weil bei auftretenden Beeinträchtigungen am Mietobjekt, verursacht durch Baumängel oder Bauschäden, der Mietgutachter nicht in der Lage ist, diese Dinge entsprechend zu beurteilen, zu bewerten und für seine Mietaussage zu wichten.

Die am häufigsten auftretenden Mängel an Mietobjekten sind Feuchtigkeits- und Schimmelprobleme, die sowohl auf die Bausubstanz zurückgeführt werden können wie auch auf das Verhalten der Mieter. Diese Probleme haben in den letzten 10 – 15 Jahren derart zugenommen, dass fast bei jeder zweiten Mietsache solche Erscheinungen für den Mieter Anlass waren, mit dem Vermieter in Streit zu geraten.

In vielfältiger Form sind Schimmelpilzerscheinungen in Mietwohnungen aufgetreten, als man im guten Glauben der Klimaverbesserung alte Holzfenster entfernt und durch neue, dicht schließende Kunststofffenster mit Thermoverglasungen ersetzt hat. Notwendige weitere Maßnahmen zur Verbesserung des Wärmeschutzes wurden nicht ausgeführt, weil nicht erkannt oder weil die finanziellen Mittel nicht ausgereicht haben.

Derartige unvollständige Modernisierungsmaßnahmen haben dazu geführt, dass das Klima in Räumen völlig verändert wurden, die Mieter ihre Wohngewohnheiten aber beibehalten haben und so plötzlich Probleme hinsichtlich der Luftfeuchtigkeit aufgetreten sind, die in unglücklichen Fällen zu Schimmelbildungen geführt haben.

Die oft lapidare Reaktion des Vermieters gegenüber seinem Mieter, er habe zu selten oder zu wenig intensiv gelüftet und deshalb sei diese Mangelerscheinung aufgetreten, mag manchmal richtig sein, vielfach jedoch nicht, wie Bausachverständige wissen bzw. ermittelt haben und sicherlich noch vielfach feststellen werden-.

16. Auswirkung von Baumängeln und Bauschäden

16.2 Aufgaben des Sachverständigen

Um derartige Situationen beurteilen zu können, ist eine genaue Recherche zu Konstruktion und baulichen Zusammenhängen erforderlich, verbunden mit entsprechenden Messungen, um über bauphysikalische Werte Bescheid zu wissen, damit man neben den konstruktiven Erkenntnissen auch physikalische Kenngrößen hat, mit denen man entsprechende rechnerische Überprüfungen von Bauteilen wie Mauerwerk, Decken, Fenstern und anderem vornehmen kann.

Das Aufnehmen von Daten und die Durchführung von Messungen müssen mit geeigneten Gerätschaften erfolgen, deren Einsatz und Funktion vom Sachverständigen beherrscht werden sollten.

Es sind sorgfältige Aufzeichnungen erforderlich, die u.U. auch im Rahmen der gutachterlichen Erstellung als Beweismaterial dienen und für den Verwerter des Gutachtens hinterher überprüfbar und nachvollziehbar sein müssen. Hier ist von einem Bausachverständigen eine große Sorgfalt gefordert sowie das entsprechende Wissen zu diesen Problemen und deren Vielfalt.

Gerade bei einem derartigen Mangel oder Schaden an einem Mietobjekt ist es erforderlich, dass der hinzugezogene Bausachverständige seine Wissensgrenzen erkennt und im Bedarfsfalle andere Fachleute hinzuzieht, wie beispielsweise einen Mikrobiologen oder einen Mediziner, die die Art des Schimmelpilzes analysieren und auch die Auswirkungen auf die in einer Mietwohnung lebenden Menschen beurteilen können. Ein Bausachverständiger muss seine eigenen Grenzen des Wissens kennen und bei der täglichen Arbeit des Sachverständigen auch beachten.

16.3 Mietminderung

Nachdem der Vermieter für seine Wohnung bzw. das Mietobjekt eine Mängelfreiheit im Vertrag garantiert, hat er auch dafür zu sorgen, dass diese uneingeschränkt besteht. Ist das Mietobjekt mit Mängeln behaftet, hat der Mieter, soweit nicht bewiesen ist, dass er für diese Mängel verantwortlich ist, das Recht und die Möglichkeit eine sog. **Mietminderung** geltend zu machen. Das bedeutet, dass er für einen bestimmten Mangel, der an einem Mietobjekt besteht, einen prozentualen Abzug von der vereinbarten und festgelegten Miete vornehmen kann.

Aufgrund einer Unzahl von Rechtsstreitigkeiten, die es zu diesen Themen bereits gegeben hat, hat sich eine tabellarische Staffelung herauskristallisiert, die für bestimmte Schäden und Beeinträchtigungen des Mietobjektes unterschiedliche prozentuale Abschläge als Durchschnittswerte festgelegt hat.

Als Mängel an einem Mietobjekt gehören neben den bereits vorstehend beschriebenen klimatischen Unzulänglichkeiten auch Einflüsse, die von außen kommen können, z.B. Lärm, Gerüche, Belästigungen durch Beleuchtungen, Einfluss der Belichtung durch einen intensiven Bewuchs auf dem Grundstück.

Mängel an dem baulichen Umfeld des Mietobjektes können u.a. undichte Fenster, nicht funktionierende Türen, feuchtes Mauerwerk, verschlissene Fußböden, eine nicht funktionierende Heizung, unzureichende Sanitäreinrichtungen, verbrauchte Wasserleitungen, verstopfte Abflussrohre und vieles andere mehr sein.

Bei all diesen Mängeln, teilweise auch bereits Schäden, wenn beispielsweise Fenster verfault sind, Fußböden einbrechen, Wasser von der Decke tropft, ist der Mietgutachter überfordert und der Bausachverständige erforderlich.

Bei derart mangelhaften Verhältnissen an einem Mietobjekt entstehen dem Vermieter erhebliche wirtschaftliche Nachteile, weil der Mieter aus guten Gründen nicht bereit ist, den vereinbarten, möglicherweise angemessenen und nachhaltig erzielbaren Mietzins in vollem Umfang zu bezahlen.

Gleichzeitig wird dem Mieter etwas zugemutet, dass er so bei Übernahme des Mietobjektes nicht gekannt hat, nicht vermuten konnte und demzufolge auch nicht haben wollte. Er ist in seiner **Bewegungsfreiheit** eingeschränkt und kann das Objekt nicht in dem ursprünglich vorgesehenen Umfang nutzen. Folglich entsteht auch ihm dadurch ein persönlicher, körperlicher und auch wirtschaftlicher Schaden, den er dadurch versucht zu kompensieren, indem er den vereinbarten Mietzins kürzt.

Insofern sind beide Parteien in solchen Fällen daran interessiert, dass die Ursachen von Baumängeln und Bauschäden analysiert, aufgeklärt und nach Möglichkeit kurzfristig beseitigt werden. Nur das mangelfreie Mietobjekt ist für beide Teile erstrebenswert, sinnvoll und wirtschaftlich effektiv zu nutzen.

16.4 Bauschäden

Bei Bauschäden an einem Mietobjekt, aufgetreten z.B. durch Beschädigungen an der Fassade, am Dach oder auch im Inneren des Hauses, beispielsweise bei einer Rohrbruchsituation, bestehen u.U. so große Nachteile und Folgen für das Objekt, dass dieses vom Mieter (oder auch Pächter) nicht mehr genutzt werden kann. Auch hier ist der Bausachverständige gefragt, Ursachen und Möglichkeiten der sinnvollen und dauerhaften Beseitigung von Bauschäden im Rahmen seiner gutachterlichen Tätigkeit zu behandeln, damit alsbald das Mietobjekt wieder uneingeschränkt für die Nutzung zur Verfügung steht.

Im Vordergrund steht dabei stets die Frage, ob das Mietobjekt trotz Mangel und/oder Schäden weiterhin genutzt werden oder ist es erforderlich, das Objekt zu räumen. Diese Entscheidung wird häufig vom Sachverständigen erwartet.

Zusammenfassend ist festzuhalten, dass Baumängel und Bauschäden immer mehr oder weniger große Einflüsse auf das Mietobjekt haben. Dem Bausachverständigen kommt bei der Beurteilung eine große Verantwortung zu, da er ermitteln und erkennen muss, wer für das Auftreten dieser Beeinträchtigungen verantwortlich ist, d.h. der Mieter oder der Vermieter.

16.5 Gutachten

Bei der Beurteilung von Mietobjekten kommt es besonders darauf an, dass man sich als Gutachter hinterher auf klare Fakten stützen kann und nicht nur mit dem Begriff der Erfahrung oder einem Erfahrungsschatz argumentieren muss.

Erfahrung wird im empirischen Verständnis einerseits als die Wahrnehmung durch äußere wie auch durch innere gewonnene Vorgänge des Bewusstseinwerdens verstanden. Die Bedeutung von Erfahrung kann sowohl die sein, einzelne Erlebnisse oder auch erlernte

16. Auswirkung von Baumängeln und Bauschäden

Dinge unter dieser Begriffsbestimmung einzuordnen, andererseits aber auch in einem Fachbereich gewonnene und einem jeden Fachmann unbedingt bekannte Erkenntnisse als den Erfahrungsschatz zu kennzeichnen.

Für den technischen Sachverständigen können zugängliche Erfahrungen mit theoretischem Rüstzeug zusammenhängen, mit dem der beurteilende Sachverständige Vorstellungen über technisches Geschehen und Zusammenhänge entwickeln und ableiten kann.

Erfahrung kann seine Bedeutung durch Erkenntnisvorgänge haben, wobei durch Denken im hypothetischen Bereich gewonnene Vorstellungen bestätigt oder korrigiert werden. Dies setzt voraus, dass das Wissen den Erfahrungsträger befähigt, derartige Vorstellungen durch Denken festzustellen und auch im Bedarfsfalle gedanklich weiterzuentwickeln.

In der Tat bedeutet dies, dass bei dem Erkennen eines Mangels oder Bauschadens der Sachverständige theoretisch alle Möglichkeiten erkennen und erwägen muss, die zu dem Mangel- oder Schadenereignis geführt haben können. Im Rahmen der sog. **Subtraktionsmethode** muss gedanklich abgeklärt und abgewogen werden, welche der theoretischen Möglichkeiten in Frage kommt, also ursächlich für das Schadenereignis ist. Alle die Ursachen, die nicht in Frage kommen, können dann gedanklich at acta gelegt werden. Die übrig bleibenden Gründe müssen dann näher untersucht werden, um Gewissheit zu bekommen, welche der Gründe dann als unzweifelhafte Ursache in Frage kommt. Wenn dies gedanklich geschehen ist, kann man die verbleibende Methode in all ihren Details anwenden, um letztendlich über die Schadensursache Gewissheit zu bekommen. Mit dieser gewonnenen Sicherheit bei der Beurteilung des Mangel- oder Schadensbildes erreicht man die Grundlage, über Beseitigungsmaßnahmen nachzudenken und die geeigneten zu finden und um auch für die Kostenfrage eine Grundlage zu bekommen.

Aus der Kombination von technischen Kenntnissen, Erfahrungen, Hypothesen und Annahmen hat sich der Sachverständige an das Problem heranzutasten, um dann die entsprechenden Abwägungen und Einordnungen vorzunehmen, die ihn letztendlich dazu befähigen, verlässliche gutachterliche Aussagen treffen und dann auch tragen und verantworten zu können.

Da Mietstreitigkeiten besonders intensiv und heftig ausgefochten werden, hat der Sachverständige bei Hinzuziehung eine besonders verantwortungsvolle Aufgabe, die er mit der ganzen Kraft seines Wissens und mit der Fähigkeit der Ausdrucksweise zu behandeln hat. Sein Gutachten sollte *„niet- und nagelfest"* sein, um bei den betroffenen Parteien im Ergebnis keine Zweifel aufkommen zu lassen. Nur dann wird es auch zwischen Vermieter und Mieter wieder zu einem Rechtsfrieden kommen können.

17. Bauabnahme und deren Folgen

Helge-Lorenz Ubbelohde

Übersicht

17.1 Zielstellung
17.2 Grundlagen zur Durchführung von Abnahmen
17.3 Qualitätsanforderungen
17.4 Umfang der Tätigkeit des Sachverständigen und Genauigkeitsgrenzen
17.4.1 Vertragliche Grenzen der Überwachungstätigkeit sowie Tätigkeit bei Abnahmen
17.4.2 Sorgfaltspflichten des Sachverständigen
17.5 Vertragliche Vereinbarungen
17.6 Schlussfolgerungen

17.1 Zielstellung

In § 12 VOB Teil B ergeben sich die Regelungen zur Abnahme abgeschlossener Teile von Leistungen bzw. zur förmlichen Abnahme. Unter Absatz 4 wird u.a. darauf hingewiesen, dass jede Partei auf ihre Kosten einen Sachverständigen zur Abnahme hinzuziehen kann und der Befund in gemeinsamer Verhandlung schriftlich niederzulegen ist. Mit der Abnahme geht die Gefahr auf den Auftraggeber über, weshalb sich aus einer Abnahmeerklärung heraus Rechtsfolgen ergeben, die auch in Bezug auf die Tätigkeit des Sachverständigen als haftungsrelevant eingeschätzt werden können. Im Folgenden wird nicht auf die rechtlichen Grundlagen zur Durchführung einer Abnahme sowie auf die Rechtsfolgen im Einzelnen eingegangen. Hierbei handelt es sich um juristische Würdigungen, die von einem Sachverständigen nur bedingt vorgenommen werden sollten. Zielstellung ist es, unter Bezugnahme auf das Berufsbild des Sachverständigen wesentliche Grundlagen der Tätigkeit des Sachverständigen im Zuge der Abnahmeverfahren herauszuarbeiten. Der Umfang der Tätigkeit des Sachverständigen im Zuge von Qualitätskontrollen und Abnahmen ist klar zu umreißen und vertraglich zu vereinbaren, um das Haftungsrisiko auf ein kalkulierbares Maß zu reduzieren.

Aufgrund ihres Berufsbildes werden Sachverständige gerne für Tätigkeiten im Rahmen qualitätssichernder, präventiver Maßnahmen sowie im Hinblick auf die Abnahme von Teilleistungen bzw. gesamter baulicher Anlagen in Anspruch genommen. Immer häufiger werden Sachverständige mit der Frage konfrontiert, eine Abnahme zu erklären bzw. eine Fertigstellungsbescheinigung auszustellen. Im Rahmen der so formulierten Beauftragungen stellt sich für den Sachverständigen zunehmend die Frage nach dem zu erbringenden notwendigen Umfang seiner Tätigkeit, um eine Inanspruchnahme anschließend möglichst zu vermeiden. Konkret ergeben sich Fragen danach, ob und unter welchen Voraussetzungen ein Sachverständiger sich überhaupt bereit erklären sollte, beispielsweise eine Abnahme zu erklären bzw. eine Fertigstellungsbescheinigung auszustellen. Im Rahmen seiner abnahmebegleitenden Tätigkeit stellt sich die Frage nach dem Umfang durchzuführender Überprüfungen. Sind beispielsweise nicht zerstörende Untersuchungen, die jedoch einen gewissen Aufwand erfordern, notwendigerweise im Rahmen einer Abnahmebegleitung durchzuführen, um z.B. den Zustand von Dichtungsmaßnahmen unterhalb von Badewannen oder den Zustand der Anbindung von Unterspannbahnen im Traufbe-

17. Bauabnahme und deren Folgen

reich, die Ausbildung von Sockelabdichtungen etc. zu überprüfen. Reicht es nicht möglicherweise aus, ohne zusätzliche Untersuchungen eine Abnahmebegehung lediglich durch Inaugenscheinnahme durchzuführen?

Bei der Durchführung von baubegleitenden Qualitätsüberwachungsmaßnahmen stellt sich die Frage danach, ob der Sachverständige sämtliche baulichen Leistungen zu überprüfen hat, denn schließlich ist er ja vertraglich im Hinblick auf die Überprüfung/Sicherung der Qualität beauftragt. Reicht es nicht vielmehr aus, auch hier lediglich stichprobenartige Untersuchungen und Überprüfungen durchzuführen?

Bereiche, die im Rahmen der stichprobenartigen Überprüfungen nicht mehr einsehbar sind, wie beispielsweise geschlossene Installationsschächte, sind dann ggf. nicht weiter zu überprüfen, beispielsweise im Hinblick auf die Brandabschottung in den Deckenbereichen?

Es wird versucht, auch anhand von Beispielen vorgenannte, für den Sachverständigen fast alltägliche Fragen zu strukturieren und handhabbare Vorschläge auch im Verhältnis des Sachverständigen zum Auftraggeber zu unterbreiten, um das Haftungsrisiko für den Sachverständigen im Rahmen derartiger Tätigkeiten kalkulierbar zu gestalten.

Der Umfang der Tätigkeit des Sachverständigen ist abhängig von der geschuldeten Leistung und den zugrunde zu legenden Qualitätsanforderungen.

Bild 1:   Beispiel: Dampfsperre

17.2 Grundlagen zur Durchführung der Abnahmen

Im Rahmen der Abnahmen soll gegenüber dem Auftragnehmer bestätigt werden, dass die Bauleistung dem geschuldeten Vertragssoll entspricht und frei von wesentlichen Mängeln ist. Abweichungen vom Vertragssoll und Mängel sind im Rahmen der Abnahmen vorzubehalten, damit der Auftraggeber diesbezüglich gegenüber dem Auftragnehmer keine Anspruchsgrundlage verliert. Darüber hinaus ergeben sich im Rahmen der Abnahmeerklärung selbstverständlich weitergehende Regelungen und Vorbehalte, die in der Rechtsfolge als wesentlich eingeschätzt werden müssen, jedoch teilweise außerhalb des Informationsfeldes und des Tätigkeitsbereichs des Sachverständigen liegen. Da eine Abnahme stets Rechtsfolgen auslöst, ist der Umfang der Tätigkeit des Sachverständigen im Rahmen von Qualitätskontrollen und Abnahmen in der Beauftragung des Sachverständigen klar abzugrenzen. Der Sachverständige sollte im Rahmen der Qualitätskontrollen und Abnahmen nur so weit tätig werden und Erklärungen abgeben, wie er aufgrund seiner ureigenen Feststellungen Einblick in das Vertragssoll und in die baulichen Ausführungen hat, um ausgehend von der eigenen Inaugenscheinnahme und Sachkunde seine Schlussfolgerungen zu ziehen. Er sollte sich in jedem Fall von Erklärungen distanzieren, die auf rechtlich interpretationsfähigen Grundlagen aufbauen. Häufig wird in den Verträgen mit den Sachverständigen vereinbart, dass der Sachverständige verbindlich erklären soll, ob beispielsweise die Bezugsfertigkeit eines Objekts gegeben ist oder das Objekt als vollständig fertig gestellt einzuschätzen ist. Auch die Aussage, ob ein Objekt als abnahmefähig einzuschätzen ist, unterliegt der juristischen Diskussion und Würdigung. Die Begrifflichkeiten

- Bezugsfertigkeit
- Vollständige Fertigstellung
- Abnahmefähigkeit

sind Rechtsbegriffe, die auch von Juristen in Abhängigkeit der bauvertraglichen Vereinbarungen zum Teil ganz unterschiedlich eingeschätzt werden im Hinblick auf die baulich und vertraglich zu erfüllenden Voraussetzungen. Da eine Empfehlung des Sachverständigen zu vorstehenden Sachverhalten in jedem Fall Rechtsfolgen auslöst, ergeben sich auch hieraus möglicherweise erhebliche Haftungsansprüche gegenüber dem Sachverständigen bei voneinander abweichender rechtlicher/juristischer Interpretation der Begrifflichkeiten. Entschieden werden derartige Fälle vor Gericht. Selbst bei gewissenhafter fachlicher Arbeit des Sachverständigen besteht ein sehr hohes Risiko der Inanspruchnahme allein aufgrund der Tatsache, dass die Begrifflichkeiten im Hinblick auf die zu erbringenden baulichen Voraussetzungen juristisch ganz unterschiedlich eingeschätzt werden können.

Für den Sachverständigen ist es somit zwingend erforderlich für den Fall, dass er sich zu vorbezeichneten Rechtsbegriffen äußern soll, dass seitens der Auftraggeber klar dokumentiert wird, welche baulichen Anforderungen und Voraussetzungen erfüllt sein müssen, damit die Bauleistung als beispielsweise bezugsfertig, vollständig fertig gestellt oder abnahmefähig seitens des Sachverständigen eingeschätzt werden kann. Dem Sachverständigen ist somit eine Art Checkliste vertraglich an die Hand zu geben, die er in fachlicher Hinsicht qualifiziert überprüfen kann, um dann zu erklären, ob die seitens der Auftraggeber als relevant einzuschätzenden Voraussetzungen für eine Bezugsfertigkeit, vollständige Fertigstellung oder Abnahmefähigkeit erfüllt sind. Es obliegt nicht dem Sach-

17. Bauabnahme und deren Folgen

verständigen, rechtliche Interpretationen vorzunehmen, so wie dieses auftraggeberseitig häufig vom Sachverständigen abverlangt wird.

Im Rahmen der Beauftragung des Sachverständigen sind die der Tätigkeit des Sachverständigen zugrunde zu legenden Dokumente klar zu definieren. Mit der Beauftragung des Sachverständigen zur Durchführung einer Abnahmebegehung erhält dieser häufig umfassende Planungsunterlagen als Grundlage für seine Tätigkeit. Im Rahmen der Beauftragung muss klargestellt werden, dass der Sachverständige nach Fertigstellung der Bauleistung selbstverständlich nicht in der Lage ist zu überprüfen, ob in den verdeckten Konstruktionsbereichen die Ausführung tatsächlich der Ausführungsplanung entspricht. Darüber hinaus kann der Sachverständige nicht einschätzen, ob die ihm zur Verfügung gestellten Pläne tatsächlich abnahmerelevant sind und das Vertragssoll der abzunehmenden Bauleistung umfassend beschreiben. Ggf. sind Baubeschreibungen, Projektänderungsanzeigen und Zusatzvereinbarungen zusätzlich zu dem Bauvertrag abzufordern, um tatsächlich das Vertragssoll in Vorbereitung einer Abnahmebegehung zu erfassen.

Da zum Zeitpunkt der Abnahme verdeckte Konstruktionsbereiche nicht visuell erfasst werden können (ggf. stichprobenartig mit zusätzlichen Untersuchungsmethoden), muss vertraglich mit dem Auftraggeber möglicherweise vereinbart werden, dass der Sachverständige im Rahmen der Abnahmebegehungen lediglich eine visuelle Überprüfung der direkt in Augenschein zu nehmenden Konstruktionsbereiche durchführen kann. Erfasst werden hierbei lediglich visuell feststellbare Ausführungsmängel und, für den Fall, dass entsprechende Unterlagen vorliegen, visuell feststellbare und einsehbare vertragliche Abweichungen. Sämtliche übrigen verdeckten Bereiche müssen im Hinblick auf die Haftung des Sachverständigen aus seiner Erklärung und Empfehlung ausgeschlossen werden.

Der Umfang der Tätigkeit des Sachverständigen ist jedoch nicht nur abhängig von der vertraglich mit ihm vereinbarten Leistung, sondern auch von den zugrunde zu legenden Qualitätsanforderungen, die üblicherweise erwartet werden können. Es sei darauf hingewiesen, dass eine erbrachte Bauleistung als mangelhaft eingeschätzt werden kann für den Fall, dass sie der üblichen Erwartungshaltung eines nicht fachmännischen Auftraggebers nicht entspricht. Hieraus ergeben sich besondere Risiken bei einem nicht eindeutig in den Baubeschreibungen definierten Leistungsumfang. Im Vorfeld der Tätigkeit des Sachverständigen muss dieser sich somit sehr genau die ihm zur Verfügung gestellten Grundlagen zur Durchführung seiner Qualitätskontrollen und Abnahmebegehungen anschauen und, bei nicht eindeutigen Beschreibungen des Leistungssolls, vor Durchführung seiner Tätigkeit und Ausfertigung seiner Empfehlungen eine eindeutige Abstimmung zu den zu erbringenden und vertraglich geschuldeten Bauleistungen vom Auftraggeber einholen.

17.3 Qualitätsanforderungen

Die im Rahmen der Tätigkeit des Sachverständigen zu berücksichtigenden Qualitätsanforderungen ergeben sich auf der Grundlage der bauvertraglichen Vereinbarungen hinsichtlich einzuhaltender Qualitäten und Ausführungen. Des Weiteren hat die Ausführung den DIN-Normen bzw. technischen Regelwerken und technischen Baubestimmungen zu genügen. Häufig genug werden Baubeschreibungen, Planunterlagen und Leistungsverzeichnisse ebenfalls Gegenstand der bauvertraglichen Vereinbarung hinsichtlich des zu erbringenden Bausolls.

17.3 Qualitätsanforderungen

Der Sachverständige muss vor Beginn seiner Tätigkeit klären, welche Anforderungen tatsächlich an das Bauwerk bestehen, um hierauf aufbauend eine qualitätsgerechte Ausführung seiner Tätigkeit erbringen zu können. Es reicht nicht aus, die Bauleistungen im Hinblick auf die DIN-Normen oder technischen Regelwerke zu überprüfen. Die Qualität eines Gesamtbauwerkes beinhaltet ebenfalls die Erfüllung vertraglicher Vereinbarungen, so wie sie sich in Baubeschreibungen oder anderen Teilen des Vertrages dokumentieren.

Häufig genug ist jedoch festzustellen, dass die zugrunde zu legenden Baubeschreibungen und Ausführungsplanungen nicht hinreichend sind, um eine Eindeutigkeit bezüglich des Vertragssolls zu dokumentieren. In diesem Fall begibt sich der Sachverständige im Rahmen seiner Tätigkeit zur Überwachung der Bauqualität bzw. im Rahmen von abnahmebegleitenden Tätigkeiten und Abnahmen bereits auf „Glatteis", sofern nicht zwischen den Parteien eindeutig das zu erbringende Vertragssoll festgelegt werden kann.

Eindeutig zu klären sind folgende Sachfragen:

1. Definition der Qualitäten:

    In Baubeschreibungen sind häufig Formulierungen wie

    ... in gehobener Qualität ...

    zu lesen. Die Formulierung in gehobener Qualität ist keine eindeutige Formulierung und lässt Spielraum für Interpretationen. Ein solcher Spielraum ist immer Anlass für spätere Streitigkeiten, so dass hier im Vorfeld der Tätigkeit des Sachverständigen geklärt werden muss, was unter gehobener Qualität seitens der Vertragspartner verstanden wird und wo die Erwartungshaltung des Bauherrn angesiedelt ist.

2. Es muss eine genaue Beschreibung der vertraglich geschuldeten Bauleistung erfolgen.

    Zu erbringende Leistungen werden häufig sehr allgemein formuliert wie beispielsweise

    ... Bestandsfenster sind tischler- und malermäßig zu überarbeiten ....

Bild 2:   Bestandsfenster sind zu überarbeiten

17. Bauabnahme und deren Folgen

Die tischler- und malermäßige Überarbeitung eines Fensters kann beispielsweise das Gang- und Schließbarmachen eines Fensters, das einfache Anschleifen und Überstreichen der Rahmen bedeuten. Ebenfalls kann darunter verstanden werden, dass umfangreiche tischlermäßige Auswechselungen an den Bestandsfensterkonstruktionen erfolgen, der gesamte Altanstrich vollständig entfernt wird und die Fensterkonstruktionen anstrichmäßig von Grund auf neu aufgebaut werden. In beiden Fällen handelt es sich um sehr unterschiedliche Leistungen. Im Vorfeld der Ausführung muss, sofern ein Leistungsverzeichnis oder eine detaillierte Leistungsbeschreibung nichts anderes vorgeben, geklärt werden, was für Leistungen tatsächlich vertraglich geschuldet sind.

3. Genaue Festlegung von Materialien und Verfahren:

Formulierungen wie

„ ... *Ausführung einer vertikalen Sperrung der Kelleraußenwand ...*"

sind nicht hinreichend. Bei einer derartigen Formulierung im Rahmen einer Baubeschreibung ist nicht klar, ob hier die vertikale Sperrung der Kelleraußenwand mit Hilfe einer Dickbeschichtung oder beispielsweise einer Bitumenschweißbahn ausgeführt werden soll. Auch hier ergeben sich deutliche Qualitätsunterschiede, die jedoch vom Sachverständigen im Rahmen seiner Tätigkeit zu überwachen sind.

Neben der Eindeutigkeit der Formulierung des Vertragssolls orientieren sich die Qualitätsanforderungen, die der Sachverständige im Rahmen von baubegleitenden Qualitätsüberwachungsmaßnahmen oder bei der Erklärung von Fertigstellungsbescheinigungen im Rahmen von Abnahmen zu berücksichtigen hat, an den allgemein anerkannten Regeln der Technik und Baukunst. Die Aufgabe des Sachverständigen, anhand der allgemein anerkannten Regeln der Technik zu entscheiden, ob ein Mangel vorliegt und somit die Abweichung der vertraglich festgelegten Sollbeschaffenheit von der Istbeschaffenheit gegeben ist, ist grundsätzlich als problematisch einzuschätzen. Zum einen wird der Leistungsumfang und somit auch die überhaupt erst anwendbaren, allgemein anerkannten Regeln der Technik durch den Vertrag definiert, zum anderen zeigen zahlreiche Entscheidungen, wie schwierig das Verhältnis des Mangelbegriffs zu den allgemein anerkannten Regeln der Technik ist. Gleiches gilt für die Anforderungen nach dem Stand der Technik.

Als Beispiel seien streichbare Abdichtungssysteme zu erwähnen:

Die Ausführung von Dachabdichtungsbeschichtungen wird von den Produktherstellern als dem Stand der Technik entsprechend definiert. Seitens der Sachverständigen werden derartige Systeme häufig genug als unerprobt dargestellt. Die Frage, ob es sich hierbei tatsächlich um ein Abdichtungssystem gemäß dem Stand der Technik oder auch den allgemein anerkannten Regeln der Technik handelt, ist nicht unkritisch.

Ein weiteres Beispiel stellen mineralische Abdichtungssysteme beispielsweise im Schwimmbadbau dar. Auch hier gehen die Auffassungen hinsichtlich der Übereinstimmung mit dem Stand der Technik oder auch den allgemein anerkannten Regeln der Technik und Baukunst auseinander.

Da sowohl unter Fachleuten als auch in der Rechtsprechung der Mangelbegriff unter Berücksichtigung der allgemein anerkannten Regeln der Technik sowie des Stands der Technik sehr unterschiedlich interpretiert wird, sollte der Sachverständige im Vorfeld seiner Tätigkeit eindeutig klären, welche Systeme zur Anwendung gelangen sollen bzw. welche Erwartungshaltungen bei den Vertragspartnern bestehen. Nur bei einer eindeuti-

17.3 Qualitätsanforderungen

gen Klärung offener Sachverhalte ist der Sachverständige in der Lage, eine Überwachung hinsichtlich der geforderten Qualität durchzuführen.

Zusätzlich erschwert ist die Tätigkeit des Sachverständigen dadurch, dass sich der Mangelbegriff in der Rechtsprechung häufig an der üblichen Erwartungshaltung des Nutzers orientiert. Um dieses zu veranschaulichen, sei folgendes Beispiel erläutert:

Bemängelt wurde im Rahmen der Nutzung eines Reihenhauses, dass sich der Fußboden in den Randbereichen insbesondere unter Schränken, Kommoden und anderen Möbelstücken um bis zu 5 mm gegenüber der Sockelleiste absenkt. Bei dem Objekt handelte es sich um ein Bauträgerobjekt. Generalunternehmer war eine skandinavische Firma, die die Reihenhaussiedlung in Holzständerbauweise ausführte. Die Decken waren ebenfalls als Holzbalkendecken mit Trockenschüttung und Trockenestrich (Fermacel-Bodenplatten) ausgeführt. Eine zusätzliche Randunterstützung der Fermacel-Bodenplatten in den Wandanschlussbereichen war nicht vorgesehen, insbesondere auch um eine schallmäßige Entkopplung und funktionierende Trittschalldämmung aufrecht zu erhalten. Im Ergebnis der Begutachtung der Bemängelung musste festgestellt werden, dass die vorgefundenen Absenkungen als konstruktionsüblich einzuschätzen und nicht zu bemängeln sind. Ausführungsmängel konnten nicht festgestellt werden. Die Konstruktion entsprach darüber hinaus einschlägigen Richtlinien und Normen. Die Eigentümer des Objekts haben in der Folge der Begutachtung Klage gegenüber dem Bauträger erhoben und die Mängelbeseitigung gefordert, obwohl sachverständig auf der Grundlage einschlägiger Richtlinien bezogen auf die gewählte Gebäudekonstruktion, eine Mangelhaftigkeit nicht eingeschätzt werden konnte. Das Gericht hat entschieden, dass es sich tatsächlich um einen vertraglichen Mangel handelt, da die vorgefundenen Absenkungen über das Maß einer üblichen Erwartungshaltung eines Nutzers hinausgehen. Als übliches Maß einer Erwartungshaltung wurden Zementestriche angeführt, die in schwimmender Ausführung in den Wand-/Anschlussbereichen in der Regel deutlich geringere Absenkungen aufweisen.

Bild 3: Absenkung des Fußbodens

17. Bauabnahme und deren Folgen

Die technisch begründete Aussage und Einschätzung des Sachverständigen wurde in der Folge durch ein Gerichtsurteil in Frage gestellt, woraus sich bei ähnlichen Sachverhalten im Rahmen von Abnahmeempfehlungen für den Sachverständigen deutlich Risiken ergeben können.

17.4 Umfang der Tätigkeit des Sachverständigen und Genauigkeitsgrenzen

Grundsätzlich kann von einer Beauftragung des Sachverständigen zum einen während der Bauphase/vor Beginn der Baumaßnahme bzw. nach weitestgehendem Abschluss der Baumaßnahme ausgegangen werden.

Vor Beginn der Baumaßnahme bzw. während der Baumaßnahme geschlossene Verträge beinhalten als Leistungsziel beispielsweise eine baubegleitende Qualitätsüberwachung in Verbindung mit einer Abnahmebegleitung nach Fertigstellung der Baumaßnahme bzw. ggf. die Erklärung der Abnahme. Darüber hinaus besteht möglicherweise die Anforderung, eine Fertigstellungsbescheinigung entweder für Einzelgewerke oder für das gesamte Bauvorhaben zu erklären, wobei derartige Fertigstellungsbescheinigungen eine andere Qualität als ein reines Privatgutachten oder Schiedsgutachten haben. Sie werden mit einer Abnahme gleichgestellt. Des Weiteren besteht die Möglichkeit, den Sachverständigen schon während der Bauphase im Rahmen einer schiedsgutachterlichen Tätigkeit mit einzubinden.

Hinsichtlich der Inanspruchnahme des Sachverständigen muss bei vorgenannten Beauftragungen davon ausgegangen werden, dass es sich eben nicht um einen Dienstleistungsvertrag, sondern um einen Werkvertrag handelt mit der Konsequenz, dass der vertraglich vereinbarte Erfolg geschuldet wird. Als Beispiel sei hier nur das Urteil hinsichtlich der haftungsmäßigen Inanspruchnahme der technischen Überwachungsvereine im Rahmen baubegleitender Qualitätsüberwachungsmaßnahmen angesprochen. Die diesbezüglichen Verträge wurden als Werkverträge mit der Folge eines geschuldeten Erfolges eingeschätzt.

Der Umfang der Leistungen sowie die Genauigkeitsgrenzen der Tätigkeit des Sachverständigen ergeben sich in Abhängigkeit des Vertragssolls und der Sorgfaltspflicht des Auftragnehmers.

17.4.1 Vertragliche Grenzen der Überwachungstätigkeit sowie Tätigkeit bei Abnahmen

Unter Zugrundelegung vorgenannter Anmerkungen sollten somit folgende Sachverhalte im Rahmen des Vertrags zwischen Auftraggeber und dem Sachverständigen möglichst genau beschrieben und definiert werden.

Im Rahmen des Vertrags zwischen Auftragnehmer und Sachverständigem sind somit folgende Sachverhalte möglichst genau zu beschreiben und zu definieren.

17.4 Umfang der Tätigkeit des Sachverständigen und Genauigkeitsgrenzen

1. Erfolgt eine Überwachung oder eine Sicherung der Qualität?

In jedem Fall sollte vermieden werden, eine Qualität vertraglich zuzusichern. Hierzu ist der Sachverständige im Rahmen seiner Tätigkeit als baubegleitender Überwacher nicht in der Lage. Er kann lediglich eine Überwachung der Qualität, allenfalls eine Verbesserung der Qualität zusichern. Die Fehlerquellen und die Durchsetzbarkeit seiner Feststellungen auf der Baustelle sind so schwierig und umfangreich und liegen in jedem Fall außerhalb des Einflussbereiches des Sachverständigen.

2. Erfolgen Stichprobenprüfungen zu festgeschriebenen Überwachungsstufen?

Eine vollständig durchgängige Überwachung sämtlicher Leistungen ist durch den Sachverständigen nicht zu erbringen. Insofern kann er die Gewerke, die er überwacht, auch nur stichprobenartig überwachen. Hierauf sollte in jedem Fall vertraglich hingewiesen werden. Darüber hinaus ist zu klären, ob der Sachverständige sämtliche Gewerke des Bauvorhabens überwacht oder Überwachungen zu festgeschriebenen Überwachungsstufen wie beispielsweise Kellerabdichtung, Dachabdichtung, Heizung, Lüftung, Sanitär und Installationen oder ähnliche in sich abgegrenzte Leistungsstufen überwacht.

Bei der Überwachung eines Bauvorhabens kann sich der Sachverständige auch nur auf die von ihm tatsächlich überprüfbaren Leistungsbestandteile beschränken. Im Rahmen der Überwachung der Ausführung von kunststoffmodifizierten Beschichtungen auf einer WU-Betonsohle in einer Tiefgarage kann der Sachverständige sämtliche vorbereitenden Tätigkeiten sowie die Durchführung der erforderlichen Leistungen wie Aufrauen des Untergrundes, Reinigen, Grundieren und Aufbringen der systemabhängigen Beschichtungen überwachen. Eine Überwachung der Materialqualität ist nur eingeschränkt möglich. Als Beispiel sei angeführt, dass im Rahmen einer diesbezüglichen Überprüfung der Ausführungsqualität durch den Autor im Vorfeld der Ausführung überprüft wurde, ob die verwendeten Materialien tatsächlich verseifungsstabil sind, um bei Rissbildungen in der WU-Konstruktion ein Verseifen der Grundierung und ein Hohllegen der kunststoffmodifizierten Beschichtung sicher zu vermeiden. Nach Fertigstellung des Objekts zeigte sich jedoch, dass sich die Beschichtung auf der Sohle der Tiefgarage im Bereich von Rissbildungen abhebt und die Grundierung verseift ist.

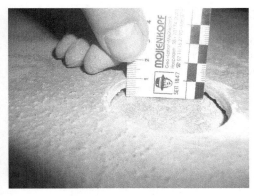

Bild 4: Stichprobenprüfung

17. Bauabnahme und deren Folgen

Labormäßige Untersuchungen erbrachten, dass die verwendete Grundierung tatsächlich nicht, wie in den Produktinformationen vorgegeben, verseifungsstabil war. Möglicherweise wurde auf der Baustelle ein fehlerhaftes Produkt oder ein von den Produktinformationen abweichendes Produkt verwendet.

Diesbezügliche Feststellungen sind für einen Sachverständigen im Rahmen der baubegleitenden Kontrollen kaum, wenn überhaupt möglich, so dass eine Inanspruchnahme des Sachverständigen hier vertraglich ausgeschlossen werden muss. Im Rahmen von Abnahmebegehungen ohne vorbereitende Überwachung der Ausführungsqualität sind derartige Ausführungs- und Materialmängel schon gar nicht feststellbar.

3. Erfolgt eine durchgängige Überwachung?

Um den Anforderungen an eine hohe Qualität gerecht zu werden, sollte möglichst eine durchgängige Überwachung sämtlicher Gewerke erfolgen, wobei nochmals darauf hingewiesen wird, dass die Einzelüberwachung der Gewerke wiederum nur stichprobenartig erfolgen kann. Um vertraglich zu dokumentieren, welche Leistungen der Sachverständige auch bei einer durchgängigen Überwachung erbringt, wird empfohlen, einen individuellen, objektabhängigen Überwachungsplan vor Durchfüh-rung der Überwachungtätigkeit zu erstellen und mit dem Auftraggeber abzustimmen. In dem Überwachungsplan sollten folgende Inhalte gegliedert werden:

a) Gewerk,

b) Bauteilbeschreibung,

c) Überprüfungsleistung,

d) voraussichtlicher Termin der Überprüfung und weitere Anmerkungen.

Der Überwachungsplan kann beispielsweise nach nachfolgendem Muster erstellt werden:

Nr.	Gewerk	Bauteilbeschreibung			Überprüfungsleistung	Voraussichtlicher Termin der Prüfung	Anmerkungen
		Bauteil	Geschoss	Lage			
1	Rohbau	Bodenplatte	EG		Maßhaltigkeit der Bodenplatte und Betonüberdeckung der Bewehrung; Medienrohrleitung	19. KW	
2	Maurer, Abdichtungsarbeiten	EG Mauerwerk	EG		Ausführungsqualität Mauerwerk, Überbindemaße, fachgerechter Verband, maßliche Übereinstimmung mit der Planung, Spritzwasserabdichtung	Anfang 21. KW	
3	Beton-, u. Maurerarbeiten	Mauerwerk 1. OG	1. OG		Fachgerechte Ausführung Mauerwerk 1. OG und Stahlbetondecke über EG sowie Ringankerausbildung	22. KW	

Nr.	Gewerk	Bauteilbeschreibung		Überprüfungsleistung	Voraussichtlicher Termin der Prüfung	Anmerkungen
4	Zimmerarbeiten u. Dacheindeckung, Dachklempner	Dach	1. OG	Fachgerechte Ausführung des Dachstuhls und fachgerechte Anbindung der Dachtragkonstruktion im Ringankerbereich, fachgerechte Dacheindeckung, fachgerechte Ausführung der Unterspannbahn		

Indem der Auftraggeber einen derart detaillierten Überwachungsplan erhält, der sich an der Ausführungsplanung des Objekts bzw. der Bauzeitenplanung orientiert, ist vertraglich definiert, in welchem Leistungsumfang der Sachverständige tatsächlich tätig wird. Hieraus ergeben sich die Genauigkeitsgrenzen seiner Tätigkeit im Rahmen baubegleitender Qualitätsüberwachungsmaßnahmen.

Für den Fall, dass der Sachverständige darüber hinaus im Rahmen der Abnahmen mitbeteiligt werden soll, oder für Teilleistungen eine Fertigstellungsbescheinigung erstellen soll, ist eine durchgängige Überwachung zwingend erforderlich. Eine Stufenüberwachung ist nicht möglich, da mit Ausstellung beispielsweise der Fertigstellungsbescheinigung die **Mängelfreiheit** des Gewerkes durch den Sachverständigen bestätigt wird. Dieses ist in den meisten Fällen nicht leistbar.

17.4.2 Sorgfaltspflicht des Sachverständigen

Neben dem Vertragssoll sind es die Sorgfaltspflichten des Sachverständigen, die den Umfang und den Rahmen seiner Tätigkeit definieren. Die Sorgfaltspflichten des Sachverständigen gliedern sich zum einen in den eigenen Qualitätsanspruch sowie in die Notwendigkeit zur Überwachung kritischer Bauausführungen.

1. Eigener Qualitätsanspruch:

Hinsichtlich der vom Sachverständigen gestellten Anforderungen werden sich immer Unterschiede zwischen den Auffassungen der Sachverständigen ergeben. Einen eindeutigen Maßstab beispielsweise für handwerkliche Qualitäten erbrachter Leistungen zu finden, ist häufig schwierig. Die Anforderungen, die seitens des Qualitätsüberwachenden erwartet werden, orientieren sich somit immer auch an einem subjektiven eigenen Qualitätsanspruch.

Als Beispiel sei hier die Welligkeit von Putzoberflächen im Rahmen der DIN 18202 genannt. Selbst für den Fall, dass bei einer geputzten oder gespachtelten Wandoberfläche die Anforderungen hinsichtlich der Ebenheitstoleranzen gemäß DIN 18202 eingehalten sind, können sich handwerkliche Unzulänglichkeiten mehr oder minder deutlich abzeichnen. Hier obliegt es dem Sachverständigen, seine Anforderungen an eine einwandfreie handwerkliche Qualität durchzusetzen

Ein weiteres Beispiel ist die Anforderung hinsichtlich der Einheitlichkeit der Farbe bei durchgefärbten mineralischen Putzen.

17. Bauabnahme und deren Folgen

Bild 5: Dunkler Putz

Bei durchgefärbten dunkleren Putzen ist es oft schwierig, handwerklich eine einheitliche Farbgebung zu erhalten. Auch in Abhängigkeit der Erwartungshaltung des Bauherrn oder Auftraggebers sind hier die Qualitätsmaßstäbe durch den Sachverständigen individuell festzulegen.

Neben der Überprüfung der Einhaltung starrer technischer Normungen ist vielerorts die persönliche Einschätzung des Sachverständigen im Hinblick auf eine zu erbringende Qualität gefordert und durch den Sachverständigen durchzusetzen.

2. Überwachung kritischer Bauausführungen:

Bei jedem Bauvorhaben gibt es Bauausführungen, die grundsätzlich als besonders kritisch einzuschätzen sind. Die Abwägung, ob eine Bauausführung als kritisch einzuschätzen ist, ergibt sich aus der allgemeinen fachlichen Diskussion bzw. auch der allgemeinen fachlichen Erfahrung dahingehend, bei welchen Ausführungen mit einer hohen Fehlerquote gerechnet werden muss. Ausführungsarten, die als besonders kritisch eingestuft werden, sind in jedem Fall durch den Sachverständigen oder Qualitätsüberwacher im Rahmen seiner Tätigkeit zu kontrollieren. Es kann erwartet werden, dass der Qualitätsüberwacher bei kritischen Bauausführungen weitestgehend durchgängig seiner Überwachungsleistung nachkommt, um der Erfahrung einer hohen Fehlerquote gezielt entgegenzuwirken. Hierbei handelt es sich in jedem Fall um eine Notwendigkeit im Rahmen der Sorgfaltspflicht des Sachverständigen bei Qualitätsüberwachungsmaßnahmen. Beispielhaft seien folgende kritische Bauausführungen erwähnt:

17.4 Umfang der Tätigkeit des Sachverständigen und Genauigkeitsgrenzen

Bild 6: Absenkung

Ausführung von Trockenschüttungen mit Trockenestrichen beispielsweise bei Altbausanierungsmaßnahmen:

Es ist bekannt, dass derartige Ausführungen häufig zu erhöhten Absenkungserscheinungen des Fußbodenaufbaus und zu Abrissen in den flankierenden Wandanschlussbereichen führen. Derartige Absenkungen sind häufig Ursache für Streitigkeiten im Hinblick auf die Ausführungsqualität. Um derartigen Streitigkeiten vorzubeugen und Mängel zu vermeiden, ist eine durchgängige Überwachung der Leistungen bei der Ausführung von Trockenschüttungen und Trockenestrichen unabdingbar.

17. Bauabnahme und deren Folgen

Bild 7: Dampfsperre

Ausführung von Dampfsperren:

Die Ausführung von Dampfsperren muss im Rahmen baubegleitender Qualitätsüberwachungsmaßnahmen zwingend erforderlich mitüberwacht werden. Fehler bei der Bauausführung führen zu Leckagen, die nach Fertigstellung des Objekts meist nur mit hohem apparativem Aufwand lokalisiert werden können. Der anschließende Sanierungsaufwand ist nochmals um ein Vielfaches höher, so dass in Kenntnis des Umstandes, dass Dampfsperren häufig mangelhaft ausgeführt werden, eine weitestgehend durchgängige Überwachung im Rahmen der Bauausführung erfolgen muss.

Bild 8:   Bituminöse Dickbeschichtungen

Bituminöse Dickbeschichtungen:

Bituminöse Dickbeschichtungen waren und sind weiterhin Gegenstand umfangreicher Fachdiskussionen. Auch wenn Dickbeschichtungen nunmehr in der Neufassung der DIN 18195 enthalten sind, ist deren Ausführung als kritische Bauausführung einzuschätzen, da die Fehleranfälligkeit relativ hoch ist. Insofern ist eine ständige Überwachung zwingend erforderlich, um eine möglichst hohe Ausführungsqualität zu erhalten.

Nach Abschluss der Baumaßnahme erfolgt die Beauftragung in der Regel entweder zur abnahmebegleitendenden Tätigkeit (Erstellen von Mängellisten) oder auch im Hinblick auf die Erklärung der Abnahme bzw. von Fertigstellungsbescheinigungen.

Im Hinblick auf die Aufstellung von Mängellisten stellt sich die Frage nach der Notwendigkeit durchzuführender detaillierter Untersuchungen, um die fachgerechte mängelfreie Ausführung möglichst in sämtlichen Konstruktionsbereichen bestätigen zu können. Hier bewegt sich der Sachverständige im Spannungsfeld „verdeckter Mangel" und der Sorgfaltspflicht bei der Erbringung seiner vertraglich geschuldeten Leistung. In jedem Fall sind die Mängellisten so zu formulieren, dass Abweichungen der Ist-Beschaffenheit von der vertraglich geschuldeten Soll-Beschaffenheit dokumentiert werden. Um diesem Auftrag gerecht zu werden, sind zum einen Überprüfungen durch Inaugenscheinnahme üblich. Darüber hinaus ist zu klären, ob Planüberprüfungen durchgeführt werden sollen, um die vorhandene Ist-Beschaffenheit im Hinblick auf das Vertragssoll prüfen zu können. Das Gleiche gilt für die Überprüfung von Baubeschreibungen und weiteren vertragsgegenständlichen Unterlagen. Um Ausführungsmängel bei Beauftragung nach Durchführung der Ausführung feststellen zu können, können beispielsweise auch einfache Maßnahmen ergriffen werden, ohne großen Eingriff in die Bausubstanz.

17. Bauabnahme und deren Folgen

Bild 9: Aufschieben eines Dachsteines

Es ist zum Beispiel relativ einfach möglich, durch Aufschieben eines Dachsteines im Traufenbereich die Ausführungsqualität des Anschlusses der Unterspannbahn an das Einhangblech zu überprüfen. Weitere, mit geringem Aufwand durchführbare Untersuchungen sind beispielsweise Maßhaltigkeitsüberprüfungen, Gefälleüberprüfungen auf Balkonen, Überprüfung der Abdichtung unter Wannen, unter anderem durch Öffnen der Revisionsklappen.

Neben den Überprüfungen durch Inaugenscheinnahme bzw. die Durchführung von Untersuchungen mit geringem Untersuchungsaufwand besteht selbstverständlich heutzutage auch die Möglichkeit, mit aufwändigen Diagnoseverfahren Ausführungsmängel zu lokalisieren.

17.4 Umfang der Tätigkeit des Sachverständigen und Genauigkeitsgrenzen

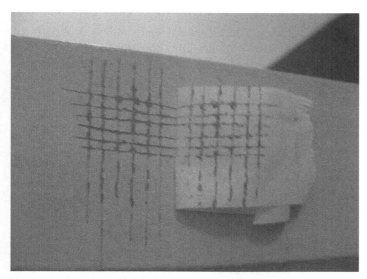

Bild 10: Gitterschnittprüfung

Gitterschnittprüfung:

Im Rahmen der abnahmebegleitenden Begehungen ist ebenfalls die Frage zu stellen, inwiefern sicherheitsrelevante Bauausführungen detailliert überprüft werden müssen. Dieses kann teilweise einen erheblichen Umfang annehmen. Es stellt sich zum Beispiel die Frage, ob sämtliche Brandschutzklappen in einem Objekt im Hinblick auf deren Funktionsfähigkeit durch den Sachverständigen nochmals zu überprüfen sind. Es wird darauf hingewiesen, dass für den Sachverständigen im Rahmen der Abnahmen es sehr schwer möglich ist, die genaue Lage der Brandschutzklappen und den gesamten Umfang aufzuspüren und zu überprüfen. In solchen Fällen sollte im Rahmen der Beauftragung des Sachverständigen klar herausgestellt werden, dass sich der Sachverständige möglicherweise auf die Sachkundeüberprüfungen im Rahmen der bauaufsichtlichen Abnahmen beziehen kann, auch wenn sich hieraus nicht zwangsläufig die Sicherheit einer sachgerecht ausgeführten Leistung ergibt, da erfahrungsgemäß die Sachkundeüberprüfungen im Zuge des Bauablaufs durchgeführt werden und sich über einen längeren Zeitraum erstrecken. Durch den Sachkundigen durchgeführte Überprüfungen können somit infolge der Baudurchführung überholt werden, so dass sich trotz Sachkundeüberprüfung Mängel an den Anlagen zum Zeitpunkt der Abnahmebegehung durch den Sachverständigen dokumentieren können.

Bei komplexeren Gebäuden ist beispielsweise auch eine detaillierte Überprüfung sämtlicher Datenpunkte der MSR und GLT durch den Sachverständigen im Rahmen der Abnahmebegehungen kaum möglich. Ob sämtliche Störungen tatsächlich wie vertraglich vereinbart durch die MSR/GLT signalisiert werden, ist kaum überprüfbar, wenn nicht zuvor eine baubegleitende Qualitätsüberwachung stattgefunden hat.

Auch bei der Abnahme von Heizungssystemen ist die Sorgfaltspflicht des Sachverständigen zu begrenzen. Im Rahmen von Abnahmebegehungen selbst für den Fall, dass zuvor stichprobenartige Ausführungskontrollen erfolgten, ist es beispielsweise bei komplexen Heizungssystemen, die unter Verwendung von Pressfittings hergestellt wurden, nicht möglich, zuverlässig eine Aussage im Hinblick auf die uneingeschränkte Dichtigkeit des Rohrnetzes zu treffen. Es gehört sicherlich zu den Sorgfaltspflichten des Sachverständi-

17. Bauabnahme und deren Folgen

gen, im Rahmen der Abnahmeerklärung die Druckprüfungsprotokolle zu den Rohrnetzen in Augenschein zu nehmen und zu überprüfen. Selbst bei sachgerechter Ausführung der Druckprüfung und bei positivem Ergebnis kann material- und konstruktionsbedingt nicht zuverlässig eine spätere Undichtigkeit beispielsweise auch an überhaupt nicht gepressten Fittings sachverständig ausgeschlossen werden.

Die derzeitig am Markt befindlichen Pressfittings können bei Druckprüfungen auch im ungepressten Zustand dicht sein. Das Rohrnetzsystem kann über einen längeren Zeitraum auch unter Heizungsbetrieb keine Undichtigkeiten aufweisen, bevor es dann zu Leckagen an einem beispielsweise nicht gepressten Fitting kommt. Andererseits ist eine Überprüfung sämtlicher Pressfittings durch den Sachverständigen auch im Rahmen der baubegleitenden Qualitätsüberprüfungsmaßnahmen kaum möglich. Trotz der in angemessener Weise anzusetzenden Sorgfaltsverpflichtung des Sachverständigen können bei derartigen Systemen Mängel nicht uneingeschränkt zuverlässig ausgeschlossen werden.

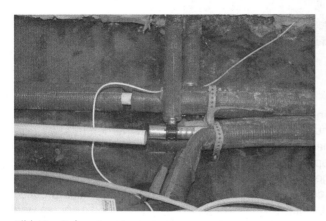

Bild 11: Rohrnetzsystem

Die Liste durchführbarer Untersuchungen oder Festlegungen hinsichtlich des Umfangs zu erbringender Leistungen zum Aufspüren von Mängeln bzw. Abweichungen der Ist-Beschaffenheit von der vertraglich geschuldeten Soll-Beschaffenheit ist beliebig fortsetzbar. Dieser Umstand belegt, dass der Sachverständige nicht alles überprüfen kann, sondern sich auf kritische Bauteile beziehen muss und unter Berücksichtigung seiner Sorgfaltspflicht prüft. Wie schwierig es ist, im Rahmen einer Abnahme oder einer Fertigstellungsbescheinigung die mängelfreie Erstellung eines Gewerkes oder eines Bauvorhabens zu bestätigen, zeigt die Tätigkeit der Sachverständigen im Rahmen von schiedsgutachterlichen Tätigkeiten. Um eine Einschätzung im Rahmen der schiedsgutachterlichen Tätigkeit zu ermöglichen, sind in der Regel entweder umfangreichste Untersuchungen erforderlich, um eine eindeutige Aussage hinsichtlich der Bauausführung zu erhalten, oder die Entscheidungen müssen auf Indizien aufbauen.

Aufgrund vorgenannter vertraglicher Einbindung des Sachverständigen erscheint es zur Vermeidung einer haftungsmäßigen Inanspruchnahme zwingend erforderlich, im direkten Auftragsverhältnis mit dem Auftraggeber die mögliche Genauigkeit bei der Durchführung von Qualitätskontrollen entweder im Rahmen baubegleitender Qualitätsmaßnahmen oder den Umfang durchzuführender Untersuchungen im Rahmen von abnahmebegleitenden Tätigkeiten eindeutig zu formulieren.

17.5 Vertragliche Vereinbarungen

Der Umfang und die Genauigkeitsgrenzen bei Qualitätskontrollen und im Rahmen von Abnahmen ergeben sich gemäß Vorgenanntem zunächst aufgrund der Sorgfaltspflicht des Sachverständigen, seiner eigenen Qualitätsanforderungen sowie unter Berücksichtigung der bauvertraglich geschuldeten Leistungen. Darüber hinaus sind eindeutige vertragliche Aussagen zwischen Auftraggeber und Qualitätsüberwacher über die zu erbringenden Leistungen unerlässlich, da die vielfältigen Fehlerquellen während eines Bauprozesses nicht wirtschaftlich überprüfbar sind. Um eine eindeutige Haftungsbeschränkung zu erhalten, sind detaillierte Aussagen über den Umfang durchzuführender Überwachungsleistungen und der Durchführung zusätzlicher Verfahren zwingend erforderlich.

Als Fehlerquellen ergeben sich insbesondere folgende zu berücksichtigende Einflüsse:

1. Unklare, nicht eindeutige bauvertragliche Regelungen
2. Planungsfehler; sowohl fachlich als auch Abweichungen vom Vertragssoll
3. Materialfehler

Bild 12: Materialfehler

4. Ausführungsfehler; verdeckt oder Abweichungen von der Planung bzw. verarbeitungsbedingte Ausführungsmängel.

Um die Tätigkeit des Überwachenden zu definieren, ergeben sich folgende Hinweise im Hinblick auf die vertraglichen Vereinbarungen zwischen Auftraggeber und Qualitätsüberwacher:

1. Es erfolgte keine Qualitätssicherung, sondern eine Qualitätsüberprüfung, allenfalls eine Qualitätsverbesserung.
2. Ein gegenbestätigter projektbezogener Überwachungsplan ist zwingend erforderlich, um den Umfang der Überwachungsleistung in Abstimmung mit dem Auftraggeber festzuschreiben.
3. Es muss eine genaue Festschreibung der zu überwachenden Leistungen erfolgen. Im Rahmen der Formulierung zu erbringender Leistungen sollte Folgendes beachtet werden.
    a) Ausschluss von Materialprüfungen
    b) Ausschluss von statischen Überprüfungen und Bewehrungsabnahmen, falls gewünscht

c) keine Überwachung der Mängelbeseitigung

d) nur Sichtüberprüfungen oder auch vertiefte Prüfungen, wobei festzulegen ist, welche zusätzlichen Untersuchungen und welcher Untersuchungsaufwand tatsächlich geschuldet ist.

e) erfolgen Planüberprüfungen bzw. Überprüfungen weiterer vertragsgegenständlicher Unterlagen wie Baubeschreibungen, Leistungsverzeichnisse etc.

Rechtsbegriffe sind im Hinblick auf die technischen Voraussetzungen im Vertrag zum Sachverständigen zu definieren.

Weitere Festlegungen sind ggf. erforderlich und ergeben sich in Abhängigkeit des zu überwachenden Bauvorhabens.

Bei der Durchführung von abnahmebegleitenden Tätigkeiten ist es ebenfalls zwingend erforderlich, den Umfang der durchzuführenden Leistungen festzuschreiben. So ist es erforderlich festzulegen, ob lediglich Sichtprüfungen erfolgen oder welche zusätzlichen Überprüfungen durchgeführt werden.

Ebenfalls von Bedeutung ist es, einen Ausschluss für verdeckte Leistungen zu formulieren.

17.6 Schlussfolgerung

In welchem Rahmen einer Beauftragung sich der Sachverständige auch immer befindet, es muss zwingend erforderlich darauf geachtet werden, dass er lediglich für die von ihm bei gewissenhafter Leistungserbringung erfüllbaren Leistungen haftet. Bei Leistungsbereichen, die er nicht beeinflussen kann bzw. die auch im Rahmen der geltenden Rechtsprechung nicht eindeutig formuliert werden können (beispielsweise anerkannte Regeln der Technik und Baukunst), muss er sich durch entsprechende vertragliche Formulierungen oder Haftungsausschlüsse absichern. Die Notwendigkeit hoher Genauigkeitsgrenzen bei der Durchführung von Qualitätskontrollen, auch im Rahmen von abnahmebegleitenden Tätigkeiten, orientiert sich zum einen an dem vertraglich geschuldeten Erfolg, zum anderen orientiert sich der Umfang zu erbringender Leistungen selbstverständlich auch an dem Qualitätsanspruch des Sachverständigen selber. Für den Fall, dass sich auch hier fließende Übergänge zwischen notwendigerweise zu erbringender Leistung und möglicherweise zu erbringender Leistung ergeben, die im Schadensfall Interpretationsspielraum ermöglichen, sollten klare vertragliche Formulierungen bzw. Haftungsausschlüsse Grundlage der Tätigkeit des Sachverständigen sein.

Im Rahmen seiner Tätigkeit, insbesondere bei der Durchführung von abnahmebegleitenden Begehungen und bei der Erarbeitung von Erklärungen, die Rechtsfolgen auslösen, sollte der Sachverständige sehr genau darauf achten, dass er sich nicht in das Spannungsfeld juristischer Interpretationsmöglichkeiten begibt. Er sollte zu Rechtsbegriffen nur Stellung nehmen, wenn ihm auftraggeberseitig eindeutige Voraussetzungen zum Bausoll benannt werden, die Grundlage einer Erklärung des Sachverständigen sein können. Er kann sich dann auf die ihm benannte Grundlage im Streitfall beziehen und steht nicht mehr im Spannungsfeld jeglicher juristischer Interpretationen.

18. Darlegungslast, Beweislast und deren Verteilung

Gerd Motzke

Übersicht

18.1	Stellenwert von Beweislastregeln
18.1.1	Ausgangspunkt – prozessualer Beibringungsgrundsatz
18.1.2	Darlegungslast, Behauptungslast und Beweislast
18.2	Darlegungslastregeln – Verteilung der Darlegungslast
18.2.1	Darlegungslast betreffend die Anspruchsvoraussetzungen – Darlegungslast des Klägers
18.2.2	Darlegungslast betreffend Einwendungen – Darlegungslast des Beklagten
18.2.2.1	Bestreiten – Abgrenzung zu Einwendungen
18.2.2.2	Einwendungen – Gegenrechte (Gegennormen)
18.2.3	Erleichterung der Darlegungslast
18.2.4	Sekundäre Darlegungslast
18.3	Beweislastregeln – Verteilung der Beweislast – Beweiserleichterungen
18.3.1	Beweistypen
18.3.1.1	Hauptbeweis
18.3.1.2	Gegenbeweis
18.3.1.3	Beweis des Gegenteils
18.3.2	Beweislosigkeit
18.3.3	Beweislastregeln
18.3.3.1	Grundsätze
18.3.3.2	Beweislastregel und Beweisantritt
18.3.3.3	Beweislastregeln im Werkvertragsrecht
18.3.3.3.1	Vergütungsregeln
18.3.3.3.2	Beweislastregeln für Sachmängelrechte
18.3.4	Beweiserleichterung durch Anscheinsbeweis
18.3.4.1	Anscheinsbeweis im Sachmangelbereich
18.3.4.2	Anscheinsbeweis bezüglich des Auftragsumfangs
18.3.4.3	Ausschluss des Anscheinsbeweises
18.4	Umkehr der Beweislast
18.4.1	Umkehr der Beweislast nach Gesetzesrecht
18.4.1.1	Beweislast für Mängel nach der rechtsgeschäftlichen Abnahme
18.4.1.2	Beweislast für fehlendes Verschulden
18.4.1.3	Beweislastverteilung bei Vertragsstrafe
18.4.2	Beweislastumkehr durch die Rechtsprechung – Beweisnotstand, Beweisvereitelung

18.1 Stellenwert von Beweislastregeln

Der Stellenwert von Beweislastregeln besteht darin, dass ihnen die Darlegungslast entspricht und bei Misslingen des Beweises der Beweisbelastete den Rechtsstreit verliert. Beweislastregeln sind trotz dieses Zusammenhangs mit dem Verfahrensrecht nicht dem Zivilprozessrecht, sondern dem materiellen Recht zu entnehmen. Beweislast und die zugehörige Darlegungslast bestimmen auch darüber, wer was im Rechtsstreit vorzutragen hat, wer also welchen Sachverhalt in das Verfahren einzuführen hat.

18. Darlegungslast, Beweislast und deren Verteilung

Dabei handelt es sich um Lasten und nicht um Pflichten. Denn weder materiellrechtlich noch nach den Regeln des Prozessrechts ist eine Partei verpflichtet, im gerichtlichen Verfahren vorzutragen oder Beweismittel zu benennen. Die Partei, die unzureichend vorträgt oder keine Beweise antritt, obwohl der Gegner den Sachvortrag bestritten hat, trägt jedoch die Konsequenzen: Sie verliert den Rechtsstreit.

18.1.1 Ausgangspunkt – prozessualer Beibringungsgrundsatz

Grundlage ist, dass die gerichtliche Durchsetzung von Ansprüchen wie auch die Verteidigung gegen Ansprüche vom so genannten **Beibringungsgrundsatz** beherrscht wird. Das bedeutet, dass die Parteien den für die gerichtliche Entscheidung maßgeblichen Streitstoff bestimmen; insofern beherrschen die Parteien das Verfahren. Eine Ermittlung von Amts wegen, wie das im strafprozessualen oder verwaltungsgerichtlichen Verfahren erfolgt, findet im Verfahren nach den Regeln der Zivilprozessordnung (ZPO) nicht statt. Der Kläger hat nach § 253 ZPO den Sachverhalt zu unterbreiten und den Antrag zu formulieren. Der Beklagte hat sich um die ihm mögliche Verteidigung zu kümmern. Im Einzelfall ist es freilich eine Frage, in welchem Umfang ein Kläger seiner Darlegungslast nachkommen muss, damit er überhaupt Aussicht hat, dass sich das Gericht mit Aussicht auf Erfolg für den Kläger mit dem Fall befasst.

Beispiel

Was muss ein Kläger in seiner Klage gegen den von ihm beauftragten Architekten vortragen, der seiner Meinung nach verantwortlich für einen am Bauwerk aufgetretenen Mangel ist? Kann er sich darauf beschränken, das Mangelbild am Bauwerk zu schildern, muss er weiter behaupten, der Architekt habe insoweit gegen seine Verpflichtung verstoßen, die Ausführungsplanung korrekt zu erbringen oder die Ausführung durch den Unternehmer zu überwachen? Erfahrungsgemäß ist dazu jedenfalls ein privater Auftraggeber ohne vorherige Zuziehung eines Privatgutachters nicht in der Lage, präziser zum konkreten Versagen des beauftragten Architekten vorzutragen. Die Einholung eines Privatgutachtens vor Prozessbeginn ist jedoch nicht zumutbar. Dem Kläger kommen Anscheinsbeweisregeln zu Hilfe, die Inhalt und Umfang der Darlegungslast wie auch der Beweislast einschränken.

18.1.2 Darlegungslast, Behauptungslast und Beweislast

Zwischen der **Darlegungslast** und der **Behauptungslast** ist zu unterscheiden. Mit der Klage führt der Kläger den von ihm behaupteten Sachverhalt ein, auf den er den geltend gemachten Anspruch stützt. Die Behauptungslast betrifft die Frage, was insoweit vorgebracht werden muss. Die Darlegungslast betrifft die Frage, wer den entsprechenden Sachverhalt in das Verfahren einzuführen hat. Wen die Darlegungslast trifft, den trifft regelmäßig auch die Behauptungslast. Erleichterungen der Darlegungslast bewirken jedoch nicht notwendig Erleichterungen in der Behauptungslast. So führt eine tatsächliche Vermutung durchaus zu Erleichterungen der Darlegungslast, entlässt jedoch nicht von der Notwendigkeit, den vermuteten Sachverhalt in den Rechtsstreit einzuführen, also die entsprechende Behauptung aufzustellen.[1]

Beispiel und Leitsatz

„Die tatsächliche Vermutung, nach der von einem groben Missverhältnis von Leistung und Gegenleistung auf die verwerfliche Gesinnung des hiervon begünstigten Vertragsteils zu schließen ist, erleichtert der davon nachteilig betroffenen Partei zwar die Darlegung und die Beweisführung für das Vorliegen des subjektiven Merkmals eines wucherähnlichen Rechtsgeschäfts, befreit sie aber nicht von ihrer Behauptungslast."
D.h.: Eine derartige tatsächliche Vermutung macht den Vortrag der subjektiven Voraussetzungen eines wucherähnlichen Rechtsgeschäfts und dessen Einführung in den Rechtsstreit nicht entbehrlich. Eine tatsächliche Vermutung macht es abweichend von einer gesetzlichen Vermutung notwendig, nicht nur den die Vermutung auslösenden Sachverhalt, sondern auch den vermuteten Sachverhalt in den Rechtsstreit durch die entsprechende Behauptung einzuführen. Bei einer gesetzlichen Vermutung, die z.B. bei § 280 Abs. 1 BGB vorliegt, reicht es aus, die Vermutungsbasis darzulegen; die vermutete Sache braucht nicht in den Rechtsstreit durch die entsprechende Behauptung eingeführt zu werden. § 280 Abs.1 BGB bringt mit dem eigenständigen Satz 2 zum Ausdruck, dass bei Vorliegen einer Pflichtverletzung das Verschulden vermutet wird. Deshalb beinhaltet die Behauptungslast, dass ein Kläger im Rechtsstreit gegen einen Planer, in dem Schadensersatzansprüche geltend gemacht werden, nur die Pflichtverletzung behaupten muss. Zum Verschulden muss wegen der gesetzlichen Vermutung nichts behauptet werden. Die gesetzliche Vermutung schränkt die Darlegungs- und die Behauptungslast ein; eine tatsächliche Vermutung schränkt die Darlegungslast ein, nicht aber die Behauptungslast."

Wer was im Einzelfall darzulegen hat, bestimmt sich nach der Darlegungslast, die letztlich der Beweislastverteilung folgt. Grundsätzlich gilt, dass derjenige, der als Gläubiger gegenüber einem Schuldner einen Anspruch verfolgt, die hierfür erforderlichen Voraussetzungen darzulegen und notfalls auch zu beweisen hat. Aber nicht nur den Gläubiger treffen Darlegungs- und Beweislasten. Das gilt auch für den verklagten Schuldner, wenn sich dieser auf rechtshindernde, rechtshemmende oder rechtsvernichtende Einwendungen beruft. Davon abzugrenzen ist bloßes Bestreiten des Schuldners; das verschiebt die Darlegungs- und Beweislast nicht.

---

1 BGH, U. v. 9.10.2009 – V ZR 178/08, BauR 2010 S. 219.

18. Darlegungslast, Beweislast und deren Verteilung

Beispiel

> Macht der Architekt gegenüber dem Auftraggeber einen Honoraranspruch geltend, muss er die diesen Zahlungsanspruch begründenden Umstände darlegen und notfalls beweisen: Sache des Architekten als Kläger ist die Darlegung des Vertragsschlusses; stützt er sich auf eine bestimmte Honorarvereinbarung, ist deren wirksames Zustandekommen darzulegen und notfalls zu beweisen. Er hat die berechneten Leistungen darzulegen und eine prüffähige Rechnung als Fälligkeitsvoraussetzung (§ 15 Abs. 1 HOAI 2013) vorzulegen. Außerdem muss er seit Geltung der HOAI 2013 vortragen, dass die erbrachten Architektenleistungen auch abgenommen worden sind. Denn § 15 Abs. 1 HOAI 2013 stellt abweichend von der Fassung der Regelung aus 2009 nicht mehr auf die vertragsgemäße Erbringung, sondern auf die Abnahme der Leistungen ab.

Bestreitet der Auftraggeber den Abschluss des Vertrages und beruft er sich darauf, der Kläger habe die Leistungen noch in der **Akquisitionphase** erbracht, ist der Kläger für den Auftrag, und nicht der in Anspruch genommene Auftraggeber für das Tätigwerden noch in der Akquisitionphase darlegungs- und beweisbelastet. Der Auftraggeber hat qualifiziert bestritten, sich also nicht auf ein einfaches Bestreiten in dem Sinne berufen, dass er lediglich den Vertragsschluss bestreitet. Er hat sich vielmehr darauf berufen, dass ein Tätigwerden in der Akquisitionphase vorgelegen habe. Das ist ein qualifiziertes Bestreiten, das an der grundsätzlichen Verteilung der Darlegungs- und Beweislast nichts ändert. Wer aus einem seiner Meinung abgeschlossenen Planervertrag Honorar ableitet, muss den Abschluss des Vertrages und die Erbringung der Leistungen darlegen und – bei Bestreiten – notfalls beweisen. Ohne Darlegung des Vertragsschlusses ist das Klagevorbringen nicht schlüssig. Das tatsächliche Vorbringen in einer Klage (§ 253 ZPO) entspricht den Anforderungen an die **Schlüssigkeit**, wenn diejenigen Tatsachen vorgetragen werden, die in Verbindung mit einem Rechtssatz geeignet und erforderlich sind, das geltend gemachte Recht zu begründen.[1] Legt der Kläger dar, es sei mündlich zu einem Vertragsschluss gekommen, verlangt das **Schlüssigkeitsgebot** nicht, den genauen Wortlaut des Gesprächs oder der sonst abgegebenen Erklärungen wiederzugeben.[2]

Gelingt dem Planer der Nachweis des Vertragsschlusses nicht, verliert er den Rechtsstreit. Er hat den ihm obliegenden Beweis nicht geführt.

Diese Sachlage, bei welcher sich der verklagte Auftraggeber auf ein Bestreiten des Vertragsschlusses oder z.B. der ausgeführten und berechneten Arbeiten beruft, unterscheidet sich von der Einwendung des verklagten Auftraggebers, er habe mit dem Architekten die **Unentgeltlichkeit** seiner Leistungen vereinbart. Das Vorbringen der Unentgeltlichkeit ist ein Einwand, wofür den beklagten Auftraggeber die Darlegungs- und Beweislast trifft. Das folgt aus § 632 BGB, wonach eine Vergütung als stillschweigend vereinbart gilt, wenn die Herstellung des Werks den Umständen nach nur gegen eine Vergütung zu erwarten ist. Damit beruft sich der Auftraggeber, der den Abschluss eines Vertrags über Werkleistungen einräumt, die auf dem Markt normalerweise nur gegen Entgelt zu haben sind, auf eine Ausnahme. Für deren Vorliegen ist der verklagte Auftraggeber darlegungs- und beweisbelastet.

---

[1] BGH, U. v. 28.2.2012 – VIII ZR 124/11, IMR 2012 S. 1112.
[2] BGH, U. v. 22.4.2010 – VII ZR 48/07, BauR 2010 S. 1249, 1253.

18.2 Darlegungslastregeln – Verteilung der Darlegungslast

Die Darlegungslast ist auf die Parteien eines Rechtsstreits zu verteilen. Die Aufteilung erfolgt nach dem Grundsatz, dass der Kläger, der einen Anspruch aufgrund eines bestimmten Lebenssachverhalts durchgesetzt wissen möchte, sämtliche notwendigen Anspruchsvoraussetzungen vortragen muss. Mögliche Einwendungen hat er zwar letztlich unter Erfolgsgesichtspunkten zu bedenken, er muss dazu aber nichts vortragen. Sache des Beklagten ist es, sich gegen einen Anspruch zu verteidigen. Ausnahmen von der Regel hat nicht der Kläger, sondern der Beklagte darzulegen und zu beweisen. Erst wenn der Beklagte solche Einwendungen vorträgt, die wegen ihrer Erheblichkeit den vom Kläger geltend gemachten Anspruch zu Fall bringen können, besteht für den Kläger Bedarf, sich mit dem diese Einwendungen ausfüllenden Sachverhalt auseinander zu setzen.

Beispiel

Macht der Auftraggeber gegenüber dem Unternehmer Sachmängelansprüche geltend, wird der Auftraggeber nichts zur eventuellen Verjährung dieser Ansprüche wegen Ablauf der fünfjährigen Verjährungsfrist (§ 634a Abs. 1 Nr. 2 BGB) vortragen. Diesen prozessualen Einwand vorzubringen, ist Sache des Beklagten. Die Verjährung beachtet das Gericht auch dann nicht, wenn die Daten im Rechtsstreit bekannt sind; denn auf diesen Einwand muss sich der Beklagte berufen (§ 214 BGB). Nach Eintritt der Verjährung ist der Schuldner berechtigt, sich auf die Verjährung zu berufen. Die Verjährungseinrede muss also erhoben werden, soll sie beachtet werden. Beruft sich der Auftragnehmer auf den Eintritt der Verjährung, muss er die hierfür erforderlichen Tatsachen vortragen und bei Bestreiten notfalls auch beweisen.

Wird die Verjährungseinrede erhoben, ist es Sache des Klägers (also des Auftraggebers) sich seinerseits mit den Voraussetzungen des Verjährungseintritts zu befassen. Er kann z.B. bestreiten, dass die Abnahme bereits zu dem vom Auftragnehmer angenommenen Zeitpunkt eingetreten ist. Er kann seinerseits zu einem Gegenangriff übergehen, sich also auf einen Gegennorm berufen und z.B. vortragen, dass der Lauf der Verjährungsfrist deshalb gehemmt worden sei, weil er ein selbständiges Beweisverfahren nach §§ 485 ff. ZPO eingeleitet habe und sich hieraus nach § 204 Abs. 1 Nr. 7 und Abs. 2 BGB eine Hemmungszeit von z.B. zehn Monaten ergeben habe.

18.2.1 Darlegungslast betreffend die Anspruchsvoraussetzungen – Darlegungslast des Klägers

Was zu den Anspruchsvoraussetzungen gehört und welcher insoweit maßgebliche Sachverhalt vorzutragen ist, bestimmt das materielle Recht. Anstelle des Begriffs „**Darlegungslast**" kann auch die Bezeichnung „**Vortragslast**" verwendet werden.[1] Der Kläger muss die Klage schlüssig machen; er hat das darzulegen und dann notfalls auch zu

---

1 Vgl. BGH, U. v. 9.10.2009 – V ZR 178/08, BauR 2010 S. 219.

18. Darlegungslast, Beweislast und deren Verteilung

beweisen, was der Klage zum Erfolg verhilft, also den Sachverhalt, der, seine Richtigkeit unterstellt, die Anspruchsvoraussetzungen erfüllt. Jede Partei trägt die Darlegungs- und Beweislast für das Vorhandensein aller Voraussetzungen des Anspruchs, ohne den das geltend gemachte Verlangen keinen Erfolg haben kann. Kurz gesagt: Der Kläger muss den Sachverhalt der ihm günstigen Vorschriften darlegen und notfalls – bei Bestreiten des Beklagten – auch beweisen. Das Gericht unterzieht diesen Vortrag einer sog. **Schlüssigkeitsprüfung**. Dabei wird die Wahrheit des Tatsachenvortrags des Klägers in der Klage unterstellt und geprüft, ob sich daraus der geltend gemachte Anspruch ableitet. Ist das der Fall, ist die Klage schlüssig, fehlt es daran, ist die Klage unschlüssig und unbegründet, also abweisungsreif. Denn im Prozess kann ein Kläger mehr nicht erreichen, als dass sich sein tatsächliches Vorbringen als zutreffend erweist. Ist daraus der mit der Klage geltend gemachte Anspruch aus Rechtsgründen nicht ableitbar, ist die Klage von vornherein unbegründet, also unschlüssig. Das tatsächliche Vorbringen in der Klage muss so weit gehen, dass das Gericht in die Lage versetzt wird, aufgrund des Tatsachenvortrags des Klägers zu entscheiden, ob die gesetzlichen Voraussetzungen für das Bestehen des mit der Klage geltend gemachten Rechts vorliegen. Die Angabe näherer Einzelheiten ist nicht erforderlich, soweit diese für die Rechtsfolgen – z.B. den geltend gemachten Vergütungsanspruch – nicht von Bedeutung sind.[1]

Der Kläger hat diesbezüglich nur den Regeltatbestand und nicht das Fehlen von Ausnahmetatbeständen (Gegennormen) darzulegen und zu beweisen. Ein Kläger hat seiner Darlegungslast genügt, wenn er die Tatsachen vorträgt, die in Verbindung mit einem Rechtssatz geeignet sind, das geltend gemachte Recht als in seiner Person entstanden erscheinen zu lassen, wenn er den Anspruch als eigenen behauptet. Die Angaben von Einzelheiten zu dem Ablauf bestimmter Ereignisse ist grundsätzlich nicht erforderlich, wenn diese für die Rechtsfolgen ohne Bedeutung sind. Wird ein Anspruch auf eine Vereinbarung gestützt, ist der Kläger deshalb nicht gehalten, zu den Umständen dieser Vereinbarung nach Zeit, Ort und teilnehmenden Personen detailliert vorzutragen. Diese Umstände sind vielmehr Gegenstand der Beweisaufnahme. Das ändert sich, wenn die Gegenpartei die Darstellung im Einzelnen angreift, dann ist eine nähere Darlegung seitens des Klägers geboten. Denn der Umfang der jeweils gebotenen Konkretisierung (**Substanziierung**) bestimmt sich aus dem Wechselgesang von Vortrag und Gegenvortrag.[2]

Beispiel

Klagt der Unternehmer Werklohn ein, hat er den Vertragsschluss, das erbrachte Werk und die rechtsgeschäftliche Abnahme sowie die Höhe seiner Forderung darzulegen. Das folgt so aus §§ 631, 640 und 641 BGB. Der Kläger muss sich nicht damit befassen, dass der Auftraggeber geschäftsfähig ist und der Vertrag irrtumsfrei und damit unanfechtbar zustande gekommen ist. Die Geschäftsfähigkeit ist die Regel. Will sich der Auftraggeber auf fehlende Geschäftsfähigkeit oder auf die Anfechtbarkeit berufen, muss der beklagte Auftraggeber sich darauf berufen.

Der wirksame Vertrag ist zwar Voraussetzung für den auf Vertrag gestützten Zahlungsanspruch; das Gesetz (BGB) ist jedoch nach §§ 104 ff. BGB so aufgebaut, dass die Geschäftsunfähigkeit und die Anfechtbarkeit die Ausnahme bilden, also Gegennormen

---
[1] BGH, U. v. 28.2.2011 – VIII ZR 124/11, IMR 2012 S. 1112.
[2] BGH, U. v. 19.5.2011 – VII ZR 24/08, BauR 2011 S. 1494 = NZBau 2011 S. 483 (Rdn. 14); BGH, B. v. 12.6.2008 – V ZR 223/07, BauR 2008 S. 1498 (Rdn. 6, 7).

18.2 Darlegungslastregeln – Verteilung der Darlegungslast

darstellen, deren Voraussetzungen derjenige darzutun und notfalls zu beweisen hat, der sich auf diese Gegennorm als ihm günstige Vorschrift beruft.

Das gilt so auch für den Architekten- oder Ingenieurvertrag, wenn es um dessen mögliche Unwirksamkeit wegen Verstoßes gegen das **Koppelungsverbot** nach Art. 10 § 3 MietrechtsverbesserungsG geht. Danach ist zwar ein im Zusammenhang mit einem Grundstückvertrag geschlossener Planervertrag unwirksam. Dieser Tatbestand ist aber ein rechtshindernder Einwand, der als Ausnahme vom Auftraggeber darzulegen ist.

Entscheidend ist, welche Ansprüche im Prozess jeweils erhoben werden und wie das materielle Recht die Anspruchsvoraussetzungen und die möglichen Gegenrechte formuliert. Im Einzelnen bedarf es der Festlegung, was Teil der Anspruchsnorm und was Teil einer Gegennorm ist.

So ist für den Vergütungsanspruch des Auftragnehmers nicht die Mangelfreiheit seiner Leistung Anspruchsvoraussetzung. Anspruchsvoraussetzung sind: Der Vertrag, die Erbringung der Leistung und deren Abnahme (§§ 640, 641 BGB). Die VOB/B führt in § 16 Abs. 3 Nr. 1 als weitere Voraussetzung die Stellung einer prüffähigen Schlussrechnung und den Ablauf der 2-monatigen Prüfungsfrist hinzu. Das BGB kennt in §§ 640, 641 BGB die Schlussrechnungsstellung als Anspruchsvoraussetzung für die Geltendmachung des Vergütungsanspruchs nicht. Das ist wiederum anders in § 15 Abs. 1 HOAI Fassung 2013 hinsichtlich des Planerhonorars. Liegen Mängel vor, kann der Auftraggeber nach §§ 634, 635, 320 BGB ein Leistungsverweigerungsrecht geltend machen. Geschieht das, hat dies zwar Folgen für den Ausgang des Rechtsstreits, aber der klagende Auftragnehmer braucht in der Klage nichts zur Mangelfreiheit vorzutragen. Erst wenn sich der beklagte Auftraggeber auf das auf Mängel gestützte Leistungsverweigerungsrecht beruft, besteht im Interesse des Obsiegens des Klägers Bedarf, sich mit der Mängelbehauptung auseinander zu setzen.

Die Darlegungslast des Klägers bestimmt sich danach, was zu den **Schlüssigkeitsvoraussetzungen des Anspruchs** gehört. Schlüssig ist eine Klage dann, wenn ein solcher Sachverhalt vorgetragen wird, der – seine Richtigkeit unterstellt – eine das Klägerbegehren rechtfertigende Norm erfüllt.

Macht ein Auftragnehmer aus einer **Behinderung** Vergütungsansprüche, Schadensersatzansprüche oder Entschädigungsansprüche geltend, muss die Behinderung möglichst konkret einschließlich einer bauablaufbezogenen Darstellung vorgetragen werden.[1] Für die Behauptung, der Auftraggeber habe eine Mitursache gesetzt und gegen seine Schadensminderungspflicht verstoßen, ist der Schädiger darlegungsbelastet.[2] Verlangt ein Auftragnehmer für den Wegfall von Leistungspositionen (**Nullpositionen**) hinsichtlich der dadurch entstehenden Unterdeckung im Bereich der Allgemeinen Geschäftskosten und der Baustellengemeinkosten in ergänzender Auslegung eines VOB/B-Bauvertrags einen Ausgleich entsprechend § 2 Abs. 3 VOB/B, ist er für das Ausbleiben eines anderen Ausgleichs z.B. durch Mehrungen in anderen Positionen darlegungspflichtig.[3] Für die Erfüllung von **Prüfungs- und Hinweispflichten** nach § 4 Abs. 3 VOB/B ist der Auftragnehmer darlegungspflichtig.[4] Macht ein Auftragnehmer Ansprüche aus § 2 Abs. 5 VOB/B

---

1 KG, U. v. 19.4.2011 – 21 U 55/07, BauR 2012 S. 951, 953; KG, B. v. 13.2.2009 – 7 U 86/08, BauR 2011 S. 1202, 1204; BGH, U. v. 24.2.2005 – VII ZR 225/03, BauR 2005 S. 861 = NZBau 2005 S. 335; BGH, U. v. 24.2.2005 – VII ZR 141/03, BauR 2005 S. 857 = NZBau 2005 S. 387.
2 BGH, B. v. 22.11.2005 – VI ZR 330/04, BauR 2006 S. 1142.
3 BGH, U. v. 26.1.2012 – VII ZR 19/11, BauR 2012 S. 604 (Rdn. 21, 24).
4 OLG Hamm, U. v. 18.9.20008 – 24 U 48/07, BauR 2010 S. 2123, 2127.

18. Darlegungslast, Beweislast und deren Verteilung

geltend, ist er für die dort genannten Anspruchsvoraussetzungen darlegungspflichtig, wozu auch die bindende Anordnung gehört.[1] Der Auftragnehmer hat dann, wenn er der Auffassung ist, der von ihm auf die Mängelbeseitigung bereits gezahlten **Mängelbeseitigungsvorschuss** sei an ihn zurückzuzahlen, darzulegen, dass der Auftraggeber den Willen aufgegeben hat, die Mängel zu beseitigen. Dabei kann für den Auftragnehmer eine widerlegbare Vermutung streiten, wenn die angemessene Frist für die Beseitigung des Mangels abgelaufen ist und der Auftraggeber binnen dieser Frist noch keine Mängelbeseitigungsmaßnahmen ergriffen hat.[2]

Hinsichtlich des Umfangs und der Intensität des nach Schlüssigkeitsanforderungen gebotenen Klagevortrags kommen dem Kläger – wie auch dem Beklagten hinsichtlich seines tatsächlichen Vorbringens – Entlastungen nach den Regeln zum **Anscheinsbeweis** zugute. Liegen z.B. Bauwerksmängel vor, die im Rahmen einer Bauüberwachung typischerweise hätten entdeckt werden können, spricht der Anschein für eine Bauaufsichtsverletzung eines auch mit der Objektüberwachung beauftragten Architekten oder Ingenieurs.[3] Das erleichtert bereits die Darlegungslast insofern, als der Kläger keine Details hinsichtlich der Verletzung der Objektüberwachungsverpflichtung vortragen muss; der Vortrag darf sich in der Darlegung zum Mangeltatbestand erschöpfen.[4]

Anscheinsbeweisregeln wirken sich also nicht nur auf die Bestimmung der Beweislast, sondern bereits auf die Darlegungslast aus.[5] Dabei ist es allerdings eine Frage, unter welchen Voraussetzungen ein solcher Anscheinsbeweis mit Entlastungswirkung bereits für den Inhalt und Umfang der Darlegungslast greift. Das OLG Düsseldorf ist z.B. der Auffassung, ein Mangel am körperlichen Bauwerk begründe den Beweis des ersten Anscheins dafür, dass auch ein Mangel am Architektenwerk vorliege.[6] Die Folge ist: Der Kläger muss sich nicht damit befassen, ob der Mangel im Architektenwerk auf Planungsmängel, Koordinierungsmängel oder auf ein Objektüberwachungsversagen zurückzuführen ist. Entscheidend ist, ob mit dem Vorbringen eines Bauwerksmangels ein typischer Lebenssachverhalt vorgetragen wird und auch tatsächlich vorliegt, der zugleich für ein Versagen z.B. eines Architekten oder Ingenieurs spricht.[7] **Anscheinsbeweisregeln** setzen einen **typischen Lebenssachverhalt** voraus, der den Schluss auf Tatsachen zulässt, die ihrerseits vorliegen müssen, damit hieraus die geltend gemachten Rechtsfolgen abgeleitet werden können. Dann kann sich ein Kläger auf die Darlegung des typischen Lebenssachverhalts beschränken und muss nicht zu den eigentlichen Tatsachen vortragen, die allein geeignet sind, die mit der Klage geltend gemachten Ansprüche zu rechtfertigen.

Macht der Auftraggeber nach der rechtsgeschäftlichen Abnahme Mängelansprüche geltend, hat er den Sachmangel darzutun und notfalls zu beweisen; denn mit der rechtsgeschäftlichen Abnahme kehrt sich die **Beweislast** hinsichtlich der Mangelfreiheit der Werkleistung um. Hat der Auftragnehmer vor der Abnahme die Mangelfreiheit seiner Leistung darzulegen und bei Bestreiten auch zu beweisen, hat die Abnahme die Umkehr dieser Beweislast zur Folge, was sich auch auf die Darlegungslast auswirkt.

---

1 BGH, U. v. 29.9.2011 – VII ZR 87/11, BauR 2012 S. 115; BGH, U. v. 20.8.2009 – VII ZR 205/07, BauR 2009 S. 1724.
2 BGH, U. v. 14.1.2010 – VII ZR 108/08, BauR 2010 S.614 (Rdn. 16).
3 OLG Düsseldorf, U. v. 6.11.2012 – I-23 U 156/11, BauR 2013 S. 489, 493.
4 OLG Düsseldorf, U. v. 6.11.2012 – I-23 U 156/11, BauR 2013 S. 489, 493.
5 Vgl. nachfolgend unter Abschnitte 18.2.3 und 18.3.4.1.
6 OLG Düsseldorf, U. v. 19.1.2001 – 22 U 121/00, BauR 2001 S. 1780.
7 BGH, U. v. 27.11.2008 – VII ZR 206/06, BauR 2009 S. 515, 516.

18.2.2 Darlegungslast betreffend Einwendungen – Darlegungslast des Beklagten

Den Beklagten treffen die Darlegungslast und bei Bestreiten auch die Beweislast für die von ihm erhobenen Einwendungen gegen den Klageanspruch. Der Beklagte beruft sich in diesem Fall zur Verteidigung gegen den mit der Klage geltend gemachten Anspruch auf einschlägige **Gegennormen**. Ist die Gegennorm (Verteidigungsnorm) erheblich, und der dazu gehörige Sachverhalt erwiesen, scheitert der geltend gemachte Anspruch an dieser Gegennorm ganz oder teilweise.

Beispiel

*Der beklagte Auftraggeber beruft sich gegenüber dem Anspruch des Architekten auf das **Koppelungsverbot** nach Art. 10 § 3 Mietrechtsverbesserungsgesetz.[1] Ein im Zusammenhang mit einem Grundstücksgeschäft geschlossener Planervertrag, der nur deshalb zustande kommt, weil der Planer Einfluss auf die Veräußerung des zu beplanenden Grundstücks hat, ist nach dieser Vorschrift unwirksam.*

Ein Beklagter hat verschiedene Möglichkeiten der Verteidigung: Er kann sich auf eine Gegennorm berufen; er kann sich auch auf das **Bestreiten** des vom Kläger zu seiner Anspruchsnorm vorgetragenen Sachverhalts beschränken.

18.2.2.1 Bestreiten – Abgrenzung zu Einwendungen

Der Beklagte bestreitet, wenn er das Vorliegen des Sachverhalts in Abrede stellt, den der Kläger zur Ausfüllung seines erhobenen Anspruchs in das Verfahren eingeführt hat. Der Beklagte beruft sich also nicht auf Gegenrechte (Gegennormen), sondern beschränkt sich darauf, das Vorbringen des Klägers als nicht richtig darzustellen. Der Beklagte kann **einfach bestreiten,** wenn der Vortrag des Klägers wenig detailliert ist; er muss detailliert bestreiten, wenn das Vorbringen des Klägers detailliert ist (§ 138 ZPO). Davon abzugrenzen ist das **qualifizierte Bestreiten**.

Beispiel

Der Kläger belegt seinen Zahlungsanspruch mit einer Aufmaßliste, die im Einzelnen die Massen darstellt. Dann kann sich der Beklagte nicht einfach darauf berufen, er bestreite diese Aufmaßliste. Dann muss er sich detailliert mit deren Einzelheiten befassen. Erklärt der Planer, er habe alle vertraglich vereinbarten Leistungen erbracht, kann der Beklagte einfach bestreiten; er ist nicht gehalten darzutun, es fehle in der Phase 3 des § 34 HOAI 2013 und Anlage 10 zur HOAI 2013 an der Kostenberechnung und der Zusammenfassung der Entwurfsunterlagen.

Der Beklagte bestreitet qualifiziert, wenn er ein vom Sachverhalt des Klägers abweichendes Geschehen darstellt. Nach § 138 Abs. 2 ZPO hat sich jede Partei über die von dem Gegner behaupteten Tatsachen zu erklären. Tatsachen, die nicht ausdrücklich bestritten

---

1 Vgl. zur Vereinbarkeit des Koppelungsverbots mit dem Grundgesetz die Entscheidung des Bundesverfassungsgerichts vom 16.6.2011 – 1 BvR 2394/10, BauR 2011 S. 1837, und BGH, U. v. 22.7.2010 – VII ZR 144/09, BauR 2010 S. 1772 = NJW 2010 S. 3154.

werden, sind als zugestanden anzusehen, wenn nicht die Absicht, sie bestreiten zu wollen, aus den übrigen Erklärungen der Partei hervorgeht (§ 138 Abs. 3 ZPO). Ein Bestreiten mit Nichtwissen ist unbeachtlich, wenn z.B. Mängel an der Leistung des beklagten Auftragnehmers gerügt werden. Dann muss sich der beklagten Auftragnehmer hinsichtlich dieses Vorbringens vergewissern.[1]

Ein beachtliches Bestreiten, auch ein qualifiziertes Bestreiten begründet keine Veränderung in der Beweislast: Der Kläger bleibt für seinen Sachverhalt darlegungs- und beweisbelastet. Wenn eine Partei den Tatsachenvortrag der anderen Partei nicht bestreitet, bedarf es insoweit nicht des Beweises, weil dann die behauptete Tatsache als zugestanden zu behandeln ist.

18.2.2.2 Einwendungen – Gegenrechte (Gegennormen)

Beruft sich der Beklagte auf Gegenrechte, die den Anspruch des Klägers erst gar nicht entstehen lassen, ihn zum Erlöschen bringen oder seine Durchsetzbarkeit hindern, trifft hierfür den Beklagten die Darlegungslast und bei Bestreiten von Seiten des Klägers auch die Beweislast.

Solche Gegenrechte sind z.B. die fehlende Geschäftsfähigkeit, die Anfechtbarkeit des Vertrags, die Unwirksamkeit des Vertrags wegen Verstoßes gegen ein gesetzliches Verbot (vor allem Koppelungsverbot), die Sittenwidrigkeit des Vertrages (§ 138 BGB), die Verjährungseinrede, das Leistungsverweigerungsrecht wegen Mängeln des Werks.

Beispiel

Der Auftraggeber beruft sich auf die Unwirksamkeit des Vertrags mit dem Architekten, weil dieser nicht in der Architektenliste eingetragen ist. Deshalb habe er den Vertrag wegen Irrtums zurecht angefochten.

Zwar ist der Anspruch des Klägers nur bei Rechtswirksamkeit des Planervertrags durchsetzbar. Aber die Unwirksamkeit des Vertrags wegen Irrtumsanfechtung ist vom materiellen Recht als Einwendung (Gegennorm) konzipiert, weswegen hierfür den beklagten Auftraggeber die Darlegungs- und Beweislast trifft.

Im Einzelfall ist die Regelung des materiellen Rechts darauf hin zu prüfen, was Teil der Anspruchsvoraussetzung ist und welche Regelungen als Einwendungen konzipiert sind. Macht ein Architekt einen Honoraranspruch geltend, dessen Berechnung ein Honorarsatz zugrunde liegt, der den Mindestsatz übersteigt, dann gehört zur Anspruchsvoraussetzung nach § 7 Abs. 1 HOAI, dass die entsprechende Honorarvereinbarung geschlossen worden ist und zwar bei Auftragserteilung. Diese Vereinbarung und ihr schriftliches Zustandekommen bei Auftragserteilung sind Anspruchsvoraussetzung und deshalb in der Klage darzulegen. Trägt der beklagte Auftraggeber vor, zu diesem Zeitpunkt sei ein Pauschalhonorar vereinbart, dann ist dies ein qualifiziertes Bestreiten, das seinerseits jedoch nur dann rechtserheblich ist, wenn er eine entsprechende schriftliche Honorarvereinbarung behauptet. Ein nur mündliches Zustandekommen ist nach § 7 Abs. 1 HOAI unerheblich.

---

1 OLG Brandenburg, U. v. 3.4.2008 – 12 U 162/07, BauR 2009 S. 1005.

18.2.3 Erleichterungen in der Darlegunglast

Im Einzelnen kann die Darlegungslast erleichtert sein. Tatsächliche und gesetzliche Vermutungen erleichtern die Darlegungslast.[1] Bei einer gesetzliche Vermutung beschränkt sich die Darlegungslast auf die Tatsachen, die die Vermutung (Vermutungsbasis) begründen. Die vermuteten Tatsachen brauchen nicht dargelegt zu werden. Typisches Beispiel ist § 280 Abs. 1 BGB, wonach im Fall einer festgestellten Pflichtverletzung das Verschulden vermutet wird. Ein weiteres Beispiel für eine gesetzliche Vermutung ist § 649 Satz 3 BGB. Das setzt jedoch voraus, dass der Unternehmer den Teil der Vergütung darlegt, der auf den kündigungsbedingt noch nicht erbrachten Teil der Leistung entfällt.[2] Für gesetzliche Vermutungen gilt § 292 ZPO mit der Folge, dass der durch den gesetzlichen Regelungsinhalt Benachteiligte hinsichtlich des von ihm behaupteten Gegenteils den Gegenbeweis als Hauptbeweis führen muss und ihn folglich insoweit auch die Darlegungslast trifft. Beruht die gesetzliche Vermutung auf einer Regelung im Gesetz, hat eine tatsächliche Vermutung nur einen entsprechenden Erfahrungssatz zur Grundlage. Dieser Erfahrungssatz geht dahin, dass nach der allgemeinen Lebenserfahrung bei Vorliegen eines typischen Sachverhalts auf eine bestimmte Tatsache geschlossen werden darf, diese also vermutet wird. Auf eine nur tatsächliche Vermutung trifft § 292 ZPO nicht zu.

Tatsächliche Vermutungen setzen voraus, dass der konkrete Sachverhalt inhaltlich einem typischen Lebenssachverhalt entspricht, der nach allgemeiner Lebenserfahrung bestimmte Schlussfolgerungen auf deswegen vermutete Sachverhalte zulässt. Tatsächlichen Vermutungen ist insofern eine Bedeutung beizumessen, als sie einen Anscheinsbeweis oder Indizienbeweis für die behauptete Tatsache begründen können.[3] D.h.: Der Darlegungspflichtige muss sowohl den Sachverhalt darlegen, aus dem der Anscheinsbeweis abgeleitet werden kann, als auch die eigentlich anspruchsbegründende Tatsachen darlegen (behaupten).

Beispiel

Im Schadensersatzprozess gegen den Architekten wegen Baumängeln sind diese Objektmängel darzulegen und zugleich ist die Behauptung aufzustellen, dass diese Mängel auf einem Planerversagen beruhen, also auf einem Planungsmangel beruhen. Näher dazulegen sind jedoch allein die Mängel am Objekt, weil Objektmängel dann, wenn sie einigermaßen bedeutsam sind, den Anschein begründen, dass der Architekt versagt hat. Die Pflichtverletzung des Architekten und damit der Planungsmangel brauchen konkret nicht dargelegt zu werden.[4]

Erleichterungen in der Darlegungslast begründen demnach gesetzliche Vermutungsregelungen, tatsächliche Vermutungsregeln und Anscheinsbeweisregeln. So begründen Mängel, die typischerweise bei einer sorgfältigen Objektüberwachung gesehen werden, einen Lebenssachverhalt, der den Schluss auf eine Objektüberwachungspflichtverletzung zulässt. Also spricht der Anschein für eine solche Pflichtverletzung, die deshalb tatsächlich auch vermutet wird.[5] Nähere Darlegungen seitens des Klägers sind dazu nicht veranlasst.

---

1 BGH, U. v. 9.10.2009 – V ZR 178/08, BauR 2010 S. 219 (Rdn. 13 ff.).
2 BGH, U. v. 28.7.2011 – VII ZR 45/11, BauR 2011 S. 1811 (Rdn. 15).
3 BGH, U. v. 9.10.2009 – V ZR 178/08, BauR 2010 S. 219 (Rdn. 15).
4 Vgl. BGH, U. v. 16.5.2002 – VII ZR 81/00, BauR 2002 S. 1423.
5 OLG Celle, U. v. 2.6.2010 – 14 U 205/03, BauR 2010 S. 1613, 1614.

Der Architekt ist als Beklagter gehalten, diesen Anschein durch Darlegung einer hinreichenden Bauaufsicht, die er im Streitfall auch beweisen muss, zu entkräften.[1] Tatsächliche Vermutungen entlasten also den Kläger, wenn diese zu dessen Gunsten sind und belasten den anderen Teil, zu dessen Lasten sie gehen. Schwere Baumängel lassen jedoch mangels Typizität des Lebenssachverhalts keinen Schluss darauf zu, dass ein Architekt seine Verpflichtung verletzt hat, die arbeitsteilig vorgenommene Bauüberwachung nicht richtig organisiert zu haben (**Organisationsversagen**).[2] Deshalb tritt diesbezüglich keine Entlastung von der entsprechenden Darlegungslast ein. Allerdings kommen die Grundsätze der sog. sekundären Darlegungslast zum Tragen (vgl. Abschnitt 18.2.4).

Hat ein Auftragnehmer gegen **DIN-Normen** verstoßen, deren Einhaltung gerade der Gefahrenabwehr und Schadensvermeidung dient, sind die Darlegungen hinsichtlich der **Ursächlichkeit** dieses Verstoßes für den eingetretenen Schaden erleichtert. Zur Ursächlichkeit des Verstoßes braucht näher nicht vorgetragen zu werden, weil der Anscheinsbeweis für die Ursächlichkeit spricht.[3] Gleiches gilt bei Verstoß gegen **Unfallverhütungsvorschriften**.[4] Auch bei einem engen zeitlichen und örtlichen Rahmen zwischen Abbrucharbeiten und einem Schaden an einem Nachbargebäude, bei dem es zu Rissebildungen gekommen ist, kann der Beweis des ersten Anscheins für eine Verursachung der Risse durch diese Abbrucharbeiten sprechen und deshalb hinsichtlich der Kausalität eine Darlegungserleichterung beinhalten.[5]

18.2.4 Sekundäre Darlegungslast

Unter sekundärer Darlegungslast wird die Vortragslast (Behauptungslast) des Gegners der eigentlich und damit primär darlegungspflichtigen Partei (z.B. Kläger) verstanden. Diese sekundäre Darlegungslast lebt auf, wenn die eigentlich darlegungspflichtige Partei – z.B. der Kläger – außerhalb des von ihr darzulegenden Geschehnisablaufs steht und keine näheren Kenntnisse der maßgebenden Tatsachen besitzt, wogegen diese der Prozessgegner diese hat und ihm nähere Angaben zumutbar sind.[6] Liegen die von der eigentlich darlegungspflichtigen Partei vorzutragenden Umstände im Wahrnehmungsbereich des Gegners, wird dessen sekundäre Darlegungspflicht akut. Entspricht er dieser nicht, gilt der nach den üblichen Regeln als unsubstanziiert zu behandelnde Vortrag der anderen, darlegungspflichtigen Partei als zugestanden.[7] Die Verteilung der Darlegungslast und der sekundären Darlegungslast einschließlich ihrer Folgen wird besonders deutlich bei einem Stundenlohnvertrag. Zur schlüssigen Begründung der **Stundenlohnvergütung** hat der Auftragnehmer nur darzulegen, wie viele Stunden für die Erbringung der Vertragsleistungen angefallen sind. Eine Aufteilung auf Tage und die Einzelheiten der Leistungserbringung ist hierfür nicht erforderlich. Der Auftraggeber kann demgegenüber vorbringen, bei dieser Art der Abrechnung sei die Abwicklung des Auftrags unwirtschaftlich erfolgt, was dem Auftraggeber die Möglichkeit bietet, mit einer Schadensersatzforderung aufzurechnen. Dieses Vorbringen der unwirtschaftlichen Abwicklung des Stundenlohnvertrages löst die sekundäre Darlegungslast des Auftragnehmers aus. Dann muss der Unternehmer zu Art und Inhalt der nach Zeitaufwand abzurechnenden Leistungen jedenfalls so viel vortra-

---

1 OLG Düsseldorf, U. v. 6.11.2012 – I-23 U 156/11, BauR 2013 S. 489, 493.
2 BGH, U. v. 27.11.2008 – VII ZR 206/06, BauR 2009 S. 515.
3 OLG Düsseldorf, U. v. 4.5.2012 – I-23 U 80/11, BauR 2012 S. 1259.
4 BGH, U. v. 18.10.1983 – VI ZR 55/82, BauR 1984 S. 80.
5 OLG Frankfurt, U. v. 28.8.2009 – 4 U 264/08, BauR 2010 S. 474.
6 BGH, U. v. 13.6.2002 – VII ZR 30/01, BauR 2002 S. 1396, 1398.
7 BGH, U. v. 20.4.2004 – X ZR 250/02, BauR 2005 S. 122, 127.

gen, dass dem für die Unwirtschaftlichkeit der Abwicklung des Auftrags darlegungspflichtigen Auftraggeber eine sachgerechte Wahrnehmung seiner Rechte ermöglicht wird. Weil die Einzelheiten der Ausführung des Stundenlohnauftrags im Wahrnehmungsbereich des Auftragnehmers liegen, diese Einzelheiten aber Grund und Höhe des Schadensersatzanspruchs betreffen, der mit der Unwirtschaftlichkeit der Abwicklung begründet wird, ist der Auftragnehmer in der sekundären Darlegungslast.[1]

18.3 Beweislastregeln – Verteilung der Beweislast – Beweiserleichterungen

Die Beweislastverteilung entspricht der Verteilung der Darlegungslast. Die Parteien haben jeweils die für sie günstigen Tatbestandsvoraussetzungen zu beweisen.

Die Beweislastregeln werden dann akut, wenn der Beweisbelastete trotz Notwendigkeit keinen Beweis antritt oder die Beweisführung misslingt.

18.3.1 Beweistypen

Hinsichtlich der Beweisführung wird zwischen einem **Hauptbeweis** und einem **Gegenbeweis** unterschieden. Hierbei handelt es sich um verschiedene Beweisarten. Diesbezüglich gilt die Regel, dass ein Gegenbeweis nicht vor dem Hauptbeweis zu erheben ist. Denn scheitert der Hauptbeweis, braucht der Gegenbeweis nicht mehr erhoben zu werden.

18.3.1.1 Hauptbeweis

Hauptbeweis ist der Beweis, der hinsichtlich der zu beweisenden Tatsachen zu führen ist. Der Kläger hat die seinen Anspruch begründenden Tatsachen zu beweisen. Das ist der **Hauptbeweis**. Bestreitet der Beklagte diese Tatsachen und tritt er insoweit für seine Darstellung gleichfalls Beweis an, ist dies der **Gegenbeweis**. Beruft sich der Beklagte auf Gegenrechte (Einwendungen), die den Anspruch ausschließen oder als nicht durchsetzbar erscheinen lassen (bei der Verjährung), ist die insoweit gebotene Beweisführung als Hauptbeweis zu qualifizieren. Bestreitet der Kläger, dass hinsichtlich der Verjährung die Abnahme zu dem vom Beklagten behaupteten Zeitpunkt erfolgt sei, und benennt er hierfür Zeugen, liegt ein Gegenbeweis vor.

Beispiel

Der Sachverständige macht sein Honorar klageweise mit der Behauptung geltend, er habe mit dem Beklagten einen Schiedsgutachtervertrag geschlossen. Der Beklagte erklärt, er habe sich lediglich damit einverstanden erklärt, dass der Kläger als Privatgutachter des Architekten tätig werde. Der Kläger hat den Hauptbeweis hinsichtlich des Zustandekommens eines Schiedsgutachtervertrages zu führen.

---

[1] BGH, U. v. 17.4.2009 – VII ZR 164/07, BauR 2009 S. 1162.

18.3.1.2 Gegenbeweis

Mit dem Gegenbeweis versucht die Gegenpartei, den Hauptbeweis zu erschüttern. Der Gegenbeweis befasst sich exakt mit dem Sachverhalt, der Gegenstand des Hauptbeweises ist. Beruft sich die Gegenpartei auf Gegenrechte, dann handelt es sich hinsichtlich des diese Gegenrechte ausfüllenden Sachverhalts um einen zu führenden Hauptbeweis.

18.3.1.3 Beweis des Gegenteils

Der Beweis des Gegenteils ist ein Hauptbeweis. Zum Beweis des Gegenteils kommt es, wenn das Gesetz eine bestimmte **Vermutung** statuiert und der hierdurch Belastete zur Widerlegung dieser Vermutung ansetzt. Typisch dafür ist nunmehr § 280 Abs. 1 Satz 2 BGB, wonach bei bewiesener Pflichtverletzung das Verschulden des Schuldners vermutet wird.

Beispiel

Der Bauwerksmangel ist bewiesen, bewiesen ist auch ein Planungs- oder Bemessungsfehler. Dann wird das Verschulden vermutet. Der Planer hat nunmehr den Beweis für sein fehlendes Verschulden, z.B. durch Einhaltung der einschlägigen Regeln der Technik, anzutreten.

Derartige Vermutungsregeln haben auch Einfluss auf die Vortrags- und damit die Darlegungslast.[1] Dabei ist zwischen **gesetzlichen Vermutungen** und **tatsächlichen Vermutungen** zu unterscheiden. Beide Vermutungen erleichtern die Darlegungslast, aber nur die gesetzliche Vermutung erspart der begünstigten Partei im Prozess auch das Aufstellen und Vorbringen der entsprechenden Behauptung. Liegt lediglich eine tatsächliche Vermutung vor, muss die hierdurch begünstige Partei dennoch die entsprechenden Behauptungen, für deren Vorliegen die tatsächliche Vermutung spricht, im Prozess aufstellen. Ohne diese Behauptung und damit die Einführung in den Rechtsstreit bleibt der Lebenssachverhalt, der Gegenstand der tatsächlichen Vermutung ist, im Verfahren unbeachtlich.[2]

18.3.2 Beweislosigkeit

Kann sich das Gericht von der Wahrheit der zu beweisenden Tatsachen nicht überzeugen, verliert die Partei den Rechtsstreit, die den Hauptbeweis zu führen hat. Das ist die beweisbelastete Partei. Denn ist das Gericht nicht von dem Sachverhalt überzeugt (§ 286 ZPO), der für die Anwendung der anspruchsbegründenden Vorschrift erforderlich ist, darf diese Anspruchsgrundlage nicht angewendet werden.

Beispiel

Ein aus einem Vertrag abgeleiteter Anspruch kann nur dann zugesprochen werden, wenn der Vertragsschluss nachgewiesen ist. Fehlt es daran, besteht keine Berechtigung für einen Zahlungsanspruch aus einem Vertrag.

---
1 BGH, U. v. 9.10.2009 – V ZR 178/08, BauR 2010 S. 219.
2 BGH, U. v. 9.10.2009 – V ZR 178/08, BauR 2010 S. 219.

18.3 Beweislastregeln – Verteilung der Beweislast – Beweiserleichterungen

Die Beweislastregeln spielen dann eine Rolle, wenn sich das Gericht auf der Grundlage der erhobenen Beweise von dem zu beweisenden Sachverhalt nicht überzeugen kann (§ 286 ZPO). Dann ergeht eine den Beweisbelasteten nachteilige Entscheidung. Die Klage wird abgewiesen, wenn die Anspruchsvoraussetzungen zweifelhaft bleiben. Ein mit einer Klage geltend gemachter Anspruch wird also in folgenden Fällen zurückgewiesen: Das Gericht ist davon überzeugt, dass ein den Anspruch ausfüllender Sachverhalt nicht vorliegt; das Gericht ist sich nicht sicher, ob ein den Anspruch ausfüllender Sachverhalt vorliegt, es hat insoweit also noch Zweifel. Der Klage wird stattgegeben, wenn der Sachverhalt, der für die Bejahung des geltend gemachten Anspruchs erforderlich ist, zur Überzeugung des Gerichts erwiesen ist. Der Klage wird unter denselben Voraussetzungen auch dann stattgegeben, wenn der vom Beklagten vorgetragene Sachverhalt, der die von dem Beklagten erhobene Gegenrechte ausfüllen soll, als zweifelhaft angesehen wird. Denn dann greift der erfolgreiche Angriff des Klägers mittels der Klage durch und die Verteidigung scheitert.

Die Beweislastregeln spielen keine Rolle, wenn sich das Gericht auf der Grundlage der erhobenen Beweise eine **Überzeugung** bildet. Für die Überzeugungsbildung des Gerichts ist allerdings **nicht absolute Gewissheit** erforderlich. Freilich reicht eine bloße Wahrscheinlichkeit nicht aus, es sei denn, die Wahrscheinlichkeit ist so hoch, dass sie zur Gewissheit wird. Dies wird als das erforderliche **Beweismaß** bezeichnet. Notwendig ist die volle Überzeugung, also Gewissheit, wobei jedoch eine für das praktische Leben brauchbare Gewissheit genügt, die etwaigen Zweifeln Schweigen gebietet, ohne sie jedoch völlig auszuschließen.[1] Das Gericht ist nach § 286 ZPO gehalten, nach der Beweisaufnahme in freier Überzeugung zu entscheiden, ob tatsächliche Behauptungen der Parteien für wahr oder für nicht wahr zu erachten sind. Zwingende Beweisregeln gibt es grundsätzlich nicht; die Regeln zum Urkundenbeweis machen in § 415 und § 416 ZPO hiervon eine Ausnahme.

Tatsächliche Vermutungen stellen eine Hilfe bei der Beweiswürdigung dar. So kann der Verstoß gegen Herstellerrichtlinien die Vermutung eines Mangels begründen.[2] Eine Vertragsurkunde hat die Vermutung der Vollständigkeit und Richtigkeit für sich.[3] Für die Aufgabe des Willens des Auftraggebers einen Mangel noch beseitigen zu wollen, kann eine – widerlegbare – Vermutung sprechen, wenn eine angemessene Frist für die Mängelbeseitigung abgelaufen ist und in dieser Zeit der Auftraggeber noch keine Maßnahmen zur Mängelbeseitigung getroffen hat.[4] Hat ein Auftragnehmer die Wahrnehmung seiner Aufklärungs-, Prüfungs- und Mitteilungspflichten verletzt, spricht eine tatsächliche Vermutung für ein aufklärungsgemäßes Verhalten des – aufklärungs- oder beratungsbedürftigen – Auftraggebers.[5] Diese tatsächliche Vermutung aufklärungsgerechten Verhaltens ist nicht lediglich eine Beweiserleichterung im Sinne eines Anscheinsbeweises, sondern führt zu einer Beweislastumkehr.[6] Deshalb ist die Kausalität der verletzten Aufklärungspflicht für den eingetretenen Mangel- oder Schadensfalls bewiesen, wenn der Aufklärungspflichtige nicht den Gegenbeweis führt, dass der beratungsbedürftige Auftraggeber auch bei ordnungsgemäßer Beratung oder Aufklärung aufklärungs- oder beratungswidrig gehandelt hätte.

---

1 BGH, U. v. 17.2.1970 – III ZR 139/67, NJW 1970 S. 946; BGH, U. v. 18.6.1998 – IX ZR 311/95, NJW 1998 S. 2969, 2971.
2 Thüringisches OLG, U. v. 27.7.2006 – 1 U 897/04, BauR 2009 S. 669, 671.
3 BGH, U. v. 13.3.2008 – VII ZR 194/06, BauR 2008 S. 1131, 1134.
4 BGH, U. v. 14.1.2010 – VII ZR 108/08, BauR 2010 S. 614, 616 (Rdn. 16).
5 BGH, U. v. 26.10.2006 – VII ZR 133/04, BauR 2007 S. 423.
6 BGH, U. v. 20.6.2013 – VII ZR 4/12 (Rdn. 22), BauR 2013 S. 1472.

18.3.3 Beweislastregeln

18.3.3.1 Grundsätze

Der wichtigste Grundsatz ist: Derjenige, der sich auf für ihn günstige Anspruchsgrundlagen oder Gegenrechte (Gegennormen) beruft, muss das Vorliegen des diesbezüglich erforderlichen Sachverhalts auch beweisen.

18.3.3.2 Beweislastregel und Beweisantritt

Bei Bestreiten dieses Sachverhalts durch den anderen, muss er deshalb Beweise antreten, also Zeugen benennen oder z.B. Antrag auf Einholung eines Sachverständigengutachtens stellen. Die Beweismittel im zivilen Verfahrensrecht sind nach der Zivilprozessordnung (ZPO) limitiert, nämlich auf Augenschein, Zeugenbeweis, Sachverständigenbeweis, Urkundenbeweis und Parteieinvernahme beschränkt. Nach § 284 ZPO kann das Gericht die Beweise in der ihm geeignet erscheinenden Art aufnehmen. Diese Neuerung ermöglicht dem Gericht mit dem Einverständnis der Parteien, z.B. einen Sachverständigen lediglich telefonisch zu befragen oder per E-Mail zu korrespondieren und dann das Ergebnis in das Verfahren einzuführen. Damit wird der Grundsatz der Parteiöffentlichkeit der Beweisaufnahme (§ 355 ZPO) im Einvernehmen mit den Parteien außer Kraft gesetzt.

18.3.3.3 Beweislastregeln im Werkvertragsrecht

Im Werkvertragsrecht kann zwischen den einschlägigen Beweislastregeln unter Vergütungs- und Mängelhaftungsgesichtspunkten unterschieden werden.

18.3.3.3.1 Vergütungsregeln

Der Unternehmer hat den Abschluss des Vertrages mit der von ihm in Anspruch genommenen Partei zu beweisen. Das schließt die Beweislast für Art und Umfang der berechneten Arbeiten ein. Diesbezüglich ist § 632 Abs. 1 BGB dem Auftragnehmer keine Hilfe. Denn diese Regelung, wonach eine Vergütung als stillschweigend vereinbart gilt, wenn die Herstellung des Werks den Umständen nach nur gegen eine Vergütung zu erwarten ist, setzt einen Vertragsschluss voraus. Die Regelung hat jedoch zur Folge, dass dann, wenn die Werkerstellung den Umständen nach nur gegen eine Vergütung zu erwarten ist, der Auftraggeber, der sich auf eine vereinbarte Unentgeltlichkeit beruft, diese Unentgeltlichkeitsvereinbarung zu beweisen hat.[1] Allerdings trifft den Auftragnehmer die Beweislast für die Umstände, wonach die Werkerstellung nur gegen eine Vergütung zu erwarten ist.[2]

Also hat der Planer zu beweisen, dass ein Vertrag zumindest stillschweigend geschlossen worden ist, wenn sich der auf Zahlung in Anspruch genommene Auftraggeber auf eine Leistung in einer Akquisitionslage beruft.

Verlangt der Unternehmer eine Vergütung für einen Kostenanschlag, hat er eine entsprechende Vergütungsvereinbarung zu beweisen; denn ein Kostenanschlag des Unternehmers ist im Zweifel nicht zu vergüten (§ 632 Abs. 3 BGB).

---

[1] BGH, U. v. 24.6.1999 – VII ZR 196/98, BauR 1999 S. 1319; OLG Saarbrücken, U. v. 10.2.1999 –1 U 379/98-69, BauR 2000 S. 753.
[2] BGH, U. v. 5.6.1997 – VII ZR 124/96, BauR 1997 S. 1060

18.3 Beweislastregeln – Verteilung der Beweislast – Beweiserleichterungen

Den Unternehmer trifft die Beweislast für die Art und den Umfang der von ihm beanspruchten Vergütung. Behauptet er den Abschluss eines Einheitspreisvertrages und hält der Auftraggeber dem eine nach Ort, Zeit und Höhe bestimmt behauptete anderweitige Vergütungsvereinbarung entgegen, muss der Unternehmer seine Behauptung beweisen. Gelingt ihm das nicht, ist ihm lediglich die vom Auftraggeber zugebilligte Vergütung zuzusprechen.[1] Das gilt auch dann, wenn der Unternehmer das Zustandekommen eines Einheitspreisvertrages behauptet; zwar ist dieser Vertrag als Leistungsvertrag gemäß § 2 Abs. 2 VOB/B gleichsam die Regel und eine andere Berechnungsart (z.B. Pauschalsumme) die Ausnahme. Aber der Bundesgerichtshof belässt es auch bei einem VOB-Bauvertrag bei der Grundregel, dass der klagende Auftragnehmer die Grundlagen seines Vergütungsanspruchs dartun und beweisen muss. Beruft sich der Auftraggeber auf eine andere Berechnungsart, ist dies lediglich ein qualifiziertes Bestreiten. Für den Einheitspreisvertrag spricht nicht eine Vermutung, die geeignet wäre, die Beweislast umzukehren. Allerdings muss der Auftraggeber, der sich auf eine bestimmte von ihm behauptete Abrechnungsweise beruft, genau zu Ort, Zeit und Umfang dieser Vereinbarung vortragen. Eine pauschale Behauptung genügt nicht.

Verlangt der Auftragnehmer über den vereinbarten Pauschalpreisvertrag hinaus eine zusätzliche Vergütung, muss er auch dartun und beweisen, dass diese seiner Auffassung nach zusätzlich zu vergütende Leistung nicht von der Pauschale erfasst wird.[2]

Beruft sich der Auftraggeber auf ein die Vergütungsvereinbarung nachträglich abänderndes Einvernehmen, z.B. Ablösung des Einheitspreisvertrages durch eine pauschale Festpreisvereinbarung, ist der Auftraggeber hierfür beweisbelastet.[3]

Rechnet der Architekt nach den Mindestsätzen der HOAI gemäß den Grundregeln des beauftragten Leistungsbildes ab, was der Auftraggeber durch Hinweis auf eine schriftlich abgeschlossene Honorarvereinbarung anderen Inhalts (z.B. Pauschalhonorar) in Abrede stellt, ist der Auftraggeber für das rechtswirksame Zustandekommen (Abschluss zur Zeit der Auftragserteilung, § 7 Abs. 1 HOAI 2013) beweispflichtig. Denn die Vergütung nach den Regeln des Leistungsbildes ist nach § 632 Abs. 2 BGB das übliche Honorar; der Auftraggeber beruft sich auf eine Ausnahme, die er dann auch zu beweisen hat. Beruft sich der Auftraggeber auf eine lediglich mündlich zustande gekommene Honorarvereinbarung, ist die Inanspruchnahme dieses Gegenrechts unerheblich, weil § 7 Abs. 1 HOAI 2013 nur schriftlichen Vereinbarungen Rechtswirksamkeit beimisst.

Beruft sich umgekehrt der Planer auf eine Honorarvereinbarung, die inhaltlich von den Honorarermittlungsgrundlagen des beauftragten Leistungsbildes abweicht, und nimmt der Auftraggeber für sich in Anspruch, es müsse nach den Honorarermittlungsgrundlagen wegen Unwirksamkeit der behaupteten Vereinbarung abgerechnet werden, ist der klagende Planer für die Voraussetzungen seines Vortrags beweispflichtig.

18.3.3.3.2 Beweislastregeln für Sachmängelrechte

Macht der Auftraggeber nach der rechtsgeschäftlichen Abnahme Sachmängelrechte geltend, muss er den Mangel wie auch die Verantwortlichkeit des Auftragnehmers für diesen Mangel bei Bedarf auch beweisen. Das folgt aus § 363 und § 640 BGB; § 363 BGB bestimmt, dass den Gläubiger, der eine Leistung als Erfüllung angenommen hat, die

---

[1] BGH, U. v. 23.1.1996 – X ZR 63/94, NJW-RR 1996 S. 952.
[2] BGH, U. v. 8.1.2002 – X ZR 6/00, NJW-RR 2002 S. 740.
[3] BGH, B. v. 5.6.2003 – VII ZR 186/01, BauR 2003 S. 1382.

18. Darlegungslast, Beweislast und deren Verteilung

Beweislast trifft, wenn er die Leistung deshalb nicht als Erfüllung gelten lassen will, weil sie eine andere als die geschuldete Leistung oder unvollständig ist. Die Wirkung der rechtsgeschäftlichen Abnahme, mit welcher der Auftraggeber die Leistung als im Großen und Ganzen dem Vertrag entsprechend anerkennt, ist deshalb die Umkehr der Beweislast. Vor der Abnahme hat der Unternehmer die Mangelfreiheit und nach der Abnahme der Auftraggeber die Mangelhaftigkeit zu beweisen.[1] Das gilt auch für die Zurechnung des Mangels zu Lasten des in Anspruch genommenen Auftragnehmers.

Beispiel

Macht der Auftragnehmer vertragsrechtlich berechtigt eine Abschlagszahlung geltend und bringt der Auftraggeber Mängel in der Absicht vor, die Vergütung gar nicht oder nicht in vollem Umfang leisten zu wollen, trifft den Auftragnehmer die Beweislast für die Mangelfreiheit oder dafür, dass der vorhandene Mangel ihm nicht zugerechnet werden kann. Verlangt der Auftraggeber, der die Abschlagszahlung voll bezahlt hat, vor der rechtsgeschäftlichen Abnahme teilweise Rückzahlung wegen Mängeln der Leistung, ist nicht der Auftraggeber für die Mangelhaftigkeit, sondern der Auftragnehmer für die Mangelfreiheit bzw. fehlende Zurechenbarkeit beweisbelastet. Die Parteistellung des Auftraggebers als Kläger ändert vor der Abnahme die Beweisbelastung nicht. Das ändert sich nach der Abnahme: Dann ist der Auftraggeber für die Mangelhaftigkeit, die Ursache und die Zurechnung des Mangels zu Lasten des in Anspruch genommenen Auftragnehmers beweisbelastet.

Entscheidend ist, dass der Mangel bereits zur Zeit der Abnahme zumindest dem Keime nach vorhanden war. Das bringt deutlich – auch für den BGB-Bauvertrag – § 13 Abs. 1 Satz 1 VOB/B zum Ausdruck.

18.3.4 Beweiserleichterung durch Anscheinsbeweis

Im Einzelfall kann dem Beweisbelasteten eine Beweiserleichterung zu Hilfe kommen.[2] Der Anscheinsbeweis stellt eine solche Beweiserleichterung dar. Vorausgesetzt wird jedoch ein für die zu beweisende Tatsache nach der Lebenserfahrung **typischer Geschehensablauf**.[3] Der Anscheinsbeweis hat insbesondere einen Stellenwert, wenn es darum geht, z.B. einen vorhandenen Mangel auf eine bestimmte **Ursache** zurückzuführen und damit einem bestimmten Unternehmer zuzurechnen. Auch für das Verschulden kann der Anscheinsbeweis bemüht werden.

Hierbei handelt es sich nicht um eine Beweislastumkehr, sondern lediglich um eine Beweiserleichterung. Gelingt dem Gegner die Erschütterung des Anscheinsbeweises, verbleibt es bei der strengen Beweisbelastung. Die Erschütterung des Anscheinsbeweises setzt voraus, dass der Gegner konkrete Tatsachen behauptet und notfalls auch beweist, aus denen sich die ernsthafte Möglichkeit eines anderen, vom gewöhnlichen abweichenden Verlaufs und damit vor allem eine andere Ursache ergibt.[4]

---
1 BGH, U. v. 23.10.2008 – VII ZR 64/07, BauR 2009 S. 237; BGH, U. v. 24.10.1996 – VII ZR 98/94, NJW-RR 1997 S. 339.
2 Vgl. zur Anwendung von Anscheinsbeweisregeln im Baurecht Zahn, BauR 2006 S. 1823, 1832.
3 BGH, U. v. 4.12.2000 – II ZR 293/99, NJW 2001 S. 1140.
4 BGH, U. v. 17.1.1995 – X ZR 82/93, VersR 1995 S. 723; BGH, U. v. 4.3.1997 – VI ZR 51/96, BauR 1997 S. 673, 674.

18.3.4.1 Anscheinsbeweis im Sachmangelbereich

Im Bereich der Sachmängelhaftung kann das Vorhandensein eines Mangels bei Vorliegen bestimmter Konstellationen den Beweis hinsichtlich der Verursachung, der Zurechnung und des Verschuldens erleichtern.

Beispiele: Beruht der Mangel auf einem Verstoß gegen die anerkannten Regeln der Technik, kann der Mangel dem Unternehmer zugerechnet werden, der den Regelverstoß begangen hat.[1] Dasselbe gilt bei einem Verstoß gegen Unfallverhütungsvorschriften.[2] Ist dem Unternehmer der Mangel zurechenbar, stammt er also aus seiner Sphäre, ist der Anschein begründet, dass der Mangel auf ein Verschulden des Auftragnehmers zurückgeht. Das Verschulden wird nach der Neufassung des BGB (seit 1.1.2002) gemäß § 280 Abs. 1 Satz 2 BGB auch vermutet.

Liegt ein Baumangel vor, besteht nach Anscheinsbeweisregeln keine generelle Erleichterung des Auftraggebers bezüglich einer **Überwachungspflichtverletzung des Planers.** Das wäre nur dann der Fall, wenn der Mangel bei solchen Bauleistungen aufgetreten ist, die nach generellen Regeln wegen ihres hohen Stellenwerts für das Gelingen des Werks grundsätzlich überwachungspflichtig sind.[3] Demgegenüber ist das OLG Düsseldorf erheblich großzügiger. Danach lässt ein Bauwerksmangel auf einen Mangel des Architektenwerks schließen, denn der Beweis des ersten Anscheins spricht dafür, dass der Baunagel auch auf einen Mangel des Architektenwerks, nämlich eine objektiv mangelhafte Erfüllung der den Planer treffenden Aufgaben zurückzuführen ist.[4]

Das ist nach hier vertretener Auffassung viel zu weit gehend und geht an der Realität deshalb vorbei, weil es eine Vielzahl von Arbeiten rein handwerklicher Art gibt, die keiner Überwachungspflicht unterliegen. Zwar kann der Nachweis einer Pflichtverletzung im Bauaufsichtsbereich des Architekten auch durch einen Anscheinsbeweis geführt werden,[5] aber nicht jeder Bauwerksmangel liefert die Grundlage für einen typischen Geschehensablauf.

Will ein Auftraggeber den Eintritt der Verjährung dadurch verhindern wissen, dass dem Auftragnehmer ein der Arglist gleichstehendes **Organisationsversagen** zum Vorwurf gemacht wird, können Beweiserleichterungen zum Tragen kommen. Das Organisationsversagen oder Organisationsverschulden steht in folgendem Zusammenhang: Ein Werkunternehmer, der ein Bauwerk arbeitsteilig herstellen lässt, muss die organisatorischen Voraussetzungen schaffen, um sachgerecht beurteilen zu können, ob dieses bei Ablieferung mangelfrei ist. Unterlässt er dies und wäre der Mangel bei richtiger Organisation entdeckt worden, verjähren Gewährleistungsansprüche des Bestellers in gleicher Weise, wie in dem Fall, in dem der Unternehmer den Mangel bei Abnahme arglistig verschweigt. Der Besteller trägt die Darlegungs- und Beweislast für das Vorliegen eines Organisationsfehlers. Dabei können ihm **Beweiserleichterungen** zugute kommen. Die Art des Mangels kann ein so überzeugendes Indiz für eine fehlende oder fehlerhafte Organisation sein, dass es weiterer Darlegungen hierzu nicht bedarf. Entscheidend ist, ob der Mangel nach seiner Art und Erscheinungsform bis zur Abnahme nach aller Lebenserfahrung bei richtiger Organisation entdeckt worden wäre.[6]

---

[1] BGH, U. v. 19.4.1991 – V ZR 349/89, NJW 1991 S. 2021.
[2] OLG Karlsruhe, U. v. 18.2.1997 – 7 U 97/85, BauR 1988 S. 116.
[3] Vgl. BGH, U. v. 26.4.1973 – VII ZR 85/71, BauR 1973 S. 255.
[4] U. v. 19.1.2001 – 22 U 121/00, BauR 2001 S. 1780.
[5] BGH, U. v. 16.5.2002 – VII ZR 81/00, BauR 2002 S. 1423.
[6] BGH, U.v. 27.11.2008 – VII ZR 206/06, BauR 2009 S. 515, 517.

18. Darlegungslast, Beweislast und deren Verteilung

Diese Grundsätze werden auf Planer dann übertragen, wenn der Planer seine Leistungen gleichfalls arbeitsteilig erbringt. Bei einem allein tätigen Planer kommen diese Grundsätze nicht zur Anwendung.[1] Aber die Gleichstellung eines **Organisationsfehlers** in einem Architekturbüro mit einem arglistigem Verschweigen eines Mangels ist nur dann gerechtfertigt, wenn die Verletzung der **Organisationsobliegenheit** ein dem arglistigen Verschweigen vergleichbares Gewicht hat. Die Schwere eines Baumangels lässt diesbezüglich grundsätzlich nicht den Rückschluss auf eine derart schwere Verletzung einer Obliegenheit zu, eine arbeitsteilige Überwachung richtig organisiert zu haben.[2] In dem dem Urteil zugrunde liegenden Fall hatte der Planer gerade einen objektüberwachenden Architekten eingeschaltet, also eine Organisation geschaffen. Der BGH hebt hervor, dass allein ein Mangel in solchen Fällen nicht den Anschein eines Organisationsversagens begründe; denn erfahrungsgemäß unterlaufen auch sorgfältig ausgesuchten oder auf der Baustelle eingesetzten Bauleitern Fehler im Rahmen ihrer überwachenden Tätigkeit. Aus einem Mangel allein könne bei arbeitsteilig durchgeführter Objektüberwachung durch einen Planer nicht auf eine fehlerhafte Organisation der Bauüberwachung geschlossen werden.

18.3.4.2 Anscheinsbeweis bezüglich des Auftragsumfangs

Im Planerrecht lassen die Anscheinsbeweisgrundsätze eine Beweiserleichterung hinsichtlich der Beauftragung mit den Leistungsphasen 1 bis 3 zu, wenn der Auftrag dem Wortlaut nach lediglich die Genehmigungsplanung zum Gegenstand hatte.[3] Diese Auffassung teilt der BGH nicht. Denn nach dem BGH[4] werden Ingenieurleistungen zur Grundlagenermittlung (Phase 1) nicht allein deshalb Gegenstand eines Ingenieurvertrages über die Vor- und Entwurfsplanung des § 64 HOAI (Fassung vor 2009), weil sie einen den weiteren Leistungsphasen notwendig vorangehenden Entwicklungsschritt darstellen oder weil sie tatsächlich erbracht werden. Für die Annahme einer Vertragsleistung genügt es nicht, dass eine Grundleistung eine notwendige Voraussetzung für weitere Planungsschritte bildet. Das allein ist auch nicht ausreichend für eine erweiternde Auslegung eines auf bestimmte Phasen beschränkten Vertrages.[5]

18.3.4.3 Ausschluss des Anscheinsbeweises

Die Regeln des Anscheinsbeweises kommen nicht zur Anwendung, wenn hinsichtlich eines Mangels zwei verschiedene Möglichkeiten als Ursachen in Betracht kommen und deshalb die Zurechnung entweder zu Lasten des einen oder des anderen Unternehmers in Betracht kommen kann.[6] Der Anscheinsbeweis greift auch dann nicht ein, wenn mehrere Sachverständige darüber unterschiedlicher Auffassung sind, ob ein angeblich typischer Lebenssachverhalt naturwissenschaftlich überhaupt in Betracht kommt.[7]

---

1 BGH, U.v. 27.11.2008 – VII ZR 206/06, BauR 2009 S. 515, 517.
2 BGH, U.v. 27.11.2008 – VII ZR 206/06, BauR 2009 S. 515, 517.
3 OLG Düsseldorf, U. v. 23.12.1980 – 23 U 117/80, BauR 1981 S. 401, 403.
4 U. v. 23.11.2006 – VII ZR 110/05, BauR 2007 S. 571.
5 Vgl auch BGH, U. v. 6.12.2007 – VII ZR 157/06, BauR 2008 S. 543.
6 BGH, U. v. 19.1.2010 – VI ZR 33/99, NJW 2010 S. 1072.
7 OLG Düsseldorf, U. v. 30.5.1972 – 4 U 242/71, MDR 1972 S. 876.

18.4 Umkehr der Beweislast

Zu einer Umkehr der Beweislast kann es nach Gesetzesregeln oder nach dem Ergebnis einer gefestigten Rechtsprechung kommen.

18.4.1 Umkehr der Beweislast nach Gesetzesrecht

Das Gesetz kennt die Umkehr der Beweislast gemäß § 363 und § 280 Abs. 1 Satz 2 BGB. Mit der Annahme der Leistung als Erfüllung trifft den Gläubiger die Beweislast, wenn er die Leistung später dennoch nicht als richtige und vollständige Leistung anerkannt wissen will (§ 363 BGB). Im Bereich der unerlaubten Handlung bringt § 830 Abs. 1 Satz 2 BGB eine Beweiserleichterung. Danach ist jeder für einen Schaden verantwortlich, wenn mehrere durch eine gemeinschaftlich begangene unerlaubte Handlung einen Schaden verursacht haben. Das gleiche gilt, wenn sich nicht ermitteln lässt, wer von mehreren Beteiligten den Schaden durch seine Handlung verursacht hat. Auf Sachmängelansprüche ist die Vorschrift jedoch nicht anwendbar.[1]

Beispiel

Auf einem Gerüst sind mehrere Handwerker am 12.10.2005 beschäftigt. An diesem Tag wird nach Beendigung der Arbeiten festgestellt, dass mehrere Scheiben der eingerüsteten Fassade zerbrochen sind. Das ist ein Fall nicht der Sachmängelhaftung, sondern der unerlaubten Handlung, weil bisher unverletzt vorhandenes Eigentum beschädigt worden ist.

18.4.1.1 Beweislast für Mängel nach der rechtsgeschäftlichen Abnahme

Die Beweislast spielt im Werkvertragsrecht eine erhebliche Rolle, weil mit der Abnahme gemäß § 640 BGB der Auftraggeber die Leistung als Erfüllung anerkennt. Dann trifft ihn nach der Abnahme die Beweislast für seine Behauptung, es lägen Mängel vor, die auf den in Anspruch genommenen Auftragnehmer ursächlich zurückgingen und ihm auch zurechenbar seien. Den Mangel, die Ursächlichkeit und die Zurechenbarkeit hat dann der Auftraggeber bei Bestreiten durch den Auftragnehmer zu beweisen.

18.4.1.2 Beweislast für fehlendes Verschulden

Nach § 280 Abs. 1 Satz 2 BGB trifft den Auftragnehmer dann, wenn eine Pflichtverletzung objektiv durch den Auftraggeber nachgewiesen worden ist, die Beweislast für das fehlende Verschulden. Die Vorschrift begründet eine gesetzliche, aber nach § 292 ZPO widerlegbare Vermutung für das Verschulden des Schuldners, der die Pflichtverletzung begangen hat. Ist dem Auftragnehmer deshalb nach der Abnahme durch den Auftraggeber ein zurechenbarer Mangel nachgewiesen worden, begründet die Mangelhaftigkeit des dem Auftragnehmer zurechenbaren Werks eine Pflichtwidrigkeit. Das Verschulden wird vermutet. Der Auftragnehmer hat sein fehlendes Verschulden zu beweisen.

---

1 BGH, U. v. 16.5.1974 – VII ZR 35/72, BauR 1975 S. 130.

18. Darlegungslast, Beweislast und deren Verteilung

18.4.1.3 Beweislastverteilung bei Vertragsstrafe

Bestreitet der Schuldner, der auf Zahlung einer Vertragsstrafe wegen vom Gläubiger behaupteter Verwirkung in Anspruch genommen wird, die Verwirkung mit der Begründung, er habe seine Verpflichtung erfüllt, so hat er die Erfüllung zu beweisen, sofern die geschuldete Leistung nicht in einem Unterlassen besteht (§ 345 BGB).

18.4.2 Beweislastumkehr durch die Rechtsprechung – Beweisnotstand, Beweisvereitelung

Die Rechtsprechung hat eine Beweislastumkehr auch dann angenommen, wenn ein Architekt durch die Unterlassung von Planungsleistungen zu Lasten des Auftraggebers einen Beweisnotstand hervorgerufen hat. Dem Planer wurde die Beweislast für die fehlende Schadensursächlichkeit der fehlenden Planerleistung aufgebürdet.[1]

Dieselben Grundsätze gelten, wenn einen Auftragnehmer Aufklärungs- und Beratungspflichten treffen, die vorwerfbar verletzt worden sind. Wer solche Aufklärungs- und Beratungspflichten verletzt, hat die Folgen der Unaufklärbarkeit darüber zu tragen, als nicht bekannt ist, wie der andere Teil gehandelt hätte, wenn er rechtzeitig und zutreffend aufgeklärt worden wäre.[2]

Eine **Beweisvereitelung** kann zu einer Umkehr der Beweislast führen. So kann in einer fehlenden oder unzureichenden Dokumentation der durch eine Ersatzvornahme beseitigten angeblichen Mängel eine Beweisvereitelung liegen, wenn das Vorliegen von Mängeln erst im Lauf der Mängelbeseitigungsarbeiten überprüft werden kann, und der Auftraggeber dem Auftragnehmer keine dahingehenden Feststellungen ermöglichte, obwohl der Auftragnehmer darum gebeten hatte, sich an der Schadensfeststellung im Rahmen der Ersatzvornahme zu beteiligen. Dies war ihm auch nicht abgeschlagen worden. Beruht die Beweisvereitelung auf einer Verletzung der Kooperationspflicht des Auftraggebers kann hieraus eine Umkehr der Beweislast für das Vorliegen von Mängeln im Stadium vor der rechtsgeschäftlichen Abnahme zu Lasten des Auftraggebers folgen.[3]

Beweisvereitelung kann auch bewirken, dass die Beweisführung als geglückt angesehen werden darf. Derartige Regeln (**Beweisvereitelungsregeln**) enthält die Zivilprozessordnung (ZPO) in verschiedenen Vorschriften. Deren gemeinsamer Tenor ist: Ist eine Partei für eine Beweisvereitelung verantwortlich, kann das Gericht die jeweils betroffene Beweisführung als geglückt ansehen. Es handelt sich dabei um folgende Vorschriften: §§ 427, 441 Abs. 3, 444, 446, 453 Abs. 2, 454 Abs. 1 ZPO. So können Urkunden nach § 441 Abs. 3 ZPO als echt behandelt werden, wenn der Gegner zur Prüfung der Echtheit erforderliche und zum Vergleich geeignete Schriften nicht vorlegt. Wird eine Urkunde in der Absicht beseitigt, ihre Benutzung dem Gegner zu entziehen, können die Behauptungen des Gegners über die Beschaffenheit und den Inhalt der Urkunde als bewiesen angesehen werden (§ 444 ZPO).

Darlegungs- und Beweislastfolgen ergeben sich auch hinsichtlich eines durch den Auftraggeber nicht wahrgenommenen jedoch zwischen den Beteiligten vereinbarten Termins für ein gemeinsames Aufmaß. Nach der Rechtsprechung des BGH muss der Auftraggeber,

---

1 BGH, U. v. 25.10.1973 – VII ZR 181/72, BauR 1974 S. 63, 65.
2 BGH, WM 1971 S. 1271.
3 BGH, U. v. 23.10.2008 – VII ZR 64/07, BauR 2009 S. 237.

der einem Termin für eine **gemeinsames Aufmaß** fernbleibt, im Werklohnprozess darlegen und beweisen, welche Massen zutreffen und dass die vom Auftragnehmer angesetzten Massen unzutreffend sind, wenn eine neues Aufmaß oder eine Überprüfung des einseitig genommenen Aufmaßes nicht mehr möglich sind.[1] Hat ein Auftraggeber die einseitig ermittelten Massen des Auftragnehmers bestätigt und ist auf Grund nachfolgender Arbeiten eine Überprüfung der Massen nicht mehr möglich, dann muss der Auftraggeber im Prozess vortragen und beweisen, welche Massen zutreffen oder dass die vom Auftragnehmer angesetzten Massen unzutreffend sind.[2]

---

[1] BGH, U. v. 22.5.2003 – VII ZR 143/02, BauR 2003 S. 1207
[2] BGH, U. v. 22.5.2003 – VII ZR 143/02, BauR 2003 S. 1207.

19. Die Verjährung von Sachmängelansprüchen

Gerd Motzke

Übersicht

19.1	Einleitung
19.2	Verjährungsregeln nach BGB
19.2.1	Verjährung nach Werkvertragsrecht
19.2.1.1	Regelungsort
19.2.1.2	Mangelhafte Leistung
19.2.1.3	Verletzung von Nebenpflichten ohne Verursachung eines Sachmangels
19.2.1.4	Verjährungsfristen
19.2.1.4.1	Zweijahresfrist
19.2.1.4.2	Fünfjahresfrist
19.2.1.4.3	Dreijahresfrist
19.2.1.5	Fristbeginn
19.2.1.5.1	Sachmängelansprüche – Verjährungsfristen von zwei und fünf Jahren
19.2.1.5.2	Sachmängelansprüche – Drei-Jahresfrist nach allgemeinem Verjährungsrecht
19.2.1.6	Sonderregelungen für Rücktritt und Minderung
19.2.1.6.1	Rücktritt
19.2.1.6.2	Minderung
19.2.2	Hemmungs- und Unterbrechungtatbestände
19.3	Verjährungsregeln nach VOB/B
19.3.1	Verjährungsfristen nach § 13 Nr. 4 VOB/B
19.3.1.1	Vierjahresfrist für Bauwerke – § 13 Nr. 4 Abs. 1 VOB/B
19.3.1.2	Zweijahresfrist für Arbeiten anderer Werke (keine Bauwerke) – § 13 Nr. 4 Abs. 1 VOB/B
19.3.1.3	Zweijahresfrist bei wartungsbedürftigen Anlagen ohne Wartungsvertrag – § 13 Nr. 4 Abs. 2 VOB/B
19.3.2	Verjährungsbeginn
19.3.3	Unterbrechungtatbestände nach der VOB/B
19.3.3.1	Schriftliches Mängelbeseitigungsverlangen
19.3.3.2	Abnahme der Mängelbeseitigungsarbeiten
19.3.3.3	Rechtsfolge dieses Neubeginns eines Fristenlaufs
19.3.3.3.1	Zweijahresfrist
19.3.3.3.2	Ergänzung durch BGB-Regelungen

19.1 Einleitung

Die Verjährung von Sachmängelansprüchen bestimmt sich nach Maßgabe des Vertrages. Der Vertrag kann nach Regeln des BGB oder bei rechtswirksamer Vereinbarung der VOB/B abzuwickeln sein. Das macht einen Unterschied, weil die VOB/B bei rechtswirksamer Einbeziehung in einen Bauvertrag (§ 305 BGB) in § 13 Abs. 4 von den Verjährungsfristen des BGB (§ 634a BGB) abweichende Fristen kennt. Die VOB/B weicht auch insofern von den BGB-Regeln ab, als der Neubeginn des Laufs der Verjährungsfrist durch eine schriftliche Mängelrüge bewirkt wird. Diese Möglichkeit kennt das BGB nicht; sie ist allerdings auch nach der VOB/B bezüglich ein- und desselben Mangels nur auf eine schriftliche Mängelrüge beschränkt. Die VOB/B weicht in § 13 Abs. 4 zudem insofern von der BGB-Regelung ab, als ein weiterer Neubeginn des Laufs der Verjährungsfrist für Sachmängelansprüche mit der rechtsgeschäftlichen Abnahme der Mängelbeseitigungsarbeiten vorgesehen ist. Im Übrigen gelten selbstverständlich für einen VOB-Bauvertrag die Regeln des BGB, das in erster Linie Hemmungs- und nicht Unterbrechungstatbestände kennt.

Hemmung bedeutet dabei, dass in dem Zeitraum, während dessen die Verjährung gehemmt ist, die Frist nicht weiter läuft, also dieser Hemmungszeitraum der nach ungestörtem Ablauf berechneten Endfrist angehängt wird.

Unterbrechung bedeutet, dass ab dem Zeitpunkt des Endes der Unterbrechung die Verjährungsfrist neu zu laufen beginnt. Diese Unterbrechungstatbestände oder – gleichbedeutend – Tatbestände mit einem Neubeginn des Laufs der Verjährungsfrist für Sachmängelansprüche sind im BGB selten. Insbesondere ist auch eine schriftliche Mängelrüge – abweichend von der VOB/B-Regelung in § 13 Abs. 5 Nr. 1 Satz 2 VOB/B – nicht geeignet, eine neue Verjährungsfrist in Gang zu setzen.

19.2 Verjährungsregeln nach BGB

Thematisiert sind Verjährungsregeln des BGB für die Sachmängelansprüche. Davon sind die allgemeinen Verjährungsregeln des BGB ab §§ 195 ff. abzugrenzen. Einschlägig sind ausschließlich im Besonderen Schuldrecht solche Vertragstypen, die ein eigenständig normiertes Sachmängelhaftungsrecht kennen. Das sind das Kaufrecht, das Mietrecht und insbesondere das Werkvertragsrecht. Der Sachverständige wird meist im Rahmen von Auseinandersetzungen über die Sachgerechtigkeit von Werkleistungen eingesetzt. Das Kaufrecht kann vorkommen, hat jedoch für Sachverständige keinen mit dem Werkvertragsrecht gleichzusetzenden Stellenwert. Das Kaufrecht kann auch über den **Werklieferungsvertrag** nach § 651 BGB einschlägig sein.

19.2.1 Verjährung nach Werkvertragsrecht

Die Verjährungsregeln des BGB für die Sachmängelansprüche gelten für BGB-Bauverträge und für Planerverträge; auch die Sachmängelansprüche gegenüber einem Sachverständigen bestimmen sich nach Werkvertragsrecht, wenn dem Sachverständigen ein Werk und nicht lediglich eine Dienstleistung beauftragt worden ist. Schließt ein Architekt oder ein Ingenieur einen Vertrag über Planungsleistungen ab, deren Inhalt sich z.B. nach § 34, § 39, § 43, § 47, § 51 oder § 55 HOAI (sämtliche Paragrafen nach der HOAI 2013) ausrichtet, bestimmt sich dieser Vertrag gewöhnlich als Werkvertrag ausschließlich nach BGB-Regeln. Dienstleistungscharakter haben Planerverträge nur ausnahmsweise, wenn der Planer dem Auftraggeber keinen Erfolg, sondern lediglich Dienste schuldet. Das kann eventuell in Betracht kommen, wenn einem Architekten lediglich die Leistungsphasen 1 oder 9 des § 34 HOAI 2013 und Anlage 10 zur HOA 2013, Lph 1 oder 9 übertragen worden sind. Die VOB/B ist nicht einschlägig, weil sie nur für Bauleistungen und nicht für Planungsleistungen gilt. Dass Planungsleistungen vom Gesetzgeber grundsätzlich dem Bereich des Werkvertrags zugeordnet werden, kann § 634a Abs. 1 Nr. 2 BGB entnommen werden, weil die dort genannte Verjährungsfrist von fünf Jahren auch für Mängelansprüche bezüglich eines

Werks gelten, dessen Erfolg in der Erbringung von Planungs- oder Überwachungsleistungen für ein Bauwerk besteht. Auch die „Beratenden Ingenieure", die Beratungsleistungen nach der Anlage 1 zur HOAI 2013 erbringen, werden in der Regel auf Grund eines Werkvertrags tätig. Für die prinzipiell in Betracht kommende Zuordnung von Planerverträgen in den Bereich des Werkvertrags könnte nunmehr auch § 15 Abs. 1 HOAI 2013 sprechen, wonach die Fälligkeit der Honorarschlussrechnung von der rechtsgeschäftlichen Abnahme der erbrachten Leistungen abhängt. Das ist eine massive Anlehnung an §§ 640, 641 BGB. Diese Regelung entbehrt nicht einer gewissen Merkwürdigkeit dann, wenn von der HOAI erfasste Leistungen im Rahmen eines Dienstvertrages erbracht werden. Denn die HOAI ist grundsätzlich vertragstypenneutral. Sie setzt eine werkvertragliche Beziehung zwischen Auftraggeber und Planer nicht voraus.[1] Nunmehr müsste dann, wenn die Vertragsbeziehung auf der Grundlage eines Dienstvertrages erbracht wird, der Fälligkeit der Honorarrechnung wegen eine rechtsgeschäftliche Abnahme stattfinden, obwohl das Dienstvertragsrecht eine solche Abnahme gar nicht kennt.

19.2.1.1 Regelungsort

Die Regelung bezüglich der Verjährung der Sachmängelansprüche im Werkvertragsrecht nach dem Bürgerlichen Gesetzbuch (BGB) ist in § 634a BGB enthalten. Sie betrifft die in § 634 BGB aufgelisteten Ansprüche, erfasst also den Nacherfüllungsanspruch (§§ 634 Nr. 1, 635 BGB), den Selbstkostenvorschuss-/Selbstkostenerstattungsanspruch (§§ 634 Nr. 2, 637 BGB), den Schadensersatzanspruch (§§ 634 Nr. 4, 636, 280, 281, 283, 311a BGB) und den Aufwendungserstattungsanspruch (§§ 634 Nr. 4, 284 BGB).

Zum Kreis der Sachmängelansprüche gehört auch der **Rücktritt** (§ 634 Nr. 3 BGB). Da der Verjährung jedoch nach § 195 BGB nur Ansprüche unterliegen und der Rücktritt als Gestaltungsrecht dazu nicht gehört, erfasst § 634a Abs. 1 BGB gerade nicht den Rücktritt. Nach § 634a Abs. 4 BGB gilt für das Rücktrittsrecht § 218 BGB. Diese Vorschrift besagt, dass ein Rücktritt wegen nicht oder nicht vertragsgemäß erbrachter Leistung unwirksam ist, wenn der Anspruch auf die Leistung oder der Nacherfüllungsanspruch verjährt ist und sich der Schuldner darauf beruft (vgl. näher unter 19.2.1.6).

Das trifft auch auf die **Minderung** (§§ 634 Nr. 3, 638 BGB) zu. Auch diese gehört zu den Sachmängelrechten. Die Minderung nach § 638 BGB ist jedoch – wie der Rücktritt – nicht als Anspruch, sondern als Gestaltungsrecht konzipiert. Deshalb verweist § 634a Abs. 5 BGB für die Minderung auf § 218 BGB und § 634a Abs. 4 Satz 2 (vgl. näher unter 19.2.1.6). Da die Minderung kein Anspruch ist, sondern der minderungsberechtigte Auftraggeber durch die Erklärung der Minderung das Vertragsverhältnis gestaltet (Minderung als Gestaltungsrecht), sind die Verjährungsregeln nicht unmittelbar einschlägig. Sie erfassen nach § 195 BGB nur Ansprüche.

19.2.1.2 Mangelhafte Leistung

Vorausgesetzt werden eine mangelhafte Leistung und daraus abgeleitete Sachmängelansprüche. Verletzt der Auftragnehmer eine anderweitige Pflicht, die sich nicht in einem Sachmangel des Werks, sondern so auswirkt, dass der Auftraggeber einen allgemeinen Vermögensschaden erleidet, ist das Verjährungsrecht gemäß § 634a BGB nicht einschlägig. Dann gelten die allgemeinen Verjährungsregeln nach § 199 BGB. Die allgemeine Verjährungsfrist beträgt drei Jahre. Im Vergleich z.B. zur fünfjährigen Verjährungsfrist bei

---

[1] BGH, U. v. 18.5.2000 – VII ZR 125/99, BauR 2000 S. 1512.

Mängeln an einem Bauwerk oder an Planungs-/Überwachungsleistungen für ein Bauwerk ist die allgemeine Verjährungsfrist also kürzer. Sie fängt jedoch erst am Schluss des Jahres an zu laufen, in dem der Anspruch entstanden ist, wobei der Beginn des Fristenlaufs weiter davon abhängig ist, dass der Gläubiger von den den Anspruch begründenden Umständen und der Person des Schuldners Kenntnis erlangt hat oder ohne grobe Fahrlässigkeit hätte erlangen müssen. Die rechtsgeschäftliche Abnahme der Werkleistung ist also ohne Stellenwert. Wegen dieser erheblich unterschiedlichen Voraussetzungen und Rechtsfolgen ist also entscheidend, welches Verjährungsregime überhaupt greift.

Beispiel

Der Auftragnehmer zerschlägt im Zusammenhang mit seinen Arbeiten durch ungeschickte Handhabung einer Leiter eine Glasscheibe. Wenn der Maler im Rahmen seiner Schutzpflichten den vorhandenen Teppichboden nicht schützt und verschmiert, stellt sich die Frage, ob seine Leistung, die im Lasieren der Fenster besteht, mangelbehaftet ist oder ob er lediglich eine Nebenpflicht verletzt hat. Der Verstoß gegen Informationsverpflichtungen mit Folgen für die Brauchbarkeit einer Bauleistung löst keine Sachmängelhaftung, sondern eine Haftung wegen Verletzung von Nebenpflichten aus. Das allgemeine Verjährungsrecht und nicht das Sachmängelhaftungsrecht des Werkvertrags ist einschlägig.[1]

19.2.1.3 Verletzung von Nebenpflichten ohne Verursachung eines Sachmangels

Wirkt sich eine Pflichtverletzung mit schädlichen Folgen nicht in einem Werkmangel aus, ist das Verjährungsrecht des Werkvertrags nicht einschlägig. § 634a BGB bestimmt die Verjährungsfrist nur für solche Pflichtverletzungen, die in einem Sachmangel des versprochenen Werks bestehen.

Beispiel

Beschädigt der Erdbauunternehmer, der eine Baugrube wieder zu verfüllen hat, Abdichtungsbahnen, weil er das falsche Verfüllmaterial verwendet hat, ist das Werk mangelhaft, weswegen die Verjährungsregeln nach § 634a BGB gelten. Hat er richtig verfüllt, aber im Zusammenhang mit der Wiederverfüllung durch sorgloses Hantieren mit der Baggerschaufel die Abdichtungsbahn durchlöchert, stellt sich die Frage, ob das Werk mangelhaft ist, oder ob – was auch der Fall ist – das richtige Material wurde lagenweise verdichtet richtig eingebracht – die Nebenpflicht verletzt worden ist, die bisher einwandfrei erstellten Bauteile nicht zu beschädigen. Hat ein Bauunternehmer eine Baugrube samt Bodenplatte aus Beton zu erstellen, die so bemessen und rezeptiert ist, dass notwendig den Winter über die vorgesehene Halle erstellt ist, damit die Platte vor frostiger Bewitterung geschützt ist, stellt sich die Haftungsfrage, wenn der Bau stockt, die Bodenplatte dem Winterwetter ungeschützt ausgesetzt ist und bei Fortsetzung der Hallenerstellung – womit der genannte Unternehmer nicht befasst ist – Frostabplatzungen entstanden sind. Trotz des funktionalen Mangelbegriffs hält der BGH für diesen Fall die Sachmängelhaftung nicht für anwendbar, sondern hält die Haftungsregeln aus einer eventuellen Nebenpflichtverletzung – nachvertragliche Informationsverpflichtung – für einschlägig.[2]

---

[1] Vgl. BGH, U. v. 19.5.2011 – VII ZR 24/08, BauR 2011 S. 1494 = NZBau 2011 S. 483.
[2] BGH, U. v. 19.5.2011 – VII ZR 24/08, BauR 2011 S. 1494 = NZBau 2011 S. 483.

Bejaht man lediglich eine Nebenpflichtverletzung, dann trifft § 634a BGB nicht zu. Zwar ist die Folge der Nebenpflichtverletzung ein Schadensersatzanspruch aus § 280 BGB. Dieser verjährt jedoch wegen des fehlenden Zusammenhangs mit einem Werkmangel nach den allgemeinen Verjährungsregeln, also gemäß § 199 Abs. 1 i.V.m. § 195 BGB in drei Jahren (also nicht in fünf Jahren beginnend ab der Abnahme); diese Frist beginnt jedoch erst am Ende des Jahres zu laufen, in dem der Anspruch entstanden ist und der Auftraggeber von den den Anspruch begründenden Umständen und der Person des Schuldners Kenntnis erlangt hat oder ohne grobe Fahrlässigkeit hätte Kenntnis erlangen müssen.

19.2.1.4 Verjährungsfristen

Das BGB kennt unterschiedlich lange Fristen, nämlich zwei oder fünf Jahre. Im Übrigen wird auf die Drei-Jahresfrist des § 195 BGB für die Fälle verwiesen, für welche die Voraussetzungen der Zwei- oder Fünfjahresfrist nicht einschlägig sind. Diese Verweisung auf die allgemeinen Verjährungsregeln enthält § 634a Abs. 1 Nr. 3 BGB.

19.2.1.4.1 Zweijahresfrist

Die Zweijahresfrist ist nach § 634a Abs. 1 Nr. 1 BGB für Sachmängelansprüche dann einschlägig, wenn der versprochene werkvertragliche Erfolg in der Herstellung, Wartung oder Veränderung einer Sache oder in der Erbringung von Planungs- oder Überwachungsleistungen hierfür besteht. Das sind Werkverträge über bewegliche und unbewegliche Sachen, die keine Bauwerke sind und Planungsleistung für solche beweglichen Sachen oder unbeweglichen Sachen, die keine Bauwerke sind. In erster Linie handelt es sich um Werkleistungen für bewegliche Sachen und die Planungsleistungen hierfür. Dazu gehören auch Werkleistungen lediglich für ein Grundstück; das sind die vor dem 1.1.2002 unter dem Stichwort Arbeiten an einem Grundstück bekannten Leistungen. Betroffen sind in erster Linie Leistungen, die sich in reinen Erdbewegungsarbeiten erschöpfen (z.B. Erstellung von Gräben, Wällen, nicht Baugruben, weil dann der Bezug zu einem Bauwerk zu bejahen ist; Rodungsmaßnahmen). Auch der Gerüstbauer erstellt kein Bauwerk.[1]

Bau- und Planungsleistungen für vorhandene Bauten fallen unter diese Regelung, wenn die Maßnahmen ihrem Stellenwert, ihrem Gewicht und ihrer Bedeutung nach nicht Neubaumaßnahmen gleichgestellt werden können. Grundsätzlich sind solche Maßnahmen, die für die dauerhafte Funktionalität des überarbeiteten Werks Bedeutung haben, sich also nicht in einer Verschönerung erschöpfen, nicht der Nr. 1 des § 634a Abs. 1 BGB zuzuweisen, sondern sind nach der Nr. 2 zu behandeln. Ein Umbau, eine Modernisierung oder eine Instandsetzung (vgl. die Begriffsumschreibungen in § 2 Abs. 5, 6, 8 HOAI 2013), die nach Volumen und damit Aufwand einer Neubaumaßnahme gleichstehen, sind als Bauwerksmaßnahme mit der Folge zu qualifizieren, dass die Verjährungsfrist fünf Jahre beträgt (§ 634a Abs. 1 Nr. 2 BGB).

Erstellt der Sachverständige ein Gutachten, ist das Gutachten zwar eine bewegliche Sache. Aber der mit dem Gutachter abgeschlossene Vertrag, der als Werkvertrag zu qualifizieren ist,[2] richtet sich nicht auf die Erstellung eines beweglichen Werks, sondern das Werk des Gutachters ist ein Geistiges, das lediglich in dem „Stück Papier", also dem

---

1 Sehr strittig: vgl. OLG Hamburg, U. v. 20.8.1993 – 11 U 82/92, BauR 1994 S. 123; OLG Köln, U. v. 26.3.1990 – 4 U 47/98, BauR 2000 S. 1874.
2 BGH, U. v. 11.10.2001 – VII ZR 475/00, BauR 2002 S. 315; BGH, U. v. 10.6.1976 – VII ZR 129/74, NJW 1976 S. 1502.

19. Die Verjährung von Sachmängelansprüchen

schriftlichen Gutachten, das selbstverständlich für sich betrachtet eine bewegliche Sache ist, seinen Niederschlag findet.[1]

Die Zweijahresfrist ist nur einschlägig, wenn Gegenstand der Werkleistung eine Sache ist oder die Planungs- bzw. Überwachungsleistung für eine solche Sache ist. Das trifft auf ein Gutachten nicht zu. Denn dem Gutachten liegt eine geistige Leistung zugrunde, die sich lediglich in dem Gutachten als Schriftstück verkörpert. Ansprüche wegen Sachmängeln des Gutachtens, das auf der Grundlage eines Werkvertrages erstellt wird,[2] verjähren nach § 634a Abs. 1 Nr. 3 BGB nach allgemeinem Recht. Die Verjährungsfrist beträgt deshalb gem. §§ 195, 199 BGB drei Jahre; diese Frist beginnt am Ende des Jahres zu laufen, in dem der Anspruch wegen des Gutachtensmangels entstanden ist – wenn der Mangel also aufgetreten ist – und der Gläubiger von den den Anspruch begründenden Umständen und der Person des Schuldners Kenntnis erlangt oder ohne grobe Fahrlässigkeit erlangen müsste. Die Maximalfristen folgen aus § 199 Abs. 2 und 3 BGB.

Der BGH hat in einem neuen Urteil – allerdings noch zum alten Recht, wobei sich die Ausführungen mit gewissen Einschränkungen auf die Neuregelung seit 1.1.2002 übertragen lassen – zu Gutachterleistungen eine Position eingenommen, die zur Anwendung der Verjährungsregeln führt, die bei Planung für ein Bauwerk gelten, also zu einer 5-jährigen Verjährungsfrist. Der BGH hat den Umbau und die Erneuerung eines Tennisplatzes mit Rollrasen, Rasentragschicht, Bewässerung, Rasenheizung und Kunstfaserverstärkung als Arbeit bei einem Bauwerk angesehen. Grundlage ist der Hintergrund für eine 5-jährige Verjährungsfrist für Sachmängelansprüche, nämlich die im Allgemeinen bestehende späte Erkennbarkeit solcher Mängel. Die Besonderheit des Falles für die Beurteilung von Gutachterleistungen und Laborleistungen besteht in folgendem: Ein Gutachter bekam den Auftrag, ein ihm zur Verfügung gestelltes Rasenstück – eine Probe – daraufhin zu prüfen, ob die geforderte Wasserdurchlässigkeit gegeben sei. Vom Attest des Gutachters (Prüflabor) hing gleichsam ab, ob dieser Bodenaufbau gewählt werden konnte oder ob Änderungen vorgenommen werden sollten. Im Fall ging es um die Haftung dieses Gutachters (Prüflabor) und um die Verjährungsfrage. Denn im Ergebnis war das beprobte Material nicht ausreichend wasserdurchlässig, weswegen es zu Pfützenbildungen auf dem Platz gekommen war. Der BGH hält nicht § 634a Abs. 1 Nr. 3 BGB für einschlägig, sondern § 634a Abs. 1 Nr. 2. Die Begründung lautet: „Geistige Leistungen, die der Errichtung oder grundlegenden Erneuerung eines bestimmten Bauwerks dienen, sind der Errichtung eines Bauwerks zuzuordnen; für sie gilt die Verjährungsregelung des § 638 a. F. für Bauwerke. Hierzu zählen etwa Leistungen eines Geologen, der Bodenuntersuchungen für die Gründungsarbeiten beim Bau eines Gebäudes durchführt oder Leistungen eines Vermessungsingenieurs, der damit betraut ist, auf einem Baugrundstück den Standort des darauf zu errichtenden Hauses einzumessen und abzustecken. Dementsprechend sind auch die vom Beklagten (Verf: Prüflabor) vorgenommenen Untersuchungen von Proben der Rasentragschicht der Bauwerkserrichtung zuzuordnen. Die Leistungen weisen einen hinreichenden und für den Beklagten auch ohne Weiteres erkennbaren Bezug zu dem bestimmten Bauwerks „Trainingsplatz" auf. Sie dienen dazu, die Funktionalität des Trainingsplatzes in seiner Gesamtheit sicherzustellen. Insbesondere die Begutachtung der Rasentragschicht auf Wasserdurchlässigkeit ist für die Verwendbarkeit des Platzes als Trainingsplatz von erheblicher Bedeutung."[3]

---

[1] Vgl. *Roeßner* in Bayerlein, Praxishandbuch Sachverständigenrecht, Teil 9, Rdn. 9 ff.
[2] Vgl. BGH, U. v. 4.4.2006 – X ZR 122/05, BauR 2006 S. 1341.
[3] BGH, U. v. 20.12.2012 – VII ZR 182/10, BauR 2013 S. 596.

Das Problem des Falles in der Übertragung auf die Neuregelung des Werksvertragsrechts seit 1.1.2002 besteht in § 634a Abs. 1 Nr. 2 BGB darin, ob in solchen Gutachterleistungen tatsächlich Planungsleistungen gesehen werden können. Es droht die Gefahr, dass Gutachterleistungen und Planungsleistungen in ihrem Kern an Unterscheidungsstruktur verlieren. Denn § 634a Abs. 1 Nr. 2 verlangt eine Planungsleistung. Und gewöhnlich ist eine Gutachterleistung, noch dazu eine solche eines Prüflabors, dessen Aufgabe allein darin besteht, eine Probe auf bestimmte Qualitäten zu untersuchen, gerade keine Planungsleistung. Das Labor liefert lediglich ein **Attest**, das bei positivem Ausgang nicht mehr als eine **Freigabe** aus der Sicht des Prüflabors beinhaltet. Das ist keine Planungsleistung, die § 634a Abs. 1 Nr. 2 BGB für eine 5-jährige Verjährungsfrist verlangt.

Die vom BGH in der genannten Entscheidung vorgenommene Wertung, die darauf abstellt, dass die Untersuchungen von Proben der Bauwerkserrichtung zuzuordnen seien, diese Leistungen einen hinreichenden und für das Labor einen ohne Weiteres erkennbaren Bezug zu einem bestimmten Bauwerks aufweisen und letztlich dazu dienen die Funktionalität eines Bauwerks – hier des Trainingsplatzes – sicherzustellen, ist jedenfalls bezüglich des § 634a BGB und der Prüfung seiner tatbestandlichen Voraussetzungen konturlos und nicht geeignet, die Verjährung der Sachmängelansprüche bei fehlerhafter Laborleistung nach Werkvertragsregeln zu begründen. Die BGH-Entscheidung beruht auf der sog. Verkörperungstheorie, wonach gem. § 638 BGB a.F. Planungsleistungen deshalb Bauwerksleistungen sind, weil sich diese im Bauwerk verkörpern. § 638 BGH a.F. hatte bis zum 31.12.2001 bestimmt, dass „bei Bauwerken" die Verjährungsfrist für Sachmängelansprüche fünf Jahre beträgt. Deshalb mussten Planungsleistungen zu Leistungen „bei Bauwerken" werden, sollte die Verjährungsfrist fünf Jahre betragen. Das gelang über die Idee der Verkörperung. § 634a Abs. 1 Nr. 2 BGB beruht aber nicht mehr auf der Verkörperungsidee, weil die Planungs- oder Überwachungsleistungen für ein Bauwerk eigenständig als Tatbestandsvoraussetzung benannt werden. Der Verordnungsgeber der HOAI Fassung 2009 hat unter Planungsleistungen in Abgrenzung zu Gutachterleistungen folgendes verstanden: „Unter Planung versteht man den systematischen Prozess zur Festlegung von Zielen und künftigen Handlungen. Planung bedeutet damit regelmäßig die Schaffung von etwas Neuem."[1] Eine Gutachterleistung beschreibt der Verordnungsgeber der HOAI 2009 demgegenüber auf diese Weise: *„Ein Gutachten ist dagegen die begründete Darstellung von Erfahrungssätzen und die Ableitung von Schlussfolgerungen für die tatsächliche Beurteilung eines Geschehens oder Zustands durch einen Sachverständigen. Ein Gutachten enthält ene allgemeine vertrauenswürdige Beurteilung eines Sachverhalts im Hinblick auf eine Fragestellung oder ein vorgegebenes Ziel und beinhaltet damit regelmäßig die Bewertung des Ist-Zustandes. Ein Gutachten wird im Regelfall der Beratung dienen, deshalb werden diese Leistungen als Beratungsleistungen qualifiziert."*[2]

Der BGH vergleicht die Leistungen eines Prüflabors mit den Leistungen eines Bodengutachters und Vermessungsingenieurs. Dieser Vergleich ist unzutreffend und rechtfertigt die Gleichstellung der Laborleistungen mit den Leistungen der Vermessungsingenieure und Bodengutachter jedenfalls nicht im Hinblick auf die in § 634a Abs. 1 Nr. 2 BGB seit 1.1.2002 getroffene Regelung nicht. Die Ausführungen des BGH beziehen sich auf die Altfassung des BGB, also auf § 638 BGB in der Fassung bis zum 31.12.2001, weswegen eine Übertragung auf die Neuregelung ausscheidet. In der Entscheidung vom 26.10.1978[3] hat der

---

1 BR-Drs. 395/09, S. 210.
2 BR-Drs. 395/09, S. 210, 211.
3 VII ZR 249/77, BauR 1979 S. 76.

19. Die Verjährung von Sachmängelansprüchen

BGH darauf abgestellt, dass die beruflichen Leistungen der Architekten, Statiker, Vermessungsingenieure und der Sonderfachleute für technische Ausrüstung wesentliche Bestandteile der Gesamtbauleistung sind und sich unmittelbar auf die Herstellung des Bauwerks selbst beziehen. Deren Leistungen wie auch solche eines Geologen seien dazu bestimmt, ihre Verkörperung und Verwirklichung in einem Bauwerk zu finden. Im Ergebnis hat der BGH damit die damalige nach § 638 BGB alte Fassung erforderliche Tatbestandsvoraussetzung für eine fünfjährige Verjährungsfrist bejaht, dass nämlich Arbeiten bei Bauwerken vorliegen. Die höchstrichterliche Rechtsprechung hat hierfür darauf abgestellt, ob die Leistungen dazu bestimmt sind, sich in einem Bauwerk verkörpern.

Dieses Kriterium ist nach der Neufassung der Verjährungsregeln in § 634a Abs. 1 Nr. 2 BGB unmaßgeblich. Entscheidend ist, ob es sich um ein Bauwerk oder um ein Werk handelt, dessen Erfolg in der Erbringung von Planungs- oder Überwachungsleistungen hierfür handelt. Laborleistungen stellen keine Bauwerksleistungen dar. Damit, dass die Neufassung zwischen einem Bauwerk und Planungs-/Überwachungsleistungen unterscheidet, hat die Neuregelung auch die „Verkörperungstheorie" aufgegeben. Denn § 638 BGB alte Fassung hat die 5-jährige Frist mit dem Begriff „Arbeiten bei Bauwerken" verbunden und hierunter alles subsumiert, was an Leistung – auch an geistiger Leistung – dazu bestimmt und geeignet war, im Bauwerks selbst verwirklicht zu werden. Für dieses Normverständnis war eine Differenzierung der geistigen Leistungen in Planungsleistungen, Überwachungsleistungen, gutachterliche Leistungen nicht erforderlich, wenn nur das Ergebnis dieser Leistungen seinen Niederschlag in dem körperlichen Bauwerk selbst gefunden hat. Deshalb kam die Anwendung des § 638 BGB alte Fassung auch für Laborleistungen in Betracht, wenn deren Ergebnisse Eingang in das Bauwerk fanden.

Diese Lösungsaspekte sind aber für § 634a Abs. 1 BGB nicht mehr einschlägig. Der Absatz 1 unterscheidet in den Nrn. 1 und 2 völlig eindeutig zwischen körperlichen Leistungen und geistigen Leistungen, wobei diese geistigen Leistungen mit „Planungs- oder Überwachungsleistungen" beschrieben werden. Da **Laborleistungen** keine Planungsleistungen sind, beurteilt sich die Verjährungsfrist für Sachmängelansprüche im Baubereich nicht nach § 634a Abs. 1 Nr. 2 BGB, sondern nach der Nr. 3. Es handelt sich um Gutachterleistungen. Gutachterliche Leistungen rein feststellender Art stellen keine Planungsleistungen dar. Daneben soll es Gutachen geben, die einen „planerischen Charakter" aufweisen[1]. Diese gehen über bloße Feststellungen und Bewertungen hinaus. Ein geotechnischer Bericht wird wegen seiner Hinweise und Empfehlungen dazu gehören (Anlage 1 Nr. 1.3.3 HOAI 2013). Ein Gutachten eines **Labors** kann gleichfalls über bloße Feststellungen hinausgehen, also „Planungscharakter" annehmen. Das könnte sogar dann bejaht werden, wenn ein Bodenaufbau samt Bodenzusammsetzung lediglich feststellend bestätigt, damit aber zugleich Änderungsbedarf verneint wird.

Wenn der Auftragnehmer gegenüber dem Auftraggeber den Mangel arglistig verschwiegen hat, gilt nach § 634a Abs. 3 BGB die Zweijahresfrist oder Fünfjahresfrist nicht. Die Sachmängelansprüche verjähren dann in der regelmäßigen Verjährungsfrist nach §§ 195, 199 BGB. Die Zweijahresfrist wird deshalb durch eine Dreijahresfrist ersetzt, die außerdem nicht mit der Abnahme, sondern nach den Regeln des § 199 Abs. 1 BGB zu laufen beginnt. Die Dreijahresfrist beginnt ab Schadenseintritt und Kenntniserlangung oder grobfahrlässiger Unkenntnis des Geschädigten zu laufen, endet jedoch in den Fällen, in

---

[1] MüKoBGB/*Busche*, 6. Aufl., § 634a Rdn. 33.

denen gewöhnlich die Frist erst ab Abnahme zu laufen beginnt, nicht vor dieser Frist (Ablaufhemmung).[1]

19.2.1.4.2 Fünfjahresfrist

Die Frist von fünf Jahren betrifft Ansprüche aus Sachmängeln bei Bauwerken oder Planungs- bzw. Überwachungsleistungen für solche Bauwerke. Das sind die Verträge mit Unternehmern und Planern über Bauwerke und Bauwerksteile. Die Beauftragung eines Sachverständigen mit einem Gutachten über die Qualität von Planungs- oder Bauleistungen, z.B. im Zusammenhang mit der Frage, ob abgenommen werden soll oder ob Sachmängelansprüche erhoben werden können, hat nicht das Bauwerk oder eine Planungsleistung zum Gegenstand. Das vom Sachverständigen geschuldete Werk ist vielmehr ein Gutachten über Planungs- oder Ausführungsleistungen. Auch hier spielt das oben angeführte Urteil des BGH vom 20.12.2012 eine erhebliche Rolle.

Die Sachmängelhaftung des Sachverständigen, der mit der Erstellung eines Gutachtens über solche Leistungen beauftragt worden ist, unterliegt deshalb nicht der fünfjährigen Verjährungsfrist. Erstellt ein Sachverständiger allerdings ein sog. **Sanierungsgutachten**, das sich seinem Inhalt nach auch als Planungsleistung darstellt, gilt die Fünfjahresfrist.[2] Deshalb ist eine saubere Differenzierung zwischen einer Gutachterleistung und einer Planerleistung geboten.[3] Diese Unterscheidung droht in dem BGH-Urteil vom 20.12.2012 verloren zu gehen.[4] Die Entscheidung, die zum alten Recht vor 1.1.2002 und damit zu § 638 BGB a.F. ergangen ist, ist nach hier vertretener Auffassung auf § 634a Abs. 1 Nr. 2 BGB nicht übertragbar. Die Neuregelung stellt ausdrücklich auf Planungs- oder Überwachungsleistungen für ein Bauwerk ab. Auf derartige Planungs- und Überwachungsleistungen hebt auch die Nr. 1 im Unterschied zur körperlichen Leistung für die Herstellung einer Sache ab. Ein Gutachten ist keine Planungsleistung. Ein Gutachten enthält Feststellungen und Beurteilungen z.B. zu Planungsleistungen. Das macht das Gutachten jedoch nicht zu einer Planungsleistung. In § 634a Abs. 1 Nr. 2 BGB wird ausdrücklich auf Planungs- und Überwachungsleistungen abgestellt. **Laborleistungen** eines **Prüflabors** sind grundsätzlich Gutachterleistungen und keine Planungsleistungen. Ein Sachverständiger, der eine Tragwerksplanung eines Statikers zu begutachten hat, damit sich z.B. der Auftraggeber seiner Sache wirklich sicher ist, wird deshalb nicht zum Planer, sondern er bleibt ein Gutachter und sein Werk ist ein Gutachten und nicht die Bemessung – also Planung – des Objekts.

Der vom BGH[5] bezüglich der Beurteilung von Laborleistungen vorgenommene Vergleich mit den Leistungen eines Vermessungsingenieurs und eines Bodengutachters verfängt bei Anwendung des § 634a Abs. 1 BGB im Ergebnis deshalb nicht, weil die „**Verkörperungstheorie**" keine Subsumtionsregel für § 634a Abs. 1 Nr. 2 BGB darstellt. Entscheidend ist bei geistigen Leistungen auf deren Qualifizierung abzustellen: Sind sie Planungs- oder Gutachterleistungen? Die Leistungen eines Vermessungsingenieurs sind Planungsleistungen, was auch für die eines Bodengutachters gilt. Hinsichtlich der Leistungen eines Vermessungsingenieurs ist auf die in Anlage 1 Nr. 1.4.4 und Nr. 1.4.7 der HOAI 2013 beschriebenen Leistungsbilder zu verweisen. Ein Vermessungsingenieur, der mit dem Leis-

---

1 *Mansel*, NJW 2002 S. 89, 96.
2 Vgl. BGH U. v. 12.3.1987 – VII ZR 80/86, NJW-RR 1987 S. 853.
3 Vgl. *Kurz* in DAB 1997, Heft 8, S. 1484
4 BGH, U. v. 20.12.2012 – VII ZR 182/10, BauR 2013 S. 596.
5 BGH, U. v. 20.12.2012 – VII ZR 182/10, BauR 2013 S. 596.

19. Die Verjährung von Sachmängelansprüchen

tungsbild Bauvermessung beauftrag worden ist, ermittelt die Absteckungsunterlagen, überträgt die Hauptpunkte in die Örtlichkeit, steckt die Bauwerkspunkte und überwacht vermessungstechnisch bei Bedarf die Bauausführung. Das ist eine zukunftsorientierte Handlungsweise, die der Schaffung von Neuem dient und mit einer bloßen Beurteilung nicht verglichen werde kann. Die Leistungen eines Bodengutachters beschreibt die Anlage 1 Nr. 1.3.3 zur HOAI 2013. Im Ergebnis sind dessen Leistungen Planungsleistungen dann, wenn sie sich nicht nur in der Beschreibung und Beurteilung der Baugrund- und Grundwasserverhältnisse erschöpfen, sondern daraus Empfehlungen für die Gründung, die Herstellung und Trockenhaltung der Baugrube und des Bauwerks und die Bauwerksausführung abgeleitet werden. Die Beschreibung des Leistungsbildes Geotechnik in der Anlage 1 Nr. 1.3.3 zur HOAI 2013 lautet wie folgt: *„Grundleistungen können die Beschreibung und Beurteilung des Baugrund- und Grundwasserverhältnisse sowie die daraus abzuleitenden Empfehlungen für die Gründung einschließlich der Angaben der Bemessungsgrößen für eine Fläche- oder Pfahlgründung, Hinweise zur Herstellung und Trockenhaltung der Baugrube und des Bauwerks, Angaben zur Auswirkung des Bauwerks auf die Umgebung und auf Nachbarbauwerke sowie Hinweise zur Bauausführung umfassen. Die Darstellung der Inhalte kann im Geotechnischen Bericht erfolgen."*

Diese Beschreibung deckt sich im ersten Teil mit den Faktoren, die für die Qualifizierung einer Gutachterleistung maßgeblich sind. Denn ein Gutachten stellt etwas fest und liefert die Beurteilung eines Sachverhalts.[1] *Motzko/Kochendörfer*[2] beschreiben eine gutachterliche Leistung wie folgt: *„Das Gutachten stellt einen informationsverarbeitenden, gegebenenfalls beurteilenden Prozess dar. Inhalt eines Gutachtens soll u.a. die nachvollziehbare Darstellung dieses Erkenntnis-, Beurteilungs- oder Wertungsprozesses unter der Angabe der herangezogenen und ausgewerteten Fakten und Feststellungen sowie der hierdurch erlangten Informationen sein."* Mit den Empfehlungen und Hinweisen für die Gründung samt Angaben der geotechnischen Bemessungsparameter, für die Herstellung und Trockenhaltung der Baugrube und des Bauwerks einschließlich der Hinweise zur Bauausführung gehen die Leistungen eines Bodengutachters über eine bloße Beurteilung und damit ein Gutachten hinaus. Dieser Beurteilungsteil ist gleichsam eine Vorstufe für die Empfehlungen und Hinweise, die sich als Planungsleistungen darstellen. Denn Planungsleistungen liegen nicht erst dann vor, wenn die Planungsvorgaben die Qualität eines Entwurfs oder einer Werkplanung erreichen. Hierfür reichen Konzepte aus (vgl. Lph 2 des § 34 HOAI 2013 und Anlage 10 Lph 2 zur HOAI 2013). Laborleistungen können im Einzelfall den Charakter von Planungsleistungen aufweisen, weswegen die Begutachtung von Bodenproben im Einzelfall eine 5-jährige Verjährungsfrist auslösen kann (vgl. 19.2.1.4.1 am Ende).

Diese Fünfjahresfrist für die Sachmängelansprüche bei Mängeln an einem Bauwerk oder an Planungsleistungen/Überwachungsleistungen für ein Bauwerk gilt nach § 634a Abs. 3 Satz 2 BGB nicht, wenn der Auftragnehmer dem Auftraggeber den Sachmangel arglistig verschwiegen hat. Die Frist wird dann durch die regelmäßige Verjährungsfrist ersetzt, die jedoch nur drei Jahre beträgt. Diese Frist beginnt ab Schadenseintritt und Kenntniserlangung (§ 199 Abs. 1 BGB) zu laufen, und zwar am Ende des Jahres, in dem der Schaden eingetreten und die Kenntnis erlangt worden ist oder hätte ohne grobe Fahrlässigkeit

---

[1] BR-Drs. 395/09, S. 210, 211.
[2] In Gutachten „Einordnung der Leistungen Umweltverträglichkeitsstudie, Thermische Bauphysik, Schallschutz und Bauakustik, Bodenmechanik, Erd- und Grundbau sowie Vermessungstechnische Leistungen (vormals Teile VI, X – XIII HOAI 1996) als Planungsleistungen, derzeit im unverbindlichen Teil der HOAI 2009 im Zuge der 6. HOAI-Novellierung", im Internet greifbar unter www.aho.de.

erlangt werden können. Um Verschlechterungen des Auftraggebers auszuschließen, endet diese Dreijahresfrist jedoch nicht vor Ablauf der 5-Jahresfrist mit Beginn ab rechtsgeschäftlicher Abnahme der Werkleistung.

19.2.1.4.3 Dreijahresfrist

Für alle anderen Sachmängelansprüche verweist § 634a Abs. 1 Nr. 3 auf die regelmäßige Verjährungsfrist. Das ist die Dreijahresfrist nach § 195 BGB. Für Sachmängelansprüche hinsichtlich solcher Werke, die nicht unter die Nr. 1 und 2 fallen, gilt die Frist von drei Jahren, wenn nicht in Sonderregelungen abweichende Bestimmungen getroffen werden.

Das gilt so z.B. für den Zahnarzt, der ein Brücke erstellt, oder für einen Chirurgen, der an einem Patienten eine Operation vornimmt, und denen bezüglich dieser Werke Kunstfehler unterlaufen. Die Nr. 3 gilt auch für die Sachmängelansprüche gegen einen Privatgutachter oder einen Schiedsgutachter wegen Mängeln des Gutachtens. Für Steuerberater und Wirtschaftsprüfer, die als Gegenstand eines Vertrags die Erstellung einer Bilanz übernommen haben, was gleichfalls als Werkvertrag einzuordnen ist,[1] gelten Sonderregelungen.

Diese Frist beginnt jedoch abweichend von dem Fristenlauf der Fallgruppen nach § 634a Abs. 1 Nr. 1 und 2 BGB nicht mit der rechtsgeschäftlichen Abnahme zu laufen.

19.2.1.5 Fristbeginn

Der Fristbeginn ist unterschiedlich. Zwischen der Zwei- und der Fünfjahresfrist einerseits und der Dreijahresfrist nach allgemeinen Verjährungsregeln ist zu unterscheiden.

19.2.1.5.1 Sachmängelansprüche – Verjährungsfristen von zwei und fünf Jahren

Die Zwei- und die Fünfjahresfrist nach § 634a Abs. 1 Nr. 1 und 2 BGB beginnt gemäß § 634a Abs. 2 BGB mit der rechtsgeschäftlichen Abnahme zu laufen. Andere Abnahmen genügen nicht, insbesondere löst eine technische Abnahme den Lauf der Verjährungsfrist nicht aus. Auf die Abnahme kann für den Beginn der Verjährungsfrist auch nicht bei gekündigten Bauverträgen verzichtet werden.[2] Der BGH hat seine bisherige Rechtsprechung, nach einer Kündigung bedürfe es für die Fälligkeit der Vergütung keiner Abnahme, aufgegeben. Der BGH hat in seinem Urteil vom 19.12.2002 entschieden, dass die Verjährungsfristen für Sachmängelansprüche nach einer Kündigung grundsätzlich erst anwendbar sind, wenn die bis zur Kündigung erbrachte Leistung abgenommen worden ist, da erst die Abnahme der durch die Kündigung beschränkten Werkleistung das Erfüllungsstadium beendet und die Erfüllungswirkung herbeiführt.[3] Da das Gesetz auch für die Fünfjahresfrist nach § 634a Abs. 1 Nr. 2 BGB die Abnahme einfordert und die Nr. 2 auch für Planerverträge gilt, beginnt die Verjährungsfrist für Sachmängelansprüche gegen Planer ebenfalls erst nach der Abnahme dieser Planungsleistungen zu laufen. Deshalb sollte jeder Baubeteiligte durch ein entsprechendes Protokoll für Klarheit darüber sorgen, zu welchem Zeitpunkt eine Leistung rechtsgeschäftlich abgenommen worden ist.

---

1 Vgl. Palandt/*Sprau*, Einf. v. § 631 Rdn. 8, 28, 32.
2 BGH, U. v. 11.5.2006 – VII ZR 146/04, BauR 2006 S. 1294.
3 VII ZR 103/00, BauR 2003 S. 689.

19. Die Verjährung von Sachmängelansprüchen

19.2.1.5.2 Sachmängelansprüche – Drei-Jahresfrist nach allgemeinem Verjährungsrecht

Das gilt so nicht für die Dreijahresfrist nach 634a Abs. 1 Nr. 3 BGB. Diese Dreijahresfrist beginnt nach allgemeinen Regeln zu laufen, die in § 199 BGB enthalten sind. Denn § 634a Abs. 2 BGB enthält keinen Verweis auf die Nr. 3 des Abs. 1. Der Fristenlaufbeginn hängt also von der Entstehung des Anspruchs und davon ab, dass der Gläubiger – regelmäßig der Auftraggeber – um die den Anspruch begründenden Umstände wie auch um die Person des Schuldners weiß oder die diesbezügliche Unwissenheit auf grobe Fahrlässigkeit zurückzuführen ist (§ 199 Abs. 1 Nr. 1, 2 BGB).

Damit geraten diese potentiellen Schuldner in die Gefahr, dass schon der Verjährungsbeginn unbestimmbar hinausgeschoben wird. Dem schieben § 199 Abs. 2 und 3 BGB durch die Statuierung von Maximalfristen einen Riegel vor. Verursacht der Sachmangel eine Eigentumsverletzung oder einen allgemeinen Vermögensschaden, verjähren die Sachmängelansprüche in zehn Jahren ab Anspruchsentstehung ohne Rücksicht auf Kenntnis oder grobfahrlässige Unkenntnis über die den Anspruch begründenden Umstände und die Person des Schuldners. Die Verjährungsfrist beträgt in diesen Fällen unabhängig von der Anspruchsentstehung und der Kenntnis oder grobfahrlässigen Unkenntnis 30 Jahre, gerechnet ab Begehung der schadenauslösenden Handlung, der Pflichtverletzung oder einem sonstigen den Schaden auslösenden Ereignis.

Führt der Mangel am Werk zu Schäden an Leben, Körper, Gesundheit oder Freiheit, verjähren die Ansprüche ohne Rücksicht auf ihre Entstehung sowie die Kenntnis oder grobfahrlässige Unkenntnis in 30 Jahren, gerechnet ab Begehung der Handlung, der Pflichtverletzung oder dem sonstigen, den Schaden auslösenden Ereignis.

19.2.1.6 Sonderregelungen für Rücktritt und Minderung

Da der Rücktritt und die Minderung keine Ansprüche, sondern Gestaltungsrechte darstellen und die Verjährungsregeln unmittelbar nach § 194 Abs. 1 BGB nur für Ansprüche gelten, bedurfte es für diese Rechte besonderer Regelungen.

19.2.1.6.1 Rücktritt

§ 634a Abs. 4 Satz 1 BGB verweist auf § 218 BGB. Deshalb ist der von einem Auftraggeber erklärte Rücktritt vom Vertrag unwirksam, wenn sich der Auftragnehmer mit Recht auf die Verjährung des Erfüllungs- oder Nacherfüllungsanspruches berufen kann. Damit ist aber der Fall, dass der Auftraggeber den gesamten Werklohn noch nicht gezahlt hat, nicht gelöst. § 634a Abs. 4 Satz 2 BGB gesteht dem Auftraggeber trotz verjährungsbedingter Unwirksamkeit der Rücktrittserklärung das Recht zur Verweigerung der Zahlung in dem Umfang zu, als er bei Wirksamkeit der Rücktrittserklärung dazu berechtigt wäre. Letztlich führt dies nach §§ 346 ff. BGB dazu, dass der Auftraggeber den Werklohn vermindert um die Mängelbeseitigungskosten entrichten muss.

19.2.1.6.2 Minderung

Auch für die Minderung greift § 218 BGB ein (§ 634a Abs. 5 BGB), weswegen die Minderung nicht durchsetzungsfähig ist, wenn der Mängelbeseitigungsanspruch verjährt ist und sich der Auftragnehmer darauf beruft. Ist der Auftraggeber dem Auftragnehmer allerdings noch Werklohn schuldig, braucht er diesen Werklohn nur abzüglich der Minderung zu bezahlen. Das besagt der Verweis in § 634a Abs. 5 BGB auf dessen Abs. 4 Satz 2 in entsprechender Anwendung.

Dahinter verbirgt sich der Gerechtigkeitsgedanke, dass der Auftragnehmer trotz verjährter Sachmängelansprüche bei noch nicht vollständiger Bezahlung des Werklohns die Mangelhaftigkeit im Wege der Minderung oder des Teilrücktritts geltend machen können soll.

19.2.2 Hemmungs- und Unterbrechungstatbestände

Das BGB kennt kaum noch Tatbestände, die zu einer Unterbrechung des Laufs der Verjährungsfrist und damit zu einem Neubeginn des Fristenlaufs führen. Diese Fälle listet § 212 BGB auf; es sind ein Anerkenntnis des Schuldners und die Vollstreckungsmaßnahmen.

Im Übrigen kennt das BGB in § 203 BGB den Hemmungstatbestand der Verhandlungen und listet in § 204 BGB abgesehen von weiteren Regeln ab §§ 205 ff. BGB eine Vielzahl von Hemmungstatbeständen auf. Für das Baurecht sind die wichtigsten die Zustellung einer Streitverkündung, die Zustellung eines Antrags auf Durchführung eines selbständigen Beweisverfahrens, die Aufrechnung im Prozess und die Klageerhebung. Wird ein Mahnbescheid gewählt, ist Voraussetzung für die verjährungshemmende Wirkung die Individualisierung der Ansprüche und der Mängel.[1] Das Ende der Hemmung bestimmt § 204 Abs. 2 BGB. Nach § 209 BGB bewirkt die Hemmung, dass der Zeitraum, während dem die Verjährung gehemmt ist, in die Verjährungsfrist nicht eingerechnet wird. Praktisch wird der Hemmungszeitraum dem gewöhnlich bestimmten Fristende hinzugerechnet.

Beispiel

Endet die Verjährungsfrist für die Sachmängelansprüche am 5.10.2004 und ist über die Dauer von zehn Monaten ein selbständiges Beweisverfahren geführt worden, während dessen also die Verjährung gehemmt war, verschiebt sich die Frist auf den 5.8.2005. Zusätzlich ist außerdem § 204 Abs. 2 BGB zu beachten, wonach die Hemmung sechs Monate nach Beendigung des Verfahrens endet. Also kommen diese weiteren sechs Monate hinzu, so dass das neue Fristende der 5.2.2006 ist.

Zu beachten ist, dass das BGB keinen Neubeginn des Fristenlaufs allein aufgrund einer schriftlichen Mängelbeseitigungsaufforderung kennt. Das macht die Besonderheit des VOB-Bauvertrages in § 13 Abs. 5 Nr. 1 Satz 2 VOB/B aus. Einen Neubeginn würde in einem BGB-Bauvertrag allerdings auslösen, wenn der Auftragnehmer auf die Mängelrüge hin antworten würde, er erkenne den Mangel an und werde den Mangel beseitigen. Dann liegt ein Anerkenntnis nach § 212 BGB vor. An einem solchen den Neubeginn des Laufs der Verjährungsfrist auslösenden Anerkenntnis im Sinne des § 212 Abs. 1 Nr. 1 BGB fehlt es jedoch, wenn der Auftragnehmer auf die Aufforderung des Bestellers eine Mängelbeseitigung vornimmt, dabei aber deutlich zum Ausdruck bringt, er sei seiner Auffassung nach nicht zur Mängelbeseitigung verpflichtet.[2] Das OLG Naumburg ist der Auffassung, bei einem BGB-Bauvertrag begründe die Vornahme der Mängelbeseitigungs-

---
1 BGH, U. v. 12.4. 2007 – VII ZR 236/05, BauR 2007 S. 1221, 1226
2 BGH, B. v. 23.8.2012 – VII ZR 155/10, BauR 2012 S. 1789 = NZBau 2012 S. 697.

arbeiten den Neubeginn des Laufs der Verjährungsfrist, wenn der Auftragnehmer nicht ausdrücklich darauf hinweist, dass er die Mängelbeseitigung lediglich kulanterweise erledige.[1] Der BGH hat hinsichtlich des Vorliegens eines Anerkenntnisses, das einen Neubeginn des Laufs der Verjährungsfrist auslöst, darauf abgestellt, ob aus dem Verhalten des Auftragnehmers gegenüber dem Auftraggeber klar und unzweideutig erkennbar ist, dass dem Auftragnehmer das Bestehen der Mängelbeseitigungsverpflichtung bewusst ist und der Auftraggeber deshalb darauf vertrauen darf, dass sich der Auftragnehmer nicht alsbald nach dem Ablauf der Verjährungsfrist auf den Eintritt der Verjährung berufen wird.[2] Antwortet der Auftragnehmer lediglich, er werde die Sache untersuchen und sich dann wieder melden, greift der Hemmungstatbestand nach § 203 BGB. Dann schweben Verhandlungen zwischen dem Schuldner und dem Gläubiger über den Anspruch oder die den Anspruch begründenden Umstände. Nach § 203 BGB ist maßgeblich, ob zwischen den Parteien über die Sachmängelansprüche **Verhandlungen** schweben. Dabei ist der Begriff der Verhandlung weit auszulegen. Ausreichend ist ein Meinungsaustausch über den Mangel- oder Schadensfall, sofern der Schuldner nicht von vornherein jeden Ersatz sofort und eindeutig ablehnt.[3]

19.3 Verjährungsregeln nach VOB/B

Die VOB/B unterscheidet in § 13 Abs. 4 verschiedene Verjährungsfristen. Diese weichen von der BGB-Regelung nicht unerheblich ab. Da es sich bei der VOB/B um Allgemeine Geschäftsbedingungen handelt, ist gegen die im Vergleich zur gesetzlichen Regelung festzustellende Verkürzung der Verjährungsfristen nur dann nichts einzuwenden, wenn die VOB/B als Ganzes und ohne jegliche Einschränkung gilt. Dann bestehen gegen diese Verkürzung der Fristen nach den Regeln der Kontrolle von Allgemeinen Geschäftsbedingungen keine Bedenken (§ 309 Nr. 8b ff. BGB und seit 1.1.2009 § 310 Abs. 1 BGB). Die VOB/B muss hierfür jedoch uneingeschränkt gelten, jede vom Auftragnehmer vorformulierte und dem Auftraggeber gestellte Änderung der VOB/B oder ausgehandelte Änderung der VOB/B führt zu einem Verlust der Privilegierung der VOB/B als Allgemeine Geschäftsbedingung.[4] Seit 1.1.2009 ist die VOB/B, die einem Verbraucher gestellt wird, auch dann nicht mehr privilegiert, wenn die VOB/B ohne jegliche Abweichung einbezogen worden ist. Das folgt so aus der Neufassung des § 310 Abs. 1 BGB durch das Forderungssicherungsgesetz vom 23.10.2009 (BGBl. I S. 2022). Dies gilt nach BGH[5] auch für vor dem 1.1.2009 geschlossene Verträge, weil die VOB/B die Verbraucherinteressen ausreichend nicht berücksichtigt.

19.3.1 Verjährungsfristen nach § 13 Abs. 4 VOB/B

Nach § 13 Abs. 4 Nr.1 VOB/B beträgt die Verjährungsfrist für Bauwerksarbeiten vier Jahre, wenn die Parteien keine andere Regelung getroffen haben.

---

1 OLG Naumburg, U. v. 21.3.2011 – 10 U 31/10, BauR 2011 S. 1655; so auch OLG Frankfurt, U. v. 25.8.2008 – 16 U 200/07, BauR 2009 S. 1315.
2 BGH, U. v. 13.1.2005 – VII ZR 15/04, BauR 2005 S. 710.
3 BGH, B. v. 28.10.2010 – VII ZR 82/09, BauR 2011 S. 263, 265 (Rdn. 12).
4 BGH, U. v. 22.1.2004 – VII ZR 419/02, BauR 2004 S. 668 und U. v. 15.4.2004 – VII ZR 129/02, BauR 2004 S. 1142.
5 U. v. 24.7.2008 – VII ZR 55/07, BauR 2008 S. 1603.

19.3.1.1 Vierjahresfrist für Bauwerke – § 13 Abs. 4 Nr. 1 VOB/B

Die Vier-Jahresfrist greift für Bauwerke dann ein, wenn die Parteien sich nicht für eine andere Frist entschieden haben. Vorformuliert scheitert eine Verkürzung auf weniger als vier Jahre an § 307 Abs. 1 BGB, weil die gesetzliche Verjährungsfrist fünf Jahre beträgt (§ 634a Abs. 1 Nr. 2 BGB). Die Parteien können auch in einem VOB-Bauvertrag vorsehen, dass die Frist fünf Jahre beträgt. Dann machen sie von der in der VOB/B gerade enthaltenen Öffnungsklausel Gebrauch. Darüber, ob dann noch die VOB/B als Ganzes gilt, herrscht Streit. Das LG Halle, das OLG Naumburg und OLG Celle sowie OLG Dresden haben dann die Geltung der VOB/B als Ganzes verneint.[1] Die Fassung des § 310 Abs. 1 BGB seit 1.1.2009 spricht dafür, dass bei Ausnutzung von Öffnungsklauseln in der VOB/B deren Geltung nicht mehr insgesamt ohne Abweichung vorgesehen ist. Das OLG Stuttgart sieht keine Bedenken, dennoch von einer Gesamtgeltung der VOB/B auszugehen.[2]

Bauwerke liegen nicht nur dann vor, wenn der Unternehmer das gesamte Bauwerk erstellt. Die Verpflichtung zur Erstellung von Bauwerksteilen oder der technischen Gebäudeausrüstung reicht aus.

Unter welchen Umständen der Unternehmer auch für **Planungsleistungen** nach der auf vier Jahre verkürzten Frist einzustehen hat, ist fraglich. Grundsätzlich verdeutlicht die Fassung des § 13 Abs. 4 Nr. 1 VOB/B im Vergleich zur Regelung in § 634a Abs. 1 Nr. 2 BGB, dass die VOB/B mit ihrer kurzen Frist gerade nicht für Planungsleistungen gilt. Sie ist einschlägig lediglich für Bauleistungen. Das bedeutet, dass dann, wenn der Unternehmer Planungsleistungen des Architekten im Sinne der Werkplanung übernimmt, die Frist nach § 13 Abs. 4 Nr. 1 Satz 1 VOB/B nicht einschlägig ist. Dies ist anders, wenn es sich um Werkstattzeichnungen oder Montagezeichnungen handelt, die aus einer vom Auftraggeber gestellten Werkplanung entwickelt werden und der Umsetzung dieser Werkplanung als Vorstufe für die Arbeitsausführung dienen. Das sind von Hause aus dem Auftragnehmer obliegende Leistungen, die der Ausführung zuzuweisen sind. Ob dies auch für sonstige Fälle gilt, bei denen nach der VOB/C dem Unternehmer sogar die Erstellung der Statik und der Konstruktionszeichnung obliegt, ist fraglich. Hinzuweisen ist insofern z.B. auf die DIN 18335 Stahlbauarbeiten Abschnitt 3.2.1 und DIN 18360 Metallbauarbeiten Abschnitt 3.1.1.3.

19.3.1.2 Zweijahresfrist für andere Werke (keine Bauwerke) – § 13 Abs. 4 Nr. 1 VOB/B

Handelt es sich um Arbeiten an einem Grundstück, beträgt die Verjährungsfrist zwei Jahre. Die Neufassung der VOB/B hat seit 2006 eine Anpassung an die BGB-Regelung vorgenommen, die in § 634a BGB den Begriff der Arbeiten an einem Grundstück nicht mehr kennt. Die Verjährungsregelung für solche Arbeiten ist in § 634a Abs. 1 Nr. 1 BGB enthalten, wenn dort von Werken die Rede ist, deren Erfolg in der Herstellung, Wartung oder Veränderung einer Sache besteht.

---

[1] BauR 2006 S. 128 (LG Halle) und OLG Naumburg, BauR 2006 S. 849, 850.; BauR 2008 S. 353, 355 (OLG Celle), BauR 2008 S. 848, 849 (OLG Dresden).
[2] OLG Stuttgart, U. v. 24.5.2011 – 10 U 147/10, BauR 2011 S. 1830, 1831 (jedoch ohne sachliche Auseinandersetzung); vgl. zur Problematik *Dammann/Ruzik*, NZBau 2013 S. 265, mit der Auffassung, dass bei Gebrauchmachen von Öffnungsklauseln die VOB/B nicht mehr insgesamt und ohne inhaltliche Abweichung gilt, was § 310 Abs. 1 BGB aber gerade voraussetzt.

Diese Terminologie greift die VOB/B seit der Fassung 2006 in Abs. 4 Nr. 1 so auf, dass die Bestimmung in der Fassung 2012 wie folgt lautet: *„Ist für Mängelansprüche keine Verjährungsfrist im Vertrag vereinbart, so beträgt sie für Bauwerke 4 Jahre, für andere Werke, deren Erfolg in der Herstellung, Wartung oder Veränderung einer Sache besteht, und für die vom Feuer berührten Teile von Feuerungsanlagen 2 Jahre. Abweichend von Satz 1 beträgt die Verjährungsfrist für feuerberührte und abgasdämmende Teile von industriellen Feuerungsanlagen 1 Jahr."*

Unter die Verjährungsfrist von zwei Jahren fallen insbesondere **Maßnahmen im Bestand**, die von Gewicht und Bedeutung wie auch vom Umfang her nicht mit Neubauwerken vergleichbar sind.[1] Der Satz 2 verkürzt die Verjährungsfrist für Sachmängelansprüche auf lediglich ein Jahr für Mängel an industriellen Feuerungsanlagen, wenn die Mängel an feuerberührten und abgasdämmenden Teilen auftreten. Das hat mit den Schwierigkeiten zu tun, Mängeltatbestände von Verschleiß- und Verbrauchstatbeständen abzugrenzen.

19.3.1.3 Zweijahresfrist bei wartungsbedürftigen Anlagen ohne Wartungsvertrag – § 13 Abs. 4 Nr. 2 VOB/B

Nach dieser Regelung beträgt die Verjährungsfrist ausnahmsweise abweichend von vier Jahren nur zwei Jahre, wenn es sich um Teile von maschinellen und elektrotechnisch bzw. elektronischen Anlagen handelt, bei denen die Wartung Einfluss auf die Sicherheit und die Funktionsfähigkeit hat und der Auftraggeber mit der Bauauftragsleistung nicht auch die Wartung für die Dauer der Verjährungsfrist übertragen hat. Hintergrund dieser Regelung ist, dass in diesen Fällen bei dem Auftreten von Mängeln innerhalb der Verjährungsfrist erhebliche Schwierigkeiten in der Feststellung bestehen, ob die Ursache in Wartungsunzulänglichkeiten oder darin besteht, dass die Ursache bereits zum Zeitpunkt der Abnahme (vgl. § 13 Abs. 1 VOB/B) vorhanden gewesen ist.

Deshalb wird für den Fall, dass der Auftraggeber den Auftragnehmer nicht mit Wartungsleistungen beauftragt, die Verjährungsfrist auf zwei Jahre gekürzt, wenn die Wartung Einfluss auf die Sicherheit und die Funktionsfähigkeit hat. Daraus zieht die DIN 18299 im Abschnitt 0.2.20 die Konsequenz, dass in den Ausführungsangaben des Leistungsverzeichnisses diesbezüglich eine Stellungnahme erwartet wird.

19.3.2 Verjährungsbeginn

Die Verjährungsfristen beginnen gemäß § 13 Abs. 4 Nr. 3 VOB/B mit der Abnahme der gesamten Leistung zu laufen. Nur für in sich abgeschlossene Teile der Leistung beginnt sie mit der Teilabnahme gemäß § 12 Abs. 2 VOB/B zu laufen. § 12 VOB/B enthält eigenständige Abnahmeregelungen, die nicht unerheblich von den in § 640 BGB enthaltenen Abnahmebestimmungen abweichen. Zu verweisen ist insbesondere auf die förmliche Abnahme (§ 12 Abs. 4 VOB/B) und die Abnahmefiktionstatbestände in § 12 Abs. 5 VOB/B. Zwar kennt nunmehr das BGB in § 640 Abs. 1 Satz 3 gleichfalls eine Fiktion. Diese unterscheidet sich jedoch deshalb erheblich von der Fiktionsregelung der VOB/B, weil die Abnahmefiktion des § 640 Abs. 1 Satz 3 BGB die Abnahmetauglichkeit der Leistung vor-

---

1 Zu Bestandsmaßnahmen und deren Einordnung in Leistungen die mit einem Neubau vergleichbar sind und solchen Leistungen, bei denen das zu verneinen ist, vgl. z.B. BGH, U. v. 26.4.2007 – VII ZR 210/05, BauR 2007 S. 1407.

aussetzt. Gerade das macht § 12 Abs. 5 VOB/B nicht zur Voraussetzung des Eintritts der Abnahmefiktion. Denn es fehlt an der in § 640 Abs. 1 Satz 3, letzter Halbsatz BGB verwendeten Formulierung „obwohl er dazu verpflichtet ist". Also setzt die BGB-Fiktion voraus, dass die Leistung frei von wesentlichen Mängeln, also abnahmefähig ist. Weist die Leistung wesentliche Mängel auf, greift die Fiktion nicht. Darauf kommt es bei der Abnahmefiktion des § 12 Abs. 5 VOB/B nicht an, sie greift auch dann, wenn die Leistung wesentliche Mängel aufweist. Denn die Fiktionsregelung erfährt ihrem Wortlaut nach keinerlei Einschränkung durch eine Formulierung in einem Halbsatz etwa des Inhalts: *„es sei denn, dass die Leistung wesentliche Mängel aufweist."*

19.3.3 Unterbrechungstatbestände nach der VOB/B

Abweichend vom BGB enthält die VOB/B in § 13 Abs. 5 Nr.1 Satz 2 eine eigenständige und im BGB völlig unbekannte Regelung über den Neubeginn der Verjährungsfrist. Dabei handelt es sich um zwei Tatbestände, nämlich die schriftliche Mängelrüge und die Abnahme der Mängelbeseitigungsarbeiten.

19.3.3.1 Schriftliches Mängelbeseitigungsverlangen

Nach § 13 Abs. 5 Nr. 1 Satz 2 VOB/B verjährt der Anspruch auf Beseitigung der schriftlich in einem Mängelbeseitigungsverlangen gerügten Mängel in zwei Jahren, gerechnet vom Zugang des schriftlichen Verlangens, jedoch nicht vor Ablauf der Regelfristen nach der Abs. 4 oder der an ihrer Stelle vereinbarten Frist. Dies funktioniert jedoch hinsichtlich desselben Mangels nur einmal, so dass also nicht durch eine Serie hintereinander geschalteter schriftlicher Mängelrügen, auf die keine Reaktion von Seiten des Auftragnehmers erfolgt, jeweils ein Neubeginn des Fristenlaufs begründet wird. Eine nur mündliche Mängelrüge löst diese Rechtsfolge des Neubeginns der Verjährungsfrist nicht aus. Die schriftliche Mängelrüge muss ausreichend konkret sein, sie muss den gerügten Mangel örtlich nach dem äußeren Mangelbild bezeichnen, Ausführungen zur Ursächlichkeit und Verantwortlichkeit sind nicht geboten.[1] Für die Darlegung eines Mangels genügt, wenn der Auftraggeber die Erscheinungen, die er auf eine vertragswidrige Abweichung zurückführt, hinreichend deutlich beschreibt. Zur Ursache des Mangels braucht nichts gesagt zu werden.[2] Ausreichend ist also die Benennung der **Symptome**. Mit dieser sog. **Symptom-Rechtsprechung** ist verbunden, dass sich die Wirkungen der schriftlichen Mängelrüge nicht auf die Mangelerscheinung beschränkt, sondern sich auf die Mangelursache, also den wahren Mangel, erstrecken. Der Neubeginn der Verjährungsfrist erfasst demnach auch später auftretende Mangelbilder, die auf derselben Mangelursache beruhen.[3]

Die Anführung der Mangelerscheinungen ist ausreichend; eine konkrete Benennung ist entbehrlich, wenn dem Auftragnehmer ein entsprechendes Gutachten überlassen wird, das die Mängel konkret genug bezeichnet.[4] Die Erhebung der Mängelrüge setzt seitens des Auftraggebers keine Erforschung der Mängelursachen voraus. Für die Erhebung der Mängelrüge und deren Beachtlichkeit für den Auftragnehmer ist nicht irgendein Gewiss-

---

[1] BGH, U. v. 21.12.2000 – VII ZR 192/98, BauR 2001 S. 630, 631.
[2] BGH, U. v. 7.6.2001 – VII ZR 491/99, BauR 2001 S. 1414, 1415.
[3] BGH, U. v. 7.7.2005 – VII ZR 59/04, BauR 2005 S. 1626.
[4] BGH, U. v. 9.10.2008 – VII ZR 80/07, BauR 2009 S. 99, 100.

19. Die Verjährung von Sachmängelansprüchen

heitsgrad hinsichtlich des Mangeltatbestandes erforderlich.[1] *„Welchen Grad der Gewissheit ein Auftraggeber hat, dass der von ihm in Anspruch genommene Auftragnehmer für den Mangel verantwortlich ist, ist ohne jeden Belang".*[2] Auch bei einer unklaren Lage, welcher Auftragnehmer für eine sichtbare Mangelerscheinung verantwortlich ist, kann ein Auftraggeber von einem lediglich nur möglicherweise Verantwortlichen mittels einer Mängelrüge die Mängelbeseitigung verlangen. Entscheidend ist allein, dass dieser Auftragnehmer, an den sich die Mängelrüge richtet, schießlich für den Mangeltatbestand verantwortlich ist.

Neben dieser Möglichkeit des Neubeginns des Fristenlaufs durch schriftliche Mängelrüge läuft für die auf die Mängelrüge hin erbrachten Leistungen nach rechtsgeschäftlicher Abnahme dieser Mängelbeseitigungsarbeiten insoweit eine neue 2-jährige Verjährungsfrist (§ 13 Abs.5 Nr. 1 Satz 3 VOB/B). Dieser Neubeginn einer 2-Jahresfrist nach Abnahme der Mängelbeseitigungsarbeiten muss auch dann einschlägig sein, wenn das Mängelbeseitigungsverlangen nicht schriftlich erfolgt ist. Denn § 13 Abs. 5 Nr. 1 Satz 3 VOB/B steht eigenständig neben der in Satz 2 betroffenen Regelung.

Hat der Auftragnehmer gegenüber dem Auftraggeber noch Werklohnansprüche, reicht allerdings zur Verteidigung gegenüber diesen Ansprüchen mit Hinweis auf Mängeln auch eine mündliche Mängelanzeige vor Ablauf der Verjährungsfrist zur Erhaltung der Mängeleinrede trotz der Verjährung des Mängelanspruchs aus, wenn die Parteien die Geltung der VOB/B vereinbart haben. Hierfür ist eine schriftliche Mängelrüge nicht notwendig. Denn diese schriftliche Mängelrüge vor Ablauf der Verjährungsfrist würde diese Frist verlängern. Die mündliche Mängelanzeige vor Ablauf der Verjährungsfrist erhält die Mängeleinrede für eine Verteidigung gegen geltend gemachte Vergütungsansprüche.[3]

19.3.3.2 Abnahme der Mängelbeseitigungsarbeiten

Nach § 13 Abs. 5 Abs. 1 Satz 3 VOB/B beginnt nach Abnahme der Mängelbeseitigungsarbeiten für diese Leistungen eine Verjährungsfrist von zwei Jahren neu zu laufen. Die VOB/B sieht also nach Erledigung der Mängelbeseitigungsarbeiten eine eigenständige Abnahme dieser Leistungen vor, was das BGB nicht kennt.

19.3.3.3 Rechtsfolge dieses Neubeginns eines Fristenlaufs

Die Folge dieser Tatbestände, die der Sache nach wegen des Neubeginns eines Fristenlaufs Unterbrechungstatbestände i.S.v. § 212 BGB sind, ist, dass eine neue Frist von zwei Jahren zu laufen beginnt.

19.3.3.3.1 Zweijahresfrist

Diese Zweijahresfrist läuft bei der schriftlichen Mängelrüge ab deren Zugang und ab der Abnahme der Mängelbeseitigungsarbeiten. Die Frist endet jedoch in keinem Fall vor Ablauf der Regelverjährungsfrist oder der vertraglich nach § 13 Abs. 4 VOB/B vereinbarten Frist. Die neue Verjährungsfrist beträgt zwei Jahre, ohne dass die Parteien insoweit nach der VOB/B eine Verlängerungsmöglichkeit haben. Ändert der Auftraggeber diese

---

1 BGH, U. v. 2.9.2010 – VII ZR 110/09, NJW 2010 S. 3649 = NZBau 2011 S. 27 = IBR 2010 S. 611, 612.
2 BGH, U. v. 2.9.2010 – VII ZR 110/09, NJW 2010 S. 3649 = NZBau 2011 S. 27 (Rdn. 23) = IBR 2010 S. 611, 612.
3 BGH, B. v. 25.1.2007 – VII ZR 41/06, BauR 2007 S. 700.

Frist in von ihm gestellten Bedingungen oder wird die Frist einvernehmlich über diese zwei Jahre hinaus verlängert, gilt die VOB/B nicht mehr im Ganzen. Das hat den Verlust der Privilegierung der VOB/B zur Folge, so dass die den Unternehmer benachteiligenden Bestimmungen der VOB/B einer Einzelkontrolle nach Maßgabe der §§ 307 ff. BGB unterliegen.

19.3.3.3.2 Ergänzung durch BGB-Regelungen

Dem Auftragnehmer bleibt es jedoch unbenommen, während dieser neu laufenden Zweijahresfrist Hemmungstatbestände nach Maßgabe des § 204 BGB zu beanspruchen, z.B. durch Antragstellung auf Durchführung eines selbständigen Beweisverfahrens. Erkennt der Auftragnehmer im Hinblick auf das schriftliche Mängelbeseitigungsverlangen seine Verpflichtung zur Mängelbeseitigung i.S.v. § 212 Abs. 1 Nr. 1 BGB an, beginnt nicht lediglich die Zweijahresfrist neu zu laufen, sondern die 4-Jahresfrist bzw. die sonst vertraglich vereinbarte Frist. Unternimmt der Unternehmer auf die Mängelrüge hin eine Untersuchung des Mangels, liegt ein Fall des § 203 BGB vor, so dass in der Zeit, während der der Unternehmer mit der Untersuchung befasst ist, der Lauf der Zweijahresfrist nach § 13 Abs. 5 Nr. 1 Satz 1 VOB/B bis zur Meldung des Auftragnehmers über z.B. seine fehlende Verantwortlichkeit gehemmt ist.

Nach BGH[1] dauert eine derartige Hemmung bis zur Abnahme der Mängelbeseitigungsarbeiten durch den Auftraggeber oder einer dieser gleichgestellten Erklärung. Die Hemmung endet demnach gerade nicht durch eine Erklärung des Auftragnehmers, er habe die Mängel beseitigt, wenn die Leistung gleichwohl nicht mangelfrei erbracht ist. Allerdings endet die Hemmung auch dann, wenn der Auftraggeber die Abnahme der Mängelbeseitigungsarbeiten endgültig verweigert oder der Auftragnehmer die Mängelbeseitigung seinerseits endgültig ablehnt.

---

1 BGH, U. v. 25.9.2008 – VII ZR 32/07, BauR 2008 S. 2039.

20. Die Insolvenz am Bau – Folgen für die Sachmängelhaftung

Gerd Motzke

Übersicht

20.1	Zulässigkeit des Insolvenzverfahrens
20.1.1	Insolvenzfähigkeit
20.1.2	Eröffnungsgrund
20.1.3	Eröffnungsantrag
20.2	Eröffnungsantrag und sichernde Maßnahmen vor Eröffnungsbeschluss
20.2.1	Sicherungsmaßnahmen
20.2.2	Eröffnungsantrag – Sicherungsmaßnahmen – Folgen speziell für den Baubereich
20.2.2.1	Auswirkungen auf das Vergabeverfahren
20.2.2.2	Auswirkungen auf einen anhängigen Bauprozess
20.2.2.3	Auswirkungen auf die Abwicklung eines rechtswirksam abgeschlossenen Bauvertrages
20.2.2.3.1	Insolvenzgefahren beim Auftragnehmer
20.2.2.3.2	Insolvenzgefahr beim Auftraggeber
20.3	Eröffnungsbeschluss – Folgen für die Abwicklung eines Bauvertrages
20.3.1	Grundsätzliches zur Bedeutung der Insolvenzeröffnung
20.3.1.1	Begriffsverständnis
20.3.1.2	Vollständige Erfüllung
20.3.1.3	Zeitpunkt der Beurteilung
20.3.1.4	Beidseitige Erfüllung zum Zeitpunkt der Insolvenzeröffnung
20.3.1.4.1	Einseitige Erfüllung zum Zeitpunkt der Insolvenzeröffnung
20.3.1.4.2	Insolvenz des Auftragnehmers
20.3.1.4.3	Insolvenz des Auftraggebers
20.3.1.4.4	Beidseitige Nichterfüllung des Bauvertrages
20.3.2	Wirkung des Eröffnungsbeschlusses auf einen beidseitig noch nicht abgewickelten Bauvertrag
20.3.2.1	Einzelne Fallgestaltungen
20.3.2.2	Bauvertrag in der Abwicklung noch vor der Abnahme
20.3.2.3	Insolvenz des Auftragnehmers
20.3.2.4	Insolvenzeröffnung nach Abnahme der Bauleistung – Sachmängelhaftungstatbestände
20.3.2.4.1	Ausgangspunkt
20.3.2.4.2	Auftraggeber hat vollständig bezahlt – auch keine Sicherheitsleistung gestellt
20.3.2.4.3	Auftraggeber hat nicht vollständig erfüllt
20.3.2.5	Verrechnungsaspekte und Insolvenzverfahren
20.3.2.5.1	Verrechnung – Anrechnung – Aufrechnung
20.3.2.5.2	Aufrechnung nach Regeln der InsO
20.3.2.5.3	Minderung
20.4	Insolvenz bei Leistungskette

Die Rechtsfolgen einer Insolvenz am Bau beurteilen sich unterschiedlich; entscheidend ist die Phase, in welcher die Insolvenz eintritt und wer der Insolvenzschuldner ist, der Auftraggeber oder der Auftragnehmer. Die Regelungen sind der Insolvenzordnung (InsO) zu entnehmen. Für einen VOB-Bauvertrag kommt § 8 Abs. 2 Nr. 1 VOB/B hinzu. Die Besonderheit der VOB/B-Regelung besteht auf Grund des § 8 Abs. 2 Nr. 1 VOB/B darin, dass bei

20. Die Insolvenz am Bau – Folgen für die Sachmängelhaftung

Beantragung des Insolvenzverfahrens über das Vermögen des Auftragnehmers durch den Auftraggeber oder den Auftragnehmer der Auftraggeber die Möglichkeit erhält, den Bauvertrag zu kündigen. Die Zulässigkeit dieser insolvenzrechtlichen Lösungsklausel ist höchst problematisch und wird – auf anderem Gebiet – durch den BGH verneint.[1]

Die Eröffnung des Insolvenzverfahrens muss zulässig sein. Die zulässige Eröffnung des Verfahrens hat erhebliche Auswirkungen auf einen Bauvertrag. Nach § 1 InsO dient ein Insolvenzverfahren dazu, die Gläubiger eines Schuldners gemeinschaftlich zu befriedigen, indem das Vermögen des Schuldners verwertet oder in einem Insolvenzplan eine abweichende Regelung insbesondere zum Erhalt des Unternehmens getroffen wird. Dem redlichen Schuldner wird Gelegenheit gegeben, sich von seinen restlichen Verbindlichkeiten zu befreien.

20.1 Zulässigkeit des Insolvenzverfahrens

Die Eröffnung des Insolvenzverfahrens setzt voraus, dass bezüglich des Schuldners die Eröffnung eines Insolvenzverfahrens überhaupt möglich ist. Der Schuldner muss insolvenzfähig sein (§§ 11, 12 InsO). Außerdem muss ein Grund für die Eröffnung des Verfahrens bestehen (Eröffnungsgrund, § 16 InsO). Bezüglich des Eröffnungsgrundes ist zwischen einer natürlichen Person als Insolvenzschuldner und einer juristischen Person oder einer Gesellschaft als Insolvenzschuldner zu unterscheiden.

20.1.1 Insolvenzfähigkeit

Das Insolvenzverfahren kann über das Vermögen einer natürlichen Person (Frau Huber, Herr Meier) oder einer juristischen Person (z.B. Aktiengesellschaft, GmbH) eröffnet werden (§ 11 Abs. 1 InsO). Dabei wird ein nicht rechtsfähiger Verein einer juristischen Person gleichgestellt. Auch über das Vermögen einer Gesellschaft ohne Rechtspersönlichkeit, also ohne dass diese Gesellschaft juristische Person ist, kann das Insolvenzverfahren eröffnet werden (§ 11 Abs. 2 Nr. 1 InsO). Dabei handelt es sich um die offene Handelsgesellschaft (vgl. § 124 HGB), die Kommanditgesellschaft (vgl. § 161 HGB), Partnerschaftsgesellschaft (vgl. Gesetz über Partnerschaftsgesellschaften Angehöriger Freier Berufe, Partenerschaftsgesellschaftsgesetz, PartGG), Gesellschaft bürgerlichen Rechts (vgl. §§ 705 ff. BGB), Partenreederei und die Europäische wirtschaftliche Interessenvereinigung. Das Insolvenzverfahren kann nach zusätzlich maßgeblichen Bestimmungen (§§ 315 bis 334 InsO) auch über einen Nachlaß, das Gesamtgut einer fortgesetzten Gütergemeinschaft oder über das Gesamtgut einer von den Ehegatten gemeinschaftlich verwalteten Gütergemeinschaft eröffnet werden (§ 11 Abs. 2 Nr. 2 InsO).

Unzulässig ist das Insolvenzverfahren über das Vermögen des Bundes oder eines Landes oder einer der Aufsicht eines Landes unterstehenden juristischen Person, wenn das jeweils einschlägige Landesrecht die Unzulässigkeit des Insolvenzverfahrens bestimmt (§ 12 InsO).

---

1 BGH, U. v. 15.11.2012 – IX ZR 169/11, BauR 2013 S. 769 = NJW 2013 S. 1159.

20.1.2 Eröffnungsgrund

Bei einer **natürlichen Person** (z.B. Herr Meier ist der Auftraggeber oder der Auftragnehmer) ist Eröffnungsgrund die **Zahlungsunfähigkeit,** worunter nach § 17 Abs. 2 InsO eine solche finanzielle Situation zu verstehen ist, in welcher der Schuldner nicht in der Lage ist, die fälligen Zahlungen zu erfüllen, was nach dem Gesetz regelmäßig anzunehmen ist, wenn der Schuldner seine Zahlungen eingestellt hat. Die **drohende Zahlungsunfähigkeit** reicht als Eröffnungsgrund aus, wenn der Schuldner selbst die Eröffnung des Insolvenzverfahrens beantragt (§ 18 Abs. 1 InsO). Die Zahlungsunfähigkeit droht, wenn der Schuldner voraussichtlich nicht in der Lage sein wird, die bestehenden Zahlungspflichten im Zeitraum ihrer Fälligkeit zu erfüllen (§ 18 Abs. 2 InsO). Bei einer juristischen Person (z.B. die Meier Bau GmbH oder die Dachbau-AG) oder einer Gesellschaft, die die Qualität einer juristischen Person (vgl. §§ 21 ff. BGB) nicht aufweist, aber über deren Vermögen die Eröffnung des Insolvenzverfahrens zulässig ist (vgl. unter 20.1.1), ist neben der Zahlungsunfähigkeit auch **Überschuldung** Eröffnungsgrund (§ 19 Abs.1 InsO). Überschuldung liegt nach § 19 Abs. 2 InsO vor, wenn das Vermögen des Schuldners die bestehenden Verbindlichkeiten nicht mehr deckt (§ 19 Abs. 2 InsO). Das setzt die Erstellung eines Status voraus, in welchem die Aktiva und Passiva gegenüber gestellt werden. Dieser Ansatz scheidet aus, wenn die Fortführung des Unternehmens nach den Umständen überwiegend wahrscheinlich ist. Dann kommt es nicht darauf an, ob das gegenwärtige Vermögen des Schuldners dessen bestehende Verbindlichkeiten deckt (§ 19 Abs. 2 Satz 1 InsO).

20.1.3 Eröffnungsantrag

Die Eröffnung eines Insolvenzverfahrens setzt notwendig einen Antrag voraus (§ 13 InsO). Antragsberechtigt sind Gläubiger und der Schuldner selbst (§ 13 Abs. 1 InsO). Eine Verpflichtung zur Stellung eines Eröffnungsantrags begründet § 15a InsO. Hierbei handelt es sich um ein Schutzgesetz nach § 823 Abs. 2 BGB. In den Schutzbereich dieser Vorschrift fallen auch Schäden von Neugläubigern, die durch eine fehlerhafte Bauleistung des Insolvenzschuldners am Bauwerk des Neugläubigers verursacht werden und von dem Insolvenzschuldner wegen fehlender Mittel nicht mehr beseitigt werden können. Allerdings ist nicht das positive Interesse zu ersetzen, das darin besteht, die Mängelbeseitigungskosten erstattet zu verlangen. Ersetzt wird der Vertrauensschaden. Deshalb kann der Anspruch auf Ersatz des im Vertrauen an den Insolvenzschuldner gezahlten Werklohns gehen.[1]

Kann ein Schuldner den Antrag – abgesehen vom Eröffnungsgrund – einschränkungsfrei stellen, setzt die Zulässigkeit des Antrags eines Gläubigers dessen rechtliches Interesse an der Eröffnung des Insolvenzverfahrens voraus (§ 14 Abs. 1 InsO). Der Schuldner hat seinem Antrag nach § 13 Abs. 1 Satz 2 InsO) ein Gläubigerverzeichnis samt Angabe der Forderungen der Gläubiger beizufügen. Der Gläubiger hat seine Forderung gegen den Insolvenzschuldner und den Eröffnungsgrund glaubhaft zu machen. Ein solches rechtliches Interesse wird regelmäßig vorliegen, wenn ein Eröffnungsgrund besteht. Ist ein Gläubiger absonderungsberechtigt (vgl. §§ 49 ff. InsO), kann er sich also auch unabhängig von der Durchführung eines Insolvenzverfahrens durch Zugriff auf Vermögensgegenstände befriedigen (§§ 165 ff. InsO), fehlt es jedoch an einem Rechtsschutzinteresse. Das

---

[1] BGH, U. v. 14.5.2012 – II ZR 130/10, BauR 2012 S. 1644.

sind die Gläubiger, die z.B. Pfandrechte (§ 50 InsO) oder Sicherungseigentum an bestimmten Gegenständen (§ 51 Nr. 1 InsO) des Schuldners haben.

Für den Baubereich ist dies einschlägig im Fall des § 17 Abs. 5 VOB/B, wenn der Einbehalt auf ein Sperrkonto eingezahlt worden ist, über das nur beide Parteien gemeinsam verfügen können (Und-Konto). Denn über § 233 BGB erwirbt der Auftraggeber an dem vom Auftragnehmer auf ein sog. Und-Konto eingezahlten Betrag ein Pfandrecht und ist damit absonderungsberechtigt. Da jedoch eine Verwertung des Betrages z.B. im Mangelfall eine Freigabe auch des mitverfügungsberechtigten Auftragnehmers voraussetzt, muss diese Freigabe notfalls mit einer eigenen Klage erstritten werden (§ 894 ZPO: Klage auf Abgabe einer Willenserklärung, die dann durch das rechtskräftige Urteil ersetzt wird). Diese Regelung des § 17 Abs. 5 VOB/B ist auch dann einschlägig, wenn der Auftraggeber vereinbarungsgemäß berechtigt ist, von Abschlagszahlungen einen Einbehalt vorzunehmen (§ 17 Abs. 6 VOB/B). Dann zahlt der Auftraggeber auf die an sich berechtigte Abschlagsforderung des Auftragnehmers nicht 100 %, sondern lediglich 90 % so lange aus, bis der vereinbarte Sicherheitseinbehalt erreicht wird. Dieser Einbehalt ist nach § 17 Abs. 6 VOB/B zugunsten des Auftragnehmers auf ein Sperrkonto (Und-Konto) einzuzahlen. Damit erwirbt der Auftragnehmer ein Pfandrecht an dem Auszahlungsanspruch gegenüber der kontoführenden Bank. Dieser Auszahlungsanspruch steht beiden – Auftraggeber und Auftragnehmer – gemeinsam zu. Wird über das Vermögen des Auftraggebers das Insolvenzverfahren eröffnet, ist der Auftragnehmer hinsichtlich des auf einem Und-Konto hinterlegten Betrags (Sicherheitseinbehalt) auf Grund seines Pfandrechts absonderungsberechtigt. Der Sicherheitseinbehalt ist zwar in der Insolvenzmasse, aber dem Auftragnehmer steht nach § 50 InsO ein Pfandrecht zu, das zur Absonderung berechtigt. Das Verfahren richtet sich nach §§ 166 – 177 InsO. Dabei ist jedoch zu beachten, dass dem Insolvenzverwalter nur ein Verwertungsrecht hinsichtlich solcher Forderungen zukommt, die der Schuldner sicherungshalber abgetreten hat. An einer seitens des Auftraggebers zugunsten des Auftragnehmers verpfändeten Forderung steht dem Insolvenzverwalter kein Verwertungsrecht nach § 166 Abs. 2 InsO zu. Denn die dortige Regelung betrifft ausschließlich sicherungshalber abgetretene Forderungen.[1] Damit ist § 173 InsO einschlägig, weswegen der Auftragnehmer nach § 1285 Abs. 2 BGB zur Einziehung des Einbehalts, an dem das Pfandrecht zu seinen Gunsten besteht, berechtigt ist.

20.2 Eröffnungsantrag und sichernde Maßnahmen vor Eröffnungsbeschluss

Bis zur Entscheidung über den Eröffnungsantrag sind durch das Insolvenzgericht sichernde Maßnahmen zu ergreifen.

20.2.1 Sicherungsmaßnahmen

Schon vor Erlass eines Eröffnungsbeschlusses hat das Insolvenzgericht nach § 21 InsO alle Maßnahmen zu treffen, die erforderlich erscheinen, um bis zur Entscheidung über den Eröffnungsantrag eine die Gläubiger benachteiligende Veränderung in der Vermögens-

---

[1] MünchKommInsO-*Lwowski/Tetzlaff,* 2. Aufl., § 166 Rdn. 45.

lage des Schuldners zu verhüten. Dem Gericht stehen die in § 21 Abs. 2 InsO beispielhaft genannten Möglichkeiten zu. So kann es einen **vorläufigen Insolvenzverwalter** bestellen (Nr. 1 = starker vorläufiger Insolvenzverwalter, wenn zugleich ein allgemeines Verfügungsverbot angeordnet wird) und weiter (Nr. 2) dem Schuldner ein allgemeines Veräußerungsverbot auferlegen oder anordnen, dass Verfügungen des Schuldners nur mit Zustimmung des vorläufigen Insolvenzverwalters wirksam sind (schwacher vorläufiger Insolvenzverwalter). Das Insolvenzgericht kann nach § 21 Abs. 2 Nr. 5 InsO auch anordnen, dass in dieser Bestimmung näher genannte Vermögensgegenstände, an denen einem Gläubiger ein Aussonderungsrecht deshalb zusteht, weil der Gegenstand eigentlich dem Gläubiger „gehört" oder dem Gläubiger ein Absonderungsrecht z.B. auf Grund eines Pfandrechts zusteht, doch nicht verwertet werden darf.

20.2.2 Eröffnungsantrag – Sicherungsmaßnahmen – Folgen speziell für den Baubereich

Bei den Auswirkungen derartiger Sicherungsmaßnahmen ist zu unterscheiden. Sicherungsmaßnahmen können unmittelbar Einfluss auf laufende Bauprozesse nehmen. Demgegenüber bleiben sie – im Gegensatz zur Eröffnung des Insolvenzverfahrens – ohne Einfluss auf die Abwicklung von laufenden Baumaßnahmen. Auf das Stadium der Auftragsvergabe hat ein Antrag auf Eröffnung des Insolvenzverfahrens jedoch erhebliche Auswirkungen.

20.2.2.1 Auswirkungen auf das Vergabeverfahren

Wird ein **Vergabeverfahren** nach den Regeln der VOB/A durchgeführt, darf ein Unternehmer von der Teilnahme am Wettbewerb ausgeschlossen werden, wenn über dessen Vermögen das Insolvenzverfahren oder ein vergleichbares gesetzlich geregeltes Verfahrens eröffnet oder die Eröffnung beantragt worden ist oder der Antrag mangels Masse abgelehnt worden ist oder ein Insolvenzplan rechtskräftig bestätigt wurde (§ 16 Abs. 1 Nr. 2 a) VOB/A). Die Regelungen zum Insolvenzplan sind in §§ 217 – 269 InsO enthalten.

20.2.2.2 Auswirkungen auf einen anhängigen Bauprozess – ein anhängiges selbstständige Beweisverfahren

Bestellt das Gericht einen vorläufigen Insolvenzverwalter (§ 21 Abs. 2 Nr. 1 InsO) und verbindet es diese Anordnung mit einem allgemeinen Verfügungsverbot gegen den Schuldner (starker vorläufiger Insolvenzverwalter, § 21 Abs. 2 Nr. 2 InsO), führt dies nach § 240 Satz 2 ZPO zur Unterbrechung anhängiger Prozesse. Dabei kann es sich um Werklohnansprüche des Unternehmers gegen den Auftraggeber oder um im Rechtstreit geltend gemachte Sachmängelansprüche des Auftraggebers gegen den Unternehmer handeln. Gleichgültig, welche Partei als Insolvenzschuldner in Betracht kommt, bestimmt die Zivilprozessordnung (ZPO) die Unterbrechung des Rechtsstreits. Der vorläufige Insolvenzverwalter soll die Möglichkeit haben, darüber zu entscheiden, ob er den Rechtsstreit aufnimmt (§ 250 ZPO). Unterbleibt die Aufnahme, wird das Verfahren nicht mehr weiter betrieben. Der Vorgang wird dann nach der Aktenordnung nach sechs Monaten abgetragen. Die Wirkungen der Klageerhebung und der Unterbrechung bestimmen sich nach den sonst einschlägigen Regeln. So endet die Hemmungswirkung der eingereichten

Klage, also die Wirkung der Klageerhebung auf den Lauf einer Verjährungsfrist, gemäß § 204 Abs. 2 BGB sechs Monate nach der letzten Verfahrenshandlung der Parteien oder des Gerichts.

Der Eröffnungsantrag für sich genommen bleibt ohne Auswirkungen auf einen laufenden Bauprozess. Die Unterbrechungswirkung nach § 240 ZPO setzt die Eröffnung des Insolvenzverfahrens durch Eröffnungsbeschluss (§ 27 InsO) voraus (§ 240 Satz 1 ZPO) oder nach § 240 Satz 2 ZPO die Anordnung einer sichernden Maßnahme nach § 21 Abs. 2 Nr. 1, 2 InsO, mit der die Einsetzung eines vorläufigen Insolvenzverwalters verbunden ist, auf den die Verwaltungs- und Verfügungsbefugnis übergegangen ist (§ 22 InsO).

Ein **selbstständiges Beweisverfahren** nach §§ 485 ff. ZPO wird nicht unterbrochen, wenn im Verlauf dieses Verfahrens über das Vermögen einer Partei das Insolvenzverfahren eröffnet wird. § 240 ZPO ist auf dieses Verfahren deshalb nicht anwendbar, weil dagegen der Sicherungs- und Feststellungszweck sprechen.[1] Das ist anders, wenn das selbstständige Beweisverfahren abgeschlossen ist und ein Verfahrensbeteiligter einen Antrag auf Fristsetzung nach § 494a ZPO stellt. Ist in dem selbstständigen Beweisverfahren die Beweisaufnahme beendet und damit das Verfahren sachlich abgeschlossen, besteht kein besonderes Beschleunigungsbedürfnis mehr. Deshalb wird das Verfahren als unterbrochen betrachtet und auf einen Antrag auf Anordnung einer Frist für die Erhebung einer Klage kann wirksam eine Entscheidung nicht mehr getroffen werden.[2]

20.2.2.3 Auswirkungen auf die Abwicklung eines rechtswirksam abgeschlossenen Bauvertrages

20.2.2.3.1 Insolvenzgefahren beim Auftragnehmer

Allein der Antrag auf Eröffnung eines Insolvenzverfahrens gegen den Auftragnehmer hat auf einen in der Abwicklung befindlichen Bauvertrag keinen Einfluss. Der Vertrag erlischt infolge eines solchen Eröffnungsantrags oder sonstiger negativer Vermögensumstände nicht. Die Frage ist, ob der Auftraggeber rechtsgestaltend Einfluss nehmen kann. Das hängt wiederum davon ab, ob der Bauvertrag nur auf der Basis des BGB geschlossen worden ist oder ob es sich um einen VOB-Bauvertrag handelt.

VOB-Bauvertrag

Bei einem **VOB-Bauvertrag** bieten die Zahlungseinstellung des Auftragnehmers, der Antrag auf Eröffnung des Insolvenzverfahrens gegen den Auftragnehmer oder die Eröffnung eines solchen Verfahrens bzw. die Ablehnung der Eröffnung mangels Masse Anlass für den **Auftraggeber,** den Bauvertrag zu kündigen (§ 8 Abs. 2 VOB/B). Die Wirksamkeit dieser Regelung in § 8 Abs. 2 VOB/B ist angesichts der Entscheidung des BGH vom 15.11.2012[3] mehr als fraglich. Denn danach sind Lösungsklauseln, die an den Insolvenzantrag oder die Insolvenzeröffnung anknüpfen, unwirksam.

Ein vom Insolvenzgericht bestellter vorläufiger Insolvenzverwalter hat auch dann, wenn damit ein allgemeines Veräußerungsverbot gegen den Schuldner erlassen worden ist **(starker vorläufiger Insolvenzverwalter)**, nicht die Möglichkeit, unter den Voraussetzungen des § 103 InsO sich für die weitere Abwicklung eines Bauvertrages oder dagegen

---

[1] BGH, B. v. 11.12.2003 – VII ZB 14/03, BauR 2004 S. 531 = NZBau 2004 S. 156.
[2] BGH, B. v. 23.3.2011 – VII ZB 128/09, BauR 2011 S. 1199 = NJW 2011 S. 1679.
[3] IX ZR 169/11, IBR 2013 S. 278; NJW 2013 S. 1159 = NZI 2013 S. 178 = BauR 2013 S. 769.

zu entscheiden. Nach dieser Vorschrift des § 103 InsO kann der Insolvenzverwalter anstelle des Schuldners den Vertrag vollständig erfüllen und die Erfüllung von dem anderen Teil verlangen, wenn ein gegenseitiger Vertrag – wozu ein Bauvertrag gehört – zur Zeit der Eröffnung des Insolvenzverfahrens vom Schuldner und von dem anderen Teil nicht oder nicht vollständig erfüllt ist. Diese Befugnis kommt jedoch nicht einem vorläufigen, sondern nur dem Insolvenzverwalter zu, der im Zusammenhang mit der Eröffnung des Insolvenzverfahrens bestellt worden ist. Denn § 103 ist Teil der Regelungen ab §§ 80 ff. InsO, der als Dritter Teil mit „Wirkungen der Eröffnung des Insolvenzverfahrens" überschrieben ist. Der vorläufige Insolvenzverwalter aber wird bestimmt für die Zeitdauer ab Stellung des Eröffnungsantrags bis zur Entscheidung über die Verfahrenseröffnung. Seine Position wird in § 22 InsO beschrieben; die dort beschriebenen Befugnisse decken eine Entscheidung über die fortgesetzte Abwicklung eines Vertrages oder die Ablehnung der weiteren Erfüllung auch dann nicht ab, wenn seine Bestellung mit einem allgemeinen Verfügungsverbot gegen den Schuldner verbunden worden ist.[1]

Das schließt nach Bestellung eines solchen starken vorläufigen Insolvenzverwalters allerdings Fragen des anderen Teils bezüglich der Fortsetzung oder der Ablehnung der Erfüllung eines noch beidseitig in der Abwicklung befindlichen Bauvertrages nicht aus. Aber selbst wenn von diesem starken vorläufigen Insolvenzverwalter eine positive Antwort erfolgt, ist der spätere, also endgültige Insolvenzverwalter an diese Entscheidung in keiner Weise gebunden und kann sich unter den in § 103 InsO genannten Voraussetzungen noch gegenteilig entscheiden. Dies gilt selbst dann, wenn Personenidentität besteht.

BGB-Bauvertrag

Eine § 8 Abs. 2 Nr. 1 VOB/B entsprechende Regelung kennt das BGB ausdrücklich nicht. § 321 BGB regelt gerade den anderen Fall, dass nämlich der vorleistungspflichtige Unternehmer wegen einer Verschlechterung der Vermögensverhältnisse des Auftraggebers besorgt ist, die Gegenleistung zu erhalten. Das ist zwar in erster Linie bei Eröffnung des Insolvenzverfahrens zu bejahen, trifft aber auch schon dann zu, wenn eine Zahlungseinstellung oder ein Antrag auf Eröffnung eines Insolvenzverfahrens vorliegt. Jedoch ist § 321 BGB nur dann anwendbar, wenn der aus einem gegenseitigen Vertrag vorleistungspflichtige Teil bezüglich der wirtschaftlichen **Leistungsfähigkeit des Auftraggebers** die Sorge hat, das Entgelt für seine Vorleistung zu erhalten. Diese Vorleistungspflicht des Auftragnehmers gerade bei einem Bauvertrag folgt aus § 641 BGB, wonach die Vergütung mit der Abnahme des Werks fällig wird.

§ 321 BGB ist nicht auf den Fall anwendbar, dass der Auftraggeber hinsichtlich der Leistungsfähigkeit des Auftragnehmers in Sorge ist. Gerade eine § 8 Abs. 2 VOB/B entsprechende Regelung im BGB fehlt. Dem Auftraggeber könnte unter den in § 8 Abs. 2 VOB/B genannten Voraussetzungen nur ein Kündigungsrecht aus wichtigem Grund zugestanden werden, wofür einiges deshalb spricht, weil § 8 Abs. 2 VOB/B letztlich ein Fall eines wichtigen Kündigungsgrundes ist. Dagegen spricht, dass im Allgemeinen für ein Lösungsrecht des Auftraggebers allein wegen der Zahlungseinstellung des Auftragnehmers oder der Stellung eines Insolvenzantrags eine Lösungsklausel, also letztlich eine § 8 Abs. 2 VOB/B entsprechende – auch vorformulierte – Vereinbarung für notwendig gehalten wird.[2] Aber solche Lösungsklauseln sind in Verruf geraten und werden vom Bundesgerichtshof in Ver-

---

[1] MünchKommInsO-*Huber*, § 103 Rdn. 150.
[2] *Huber*, NZBau 2005 S. 177, 181.

20. Die Insolvenz am Bau – Folgen für die Sachmängelhaftung

trägen über fortlaufende Lieferung von Waren oder Energie, die an den Insolvenzantrag oder die Insolvenzeröffnung anknüpfen, für unwirksam gehalten.[1]

20.2.2.3.2 Insolvenzgefahr beim Auftraggeber

Droht bei dem Auftraggeber die Leistungsunfähigkeit, bieten das BGB und die VOB/B für den Unternehmer ausreichende Reaktionsmöglichkeiten, und zwar ohne die Notwendigkeit besonderer zusätzlicher Vereinbarungen wie etwa Lösungsklauseln.

VOB-Bauvertrag

Bei einem VOB-Bauvertrag hat der Auftragnehmer die Möglichkeit zur Kündigung nach § 9 Abs. 1 Nr. 2 VOB/B, wenn der Auftraggeber eine fällige Zahlung nicht leistet oder sonst in Schuldnerverzug gerät. Diese Voraussetzungen werden regelmäßig bei einer Zahlungseinstellung oder einem Antrag auf Insolvenzeröffnung gegen den Auftraggeber vorliegen. Zuvor muss der Auftragnehmer jedoch eine Zahlungsfrist mit Kündigungsandrohung gesetzt haben. § 16 Abs. 5 Nr. 4 VOB/B räumt dem Auftragnehmer nach Ablauf einer zuvor gesetzten Zahlungsfrist das Recht zur Arbeitseinstellung ein. Diese Regelung entspricht mit Blick auf die Rechtsfolgen der in § 321 BGB, geht in ihren Voraussetzungen jedoch nicht so weit wie § 321 BGB. Denn § 321 BGB setzt eine solche Verschlechterung der Vermögensverhältnisse bei dem Auftraggeber voraus, dass der Zahlungsanspruch des vorleistungspflichtigen Auftragnehmers gefährdet ist. Das ist bei einer Zahlungseinstellung oder einem Antrag auf Eröffnung des Insolvenzverfahrens gegen den Auftraggeber zu bejahen.

Allerdings ist die Regelung des BGB in § 321 auch auf einen VOB-Bauvertrag anwendbar.

BGB-Bauvertrag

Bei einem BGB-Bauvertrag ist § 321 BGB einschlägig. Die Vorschrift besagt im Absatz 1: *„Wer aus einem gegenseitigen Vertrag vorzuleisten verpflichtet ist, kann die ihm obliegende Leistung verweigern, wenn nach Abschluss des Vertrages erkennbar wird, dass sein Anspruch auf die Gegenleistung durch mangelnde Leistungsfähigkeit des anderen Teils gefährdet wird. Das Leistungsverweigerungsrecht entfällt, wenn die Gegenleistung bewirkt oder Sicherheit für sie geleistet wird."* Der Absatz 2 bestimmt: *„Der Vorleistungspflichtige kann eine angemessene Frist bestimmen, in welcher der andere Teil Zug um Zug gegen die Leistung nach seiner Wahl die Gegenleistung zu bewirken oder Sicherheit zu leisten hat. Nach erfolglosem Ablauf der Frist kann der Vorleistungspflichtige vom Vertrag zurücktreten. § 323 findet entsprechende Anwendung."*

Eine solche Gefährdung des Zahlungsanspruchs des Auftragnehmers liegt insbesondere bei Zahlungseinstellung oder einem Antrag auf Eröffnung des Insolvenzverfahrens gegen den Auftraggeber vor.

Hat der Auftragnehmer nach den sich aus § 632a BGB ergebenden Regeln die Möglichkeit, Abschlagszahlungen zu verlangen, und zahlt der Auftraggeber hierauf nicht, hat der Auftragnehmer nach § 320 BGB[2] oder nach § 273 BGB ein Leistungsverweigerungsrecht und braucht deshalb in Erfüllung seiner ansonsten eigentlich bestehenden Vorleistungs-

---

[1] BGH, U. v. 15.11.2012 – IX ZR 169/11, IBR 2013 S. 278; BauR 2013 S. 769 = NJW 2013 S. 1159 = NZI 2013 S. 178.
[2] *Peters,* NZBau 2000 S. 169; Palandt/*Sprau*, BGB, 72. Aufl., § 632a Rdn. 7.

verpflichtung keine weiteren Leistungen mehr zu erbringen. Die BGB-Rechtslage entspricht insoweit der in § 16 Abs. 5 Nr. 4 VOB/B.

20.3 Eröffnungsbeschluss – Folgen für die Abwicklung eines Bauvertrages

Wird das Insolvenzverfahren eröffnet, muss hinsichtlich der Rechtsfolgen wiederum zwischen der Insolvenz des Auftraggebers und des Auftragnehmers unterschieden werden. Außerdem besteht Differenzierungsbedarf zwischen einem noch in der Abwicklung befindlichen Bauvertrag und einem solchen, bei dem der Auftragnehmer seine Leistungen bereits erbracht hat und die Verjährungsfristen für die Sachmängelhaftungsansprüche abgelaufen sind.

20.3.1 Grundsätzliches zur Bedeutung der Insolvenzeröffnung

Die Bedeutung der Insolvenzeröffnung für gegenseitige Verträge ist mit Rücksicht auf § 103 InsO zu bestimmen. § 103 InsO ist eine Kardinalnorm der Insolvenzordnung, weil sie für beidseitig noch nicht abgewickelte gegenseitige Verträge dem im Eröffnungsbeschluss benannten Insolvenzverwalter eine Entscheidungsbefugnis hinsichtlich der Abwicklung des Bauvertrages zuweist. Kommt es mangels Masse nicht zur Verfahrenseröffnung (§ 26 InsO), wickelt sich der Bauvertrag unabhängig von insolvenzrechtlichen Regeln ab.

Die Norm lautet: Abs.1 *"Ist ein gegenseitiger Vertrag zur Zeit der Eröffnung des Insolvenzverfahrens vom Schuldner und vom anderen Teil nicht oder nicht vollständig erfüllt, so kann der Insolvenzverwalter anstelle des Schuldners den Vertrag erfüllen und die Erfüllung vom anderen Teil verlangen"*. Abs. 2 *"Lehnt der Verwalter die Erfüllung ab, so kann der andere Teil eine Forderungen wegen Nichterfüllung nur als Insolvenzgläubiger geltend machen. Fordert der andere Teil den Verwalter zur Ausübung seines Wahlrechts auf, so hat der Verwalter unverzüglich zu erklären, ob er die Erfüllung verlangen will. Unterlässt er dies, so kann er auf der Erfüllung nicht bestehen."*

20.3.1.1 Begriffsverständnis

Unter Schuldner i.S.d. Regelung ist der Insolvenzschuldner zu verstehen und „der andere Teil" ist der Vertragspartner dieses Schuldners im Rahmen des gegenseitigen Vertrages.

Die Vorschrift ist nur dann anwendbar, wenn der gegenseitige Vertrag, wozu ein Bauvertrag eindeutig zählt, noch von keiner Vertragspartei vollständig erfüllt worden ist. § 103 InsO mit der dem Insolvenzverwalter zugewiesenen Entscheidungsbefugnis scheidet also aus, wenn eine der beiden Bauvertragsparteien vollständig erfüllt hat. Deshalb ist von erheblicher Bedeutung, was unter vollständiger Erfüllung zu verstehen ist und auf welchen Zeitpunkt hierfür abzustellen ist.

20.3.1.2 Vollständige Erfüllung

Maßgebend hierfür ist nicht, dass die Leistungshandlung vorgenommen worden ist, sondern es ist auf die dauerhafte Bewirkung des geschuldeten Erfolges abzustellen, was aus § 362 BGB folgt.[1]

Vollständige Erfüllung durch den Auftragnehmer (Bauunternehmer)

Für einen Bauvertrag bedeutet dies die mangelfreie Herstellung des vertraglich übernommenen Werks. Deshalb hat insolvenzrechtlich die rechtsgeschäftliche Abnahme des Werks durch den Auftraggeber keinen Stellenwert.

Hat der Auftragnehmer seine Leistung vollständig erbracht und ist das Werk vom Auftraggeber auch abgenommen worden, macht dies demnach die vollständige Erfüllung nicht aus. Hat nämlich der Auftraggeber zur Zeit der Insolvenzeröffnung mit Recht Mängelrügen erhoben, ist der Auftragnehmer, auf dessen vertragswidrige Leistung der Mangel zurückzuführen ist, zur Nacherfüllung auf seine Kosten verpflichtet (§ 635 BGB, § 13 Abs. 4, 5 Abs. 1 VOB/B). Damit fehlt die vollständige Erfüllung durch den Auftragnehmer. Auch dann, wenn Mängel erst nach der Abnahme auftreten, fehlt es an einer vollständigen Erfüllung des Bauvertrages durch den Auftragnehmer. Die Mangelfreiheit der Leistung und damit die vollständige Erfüllung durch den Auftragnehmer beurteilen sich zum Zeitpunkt der Eröffnung des Insolvenzverfahrens. Nach der Eröffnung auftretende Mängel, die objektiv jedoch – gleichsam keimhaft – bereits zum Zeitpunkt der Verfahrenseröffnung vorgelegen haben und sich lediglich später das Mangelbild zeigt, schließen die vollständige Erfüllung der Leistungsverpflichtung durch den Auftragnehmer aus.

Vollständige Erfüllung durch den Auftraggeber (Besteller)

Der Besteller hat vollständig erfüllt, wenn er den Vergütungsanspruch vollständig bezahlt hat.

Dann ist § 103 InsO nicht mehr anwendbar, selbst wenn der Auftragnehmer seinerseits noch nicht vollständig erfüllt hat. Denn die Vorschrift setzt voraus, dass beide Vertragsteile nicht oder nicht vollständig erfüllt haben, damit der Insolvenzverwalter noch Einfluss auf den Bauvertrag hat.

Der Auftraggeber hat noch nicht vollständig erfüllt, wenn er nicht alles bezahlt hat, z.B. weil er sich auf ein Leistungsverweigerungsrecht wegen vorhandener Mängel beruft. Haben die Parteien eine Sicherheitsleistung in Gestalt eines Einbehalts vereinbart und hat der Auftraggeber dementsprechend einbehalten, fehlt es an einer vollständigen Erfüllung. Selbst wenn der Auftragnehmer diesen Einbehalt durch Gestellung einer Bürgschaft abgelöst und der Auftraggeber damit den Vergütungsanspruch vollständig bezahlt hat, ist § 103 InsO anwendbar. Zwar ist der Auftragnehmer dann vollständig vergütet worden, aber das Behaltendürfen der Zahlung hängt davon ab, ob der Bürgschaftsfall eintritt und die vom Auftraggeber wegen eines Mangels in Anspruch genommene Bürgin bei dem Auftragnehmer Regress nimmt. Auch mit dieser Situation ist deshalb keine vollständige Erfüllung durch den Auftraggeber verbunden.[2]

---

[1] *Braun/Kroth*, InsO, § 103 Rdn. 25.
[2] *Huber*, NZBau 2005 S. 177, 179; MünchKommInsO-*Huber*, 2. Aufl., § 103 Rdn. 134; anders *Schmitz*, Bauinsolvenz, Rdn. 200.

20.3.1.3 Zeitpunkt der Beurteilung

Ob die Parteien eines Bauvertrages vollständig erfüllt haben, beurteilt sich gemäß §§ 103, 27 InsO nach dem Zeitpunkt der Eröffnung des Insolvenzverfahrens.

20.3.1.4 Beidseitige Erfüllung zum Zeitpunkt der Insolvenzeröffnung

Haben zum Zeitpunkt der Eröffnung des Insolvenzverfahrens beide Bauvertragsparteien ihre Verpflichtungen vollständig erfüllt, ergeben sich für den Bauvertrag keinerlei Rechtsfolgen. Ansprüche sind nicht vorhanden.

20.3.1.4.1 Einseitige Erfüllung zum Zeitpunkt der Insolvenzeröffnung

Hat eine Bauvertragsseite zur Zeit der Insolvenzeröffnung ihre Verpflichtungen vollständig erfüllt, ist § 103 InsO nicht anwendbar. Die andere Seite hat demnach Ansprüche, auf die sich die Insolvenzeröffnung je nach Insolvenz auf der Auftragnehmer- oder Bestellerseite unterschiedlich auswirkt.

20.3.1.4.2 Insolvenz des Auftragnehmers

Hat der Auftragnehmer seine Leistung vollständig erbracht und stehen noch Zahlungsansprüche gegen den Auftraggeber aus, macht diese der Insolvenzverwalter geltend und zieht sie zur Masse ein. Sind diese Zahlungsansprüche im Voraus z.B. an eine Bank abgetreten, wird der Insolvenzverwalter nach den Regeln der §§ 129 ff. InsO die Anfechtbarkeit prüfen. Denn die Abtretung benachteiligt die Insolvenzmasse, der ohne diese Abtretung der Zahlungsanspruch gegenüber dem Auftraggeber zugute käme. Unter welchen Voraussetzungen eine solche Anfechtung möglich ist, regeln im Detail die §§ 129 ff. InsO.

Hat ausnahmsweise der Auftraggeber seine Leistungen bereits vollständig erbracht – was wegen der baufortschrittsorientierten Zahlung regelmäßig ausscheidet – hat er einen Anspruch gegen den Auftragnehmer auf Erfüllung. Da es sich dabei nicht um einen Geldzahlungsanspruch handelt (Anspruch auf Werkleistung), ist die Umrechnung nach § 45 InsO geboten. Hierbei handelt es sich um einen zur Tabelle (§§ 174, 175 InsO) anzumeldenden Insolvenzanspruch. Dieser Zahlungsanspruch wird jedoch nahezu wertlos sein, da er lediglich mit der sich ergebenden Quote aus der Insolvenzmasse zu befriedigen ist.

20.3.1.4.3 Insolvenz des Auftraggebers

Wird über das Vermögen des Auftraggebers das Insolvenzverfahren eröffnet und hat der Auftraggeber – wiederum ausnahmsweise – vollständig erfüllt, verlangt der Insolvenzverwalter (§ 80 InsO) vom Auftragnehmer die Werkleistung gemäß dem abgeschlossenen Vertrag. Hat der Auftragnehmer bereits vollständig und zum Zeitpunkt der Eröffnung des Insolvenzverfahrens auch mangelfrei erfüllt, macht er seinen Vergütungsanspruch als Insolvenzforderung geltend, meldet diese also zur Tabelle an (§§ 174, 175 InsO).

20.3.1.4.4 Beidseitige Nichterfüllung des Bauvertrages

Haben zum Zeitpunkt der Eröffnung des Insolvenzverfahrens beide Parteien des Bauvertrages noch nicht vollständig erfüllt, kommt es zur Anwendbarkeit des § 103 InsO und damit zum Einfluss des Insolvenzverwalters auf die weitere Abwicklung des Bauvertrages.

20.3.2 Wirkung des Eröffnungsbeschlusses auf einen beidseitig noch nicht abgewickelten Bauvertrag

Nach der geänderten Rechtsprechung des Bundesgerichtshofs vom 25.4.2002[1] erlöschen durch die Eröffnung des Insolvenzverfahrens über das Vermögen eines der Bauvertragsparteien die Ansprüche aus dem Bauvertrag – abweichend von der früheren Rechtsprechung – gerade nicht. Diese Ansprüche bleiben bestehen, sie sind jedoch in ihrer Durchsetzbarkeit gehemmt und ihre weitere Behandlung hängt davon ab, welche Entscheidung der Insolvenzverwalter nach § 103 InsO trifft. Dieser so genannte Suspensiveffekt der Verfahrenseröffnung betrifft jedoch solche Ansprüche für schon vor Insolvenzeröffnung erbrachte Leistungen nicht. Das hat mit § 105 InsO zu tun. Diese Bestimmung hat die teilbare Leistung zum Gegenstand. Sie lautet wie folgt: *„Sind die geschuldeten Leistungen teilbar und hat der andere Teil die ihm obliegende Leistung zur Zeit der Eröffnung des Insolvenzverfahrens bereits teilweise erbracht, so ist er mit dem der Teilleistung entsprechenden Betrag seines Anspruchs auf die Gegenleistungen Insolvenzgläubiger, auch wenn der Insolvenzverwalter wegen der noch ausstehenden Leistung Erfüllung verlangt. Der andere Teil ist nicht berechtigt, wegen der Nichterfüllung seines Anspruchs auf die Gegenleistung die Rückgabe einer vor der Eröffnung des Verfahrens in das Vermögen des Schuldners übergegangenen Teilleistung aus der Insolvenzmasse zu verlangen."* Diese Regelung ist im Zusammenhang mit § 55 Abs. 1 Nr. 2 InsO zu sehen, wonach Masseverbindlichkeiten u.a. Verbindlichkeiten aus gegenseitigen Verträgen sind, soweit deren Erfüllung zur Insolvenzmasse verlangt wird. § 105 InsO hat demnach zur Folge, dass die Vergütungsansprüche für Leistungen, die vor der Eröffnung des Insolvenzverfahrens erbracht wurden, gewöhnliche Insolvenzforderungen sind, wogegen die Vergütungsansprüche, die deshalb entstehen, weil der Insolvenzverwalter die Erfüllung des Vertrags verlangt, Masseverbindlichkeiten sind, also nach § 53 InsO aus der Insolvenzmasse vorweg zu berichtigen sind. Werden Insolvenzforderungen nur nach Maßgabe der sich ergebenden Quote befriedigt, ist eine solche Quote für die Masseverbindlichkeiten nicht maßgeblich.

Der Begriff der Teilleistung bestimmt sich dabei nicht etwa nach den in § 632a BGB (Fassung vor dem 1.1.2009) oder § 12 Abs. 2 VOB/B angeführten Kriterien. Dem BGH genügt für die Teilbarkeit, wenn sich die vor und nach der Insolvenzeröffnung erbrachten Leistungen feststellen und bewerten lassen.[2] Das ist bei einem Bauvertrag regelmäßig der Fall, was sich schon aus § 8 Abs. 1 und Abs. 6 VOB/B entnehmen lässt. Was für die Festlegungs- und Abrechnungsmöglichkeiten nach einer Kündigung gilt,[3] trifft auch ohne weiteres für Leistungs- und Vergütungsbestimmungen nach Insolvenzeröffnung zu.

20.3.2.1 Einzelne Fallgestaltungen

Die einzelnen Fallgestaltungen lösen sich unterschiedlich je nach der Entscheidung des Insolvenzverwalters, wobei immer vorausgesetzt wird, dass zum Zeitpunkt der Eröffnung des Insolvenzverfahrens beide Bauvertragsparteien den Vertrag nicht oder nicht vollständig erfüllt haben.

---

[1] IX ZR 313/99, BauR 2002 S. 1264 = IBR 2002 S. 417 = NZBau 2002 S. 439.
[2] BGH, U. v. 25.4.2002 – IX ZR 313/99, BauR 2002 S. 1264 = IBR 2002 S. 417 = NZBau 2002 S. 439.
[3] Vgl. dazu BGH, U. v. 18.4.2002 – VII ZR 164/01, BauR 2002 S. 1403 = NJW 2002 S. 2780.

20.3.2.2 Bauvertrag in der Abwicklung noch vor der Abnahme

Hat der Unternehmer schon Leistungen erbracht und wird das Verfahren gegen den Auftraggeber eröffnet, kann sich der Insolvenzverwalter für die Erfüllung des Vertrages oder dagegen entscheiden.

Insolvenzverwalter entscheidet sich für die Erfüllung (§ 103 Abs. 1 InsO)

Dann hat der Auftragnehmer für die nach dieser Erfüllungswahl erbrachten Leistungen einen Zahlungsanspruch, der als Masseverbindlichkeit vorrangig aus der Masse zu vergüten ist. Insoweit ist der Auftragnehmer nicht Insolvenzgläubiger, der sich mit einer Quote zufrieden geben müsste. Das folgt aus § 55 Abs. 1 Nr. 2 InsO. Danach sind Masseverbindlichkeiten solche Verbindlichkeiten aus gegenseitigen Verträgen, soweit deren Erfüllung zur Insolvenzmasse verlangt wird oder für die Zeit nach der Eröffnung des Insolvenzverfahrens erfolgen muss. Hinsichtlich der **vor der Verfahrenseröffnung durch den Auftragnehmer erbrachten Leistungen** ist der Auftragnehmer jedoch ausdrücklich nach der in § 105 InsO getroffenen Bestimmung Insolvenzgläubiger. Der Auftragnehmer kann nicht Rückgabe der vor Insolvenzeröffnung erbrachten Leistungen fordern. Der Auftragnehmer erhält also für die vor der Insolvenzeröffnung erbrachten Leistungen trotz der Erfüllungswahl durch den Insolvenzverwalter lediglich eine Quote.

Hat der Auftraggeber (Insolvenzschuldner) vor Insolvenzeröffnung Teilleistungen erbracht, macht der Insolvenzverwalter an dessen Stelle nach § 80 InsO die dieser Teilleistung entsprechenden Ansprüche auf Erbringung der Werkleistung geltend. Dieser Erfüllungsanspruch besteht wegen der Erfüllungswahl fort und ist deshalb auch durchsetzbar.

Insolvenzverwalter entscheidet sich gegen die Erfüllung (§ 103 Abs. 2 InsO)

Entscheidet sich der Insolvenzverwalter gegen die Erfüllung des Vertrages oder gibt er nach § 103 Abs. 2 InsO auf die Aufforderung des Auftragnehmers, sich hinsichtlich seiner Wahl zu entscheiden, keine Erklärung ab, führt dies nicht zu einer Auflösung des Vertrages. Die fortbestehenden Erfüllungsansprüche des Auftragnehmers sind lediglich nicht durchsetzbar. Das hat für die Zeit nach Beendigung des Insolvenzverfahrens Auswirkungen, weil dann diese insolvenzbedingte Sperre entfällt (§ 201 InsO). Der Auftragnehmer hat die Möglichkeit, eine Forderung wegen Nichterfüllung der noch offenen Leistungen geltend zu machen. Er ist insofern jedoch nach § 103 Abs. 2 Satz 1 InsO nur Insolvenzgläubiger. Der Auftragnehmer muss diesen Anspruch jedoch nicht zur Tabelle (§§ 174, 175 InsO) anmelden. Er ist in seiner Entscheidung völlig frei. Macht er jedoch diesen Schadensersatzanspruch wegen Nichterfüllung geltend, verliert er seinen Erfüllungsanspruch (vgl. § 281 Abs. 4 BGB). Macht der Auftragnehmer den Nichterfüllungsanspruch (letztlich ein Schadensersatzanspruch) geltend, ist die Anmeldung zur Tabelle geboten (§§ 87, 174 InsO).[1]

Im Übrigen ist danach zu unterscheiden, ob bereits Teilleistungen erbracht worden sind.

Hat der **Auftraggeber (Insolvenzschuldner)** bereits **Teilleistungen erbracht,** entscheidet sich der Insolvenzverwalter jedoch gegen die Erfüllung, steht dem Auftragnehmer insgesamt, also hinsichtlich der erbrachten und der nicht erbrachten Leistungen, nur ein Schadensersatzanspruch wegen Nichterfüllung als Insolvenzgläubiger zu. Hat der Auf-

---

1 MünchKommInsO-*Huber*, 7. Aufl., § 103 Rdn. 193.

tragnehmer noch nicht alle der Vorleistung entsprechenden Leistungen erbracht oder sind diese mangelhaft, scheidet wegen der Entscheidung gegen die Erfüllung gleichfalls ein weiterer Erfüllungs- oder Mängelbeseitigungsanspruch aus.[1]

Hat der Auftragnehmer bereits Teilleistungen erbracht, lehnt der Insolvenzverwalter (Insolvenz des Auftraggebers) jedoch die Erfüllung ab, bestehen weder für den Auftragnehmer noch für den Insolvenzverwalter durchsetzbare Erfüllungsansprüche. Der Auftragnehmer kann die erbrachte Teilleistung abrechnen, ist aber nach § 105 Satz 1 InsO lediglich Insolvenzgläubiger. Hinsichtlich des Vertrages im Übrigen hat er Schadensersatzansprüche wegen Nichterfüllung gleichfalls als Insolvenzgläubiger (§ 103 Abs. 2 InsO). Sind die erbrachten Leistungen mangelhaft, hat der Auftraggeber wegen der Nichterfüllungswahl keine Mängelbeseitigungsansprüche. Die Mängel berechtigen den Insolvenzverwalter deshalb lediglich zu einem Schadensersatzanspruch, mit welchem die Aufrechnung gegen die Zahlungsansprüche des Auftragnehmers ohne weiteres möglich ist. Denn die sich aus §§ 94 ff. InsO ergebenden Schranken gelten nicht für den Insolvenzverwalter.[2]

20.3.2.3 Insolvenz des Auftragnehmers

Wird das Insolvenzverfahren über das Vermögen des Auftragnehmers eröffnet, hat der Insolvenzverwalter die in § 103 InsO angeführten Möglichkeiten. Allerdings kollidieren diese Möglichkeiten mit eventuellen Lösungsrechten des Auftraggebers.

Lösungsrechte des Auftraggebers

Bei einem VOB-Bauvertrag steht dem Auftraggeber unter den in § 8 Abs. 2 VOB/B genannten Voraussetzungen, die im Rahmen der VOB 2006 eine Umformulierung erfahren haben, ein Lösungsrecht durch Kündigung zu. Ob dieses Lösungsrecht wirksam ist, ist fragwürdig, in der Literatur streitig[3] und wohl nach einer neueren Entscheidung des BGH jedenfalls teilweise zu verneinen.[4] Hintergrund ist § 119 InsO, wonach Vereinbarungen, durch die im Voraus die Anwendung der §§ 103 bis 118 InsO ausgeschlossen oder beschränkt wird, unwirksam sind. Der BGH hatte bisher gegen eine solche Lösungsklausel keine Bedenken erhoben.[5] Diese Entscheidungen ergingen allerdings auf der Grundlage der Konkursordnung (KO), die eine § 119 InsO entsprechende Regelung nicht gekannt hat. Das Urteil des BGH vom 28.11.2003[6] geht in die Richtung, vertragliche Lösungsklauseln an § 119 InsO scheitern zu lassen und solche nur auf gesetzlicher Grundlage zuzulassen. Eine solche gesetzliche Grundlage bot § 14 VVG (alte Fassung, diese gesetzliche Lösungsmöglichkeit ist in der Neufassung des VVG mit Wirkung ab 1.1.2008 ersatzlos gestrichen worden), womit sich die genannte BGH-Entscheidung auch befasste.[7] Der BGH[8] führt nunmehr folgendes aus; *„Eine insolvenzabhängige Lösungsklausel ist bei Verträgen über die fortlaufende Lieferung von Waren oder Energie nach § 119 InsO unwirksam, wenn sie im Voraus die Anwendung des § 103 InsO ausschließt. Dies gilt nur dann*

---

1 Anderer Ansicht, nämlich für einen Anspruch des Auftraggebers hinsichtlich der erbrachten Teilleistung *Huber*, NZBau 2005 S. 256, 262.
2 *Braun/Kroth*, InsO, § 94 Rdn. 8.
3 Vgl. MünchKommInsO-*Huber*, 2. Aufl., § 119 Rdn. 23 ff.
4 BGH, U. v. 15.11.2012 – IX ZR 169/11, BauR 2013 S. 769 mit Anmerkung von *Schmitz*.
5 BGH, U.v. 11.11.1993 – IX ZR 257/92, NJW 1994 S. 449.
6 IV ZR 6/03, NJW-RR 2004 S. 460.
7 Vgl. zur Problematik umfassend *Franke*, BauR 2007 S. 774 ff.
8 U. v. 15.11.2012 – IX ZR 169/11, BauR 2013 S. 769 = NJW 2013 S. 1159 = NZI 2013 S. 178 = IBR 2013 S. 278.

nicht, wenn die Vereinbarung einer gesetzlich vorgesehenen Lösungsmöglichkeit entspricht. Die vom Rechtsausschuss des Bundestages befürwortete Zulässigkeit vertraglicher Lösungsklauseln hat im Gesetzeswortlaut keinen Ausdruck gefunden und widerspricht der Zielsetzung des § 103 InsO. Der Zweck des Erfüllungswahlrechts ist es, die Masse zu schützen und im Interesse einer gleichmäßigen Gläubigerbefriedigung zu mehren. Dieser Zweck könnte vereitelt werden, wenn sich der Vertragspartner des Schuldners allein wegen der Insolvenz von einem für die Masse günstigen Vertrag lösen und damit das Wahlrecht des Insolvenzverwalters nach § 103 InsO unterlaufen kann......Derartige Nachteile bei der Betriebsfortführung wollte der Gesetzgeber gerade vermeiden, wie sich aus der Begründung zu § 119 (Jetzt § 105 InsO, BT-Drucksache 12/2443, S. 146) entnehmen lässt. Danach soll § 105 InsO dem Verwalter ermöglichen, Verträge für die fortlaufende Lieferung von Waren oder Energie im Insolvenzverfahren zu den gleichen Bedingungen fortzusetzen. Die Fortführung eines Unternehmens sollte in dieser Weise erleichtert werden. Hierdurch wird der Vertragspartner, der seine Rückstände nur als Insolvenzforderungen geltend machen kann, im Vergleich zu anderen Gläubigern nicht unzumutbar belastet, weil er bei einer Erfüllungswahl des Insolvenzverwalters nach Eröffnung die vereinbarte Gegenleistung aus der Masse erhält. Dieser Regelungsabsicht widerspräche es, wenn ein massegünstiger Vertrag dem Erfüllungswahlrecht des Insolvenzverwalters entzogen werden könnte." Der BGH weist § 119 InsO auch eine Art Vorwirkung zu, die dieser Bestimmung zugewiesene Verbotswirkung greift nicht erst ab Verfahrenseröffnung, sondern bereits bei Stellung eines Insolvenzantrags oder der Einleitung eines Insolvenzeröffnungsverfahrens. Ansonsten könnte nämlich das Wahlrecht des Insolvenzverwalters aus § 103 InsO leicht unterlaufen werden.

Das bedeutet, dass diese Rechtsprechung wohl zur Unwirksamkeit des § 8 Abs. 2 Nr. 1, 2. und 3. Alternative VOB/B führt und insoweit keine Kündigungsmöglichkeit nach dieser Regelung möglich ist (das betrifft: Antragsstellung und Eröffnung berechtigen bei dieser Beurteilung keine Kündigungsmöglichkeit).[1] Vieles spricht dafür, dass eine Kündigungsmöglichkeit auch dann nicht besteht, wenn der Auftragnehmer seine Zahlungen einstellt.[2] Damit bliebe die einzige Kündigungsmöglichkeit für den Fall, dass die Eröffnung des Insolvenzverfahrens über das Vermögen den Auftragnehmers mangels Masse abgelehnt wird.

In einem BGB-Bauvertrag vereinbarte insolvenzabhängige Lösungsklauseln verstoßen gleichfalls gegen die Verbotsnorm des § 119 InsO und sind deshalb nach § 134 BGB nichtig. Eine davon zu trennende Frage, ist, ob im Einzelfall die Zahlungseinstellung, der Antrag auf Eröffnung eines Insolvenzverfahrens und dessen Eröffnung ein wichtiger Grund für eine Kündigung (außerordentliche Kündigung) sind. Eventuell kann der Auftraggeber auch unter den Voraussetzungen nach § 323 Abs. 4 BGB vom Bauvertrag zurücktreten.

Folgen einer Kündigung oder eines Rücktritts des Auftraggebers

Kündigt der Auftraggeber den Vertrag, hat der Insolvenzverwalter des Auftragsnehmers (Schuldner) hinsichtlich der bis zur Eröffnung des Verfahrens ausgeführten Leistungen einen Vergütungsanspruch, der sich nach den Berechnungsregeln des Vertrages bestimmt (vgl. für den VOB-Bauvertrag § 8 Abs. 2 Nr. 2 VOB/B). Das hat mit einer Insolvenzforderung nichts zu tun, denn der Insolvenzschuldner bzw. der Insolvenzverwalter macht einen

---

1 Vgl. *Schmitz*, BauR 2013 S. 772, 773.
2 Vgl. *Schmitz*, BauR 2013 S. 772, 773, 774.

20. Die Insolvenz am Bau – Folgen für die Sachmängelhaftung

Zahlungsanspruch geltend. Der Auftraggeber hat hinsichtlich der kündigungsbedingt ausbleibenden Leistungen einen Schadensersatzanspruch. Dieser Anspruch folgt für einen VOB-Bauvertrag aus § 8 Abs. 2 Nr. 2 VOB/B und sonst – im Fall des Rücktritts – aus §§ 325, 281 BGB. Dieser Schadensersatzanspruch wegen Nichterfüllung des gekündigten Restes ist eine Insolvenzforderung und deshalb zur Tabelle mit der Folge anzumelden (§§ 174, 175 InsO), dass Befriedigung nur in Höhe der Quote erfolgt. Deshalb stellt sich die Frage, ob der Auftraggeber mit diesem Schadensersatzanspruch gegen den Vergütungsanspruch des Auftragnehmers hinsichtlich der erbrachten Teilleistungen aufrechnen kann. Das ist zu bejahen. § 95 Abs. 1 Satz 3 InsO und § 96 Nr. 1 InsO schließen die Aufrechenbarkeit nicht aus.

Entscheidung des Insolvenzverwalters für Vertragserfüllung

Entscheidet sich der Insolvenzverwalter für die weitere Erfüllung des Vertrages, erwirbt die Masse bei Erfüllung der sie treffenden Leistungspflichten einen vollen Vergütungsanspruch gegen den Besteller. Die beiderseitigen Erfüllungsansprüche werden durch die Erfüllungswahl zu Ansprüchen der und gegen die Masse. Es handelt sich dann um vorzugsweise zu befriedigende Masseverbindlichkeiten (§ 55 Abs. 1 Nr. 2 InsO).

Hat der Auftragnehmer vor Insolvenzeröffnung bereits Teilleistungen erbracht, steht dem Insolvenzverwalter diesbezüglich ein voller Vergütungsanspruch zu.

Auswirkungen von Mängeln an der bisher erbrachten Leistung

Verlangt der Insolvenzverwalter (Insolvenz des Auftragnehmers) die Vergütung für die bereits erbrachten Teilleistungen, stellt sich die Frage, wie aufgetretene Mängel an der bereits vor Insolvenzeröffnung erbrachten Leistungen und solchen, die nach der Erfüllungswahl erbracht werden, zu behandeln sind. Hat der **Insolvenzverwalter die Erfüllung des Vertrages gewählt,** schuldet er wegen dieser Erfüllungswahl die mangelfreie Herstellung des Werks. Damit verlangt der Insolvenzverwalter die Erfüllung des gesamten Vertrages zur Masse, womit sich der Anspruch des Auftraggebers auf Mängelbeseitigung als Masseverbindlichkeit darstellt. Damit ist der Auftraggeber nicht Insolvenzgläubiger, weswegen sich die einschränkenden Aufrechnungsverbote nach §§ 94 ff. InsO nicht auswirken. Diese Aufrechnungseinschränkungen gelten nämlich lediglich für Insolvenzgläubiger (§ 38 InsO), nicht aber für Massegläubiger (§ 53 InsO).[1] Deshalb hat der Auftraggeber dann, wenn der Insolvenzverwalter die Mängelbeseitigung nicht vornimmt und der Übergang auf einen Zahlungsanspruch entweder als Vorschuss- oder Erstattungsanspruch aus § 637 BGB bzw. als Schadensersatzanspruch nach §§ 636, 281 BGB (oder bei einem VOB-Bauvertrag nach § 13 Abs. 5 Nr. 2, bzw. Abs. 7 Nr. 3 VOB/B) veranlasst ist, die Möglichkeit zur **Aufrechnung** gegen den Vergütungsanspruch für die von dem Auftragnehmer bis zur Insolvenzeröffnung erbrachten Teilleistungen.

Entscheidet sich der Insolvenzverwalter (Insolvenz des Auftragnehmers) gegen die Erfüllung des Vertrages, hat der Auftraggeber weder hinsichtlich der noch offenen Leistungen noch bezogen auf die bereits erbrachte – mangelhafte – Leistung Erfüllungsansprüche. Es besteht also kein Anspruch auf Nacherfüllung und auf die sekundären Nacherfüllungsansprüche wie Kostenvorschuss oder Kostenerstattung. Der Auftraggeber vermag auch keinerlei Frist für die Nacherfüllung zu setzen, weil der Nacherfüllungsanspruch fehlt. Bei Ablehnung der Erfüllung durch den Insolvenzverwalter hat der Auftraggeber nur einen

---

[1] MünchKommInsO-*Brandes*, 2. Aufl., § 94 Rdn. 46; *Braun/Kroth*, InsO, § 94 Rdn. 7.

Schadensersatzanspruch wegen Nichterfüllung nach § 103 Abs. 2 InsO. Das gilt auch hinsichtlich der Mängel an der bis zur Verfahrenseröffnung erbrachten Teilleistung. Mit diesem Schadensersatzanspruch kann der Auftraggeber gegen den Zahlungsanspruch des Insolvenzverwalters aufrechnen. Zwar ist der Auftraggeber hinsichtlich dieses Schadensersatzanspruches wegen Nichterfüllung nur Insolvenzgläubiger und damit den Aufrechnungsschranken aus §§ 94 ff. InsO ausgesetzt. Aber § 95 Abs. 1 Satz 3 InsO will hier eine Aufrechnung deshalb nicht ausschließen, weil die Ansprüche der beiden Parteien in einem engen gegenseitigen Verhältnis zueinander stehen.[1]

20.3.2.4 Insolvenzeröffnung nach Abnahme der Bauleistung – Sachmängelhaftungstatbestände

Treten nach der rechtsgeschäftlichen Abnahme der Bauleistung Mängel auf und wird über das Vermögen des gewährleistungspflichtigen Auftragnehmers das Insolvenzverfahren eröffnet, sind gleichfalls verschiedene Konstellationen zu unterscheiden.

20.3.2.4.1 Ausgangspunkt

Ausgangspunkt ist, dass für die Anwendung des § 103 InsO nicht die rechtsgeschäftliche Abnahme, sondern die vollständige Erfüllung zum Zeitpunkt der Eröffnung des Insolvenzverfahrens entscheidet. Dabei setzt § 103 InsO voraus, dass beide Seiten den Vertrag noch nicht vollständig erfüllt haben.

20.3.2.4.2 Auftraggeber hat vollständig bezahlt – auch keine Sicherheitsleistung gestellt

Hat der Auftraggeber vollständig gezahlt, weist die Leistung des Auftragnehmers jedoch Mängel auf, dann hat der Auftragnehmer nicht vollständig erfüllt. § 103 InsO ist nicht anwendbar, denn der Auftraggeber hat vollständig erfüllt.

Verfahrenseröffnung nach Geltendmachung der Mängelansprüche

Die Eröffnung des Verfahrens (Auftragnehmer in der Insolvenz) hat auf die Abwicklung des Vertrages keinerlei Einfluss. Der Auftraggeber hat gegen den in der Insolvenz befindlichen Auftragnehmer ein Mängelbeseitigungsrecht. Dieses Recht wandelt sich unter den Voraussetzungen des BGB z.B. nach §§ 635, 637 in einen Zahlungsanspruch um, der dann als Insolvenzforderung zur Tabelle angemeldet werden kann. Findet keine solche Umwandlung in einen Zahlungsanspruch nach den Regeln des materiellen Rechts statt, ist die Umrechnung aus insolvenzrechtlichen Gründen gemäß § 45 InsO erforderlich. In beiden Fällen geht der Anspruch auf Zahlung der zur Mängelbeseitigung erforderlichen Kosten, jedoch lediglich in Höhe der Quote.

Verfahrenseröffnung nach Geltendmachung sekundärer Mängelansprüche

Hat der Auftraggeber dem Auftragnehmer eine Frist zur Mängelbeseitigung gesetzt und ist die Frist fruchtlos abgelaufen, stehen dem Auftraggeber neben dem weiter bestehenden Anspruch auf die Mängelbeseitigung alternativ die Möglichkeit eines Kostenvorschusses oder einer Kostenerstattung (§ 637 BGB, § 13 Abs. 5 Nr. 2 VOB/B), eines Schadensersatzanspruches (§§ 636, 281, 280 BGB, § 13 Abs. 7 Nr. 3 VOB/B), einer Min-

---
1 MünchKommInsO-*Brandes*, 2. Aufl., § 95 Rdn. 17; *Huber,* NZBau 2005 S. 256, 260.

20. Die Insolvenz am Bau – Folgen für die Sachmängelhaftung

derung (§ 638 BGB bzw. § 13 Abs. 6 VOB/B) oder ein Rücktrittsrecht (nicht bei VOB-Bauvertrag) zu. Macht er diese Rechte geltend und wird das Insolvenzverfahren gegen den Auftragnehmer eröffnet, gelten die zuvor angeführten Regeln entsprechend.

20.3.2.4.3 Auftraggeber hat nicht vollständig erfüllt

Hat der Auftraggeber zum Zeitpunkt der Eröffnung des Insolvenzverfahrens über das Vermögen des Auftragnehmers noch nicht vollständig erfüllt und liegen Mängel der Werkleistung vor, sind die Voraussetzungen des § 103 InsO gegeben. Der Auftraggeber hat noch nicht vollständig erfüllt, wenn noch eine Sicherheitsleistung, selbst in Gestalt einer Sachmängelbürgschaft, offen ist. Der Auftragnehmer hat noch nicht vollständig erfüllt, weil er zur Mängelbeseitigung verpflichtet ist. Verschiedene Konstellationen sind zu unterscheiden.

Insolvenzverwalter des Auftragnehmers macht restlichen Werklohn geltend

Macht der Insolvenzverwalter den noch offenen Werklohn geltend, hat er sich nach § 103 Abs. 1 InsO stillschweigend für die Erfüllung des Vertrages entschieden. Dann hat er auch den Mängelbeseitigungsanspruch des Auftraggebers nicht als Insolvenzforderung, sondern als Masseverbindlichkeit gemäß § 55 Abs. 1 Nr. 2 InsO zu erfüllen. Das gilt auch für die sekundären Mängelansprüche, nämlich die Selbsthilfekosten, die Minderung und den Schadensersatzanspruch für den Fall, dass der Insolvenzverwalter nicht innerhalb der ihm zur Mängelbeseitigung gesetzten Frist die Mängel beseitigt hat.

Der Auftraggeber macht Sachmängelansprüche geltend

Macht der Auftraggeber gegenüber dem Auftragnehmer Sachmängelansprüche geltend, ist zu unterscheiden, welche Sachmängelansprüche konkret vor Eröffnung des Insolvenzverfahrens über das Vermögen des Auftragnehmers geltend gemacht werden.

- Der Auftraggeber hat vor Eröffnung rechtswirksam gemindert

Hat der Auftraggeber vor der Eröffnung des Insolvenzverfahrens rechtswirksam wegen Nichteinhaltung der dem Auftragnehmer gesetzten Frist (§ 638 BGB) oder unter den Voraussetzungen nach § 13 Abs. 6 VOB/B die **Minderung** erklärt, entfaltet diese Erklärung **Gestaltungswirkung**. Es gibt keinen Erfüllungsanspruch der Vertragsparteien mehr, sondern die schon gezahlte Vergütung ist zu mindern. Hinsichtlich seines Zahlungsanspruchs aus der Minderung ist der Auftraggeber Insolvenzgläubiger. § 103 InsO findet keine Anwendung.[1] Denn der Insolvenzverwalter hat infolge der durch den Auftraggeber vorgenommenen Entscheidung keine Wahlmöglichkeit mehr.

- Der Auftraggeber hat vor Eröffnung mangelbedingt rechtswirksam einen Schadensersatzanspruch geltend gemacht

Dieser Übergang zu einem Schadensersatzanspruch wegen Nichterfüllung des Mängelbeseitigungsanspruchs vor Eröffnung des Insolvenzverfahrens über das Vermögen des Auftragnehmers hat nach § 281 Abs. 4 BGB den Verlust des Erfüllungsanspruchs durch den Auftraggeber zur Folge. Damit wird der Vertrag umgestaltet: Bei gegenseitigen Verträgen – wozu der Bauvertrag gehört – entfällt wegen der Verbindung von Leistung und Gegenleistung auch der Erfüllungsanspruch des Auftragnehmers.[2] Damit hat der Insolvenzverwalter im Insolvenzverfahren über das Vermögen des Auftragnehmers auch kein

---

[1] *Matthies,* BauR 2012 S. 1005, 1013; *Huber,* NZBau 2005 S. 177, 180.
[2] Palandt/*Grüneberg*, BGB, 72. Aufl., § 281 Rdn. 52.

Wahlrecht mehr nach § 103 InsO. Denn die Eröffnung des Insolvenzverfahrens muss den Bauvertrag hinsichtlich der Rechts- und Befugnislagen in dem Zustand hinnehmen, in dem sich der Vertrag durch derart gestaltende Maßnahmen des anderen Teils befindet.

Mit diesem Schadensersatzanspruch ist der Auftraggeber im Insolvenzverfahren nur Insolvenzgläubiger, der Anspruch muss also zur Tabelle angemeldet werden. In welcher Höhe der Schadensersatzanspruch befriedigt wird, bestimmt sich nach der Quote.

- Der Auftraggeber ist vor Eröffnung des Insolvenzverfahrens mangelbedingt vom Vertrag zurückgetreten

Diese Situation ist nicht praktisch. Die VOB/B schließt den Rücktritt aus, weil sie diese Rechtsfigur im Rahmen des § 13 VOB/B nicht benennt und damit zum Ausdruck bringt, die allgemeinen BGB-Regeln damit zu verdrängen.

Das BGB-Werkvertragsrecht kennt den Rücktritt in § 636 mit Verweis auf die allgemeinen Rücktrittsregeln u.a. in § 323. Einen rechtswirksam erklärten Rücktritt muss der Insolvenzverwalter hinnehmen; er kann sich nicht mehr nach § 103 InsO für die Erfüllung des Vertrages entscheiden.[1] Zu der Frage, ob § 103 InsO analog für das Rückabwicklungsverhältnis zutrifft, hat der BGH noch nicht Stellung genommen.[2]

- Der Auftraggeber hat vor Eröffnung des Insolvenzverfahrens den Mangel selbst beseitigt und verlangt Kostenerstattung

Hatte der Auftraggeber dem Auftragnehmer noch vor Eröffnung des Insolvenzverfahrens über das Vermögen des Auftragnehmers eine Frist zur Mängelbeseitigung gesetzt und ist diese fruchtlos abgelaufen, kann er zur Selbstbeseitigung nach § 637 BGB übergehen, wenn keine Hindernisse nach § 637 Abs. 1 BGB vorliegen. Macht der Auftraggeber nunmehr die ihm durch die Mängelbeseitigung entstandenen Kosten geltend, hat dieses Vorgehen dazu geführt, dass die Mängelbeseitigung durch den Auftragnehmer unmöglich geworden ist. Damit ist die Erfüllung des Vertrages unmöglich geworden, was gleichfalls zur Unanwendbarkeit des § 103 InsO für den Insolvenzverwalter führt. Der Auftraggeber macht seinen Kostenerstattungsanspruch nach Insolvenzeröffnung als Insolvenzforderung geltend, meldet den Anspruch also zur Tabelle an (§§ 87, 174, 175 InsO). Die Befriedigung erfolgt in Höhe der Quote.

- Der Auftraggeber hat zum Zeitpunkt der Eröffnung des Insolvenzverfahrens noch Erfüllungsansprüche

Hat der Auftraggeber mangelbedingt vor Insolvenzeröffnung über das Vermögen des Auftragnehmers weder gemindert noch Schadensersatzansprüche oder Kostenerstattungsansprüche geltend gemacht, besteht der Nacherfüllungsanspruch noch. Dann gilt § 103 InsO noch, womit der Insolvenzverwalter (Auftragnehmer Insolvenzschuldner) die Möglichkeit des Erfüllungsverlangens oder der Ablehnung hat.

Lehnt der Insolvenzverwalter die Erfüllung des Vertrages ab, kann er hinsichtlich der erbrachten Leistungen die restliche Vergütung fordern. Das wird durch seine Erfüllungsverweigerung im Übrigen nicht ausgeschlossen.[3] Der Auftraggeber hat wegen der Erfüllungsablehnung keinen Anspruch auf Mängelbeseitigung, sondern nur einen Scha-

---

[1] *Matthies*, BauR 2012 S. 1005, 1013.
[2] BGH, U. v. 7.3.2002 – IX ZR 457/99, NJW 2002 S. 2313; dafür *Huber* in MünchKommInsO, 2. Aufl., § 103 Rdn. 86.
[3] *Huber*, NZBau 2005 S. 256, 260.

20. Die Insolvenz am Bau – Folgen für die Sachmängelhaftung

densersatzanspruch wegen Nichterfüllung. Dieser Schadensersatzanspruch ist eine Insolvenzforderung, was sich aus § 103 Abs. 2 InsO ergibt.

Hiermit stellt sich die Frage, ob der Auftraggeber mit dem mangelbedingten Schadensersatzanspruch gegen den restlichen Vergütungsanspruch aufrechnen kann. Ist das zu bejahen, dann ist der Auftraggeber nicht auf die Quote wie bei einer selbständigen Geltendmachung beschränkt, sondern kann sich zu 100 % im Wege der Aufrechnung gegen den restlichen Vergütungsanspruch befriedigen.

Abgesehen davon, dass es jedem Gerechtigkeitsempfinden widerspräche, dass der Insolvenzverwalter einen restlichen Werklohnanspruch zu 100 % soll durchsetzen können, ohne Rücksicht auf die Tatsache, dass die Werkleistung mangelbedingt ihr Geld nicht wert ist, schließt die InsO diese Aufrechnung nicht aus. Obwohl der Auftraggeber, gegen den sich der restliche Vergütungsanspruch richtet und der sich mit einem Schadensersatzanspruch wegen Nichterfüllung verteidigungsweise mit einer Aufrechnung wehren möchte, Insolvenzgläubiger ist, sind die Aufrechnungsausschlusstatbestände der §§ 95 und 96 InsO nicht einschlägig. Nach § 96 Abs. 1 Nr. 1 InsO müsste der Insolvenzgläubiger erst nach der Eröffnung des Insolvenzverfahrens etwas zur Masse schuldig geworden sein. Das ist nicht der Fall. Denn die Forderung auf Bezahlung leitet sich aus §§ 631, 641 BGB nach der Abnahme der Werkleistung ab. Die sonstigen Nummern des § 96 Abs. 1 InsO sind nicht einschlägig. Auch § 95 Abs. 1 Satz 3 InsO schließt die Aufrechnung nicht aus. Zwar ist danach die Aufrechnung ausgeschlossen, wenn die Forderung, gegen die aufgerechnet werden soll, unbedingt und fällig wird, bevor die Aufrechnung erfolgen kann. Dieses Aufrechnungsverbot bezieht sich nach richtigem Verständnis nur auf solche Ansprüche, die nicht in einem Gegenseitigkeitsverhältnis stehen.[1] Der Zahlungsanspruch des Insolvenzverwalters auf die restliche Vergütung und der Schadensersatzanspruch wegen der Mängel an der Bauleistung, bezüglich deren der Vergütungsanspruch abgeleitet wird, stehen in einem solchen Gegenseitigkeitsverhältnis.

Der beiderseits noch nicht erfüllte Bauvertrag

In diesen Fallkonstellationen handelt es sich um den Fall des beiderseits noch nicht erfüllten Bauvertrages. Der Auftragnehmer, über dessen Vermögen das Insolvenzverfahren eröffnet worden ist, hat noch Mängel zu beseitigen. Der Auftraggeber hat noch zu zahlen. § 103 InsO ist anwendbar.

Wählt der Insolvenzverwalter die Erfüllung des Vertrages, erhält der Mängelbeseitigungsanspruch des Bestellers infolge dieser Wahl die Qualität einer Masseforderung, weil es sich um einen gegenseitigen Vertrag handelt, dessen Erfüllung aus der Insolvenzmasse verlangt wird; es handelt sich um eine Masseverbindlichkeit nach § 55 Abs. 1 Nr. 2 InsO. Hieran ändert sich nichts, wenn der Insolvenzverwalter nur die Erfüllung des restlichen Vertrages wählt; auch dann steht dem Auftraggeber bezüglich der Mängel der bereits erbrachten Leistung ein Mängelbeseitigungsanspruch als Anspruch gegen die Masse zu.[2] Der Auftraggeber ist nicht Insolvenzgläubiger. Der Anspruch ist durchsetzbar und auch als Zahlungsanspruch nach Übergang z.B. in einen Selbstkostenerstattungsanspruch frei aufrechenbar.

---

[1] MünchKommInso-*Huber*, § 103 Rdn. 185; MünchKommInsO-*Brandes*, 2. Aufl., § 95 Rdn. 17; *Huber*, NZBau 2005 S. 256, 260.
[2] *Matthies*, BauR 2012 S. 1005, 1012 mit weiteren Hinweisen auf Literatur.

Entscheidet sich der Insolvenzverwalter gegen die Erfüllung, hat er hinsichtlich des offenen Vergütungsanspruchs weiterhin einen Erfüllungsanspruch, und der Auftraggeber muss hinsichtlich seines Mängelbeseitigungsanspruchs die Umwandlung in einen Schadensersatzanspruch nach § 103 Abs. 2 Satz 1 InsO hinnehmen.

20.3.2.5 Verrechnungsaspekte und Insolvenzverfahren

Das bereits angesprochene Problem der **Aufrechnung** – Anwendbarkeit der Ausschlusstatbestände des §§ 95, 96 InsO – wurde noch jüngst unter dem Gesichtspunkt der **Verrechnung** für obsolet erklärt.

20.3.2.5.1 Verrechnung – Anrechnung – Aufrechnung

Macht nämlich der Auftraggeber einen Schadensersatzanspruch geltend, wurde bis vor kurzem die Auffassung vertreten, dass sich das Rechtsverhältnis, in welchem es um den restlichen Vergütungsanspruch und den Schadensersatzanspruch geht, auf einen einzigen Zahlungsanspruch reduziert, wobei die einzelnen Forderungen nicht selbständig, sondern bloße Rechnungsposten seien, die einer Verrechnung zuzuführen seien. Dann hat man es mit dieser Art **„Kunstgriff"** nicht mehr mit einer Aufrechnung zu tun, bei welcher sich selbständige Forderungen in einer Aufrechnungslage gemäß §§ 387 ff. BGB aufrechenbar gegenüber stehen, sondern man erklärt die Forderungen letztlich zu bloßen Rechnungsposten, die zu verrechnen seien.

Dem hat der BGH einen Riegel vorgeschoben.[1] Danach können Aufrechnungsverbote nicht dadurch umgangen werden, dass ein Verrechnungsverhältnis angenommen wird, wenn sich in einem Werkvertrag Ansprüche aufrechenbar gegenüberstehen. Allerdings ist stets sorgfältig zu prüfen, inwieweit Aufrechnungsverbote den zur Entscheidung stehenden Fall erfassen, einschränkend nach Sinn und Zweck der jeweils getroffenen Regelung ausgelegt werden müssen oder wirksam vereinbart sind. Der BGH sieht in der Verrechnung kein gesetzlich vorgesehenes Rechtsinstitut in den Fällen, in denen sich nach der Gesetzeslage Werklohn und Ansprüche wegen Nichterfüllung oder andere Ansprüche wegen Schlechterfüllung des Vertrages aufrechenbar gegenüber stehen. In diesen Fällen sind die vertraglichen oder gesetzlichen Regelungen zur Aufrechnung und zu etwaigen Aufrechnungsverboten anwendbar. Der BGH hält es für unzulässig, Aufrechnungsverbote – eben auch solche in einem Insolvenzverfahren, im Fall ging es um die Gesamtvollstreckungsordnung – dadurch zu umgehen, dass diese Ansprüche einer vom Gesetz nicht anerkannten Verrechnung unterstellt werden.

Das BGB kennt Verrechnungs- oder Anrechnungstatbestände in § 326 Abs. 2 Satz 2, wonach der Gläubiger dann, wenn er unter den dort genannten Voraussetzungen seinen Anspruch auf die Gegenleistung behält, obwohl er selbst nicht zu leisten braucht, sich die dadurch bedingte Ersparnis oder den dadurch möglich gewordenen anderweitigen Erwerb anrechnen lassen muss. Dieselbe Rechtslage ist neben anderen Bestimmungen auch in § 649 Satz 2 BGB wie auch in § 8 Abs. 1 Nr. 2 VOB/B gegeben. Hier wird deutlich, dass es sich nicht um selbständige Forderungen, sondern tatsächlich lediglich um Rechnungsposten eines Anspruchs handelt, bei dessen Bemessung der Höhe nach bestimmte Umstände zu berücksichtigen sind.

---

1 U. v. 23.6.2005 – VII ZR 197/03, BauR 2005 S. 1477.

20.3.2.5.2 Aufrechnung nach Regeln der InsO

Für einen Insolvenzgläubiger – also nicht für einen Massegläubiger und auch nicht für den Insolvenzverwalter selbst – schränkt die InsO die Aufrechenbarkeit ein. Denn diese hat den Vorteil der Befriedigung des Insolvenzgläubigers zu 100 %, wogegen er bei einer Anmeldung zur Tabelle sich lediglich in Höhe der sich nach den Regeln ab §§ 187 ff. InsO ergebenden Quote zufrieden geben muss. Die Aufrechnung führt deshalb im Ergebnis zur Bevorzugung einzelner Insolvenzgläubiger, die über aufrechenbare Gegenforderungen gegen die Masse verfügen. Im Ergebnis drohen Aufrechnungen zu einer Schmälerung der Masse zuführen.

Die Lage ist dadurch gekennzeichnet, dass jemand etwas zur Masse zu 100 % schuldet. Wenn er nun über eine Forderung verfügt, die nicht bloß als Insolvenzforderung mit der Quote zu befriedigen ist, sondern die der Forderung der Insolvenzmasse mit 100 % entgegengehalten werden kann, ist der Masseschuldner, der gleichzeitig ein Insolvenzgläubiger ist, also einen Anspruch gegen die Masse hat, im Vorteil. Deshalb muss die Masse im Interesse der Gläubigergesamtheit geschützt und verhindert werden, dass sich Masseschuldner gleichsam aufrechenbare Gegenforderungen besorgen.

Dem dient die Regelung ab §§ 94 ff. InsO, die in ihren Einzelheiten sehr detailliert und ausgefeilt ist. Nach § 94 InsO bleiben zur Zeit der Eröffnung des Insolvenzverfahrens bestehende Aufrechnungslagen erhalten; sie werden durch die Verfahrenseröffnung nicht berührt. § 96 InsO erklärt die Aufrechnung durch einen Insolvenzgläubiger, der eben gleichzeitig auch der Masse etwas schuldet, dann für unzulässig, wenn er erst nach der Verfahrenseröffnung etwas zur Masse schuldig geworden ist (Nr. 1), wenn er seine aufrechenbare Forderung erst nach der Eröffnung des Verfahrens von einem anderen Gläubiger erworben hat (Nr. 2), wenn er die Möglichkeit der Aufrechnung durch eine anfechtbare Rechtshandlung erlangt hat (Nr. 3) oder wenn ein Gläubiger, dessen Forderung aus dem insolvenzfreien Vermögen des Schuldners zu erfüllen ist, etwas zur Masse schuldet. Eine weitere vielfältig strukturierte Regelung enthält § 95 InsO, die eigentlich an § 94 InsO anknüpft, jedoch im Satz 1 den Fall zum Gegenstand hat, dass bei der zur Zeit der Eröffnung des Insolvenzverfahrens bereits vorhandenen Aufrechnungslage eine Besonderheit besteht: Zumindest eine der Forderungen ist nämlich noch aufschiebend bedingt oder nicht fällig oder nicht auf eine gleichartige Leistung gerichtet. Dann kann die Aufrechnung erst erfolgen, wenn die Voraussetzungen nach §§ 387 ff. BGB eingetreten sind, also die aufschiebende Bedingung entfallen und Fälligkeit eingetreten ist bzw. beide Forderungen auf eine gleichartige Leistung gerichtet sind (also z.B. beide auf Geld gehen, was dann noch nicht der Fall ist, wenn der Auftragnehmer einen restlichen Vergütungsanspruch hat und der Auftraggeber bisher nur einen Anspruch auf Nacherfüllung; Gleichartigkeit ist erst gegeben, wenn auch der Auftraggeber einen Zahlungsanspruch hat). Die Regelung dient damit im Ergebnis dem **Vertrauensschutz.** Nach § 95 Abs. 1 Satz 3 InsO ist eine Aufrechnung jedoch ausgeschlossen, wenn die Forderung, gegen die aufgerechnet werden soll, unbedingt und fällig wird, bevor die Aufrechnung erfolgen kann. Damit wird dem **Vertrauensschutz eine Grenze** gesetzt.

Gerade das ist der Fall, wenn der Insolvenzverwalter (Auftragnehmer ist Insolvenzschuldner) nach der Abnahme zur Zeit der Eröffnung des Insolvenzverfahrens einen fälligen restlichen Werklohnanspruch hat, dem der Auftraggeber wegen festzustellender Mängel zunächst lediglich einen Nacherfüllungsanspruch entgegen halten kann, der also nicht gleichartig ist. Weist die Leistung jedoch Mängel auf, ist der Auftraggeber nach § 320 zur Leistungsverweigerung berechtigt, was allerdings nicht die Fälligkeit des Vergütungsanspruchs nach § 641 BGB ausschließt, sondern nur dazu führt, dass keine Verzugszinsen verlangt werden können. Dies gilt auch dann, wenn die sich der Auftraggeber noch gar nicht auf den Mangel berufen hat.[1] In Verbindung mit § 103 InsO ergeben sich aus § 95 InsO höchstrichterlich noch nicht abschließend geklärte Streifragen.

20.3.2.5.3 Minderung

Da die Minderung ein Gestaltungsrecht ist und zu einer Reduktion des Vergütungsanspruchs des Auftragnehmers führt (§ 638 BGB; § 13 Abs. 6 VOB/B mit Verweis auf die BGB-Regelung), sind die Aufrechnungsverbote der InsO nicht einschlägig. Seit der Schuldrechtsreform (also ab 1.1.2002) ist die Minderung nicht mehr als Anspruch konzipiert, sondern als ein Gestaltungsrecht.

20.4 Insolvenz bei Leistungskette

Gerät im Fall einer Leistungskette, an welcher ein Auftraggeber, ein Generalunternehmer und ein Subunternehmer beteiligt sind, der Generalunternehmer in die Insolvenz, stellt sich bei Mängeln die Frage, unter welchen Voraussetzungen der Insolvenzverwalter vom für die Mängel verantwortlichen Nachunternehmer Minderung verlangen kann. Bei einem VOB-Bauvertrag ist § 13 Abs. 6 VOB/B einschlägig. Danach kommt die Minderung bei Unzumutbarkeit, Unmöglichkeit oder unverhältnismäßigen Aufwand in Betracht. Hinsichtlich der Rechtslage ist zu unterscheiden: Wählt der Insolvenzverwalter nach § 103 InsO die Erfüllung des mit dem Auftraggeber geschlossenen Vertrages, besteht keinerlei Veranlassung, dem Insolvenzverwalter im Verhältnis zum Nachunternehmer bevorzugt ein Minderungsrecht zuzugestehen. Denn besteht der Vertrag im Verhältnis zum Auftraggeber weiter, dem deshalb auch das Nacherfüllungsrecht und sämtliche sekundären Mängelrechte zustehen, ist es nur konsequent, dieselbe Rechtslage im Verhältnis zum Nachunternehmer zu bejahen. Dem Nachunternehmer ist die Möglichkeit zur Mängelbeseitigung einzuräumen.

Das ist anders, wenn der Insolvenzverwalter des Generalunternehmers sich nach § 103 InsO gegen die Erfüllung des Vertrages entscheidet. Dann hat der Auftraggeber gegenüber dem Generalunternehmer kein Nacherfüllungsrecht; ihm steht lediglich eine Schadensersatzforderung als Insolvenzforderung zu. In einem solchen Falle wäre es für den Insolvenzverwalter und damit dem Generalunternehmer unzumutbar, eine Mängelbeseitigung durch den Nachunternehmer hinnehmen zu müssen. Der Insolvenzverwalter kann wegen der Unzumutbarkeit i.S.d. § 13 Abs. 6 VOB/B auf die Minderung übergehen, die den Mangel ausgleicht. Damit wird der Masse auch Geld zugeführt; die Masse kann kein Interesse daran haben, dass die Mängel beseitigt werden, wenn der Auftraggeber keinen Mängelbeseitigungsanspruch, sondern nur einen Schadensersatzanspruch hat.[2]

---

[1] Palandt/*Grüneberg*, BGB, 72. Aufl., § 320 Rdn. 12.
[2] BGH, U. v. 10.8.2006 – IX ZR 28/05, BauR 2006 S. 1884.

21. Vertrags- bzw. Verzugsstrafen

Gerd Motzke

Übersicht

21.1	Allgemeines
21.2	Zweck von Vertragsstrafenregelungen
21.3	Regelungsort
21.4	Vereinbarung einer Vertragsstrafe
21.4.1	Individuell ausgehandelte Vertragsstrafenvereinbarung
21.4.2	Vorformulierte Vertragsstrafeversprechen
21.4.2.1	Mit Vertragsstrafe belegte Vorkommnisse
21.4.2.2	Anforderungen an die Wirksamkeit vorformulierter Vertragsstrafeversprechen
21.4.2.2.1	Verzugsvoraussetzungen – Verschulden
21.4.2.2.2	Freizeichnung von der Vorbehaltsnotwendigkeit
21.4.2.2.3	Anrechnungsausschluss auf einen Schadensersatzanspruch
21.4.2.2.4	Transparenzgebot
21.4.2.2.5	Höhe der Vertragsstrafe – Angemessenheitserfordernis
21.4.2.2.6	Verbot der Kumulierung – Bewehrung von mehreren Vertragsfristen
21.4.3	Verwirkung der Vertragsstrafe – Berechnung
21.4.3.1	Fortbestand der Vertragsstrafenvereinbarung – gestörter Bauablauf
21.4.3.2	Vereinbarung neuer Vertragstermine
21.4.3.3	Verzug
21.4.3.4	Berechnung
21.4.3.5	Vorbehalt der Vertragsstrafe
21.5	Verteidigung gegen Vertragsstrafeanspruch
21.6	Vertragsstrafe als Schadensersatzanspruch – Durchstellen einer Vertragsstrafe

21.1 Allgemeines

Vertragsstrafen sind im Baubereich häufig. Sie können individuell vereinbart oder einseitig durch den Auftraggeber dem Auftragnehmer in Allgemeinen Geschäftsbedingungen gestellt werden. Dann unterliegen sie jedoch einer strengen Wirksamkeitskontrolle nach dem AGB-Recht, das ab §§ 307 ff. BGB geregelt ist. Das BGB normiert die Vertragsstrafe in §§ 336 ff. Die VOB/B enthält Bestimmungen dazu in § 11 VOB/B sowie in § 9 Abs. 5 VOB/A. Der Auftragnehmer kann eine Vertragsstrafe für den Fall der sachlich/qualitativ nicht gehörigen Erfüllung oder der nicht zeitgerechten Erfüllung versprechen (§§ 339, 341 BGB).

21.2 Zweck von Vertragsstrafenregelungen

Eine Vertragsstrafe ist ein **Druckmittel und hat Kompensationsfunktion.**[1] Der Schuldner soll durch die drohende Strafe zur versprochenen und vertragsstrafenbewehrten Erfüllung der übernommenen Verpflichtungen angehalten werden. Die Vertragsstrafe soll

---

1 BGH, U. v. 6.12.2012 – VII ZR 133/11, NZBau 2013 S. 222 (Rdn. 17).

jedoch auch den Schadensnachweis erleichtern (Beweiserleichterung), in dem Sinne, dass dem Gläubiger der sich als Strafe versprochene Betrag als Schaden jedenfalls unabhängig vom Nachweis eines höheren Schadens zusteht. Das **Malus-Honorar** des § 7 Abs. 6 Satz 3 HOAI 2013 ist nichts anderes als ein Vertragsstrafeversprechen.[1]

21.3 Regelungsort

Das BGB regelt die Vertragsstrafe von § 336 bis § 345 BGB. § 339 BGB befasst sich mit der Verwirkung einer versprochenen Vertragsstrafe. Verspricht der Schuldner dem Gläubiger für den Fall, dass er seine Verbindlichkeit nicht oder nicht gehörig erfüllt, die Zahlung einer Geldsumme als Strafe, ist die Strafe mit Verzugseintritt verwirkt. Diese Vertragsstrafe kann dann gemäß § 341 BGB auch neben dem fortbestehenden Erfüllungsanspruch verlangt werden. Allerdings muss sich der Gläubiger bei Annahme der weiter verlangten Leistung, also im Baubereich im Rahmen der Abnahme gemäß § 640 BGB oder nach § 11 Abs. 4 VOB/B, die Geltendmachung der Vertragsstrafe vorbehalten, will er den Anspruch nicht verlieren. Für die öffentliche Hand gilt auch § 9 Abs. 5 VOB/A, wobei ein Verstoß gegen § 9 Abs. 5 VOB/A nicht für sich zur Unwirksamkeit der Vertragsstrafenregelung führt.[2] Im Geltungsbereich des Vergabe- und Vertragshandbuchs für Baumaßnahmen des Bundes (VHB) enthalten das Muster 214 – Besondere Vertragsbedingungen –, die Richtlinien zu diesem Muster und die Allgemeinen Richtlinien zur Baudurchführung, Muster 400, gleichfalls Aussagen zur Vertragsstrafe.

21.4 Vereinbarung einer Vertragsstrafe

Eine Vertragsstrafe kann nur verlangt werden, wenn sie vereinbart worden ist. Weder das BGB noch die VOB/B sehen von sich aus derartige Regelungen vor. Dabei gibt es verschiedene Möglichkeiten der Vereinbarung; neben individuell ausgehandelten Vereinbarungen können Vertragsstrafen auch vorformuliert in Allgemeinen Geschäftsbedingungen vorgesehen werden.

21.4.1 Individuell ausgehandelte Vertragsstrafenvereinbarung

Ausgehandelte Vertragsstrafenvereinbarungen unterliegen nach den Grundsätzen der Vertragsfreiheit (§ 311 BGB) lediglich einer Wirksamkeitskontrolle nach den Regeln der Sittenwidrigkeit (§ 138 BGB). Die Schrankenziehung, die unter Wirksamkeitsgesichtspunkten bei vorformulierten Vertragsstrafenregelungen besteht[3], kann nicht auf individuell ausgehandelte Vertragsstrafen übertragen werden.

Enthält ein von einem Auftraggeber gestellte Allgemeine Geschäftsbedingung eine Vertragsstrafenklausel, die gestrichen, aber mit demselben Inhalt handschriftlich nebst dem

---
1 *Oppler* in Festschrift für Koeble, 2010 S. 445 ff.
2 BGH, U. v. 30.3.2006 – VII ZR 44/05, BauR 2006 S. 1128.
3 Vgl. nachfolgend unter 21.4.2.

Vermerk niedergelegt wird, liegt dennoch kein Aushandeln vor.[1] Wird eine Ankreuzoption nicht ausgeübt, ist vorbehaltich besonderer Umstände des Einzelfalles keine Vertragsstrafe vereinbart.[2] Aushandeln bedeutet nämlich, dass der Vertragsteil, der eine Klausel stellt, dazu bereit ist, von deren Inhalt, der von den Grundgedanken der gesetzlichen Regelung abweicht oder die Gegenpartei sonst unangemessen benachteiligt, abzuweichen. Die genannten Umständen bringen das gerade nicht zum Ausdruck.

Allerdings gibt es das Ventil des § 343 BGB, wonach eine verwirkte Vertragsstrafe bei unverhältnismäßiger Höhe auf Antrag des Schuldners durch Urteil auf den angemessenen Betrag gekürzt werden kann. Diese Möglichkeit gilt jedoch nach § 348 HGB nicht für einen Kaufmann, der eine Vertragsstrafe im Betriebe seines Handelsgewerbes versprochen hat. Ein Bauunternehmer wird nach § 1 HGB regelmäßig Kaufmann sein, da Handelsgewerbe jeder Gewerbebetrieb ist, es sei denn, dass das Unternehmen nach Art oder Umfang einen in kaufmännischer Weise eingerichteten Gewerbebetrieb nicht erfordert. Da ein Bauunternehmer aber Baumaterialien einkauft und bei verschiedensten Baumaßnahmen Rechnungen stellt, ist regelmäßig ein in kaufmännischer Weise eingerichteter Gewerbebetrieb erforderlich.

Deshalb scheitert im Baubereich die Herabsetzung der Vertragsstrafe regelmäßig.

Die Wirksamkeitsschranken, die von der höchstrichterlichen Rechtsprechung für Vertragsstrafenregelungen in Allgemeinen Geschäftsbedingungen gezogen hat, gelten nicht für individuell ausgehandelte Vertragsstrafenvereinbarungen. Im Bereich des VHB sieht allerdings die Richtlinie zum Muster 214 – Besondere Vertragsbedingungen – auch hinsichtlich der in Ziffer 11 dieses Musters vorgesehenen Vertragsstrafenhöhe, die jedoch dort nicht vorformuliert enthalten, sondern erst einzufügen ist, vor, dass die Höhe der Vertragsstrafe zu begrenzen ist. Sie soll 0,1 von Hundert je Werktag, insgesamt jedoch 5 von Hundert der Auftragssumme nicht überschreiten. Diese Vorgabe gilt nach dem VHB eindeutig auch für den Abschluss einer individuell ausgehandelten Vertragsstrafenregelung. Hält sich die Vergabestelle an diese Vorgabe nicht, hat der betroffene Auftraggeber, der mit der Vergabestelle eine höhere Vertragsstrafe vereinbart hat, jedoch keine Angriffsmöglichkeit. Das Vergabehandbuch stellt nämlich lediglich eine Verwaltungsanweisung dar, aus der ein Auftragnehmer für sich keinerlei Rechtsposition ableiten kann. Das VHB ist Teil des Innenrechts der Verwaltung ohne jegliche Außenwirkung.[3]

21.4.2 Vorformulierte Vertragsstrafeversprechen

Vorformulierte, von Seiten des Auftraggebers dem Auftragnehmer gestellte Vertragsstrafeversprechen sind im Baubereich häufig. Sie unterliegen einer strengen Wirksamkeitskontrolle.

21.4.2.1 Mit Vertragsstrafe belegte Vorkommnisse

Meistens haben die Vertragsstraferegelungen die Nichteinhaltung von Vertragsfristen zum Gegenstand und begründen deren Verwirkung bei Verzugseintritt.

---

1 OLG Brandenburg, U. v. 4.7.2012 – 13 U 63/08, BauR 2013 S. 105.
2 BGH, U. v. 20.6.2013 – VII ZR 82/12, BauR 2013 S. 1673.
3 BGH, U. v. 8.9.1998 – X ZR 48/97, BauR 1998 S. 1232, 1236.

21. Vertrags- bzw. Verzugsstrafen

Das ist nicht nur für den Baubereich einschlägig, sondern kann auch im Planerbereich dann in Betracht kommen, wenn die Nichteinhaltung von Planlieferfristen mit Vertragsstrafe belegt wird.

Auch ein unerlaubter Nachunternehmereinsatz (§ 4 Abs. 8 VOB/B) kann ein Grund für die Belegung mit einer Vertragsstrafe sein.

In § 309 Nr. 6 BGB werden Vertragsstrafeversprechen für unwirksam erklärt, durch die dem Verwender für den Fall der Nichtabnahme oder der verspäteten Abnahme der Leistung, des Zahlungsverzugs oder für den Fall, dass der andere Teil sich vom Vertrag löst, Zahlungen einer Vertragsstrafe versprochen werden. Den Baubereich kennzeichnen solche Allgemeinen Geschäftsbedingungen nicht, weil die Regelung den Ausgangspunkt in den Fällen nimmt, bei denen der Auftragnehmer dem Auftraggeber diese Art von Bedingungen stellt. Die Auftragnehmerseite hat jedoch im Baubereich keine solche marktmächtige Stellung, um solche Bedingungen zu formulieren.

Regelmäßig geht es um solche Vertragsstrafen, die der Auftraggeber – auch der Generalunternehmer im Verhältnis zum Subunternehmer oder der Generalplaner dem Subplaner – dem Auftragnehmer stellt. Und dabei steht regelmäßig die Bewehrung der Vertragsfristen mit Vertragsstrafen im Mittelpunkt.

21.4.2.2 Anforderungen an die Wirksamkeit vorformulierter Vertragsstrafeversprechen

Die Kontrolle derartiger vorformulierter Vertragsstrafen erfolgt nach Maßgabe des § 307 BGB. Nach dessen Absatz 1 sind in Allgemeinen Geschäftsbedingungen Bestimmungen unwirksam, wenn sie den Vertragspartner des Verwenders dieser Bedingungen entgegen den Geboten von Treu und Glauben unangemessen benachteiligen. Eine unangemessene Benachteiligung kann sich auch daraus ergeben, dass die Bestimmung nicht klar und verständlich ist. Gemäß Absatz 2 dieser Bestimmung ist eine ungemessene Benachteiligung im Zweifel anzunehmen, wenn eine Bestimmung mit wesentlichen Grundgedanken der gesetzlichen Regelung, von der abgewichen wird, nicht zu vereinbaren ist, oder wesentliche Rechte oder Pflichten, die sich aus der Natur des Vertrags ergeben, so eingeschränkt werden, dass die Erreichung des Vertragszwecks gefährdet ist.

21.4.2.2.1 Verzugsvoraussetzungen – Verschulden

Nach § 339 BGB ist die Vertragsstrafe verwirkt, wenn der Schuldner mit seinem Leistungsversprechen in Verzug gerät. Verzug setzt nach § 280 Abs. 1, § 286 Abs. 4 BGB Verschulden voraus. Ein Vertragsstrafeversprechen, das die Verwirkung der Vertragsstrafe ohne Rücksicht auf ein Verschulden zum Inhalt hat, ist grundsätzlich unwirksam. Denn die Regelung verstößt gegen wesentliche Grundgedanken der gesetzlichen Regelung.

Deshalb ist eine Regelung des Inhalts, dass der Auftragnehmer bauzeitverlängernde Behinderungen der Verwirkung der Vertragsstrafe nur dann entgegenhalten kann, wenn die Behinderung unverzüglich schriftlich angezeigt worden ist, unwirksam. Denn dies kann dazu führen, dass der Auftragnehmer auch für von ihm gerade nicht verschuldete Umstände eine Vertragsstrafe zahlen muss.[1]

Dasselbe gilt für eine Klausel, wonach die vereinbarte Vertragsstrafe für jeden Tag der Überschreitung der Bauzeit fällig wird, ohne Rücksicht auf Schlechtwettertage – z.B. Eis-

---
[1] OLG Hamm, U. v. 21.3.1996 – 17 U 93/95, BauR 1997 S. 661, 662.

tage oder Frosttage – oder zusätzlich beauftragte Leistungen. Denn auch mit einer solchen Klausel wird vom Grundsatz der Verschuldensnotwendigkeit abgerückt.

Enthält die Klausel lediglich die Aussage, dass bei Überschreitung der Fertigstellungsfrist eine bestimmt zu berechnende Vertragsstrafe zu zahlen ist, so fehlt zwar die Verschuldensvoraussetzung. Aber bei einem VOB-Bauvertrag gilt auch § 11 VOB/B, nach dessen Abs. 2 die Vertragsstrafe bei Nichterfüllung in der vorgesehen Frist dann fällig wird, wenn der Auftragnehmer in Verzug gerät. Deshalb wird über die Geltung der VOB/B bei einem VOB-Bauvertrag dennoch die Verschuldensnotwendigkeit einbezogen, weswegen eine solche Klausel bei einem VOB-Bauvertrag nicht unwirksam ist.[1]

Bei einem BGB-Bauvertrag ist eine solche Klausel wegen Verstoß gegen die Grundgedanken der gesetzlichen Regel jedoch unwirksam.

21.4.2.2.2 Freizeichnung von der Vorbehaltsnotwendigkeit

Ein Verstoß gegen § 341 Abs. 3 BGB liegt vor, wenn es in einer Klausel heißt, die Vertragsstrafe kann auch ohne Vorbehalt bei der Abnahme geltend gemacht werden. § 341 Abs. 3 BGB enthält einen Grundgedanken der gesetzlichen Regelung, der sich auch in § 11 Abs. 4 VOB/B findet.

Allerdings ist es zulässig, den Vorbehalt auf den Zeitpunkt der Schlussrechnung zu verschieben.[2] Freilich ist nunmehr eindeutig nach § 310 Abs. 1 Satz 3 BGB festzustellen, dass bei Geltung einer solchen Klausel die VOB/B nicht mehr insgesamt und ohne inhaltliche Abweichung einbezogen ist. Das bewirkt, dass der andere Teil, meist der Auftragnehmer, die sonstigen VOB/B-Regeln im Wege der Einzelkontrolle einer AGB-rechtlichen Prüfung zuführen kann.

21.4.2.2.3 Anrechnungsausschluss auf einen Schadensersatzanspruch

Bestimmt eine vom Auftraggeber dem Auftragnehmer gestellte Klausel, dass die Vertragsstrafe zusätzlich zu einem durch die Nichteinhaltung der mit der Vertragsstrafe bewehrten Vertragsfrist entstandenen Schaden geltend gemacht werden kann, ist die Klausel wegen Verstoßes gegen §§ 341 Abs. 2, 340 Abs. 2 BGB unwirksam. Denn danach erfolgt gerade die Anrechnung auf einen Schadensersatzanspruch. Das setzt allerdings Interessenidentität voraus, woran es fehlt, wenn Ersatz der Anwaltskosten verlangt wird.[3] Ist eine Klausel bezüglich der Frage der Anrechenbarkeit der Vertragsstrafe auf einen Schadensersatzanspruch unklar, ist die Klausel unwirksam.[4]

21.4.2.2.4 Transparenzgebot

Das Vertragsstrafeversprechen ist nach § 307 Abs. 1 Satz 2 BGB unwirksam, wenn die Regelung nicht ausreichend klar und verständlich ist. Zu einer solchen Situation kann es dann kommen, wenn die Vertragsunterlagen aus mehreren Bedingungswerken bestehen, die sich gegenseitig widersprechen. Z.B., wenn es in einem Bedingungswerk heißt, nur die Einhaltung der Endfrist ist mit einer Vertragsstrafe bewehrt; in einer anderen ebenfalls einbezogenen Allgemeinen Geschäftsbedingung heißt es demgegenüber, auch Zwischenfristen seien mit Vertragsstrafe bewehrt.

---

1 BGH, U. v. 8.7.2004 – VII ZR 231/03, BauR 2004 S. 1611 mit Verweis auf BGH, U. v. 13.12.2001 – VII ZR 432/00, BauR 2002 S. 782.
2 BGH, U. v. 13.7.2000 – VII ZR 249/99, BauR 2000 S. 1758.
3 BGH, U. v. 8.5. 2008 – I ZR 88/06, BauR 2008 S. 1620.
4 OLG Düsseldorf, U. v. 30.6.2000 – 22 U 209/99, BauR 2001 S. 1461, 1464.

21. Vertrags- bzw. Verzugsstrafen

21.4.2.2.5 Vertragsstrafe bei Zwischenfristen

Werden Zwischenfristen mit Vertragsstrafe bewehrt und nicht nur die Fertigstellungsfrist, stellt sich die Angemessenheitsfrage in besonderer Weise. Dies gerade dann, wenn die prozentuale Höhe der Vertragstrafe an der Angebotssumme ausgerichtet ist. Denn für den gesamten Leistungsumfang sind gewöhnlich weitere Leistungen erforderlich, die jedoch erst zu einem späteren Zeitpunkt fällig und erbracht werden. Deshalb ist eine in Allgemeinen Geschäftsbedingungen des Auftraggebers eines Bauvertrags getroffene Vertragsstrafenregelung, wonach eine für die schuldhafte Überschreitung einer Zwischenfrist zu zahlende Vertragsstrafe auf höchstens 5 % der Gesamtauftragssumme festgelegt wird, unwirksam.[1]

21.4.2.2.5 Höhe der Vertragsstrafe – Angemessenheitserfordernis

Die Unwirksamkeit der Vertragsstrafenklausel kann sich insbesondere aus einer unangemessenen Höhe der Vertragsstrafe ergeben. Der Grundlage ist § 307 Abs. 1 BGB. Dabei geht es um den einzelnen Satz für die in der Klausel vorgesehene Verzugseinheit und um die Einhaltung einer Obergrenze für die Höhe der Vertragsstrafe in ihrer Gesamtheit.

Verzugseinheiten

Nach § 11 Abs. 3 VOB/B kann die Verzugseinheit nach Tagen oder nach Wochen bemessen werden. Es können die Parteien aber auch sonstige Einheiten, z.B. Monate, vorsehen. Die VOB/B enthält dabei eine Beschreibung dessen, was dann unter Tagen zu verstehen ist, nämlich Werktage, und dass bei einer Bemessung nach Wochen jeder Werktag als 1/6-Woche gerechnet wird. Eine Regelung kann jedoch auch eine Bemessung nach Kalendertagen vorsehen.[2] Allerdings wird damit die VOB/B geändert, weswegen sie nach der Rechtsprechung des BGH und § 310 Abs. BGB nicht mehr im Ganzen gilt und damit ihre Privilegierung verloren hat.[3]

Bemessung je Verzugseinheit

Die Höhe der Vertragsstrafe für die jeweilige Verzugseinheit muss angemessen sein. Bei der Bemessung der Höhe der Vertragsstrafe müssen die Interessen des Auftragnehmers ausreichend berücksichtigt werden. Diese sind abwägend mit den Interessen des Auftraggebers an der Einhaltung einer vereinbarten Fertigstellungsfrist oder einer Zwischenfrist zu vergleichen. Dabei kann ein Auftraggeber auch ein erhebliches Interesse an der Einhaltung einer Zwischenfrist habe. Immer muss jedoch beachtet werden, dass die einseitig durch den Auftraggeber festgelegte Vertragsstrafe in einem angemessen Verhältnis zum Werklohn steht, welche Auswirkungen sie auf den Auftragnehmer hat und dass sich die Vertragsstrafe in wirtschaftliche Grenzen hält. Nach der Rechtsprechung sind Tagessätze in Höhe von 0,5 % der Auftragssumme unwirksam. Dabei ist bedeutungslos, ob die Obergrenze mit 5 % oder mit 10 % der Auftragssumme bestimmt ist.[4] Ein Tagessatz von 0,2 % je Kalendertag ist nicht zu beanstanden. Dies ergibt bei Umrechnung auf Werktage (einschließlich Samstag) je Werktag eine Belastung mit 0,28 %.[5] Der BGH hält auch

---

[1] BGH, U. v. 6.12.2012 – VII ZR 133/11, NZBau 2013 S. 222; vgl. nachfolgend unter 21.4.2.2.6.
[2] BGH, U. v. 18.1.2001 – VII ZR 238/00, BauR 2001 S. 791, 793.
[3] BGH, U. v. 22.1.2004 – VII ZR 419/02, BauR 2004 S. 668.
[4] BGH, U. v. 17.1.2002 – VII ZR 198/00, BauR 2002 S. 790.
[5] BGH, U. v. 18.1.2001 – VII ZR 238/00, BauR 2001 S. 791, 793.

21.4 Vereinbarung einer Vertragsstrafe

eine Vertragsstrafe in Höhe von 0,3 % der Auftragssumme pro Werktag für wirksam.[1] Dies gilt so, wenn damit ein **Fertigstellungstermin** vertragsstrafenbewehrt wird. Denn zum Zeitpunkt der Fertigstellung sind sämtliche Leistungen erbracht, weswegen die prozentuale Anknüpfung an der Auftragssumme gerechtfertigt ist.

Das gilt so nicht bei Absicherung eines **Zwischentermins** durch eine Vertragsstrafenregelung. Die Angemessenheit einer derartigen Vertragsstrafenklausel muss sich an den Prinzipien ausrichten, die bei Absicherung eines Fertigstellungstermins gelten. Das bedeutet: Der Zwischentermin muss hierfür als Endtermin angesehen und die Höhe der Vertragsstrafe prozentual an der Auftragssumme ausgerichtet werden, die für diesen Zwischentermin maßgeblich ist. Eine Vertragsstrafe, die einen Tagessatz von mehr als 0,3 von Hundert und eine Obergrenze von 5 % von einem höheren Betrag vorsieht, als den für den Zwischentermin maßgeblich Betrag, ist unangemessen und deshalb unwirksam.[2]

Obergrenze – absolute Notwendigkeit und Limitierung

Auch bei richtiger angemessener Bemessung je Verzugseinheit ist es absolute Wirksamkeitsvoraussetzung, dass die Höhe nach oben insgesamt limitiert wird. Der BGH fordert nunmehr in Abweichung von seiner früheren Rechtsprechung eine Obergrenze von 5 % der Auftragssumme.[3] Das gilt für alle Verträge, die nach Bekanntwerden dieser Entscheidung geschlossen werden. Für davor geschlossene Verträge mit einer Auftragssumme bis ca. 13 Millionen DM ist eine Obergrenze von 10 % maßgeblich. Allerdings sind Vertragsstrafenklauseln mit einer Obergrenze von 10 %, wenn sie in bis zum 30.6.2003 geschlossenen Bauverträgen über Abrechnungssummen von unterhalb 15 Mio DM (= 7.669.378,20 EUR) enthalten sind, nach BGH weiterhin wirksam.[4] Ist die Auftragssumme höher, kann der Auftraggeber einen Vertrauensschutz nicht für sich in Anspruch nehmen. Die Klausel mit einer Obergrenze von 10 % ist dann unwirksam.

21.4.2.2.6 Verbot der Kumulierung – Bewehrung von mehreren Vertragsfristen

Eine Unwirksamkeit des gestellten Vertragsstrafenversprechens kann sich auch daraus ergeben, dass der Auftraggeber mehrere Fristen, auch **Zwischenfristen**, mit der Vertragsstrafe bewehrt, so dass bei Nichteinhaltung der Endfrist sowohl der Verzug bezüglich der Zwischenfristen als auch der Verzug bezüglich der Endfrist, der sich aus dem Verzug bei der Zwischenfrist ergibt, vertragsstrafenauslösend ist. Das führt zu einer Kumulierung, mit welcher eine unangemessen hohe Vertragsstrafe verknüpft sein kann. Dies auch dann, wenn der Tagessatz für sich betrachtet angemessen und die Obergrenze von 5 % vorgesehen ist. Eine **Kumulierung** liegt dann vor, wenn eine Verzögerungsursache mehrfach wirkt und mehrfach für die Berechnung der Vertragsstrafe herangezogen wird. Es ist eine Frage des Einzelfalls, wann wegen unangemessener Kumulierungswirkung die Unwirksamkeit die Folge ist.[5] Werden einzelne Bauabschnitte hinsichtlich der Berechnung der Vertragsstrafe getrennt nach den hierfür einschlägigen Auftragssummen gerechnet, kommt es nicht zu einer Kumulierung mit eventuellen Unwirksamkeitsfolgen.[6]

---

[1] BGH, U. v. 6.12.2007 – VII ZR 28/07, BauR 2008 S. 508.
[2] BGH, U. v. 6.12.2012 – VII ZR 133/11, NZBau 2013 S. 222 (Rdn. 19).
[3] BGH, U. v. 23.1.2003 – VII ZR 210/01, BauR 2003 S. 870; BGH, U. v. 6.12.20112 – VII ZR 133/11, NZBau 2013 S. 222 (Rdn. 19).
[4] BGH, U. v. 13.3.2008 – VII ZR 194/06, BauR 2008 S. 1131.
[5] OLG Hamm, U. v. 10.2.2000 – 21 U 85/98, BauR 2000 S. 1202; OLG Koblenz, U. v. 23.3.2000 – 2 U 792/99, NZBau 2000 S. 330.
[6] BGH, U. v. 17.1.2002 – VII ZR 198/00, BauR 2002 S. 790.

21. Vertrags- bzw. Verzugsstrafen

Unabhängig von diesem Kumulierungsaspekt verlangt der BGH nunmehr bei Vertragsstrafenklauseln, die **Zwischenfristen** absichern, die Einhaltung des Prüfungsmaßstabs, der auch für die Absicherung von Fertigstellungsterminen einschlägig ist. Das bedeutet, dass der Tagessatz nicht höher als 0,3 % sein darf; die Obergrenze von 5 % darf auch nicht überschritten werden. Den Ausgangspunkt für die Umsetzung dieser Prozente darf nicht die Auftragssumme sein. Anzuknüpfen ist an der Auftragssumme (Auftragswert), die für die Zwischenfrist maßgeblich ist.[1] Bei diesem Ansatz dürfte eine Vertragsstrafenklausel, die bereits den Beginn vertragsstrafenbewehrt, von vornherein unwirksam sein, weil zu diesem Zeitpunkt noch gar kein Auftragswert erreicht wird. Das OLG Nürnberg hat eine Auftraggeber-Klausel unter Kumulierungsgesichtspunkten trotz Maßgeblichkeit einer Obergrenze von 5 % der Auftragssumme für unwirksam erklärt, die eine Vertragsstrafe von 0,2 % der Bruttoauftragssumme für jeden Werktag Verzug bei Beginn und Fertigstellung vorsieht.[2]

21.4.3 Verwirkung der Vertragsstrafe – Berechnung

Die Vertragsstrafe ist nach § 339 BGB mit Verzugseintritt verwirkt. Behauptet der Auftragnehmer die rechtzeitige Erfüllung, ist er nach § 345 BGB in der Beweislast. Kann das Werk trotz Vorliegens von Mängel teilweise benutzt werden, ist die Annahme der vertragsstrafenbewehrten „Nichtfertigstellung" nicht berechtigt. Denn zwischen einer Nichtfertigstellung und einer lediglich mangelhaften Leistung, die nach dem Inhalt des Vertragsstrafenversprechens die Vertragsstrafe nicht auslöst, ist zu unterscheiden.[3]

21.4.3.1 Fortbestand der Vertragsstrafenvereinbarung – gestörter Bauablauf

Ist der Bauablauf total gestört und bestand völliger Neuordnungsbedarf, stellt sich die Frage, ob die Vertragsstrafenvereinbarung überhaupt noch fortbesteht. Das ist im Allgemeinen zu verneinen.[4] Nach OLG Düsseldorf wird eine Vereinbarung einer Vertragsstrafe insgesamt hinfällig, wenn durch den Auftraggeber bedingte Verzögerungen den Zeitplan völlig aus dem Takt gebracht haben und den Auftragnehmer zu einer durchgreifenden Neuordnung des ganzen Zeitplans zwingen. Dies gilt insbesondere im Fall von verzögerten Mitwirkungshandlungen des Auftraggebers bzw. fehlender von ihm zu stellender Vorgewerke.[5] Auch dann, wenn es zu Nachträgen kommt, stellt sich die Frage nach den Auswirkungen auf die Vertragsstrafenregelung. Das insbesondere dann, wenn sich durch Mehrungen oder Leistungsänderungen Auswirkungen auf die Vorgangsdauern ergeben und es damit nach den gewöhnlichen Regelungen z.B. des § 6 Abs. 2 – 4 VOB/B zu Fristverlängerungen kommt.[6]

---

[1] BGH, U. v. 6.12.20112 – VII ZR 133/11, NZBau 2013 S. 222 (Rdn. 19).
[2] OLG Nürnberg, 24.3.2010 – 13 U 201/10, BauR 2010 S. 1591.
[3] OLG München, U. v. 21.3. 2006 – 13 U 5102/05; Nichtzulassungsbeschwerde durch BGH zurückgewiesen, B. v. 25.1.2007 – VII ZR 106/06, BauR 2007 S. 1055.
[4] Vgl. BGH, U. v. 10.5.2001 – VII ZR 248/00, BauR 2001 S. 1254.
[5] OLG Düsseldorf, B. v. 19.4.2012 – I-23 U 150/11, BauR 2012 S. 1421.
[6] Vgl. dazu *Kreikenbohm* BauR 2003 S. 315; OLG Jena, U. v. 22.10.1996 – 8 U 474/96, BauR 2001 S. 1446; OLG Dresden, U. v. 1.9.1999 – 11 U 498/99, BauR 2000 S. 1881.

21.4.3.2 Vereinbarung neuer Vertragstermine

Haben die Parteien wegen einer Störung im Ablauf neue Vertragstermine vereinbart und sich zum Fortbestand einer Vertragsstrafenvereinbarung nicht geäußert, wird eine solche Vereinbarung fortbestehen, die lediglich einen in der Vereinbarung datumsmäßig nicht fixierten Endtermin mit Vertragsstrafe bewehrt. Hierbei geht es letztlich um Vertragsauslegung nach § 133 und § 157 BGB. Maßgeblich sind die Umstände des Einzelfalles. Ist eine Vertragsstrafe terminsneutral formuliert, spricht vieles dafür, dass bei Verschiebung des Fertigstellungstermins auch dieser durch die Vertragsstrafe abgesichert werden soll.[1] Das OLG Zweibrücken hat die Fortgeltung der Vertragsstrafenregelung auch für den Fall bejaht, dass die Parteien eine Verkürzung der Fertigstellungsfrist vereinbart haben und der Auftragnehmer auf die Geltendmachung von Beschleunigungskosten verzichtet hat.[2] Bei einer Verlängerung der Fertigstellungsfrist hat das OLG Celle die Fortgeltung verneint.[3] Dasselbe Gericht hat eine Fortwirkung oder Erstreckung der Vertragsstrafenregelung auch dann abgelehnt, wenn die Parteien neue Fristen vereinbart und keine Aussagen hinsichtlich der Auswirkungen auf die Vertragsstragenregelung getroffen haben.[4] Nach OLG Düsseldorf bezieht sich eine vereinbarte Vertragsstrafe auf einen einvernehmlich verschobenen Fertigstellungstermin regelmäßig nur dann, wenn sie ausdrücklich auch für diesen verschobenen Termin – gesondert oder durch Bezugnahme auf den Ursprungsvertrag – vereinbart worden ist oder zumindest bei der Veränderung der Ausführungsfrist festgelegt worden ist, dass im Übrigen die vertraglichen Bestimmungen insbesondere zur Vertragsstrafe gleichwohl fortgelten sollen.[5] Ob die Vereinbarung einer Vertragsstrafe auch Bestand behält, wenn die Parteien einverständlich Vertragstermine ändern, hängt insbesondere von der Formulierung (insbesondere dem Terminbezug) der Vertragsstrafenvereinbarung im Einzelfalls sowie der Bedeutung der jeweiligen Terminverschiebung ab. Je gewichtiger die Terminverschiebung ist, um so weniger ist davon auszugehen, dass die frühere Vereinbarung einer Vertragsstrafe gleichwohl Bestand behalten soll.[6]

Eine Klausel, die von vorherein für den Fall witterungsbedingter Behinderungen und dadurch gestörter Abwicklung die Fortgeltung der Vertragsstrafenregelung vorsieht, ist unwirksam.[7]

21.4.3.3 Verzug

Die Vertragsstrafe ist mit Eintritt des Verzugs verwirkt (§§ 339, 341 BGB; § 11 Abs. 2 VOB/B). Die Berechnung erfolgt nach den Verzugstagen, die verschuldensmäßig zu Lasten des Auftragnehmers gehen. Gehen Zeiten auch auf den Auftraggeber zurück, z.B. weil Pläne nicht rechtzeitig geliefert worden sind, sind diese Tage nicht zu Lasten des Unternehmers zu berechnen. Auf eine Behinderungsanzeige nach § 6 Abs. 1 VOB/B kommt es nicht an, wenn die Ursache für die Nichteinhaltung der Vertragsfristen auf andere, nicht in der Sphäre des Auftragnehmers liegende Umstände zurückzuführen ist.

---

1 BGH, U. v. 30.3.2006 – VII ZR 44/05, BauR 2006 S. 1128.
2 OLG Zweibrücken, U. v. 24.7.2007 – 1 U 50/07, BauR 2008 S. 996.
3 OLG Celle, U. v. 21.9.2004 – 16 U 111/04, BauR 2006 S. 1478.
4 OLG Celle, U. v. 5.6.2003 – 14 U 184/02, BauR 2004 S. 1307.
5 OLG Düsseldorf, B. v. 19.4.2012 – I-23 U 150/11, BauR 2012 S. 1421.
6 OLG Düsseldorf, B. v. 19.4.2012 – I-23 U 150/11, BauR 2012 S. 1421.
7 BGH, U. v. 6.12.2007 – VII ZR 28/07, BauR 2008 S. 508.

21.4.3.4 Berechnung

Erfolgt eine Kündigung des Vertrags, darf die Vertragsstrafe über den darüber hinausgehenden Zeitraum nicht berechnet werden (§ 8 Abs. 7 VOB/B). Ansonsten müssen die den Auftragnehmer seines Verschuldens wegen zurechenbaren Verzugseinheiten ermittelt werden (§ 11 Abs. 3 VOB/B).

21.4.3.5 Vorbehalt der Vertragsstrafe

Der Anspruch auf Vertragsstrafe ist nur durchsetzbar, wenn der Auftraggeber sich den Anspruch vorbehält. Dieser Vorbehalt hat regelmäßig bei der Abnahme zu erfolgen (§ 341 Abs. 3 BGB, § 11 Abs. 4 VOB/B). Der Vorbehalt kann jedoch vorformuliert bis auf den Zeitpunkt der Schlussrechnung verschoben werden; ein Verzicht ist unwirksam. Kommt es auf die Abnahme an, sind die Fristen, die sich aus § 12 Abs. 5 VOB/B bei einer fiktiven Abnahme ergeben, für die Erklärung des Vorbehalts erforderlich.

21.5 Verteidigung gegen Vertragsstrafeanspruch

Neben der Verteidigung mit dem Hinweis auf die fristgerechte Erfüllung und damit die Verneinung des Verwirkungstatbestands, wobei die Erfüllung durch den Auftragnehmer darzutun und zu beweisen ist, kommt vor allem das Argument des fehlenden Verschuldens in Betracht. Hierfür ist auch eine Behinderung geeignet (§ 6 VOB/B). Die Anzeige der Behinderung wird dabei nicht vorausgesetzt.[1]

21.6 Vertragsstrafe als Schadensersatzanspruch – Durchstellen der Vertragsstrafe

Ist der Generalunternehmer in seinem Vertrag mit dem Auftraggeber einer Vertragsstrafenregelung ausgesetzt und sieht auch der Vertrag des Generalunternehmers mit dem Subunternehmer eine Vertragsstrafe vor, löst die schuldhafte Versäumung von Vertragsfristen des Subunternehmers oft auch die Vertragsstrafe im Hauptvertrag (Generalunternehmer/Auftraggeber) aus. Der Generalunternehmer ist dann unabhängig von der Obergrenze der Vertragsstrafe im Verhältnis zum Subunternehmer in der Lage, diese Vertragsstrafe als Schaden nach den Regeln des Verzugs gegenüber dem Subunternehmer durchzusetzen.[2] Im Einzelfall kann es geboten sein, über § 254 BGB – Mitverschulden – zu korrigieren, wenn der Generalunternehmer Anlass hatte, den Subunternehmer auf die hohe Vertragsstrafenregelung im Hauptvertrag hinzuweisen. Dieses Durchstellen der Vertragsstrafe setzt allerdings voraus, dass z.B. der Generalunternehmer die Kausalität der Säumnis seines Subunternehmers für die Säumnis des Generalunternehmers im Verhältnis zum Hauptauftraggeber dartut. So „ohne weiteres" ist das Durchstellen der Vertragsstrafe als Schadensersatzforderung im Verhältnis Generalunternehmer zu Subunternehmer nicht möglich. Der Generalunternehmer muss durchaus detailliert vortragen.[3]

---

1 OLG Düsseldorf, B. v. 19.4.2012 – I-23 U 150/11, BauR 2012 S. 1421.
2 BGH, U. v. 25.1.2000 – X ZR 197/97, BauR 2000 S. 1050 = NZBau 2000 S. 195.
3 OLG Düsseldorf, B. v. 19.4.2012 – I-23 U 150/11, BauR 2012 S. 1421.

22. Die Einbindung des Sachverständigen bei der Bauwerksplanung

Dieter Ansorge

Übersicht

22.1	Einführung
22.2	Warum sollten Sachverständige von Investoren in die Planungen eingebunden werden?
22.2.1	Bauschadensberichte
22.2.2	Qualitätsmanagement
22.2.3	Bauherrenverhalten
22.2.4	Entscheidungs- und Planungsfehler der Investoren
22.2.5	Was müssen Sachverständige an den Bauherrenaufgaben prüfen?
22.2.6	Zwei typische Beispiele von falschen Bauherrenentscheidungen bei öffentlichen Baumaßnahmen
22.2.6.1	Schloss bei Stuttgart
22.2.6.2	Krankenhaus im Allgäu
22.2.7	Zwei Beispiele von mangelhaften Generalübernehmerobjekten
22.2.7.1	Industriegebäude bei Stuttgart
22.2.7.2	Dachgeschossausbau bei Stuttgart
22.3	Planungen von Architekten und Ingenieuren
22.4	Fazit

22.1 Einführung

Immer öfter werden Sachverständige, überwiegend Bausachverständige, schon vor oder bei Planungsbeginn von Baumaßnahmen, überwiegend Hochbauten, beauftragt, die einzelnen Planungsschritte und -leistungen auf Fehlerfreiheit und Vollständigkeit zu überprüfen.

Sind die Planungsleistungen so schlecht geworden, dass Sachverständige schon in diesem Stadium tätig werden müssen? Leider ja.

Bauherren oder Käufer von Immobilien (Investoren) haben keine ausreichenden Kenntnisse von Bauwesen und Immobilien. Politiker, ob von Bund, Ländern, Kreisen oder Kommunen, werden sehr oft von unfertigen Planungsvorlagen und unvollständigen Kostenermittlungen überrumpelt. Wen wundert es, wenn sich gerade öffentliche Bauvorhaben immer wieder erheblich verteuern. Besonders jungen Architekten fehlen oft die notwendigen Kenntnisse und Erfahrungen beim Bauen, z.B. bei Instandsetzungen und Modernisierungen. Die technischen Kenntnisse vieler Bauträger reichen für Überprüfungen von Planungen nicht aus. Insbesondere kleine Bauunternehmen oder Handwerksbetriebe sind mit den von ihnen zu erbringenden Planungsleistungen überfordert. Die Folge sind: Fehlplanungen, Fehlentscheidungen, Pfusch, Mängel ohne Ende, Pleiten, finanzielle Debakel, Prozesse bis zum völligen Ruin von Firmen und Bauherren oder Käufern. Beste Beispiele für durch Fehlplanungen entstandene Kostenexplosionen und Terminverzögerungen sind in Berlin, Hamburg und Stuttgart zu bewundern, nicht nur bei den betreffenden Bauvorhaben, sondern auch bei den verantwortlichen Politikern.

22.2 Warum sollten Sachverständige von Investoren in die Planungen eingebunden werden?

Die **Bauaufgaben und Bauabwicklungen** haben sich zu früher fast vollständig geändert. Während früher Wohnungsbauvorhaben von Architekten und Ingenieuren individuell nach den Vorstellungen der Bauherren geplant wurden, werden heute Wohnhäuser und Wohnungen fast ausschließlich, wie von der Stange, aus Katalogen ausgesucht und schlüsselfertig gekauft.

Seit nunmehr über vierzig Jahren ist das Bauen im Bestand ein erklärtes Ziel vieler Investoren, überwiegend aus steuerlichen Gründen. Öffentliche oder private Verwaltungen wollen bestehende Gebäude modernisieren oder umnutzen. Es gibt zu wenige altbauerfahrene Planer, weder Architekten noch Bauingenieure werden für diese Aufgaben ausgebildet, dieser Fachbereich ist für die Studenten unattraktiv, ist für die Hochschulen uninteressant.

Bauaufträge einschließlich Planungs- und Überwachungsleistungen werden überwiegend an Generalunter- oder Generalübernehmer zum Pauschalfestpreis vergeben. Die notwendigen Werk- und Detailplanungen sowie Tragwerksplanung und Planungen der Technischen Ausrüstung liegen zu diesem Zeitpunkt nicht vor.

Wer stellt ohne Eigeninteresse fest, ob die Planungsinhalte den Investorenvorstellungen und Vertragsinhalten entsprechen, Bestandsbauten für die neue Nutzung geeignet sind, wer prüft, ob die Planungen gebäudeverträglich sind, wer kann die Bauherren oder Investoren seriös und völlig unabhängig beraten? Erfahrene unabhängige Sachverständige.

Liegen die Fehler ausschließlich bei den Planern? Nein. Worauf sind also die Planungsmängel zurückzuführen? Auf viele Faktoren, wie z.B. in den Bauschadensberichten der Bundesregierungen eindrucksvoll, jedoch auch leider überwiegend ohne Resonanz, begründet.

22.2.1 Bauschadensberichte

Schon in den Zweiten (Zweiter Bericht über Schäden an Gebäuden, Herausgeber: Der Bundesminister für Raumordnung, Bauwesen und Städtebau Bonn; 2. Nachdruck 8/1988) und Dritten (Dritter Bericht über Schäden an Gebäuden, Herausgeber: Bundesministerium für Raumordnung, Bauwesen und Städtebau Bonn; 3/1996) Bauschadensberichten der Bundesregierungen waren Bauherrenverhalten und die praxisfremden Ausbildungen von Architekten und Ingenieuren an Universitäten und Fachhochschulen zu Recht bemängelt worden, doch verbessert hat sich fast nichts, die Ausbildungen wurden leider noch schlechter.

Zusammenfassend werden u.a. die Auswirkungen der Appelle des Zweiten Bauschadensberichtes wie folgt kommentiert:

Aufgrund der föderativen Struktur der Bundesrepublik und den dadurch bedingten verfassungsgemäßen unterschiedlichen Zuständigkeiten haben die Appelle des Zweiten Bauschadensberichts nicht immer zu einem einheitlichen Handeln geführt.

Täglich werden der Bevölkerung Schadensberichte über misslungene Bauvorhaben, fast ausschließlich öffentliche, in Tagespresse, Fernsehen und Rundfunk geliefert

22.2.2 Qualitätsmanagement

„Ein deutlicher Impuls zur Verbesserung der Qualität von Bauleistungen kann von dem eingeführten Instrument des „Qualitätsmanagements" ausgehen. Die praktische Anwendung zeigt jedoch auch, dass eine zu formelhafte Abwicklung des „Qualitätsmanagements" gegebenenfalls auch zu einer Verkomplizierung und Verteuerung des Bauens beiträgt, die nicht im angemessenen Verhältnis zum erzielten Qualitätsgewinn steht."

22.2.3 Bauherrenverhalten

Das Bauherrenverhalten hat sich ebenfalls nicht verbessert, eher erheblich verschlechtert. **Bauherrenverantwortung** wird nun auf die beauftragten Planer und Unternehmer abgewälzt. Die Planungshonorare und Baukosten werden jedoch oft weit unter die Selbstkosten gedrückt, fällige Rechnungen wegen angeblicher oder auch berechtigter Mängel nicht bezahlt.

Eigene Feststellungen und auch solche vieler Kollegen haben ergeben, dass bei Planungen von Neubauten, aber besonders auch bei Bauvorhaben im Bestand, die weit überwiegende Mehrzahl aller Planungen mit unterschiedlichen Mängeln behaftet ist, in sehr vielen Fällen sind die Planungen völlig unbrauchbar. Erforderliche Bauüberwachungen und Überprüfungen der Leistungen auf Vertragsinhalt, Abnahmen, unterbleiben. Die Fachkenntnis der eingesetzten Bauführer und -leiter reicht in den meisten Fällen nicht aus, Gleiches gilt für die beauftragten Firmen und deren Mitarbeiter.

Die in den Bauschadensberichten genannten Schadenssummen haben sich leider nicht reduziert, sondern verdoppelt.

Mit Sicherheit könnte ein Großteil dieser Schäden vermieden werden, wenn richtig geplant, wenig improvisiert und vor allen Dingen nichts dem Zufall überlassen wird.

22.2.4 Entscheidungs- und Planungsfehler der Investoren

Investoren haben gewisse Vorstellungen, sind jedoch wegen fehlender Fachkenntnisse auf Planer angewiesen. Zuerst wird immer versucht, die Planungs- und Baukosten so gering wie möglich zu halten. Auf Grund des scharfen Wettbewerbs zwischen den Planern werden Wettbewerber gegeneinander ausgespielt, der billigste Bewerber bekommt den Auftrag. Die gesetzliche Honorarordnung für Architekten und Ingenieure (HOAI) (siehe *Ansorge*, Wärmeschutz, Feuchteschutz, Salzschäden [Pfusch am Bau 4]) spielt bei den Planungshonoraren keine Rolle mehr. Immer wieder muss festgestellt werden, dass die Vergabe aller notwendigen Planungen bei sehr vielen gewerblichen Bauträgern, besonders im Wohnungsbau, bewusst nicht erfolgt, zum Schaden von Kunden, Unternehmern und Planern.

Wichtige **Fachplaner** werden aus Kostengründen nicht beauftragt, denn viele, besonders private Investoren, meinen, solche nicht zu brauchen, und wissen meistens auch nicht, welche Fachplaner unter Umständen nötig sind, vor allem bei Instandsetzungs- und Modernisierungsmaßnahmen in alten Ortskernen. Die meisten gewerblichen Bauträger, aber auch öffentliche Auftraggeber, verzichten auf vollständige Planungen von Architekten und Ingenieuren, indem sie Generalunter- oder -übernehmer auf Grundlage von oft unvollständigen oder unzutreffenden Plänen und Leistungskatalogen mit allen Planungs-, Überwachungs- und Bauleistungen zum Pauschalpreis beauftragen. Schon kurz nach Auftragserteilung und Vertragsunterzeichnung steigen die Baukosten erheblich besonders oft die Baukosten von öffentlichen Baumaßnahmen erheblich, denn die originären Bauherrenvorgaben und Vorleistungen waren ungenügend, zur großen Freude von gewieften Baukonzernen, zum Schaden der Steuerzahler.

Da auch bei den Bauunternehmern ein gnadenloser Preiskampf tobt, werden die übernommenen Planungsaufträge, wenn überhaupt, an den billigsten Anbieter weit unter den Selbstkosten vergeben. Dieser setzt dann billigste Subplaner ein.

Generalunter- oder -übernehmer sind bestrebt, alle Planungs- und Herstellungskosten zu minimieren. Wer seine eigenen Leistungen widerspruchslos überwachen darf, wird mit Sicherheit seinen Pfusch oder Betrug nicht offenbaren. Besteller von Bauleistungen können, da eigenes Personal oder selbst beauftragte Planer abgebaut werden, die Planungen und Bauleistungen nicht mehr überprüfen. Explosionsartig auftretende Bauschäden an verdeckten Bauteilen, wie z.B. Undichtheiten von Dächern, Fassaden, Untergeschossen, Bädern über nicht ausreichenden Wärme-, Brand- und Schallschutz bis zu Gebäudeeinstürzen, sind die Folge. Wenn die Auftraggeber ihrer Prüfungspflicht nicht nachkommen können, müssen sie Sachverständige mit der Überprüfung, auch der Einhaltung der Bauherrenaufgaben, beauftragen.

22.2.5 Was müssen Sachverständige an den Bauherrenaufgaben prüfen?

- Sind eigene Vorstellungen genauestens festgelegt und vollständig dokumentiert?
- Kann die geplante Maßnahme auf dem vorgesehenen Baugelände erstellt werden?
- Ist das bei Bestandsbauvorhaben bereitgestellte Gebäude für die zukünftige Nutzung geeignet?
- Können die Bauherrenvorstellungen nach wirtschaftlichen Voraussetzungen verwirklicht werden?
- Ist es ratsam, General- oder Einzelplaner zu beauftragen?
- Sind alle erforderlichen Planer wie: Architekten, Ingenieure, Baugrundgutachter, Bauphysiker, Sicherheitsingenieure, Brandschutzexperten, Toxikologen bei Bestandsbauten, Baubiologen, Bauchemiker etc. beauftragt worden?
- Sind die beauftragten Planer für die Bauaufgabe geeignet, gibt es ausreichende Referenzen?
- Wurde die gesetzlich verankerte Gebührenordnung für Architekten und Ingenieure (HOAI) als Honorarordnung vereinbart?
- Steht die Finanzierung?
- Ist das Vorhaben genehmigungsfähig?
- Liegen alle erforderlichen Genehmigungen vor Baubeginn vor?
- Sind alle Planungen vollständig und fehlerfrei?
- Entsprechen die Planungen den Auftraggebervorstellungen?
- Sind alle öffentlich-rechlichen Baubestimmungen eingehalten?
- Sind die allgemein anerkannten Regeln der Technik eingehalten?

22.2 Warum sollten Sachverständige von Investoren in die Planungen eingebunden werden?

- Entsprechen die Planungen den Vertragsinhalten?
- Stimmen die Leistungsbeschreibungen mit den Bauherrenvorstellungen, den Plänen, den allgemein anerkannten Regeln der Technik und den öffentlich-rechlichen Baubestimmungen?
- Ist die Tragwerksplanung vom Prüfingenieur für die Ausführung freigegeben?
- Liegen alle nachbarlichen Zustimmungen vor?
- U.v.m.

Wenn all diese Fragen und andere uneingeschränkt positiv beantwortet wurden, kann mit der Bauvorbereitung begonnen werden, sonst nicht.

22.2.6 Zwei typische Beispiele von falschen Bauherrenentscheidungen bei öffentlichen Baumaßnahmen

22.2.6.1 Schloss bei Stuttgart

Bild 1: Straßenfassade

22. Die Einbindung des Sachverständigen bei der Bauwerksplanung

Dieses ehemalige denkmalgeschützte Schloss, ab 1408 überwiegend als Fachwerkbau errichtet, beherbergt auf Grund politischer Entscheidungen neben Läden, Gastronomie auch eine Musik- und Teile der Volkshochschule. Die bei Fachwerkgebäuden zwingend erforderlichen Schallschutzmaßnahmen unterblieben, ein geregelter, störungsfreier Unterricht ist wegen der besonders gravierenden Schallbelästigungen im Gebäude und auch in gegenüberliegenden Gebäuden nicht möglich. Die

Schallschutzmängel können nicht mehr, oder nur mit die alte Substanz zerstörenden Maßnahmen, beseitigt werden. Eine Prüfung der Vorstellungen von Verwaltung und Kommunalpolitikern vor Planungsbeginn auf Gebäudeverträglichkeit durch Sachverständige hätte sicherlich zu einem anderen Ergebnis geführt. Trotz dieser gravierenden Mängel wurde das Objekt mehrfach preisgekrönt (*Ansorge,* Wärmeschutz, Feuchteschutz, Salzschäden – Pfusch am Bau 4; *Ansorge,* Gebäudeinstandsetzung und -modernisierung – Pfusch am Bau 5).

22.2.6.2 Krankenhaus im Allgäu

Bild 2: Neubautrakt

Dieses Krankenhaus wurde 1985 nach den Plänen verschiedener Architekturbüros gebaut. Die Geschossdecken wurden als weit gespannte Fertigteildecken (Phi-decken) geplant und gebaut. Die nichttragenden Zwischenwände im OP-Bereich und Bürotrakt wurden als leichte Trennwände, überwiegend Brandwände, geplant und gebaut. Bei der Planung der Grundrisse wurden die Deckenfertigteilraster nicht mit den Zwischenwänden abgestimmt. Folge: Brandschutz und Standsicherheit von Zwischenwänden und Deckenbekleidungen waren, offensichtlich erkennbar, nicht gewährleistet. Trotzdem wurde das Objekt gemeinsam von Auftraggeber und Bauüberwachung abgenommen und betrieben. Nach einer ca. 20 Jahre später durchgeführten Überprüfung der Konstruktion während Modernisierung der Brandschutzeinrichtungen durch einen vom Krankenhausträger

22.2 Warum sollten Sachverständige von Investoren in die Planungen eingebunden werden?

beauftragten Bausachverständigen musste der OP-Bereich mit vier OP-Sälen sofort wegen Gefahr für Leib und Leben geschlossen werden, umfangreiche Sanierungsmaßnahmen, auch im Verwaltungstrakt, wurden erforderlich. Wer hatte Schuld? Ausführungsplanender und bauleitender Architekt, Objektüberwacher des öffentlichen Krankenhausträgers und ausführende Firmen. Schadenhöhe: ca. 15.000.000 Euro.

Das Krankenhaus, besonders der Operationstrakt, wurde in den vergangenen zehn Jahren umgebaut und auf den neuesten Stand gebracht. 2012 sollte das Haus wegen fehlender Rentabilität endgültig geschlossen werden. Da die Kommune wegen einer besonderen Vereinbarung mit dem Krankenhausträger gegen diesen Beschluss klagte und gewann, bleibt das Krankenhaus vorerst erhalten. In einem neuen Urteil vom 08 / 2013 wurde einer neuen Klage des Krankenhausträgers auf Schließung des Krankenhauses stattgegeben Der Prozess geht vor dem OLG Stuttgart weiter.

Käufer und Bauherren von Wohn- oder Gewerbeimmobilien sind gut beraten, wenn sie alle Planungen und Baubeschreibungen sowie Bauleistungen von Anfang an und während der Baudurchführung auf Übereinstimmung mit Vertragsinhalten, allgemein anerkannten Regeln der Technik und öffentlich-rechtlichen Baubestimmungen und Inhalten erteilter Baugenehmigungen von unabhängigen Sachverständigen überprüfen lassen. Bei der Abnahme ist es immer zu spät.

Die Folgen fehlender Überprüfungen sind fast immer:

- Mängel ohne Ende
- Nicht behebbare Bauschäden
- Vermögensverluste
- Insolvenzen von Vertragspartnern oder Subunternehmern
- Erhebliche Mehrkosten für die Bauherren und Käufer, oder auch der finanzielle Ruin

22.2.7 Zwei Beispiele von mangelhaften Generalübernehmerobjekten

22.2.7.1 Industriegebäude bei Stuttgart

Bild 3: Industriegebäude bei Stuttgart

Dieses Industriegebäude bei Stuttgart wurde im Jahr 2000 schlüsselfertig von einem französischen Generalübernehmer errichtet. Nach Fertigstellung und Inbetriebnahme, allerdings vor der vertraglich vereinbarten förmlichen Abnahme, wurde ein Bausachverständiger mit der Überprüfung der Planungs- und Bauleistungen beauftragt. Die von ihm festgestellten Planungs- und folglichen Ausführungsmängel waren so gravierend, dass die Bauabnahme verweigert werden musste. Mehr als sechs Jahre nach Inbetriebnahme, während der Durchführung des gerichtlichen Beweisverfahrens durch den gerichtlich bestellten Sachverständigen, meldete der Generalübernehmer Insolvenz an. Seine Gewährleistungsansprüche gegen die Subunternehmer wurden nicht an den Auftraggeber abgetreten, so dass der Auftraggeber auf dem Pfusch sitzen bleibt. Schadenhöhe: ca. 20.000.000 Euro. Die entstandenen Mängel und Schäden wären schon bei der Überprüfung aller Planungen und Subunternehmerleistungsverzeichnisse durch Sachverständige vor Baubeginn vermeidbar gewesen (*Ansorge,* Dachdeckungs-, Dachabdichtungs- und Klempnerarbeiten – Pfusch am Bau 2).

22.2.7.2 Dachgeschossausbau bei Stuttgart

Bild 4: Dachgaubendetail

Bei diesem Bauvorhaben kaufte der Bauherr, ein Baulaie, ein nicht ausgebautes Dachgeschoss von einem Bauingenieur mit späterer Planung und Baubetreuung durch eine ihm nahestehende Finanzierungsgesellschaft. Etwa drei Monate nach Baubeginn, mehr als 60 % der notariell vereinbarten Kosten waren als Vorrauszahlung ohne Absicherung bereits bezahlt, beauftragte der Bauherr einen Bausachverständigen mit der Überprüfung von Planung und Bauausführung. Dieser stellte fest, dass alle vorliegenden Planungen unvollständig und falsch und die ausgeführten Bauausführungen völlig wertlos waren. Alle Bauleistungen wurden ohne Tragwerks- und Werkplanung von nicht gewerblich Tätigen ausgeführt. Die Bauausführung war so schlecht, dass alle Bauleistungen sowohl wegen drohender Einsturzgefahr als auch wegen Abweichung von der Baugenehmigung abgebrochen und vollständig erneuert werden mussten. Schadenhöhe: noch nicht absehbar (*Ansorge,* Gebäudeinstandsetzung und -modernisierung – Pfusch am Bau 5).

22.3 Planungen von Architekten und Ingenieuren

Die durch fehlerhafte oder unterlassene Planungen allein in Deutschland entstehenden **Bauschäden** belaufen sich inzwischen auf weit über 2 Mrd. Euro pro Jahr. Aus Kostengründen werden von Architekten und Bauherren, besonders beim Wohnungsbau, die in der Leistungsphase 2 Vorplanung aufgelisteten Erhebungen, wie z.B. Feststellung der Grundwasserstände, Überprüfung des Baugrundes, Schallmessungen von Verkehrslärm usw., nicht beigebracht. Sonderfachleute wie Geologen, Bauphysiker und Fachingenieure werden nicht eingeschaltet, diese zum Teil originären Bauherrenleistungen werden aus vermeintlichen Kostengründen von sehr vielen Architekten auch nicht gefordert, denn sie

22. Die Einbindung des Sachverständigen bei der Bauwerksplanung

möchten wegen zusätzlicher vom Auftraggeber zu erbringender Planungsleistungen die Aufträge nicht verlieren. Immer mehr wird auf Werk- und Detailpläne, Planungen von Wärme-, Schall-, Brand- und Feuchteschutz verzichtet, es wird nach dem 08/15-Prinzip gearbeitet. Durch nicht auskömmliche Honorare verursachter Kosten- und unnötiger Termindruck in den Büros führen zwangsläufig zu Bauschäden und Schadenersatzprozessen, die vermeidbar sind. Verlierer sind immer die Architekten und Ausführenden, oft auch die Besteller.

Besonders bei kleinen Bauvorhaben werden meistens die erforderlichen Tragwerksplanungen unvollständig, immer öfter sogar von Baustofflieferanten ohne Honorierung, erbracht.

Die **Planung der Technischen Gebäudeausrüstung** durch Fachingenieure entfällt, denn die meisten Planungen müssen von den ausführenden Betrieben oder deren Materiallieferanten kostenlos geliefert werden, fast immer nach Baubeginn oder Fertigstellung des Rohbaus mit der Folge, dass schon die Grundstücksentwässerung mit gravierenden Mängeln behaftet ist.

Die Planungsfehler haben in solchem Umfang zugenommen, dass die meisten Berufshaftpflichtversicherungen entweder keine Architekten versichern, oder nur zu besonders hohen Prämien. Nach eigenen Recherchen bei führenden Versicherungen und Sachverständigenverbänden ergibt sich leider, dass nach deren Feststellungen mehr als 95 %, teilweise auch fast 100 %, aller Bauschäden auf **Planungsfehler der Architekten** zurückzuführen sind, eine fatale Entwicklung. Deshalb hat 2012 ein seit Jahrzehnten bedeutender Haftpflichtversicherer den gesamten Baubereich ausgegliedert und allen Architekten, Ingenieuren, Sachverständigen und sonstigen mit Bauplanungen oder -beurteilungen befassten die Versicherungsverträge gekündigt, auch solche, die seit Jahrzehnten schadensfrei waren.

Sicherlich ist die noch immer baupraxisfremde Ausbildung der Architekten und Bauingenieuren mit ein Grund für diese Entwicklung, jedoch auch das mangelnde Interesse vieler Architekten an beruflicher Weiterbildung. Fehlende Motivation durch nicht auskömmliche Honorare spielt dabei auch eine große Rolle.

Nachstehend aufgeführte Fehler konnten bei fast allen überprüften Architektenplanungen festgestellt werden:

- Fehlerhafte und unvollständige Grundlagenermittlung
- Fehlende Bestandsaufnahmen bei Baumaßnahmen im Bestand
- Fehlerhafte oder unvollständige Vorplanung
- Falsche Bestandsdiagnosen
- Falsche oder unvollständige Bauherrenberatung
- Unvollständige Entwurfs- und Genehmigungsplanungen
- Bewusste Abweichungen von Auflagen der Baugenehmigung
- Nichteinhaltung öffentlich-rechlichen eingeführter Baubestimmungen
- Nichteinhaltung sicherheitsrelevanter Vorschriften
- Unvollständige Werk- und Detailplanungen
- Fehlerhafte Flächen- und Kubaturberechnungen

- Fehlende Wärme- und Feuchteschutzplanungen
- Fehlende Schallschutzplanungen
- Fehlende oder falsche Abdichtungsplanungen
- Falsche Sanierungskonzepte
- Gebäudeunverträgliche Planungen bei Bestandsbauten
- Verwendung unzulässiger oder ungeeigneter Baustoffe
- Fehlende Fortschreibungen von Planungen
- Falsche oder unvollständige Leistungsbeschreibungen und Massenberechnungen
- Nichteinhaltung der in DIN 276 festgelegten Kostenermittlungsschritte und -fortschreibungen
- Fehlende oder nicht ausreichende Kostenkontrollen
- Fehlendes Krisenmanagement
- Unzureichende Koordination von Planungen anderer Beteiligter

22.4 Fazit

Könnten diese Planungsmängel vermieden werden? Ja, wenn Planer einer begleitenden Überprüfung ihrer Leistungen durch von den Auftraggebern bestellte Sachverständige zustimmen und mit diesen zusammenarbeiten. Bauherren und Käufer sind meistens Baulaien und deshalb nicht in der Lage dazu, Missstände an Planungen zu erkennen. Warum wehren sich viele Planer gegen die Einbeziehungen von Sachverständigen?

Prüfende Sachverständige wollen den Planern nicht schaden, sondern sie, ebenso wie die Bauherren, vor späteren Schäden schützen. Sachverständige Prüfer können auch den Planern oft in misslichen Situationen helfen, wenn z.B. Bauherren ihre Aufgaben nicht vollständig erledigt haben, oder nicht erledigen wollen. Vertrauensvolles Zusammenarbeiten von Bauherren, Planern und Prüfenden führt fast immer zu den angestrebten Ergebnissen, nämlich weniger Pfusch am Bau, weniger Ärger, weniger Prozesse. Das Vier-Augen-Prinzip ist immer noch besser als nicht erkannte oder verschwiegene Planungsfehler, die sich später im Bauwerk verwirklicht haben.

Planungsmängel können für die Planer sehr teuer werden, besonders wenn solche Folgmängel und -schäden nicht mehr beseitigt werden können. Planungsfehler können bis zur Insolvenz und Vernichtung des gesamten Privatvermögens von Planern führen, wenn z.B. die Deckungssumme der Haftpflichtversicherung zu niedrig ist, oder bei Abweichen von verbindlichen Vorgaben von Bauherren oder Baubehörden der Versicherungsschutz verweigert wird.

Auch wenn Sachverständigenleistungen zusätzliche Kosten verursachen, sind diese Kosten gut angelegt, denn durch das Überprüfen der Planungen auf Vollständigkeit, Fehler, Übereinstimmung mit den Bestellervorgaben, Vertragsinhalten, Übereinstimmung mit Baugenehmigungen und Bauordnungen und technischen sowie bauphysikalischen Notwendigkeiten können sich später ergebende Mängel und Folgeschäden vermieden werden.

23. Baubegleitende Qualitätsüberwachung

Christian Fichtl

Übersicht

23.	Baubegleitende Qualitätsüberwachung
23.1	Einführung
23.2	Auftraggeber
23.3	Ziele der Baubegleitenden Qualitätsüberwachung
23.4	Vertragsarten
23.5	Vorgehensweise – Abwicklung
23.5.1	Festlegung des Leistungsumfangs
23.5.2	Erstellung Projekthandbuch
23.5.3	Planungsphase
23.5.3.1	Kontrolle der Baubeschreibung
23.5.3.2	Kontrolle der Werk- und Detailplanung
23.5.4	Ausführungsphase
23.5.4.1	Technische Zwischenbegehungen
23.5.4.2	Hinweise zum Verhalten bei technischen Zwischenbegehungen
23.5.4.3	Arbeitshilfen
23.5.4.4	Vorschlag von Sanierungsmaßnahmen
23.5.4.5	Darstellung von Wertminderungen
23.5.4.6	Abnahmen
23.5.5	Berichterstattung innerhalb der Baubegleitenden Qualitätsüberwachung
23.5.6	Vergütung

23.1 Einführung

Die Baubegleitende Qualitätsüberwachung, kurz BQÜ oder auch Baubegleitende Qualitätssicherung genannt, ist mittlerweile bei Mittel- und Großbauvorhaben ein fester Bestandteil des Projektcontrollings bzw. der Projektsteuerung. Aber auch bei kleineren Bauvorhaben, wie bei Ein-, Zwei- oder Mehrfamilienhausbauten, nimmt ihre Bedeutung stetig zu.

Dabei sind weder deren Ziele, Begriffe oder Arten in technischen Regelwerken wie Normen oder Merkblättern klar definiert, noch deren Haftungsproblematik, Anwendung oder gar Vergütung ist in rechtlichen Verordnungen wie Honorarordnungen oder dergleichen geregelt.

Diese einzelnen Themenbereiche sollen im Folgenden etwas näher betrachtet werden.

Beginnend mit der Begriffsklärung, könnte die Baubegleitende Qualitätsüberwachung wie folgt definiert werden:

Regelmäßige beratende Tätigkeit, ausgeführt von Bausachverständigen, im Zuge eines Bauvorhabens zur Vermeidung von Baufehlern, Mängel oder Bauschäden sowie von Qualitäts- und Wertminderungen.

23. Baubegleitende Qualitätsüberwachung

Obwohl diese Aufgabe unter anderem auch von technischen Überwachungsgesellschaften und Überwachungsvereinen übernommen wird, ist die Baubegleitende Qualitätsüberwachung ein klassisches Tätigkeitsfeld des öffentlich bestellten und vereidigten Sachverständigen. Einzelne Überwachungsvereine, wie z.B. die GTÜ in Stuttgart, bilden deshalb mit öffentlich bestellten und vereidigten Sachverständigen Kooperationen für die Durchführung einer Baubegleitenden Qualitätsüberwachung.

Nur der wirtschaftlich unabhängige Sachverständige kann eine konsequente, gezielte und regelmäßige Fremdüberwachung parallel zur Eigenüberwachung der Projektbauleitung, auf Grundlage des 4-Augenprinzips durchführen und dadurch die erzielbare Qualität steigern.

Diese komplexe Aufgabe kann nur bedingt und in wenigen Ausnahmefällen von geringer qualifizierten Personen übernommen werden. Der Umstand, dass qualitätssichernde Maßnahmen, wie Blowerdoortests oder Thermografieaufnahmen bereits an der Kasse von Baumärkten angeboten werden, zeigt jedoch, dass für eine Baubegleitende Qualitätsüberwachung nicht nur der Markt besteht, sondern auch die entsprechende Nachfrage vorhanden ist.

Mit dem Begriff der „Qualität" im Kontext des Bauwesens ist eine positiv bewertete, technische Beschaffenheit eines Gebäudes gemeint. Aber auch die gestalterische oder architektonische Qualität kann durch die Baubegleitende Qualitätsüberwachung sichergestellt werden. Die Überprüfung von Fassadenarbeiten ist zum Beispiel ein Teilbereich der Baubegleitenden Qualitätsüberwachung, der sowohl technische wie auch gestalterische Aspekte umfasst.

23.2 Auftraggeber

Obwohl die Qualitätssicherung im Bereich der Bauprodukte durch das Qualitätsmanagement der einzelnen Herstellerfirmen schon sehr lange intensiv betrieben wird, ist im Bereich der Bauausführung ein gewisser Aufholbedarf im Vergleich zu anderen Wirtschaftszweigen vorhanden. Dabei können die möglichen Auftraggeber und die damit verbundenen Aufgaben einer Baubegleitenden Qualitätsüberwachung durchaus vielschichtig sein. Beispielhaft sind folgende Aufträge und Fälle zu benennen:

- Private Bauherren

  Die Begleitung in der Bauphase eines Wohngebäudes, wie bei dem Bau eines Einfamilien- oder Mehrfamilienwohnhauses.

  Die Unterstützung eines Käufers einer Eigentumswohnung durch Kontrolle des späteren Sondereigentums schon während der Bauausführung.

- Bauunternehmer und Firmen

  Die Überwachung einzelner Gewerke bei der Erstellung besonderer Bauwerke, wie zum Beispiel Brücken oder Tunnel. Bei der Planung und Ausführung von Weißen Wannen hat sich mittlerweile die externe Überwachung durch darauf spezialisierte Sachverständige soweit etabliert, dass diese Arbeiten von einer Vielzahl von Planern bereits bei den Baumeisterarbeiten ausgeschrieben werden. Hier führt die Baubegleitung beim Einbau der Fugenbleche, der Durchdringungen oder beim Betoniervorgang zu einer wesentlichen Verbesserung der Qualität.

Die Kontrolle einzelner Gewerke bei der Erstellung komplexer Bauteile an Gebäuden. Hier ist exemplarisch der Fassadenspezialist zu benennen, der die technische Umsetzung der Detailausbildung wie die Entwässerungsführung innerhalb der Leichtmetall-Glasfassade, die Anschlüsse der Luftdichtigkeitsebene, die Winddichtigkeit, die Befestigungen oder Dehnungsausgleiche kontrolliert.

- Generalunternehmer

  Die Sicherung der Umsetzung der vereinbarten Beschaffenheit beim Bau von Mehrfamilienwohnhäusern oder Sonderbauten, wie zum Beispiel Seniorenwohnanlagen, Schwimmbäder, Einkaufs- und Fachmarktzentren oder Baumärkte. Hier liegt der entscheidende Vorteil einer Baubegleitenden Qualitätsüberwachung in der Beschleunigung von Prozessen. Denn der Generalunternehmer übernimmt gerne die Kosten der Baubegleitenden Qualitätsüberwachung, wenn dadurch sichergestellt wird, dass einzelne Projektstufen ohne besondere Beanstandungen von seinem Auftraggeber abgenommen werden und der Generalunternehmen dadurch seine vollen Zahlungen erhält.

- Banken

  Durchführung einer Baubegleitenden Qualitätsüberwachung als Teil einer externen Projektkontrolle, ergänzt durch Termin- und Kostenprüfung. Dieser Sonderfall ist eher bei Großbauvorhaben mit internationalem Finanzierungshintergrund anzutreffen.

- Öffentliche Auftraggeber

  Teilbereiche von Instandsetzungs- und Sanierungsmaßnahmen und Kontrollen bei der Errichtung von Neubauten, zum Beispiel die Überwachung von Flachdacharbeiten bei Verwaltungsgebäuden. Öffentliche Auftraggeber sind bereit, den Mehraufwand für eine Baubegleitende Qualitätsüberwachung zu übernehmen, wenn dadurch eine langfristig höhere Qualität erreicht wird und dadurch die Kosten für die Instandhaltung minimiert werden.

Aufgrund der unterschiedlichen Auftraggeber und deren jeweiligen Struktur ergeben sich durchaus unterschiedliche Ziele und Vorgehensweisen, die an den jeweiligen Auftraggeber angepasst werden müssen.

23.3 Ziele der Baubegleitenden Qualitätsüberwachung

Die Qualität eines Bauwerks ist mindestens dann vorhanden, wenn es die vertraglich vereinbarte Beschaffenheit aufweist. Diese Anforderung kann als Basisziel formuliert werden. Doch die Ziele der Baubegleitenden Qualitätsüberwachung sind weitergehend, denn die Einhaltung und Umsetzung der vereinbarten Beschaffenheit während der Bauphase ist in erster Linie die Aufgabe des Architekten bzw. der Bauleitung. In diesem Zusammenhang ist es wichtig festzuhalten, dass die durch einen Sachverständigen durchgeführte Baubegleitende Qualitätsüberwachung keinesfalls als Ersatz für eine verantwortliche Bauleitung zu sehen ist.

23. Baubegleitende Qualitätsüberwachung

Der Sachverständige, der eine Baubegleitende Qualitätsüberwachung durchführt, beabsichtigt Baumängel, Qualitäts- und Wertminderungen zu vermeiden, das Fehlerrisiko zu minimieren, um dem Bauherrn Zeit und Kosten zu sparen unter Berücksichtigung des gesamten Lebenszyklus eines Gebäudes und weiterhin eine fortlaufende Steigerung der Qualität der ausführenden Firmen zu ermöglichen.

Durch eine konsequente Dokumentation kann auch ein späterer Nachweis über die erzielte Qualität, zum Beispiel in Form eines Zertifikates ausgestellt werden.

PRAXISTIPP

Die prophylaktisch durchzuführende Baubegleitende Qualitätsüberwachung ist kein Ersatz für eine verantwortliche Bauleitung. Sie soll aber Abweichungen und Auffälligkeiten im Vorfeld aufzeigen und somit Mängel oder Schäden vermeiden. Übernehmen Sie im Zuge einer BQÜ keine Leistungen, die dem Leistungsbild eines Architekten oder Ingenieurs gemäß Honorarordnung für Architekten und Ingenieure (HOAI) entspricht.

Schematisch können die Ziele der BQÜ wie folgt dargestellt werden, wobei der Anspruch von links nach rechts zunimmt:

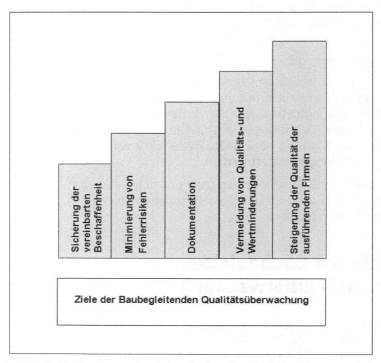

Es besteht die Möglichkeit, die Baubegleitende Qualitätsüberwachung und damit verbunden auch die erreichbaren Ziele zu einem ganzheitlichen Projektcontrolling zu erweitern. Unter Hinzuziehung von weiteren Fachleuten, wie Kaufleute und Fachingenieure, wird ein Projektcontrollingteam gebildet. Zu den zuvor genannten Aufgaben werden zusätzlich auch die Terminplankontrolle, die Aufstellung von Bautenständen und die Kostenkontrolle übernommen.

Dieses System ist vor allem bei Großbauvorhaben mit mehreren unterschiedlichen Bauherren und Investoren sinnvoll, um innerhalb eines regelmäßigen Reports allen Beteiligten über die Sachlage auf der Baustelle zu berichten und nachvollziehbar zu dokumentieren. Die Baubegleitende Qualitätsüberwachung dient somit auch der Information von Nichttechnikern und Entscheidungsträgern, die am Projekt beteiligt sind.

23.4 Vertragsarten

Einen wesentlichen rechtlichen Aspekt bildet der Problemkreis der Haftung innerhalb der Baubegleitenden Qualitätsüberwachung.

Da bei Abschluss eines Werkvertrages für eine Baubegleitende Qualitätsüberwachung die Gefahr einer gesamtschuldnerischen Haftung besteht und vor allem die auszuführenden Kontrollen den Charakter einer Dienstleistung besitzen, ist der Abschluss eines Beratervertrages zu empfehlen.

Der Vertrag sollte so gestaltet werden, dass der Sachverständige frei agieren kann, ohne ständig befürchten zu müssen, später in Haftung genommen zu werden; denn die Baubegleitende Qualitätsüberwachung ist eine rein beratende Tätigkeit, bei der darauf zu achten ist, keine Planungs- oder Bauleitungstätigkeiten zu übernehmen. Diese liegt allein im Zuständigkeitsbereich der planenden Ingenieure, Architekten und der Bauleitung.

Es existieren mittlerweile Vertragsvordrucke, die von Rechtsanwaltskanzleien erstellt wurden und über das Internet bestellbar sind. Sie bilden eine gute Grundlage für den jeweils eigenen speziellen Fall und lassen sich gut auf die jeweiligen Projekteigenschaften modifizieren.

> **PRAXISTIPP**
>
> *Für die Durchführung einer Baubegleitenden Qualitätsüberwachung sollte ein Dienstleistungsvertrag abgeschlossen werden. Die rein beratende Tätigkeit soll die Arbeit des Architekten und der Bauleitung nur unterstützen, jedoch nicht ersetzen. Hierdurch kann zwar die Haftung nicht vollkommen ausgeschlossen, jedoch zumindest auf die Höhe des Honorars beschränkt werden.*

23.5 Vorgehensweise – Abwicklung

23.5.1 Festlegung des Leistungsumfangs

Als erster Schritt sollte der Leistungsumfang mit dem Auftraggeber festgelegt und in einem Vertrag fixiert werden. Es ist zu bestimmen, ob die Tätigkeit bereits während der Planungsphase beginnt oder auf die Ausführungsphase beschränkt ist. Bei kleineren Bauvorhaben sind weiterhin die Anzahl der Begehungen und deren Zeitpunkt sowie die zu kontrollierenden Arbeiten zu fixieren.

Für eine Baubegleitende Qualitätsüberwachung beim Bau eines Einfamilienwohnhauses kann zum Beispiel folgender Leistungsumfang vereinbart werden:

1. eine technische Zwischenbegehung: Phase Gründung/Keller
   Zum Zeitpunkt der Einbringung der Fundamente und Bodenplatten.
2. zwei technische Zwischenbegehungen: Phase Rohbau
   Sichtkontrolle der Baumeister-, Zimmer-, Dachdecker-, Klempnerarbeiten.
3. zwei technische Zwischenbegehungen: Phase Rohinstallation/Ausbau
   Sichtkontrolle der Heizungs-, Sanitär- und Elektrorohinstallationen, Fenster-, Putz- und Estricharbeiten.
4. eine Abschlussbegehung
   Vor der Übergabe an den Bauherren und vor den förmlichen Abnahmen.

Dieser Umfang ist bei dem gewählten Beispiel mit einem Einfamilienwohnhaus als untere Grenze der durchzuführenden Begehungen anzusehen. Die technischen Zwischenbegehungen sind dann durchzuführen, wenn für das Gebäude die größte Gefahr besteht, dass wesentliche kostenrelevante Fehler gemacht werden. Mit der Größe der Bauvorhaben steigt die Anzahl der notwendigen Ortstermine. Es empfiehlt sich dann eher die Vereinbarung von wöchentlichen oder vierzehntägigen Zwischenbegehungen verbunden mit einer monatlichen Berichterstattung.

PRAXISTIPP

Legen Sie gemeinsam mit dem Auftraggeber eine sinnvolle Anzahl von technischen Zwischenbegehungen fest und vereinbaren Sie für zusätzliche Arbeiten einen Stundenverrechnungssatz.

23.5.2 Erstellung Projekthandbuch

Die Erstellung eines Projekthandbuches ermöglicht die Sicherstellung und Dokumentation des notwendigen Informationsflusses. Hier wird die Projekthierarchie, die Struktur, die Art der Berichterstattung, die Vorgehensweise beim Auftreten von Abweichungen und Auffälligkeiten, mit den Projektbeteiligten geregelt.

Es ist zum Beispiel durchaus sinnvoll, vor Beginn der Maßnahme festzulegen, wie auftretende Mängel gemeldet werden, in welcher Form sie in gegebenenfalls zentral geführten Mängelerfassungslisten aufgenommen und von dort aus dann durch die Bauleitung weiter verfolgt werden.

Die strikte Einhaltung der im Projekthandbuch festgelegten Informationskette vermeidet Vorfälle, bei denen zwar Fehler durch den Sachverständigen auf der Baustelle erkannt, jedoch wegen Fehlkoordination nicht oder zu spät durch die Bauleitung behoben werden.

Innerhalb der Projekthierarchie sollte die Baubegleitende Qualitätsüberwachung direkt unterhalb des Auftraggebers angeordnet sein. Idealerweise erfolgt auch die Berichterstattung des Sachverständigen direkt an den Auftraggeber, der diese dann an seine Vertretung oder die Projektleitung weiterleitet. Hier zeigt sich wieder das Wissen eines öffentlich bestellten und vereidigten Sachverständigen als Vorteil, da auch bei der Durchführung einer Baubegleitenden Qualitätsüberwachung stets die Weisungsfreiheit und die Neutralität des Sachverständigen gewahrt werden muss.

23.5.3 Planungsphase

Die Arbeit der Baubegleitenden Qualitätsüberwachung beginnt im Idealfall in der Planungsphase eines Bauvorhabens. Hier können bereits im Vorfeld durch den Bausachverständigen grundlegende Probleme erkannt werden. Denn je eher ein Mangel erkannt wird, desto geringer sind meist die Kosten zur Beseitigung.

23.5.3.1 Kontrolle der Baubeschreibung

Je nach Bauvorhaben ist es unter Umständen sinnvoll, die Baubeschreibung zu kontrollieren, da zum Beispiel beim Bau von Eigentumswohnanlagen diese möglichen Kaufinteressenten als Entscheidungsgrundlage dient. Oft finden sich darin Beschreibungen von Eigenschaften, die entweder zu ungenau sind oder, durchaus unbeabsichtigt, Anforderungen vermitteln, die durch die geplante Konstruktion nicht eingehalten werden können. Dadurch entstehen meist in den Bereichen Schallschutz und Feuchteschutz Probleme zwischen dem Erwerber zum Beispiel einer Eigentumswohnung und dem Verkäufer. Als ein Beispiel ist hier die Eigentumswohnung zu benennen, die in der Baubeschreibung als „komfortable Stadtvilla" betitelt wird. Ohne eine exakte Beschreibung des vereinbarten Schallschutzes kann es zu einem Streit führen, wenn durch den Ersteller nur die Ausführung des Mindestschallschutzes vorgesehen ist. In diesen Fällen sollte der Sachverständige eine Überarbeitung und Konkretisierung der Baubeschreibung empfehlen.

Bei einer Baubeschreibung sollte im Zuge einer baubegleitenden Qualitätsüberwachung, also aus technischer und nicht vertragsrechtlicher Sicht, mindestens folgendes kontrolliert werden:

- Genaue Festlegung der Planungsleistung, wer erstellt das Bodengutachten, die Werk-, Detail- und Bestandspläne, die Statik und die bauphysikalischen Nachweise?
- Wird ein Blowerdoortest ausgeführt?
- Welche Abdichtungsart ist definiert? Oft ist hier nur eine ungenaue Beschreibung wie „Abdichtung nach DIN" zu lesen.
- Sind alle Bauteile in der Baubeschreibung aufgeführt?
- Sind bei allen Bauteilen die Materialien und Oberflächenqualitäten eindeutig beschrieben? Dies betrifft nicht nur den Außenbau mit Dacheindeckung oder Klempnerbleche, sondern auch den Innenbau mit Fliesen-, Naturstein-, Parkett- oder Laminatbelägen.
- Entspricht der Zahlungsplan einem sinnvollen Bauablauf, werden z.B. Zahlungen schon fällig wenn die Fenster geliefert werden oder erst wenn alle Fenster eingebaut sind?
- Sind Widersprüche in der Baubeschreibung zu den übrigen Unterlagen, wie Pläne oder Fotodokumentationen vorhanden?
- Sind bauphysikalische Anforderungen klar definiert? Welche Schallschutzklasse haben die Fenster und Türen, welchen U-Wert hat das Fenster.
- Sind Fabrikate vor allem bei der Haustechnik festgelegt?

23. Baubegleitende Qualitätsüberwachung

23.5.3.2 Kontrolle der Werk- und Detailplanung

Bei der Kontrolle der Werkplanung ist vor allem die besondere Sachkunde des Sachverständigen in den Teilbereichen Schall, Wärme und Feuchte der Bauphysik von Bedeutung. Hier gilt es, Schall- und Wärmebrücken zu erkennen und die Überarbeitung etwaiger Punkte anzuregen. Die Überprüfung des geplanten Verlaufs der Luftdichtigkeitsebene und der Abdichtung gegen von außen angreifenden Wassers kann ebenfalls Problempunkte im Vorfeld aufzeigen und somit auch direkt Kosten einsparen. Denn es ist stets kostenintensiver, im laufenden Baubetrieb Konsequenzen von Fehlplanungen zu beseitigen.

Die geplanten lichten Raumhöhen, vor allem im Keller- und Dachgeschoss und im Bereich von Treppenläufen, ebenso wie die ungehinderte Öffenbarkeit von Tür- und Fensterflügeln, sollte bereits innerhalb der Planung kontrolliert werden.

Für besondere Bauteile, wie Flachdächer, Fassaden und Abdichtungen gegen drückendes Wasser gilt es auch oft, die Detailplanung zu überprüfen. Hier ist wiederum die konsequente Einhaltung des vereinbarten Leistungsumfangs der Baubegleitenden Qualitätsüberwachung angeraten, das bedeutet, selbst keine Planung zu erstellen, sondern nur Abweichungen von Regelwerken zu benennen.

23.5.4 Ausführungsphase

Der wohl größte Teil der Arbeiten innerhalb einer Baubegleitenden Qualitätsüberwachung entfällt auf die Ausführungsphase. Je nach Vereinbarung und Größe des Projektes gilt es hier unterschiedliche Aufgaben zu übernehmen. Der Sachverständige führt hier vor allem Technische Zwischenbegehungen durch, nimmt an Besprechungen teil und erstellt Berichte und Dokumentationen.

23.5.4.1 Technische Zwischenbegehungen

Grundlage einer jeden Baubegleitenden Qualitätsüberwachung ist das systematische Feststellen der baulichen Zustände und eine qualitative Bewertung der Bausubstanz im Zuge technischer Zwischenbegehungen. Die Erkenntnisse daraus fließen direkt in die Berichterstattung ein. Auffälligkeiten und Abweichungen werden protokolliert und idealerweise umgehend an die Bauleitung weitergegeben. Dadurch werden die festgestellten Problempunkte nicht durch Folgearbeiten verdeckt, sondern können sofort behoben werden.

In diesem Zusammenhang hat sich der Einsatz von zentral geführten Mängellisten bewährt. Mittels projektbezogener Formblätter werden Auffälligkeiten von den einzelnen Bauleitern, der Projektleitung und dem Sachverständigen der Baubegleitenden Qualitätssicherung aufgenommen. Diese werden dann mit Angabe der Art, der Lage, der Zuständigkeit, des Erfassungsdatums und des Erfassers in eine fortlaufende Liste eingetragen. Hier wird auch das Datum der Beseitigung des Mangels nach Erledigung ergänzt und mit Fotoaufnahmen dokumentiert. Es besteht dann auch die Möglichkeit nach Abschluss des Projektes baustellenspezifische Gegebenheiten zu rekonstruieren.

Die Mängelliste wird über das ganze Projekt fortgeführt und dient der Projektleitung zur Übersicht der Arbeit der Bauleitung, dem Sachverständigen der BQÜ als Arbeitsmittel zur Erstattung der Berichte und dem Gesamtprojekt als Teil der Dokumentation.

Ein Formblatt zur Mängelerfassung kann beispielsweise folgendermaßen aussehen:

Bauvorhaben: Vordruck Mangelerfassung					
Mangelanzeige von:		Mangeldatum:			
Bauabschnitt:		Bau-Nr.:			

☐ keine Auffälligkeiten vorhanden

Nr.	Ebene	Raum	Gewerk	Beschreibung Mangel	Bildaufnahme

23.5.4.2 Hinweise zum Verhalten bei technischen Zwischenbegehungen

Als Sachverständiger innerhalb einer Baubegleitenden Qualitätsüberwachung sollte das Auftreten stets integer sein. Eine Selbstdarstellung in Form einer „privaten Baupolizei" ist nicht angebracht. Folgende Verhaltensregeln sollten eingehalten werden:

- Keine abfälligen Bemerkungen über die ausgeführte Qualität der vorgefundenen Arbeit.
- Keinesfalls technische Einzelmeinungen pauschal zu seinem eigenen Vortrag machen, z.B. „das Fabrikat xy ist die beste Abdichtungsbahn für Dächer."
- Keine Produkt- oder Fabrikatsempfehlungen aussprechen, die Neutralität sollte stets bewahrt werden.
- Keine direkten Anweisungen auf der Baustelle geben.
- Die Kommunikation sollte stets entsprechend dem im Projekthandbuch festgelegten Ablaufs erfolgen, damit keine Informationen verloren gehen.
- Technische Regeln sollten nicht einseitig für oder gegen eine Seite ausgelegt werden.

23.5.4.3 Arbeitshilfen

Das Erstellen von Arbeitshilfen, wie Kontrollblätter und Checklisten für die örtliche Bauleitung, ermöglicht, Qualitätsstandards bereits bei der Kontrolle der Arbeiten zu sichern.

Hier kann die Erfahrung des Sachverständigen kombiniert mit dem spezifischen Fachwissen der Projektbeteiligten, eine wesentliche Verbesserung der Qualität des Bauwerks erreichen.

Je Gewerk werden Formblätter erstellt, die neuralgische Punkte zur Kontrolle aufführen und die die Bauleitung im Zuge der täglichen Arbeit ergänzt.

Dadurch wird eine fachliche Vorbegehung vor der technischen Zwischenbegehung des Sachverständigen eingeführt und dokumentiert.

Das Teilziel der Fehlervermeidung und der Qualitätsverbesserung der ausführenden Firmen steht dabei im Vordergrund.

Diese Vorgehensweise empfiehlt sich vor allem bei schadensträchtigen Gewerken wie zum Beispiel bei Abdichtungs-, Flachdach- und Fassadenarbeiten oder bei Großbauvorhaben.

23. Baubegleitende Qualitätsüberwachung

Beispiel Kontrollblatt Wärmedämmverbundsystem

Qualitätssicherung - Kontrollblatt

Baufeld : B1 Bauteil / Nr. : Haus 12

Bauleiter : Max Muster

Gewerk : Wärmedämmverbundsystem

Nr.	Qualitätsprüfung	ja	nein	Ergebnis/Bemerkung
1	**WDVS Wandflächen**			
1.1	Liegt Produktnachweis vor?	Ja		Gemäß LV
1.2	Welche Dämmstoffdicke?			PS 12 cm
1.3	Fläche der Verklebung ausreichend?	Ja		Über 40% Sichtprüfung
1.4	Anzahl Verdübelung			6 Stück je qm gemessen
1.5	Putzstruktur/Kornstärke			2mm Kratzputz wie LV
1.6	Fugendichtband an allen Anschlussfugen	Ja		An Sparren und Fenster geprüft
1.7	Gewebeschutzwinkel an Ecken?	Ja		Montiert ok
1.8	Anputzleiste an Fenster?	Ja		Montiert ok
1.9	Farbe laut Bemusterungskatalog?	Ja		Blau
2	**WDVS Sockelflächen**			
2.1	Liegt Produktnachweis vor?	Ja		Gemäß LV
2.2	Welche Dämmstoffdicke?			10 cm
2.3	Fläche der Verklebung ausreichend?			Sichtprüfung ok
2.4	Mineral. Dichtungsschlämme / Höhe	Ja		Ganze Sockelhöhe
2.5	Putzstruktur/Kornstärke			Glatt laut LV
2.6	Gewebeschutzwinkel an Ecken?	Ja		Montiert ok
2.7	Farbe laut Bemusterungskatalog?	Ja		Grau
3	**Anstrich Holzflächen**			
3.1	Sichtprüfung Anstrich	Ja		Gleichmäßig
3.2	Farbe laut Bemusterungskatalog?	Ja		Grau
4	**Generell**			
4.1	Dämmplattenstöße ausgeschäumt?	Ja		Sehr viele!!!
4.2	Dämmplattenstöße verschliffen?	Ja		Sauber und eben
4.3	Dicke der Armierung			3mm laut System
4.4	Lage Armierungsgewebe?			Ok. Struktur noch sichtbar
4.5	Einbauteile	Ja		Für Jalousie, Vordach und Lampen

Datum: 08.08.2008 Unterschrift: Max Muster

23.5.4.4 Vorschlag von Sanierungsmaßnahmen

Im Zuge von Bauvorhaben kann es zu Situationen kommen, in denen an den Sachverständigen der Baubegleitenden Qualitätsüberwachung Vorschläge zu Sanierungsmaßnahmen herangetragen oder von ihm solche verlangt werden. Hier ist die konsequente Einhaltung des Auftrages aus haftungstechnischen Gründen angeraten, d.h. keine Sanierungsplanung erstellen, sondern den Projektbeteiligten Varianten und technische Möglichkeiten aufzeigen, die zu einer Lösung führen. Auch die Kostenanalyse einzelner Sanierungsvarianten sollte unter dem gleichen Aspekt des Haftungsrisikos formuliert werden.

23.5.4.5 Darstellung von Wertminderungen

Der Sachverständige innerhalb einer Baubegleitenden Qualitätsüberwachung sollte ebenfalls Wertminderungen begründen und berechnen können. Hierfür sind die in der Literatur bekannten Verfahren, wie zum Beispiel die Zielbaummethode nach Aurnhammer, zur Berechnung und Feststellung hilfreich. Dies geschieht jedoch meist innerhalb eines kürzeren schriftlichen Verfahrens.

Beispiel

Bei dem Bau eines Einfamilienwohnhauses wurden die Fliesen im Wohnzimmer mit Höhenversätzen verlegt, die außerhalb der zulässigen Toleranz liegen. Eine Beseitigung des Mangels ist nur durch vollständigen Ausbau und Neuherstellung des Fliesenbelags möglich. Die Überzähne stellen keine Beeinträchtigung der Verkehrssicherheit dar. Wie hoch ist die Wertminderung einzuschätzen, damit eine Einigung zwischen Bauherr und Bauträger erzielt werden kann?

23.5.4.6 Abnahmen

Hier ist zu unterscheiden zwischen der Begleitung des Bauherren oder des Auftragnehmers bei der rechtlichen Abnahme des Gebäudes gemäß VOB/B bzw. BGB, mit den entsprechenden vertrags- und haftungstechnischen Vorgaben, und der Abnahme als abschließende Begehung als Teil der Dokumentation.

Die Ausstellung eines Zertifikates als Abnahmebescheinigung dokumentiert in diesem Zusammenhang meist die durchgeführten Kontrollen und benennt als Fazit das Maß der erzielten Qualität.

23.5.5 Berichterstattung innerhalb der Baubegleitenden Qualitätsüberwachung

Die Berichte innerhalb einer Baubegleitenden Qualitätsüberwachung beinhalten als Basisinformation die Anzahl und Teilnehmer der technischen Zwischenbegehungen sowie deren Verlauf. Weiterhin enthalten sie die Auflistung der vorgefundenen Auffälligkeiten und Abweichungen. Ergänzt werden diese Berichte durch Vorschläge für weitere qualitätssichernde Maßnahmen und einer Zusammenfassung als Fazit für die kontrollierten Bereiche.

Für am Projekt beteiligte Nichttechniker bestehen durchaus Schwierigkeiten, diese Berichte richtig zu interpretieren. Denn oft lässt eine große Anzahl von Auffälligkeiten eine vermeintlich geringe vorliegende Qualität des Gebäudes vermuten. Deshalb ist es durchaus sinnvoll, auch die vorgefundenen Auffälligkeiten durch einfache Bewertungssysteme zu kommentieren.

23. Baubegleitende Qualitätsüberwachung

Berichte der Baubegleitenden Qualitätsüberwachung können wie folgt aufgebaut werden:

I. Deckblatt

Ein klar strukturiertes Deckblatt mit Benennung des Projekts, Auftraggeber und fortlaufender Protokollnummer erleichtert die spätere Projektdokumentation.

II. Auftraggeber und Aufgabenstellung

Die kurze Darstellung der Aufgabenstellung ist insbesondere für den Sachverständigen als Erstatter des Berichts wichtig. Denn es ist davon auszugehen, dass die Berichte bei strittigen Ergebnissen an Dritte wie Rechtsanwälte, Sachverständige oder Techniker von Herstellerfirmen weitergegeben werden um die Aussagen zu überprüfen.

III. Grundlagen des Berichts

Die Auflistung der von den Beteiligten übergebenen Unterlagen, wie Werk- und Detailpläne, Leistungsbeschreibungen oder technische Stellungnahmen Dritter, wie auch die verwendeten Messgeräte dokumentieren die Beurteilungsgrundlage.

Bei der Benennung der Ortsbesichtigungen mit Teilnehmer, Datum und Uhrzeit hat sich die Beschreibung der klimatischen Verhältnisse bewährt.

Auch die Darstellung der im Bericht gegenständlichen technischen Regelwerke erleichtert es Dritten die nachfolgenden Bewertungen zu überprüfen.

IV. Erkenntnisse der technischen Zwischenbegehungen

Nun folgt der Hauptteil des Berichts mit den eigentlichen Aussagen des Sachverständigen beginnend mit einer Beschreibung des Bautenstands, der Auflistung der Abweichungen und Auffälligkeiten, der Darstellung grundlegender Probleme, eine Fotodokumentation und ein Zusammenfassendes Fazit

Hier hat sich die Benutzung von markanten Symbolen, wie zum Beispiel eine Ampeldarstellung oder Plus-/Minuszeichen, zu Beginn der Auflistung der Abweichungen und Auffälligkeiten bewährt.

> **PRAXISTIPP**
>
> *Die Verwendung von markanten Zeichen, wie zum Beispiel Ampelsymbole, dient der schnellen Kurzinformation von Nichttechnikern innerhalb der Berichte.*

Beispiel Ampelsymbole

Ampeldarstellung GRÜN.
Die vorgefundenen Auffälligkeiten und Abweichungen haben keinen nachhaltigen Einfluss auf die Qualität des Gebäudes und können kurzfristig behoben werden. Die Arbeiten verlaufen planmäßig und es ist kein zusätzlicher Handlungsbedarf vorhanden.

23.5 Vorgehensweise – Abwicklung

Ampeldarstellung GELB.
Achtung es besteht Gefahr. Die vorgefundenen Auffälligkeiten stellen ein Problem dar, das die Qualität des Gebäudes mindern könnte. Es besteht zusätzlicher Handlungsbedarf, wie etwa Umplanung, Zusatzbeauftragung oder erhöhter Kontrollaufwand um das Problem beheben zu können.

Ampeldarstellung ROT
Stopp. Die Arbeiten können in dieser Form nicht weitergeführt werden. Die vorgefundenen Auffälligkeiten und Abweichungen führen direkt zu einer Minderung der Qualität des Gebäudes. Es besteht sofortiger Handlungsbedarf, wie zum Beispiel das notwendige Einstellen der Putzarbeiten bei zu kalter Witterung.

Zusätzlich zu der beschriebenen Ampeldarstellung kann jeder im Bericht aufgeführten Auffälligkeit eine Mangelkategorie oder -Klasse zugeordnet werden.

Diese dient ebenfalls der Bewertung der festgestellten Auffälligkeiten und zur Verdeutlichung der eventuellen Folgen einer Nichtbeseitigung.

Dabei soll keiner der vorgefundenen Mängel verharmlost werden, da jede Auffälligkeit oder Abweichung beseitigt werden muss.

Klassifizierung von Auffälligkeiten

Klasse	Art der Auffälligkeit oder Abweichung	Eigenschaft
I	Massiv	nur mit hohem Aufwand zu beseitigen. Beispiel: falsch verlegte Abdichtung.
II	Stark	mit durchschnittlichem Aufwand behebbar. Beispiel: Fehlstelle in Abdichtungsbahn.
III	Mäßig	führt zu kürzerer Lebensdauer oder erhöht die Instandhaltungskosten. Beispiel: zu breite dauerelastische Verfugung.
IV	Leicht	einfach zu behebende Mängel. Beispiel: Ausbesserung durch Maler, Richten von Dachziegeln.

23. Baubegleitende Qualitätsüberwachung

Klasse	Art der Auffälligkeit oder Abweichung	Eigenschaft
H	Hinweis	Auffälligkeit oder Abweichung die noch nicht als Mangel zu bezeichnen ist, jedoch durch den Planer, die Bauleitung, Fachplaner oder ausführende Firma zu überprüfen ist

Die Auflistung der Auffälligkeiten in Tabellenform besteht somit mindestens aus einer über alle Berichte fortlaufender Nummerierung, exakter Beschreibung der Abweichung und deren Klassifizierung:

Nr.	Auffälligkeiten	Klasse
42	Die Holzkonstruktion an der Stirnseite im Treppenhaus ist nicht vor Regen geschützt. Es wird empfohlen, den äußeren Fassadenbereich umgehend fertig zu stellen oder den Bereich abzudecken.	III
43	Im Erdgeschoss wird eine Innenraumtemperatur von 15,5 °C bei 63 % Luftfeuchte trotz laufender Heizung gemessen. Eine Verlegung von Parkett, Trockenbau- oder Malerarbeiten sind hier nicht möglich. Vor Beginn der Parkettlegearbeiten im Erdgeschoss sollten die fehlende Eingangsverglasung, sowie die Türen und Tore eingebaut sein, um zulässige klimatische Verhältnisse zu schaffen. Nach den Merkblättern des Industrieverbands Klebestoffe müssen 1 Woche vor Verlegebeginn folgende Werte vorherrschen: „… - *Lufttemperatur: mindestens 18 °C* - *Bodentemperatur: mindestens 15 °C* - *Bodentemperatur Fußbodenheizung: 18 bis 22 °C* - *relative Luftfeuchte: maximal 75 %, vorzugsweise maximal 65 %* …"	I

Die Fotodokumentation sollte auf die Nummerierung der Auffälligkeiten Bezug nehmen und das Problem kurz beschreiben.

Ein abschließendes Fazit fasst die Erkenntnisse zusammen und gibt weitere notwendige Schritte an um das geforderte Qualitätsniveau erreichen zu können.

Durch diese Elemente wird ein Bericht der Baubegleitenden Qualitätsüberwachung auch für am Projekt beteiligte Nichttechniker nachvollziehbar.

Nachfolgendes Ablaufschema stellt zusammenfassend die Vorgehensweise einer Baubegleitenden Qualitätsüberwachung dar:

23.5 Vorgehensweise – Abwicklung

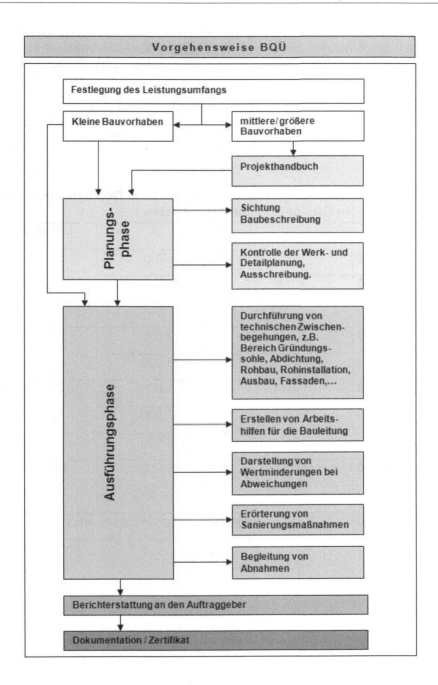

23.5.6 Vergütung

Bei kleineren Bauvorhaben ist die Abrechnung einer Baubegleitenden Qualitätsüberwachung nach Stundennachweis auf Grundlage ortsüblicher Stundenverrechnungssätze des Sachverständigen sinnvoll und gegenüber dem Auftraggeber am gerechtesten.

23. Baubegleitende Qualitätsüberwachung

Meistens wird jedoch die Vereinbarung einer zuvor festgelegten Pauschale oder Obergrenze seitens des Auftraggebers angestrebt. Bei dieser Kalkulation ist jedoch nicht nur die richtige Einschätzung des Aufwands für die Ortstermine und die Berichterstattung notwendig, sondern auch die der Nebenkosten, wie die Anzahl der Vervielfältigungen der Berichte, Fahrtzeiten und -aufwand oder der Zeitaufwand für Besprechungen mit der Projekt- und Bauleitung.

Als Richtwerte für eine eigene Kalkulation, die nur eine mögliche Bandbreite ohne Nebenkosten darstellen, kann folgende Tabelle als Empfehlung dienen:

Bausumme netto KGR 300-500	Vergütung für eine Baubegleitende Qualitätsüberwachung in Euro netto ohne Nebenkosten		
	von	bis	prozentual
300.000	4.500	6.000	1,5 – 2,0 %
400.000	6.000	8.000	
500.000	7.500	10.000	
800.000	8.000	12.000	1,0 – 1,5 %
1.000.000	10.000	15.000	
2.000.000	15.000	25.000	0,75 – 1,25 %
3.000.000	22.500	37.500	
5.000.000	37.500	62.500	
8.000.000	48.000	80.000	0,60 – 1,0 %
10.000.000	60.000	100.000	
20.000.000	projektabhängige Einzelkalkulation		

24. Die Dokumentationspflichten des Sachverständigen bei der Bauwerksabwicklung

Rolf Theißen

Übersicht

24.1	Einleitung
24.2	Tätigkeitsbereiche des Sachverständigen im Rahmen der Bauwerksabwicklung
24.2.1	Vorbereitende Maßnahmen: Protokoll über den Zustand des Baugeländes vor Baubeginn
24.2.2	Feststellung von Teilleistungen im Bauablauf
24.2.3	Baubegleitende Qualitätskontrollen
24.2.4	Prüfung und Qualitätskontrolle verwendeter Baustoffe
24.2.5	Feststellung baulicher Zustände und Bautenstände
24.2.6	Förmliche Abnahme von Bauleistungen
24.2.7	Aufmaß und Abrechnung von Bauleistungen
24.2.8	Mitwirkung im Vorfeld einer vorzeitigen Bauvertragsbeendigung
24.2.9	Tätigkeit als Schiedsgutachter, technischer Schiedsrichter und Mediator
24.3	Vertragliche und haftungsrechtliche Grundlagen
24.3.1	Sachverständigenauftrag als Werkvertrag
24.3.2	Dokumentation als Instrument der Haftungsvermeidung
24.3.3	Zusammenfassung
24.4	Dokumentationspflichten des Bausachverständigen im Einzelnen
24.4.1	Dokumentation des Auftragsumfangs
24.4.2	Quellenangaben
24.4.3	Dokumentation bei Ortsterminen
24.4.4	Gemeinsame Beauftragung mehrerer Sachverständiger, Hilfskräfte
24.4.5	Unterrichtung der Beteiligten, besondere Erklärungen

24.1 Einleitung

Die Komplexität des Baugeschehens macht die Mitwirkung von Sachverständigen zunehmend notwendiger. Es wird zu Recht darauf hingewiesen, dass in jedem Stadium eines Bauvorhabens die rechtlichen Möglichkeiten der Streitvermeidung, der Streitschlichtung und der Streitentscheidung wesentlich von dem Umfang und der Qualität der erstellten Dokumentation und der gesicherten Beweise abhängt (**Stollhoff**, Der rechtliche Rahmen von Beweissicherungen, in: Philipps u.a., Die vorsorgliche Beweissicherung im Bauwesen, S. 179). In der Regel geht es um die Feststellung und Dokumentation baulicher Zustände oder strittiger baulicher Beanstandungen. Allerdings ist das Spektrum der Einsatzmöglichkeiten eines Sachverständigen im Rahmen der Bauabwicklung weitaus breiter angelegt. Für den Sachverständigen bedeutet dies eine besondere Herausforderung, da von ihm erwartet wird, dass er den Baubeteiligten – oftmals Laien – nicht nur „Ergebnisse" mit-

24. Die Dokumentationspflichten des Sachverständigen bei der Bauwerksabwicklung

teilt, sondern seine Gedankengänge nachvollziehbar und überprüfbar darlegt und die entsprechenden Befundtatsachen dokumentiert.

Die nachfolgende Darstellung befasst sich mit den Dokumentationspflichten des Sachverständigen im Rahmen der Bauwerksabwicklung. In einem ersten Kapitel (nachfolgend Abschnitt 24.2) werden die typischen – außergerichtlichen – Tätigkeitsschwerpunkte des Sachverständigen im Rahmen der Bauwerksabwicklung dargestellt. In einem zweiten Schritt befassen wir uns mit den – oft haftungsrechtlichen – Folgen einer unzulänglichen Dokumentation (nachfolgend Abschnitt 24.3). Und schließlich werden die Dokumentationspflichten des Sachverständigen im Rahmen der Bauwerksabwicklung praxisnah dargestellt (nachfolgend Abschnitt 24.4).

24.2 Tätigkeitsbereiche des Sachverständigen im Rahmen der Bauwerksabwicklung

Die Dokumentation des Baugeschehens ist von hoher praktischer Bedeutung und bietet dem Sachverständigen ein vielfältiges Aufgabengebiet. Die wesentlichen Tätigkeitsschwerpunkte des Sachverständigen während der Bauwerksabwicklung lassen sich – checklistenartig – wie folgt beschreiben:

24.2.1 Vorbereitende Maßnahmen: Protokoll über den Zustand des Baugeländes vor Baubeginn

Gemäß § 3 Abs. 4 VOB/B sollen die Parteien bereits vor Baubeginn, soweit erforderlich, den Zustand der Straßen und Geländeoberfläche, der Vorfluter und Vorflutleitungen sowie der baulichen Anlagen im Baubereich in einer gemeinsamen Niederschrift festhalten.

Beispiel

Bei Abrissarbeiten, Erdarbeiten, Rammarbeiten etc. ist regelmäßig vor Baubeginn der Zustand der Nachbargebäude aufzunehmen.

Soweit die Vertragsparteien des Bauvertrages nicht selber über genügende Sachkunde verfügen, ist zu diesen Feststellungen regelmäßig ein Sachverständiger beizuziehen.

24.2.2 Feststellung von Teilleistungen im Bauablauf

Hierunter ist nicht die rechtsgeschäftliche Teilabnahme zu verstehen, sondern die sog. „technische Abnahme" gemäß § 4 Abs. 10 VOB/B. Danach ist auf Verlangen einer Vertragspartei gemeinsam vom Auftraggeber und Auftragnehmer der Zustand von Teilen der Leistung festzustellen, wenn diese Teile der Leistung durch die weitere Ausführung der Arbeiten der Prüfung und Feststellung entzogen werden. Auch hier ist das Ergebnis schriftlich niederzulegen. Zumindest bei komplexeren Vorhaben sollte die technische Abnahme unter Hinzuziehung eines Sachverständigen erfolgen.

24.2.3 Baubegleitende Qualitätskontrollen

Ein „klassischer" Aufgabenbereich des Bausachverständigen während der Bauabwicklung umfasst die frühzeitige Ermittlung und Dokumentation von Baumängeln und daraus resultierenden Schäden. Ziel einer solchen baubegleitenden Qualitätskontrolle ist es, Mängel während der Bauausführung zu entdecken und auf deren umgehende Beseitigung hinzuwirken. Soweit eine Beseitigung nicht erfolgt, muss sichergestellt sein, dass diese Mängel dokumentiert werden, und zwar gerade auch für den Fall, dass sie durch bauliche Veränderungen im Nachhinein nicht mehr ohne größere Eingriffe in die Substanz des Gebäudes erkennbar sein werden.

24.2.4 Prüfung und Qualitätskontrolle verwendeter Baustoffe

Eng verbunden mit der Feststellung von Bauausführungsmängeln ist die Überprüfung verwendeter Baustoffe. Nicht selten mag die Bauausführung als solche fehlerfrei sein, jedoch wurden untaugliche Baustoffe verwendet. Hier wird der Bausachverständige zudem Aussagen treffen müssen, ob die Baustoffe herstellerbedingt unzureichend sind, oder aber, ob diese aufgrund unzutreffender Einschätzungen der am Bau Beteiligten (Bauunternehmer, Planer, Bauherr) eingebracht wurden.

24.2.5 Feststellung baulicher Zustände und Bautenstände

Nicht selten besteht Uneinigkeit zwischen den Baubeteiligten über den Bautenstand. Insbesondere bei der vorzeitigen Beendigung (Kündigung, Aufhebung) eines Bauvertrages ist es notwendig, die Schnittstelle „Bautenstand" festzustellen, um die Abrechnungsgrundlagen nachvollziehbar zu ermitteln.

24.2.6 Förmliche Abnahme von Bauleistungen

Auch dies ist ein klassisches Arbeitsfeld des Bausachverständigen. Insbesondere bei der Erstellung von Abnahmeprotokollen werden häufig Bausachverständige herangezogen. Die Aufgaben des Sachverständigen umfassen hier u.a. die Mängelfeststellung, die Benennung von Mängelbeseitigungsmaßnahmen, die Vorgabe von Minderungsbeträgen, die Dokumentation von Restleistungen bis hin zu Aussagen betreffend die fristgerechte Fertigstellung der Gewerke.

24.2.7 Aufmaß und Abrechnung von Bauleistungen

Auch hier ergibt sich ein breites Spektrum für den Einsatz sachkundiger Privatgutachter. Neben der Überprüfung von Abschlags-, Teilschluss- und Schlussrechnungen der Bauunternehmer fällt hierunter natürlich auch die Überprüfung von Architekten- und Ingenieurrechnungen nach der HOAI.

24.2.8 Mitwirkung im Vorfeld einer vorzeitigen Bauvertragsbeendigung

Will der Auftraggeber einen Vertrag gemäß § 8 Abs. 3 VOB/B kündigen, so steht oftmals die Frage im Raum, ob die Voraussetzungen für eine außerordentliche Kündigung im Tatsächlichen vorliegen.

Beispiel

Im Vorfeld einer vorzeitigen Vertragsbeendigung gemäß § 4 Abs. 7 i.V.m. § 8 Abs. 3 VOB/B stellt sich die Frage, ob die Leistung des Auftragnehmers mangelhaft ist, so dass die Voraussetzungen eines außerordentlichen Kündigungsgrundes bejaht werden können.

24.2.9 Tätigkeit als Schiedsgutachter, technischer Schiedsrichter und Mediator

Eine typische Aufgabenstellung des Bausachverständigen im Rahmen der Baudurchführung ist schließlich – soweit im Bauwerksvertrag vorgesehen oder im Nachhinein zwischen den Vertragsparteien einvernehmlich vereinbart – die Tätigkeit als Schiedsgutachter und/oder technischer Schiedsrichter.

Natürlich kann ein Sachverständiger auch im Rahmen eines außergerichtlichen Mediationsverfahrens seine Kenntnisse streitschlichtend einbringen. Gerade der Mediation dürfte nach Einführung des Mediationsgesetzes (siehe hierzu: *Buschmann/Theißen*, Das neue Mediationsgesetz beim Planen und Bauen, München, 2012) auch im Baubereich eine größere Bedeutung zukommen, so dass sich ein interessantes Tätigkeitsfeld für den Bausachverständigen eröffnet. Die Dokumentationspflicht des Baumediators konzentriert sich hier insbesondere auf die Dokumentation der Einigung in einer Abschlussvereinbarung gemäß § 2 Abs. 6 MediationsG.

24.3 Vertragliche und haftungsrechtliche Grundlagen

24.3.1 Sachverständigenauftrag als Werkvertrag

Der Tätigkeit des Sachverständigen im Rahmen der Bauwerksabwicklung liegt in der Regel ein Werkvertrag zugrunde. Gemäß § 631 Abs. 2 BGB schuldet der Sachverständige demgemäß einen (hier durch Dienstleistung) herbeizuführenden Erfolg. Der „Erfolg" des sachverständigen Werkes liegt allerdings, wie bereits eingangs dargestellt, nicht allein darin, dem Auftraggeber „Ergebnisse" mitzuteilen. Vielmehr muss der Sachverständige es seinem Auftraggeber ermöglichen, die Gedankengänge nachzuvollziehen und zu überprüfen (vgl. im Einzelnen *Pastor* in: Werner/Pastor, Der Bauprozess, Rdn. 153).

Ein Werkerfolg stellt sich dann ein, wenn der Sachverständige

- zutreffend,
- nachvollziehbar und
- in seinen Ergebnissen nachprüfbar
- im Rahmen der ihm vorgegebenen Aufgabenstellung

Feststellungen trifft. Hierbei wird der Sachverständige in aller Regel die Befundtatsachen dokumentieren, so dass etwa eine spätere Verschlechterung der Beweislage vermieden wird.

24.3.2 Dokumentation als Instrument der Haftungsvermeidung

Aufgrund der werkvertraglichen Rechtsnatur haftet der Gutachter auch ohne Verschulden gemäß §§ 634 ff. BGB auf Nacherfüllung oder Vergütungsminderung, im Falle des Verschuldens auf Schadensersatz gemäß den §§ 280, 281 BGB. Feststellungen eines Sachverständigen sind regelmäßig dann fehlerhaft, wenn

- objektiv unrichtige Aussagen getroffen wurdenoder
- objektiv richtige Ergebnisse durch fehlerhafte Untersuchungen gewonnen wurden

oder

- die Feststellungen zwar objektiv richtig sein mögen, die Darstellung jedoch derart mangelhaft ist, dass aus ihr keine eindeutigen zweifelsfreien Aussagen getroffen werden können.

(*Schranner* in: Ingenstau/Korbion, VOB/A (alte Fassung), § 7, Rdn. 14).

Gerade der letztere Fall gründet nicht selten auf einer unzureichenden Dokumentation, so dass es Außenstehenden nicht mehr möglich ist, die Darstellung des Sachverständigen nachzuvollziehen.

Ein sehr instruktives Beispiel für eine Sachverständigenhaftung wegen unzureichender Dokumentation der Tatsachenermittlung bietet ein Urteil des Bundesgerichtshofs aus dem Jahre 1997 (BGH, Urteil vom 13.11.1997 – X ZR 144/94):

Gegenstand der Entscheidung war die Schadensersatzforderung gegen einen öffentlich bestellten und vereidigten Bausachverständigen wegen Erstattung eines fehlerhaften Gutachtens. Der Sachverständige hatte in seinem Gutachten u.a. den mittleren Beleihungswert eines Gebäudegrundstücks auf DM 1,4 Mio. geschätzt. Auf dieser Grundlage gewährte eine Bank dem Grundstückseigentümer ein Darlehen im Betrag von DM 1 Mio. gegen Einräumung entsprechender Hypotheken. Der Kredit wurde notleidend und das Grundstück versteigert. Im Rahmen des Zwangsversteigerungsverfahrens ergab sich, dass der Verkehrswert des Grundstücks bei lediglich DM 790.000,00 lag. Das Grundstück wurde schließlich für DM 653.000,00 versteigert. Die Klägerin verlangte nunmehr den Differenzbetrag von dem Sachverständigen. Im gerichtlichen Verfahren stellte sich heraus, dass der Sachverständige Angaben zur Werthaltigkeit des Grundstücks (u.a. zu den Mieterträgen) unmittelbar von dem Grundstückseigentümer erhalten und diese sodann seinem Gutachten

24. Die Dokumentationspflichten des Sachverständigen bei der Bauwerksabwicklung

ungeprüft zugrunde gelegt hatte. Der Sachverständige hatte es allerdings unterlassen, in seinem Gutachten die Quelle für dieses Tatsachenmaterial zu benennen. Für einen außenstehenden Dritten musste so der – unrichtige – Eindruck entstehen, dass der Sachverständige das Tatsachenmaterial zusammengestellt und überprüft hatte. Vor diesem Hintergrund hat der Bundesgerichtshof eine Haftung dem Grunde nach angenommen und zur Begründung Folgendes rechtsgrundsätzlich ausgeführt:

„*Verwendet der Sachverständige im Gutachten Tatsachenmaterial, dass er nicht oder nur teilweise selbst ermittelt oder nicht oder nur teilweise geprüft hat, muss er dies mit Angabe der Quelle im Gutachten jedenfalls dann eindeutig vermerken, wenn er – wie im vorliegenden Fall – weiß oder wissen muss, dass das Gutachten auch als Entscheidungshilfe für andere als dem Auftraggeber dienen soll. Fehlt eine solche Angabe, entsteht beim Leser der Irrtum, der Sachverständige habe den Befund selbst erhoben. Der (Sachverständige) hat die ihm mitgeteilten Mieterträge seinem Gutachten ohne jeden Vorbehalt zugrunde gelegt. Damit hat er bei jedem, der das Gutachten auswertete, den Eindruck hervorgerufen, dass es auf von ihm selbst geprüften Zahlen beruhe und dass er die Gewähr für die von ihm zugrunde gelegten Mieterträge übernehme. Dies begründet seine Haftung.*"

Das vorstehend beschriebene Urteil des Bundesgerichtshofs ist noch vor einem anderen haftungsrechtlichen Hintergrund interessant:

Gerade im Werkvertragsrecht, dem die Sachverständigentätigkeit unterliegt, tritt nicht selten der Fall auf, dass Schadensersatzansprüche nicht (nur) von dem Auftraggeber des Sachverständigen geltend gemacht werden, sondern auch von Dritten. Im vorstehend geschilderten Fall war dies die kreditgebende Bank. Man spricht in diesen Fällen von einem „Vertrag mit Schutzwirkung zugunsten Dritter". Eine solche Konstellation wird allgemein dann angenommen, wenn nach Sinn und Zweck des Vertrages – hier des Sachverständigenwerkvertrages – der Auftraggeber einen Dritten in die dem Sachverständigen obliegenden Schutzpflichten einbeziehen wollte und wenn dies dem Sachverständigen erkennbar oder gar bekannt war. Dies bedeutet, dass der Sachverständige bei der Dokumentation der Befundtatsachen und deren Quellen stets nicht nur seinen Auftraggeber als Adressaten im Blick haben muss, sondern auch Dritte; jedenfalls dann, wenn er weiß oder wissen muss, dass seine Feststellungen als Entscheidungshilfe für diese dienen sollen. So ist etwa in der Rechtsprechung anerkannt, dass unter die Schutzwirkung eines privat beauftragten Sachverständigengutachtens auch Kreditgeber und Kapitalanleger (BGH, Urt. vom 20.4.2004, BauR 2005 S. 122) sowie auch Bürgen (BGH, Urt. vom 13.11.1997, BauR 1998 S. 189) fallen.

24.3.3 Zusammenfassung

Die Tätigkeit des Sachverständigen während der Baudurchführung ist in der Regel werkvertraglicher Natur. Er schuldet einen Werkerfolg, nämlich zutreffende, nachvollziehbare und in ihren Ergebnissen nachprüfbare Feststellungen. Zur Begründung eines Honoraranspruchs des Sachverständigen und auch – insbesondere – zur Haftungsvermeidung ist dem Sachverständigen dringend anzuraten, nicht nur die Ergebnisse seiner Feststellungen, sondern auch die Tatsachenermittlung (etwa auch durch Angabe der Quellen) für den Auftraggeber, aber auch für Dritte nachvollziehbar zu dokumentieren.

24.4 Dokumentationspflichten des Bausachverständigen im Einzelnen

Der Sachverständige wird in jedem Einzelfall zu entscheiden haben, wie umfangreich er seine Dokumentation anlegt. Im Zweifel ist – aus Vorsichtsgründen – ein „Mehr" an Niederschriften und Aufzeichnungen zu empfehlen. Dies gilt insbesondere in „gefahrgeneigten" Situationen, wie etwa:

- Durch den weiteren Bauverlauf werden die sachverständig festzustellenden Tatsachen der Überprüfung entzogen.

Beispiel

Technische Abnahmen gemäß § 4 Abs. 10 VOB/B.

- Es ist erkennbar, dass die sachverständige Feststellung auch Dritten als Entscheidungsgrundlage dienen soll.

Beispiel

Die Feststellung eines Bautenstandes, auf dessen Grundlage die finanzierende Bank Zahlungen an das Bauunternehmen leistet.

Die nachfolgende Darstellung beschränkt sich auf die *typischen Dokumentationspflichten*, deren Beachtung dem Sachverständigen regelmäßig zu empfehlen ist. Dieser Katalog ist beispielhaft und an den konkreten Einzelfall anzupassen.

24.4.1 Dokumentation des Auftragsumfangs

Zu Beginn seiner Tätigkeit hat der Bausachverständige die von ihm abgefragte Leistung zu dokumentieren. Es müssen zumindest festgehalten werden:

- Name und Anschrift des Auftraggebers,
- Name und Anschrift ggf. weiterer Beteiligter,
- Datum der Auftragserteilung,
- Gegenstand des Auftrags.

PRAXISTIPP

Mündlich erteilte Aufträge sollten stets schriftlich bestätigt werden. Bei Unklarheiten über den Auftragsumfang oder Auftragsinhalt hat stets eine schriftliche Rückfrage zu erfolgen. Diese Aufzeichnungen sind Teil der Dokumentation.

24. Die Dokumentationspflichten des Sachverständigen bei der Bauwerksabwicklung

> **PRAXISTIPP**
>
> *Es sollten möglichst auch die Vornamen der Beteiligten aufgenommen werden. Dies dient zum einen der Bestimmtheit; zum anderen wird möglicherweise ein Beteiligter als Zeuge auftreten müssen, dessen Benennung mit Vor- und Familiennamen zu erfolgen hat.*

24.4.2 Quellenangaben

Der Sachverständige hat für die seinen Feststellungen zugrunde liegenden Tatsachen (Anknüpfungs- oder Befundtatsachen) stets die Quellen anzugeben. Dies gilt nicht nur für Feststellungen aufgrund von Ortsbesichtigungen oder von Objektuntersuchungen, sondern auch für Ermittlungen während seiner vorbereitenden Tätigkeiten.

Beispiel

Der Sachverständige übernimmt die Ergebnisse eines Materialprüfungsamtes oder eines Drittgutachtens. In diesem Fall muss er die Quelle benennen. Es darf nicht der Irrtum entstehen, der Bausachverständige habe den Befund selbst erhoben.

24.4.3 Dokumentation bei Ortsterminen

Findet ein Ortstermin statt, so hat der Sachverständige hierüber ein Protokoll zu fertigen. Es sind die Namen der Beteiligten (Vor- und Zunamen) festzuhalten, ferner Ort und Datum der Ortsbesichtigung sowie – mit großer Sorgfalt – die Feststellung der Befundtatsachen. Werden von den Beteiligten Unterlagen eingereicht, so ist festzuhalten, welcher Beteiligte welche Unterlagen übergeben hat (Quellenangaben, siehe zuvor Abschnitt 24.4.2). Die Feststellung der Befundtatsachen erfolgt in Textform sowie durch Foto- oder Videoaufnahmen.

> **PRAXISTIPP**
>
> *Auch bei umfangreichen Terminen sollten die Feststellungen vollständig, übersichtlich und chronologisch geordnet sein. Neben der herkömmlichen Schrift- oder Textform ist es auch zulässig, die Dokumentation in elektronischer Form vorzuhalten. Allerdings ist sicherzustellen, dass die zu dokumentierenden Daten in allgemein lesbarer Form zur Verfügung stehen. In der Regel wird man also (auch) ein Papierexemplar der Dokumentation vorhalten.*

Nimmt der Sachverständige während der Ortsbesichtigung Fremdarbeiten (etwa zur Bauteiluntersuchung oder zur Entnahme von Baustoffen) in Anspruch, so ist auch dies zu dokumentieren.

> **PRAXISTIPP**
>
> *Bei Probeentnahmen ist festzuhalten, an welchem Ort die Proben gelagert werden. Ferner ist festzuhalten, dass eine sichere Lagerung gewährleistet ist. Es ist äußerst problematisch, wenn nach umfänglichen Baustoffentnahmen zu einem späteren Zeitpunkt – etwa bei einer gerichtlichen Auseinandersetzung – die entnommenen Baustoffe nochmals der Prüfung unterzogen werden sollen, jedoch nicht mehr auffindbar sind.*

24.4.4 Gemeinsame Beauftragung mehrerer Sachverständiger, Hilfskräfte

Nicht selten werden – etwa bei komplexen Schadensbildern – Sachverständige aus verschiedenen Bereichen beauftragt. In einem solchen Fall müssen die Bausachverständigen zweifelsfrei dokumentieren, welche Sachverständige für welche Bereiche verantwortlich zeichnen.

Bedient sich der Sachverständige bei seiner Tätigkeit der Unterstützung durch Hilfskräfte, so hat er auch dies zu dokumentieren. Soweit der Sachverständige Hilfskräfte über bloße Vorbereitungsarbeiten hinaus einsetzt, ist festzuhalten, dass und wann der Auftraggeber dem zugestimmt hat.

> **PRAXISTIPP**
>
> *Bei außergerichtlichen Leistungen darf der Sachverständige Hilfskräfte auch über Vorbereitungsarbeiten hinaus einsetzen.*

24.4.5 Unterrichtung der Beteiligten, besondere Erklärungen

Es ist stets zu dokumentieren, dass und wann die Beteiligten etwa über die beabsichtigte Durchführung eines Ortstermins unterrichtet wurden.

> **PRAXISTIPP**
>
> *Auch wenn eine bestimmte Benachrichtigungsform nicht vorgeschrieben ist, so sollte gerade zum Zwecke der Dokumentation die Schriftform gewahrt werden. Bei Telefonaten ist ein Aktenvermerk mit Tag und Stunde sowie eine kurze Inhaltsangabe niederzulegen. Dem Telefonat vorzuziehen ist stets die schriftliche Benachrichtigung.*

Bedarf es besonderer Erklärungen – etwa Einverständniserklärungen –, so sind diese zu dokumentieren.

24. Die Dokumentationspflichten des Sachverständigen bei der Bauwerksabwicklung

Beispiel

- Zustimmung des Auftraggebers, dass Hilfskräfte über Vorbereitungsarbeiten hinaus eingesetzt werden;
- Zustimmung des Grundstückseigentümers, dass im Rahmen von Bauteiluntersuchungen Substanzeingriffe vorgenommen werden;
- Einverständnis eines Baubeteiligten, dass die von der Gegenpartei übermittelten Urkunden oder sonstige Beweisstücke (Proben etc.) vom Sachverständigen verwertet werden.

25. Die technische Ausstattung von Gebäuden im Blickwinkel des Bausachverständigen

Stefan Wirth, Oliver Wirth

Übersicht

25.1	Bedeutung der Technischen Gebäudeausrüstung
25.2	Anlagen der Technischen Gebäudeausrüstung
25.2.1	Heizungstechnik
25.2.1.1	Einführung
25.2.1.2	Wärmeerzeugung
25.2.1.3	Wärmeverteilung
25.2.1.4	Raumheizeinrichtungen
25.2.1.5	Regelung der Heizungsanlage
25.2.1.6	Heizkostenabrechnung
25.2.2	Lüftungs- und Klimatechnik
25.2.2.1	Einführung
25.2.2.2	Maschinelle Wohnungslüftung
25.2.2.3	Klimatisierung von Wohngebäuden
25.2.2.4	Lüftung von Sonderbauten
25.2.2.5	Klimatisierung von Sonderbauten
25.2.3	Sanitärtechnik
25.2.3.1	Einführung
25.2.3.2	Trinkwasserinstallationsanlagen
25.2.3.3	Abwasserinstallationsanlagen
25.2.3.4	Gasinstallationsanlagen
25.2.4	Elektroinstallationen
25.2.4.1	Einführung
25.2.4.2	Niederspannungs-Elektroinstallationen
25.2.5	Gebäudeleittechnik
25.3	Prüfung gebäudetechnischer Anlagen durch einen Bausachverständigen
25.3.1	Einführung
25.3.2	Sanitärtechnik
25.3.2.1	Abwasserinstallationen
25.3.2.2	Trinkwasserinstallationen
25.3.3	Heizungstechnik
25.4	Wichtige Technische Regeln, Richtlinien, Gesetze und Verordnungen
25.4.1	Wichtige Technische Regeln und Richtlinien
25.4.2	Gesetze und Verordnungen

25. Die technische Ausstattung von Gebäuden

25.1 Bedeutung der Technischen Gebäudeausrüstung

Zur technischen Ausstattung von Gebäuden gehören die Gewerke Heizungs-, Lüftungs-, Klima-, Sanitär- und Elektrotechnik. Diese Gewerke werden in ihrer Gesamtheit als Technische Gebäudeausrüstung bezeichnet. Der Kostenanteil der technischen Gebäudeausrüstung an den Baukosten beträgt zwischen 25 % (Wohnbauten) und 60 % (Krankenhäuser, Laborgebäude). In jüngerer Zeit hat durch die Verbreitung von Wärmepumpen, Wohnungslüftungsanlagen, Bussystemen und auch zentralen Staubsauganlagen der Technikkostenanteil von Wohngebäuden (insbesondere von höherwertigen Einfamilienhäusern) deutlich zugenommen. Damit kommt den Anlagen der technischen Gebäudeausrüstung eine große Bedeutung bei der Errichtung von Gebäuden zu. Die deutliche Verbesserung der Wärmedämmung der Gebäudehülle und der Luftdichtheit von Gebäuden hat also nicht eine Verringerung der Technikkosten, sondern eine Erhöhung der Technikkosten bewirkt. Wegen der großen Bedeutung der technischen Gebäudeausrüstung bei der Errichtung eines Gebäudes sind für einen Bausachverständigen grundlegende Kenntnisse über Komponenten und Funktionen von Anlagen der technischen Gebäudeausrüstung wichtig. Hierbei wird das Wissen eines Bausachverständigen nicht über grundlegende Kenntnisse hinausreichen. Details sind Sondersachverständigen vorbehalten, die alleine schon aufgrund ihrer Ausbildung als Maschinenbau- oder Elektrotechnikingenieure einem Bausachverständigen auf ihren Sonderfachgebieten überlegen sein werden.

Entsprechend den vorstehend erläuterten Anforderungen an die Kenntnisse eines Bausachverständigen werden nachfolgend zuerst die grundlegenden Funktionen der technischen Gebäudeausrüstung erläutert. Diese Erläuterungen können nicht vollständig sein. Für die Detailprobleme wird auf weitergehende Literatur verwiesen, die sich für die Beurteilung von Schäden und Mängeln als praktikabel erwiesen hat. Danach werden in einem weiteren Abschnitt die wesentlichen Mängel und Schäden aus dem Bereich der technischen Gebäudeausrüstung erläutert, die von einem Bausachverständigen auch bewertet werden können.

> **PRAXISTIPP**
>
> *Die Bewertung gebäudetechnischer Mangelbehauptungen durch einen Bausachverständigen wird sich auf Funktionsprüfungen beschränken. So kann von einem Bausachverständigen z.B. eine Temperaturmessung als Grundlage für die Bewertung einer ausreichenden Beheizbarkeit verlangt bzw. durchgeführt werden. Eine weitergehende Stellungnahme zur Ursache einer möglichen Funktionsstörung bleibt dann dem Sondersachverständigen vorbehalten. Die Aufgabe des Bausachverständigen besteht also bei Mängelbehauptungen zur technischen Gebäudeausrüstung in einer ersten Funktionsprüfung als Grundlage zur Entscheidung über die Beauftragung eines weiteren Sondersachverständigen.*

25.2 Anlagen der Technischen Gebäudeausrüstung

25.2.1 Heizungstechnik

25.2.1.1 Einführung

Heizungsanlagen werden zur Gebäudebeheizung, zur Trinkwassererwärmung und zur Bereitstellung von Prozesswärme (z.B. in Klimaanlagen und für Produktionsprozesse) benötigt. Hierbei hat sich in Deutschland die Zentralheizung mit Wasser als Wärmeträger und einem zentral im Gebäude angeordneten Wärmeerzeuger (Warmwasser-Zentralheizung) durchgesetzt. Die Wärmeerzeugung erfolgt über gas- oder ölbefeuerte Heizkessel, Festbrennstoffkessel (Scheitholz, Späne oder Pellets), Wärmepumpen und Solaranlagen (Bild 1). In Gebäuden mit geringem Primärenergiebedarf, wie z.B. Passivhäuser werden häufig auch Luftheizanlagen anstelle einer Warmwasser-Zentralheizung eingesetzt. Andere früher häufig gebräuchliche Heizungssysteme (Speicherheizgeräte, elektrische Zentralspeicher oder elektrische Fußbodenheizung) gelangen heute fast nicht mehr zur Ausführung.

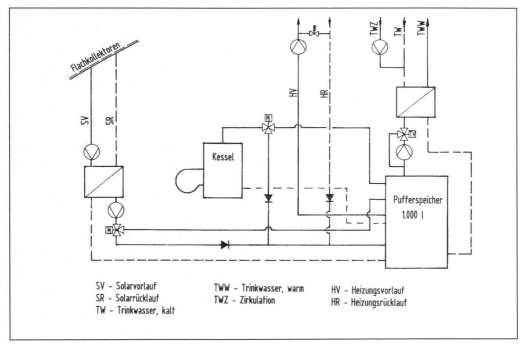

Bild 1: Gebäudebeheizung mit einem Heizkessel und einer Solaranlage

25.2.1.2 Wärmeerzeugung

In Heizkesseln wird ein organischer Wärmeträger (Erdgas, Flüssiggas, Heizöl, Scheitholz oder Holzpellets) verbrannt. Die hierbei entstehende Wärme wird auf den Wärmeträger der Heizungsanlage, im Regelfall das Heizwasser, übertragen. Bei gas- und ölbefeuerten Heizkesseln stellt heute die Brennwerttechnik den technischen Standard dar. Neuerdings werden sogar Pelletkessel mit Brennwerttechnik angeboten. Unter der Brennwerttechnik wird das Abkühlen des Abgases unter die Taupunkttemperatur des Wasserdampfs mit dem Ziel einer Kondensation des in den Abgasen enthaltenen Wasserdampfs verstanden. Die hierbei freiwerdende Kondensationswärme führt zu einer Erhöhung des Nutzungsgrads des Heizkessels um 5 bis 10 Prozentpunkte. Aufgrund des Kondensatanfalls benötigen Brennwertkessel einen Abwasseranschluss. Außerdem muss die Kesselkonstruktion und die Abgasleitung wegen der bestimmungsgemäßen Kondensation des Wasserdampfs korrosionsbeständig ausgeführt werden. Die Abgasableitung in Brennwertkesseln erfolgt in der Regel mit Überdruck durch einen Ventilator, da aufgrund der Abkühlung des Abgases unter die Taupunkttemperatur des Wasserdampfs (ca. 30 bis 50 °C) kein treibendes Temperaturgefälle für einen natürlichen Schornsteinzug zur Verfügung steht.

In ländlichen Gebieten werden gas- und ölbefeuerte Wärmeerzeuger wegen des günstig, bzw. kostenlos zur Verfügung stehenden Holzes als Brennstoff oft mit Feststofffeuerungen kombiniert. Ein alleiniger Betrieb ist nur mit Holzpellets möglich. Scheitholzkessel erfordern eine aufwendige und zeitraubende Wartung sowie eine ständige Betriebsüberwachung.

Moderne Wärmeerzeuger für Wohngebäude weisen eine kompakte Konstruktion auf, so dass für Ein- und kleinere Mehrfamilienhäuser der Wärmeerzeuger keine eigene Heizzentrale mehr benötigt, sondern in der Küche, im Hauswirtschaftsraum oder im Hausanschlussraum zur Aufstellung gelangen kann. Bei größeren Gebäuden (ab ca. vier Wohneinheiten) ist es weiterhin erforderlich, dass der Wärmeerzeuger zusammen mit den zentralen Installationen anderer technischer Gewerke in einer Technikzentrale angeordnet wird.

25.2.1.3 Wärmeverteilung

Von der Technikzentrale aus werden die Raumheizeinrichtungen mit Rohrleitungen verbunden. Hierbei unterscheidet man grundsätzlich zwischen Einrohr- und Zweirohrheizungen. Bei der Einrohrheizung werden die einzelnen Heizkörper über eine Ringleitung miteinander verbunden. Die Ringleitungen, die sich lediglich auf eine Wohneinheit oder auf ein Geschoss beschränken, werden als waagerechte Einrohrheizungen bezeichnet. In den neuen Bundesländern findet man häufig noch senkrechte Einrohrheizungen, bei der übereinander liegende Heizkörper an eine Ringleitung angeschlossen sind.

Im Gegensatz zur Einrohrheizung werden bei der Zweirohrheizung zu jedem Heizkörper nicht eine Rohrleitung, sondern zwei Rohrleitungen, die Vorlauf- und die Rücklaufleitung, verlegt. Der Zweirohrheizung ist aus technischen Gründen der Vorzug gegenüber der Einrohrheizung zu geben, weil zum einen störende Strömungsgeräusche vermieden werden können. Zum anderen ist keine ständig durchströmte Ringleitung gegeben, deren Wärmeabgabe unkontrolliert erfolgt. Gerade in gut gedämmten Gebäuden kann die unkontrollierte Wärmeabgabe der Ringleitung zu einer Überwärmung von Räumen und zu Problemen bei der Heizkostenabrechnung führen.

Heizungsleitungen müssen gedämmt werden. Hierzu finden sich verbindliche Vorgaben in der Energieeinsparverordnung zum Energieeinspargesetz (s. Tabelle 2).

25.2.1.4 Raumheizeinrichtungen

Bei den Raumheizeinrichtungen wird zwischen Heizkörpern und Flächenheizungen unterschieden. Im Wohnungsbau werden als Heizkörper fast ausschließlich noch Kompaktheizkörper mit integrierten thermostatischen Heizkörperventilen eingesetzt. Bei gehobener Ausstattung oder in Sonderbauten (Bürogebäude, Krankenhäuser, Schulen) verwendet man noch Stahlröhrenradiatoren oder Plattenheizkörper. Im Badezimmer gelangen auch Handtuchwärmer zum Einsatz. Durch die Ausrüstung mit einer elektrischen Heizpatrone ist eine Nutzung des Handtuchwärmers im Sommer unabhängig vom Betrieb der Heizungsanlagen möglich. Zur Senkung der Betriebskosten und zur Erhöhung des Komforts sind die Heizkörper vor, neben oder unterhalb der Fenster anzuordnen, da hierdurch eine gleichmäßige Raumbeheizung gewährleistet wird (Bilder 2 und 3). Der Vorteil einer gleichmäßigen Raumbeheizung besteht in einem größeren Komfort und geringere Energiekosten (2-5%).

Eine Alternative zu Heizkörpern bieten Flächenheizungen, bei denen Bauteile als Heizflächen verwendet werden. Das am weitesten verbreitete System der Flächenheizung stellt die Fußbodenheizung dar. Mit der zunehmenden Verbreitung der Wärmepumpen erlebt die Fußbodenheizung derzeit eine Renaissance, weil die Fußbodenheizung wegen ihrer niedrigen Betriebstemperaturen eine ideale Ergänzung einer Wärmepumpe im Hinblick auf die Erzielung niedriger Jahresarbeitszahlen darstellt. Ohne Flächenheizung sind die Heizkörper auf ähnlich niedrige Vorlauftemperaturen zu dimensionieren, um eine Wirtschaftlichkeit der Wärmepumpe ermöglichen zu können. Dies ist derzeit nur mit Gebläsekonvektoren möglich.

Je nach Art der Estrichverlegung wird zwischen Nass- und Trockensystemen unterschieden. Die Fußbodenoberflächentemperatur ist in Daueraufenthaltsräumen auf 29 °C, in Bädern auf 33 °C und in der Randzone von Daueraufenthaltsräumen auf 35 °C zu begrenzen. Höhere Oberflächentemperaturen stellen einen Mangel dar. In repräsentativen Räumen mit raumhohen Verglasungen und in Glasvorbauten können sich bei der ausschließlichen Installation einer Fußbodenheizung Zugerscheinungen einstellen. Als Abhilfemaßnahmen sind entweder Verglasungen mit einer sehr niedrigen Wärmedurchgangszahl zu verwenden, wie dies typisch für Passivhäuser ist, oder es sind vor den Glasflächen Heizkörper zu installieren. Wegen der Einzelraumregelung können die Fußbodenoberflächentemperaturen einzelner Räume voneinander abweichen. Aus diesem Grund müssen im Bereich der Innentüren zwingend Dehnfugen vorgesehen werden. Ohne korrekt ausgebildete Dehnfugen treten Risse in der Fußbodenkonstruktion auf.

25. Die technische Ausstattung von Gebäuden

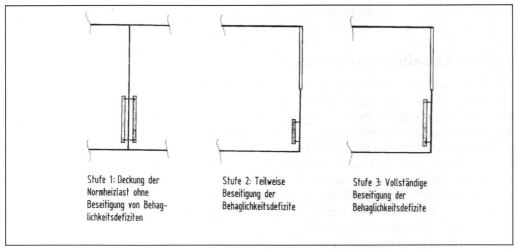

Bild 2: Unterschiedliche Komfortstufen in Abhängigkeit der Heizkörperanordnung nach VDI 6030

Stufe 1: Deckung der Normheizlast ohne Beseitigung von Behaglichkeitsdefiziten

Stufe 2: Teilweise Beseitigung der Behaglichkeitsdefizite

Stufe 3: Vollständige Beseitigung der Behaglichkeitsdefizite

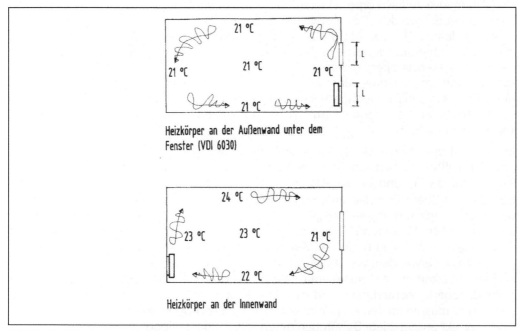

Bild 3: Gefälle der Raumlufttemperatur in Abhängigkeit der Heizkörperanordnung

25.2.1.5 Regelung der Heizungsanlage

Die Energieeinsparverordnung fordert für Warmwasser-Zentralheizungen eine außentemperaturgeführte Kesselwasserregelung. Hierzu wird auf der Gebäudenordseite ein Temperaturfühler zur Registrierung der Außentemperatur installiert. Die Betriebstemperatur des Wärmeerzeugers wird in Abhängigkeit der Außentemperatur auf einen bestimmten Wert konstant geregelt. Der Zusammenhang zwischen der Außentemperatur und der Betriebstemperatur wird durch Heizkurven angegeben. Entsprechend der gewählten Heizkurve wird die Kesselwassertemperatur bei niedrigen Außentemperaturen mit hohen Sollwerten und bei hohen Außentemperaturen mit niedrigen Sollwerten vorgegeben. Bei größeren Gebäuden wird die Heizungsanlage in mehrere Regelgruppen (Gebäudenordseite und Gebäudesüdseite) aufgeteilt. Neben der Kesselwassertemperaturregelung wird die Vorlauftemperatur jedes Regelkreises über ein elektromotorisch angesteuertes Ventil geregelt. Für unterschiedliche Raumheizeinrichtungen (Heizkörper, Fußbodenheizung, Lüftungsanlage) werden wegen der voneinander abweichenden Systemtemperaturen ebenfalls eigene Regelgruppen erforderlich.

Eine nach der Energieeinsparverordnung zulässige Alternative zur außentemperaturgeführten Vorlauftemperaturregelung stellt insbesondere bei Etagenheizungen die raumtemperaturgeführte Vorlauftemperaturregelung dar. Hierzu wird in einem Führungsraum, üblicherweise handelt es sich dabei um das Wohnzimmer, ein Raumthermostat und ein Regler installiert. Durch den Raumtemperaturregler wird die Vorlauftemperatur derart beeinflusst, dass die Solltemperatur im Führungsraum gerade eingehalten wird. Die Raumtemperaturregelung in den übrigen Räumen erfolgt über thermostatische Heizkörperventile.

Die Energieeinsparverordnung verlangt neben der Regelung des Wärmeerzeugers auch eine Einzelraumregelung. Bei Heizkörpern haben sich für diese Aufgabe thermostatische Heizkörperventile durchgesetzt. Für Flächenheizungen werden als Raumtemperaturregler sog. Thermoventile verwendet. Hierunter werden Regler mit elektrothermischem Ventilantrieb verstanden.

25.2.1.6 Heizkostenabrechnung

Die Verordnung über verbrauchsabhängige Abrechnung der Heiz- und Warmwasserkosten zum Energieeinsparungsgesetz fordert für zentrale Heizungsanlagen und zentrale Trinkwassererwärmer die Erfassung des anteiligen Verbrauchs einzelner Nutzer. Hierdurch soll der einzelne Nutzer zur Energieeinsparung angeregt werden. Die Betriebskosten der Heizungsanlagen und der Trinkwassererwärmer sind zu mindestens 50 % und zu höchstens 70 % nach dem erfassten Verbrauch abzurechnen. Die verbleibenden Kosten sind nach der Wohn- oder Nutzfläche zu verteilen.

Bei den Messgeräten zur Heizkostenabrechnung wird zwischen den direkten und indirekten Messverfahren unterschieden. Als direktes Messverfahren hat sich bei Warmwasser-Zentralheizungen die Wärmemengenmessung durchgesetzt. Hierbei wird der Wasservolumenstrom und die Enthalpiedifferenz zwischen der Vorlauf- und der Rücklaufleitung mit einem Wärmemengenzähler (WMZ) gemessen. Der Wärmeverbrauch wird im Rechenwerk des WMZ als Produkt aus dem Wasservolumenstrom und der Enthalpiedifferenz zwischen der Vorlauf- und der Rücklaufleitung berechnet.

Im Gegensatz zum direkten Messverfahren wird bei den indirekten Messverfahren nicht die Wärmemenge, sondern eine Hilfsgröße gemessen, die einen Rückschluss auf den Verbrauch der Wärmemenge erlaubt. Das am weitesten verbreitete indirekte Messverfahren stellt der Heizkostenverteiler nach dem Verdunstungsprinzip dar (HKVV). Die HKVV bestehen aus einem Kunststoffgehäuse mit einem Messröhrchen im Inneren, welches eine Spezialflüssigkeit mit hohem Siedepunkt enthält. Das Kunststoffgehäuse wird unmittelbar auf den Heizkörpern befestigt. Die im Laufe einer Heizperiode aus dem Messröhrchen verdunstete Menge an Spezialflüssigkeit wird an einer Strichskala abgelesen und als Anhaltswert für die während einer Heizperiode von einem Heizkörper abgegebene Wärmemenge verwendet. Die in einer Nutzeinheit verbrauchte Wärme berechnet sich als Quotient aus der Summe der Skalenteile der HKVV innerhalb der Nutzeinheit zur Summe der Skalenteile aller HKVV innerhalb eines Gebäudes. Wegen der mit der Verwendung der HKVV verbundenen Nachteile (Ungenauigkeit und Kaltverdunstung) haben sich mittlerweile auch elektronische Heizkostenverteiler (EHKV) durchgesetzt. Einfache EHKV registrieren nur die Oberflächentemperaturen eines Heizkörpers. Komfortablere Geräte messen zusätzlich zur Oberflächentemperatur auch die Raumlufttemperatur oder die Vorlauf- und die Rücklauftemperatur.

25.2.2 Lüftungs- und Klimatechnik

25.2.2.1 Einführung

Die meisten Daueraufenthaltsräume können über Fenster natürlich belüftet werden. Für Wohngebäude gilt darüber hinaus auf Grundlage der Landesbauordnungen der Bundesländer, dass Daueraufenthaltsräume zwingend mit Fenstern auszustatten sind. Trotzdem hat sich gerade bei Wohnungsneubauten herausgestellt, dass die dichte Gebäudekonstruktion häufige Nutzereingriffe zur Lufterneuerung in den Daueraufenthaltsräumen erforderlich macht, wenn Bauschäden vermieden werden sollen. Für Neubauten fordert die DIN 1946-6 (Fassung 2009) die Anfertigung eines Lüftungskonzepts. Das Ergebnis dieses Lüftungskonzept besteht in der Regel darin, dass die dichte Bauweise moderner Gebäude mindestens den Einbau von Außenwand-Luftdurchlässen, wenn nicht sogar die Installation einer maschinellen Lüftung fordert. Darüber hinaus gilt für Nutz- und Wohnbauten, dass untergeordnete Räume (z.B. Sanitärräume und Teeküchen) im Gebäudekern ohne Fenster angeordnet werden und damit eine maschinelle Lüftung benötigen. In Sonderbauten kann eine maschinelle Lüftung durch eine nutzungsbedingte Anreicherung der Luft mit Schadstoffen (z.B. Garagen und Versammlungsstätten) erforderlich werden. Über das Erfordernis einer Lufterneuerung ist in manchen Gebäuden eine Klimatisierung notwendig. Hierunter wird die Regelung der Raumtemperatur (Erwärmung und Kühlung) und der relativen Feuchte (Entfeuchtung und Befeuchtung) verstanden. Die Gründe für eine Gebäudeklimatisierung sind vielfach:

- In Krankenhäusern wird im Operationsbereich aus hygienischen Gründen eine Klimatisierung notwendig.
- Museen benötigen eine Klimatisierung, damit die darin ausgestellten Kunstwerke nicht beschädigt werden.
- In Bürogebäuden und an Arbeitsplätzen wird eine Kühlung aus rechtlichen Gründen erforderlich, wenn wegen des Gebäudeern... („Glasbauten") mit einer sommerlichen Überwärmung zu rechnen ist.
- Ohne Kühlung sind Versammlungs- und Verkaufsstätten im Sommer nicht oder nur eingeschränkt nutzbar.

25.2.2.2 Maschinelle Wohnungslüftung

Die verbreitete Form der maschinellen Wohnungslüftung in Deutschland stellt die ventilatorgestützte Entlüftung innenliegender Sanitärräume dar. Hier haben sich Einzelventilatoren mit Sammelleitung durchgesetzt. Mit dem Trend zur dichten Gebäudekonstruktion werden aber auch vermehrt Aufenthaltsräume maschinell gelüftet. Hier wird zwischen einer mechanischen Entlüftung mit natürlicher Außenluftnachströmung über Außenwand-Luftdurchlässe (ALD) einerseits und einer maschinellen Be- und Entlüftung andererseits unterschieden (Bilder 4 und 5). Der Wärmeinhalt der Abluft kann durch eine Wärmerückgewinnung zur Gebäudeheizung genutzt werden. Bei einer maschinellen Abluftanlage ist hierzu die Wärmeübertragung von der Abluft auf den Verdampfer einer Wärmepumpe möglich, die ihrerseits an eine Warmwasser-Zentralheizungsanlage angeschlossen ist. Bei maschinellen Be- und Entlüftungsanlagen wird der Wärmeinhalt der Abluft auf die Zuluft übertragen. Hierzu werden Platten-Wärmerückgewinner eingesetzt. Oft ist dem Platten-Wärmerückgewinner noch eine Wärmepumpe nachgeschaltet, um den Wärmeinhalt der Abluft noch effizienter zu nutzen. Die Zuluft wird in die Daueraufenthaltsräume eingeblasen (Zuluftzonen). Die Abluft wird aus den Räumen mit Luftverschlechterung abgesaugt (Abluftzonen). Zu den Abluftzonen gehören das WC, das Bad und die Küche. Zwischen der Zuluftzone und der Abluftzone findet eine Überströmung statt (Flure als Überströmzonen). Der Luftwechsel einer Wohnungslüftungsanlage liegt zwischen 0,4 und 0,8 h^{-1} bezogen auf das Gebäudevolumen. Bei einer maschinellen Be- und Entlüftung wird der gesamte Volumenstrom in die Daueraufenthaltsräume eingeblasen und aus den Räumen mit Luftverschlechterung abgesaugt. Hierdurch ergeben sich in der Zuluftzone effektive Luftwechsel von ca. 2 h^{-1} und in den Abluftzonen Luftwechsel im Bereich von 4 h^{-1}. Der Vorteil der maschinellen Wohnungslüftung gegenüber der natürlichen Wohnungslüftung besteht also darin, dass über eine gezielte Luftführung in den einzelnen Räumen ein wesentlich höherer Luftwechsel als bei der natürlichen Lüftung erzielt werden kann, wodurch die Raumluftqualität entscheidend verbessert wird.

Bei Einfamilienhäusern, Doppelhäusern und Reihenhäusern wird der Wohnungslüftungsanlage oft ein Erdwärmeaustauscher vorgeschaltet. Hierbei handelt es sich um eine im Erdreich angeordnete Lüftungsleitung, über welche die Außenluft angesaugt wird. Untersuchungen an Erdwärmeaustauschern haben gezeigt, dass im Winter eine Vorwärmung der Außenluft auf Temperaturen über 0° C möglich ist. Im Sommer wird die Außenluft im Erdwärmeaustauscher angekühlt und angetrocknet. Wegen des hierbei anfallenden Kondensats muss die Einführung des Erdwärmeaustauschers ins Gebäude mit einem Kondensatablauf mit Geruchsverschluss ausgerüstet werden. Außerdem ist dort eine Reinigungsöffnung vorzusehen.

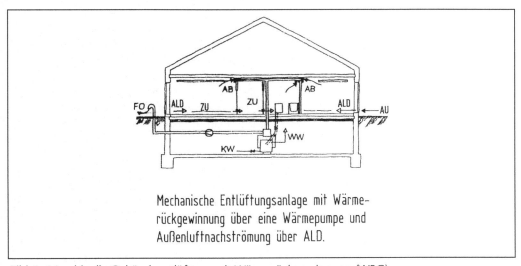

Bild 4: Maschinelle Gebäudeentlüftung mit Wärmerückgewinnung (WRG)

25. Die technische Ausstattung von Gebäuden

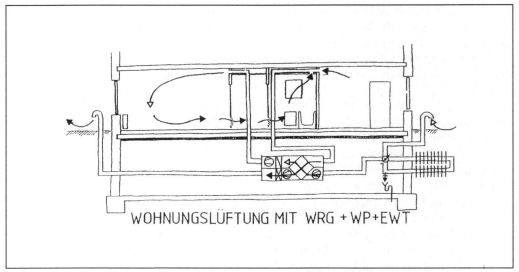

Bild 5: Maschinelle Gebäudebe- und -entlüftung mit Wärmerückgewinnung (WRG), Wärmepumpe (WP) und Erdwärmeaustauscher (EWT)

In Gebäuden mit einem Endenergiebedarf kleiner 40 kWh(m²a) ist es aus ökologischen und ökonomischen Gründen sinnvoll, die Wohnungslüftungsanlagen auch zur Gebäudeheizung einzusetzen. Hierzu werden endständig vor den Luftauslässen elektrisch beheizte Nacherwärmer angeordnet, die über einen Raumthermostaten die Zuluft auf die für die Gebäudeheizung erforderliche Einblastemperatur erwärmen.

25.2.2.3 Klimatisierung von Wohngebäuden

Mit der zunehmenden Verbreitung von Klimaanlagen in Bürogebäuden und Kraftfahrzeugen hat auch die Anzahl der Klimaanlagen in Wohngebäuden zugenommen. Ein weiterer Grund für die Verbreitung von Raumkühlanlagen sind die in den letzten Jahren deutlich beobachtbaren, zunehmenden Außentemperaturen im Sommer.

Klimaanlagen für Wohngebäude werden meist als Umluft-Kühlgeräte ausgeführt. Ein Ventilator saugt Abluft aus dem Raum an, leitet die Abluft über einen Filter und einen Luftkühler. Dort wird die Luft gekühlt und entfeuchtet und danach wieder in den Raum eingeblasen. Der Vorteil derartiger Raumkühlgeräte besteht in den vergleichsweise geringen Kosten. Bei einfachen Geräten sind alle Bauteile des thermodynamischen Kreislaufprozesses zur Kälteerzeugung in das Raumkühlgerät integriert. Über einen Schlauch, der in einem geöffneten Fenster ins Freie reicht, wird die im thermodynamischen Kreislaufprozess entstehende Wärme ans Freie abgegeben. Der Nachteil dieser Geräte besteht darin, dass über das geöffnete Fenster ständig Außenluft ins Gebäude eindringen kann, die zusätzlich gekühlt werden muss. Aufwändigere Geräte arbeiten mit getrennten Außen- und Inneneinheiten (sog. Splitgeräte). In der Außeneinheit sind der Kondensator und der Kompressor angeordnet. In den Inneneinheiten befindet sich lediglich der Verdampfer mit einem Ventilator.

Grundsätzlich problematisch ist bei allen Raumkühlgeräten, dass das Betriebsgeräusch des Ventilators als störend empfunden werden kann. Daher eignen sich derartige Raumkühlgeräte nicht für den Einsatz in Schlafzimmern und in Gebäuden für höchste Komfortansprüche. Hier hat sich eine Raumkühlung durch den Anschluss einer Flächenheizung (z.B. Fußboden- oder Wandheizung) an eine Außeneinheit zur Kälteversorgung durchgesetzt. In Gebäuden mit Wohnungslüftungsanlagen kann ein Erdwärmeaustauscher zur Ankühlung und Antrocknung der Zuluft im Sommer eingesetzt werden.

Ein weiteres Problem bei Raumkühlgeräten für Wohnungen besteht im Betriebsgeräusch der Außeneinheiten. Hier können sich nicht zulässige Störungen in Nachbarwohnungen und angrenzenden Gebäuden ergeben, wenn der von der Außeneinheit ausgehende Schalldruckpegel größer als der zulässige Grenzwert der TALärm ist.

25.2.2.4 Lüftung von Sonderbauten

Viele Sonderbauten müssen aufgrund der großen Raumtiefe und einer hohen Personenbelegung maschinell be- und entlüftet werden, weil über die natürliche Lüftung keine ausreichende Lufterneuerung möglich ist. Der Luftwechsel bestimmt sich als Maximalwert folgender Anforderungen:

- Personenbezogener Außenluftvolumenstrom (z.B. 30 m³/h/Person in Büroräumen ohne Raucherlaubnis)
- Flächenbezogener Außenluftvolumenstrom
- Luftverschlechterung

In Versammlungsstätten, Verkaufsstätten, Gaststätten und Museen werden zentrale Lüftungsanlagen eingebaut. Dagegen ist in Bürogebäuden und Krankenhäusern ein Trend zu dezentralen Lüftungsgeräten beobachtbar. Der Vorteil dezentraler Lüftungsgeräte besteht in einem Wegfall von Luftkanälen zwischen der Lüftungszentrale und den einzelnen an die Lüftungsanlage angeschlossenen Räume. Hiermit ist ein Platzgewinn (Schächte und Deckenzwischenräume) verbunden. Außerdem vereinfachen dezentrale Lüftungsgeräte in Bürogebäuden die Nebenkostenabrechnung. Nachteilig kann der hohe Wartungsaufwand (Ventilator und Filter) an den dezentralen Geräten sein.

25.2.2.5 Klimatisierung von Sonderbauten

Moderne Klimaanlagen bestehen häufig nur noch aus einer Raumkühlung und einer unkontrollierten Entfeuchtung. Häufig wird auch versucht, die Raumkühlung unabhängig von der Raumlüftung auszuführen (z.B. durch Kühldecken oder Bauteilaktivierung). Nur in Sonderfällen (Krankenhäuser, Museen, repräsentative Büroräume und Klimaanlagen für Produktionsprozesse) wird die Außenluft geregelt be- und entfeuchtet.

25.2.3 Sanitärtechnik

25.2.3.1 Einführung

Die Sanitärtechnik umfasst die Trinkwasserinstallations-, die Abwasserinstallations- und Sonderanlagen. Zu letzteren gehören u.a. Feuerlöschanlagen, Schwimmbadanlagen und Anlagen zur Gasversorgung (Erdgas, Flüssiggas, Druckluft und medizinische Gase). Da im Gewerk Sanitärtechnik im Vergleich zu den anderen technischen Gewerken nur wenige Maschinen (z.B. Druckerhöhungsanlagen und Hebeanlagen) eingesetzt werden, steht das Gewerk Sanitärtechnik einem Bausachverständigen am Nächsten.

25. Die technische Ausstattung von Gebäuden

25.2.3.2 Trinkwasserinstallationsanlagen

Die Trinkwasserinstallationsanlagen verbinden die öffentliche Trinkwasserversorgung mit den einzelnen Sanitärobjekten. Hierbei wird zwischen folgenden Leitungen unterschieden (Bild 6):

- Horizontale Verteilleitung
- Steigleitung
- Stockwerksleitung
- Einzelzuleitung

Wegen der Gefahr von Wasserschäden sind bei Trinkwasserinstallationen in ausreichendem Umfang Absperrventile vorzusehen. Hierzu gehören die Hauptabsperrarmatur am Wasseranschluss, eine weitere Absperrarmatur unmittelbar nach dem Wasserzähler, Absperrarmaturen an den Fußpunkten der Steigleitungen und Wohnungsabsperrarmaturen. Die Absperrarmaturen an den Fußpunkten der Steigleitungen dürfen nicht in Wohnungskellern angeordnet werden, da ansonsten im Falle eines Wasserschadens bei Abwesenheit des Nutzers in fremdes Wohneigentum eingedrungen werden müsste.

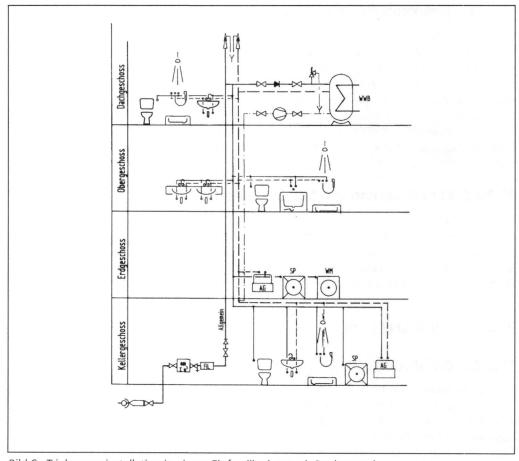

Bild 6: Trinkwasserinstallation in einem Einfamilienhaus mit Dachzentrale

25. Die technische Ausstattung von Gebäuden

In Gebäuden mit einer Warmwasser-Zentralheizung wird der Wärmeerzeuger (Heizkessel oder Fernwärmeanschluss) aus Kostengründen fast immer auch zur Trinkwassererwärmung verwendet. Die Verteilung des Trinkwassers erfolgt bei Kellerzentralen von unten nach oben und bei Dachzentralen von oben nach unten. Zur Verbesserung der Verfügungsbereitschaft mit erwärmtem Trinkwasser und zur Verkürzung der Ausstoßzeiten wird bei zentralen Trinkwassererwärmern häufig eine Zirkulationsleitung vorgesehen. Wegen der hohen Betriebskosten hat sich die elektrische Begleitheizung nicht durchsetzen können. Bei den Zirkulationsleitungen handelt es sich um ein zweites Leitungssystem, das parallel zu den Trinkwasserleitungen (warm) verlegt wird. Bei üblichen Installationen sind die Zirkulationsleitung und die Steigleitung an der obersten Stelle (Kellerzentrale) oder an der untersten Stelle (Dachzentrale) miteinander verbunden. Eine Zirkulationspumpe wälzt das erwärmte Trinkwasser zwischen den Trinkwasserleitungen (warm) und den Zirkulationsleitungen um. Die Temperaturverluste beim Durchströmen der Leitungen werden vom Trinkwassererwärmer ausgeglichen. Hierdurch wird sichergestellt, dass an den Abgängen der Stockwerksleitungen von den Steigleitungen immer erwärmtes Trinkwasser ansteht. Nach dem Öffnen der Entnahmearmatur muss lediglich das Stagnationswasser aus den Stockwerksleitungen ausfließen, bis warmes Trinkwasser nachströmen kann. Die Energieeinsparverordnung verlangt die Ausrüstung der Zirkulationspumpe mit einer Zeitschaltuhr, um außerhalb der Nutzungszeiten die Wärmeverluste der Zirkulationszeiten zu minimieren. Die Begrenzung der Betriebszeiten über eine Zeitschaltuhr kann jedoch nur für Einfamilienhäuser empfohlen werden. In Mehrfamilienhäusern können sich hierbei erhebliche Betriebsstörungen und hygienische Beeinträchtigungen durch ein vermehrtes Legionellenwachstum ergeben.

Das Hauptproblem bei modernen Trinkwasserinstallationen stellt die Wahl des Rohrwerkstoffes dar. In der Vergangenheit wurden fast ausschließlich verzinkte Stahlrohrleitungen verwendet. Wegen der hierbei immer häufiger auftretenden Korrosionsschäden (Braunfärbung des Trinkwassers, Zinkgeriesel und Wanddurchbrüche) wird dieser Rohrwerkstoff fast nicht mehr eingesetzt. Ausnahmen stellen Reparaturarbeiten im Gebäudebestand und Anlagen mit aufwändiger Wasseraufbereitung dar, wodurch die Wasserqualität so beeinflusst wird, dass eine geringe Korrosionswahrscheinlichkeit gegeben ist. Auch an den als Ersatz für die verzinkten Stahlrohrleitungen verwendeten Kupferrohrleitungen haben sich bereits oft Korrosionsschäden (Grünfärbung des Wassers, zu hohe Kupfergehalte und Lochfraß) eingestellt. Hiervon sind insbesondere gelötete Kupferrohrleitungen betroffen, da auf modernen Baustellen ein hoher Zeitdruck gegeben ist, der keine Sorgfalt zur Herstellung einer fachgerechten Lötverbindung zulässt. Außerdem werden vielfach ungelernte Kräfte eingesetzt, die nicht mehr über ausreichende handwerkliche Fähigkeiten zur Herstellung von Lötverbindungen verfügen.

Wegen der Korrosionsproblematik haben sich zwischenzeitlich folgende Werkstoffe für Trinkwasserinstallationen durchgesetzt:

- Nichtrostende Stähle
- Kunststoffleitungen
- Kunststoff-Metall-Verbundleitungen
- Kupferleitungen mit Pressfitting

Verteil- und Steigleitungen für erwärmtes Trinkwasser sind wie Heizungsleitungen zu dämmen. Bei Stockwerks- und Einzelzuleitungen ist, falls diese Leitungen nicht in die Zirkulation eingebunden sind, keine Wärmedämmung erforderlich (s. Tabelle 2). Leitungen für Trinkwasser (kalt) sind gegen eine Kondenswasserbildung durch eine Wärmedämmung zu schützen (s. Tabelle 3). Hierfür wird ein Wärmedämmstoff aus geschlossenzelligem Weichschaummaterial benötigt. Mineralwolle hat sich auch bei einer Aluminiumkaschierung als Dampfsperre wegen der Dampfdiffusion an den Fehlstellen der Dampfsperre als weniger geeignet herausgestellt.

25.2.3.3 Abwasserinstallationsanlagen

Die Abwasserinstallationsanlagen verbinden die einzelnen Sanitärobjekte mit den Straßenkanälen. Analog zu den Trinkwasserinstallationen wird zwischen folgenden Leitungsarten unterschieden:

- Einzelanschlussleitung
- Sammelanschlussleitung
- Fallleitung
- Sammelleitung (horizontale, zugängliche Rohrleitung an der Kellerdecke)
- Grundleitung (Rohrleitung im Erdreich zwischen dem Gebäude und dem Straßenkanal)

Auch bei den Abwasserinstallationen gab es einen Wandel bei den verwendeten Werkstoffen. Hierfür war jedoch nicht so sehr die Korrosionsproblematik ausschlaggebend, sondern in erster Linie die einfache und zeitsparende Verarbeitung moderner Werkstoffe. Die früher üblichen gusseisernen Rohrleitungen mit Muffen und die Asbestzementleitungen wurden durch Kunststoffleitungen und muffenlose Gussleitungen ersetzt. Hierbei werden die dünnwandigen Kunststoffleitungen („HT-Rohre') wegen der geringen Geräuschdämpfung nur für die Stockwerksinstallationen verwendet. Für Fall- und Sammelleitungen werden dagegen hauptsächlich dickwandige Leitungen aus Spezialkunststoffen eingesetzt, die hinsichtlich der Schalldämpfung durchaus mit muffenlosen Gussleitungen vergleichbar sind.

Anstelle der Verlegung in Wandschlitzen hat sich vor allem wegen des verbesserten Schallschutzes die Anordnung der Trinkwassersteigleitungen und der Abwasser-Fallleitungen innerhalb von Installationsschächten durchgesetzt. Die Verlegung in Mauerschlitzen ist nur noch in seltenen Fällen zu beobachten. Der Toiletten- und Bäderausbau erfolgt zumeist als Vorwandinstallation oder in vorgefertigten Elementen als Ständerkonstruktion.

Alle oberhalb der Rückstauebene angeordneten Entwässerungsgegenstände sind mit Abwasserleitungen im natürlichen Gefälle entsprechend dem Schwerkraftprinzip zu entwässern. Die Rückstauebene stellt in diesem Zusammenhang die Straßenoberkante an der Einleitstelle dar. Bei einer planmäßigen Vollfüllung der Straßenkanäle kann es innerhalb eines Gebäudes bis zur Höhe der Rückstauebene zu einer Flutung der Gebäudeinstallationen kommen. Als Schutz vor Wasserschäden sind alle unterhalb der Rückstauebene angeordneten Entwässerungsgegenstände im Regelfall über eine Hebeanlage zu entwässern. Bei der Hebeanlage handelt es sich um eine Pumpe mit Vorlagebehälter. Die Sohle der Druckleitung der Hebeanlage ist als Rückstauschleife bis oberhalb der Rückstauebene geführt. Im Rückstaufall kann sich das Abwasser nur bis zur Höhe der Rückstauebene anstauen, so dass alle an die Hebeanlage angeschlossenen Entwässerungsgegenstände vor einem Rückstau geschützt sind.

25.2 Anlagen der Technischen Gebäudeausrüstung

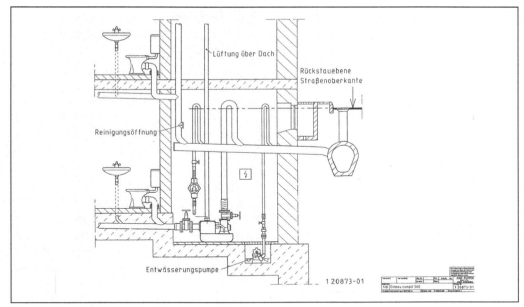

Bild 7: Schutz vor Rückstau durch eine Hebeanlage (Werkbild der Fa. Jung)

25.2.3.4 Gasinstallationsanlagen

Bei der Gasversorgung ist zwischen der Gasversorgung zu Sonderzwecken und der Gasversorgung für die Gebäudeheizung zu unterscheiden. In Sonderbauten, wie z.B. in Krankenhäusern und Laborgebäuden, werden aus medizinischen und technischen Gründen weit verzweigte Rohrnetze erforderlich, in denen Gase wie Sauerstoff, Stickstoff, Acetylen etc. transportiert werden.

Erdgas stellt heute den am weitesten verbreiteten Energieträger zur Gebäudeheizung dar. Die Gasinstallationen erstrecken sich vom Gebäudeanschluss im Keller- oder Erdgeschoss bis zum Aufstellort des gasbefeuerten Wärmeerzeugers. Als Rohrwerkstoffe werden Stahlrohrleitungen, Kupferrohrleitungen und Mehrschichtverbundrohrleitungen verwendet. Neben Gewinde-, Schweiß- und Lötverbindungen sind bei Kupfer- und Mehrschichtverbundrohrleitungen auch Pressverbindungen zulässig.

25.2.4 Elektroinstallationen

25.2.4.1 Einführung

Die elektrotechnischen Installationen haben über die Jahre hinweg an Bedeutung unter den Ausbaugewerken gewonnen. Wenn hierunter früher lediglich die Niederspannungs-Elektroinstallationen und der Telefonanschluss fielen, so sind heute darüber hinaus der Breitband-Kabelanschluss, der Fernsehanschluss und Gefahrenmeldeanlagen (vor allem Brandmelde- und Einbruchwarnanlagen), die Beleuchtungstechnik sowie Anlagen zur unterbrechungsfreien Stromversorgung und Ersatzstromanlagen zu verstehen. Von allen technischen Ausbaugewerken ist die Elektrotechnik am weitesten von der klassischen Bautechnik entfernt, weil sich die Elektrotechnik hauptsächlich mit nicht sichtbaren Vorgängen (Stromfluss im Kabel) beschäftigt.

25.2.4.2 Niederspannungs-Elektroinstallationen

Die Versorgung von Wohngebäuden erfolgt im Allgemeinen in Deutschland über Erdkabel. Freileitungsanschlüsse über Erdkabel oder Dachständerrohre sind allenfalls noch in ländlichen Gebieten anzutreffen. Im Wohngebäude wird der Starkstrom-Hausanschlusskasten an einer Hausanschlussnische (in nicht unterkellerten Einfamilienhäusern), an einer Hausanschlusswand (Gebäude mit bis zu vier Wohneinheiten) oder in Hausanschlussräumen (mit mehr als vier Wohneinheiten) angeordnet. Die sich daran anschließende Hauptstromversorgung erfolgt entweder zentral mit Anordnung der Zählerschränke in der Nähe des Hausanschlusskastens oder dezentral mit Zählerschränken, die den einzelnen Nutzeinheiten zugeordnet sind.

In einzelnen Nutzeinheiten sind die Stromkreisverteiler angeordnet. Die Anzahl der mindestens auszuführenden Stromkreise für Beleuchtung und Steckdosen wird durch die DIN 18015 vorgegeben. Für gehobene und höchste Ansprüche werden zusätzliche Stromkreise erforderlich. Die einzelnen Stromkreise werden über Leitungsschutzschalter abgesichert. Der Vorteil der Leitungsschutzschalter gegenüber den Schmelzsicherungen besteht darin, dass nach der Überlastung der Leitungsschutzschalter wieder zugeschaltet werden kann, ein geringerer Platzbedarf gegeben ist und eine konstante Auslösekennlinie vorliegt. Zusätzlich sind die Elektroinstallationen in den Bädern durch einen Fehlerstromschutzschalter abzusichern. In Wohnungsbädern sind Schutzbereiche zu berücksichtigen, in denen keine Schalter und Steckdosen angeordnet werden dürfen (Bild 8).

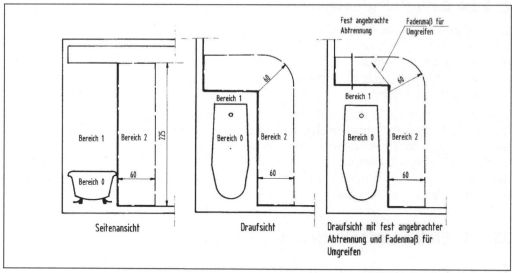

Bild 8: Schutzzonen in Wohnungsbädern (entnommen dem RWE-Handbuch)

25.2.5 Gebäudeleittechnik

Die betriebstechnischen Anlagen in Sonderbauten weisen eine Vielzahl von Regelungs- und Steuerungsfunktionen auf. Hierzu gehören neben der Regelung des Wärmeerzeugers und der Einzelraumregelung z.B. zeit- und ereignisabhängige Steuerungsvorgänge (Beleuchtung, Toranlagen, Aufzüge etc.). Unter Kostenaspekten ist infolge des hohen Personalaufwands ein manueller Betrieb aller Regelungs- und Steuerungsvorgänge nicht sinnvoll. Wegen der möglichen Einsparungen beim Personal werden daher Sonderbauten in der Regel mit einer Gebäudeleittechnik ausgerüstet. Hierbei handelt es sich um eine Prozess-Rechenanlage, in der alle relevanten Regelungs- und Steuerungsvorgänge eines Gebäudes zusammengefasst sind. Die Bedienung der Gebäudeleittechnik erfolgt von einem vor Ort aufgestellten PC oder mittels Datenfernübertragung von einem Notebook aus. Störmeldungen aus der Anlage werden mit einem Störmeldedrucker registriert und archiviert. Sicherheitsrelevante Störmeldungen (z.B. Frostschutz einer Lüftungsanlage) werden als SMS auf das Mobiltelefon des Gebäudeverwalters weitergeleitet. Außerdem ist auch eine Aufschaltung von Störmeldungen über eine Gefahrenwarnanlage auf eine ständig besetzte Leitwarte möglich.

In Wohngebäuden hat sich die Gebäudeleittechnik in jüngerer Zeit durch die Verbreitung sogenannter Bussysteme (EIB-KNX,) allmählich durchgesetzt. Damit ist eine gemeinsame Steuerung aller betriebstechnischer Anlagen (Heizungsanlage, Hebeanlage, Beleuchtung, Küchentechnik etc.) möglich.

25.3 Prüfung gebäudetechnischer Anlagen durch einen Bausachverständigen

25.3.1 Einführung

Die Bewertung gebäudetechnischer Anlagen durch einen Bausachverständigen ist begrenzt, da hierfür im Wesentlichen besondere Kenntnisse aus den Fachgebieten Elektrotechnik und Maschinenbau vorausgesetzt werden, über die ein Bausachverständiger nicht verfügt. Bei Anlagen mit einem geringen Schwierigkeitsgrad, hierzu gehören einfache Sanitärinstallationen, ist der mögliche Prüfumfang eines Bausachverständigen größer als bei Anlagen mit komplexerer Technik. Im Falle der Lüftungs- und Klimatechnik, der Elektrotechnik und der Gebäudeleittechnik ist eine Beurteilung durch einen Bausachverständigen nicht mehr möglich (siehe Tabelle 1).

25.3.2 Sanitärtechnik

25.3.2.1 Abwasserinstallationen

> **PRAXISTIPP**
>
> *Die Prüftätigkeit von Bausachverständigen im Bereich der Abwasserinstallationen betrifft vor allem Mangelbehauptungen zu unzureichendem Abfließen von Abwasser, zu Verstopfungen und zu einer unzureichenden Lüftung der Abwasserleitungen.*

Die häufigsten Mängelbehauptungen im Bereich der Abwassertechnik beziehen sich auf ein unzureichendes Abfließen des Abwassers bzw. auf Verstopfungen (s. Bild 9). Hier ist eine Überprüfung durch einen Bausachverständigen möglich. Im Regelfall wird der Bausachverständige keine eigene Ausrüstung zur Untersuchung von Abwasserleitungen vorhalten. Daher ist für eine gutachterliche Bewertung dieser Mängel zum Termin zur Inaugenscheinnahme eine Fachfirma einzubestellen, welche die Kamerabefahrung der Rohrleitungen als handwerkliche Hilfestellung anbietet. Bei der Kamerabefahrung können dann die geltend gemachten Mangelbehauptungen visuell bewertet werden. Bei der Auswahl des Fachunternehmens für die handwerkliche Hilfestellung ist darauf Wert zu legen, dass die Kamerauntersuchung auf einen elektronischen Datenträger aufgezeichnet wird. Außerdem sollte die Firma unterschiedliche Kameragrößen vorhalten. Gerade Abwasserleitungen für Toiletten müssen heute nicht mehr in der Nennweite DN 100 ausgeführt werden, sondern können auch die Nennweite DN 80 aufweisen, so dass hier kleinere Kameras als früher üblich benötigt werden.

Ein weiterer typischer Baumangel aus dem Bereich der Abwasserinstallationen stellt die unzureichende Belüftung der Entwässerungsleitungen dar. Abwasserleitungen müssen über eine Lüftungsleitung mit dem Freien verbunden werden, um Druckstörungen in der Abwasseranlage zu vermeiden. Druckstörungen können zum Leersaugen oder Herausdrücken der Geruchsverschlüsse führen. Die Überprüfung der Lüftungsleitungen ist visuell über das Abzählen der Dunsthüte auf dem Dach oder im Falle von Sammellüftungen durch eine Kamerabefahrung möglich.

Alle weiteren Mangelbehauptungen aus dem Fachgebiet der Abwasserinstallationen entziehen sich im Regelfall einer Bewertung durch einen Bausachverständigen. Hierzu gehört die Dimensionierung von Abwasser- und Regenwasserleitungen einschließlich der Wahl des Gefälles. Die Bemessungsverfahren der heute gültigen Regeln der Technik sind sehr aufwendig und erfordern viel Erfahrung bei der Interpretation des Berechnungsergebnisses.

25.3 Prüfung gebäudetechnischer Anlagen durch einen Bausachverständigen

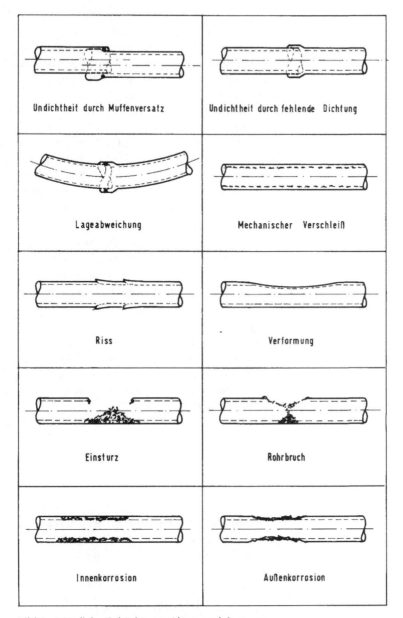

Bild 9: Mögliche Schäden an Abwasserleitungen

25.3.2.2 Trinkwasserinstallationen

PRAXISTIPP

Bei den Trinkwasserinstallationen kann ein Bausachverständiger Mangelbehauptungen zu zu langen Ausstoßzeiten, Temperaturabweichungen, unzureichenden Entnahmemengen und undichten Trinkwasserinstallationen prüfen und Maßnahmen bzw. Kosten zur Mangelbeseitigung nennen.

25. Die technische Ausstattung von Gebäuden

Die in der Praxis am meisten auftretenden Mängel an den Trinkwasserinstallationen betreffen zu lange Ausstoßzeiten beim erwärmten Trinkwasser und eine unzureichende Entnahmemenge. Die Ausstoßzeiten von Trinkwasserinstallationsanlagen werden im DVGW-Arbeitsblatt W551 und in der VDI-Richtlinie 6003 festgelegt. Die Entnahmemengen werden in der VDI-Richtlinie 6003 angegeben. Für die Länge der Ausstoßzeiten und die Entnahmemengen wird zwischen drei Komfortstufen unterschieden. Je nach Komfortstufe ergeben sich andere Entnahmeraten, Entnahmemengen und Temperaturabweichungen während der Nutzung (s. Tabelle 4). Hieraus resultieren dann auch unterschiedliche Ausstoßzeiten. Die Grenzwerte für die maximale Temperaturabweichung, die Mindestentnahmerate, die Mindestentnahmemenge und für die Ausstoßzeit sind in Tabelle 4 in Abhängigkeit der Entnahmestelle und des Komfortkriteriums zusammengefasst. Für die Prüfung der Entnahmemengen, Temperaturabweichungen und Ausstoßzeiten benötigt ein Bausachverständiger ein kalibriertes Thermometer, eine Stoppuhr und ein Messgefäß.

Ein weiterer häufiger Mangel besteht in undichten Trinkwasserinstallationen. Zur Überprüfung dieser Mangelbehauptung ist die Durchführung einer Druckprobe notwendig. Hierfür muss eine Sanitärfirma für die erforderlichen handwerklichen Hilfestellungen beauftragt werden. Der Ablauf der Druckprobe wird in der DIN 1988 im Detail beschrieben.

Neben den vorstehend genannten, erfahrungsgemäß am häufigsten anzutreffenden Mängelbehauptungen werden vielfach zu den Trinkwasserinstallationsanlagen noch unterdimensionierte Trinkwassererwärmer, Korrosionsschäden, ungeeignete Feuerlösch- und Sprinkleranlagen etc. bemängelt. Die Beurteilung dieser Mangelbehauptungen erfordert jedoch eine besonders große Sachkunde auf dem Gebiet der Sanitärtechnik, so dass die Bewertung durch einen Bausachverständigen nicht zu empfehlen ist.

25.3.3 Heizungstechnik

> **PRAXISTIPP**
>
> *Bei den Heizungsinstallationen beschränkt sich die Tätigkeit eines Bausachverständigen auf erste Funktionsprüfungen bei Mangelbehauptungen zu einer unzureichenden Beheizbarkeit. Weitergehende Untersuchungen würden über die Sachkunde eines Bausachverständigen hinausgehen.*

Die im Zusammenhang mit der Heizungstechnik am meisten vorgetragene Mangelbehauptung besteht in unterdimensionierten Heizkörpern, unterdimensionierten Rohrnetzen und unterdimensionierten Wärmeerzeugern. Als Folge der Unterdimensionierung würden Bereiche eines Gebäudes dann unzureichend erwärmt werden. Bei der Bewertung dieser Mängel muss zwischen der Prüfung auch eine unzureichende Beheizbarkeit einerseits und der näheren Analyse der Mangelursache andererseits unterschieden werden. Für die Prüfung auf eine unzureichende Beheizbarkeit haben sich in der Praxis Temperaturmessungen bewährt. Die rechnerische Prüfung der Dimensionierung einer Heizungsanlage ist sehr aufwändig. Außerdem sind die hierfür anzuwendenden technischen Regeln umstritten.

25.3 Prüfung gebäudetechnischer Anlagen durch einen Bausachverständigen

Temperaturmessungen zur Überprüfung der ausreichenden Beheizbarkeit können von einem Bausachverständigen durchgeführt werden. Hierfür werden ein Luft- und ein Oberflächentemperaturfühler benötigt. Vom Bausachverständigen sind raumweise der Mittelwert der Lufttemperatur und der Mittelwert der Oberflächentemperatur aller Raumumschließungsflächen zu bestimmen. Aus beiden Werten ist dann die Raumtemperatur als arithmetischer Mittelwert zu berechnen. Der Messwert der Raumtemperatur ist mit dem Sollwert zu vergleichen, wie dieser in den technischen Regeln angegeben wird (s. auch Tabelle 5). Bei einer Unterschreitung des Sollwertes kann eine unzureichende Beheizbarkeit vorausgesetzt werden. Eine weitergehende Analyse der Störungsursache (Unterdimensionierung, unzureichende Einregulierung, Fehler in der Regelungstechnik etc.) bleibt jedoch dem Sondersachverständigen vorbehalten.

Die Messung der Lufttemperatur zur Bewertung der ausreichenden Beheizbarkeit eines Raumes ist nicht ausreichend. Die Oberflächentemperatur der Raumumschließungsflächen wird, wenn vom Extremfall eines Passivhauses einmal abgesehen wird, bei der Beheizung mit Radiatoren geringfügig unter der Raumlufttemperatur liegen. Ein sich in diesem Raum aufhaltender Mensch wird neben der konvektiven Wärmeübertragung auf die Raumluft auch Wärme an die Raumumschließungsflächen abgeben. Aus diesem Grund muss der Einfluss der Raumumschließungsflächen bei der Bewertung der Raumtemperatur erfasst werden (s. Bild 10). Üblicherweise kann bei Räumen mit einer Radiatorenheizung von einer mittleren Oberflächentemperatur von 18 bis 19 °C ausgegangen werden. Um unter diesen Bedingungen eine Raumtemperatur (= arithmetischer Mittelwert aus der mittleren Oberflächentemperatur und der mittleren Lufttemperatur) von 20 °C zu erzielen, sind Raumlufttemperaturen von ca. 21 bis 22 °C erforderlich. Anders verhält es sich bei Räumen mit einer Fußbodenheizung. Hier liegen die Oberflächentemperaturen der Raumumschließungsflächen mit Ausnahme der Fenster über der Raumlufttemperatur. Die Raumlufttemperaturen müssen sich nur in einem Bereich von 18 bis 19 °C bewegen, um eine Raumtemperatur von 20 °C einzuhalten.

Neben der unzureichenden Beheizbarkeit werden vor Gericht häufig auch Beeinträchtigungen in der thermischen Behaglichkeit bemängelt. Hierbei handelt es sich um geringfügige Störungen im thermischen Raumklima, durch die der Wärmehaushalt des menschlichen Körpers beeinflusst wird. Früher wurden derartige Beeinträchtigungen nur mit einem thermischen Anemometer bewertet, mit dem die Raumluftströmung erfasst wird. Neuere Erkenntnisse zur thermischen Behaglichkeit weisen jedoch auch den Einfluss des Turbulenzgrades der Raumluftströmung und der Strahlungstemperaturasymmetrie aus. Insoweit sind heute für die Beurteilung der thermischen Behaglichkeit eine aufwendige messtechnische Ausstattung einerseits und eine große Erfahrung mit dem Umgang dieser Probleme andererseits notwendig. Auch Druckproben an Heizungsanlagen sollten nicht von einem Bausachverständigen durchgeführt werden. Heizungsanlagen sind weniger druckbeständig als Trinkwasserinstallationen. Wegen des kleineren Prüfdrucks wird das Ergebnis der Druckprobe durch Störungen (Temperaturschwankungen und Luft in den Leitungen) verfälscht. Insoweit bedarf es großer Erfahrungen, um eine Druckprobe an Heizungsleitungen durchzuführen.

25. Die technische Ausstattung von Gebäuden

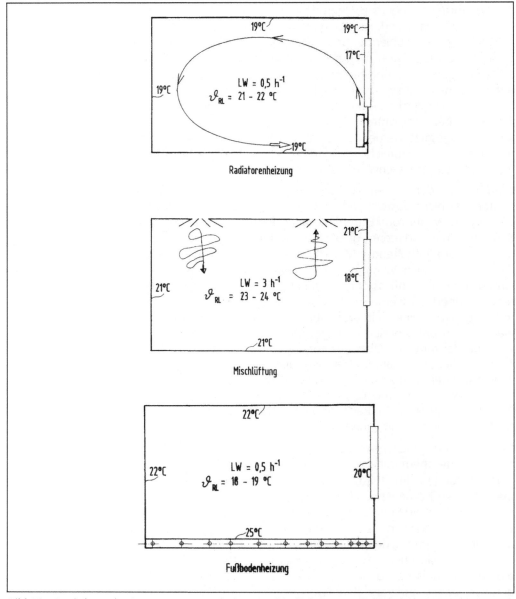

Bild 10: Ermittlung der Raumtemperatur bei unterschiedlichen Raumheizeinrichtungen

25.3 Prüfung gebäudetechnischer Anlagen durch einen Bausachverständigen

Gewerk	Mangel/Symptom	Ursache	Maßnahmen	Kosten	Zuständigkeit
Gebäudeentwässerung	☺	☹	☹	☹	☹
Trinkwasserinstallationen	☺	☹	☹	☹	☹
Feuerlöschtechnik	☹	☹	☹	☹	☹
Bädertechnik	☹	☹	☹	☹	☹
Heizungstechnik	☺	☹	☹	☹	☹
Lüftungstechnik	☹	☹	☹	☹	☹
Klimatechnik	☹	☹	☹	☹	☹
Entrauchung	☹	☹	☹	☹	☹
Elektrotechnik	☹	☹	☹	☹	☹
Beleuchtung	☺	☹	☹	☹	☹
Elektroakustik	☺	☹	☹	☹	☹
Fördertechnik	☹	☹	☹	☹	☹
Gebäudeautomation	☹	☹	☹	☹	☹

Tabelle 1: Möglichkeiten der Prüfung gebäudetechnischer Mängel durch einen allgemeinen Bausachverständigen

☺ – Begutachtung durch einen allgemeinen Bausachverständigen uneingeschränkt möglich

☹ – Begutachtung durch einen allgemeinen Bausachverständigen nur bei einfachen Problemstellungen möglich

☹ – Begutachtung für einen allgemeinen Bausachverständigen nicht empfehlenswert

25. Die technische Ausstattung von Gebäuden

Zeile	Art der Rohrleitungen und Armaturen	Mindestdicke der Dämmschicht, bezogen auf eine Wärmeleitfähigkeit von 0,35 Wm^{-1}K^{-1}
1	Innendurchmesser bis 22 mm	20 mm
2	Innendurchmesser über 22 mm bis 35 mm	30 mm
3	Innendurchmesser über 35 mm bis 100 mm	Gleich Nennweite (DN)
4	Innendurchmesser über 100 mm	100 mm
5	Leitungen und Armaturen nach den Zeilen 1 bis 4 in Wand- und Deckendurchbrüchen, im Kreuzungsbereich von Leitungen, an Leitungsverbindungsstellen, bei zentralen Leitungsnetzverteilern	½ der Anforderungen der Zeilen 1 bis 4 im Fußbodenaufbau
6	Leitungen von Zentralheizungen nach den Zeilen 1 bis 4, die nach Inkrafttreten dieser Verordnung in Bauteilen zwischen beheizten Räumen verschiedener Nutzer verlegt werden.	½ der Anforderungen der Zeilen 1 bis 4
7	Leitungen nach Zeile 6 im Fußbodenaufbau	6 mm

Tabelle 2: Wärmedämmung von Heizungs- und Sanitärinstallationen

Einbausituation	Dämmschichtdicke bei λ = 0,04 W/(mK)*)
Rohrleitung frei verlegt in nicht beheiztem Raum (z.B. Keller)	4 mm
Rohrleitung frei verlegt in beheiztem Raum	9 mm
Rohrleitung im Kanal, ohne warmgehende Leitungen	4 mm
Rohrleitung im Kanal neben warmgehenden Rohrleitungen	13 mm
Rohrleitung im Mauerschlitz, Steigleitung	4 mm
Rohrleitung in Wandaussparung neben warmgehenden Rohrleitungen	13 mm
Rohrleitungen auf Betondecke	4 mm
*) Für andere Wärmeleitfähigkeiten sind die Dämmschichtdicken, bezogen auf einen Durchmesser d=20 mm, entsprechend umzurechnen	

Tabelle 3: Tauwasserisolierung von Trinkwasserleitungen (kalt)

25.3 Prüfung gebäudetechnischer Anlagen durch einen Bausachverständigen

Komfortkriterium	Waschtisch ww= 40 °C			Duschwanne ww= 42 °C			Badewanne ww= 45 °C			Küchenspüle ww= 50 °C		
	I	II	III	I	II	III	I	II	III	I	II	III
Zeitlicher Abstand bei serieller Nutzung [min]	5	0	0	8	5	0	30	30	30	10	5	0
Möglichkeit gleichzeitiger Benutzung mehrerer Entnahmestellen	nein	ja	ja	nein	ja	ja	nein	ja	ja	nein	ja	ja
Maximale Temperaturabweichung [K]	± 5	± 4	± 2	± 5	± 4	± 2	± 5	± 4	± 2	± 5	± 4	± 2
Mindestentnahmerate [l/min]	3	5	6	7	9	9	7	10	13	3	5	6
Mindestentnahmemenge [l]	4	25	50	28	60	120	90	90	90	8	25	50
Ausstoßzeit [s]	60	18	10	26	10	7	26	12	9	60	18	10

Tabelle 4: Komfortkriterien für die Entnahme von erwärmtem Trinkwasser

Raum	Raumtemperatur [°C]
Einzelbüro (ohne maschinelle Lüftung)	20
Großraumbüro (ohne maschinelle Lüftung)	20
Einzelbüro (mit maschineller Lüftung)	22
Großraumbüro (mit maschineller Lüftung)	22
Auditorium	20
Restaurant	20
Klassenraum	20
Kindergarten	20
Kaufhaus (mit maschineller Lüftung)	22
Verkaufsräume (ohne maschinelle Lüftung)	20
Wohnungen	20
Badezimmer	24
Kirche	15
Museum/Galerien (ohne zusätzliche, austellungsbedingte Bedingungen an die Raumluftkonditionen)	16

Tabelle 5: Mindestwerte der Raumtemperatur bei Heizbetrieb

25.4 Wichtige Technische Regeln, Richtlinien, Gesetze und Verordnungen

25.4.1 Wichtige Technische Regeln und Richtlinien

DIN 1946 T6 Raumlufttechnik – Lüftung von Wohnungen – Anforderungen, Ausführung, Abnahme (VDI-Lüftungsregeln).
DIN 1988 Technische Regeln für Trinkwasserinstallationen (TRWI), 8 Teile und 1 Beiblatt.
DIN 18015 Elektrische Anlagen in Wohngebäuden, 3 Teile.
DIN 18017 T3; Lüftung von Bädern und Toilettenräumen ohne Außenfenster – mit Ventilatoren.
DIN 18022 Küchen, Bäder und WC's im Wohnungsbau; Planungsgrundlagen.
DIN 18025 Barrierefreie Wohnungen.
DIN 18160 Hausschornsteine, Anforderungen, Planung, Ausführung, 2 Teile.
DIN EN 1610 Verlegung und Prüfung von Abwasserleitungen und Kanälen.
DIN EN 12056 Schwerkraftentwässerungsanlagen innerhalb von Gebäuden, 5 Blätter + deutsche „Restnorm" DIN 1886, Teil 100.
DIN EN 12831 Heizungsanlagen in Gebäuden, Verfahren zur Berechnung der Norm-Heizlast (1 Teil und 1 nationaler Anhang).
DIN EN 13779 Lüftung von Nichtwohngebäuden; Allgemeine Grundlagen und Anforderungen an Lüftungs- und Klimaanlagen in Nichtwohngebäuden.
DIN EN 15251 Eingangsparameter für das Raumklima zur Auslegung und Bewertung der Energieeffizienz von Gebäuden – Raumluftqualität, Temperatur, Licht und Akkustik.
DVGW-TRGI 86/96 Technische Regeln für Gasinstallationen (auch DVGW G 600).
DVGW W 551 Trinkwassererwärmungs- und Leitungsanlagen; Technische Maßnahmen zur Verminderung des Legionellenwachstums.
VDI 6000 Ausstattung von und mit Sanitärräumen.
VDI 6003 Trinkwassererwärmungsanlagen – Komfortkriterien für Planung, Bewertung und Einsatz.
VDI 6030 Auslegung von freien Raumheizflächen – Grundlagen – Auslegung von Raumheizkörpern.

25.4.2 Gesetze und Verordnungen

Bundes-Immissionsschutzgesetz
Energieeinsparungsgesetz
Energieeinsparverordnung
Verordnung über Heizkostenabrechnung
Verordnung über allgemeine Bedingungen für die Versorgung mit Wasser
Verordnung über die Qualität von Wasser für den menschlichen Gebrauch

26. Die Statik von Gebäuden und deren kritische Betrachtung

Jens Richter, Arno Bidmon

Übersicht

26.1 Was bestimmt die Statik eines Gebäudes?
26.2 Normen – maßgebende technische Regeln und Hilfsmittel – mit immer mehr Aufwand
26.3 Deregulierung der Bauordnung – auch mehr Verantwortung für den Statiker
26.4 Mängel- und Schadensentwicklung an Gebäuden
26.5 Fehlerquellen beim Erstellen von Statik und Konstruktionsunterlagen
26.6 Modellbildung und Berechnung
26.6.1 Grundbegriffe der Statiker – Fachsprache
26.6.2 Gebäudemodelle – zusammengesetzt aus Einzeltragwerken
26.6.3 FEM und komplexe Modellbildung
26.6.4 Objektdokumentation
26.7 Robuste Bauwerke
26.8 Fehlerhafte Modelle und ihre Folgen
26.8.1 Schadensbeispiel: Torsion eines Ringbalkens
26.8.2 Schadensbeispiel: Teileinsturz durch verformungsbedingte Lasterhöhung
26.8.3 Schadensbeispiel: Horizontalrisse unter Deckenauflager
26.8.4 Schadensbeispiel: Stützenbruch durch Deckenverformung infolge Temperatur
26.8.5 Schadensbeispiel: Mauerwerksschäden infolge unterschiedlicher Schwindbeanspruchung
26.8.6 Schadensbeispiel: Abhebende Ecken (Klassiker)
26.9 Zusammenfassung

26.1 Was bestimmt die Statik eines Gebäudes?

Die Statik, kurz umschrieben als die Lehre vom Gleichgewicht der Kräfte, ist ein derartig umfangreiches Gebiet, dass auch bei einer Beschränkung auf Gebäude oder Bauwerke in diesem Handbuch für Bausachverständige diese Lehre nicht umfassend beschrieben werden kann.

Beim Leser werden Grundkenntnisse vorausgesetzt und ein Fachkollege wird vielleicht auf Grund der teilweise knappen und unvollständigen Darstellungen manches zu ergänzen wissen. Dessen sind wir uns bewusst.

Wer sich intensiver mit Grundlagen oder Spezialgebieten der Statik befassen möchte, der sei auf die entsprechende Fachliteratur verwiesen. Hier soll auf einige Aspekte eingegangen werden, die gegebenenfalls vom Sachverständigen bei der Beurteilung zu beachten sind oder deren Vernachlässigungen an Gebäuden zu Schäden führen können.

Wenn Schäden an Gebäuden auftreten, die keinen Teil- oder völligen Einsturz zur Folge haben, sich aber in Rissbildungen, Verschiebungen der Konstruktion oder auch unangenehm empfundenen Schwingungen äußern, dann wird mitunter die Frage gestellt oder behauptet, ob bzw. dass die „Statik" des Gebäudes gefährdet ist. Als Sachverständiger

26. Die Statik von Gebäuden und deren kritische Betrachtung

muss man sich immer über die Ursachen von Schäden Gewissheit verschaffen, um beurteilen zu können, ob damit nicht zu akzeptierende Beeinträchtigungen der Standsicherheit verbunden sind. Im Weiteren ist man dann bei einer Fragestellung dieser Art im Gerichtsgutachten angehalten, dem fachlichen Laien mitunter schwierige technische Sachverhalte anschaulich und vereinfacht so darzustellen, dass die sachverständige Beurteilung nachvollzogen und verstanden wird.

Die grundsätzliche Betrachtung ist, dass ein Gebäude Einwirkungen unterliegt, denen es mit einem Widerstand entgegenwirkt. Für Einwirkungen werden, vereinfacht dargestellt, Grenzen als Maximalwerte angesetzt, für Widerstände Minimalwerte, z.B. von Materialfestigkeiten. Die Kräfte der Einwirkungen stehen mit den Widerständen im Gleichgewicht. Damit das Gleichgewicht stabil ist, müssen ausreichende Reserven vorhanden sein, die ein Versagen bzw. Einsturz der Bauwerke mit einem von der Gesellschaft akzeptierten Sicherheitsniveau verhindern. Für übliche Hochbauten wird das derzeitige Sicherheitsniveau so bestimmt, dass unter den theoretischen Annahmen die Versagenswahrscheinlichkeit $1 \cdot 10^{-6}$ beträgt. D.h., auch bei durchschnittlich richtiger Planung und Bauausführung kann bei einem von 1.000.000 Bauwerken ein Versagen dann nicht ausgeschlossen werden, wenn eine Häufung von Einzelursachen zusammenkommt, die jede für sich gesehen noch in dem tolerierbaren Bereich der einzelnen Einwirkungen oder Widerstände liegt.

Wesentlich ist, dass es keine absolute Sicherheit gegen das Versagen gibt, sondern „nur" eine übliche oder beim Vorliegen bekannter Abweichungen auch eine abgeminderte Sicherheit. Wie im letztgenannten Fall zu reagieren ist, muss als Einzelfallbetrachtung entschieden werden.

Bei den meisten Schäden werden jedoch Abweichungen oder Fehler gefunden, die im Einzelnen betrachtet nicht im tolerierbaren Rahmen liegen und eindeutige Ursachen darstellen. Einstürze oder Teilversagen sind meist auf mehrere Ursachen zurückzuführen, in den seltensten Fällen wird die Sicherheitsreserve durch einen einzelnen Fehler so weit aufgebraucht, dass es zum Versagen kommt.

Als Fehler oder Mangel in der „Statik eine Gebäudes" ist der Fall anzusehen, wenn das Sicherheitsniveau, vereinfacht als Standsicherheit bezeichnet und beschrieben mit dem Verhältnis von Bauwerkswiderständen zu Einwirkungen, unter die von der Gesellschaft akzeptierten Größe fällt. Rein pragmatisch betrachtet, bleibt ein Gebäude stehen, wenn das Verhältnis größer Eins ist, und versagt, wenn das Verhältnis kleiner Eins wird.

Mit der Planung eines Bauwerkes, im speziellen Fall mit der statischen Berechnung des Tragwerks vom Gebäude, soll erreicht werden, dass einerseits nach der Bauausführung dieses Sicherheitsniveau vorliegt, andererseits aber auch wirtschaftlich gebaut wird und übertriebener Materialeinsatz nicht zu einer unnötig überhöhten Sicherheit führt.

Diese Zielstellung wurde im Verlauf der Entwicklung der Tragwerksplanung, die landläufig auch mit Statik bezeichnet wird, mit verschiedenen Verfahren erreicht. Einerseits wurde die Größe der zulässigen Belastung festgelegt, andererseits wurde die zum Bruch führende Beanspruchung der Baustoffe nach speziellen Regeln bestimmt und durch einen Sicherheitsfaktor abgemindert.

Dieses Konzept des so genannten summarischen Sicherheitsfaktors ist bereits in den ersten baupolizeilichen Verordnungen vom Ende des 19. Jahrhunderts enthalten, die für Baustoffe zulässige Spannungen angeben. Es war bis in die 80iger Jahre des 20. Jahrhunderts bestimmend und ist derzeit mit der Einführung der Eurocodes im Wesentlichen abgelöst. Die einzuhaltende Sicherheit wurde in der Regel nachgewiesen mit: vorhandene Spannung zulässige Spannung.

Mit der statistischen Auswertung der Materialeigenschaften, mathematisch formulierten Versagensbetrachtungen, der Festlegung von Versagenswahrscheinlichkeiten und Statistiken zur Ermittlung von Beanspruchungen wurde die Grundlage für die derzeitig vorherrschende, semiprobabilistische Methode zur Absicherung des notwendigen Sicherheitsniveaus entwickelt. Auf der Seite der Einwirkungen werden Teilsicherheits- und Kombinationsbeiwerte eingeführt, in der Regel als Faktor für die Einwirkung, auf der Seite der Widerstände weitere Teilsicherheitsbeiwerte, in der Regel als Quotient für Materialfestigkeiten, Querschnittswerte oder ähnliches. Die Einhaltung des Sicherheitsniveaus wird nachgewiesen durch die Gegenüberstellung: Einwirkung $\leq$ Widerstand oder als Quotient: Einwirkung/Widerstand $\leq 1,0$.

Eine weitere Konzeption zum Nachweis der erforderlichen Sicherheit ist die Methode der Zuverlässigkeitsanalyse, die jedoch auf Grund der komplexen Zusammenhänge ohne Rechentechnik nicht beherrschbar ist und in absehbarer Zeit in Ingenieurbüros nicht zum täglichen Gebrauch gehören wird.

Um die Einwirkungen und Widerstände eines Gebäudes berechnen zu können, muss ein Modell vom Tragwerk des Gebäudes entwickelt werden, an dem dann mit den einschlägigen technischen Regeln die Nachweise geführt werden können. Für diese ingenieurmäßigen Modellbildungen besteht eine Reihe von Möglichkeiten. Grundsätzlich muss das Modell die später gebaute Wirklichkeit ausreichend genau wiedergeben. Vereinfachungen dürfen nur so vorgenommen werden, dass sie „auf der sicheren Seite liegen", d.h., es muss bekannt und ersichtlich sein, dass die in der Praxis auftretenden Beanspruchungen an beliebigen Stellen des gebauten Tragwerks nicht größer werden können als die am Modell berechneten und nachgewiesenen. Im Umkehrschluss bedeutet das, die wirklich auftretenden Beanspruchungen sind kleiner und das am vereinfachten Modell nachgewiesene rechnerische Sicherheitsniveau ist in der wirklich vorhandenen Konstruktion größer. Es liegen dann Systemreserven vor, die mitunter Umbauten ermöglichen oder auch Fehler in der Planung oder Bauausführung kompensieren können.

Es wird ersichtlich, dass die Wahl des statischen Modells für die Berechnung der „Statik des Gebäudes" – d.h. dem Nachweis des Kräftegleichgewichts am Gebäude – zur Beurteilung von Schäden von entscheidender Bedeutung sein kann. Hierauf wird im Folgenden noch mit Beispielen eingegangen werden.

Ein weiterer Gesichtspunkt ist der Ansatz der Einwirkungen. Das sind einerseits Kräfte oder Lasten, z.B. auch Drücke, andererseits Verschiebungen oder Zwangsbeanspruchungen.

Kräfte entstehen, indem die Masse eines Körpers einer Beschleunigung unterliegt, einfach ausgedrückt: Kraft = Masse · Beschleunigung.

Im Alltag wirkt die Erdbeschleunigung, so dass aus den Massen der Bauteile die anzusetzenden Eigenlasten und dem weiteren Gebrauch die Nutzlasten als Kräfte auf das Gebäude einwirken. Die Wirkungsrichtung dieser Massenkräfte ist senkrecht nach unten. Weitere Beschleunigungen, die Kräfte auch mit anderer Wirkungsrichtung hervorrufen, sind z.B. Erdbeben mit horizontaler Beschleunigung, Erschütterungen und Schwingungen durch Erdarbeiten, Maschinen, Windkräfte oder abstürzende Schneemassen. Ein Sonderfall ist sicher die Kraftwirkung, die ein umstürzender Baum auslöst, der auf ein Gebäude

26. Die Statik von Gebäuden und deren kritische Betrachtung

fällt. Diese Beanspruchungen sind als äußere Einwirkungen auf ein Tragwerk relativ offensichtlich.

Einwirkungen aus Verschiebungen oder Zwang sind dagegen besonders für Laien nicht sofort nachvollziehbar. Verschiebungen sind als Einwirkungen nur dann anzusetzen, wenn sie mit unterschiedlicher Größe am Gebäude wirken. Nicht Setzungen, sondern Setzungsdifferenzen am Gebäude ergeben Einwirkungen und können zu Schäden führen. Materialien verändern die Länge in Abhängigkeit von der Temperatur, Erwärmung bedeutet Verlängerung, Abkühlung Verkürzung. Werden diese temperaturbedingten Dehnungen der einzelnen Bauteile innerhalb des Gebäudes gegenseitig behindert, dann entstehen Zwangsbeanspruchungen. Entsprechendes gilt für solche Baustoffe, die beim Austrocknen schwinden, d.h. die Längenausdehnungen respektive Volumen verringern, wie z.B. Holz oder Beton. Die Behinderung der Dehnung kann zu großen Kräften führen, die im Gegensatz zu den äußeren Lasten jedoch sofort abgebaut werden, wenn die im Verhältnis zur Abmessung der Konstruktion gesehene, geringe Verschiebung ermöglicht wird, z.B. durch Rissbildung oder Auflagerbewegungen.

Weitere Einwirkungen ergeben sich aus Drücken von Medien, in denen das Gebäude steht – landläufig Luftdruck/Wind, Wasserdruck und Erddruck.

Die anzusetzenden, maximalen Einwirkungen aus Wind auf übliche, nicht schwingungsanfällige Hochbauten sind in Normen geregelt, so dass darauf nicht weiter eingegangen wird. Hier nur der Hinweis, dass die Winddruckwirkung auf Flächen die Resultierende von Außen- und Innendruck ist. Sogwirkungen an flächige Bauteile können nur entstehen, wenn auf der Innenseite ein Luftdruck herrscht, der größer als der äußere ist.

Für ruhendes Wasser, sinngemäß auch für andere Flüssigkeiten, ist der hydrostatische Druck anzusetzen, z.B. stationäres Grundwasser oder Flüssigkeiten in Behältern. Auch Frischbeton kann einen entsprechenden Druck bewirken, der auf Grund der größeren Dichte den 2,5fachen Wert vom Wasser erreicht. Unterschiedliche Grundwasserstände, z.B. durch Grundwasserabsenkungen in Baugruben, ergeben im Baugrund strömendes Wasser und damit Strömungseinflüsse auf den Erddruck. Hierzu zählt auch der hydraulische Grundbruch, der bei Gebäuden dann zu einem Risikofaktor werden kann, wenn bei Hochwassersituationen der Grundwasserspiegel extrem steigt und Keller mit unbefestigter Sohle, wie bei Altbauten teilweise noch vorhanden, leer gepumpt werden.

Im Zusammenhang mit dem Erddruck als Einwirkung kann an dieser Stelle nicht auf Erddrucktheorien und Erddruckansätze eingegangen werden. Nur der Hinweis, dass der Zusammenhang zwischen Relativverschiebung von Bauwerk zum Erdreich entscheidend für die Erddruckordinate ist. Daraus ergibt sich die kleine Erddruckordinate des aktiven Erddrucks bei ausreichender Verschiebung (Verdrehung) des Bauwerks vom abzustützenden Erdreich weg, der Erdruhedruck bei starren Bauwerken und die große Erddruckordinate des Erdwiderstands bei einer Verschiebung des Bauwerks gegen das Erdreich. Zwischenwerte des Erddrucks bei geringeren Verschiebungen und Erddruckumlagerung sind weitere Gesichtspunkte, ebenso der Verdichtungsdruck oder die Kohäsion.

Im Zusammenhang mit der Gründung der Gebäude sind Baugrundreaktionen dann auch auf der Seite des Widerstands anzusetzen. Als Stichworte seien genannt: Sohlpressungen, Grundbruchnachweise, Gleitsicherheitsnachweise, Standsicherheit von Böschungen.

26.1 Was bestimmt die Statik eines Gebäudes?

Die Widerstandsseite des Tragwerks von Gebäuden wird bestimmt durch:

- Abmessungen der tragenden Teile
- Materialeigenschaften wie Bruchfestigkeiten, elastisches und/oder plastisches Verhalten, Schwinden und Kriechen, Brennbarkeit/Feuerwiderstand etc.
- Verbindungen und Kombination der einzelnen tragenden Teile im gesamten Bauwerk bzw. Gebäude – die eigentliche Konstruktion.

Der zuletzt genannte Sachverhalt verdient besondere Beachtung. Im Sinne der Bauwerkssicherheit schlechte Konstruktionen sind solche, die beim Versagen eines einzelnen Bauteils insgesamt ihre Standsicherheit verlieren, man spricht auch vom progressiven Kollaps der Konstruktion. Typisches Beispiel hierfür ist die Reihung von Gerberträgern mit einem Gelenk je Feld, bei denen das Versagen eines Teils den Einsturz der gesamten Trägerreihe zur Folge hat. Dieser direkte Zusammenhang zwischen Einzelversagen und Gesamteinsturz ist besonders bei statisch bestimmten Konstruktionen kritisch, während statisch unbestimmte Tragwerke bereits durch die theoretische Möglichkeit der Kraftumlagerung nach dem Versagen eines Einzelbauteils eine größere Sicherheit gegen den Gesamteinsturz aufweisen.

Robustheit und duktiles Baustoffverhalten sind hier die Merkmale, die für gelungene Konstruktionen gelten, mit denen ein Gesamteinsturz beim Versagen einzelner Teile vermieden wird.

Bisher wurde nur die Absicherung gegen Versagen betrachtet, welche als Grenzzustand der Tragfähigkeit (GZT) beschrieben wird. In der täglichen Arbeit des Sachverständigen treten jedoch weit häufiger Schäden ohne vollständiges Bauteilversagen auf, wie Risse, zu große Durchbiegungen und Verschiebungen, ohne dass die Standsicherheit als gefährdet angesehen werden muss. Die Nutzung oder die Gebrauchstauglichkeit wird hierdurch aber eingeschränkt. Die Einhaltung entsprechender Grenzen lässt sich an den Modellen ebenfalls berechnen, dabei wird aber nicht mit weiteren Sicherheitsabständen gearbeitet. Wenn eine Verformung für die übliche Nutzung sinnvoll mit L/300 (Stützweite/300) beschränkt ist, oder eine Rissbreite im Stahlbeton mit wcal = 0,2mm, dann muss hier keine weitere Sicherheit vorgesehen werden, d.h., die Grenzwerte einschließlich gewisser Toleranzen können dann auch in der Praxis auftreten. Dieser Zustand wird als Grenzzustand der Nutzungsfähigkeit (GZN) oder der Gebrauchstauglichkeit (GZG) bezeichnet und erhält bei den neueren Nachweisverfahren eine zunehmende Bedeutung.

Unter Beachtung der vorgenannten Zusammenhänge wird also vom Tragwerksplaner – „Statiker" – eine Modellbildung vorgenommen und das Tragwerk im erforderlichen Umfang berechnet und durchkonstruiert. Die Konstruktion wird dann in Zeichnungen aufbereitet, das sind Schal- und Bewehrungspläne für Stahlbetonbauteile, Konstruktions- und Werkstattzeichnungen im Stahl- und Holzbau, Montageübersichten im Fertigteilbau usw. Im Idealfall erfolgt die Konstruktion in enger Zusammenarbeit mit dem Architekten und guter Abstimmung mit den weiteren Fachplanern für Haustechnik und anderen. Dass dabei einzelne, örtliche Lösungen nicht 1:1 wie in der Berechnung umgesetzt werden, sondern mit dem vorhandenen Erfahrungsschatz und üblichen technischen Regeln angepasst werden, ist alltäglich. Das typische Beispiel sind Durchbrüche, die während der Berechnung noch nicht bekannt waren und nachträglich durchaus korrekt konstruktiv eingearbeitet werden.

26. Die Statik von Gebäuden und deren kritische Betrachtung

Der Umfang von Berechnungsmodellen und die eigentlichen Nachweisverfahren sind im Lauf der Zeit ebenfalls weiterentwickelt und verändert worden. Die Entwicklung ging von einfachen Modellen, wie Balken, Stützen, Platten, Wänden (Scheiben), die noch mit Hand berechenbar sind, zu Platten- und Scheibensystemen (Faltwerken), Durchlaufträgern bis hin zu Gebäudegesamtmodellen mit unterschiedlichen Baustoffen, die nur noch mit entsprechenden Programmen und zugehöriger Rechentechnik beherrschbar sind. Dabei wird die theoretische Berechenbarkeit der komplizierten Systeme von den Entwürfen der Architekten ausgenutzt bzw. die Entwürfe erfordern fortschrittliche Rechenmodelle.

Wird der Prozess des Planens und Bauens so verfolgt, dann zeigt sich, dass die Ausarbeitung der Statik – hier die statische Berechnung – ein wesentliches **Hilfsmittel** ist, um für ein Gebäude die Statik – hier die notwendige Standsicherheit und Gebrauchstauglichkeit – sicherzustellen. Will man jedoch Genaueres über die Standsicherheit und das wirklich vorhandene Sicherheitsniveau wissen, möglicherweise im Zusammenhang mit einem Umbau oder einer Schadensbeurteilung, dann ist eine Analyse des gebauten Tragsystems unumgänglich.

Der Abgleich der Ausführungspläne mit der wirklich vorhandenen Konstruktion und ein Vergleich mit der statischen Berechnung zeigen, ob eventuell mit vereinfachten Annahmen gerechnet wurde. Der Abgleich kann mögliche Reserven, aber auch Fehler in der Berechnung aufdecken. Noch besser sind hierfür Revisionsunterlagen geeignet, da in diesen Unterlagen die Änderungen während der Baudurchführung erfasst werden. Bei Bedarf können Untersuchungen an genaueren Modellen, mit den maßgebenden, wirklich vorhandenen Materialeigenschaften und Abmessungen im Bauwerk durchgeführt werden. Erst auf diesem Wege ist es möglich, das vorhandene Sicherheitsniveau besser, d.h., mit einer größeren Annäherung an die Wirklichkeit zu bestimmen.

26.2 Normen – maßgebende technische Regeln und Hilfsmittel – mit immer mehr Aufwand

Im Baurecht der Länder ist die Beachtung und Anwendung von eingeführten technischen Baubestimmungen verankert. Diese technischen Baubestimmungen sind Normen und Richtlinien, die bestimmend für die Sicherheit der Gebäude und Bauwerke sind. Sie umfassen technische Regeln zu Lastannahmen, zur Bemessung und Ausführung z.B. für Grundbau, Stahlbetonbau und Mauerwerksbau bis zu Sonderkonstruktionen, zu Brand-, Wärme- und Schallschutz, zu Bauten- und Gesundheitsschutz und weitere Planungsgrundlagen.

Das Berechnungsmodell des künftigen Gebäudes wird vom planenden Bauingenieur festgelegt, die statische Berechnung, insbesondere die Nachweisführung und Konstruktion des Gebäudes, werden durch die Anwendung von diesen Normen mit bestimmt. Was berechnet wird, ist kreative Planungsaufgabe, wie gerechnet werden muss, ist durch technische Regeln beschrieben und dient dazu, Bauwerke mit vorgegebenen Eigenschaften und ausreichender Standsicherheit zu errichten.

Diese technischen Regeln, auch speziell Normen, sind einer laufenden Entwicklung unterworfen und stellen somit den für die praktische Anwendung zusammengefassten technischen Stand in einem historischen Zeitabschnitt dar. Er wird bestimmt von den praktischen Möglichkeiten, d.h. Baustoffe mit deren Eigenschaften, Bautechnologien und

26.2 Normen – maßgebende technische Regeln und Hilfsmittel – mit immer mehr Aufwand

Anforderungen, und einem abgesicherten theoretischen Wissensstand dieser Zeit. Es kann zu gravierenden Fehleinschätzungen führen, wenn alte Konstruktionen mit neueren Berechnungsregeln nachgerechnet und ohne Beachtung von konstruktiven Besonderheiten bewertet werden.

Überarbeitungen bzw. Fortschreibungen von Normen erfolgen je nach Umfang der neuen Erkenntnisse in Abständen von ca. zehn bis 20 Jahren. Die Ende der 70er Jahre begonnene Entwicklung mit dem Eurocode – Programm innerhalb der EU soll letztendlich zu weitgehend einheitlichen, harmonisierten Berechnungsnormen führen, die den Handel mit Bau- und Ingenieurleistungen mit einem europaweit anerkannten Sicherheitskonzept ermöglichen.[1] Dieser lange Entwicklungszeitraum führte dazu, dass in Deutschland als Zwischenstufe inzwischen abgelöste Normen im Bereich der Lastannahmen, des Beton-, Stahlbeton- und Spannbetonbaus, des Mauerwerksbaus, des Holz- und Grundbaus herausgegeben wurden. Diese beruhen alle auf dem Sicherheitskonzept bzw. dem Nachweisverfahren mit Teilsicherheitsbeiwerten, wie es im Stahlbau bereits seit 1990 etabliert ist.

Inzwischen sind die Eurocodes seit dem 1.7.2012 als eingeführte technische Baubestimmungen auch in Deutschland anzuwenden und gelten damit als allgemein anerkannte Regel der Technik. Die vorgesehene Stichtagsregelung wurde teilweise in einzelnen Bundesländern aufgeweicht und ist in der Praxis nicht umzusetzen gewesen. Das Sicherheitsniveau der letzten DIN – Normengeneration ist mit dem der Eurocodes praktisch gleichzusetzen. Somit kann unter dem Gesichtspunkt der Standsicherheit nicht automatisch ein Mangel damit begründet werden, dass die letzten DIN – Normen und nicht die Eurocodes angewendet wurden.

Unter den Gesichtspunkten der Vertragserfüllung – nach welchen Normen war bzw. ist zu Planen und zu Bauen – sieht der Sachverhalt anders aus. Hier sind die Juristen gefragt und haben sich in entsprechenden Fachartikel auch zu Wort gemeldet.

Mit der Einführung der Eurocodes ist der extrem größere Seitenumfang dieser Normen allgemein publik gemacht worden. Ergänzend zum jeweiligen Eurocode sind nationale Anhänge eingeführt worden, in denen national festgelegte, sicherheitsrelevante Parameter und zusätzliche, nicht widersprechende Regelungen enthalten sind.

Neben neuen normativen Regelungen, z.B. dem Erfassen hochfester Betone innerhalb des entsprechenden Eurocodes, der Anpassung der Lastannahmen für Wind und Schneelasten an die neueren klimatischen Bedingungen und dem durchgehend anzuwendenden Sicherheitskonzept, ist mit den Eurocodes für die Nachweisführungen ein deutlich größerer numerischer Aufwand verbunden. Dieser, verbunden mit Unsicherheiten in der Anwendung und bei Auslegungsfragen sowie in der Umsetzung mit den notwendigen Rechenprogrammen, birgt ein erhöhtes Fehlerrisiko in sich. Einfacher und anwendungsfreundlicher sind die Eurocodes keinesfalls geworden. So erfolgen die Berechnungen mit Statikprogrammen, die für viele Anwender eine „black box" darstellen und deren Ergebnisse einfach angewendet werden. Umso wichtiger sind Plausibilitätskontrollen, z.B. auch der Vergleich mit den Ergebnissen nach alten Rechenverfahren, denn gravierende Abweichungen der Ergebnisse sind für übliche Gebäude mit den neuen Normen nicht zu erwarten.

---

1 Quelle: Betonkalender 2002/Teil 2 Abschnitt A, 1, Berlin.

26. Die Statik von Gebäuden und deren kritische Betrachtung

> **PRAXISTIPP**
>
> *Gebäude sind Kinder ihrer Zeit. Um auftretende Schäden oder Veränderungen richtig zu beurteilen oder vorherzusehen, ist die Kenntnis der technischen Regeln und Normen aus der Zeit der Errichtung eine wesentliche Grundlage.*

26.3 Deregulierung der Bauordnung – auch mehr Verantwortung für den Statiker

In Deutschland wurde mit der Institution der Prüfingenieure das so genannte „Vier-Augen-Prinzip" geschaffen, mit dem durch die Prüfpflicht u.a. von statischen Berechnungen von öffentlicher Seite die Einhaltung der Sicherheitsanforderungen kontrolliert wurde. In den 1990er Jahren wurde mit den Novellierungen der Landesbauordnungen diese grundsätzliche Prüfpflicht zur Vereinfachung der Bauordnungsverfahren aufgehoben und beschränkt sich jetzt hinsichtlich Prüfung der Standsicherheitsnachweise – der Statik – auf Gebäude der Gebäudeklasse 4 und 5[1] und je nach Bundesland auf weitere Bauten, die z.B. durch einen Kriterienkatalog zu bestimmen sind. Dadurch sollen schwierig zu berechnende Tragwerke oder solche mit höherem Gefährdungspotential wieder der Prüfpflicht zugeordnet werden, auch wenn sie einer niedrigeren Gebäudeklasse zuzuordnen sind. Die Zuordnung ist vom Tragwerksplaner vorzunehmen, sie begründet öffentlich-rechtlich verbindlich die Prüfpflicht gegenüber dem Bauherrn. Der Tragwerksplaner entscheidet damit auch, ob dem Bauherrn Prüfgebühren als weitere Kosten entstehen.

Mit dem Kriterienkatalog zur SächsBO (Sächsische Bauordnung) wird z.B. gefordert, dass die Bauwerke/Bauteile nur mit einfachen Verfahren und Hilfsmitteln der Baustatik berechnet sein dürfen, um nicht unter die Prüfpflicht zu fallen. Geschossdecken bei komplizierten Grundrissen eines Einfamilienhauses werden heutzutage ganz selbstverständlich mit FEM-Programmen berechnet und sind gegebenenfalls als Flächentragwerk anzusehen, für das nach der genannten Bauordnung Prüfpflicht besteht, die sich dann auf das gesamte Gebäude erstreckt.

Interessant als rechtliches Problem dürfte eine Konstellation werden, wenn, im Rahmen eines Schadensgutachtens für ein Bauvorhaben ohne Prüfung, vom Sachverständigen ein Berechnungs- oder Konstruktionsfehler des Statikers festgestellt wird und, abweichend von dessen Beurteilung, doch eine Prüfpflicht vorgelegen hätte. Auf Grund der falschen Einstufung erfolgte keine Prüfung der Standsicherheit, bei der ein Fehler hätte gefunden und der Schaden somit vermieden werden können. Ob sich damit die Haftungsrisiken für den Tragwerksplaner bzw. die Gewährleistungsansprüche eines Bauherrn gegenüber diesem verändern, wäre noch in Rechtsverfahren zu klären. Sicher ist jedoch, dass hier Gefälligkeit dem Bauherrn gegenüber fehl am Platz ist und ein Sachverständiger, der mit einem Privatgutachten betraut ist, zusätzlich beim Erkennen entsprechender Fehler das Umgehen einer Prüfpflicht mit benennen sollte.

---

[1] Siehe hierzu die Bauordnungen der Bundesländer.

26.4 Mängel- und Schadensentwicklung an Gebäuden

Die Mangel- und Schadenshäufigkeit verändert sich im Laufe der Nutzungsdauer. Dies ist bekanntermaßen nicht nur bei Gebäuden der Fall. Die so genannte **Badewannenkurve** stellt den typischen Verlauf der Häufigkeit des Auftretens der Mängel bzw. Schäden in Abhängigkeit von der Zeit dar. Dabei sind sowohl Baumängel erfasst, die aus Fehlern bei der Planung und Errichtung resultieren, als auch Mängel, die infolge der Nutzung des Gebäudes entstehen, d.h. Abnutzung oder Verschleiß.

Diese Kurve ist im Wesentlichen in drei Bereiche zu unterteilen.

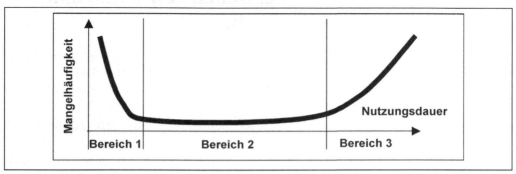

Bild 1: „Badewannenkurve"

Bereich 1: Frühmängel und -schäden

Ursachen sind meist Planungs- und/oder Herstellungsfehler sowie Materialfehler, die sich bereits bei erster Beanspruchung auswirken (Baumängel), die Häufigkeit nimmt kurzfristig ab.

Beispiele:

Schwachstellen in ständig beanspruchten Abdichtungen, Risse infolge Schwinden des Betons, Wärmedämmdefizite.

Bereich 2: zufällige Mängel, Schäden; Abnutzung

Baumängel infolge langsam verlaufender Prozesse mit Schadensakkumulation und seltener Ereignisse, insgesamt treten weniger Mängel/Schäden auf.

Beispiele:

Insektenbefall, Mangelerscheinungen der Bauwerksabdichtung bei extrem hohen Grundwasserständen, defekte Verglasung, Erneuerung von Anstrichen, Teppichböden, Tapeten, aber auch Wasser- und Sturmschäden.

Bereich 3: zunehmender Verschleiß

Die Alterung bedingt einen zunehmenden Verschleiß, Nutzungsdauer von Bauteilen/Ausrüstung ist erreicht. Die Mangel- und Schadenshäufigkeit nimmt zu.

26. Die Statik von Gebäuden und deren kritische Betrachtung

Beispiele:

Ersatz einzelner Bauteile des Wetterschutzes (Dacheindeckung, Putz, Verblechungen), Korrosion von Stahlteilen, Defizite der Gebäudeabdichtung, Fenster und Türen, Reduktion der Tragfähigkeit alter Brücken.

Anmerkung:

Das Ende der Gewährleistungszeit sollte zeitlich nach der Grenze zwischen Bereich 1 und 2 liegen. Dies ist jedoch nicht immer der Fall.

26.5 Fehlerquellen beim Erstellen von Statik und Konstruktionsunterlagen

Mit einiger Erfahrung werden triviale Fehler während der Berechnung von überschaubaren Systemen erkannt. Das Gefühl „hier kann was nicht stimmen" ist Anlass für manche Kontrolle. Es versagt jedoch bei komplexen Systemen, wenn die Ergebnisse nicht außerhalb der Erwartungsgrenzen liegen.

Die Fehlerquellen beim Erstellen der Statik von Bauwerken lassen sich grob wie folgt zusammenfassen:

- Fehler bei der Modellbildung, d.h., Modell und Wirklichkeit stimmen nicht ausreichend überein. Das Berechnungsmodell ist besonders bei komplexen Systemen kritisch zu betrachten, die dann nur noch mit einem Rechenprogramm bearbeitet werden können. Fehler äußern sich z.B. durch:
    - falsche Abmessungen der Bauteile und Querschnitte
    - Fehler bei der Materialwahl
    - Nichtbeachtung der Randbedingungen/Verformungen
    - Auswahl falscher Nachweisverfahren, z.B. übersehene Stabilitätsbetrachtungen
    - Nichtbeachtung der Schwind- und Kriechprozesse bei Stahlbetonbauten
    - Nichtbeachtung des Temperatureinflusses

    Probleme bei der Normeninterpretation (z.B. Auslegungsfragen zum Eurocode.
- numerische Fehler bei Handrechnungen
- Fehler bei der Anwendung von Rechenprogrammen, z.B.
    - Fehler bei der Aufstellung der Eingabedaten und deren programminternen Verarbeitung
    - Fehler im Programm selber (z.B. Probleme bei der Umstellung auf den Eurocode)
    - Fehler bei der Steuerung von Programmabläufen, Unsicherheiten in der Programmanwendung, auch bezüglich der theoretischen Hintergründe des Rechenprogramms
- Fehler bei der konstruktiven Umsetzung der Ergebnisse.

26.6 Modellbildung und Berechnung

26.6.1 Grundbegriffe der Statiker – Fachsprache

Jedem Leser mit der Ausbildung eines Bauingenieurs sind diese bekannt und werden in Vorträgen und Fachgesprächen kommentarlos verwendet. Wenn das Gleiche dem Sachverständigen in einem Gutachten unterläuft, kann das für den Baulaien zur unverständlichen Darstellung von Zusammenhängen führen und so die Brauchbarkeit des Gutachtens ungewollt schmälern. Eine populärwissenschaftliche Erläuterung in der Fußnote hilft weiter, auch wenn nicht alle Aspekte dieses Begriffs beleuchtet werden. Wie viel zu erklären ist, muss aus dem behandelten Problem abgeleitet werden. Lexika[1], Fachliteratur und „Online-Hilfen" können da auch weiterhelfen. Hier sollen nur einige Begriffe im Zusammenhang mit der Modellbildung beispielhaft erläutert werden, die z.B. nicht in dem genannten Lexikon enthalten sind.

ebenes System: Vereinfachtes Tragwerksmodell, bei dem nur in einer betrachteten Ebene das statische Gleichgewicht untersucht wird. Die weiteren Richtungen werden vernachlässigt.

räumliches System: Umfassendes Tragwerksmodell, bei dem das statische Gleichgewicht in allen drei unabhängigen räumlichen Richtungen erfasst wird.

Freiheitsgrade: Ein Körper (Bauteil) hat im Raum mit dem räumlichen Achssystem X – Y – Z 6 Freiheitsgrade (Bewegungsmöglichkeiten):
3 voneinander unabhängige Verschiebungen: $w_x - w_y - w_z$ und
3 voneinander unabhängige Verdrehungen: $\phi_x - \phi_y - \phi_z$.
Beim ebenen System werden nur 2 Verschiebungen und eine Verdrehung berücksichtigt. Die Bewegungsmöglichkeiten werden durch Stützungen (Auflager, Lagerbedingungen) behindert.

statisch bestimmtes System: Bei einem oder mehreren zu einem System zusammengefassten Körpern stimmt die Anzahl der Freiheitsgrade genau mit der Anzahl unabhängiger Stützungen und Kopplungen überein. Das System ist damit unverschieblich (kinematisch starr) gelagert, die Kräfte in den Stützungen (Stützkräfte) können durch das Aufstellen von Kräftegleichgewichtsbedingungen berechnet werden. Die Querschnitte und Materialien der Körper sind dabei ohne Bedeutung. Beim Versagen einer Systemkomponente (Stützung, Querschnitt) kann das gesamte System zusammenbrechen.

statisch unbestimmtes System: Bei einem oder mehreren zu einem System zusammengefassten Körpern ist die Anzahl der Freiheitsgrade geringer als die Anzahl unabhängiger Stützungen und Kopplungen. Das System ist somit unverschieblich (kinematisch starr) gelagert, die Kräfte in den Stützungen (Stützkräfte) können nicht allein durch das Aufstellen von Kräftegleichgewichtsbedingungen berechnet werden. Es müssen noch Verformungen im System berücksichtigt werden. Die Querschnitte und Materialien der Körper beeinflussen die Stützkräfte. Fallen einzelne Systemkomponenten aus, so kann unter Umständen im Tragwerk durch Schnittkraftumlagerung noch ein stabiles Gleichgewicht erhalten bleiben.

---

1 Zum Beispiel *Peter*, , Lexikon der Bautechnik, 2. Aufl., Heidelberg, 2005.

26. Die Statik von Gebäuden und deren kritische Betrachtung

Anmerkung: In mancher Internetveröffentlichung werden Systeme, bei denen zur Stützkraftberechnung Verformungsbedingungen mit herangezogen werden müssen, fälschlicherweise als statisch überbestimmt bezeichnet.

kinematisch verschiebliches System: Die Anzahl der Freiheitsgrade ist größer als die der unabhängigen Stützungen, das System kann sich bewegen und ist somit nicht geeignet als Tragwerk bzw. als Modell davon.

Schnittkräfte: Wird ein Bauteil gedanklich aus einem im Gleichgewicht stehenden Gesamtsystem durch Schnittführungen mit den zugehörigen Lasten herausgelöst, dann sind an der Schnittführung Kräfte so anzusetzen, dass die Gleichgewichtsbedingungen auch am Bauteil eingehalten sind. Schnittkräfte können sein:

Längs- oder Normalkräfte: stehen senkrecht auf der Schnittebene
Schub- oder Querkräfte: verlaufen parallel zur Schnittebene
Biege- bzw. Torsionsmoment: drehen um Querschnitts- bzw. Normalenachse der Schnittebene.

Spannungen: Kraft pro Flächeneinheit, sind zu berechnen durch die Aufteilung der Schnittkräfte auf die Schnittfläche nach bestimmten Regeln der Festigkeitslehre und technischen Mechanik. Es werden Normalspannungen (senkrecht auf der Fläche, z.B. Zug- oder Druckspannung) und Schubspannungen (in der Fläche) unterschieden. Biegespannungen sind vom Grundsatz her Normalspannungen, die jedoch über die Querschnittsabmessung von Zug- zu Druckspannung wechseln, so hat z.B. ein üblicher Deckenbalken im Feld aus der Biegebeanspruchung unten Zug- und oben Druckspannungen.

Dehnungen, Stauchungen, Verzerrungen: Formänderung im Material als Folge von Spannungen. Die Formänderungen sind in der Regel sehr klein gegenüber den Abmessungen, Ausnahmen sind z.B. Gummi, Schaumstoffe. Verhalten sich Dehnungen und Spannungen proportional, so spricht man von linearer Elastizitätstheorie (Hookesches Gesetz), der Proportionalitätsfaktor ist der Elastizitätsmodul (E-Modul).

Verformung: Ergebnis der über die Bauteilabmessung zusammengefassten Dehnungen (z.B. durch Integration).

Theorie I. Ordnung: Die Gleichgewichtsbedingungen zwischen Belastungen/Stützkräften und Schnittkräften werden am unverformten System aufgestellt. Das Verfahren ist ausreichend genau, wenn die Verformungen sehr klein gegenüber den Querschnittsabmessungen sind.

Theorie II. Ordnung: Die Gleichgewichtsbedingungen werden am verformten System aufgestellt. Das ist erforderlich, wenn bei Bauteilen mit Druckkräften, z.B. Stützen, die Verformung im Verhältnis zu den Querschnittsabmessungen so groß wird, dass nicht mehr vernachlässigbare Vergrößerungen der Biegebeanspruchungen entstehen. Wesentlich z.B. bei Stabilitätsuntersuchungen.

Stahlbeton-Zustand I und Zustand II: Beton ist ein spröder Baustoff mit nur geringer Zugfestigkeit. Wird diese im Bauteil erreicht, kommt es zur einkalkulierten Rissbildung. Zur sicheren Aufnahme der Zugbeanspruchungen wird deshalb Bewehrung vorgesehen, Stahl und Beton wirken im Verbund. Solange der Beton noch nicht gerissen ist, spricht man vom Zustand I, bei Stahlbeton mit Rissbildung vom Zustand II. Im Zustand II wird die Biegesteifigkeit deutlich reduziert, Verformungen nehmen zu. Zur

Sicherung der Gebrauchstauglichkeit müssen Rissbreiten und Verformungen begrenzt werden.

Stahl – elastisch/plastisch: Baustahl hat unter Zug- und Druckbeanspruchung ein nahezu linear-elastisches Verhalten bis zum Erreichen der Fließgrenze, danach nehmen die Dehnungen ohne wesentliche Kraftsteigerung zu, der Stahl fließt bis zu einer gewissen Grenze. Nach weiterer Spannungserhöhung erfolgt der Bruch. Diese Eigenschaft wird durch idealisierte Zusammenhänge von Spannung und Dehnung beschrieben, als elastisch/plastisch. Den Effekt der Teilplastifizierung im Querschnitt darf man im Stahlbau bei Nachweisverfahren berücksichtigen. Man unterscheidet die Nachweisverfahren:

- elastisch/elastisch: Schnittkraftermittlung und Nachweise auf der Grundlage elastischer Berechnungsmodelle.
- elastisch/plastisch: Schnittkraftermittlung auf der Grundlage elastischer Nachweise, auf der Grundlage plastischer Berechnungsmodelle
- plastisch/plastisch: Schnittkraftermittlung und Nachweise auf der Grundlage plastischer Berechnungsmodelle.

Mit steigender Anwendung plastischer Effekte werden statische System- und Materialreserven verstärkt ausgenutzt.

26.6.2 Gebäudemodelle – zusammengesetzt aus Einzeltragwerken

Die Grundmodelle, aus denen sich im klassischen Sinne die Tragwerke von Gebäuden oder andern Bauwerken zusammensetzen sind:

Stab: langgestrecktes, biege- und schubsteifes Bauteil, bei dem die Abmessungen des Querschnitts wesentlich kleiner sind als die Länge, gerade oder gebogen, Belastungen treten in Stablängsrichtung und quer dazu auf. Kann in Stablängsrichtung Zug- und Druckkräfte übertragen und um die Querschnittsachsen Biegung bzw. Torsion. Im Gebäude z.B. als Deckenbalken oder Stützen zu finden.

Seil: langgestrecktes, biegeweiches Bauteil, bei dem die Abmessungen des Querschnitts wesentlich kleiner sind als die Länge, kann nur Zugkräfte in der Seilrichtung übertragen. Im Gebäude z.B. das Windrispenband zur Stabilisierung des Dachstuhls, Diagonale im Andreaskreuz in Dach- und Wandverbänden bei Hallen.

Platte: biegesteifes Flächentragwerk, bei dem die Dicke wesentlich kleiner als die Längenabmessung ist, die Belastung erfolgt senkrecht zur Plattenfläche, z.B. massive Geschossdecken. Die Schubsteifigkeit und Belastung in der Ebene werden nicht erfasst. Grundmodelle sind z.B. Rechteck-, Kreis- und Kreisringplatten.

Scheibe: schubsteifes Flächentragwerk, bei dem die Dicke wesentlich kleiner als die Längenabmessung ist, die Belastung erfolgt in der Ebene der Scheibe, z.B. Wandscheiben. Die Biegesteifigkeit und Belastung senkrecht zur Fläche werden nicht erfasst.

Faltwerk: biege- und schubsteifes Flächentragwerk, die Dicke ist wesentlich kleiner als die Längenabmessungen, Platte und Scheibe sind in einem System zusammengefasst und können entsprechend belastet werden.

Schalen: gekrümmte Flächentragwerke geringer Dicke, die Haupttragwirkung ist die Scheibenwirkung, d.h., wesentliche Schnittkräfte zur Lastabtragung sind Normal- und Schubkräfte in der Schalenebene, Biegemomente und Querkräfte werden möglichst vermieden.

Praktisch treten Platten und Scheiben nicht in der rein theoretischen Form auf, sie werden nur hinsichtlich der Hauptbeanspruchung unterschieden. Eine massive Deckenplatte wirkt in einem Gebäude in der Regel als stabilisierende Horizontalscheibe, Wandscheiben können auch senkrecht zur Fläche belastet werden, z.B. durch Winddruck bzw. Erddruck und wirken dann als Platte.

Für die Grundmodelle gibt es so genannte geschlossene Lösungen. Das sind Differentialgleichungssysteme, die den Zusammenhang zwischen Verformungen (Querschnittsverschiebungen und Verdrehungen), Schnittkräften (Biegemomenten, Normal- und Querkräften) und der Belastung beschreiben. Diese geschlossenen Lösungen sind insbesondere bei Flächentragwerken nur mit erheblichem mathematischen Aufwand berechenbar. Für Stäbe, Platten, Schalen und Scheiben gibt es in der Fachliteratur entsprechende Auswertungen in Form von Schnittkrafttabellen und vereinfachte Berechnungsansätze, um auch mit Handrechnung und vertretbarem Aufwand die Stütz- und Schnittkräfte berechnen zu können und daran anschließend die Bemessung oder andere Nachweise durchzuführen.

Bei den Gebäudeberechnungen, die auf zusammengesetzten Teilsystemen beruhen, werden die Stützkräfte aus dem einen Teilsystem, z.B. Holzdeckenbalken, im nächsten Rechenschritt als Belastung auf das nachfolgende Teilsystem angesetzt, z.B. Wand bzw. Unterzuges. Gegenseitige Einflüsse aus Systemverformungen werden vernachlässigt, wenn es vertretbar ist. Hieraus können dann mit genaueren Berechnungen Systemreserven erschlossen werden. So kann z.B. ein System aus einfachen, durchlaufenden Deckenbalken und einem getrennt berechneten Unterzug Reserven aufweisen, wenn es als Trägerrost nachgerechnet wird.

Um größere Gebäude bzw. Systeme mit den klassischen Modellen berechnen zu können, wurden u.a. Ausgleichsverfahren entwickelt. Dabei werden mit Tafelwerken berechenbare Teilsysteme, wie einzelne Balken- oder Plattenfelder, zu einem Gesamtsystem zusammengesetzt und die an den „Nahtstellen" auftretenden Unstetigkeiten in den Schnittkraftverläufen iterativ nach statisch abgeleiteten Berechnungsansätzen ausgeglichen. Bei diesen Vorgehensweisen ist vorstellbar, dass die weitläufigen Handrechnungen fehlerempfindlich sind, aber auch mit modernen Berechnungsmethoden Systemreserven zu erschließen sind.

Die Programmierung solcher Berechnungsansätze mit der etwas älteren Rechentechnik brachte Zeitersparnis und numerische Sicherheit, vom Prinzip jedoch nichts wesentlich Neues in der Modellbildung.

26.6.3 FEM und komplexe Modellbildung

Die Finite-Elemente-Methode (FEM) wurde um 1960 unter dieser Bezeichnung in der Mechanik eingeführt und seitdem für die Modellbildung bei der computergestützten Berechnung verschiedenster technischer Aufgaben weiterentwickelt, darunter auch die der Statik.

26.6 Modellbildung und Berechnung

Das zu berechnende System wird in eine große, aber endliche (nicht unendliche) Anzahl kleiner Elemente = finite Elemente zerlegt, die in vorgegebenen Knotenpunkten miteinander verbunden sind. Diesen Vorgang nennt man Diskretisierung. Entsprechend Aufgabenstellung werden für die Elemente Ansatzfunktionen definiert, mit denen und deren partiellen Differentialgleichungen die physikalischen bzw. mechanischen Gesetzmäßigkeiten beschrieben sind. In den Knoten können Randbedingungen vorgegeben werden. Mit der mathematischen Beschreibung der Gleichgewichts- und Randbedingungen in den Knoten entsteht ein großes Gleichungssystem, aus dessen Lösung die gesuchten Ergebnisse abgeleitet werden.

Die Entwicklung der Rechentechnik war die materielle Voraussetzung, um die anfallenden, extrem großen Datenmengen verarbeiten zu können. Mit den jetzt üblichen Computern (PC) ist diese Technik praktisch für jeden Ingenieur im Büro vorhanden und wird auch dafür eingesetzt.

Für die Aufgaben in der Gebäudestatik werden Modelle aus stabförmigen Elementen, ebenen und gekrümmten Flächenelementen als Dreieck und Viereck und bei Erfordernis auch Volumenelementen gebildet. Hinzu kommen starre und elastische Stützbedingungen (Federn) und weitere Randelemente. Entsprechend der im Element verankerten Ansatzfunktion können die statischen Aufgaben gelöst werden. Plattenelemente erfassen keine Scheibenwirkung und umgekehrt. Ebene Faltwerkselemente berücksichtigen beides, können aber gekrümmte Flächen nur durch ebene Elemente angenähert abbilden. Neben den im Element verankerten Ansatzfunktionen hängt die Genauigkeit der Ergebnisse von der Anzahl der Elemente (je mehr Elemente desto genauer die Ergebnisse) und der Elementform ab. Quadratische Elemente liefern genauere Ergebnisse als Dreiecke oder Vierecke in Form eines Rhombus. Die mathematische Formulierung der Randbedingungen im Programm und deren praktische Bedeutung müssen bei der Anwendung gut überlegt sein.

Ergänzend zu der Kernaufgabe, Berechnung des Modells mit Schnittkraftermittlung, wurden im Rahmen von vor- und nachgeschalteten Programmen (pre- und postprocessing) Programmpakete entwickelt, die grafisch unterstützte Modelleingaben mit Geometrie und Belastung, die Berechnung von Lastfallkombinationen, das Durchführen von Bemessungen und Nachweisen und die Auswahl der Berechnungsergebnisse und deren grafische Darstellung ermöglichen. Die grafische Darstellung einer Schnittkraftlinie ist um ein Vielfaches aussagekräftiger als seitenweise abgedruckte Zahlenkolonnen, aus denen die maßgebenden Werte herausgesucht werden müssen.

Dementsprechend hat sich die Aufgabe des Ingenieurs in der Praxis verändert. Bei der Arbeit mit FEM geht es vordergründig nicht mehr um die Lösung der mechanischen/statischen Berechnungsaufgabe, sondern verstärkt um die Auswahl der richtigen Programme und deren korrekter Anwendung.

Damit ergibt sich eine neue Art der Fehlerquellen, diese sind:

Programmfehler: Trotz Qualitätsprüfung und vielfacher Anwendung sind in Programmen Fehler nicht ausgeschlossen, die bei großen und unübersichtlichen Modellen nicht oder nur sehr schwer erkannt werden können.

Fehler aus der Modellbildung: z.B. zu grobe Vernetzung im Bereich so genannter Singularitätsstellen, falsch formulierte Randbedingungen durch Erzeugen von Einspannungseffekten, Berechnung mit den hohen Steifigkeiten des Stahlbetons im Zustand I, obwohl durch Rissbildung und Zustand II andere Steifigkeitsverhältnisse

26. Die Statik von Gebäuden und deren kritische Betrachtung

vorliegen und sich damit andere Verformungsverhältnisse ergeben, die zu anderen Schnittkraftverläufen führen können. Inzwischen gibt es Programme, die, den Zustand II berücksichtigend, wirklichkeitsnähere Verformungen ausweisen.

Falsche Modellbildung: Fehler bei der Formulierung von Rand- und Stützbedingungen, Fehler in den Abmessungen, Belastungen bzw. Lastfallüberlagerungen, Sicherheitsfaktoren usw.

Falsche Umsetzung des Modells in die Konstruktion: Fehler in der Ergebnisauswertung, nachträgliche konstruktive Veränderungen im Tragwerk.

Um die FEM in komplexen Modellen richtig anzuwenden, muss der Ingenieur zumindest so viel von dem Berechnungsverfahren wissen, dass er die Auswirkungen von gewählten Randbedingungen, Verbindungen und Übergängen auf die Berechnungsergebnisse qualitativ einschätzen kann. Hinweise hierzu gibt z.B. *Rombach*.[1]

Wenn es um die Berechnung von Decken in Gebäuden mit weitgehend frei gewählter Geometrie und unregelmäßiger Stützung geht, ist die FEM das hierfür angewendete und praktikable Verfahren.

Die nunmehr vorhandene Rechenkapazität der PCs lässt jedoch auch Modelle aus mehreren Decken mit den dazwischen vorgesehenen Wänden und Stützen zu, bis hin zu dem Gesamtmodell eines Gebäudes. Die Berechnung komplexer Tragstrukturen wird immer mehr zum Regelfall.

> **PRAXISTIPP**
>
> *Durch die Berechnungsmöglichkeiten nach der Methode der finiten Elemente werden mit zunehmender Rechner- und Softwareleistung immer komplexere Tragwerke berechenbar. Neuartigen Tragmodellen ist auf Grund der systemimmanenten Fehlerquellen der FEM-Berechnungen stets kritisch zu begegnen. Plausibilitätsprüfungen und Kontrollen werden unbedingt empfohlen.*

Als relativ einfaches Beispiel wird hier mit Bild 2 das Modell einer abgewinkelten Wandscheibe gezeigt, die nur im Zusammenwirken mit den beiden Decken, und damit als sogenanntes Faltwerk, die erforderliche Tragfähigkeit erreicht. Hochbeanspruchte Deckenbereiche sind z.B. am jeweiligen Richtungswechsel der Wandscheibe vorhanden (Lastein- bzw. Lastausleitungsbereiche).

Bei Umbaumaßnahmen an derartigen Tragwerken ist die Kenntnis des (Gesamt-)Systems mit den hoch beanspruchten Stellen wichtig, um Schäden zu vermeiden.

---

[1] *Rombach,* Anwendung der Finite-Elemente-Methode im Betonbau, 2. Aufl., Berlin, 2006.

26.6 Modellbildung und Berechnung

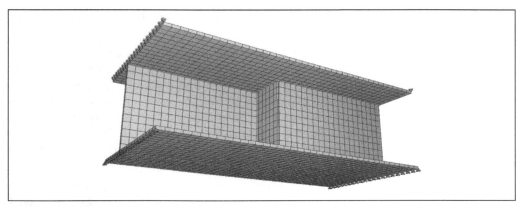

Bild 2: Prinzipdarstellung des Faltwerkes

PRAXISTIPP

Bei Eingriffen in vorhandene räumliche Tragwerke ist das Erfassen der Tragkonstruktion eine wichtige Aufgabe. Die Konstruktion ist hinsichtlich eines räumlichen Tragkonzeptes zu prüfen. Bestandsunterlagen sind hierbei sehr hilfreich.

Die Brauchbarkeit von Berechnungsergebnissen hängt von den im Programm implementierten Ansätzen ab. Für biegebeanspruchte Bauteile im Stahlbetonbau ist eine linear-elastische Verformungs- und Schnittkraftermittlung und dann Bemessung im Zustand II zur Absicherung der Tragfähigkeit üblich und ausreichend. Die unter diesen Voraussetzungen berechneten Verformungen sind jedoch zu gering und können falsche Ergebnisse für die Betrachtung der Gebrauchstauglichkeit ergeben. Wirklich auftretende Verformungen können sich grob angenähert mit den 4- bis 6-fachen Werten einstellen. Inzwischen sind Programme am Markt, die Berechnungen im Zustand II durchführen und somit wirklichkeitsnähere Verformungen ausweisen.

Für druckbeanspruchte Stahlbetonbauteile sind möglicherweise Schnittkräfte und Nachweise unter Berücksichtigung von Theorie II. Ordnung und Rissbildung zu führen. Dann muss geprüft werden, ob das Programm für solche Aufgaben vorgesehen ist. Ist dies nicht der Fall, sind entsprechende Nachweise zu ergänzen.

Insgesamt ist festzustellen, dass mit der Anwendung der neuen Normen, der FEM und weiterer Rechenprogramme eine höhere Auslastung der komplizierteren Tragwerke möglich ist und auch ausgenutzt wird. Die maximale Materialeinsparung wird mit ökonomischem Bauen gleichgestellt.

26.6.4 Objektdokumentation

Der vorhandene große Bestand an älterer, gut erhaltener Bausubstanz führt bereits jetzt und künftig verstärkt dazu, diese für die neueren Nutzeranforderungen umzubauen. Bauen und damit Tragwerksplanung bzw. Statik im Bestand ist das Schlagwort. Objektdokumentationen alter Gebäude sind im Regelfall nur spärlich vorhanden und beschränken sich oftmals auf Geometrieangaben (Grundrisse, Schnitte, Ansichten). Statische Berech-

26. Die Statik von Gebäuden und deren kritische Betrachtung

nungen sind nicht bzw. nicht mehr vorhanden, bauphysikalische Nachweise waren in der damaligen Zeit nicht üblich.

Ältere Gebäude haben meist einfachere Tragstrukturen und folgen den technischen Regeln und baulichen Möglichkeiten der jeweiligen Bauepochen. Dazu gibt es nachträgliche Systematisierungen, insbesondere im Bereich des Tragwerks und Zusammenstellungen der technischen Regeln sowie baupolizeiliche Forderungen und erste Normen, die heute die Bestandserkundung erleichtern. Literaturstellen hierfür sind z.B. *Ahnert, Krause*,[1] und *Bargmann*.[2] Zwar kann die zuvor genannte Literatur die Objektdokumentation nicht ersetzen, hilft aber, ältere Konstruktionen zu verstehen und zielgerichtet zu untersuchen.

Bei Umbaumaßnahmen ist die Standsicherheit des veränderten Gebäudes unter heutigen Gesichtspunkten nachzuweisen. Auswirkungen der Veränderungen sind statisch so weit zu verfolgen, bis die Ableitung der Kräfte offensichtlich ist.

Dass auch bei den heute errichteten Gebäuden künftige Umbaumaßnahmen zu erwarten sind, ist absehbar. Es ist leider Praxis, dass viele Eigentümer von neueren Bauwerken, insbesondere im Zusammenhang mit Bauträgergeschäften, keine vollständigen Projektunterlagen besitzen. Bedingt durch die jeweilige wirtschaftliche Interessenlage – z.B. Bauherr ist nicht der spätere Eigentümer – wird aus „Sparsamkeitsgründen" die Übergabe der erforderlichen Dokumentationen bereits in der Vertragsgestaltung „vergessen". Die Dokumentation besteht dann meist aus der Genehmigungsplanung (Architektenpläne im Maßstab 1 : 100) und einer nahezu ungeeigneten Baubeschreibung. Dies wird durch die Unkenntnis einzelner Bauherrn meist begünstigt. Die zunächst scheinbaren Einsparungen durch eine Verschlankung der Objektdokumentation werden im Laufe der Standzeit des Objekts durch erhöhte Bestandserfassungsaufwendungen im Nachgang teuer bezahlt.

PRAXISTIPP

*Sowohl Sachverständige als auch Bauherrenberater sollten bereits in der Phase der Vertragsgestaltung tätig werden und darauf achten, dass die Übergabe einer umfassenden Objektdokumentation bereits **im Vertrag verankert** wird. Die Prüfung der Unterlagen nach Fertigstellung des Objekts hinsichtlich Vollständigkeit versteht sich von selbst.*

26.7 Robuste Bauwerke

Im Zusammenhang mit dem Bauwesen ist dieser Begriff längst bekannt. Neben der Standsicherheit sind auch die Gebrauchstauglichkeit, die Dauerbeständigkeit, die Nachhaltigkeit und die **Robustheit** wichtige Parameter, die ein Tragwerk hinsichtlich der Qualität beschreiben. Robuste Bauwerke besitzen die Eigenschaft, ungewöhnlichen und unvorhersehbaren Beanspruchungen schadensfrei bzw. schadensarm zu widerstehen, so dass z.B. Personenschäden vermieden werden können.

---

[1] *Ahnert/Krause*, Typische Baukonstruktionen von 1860 bis 1960, Band I bis III, 7. Aufl., Berlin, 2009
[2] *Bargmann*, Historische Bautabellen, 5. Aufl., Düsseldorf, 2012.

Der Trend zur möglichst exakten Berechnung ausgemagerter Tragwerke hat zur Folge, dass bislang nicht erfasste Systemreserven bewusst abgebaut werden. Gleichzeitig werden größere, zusammenhängende und statisch unbestimmt gelagerte Bauteile errichtet.

Es ist daher unbedingt erforderlich, in Abhängigkeit von der Bedeutung des Bauwerkes adäquate Schutzziele zu definieren, die letztendlich zu einer angemessenen Robustheit führen. Dazu muss der planende Ingenieur gegebenenfalls Schadensszenarien für das Tragwerk in Betracht ziehen und gerade wegen der beabsichtigten „Ausmagerung" diese in der Berechnung und Konstruktion berücksichtigen, so dass das gestellte Schutzziel erreicht wird. Das kann z.B. sein, trotz Ausfall einer Gebäudestütze den Gesamteinsturz zu verhindern.

Der Autobombenanschlag 1993 auf den Nordturm des World Trade Center in New York belegte die Robustheit dieser Konstruktion. Obwohl der angerichtete Schaden ungefähr 400 Millionen US$ an Reparaturkosten betrug, waren dennoch ausreichend Tragreserven vorhanden, die den Einsturz verhinderten.

26.8 Fehlerhafte Modelle und ihre Folgen

Die Modellbildungsfehler bei den Berechnungen nach der Methode der finiten Elemente treten, bedingt durch die ständig zunehmende Anwendung der Berechnungsmethode, verstärkt in den Vordergrund. Dennoch können auch einfache Fehler bei der Modellbildung zu Schäden führen. Ein Abgleich zwischen Konstruktion und Berechnungsmodell ist daher immer erforderlich.

26.8.1 Schadensbeispiel: Torsion eines Ringbalkens

Ein eingeschossiger, nicht unterkellerter Flachbau, mit den Abmaßen 8,0 x 18,0 m, zeigt nach kurzer Standzeit stark ausgeprägte Risse im Bereich der Attika. Der Flachbau wurde als Bürotrakt einer Halle angegliedert. Die Höhe des Bürotrakts beträgt ca. 3,5 m. Die Bauweise des Bürotrakts lässt sich wie folgt beschreiben:

- Streifenfundamente und wärmegedämmter Stahlbetonsockel
- Außenwände und Attika (d = 30,0 cm) aus Porenbeton
- Ringbalken (h x b = 0,45 m x 0,25 m; wärmegedämmt)
- Flachdach als Stahlkonstruktion (IPE 240)
- horizontale Dachscheibe durch Stahlbauverbände
- Dachaufbau: Trapezbleche, Wärmedämmung und Dachhaut

Schadensbild:

Das Objekt wies horizontale Risse oberhalb der Fenster entlang der gesamten Fassade auf, die sich zunehmend im Eckbereich des Gebäudes verstärkten. Die Risse waren i.d.R. nur an der Außenseite zu erkennen. Es wurden Rissweiten bis zu 1,5 mm gemessen. Der Wetterschutz war somit nicht mehr gewährleistet.

26. Die Statik von Gebäuden und deren kritische Betrachtung

Bild 3: Gebäudeecke des Bürotrakts

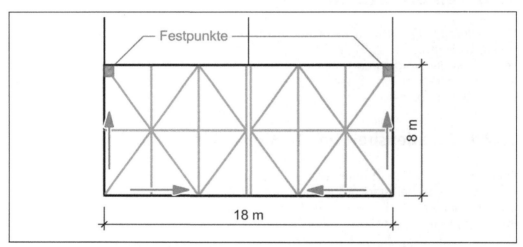

Bild 4: Schematischer Grundriss des Bürotrakts

Der im Attikabereich befindliche Ringbalken wurde durch Vertikalstützen (Stahlbeton) im Bereich der Halle fixiert. Die Pfeile in Bild 4 zeigen die sich aufbauenden Zwangskräfte infolge des Schwindprozesses.

Die in Bild 3 erkennbaren Schäden sind dennoch auf zwei Ursachen zurückzuführen. Als **Hauptursache** der Längsrisse oberhalb der Fenster wurde eine nichtbeachtete **Torsionsbeanspruchung** (Mt) des Ringbalkens durch eine unzweckmäßige Lasteinleitung diagnostiziert. Der Anschluss des Dachtragwerkes erfolgte exzentrisch durch Anschlussfahnen an den Ringbalken.

Obwohl im Stahlbau der in Bild 5 zu sehende Anschluss quasi als Gelenk gilt, kann das Schraubenpaar dennoch ein Versatzmoment übertragen. Im vorliegenden Fall wurde das Fahnenblech durch Schweißnähte am Stegblech des Trägers zusätzlich fixiert. Damit kann von einem biegesteifen Anschluss des Trägers an das Fahnenblech ausgegangen werden. Es kommt zur Einleitung des Einspannmomentes (Ms) in den Ringbalken. Dieser müsste ohne größere Verformung einen Torsionswiderstand (Mt) aufbauen. Die freie Torsionslänge des Ringbalkens beträgt ca. 18,0 m (= Gebäudelänge). Damit ist der Torsionswiderstand sehr gering, der Querschnitt kippt nach innen. Dies erklärt, weshalb die Risse i.d.R. nur außen zu erkennen sind. Die geringe Auflast der Attika kann der Torsion nur wenig entgegenwirken.

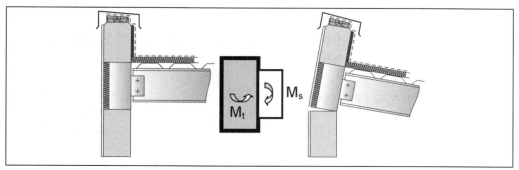

Bild 5: Anschlusssituation des Dachtragwerkes und Schadensbild

Zudem ergaben Messungen mit dem Richtscheit an allen drei Außenwänden ein „Nach-Innen-Kippen" der Attika (vgl. Bild 6).

An den Gebäudeecken konnten zudem **Versätze** an den Rissen festgestellt werden, die die Schwindverkürzung des Ringbalkens belegten. Zusammenfassend führten die Torsionsbeanspruchung und die Schwindverkürzung des Stahlbetonringankers zu den Rissschäden. Da die Torsionsbeanspruchung des Ringbalkens von den Veränderungen der Dachlasten (Schneelast) abhängig ist, war von so genannten aktiven Rissen auszugehen (periodische Rissaufweitungen bis ca. 1,7 mm !!!). Es konnte daher nur noch eine wetterfeste Verkleidung der Fassade empfohlen werden.

Obwohl die Querwände der Außenwände ein ähnliches Schadensbild zeigten (vgl. Bild 3), waren es andere Mangelursachen, die für das Schadensbild verantwortlich waren. Riss verstärkend (Nebenursache) wirkte das Schwinden des Stahlbetonringbalkens. Die Torsion des Ringbalkens konnte als Ursache ausgeschlossen werden. Der Ringbalken verlief in diesem Bereich parallel zum Stahlträger, ein Auflager war ebenfalls nicht vorhanden. Der dominante Ringbalken hat sich im Vergleich zum Mauerwerk verkürzt und er zeugte somit Zwangskräfte im Eckbereich des Objekts.

Bild 6: Lotabweichung an den Ecken

26. Die Statik von Gebäuden und deren kritische Betrachtung

> **PRAXISTIPP**
>
> Die konstruktive Durchbildung des Tragwerkes ist zwingend mit dem statischen Modell abzustimmen. Die Einflüsse aus Verformung und Zwangsbeanspruchung auf das Tragwerk sind zu prüfen.

26.8.2 Schadensbeispiel: Teileinsturz durch verformungsbedingte Lasterhöhung

Bauwerke/Bauteile verformen sich bekannterweise unter Lasteinwirkung. Schädigende Einflüsse auf die Bauwerke sind bei der Tragwerksplanung zu berücksichtigen; dies geht bereits aus den einschlägigen Normen hervor und ist nicht immer unproblematisch zu handhaben.

So können z.B. elastische Verformungen von leichten Flachdächern trotz scheinbar korrekter Berechnung zu Standsicherheitsproblemen führen. In den Bereichen der größten Verformung (Durchhang) kann sich, bezogen auf das unverformte System, mehr Wasser ansammeln, sofern es nicht hinreichend schnell abgeführt wird. Übersteigt die Lastzunahme die Beanspruchbarkeit des Bauteils, kann dies – wie nachfolgend dargestellt – zum (Teil-)Einsturz führen.

Bild 7: Teileinsturz eines Hallendaches

Die einschlägigen Normen und Richtlinien weisen auf die Zusammenhänge zwischen Wassersackbildungen und Dachneigungen hin. Im dargestellten Fall trafen folgende Umstände zusammen:

- 100 m langes Flachdach (Schmetterlingsform) mit 2,5% Querneigung, Kehlen ohne Längsgefälle
- Trapezbleche mit 10 m Stützweite als Gelenkträgersystem

26.8 Fehlerhafte Modelle und ihre Folgen

- Hochleistungs-Dachentwässerungssystem (HDE/Saugentwässerung), Dacheinläufe örtlich in den Kehlen um ca. 3 cm abgesenkt
- Notüberläufe nur an den Giebeln ca. 7,5 cm über der Kehle, siehe Bild 8
- im eingestürzten Feld befand sich kein Dacheinlauf, die anderen waren nicht an den verformungsbedingten Tiefpunkten angeordnet
- Höhenmessungen der Dachfläche ergaben, dass die Binder in dem Einsturzbereich ca. 2 cm tiefer lagen als die benachbarten
- die Niederschlagsmenge resultierte aus Starkregen, ohne jedoch die zu berücksichtigende Menge zu überschreiten.

Bild 8: Zu hoch positionierter Notüberlauf

In der Attika falsch positionierte Notüberläufe begünstigten die Wassersackbildung. Infolge des Starkregens kam es kurzfristig zur stärkeren Wasseransammlung in der Kehle. Diese Lastzunahme führte zu einer ungünstigen Verformungssituation.

Nachrechnungen ergaben, dass durch die Verformungen die Einläufe in den Nachbarfeldern aus dem Wasserspiegel herausgehoben wurden.

Diese Dacheinläufe wurden somit nicht nur unwirksam, sondern das auf Unterdruck basierende Entwässerungssystem zog Luft. Die Entwässerungsleistung sank damit weit unterhalb der berechneten ab. Da die Notüberläufe zu hoch positioniert waren, kam es durch den laufenden Wasseranstieg in der Kehle zu einer progressiven Verformung mit entsprechendem Lastanstieg und letztendlich zum Einsturz.

26.8.3 Schadensbeispiel: Horizontalrisse unter Deckenauflager

Die horizontalen Risse unterhalb der Deckenauflager sind ebenfalls den lastabhängigen Verformungen (Endtangentenverdrehung der Decken) zuzuordnen. Wird keine Trennlage angeordnet, kommt es zur Verzahnung zwischen der Stahlbetondecke und dem Mauerwerk.

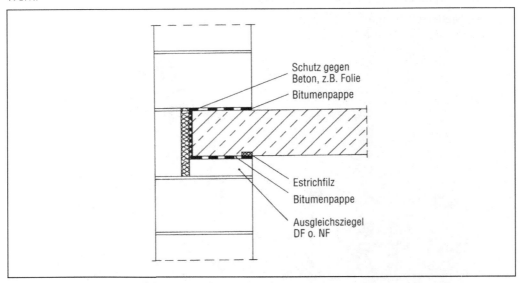

Bild 9: Korrektes Deckenauflager

In derartigen Fällen sind die horizontalen Risse meist ein bis zwei Lagerfugen weiter unten zu beobachten. Bild 9 zeigt die korrekte Ausführung eines Stahlbetondeckenauflagers auf Mauerwerk. Durch den Ausschluss der Kantenpressung wird die Wirkung der Endtangentenverdrehung gemindert (Lastzentrierung). Trennlagen sind nicht mit den Gleitlagern gleichzusetzen. Die Lastübertragung ist auch in horizontaler Richtung gewährleistet (s. *Bidmon*[1]) und hängt wesentlich von der vorhanden Auflast ab.

Eine gute Auflagerkonstruktion ist dennoch allein nicht zielführend, auch die Belange der Deckendurchbiegung sind zu beachten.

Die „Nahtstelle" Stahlbeton/Mauerwerk

Sofern Konstruktionsregeln ignoriert werden, bieten die Kombinationen von Mauerwerk mit Stahlbetonbauteilen immer wieder schadensträchtige Details. Im Bereich des Zusammentreffens beider Baustoffe zeigen sich dann die unterschiedlichsten Schäden. Es heißt: „Die Kette ist so stark wie ihr schwächstes Glied." Mauerwerk ist meist nicht in der Lage, Zug und Schubbeanspruchung aus Zwang infolge der Verformungsbehinderung der Stahlbetondecke schadensfrei zu übernehmen. Neben der lastbedingten Endtangentenverdrehung der Stahlbetondecke entstehen auch durch lastunabhängige Schwindverkür-

---

[1] *Bidmon*, Ein Schritt vor, zwei zurück, ungesunder Absolutismus bei der Frage zur Notwendigkeit von Trennlagen unterhalb der Stahlbetondeckenauflager im Mauerwerksbau. Das Mauerwerk Heft 3, 2003.

zungen der Decke Zwangsbeanspruchungen (Horizontalkräfte) in der Auflagerfuge. Es bietet sich daher an, insbesondere an der Nahtstelle (z.B. Deckenauflager) Zwangsbeanspruchungen abzubauen, indem gewisse gegenseitige Verschiebungen schadensfrei ermöglicht werden. Die Trennlage unter dem Stahlbetondeckenauflager, wie in Bild 9 dargestellt, ist ein entsprechendes Konstruktionselement. Ist die Decke mit dem Mauerwerk starr verbunden, sind Rissschäden meist die Folge. Da es auch Situationen gibt, in denen Trennlagen einen schädigenden Einfluss ausüben können, sind die Auflagerkonstruktionen grundsätzlich zu planen und nicht der Intuition des Ausführenden zu überlassen.

> **PRAXISTIPP**
>
> *Bei der Verbindung von Bauteilen mit unterschiedlichen Verformungen und Beanspruchbarkeiten sind an der jeweiligen Nahtstelle im Regelfall besondere Vorkehrungen zu treffen (Entkopplung, Dehnmöglichkeiten, zwängungsfreie Lagerung, Sollbruchstellen usw.).*

26.8.4 Schadensbeispiel: Stützenbruch durch Deckenverformung infolge Temperatur

Im Planungsalltag des Brückenbaus werden Temperaturbeanspruchungen rechnerisch und konstruktiv berücksichtigt (Brückenlager, Fahrbahnübergänge). Bei der Berechnung von Gebäuden überwiegen oftmals die konstruktiven Ansätze. Statische Nachweise sind in der Praxis eher selten anzutreffen, obwohl die Normen die Nachweise partiell fordern. Kleine diesbezügliche Nachlässigkeiten werden daher gelegentlich „bestraft". Starre und spröde Systeme sind meist nicht in der Lage, die infolge Zwangs entstehenden zusätzlichen Beanspruchungen schadensfrei aufzunehmen.

Bild 10 zeigt eine der massiven, gedrungenen Stahlbetonstützen (Abmessungen 50,0 x 50,0 cm), die ein großflächiges Parkdeck unterstützen. Die nicht berücksichtigte Längenänderung des Parkdecks infolge von Temperatur und die starre Kopplung der Stütze mit dem Oberbau (ungeeignete Lager) führte zu einer unkontrollierten Einleitung horizontaler Zwangskräfte in die Stütze. Für diese Belastung wurden die Stützen nicht bemessen. Diese Zwangskräfte haben die Stütze völlig zerstört. Die Wirkung der Temperaturbeanspruchung wurde zudem durch Schwindprozesse in der Stahlbetondecke überlagert. Eine Überlastung aus den anderen äußeren Lasten wurde nicht bestätigt.

Bild 10: Stützenkollaps infolge Temperaturbeanspruchung

26.8.5 Schadensbeispiel: Mauerwerksschäden infolge unterschiedlicher Schwindbeanspruchung

Das nachfolgende Beispiel soll die Schadensträchtigkeit ungünstiger Baustoffkombinationen beleuchten. In den 1990er Jahren besonders, leider aber auch heute noch, sind Mischbauweisen im Mauerwerksneubau anzutreffen. Gelegentlich als „Radieschenhaus" bezeichnet, werden für die Außenwände porosierte Hochlochziegel (gute Wärmedämmeigenschaften) mit Kalksandsteinmauerwerk für die Innenwände (gute Schallschutz- und Trageigenschaften) kombiniert. Diese Wandbaustoffe weisen jedoch ein **unterschiedliches Schwind- und Kriechverhalten** auf. Je unterschiedlicher das Verhalten, desto höher das Rissrisiko bzw. ausgeprägter die Rissbilder.

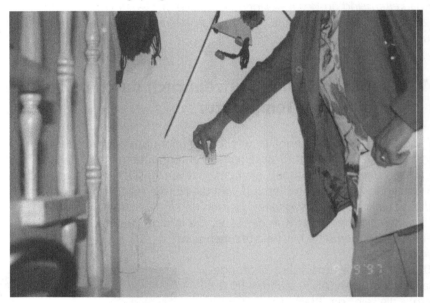

Bild 11: Abgetreppter Riss an der Innenwand

Durch das unterschiedliche Schwindverhalten von Innen- und Außenmauerwerk entstehen Verformungsunterschiede. Diese Verformungsunterschiede sind die Hauptursache der treppenförmigen Risse (Bild 11) der Innenwände der „Radieschenhäuser". Sie können dann besonders groß werden, wenn für die Innenwände stark kriechendes und schwindendes Mauerwerk und für die Außenwände wenig kriechendes und womöglich sogar quellendes Mauerwerk verwendet wird. Der Einfluss der Belastungsunterschiede (lastabhängige Stauchungen des Mauerwerks) ist eine flankierende Mangelursache. Eine unbehinderte Verformung von Außen- und Innenwand ist systembedingt nicht möglich. Die Querwände werden die auftretenden Verformungsunterschiede nicht aufnehmen können, und es entstehen im Bereich der größten Behinderungen, in der Nähe der Außenwände, in der Regel schräge Risse infolge der Hauptzugspannungen (Bild 12). Es kommt zu Lastumlagerungen, die in der weiteren Folge Sekundärrissbildungen bedingen können. Die Rissentwicklung setzt sich so lange fort, bis ein neuer Gleichgewichtszustand erreicht wird. Im Vergleich zu den Setzungsrissen beginnen diese Risse **nicht** in den unteren

26.8 Fehlerhafte Modelle und ihre Folgen

Geschossen. Die Rissintensität nimmt mit zunehmender Geschosszahl zu, bei vergleichbaren Rissbildern infolge Setzung hingegen ab.

PRAXISTIPP

*Im Mauerwerksbau sollte man **sortenrein** bzw. **artenrein** arbeiten. Dadurch können Rissbildungen zwar nicht grundsätzlich vermieden werden, die Rissgefahr wird jedoch erheblich vermindert.*

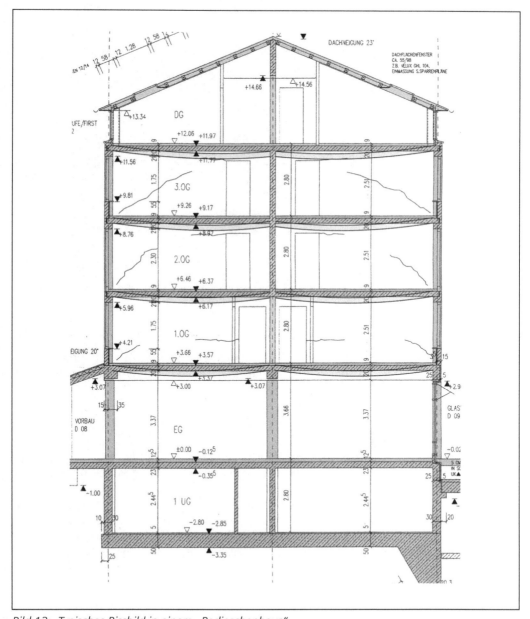

Bild 12: Typisches Rissbild in einem „Radieschenhaus"

26.8.6 Schadensbeispiel: Abhebende Ecken (Klassiker)

Auch vor Einführung der Berechnungen mittels FEM war hinlänglich bekannt (Kirchhoffsche Plattentheorie), dass sich bei der Berechnung zweiachsig gespannter Plattentragwerke Drillmomente ergeben, einhergehend mit abhebenden Stützkräften in den Eckbereichen. Dieses Tragverhalten der zweiachsig gespannten Plattensysteme wird auch durch die FEM-Berechnungen hinreichend erfasst. Unbedacht werden diese abhebenden Stützkräfte (Zugbeanspruchung im Auflagerbereich) oftmals nicht weiter verfolgt. Sofern die Decken auf Mauerwerk aufliegen, sind bei fehlender Auflast bzw. ohne Rückverankerungskonstruktionen Rissschäden vorprogrammiert (Bild 13).

Bild 13: Beispiel einer abhebenden Ecke im Traufbereich

Dieses Schadensbild, obwohl hinlänglich bekannt (vgl. z.B. *Pfefferkorn*[1]), ist immer wieder anzutreffen. Ständige verbesserte Berechnungsmöglichkeiten können die konstruktiven Leistungen des Planers zwar unterstützen, jedoch nicht ersetzen.

26.9 Zusammenfassung

Die Statik der Gebäude – als Nachweis ausreichender Standsicherheit – beruht unter anderem auf der Modellbildung und dessen Berechnung, für die dem Ingenieur im Rahmen bestimmter Grenzen verschiedene Möglichkeiten zur Verfügung stehen. Bedingt durch den „kritiklosen Helfer Computer" hat sich die Arbeitsweise des Tragwerksplaners wesentlich geändert. Es gibt neue Fehlerquellen, mit denen er sich auseinandersetzen muss. Weil die Tragwerke durch die neuen Möglichkeiten der Modellbildung wirklichkeitsnäher erfasst werden können, ist der Trend zu ausgemagerten, weniger robusten Bauwerken zu beobachten. **Dieser falsche Weg ist zu korrigieren.**

---

[1] *Pfefferkorn*, Rissschäden an Mauerwerk, 3. Aufl., Stuttgart, 2002.

27. Denkmalschutz

Michael Staudt

Oft sind Baumängel oder Bauschäden an alten Bauwerken Anlass für die Hinzuziehung eines Sachverständigen. Dieser hat die bindenden Vorschriften, die im Zusammenhang mit dem Denkmalschutz gelten, zu berücksichtigen und bei seiner Arbeit anzuwenden.

Denkmalschutzgesetze sind ausschließlich von Länderparlamenten erlassen und gelten für die Bereiche, für die auch die jeweiligen Länderbauordnungen gelten. Verordnungen sind maßgeblich für die Beurteilung eines Bauwerkes, ob es nun ein Einzeldenkmal ist oder in einem denkmalgeschützten Ensemble steht oder ob nur Teile des Bauwerkes historische Bedeutung haben und deshalb staatlicherseits geschützt sind.

Denkmallisten werden i.d.R. bei den untersten Baubehörden geführt, das sind die Städte und Landkreise, teilweise auch Bezirksregierungen. Sie werden sowohl in Buchform wie auch im Internet abrufbar veröffentlicht. Es empfiehlt sich für jeden Sachverständigen, der mit einer Aufgabe an einem tatsächlichen oder auch vermeintlichen Denkmal beauftragt wird, sich hier über die relevanten Aspekte kundig zu machen. Besondere Auswirkungen hat der Denkmalschutz für und auf entsprechende Untersuchungsmethoden, Untersuchungsarten und besonders bei bauteilzerstörenden Maßnahmen. Derartige Untersuchungen können nur in enger Abstimmung mit dem zuständigen Denkmalamt oder mit der untersten Denkmalsbehörde, das sind i.d.R. die Landratsämter oder die entsprechenden Stadtverwaltungen, bei kreisfreien Städten die jeweiligen Bauverwaltungen, durchgeführt werden.

Bei der Begutachtung eines Baudenkmals kommt es besonders darauf an, dass entsprechende Kenntnisse über historische Baustoffe bestehen, die in der jeweiligen Epoche, in der das Gebäude errichtet wurde, üblicherweise verwendet wurden. So haben Gotik, Romanik, Barock und Jugendstil doch sehr unterschiedliche Baustoffe verwandt, die zu den jeweiligen geschichtlichen Zeitabschnitten zur Verfügung standen. Dabei gibt es natürlich auch noch erhebliche regionale Unterschiede, so z.B. im norddeutschen Raum die vorwiegende Verwendung von gebranntem Ziegelmaterial bei Wandkonstruktionen, im mitteldeutschen Raum die Verwendung von verschiedensten Natursteinen, z.B. Granit, Sandstein, Tuffstein und andere mehr, wobei im süddeutschen Raum wieder zu einem großen Teil gebrannte Ton- bzw. Ziegelsteine Verwendung gefunden haben, die jedoch nicht in Verblendbauweise eingesetzt wurden, sondern vorwiegend mit entsprechenden Putzfassaden oder Natursteinverkleidungen, z.B. Marmor und Sandstein, ausgeführt worden sind.

Vorherrschend sind im bürgerlichen Bereich des Bauens sehr viele Bauteile aus Holz erstellt worden, die Gefache wurden mit den verschiedensten Materialien, vom Lehm über Ziegel bis hin zu Rohr- und Schilfmaterialien ausgefüllt. Bei den Deckenkonstruktionen in Holz sind die Fehlböden in vielfältiger Form mit Weizenspreu, Tannennadeln, Kuhmist, Häckselmaterial, Hochofenschlacke oder ausgeglühtem Sand verfüllt worden, um einerseits einen Wärme- und andererseits einen entsprechenden Schallschutz zu erreichen.

27. Denkmalschutz

Untersuchungen an derartigen Bauwerken setzen stets eine große Sorgfalt voraus sowie Kenntnisse über Reaktionen und Wirkungsweisen der entsprechenden Baustoffe und Materialien.

Des Weiteren gehört dazu die Kenntnis von damaligen Arbeitsmethoden, den Formen der Zusammenfügung von Bauteilen, den empirischen Kenntnissen über statische Verhältnisse, die Verwendungen von Verbindungsmitteln, wie Zement, Kalk, Gips und vieles anderes mehr.

In diesem Zusammenhang ist es wichtig zu wissen, welche modernen Baustoffe mit diesen althergebrachten Materialien kompatibel sind und wie diese gleichzeitig und nebeneinander eingesetzt werden können. Die Verträglichkeit ist eine Voraussetzung, die dem Sachverständigen bekannt sein muss. Dazu gehören sowohl gute physikalische wie auch gute chemische Kenntnisse.

Die Untersuchungen des Sachverständigen an einem denkmalgeschützten Gebäude sollen u.a. dazu dienen, ein Sanierungskonzept zu erarbeiten. Um dieses erstellen zu können, ist es erforderlich, über das Bauwerk Bescheid zu wissen, dessen Konstruktion zu kennen, die verwendeten Materialien und die Zustände der einzelnen Bauteile und Baustoffe. Erst dann, wenn all diese Erkenntnisse vorliegen, kann man ein entsprechendes Sanierungsgutachten aufstellen.

Die Untersuchungsergebnisse und die Beurteilung durch den Bausachverständigen sind sehr verantwortungsvoll, weil davon sehr häufig die Entscheidung abhängt, ob ein Baudenkmal langfristig erhalten werden kann oder ob es abgerissen und ein für allemal beseitigt werden muss.

Ein Baudenkmal ist ein geschichtliches Zeugnis der Vergangenheit und spiegelt oft die Verhältnisse der jeweiligen Epoche wider, in der das Gebäude errichtet wurde. Dies können auch mehrere Zeitabschnitte sein, wenn Gebäude umgebaut, erweitert oder nachhaltig „modernisiert" wurden, d.h. dem jeweiligen Zeitgeist angepasst worden sind.

Bei der Untersuchung von denkmalgeschützten Bauwerken ist immer zu berücksichtigen, dass früher fast ausschließlich nach empirischen Grundsätzen gebaut worden ist.

Diese Erfahrungssätze wurden jeweils in den Zünften bzw. in den Bauhütten von Generation zu Generation unter den Führungskräften weitergegeben. Heutzutage sind derartige Erfahrungssätze in vielen Büchern aufgeschrieben und reproduziert, so dass sich dort der Sachverständige bei Bedarf informieren kann, sofern eigene Kenntnisse fehlen. Diese Lehrbücher sind für Bausachverständige, die häufig im Bereich des Denkmalschutzes tätig sind, ein „MUSS" in der Fachbibliothek.

In der Denkmalpflege sind besonders Bausachverständige gefragt, die praktische und handwerkliche Erfahrung mitbringen, die sie sich vor, während oder nach dem Studium angeeignet haben. Das Wissen von der Bearbeitung von Steinmaterial, Holz und Putzen ist eine wichtige Voraussetzung, um eine gewissenhafte und erfolgreiche Sachverständigentätigkeit an derartigen Objekten erbringen zu können.

Diese Kenntnisse über die Bausubstanz eines Denkmals sind auch notwendig für die Beurteilung von lokalen Schäden oder Schadenereignissen, wie Durchfeuchtungen, Brüchen, Absenkungen o.Ä. Zur Feststellung der Ursache des aufgetretenen Mangels oder Schadens sind entsprechende Ermittlungen erforderlich, gleichzeitig ist es aber wichtig und wird auch vom Bausachverständigen gefordert, entsprechende Vorschläge zur Mangel- oder Schadenbeseitigung zu unterbreiten. Diese sollen das Bauwerk in seiner Substanz erhalten oder stärken und demzufolge auch auf Dauer den Bestand sichern. Diese Aufgabe ist für einen Bausachverständigen eine hohe Verpflichtung und Verantwortung, die ihm viel Anerkennung und Erfolg einbringen kann, wenn er mit gutem Fachwissen und hoher Kompetenz tätig wird, im umgekehrten Fall u.U. viel Ärger!

Neben der Kenntnis über Bauweisen, Verwendung der Baustoffe und Art und Form der Bauabläufe gehört auch das Wissen über baugeschichtlichen Entwicklung im europäischen Raum dazu. Vom Sachverständigen wird erwartet und gefordert, dass er die entsprechenden Stilelemente der jeweiligen Epochen kennt, sie einordnen und beurteilen kann und auch deren Fachbezeichnungen beherrscht.

Die Schlussfolgerung für den Bausachverständigen im Bereich des Denkmalschutzes lautet, er muss praktische Erfahrung haben, ein hohes technisches Wissen besitzen, über physikalische/chemische Vorgänge bei Baustoffen Bescheid wissen und ein baugeschichtliches Allgemeinwissen besitzen, um diese gutachterlichen Aufgaben bei alten Bauwerken und Denkmälern erfolgreich erfüllen kann.

28. Arbeitsschutz, Maschinensicherheit, UVV am Bau

Mark von Wietersheim

Übersicht

28.1	Welche Bedeutung hat der Arbeitsschutz allgemein?
28.2	Bedeutung des Bereiches Arbeitsschutz für Bausachverständige
28.3	Duales System des Arbeitsschutzes
28.4	Gesetzliches Arbeitsschutzrecht
28.4.1	Arbeitsschutzgesetz
28.4.2	Kurzdarstellung des ArbSchG
28.4.3	Produktsicherheitsgesetz
28.4.4	Verordnungen
28.4.4.1	Allgemeines
28.4.4.2	Wesentliche Inhalte
28.4.4.2.1	Arbeitsstättenverordnung (ArbStättV)
28.4.4.2.2	Baustellenverordnung (BaustellV)
28.4.4.2.3	Persönliche Schutzausrüstungen-Benutzungsverordnung (PSA-BV)
28.4.4.2.4	Betriebssicherheitsverordnung (BetrSichV)
28.5	Unfallverhütungsvorschriften der Berufsgenossenschaften
28.5.1	Rechtlicher Charakter
28.5.2	Systematik
28.5.2.1	BG-Vorschriften (BGV)
28.5.2.2	BG-Regeln (BGR)
28.5.2.3	BG-Informationen (BGI)
28.5.2.3	BG-Grundlagen (BGG)
28.5.3	Inhalt der BGV
28.5.4	Bezugsquellen, Auslegung
28.6	Unfallverhütungsvorschriften der Unfallkassen
28.6.1	Allgemeines
28.6.2	Vorschriften der Unfallkassen
28.6.3	Bezugsquellen
28.7	Haftung und Straftatbestände
28.7.1	Zivilrechtliche Haftung
28.7.1.1	Verletzung von Verkehrssicherungspflichten
28.7.1.2	Verletzung eines Schutzgesetzes
28.7.1.3	Vertrag zugunsten eines Dritten
28.7.2	Strafrechtliche Folgen

28.1 Welche Bedeutung hat der Arbeitsschutz allgemein?

Der Arbeitsschutz ist ein Bereich, der sich in den letzten Jahren stark entwickelt und eine ganz eigene Bedeutung gewonnen hat.

28. Arbeitsschutz, Maschinensicherheit, UVV am Bau

Primär geht es natürlich immer um den Schutz der Arbeitenden. Jeder Arbeitgeber ist maßgeblich für die Sicherheit seiner Arbeitnehmer verantwortlich. Der Arbeitsschutz hat aber noch ganz andere Auswirkungen. Verstöße gegen arbeitsschutzrechtliche Vorschriften können zu Geldbußen und sogar Gefängnisstrafen führen. Zivilrechtlich kann es zu ganz erheblichen Schadensersatzansprüchen kommen, und zwar von Arbeitnehmern des eigenen und eines fremden Betriebes, aber auch von ganz Unbeteiligten wie geschädigten Passanten oder Besuchern.

Auf diese rechtlichen Folge-Probleme soll hier nicht eingegangen werden. In diesem Abschnitt soll nur der Arbeitsschutz als solcher aus rechtlicher Sicht dargestellt werden. Vorab muss man sich aber die Frage stellen, warum sich eigentlich Sachverständige mit diesem Bereich auseinandersetzen sollen.

28.2 Bedeutung des Bereiches Arbeitsschutz für Bausachverständige

Der Bereich Arbeitsschutz ist für Sachverständige in vieler Hinsicht von Bedeutung. Dabei ist es auf den ersten Blick so, dass Sachverständige mit dem Arbeitsschutz kaum in Berührung kommen, da ganz maßgeblich die Arbeitgeber dafür verantwortlich sind, dass ihre Arbeitnehmer vor Gefahren geschützt sind. Sachverständige als „Beobachter" scheinen daher erst einmal wenig Verantwortung für diesen Bereich zu haben. Es gibt aber durchaus eine Reihe von Gründen, wegen deren sich ein Sachverständiger mit dem Arbeitsschutz auseinandersetzen kann oder muss:

- als Gegenstand der Begutachtung
- als einem Teil der vom Bau-Auftragnehmer geschuldeten Leistung
- bei Gefahr in Verzug
- aus Eigeninteresse zum Schutz von sich selber und seinen Gehilfen
- als Arbeitgeber bei der Führung seines eigenen Büros
- als eigene Pflicht bei der Durchführung von Beweiserhebungen.

Betrachtet man den Arbeitsschutz als Gegenstand der Begutachtung, geht es eigentlich mehr um die Ausrichtung und die Marktchancen des Sachverständigen. Auf Arbeitsschutz spezialisierten Sachverständigen wird dieser kurze Abriss auch nur wenig Neues bieten können. Allen anderen soll dieses Gebiet in seinen Grundzügen als möglicherweise neues und attraktives Betätigungsfeld vorgestellt werden.

Der Bau-Auftragnehmer schuldet Leistungen des Arbeitsschutzes. In der VOB/C, ATV DIN 18299 sind Schutz- und Sicherheitsmaßnahmen in Abschnitt 4.1.4. als nicht zusätzlich vergütungspflichtige Nebenleistung beschrieben. So muss der Bau-Auftragnehmer z.B. die Baustelle nach vorübergehendem oder vollständigem Abschluss seiner Arbeiten gesichert zurücklassen. Tut er dies nicht, hat er seine Leistungen nur unvollständig oder mangelhaft ausgeführt.

Bei Gefahr in Verzug sind Sachverständige wie jeder andere auch aufgefordert, andere zu warnen und ggf. Gefahren durch einfache Maßnahmen zu beseitigen.

Da sich der Sachverständige viel auf Baustellen bewegt, ist es selbstverständlich, dass er sich selber keinen vermeidbaren Gefährdungen aussetzen will. Es ist daher in seinem eigenen Interesse, wenn er z.B. die Standfestigkeit eines Gerüstes beurteilen kann, bevor er es betritt. Das gilt natürlich erst recht, wenn der Sachverständige selber als Arbeitgeber auftritt und eine Baustelle mit angestellten Gehilfen betritt oder sie alleine dorthin schickt.

Aber auch im heimischen Büro ist der Sachverständige verpflichtet, den Arbeitsschutz für seine Mitarbeiter sicherzustellen. Er muss also die Arbeitsplätze (insbesondere die Bildschirmarbeitsplätze), Gemeinschafts- und Sanitärräume usw. entsprechend den Vorgaben des Arbeitsschutzes gestalten.

Und nicht zuletzt muss der Sachverständige den Arbeitsschutz berücksichtigen, wenn er z.B. zur Mängelbegutachtung in Bauwerke eingreift oder eingreifen lässt, also etwa Böden oder Wände aufstemmt. In diesem Fall ist er selber Verursacher etwaiger Gefahren und daher für den ordnungsgemäßen Umgang mit ihnen verantwortlich.

28.3 Duales System des Arbeitsschutzes

In Deutschland existieren zwei große Bereiche des Arbeitsschutzrechtes. Da ist zum einen das staatliche Arbeitsschutzrecht, enthalten in den Gesetzen und Verordnungen zum Arbeitsschutz. Daneben gibt es das sog. autonome Arbeitsschutzrecht, das Selbstverwaltungsorgane (Unfallversicherungsträger, Berufsgenossenschaft) erlassen und vollziehen. Dieses autonome Arbeitsschutzrecht ist zwar gesetzlich in §§ 14, 15 SGB VII verankert, aber ansonsten ein von den Selbstverwaltungsorganen selbständig gepflegter Rechtsbereich.

Die beiden Bereiche des staatlichen und des autonomen Arbeitsschutzrechts bilden zusammen das duale System des Arbeitsschutzes.

Ganz unabhängig aber vom deutschen Recht hat mittlerweile auch in diesem Bereich die europäische Rechtssetzung eine erhebliche Bedeutung gewonnen. In allen Bereichen des Arbeitsschutzrechts werden in großem Umfang europäische Vorgaben umgesetzt.

28.4 Gesetzliches Arbeitsschutzrecht

28.4.1 Arbeitsschutzgesetz

Die wichtigste Rechtsgrundlage in seinem Bereich ist das Arbeitsschutzgesetz (ArbSchG).

Das ArbSchG ist eine Art „allgemeiner Teil" des Arbeitsschutzes und wird durch andere Vorschriften ergänzt, so z.B. durch die auf seiner Grundlage ergangenen Verordnungen. Die wichtigsten auf der Grundlage des ArbSchG ergangenen Verordnungen sind die unten dargestellten Verordnungen, Baustellenverordnung (BaustellV), Arbeitsstättenverordnung, Betriebssicherheitsverordnung und PSA-Benutzungsverordnung.

Weitere arbeitsschutzrelevante Vorschriften finden sich außerdem:
- in Gesetzen und Verordnungen, z.B. im SGB VII, dem Produktsicherheitsgesetz, dem Chemikaliengesetz, dem Arbeitssicherheitsgesetz, der Arbeitsstättenverordnung und vielen anderen mehr;

28. Arbeitsschutz, Maschinensicherheit, UVV am Bau

- in Normen wie den DIN-Normen und den weltweit geltenden ISO-Normen und EN-Normen, die in einigen europäischen Ländern (zu denen Deutschland gehört) zu beachten sind;
- in auf der Grundlage von § 15 SGB VII erlassenen Vorschriften der Berufsgenossenschaften, den Unfallverhütungsvorschriften, die seit April 1999 mit einem System von BGV-Nummern bezeichnet werden (vorher VBG-Nummern).

28.4.2 Kurzdarstellung des ArbSchG

Weil das ArbSchG gewissermaßen „vor der Klammer" wichtige Grundsätze des Arbeitsschutzes enthält, muss es kurz erläutert werden.

In §§ 3, 4 ArbSchG sind allgemeine Grundsätze des Arbeitsschutzes aufgestellt. Adressat ist der Arbeitgeber. Er muss u.a. Gefährdungen der Beschäftigten möglichst vermeiden, Gefahren an der Quelle bekämpfen und hierauf Planung und Organisation seines Betriebes ausrichten. Ganz wesentlich ist die Pflicht aus § 4 Nr. 5 ArbSchG, wonach individuelle Schutzmaßnahmen stets nachrangig sind zu anderen Maßnahmen: Der Gesetzgeber will erreichen, dass das Arbeitsumfeld – im Rahmen des Machbaren – so sicher ist, dass der einzelne Beschäftigte mit möglichst wenigen Schutzmaßnahmen belastet wird.

Der Arbeitgeber muss nach § 5 ArbSchG die für die Beschäftigten auftretenden Gefährdungen analysieren, um auf der Grundlage dieser Gefahrenanalyse die Maßnahmen des Arbeitsschutzes festzulegen. Dies ist ein weiterer Ausfluss des vom Gesetzgeber gewünschten, präventiv wirkenden Schutzes der Beschäftigten.

Arbeitgeber mit mehr als zehn Beschäftigten müssen die Gefahrenanalyse und die daraufhin getroffenen Maßnahmen des Arbeitsschutzes gemäß § 6 ArbSchG dokumentieren. Bei kleineren Unternehmen kann die zuständige Stelle eine solche Dokumentation verlangen, wenn besondere Gefährdungssituationen vorliegen. Unfälle muss der Arbeitgeber unabhängig von der Anzahl seiner Beschäftigten erfassen.

Weitere Pflichten des Arbeitgebers finden sich beispielsweise in § 12 ArbSchG. Danach muss der Arbeitgeber die Beschäftigten über Sicherheit und Gesundheitsschutz unterweisen.

Die Beschäftigten selber werden durch § 15 ArbSchG ebenfalls in die Pflicht genommen. Sie müssen die Unterweisung des Arbeitgebers beachten und für ihre Sicherheit und Gesundheit Sorge tragen. Sie müssen außerdem die Maschinen bestimmungsgemäß verwenden und die Schutzvorschriften einhalten. Nach § 16 ArbSchG müssen sie die von ihnen festgestellten unmittelbaren erheblichen Gefahren melden.

Die Überwachung des Arbeitsschutzes erfolgt durch die von den Ländern bestimmten Behörden und die Träger der gesetzlichen Unfallversicherung, also im Baubereich in der Regel durch die Berufsgenossenschaften. Die Befugnisse der Behörden ergeben sich aus § 22 ArbSchG. Danach können die Behörden Auskünfte und Unterlagen verlangen, Betriebe besichtigen und prüfen und im Rahmen des § 22 Abs. 3 ArbSchG im Einzelfall Maßnahmen anordnen.

Verstöße gegen das ArbSchG (oder eine nach § 19 ArbSchG erlassene Verordnung, falls sie dies bestimmt) können nach §§ 25, 26 ArbSchG eine Ordnungswidrigkeit und eine Straftat darstellen.

28.4.3 Produktsicherheitsgesetz

Das Gesetz über die Bereitstellung von Produkten auf dem Markt (Produktsicherheitsgesetz ProdSG) ersetzt seit 2011 das vorher geltende Gerätes- und das Produktsicherheitsgesetz.

Ein wichtiger Regelungsbereich ist, welche Produkte überhaupt in den Verkehr gebracht werden dürfen. Diese Frage ist in § 3 ProdSG ausführlich geregelt. Danach wird von jedem Produkt gefordert, dass es

- den Anforderungen an Sicherheit und Gesundheit entspricht
- Sicherheit und Gesundheit der Verwender, Dritter oder sonstige Rechtsgüter nicht gefährdet.

Das ProdSG verbindet in § 4 Abs. 2 ProdSG die Anforderungen an Sicherheit und Gesundheit mit der technischen Normung. Danach wird vermutet, dass ein Produkt die jeweiligen Anforderungen an Sicherheit und Gesundheit erfüllt, wenn es entsprechend den maßgeblichen Normen hergestellt ist. Dies erleichtert die Hersteller bei der Beurteilung ihrer Produkte, aber auch die sachverständigen Prüfer.

28.4.4 Verordnungen

28.4.4.1 Allgemeines

Auf der Grundlage von ArbSchG und ProdSG können Verordnungen erlassen werden. Gemeinsames Ziel der Verordnungen ist es,

- Gefährdungen für Leib und Gesundheit der Beschäftigten möglichst zu vermeiden,
- Gefahren an ihrer Quelle zu bekämpfen,
- spezielle Gefahren für besonders schutzbedürftige Beschäftigtengruppen zu berücksichtigen.

Auf der Grundlage von ArbSchG und ProdSG sind eine Reihe von Verordnungen erlassen worden. Verordnungen sind materiell gesehen Gesetze, sie können aber in einem erleichterten Verfahren erlassen und geändert werden. Anders als Gesetze müssen sie nicht durch den Bundestag, sondern werden von Bundeskabinett und Bundesrat beschlossen.

Das ArbSchG ist Grundlage von einer Vielzahl von Verordnungen, die allerdings teilweise nur wenig Bezug zur Ausführung von Baumaßnahmen haben. Im Folgenden soll ein Schwerpunkt auf den Verordnungen liegen, die nicht das persönliche Verhalten von Mitarbeitern betreffen (z.B. die Art und Weise, Lasten zu heben oder eine Schutzausrüstung zu tragen), sondern die zu nachweisbaren und damit zu begutachtenden Zuständen führen. Es sind dies vor allem:

1. Arbeitsstättenverordnung
2. Baustellenverordnung
3. Persönliche Schutzausrüstungen-Benutzungsverordnung.

Auf der Grundlage des ProdSG wurden u.a. erlassen

4. Betriebssicherheitsverordnung

28. Arbeitsschutz, Maschinensicherheit, UVV am Bau

und andere Verordnungen, die hier nicht näher angesprochen werden können. Übersichten der erlassenen Verordnungen und die aktuellen Texte der Verordnung lassen sich beispielsweise auf der Web-Site des Bundesministeriums für Wirtschaft und Technologie www.bmwi.bund.de abrufen, z.B. mit einer Suche nach den Stichworten „ArbSchG" und „ProdSG".

28.4.4.2 Wesentliche Inhalte

28.4.4.2.1 Arbeitsstättenverordnung (ArbStättV)

Die ArbStättV enthält die Anforderungen an eine sichere und hygienische Ausgestaltung von Arbeitsräumen. 1976 erstmals erlassen, ist sie eine besonders erprobte und bewährte Vorschrift. Im Hinblick auf den Umfang dieser Verordnung lassen sich hier nur einige Regelungsbereiche ansprechen.

So sind dort im Anhang geregelt Anforderungen an (die Aufzählung folgt der Reihenfolge der zugrundeliegenden EG-Richtlinie 89/564/EWG):

- Sicherheitsbeleuchtung, Ziff. 2.3.
- Lüftung, Ziff. 3.6.
- Raumtemperatur, Ziff. 3.5.
- Fußböden, Wände, Decken, Ziff. 1.5.
- Türen, Ziff. 1.7.
- Verkehrswege und Rolltreppen, Ziff. 1.8.
- Laderampen, Ziff. 1.10.
- Pausenräume, ziff. 4.2.
- Arbeitsstätten im Freien, Ziff. 5.1.

Die Anforderungen an Baustellen sind in einem eigenen Kapitel dargestellt, und zwar in Ziff. 5.2. des Anhangs. Damit berücksichtigt die ArbStättV, dass sich Baustellen in manchen Hinsichten von „normalen" Arbeitsplätzen unterscheiden. Insbesondere verändern sich Baustellen und damit die Arbeitsplätze immerzu.

28.4.4.2.2 Baustellenverordnung (BaustellV)

Durch die BaustellV hat der Bauherr eine Reihe von zusätzlichen Aufgaben erhalten, die sich grob in folgender Stufenleiter zusammenfassen lassen:

	Wann muss der Bauherr tätig werden	Was muss er machen
1. Stufe	Bei jedem Bauvorhaben im Sinne der BaustellV	Berücksichtigung der allgemeinen Grundsätze von § 4 ArbSchG bei Planung der Ausführung
2. Stufe	Wenn die voraussichtliche Dauer der Arbeiten mehr als 30 Arbeitstage betragen wird und mehr als 20 Beschäftigte gleichzeitig tätig werden, oder der Umfang der Arbeiten voraussichtlich 500 Personentage überschreitet	Vorankündigung nach § 2 Abs. 2 BaustellV
3. Stufe	Wenn mehrere Auftraggeber tätig werden	Bestellung eines Koordinators mit Aufgaben gemäß § 3 BaustellV
4. Stufe	Wenn auf einer Baustelle mehrere Arbeitgeber tätig werden und entweder der Umfang der Arbeiten die Dauer von 30 Arbeitstagen übersteigt **und** mehr als 20 Beschäftigte tätig werden oder die Arbeiten einen Gesamtumfang von mehr als 500 Personentagen haben (wenn also eine Vorankündigung nach § 2 Abs. 2 BaustellV einzureichen ist) oder besonders gefährliche Arbeiten gemäß Anhang II zur BaustellV ausgeführt werden.	(ggf. Vorankündigung) Bestellung eines Koordinators, Aufstellung eines Sicherheits- und Gesundheitsschutzplans

Der Bauherr hat die Möglichkeit, diese Aufgaben auf einen Dritten zu übertragen.

Die Arbeitgeber sind aber weiterhin dafür zuständig, die Vorschriften des Arbeitsschutzrechts zu beachten. Der Bauherr übernimmt insoweit nur koordinierende Aufgaben. Erstmals sind auch die Unternehmer ohne eigene Beschäftigte verpflichtet, die bei den Arbeiten zu beachtenden Arbeitsschutzbestimmungen zu berücksichtigen. Dies stellt § 6 BaustellV ausdrücklich fest.

Werden Bausachverständige tätig, müssen sie ggf. die Vorgaben des Sicherheits- und Gesundheitsschutzplans beachten und ihre Besichtigung an dem dort vorgesehenen Bauablauf orientieren. Außerdem müssen sie im Interesse ihrer Angestellten feststellen, ob sich für diese Gefahren ergeben können.

28.4.4.2.3 Persönliche Schutzausrüstungen-Benutzungsverordnung (PSA-BV)

Die PSA-BV wird nicht ohne Grund als letzte auf der Grundlage des ArbSchG erlassene Verordnung dargestellt. Das ArbSchG hat festgelegt, dass kollektiv wirksame technische Schutzvorschriften vorrangig einzusetzen sind. Dies betrifft beispielsweise Fanggerüste und andere Schutzeinrichtungen, die unabhängig von den Fähigkeiten und dem Willen der Beschäftigten wirken. Nur wenn aufgrund der Gefährdungsbeurteilung nach § 5 ArbSchG solche kollektiven technischen Schutzmittel ausgeschlossen sind, dürfen individuelle Schutzmaßnahmen für einzelne Beschäftigte getroffen werden. Nicht selten ergänzen diese individuellen Schutzmaßnahmen die kollektiven.

Persönliche Schutzausrüstungen (PSA) müssen

- den Anforderungen an das Inverkehrbringen von PSA entsprechen;
- vor den zu verhütenden Gefährdungen schützen, ohne selbst eine größere Gefährdung mit sich zu bringen;
- für die am Arbeitsplatz vorhandenen Bedingungen geeignet sein;
- den ergonomischen Anforderungen und gesundheitlichen Erfordernissen der Beschäftigten entsprechen.

Der Arbeitgeber darf von den Beschäftigten keinen Kostenersatz für die PSA verlangen. Nach § 3 PSA-BV muss der Arbeitgeber die Beschäftigten darüber unterrichten, wie die PSA zu benutzen ist.

28.4.4.2.4 Betriebssicherheitsverordnung (BetrSichV)

Eine besondere Bedeutung hat die „Verordnung über Sicherheit und Gesundheitsschutz bei der Bereitstellung von Arbeitsmitteln und deren Benutzung bei der Arbeit, über Sicherheit beim Betrieb überwachungsbedürftiger Anlagen und über die Organisation des betrieblichen Arbeitsschutzes" (Betriebssicherheitsverordnung oder BetrSichV). Wie der mehr als nur sperrige Titel deutlich beschreibt, geht es ganz umfassend um alle Arbeitsmittel, die der Arbeitgeber den Arbeitnehmern überlässt, aber auch um überwachungsbedürftige Anlagen und den betrieblichen Arbeitsschutz.

In § 3 BetrSichV ist z.B. klargestellt, dass der Arbeitgeber bei der Gefährdungsbeurteilung nach dem ArbSchG auch die notwendigen Maßnahmen für eine sichere Bereitstellung und Benutzung der Arbeitsmittel ermitteln muss. Durch die Benutzung entstehende Gefährdungen muss er berücksichtigen. Die Anforderungen an die Arbeitsmittel beschreibt § 7 BetrSichV. Auf die Unterweisung nach § 14 ArbSchG weist § 9 BetrSichV hin und beschreibt die besonderen Unterweisungspflichten hinsichtlich der Arbeitsmittel. In § 10 BetrSichV ist die Pflicht des Arbeitgebers zur Prüfung der Arbeitsmittel festgeschrieben. Besondere Vorschriften für überwachungsbedürftige Anlagen enthalten die §§ 12 ff. BetrSichV. In den §§ 25, 26 BetrSichV finden sich wie bei anderen Verordnungen auch Ordnungswidrigkeits- und Straftatbestände für bestimmte Verstöße gegen die Verordnung.

28.5 Unfallverhütungsvorschriften der Berufsgenossenschaften

28.5.1 Rechtlicher Charakter

Die Unfallverhütungsvorschriften werden von den Selbstverwaltungsorganen (Unfallversicherungsträger der öffentlichen Hand, Berufsgenossenschaften) in eigener Verantwortung erlassen und fortgeschrieben. Rechtliche Grundlage hierfür sind §§ 14, 15 SGB VII. Danach sind die Unfallversicherungsträger verpflichtet, mit allen geeigneten Mitteln für die Verhütung von Arbeitsunfällen, Berufskrankheiten und arbeitsbedingten Gesundheitsgefahren sowie für eine wirksame Erste Hilfe zu sorgen, § 14 SGB VII. Die Ermächtigungsgrundlage für die Unfallverhütungsvorschriften als autonomes Recht findet sich in § 15 SGB VII. Dort findet sich auch ein abschließender Katalog dessen, was die Unfallversicherungsträger rechtlich verbindlich regeln dürfen. Eine Unfallverhütungsvorschrift, die nicht in diesen Katalog passen würde, wäre rechtswidrig.

Nach § 15 Abs. 5 Sozialgesetzbuch (SGB) VII müssen die Unfallversicherungsträger die Unternehmer über Unfallverhütungsvorschriften unterrichten, die Unternehmer wiederum sind verpflichtet, ihre Arbeitnehmer darüber zu informieren.

Da die UVV auf diese Weise gesetzlich verankert sind, können in ihnen auch Vorgaben der EG umgesetzt werden. Jede andere, rein private Umsetzung wäre nicht ausreichend und würde ggf. die EU dazu veranlassen, ein Vertragsverletzungsverfahren gegen die Bundesrepublik einzuleiten.

28.5.2 Systematik

Das berufsgenossenschaftliche Vorschriften- und Regelwerk wurde 1999 ganz neu systematisiert. Die bis dahin üblichen Bezeichnungen (z.B. VBG für Unfallverhütungsvorschriften) sind entfallen. Es gibt seitdem folgende Ebenen:

1. Berufsgenossenschaftsvorschriften (BG-Vorschriften oder BGV)
2. Berufsgenossenschaftliche Regeln für Sicherheit und Gesundheit bei der Arbeit (BG-Regeln oder BGR)
3. Berufsgenossenschaftliche Informationen (BG-Informationen oder BGI)
4. Berufsgenossenschaftliche Grundlagen (BGG).

Diese Ebenen binden die Arbeitgeber und Unternehmer in absteigender Weise.

Daneben pflegen die Berufsgenossenschaften noch die Grundsätze für die Prüfung von technischen Arbeitsmitteln und die arbeitsmedizinischen Grundsätze. Diese werden als BG-Grundsätze (BGG) bezeichnet und gelten losgelöst von der dargestellten Systematik.

28.5.2.1 BG-Vorschriften (BGV)

Nur die BGV sind rechtlich verbindlich und werden auf der Grundlage der gesetzlichen Vorschriften von den Vertreterversammlungen der Berufsgenossenschaften beschlossen. Es gibt vier Kategorien von BGV:

28. Arbeitsschutz, Maschinensicherheit, UVV am Bau

- Kategorie A: Allgemeine Vorschriften/Betriebliche Arbeitsschutzorganisation
- Kategorie B: Einwirkungen
- Kategorie C: Betriebsart/Tätigkeiten
- Kategorie D: Arbeitsplatz/Arbeitsverfahren.

28.5.2.2 BG-Regeln (BGR)

BGR sind von den Berufsgenossenschaften erstellte Zusammenstellungen oder Konkretisierungen anderer Regelwerke. Sie sind anders als die BGV nicht rechtlich verbindlich. Sie haben nur dann eine faktische Bindungswirkung, wenn sie die anerkannten Regeln der Technik wiedergeben. Sie benennen Schutzziele und enthalten branchen- oder verfahrensspezifische Forderungen an Sicherheit und Gesundheitsschutz.

Die Inhalte der BGR können stammen aus

- staatlichen Arbeitsschutzvorschriften (z.B. ArbSchG, Verordnungen auf der Grundlage des ArbSchG)
- BGV
- technischen Spezifikationen
- den Erfahrungen der berufsgenossenschaftlichen Präventionsarbeit.

Die BGR werden genauso wie die Entwürfe für die BGV von berufsgenossenschaftlichen Fachausschüssen erarbeitet.

28.5.2.3 BG-Informationen (BGI)

Die BGI dienen lediglich der Information der betroffenen Wirtschaftskreise und richten sich in der Regel an bestimmte Branchen oder Zielgruppen und betreffen nur einzelne Tätigkeiten oder Arbeitsmittel. Die BGI haben lediglich erläuternden Charakter und stützen sich auf die anderen Regelungen zum Arbeitsschutz. Neue, von den sonstigen arbeitsschutzrechtlichen Vorschriften abweichende Anforderungen werden in ihnen nicht aufgestellt.

Die BGI werden von den Einzel-Berufsgenossenschaften aufgestellt. Eine übergreifende Abstimmung zwischen den Berufsgenossenschaften findet nicht statt.

28.5.2.3 Berufsgenossenschaftliche Grundlagen (BGG)

Auch die BGG konkretisieren in unverbindlicher Weise die BGR, z.B. durch Prüfgrundsätze für arbeitsmedizinische Vorsorgeuntersuchungen, die Prüfung überwachungsbedürftiger Anlagen oder die Prüfung von Arbeitsplatzgrenzwerten.

28.5.3 Inhalt der BGV

Die BGV beschreiben in großem Umfang die technischen und organisatorischen Anforderungen an die Durchführung von Arbeiten im allgemeine und Bauarbeiten im Besonderen.

Eine Sonderrolle spielt die BG-Regel „Grundsätze der Prävention", BGR A 1. Sie fasst gewissermaßen „vor der Klammer" wichtige allgemeine Grundsätze für Sicherheit und

Gesundheitsschutz. Sie dient daher auch als Auslegungsmittel der anderen BGR. In der BGR A 1 sind u.a. geregelt:

- Pflichten des Unternehmers
  - §§ 1 und 2: Allgemeine Pflichten des Arbeitgebers wie das Verbot sicherheitswidriger Weisungen
  - § 3: Beurteilung der Arbeitsbedingungen, Dokumentations- und Auskunftspflichten
  - § 4: Pflicht zur Unterweisung seiner Arbeitnehmer
  - § 5: Pflichten bei der Vergabe von Aufträgen
  - § 6: Zusammenarbeit mehrerer Unternehmer, z.B. ggf. die Bestimmung eines Koordinators
  - § 8: Besondere Pflichten bei gefährlichen Arbeiten
  - § 9: Zutritts- und Aufenthaltsverbote
  - § 10: Besichtigungsrecht der Berufsgenossenschaft
  - § 11: Maßnahmen bei Mängeln, ggf. Stilllegung von Arbeitsmitteln oder Einrichtungen
  - § 13: Übertragung der arbeitsschutzrechtlichen Pflichten
- Pflichten der Versicherten
  - §§ 15 und 16: Allgemeine und Besondere Unterstützungspflichten
  - § 17: Benutzung von Einrichtungen, Arbeitsmitteln und Arbeitsstoffen
- Organisation des betrieblichen Arbeitsschutzes
  - § 19: Bestellung von Fachkräften für Arbeitssicherheit und Betriebsärzten
  - § 20: Sicherheitsbeauftragte
  - §§ 21 bis 23: Maßnahmen bei besonderen Gefahren, z.B. Notfallplanung § 22, Maßnahmen des Wetterschutzes, § 23.
  - §§ 24 bis 28: Erste Hilfe mit Vorgaben für die Bereitstellung von Einrichtungen und Sachmitteln, § 25, Anforderungen an Ersthelfer, § 26, und Betriebssanitäter, § 27.
  - §§ 29 bis 31: Persönliche Schutzausrüstungen

28.5.4 Bezugsquellen, Auslegung

Die BGR A 1 und alle weiteren BGV und BGR kann man unter www.arbeitssicherheit.de in der BGVR-Datenbank recherchieren und herunterladen. Dort finden sich auch zahlreiche BGI und Technische Regeln im Volltext.

28.6 Unfallverhütungsvorschriften der Unfallkassen

28.6.1 Allgemeines

Die Rechtsgrundlagen für die autonomen Regeln der Unfallversicherungsträger der öffentlichen Hand (auch Unfallkassen genannt) sind die gleichen wie die bei den Berufsgenossenschaften, nämlich §§ 14, 15 SGB VII. Die Unfallversicherungsträger und ihre Vorschriften sind auf vielen Baustellen der öffentlichen Hand wichtig, z.B. die Eisenbahnunfallkasse und ihre Vorschriften bei Bauvorhaben des DB-Konzerns.

28.6.2 Vorschriften der Unfallkassen

Auch die Unfallversicherungsträger haben sich für ein abgestuftes System von rechtlich bindenden Unfallverhütungsvorschriften (GUV-V) und nicht rechtlich verbindlichen Regeln für Sicherheit und Gesundheitsschutz (GUV-Regeln oder GUV-R) und Informationen (GUV-Informationen oder GUV-I) entschieden. Auch in der Gliederung haben die Unfallversicherungsträger die von den Berufsgenossenschaften gewählten Kategorien A–D eingeführt.

Die Unfallversicherungsträger haben ebenfalls eine Vorschrift mit allgemeinen Grundsätzen der Prävention erlassen, die UVV „Grundsätze der Prävention" GUV-V A 1.

In den Grundsätzen unterscheiden sich die autonome Rechtssetzung der Unfallversicherungsträger und die der Berufsgenossenschaften nicht. Natürlich muss man stets die jeweils maßgeblichen Vorschriften beachten, die sich inhaltlich durchaus erheblich unterscheiden können.

28.6.3 Bezugsquellen

Vorschriften kann man unter http://publikationen.dguv.de/bestellen.

28.7 Haftung und Straftatbestände

Die Haftung und mögliche Straftaten seien an dieser Stelle nur überblicksartig dargestellt. Eine zivilrechtliche Haftung kann sich ergeben aus:
- Verletzung von Verkehrssicherungspflichten
- Verstoß gegen ein Schutzgesetz, § 823 BGB
- Pflichtverletzung eines Vertrages zugunsten Dritter, § 280 BGB.

Verstöße gegen arbeitsschutzrechtliche Vorschriften können eine Verfolgung auslösen als
- Ordnungswidrigkeiten und
- Straftaten

28.7.1 Zivilrechtliche Haftung

28.7.1.1 Verletzung von Verkehrssicherungspflichten

Die arbeitsschutzrechtlichen Vorschriften sind grundsätzlich ein Anhaltspunkt dafür, welche Verkehrssicherungspflichten einzuhalten sind. Wer also gegen die arbeitsschutzrechtlichen Vorschriften verstößt, kann einem Geschädigten wegen Verletzung von Verkehrssicherungspflichten haften. Der Geschädigte muss nicht unbedingt ein Baubeteiligter sein (innerhalb eines Unternehmens gilt sowieso die Haftungsbeschränkung der §§ 104 ff. SGB VII), sondern kann ebenso gut ein völlig Fremder sein. Es kann sich also um einen Baustellenbesucher handeln oder um einen zufälligen Passanten, der außerhalb des eigentlichen Baustellenbereiches verletzt wird.

28.7.1.2 Verletzung eines Schutzgesetzes

Da die arbeitsschutzrechtlichen Vorschriften dazu dienen, speziell die Arbeitnehmer auf der Baustelle zu schützen, sind es zu großen Teilen auch Schutzgesetze im Sinne des § 823 Abs. 2 BGB. Deswegen kann es auch auf dieser Rechtsgrundlage zu Ansprüchen gegen den Schädiger kommen.

Die Vorschriften der Berufsgenossenschaften und der Unfallkassen stellen jedenfalls keine solchen Schutzgesetze dar. Sie sind allerdings ein Anhaltspunkt für die anerkannten Regeln der Technik und für die einzuhaltenden Verkehrssicherungspflichten.

28.7.1.3 Vertrag zugunsten eines Dritten

Teilweise dürfen die arbeitsschutzrechtlichen Pflichten auf Dritte übertragen werden. So erlaubt beispielsweise die BaustellV, die Pflichten des Bauherrn auf einen Dritten zu übertragen. Der Dritte übernimmt diese Pflichten durch einen Vertrag mit dem Bauherrn. Und dieser Vertrag dient wiederum dazu, Dritte zu schützen, nämlich die durch die BaustellV geschützten Arbeitnehmer. Verletzt also ein SiGe-Koordinator seinen Vertrag mit dem Bauherrn, kann der Geschädigte möglicherweise auch auf vertraglicher Grundlage den SiGe-Koordinator in Anspruch nehmen.

28.7.2 Strafrechtliche Folgen

Das ArbSchG, das ProdSG und die auf ihrer Grundlage erlassenen Verordnungen sehen an vielen Stellen Ordnungswidrigkeits- und Straftatbestände vor. Verstöße gegen diese Vorschriften können zu Geldbußen und Haftstrafen führen. Außerdem kann es zu Eintragungen im Gewerberegister kommen.

Die Ordnungswidrigkeits- und Straftatbestände sehen erhebliche Folgen vor. Die Geldbußen können bei Ordnungswidrigkeiten bis zu 30.000 - betragen. Bei Straftatbeständen drohen bis zu einem Jahr Haft oder Geldbußen.

29. Energiesparendes Bauen nach der Energieeinsparverordnung – EnEV

Stephan Schwarzmann

Übersicht

29.1	Einführung
29.2	Von der Wärmeschutzverordnung (WSVO) zur Energieeinsparverordnung (EnEV) und dem Erneuerbare-Energien-Wärme-Gesetz (EEWärmeG)
29.2.1	Wärmeschutzverordnung WSVO 77
29.2.2	Wärmeschutzverordnung WSVO 82/84
29.2.3	Wärmeschutzverordnung WSVO 95
29.2.4	Energieeinsparverordnung EnEV 2002/2004
29.2.5	Energieeinsparverordnung EnEV 2007
29.2.6	Energieeinsparverordnung EnEV 2009
29.2.7	Erneuerbare-Energien-Wärmegesetz EEWärmeG
29.3	Vollzug der Energieeinsparverordnung
29.4	Die Energieeinsparverordnung 2009 im Detail
29.4.1	Abschnitt 1: Allgemeine Vorschriften
29.4.2	Abschnitt 2: Zu errichtende Gebäude
29.4.3	Abschnitt 3: Bestehende Gebäude und Anlagen
29.4.4	Abschnitt 4: Anlagen der Heizungs-, Kühl- und Raumlufttechnik sowie der Warmwasserversorgung
29.4.5	Abschnitt 5: Energieausweise und Empfehlungen für die Verbesserung der Energieeffizienz
29.4.6	Abschnitt 6: Gemeinsame Vorschriften, Ordnungswidrigkeiten
29.4.7	Abschnitt 7: Schlussvorschriften
29.4.8	Anlagen zur EnEV 2009
29.5	Ausblick auf die kommende EnEV
29.6	Die Energieeinsparverordnung in der Anwendung
29.6.1	Für neu zu errichtende Gebäude
29.6.2	Bestehende Gebäude
29.6.3	Fazit

29.1 Einführung

Als 1973 die OPEC (Organisation der erdölexportierenden Länder) beschloss, ihre Fördermengen um 5 % zu verringern um den Preis für Erdöl zu steigern, kam es in Europa zur sog. 1. Ölkrise. Die plötzliche eintretende Energieknappheit führte zu einem Einbruch des seit dem Wirtschaftswunder stetig ansteigenden Wirtschaftswachstums und zeigte den Menschen, dass mit der zur Verfügung stehenden Energie sparsam umgegangen werden muss.

Die Industrie reagierte mit der Entwicklung energieeffizienterer Motoren und neuer Konzepte der Nutzung von Kernenergie. Die Umstellung auf die Sommerzeit und die Einführung von Sonntagsfahrverboten waren die ersten politischen Reaktionen auf die Ölkrise. Neben der Industrie und dem Verkehr wurde auch bei den Gebäuden ein deutliches Einsparpotenzial erkannt, so dass 1977 das erste Energieeinsparungsgesetz (EnEG) in Kraft trat, welches die Bundesregierung ermächtigte, Auflagen zu erlassen, die den Energieverbrauch bei Gebäuden einschränken.

Führten in den 1970er und 1980er Jahren wirtschaftliche Gründe zur Erkenntnis, den Energieverbrauch verringern zu müssen, so wurde in den 1990er Jahren die globale Klimaerwärmung als wesentlich größeres Problem erkannt. Die Bundesrepublik Deutschland hat sich im Rahmen des Kyotogipfels 1997 verpflichtet, die CO_2-Emissionen, auf Basis der Werte von 1990, bis zum Jahr 2012 um 21 % zu reduzieren. Diese Einsparungen sind erforderlich, um die unüberschaubaren klimarelevanten Schadstoffe, wie v. a. das Kohlendioxid (CO_2) zu begrenzen. Die Einführung der Energieeinsparverordnung an Stelle der bis dahin geltenden Wärmeschutzverordnung stellt einen wichtigen Teil der Umsetzung dieses Vorhabens dar.

29.2 Von der Wärmeschutzverordnung (WSVO) zur Energieeinsparverordnung (EnEV) und dem Erneuerbare-Energien-Wärme-Gesetz (EEWärmeG)

29.2.1 Wärmeschutzverordnung WSVO 77

Auf Grundlage des Energieeinspargesetzes – EnEG, welches Anforderungen sowohl an den Wärmeschutz als auch an heizungs- und raumlufttechnische Anlagen sowie an Brauchwasseranlagen eines neu zu errichtenden Gebäudes stellte, trat in seiner Umsetzung 1977 die erste Wärmeschutzverordnung (WSVO) und darauffolgend 1978 die erste Heizungsanlagen-Verordnung (HeizanlV) in Kraft. Die WSVO 77 enthielt Anforderungen an die Wärmedurchgangskoeffizienten (U-Werte, damals noch k-Werte) der Bauteile der Gebäudehülle von neu zu errichtenden Gebäuden.

29.2.2 Wärmeschutzverordnung WSVO 82/84

Im Jahre 1982/84 wurde die Wärmeschutzverordnung erstmals novelliert. Die Beschränkung der Beurteilungskriterien auf die Wärmedurchgangskoeffizienten der Bauteile blieb erhalten. Die Anforderungen an die einzelnen Bauteile wurden jedoch erhöht. In der Fassung von 1982 waren erstmals auch Anforderungen an Außenbauteile von bestehenden Gebäuden bei erstmaligem Einbau, Ersatz oder Erneuerung enthalten. Des Weiteren wurden Anforderungen an den sommerlichen Wärmeschutz von Gebäuden mit raumlufttechnischen Anlagen mit Kühlung eingeführt. Der Eintrag durch Sonnenenergie muss begrenzt werden, um so eine Überhitzung bzw. exzessive Kühlung zu verringern bzw. zu verhindern.

29.2.3 Wärmeschutzverordnung WSVO 95

Gute zehn Jahre musste man auf die nächste Novellierung warten. In der 1995 in Kraft getretenen Wärmeschutzverordnung wurde erstmals der Jahres-Heizwärmebedarf eines Gebäudes als nachzuweisende Größe eingeführt.

Der Jahres-Heizwärmebedarf ist die Wärmemenge pro Jahr, die benötigt wird, um die Raumlufttemperatur eines Gebäudes auf durchschnittlich 20 °C zu halten. Zur Ermittlung dieser Größe wurden einerseits die Verluste der Transmission über die einzelnen Bauteile der Gebäudehülle und die Verluste über Lüftung berücksichtigt und andererseits auch Gewinne von solarer Energie-Einstrahlung über Fenster und interne Wärmegewinne infolge der Wohn- bzw. Gebäudenutzung (Personen, elektrische Geräte usw.) mit einbezogen. Somit waren in der WSVO 95 erstmals auch Anforderungen an die Dichtheit eines Gebäudes enthalten, um so die Lüftungswärmeverluste zu begrenzen. Verfügt ein Gebäude über eine kontrollierte Lüftung mittels einer Lüftungsanlage, so kann dies in der Berechnung positiv berücksichtigt werden. Ebenfalls neu war die Unterscheidung des zu betrachtenden Gebäudes in Wohngebäude, Verwaltungsgebäude und sonstige Gebäude, die aufgrund ihrer Nutzung einen vergleichbaren Heizwärmebedarf aufweisen. Auch wurden so genannte „Gebäude mit niedrigen Innentemperaturen" (12 °C < n, < 19 °C) mit Anforderungen belegt. Der Nachweis der Einhaltung der Anforderungen nach der Wärmeschutzverordnung WSVO 95 hat somit zu einem erheblich komplexeren rechnerischen Aufwand geführt. Das Ergebnis der Berechnungen, der Jahres-Heizwärmebedarf, ist eine Größe, die wesentlich verständlicher und anschaulicher ist, sowie eine Schnittstelle zur Haustechnik bzw. Heizanlage darstellt.

29.2.4 Energieeinsparverordnung EnEV 2002/2004

Mit in Kraft treten der Energieeinsparverordnung im Jahre 2002 erfolgte eine Zusammenführung der beiden bis dahin getrennten Regelwerke der Wärmeschutzverordnung 1995 und der Heizanlagenverordnung 1998.

Die Einführung der Begriffe Jahres-Primärenergiebedarf und Endenergiebedarf zeigt die neue Ausrichtung der Energiebetrachtung auf einen primärenergetischen Ansatz. Der Jahres-Primärenergiebedarf stellt die Menge an Energie dar, die benötigt wird, um ein Gebäude auf eine Raumlufttemperatur von mind. 19 °C zu halten und mit Warmwasser zu versorgen, unter Berücksichtigung der Art der Wärmeerzeugung. Bei der Begrenzung des zulässigen Energiebedarfs von neuen Gebäuden wird nicht nur die Endenergie (z.B. Heizöl, Erdgas oder Strom) zur Wärmebereitstellung betrachtet, sondern es werden auch sämtliche Energieumwandlungs- und -transportverluste mit berücksichtigt. Die Umwandlungsverluste von Primär- über Endenergie bis zur Nutzung wurde durch die Anlagen-Aufwandszahl beschrieben, was letztendlich zu einer Förderung des Einsatzes von erneuerbarer Energien, z.B. Holzpellets führte.

Durch eine Begrenzung der Transmissionsverluste getrennt vom Primär-Energiebedarf wurde verhindert, dass eine hochwertige Anlagentechnik in zu hohem Maße zur Kompensation einer ungenügenden Wärmedämmung genutzt wird.

Lüftungsanlagen konnten erstmals vollständig energetisch berücksichtigt werden. Neu war auch die Einteilung des Gebäudes in Temperaturzonen.

29. Energiesparendes Bauen nach der Energieeinsparverordnung – EnEV

Damit wurde der Realität Rechnung getragen, dass meist nicht alle Wohnräume gleichmäßig geheizt werden.

Erstmals waren in der EnEV im begrenzten Umfang Verpflichtungen zu Nachrüstungen bei bestehenden Gebäuden enthalten, so mussten z.B. vor 1978 eingebaute Heizkessel bis Ende 2006 außer Betrieb genommen werden.

29.2.5 Energieeinsparverordnung EnEV 2007

Die Verordnung über energiesparenden Wärmeschutz und energiesparende Anlagentechnik bei Gebäuden (Energieeinsparverordnung – EnEV) trat am 1.10.2007 in Kraft und galt insgesamt nur zwei Jahre bis einschließlich dem 30.9.2009.

Abgeleitet aus der europäischen Richtlinie enthält die EnEV 2007 im Wesentlichen folgende neuen Anforderungen:

- Pflicht zur Vorlage von Energieausweisen bei Vermietung und Verkauf nunmehr auch im Gebäudebestand (bei Neubauten schon bisher); bei öffentlichen stark frequentierten Gebäuden besteht Aushangpflicht.
- Berücksichtigung auch des Energieaufwands für die Klimatisierung von Wohn- und Nichtwohngebäuden und für die fest eingebaute Beleuchtung bei Nichtwohngebäuden sowie Inspektion von Klimaanlagen über 12 kW Nennleistung.
- Änderung der Berechnungsmethodik von Wohn- und Nichtwohngebäuden, vormals Gebäude mit „normalen" und „niedrigen" Innentemperaturen. Während sich bei Wohngebäuden mit Ausnahme von kleineren Klarstellungen und erweiterten Vereinfachungsmöglichkeiten nichts änderte, musste bei Nichtwohngebäuden wegen des neu zu berücksichtigenden Energieaufwands für Klimatisierung und Beleuchtung dagegen eine völlig neue Berechnungsmethodik eingeführt werden. Dies geschah in Form der DIN V 18599, die umfassende Regeln enthält – angefangen bei der Gebäudehülle über die gesamte Heizungs-, Warmwasser-, Lüftungs- und Klimaanlagentechnik sowie die Beleuchtung bis hin zur Bewertung des Gebäudebestands.

29.2.6 Energieeinsparverordnung EnEV 2009

Die Verordnung zur Änderung der Energieeinsparverordnung wurde am 29.4.2009 im Bundesanzeiger veröffentlich und ist seit dem 1. Oktober 2009 in Kraft. Der Rechtsstand ergibt sich somit aus der EnEV 2007 und der Änderungsverordnung wird aber umgangssprachlich als EnEV 2009 bezeichnet. Diese Bezeichnung wird im Folgenden beibehalten.

Wesentliche Änderungen der EnEV 2009 im Vergleich zur EnEV 2007

- Reduzierung der Obergrenze des zulässigen Jahres-Primärenergiebedarfs für Heizung, Warmwasser, Lüftung und Kühlung um ca. 30 %.
- Verschärfung der Anforderungen an die Gebäudehülle um rund 15 % bezogen auf die U-Werte der Außenbauteile.
- Regelung zur stufenweisen Außerbetriebnahme von Nachtspeicherheizungen.
- Nachrüstpflicht von Wärmedämmung bei obersten, begehbaren Geschossdecke.n

- Primärenergiebedarfskennwerte durch Referenzgebäudeverfahren (Wohngebäude).
- Änderungen im Vollzug (siehe 29.3 Vollzug der Energieeinsparverordnung).
- Wahlmöglichkeit beim Bilanzierungsverfahren, neben der bestehenden DIN 4108-6 oder DIN 4701-10/12 nun auch nach DIN V 18599

> **PRAXISTIPP**
>
> *Eine Berechnung auf Basis der neueren Norm DIN V 18599 führt im Regelfall zu einem höheren Primär- und Endenergiebedarf. Dieses beruht aber im Wesentlichen auf einer im Allgemeinen deutlich ungünstigeren Bewertung der anlagentechnischen Seite bei Verwendung von Standardwerten. Quelle: Energetische Bilanzierung von Wohngebäuden nach DIN V 18599 Prof. Dr.-Ing. Stefan Himburg)*

29.2.7 Erneuerbare-Energien-Wärmegesetz EEWärmeG

Das seit dem 1.1.2009 geltende Erneuerbare-Energien-Wärmegesetz schreibt vor, dass Eigentümer neuer Gebäude einen Teil ihres Wärme- und Kältebedarfs aus erneuerbaren Energien decken müssen. Das gilt für Wohn- und Nichtwohngebäude, deren Bauantrag bzw. -anzeige nach dem 1.1.2009 eingereicht wurde. Es wird kein speziell auf dieses Gesetz zugeschnittenes technisches Regelwerk herangezogen, sondern auf die technischen Regeln verwiesen, die auch für den EnEV-Nachweis anzuwenden sind. Dieser Nachweis ist innerhalb drei Monate ab Inbetriebnahme der Heizungsanlage zu erbringen.

Welche Form erneuerbarer Energien genutzt werden soll, kann der Eigentümer frei entscheiden. Wichtig ist nur, dass ein bestimmter Prozentsatz der Wärme und/oder Kälte mit der jeweiligen Energie erzeugt wird. Der Prozentsatz ist abhängig von der Energieform. Wer keine erneuerbaren Energien nutzen möchte, kann verschiedene, so genannte Ersatzmaßnahmen wählen.

Nach § 2 EEWärmeG gelten als erneuerbare Energien:

1. dem Erdboden entnommene Wärme (Geothermie),
2. der Luft oder dem Wasser entnommene Wärme außer Abwärme (Umweltwärme),
3. die technisch nutzbar gemachte solare Strahlungsenergie,
4. die aus fester, flüssiger und gasförmige Biomasse erzeugte Wärme,
5. die dem Erdboden oder Wasser entnommene und technisch nutzbar gemachte oder aus Wärme nach den Nummern 1 bis 4 technisch nutzbar gemachte Kälte.

Die in § 3 EEWärmeG beschriebene Nutzungspflicht kann durch eine der folgenden Maßnahmen erfüllt werden:

1. mindestens 15 %ige Deckung des Wärmeenergiebedarfs durch Solarwärme,
2. mindestens 30 %ige Deckung des Wärmeenergiebedarfs durch gasförmige Biomasse unter Voraussetzung der Nutzung hocheffizienter KWK-Anlagen,
3. mindestens 50 %ige Deckung des Wärmeenergiebedarfs durch feste Biomasse in Kessel mit Mindestwirkungsgrad oder KWK-Anlagen,

29. Energiesparendes Bauen nach der Energieeinsparverordnung – EnEV

4. mindestens 50 %ige Deckung des Wärmeenergiebedarfs durch nachhaltige flüssige Biomasse in Brennwertkessel oder KWK-Anlagen,
5. mindestens 50 %ige Deckung des Wärmeenergiebedarfs aus Geothermie,
6. mindestens 50 %ige Deckung des Wärmeenergiebedarfs durch Umweltwärme.

Als Ersatzmaßnahmen zur Erfüllung lt. § 7 EEWärmeG gelten:

1. mindestens 50 %ige Deckung des Wärmeenergiebedarfs aus Abwärme oder hocheffizienten KWK-Anlagen,
2. mindestens 15 %ige Unterschreitung der EnEV-Anforderungen an Primärenergiebedarf und Wärmedämmung der Gebäudehülle,
3. Nah- oder Fernwärmeversorgung, wenn die Wärme zu einem wesentlichen Anteil aus erneuerbaren Energien, zu mind. 50 % aus Abwärme oder KWK, oder aus einer Kombination der genannten besteht.

Das EEWärmeG ist mit Wirkung zum 1.5.2011 novelliert worden. Seither gilt die Nutzungspflicht nicht nur für Neubauten, sondern auch bestehende öffentliche Gebäude. Außerdem muss sie beachtet werden, wenn die öffentliche Hand Gebäude anmietet. Quelle: Bundesministerium für Verkehr, Bau und Stadtentwicklung

29.3 Vollzug der Energieeinsparverordnung

Der Vollzug der Energieeinsparverordnung fällt in den Zuständigkeitsbereich der Bundesländer. Diese können eigenständig nähere Regelungen für Umsetzung und Kontrolle der jeweiligen Energieeinsparverordnung erlassen (z.B. in Bayern mit der ZVEnEV). Eine Pflicht, derartige Regelungen einzuführen, bestand bisher nicht. Mit der Novellierung (am 13. Juli 2013 trat die vierte, geänderte EnEG 2013 in Kraft) des Energieeinsparungsgesetzes (EnEG), das der Umsetzung der Richtlinie des Europäischen Parlaments über die Gesamtenergieeffizienz von Gebäuden dient, sind dem Bund allerdings Möglichkeiten für eigene Vollzugsregelungen eröffnet worden.

§ 7 EnEG regelt die Überwachungspflicht zur Einhaltung des Energiesparrechts durch die jeweiligen Landesregierungen oder die von ihnen bestimmten Stellen. Zusätzlich wird die Bundesregierung im § 7a EnEG ermächtigt, durch Rechtsverordnung vorzusehen, dass private Fachbetriebe die Einhaltung der festgelegten Anforderungen bestätigen müssen. Diese Ermächtigung ist im § 26a EnEV als private Nachweise mit der sog. Unternehmererklärung umgesetzt worden. Die EnEV regelt nun bundeseinheitlich, dass bei der baulichen oder anlagentechnischen Modernisierung die beteiligten Unternehmer bestätigen müssen, dass die eingebauten Teile den Anforderungen der EnEV entsprechen. Auch die Aufgaben des Bezirksschornsteinfegers sind im § 26b EnEV bundeseinheitlich geregelt, dem als Beliehener genau definierte Aufgaben zufallen. Zur weiteren Stärkung des Vollzugs führt die EnEV 2009 Ordnungswidrigkeiten für vorsätzliche oder grob fahrlässige Verstöße gegen die Neubau- und Modernisierungsanforderungen und für die Verwendung falscher Gebäudedaten bei der Ausstellung von Energieausweisen ein. Grundlage für die Kontrolle von Energieausweisen und Inspektionsberichten sowie Auswertung von Daten beinhaltet der § 7b EnEG.

Trotzdem ist der Vollzug der EnEV in den verschiedenen Bundesländern noch sehr unterschiedlich. Wenn länderspezifische Durchführungsbestimmungen vorhanden sind, regeln sie meist folgende Punkte:

- Zuständigkeit für Ausnahmen und Befreiung
- Erstellung von Nachweisen und Energieausweisen
- Kontrolle von Nachrüstungsvorschriften
- Ordnungswidrigkeiten
- Verwendung von Bauprodukten und Anlagen

Es ist zu empfehlen, die Art und Weise der Durchführung bei der jeweiligen Behörde zu erfragen. Hieraus ergibt sich allerdings die Schwierigkeit, vorab die zuständige Stelle in Erfahrung zu bringen. Ist es in Bayern die oberste Baubehörde, so ist in Bremen der Senator für Umwelt, Bau und Verkehr und in Baden-Württemberg wiederum das Ministerium für Umwelt, Klima und Energiewirtschaft.

> **PRAXISTIPP**
>
> *Je nach Bundesland sind die Zuständigkeiten für die Durchführung und die Durchführungsbestimmungen verschieden und sollten bei der zuständigen Behörde erfragt werden.*
>
> *Die in der Energieeinsparverordnung beschriebenen Anforderungen sind bundesweit gültig und müssen eingehalten werden.*

29.4 Die Energieeinsparverordnung 2009 im Detail

Der genaue Wortlaut der Verordnung ist über das Internet oder bei entsprechenden Informationsquellen erhältlich. An dieser Stelle soll zu den einzelnen Paragrafen eine kurze Zusammenfassung mit Hinweisen gegeben werden, die jedoch keinen Anspruch auf Vollständigkeit erhebt.

Die EnEV 2009 besteht insgesamt aus sieben Abschnitten und elf Anlagen. Während in den einzelnen Paragrafen die allgemeinen Anforderungen definiert werden, sind in den Anhängen konkrete Werte, Berechnungen und Tabellen aufgeführt.

29.4.1 Abschnitt 1: Allgemeine Vorschriften

§ 1 Anwendungsbereich

Die Anforderungen der EnEV gelten für Gebäude, die beheizt oder gekühlt werden und für Anlagen und Einrichtungen der Heizungs-, Kühl-, Raumluft- und Beleuchtungstechnik sowie der Warmwasserversorgung von Gebäuden die beheizt oder gekühlt werden. Somit bezieht sich die Verordnung auf beheizte oder klimatisierte Gebäude. Der Energieeinsatz für Produktionsprozesse bleibt außer Acht gelassen.

Weiterhin werden Gebäude wie z.B. Zelte, Gewächshäuser und Tierstallungen genannt, die nicht in den Geltungsbereich der Verordnung fallen. Als Ausnahme gelten Gebäude, wie z.B. Kesselhäuser, in denen die Anlagentechnik zur Beheizung außerhalb des zu beheizenden Gebäudes liegt. Hier ist der § 13 EnEV anzuwenden.

§ 2 Begriffsbestimmung

Im Sinne der EnEV dienen Wohngebäude überwiegend der Zweckbestimmung des Wohnens einschließlich Wohn-, Alten- und Pflegeheimen sowie ähnlichen Einrichtungen. Nichtwohngebäude sind alle sonstigen Gebäude, die nicht unter die oben genannte Zweckbestimmung fallen. Der Umgang mit gemischt genutzten Gebäuden wird im § 22 EnEV näher beschrieben.

Erstmals im § 2 der EnEV ist die Begriffsbestimmung der erneuerbaren Energien lt. EEWärmeG, wie bereits unter 29.2.7 erläutert und die Definition der elektrischen Speicherheizsysteme. Nach wie vor werden Flächen gemäß Wohnflächenverordnung, DIN-Normen oder anerkannten Regeln der Technik berechnet.

29.4.2 Abschnitt 2: Zu errichtende Gebäude

§ 3 Anforderungen an Wohngebäuden

Während in der EnEV 2007 der Höchstwert des Jahres-Primärenergiebedarfs noch in Abhängigkeit eines Formfaktors (A/V-Verhältnis) ermittelt wurde, erfolgt in der aktuellen Verordnung die Berechnung über ein Referenzgebäude. Das baugleiche Referenzgebäude erhält die energetische Beschaffenheit aus der Anlage 1, Tabelle 1 und stellt den individuellen Höchstwert für den Jahres-Primärenergiebedarf und den Transmissionswärmeverlust dar.

In der Anlage 1 Nr. 2 sind die verschiedenen Verfahren zur Berechnung des Jahres-Primärenergiebedarfs genannt, zwischen denen gewählt werden kann. Diese Methode ist zwingend für das zu errichtende Wohngebäude und das Referenzgebäude anzuwenden. Weiterhin sind die Werte der DIN 4108 (Wärmeschutz und Energieeinsparung) einzuhalten, um eine Gebäudeüberhitzung zu vermeiden (Anlage 1, Nr. 3)

§ 4 Anforderungen an Nichtwohngebäude

Das Referenzgebäudeverfahren für Nichtwohngebäude ist bereits aus der EnEV 2007 bekannt und unterscheidet sich im Prinzip nicht von der aktuellen Wohngebäudeberechnung. Allerdings ist als Grundlage für Primärenergiebedarf und Transmissionswärmeverlust die Anlage 2 heranzuziehen. Berechnungsbasis für Nichtwohngebäude ist die DIN 18599. Auch die Anforderungen an den sommerlichen Wärmeschutz sind bei Nichtwohngebäuden nach Anlage 2 Nr. 4 einzuhalten.

§ 5 Anrechnung von Strom aus erneuerbaren Energien

Wird in zu errichtenden Gebäuden (Wohn- oder Nichtwohngebäuden) Strom aus erneuerbaren Energien eingesetzt, darf der Strom vom Endenergiebedarf abgezogen werden, wenn der Strom im unmittelbaren räumlichen Zusammenhang zu dem Gebäude erzeugt, im Gebäude verbraucht und nur die überschüssige Energiemenge in das öffentliche Netz eingespeist wird. Angerechnet darf allerdings höchstens die Strommenge werden, die dem berechneten Strombedarf der jeweiligen Nutzung entspricht.

§ 6 Dichtheit, Mindestluftwechsel

Zu errichtende Gebäude sind so auszuführen, dass die wärmeübertragende Umfassungsfläche einschließlich der Fugen dauerhaft luftundurchlässig entsprechend den anerkannten Regeln der Technik abgedichtet ist. Die Fugendurchlässigkeit außen liegender Fenster, Fenstertüren und Dachflächenfenster muss den Anforderungen nach Anlage 4 Nr. 1 genügen. Wird die Luftdichtheit z.B. mittels eines Blower-Door-Tests überprüft, so kann der Nachweis (Leckraten für Fugen und Umfassungsflächen) in der Berechnung berücksichtigt werden, wenn die Anforderungen nach Anlage 4 Nr. 2 eingehalten sind.

Zum Zwecke der Gesundheit und Beheizung ist ein Mindestluftwechsel unerlässlich. Dieser kann über raumlufttechnische Anlagen oder freie Fensterlüftung erbracht werden.

§ 7 Mindestwärmeschutz, Wärmebrücken

Bei Gebäuden, die gegen Außenluft, Erdreich oder anderen Gebäudeteilen mit wesentlich niedrigeren Innentemperaturen abgrenzen, sind die Anforderungen des Mindestwärmeschutzes nach den anerkannten Regeln der Technik einzuhalten. Sollte bei neu errichtenden Gebäuden die Nachbarbebauung bei aneinandergereihter Bebauung nicht gesichert sein, müssen die Gebäudetrennwände den Mindestwärmeschutz einhalten. Dies wäre z.B. bei einem Reihenhaus der Fall, wenn die noch folgende Reihenbebauung unklar ist.

Weiterhin sind konstruktive Wärmebrücken im wirtschaftlichen Maße so gering wie möglich zu halten. Der Einfluss der Wärmebrücken ist nach Maßgabe des jeweils angewendeten Berechnungsverfahren zu berücksichtigen.

> **PRAXISTIPP**
>
> *Der pauschale Ansatz von Wärmebrücken führt zu sehr hohen Transmissionswärmeverlusten i. V. m. Erhöhung der Bauteildämmung. Dieser Ansatz sollte, wenn möglich, bei Energieberechnungen nicht mehr angewendet werden.*

§ 8 Anforderungen an kleine Gebäude und Gebäude aus Raumzellen

Bei kleinen Gebäuden oder Gebäuden, bestehend aus Raumzellen von jeweils 50 m² Nutzfläche und mit einer Nutzungsdauer von höchstens fünf Jahren, gelten die Anforderungen als erfüllt, wenn die in Anlage 3 genannten Werte der Wärmedurchgangskoeffizienten der Außenbauteile eingehalten werden.

29.4.3 Abschnitt 3: Bestehende Gebäude und Anlagen

§ 9 Änderung, Erweiterung und Ausbau von Gebäuden

Änderungen sind so auszuführen, dass die in Anlage 3 festgelegten Wärmedurchgangskoeffizienten der betroffenen Außenbauteile nicht überschritten werden. Die Anforderungen gelten auch als erfüllt, wenn insgesamt der Jahres-Primärenergiebedarf des Referenzgebäudes nach § 3 Abs. 1 bei Wohngebäuden oder § 4 Abs. 1 bei Nichtwohngebäuden um nicht mehr als 40 % überschritten werden. Zusätzlich ist bei Wohngebäuden der Höchstwert des spezifischen Transmissionswärmeverlusts nach Anlage 1 Tabelle 2 und bei Nichtwohngebäuden die Höchstwerte der mittleren Wärmedurchgangskoeffizi-

29. Energiesparendes Bauen nach der Energieeinsparverordnung – EnEV

enten der wärmeübertragenden Umfassungsfläche nach Anlage 2 Tabelle 2 um nicht mehr als 40 % zu überschreiten.

Die Gebäudedaten können durch vereinfachtes Aufmaß ermittelt sowie die energetischen Kennwerte für die bestehenden Bauteile auf Grund von Erfahrungswerten verwendet werden.

Soweit Vereinfachungen für die Datenaufnahme und die Ermittlung der energetischen Eigenschaften sowie gesicherte Erfahrungswerte lt. Bundesanzeiger verwendet werden, wird die Einhaltung vermutet.

Die genannten Anforderungen sind auf Änderungen von Bauteilen nicht anzuwenden, wenn die Fläche der geänderten Bauteilen nicht mehr als 10 % der gesamten jeweiligen Bauteilfläche des Gebäudes betrifft. Somit ist die Bagatellgrenze von vormals 20 % auf 10 % verschärft worden. Bei Überschreitung ist ein neuer Nachweis erforderlich.

Werden Bestandsgebäude erweitert oder ausgebaut, muss der Mindestwärmeschutz der Außenbauteile gemäß EnEV gewährleistet sein. Dies gilt allerdings nur dann, wenn die Nutzfläche des Gebäudes um 15 bis 50 m² erweitert bzw. ausgebaut wird. Während bei Anbauten über 50 m² Nutzfläche der Jahres-Primärenergiebedarf dem von Neubauten entsprechen muss, reicht beim Ausbau von Dachräumen und anderer, bisher nicht beheizter Räume die Einhaltung des Mindestwärmeschutzes der Außenbauteile.

§ 10 Nachrüsten bei Anlagen und Gebäuden

Eigentümer von Gebäuden dürfen Heizkessel, die mit flüssigen oder gasförmigen Brennstoffen beschickt werden und vor dem 1.10.1978 eingebaut oder aufgestellt worden sind, nicht mehr betreiben, außer es handelt sich z.B. um Niedertemperatur- und Brennwertkessel und Festbrennstoffkessel, oder der Eigentümer bewohnte bereits vor dem 1.2.2002 ein eigenes Ein- oder Zweifamilienwohnhaus. Erst im Falle eines Eigentümerwechsels sind die gemachten Anforderungen einzuhalten. Nach der Anlage 5 sind ungedämmte, zugängliche Wärmeverteilungs- und Warmwasserleitungen sowie Armaturen, die sich nicht in beheizten Räumen vom Eigentümer zu dämmen. Ausnahmen sind Leitungen, die nach der ehemaligen Heizungsanlagenverordnung oder Energieeinsparverordnung nicht ausreichend gedämmt sind. Trotzdem bleibt die Empfehlung zur vollständigen Dämmung bestehen.

Bisher ungedämmte, nicht begehbare oder begehbare und zugängliche oberste Geschossdecken beheizter Räume müssen so gedämmt werden, dass der Wärmedurchgangskoeffizient der Geschossdecke 0,24 W/m²K (vormals 30 W/m²K) nicht überschreitet. Sollte innerhalb einer angemessenen Frist (bei bestehenden Gebäuden ist die noch zu erwartende Nutzungsdauer zu berücksichtigen (§ 5 Abs. 1 Satz 3 EnEG)) die eintretenden Ersparungen bezüglich Rohrleitungs- und Geschossdeckendämmungen nicht erwirtschaftet werden, muss die Nachrüstung nicht stattfinden. Die Bundesregierung hat dazu bereits im Rahmen des Verordnungsverfahrens der EnEV 2007 verschiedene Gutachten eingeholt und diese im Hinblick auf die nun aufgenommenen Anforderungen der EnEV 2009 ergänzt. Aus den von der Bundesregierung eingeholten Gutachten ergibt sich, dass die in der EnEV 2009 aufgestellten Anforderungen, bezogen auf den Stand der Technik, sowohl erfüllbar als auch vertretbar sind.

§ 10 a Außerbetriebnahme von elektrischen Speicherheizsystemen

Erstmals in der EnEV 2009 ist die Regelungen zur Außerbetriebnahme von elektrischen Speicherheizsystemen eingeführt, wenn folgende Voraussetzungen zutreffen:

- mehr als fünf Wohneinheiten,
- Raumwärme wird ausschließlich durch elektrische Speicherheizsysteme erzeugt,
- Heizleistung größer als 20 W/m² Nutzfläche.

Für Nichtwohngebäude ist die Stilllegung nur dann vorgeschrieben, wenn diese nach ihrer Zweckbestimmung größer als 500 m² sind, jährlich mindestens vier Monate und auf Innentemperaturen von mindestens 19° Celsius beheizt werden. Für die Außerbetriebnahme gelten folgende Fristen:

- Einbaudatum von 1.1.1990 – spät. Austausch am 31.12.2019,
- Einbaudatum nach 31.12.1989 – spät. Austausch 30 Jahre nach Einbau,
- Ab 1.1.1990 wesentl. Erneuerung – 30 Jahre nach Erneuerung.

Vom Austausch kann abgesehen werden, wenn:

- selbst nach Inanspruchnahme von Fördermitteln keine Amortisation innerhalb angemessener Frist erwirtschaftet werden kann,
- öffentlich-rechtliche Belange entgegenstehen,
- der Bauantrag nach dem 31.12.1994 gestellt wurde,
- die Wärmeschutzverordnung vom 16.08.1994 bei Baufertigstellung, oder durch spätere Änderung eingehalten wird.

§ 11 Aufrechterhaltung der energetischen Qualität

Die energetische Qualität sowohl von Außenbauteilen, als auch von Anlagen darf nicht verschlechtert werden. Heizungsanlagen, Kühl- und Raumlufttechnik sind nutzungsgerecht einzustellen und regelmäßig von entsprechenden Fachleuten zu überprüfen und zu warten. Diese Klausel wurde auch im Hinblick auf innovative Anlagen formuliert, die erneuerbare Energien nutzen. Werden solche Anlagen außer Betrieb genommen, hat der Betreiber dafür zu sorgen, dass der Jahres-Primärenergiebedarf durch andere Maßnahmen wie z.B. Wärmedämmung nicht erhöht wird.

§ 12 Energetische Inspektion von Klimaanlagen

Dieser Paragraf stellt genaue Anforderungen an die Wartung, d.h. wann, wie oft, durch wen, mit welchem Ziel und in welchem Umfang die Inspektion durchzuführen ist. Die Inspektionspflicht erstreckt sich auf Klimaanlagen mit Kühlaggregaten mit einer Nennleistung – bezogen auf den Kältebedarf – von mehr als 12 kW.

29.4.4 Abschnitt 4: Anlagen der Heizungs-, Kühl- und Raumlufttechnik sowie der Warmwasserversorgung

§ 13 Inbetriebnahme von Heizkesseln und sonstigen Erzeugern

Heizkessel für flüssige oder gasförmige Brennstoffe mit einer Nennleistung von vier bis 400 Kilowatt müssen mit einer CE-Kennzeichnung versehen sein. Die gilt auch, wenn sie aus einzelnen Geräten zusammengesetzt sind. Heizkessel dürfen in Gebäuden nur dann zum Zwecke der Inbetriebnahme eingebaut oder aufgestellt werden, wenn die Anforderungen nach Anlage 4a (Erzeugeraufwandskennzahl eg und Primärenergiefaktor fp nicht größer als 1,30) eingehalten werden. Ausnahmen bestehen für Gebäude, die nicht den Anforderungen von Neubauten entsprechen müssen.

§ 14 Verteilungseinrichtungen und Warmwasseranlagen

Der Paragraf 14 bleibt unberührt und beschreibt die Pflicht der Eigentümer von Gebäuden, Zentralheizungen mit zentralen automatischen Einrichtungen zur Verringerung und Abschaltung der Wärmezufuhr sowie zur Ein- und Abschaltung elektrischer Antriebe in Abhängigkeit von der Außentemperatur oder einer anderen geeigneten Führungsgröße und der Zeit auszustatten. Wenn diese Ausstattung bei bestehenden Anlagen fehlt, ist sie nachzurüsten. Heizungstechnische Anlagen mit Wasser als Wärmeträger müssen über eine Einzelraumregelung (z.B. Thermostatventile) verfügen. Dies gilt nicht für Einzelheizgeräte für feste oder flüssige Brennstoffe.

Werden Wärmeverteilungs- und Warmwasserleitungen, Armaturen und Warmwasserspeicher eingebaut oder ersetzt, muss man sie gemäß der EnEV Anlage 5 dämmen.

§ 15 Anlagen der Kühl- und Raumlufttechnik

Der Geltungsbereich der Anforderungen an die energetische Qualität von Klimaanlagen betrifft weiterhin Klimaanlagen größer 12 kW Nennleistung und raumlufttechnische Anlagen mit mehr als 4000 m³/h Zuluftvolumenstrom.

Beim Einbau oder Erneuerung dieser Anlagen müssen, soweit die Anlagen dazu bestimmt sind, die Feuchte der Raumluft unmittelbar zu verändern, selbstständig wirkende Regelungseinrichtungen verbaut sein, die eine getrennte Regelung des Sollwerts für Befeuchtung und Entfeuchtung vorsehen.

Bei Erneuerung im Baubestand sind Zentralgeräte oder Luftkanalsysteme sowie raumlufttechnische Anlagen betroffen. Die Raumluftfeuchte muss automatisch zu regeln sein. Des Weiteren müssen die genannten Anlagen mit einer Einrichtung zur Wärmerückgewinnung ausgestattet sein.

29.4.5 Abschnitt 5: Energieausweise und Empfehlungen für die Verbesserung der Energieeffizienz

§ 16 Ausstellung und Verwendung von Energieausweisen

Beim Kauf, Vermieten, Neubau und bei Erweiterungen der Nutzfläche um mehr als die Hälfte der vorhandenen Fläche von Gebäuden und bei größeren Umbaumaßnahmen an der Gebäudehülle hat der Bauherr oder Käufer dafür zu sorgen, dass Energieausweise

29.4 Die Energieeinsparverordnung 2009 im Detail

ausgestellt werden. Energiebedarfsausweise sind im Neubau nicht länger zulässig. Auf Verlangen sind diese den Baubehörden oder Mietern vorzulegen. Bei öffentlichen Gebäuden und Gebäuden mit einer Nutzfläche von mehr als 1000 m² sind diese Ausweise an gut sichtbaren Stellen auszuhängen. Auf kleine Gebäude mit weniger als 50 m² Nutzfläche und Baudenkmäler gelten Sonderregelungen und keine Ausstellungspflicht für Energieausweise.

§ 17 Grundsätze des Energieausweises

Energieausweise dürfen grundsätzlich auf Grundlage des berechneten Energiebedarfs oder Energieverbrauchs ausgestellt werden. Energieausweise dürfen in den Fällen des oben genannten § 16 EnEV (Neubauten, geänderte Gebäude usw.) nur auf Grundlage des Energiebedarfs ausgestellt werden und auch für Wohngebäude mit bis zu vier Wohneinheiten oder für die der Bauantrag vor dem 1.11.1977 gestellt wurde, ist ein Bedarfsausweis zu erstellen. Wahlfreiheit besteht für weite Teile des Gebäudebestands wie z.B. bei Gebäuden, die schon bei der Baufertigstellung das Anforderungsniveau der Wärmeschutzverordnung vom 11.8.1977 einhielten oder durch spätere Änderungen auf dieses Niveau gebracht worden ist. Energieausweise werden grundsätzlich für Gebäude ausgestellt. Sie sind für Teile von Gebäuden auszustellen, wenn die Gebäudeteile hinsichtlich ihrer Art und Nutzung (Wohn- u. Nichtwohngebäude) getrennt zu behandeln sind (siehe § 22 EnEV) und müssen nach Inhalt und Aufbau den Mustern in den Anlagen 6 bis 9 entsprechen.

Der Eigentümer kann die zur Ausstellung des Energieausweises erforderlichen Daten bereitstellen und muss dafür Sorge tragen, dass diese Daten richtig sind. Bei begründetem Anlass zum Zweifel dürfen diese Daten allerdings vom Aussteller nicht den Berechnungen zugrunde liegen.

Der Energieausweis ist grundsätzlich zehn Jahre gültig, außer wenn nach § 16 (z.B. Neubau, Erweiterungen um mehr als die Hälfte der beheizten Gebäudenutzfläche usw.) ein neuer Ausweis zu erstellen ist.

§ 18 Ausstellung auf der Grundlage des Energiebedarfs

Diese Regelung bezieht sich auf die Anlagen 6 bis 8 und definiert somit, wie ein Energieausweis, der auf Grundlage des Energiebedarfs ermittelt wurde, aufgebaut sein soll.

§ 19 Ausstellung auf der Grundlage des Energieverbrauchs

Werden Energieausweise für bestehende Gebäude auf der Grundlage des erfassten Energieverbrauchs ausgestellt, nach folgenden Maßgaben anzugeben:

- Energieverbrauch für Heizung und Warmwasser in kWh pro Jahr und m² Gebäudenutzfläche (ggf. Wohnfläche mit entsprechendem Faktor multipliziert)
- Durchschnittliche Energieverbrauchskennwert der letzten drei aufeinanderfolgenden Jahren

Vergleichswerte für Energieverbrauchskennwerte von Nichtwohngebäuden sind dem Bundesanzeiger zu entnehmen.

§ 20 Empfehlungen für die Verbesserung der Energieeffizienz

Der Aussteller des Energieausweises muss dem Gebäudeeigentümer auch Modernisierungsmaßnahmen empfehlen, wenn die Energieeffizienz des Gebäudes dadurch kostengünstig verbessert werden kann. Die Darstellung der Empfehlung ist als Muster in der Anlage 10 beigefügt. Die Empfehlungen werden sowohl bei Wohn- als auch bei Nichtwohngebäuden den jeweiligen Ausweisen beigefügt.

§ 21 Ausstellungsberechtigung für bestehende Gebäude

In diesem Paragrafen wird die Ausstellungsberechtigung für Energieausweise und Modernisierungsempfehlungen von bestehenden Wohn- und Nichtwohngebäuden geregelt. Die Ausstellungsberechtigung für mehr als die Hälfte geänderte Umbauten und Neubauten ist im Baurecht der Bundesländer geregelt.

29.4.6 Abschnitt 6: Gemeinsame Vorschriften, Ordnungswidrigkeiten

§ 22 Gemischt genutzte Gebäude

Gebäude sind hinsichtlich ihrer Art und Nutzung zu behandeln. Bei Unterschieden sind die Bereiche gesondert zu betrachten. Die Verordnung nennt keine konkreten Prozentsätze für die jeweils andersartig genutzten Flächenanteile, um den Anwendern genügend Flexibilität zu ermöglichen. In der Begründung zur EnEV 2007 werden Anteile bis zu 10 % noch als unerhebliche Flächenanteile angesehen. Zu beachten ist die gesonderte Berechnung von Trennwänden und Trenndecken zwischen Gebäudeteilen.

§ 23 Regeln der Technik

Auf welche Art und Weise die Regeln der Technik bzw. anerkannten Regeln der Technik zu ermitteln, zu überprüfen und anzuwenden sind, ist im § 23 beschrieben. Es finden sich Regelungen zu Baustoffen, Bauteilen und Anlagen.

§ 24 Ausnahmen

Von der Einhaltung der Anforderungen können Ausnahmen über die zuständigen Behörden zugelassen werden, wenn Baudenkmäler oder sonstige besonders erhaltenswerte Bauteile durch die Einhaltung der Anforderungen in ihrer Substanz oder ihrem Erscheinungsbild beeinträchtigt werden und andere Maßnahmen zu einem unverhältnismäßig hohen Aufwand führen würden.

§ 25 Befreiungen

Die nach Landesrecht zuständigen Behörden können im Einzelfall auf Antrag von der Einhaltung der Anforderungen befreien, wenn die Einhaltung zu einem unangemessenen Aufwand oder in sonstiger Weise zu einer unbilligen Härte führt. Eine unbillige Härte liegt insbesondere vor, wenn die erforderlichen Aufwendungen innerhalb der üblichen Nutzungsdauer, bei Anforderungen an bestehende Gebäude innerhalb angemessener Frist durch die eintretenden Einsparungen nicht erwirtschaftet werden können, oder Eigentümer zum gleichen Zeitpunkt oder in nahem zeitlichen Zusammenhang mehrere Pflichten nach dieser Verordnung oder zusätzlich nach anderen öffentlich-rechtlichen Vorschriften aus Gründen der Energieeinsparung zu erfüllen hat und ihm dies nicht zuzumuten ist.

§ 26 Verantwortliche

Für die Einhaltung der Vorschriften dieser Verordnung ist der Bauherr verantwortlich, oder im Rahmen ihres jeweiligen Wirkungskreises auch die Personen verantwortlich, die im Auftrag des Bauherrn bei der Errichtung oder Änderung von Gebäuden oder der Anlagentechnik in Gebäuden tätig werden.

§ 26a Private Nachweise

Neu in der Verordnung ist die Notwendigkeit, eine Unternehmererklärung auszustellen und dem Eigentümer nach Abschluss der Arbeiten (z.B. Änderung der Außenbauteile, Dämmung oberster Geschossdecken oder Einbau und Ersatz von Wärmeerzeugersystemen) auszuhändigen. Die Unternehmererklärung ist von dem Eigentümer mindestens fünf Jahre aufzubewahren. Der Eigentümer hat die Unternehmererklärungen der nach Landesrecht zuständigen Behörde auf Verlangen vorzulegen.

§ 26b Aufgaben des Bezirksschornsteinfegermeisters

Auch dieser Paragraf ist neu in die Verordnung aufgenommen worden und regelt die Aufgaben und Befugnisse der Bezirksschornsteinfegermeister. Die Überprüfungspflicht durch den Bezirksschornsteinfeger kann durch Vorlage der oben genannten Unternehmererklärung nachgewiesen werden. Dadurch bedarf es keiner weiteren Prüfung.

§ 27 Ordnungswidrigkeiten

Hierin ist die Definition für ein ordnungswidriges Handeln aufgeführt. Hieraus wird deutlich, dass Normadressat der EnEV 2009 nunmehr nicht nur der Bauherr sondern auch die mit dem Bauvorhaben von dem Bauherrn beauftragten Personen sind. Der Adressatenkreis hat sich daher erheblich erweitert und hiervon betroffen sind insbesondere die Bauausführenden, Planer und auch Verwalter.

29.4.7 Abschnitt 7: Schlussvorschriften

§ 28 Allgemeine Übergangsvorschriften

Da die genannten Übergangsvorschriften höchstwahrscheinlich bereits abgelaufen sind, wird nicht näher darauf eingegangen.

§ 29 Übergangsvorschriften für Energieausweise und Aussteller

§ 29 beschreibt die Übergangsvorschriften für Energieausweise (Ausstellung, Zugänglichkeit und Fristen), wie z.B., dass spätestens seit dem 1.7.2009 sowohl für Wohn- als auch Nichtwohngebäude bei Nutzerwechsel der Energieausweis vorgelegt werden muss. Des Weiteren werden die vom § 20 und § 21 abweichenden, zum Ausstellen berechtigten Personen genannt.

29. Energiesparendes Bauen nach der Energieeinsparverordnung – EnEV

§ 30 (weggefallen)

§ 31 Inkrafttreten, Außerkrafttreten

Diese Verordnung tritt am 1. Oktober 2009 in Kraft.

29.4.8 Anlagen zur EnEV 2009

Anlage 1 (zu den §§ 3 und 9): Anforderungen an Wohngebäude

Die Anlage enthält die Anforderungstabellen, Definitionen der Bezugsgrößen, Randbedingungen und Berechnungsvorschriften bzw. Rechenverfahren zur Ermittlung des Jahres-Primärenergiebedarfs für Wohngebäude. In der Tabelle 1 ist die Ausführung des Referenzgebäudes angegeben. Neben den Wärmedurchgangskoeffizienten der Bauteile sind auch Aufbau und Umfang der Anlagentechnik beschrieben. So wird das Referenzgebäude neben den festgelegten U-Werten immer mit einem Brennwertkessel (mit Heizöl EL), Auslegungstemperatur 55/45 Grad Celsius, statischen Heizflächen und zentraler Warmwasserbereitung ausgestattet. Zusätzlich hat das Referenzgebäude eine Solaranlage für die Warmwasserbereitung.

Anlage 2 (zu den §§ 4 und 9): Anforderungen an Nichtwohngebäude

Entsprechend der Anlage 1 werden hier Nichtwohngebäude abgehandelt. Neben den zulässigen Höchstwerten des Jahres-Primärenergiebedarfs und des spezifischen Transmissionswärmetransferkoeffizienten werden der sommerliche Wärmeschutz, Zonierung, Randbedingungen und Berechnungsverfahren abgehandelt.

Anlage 3 (zu den §§ 8 und 9): Anforderungen bei Änderungen von Außenbauteilen und bei Errichtung kleiner Gebäude; Randbedingungen und Maßgaben für die Bewertung bestehender Wohngebäude

Beim erstmaligen Einbau, Ersatz und Erneuerung von Bauteilen, z.B. Außenwände, Fenster, Außentüren, Decken, Dächer und Fassaden sind die entsprechenden Höchstwerte der Wärmedurchgangskoeffizienten in der Tabelle 1 aufgelistet. Weiterhin werden Randbedingungen und Maßgaben bezüglich Wärmebrücken und Luftwechselraten für die Bewertung bestehender Wohngebäude gemacht.

Anlage 4 (zu § 6): Anforderungen an die Dichtheit und den Mindestluftwechsel

Enthält eine Anforderungstabelle an die Klasse der Fugendurchlässigkeit von Fenstern und maximale Luftwechselraten bei der Durchführung einer Blower-Door Untersuchung.

Anlage 4a (zu § 13 Absatz 2): Anforderungen an die Inbetriebnahme von Heizkesseln und sonstigen Wärmeerzeugersystemen

Wie im § 13 vermerkt, sind der Einbau und die Aufstellung zum Zwecke der Inbetriebnahme nur zulässig, wenn das Produkt aus Erzeugeraufwandszahl eg und Primärenergiefaktor fp nicht größer als 1,30 ist.

Anlage 5 (zu § 10 Absatz 2, § 14 Absatz 5 und § 15 Absatz4): Anforderungen an die Wärmedämmung von Rohrleitungen und Armaturen

Anhand von Tabellen werden die notwendigen Dämmstoffdicken für Rohrleitungen und Armaturen definiert.

Mit der EnEV 2009 sind die Anforderungen an die Nutzung und Effizienz von Primärenergie deutlich verschärft. Analog zu den Wärmeverteilleitungen werden jetzt auch die Kälteverteilungs- und Kaltwasserleitungen von Raumlufttechnik- und Klimakältesystemen in die Dämmpflicht mit einbezogen und es müssen nun auch Rohrleitungen gedämmt werden, die an die Außenluftgrenzen verlegt sind.

Anlage 6 10 (zu § 16 und § 20): Muster Energieausweis Wohngebäude

Die der EnEV angehängten Musterdokumente zeigen, wie die einzelnen Energieausweise auszusehen haben. Die Form ist eine verbindliche Vorgabe und soll in ihrer plakativen Art die Lesbarkeit erleichtern.

Anlage 11 (zu § 21 Absatz 2 Nummer 2): Anforderungen an die Inhalte der Fortbildung

Die Anforderungen an die Inhalte der Fortbildung werden wie folgt eingeteilt:

1. Zweck der Fortbildung
2. Inhaltliche Schwerpunkte zu bestehenden Wohngebäuden
3. Inhaltliche Schwerpunkte zu bestehenden Nichtwohngebäuden
4. Umfang der Fortbildung

29.5 Ausblick auf die kommende EnEV

Zum Redaktionsschluss dieses Handbuchs hat die Bundesregierung den Entwurf der neuen Energieeinsparverordnung beschlossen und dabei die vom Bundesrat geforderten Änderungen übernommen. Mit einem Inkrafttreten der EnEV ist im Frühsommer 2014 zu rechnen.[1]

Zu Beginn der Diskussionen über die Überarbeitung der EnEV 2009 wurde von einer Anforderungssteigerung des Jahresprimärenergiebedarfs von 30 % ausgegangen. Diese wurde mit Verweis auf Wirtschaftlichkeitsstudien abgemildert und sollte dann in zwei Stufen, 2014 und 2016, um jeweils 12,5 % angehoben werden. Kernelement der verabschiedeten Novelle ist nun eine Anhebung der Effizienzanforderungen für Neubauten um einmalig 25 % des zulässigen Jahres-Primärenergiebedarfs ab 1. Januar 2016. Der maximal erlaubte Wärmeverlust durch die Gebäudehülle soll sich um durchschnittlich 20 % reduzieren. Für bestehende Gebäude sieht die neue EnEV im Grunde weder verschärfte Einsparregeln noch neue Nachrüstpflichten vor. Die wichtigste Änderung besteht darin, dass bei Platzmangel die Wärmeleitfähigkeit des Dämmstoffes statt bisher 0,04 W/(mK) nun mindestens 0,035 W/(mK) betragen darf.

Die energetischen Kennwerte sind bei Verkauf und Vermietung in Immobilienanzeigen mit anzugeben. Dabei sind die Energiekennwerte auf die Wohnfläche und nicht wie bis-

---

[1] Siehe www.bundesregierung.de; Stand: 25. Oktober 2013.

her auf die Gebäudenutzfläche zu beziehen. Verkäufer und Vermieter sind verpflichtet, den Energieausweis an den Käufer beziehungsweise neuen Mieter zu übergeben und der Energieausweis muss bereits bei Besichtigung vorgelegt werden.

Eingeführt werden soll ferner ein unabhängiges Stichprobenkontrollsystem für Energieausweise und Berichte über die Inspektion von Klimaanlagen. Ein Betretungsrecht für Wohnungen wird es nicht geben.

29.6 Die Energieeinsparverordnung in der Anwendung

29.6.1 Für neu zu errichtende Gebäude

Die Anforderungen der Energieeinsparverordnung beeinflussen während aller Phasen der Planung und Ausführung die Entstehung neuer Gebäude.

Aufgrund der komplexen Ermittlung der einzelnen Kenngrößen, v.a. bei Nicht-Wohngebäuden, ist es bei größeren Bauvorhaben nahezu unabdingbar geworden, Fachleute für den Wärmeschutz und der Haustechnik hinzuzuziehen. Gerade in der Entwurfsphase sind die Anforderungen der EnEV zu berücksichtigen, damit die spätere Nachweiserstellung nicht scheitert, bzw. die zur Erlangung günstiger KfW-Kredite notwendigen Unterschreitungen der EnEV-Anforderungen, erreicht werden können. Auch wenn die Energieeinsparverordnung keine konkreten Ausführungen für Gebäude fordert, sondern lediglich Höchstwerte für die energetische Endbilanz vorschreibt, haben sich bestimmte Konstruktionsprinzipien bewährt. Diese sind z.B.

- eine kompakte Bauweise, bei der mit wenig Außenfläche ein möglichst großes, zusammenhängendes Volumen entsteht,
- hohes Dämmniveau der Außenbauteile von beheizten Gebäudevolumen, z.B. Dämmstoffdicken von mind. 12 bis 14 cm bei Wärmedämmverbundsystemen, oder 18 cm dicke Zwischensparrendämmung bei Holzdachkonstruktionen; genauso wichtig ist selbstverständlich der Einsatz von Dämmstoffen mit möglichst geringen Wärmeleitfähigkeitseigenschaften,
- Planung und Ausführung einer Gebäudehülle mit möglichst geringen Wärmebrücken, z.B. durch den Verzicht auf durch die Dämmebene laufende Bauteile,
- Reduzierung der Lüftungswärmeverluste durch den sorgfältigen Einbau von winddichten Folien, Installationsebenen und Überprüfung von Leckagen mittels Blower-Door-Messung,
- Einsatz von kontrollierter Raumlüftung mit Wärmerückgewinnung,
- optimierte Anordnung von transparenten Bauteilen, um möglichst hohe solare Gewinne zu erzielen, in Verbindung mit dem Einsatz von außen liegender Verschattung zum Schutz vor Überhitzung im Sommer,
- neben diesen konstruktiven Maßnahmen ist die Einbindung von regenerativen Energiequellen zu Heizzwecken und zur Warmwassererzeugung ein wichtiger Punkt, um den Jahres-Primärenergiebedarf deutlich zu reduzieren.

29.6.2 Bestehende Gebäude

Für die in der EnEV verankerten Maßnahmen und Anforderungen bei bestehenden Gebäuden gilt die Wirtschaftlichkeit, gestützt auf durch die Bundesregierung veranlasste Gutachten, als nachgewiesen. Ausnahmen und Befreiungen bedürfen deshalb einer Begründung bezüglich alternativer Zielerreichungsmöglichkeiten, Denkmalschutz oder Wirtschaftlichkeit und der ausdrücklichen behördlichen Genehmigung. In der Regel verlangt die Behörde die Beifügung eins sachverständigen Gutachtens zum einzureichenden Ausnahmeantrag. Die Ausarbeitung von Sanierungsvorschlägen und Alternativmaßnahmen ist auch ein Aufgabenfeld für Bausachverständige.

Die (natur)wisschenschaftlichen und technischen Modelle, auf der die EnEV und die mit geltenden Normen basieren, stellen vereinheitlichte und vereinfachte Annahmen und Kennwerte dar. Die Berücksichtigung vernachlässigter Aspekte kann aber in machen Fällen zu Ergebnissen führen, die die Voraussetzungen für Alternativlösungen sind. Das ist besonders für abweichende Bauweisen interessant, erfordert aber vertiefte Kenntnisse, oder zumindest die intensive Auseinandersetzung mit der EnEV, z.B. bei der genauen Berechnung von Wärmebrücken.

Bei der Kombination aus vorhandenen und neuen Bauteilen zur energetischen Ertüchtigung im Gebäudebestand, sind bauphysikalische Auswirkungen zu beachten. So ist z.B. Schimmelpilzbildung nach Erneuerung der Fenster nicht immer auf falsches Lüftungs- bzw. Wohnverhalten der Nutzer zurückzuführen, sondern oft auch auf eine unzureichende, bzw. nicht vorhandene Sanierungskonzepte.

Vertiefte Kenntnisse der Bautechnik, Holz- und Bautenschutz sind notwendig, um Wechselwirkungen von Wärmedämmmaßnahmen, Auswirkungen von Materialfeuchte, Versalzungen oder Wärmebrücken erkennen zu können. Bei der energetischen Ertüchtigung von Fachwerkbauten und anderer Holzbauteile ist besonderes Augenmerk auf die Gefahr der Durchfeuchtung durch Tauwasserbildung zu legen. Die Ermittlung von wärmetechnischen Kennwerten der vorgefundenen Werkstoffe, v. a. bei Mischbauweisen, wird durch die Alterung und Materialschädigung erschwert. Grundsätzlich gilt, dass vor der wärmetechnischen Nachrüstung die vorhandene Bausubstanz in einen schaden- und mangelfreien Zustand gebracht werden muss.

Für die energetische Sanierung von bestehenden Wohnhäusern können folgende Empfehlungen gegeben werden:

- Anbringen einer Außendämmung mit einer Dämmstärke von mind. 10 cm an der Fassade, zeitgleich mit der Erneuerung der Fenster,
- Verlagern der Position neuer Fenster nach außen in die Dämmebene bzw. Dämmen der Fensterlaibungen,
- Dämmstärke im Dachbereich mind. 16 cm; wenn bereits vorhandene Dämmung bleiben soll und um eine neue winddichte Dämmebene ergänzt werden soll, ist auf jeden Fall eine Tauwasserberechnung durchzuführen,
- Dämmen unbeheizter Kellerdecken an der Unterseite mit mind. 4 cm Dämmung,
- Einsatz erneuerbarer Energieträger bzw. Erneuerung veralteter Heizanlagen.

Durch die genannten Maßnahmen lässt sich der Wärmebedarf bei Ein- und Zweifamilienhäusern auf weniger als 100 kWh/m²a, mit wirtschaftlich vertretbaren Mitteln senken.

29.6.3 Fazit

Mit dem Inkrafttreten neuer Energie-Einspar-Verordnungen werden die Anforderung an das Dämmniveau und die technische Ausrüstung von Gebäuden angehoben. Die Notwendigkeit dieser Maßnahmen zur Senkung des Energieverbrauchs steht außer Frage und somit ist die Auseinandersetzung mit den Vorgaben der EnEV ein fester Bestandteil im Bauweisen geworden.

Konnten die Berechnungen im Zuge der Wärmeschutzverordnungen noch per Hand durchgeführt werden, so sind für die Ermittlung des Primärenergiebedarfs komplexe Programme notwendig. Neben immer genaueren Ermittlungsmethoden darf die praktische Umsetzung auf der Baustelle nicht vergessen werden. Der hohe Dämmstandard und die luftdichte Bauweise stellen auch entsprechend hohe Ansprüche an Anschluss- und Detailausführungen. Wärmebrücken und Leckagen führen in modernen Gebäuden häufiger zu bauphysikalischen Problemen, z.B. durch Tauwasser, als es in älteren Gebäuden der Fall war.

Letztendlich muss eingeräumt werden, dass das Nutzverhalten in den Berechnungen und Simulationen nur abgeschätzt werden kann. Viele der angenommenen Randbedingungen werden in der praktischen Nutzung der Gebäude nicht eingehalten, so dass es zwischen den berechneten und den tatsächlichen Energieverbräuchen zu relativ großen Unterschieden kommen kann.

Es bleibt allgemein festzuhalten, dass der Nutzer nach wie vor ein großer Faktor bezüglich des Energieverbrauchs eines Gebäudes ist.

Wesentliche Normen der EnEV:

DIN 4701-12: energetische Bewertung heiz- und raumlufttechnischer Anlagen im Bestand – Teil 12: Wärmeerzeuger und Trinkwassererwärmung.

DIN V 4701-10: Energetische Bewertung heiz- und raumlufttechnischer Anlagen

DIN V 4108-6: Grundlagen zum Wärme-, Feuchte und Schlagregenschutz

DIN V 18599-1 bis 11: Energetische Bewertung von Gebäuden – Berechnung des Energiebedarfs (Nutz-, End und Primärenergiebedarf) für Heizung, Kühlung, Lüftung, Trinkwarmwasser und Beleuchtung von Gebäuden

30. Schiedsgutachten, Schiedsgericht, Mediation, Streitschlichtung

Axel Rickert

Übersicht

30.1 Einführung
30.2 Der Sachverständige als Schiedsgutachter
30.2.1 Verfahren
30.2.2 Einordnung
30.2.3 Rechtliche Grundlagen
30.2.4 Abgrenzung zur Rechtsberatung
30.2.5 Anforderungen an den Schiedsgutachter
30.2.6 Auftrag
30.2.7 Vertragsgestaltung
30.3 Der Sachverständige als Schiedsrichter
30.3.1 Schiedsvereinbarung
30.3.2 Zusammensetzung des Schiedsgerichts
30.3.3 Anforderungen an den Schiedsrichter
30.3.4 Abgrenzung zur Rechtsberatung
30.3.5 Rechtliche Grundlagen
30.3.6 Schiedsrichtervertrag
30.4 Der Sachverständige als Mediator
30.4.1 Verfahrensgrundsätze
30.4.2 Verfahrensablauf
30.4.3 Anforderungen an den Mediator
30.4.4 Abgrenzung zur Rechtsberatung
30.5 Der Sachverständige als Schlichter

30.1 Einführung

Die Verfahren der alternativen Streitbeilegung finden mit ihrer rechtsbefriedenden Funktion seit einiger Zeit – auch aufgrund der größeren Belastung der staatlichen Gerichte – stärkere Beachtung und werden teilweise auch vom europäischen und nationalen Gesetzgeber aufgegriffen[1]. Für die außergerichtliche Streitbeilegung gibt es vielfältige Formen, in denen die beteiligten Parteien eine Einigung suchen oder eine Entscheidung treffen lassen können. Für den Bausachverständigen sind dabei vor allem die nachfolgend behandelten Formen des Schiedsgutachtens, des Schiedsgerichtsverfahrens, der Mediation und

---

1 National wurde z.B. in Umsetzung der Mediationsrichtlinie (Richtlinie 2008/52/EG vom 21. Mai 2008) das Mediationsgesetz vom 21. Juli 2012 (BGBl. I S. 1577) (MediationsG) beschlossen, in dem das Mediationsverfahren und die Anforderungen an den Mediator geregelt werden. Die Voraussetzungen für einen „zertifizierten Mediator" und die Anforderungen an eine entsprechende Fortbildung sollen gemäß § 6 MediationsG in einer Rechtsverordnung des Bundesministeriums der Justiz geregelt werden, die jedoch noch nicht vorliegt. Unionsrechtlich sind u.a. die Richtlinie über alternative Streitbeilegung in Verbraucherangelegenheiten (Richtlinie 2013/11/EU vom 21. Mai 2013) und die Verordnung über Online-Streitbeilegung in Verbraucherangelegenheiten (Verordnung (EU) Nr. 524/203 vom 21. Mai 2013) verabschiedet worden. Die Richtlinie ist bis zum 9. Juli 2015 in nationales Recht umzusetzen.

30. Schiedsgutachten, Schiedsgericht, Mediation, Streitschlichtung

der Streitschlichtung relevant. Das Verfahren der Adjudikation, welches aktuell ebenfalls diskutiert wird[1], soll daher hier nicht näher behandelt werden. Trotz entsprechender Überlegungen wurde es bisher vom Gesetzgeber nicht aufgegriffen. Den hier zu behandelnden Verfahren des Schiedsgutachtens, des Schiedsgerichtsverfahrens, der Mediation und der Streitschlichtung gemein ist, dass alle am Streit beteiligten Parteien, also mindestens zwei, Auftraggeber des Sachverständigen sind. Solche Verfahren können nur durchgeführt werden, wenn sich die beteiligten Parteien einvernehmlich darauf geeinigt haben. Die Einigung kann bereits bei dem ursprünglichen Vertragsschluss zwischen den Parteien erfolgen, aber auch erst im Fall der entstandenen Meinungsverschiedenheiten bzw. des Streites selbst. Aufgrund dieser Konstellation ist die Neutralität und Unparteilichkeit des Sachverständigen nicht nur einfache Pflicht, sondern wesentlicher Vertragsinhalt. Der Sachverständige soll als neutraler Dritter an der Streitvermeidung bzw. -beendigung mitwirken und benötigt daher das Vertrauen aller Beteiligten.

Neben dem Vertrauen der Beteiligten in den beauftragten Sachverständigen beinhaltet die außergerichtliche Streitbeilegung als weiteren Vorteil auch die Vertraulichkeit der Verfahren. Anders als das gerichtliche Verfahren, das öffentlich stattfindet und dessen Ergebnis – regelmäßig das Urteil – auch in einer öffentlichen Sitzung gesprochen wird, sind die hier behandelten Verfahren insgesamt nichtöffentlich, einschließlich ihrer Ergebnisse. Der beteiligte Sachverständige hat diese Vertraulichkeit zu schützen, soweit nicht alle beteiligten Parteien darauf ausdrücklich und übereinstimmend verzichten. Selbst die Information, dass die Parteien ein Verfahren betreiben, sollte nicht offengelegt werden, solange die Parteien dies nicht selbst tun oder offensichtlich kein Interesse an der Vertraulichkeit dieser Information haben.

Nicht selten werden die Verfahren der außergerichtlichen Streitbeilegung bewusst zur Aufrechterhaltung der weiteren Vertragsbeziehung zwischen den Parteien genutzt. Diesem Umstand hat der Sachverständige durch Wahrung der Neutralität und der Vertraulichkeit sowie durch ein abgewogenes und ausgleichendes Vorgehen Rechnung zu tragen. Gerade mit einem solchen Vorgehen sichert der Sachverständige die Chance einer einvernehmlichen Einigung bzw. der Akzeptanz seiner Entscheidung auf der einen Seite, er sichert aber auf der anderen Seite auch den Parteien die Möglichkeit, eventuell ihr ursprüngliches Vertragsverhältnis fortzuführen und eine bestehende Geschäftsbeziehung aufrechtzuerhalten. Das Erste wird immer, das Zweite kann ebenfalls Ziel der Parteien in diesem Verfahren sein.

Der Anspruch auf Ausgleich zwischen den Parteien sollte in den zu behandelnden Verfahren vorrangiges Ziel der Mitwirkung des Sachverständigen sein. Als Schlichter oder Mediator hat der Sachverständige eine lediglich vermittelnde Funktion, er soll weder selbst entscheiden noch entscheidungsbereit sein, auch wenn er als Schlichter durchaus auch einen Kompromiss als Einigungsvorschlag unterbreiten darf bzw. soll. Als Schiedsgutachter oder Schiedsrichter soll er dagegen eine eigene Entscheidung treffen, die dann auch für die Parteien verbindlich und, in unterschiedlichem Maß, abschließend ist. Gleichwohl ist auch hier auf den Ausgleich Wert zu legen, selbstverständlich ohne eine klare Entscheidung unnötig zu verzögern. In diesem Fall muss der Sachverständige während des gesamten Verfahrens entscheidungsbereit sein.

---

[1] Die Adjukation war Gegenstand der Beratungen jeweils eines Arbeitskreises bei den Baugerichtstagen 2008, 2010 und 2012 (BauR 2008 S. 1768 ff.; BauR 2010 S. 1421 ff. und BauR 2012 S. 1473 ff.).

30.2 Der Sachverständige als Schiedsgutachter

Der Schiedsgutachter hat die Aufgabe, ein streitiges oder unklares Verhältnis zwischen zwei oder mehr Parteien für diese verbindlich zu klären. Zu der beabsichtigten günstigeren Konfliktlösung kann es jedoch nur kommen, wenn der Sachverständige ein sachlich richtiges, den gemeinsamen Vorgaben der Parteien entsprechendes Schiedsgutachten ohne Verstoß gegen rechtliche Vorgaben erstellt.

Die Beauftragung als Schiedsgutachter wird dabei das Hauptaufgabengebiet des Sachverständigen in der außergerichtlichen Streitbeilegung sein. Schiedsgutachten werden gerade im Baubereich relativ häufig vereinbart. Im Gegensatz dazu werden die anschließend behandelten Aufgaben als Schiedsrichter, Mediator oder Streitschlichter seltener auf den Sachverständigen zukommen. Dies kann man bedauern oder auch für richtig halten. In jedem Fall wird der Sachverständige als Schiedsgutachter mit seinen Kernkompetenzen gefordert. Bei den anderen Tätigkeiten ist seine besondere Sachkenntnis eine sinnvolle Ergänzung, allein ausreichend ist sie nicht.

30.2.1 Verfahren

Zunächst schließen zwei oder mehr Parteien eine Vereinbarung, eine streitige Frage oder Tatsache durch ein Schiedsgutachten klären oder feststellen zu lassen. Diese Schiedsgutachterklausel kann bereits in dem ursprünglich zwischen den Parteien geschlossenen Vertrag enthalten sein, wie z.B. in dem Werkvertrag über die Errichtung oder Sanierung eines Gebäudes. Ist bei der Vertragsdurchführung eine Frage oder Tatsache streitig, wird auf der Grundlage der Schiedsgutachterklausel ein Sachverständiger beauftragt, ein Schiedsgutachten zu erstellen. Dieses Gutachten ist für beide Parteien sowie das eventuell später angerufene Gericht verbindlich, soweit es nicht grob unbillig oder grob unrichtig ist.

Gegenstand des Schiedsgutachtervertrages kann dabei

- ein Tatsachengutachten,
- ein Wert- oder Schätzgutachten,
- ein Anpassungsgutachten,
- ein rechtsfeststellendes oder auch
- ein rechtsgestaltendes Gutachten

sein. In allen Fällen handelt es sich um eine verbindliche Klärung unklarer oder streitiger Verhältnisse zwischen den beteiligten Parteien, die nur bei grober Unbilligkeit oder grober Unrichtigkeit durch eine Partei angefochten werden kann. In nachfolgenden gerichtlichen Verfahren ist auch das Gericht an das Ergebnis des Gutachtens gebunden, soweit es nicht offenbar unbillig oder offensichtlich unrichtig ist.

Grundlage für das Schiedsgutachten ist der Schiedsgutachtenauftrag, wie er sich aus der Schiedsgutachterklausel, die zwischen den Parteien vereinbart wurde, und dem Schiedsgutachtervertrag, der zwischen dem Sachverständigen auf der einen und den Parteien auf der anderen Seite geschlossen wird, ergibt.

30.2.2 Einordnung

Das Schiedsgutachten erfolgt wie das Privatgutachten aufgrund einer zivilrechtlichen Vereinbarung, jedoch fehlt es dem Privatgutachten an der rechtlichen Verbindlichkeit. Eine Partei kann jederzeit ein Gutachten beauftragen, das Ergebnis dieses Gutachtens bindet jedoch weder den Auftraggeber noch einen Dritten. Anders das Schiedsgutachten, das von beiden bzw. allen Parteien beauftragt wird, damit auch alle Parteien einschließlich eines eventuell später entscheidenden Gerichts an das Ergebnis gebunden sind.

An der Verbindlichkeit fehlt es zwar auch dem gerichtlichen Gutachten, das zudem auch nicht auf einer vertraglichen Vereinbarung, sondern einem gerichtlichen Auftrag basiert. Jedoch sind die Grundkonstellation, mindestens zwei über die zu begutachtende Frage oder Tatsache streitende Parteien, und die Anforderungen an den Sachverständigen, Unabhängigkeit und Unparteilichkeit bei der Erstellung des Gutachtens, vergleichbar. Letzteres bedeutet die unbedingte Wahrung sowohl der Neutralität als auch des Anscheins der Neutralität in Verfahren und Verhalten des Sachverständigen.

Die größten Gemeinsamkeiten gibt es mit dem schiedsgerichtlichen Verfahren, allerdings bezieht sich das Schiedsgutachten immer nur auf eine konkrete Fragestellung und ist hinterher gerichtlich auf grobe Unbilligkeit oder grobe Unrichtigkeit überprüfbar. Dagegen ist das Schiedsverfahren auf die Klärung bzw. Entscheidung eines Rechtsverhältnisses ausgerichtet und verdrängt die staatliche Gerichtsbarkeit komplett, so dass es maximal zu einer Verfahrenskontrolle, in keinem Fall – über den ordre public hinaus – zu einer Richtigkeitskontrolle kommt.

30.2.3 Rechtliche Grundlagen

Das Schiedsgutachten selbst ist im Gesetz nicht ausdrücklich geregelt. Es wird jedoch als Fall der §§ 317 ff. Bürgerliches Gesetzbuch (BGB) betrachtet. § 317 Abs. 1 BGB lautet: *Ist die Bestimmung der Leistung einem Dritten überlassen, so ist im Zweifel anzunehmen, dass sie nach billigem Ermessen zu treffen ist.* Der Schiedsgutachter wird als Dritter in einem bestehenden Vertragsverhältnis mit einer für die Vertragsparteien verbindlichen materiellen Entscheidung betraut.

Stärker auf den Sachverständigen zugeschnitten ist die Formulierung in § 64 des Gesetzes über den Versicherungsvertrag (VVG). In § 64 Abs. 1 VVG heißt es: *Sollen nach dem Vertrag einzelne Voraussetzungen des Anspruchs aus der Versicherung oder die Höhe des Schadens durch Sachverständige festgestellt werden, so ist die getroffene Feststellung nicht verbindlich, wenn sie offenbar von der wirklichen Sachlage erheblich abweicht. Die Feststellung erfolgt in diesem Fall durch Urteil. Das gleiche gilt, wenn die Sachverständigen die Feststellung nicht treffen können oder wollen oder sie verzögern.* Diese Regelung ist auch gemäß Absatz 3 nicht disponibel.

Daraus ergibt sich, dass ein lediglich fehlerhaftes Gutachten gleichwohl verbindlich ist. Unverbindlich wird es erst mit Erreichen der Grenze der groben Unbilligkeit oder groben Unrichtigkeit, dann allerdings ist es stets unverbindlich.

Die genannten Vorschriften sind so genannte materiell-rechtliche Vorschriften (z.B. das Bürgerliche Gesetzbuch – BGB). Darin werden Ansprüche, deren Voraussetzungen, Entstehen, Umfang und Untergang geregelt. Daneben gibt es auch Verfahrensvorschriften (z.B. die Zivilprozessordnung – ZPO), in denen das Verfahren zur Durchsetzung oder Abwehr von Ansprüchen geregelt wird. Unterschiedlich gesehen wird die Anwendbarkeit von Verfahrensvorschriften auf das Schiedsgutachten. Insbesondere würden sich hier die Vorschriften über das schiedsgerichtliche Verfahren in den §§ 1025 ff. ZPO anbieten. Aufgrund der Zuordnung des Schiedsgutachtens zum materiellen Recht sind die Verfahrensvorschriften der ZPO jedoch nach herrschender Meinung nicht anwendbar.

Die Besonderheiten des Schiedsgutachtens, insbesondere die Verbindlichkeit für die Parteien, führen gleichwohl dazu, dass der Sachverständige bestimmte Mindeststandards einhalten muss. Dazu gehört insbesondere das Gebot der Gewährung rechtlichen Gehörs. Die beteiligten Parteien müssen also die Gelegenheit haben, Einwände zu erheben, Unterlagen einzureichen, an der Orts- oder Objektbesichtigung teilzunehmen und zu den Ergebnissen Stellung zu nehmen. Dies dient auch dem Sachverständigen selbst, denn es gibt ihm die Möglichkeit, Fehler zu korrigieren. Die Rechtsprechung knüpft insoweit regelmäßig an Formulierungen oder Ansätzen in der vertraglichen Ausgestaltung an. Jedoch führt nach der hier vertretenen Auffassung die Bindungswirkung des Gerichts an das Ergebnis des Schiedsgutachtens über das Rechtsstaatsprinzip dazu, dass selbst ohne konkreten vertraglichen Anhaltspunkt ein Verstoß gegen die verfahrensrechtlichen Mindeststandards die Verbindlichkeit des Schiedsgutachtens ausschließt.

Soweit der Schiedsgutachter als öffentlich bestellter und vereidigter Sachverständiger tätig wird, ist weiterhin die Einhaltung der Sachverständigenordnung der Bestellungskörperschaft zwingend. Dazu gehört nicht nur die Wahrung der inneren und äußeren Unabhängigkeit und Unparteilichkeit, sondern auch, dass der Sachverständige dies durch sein Auftreten und die Einhaltung des Verfahrens jederzeit für die Parteien sichtbar und wahrnehmbar macht.

Nach dem Schiedsgutachtervertrag schuldet der Sachverständige einen Erfolg, nämlich das Werk Schiedsgutachten, so dass grundsätzlich das Werkvertragsrecht der §§ 631 ff. BGB anwendbar ist.

30.2.4 Abgrenzung zur Rechtsberatung

Bei seiner Tätigkeit muss der Sachverständige die Grenzen des Rechtsdienstleistungsgesetzes (RDG) beachten. Danach ist es dem Sachverständigen nur nach den Vorgaben des RDG erlaubt, für die Parteien Rechtsdienstleistungen zu erbringen.[1] Obwohl nur die Tätigkeit des Schiedsrichters ausdrücklich von der Definition einer Rechtsdienstleistung ausgenommen ist,[2] bedeutet dies nicht, dass Rechtsfragen durch den Schiedsgutachter gar nicht beantwortet werden dürfen. Handelt es sich um eine rechtliche Frage, die im Zusammenhang mit dem Gutachtenauftrag zu beantworten oder Teil des Gutachtenauftrages selbst ist, darf der Sachverständige sich auch dazu äußern.

Die fehlende Anwendbarkeit des Rechtsdienstleistungsgesetzes kann bereits darauf gestützt werden, dass der Schiedsgutachter insoweit die Parteien nicht berät, sondern eine eigene Entscheidung trifft. Auch die Parallelität zum Schiedsrichter und dessen Privi-

---

1 Die selbständige Erbringung außergerichtlicher Rechtsdienstleistungen ist nur in dem Umfang zulässig, in dem sie durch dieses Gesetz oder durch oder aufgrund anderer Gesetze erlaubt wird. § 3 RDG.
2 Rechtsdienstleistung ist nicht die Tätigkeit von Einigungs- und Schlichtungsstellen, Schiedsrichterinnen und Schiedsrichtern . § 2 Abs. 3 Nr. 2 RDG.

30. Schiedsgutachten, Schiedsgericht, Mediation, Streitschlichtung

leg in § 2 RDG kann gleichfalls eine Freistellung des Schiedsgutachters begründen. Mit Einführung des Rechtsdienstleistungsgesetzes ist zwar scheinbar der Anwendungsbereich gegenüber den Regelungen des früheren Rechtsberatungsgesetzes erweitert worden, da nun die Rechtsdienstleistung, nicht mehr nur die Rechtsberatung geregelt ist. Allerdings bleibt es hinsichtlich der hier interessierenden Zulässigkeit einer Entscheidung des Schiedsgutachters auch in Rechtsfragen bei dem bereits in den Vorauflagen für das Rechtsberatungsgesetz gefundenen Ergebnis. Erstens war auch nach dem Rechtsberatungsgesetz allgemein die Rechtsbesorgung erlaubnispflichtig, die Tätigkeit des Schiedsgutachters nach herrschender Auffassung davon aber nicht erfasst gewesen. Weiterhin lässt sich auch aus § 317 BGB herleiten, dass die Entscheidung über den Leistungsinhalt eines Vertrages keine Rechtsdienstleistung ist. Im Übrigen ist zwar die Aufnahme des Schiedsgutachters im Gesetzgebungsverfahren trotz Anregung unterblieben, dies allerdings weniger, um die Tätigkeit des Schiedsgutachters zu erfassen, als vielmehr wegen der Anlehnung an das Rechtsberatungsgesetz und die dort vertretene klare Ausklammerung dieser Tätigkeit. Gleichwohl sollte der Sachverständige in diesem Bereich zurückhaltend sein und sich die Frage der eigenen Kompetenz ruhig einmal mehr stellen. So wie auch der auf das Baurecht spezialisierte Richter selten auf das Sachverständigengutachten als Grundlage seines Urteils verzichten wird, sollte auch der erfahrene Bausachverständige bei der Behandlung von Rechtsfragen eher zurückhaltend sein.

Anders gelagert ist jedoch der Fall bei der Streitschlichtung und der Mediation. Da hier der Sachverständige gerade nicht zur Entscheidung aufgerufen ist, sondern den Parteien bei der Lösung des Konfliktes helfen soll, ist zumindest in der Streitschlichtung häufig auch eine Beratungssituation erreicht. Hier hat der Gesetzgeber aber in § 2 Abs. 3 Nr. 4 RDG klargestellt, dass es sich dabei nicht um eine Rechtsdienstleistung handelt (siehe auch Abschnitt 30.4.4).

30.2.5 Anforderungen an den Schiedsgutachter

Grundsätzlich kann jede Person, die weder selbst Partei ist, noch einer beteiligten Partei nahesteht, zum Schiedsgutachter bestimmt werden, soweit sie über die erforderliche Sachkenntnis verfügt und mit der Bestimmung einverstanden ist. Allerdings liegt es nahe, sich hinsichtlich der Anforderungen an den Schiedsgutachter weitgehend an denen für die öffentlich bestellten und vereidigten Sachverständigen zu orientieren, insbesondere hinsichtlich der besonderen Sachkunde für die Richtigkeitsgewähr und der Gewähr für Unabhängigkeit und Unparteilichkeit des Schiedsgutachters.

Ausgeschlossen ist ein Sachverständiger regelmäßig dann, wenn er mit einer Partei in besonderer Weise verbunden ist, sei es positiv oder negativ. Dabei können die Ausschlussgründe für einen gerichtlichen Sachverständigen in der Zivilprozessordnung (ZPO), die gemäß § 406 Abs. 1 ZPO denen des Richters in §§ 41, 42 ZPO entsprechen, herangezogen werden.

Sind Tatsachen oder Verhältnisse in Bezug auf den Sachverständigen gegeben, die relevant sein können, sollte der Sachverständige diese vorab beiden Parteien zur Kenntnis geben. Beauftragen ihn die Parteien in Kenntnis dieser Umstände, können diese Umstände nicht mehr nachträglich geltend gemacht oder auf diese die Unwirksamkeit des Schiedsgutachtens gestützt werden.

30.2.6 Auftrag

Der Schiedsgutachter wird weder durch die Schiedsgutachtenklausel zwischen den Parteien noch durch eine eventuelle Benennung einer neutralen Stelle (z.B. die örtliche Industrie- und Handelskammer) verpflichtet. Dies erfolgt erst und ausschließlich durch den Schiedsgutachtervertrag zwischen den Parteien auf der einen und dem Sachverständigen auf der anderen Seite. Dieser Vertrag ist formfrei, sollte aber grundsätzlich schriftlich (oder anderweitig nachweisbar) erfolgen. Dies hat selbstverständlich die wichtige Funktion der späteren Nachweisführung über das Vereinbarte, aber auch den vorsorglichen Effekt, dass die Beteiligten an eine vollständige Vereinbarung erinnert werden.

Im Idealfall sind tatsächlich auch alle am Vertrag Beteiligten an der Verhandlung und am Abschluss des Schiedsgutachtervertrages beteiligt. Dies hat für den Sachverständigen den erheblichen Vorteil, dass später die Wirksamkeit der vorherigen Schiedsgutachtenklausel nicht in Zweifel gezogen werden kann. Vielmehr sollte der Schiedsgutachtervertrag bei sorgfältiger Vertragsgestaltung diese in wirksamer Form wiederholen.

Ebenfalls relativ unproblematisch ist die Beauftragung durch eine Partei, soweit nach der zugrunde liegenden Schiedsgutachtenklausel diese Partei den Schiedsgutachtenfall durch einseitige Erklärung auslösen kann und bei der Beauftragung des Sachverständigen zur Vertretung der anderen Partei berechtigt ist. Soweit nicht bereits die Wirksamkeit der Schiedsgutachtenklausel problematisch sein könnte, ist in diesem Fall ein Schiedsgutachtervertrag wirksam vereinbar.

Schwieriger kann es sein, wenn bereits bei Beauftragung zwischen den Parteien das Vorliegen einer Schiedsgutachtenklausel, deren Wirksamkeit oder das Vorliegen der Voraussetzungen dieser Klausel streitig ist. Eine Kompetenz, über die Wirksamkeit dieser Klausel zu entscheiden, steht weder dem Sachverständigen noch einer eventuell zur Bestimmung des Schiedsgutachters anzurufenden neutralen Stelle (z.B. die zuständige Industrie- und Handelskammer) zu.

Der Schiedsgutachtervertrag ist mit beiden Parteien abzuschließen. Sollte aufgrund des Vertragsverhältnisses zwischen den Parteien eine Partei mit der Vertretung der anderen Partei bei der Beauftragung des Sachverständigen bevollmächtigt sein, ist der Vertragsschluss trotz Handelns nur einer Partei möglich. Hier ist jedoch besondere Vorsicht geboten, sowohl in Bezug auf die Wirksamkeit der Vereinbarung zwischen den Parteien als auch in Bezug auf das Vorliegen der entsprechenden Voraussetzungen. Darauf sollte bereits bei der Beauftragung hingewiesen und ein entsprechendes Risiko von der handelnden Partei übernommen werden. Ebenso ist in diesem Fall auf eine ausgewogene und in Bezug auf die Parteien neutrale Vertragsgestaltung, mit ausreichenden Sicherheiten wie Anhörungen und Möglichkeiten der Stellungnahme für alle beteiligten Parteien, besonderer Wert zu legen.

Ist der Sachverständige durch eine neutrale Stelle (wie die Industrie- und Handelskammer oder den zuständigen Gerichtspräsidenten) benannt und auf dieser Grundlage von einer Partei als Schiedsgutachter beauftragt worden, weil die andere Partei die Mitwirkung verweigert, schließt diese einseitige Beauftragung die Neutralität des Sachverständigen jedoch nicht aus.

Sollte die Bevollmächtigung einer Partei durch die andere nicht erfolgt sein oder ist das Vorliegen einer der drei vorgenannten Punkte unsicher, sollte der Sachverständige von einer Auftragsübernahme absehen, bis die streitigen Punkte ausreichend geklärt sind.

30. Schiedsgutachten, Schiedsgericht, Mediation, Streitschlichtung

Gegebenenfalls muss die betreibende Partei die andere gerichtlich auf Mitwirkung am Schiedsgutachterverfahren und Mitbeauftragung des Sachverständigen in Anspruch nehmen. Das dahinterstehende Risiko sollte der Sachverständige nicht durch sein Tätigwerden vorab übernehmen. Auch steht ihm eine Kompetenz-Kompetenz, also die Möglichkeit, über seine Berechtigung zum Tätigwerden wirksam entscheiden zu können, nicht zu. Letztlich spricht eine angemessene Zurückhaltung des Sachverständigen auch für seine erforderliche Neutralität.

30.2.7 Vertragsgestaltung

Im Wesentlichen gelten hier dieselben Grundsätze wie bei jedem anderen Gutachtenvertrag. Es sind Gegenstand und Zweck des Gutachtens so genau wie möglich zu beschreiben. Im Gegenstand ist der genaue Gutachtenauftrag zu formulieren. Dabei sollte auf die Schiedsgutachtenklausel Bezug genommen oder sogar diese zitiert, gegebenenfalls auch ergänzt werden. Als Zweck des Gutachtens ist die Eigenschaft als Schiedsgutachten, eventuell unter Ausschluss einer Schiedsrichtertätigkeit, zu benennen.

Weiterhin sind die Leistungszeit und die Vergütung einschließlich der gesamtschuldnerischen Haftung der Parteien zu regeln sowie die Pflichten des Sachverständigen und die Pflichten der Parteien zu bestimmen. Es sollte sich aus dem Vertrag ergeben, wer welche Unterlagen zur Verfügung zu stellen, Auskünfte zu erteilen und Besichtigungen oder Untersuchungen zu ermöglichen hat. Einen direkten Erfüllungsanspruch kann der Sachverständige daraus gegen die verpflichtete Partei nicht durchsetzen. Dies obliegt der jeweils anderen Partei. Allerdings kann der Sachverständige nach entsprechender erfolgloser Aufforderung mit Frist- bzw. Nachfristsetzung das Gutachten ohne diese Mitwirkung fertig stellen, soweit dies fachlich möglich ist. In diesem Fall kann sich dann die mitwirkungspflichtige Partei nicht auf eine grobe Unrichtigkeit berufen, wenn sie sich dazu auf die nicht berücksichtigten Unterlagen oder Auskünfte stützt. Der Sachverständige darf allerdings nicht ein lückenhaftes Gutachten erstellen. Würde das Gutachten zu einem „Flickenteppich" werden, kann und muss er den Vertrag kündigen, behält jedoch seinen Vergütungsanspruch, auf den er sich lediglich seine ersparten Aufwendungen anrechnen lassen muss. In jedem Fall muss der Sachverständige die Aufforderung zur Mitwirkung ausreichend dokumentieren.

Weiterhin regelungsbedürftig ist die Frage, ob der Schiedsgutachter andere Sachverständige zur Klärung der streitigen Fragen und Erstellung des Gutachtens heranziehen darf. Dabei sollte auch geregelt werden, in welchen Fällen lediglich eine Informationspflicht des Sachverständigen besteht und in welchen Fällen eine vorherige Genehmigung durch die Parteien erforderlich ist.

Letztlich können Regelungen über Haftung und Verjährung aufgenommen werden. Grundsätzlich gelten die gleichen Maßstäbe wie beim allgemeinen Sachverständigenvertrag. Eingeschränkt wird die Haftung allerdings dadurch, dass das Schiedsgutachten auch verbindlich bleibt, wenn es einfach nur fehlerhaft ist. Erst wenn das Schiedsgutachten offenbar unbillig oder offensichtlich unrichtig ist, entfällt die Verbindlichkeit und kann die Haftung des Sachverständigen beginnen. In diesem Fall gelten die allgemeinen Haftungsregelungen.

30.3 Der Sachverständige als Schiedsrichter

Der Schiedsrichter ist dazu berufen, anstelle des staatlichen Richters über ein Rechtsverhältnis abschließend zu entscheiden.[1] Ob und gegebenenfalls in welcher Höhe eine Partei einen Anspruch gegen die andere Partei hat, entscheidet der Schiedsrichter unter Ausschluss der staatlichen Gerichtsbarkeit endgültig. Lediglich schwerwiegende Verstöße gegen das Verfahrensrecht, die mit dem rechtsstaatlichen Gedanken nicht vereinbar sind, können Gegenstand der Nachprüfung eines staatlichen Gerichts sein. Nur aus einem solchen Grund kann das staatliche Gericht einen Schiedsspruch aufheben.

Anders als der Schiedsgutachter, dessen bloßes Leistungsbestimmungsrecht lediglich materiell-rechtlich geregelt ist, wird das Schiedsgericht umfassend in Bezug auf das Rechtsverhältnis der beteiligten Parteien tätig. Es führt ein eigenes prozess-rechtliches Verfahren durch, mit allen Verpflichtungen und Konsequenzen. Dem Schiedsgericht stehen zwar nicht alle Befugnisse eines staatlichen Gerichts zu. So muss es für alle Zwangsmaßnahmen die Hilfe des staatlichen Gerichts in Anspruch nehmen. Aber im Verhältnis der Parteien hat es die alleinige und endgültige Entscheidungskompetenz, soweit zulässig das Schiedsverfahren vereinbart wurde und kein Verstoß gegen den ordre public vorliegt.

30.3.1 Schiedsvereinbarung

Wie beim Schiedsgutachten schließen zwei oder mehr Parteien eine Vereinbarung, wer im Falle von Meinungsverschiedenheiten oder Streitigkeiten zwischen ihnen eine Entscheidung treffen soll. Anders als beim Schiedsgutachten erfolgt die Entscheidung unter Ausschluss der staatlichen Gerichtsbarkeit abschließend durch ein Schiedsgericht oder den Schiedsrichter.

Wirksam vereinbart werden kann das Schiedsverfahren nur hinsichtlich schiedsfähiger Ansprüche. Dies sind grundsätzlich alle vermögensrechtlichen Ansprüche. Darüber hinaus kann das Schiedsverfahren vereinbart werden, wenn die Parteien berechtigt sind, über den Anspruch einen Vergleich abzuschließen. Es gibt jedoch auch Ausnahmen, in denen der Anspruch aufgrund einer gesetzlichen Regelung nie Gegenstand einer Schiedsvereinbarung sein kann, wie z.B. der Bestand eines Arbeitsverhältnisses oder eines Mietverhältnisses über Wohnraum in Deutschland.

Die Vereinbarung über das Schiedsverfahren kann sowohl in einem anderen Vertrag als Schiedsklausel enthalten sein als auch in einer gesonderten Vereinbarung als Schiedsvertrag geschlossen werden. Ist ein Verbraucher als Partei an der Vereinbarung beteiligt, gelten strengere Anforderungen. Entweder darf der Schiedsvertrag keine weiteren Regelungen enthalten, oder der Vertrag, der die Schiedsklausel enthält, muss durch einen Notar beurkundet worden sein. In jedem Fall ist es erforderlich, dass die Vereinbarung von den Parteien eigenhändig unterzeichnet wird.

Sind ausschließlich Unternehmer beteiligt, reicht ein Schriftwechsel zwischen den Parteien aus, mit dem die Schiedsvereinbarung nachgewiesen werden kann. Zulässig ist dabei der Austausch von Schreiben, Telegrammen und Faxkopien, wohl auch E-Mails, soweit sich daraus die Vereinbarung aller Beteiligten ergibt.

---

1 Vergleiche auch die ausführliche Darstellung der Schiedsgerichtsbarkeit durch den Deutschen Industrie- und Handelskammertag unter www.dihk.de/schiedsgerichtsbarkeit.

Eine Kompetenz-Kompetenz, also die Möglichkeit, über seine Berechtigung zum Tätigwerden wirksam entscheiden zu können, steht auch dem Schiedsgericht nicht zu. Dies gilt sowohl für die Frage, ob die Schiedsvereinbarung sich auf einen schiedsfähigen Gegenstand bezieht, als auch für die Frage, ob die Schiedsvereinbarung wirksam zustande gekommen ist. In beiden Fragen entscheidet das staatliche Gericht endgültig.

30.3.2 Zusammensetzung des Schiedsgerichts

Die Zusammensetzung ergibt sich zunächst aus der Schiedsvereinbarung. Möglich ist sowohl ein Einzelschiedsrichter als auch ein aus mehreren (regelmäßig drei) Schiedsrichtern bestehendes Schiedsgericht.

Die Parteien können dabei ein bestehendes Schiedsgericht als zuständig vereinbaren. Diese sogenannten institutionellen Schiedsgerichte sind auf nationaler Ebene häufig mit einer Industrie- und Handelskammer verbunden (z. B. Schiedsgericht der Handelskammer Hamburg). Solche Schiedsgerichte haben regelmäßig auch eine Schiedsgerichtsordnung, die das konkrete Verfahrensrecht regelt, eine Geschäftsstelle, die für den organisatorischen Ablauf verantwortlich ist, und teilweise eine Liste von Schiedsrichtern, die benannt werden können. Ebenso können die Parteien die Anwendung einer bestehenden Schiedsgerichtsordnung vereinbaren, die dann die Zusammensetzung des Schiedsgerichts und das Verfahren regelt. Im Baubereich ist hier die Schiedsgerichtsordnung des Schiedsgericht Bau e. V. (Geschäftsstelle bei der IHK zu Schwerin) und die Schiedsgerichtsordnung für das Bauwesen der Deutschen Gesellschaft für Baurecht und des Deutschen Beton- und Bautechnikvereins zu nennen, teilweise haben auch andere Industrie- und Handelskammern eigene Schiedsgerichtsordnungen, die dann nicht auf den Baubereich beschränkt sind (z. B. Schiedsgerichtsordnung der Brandenburger Industrie- und Handelskammern).

Zu nennen sind in diesem Zusammenhang auch auf nationaler Ebene die Deutsche Institution für Schiedsgerichtsbarkeit e.V. (DIS) in Köln und auf internationaler Ebene das Schiedsgericht der Internationalen Handelskammer (ICC) in Paris. Die Anrufung dieser Schiedsgerichte ist allerdings bei mittleren bis geringen Streitwerten bereits aufgrund der absoluten Verfahrenskosten regelmäßig uninteressant. Für den Bausachverständigen sind diese Verfahren auch nicht relevant, da die genannten Institutionen ausschließlich auf Juristen als Schiedsrichter zurückgreifen.

Darüber hinaus kann die Bildung eines Ad-hoc-Schiedsgerichts vereinbart werden, das erst im Schiedsfall gebildet wird. Die Benennung der Schiedsrichter sollte dann in der Vereinbarung geregelt sein. Anderenfalls müssen sich die Parteien bei einem Einzelschiedsrichter auf diesen einigen oder beim zuständigen Gericht die Benennung beantragen. Bei einem, mangels anderer Vereinbarung gesetzlich vorgesehenen, Schiedsgericht mit drei Schiedsrichtern benennt jede Partei einen Schiedsrichter, die dann gemeinsam den Vorsitzenden bestellen.

30.3.3 Anforderungen an den Schiedsrichter

Grundsätzlich kann auch jede Person, die weder selbst Partei ist noch einer beteiligten Partei nahe steht, zum Schiedsrichter bestimmt werden. Jeder Schiedsrichter ist bei seiner Tätigkeit zur Neutralität verpflichtet.

Werden bei einem aus drei Schiedsrichtern bestehenden Schiedsgericht zunächst von jeder Partei ein Schiedsrichter benannt, die sich dann auf den Vorsitzenden einigen, wird häufig von den sogenannten Parteischiedsrichtern gesprochen. Dies bedeutet jedoch nicht, dass diese Schiedsrichter jeweils die sie benennende Partei im Verfahren vertreten. Vielmehr ist ausschließlich die Benennung durch die Partei gemeint. Auch der durch eine Partei benannte Schiedsrichter ist zur Unabhängigkeit und Unparteilichkeit verpflichtet. Ist er mit einer Partei verbunden, darf er die Schiedsrichtertätigkeit nicht übernehmen. Verhält er sich parteiisch oder gibt er zu Zweifeln an seiner Unabhängigkeit begründeten Anlass, wird er aus dem Verfahren ausgeschlossen.

Faktisch ist dem Sachverständigen abzuraten, als Einzelschiedsrichter tätig zu werden. Auch wenn es zunächst offenbar nur um eine klar beantwortbare fachliche Frage in einem einfach gelagerten Fall zu gehen scheint, ist es gerade nicht ausgeschlossen, dass sich im Laufe des Verfahrens prozessuale Probleme ergeben, die auch einen Juristen ohne entsprechende Erfahrung schnell überfordern. Die Anforderungen an die Durchführung und Leitung eines Schiedsverfahrens sind aufgrund der prozessrechtlichen Regelungen nicht zu unterschätzen.

Bei einem Schiedsgericht mit drei Schiedsrichtern wird dagegen eher die Beauftragung eines Sachverständigen als Schiedsrichter erwogen. Dabei geht es oft darum, durch die Einbeziehung von fachlichem Sachverstand in das Schiedsgericht selbst die Hinzuziehung eines zusätzlichen Sachverständigen im Schiedsverfahren zu ersparen. Ob diese Überlegung am Ende aufgeht, sei dahingestellt. Jedenfalls ist aus Sicht des Sachverständigen die Tätigkeit in einem Schiedsgericht, das aus mehreren Personen (regelmäßig drei) besteht, geeigneter als die Tätigkeit des Einzelschiedsrichters. Auf jeden Fall sollte der Sachverständige zur Bedingung für seine Tätigkeit als Schiedsrichter machen, dass in diesem Schiedsgericht ein erfahrener Richter oder Rechtsanwalt, der bereits einige Verfahren als Vorsitzender oder Einzelschiedsrichter durchgeführt hat, den Vorsitz übernimmt. Dann kann der eigentlich bezweckte Vorteil, fachlichen Sachverstand in das Gericht zu integrieren, auch wirklich zur Geltung kommen, ohne ein ordnungs- und rechtmäßiges Verfahren zu gefährden. Ein gutes Beispiel dafür sind die Kammern für Handelssachen am Landgericht, in denen ein Berufsrichter als Vorsitzender und zwei Kaufleute als Beisitzer Recht sprechen. Anderenfalls sollte der Sachverständige die Übernahme des Schiedsrichteramts besser ablehnen. Er kann in dem Schiedsverfahren immer noch als Sachverständiger durch das Schiedsgericht beauftragt und gehört werden.

30.3.4 Abgrenzung zur Rechtsberatung

Das Rechtsdienstleistungsgesetz stellt in § 2 Abs. 3 Nr. 2 klar, dass die schiedrichterliche Tätigkeit keine Rechtsdienstleistung ist und daher auch nicht dem Erlaubnisvorbehalt des Gesetzes unterliegen kann. Der Schiedsrichter benötigt also keine Erlaubnis zur Erbringung von Rechtsdienstleistungen.

30.3.5 Rechtliche Grundlagen

Die rechtlichen Grundlagen sind zunächst die Regelungen über das Schiedsverfahren in den §§ 1025 bis 1066 ZPO. Zwingend sind diese Regelungen, soweit es um die Wirksamkeit der Schiedsvereinbarung bzw. Schiedsklausel und die Schiedsfähigkeit des Gegenstandes des Schiedsververfahrens geht.

Im Übrigen können die gesetzlichen Regelungen jedoch weitgehend durch die Vereinbarung der Parteien verdrängt werden. Daher ist das Verfahrensrecht zunächst der Schiedsklausel oder Schiedsvereinbarung zu entnehmen. Wird darin auf eine bestehende Schiedsgerichtsordnung verwiesen bzw. eine solche vereinbart, kommen deren Regelungen zur Anwendung. Nur soweit nichts vereinbart ist oder das Vereinbarte Lücken aufweist, kommen die gesetzlichen Regelungen über das Verfahren zur Anwendung.

30.3.6 Schiedsrichtervertrag

Der Vertrag wird zwischen jedem einzelnen Schiedsrichter auf der einen und den beteiligten Parteien auf der anderen Seite geschlossen. Es handelt sich hierbei um einen privatrechtlichen Vertrag (allerdings nicht unumstritten), der ebenfalls formfrei ist, aber auch grundsätzlich schriftlich (oder anderweitig nachweisbar) erfolgen sollte.

Der Schiedsrichtervertrag sollte auf die Schiedsvereinbarung bzw. -klausel Bezug nehmen sowie die wesentlichen Punkte, die darin oder in der vereinbarten Schiedsgerichtsordnung nicht enthalten sind, regeln. Dazu gehört das Honorar der Schiedsrichter, gegebenenfalls die Höhe des Streitwertes und auf jeden Fall die Fälligkeiten von Vorschüssen und Honoraren. Es sollte im Vertrag immer eine gesamtschuldnerische Haftung der Parteien für alle Kosten und Honorare vereinbart werden.

Soll das Schiedsgericht ohne mündliche Verhandlung entscheiden dürfen oder an einem bestimmten Ort mündlich verhandeln, ist dies ebenfalls im Schiedsrichtervertrag zu regeln. Gleichfalls ist eine Haftungsbeschränkung zugunsten des Schiedsrichters sinnvoll und sollte im Vertrag geregelt sein. Die Haftung regelt sich nach allgemeinem Vertragsrecht, soweit es sich nicht um die spruchrichterliche Tätigkeit handelt. Für diese haftet der Schiedsrichter nach der Rechtsprechung des Bundesgerichtshofes (BGH) wie der staatliche Richter nur, soweit die Pflichtverletzung strafbar im Sinne des Strafrechts ist (BGHZ 15, 12).

30.4 Der Sachverständige als Mediator

Die Mediation, was schlicht „Vermittlung" bedeutet, wurde in Umsetzung der Mediationsrichtlinie (Richtlinie 2008/52/EG vom 21.5.2008) durch das Mediationsgesetz (MediationsG) vom 21.7.2012 (BGBl. I S. 1577) geregelt. Danach ist die „Mediation... ein vertrauliches und strukturiertes Verfahren, bei dem Parteien mithilfe eines oder mehrerer Mediatoren freiwillig und eigenverantwortlich eine einvernehmliche Beilegung ihres Konflikts anstreben." (§ 1 Abs. 1 MediationsG) Es handelt sich also um ein nichtöffentliches Verfahren zunächst der beteiligten Parteien, die sich in dem Verfahren eines Dritten als Mediator („Vermittler") bedienen. Der Mediator wird im Gesetz als „eine unabhängige und neutrale Person ohne Entscheidungsbefugnis, die die Parteien durch die Mediation führt", definiert (§ 1 Abs. 2 MediationsG). Er ist nur der Mittler zwischen den beteiligten Parteien, die selbst die Lösung ihres Konfliktes finden müssen. Dabei werden sie vom Mediator unterstützt, alle Entscheidungen müssen sie jedoch selbst treffen. Ausschließlich die Parteien entscheiden, worüber und wie sie verhandeln. Erklärtes Ziel des Mediatonsverfahrens ist es, unter Berücksichtigung aller Bedürfnisse und Interessen der beteiligten Parteien eine für alle Seiten vorteilhafte Lösung zu finden, die auch außerhalb des ursprünglichen Konfliktgegenstandes liegen darf (nicht muss). Eine Begrenzung des Verhandlungsstoffes auf rechtlich relevante oder früher vereinbarte Fragen findet nicht statt.

Sinnvoll ist eine Mediation, wenn die Vertraulichkeit gewahrt und die Beziehungen zwischen den Parteien, ob privater oder geschäftlicher Natur, geschont werden sollen. Entscheidend ist vor allem die Frage, ob der Beziehungskonflikt zwischen den Parteien den eigentlichen juristischen Konflikt dominiert. Ist die fehlende bzw. eingeschränkte Kommunikation zwischen den Parteien das eigentliche Problem, bietet sich ein Mediationsverfahren an. Allerdings besteht bei einer Mediation ohne rechtliche Begleitung die Gefahr, dass eine Seite gegenüber der tatsächlichen rechtlichen Situation unangemessen benachteiligt wird. Soweit es um Sachverhalte geht, die die Existenz mindestens einer Partei betreffen oder in denen die rechtliche Beurteilung des Sachverhaltes im Vordergrund steht, sind andere Formen der außergerichtlichen Streitbeilegung oder die gerichtliche Streitentscheidung dem Mediationsverfahren vorzuziehen.

30.4.1 Verfahrensgrundsätze

Für den Erfolg eines Mediationsverfahrens ist die Einhaltung einiger Grundsätze, die sich aus den Grundgedanken der Mediation ergeben, erforderlich.[1] Dazu gehört zunächst die **Unabhängigkeit/Allparteilichkeit des Mediators**. Er muss zwar in jedem Stadium des Verfahrens in der Lage sein, sich in die Situation der Parteien hineinversetzen zu können, um gegebenenfalls die Interessen der Parteien zu erkennen und diese gegenüber der Gegenseite formulieren zu können. Dabei bleibt er jedoch neutral und bringt dies gegenüber den Parteien auch deutlich zum Ausdruck. Im Gesetz ist dies in § 2 Abs. 3 angelegt: „Der Mediator ist allen Parteien gleichermaßen verpflichtet. Er fördert die Kommunikation der Parteien und gewährleistet, dass die Parteien in angemessener und fairer Weise in die Mediation eingebunden sind. Er kann im allseitigen Einverständnis getrennte Gespräche mit den Parteien führen."

Um eine Lösung unter Berücksichtigung aller Bedürfnisse und Interessen zu ermöglichen, müssen die Beteiligten in das Verfahren auch **alle vom Problem betroffenen Parteien einbeziehen**. Nur dann kann eine bestandskräftige Lösung gefunden werden. Dazu muss zu Beginn der Mediation geprüft werden, welche Personen durch die im Verfahren zu lösenden Konflikte betroffen sind. Allerdings muss auch während des Verfahrens, insbesondere wenn weitere zugrunde liegende Konflikte identifiziert werden, diese Prüfung erfolgen und gegebenenfalls weitere Betroffene einbezogen werden. Dies kann allerdings, wie alle Entscheidungen im Mediationsverfahren, nur im Einvernehmen aller beteiligten Parteien erfolgen. Die Möglichkeit der Erweiterung ist auch im Gesetz vorgesehen:

---

1 Strukturierte Mediationsverfahren werden u. a. auch von Industrie- und Handelskammern über dazu eingerichtete Mediationsstellen angeboten, die dann auch bei der Auswahl eines geeigneten Mediators unterstützen. Umgekehrt können auch Sachverständige mit entsprechender Qualifikation sich bei diesen Mediationsstellen „listen" lassen.

"Dritte können nur mit Zustimmung aller Parteien in die Mediation einbezogen werden." (§ 2 Abs. 4 MediationsG)

Die strikte **Freiwilligkeit** ist eine der zentralen Voraussetzungen des Verfahrens. Denn nur dann ist es möglich, das Ziel der Mediation, den Parteien einen Weg zu eröffnen, selbst die Probleme einer Lösung zuzuführen, zu erreichen. Die Parteien entscheiden freiwillig, das Verfahren zu beginnen, es durchzuführen und zu beenden. Jeder Partei steht es frei, das Verfahren zu jedem Zeitpunkt zu beenden. (§ 2 Abs. 5 Satz 1 MediationsG: „Die Parteien können die Mediation jederzeit beenden.") Sanktions- oder Zwangsmaßnahmen gibt es im Verfahren nicht. Lediglich die Beendigung der Mediation ist auch durch den Mediator möglich, wenn das Verfahren nicht mehr zum Erfolg geführt werden kann ((§ 2 Abs. 5 Satz 2 MediationsG: „Der Mediator kann die Mediation beenden, insbesondere wenn er der Auffassung ist, dass eine eigenverantwortliche Kommunikation oder eine Einigung der Parteien nicht zu erwarten ist.").

Um die Akzeptanz des Ergebnisses zu gewährleisten, müssen die Parteien über alle Punkte in jedem Stadium des Verfahrens **informiert** sein. Ohne eine umfassende Information ist weder eine entsprechende eigene Entscheidung der Parteien noch deren Motivation zu einer freiwilligen Lösung möglich.

Im Verfahren versuchen die Parteien, unterstützt vom Mediator, eine eigene Lösung für ihren Konflikt zu finden. Dieses Ergebnis ist nur erreichbar, wenn die **Verhandlungen ergebnisoffen** geführt werden. Dabei kann der Streitstoff jederzeit erweitert werden und ist nicht durch Anträge begrenzt.

Ebenso wie die anderen Verfahren außergerichtlicher Konfliktlösung ist auch in der Mediation die **Vertraulichkeit** des Verfahrens zu wahren. Zu einem ergebnisoffenen Verfahren gehören zwingend vertrauliche Verhandlungen. Die Vertraulichkeit muss dabei in zwei Richtungen sichergestellt werden. Erstens ist die Verschwiegenheit des Mediators selbstverständlich, zweitens ist die Vertraulichkeit der zwischen den Parteien in der Verhandlung offengelegten Informationen erforderlich.

Die Beachtung der Vertraulichkeit durch den Mediator gehörte bei vielen Berufsgruppen bislang bereits zu den normalen Berufspflichten, ebenso ist dies eine Pflicht des öffentlich bestellten und vereidigten Sachverständigen. Im Gesetz ist die Verschwiegenheitspflicht des Mediators nun ausdrücklich geregelt: „Der Mediator und die in die Durchführung des Mediationsverfahrens eingebundenen Personen sind zur Verschwiegenheit verpflichtet, soweit gesetzlich nichts anderes geregelt ist. Diese Pflicht bezieht sich auf alles, was ihnen in Ausübung ihrer Tätigkeit bekannt geworden ist." (§ 4 Satz 1 und 2) Von dieser Verschwiegenheitspflicht gibt es auch Ausnahmen, die allerdings eher selbstverständlich sind („soweit die Offenlegung des Inhalts der im Mediationsverfahren erzielten Vereinbarung zur Umsetzung oder Vollstreckung dieser Vereinbarung erforderlich ist" oder „soweit es sich um Tatsachen handelt, die offenkundig sind oder ihrer Bedeutung nach keiner Geheimhaltung bedürfen" – § 4 Satz 3 Nr. 1 und 3) bzw. für den Bausachverständigen weniger Bedeutung haben („soweit die Offenlegung aus vorrangigen Gründen der öffentlichen Ordnung (ordre public) geboten ist, insbesondere um eine Gefährdung des Wohles eines Kindes oder eine schwerwiegende Beeinträchtigung der physischen oder psychischen Integrität einer Person abzuwenden" – § 4 Satz 3 Nr. 2). Der Verweis auf den ordre public könnte zwar allgemein auch auf das Bauverfahren passen, die eigentlichen Anwendungsfälle von Nummer 2 werden jedoch die familienrechtlichen Mediationsverfahren sein.

Allerdings sollte die Verschwiegenheit und die Ausnahmen davon in der Mediationsvereinbarung festgehalten werden, in der die Parteien sich auch verpflichten sollten, den Mediator in einem möglichen anschließenden Gerichtsverfahren nicht als Zeugen zu benennen. In gleicher Weise sollte dabei geklärt werden, ob überhaupt und wenn in welchem Umfang im Verfahren erlangte Informationen in einem möglichen späteren gerichtlichen Verfahren nach Scheitern der Mediation verwendet werden dürfen. Der Mediator hat in jedem Fall über den Umfang seiner Verschwiegenheitspflicht zu informieren (§ 4 Satz 4 MediationsG), weshalb sich auch insoweit eine Aufnahme in die Vereinbarung anbieten könnte.

Ein weiterer Grundsatz ist die **Selbstbestimmung der Konfliktparteien**. Das Verfahren wird vom Mediator moderiert. Dabei achtet er auf die Einhaltung der zwischen den Parteien vereinbarten Verfahrensgrundsätze. Die Parteien bestimmen dabei das Ergebnis und den Weg zum Ergebnis selbst. Der Mediator ist weder zur Entscheidung, anders als der Schiedsgutachter und der Schiedsrichter, noch zur Vorlage einer Lösung, anders als der Schlichter, berufen.

30.4.2 Verfahrensablauf

Das Verfahren läuft in fünf oder sechs Schritten ab, wobei die Anzahl der Schritte von der konkreten Aufteilung der erforderlichen Verfahrensinhalte abhängt. Das Verfahren beginnt mit der **Vorbereitung und** dem **Mediationsvertrag**, wobei die Beteiligten, der Ablauf und die Grundsätze des Verfahrens sowie die Neutralität des Mediators und die Kosten des Verfahrens zu klären sind. Der Vertrag selbst sollte unbedingt unter rechtlicher Beratung zustande kommen.

Im zweiten Schritt erfolgt eine **Informations- und Themensammlung**. Jeder Beteiligte legt seine Positionen und Ziele aus seiner Sicht dar. Gemeinsam wird dann eine Themenliste mit Reihenfolge der Abarbeitung abgestimmt.

Anschließend geht es darum, die **Interessen zu ermitteln**, die sich hinter den Positionen der Beteiligten verbergen. Die Beteiligten sollen die eigenen Interessen erkennen und die der Gegenseite anerkennen.

Danach folgt die **Suche nach Lösungsoptionen**. Es geht darum, zunächst möglichst viele Lösungsmöglichkeiten zu sammeln, unabhängig davon, ob sie von einer Partei als vorteilhaft bewertet werden.

Erst im nächsten Schritt erfolgen dann **Bewertung und Auswahl der Optionen**. Beides erfolgt ausschließlich durch die Parteien selbst. Die Parteien können dabei direkt über Lösungen verhandeln oder in Einzelgesprächen mit dem Mediator Lösungen besprechen, die dieser jeweils der anderen Seite überbringt. Der Mediator kann zur Unterstützung auch Lösungen erläutern oder Differenzen verdeutlichen. Die Erweiterung des Verhandlungsgegenstandes kann ebenfalls sinnvoll sein.

Als letzter Schritt ist dann die **Vereinbarung und Umsetzung** noch offen. Hierbei wird die von allen akzeptierte Lösung schriftlich fixiert. Dieser außergerichtliche Vergleich muss sorgsam formuliert sein, um nicht seinerseits Streitgegenstand zu werden. Wie beim Mediationsvertrag sollte auch in diesem Schritt unbedingt eine anwaltliche Beratung oder Begleitung sichergestellt sein. Darauf hat auch der Mediator hinzuweisen (§ 2 Abs. 6 MediationsG: „Der Mediator wirkt im Falle einer Einigung darauf hin, dass die Parteien die Vereinbarung in Kenntnis der Sachlage treffen und ihren Inhalt verstehen. Er hat die Parteien, die ohne fachliche Beratung an der Mediation teilnehmen, auf die Möglichkeit hinzuweisen, die Vereinbarung bei Bedarf durch externe Berater überprüfen zu lassen. Mit Zustimmung der Parteien kann die erzielte Einigung in einer Abschlussvereinbarung dokumentiert werden."). Der Inhalt muss vollstreckbar sein, auch wenn aufgrund der freiwilligen Einigung regelmäßig eine Vollstreckung nicht erforderlich ist.

30.4.3 Anforderungen an den Mediator

Für die Tätigkeit als Mediator gibt es weiterhin keinen Erlaubnisvorbehalt, es kann also zunächst jede Person tätig werden, die von den Parteien als Mediator beauftragt wird. Die insofern vergleichbare Situation zur Tätigkeit des Sachverständigen beinhaltet jedoch auch, dass eine vorherige intensive Beschäftigung mit dieser Materie notwendig ist, bevor ein Mandat als Mediator übernommen wird. Entsprechende Lehrgänge und Ausbildungen werden in großer Zahl angeboten. Speziell für Sachverständige sind dabei beispielsweise die Seminare „Wirtschaftsmediator (IHK)" ausgelegt, die von einigen Industrie- und Handelskammern angeboten werden. Derzeit gilt zwar wohl noch (wie in verwandten Bereichen), dass die Nachfrage nach einer Ausbildung zum Mediator die Nachfrage nach der Tätigkeit des Mediators deutlich übersteigt, allerdings ist die Kenntnis dieser Methode sicher auch in anderen Bereichen nicht von Nachteil.

Im Rahmen des Gesetzgebungsverfahrens ist in Umsetzung der Mediationsrichtlinie auch die Einführung von Zugangsvoraussetzungen diskutiert worden, jedoch hat der Gesetzgeber im Ergebnis auf zwei andere Instrumente gesetzt. Zunächst ist der Mediator verpflichtet, eine ausreichende Aus- und Fortbildung sicherzustellen. Dazu verpflichtet ihn § 5 Abs. 1 Satz 1 MediationsG: „Der Mediator stellt in eigener Verantwortung durch eine geeignete Ausbildung und eine regelmäßige Fortbildung sicher, dass er über theoretische Kenntnisse sowie praktische Erfahrungen verfügt, um die Parteien in sachkundiger Weise durch die Mediation führen zu können." In Satz 2 werden dann auch die Mindestanforderungen an eine geeignete Ausbildung definiert. Abgesichert wird diese Verpflichtung durch die Pflicht des Mediators, den Parteien darüber Auskunft zu geben: „Der Mediator ist verpflichtet, die Parteien auf deren Verlangen über seinen fachlichen Hintergrund, seine Ausbildung und seine Erfahrung auf dem Gebiet der Mediation zu informieren." (§ 3 Abs. 5 MediationsG)

In einem zweiten Schritt wird es künftig die Möglichkeit geben, über die Bezeichnung als „zertifizierter Mediator" auf eine Grundqualifikation als Mediator hinzuweisen, sobald die entsprechende Rechtsverordnung des Bundesministeriums der Justiz gemäß § 6 MediationsG vorliegt. Entgegen der Bezeichnung im Gesetz handelt es sich dabei jedoch nicht um eine Personenzertifizierung nach DIN EN ISO/IEC 17024. Vielmehr darf diese Bezeichnung führen, wer einen entsprechenden Zertifikatslehrgang absolviert hat, was einen erheblichen Unterschied darstellt. Insofern ist die Formulierung im Gesetz leider missverständlich. Die konkreten inhaltlichen Anforderungen an den zu absolvierenden Zertifikatslehrgang werden sich aus der künftigen Rechtsverordnung ergeben, wobei eine bloße Übernahme der bereits in § 5 Abs. 1 genannten Anforderungen zu erwarten ist.

Im Interesse einer möglichst breiten Anwendungsmöglichkeit der Mediation ist der Verzicht auf weitere Zugangsvoraussetzungen zu begrüßen. Ein weiterer Qualifikationsnachweis analog der öffentlichen Bestellung und Vereidigung wäre zwar durchaus förderlich gewesen, war im Gesetzgebungsverfahren aber nicht konsensfähig. Gleichwohl bleibt die Möglichkeit der Marktbeteiligten, auf freiwilliger Basis einen solchen Qualifikationsnachweis zu schaffen. Eine mögliche Verbreitung würde dann auch von der Marktakzeptanz abhängen.

30.4.4 Abgrenzung zur Rechtsberatung

Die Tätigkeit des Mediators fällt nicht unter das Rechtsberatungsprivileg der Anwälte, auch wenn das ein Teil der Anwaltschaft in der Vergangenheit immer wieder gefordert hat. Bereits das Gesetz über außergerichtliche Rechtsdienstleistungen (Rechtsdienstleistungsgesetz – RDG) stellt in § 2 Abs. 3 Nr. 4 klar, dass die Mediation und jede vergleichbare Form der alternativen Streitbeilegung keine Rechtsdienstleistung ist, sofern die Tätigkeit nicht durch rechtliche Regelungsvorschläge in die Gespräche der Beteiligten eingreift. Mit dem Mediationsgesetz ist zusätzlich klargestellt, dass für die Tätigkeit des Mediators kein Genehmigungsvorbehalt besteht.

Möchte der Mediator jedoch über die Führung des Verfahrens und die Vermittlung des Gesprächs hinaus auch selbst rechtliche Regelungsvorschläge machen, muss er dabei die Regelungen des Rechtsdienstleistungsgesetzes als Grenze der erlaubten Tätigkeit genau beachten. Allerdings beinhaltet die typische Tätigkeit des Mediators gerade nicht die Unterbreitung eigener rechtlicher Regelungsvorschläge, denn die selbständige Lösung des Streits durch die Parteien steht im Vordergrund dieses Verfahrens. Da der Sachverständige als Mediator nicht zur Entscheidung berufen ist, sondern den Parteien bei der Lösung des Konfliktes helfen soll, ist insoweit jedoch eine Beratungssituation denkbar. Dann muss der Sachverständige auch die Grenzen des Rechtsdienstleistungsgesetzes beachten, soweit die Beratung zu rechtlichen Aspekten erfolgt. Insbesondere bei der Abfassung der Vereinbarung zwischen den Parteien am Ende der Mediation ist Vorsicht geboten. Hier kann es hilfreich, wenn nicht gar geboten sein, einen spezialisierten Rechtsanwalt hinzuzuziehen.

30.5 Der Sachverständige als Schlichter

Außerhalb der zuvor beschriebenen Verfahren gibt es weitere Möglichkeiten der außergerichtlichen Konfliktlösung. Die Streitschlichtung ist dabei in einfach gelagerten Fällen durchaus eine Aufgabe, die an den Bausachverständigen herangetragen werden kann. Als Fachmann kann er den Parteien sachlich und neutral die technischen Aspekte des Konflikts aufzeigen und erläutern. Bestehende Fehlvorstellungen und Emotionen können so ausgeräumt oder abgebaut werden. Auf dieser Basis fällt eine Einigung der Parteien regelmäßig leichter. Ebenfalls kann der Schlichter einen eigenen Vorschlag zur Konfliktlösung unterbreiten, dessen Annahme dann aber den Parteien freisteht.

Allerdings sollte der Sachverständige auch in diesem Bereich mit Zurückhaltung und richtiger Selbstbeschränkung herangehen. Es ist regelmäßig nicht die Aufgabe des Sachverständigen, Rechtsfragen zu klären oder über Bestehen oder Nichtbestehen von Ansprüchen zu entscheiden. So wie der gute Jurist sich auf die juristischen Fragen konzentriert und die bautechnischen Fragen durch einen Sachverständigen beantworten lässt, zeichnet den guten Bausachverständigen umgekehrt die Beschränkung gegenüber Rechtsfragen aus.

30. Schiedsgutachten, Schiedsgericht, Mediation, Streitschlichtung

Diese Beschränkung kann über die Frage der eigenen Sachkompetenz hinaus auch noch eine rechtliche Relevanz haben. Anders als bei der Schiedsgutachter- und Schiedsrichtertätigkeit ist bei der Streitschlichtung das Rechtsdienstleistungsgesetz als Grenze der erlaubten Tätigkeit vom Sachverständigen zu beachten, ohne dass eine solche per se unzulässig wäre. Soweit der Sachverständige als Schlichter auf rechtliche Regelungsvorschläge verzichtet, liegt keine Rechtsdienstleistung vor, was § 2 Abs. 3 Nr. 4 RDG nur klarstellt. Macht der Sachverständige eigene rechtliche Regelungsvorschläge, kann eine Rechtsdienstleistung im Sinne von § 2 Abs. 1 RDG vorliegen und das Rechtsdienstleistungsgesetz zur Anwendung kommen. Allerdings ist nach § 5 Abs. 1 RDG die Rechtsdienstleistung als Nebenleistung im Zusammenhang mit einer anderen Leistung zulässig. Solange die fachliche Fragestellung im Vordergrund steht und rechtliche Aspekte nur in diesem Zusammenhang mitbehandelt werden, steht das Rechtsdienstleistungsgesetz dem nicht entgegen. Vorrangig muss der Sachverständige weiterhin aus Haftungserwägungen heraus aufpassen, inwieweit seine Beratung zu rechtlichen Aspekten erfolgen kann.

Die Beratung durch den Sachverständigen sollte sich daher auf die fachlichen Fragen konzentrieren, auch wenn sie mit dem Ziel der Einigung der Parteien erfolgt. Besteht ein Bedarf der Parteien, über diesen Bereich hinaus bei einer Einigung unterstützt oder beraten zu werden, bietet sich die Zusammenarbeit mit einem möglichst spezialisierten Rechtsanwalt an. Durch eine solche Zusammenarbeit kann sowohl dem Beratungsbedarf der Parteien als auch den gesetzlichen Vorgaben sachgerecht entsprochen werden. Spätestens bei der Mitwirkung an der vertraglichen Vereinbarung zwischen den Parteien sollte auf den juristischen Sachverständigen ebenso wenig verzichtet werden, wie auf den Bausachverständigen bei der Klärung bautechnischer Fragen.

Neben den im Einzelfall beauftragten Schlichtern gibt es auch institutionelle Schlichtungsstellen. Teilweise haben die Industrie- und Handelskammern für Streitigkeiten zwischen zwei Unternehmern oder zwischen Unternehmern und Verbrauchern solche Schlichtungsstellen eingerichtet (z.B. das von der IHK Berlin in Kooperation mit der Handwerkskammer Berlin, dem Senat, dem Anwaltsverein und der Verbraucherzentrale mitgetragene Bündnis „Schlichten in Berlin – www.schlichten-in-berlin.de). Diese Schlichtungsstellen können mit einem Einzelschlichter, aber auch mit zwei oder mehr Schlichtern besetzt sein. In Anlehnung an diese Schlichtungsstellen kann es im Einzelfall sinnvoll sein, eine Streitschlichtung gemeinsam mit einem Rechtsanwalt durchzuführen, um die fachliche Kompetenz des Bausachverständigen mit der rechtlichen Kompetenz des Anwalts zu ergänzen. In diesem Fall besteht erstens kein Problem mit dem Rechtsdienstleistungsgesetz, zweitens werden rechtliche Fallstricke durch den Anwalt vermieden und drittens besteht bei Haftungsfragen regelmäßig ausreichender Schutz durch die Berufshaftpflichtversicherung. Auch auf Seiten der streitenden Parteien ist bei umfangreichem Streit oder hohem Streitwert mit einem größeren Vertrauen gegenüber den gemeinsam und arbeitsteilig tätigen Schlichtern und einer höheren Akzeptanz ihres Vorschlages zu rechnen. Gleichzeitig besteht die Chance, in einer solchen fachübergreifenden Zusammenarbeit die eigene Kompetenz und das Verständnis für die jeweils andere Profession zu erhöhen.

31. Adjudikation

Antje Boldt

Übersicht

31.1 Einführung
31.2 Wesen des Adjudikations-Verfahrens
31.3 Qualifikation des Adjudikators
31.4 Ausblick

31.1 Einführung

Adjudikations-Verfahren sind in Deutschland noch weitgehend unbekannt und kommen bestenfalls bei Großprojekten zum Einsatz. In angelsächsischen Bauverträgen ist demgegenüber eine Verpflichtung zur vorgerichtlichen „Dispute Adjudication" gesetzlich geregelt, wobei diese immer dann durchzuführen ist, wenn eine Partei es verlangt.[1] Auch in internationalen Bauvertragsbedingungen, wie den Bestimmungen der Fédération Internationale des Ingénieurs – Conseils (FIDIC)[2], ist eine detaillierte Regelung über einen baubegleitenden Streitentscheidungsmechanismus durch einen oder mehrere neutrale Dritte, dem Dispute Adjudication Board (DAB) geregelt. Dabei sind diese neutralen Dritten nahezu immer technische Sachverständige mit einer besonderen Befähigung zur Konfliktlösung.

Auch in Deutschland ist man nun angesichts der immer unerfreulicher werdenden und zu lange andauernden Gerichtsprozesse auf der Suche nach Alternativen. Dies bestätigte bereits 2007 eine Umfrage unter Baujuristen, Bauingenieuren, Rechtsabteilungen der Baukonzerne oder Architekten, wonach die Möglichkeit einer schnellen Vorab-Entscheidung eines Streitfalles durch einen oder mehrere neutrale Dritte grundsätzlich gewünscht wird.[3] Allerdings soll es kein endgültig bindendes Schiedsurteil sein, auch keine Mediation oder Schlichtung, die lediglich mit einem nicht bindenden Vorschlag zu einer Lösung enden.[4] Vielmehr wird ausdrücklich ein Modell ähnlich des in England praktizierten Vorbildes gewünscht, wonach jede Partei einer Baustreitigkeit einen Adjudikator anrufen kann, der unter sehr engen Zeitvorgaben zu einer vorläufig bindenden Lösung kommen soll, die von den Parteien erst in einem nachfolgenden Verfahren angegriffen werden kann, wenn sie damit nicht einverstanden sind. Zunächst müssen sich die Parteien jedoch nach dieser Entscheidung richten.

Schon der 2. Deutsche Baugerichtstag hat sich in einem neuen Arbeitskreis und dort unter reger Beteiligung von Bausachverständigen diesem Thema gewidmet.[5] Wie die

---

[1] Gesetzlichen Regelungen in England bezüglich eines vorgerichtlichen obligatorischen Schiedsgutachtenanspruchs im Housing Grants, Construction and Regeneration Act 1996 (HGCRA); das Gesetz ist abrufbar auf den Internetseiten des Informationsdienstes des Britischen Parlaments, des Office of Public Sector Information (OPSI), unter www.opsi.gov.uk/acts/acts1996/1996053.htm, auszugsweise abgedruckt bei *Boldt*, Vorläufige, baubegleitende Streitentscheidung durch ein Dispute Adjudication Board (DAB) in Deutschland, 2008.
[2] Zu beziehen über FIDIC, PO Box 86, CH – 1000 Lausanne 12, unter www.fidic.org.
[3] *Gralla/Sundermeier*, Bedarf außergerichtlicher Streitlösungsverfahren für den Deutschen Baumarkt – Ergebnisse der Umfragen des Deutschen Baugerichtstages e.V., BauR 2007 S. 1961.
[4] Siehe hierzu vorstehend ausführlich unter Kapitel 30.
[5] Siehe zu dessen Empfehlungen unter www.baugerichtstag.de.

31. Adjudikation

Empfehlungen des Arbeitskreises gezeigt haben, wurde eine gesetzliche Regelung favorisiert. Der Gesetzgeber hat diesem Ansinnen bislang eine Absage erteilt mit der Begründung, ein derartiges Verfahren könne in Deutschland nicht verfassungskonform ausgestaltet werden. Auf eine Initiative verschiedenster Institutionen hin wurde ein Gutachten bei dem ehemaligen Verfassungsrichter Prof. Dr. Hans-Jürgen Papier in Auftrag gegeben, um diese Frage prüfen zu lassen.[1] Das Gutachten bestätigt, dass eine gesetzliche Regelung möglich ist.

Für den Bausachverständigen bieten sich aber auch ohne eine gesetzliche Regelung hier Chancen, sich frühzeitig auf die sicherlich zunehmenden Anfragen nach einem qualifizierten AdjudiKator einzustellen und neben dem bereits vorhandenen technischen Sachverstand sich in Verhandlungs- und Gesprächsführung zu schulen.

31.2 Wesen des Adjudikations-Verfahrens

Adjudikation ist weder ein Schiedsgerichtsverfahren noch ein Schiedsgutachten, vielmehr ist sie genau dazwischen angesiedelt. Ein Schiedsgerichtsverfahren ist sehr formell und endet mit einer endgültig bindenden abschließenden Entscheidung, die gerichtlich nur in engen Ausnahmefällen überprüfbar ist. Demgegenüber ist die Entscheidung des Adjudikators nur solange vorläufig bindend, bis sie von einem Gericht oder durch eine Vereinbarung der Parteien aufgehoben wird. Im Unterschied zu einem Schiedsgutachten hat der Adjudikator demgegenüber verfahrensrechtliche Regeln (z. B. die Durchführung einer Besprechung mit den Parteien und damit die Gewährung rechtlichen Gehörs) zu beachten, Sachverhalte im Hinblick auf vertragliche Regelungen zu prüfen und gegebenenfalls auch gesetzliche Ansprüche zu bedenken und hierüber eine Entscheidung zu fällen. Die Bindungskraft dieser Entscheidung ist jedoch geringer als die eines Schiedsgutachtens, weil die Entscheidung vollständig durch ein nachfolgendes Gericht überprüft und gegebenenfalls revidiert werden kann. Ein Schiedsgutachten kann nur bei offenbarer Unbilligkeit bzw. Unrichtigkeit gemäß § 319 BGB (analog) angegriffen werden. Die Entscheidung des Adjudikators bindet die Parteien also zunächst nur schuldrechtlich.

Die Vereinbarung eines Adjudikations-Verfahrens erfolgt zwischen den Parteien ähnlich einer Schiedsgerichtsvereinbarung, wobei die Parteien konkrete Regelungen zur Ausgestaltung des Verfahrens und den Kompetenzen des Adjudikators festlegen sollten.[2] Je nach Umfang der Baumaßnahme wählen die Parteien lediglich einen Adjudikator oder es wird ein zwei- oder dreiköpfiges Gremium gebildet. Auch sollten bereits im Vertrag Festlegungen zu einer Ersatzbenennung eines Adjudikators getroffen werden, falls sich die Parteien nicht auf einen Adjudikator einigen können. In England existieren beispielsweise spezielle Stellen, die eine derartige Ersatzbenennung vornehmen. Diese Institutionen werden Adjudicator Nominating Bodies (ANB's) genannt und sind darauf spezialisiert, auch für die jeweils technisch streitige Frage den richtigen Adjudikator mitzuteilen.[3] Die Adju-

---

[1] *Prof. em. Dr. Dres. h.c. Hans-Jürgen Papier*, Rechtsgutachten zur verfassungsrechtlichen Zulässigkeit der Adjudikation in Bausachen, Beilage zu Heft 7 BauR 2013.
[2] Siehe hierzu *Boldt*, Adjudication-Verfahren: Regelungen für das Verfahren zur vorläufigen außergerichtlichen Streitentscheidung, Jahrbuch Baurecht 2009, S. 115 ff.; ausführlich in *Boldt*, Vorläufige, baubegleitende Streitentscheidung durch ein Dispute Adjudication Board (DAB) in Deutschland.
[3] Eine Auflistung der einzelnen Institutionen, die Adjudicator in England benennen, findet sich in dem jährlichen Report des Adjudication Reporting Centre; Report No 7, S. 1.

dikatoren sind daher in den meisten Fällen keine Juristen, sondern Fachleute aus den jeweiligen Berufszweigen.[1]

Die Besonderheit des Verfahrens liegt weiterhin in dessen Ausgestaltung als baubegleitendes Verfahren. Erklärtes Ziel des Verfahrens soll es nach internationalem Vorbild sein, für während der Bauphase oder noch vor Baubeginn auftretende Differenzen zwischen Auftraggeber und Auftragnehmer ein schnelles und effizientes Instrument zur Konfliktlösung zur Verfügung zu stellen.[2] Hierdurch sollen längere Baustillstände und damit verbunden Schadensrisiken verhindert werden. Weiterhin sollen Probleme vermieden werden, die bei Prozessen im Hinblick auf den Tatsachenvortrag häufig auftreten: werden diese erst nach Monaten oder gar Jahren nach Abschluss des Bauvorhabens geführt, geht zwangsläufig Wissen verloren, welches während oder im Anschluss an die Baumaßnahme bei den Beteiligten noch vorhanden ist.[3] Aber auch nach Abschluss der Baumaßnahme ist ein schnelles Adjudikations-Verfahren sinnvoll, weil es möglicherweise ein nachfolgendes Gerichtsverfahren verhindern kann.

31.3 Qualifikation des Adjudikators

Die Qualifikation eines Adjudikators wird in den internationalen Regelwerken der FIDIC oder des HGCRA nicht ausdrücklich beschrieben. Es ist jedoch üblich, dass als Adjudikatoren Ingenieure und andere technische Fachleute berufen werden.[4] Dies wird bisweilen kritisiert, da den technischen Experten der juristische Sachverstand für die komplexen FIDIC-Klauseln fehlen würden.[5] Allerdings darf nicht unterschätzt werden, dass die Stellen, die eine Benennung der Adjudikatoren vornehmen können, darauf achten, dass die zu benennenden Personen eine spezielle Expertise gerade auf dem Gebiet der Abwicklung von komplexen Bauverträgen besitzen. Völlig unüblich ist es, dass ein aus drei Mitgliedern bestehendes Gremium vollständig lediglich aus Juristen besteht.[6]

Die komplexe Materie bei Baustreitigkeiten spricht zunächst dafür, anstelle eines Technikers einen Juristen als Adjudikator zu bestimmen, wenn nur ein neutraler Dritter bestellt werden soll.[7] Weil Bauprozesse jedoch in der überwiegenden Zahl der Fälle ohne einen technischen Sachverständigen nicht mehr auskommen, kann ein technischer Sachverstand bereits im Rahmen einer baubegleitenden Streitbeilegung die entscheidende Aufklärung und Lösung des Problems herbeiführen.[8]

Die optimale Besetzung wäre daher eine Person, die sowohl Jurist als auch Ingenieur ist. Da derartig qualifizierte Personen jedoch rar sind, müssen sich die Parteien entscheiden, ob sie sich auf einen Juristen oder einen Techniker verständigen. Die geeignete Wahl ist sicherlich auch von dem zu entscheidenden Streitstoff abhängig. Da dieser jedoch im All-

---

[1] *Harbst*, in: SchiedsVZ 2003 S. 68, 69.
[2] *Schramke Yazdani*, in: BauR 2004 S. 1073, 1074.
[3] *Schramke/Yazdani*, in: BauR 2004 S. 1073, 1074.
[4] *Molineaux*, in: ICLR 1995 S. 258, 262.
[5] *Nicklisch*, in: BB 2001 S. 789, 793.
[6] *Mallmann*, Bau- und Anlagenbauverträge nach den FIDIC-Standardbedingungen, S. 290.
[7] *Boysen/Plett*, Bauschlichtung in der Praxis, S. 139.
[8] Insbesondere die Regelung des § 9 Abs. 3 SOBau, die einem Schlichter die Möglichkeit eröffnet, „unter freier Würdigung aller Umstände vorläufige Feststellungen zur Vergütungsfähigkeit und Höhe der Werkleistung zu treffen" bestätigt, dass auch im Rahmen eines Schlichtungsverfahrens regelmäßig technische Fragen geklärt werden müssen; die SOBau ist abgedruckt unter www.arge-baurecht.de.

31. Adjudikation

gemeinen bei Vereinbarung der Schlichtungsabrede zum Zeitpunkt des Vertragsschlusses nicht bekannt ist, sollte von den Parteien das Verfahren so ausgestaltet werden, dass sie als Schlichter sowohl einen Juristen wählen, sich jedoch gleichzeitig auf einen Sachverständigen einigen, der sodann von dem Juristen hinzugezogen werden kann oder umgekehrt (dies wird in der Praxis häufig als „Tandem-Lösung" bezeichnet).

Wird ein Dreier-Gremium gebildet, so sollte sich dieses aus Juristen und Technikern zusammensetzen.[1] Besteht die Mitgliedschaft nur aus Ingenieuren und anderen Baufachleuten, ist die mangelnde Rechtskunde der technischen Experten problematisch.[2] Gerade bei einem komplexen Streitfall aus dem Bereich des privaten Baurechts, bei dem nicht nur komplizierte technische Fragen, sondern vor allem schwierige Rechtsfragen und Risikoabschätzungen eine Rolle spielen, wird man nicht umhin kommen, einen erfahrenen Juristen mit langjähriger Rechtspraxis im privaten Baurecht einzuschalten.[3] Daher ist bei einem Schlichtungsgremium, bestehend aus drei Mitgliedern, zumindest die Besetzung des Vorsitzes mit einem Juristen ratsam.[4]

Besonders bedeutsam ist, dass ein Adjudikator schriftlich versichern muss, dass er unabhängig und unbefangen ist und Erfahrung sowie ausreichende Fachkunde hinsichtlich der durch den Auftragnehmer auszuführenden Arbeiten und der Auslegung von Vertragswerken hat. Gerade die Unabhängigkeit gewährleistet die erforderliche Neutralität des Adjudikators, der nur so zu einer Entscheidung gelangen kann, die die Parteien akzeptieren. Hält eine Seite den Adjudikator von Anfang an für befangen, so wird sie in jedem Fall dessen Entscheidung anzweifeln und voraussichtlich durch ein Gericht überprüfen lassen, was gerade nicht zu einer Entschärfung des Konfliktes führt.

31.4 Ausblick

Wie vorstehend aufgezeigt wurde, ist das eigentlich Neue an einem Adjudikations-Verfahren in Deutschland, dass eine nur vorläufige, aber dennoch bindende Entscheidung des Adjudikators getroffen wird, um vorübergehend eine Streitigkeit zu regeln und so den Bauablauf nicht zu gefährden oder aber bei endgültiger Akzeptanz durch die Parteien den Gang zu den Gerichten zu vermeiden.

Auch wenn der Adjudikator oder das eingesetzte Gremium ausdrücklich kein Schiedsgericht ist, kommt ihm allein durch die Benennungsweise der Mitglieder und deren Neutralität eine quasi-schiedsrichterliche Funktion zu.[5] Die zumeist hohe Sachkunde gewährleistet ebenfalls, dass der Entscheidung eine faktische Überzeugungskraft inne wohnt. Die Parteien können daher mit gewisser Wahrscheinlichkeit davon ausgehen, dass ein nachfolgendes Gericht die Entscheidung in den wenigsten Fällen grundlegend revidieren wird.[6]

---

[1] *Molineaux*, in: ICLR 1995 S. 258, 262; *Wiegand*, in: RIW 2000 S. 197, 201.
[2] *Nicklisch*, in: BB 2001 S. 789, 793.
[3] *Wagner*, in: BauR 1a, 2004 S. 221, 227.
[4] *Gessner*, in: Jahrbuch Baurecht 2001, S. 115, 125; *Mallmann*, Bau- und Anlagenbauverträge nach den FIDIC-Standardbedingungen, S. 290.
[5] *Mallmann*, Bau- und Anlagenbauverträge nach den FIDIC-Standardbedingungen, S. 295.
[6] So auch *Mallmann*, Bau- und Anlagenbauverträge nach den FIDIC-Standardbedingungen, S. 295.

31.4 Ausblick

Hinsichtlich der Einschaltung eines Adjudikators ist jedoch noch eine Vielzahl von Fragen ungeklärt.[1] Problematisch ist beispielsweise, wie eine dritte Partei in das Verfahren mit einbezogen werden kann. Ferner stellt sich die Frage, welche prozessualen Regeln ein Adjudikator genau beachten muss. Zwar existiert bereits eine Vielzahl von Verfahrensordnungen unterschiedlicher Institutionen,[2] allerdings weichen diese in einzelnen entscheidenden Punkten, wie z.B. der Verfahrensdauer, erheblich voneinander ab. Nachteilig ist ferner, dass die Entscheidungen eines Adjudikators nicht direkt vollstreckt werden können und die Parteien durch Zwang nicht unverzüglich verpflichtet werden können, sich daran zu halten.[3] Dies könnte sich jedoch durch eine entsprechende gesetzliche Regelung ändern.

Überwiegend ist jedoch von einem Erfolg der Streitbeilegung durch ein die Baumaßnahme begleitendes Gremium auszugehen, wofür auch spricht, dass nunmehr auch die Weltbank ein Dispute Adjudication Board in ihren Bedingungen vorschreibt. Es ist daher zu hoffen, dass sich durch die Vorschläge des Baugerichtstages dieses Thema in Deutschland und gegebenenfalls auch in der Gesetzgebung etabliert und neue Wege auch für den Bausachverständigen eröffnet.

---

1 Siehe hierzu *Boldt*, Adjudication-Verfahren: Regelungen für das Verfahren zur vorläufigen außergerichtlichen Streitentscheidung, Jahrbuch Baurecht 2009, S. 115 ff.; ausführlich in *Boldt*, Vorläufige, baubegleitende Streitentscheidung durch ein Dispute Adjudication Board (DAB) in Deutschland.
2 So z. B. der Deutschen Institution für Schiedsgerichtsbarkeit e.V., Köln, der Arbeitsgemeinschaft für Bau- und Architektenrecht im Deutschen Anwaltverein, Berlin, der Deutschen Gesellschaft für Baurecht e.V., Frankfurt am Main oder des Verbandes für Baumediatoren e.V.
3 Siehe auch *Dering*, in: ICLR 2004 S. 438, 439.

32. Die Vergütung des gerichtlichen Sachverständigen – das alte und das neue JVEG

Peter Bleutge

Übersicht

32.1	Allgemeines
32.2	Anwendungsbereich
32.3	Zeitvergütung (Honorar)
32.3.1	Allgemeines
32.3.2	Maßgebliche Zeit
32.3.2.1	Berechnungsfähige Arbeitszeit
32.3.2.2	Nicht berechnungsfähige Arbeitszeiten
32.3.2.3	Erledigung mehrerer Aufträge
32.3.3	Maßgeblicher Stundensatz – das Honorar
32.3.4	Sonderfälle
32.4	Auslagen- und Aufwendungsersatz
32.4.1	Ersatz für besondere Aufwendungen gibt es insbesondere in folgenden Fällen:
32.4.1.1	Stoffe und Werkzeuge
32.4.1.2	Kosten für Hilfskräfte
32.4.1.3	Lichtbilder
32.4.1.4	Schreibgebühren für die Reinschrift des Gutachtens
32.4.1.5	Umsatzsteuer
32.4.2	Fahrtkosten
32.4.3	Entschädigung für Aufwand
32.4.3.1	Tagegeld
32.4.3.2	Übernachtungsgeld
32.4.4	Ersatz für sonstige Aufwendungen
32.4.4.1	Porto und Telefon
32.4.4.2	Fotokopien
32.4.5	Gemeinkosten
32.5	Verfahren
32.5.1	Geltendmachung der Vergütung
32.5.2	Frist für die Geltendmachung
32.5.3	Verjährung
32.5.4	Prüfung durch den Kostenbeamten
32.5.5	Rückerstattungsanspruch des Staates
32.5.6	Antrag auf richterliche Festsetzung
32.5.7	Beschwerde
32.5.8	Weitere Beschwerde
32.5.9	Rügerecht bei Verletzung des Anspruchs auf rechtliches Gehör
32.6	Vorschuss
32.7	Kürzung und Verlust der Vergütung
32.8	Geltung des alten und neuen Rechts
32.9	Zweites Gesetz zur Modernisierung des Kostenrechts vom 23.7.2013
Anlagen:	Musterrechnungen

32. Die Vergütung des gerichtlichen Sachverständigen – das alte und das neue JVEG

32.1 Allgemeines

Das zum 1.7.2004 in Kraft getretene „Justizvergütungs- und Entschädigungsgesetz"(JVEG) hat eine entscheidende Änderung gegenüber dem bis dahin geltenden ZSEG mit sich gebracht: Sachverständige werden nicht mehr nur entschädigt, sondern vergütet. Die frühere Vorgabe des Gesetzgebers, dass Gerichtssachverständige zugunsten der Allgemeinheit Vermögensopfer zu erbringen haben, damit die Bürger die gerichtlichen Dienstleistungen zu erschwinglichen Preisen in Anspruch nehmen können, soll damit zugunsten einer leistungsgerechten Vergütung aufgegeben werden. Leider wurde das Vergütungsprinzip nicht in allen Gebührentatbeständen realisiert. Insbesondere liegen die neuen Stundensätze durchschnittlich 25 % unter den vergleichbaren Stundensätzen im außergerichtlichen Bereich. Insoweit bleibt das Entschädigungsprinzip bestehen.

Das JVEG wurde bereits durch viele Änderungsgesetze an zahlreichen Stellen nachgebessert und ergänzt, leider aber nicht bei den Stundensätzen. Auch bei den Aufwendungs- und Auslagenpauschalen bleibt es bei einer Entschädigung; auch hier gibt es keine kostendeckende Vergütung.

Der Grundsatz der Vergütung für Sachverständige, Dolmetscher und Übersetzer ist in § 8 Abs. 1 geregelt und umfasst folgende Einzelposten:

- Das Honorar (§§ 9–11)
- Der Fahrtkostenersatz (§ 5)
- Die Entschädigung für Aufwand (§ 6)
- Der Ersatz für sonstige und für besondere Aufwendungen (§§ 7, 12)

Das JVEG lässt sich hinsichtlich der Vergütung von Sachverständigen in folgende Abschnitte gliedern, die im Folgenden näher erläutert werden:

- Anwendungsbereich (§ 1)
- Leistungsvergütung (§§ 8–11, 13–14)
- Ersatz von Auslagen und Aufwendungen (§§ 5–7, 12)
- Verfahren und Vorschuss (§§ 2, 3, 4)
- Übergangsregelung (§§ 24, 25)
- Verlust und Kürzung der Vergütung (Rechtsprechung)

32.2 Anwendungsbereich

Das JVEG gilt zwingend bei jedem Gutachtenauftrag durch das Gericht, die Staatsanwaltschaft, die Finanzbehörde (wenn diese selbst ermittelt), die Verwaltungsbehörde (im Ordnungswidrigkeitenverfahren) oder den Gerichtsvollzieher, und es gilt für alle Arten von Sachverständigen (§ 1).

Die Bestimmungen des JVEG **müssen** demnach von allen Sachverständigen, Dolmetschern und Übersetzern angewendet werden, wenn eine der **folgenden Voraussetzungen** vorliegt:

- Gutachtenauftrag eines Gerichts (§ 1 Abs. 1 Nr. 1)

- Gutachtenauftrag einer Staatsanwaltschaft (§ 1 Abs. 1 Nr.1)
- Gutachtenauftrag einer Finanzbehörde, wenn diese selbst ermittelt(§ 1 Abs. 1 Nr. 1)
- Gutachtenauftrag einer Verwaltungsbehörde im Ordnungswidrigkeitenverfahren (§ 1 Abs. 1 Nr. 1)
- Gutachtenauftrag der Polizei oder einer sonstigen Strafverfolgungsbehörde auf Veranlassung einer Staatsanwaltschaft (§ 1 Abs. 3)
- Gutachtenauftrag eines Gerichtsvollziehers (§ 1 Abs. 1 Nr. 1).

Bei einem Gutachtenauftrag durch sonstige Behörden ist das JVEG nur anwendbar, wenn die einzelne Behörde aufgrund gesetzlicher Bestimmungen zur entsprechenden Anwendung verpflichtet ist. Dies geschieht meist durch Landesrecht. Auf die Zusammenstellung von *Meyer/Höver/Bach*, 2007 (S. 23 – 85) wird hierzu verwiesen.

Der Vergütungsanspruch nach dem JVEG steht grundsätzlich demjenigen zu, der beauftragt worden ist. Dies gilt selbst dann, wenn ein Unternehmer (z.B. der TÜV) den Gutachtenauftrag erhalten hat, das Gutachten jedoch in vollem Umfang durch einen Mitarbeiter erstellt wird (§ 1 Abs. 1 Satz 3). In diesem Fall kann also der TÜV den Vergütungsanspruch geltend machen.

In den vorgenannten Fällen ist das JVEG unterschiedslos auf alle entsprechend beauftragten Sachverständigen anzuwenden. Mithin gelten die einzelnen Regelungen des JVEG in gleicher Weise für öffentlich bestellte Sachverständige, für amtlich anerkannte Sachverständige und für nicht bestellte oder nicht anerkannte Sachverständige; weiter gilt das JVEG für Freiberufler, Ärzte, selbstständige Gewerbetreibende und Handwerksmeister, wenn sie zu Gutachterleistungen herangezogen werden. Dabei spielt es keine Rolle, ob der jeweils beauftragte Sachverständige für den außergerichtlichen Tätigkeitsbereich einer staatlichen Gebührenordnung unterliegt. Deshalb müssen auch Architekten und Ingenieure, die bei Privatauftrag nach der Honorarordnung für Architekten und Ingenieure (HOAI) abrechnen, bei Gerichtsauftrag die Bestimmungen des JVEG anwenden.

32.3 Zeitvergütung (Honorar)

32.3.1 Allgemeines

Soweit das Honorar nach Stundensätzen zu bemessen ist, wird es für jede Stunde der erforderlichen Zeit einschließlich notwendiger Reise- und Wartezeiten gewährt (§ 8 Abs. 2 Satz 1). Vergütet wird die insgesamt erforderliche Zeit (Zahl der für die Vorbereitung, Ortsbesichtigung und Formulierung des Gutachtens erforderlichen Stunden). Für die Anzahl der Stunden gibt das Gesetz außer der Erforderlichkeit keine Vorgaben; diese wird vom Sachverständigen selbst festgelegt. Die Zahl der Gutachtenseiten ist kein Kriterium für die erforderliche Zeit, also die Zahl der Stunden. Als erforderlich ist nach BGH-Rechtsprechung die Zeit anzusehen, die ein Sachverständiger mit durchschnittlicher Befähigung und Erfahrung bei sachgemäßer Auftragserledigung mit durchschnittlicher Arbeitsintensität benötigt (BGH, 7.11.2006, DS 2007 S. 111). Diese Zeit dürfen Kostenberater und Gericht nicht schätzen, sondern müssen sie nachprüfbar und nachvollziehbar ermitteln (BVerfG, 26.7.2007, DS 2008 S. 67).

32. Die Vergütung des gerichtlichen Sachverständigen – das alte und das neue JVEG

Völlig neu ist die Honorierung, die nach Feststundensätzen berechnet wird (vgl. Honorartabelle in § 9 und Sachgebietsübersicht in der Anlage 1 zu § 9). Die 50-prozentigen Zuschläge nach § 3 Abs. 3 ZSEG (Berufszuschlag, Wissenschaftszuschlag, Zuschlag für Erwerbsverlust) sind ersatzlos weggefallen. Künftig gibt es keine Zuschläge mehr.

32.3.2 Maßgebliche Zeit

32.3.2.1 Berechnungsfähige Arbeitszeit

Zunächst muss der Sachverständige die Dauer der einzelnen Zeitabschnitte (Stundenzahl) ermitteln, die erforderlich waren, um das Gutachten zu erstellen. Dabei können im Einzelfall folgende Zeitabschnitte in Frage kommen:

Studium der Gerichtsakten	.... Stunden
Orts- und Objektbesichtigung	.... Stunden
Reise- und Wartezeiten	.... Stunden
Untersuchungen, Messungen, Zeichnungen	.... Stunden
Studium der Fachliteratur (nur in Ausnahmefällen)	.... Stunden
Ausarbeitung und Diktat des Gutachtens	.... Stunden
Wahrnehmung des Gerichtstermins	.... Stunden
Insgesamt:	.... Stunden
Aufgerundet gem. § 8 Abs. 2 Satz 2:	.... Stunden

Es müssen bei den einzelnen Arbeitsabschnitten auch halbe Stunden, viertel Stunden und Minuten ausgeworfen werden, weil eine Aufrundung bei den einzelnen Arbeitsabschnitten verboten und nur nach dem Zusammenzählen aller Arbeitsabschnitte bei der Endstundenzahl zulässig ist. Auch hier gilt allerdings, dass grundsätzlich nur auf halbe Stunden aufgerundet werden kann; die letzte bereits begonnene Stunde wird also nur dann voll gerechnet, wenn sie zu mehr als 30 Minuten für die Erbringung der Leistung erforderlich war (früher: Aufrundung immer auf die volle Stunde).

32.3.2.2 Nicht berechnungsfähige Arbeitszeiten

Folgende Tätigkeiten, die auch im Zusammenhang mit dem Gutachtenauftrag stehen, kommen jedoch nicht als Berechnungsfaktor in Betracht:

- Aufstellung der Kostenrechnung und Anfertigung des Übersendungsschreibens
- Zeitversäumnis durch Autopanne
- Übernachtungszeit (8 Stunden) und Zeit der Mittagspause (1 Stunde)
- Stellungnahme zum Ablehnungsgesuch (umstritten)
- Überflüssige Vergleichsbemühungen
- Antrag auf gerichtliche Festsetzung und Einlegung einer Beschwerde
- Zeitaufwand für Fortbildung

- Zeitaufwand für die Stellung eines Antrags nach § 13
- Zeitaufwand für die Rücksendung der Akten

32.3.2.3 Erledigung mehrerer Aufträge (§ 8 Abs. 3)

Erledigt der Sachverständige gleichzeitig mehrere Aufträge, sind sie nach dem Verhältnis der Vergütung zu verteilen, die bei gesonderter Heranziehung entstanden wären.

32.3.3 Maßgeblicher Stundensatz – das Honorar (§ 9)

Nach Feststellung der Stundenzahl muss der Sachverständige die Höhe des Stundensatzes ermitteln. Diese wird nicht mehr anhand verschiedener Bemessungskriterien innerhalb eines Rahmenstundensatzes festgelegt, sondern richtet sich nach Feststundensätzen, die in zehn Honorargruppen eingeteilt sind.

Sie reichen von 50 Euro bis 95 Euro und sehen aufsteigend Abstände zwischen den einzelnen Sachgebietsgruppen von jeweils 5 Euro vor. In der Anlage 1 zu § 9 werden 60 Tätigkeitsbereiche normiert, die am häufigsten im Gerichtsalltag vorkommen und die jeweils auf eine der zehn Honorargruppen verteilt werden. In der wichtigsten Gruppe 6 (75,00 Euro) befinden sich beispielsweise die Sachgebiete Immobilienbewertung, Fahrzeugbau, Grafisches Gewerbe, Kfz-Schäden und -Bewertung, Kfz-Unfallsachen und Schäden an Gebäuden. Die Sachverständigen dieser Sachgebiete erhalten einen Stundensatz von 75,00 Euro, was weniger ist als nach der alten Rechtslage; sie haben bisher (Höchstsatz mit Berufszuschlag) einen Stundensatz von 78,00 Euro bekommen. Auf den kritischen Beitrag von *Bleutge* (DS 2007 S. 345) wird dazu verwiesen.

Folgende Sachgebiete werden jeweils einer der zehn Honorargruppen zugeordnet:

Honorargruppe 1 (50 Euro)

Musikinstrumente, Vermessungstechnik

Honorargruppe 2 (55 Euro)

Briefmarken, Münzen, Sprengtechnik, Dolmetscher

Honorargruppe 3 (60 Euro)

Altlasten, Erd- und Grundbau, Garten- und Landschaftsgestaltung, Garten- und Landschaftsbau, Hausrat, Möbel, Schmuck, Juwelen, Perlen, Gold- und Silberwaren, Schriftuntersuchung, Schweißtechnik, Wasserversorgung, Abwässer

Honorargruppe 4 (65 Euro)

Fußböden, Heizungs-, Lüftungs-, Klimatechnik, Holz, Holzbau, Ingenieurbau, Kunst, Antiquitäten, Rundfunk- und Fernsehtechnik, Schiffe, Wassersportfahrzeuge, Stahlbau, Statik im Bauwesen, Tiefbau

Honorargruppe 5 (70 Euro)

Abbruch, Abfallstoffe, Akustik, Lärmschutz, Altbausanierung, Bauphysik, Baustoffe, Beton-, Stahlbeton- und Spannbetonbau, Brandschutz, Brandursachen, Büroeinrichtungen und -organisation, Dachkonstruktionen, Diagrammscheibenauswertung, Elektrotechnische Anlagen und Geräte, Fenster, Türen, Tore, Fliesen und Baukeramik, Immissionen, Innenausbau, Mieten und Pachten, Sanitärtechnik, Straßenbau

Honorargruppe 6 (75 Euro)

Abrechnung im Hoch- und Ingenieurbau, Bauwerksabdichtung, Bewertung von Immobilien, Fahrzeugbau, Grafisches Gewerbe, Kältetechnik, Kraftfahrzeugschäden und Bewertung, Kraftfahrzeugunfallursachen, Maschinen und Anlagen, Schäden an Gebäuden, Wärme- und Kälteschutz

Honorargruppe 7 (80 Euro)

Honorare (Architekten und Ingenieure)

Honorargruppe 8 (85 Euro)

Datenverarbeitung

Honorargruppe 9 (90 Euro)

Betriebsunterbrechungs- und -verlagerungsschäden

Honorargruppe 10 (95 Euro)

Unternehmensbewertung

Bei dem Studium der einzelnen Sachgebiete und deren Eingruppierung fällt auf, dass die gutachterliche Tätigkeit von Bausachverständigen verschiedenen Sachbereichen zugeordnet werden kann, je nachdem, welcher Sachverhalt im Einzelfall fachlich beurteilt werden soll. Das ist auch gewollt. Es soll nicht nach dem Bestellungstenor „Schäden an Gebäuden" (Stufe 6), sondern nach dem Inhalt der jeweiligen Tätigkeit vergütet werden. Sind beispielsweise Fehler bei der Statik eines Bauwerks oder bei einem Stahlbau zu beurteilen, kommt ausschließlich die Stufe 4 zur Anwendung. Diese Regelung ist unbefriedigend und beweist handwerkliche Fehler in der Systematik des Anhangs 1 zu § 9. Insbesondere wird diese Vorgabe dadurch in Frage gestellt, dass nach § 9 Abs. 1 Satz 4 bei Vorliegen mehrerer Sachbereiche (Mängel bei der Statik und damit auch am Gebäude) die jeweils höhere Honorarstufe zur Anwendung gelangt, also doch wiederum „Schäden am Gebäude" nach Stufe 6.

32.3.4 Sonderfälle

Sachgebiete, die nicht in dieser 60er Gruppe aufgeführt sind, werden nach § 9 Abs. 1 Satz 3, 1. Halbsatz von Fall zu Fall **nach billigem Ermessen** einer der zehn Honorargruppen zugeordnet. Maßgebendes Kriterium dieser Zuordnung sind die außergerichtlich und außerbehördlich vereinbarten Stundensätze für Leistungen auf dem betroffenen Sachgebiet. Praktisch wird der Begriff des „billigen Ermessens" so gehandhabt, dass die Stundensätze in der Regel 25 % unterhalb der üblichen Sätze im außergerichtlichen Bereich angesetzt werden. Dieser Wert ergibt sich daraus, dass in den in der Anlage zu § 9 geregelten 60 Sachgebieten der Abstand zu den tatsächlichen Stundensätzen im privaten Bereich laut DIHK-Umfrage ebenfalls 25 % beträgt. Auf keinen Fall kann der höchste Feststundensatz von 95 Euro überschritten werden, auch wenn der außergerichtliche Stundensatz um ein Vielfaches höher ist. Einige Gerichte wenden das billige Ermessen dahingehend an, dass sie die Zuordnung ohne Rücksicht auf außergerichtliche Stundensätze mit Hilfe einer Ähnlichkeitssuche mit gelisteten Gebieten vornehmen, was nach der neusten Entscheidung des OLG Celle vom 5.4.2006 (JURIS § 9 Abs.1) nicht zulässig ist; vielmehr müssen vom außergerichtlichen Stundensatz 20 % abgezogen werden, um dem billigen Ermessen zu entsprechen (vgl. *Bleutge*, Kommentar zum JVEG, 4. Aufl.2008, § 9 Rdn.5).

Betrifft die Leistung **mehrere Sachgebiete**, die verschiedenen Gruppen zuzuordnen sind, ist die Vergütung einheitlich nach dem höchsten Stundensatz zu bemessen (§ 9 Abs. 1 Satz 4). Auf diese Weise soll verhindert werden, dass eine aus verschiedenen Stundensätzen nach dem jeweiligen Umfang der zeitlichen Inanspruchnahme oder gar auf der Grundlage eines „gemischten" Stundensatzes gebildete Gesamtvergütung zu ermitteln ist. Die Berechnung nach dem höchsten Stundensatz ist aber dann ausgeschlossen, wenn diese Berechnung mit Rücksicht auf den Schwerpunkt der Leistung zu einem unbilligen Ergebnis führen würde. In diesem Fall wird die Leistung nach billigen Ermessen einer Honorargruppe zugeordnet (§ 9 Abs. 1 Satz 4, 2. Halbsatz).

In den oben aufgeführten Fällen kann die **gerichtliche Festsetzung nach § 4 Abs. 1** beantragt werden (§ 9 Abs. 1 Satz 5), solange der Sachverständige seinen Anspruch auf Vergütung noch nicht abgerechnet hat. Diese Regelung ermöglicht es dem Sachverständigen, schon sehr frühzeitig – unter Umständen sofort nach seiner Ernennung – Klarheit über die kostenmäßige Bewertung der von ihm verlangten Leistungen zu erlangen. Gegen die gerichtliche Festsetzung des Stundensatzes kann er in diesen Fällen auch **Beschwerde** einlegen, ohne den Beschwerdewert von 200 Euro erreichen zu müssen (§ 9 Abs. 1 Satz 5).

Nach wie vor kann Sachverständigen, die ihren gewöhnlichen **Aufenthalt im Ausland** haben, eine höhere Vergütung gewährt werden als deutschen Sachverständigen. Dies gilt gem. § 8 Abs. 4 für die gesamte Vergütung, also auch für die Aufwandsentschädigung und den Fahrtkostenersatz. Diese Regelung ist durch das neue JVEG auf Übersetzer ausgedehnt worden.

Der **sachverständige Zeuge** erhält gem. § 19 nur Zeugengeld nach den §§ 20–22, das zwischen 3,00 Euro und 17,00 Euro pro Stunde beträgt. Die Höhe richtet sich danach, ob eine Entschädigung für Verdienstausfall (§ 22), für Nachteile bei der Haushaltsführung (§ 21) oder lediglich für Zeitversäumnis (§ 20) gewährt wird.

Auch der sachverständige Zeuge erhält neben seiner Zeugenentschädigung Fahrtkostenersatz, Entschädigung für Aufwand und Ersatz für sonstige Aufwendungen nach den §§ 5–7 (vgl. § 19 Abs. 1 Nr. 1 bis 3). § 12 gelangt hier jedoch nicht zur Anwendung.

Ob eine Person Sachverständiger oder sachverständiger Zeuge ist, richtet sich nicht nach der Bezeichnung in der Ladung, sondern nach dem Inhalt seiner Aussage anlässlich seiner Vernehmung beim Gerichtstermin. Bekundet die geladene Person lediglich Tatsachen, die sie aufgrund ihrer besonderen Sachkunde wahrgenommen hat, ist sie sachverständiger Zeuge; sie kann insoweit nicht durch eine andere Person ersetzt werden. Zieht die geladene Person dagegen auf Befragen des Gerichts aus den von ihr wahrgenommenen Tatsachen fachliche Schlussfolgerungen oder trifft sie Bewertungen, ist sie Sachverständiger; insoweit kann sie durch eine andere Person – einen anderen Sachverständigen – ersetzt werden. Der sachverständige Zeuge kann im letzteren Fall für die gesamte Zeit Sachver-

32. Die Vergütung des gerichtlichen Sachverständigen – das alte und das neue JVEG

ständigenvergütung nach § 8 verlangen, auch, wenn er teilweise als Zeuge und teilweise als Sachverständiger beansprucht wurde. Es findet kein „Splitting" statt.

Dritte, die im Rahmen von Ermittlungsverfahren auf dem Gebiet der Telekommunikation herangezogen werden (also z.B. die TELEKOM), werden wie Zeugen entschädigt (§ 23 Abs. 2 Satz 1). In Frage kommt eine Heranziehung z.B. bei der Überwachung und Aufzeichnung von Telefongesprächen, bei der Einrichtung von Fangschaltungen, Zielsuchläufen ohne Datenabgleich oder das Einsetzen einer Zählvergleichseinrichtung.

Dritte sind auch Banken und Sparkassen, die auf Veranlassung der Staatsanwaltschaft Kontoauszüge heraussuchen und kopieren müssen.

Vereinbarung einer Vergütung nach § 13

Unter den Voraussetzungen des § 13 kann der Sachverständige einen Stundensatz beanspruchen, der über den Feststundensatz des § 9 hinausgeht und an keine Höchstgrenze gebunden ist. Er kann stattdessen auch eine Gesamtvergütung (Endsumme) verlangen. Zudem können nicht nur – wie nach dem alten ZSEG – erhöhte Honorare vereinbart werden, sondern auch höhere Fahrtkosten und Aufwendungen als im JVEG vorgesehen.

Der Sachverständige muss beim Gericht (nicht bei den Prozessparteien) vor Beginn der Arbeiten am Gutachten beantragen, bei den Prozessparteien die Zustimmung einzuholen, dass ein bestimmter Stundensatz oder eine bestimmte Gesamtvergütung (bzw. erhöhte Fahrtkosten und/oder Aufwendungen) gelten soll. Für den Fall, dass eine Prozesspartei ihre Zustimmung verweigert, muss der Sachverständige beantragen, dass das Gericht das „Nein" der ablehnenden Partei durch sein eigenes „Ja" ersetzt. Das Gericht soll dabei nur dann seine Zustimmung geben, wenn der Stundensatz das Eineinhalbfache des nach den §§ 9–11 zulässigen Honorars (= 142,50 Euro) nicht überschreitet; es kann aber auch jeden beliebigen Stundensatz akzeptieren, weil es sich hier um eine Sollvorschrift handelt.

Lehnen eine Prozesspartei und das Gericht den Antrag auf einen erhöhten Stundensatz, eine Gesamtvergütung oder die Erhöhung der Fahrtkosten und/oder Aufwendungen ab, muss der Sachverständige seine Vergütung nach den normalen Sätzen des JVEG abrechnen.

Besonderheiten bei der Vereinbarung nach § 13

- Nach der Erstattung des Gutachtens kann das Verfahren nach § 13 nicht mehr genutzt werden.
- In einem Verfahren, in welchem es keine zwei Prozessparteien, sondern nur eine Partei gibt (z.B. im Strafverfahren), findet § 13 keine Anwendung.
- Die einzelnen Zustimmungserklärungen der Prozessparteien oder – im Ablehnungsfall – des Gerichts können nicht im Klageweg erzwungen werden. Gegen die Ablehnung der Prozesspartei gibt es keine Rechtsmittel.
- Schweigen einer Prozesspartei oder des Gerichts gilt nicht als Zustimmung.
- Stellt der Sachverständige während der Arbeiten am Gutachten fest, dass er mehr Geld benötigt und damit höhere Kosten entstehen als er ursprünglich angenommen hat, gibt es bei Vereinbarung einer Gesamtsumme keinen Nachschlag.
- Wenn die vorschusspflichtige Partei den auch für § 13 erforderlichen zusätzlichen Vorschuss nicht zahlt, bekommt der Sachverständige nur eine Vergütung nach §§ 8, 9.

- Bei der späteren mündlichen Erläuterung des Gutachtens muss erneut das Einverständnis beider Parteien zu einer höheren Vergütung eingeholt werden.

Vereinbarung einer Vergütung nach § 14

Mit Sachverständigen, Dolmetschern und Übersetzern, die häufiger herangezogen werden, kann die oberste Landesbehörde eine Vereinbarung über die zu gewährende Vergütung treffen (§ 14). Die Höhe der Vergütung darf allerdings die nach diesem Gesetz vorgesehene Vergütung nicht überschreiten; Feststundensätze und Auslagenpauschalen können aber unterschritten und die Zahl der abzurechnenden Stunden kann begrenzt werden. Daher kann dem Sachverständigen eine solche Vereinbarung nicht empfohlen werden, zumal sie immer nur auf ein Bundesland beschränkt ist.

32.4 Auslagen- und Aufwendungsersatz (§§ 5–7, 12)

Zusätzlich zu der nach §§ 8, 9 vorgesehenen Zeitvergütung (Honorar) kann der Sachverständige Ersatz der ihm tatsächlich entstandenen und notwendigen baren Auslagen verlangen; diese sind teilweise pauschaliert. Es handelt sich dabei um solche Kosten, die nicht durch die Zeitvergütung abgegolten werden, die dem Sachverständigen aber bei der Vorbereitung und Abfassung seines Gutachtens entstanden sind.

Die Erstattung von Auslagen und Aufwendungen lässt sich in folgende vier Abschnitte einteilen:

- Ersatz von besonderen Aufwendungen (§ 12)
- Fahrtkostenersatz (§ 5)
- Entschädigung für Aufwand (§ 6)
- Ersatz sonstiger Aufwendungen (§ 7)

32.4.1 Ersatz für besondere Aufwendungen (§ 12) gibt es insbesondere in folgenden Fällen:

32.4.1.1 Stoffe und Werkzeuge

Er kann die Kosten für **ver**brauchte (nicht: **ge**brauchte) Stoffe und Werkzeuge ersetzt verlangen (§ 12 Abs. 1 Satz 2 Nr. 1). Beispiel: Handelschemiker benötigt Chemikalien oder Umweltsachverständiger einen Schutzanzug, die bzw. der für spätere Fälle nicht mehr benutzt werden können bzw. kann. Ein besonderer Gebührentatbestand für die Geltendmachung von Kosten für den Einsatz eigener Prüfeinrichtungen oder technischer Geräte ist im JVEG nicht vorgesehen (Ausnahme § 23). Bei Anmietung solcher Geräte oder bei Inanspruchnahme fremder Labors werden die entsprechenden Kosten aber nach § 12 Abs. 1 erstattet.

32.4.1.2 Kosten für Hilfskräfte (§ 12 Abs. 1 Satz 2 Nr. 1)

Setzt der Sachverständige bei der Vorbereitung seines Gutachtens **bei ihm angestellte Hilfskräfte** ein, kann er die dabei anfallenden Stundensätze für die betreffende Hilfskraft in Rechnung stellen. An die Stundensätze in der Honorartabelle des § 9 ist er dabei nicht gebunden. Die Rechtsprechung verlangt jedoch, dass die Stundensätze in einem angemessenen Verhältnis zum Stundensatz des beauftragten Sachverständigen stehen sollten. Auf den Stundensatz der Hilfskraft können 15 % Gemeinkosten aufgeschlagen werden, es sei denn, die Hinzuziehung hat keine oder nur unwesentlich erhöhte Gemeinkosten veranlasst (§ 12 Abs.2).

Benötigt der Sachverständige bei der Vorbereitung des Gutachtens Hilfskräfte, die **nicht bei ihm angestellt** sind (z.B. zur Freilegung der Grundmauern, zum Abklopfen des Putzes, zur Aufstellung eines Gerüstes, zur Untersuchung durch ein Materialprüfungsamt), werden die dabei entstehenden Kosten voll ersetzt. Die einzelne Rechnung erscheint in der Schlussrechnung des Sachverständigen als durchlaufender Posten, unterliegt aber der Mehrwertsteuerpflicht des Sachverständigen. Der Sachverständige muss die Berechtigung dieser Drittrechnung nachprüfen.

Bedient sich der Sachverständige einer nicht bei ihm angestellten Hilfskraft, kann er keine 15 % für Gemeinkosten aufschlagen, weil diese bereits in der Rechnung der selbstständigen Hilfskraft berücksichtigt sind.

32.4.1.3 Lichtbilder (§ 12 Abs. 1 Satz 2 Nr. 2)

Für notwendige Fotografien oder an deren Stelle tretende Ausdrucke erhält der Sachverständige 2,00 Euro für das Original und 0,50 Euro für jeden Abzug oder Ausdruck. Auch die Kosten für nicht im Gutachten verwandte Lichtbilder werden erstattet, falls sie aus Sicht des Sachverständigen erforderlich waren. Diese Pauschalen gelten auch für digital hergestellte Fotos.

32.4.1.4 Schreibgebühren für die Reinschrift des Gutachtens (§ 12 Abs. 1 Satz 2 Nr. 3)

Es wird nicht mehr nach der Zahl der Seiten, sondern nach der Zahl der Anschläge abgerechnet. Es werden 0,75 Euro je angefangener 1.000 Anschläge gewährt; die Leerzeichen werden mitgezählt. Dies entspricht ungefähr dem Preis einer herkömmlichen Seite (= 2.700 Anschläge nach dem alten ZSEG von 2,00 Euro). Nur, wenn eine Zählung der Anschläge mit unverhältnismäßigem Aufwand verbunden wäre, wird deren Anzahl unter Berücksichtigung der durchschnittlichen Anzahl der Anschläge je Seite geschätzt.

Nicht geregelt ist, wie Seiten mit Fotos, Tabellen, Zeichnungen und Kurven zu berechnen sind; hier bleibt abzuwarten, wie sich die Rechtsprechung entwickelt. Man sollte hier pro Seite 2.700 Anschläge berechnen und auf § 12 Abs. 1 Satz 2 Nr. 3, 2. Halbsatz verweisen (Schätzung der Anschläge) oder die für die Herstellung dieser Seiten erforderliche Zeit berechnen.

32.4.1.5 Umsatzsteuer

Die **Umsatzsteuer** in Höhe von derzeit 19 % wird auf Antrag erstattet, sofern sie nicht nach § 19 Abs. 1 des Umsatzsteuergesetzes unerhoben bleibt (§ 12 Abs. 1 Satz 2 Nr. 4). Sie wird nicht nur auf die Zeitvergütung (Honorar) aufgeschlagen, sondern umfasst die gesamte Vergütung. Vorsteuerabzugsberechtigte Sachverständige müssen Rechnungsposten, die bereits Mehrwertsteuer enthalten, als Nettobeträge ausweisen.

32.4.2 Fahrtkosten (§ 5)

Muss der Sachverständige bei Erledigung des Gutachtenauftrages **öffentliche Verkehrsmittel** oder seinen **eigenen PKW** benutzen (z.B. um eine Ortsbesichtigung durchzuführen oder den Gerichtstermin wahrzunehmen), hat er Anspruch auf Ersatz der Fahrtkosten (§ 5).

Bei Benutzung von **öffentlichen Verkehrsmitteln** werden die tatsächlich entstandenen Kosten – bis zu der Höhe der Kosten für die Benutzung der ersten Klasse der Bahn – ersetzt. Zusätzlich sind auch die Kosten für Platzreservierung und die Beförderung des notwendigen Gepäcks erstattungsfähig (§ 5 Abs. 1).

Bei Benutzung des **eigenen PKW** ist die bisher geltende 200-Kilometer-Begrenzung weggefallen. Pro gefahrenen Kilometer kann der Sachverständige 0,30 Euro geltend machen (§ 5 Abs. 2 Satz 1 Nr. 2). Zudem werden die baren Auslagen, insbesondere die Parkgebühren, erstattet (§ 5 Abs. 2 Satz 1). Zeugen und Dritte erhalten dagegen zur Abgeltung der Betriebskosten sowie zur Abgeltung der Abnutzung des Kraftfahrzeugs nur 0,25 Euro für jeden gefahrenen Kilometer ersetzt (§ 5 Abs. 2 Satz 1 Nr. 1).

Die Kosten für die Benutzung von **Taxi und Mietwagen** werden ebenfalls mit 0,30 Euro pro Kilometer ersetzt (§ 5 Abs. 2 Satz 3). Die gesamten Kosten für ein Taxi oder einen Mietwagen werden nur unter den Voraussetzungen des Absatz 3 („wegen besonderer Umstände notwendig") ersetzt.

Höhere Fahrtkosten (z.B. Flugkosten) werden nur dann erstattet, wenn dadurch Mehrkosten an der Vergütung oder Entschädigung eingespart werden (z.B. eine zusätzliche Übernachtung) oder höhere Fahrtkosten wegen besonderer Umstände notwendig sind (§ 5 Abs. 3).

Für **Reisen während der Terminsdauer** werden die Fahrtkosten nur dann ersetzt, wenn dadurch Mehrbeträge an der Vergütung eingespart werden, die beim Verbleiben am Terminsort gewährt werden müssten (§ 5 Abs. 4).

Für die Hin- oder Rückreise zum Ort des Termins von einem **anderen als** in der Ladung oder der Terminsmitteilung **angegebenen Ort** werden Mehrkosten nach billigem Ermessen nur dann ersetzt, wenn der Sachverständige zu diesen Fahrten durch besondere Umstände genötigt war (§ 5 Abs. 5).

32.4.3 Entschädigung für Aufwand (§ 6)

32.4.3.1 Tagegeld (§ 6 Abs. 1)

Bei Abwesenheit von seinem Büro erhält der Sachverständige unter bestimmten Voraussetzungen eine Entschädigung.

Bei Wahrnehmung eines Termins außerhalb der Gemeinde seines Wohn- und/oder Tätigkeitsmittelpunktes erhält der Sachverständige Tagegeldnach steuerlichen Pauschalen. Die Höhe richtet sich nach § 4 Abs. 5 Satz 1 Nr. 5 Satz 2 des Einkommensteuergesetzes.

Bei Abwesenheit von

24 Stunden	24,00 Euro
14 bis 24 Stunden	12,00 Euro
8 bis 14 Stunden	6,00 Euro

Die früher gezahlten 3,00 Euro für die ersten 8 Stunden bei einem Auswärtstermin und für einen Termin am Aufenthaltsort von mehr als 4 Stunden sind ersatzlos weggefallen.

32.4.3.2 Übernachtungsgeld (§ 6 Abs. 2)

Für notwendige auswärtige Übernachtungen erhält der Sachverständige Übernachtungsgeld nach den Bestimmungen des Bundesreisekostengesetzes (BRKG).

Das bedeutet, dass ohne Nachweis pro Nacht 20,00 Euro (§ 7 Abs. 2 BRKG) und mit Nachweis der darüber liegende Betrag erstattet wird. Voraussetzung ist, dass die Kosten der Übernachtung notwendig waren, es also in dem betreffenden Zeitpunkt keine „zumutbare" billigere Übernachtung gegeben hat. 60,– Euro pro Übernachtung werden ohne Beanstandung bezahlt. Der Sachverständige sollte die Notwendigkeit der Übernachtungskosten immer unterstellen und in voller Höhe in seine Rechnung einstellen.

32.4.4 Ersatz für sonstige Aufwendungen (§ 7)

32.4.4.1 Porto und Telefon (§ 7 Abs. 1)

Sonstige Aufwendungen, wie Porto, Telefon u.a., werden nach § 7 Ab. 1 erstattet. Maßgebend sind dabei die tatsächlich entstandenen Kosten. Pauschalierungen sind im Gesetz hierfür nicht vorgesehen, aber in der Praxis üblich. Bei Nachfrage durch den Kostenbeamten muss der Sachverständige die Kosten für Telefon und Porto jedoch aufschlüsseln. Ersetzt werden können nach § 7 Abs. 1 auch die Kosten für notwendige Vertretungen und Begleitpersonen des Sachverständigen.

32.4.4.2 Fotokopien (§ 7 Abs. 2 Satz 1)

Für **notwendige Fotokopien** (Ablichtungen oder Ausdrucke) erhält der Sachverständige für die ersten 50 Fotokopien 0,50 Euro pro Stück und für jede weitere Fotokopie 0,15 Euro, für die **Anfertigung von Farbkopien oder Farbausdrucken 2,00 Euro pro Seite** (§ 7 Abs. 2). Die erforderliche Kopie für das Handaktenexemplar wird nicht mehr bezahlt. Für die Überlassung von **elektronisch gespeicherten Daten** anstelle von Ablichtungen oder Ausdrucken werden 2,50 Euro je Datei ersetzt (§ 7 Abs. 3). Inhalt und Umfang einer Datei bestimmt der Sachverständige.

32.4.5 Gemeinkosten (§ 12 Abs. 1)

Andere übliche Gemeinkosten als im Gesetz bestimmt, werden dem Sachverständigen nicht erstattet (§ 12 Abs. 1 Satz 1). Mithin können beispielsweise folgende Gemeinkosten nicht – auch nicht anteilig – geltend gemacht werden:

- Miete, Strom, Büroreinigung, Heizung

- Anlegung von Akten und ähnliche Büroarbeiten für die angestellte Bürokraft
- zusätzlich Schreibkosten für die Reinschrift des Gutachtens
- Gutachtenkopie für die Handakten
- Erstellung der Kostenrechnung, Antrag auf gerichtliche Festsetzung, Einlegung der Beschwerde
- Nutzungsgebühr für eigene technische Einrichtungen und Prüfgeräte.

32.5 Verfahren (§§ 2, 4)

32.5.1 Geltendmachung der Vergütung

Vergütung wird **nur auf Verlangen,** nicht von Amts wegen gewährt (§ 2 Abs. 1 Satz 1). Dabei erhält der Sachverständige nur den Betrag, den er verlangt. Wer einen geringeren Betrag fordert, als ihm nach den gesetzlichen Bestimmungen zusteht, erhält auch nur den geringeren Betrag. Wer einen zu hohen Betrag in seine Rechnung einsetzt, muss sich eine Kürzung durch den Kostenbeamten gefallen lassen, kann aber gerichtlich dagegen vorgehen.

32.5.2 Frist für die Geltendmachung

Für die Geltendmachung des Vergütungsanspruchs besteht eine Frist von drei Monaten (§ 2 Abs. 1). Diese Regelung ist neu. Liefert der Sachverständige nicht binnen drei Monaten seine Vergütungsrechnung bei Gericht oder beim sonstigen Auftraggeber ab, erlischt sein Vergütungsanspruch. Die Frist beginnt mit Eingang des Gutachtens beim Gericht zu laufen.

Auf Antrag kann die Frist verlängert werden, wenn der Antrag innerhalb der Frist von drei Monaten gestellt wird. Bei unverschuldetem Versäumnis der Drei-Monats-Frist gibt es die Möglichkeit der Wiedereinsetzung in den vorigen Stand (§ 2 Abs. 2 JVEG). Gegen die Ablehnung des Wiedereinsetzungsantrags gibt es das Rechtsmittel der Beschwerde.

32.5.3 Verjährung

Lässt das Gericht drei Jahre nach Einreichung der Rechnung nichts von sich hören, verjährt der Vergütungsanspruch (§ 2 Abs. 3). Die Verjährung beginnt am Ende des Jahres nach Abgabe des Gutachtens (§ 2 Abs. 1 Satz 2 Nr. 1) oder der Einvernahme (§ 2 Abs. 1 Satz 2 Nr. 2).

32.5.4 Prüfung durch den Kostenbeamten

In der Regel prüft zunächst der Kostenbeamte die vom Sachverständigen geltend gemachten Stundenzahlen, Stundensätze, Aufwendungen und Auslagen. Er kann diese entweder in vollem Umfang anweisen oder kürzen. Die Prozessparteien werden an diesem Verfahren nicht beteiligt.

32.5.5 Rückerstattungsanspruch des Staates

Auch wenn der Sachverständige seine geltend gemachte Vergütung in vollem Umfang ausgezahlt bekommt, muss er später mit einem Rückerstattungsanspruch rechnen.

Der Bezirksrevisor kann seine Rechnung überprüfen und angeblich zu viel gezahlte Beträge zurückverlangen. Dieser so genannte Rückerstattungsanspruch verjährt erst in drei Jahren und beginnt am Ende des Jahres, in dem die Zahlung erfolgt ist (vgl. § 2 Abs. 4). Meist beruht diese Rückerstattung auf dem Umstand, dass die unterlegene Prozesspartei nach dem Abschluss des Verfahrens gegen den Kostenansatz das Rechtsmittel der Erinnerung einlegt.

32.5.6 Antrag auf richterliche Festsetzung

Gegen eine Kürzung durch den Kostenbeamten kann der Sachverständige, aber auch die Staatskasse, Antrag auf richterliche Festsetzung stellen (§ 4 Abs. 1). Folgende Einzelheiten sind dabei von Bedeutung:

- Der Antrag ist formlos bei dem Gericht anzubringen, das den Sachverständigen zu Beweiszwecken herangezogen hat. Eine Frist muss nicht eingehalten werden.
- Die Bearbeitung des Antrags ist gebührenfrei, auch, wenn der Sachverständige mit seinem Antrag keinen Erfolg hat und sein Antrag zurückgewiesen wird.
- Seine außergerichtlichen Kosten (Schreibkosten, Schreibaufwand, Rechtsanwaltsgebühren) erhält der Sachverständige nicht erstattet, auch wenn seinem Antrag in vollem Umfang stattgegeben wird.
- Selbst dann, wenn der Sachverständige mit seinem Antrag ausschließlich die angeblich ungerechtfertigte Kürzung des Stundensatzes angreift, erstreckt sich die richterliche Prüfung auf sämtliche Rechnungsposten. Demzufolge kann der Richter auch nicht beanstandete Rechnungsposten kürzen und die beanstandeten erhöhen, sodass die Endsumme insgesamt nicht geändert wird. Die vom Sachverständigen geforderte Endsumme darf zwar nie überschritten werden; die vom Kostenbeamten gekürzte Endsumme darf dagegen sogar unterschritten werden. Der Sachverständige kann also im Verfahren über seinen Antrag auf gerichtliche Festsetzung noch schlechter gestellt werden als bei der Berechnung durch den Kostenbeamten.

Richterliche Festsetzung kann bereits bei Auftragserteilung zwecks richtiger Einordnung in die Honorartabelle des § 9 oder die Zuordnung in eines der Sachbereiche im Anhang 1 zu § 9 beantragt werden. Hier gibt es dann auch die Beschwerdemöglichkeit gegen die richterliche Entscheidung, ohne dass die Beschwerdesumme von 200,00 Euro erreicht werden muss (§ 9 Abs. 1 Satz 5).

32.5.7 Beschwerde

Gegen die richterliche Festsetzung ist das Rechtsmittel der **Beschwerde** nach § 4 Abs. 3 gegeben.

Dabei sind folgende Voraussetzungen zu beachten:

- Die Einlegung der Beschwerde ist an keine Form und an keine Frist gebunden. Sie ist bei dem Gericht anzubringen, das die anzufechtende Entscheidung erlassen hat.
- Die Einlegung der Beschwerde ist nur dann zulässig, wenn der Sachverständige mit ihr noch mehr als 200,00 Euro geltend macht **(Beschwerdesumme)**. Bei der Berechnung der Beschwerdesumme ist die Summe der entsprechenden Mehrwertsteuer zu berücksichtigen. Ohne eine Beschwerdesumme ist die Beschwerde zulässig, wenn das Gericht sie wegen grundsätzlicher Bedeutung des Falles zulässt.
- Beschwerdeberechtigt ist neben dem Sachverständigen auch die Staatskasse (Justizfiskus) in der Person des Bezirksrevisors, wenn er mit der gerichtlichen Festsetzung nach § 4 Abs. 1 nicht einverstanden ist.
- Auch in der Beschwerdeinstanz unterliegen sämtliche Rechnungsposten der gerichtlichen Überprüfung, also auch diejenigen, die der Sachverständige nicht gerügt hat. Der Beschwerdeführer darf aber im Endergebnis nicht schlechter gestellt werden als vor Einlegung der Beschwerde (umstritten). Die von der Vorinstanz festgesetzte Endsumme darf daher niemals unterschritten werden.
- Das Beschwerdeverfahren ist gebührenfrei, auch wenn der Sachverständige mit seiner Beschwerde abgewiesen wird. Allerdings erhält er seinen außergerichtlichen Aufwand (Zeitaufwand, Schreibkosten, Anwaltsgebühren) nicht ersetzt.
- Eine Beschwerde an ein oberstes Bundesgericht (BGH, BFH, BAG, BSG) ist unzulässig. Mithin kann ein Sachverständiger, bei dem ein Oberlandesgericht den Antrag auf gerichtliche Festsetzung bearbeitet hat, gegen dessen Entscheidung keine Beschwerde einlegen.

32.5.8 Weitere Beschwerde

Gegen die Entscheidung im Beschwerdeverfahren gibt es in Ausnahmefällen das Rechtsmittel der weiteren Beschwerde (§ 4 Abs. 5). Diese ist allerdings nur zulässig, wenn sie wegen grundsätzlicher Bedeutung der Streitfrage zugelassen und darauf gestützt wird, dass die Entscheidung des Landgerichts als Beschwerdeinstanz auf einer Verletzung des Rechts beruht. Über die weitere Beschwerde entscheidet das Oberlandesgericht.

32.5.9 Rügerecht bei Verletzung des Anspruchs auf rechtliches Gehör

Wird dem Sachverständigen bei der Geltendmachung seines Vergütungsanspruchs kein rechtliches Gehör gewährt, hat er gem. § 4a einen Anspruch auf Abhilfe.

32. Die Vergütung des gerichtlichen Sachverständigen – das alte und das neue JVEG

32.6 Vorschuss (§ 3 JVEG)

Einen Vorschuss erhält der Sachverständige in den drei folgenden Fällen:

- Wenn ihm erhebliche Fahrtkosten (nach den Kommentaren: 250 Euro und mehr) entstanden sind oder voraussichtlich entstehen werden.
- Wenn ihm sonstige Aufwendungen entstanden sind oder voraussichtlich entstehen werden.
- Wenn die zu erwartende Vergütung für bereits erbrachte Teilleistungen einen Betrag von 2.000,00 Euro übersteigt.

Der Vorschuss kann bei entsprechendem Antrag durch Beschluss gerichtlich festgesetzt werden (vgl. § 4 Abs. 1).

32.7 Kürzung und Verlust der Vergütung

In folgenden Fällen, für die es keine gesetzliche Regelung gibt, die jedoch von der Rechtsprechung herausgearbeitet wurden, kann es zu einer Kürzung oder sogar zum Verlust der Vergütung kommen:

- Das Gutachten hat so **schwerwiegende inhaltliche Mängel,** dass es unter keinem Gesichtspunkt als Beweismittel verwendet werden kann. Dieser Umstand führt zum Verlust des Vergütungsanspruchs.
- Der Sachverständige hat das Gutachten in den wesentlichen Teilen nicht selbst, also **nicht persönlich erstattet,** sondern von seiner Hilfskraft oder einem anderen Sachverständigen erarbeiten lassen. Dieser Umstand führt zum **Verlust** des Vergütungsanspruchs.
- Der Sachverständige wird wegen Besorgnis der **Befangenheit abgelehnt;** die Gründe hierfür hat der Sachverständige selbst **grob fahrlässig verursacht.** Dieser Umstand führt zum **Verlust** des Vergütungsanspruchs. Bei Vorliegen **leichter Fahrlässigkeit** erhält der Sachverständige die bis zum Zeitpunkt des Ablehnungsbeschlusses angefallene **(Teil-)Vergütung.**
- Der Sachverständige hat das Gericht nicht rechtzeitig darauf aufmerksam gemacht, dass die Kosten des Gutachtens den eingezahlten **Kostenvorschuss erheblich** (um mehr als 25 %) **überschreiten.** Dieser Umstand führt zu einer **Kürzung** des Vergütungsanspruchs auf den Betrag, der als Vorschuss von der dazu verpflichteten Partei eingezahlt wurde, plus einem Toleranzbetrag von 25 %.

32.8 Geltung des alten und neuen Rechts (§§ 24, 25)

Die Vergütung des Sachverständigen, Dolmetschers oder Übersetzers ist nach altem Recht (also nach dem ZSEG) zu berechnen, wenn der Auftrag vor dem Inkrafttreten der Gesetzesänderung erteilt oder der Berechtigte vor diesem Zeitpunkt herangezogen worden ist. Das heißt, dass der Sachverständige nach dem ZSEG entschädigt und nicht nach dem JVEG vergütet wird, wenn der Auftrag vor dem **1. Juli 2004** erteilt oder der Berechtigte vor diesem Zeitpunkt herangezogen wurde (§ 25 Satz 1).

32.9 Zweites Gesetz zur Modernisierung des Kostenrechts vom 23.7.2013

Art. 7: Änderung des Justizvergütungs- und -entschädigungsgesetzes

Das novellierte JVEG, das zum 1.8.2013 in Kraft getreten ist, weist gegenüber der vorhergehenden Fassung folgende Änderungen und Ergänzungen auf:

Anwendungsbereich

In § 1 wird ein neuer Absatz 5 eingefügt, wonach die Vorschriften des JVEG über die gerichtliche Festsetzung und die Beschwerde auch dann gelten, wenn in den jeweiligen Gerichtsverfahren andere Rechtsmittel für Kostenstreitigkeiten vorgesehen werden. Die Verfahrensvorschriften des JVEG sind also Spezialvorschriften, die entsprechenden Vorschriften in anderen Gerichtverfahren immer vorgehen.

Honorare

Die Zahl der Honorarstufen für sachverständige Leistungen in § 9 Abs. 1 wird von 10 auf 13 erhöht. Sie beginnen nicht mehr mit 50,00 Euro, sondern mit 65,00 Euro und enden bei 125,00 Euro (Stufe 13). Im selben Umfang werden die drei Honorarstufen für medizinische und psychologische Gutachten vom von 50,00 auf 65,00 (= 30 %), von 60,00 auf 75,00 (= 25 %) und von 85,00 auf 100,00 (= 17 %) Euro erhöht.

Von den Stundensätzen, die bei der Umfrage von Prof. Hommerich im Jahre 2009 für vergleichbare Privataufträge ermittelt wurden, sieht die Novelle ein Abschlag von 10 % vor. Nach altem Recht betrug der Abschlag durchschnittlich 20 – 25 %; bei den Kfz-Sachverständigen für Unfallursachen betrug die Differenz zwischen dem Stundensatz bei Privataufträgen (135,00 Euro) und dem Stundensatz bei Gerichtsauftrag (75,00 Euro) sogar 80 %. Der Gesetzgeber begründet diesen Justizrabatt mit dem Hinweis, der Staat sei Großauftraggeber und könne nicht in Insolvenz fallen; zudem könnten die Länderhaushalte nicht mit zu hohen Sachverständigen- und Zeugengebühren belastet werden. Dazu muss gewusst werden, dass die Justizkassen in der Tat einen hohen Prozentsatz der anfallenden Sachverständigen- und Zeugengebühren tragen müssen, weil beispielsweise in der Sozialgerichtsbarkeit kein anderer Kostenträger vorhanden ist oder wenn in der Strafgerichtsbarkeit der Angeklagte auf Kosten der Staatskasse freigesprochen wird.

40 Sachgebiete mit 14 Untergliederungen werden in der novellierten Anlage 1 zu § 9 Abs. 1 gelistet und jeweils einer der 13 Honorarstufen zugeordnet. Aus der alten Liste wurden 23 Sachgebiete entfernt und stattdessen 16 Sachgebiete neu aufgenommen. Eine Begründung für diese Novellierung wird nicht gegeben; Inhalt, Definition und Reichweite der jeweiligen Sachgebiete fehlen nach wie vor. Abgrenzungsstreitigkeiten sind vorprogrammiert, wenn beispielsweise bei Bauschäden zwischen handwerklich-technischen Mängeln und sonstigen Schadensursachen unterschieden werden muss, weil beide Bereiche unterschiedlichen Stundensätzen zugeordnet werden. Vergleichbare Abgrenzungsprobleme gibt es im Bereich der Datenverarbeitung und des Garten- und Landschaftsbaus mit jeweils drei Untergliederungen.

Vorläufige Insolvenzverwalter erhalten als Sachverständige einen Stundensatz von 80,00 Euro (alt: 65,00 Euro), wenn sie prüfen, ob ein Eröffnungsgrund vorliegt und welche Aussichten für eine Fortführung des Unternehmens als Schuldner bestehen (§ 9 Abs. 2).

32. Die Vergütung des gerichtlichen Sachverständigen – das alte und das neue JVEG

Dolmetscher erhalten künftig für konsekutive Tätigkeit einen Stundensatz von 70,00 Euro (alt: 55,00 Euro). Werden sie zu simultaner Dolmetschertätigkeit herangezogen, beträgt der Stundensatz 75,00 Euro (§ 9 Abs.3). Im Übrigen wird eine Ausfallentschädigung bis zu einem Betrag gewährt, der dem Honorar von zwei Stunden entspricht.

Das Honorar für Übersetzer (§ 11 Abs. 1) beträgt 1,55 Euro für jeweils angefangene 55 Anschläge des schriftlichen Textes (Grundhonorar). Bei nicht elektronisch zu Verfügung gestellten editierbaren Texten erhöht sich das Honorar auf 1,75 Euro (erhöhtes Honorar). Ist die Übersetzung wegen der besonderen Umstände des Einzelfalls, insbesondere wegen der häufigen Verwendung von Fachausdrücken, der schweren Lesbarkeit des Textes, einer besonderen Eilbedürftigkeit oder weil es sich um eine in Deutschland selten vorkommende Fremdsprache handelt, besonders erschwert, beträgt das Grundhonorar 1,85 Euro und das erhöhte Honorar 2,05 Euro.

§ 13 (besondere Vereinbarung) wird um weitere Anwendungsbereiche erweitert (Verfahren der Strafverfolgungsbehörden, Ordnungswidrigkeitenverfahren, Verfahren nach dem FamFG, Verfahren nach der Sozialgerichtsbarkeit). In Absatz 1 wird dazu die Voraussetzung gestrichen, wonach eine besondere Vereinbarung nur dann erfolgen konnte, „wenn die Gerichtskosten nach der jeweiligen Verfahrensordnung in jeden Fall den Parteien oder den Beteiligten auferlegt werden konnten". Gleichzeitig wird die nach Absatz 2 zulässige Stundensatzvereinbarung mit dem Gericht vom eineinhalbfachen auf den doppelten Stundensatz erhöht. Allerdings darf das Gericht im Falle der Weigerung einer Prozesspartei künftig nur dann einem erhöhten Stundensatz zustimmen, wenn es zuvor vergeblich versucht hat, einen „billigeren" Sachverständigen für den Gutachtenerstauftrag zu gewinnen, der zu den „normalen" gesetzlichen Stundensätzen des § 9 Abs. 1 arbeitet.

Die Entschädigungssätze für Zeugen (§§ 19 – 22) werden um durchschnittlich 15 % erhöht. In § 20 wird der Stundensatz für Zeitversäumnis von 3,00 auf 3,50 Euro erhöht. In § 21 (Entschädigung für Nachteile bei der Haushaltsführung) wird der Stundensatz von 12,00 Euro auf 14,00 Euro angehoben. Und in § 22 (Entschädigung für Verdienstausfall) beträgt der Stundensatz künftig 21,00 Euro statt 17,00 Euro. Im Übrigen wird in § 19 bestimmt, dass eine Aufrundung nur noch dann als volle Stunde abgerechnet werden darf, wenn insgesamt mehr als 30 Minuten auf die Heranziehung entfallen. Die Zeugenentschädigung ist deshalb für Sachverständige von Bedeutung, weil sie zunehmend als Zeugen oder sachverständige Zeugen herangezogen werden, wenn sie in derselben Prozesssache im vorprozessualen Bereich als Privatgutachter tätig gewesen waren.

Aufwendungs- und Auslagenpauschalen

Fotos: Eine redaktionelle Änderung des § 12 Abs. 1 Satz 2 Nr. 2 und der Hinweis auf § 7 Abs. 2 macht deutlich, dass zweite und weitere Abzüge des Originalfotos nur dann mit 0,50 Euro je Abzug erstattet werden, wenn sie später in Kopien des Originalgutachtens verwertet werden; Kopieseiten mit Fotos dürfen dann nicht zusätzlich noch mit dem Seitenpreis für die Kopie vergütet werden. Außerdem wird das Wort „Lichtbild" durch das Wort „Foto" ersetzt, um zu vermeiden, dass dieser Gebührentatbestand analog auf Grafiken und Diagramme angewendet wird.

Im Übrigen bleibt es bei der alten Rechtslage: Erforderliche Fotos werden wie bisher mit 2,00 Euro bezahlt, auch wenn einzelne Fotos nicht im Gutachten verwertet bzw. verwendet werden, also nur der Vorbereitung des Gutachtens dienen. Der Gesetzgeber macht in der amtlichen Begründung deutlich, dass digital hergestellte Fotos, die lediglich der Vorbereitung des Gutachtens dienen, nicht mehr ausgedruckt werden müssen, um die Vergütung von 2,00 Euro zu erlangen.

Die Anschlagsvergütung für die Endfassung des Gutachtens in § 12 Abs. 1 Satz 2 Nr. 3 wird von 0,75 Euro auf 0,90 Euro (= 20 %) je angefangener 1.000 Anschläge erhöht.

Die Pauschale für Farbkopien wird von 2,00 auf 1,00 Euro je Kopie reduziert; ab der 51. Kopieseite gibt es nur noch 0,30 Euro (§ 7 Abs. 2 Nr. 3).

Für Kopien und Ausdrucke in einem größeren Format als DIN A3 gibt es nach dem neu formulierten § 7 Abs. 2 Nr. 2 JVEG 3,00 Euro je Seite; Farbkopien in dieser Größe werden mit 6,00 Euro je Seite entschädigt. Werden die Vergrößerungen gegen Entgelt von einem Dritten gefertigt, kann der Sachverständige anstelle der Pauschale die baren Auslagen ersetzt verlangen.

Die Pauschale für Dateien in § 7 Abs. 3 wird von 2,50 auf 1,50 Euro je Datei reduziert. Für die in einem Arbeitsgang überlassenen oder in einem Arbeitsgang auf demselben Datenträger übertragenen Dokumente werden höchstens 5,00 Euro ersetzt.

Verfahren

Die Dreimonatsfrist in § 2 JVEG, deren Nichtbeachtung zum Verlust der Vergütung führt, wird mit einer Belehrungspflicht des Gerichts versehen: Der Sachverständige muss über den Beginn und die Dauer der Frist sowie über die Rechtsfolgen der Fristüberschreitung belehrt werden. Die unterlassene oder fehlerhafte Belehrung hat zur Folge, dass der Sachverständige Wiedereinsetzung in den vorigen Stand verlangen kann. Bei einer mündlichen Erläuterung des schriftlichen Gutachtens fängt die Frist erst nach Beendigung der Vernehmung des Sachverständigen zu laufen und beginnt nicht schon mit Eingang des Gutachtens bei Gericht. Nach derzeitiger Rechtslage beginnt die Frist bereits mit Eingang des Gutachtens bei Gericht zu laufen und für die Abrechnung der mündlichen Erläuterung beginnt danach eine neue – eigenständige – Frist zu laufen.

Elektronischer Rechtsverkehr: § 4b wird in der Weise geändert, dass bei Verwendung elektronischer Akte und Dokumente diejenigen verfahrensrechtliche Vorschriften gelten, die für das Verfahren vorgesehen werden, in dem der Anspruchsberechtigte herangezogen worden ist.

Verlust und Kürzung der Vergütung

Ein neuer § 8a (Abs. 1 und 2) sieht vor, dass der Sachverständigen seines Vergütungsanspruchs in acht Fallgestaltungen wegen schuldhafter Pflichtverletzungen verlustig geht. Es geht dabei im Wesentlichen um die Pflichtenkataloge, die in § 407a ZPO normiert sind und von den Sachverständigen die Erfüllung von Hinweis- und Informationspflichten dem Gericht gegenüber verlangen. In drei Fällen wird die Rechtsprechung zu diesen Fallgestaltungen übernommen. Soweit das Gericht die Leistung berücksichtigt, gilt sie als verwertbar und ist insoweit vergütungspflichtig. Teilweise wird Verschulden in der Form der groben Fahrlässigkeit als Voraussetzung eines Vergütungsverlustes verlangt, teilweise soll bereits leichte Fahrlässigkeit zum Verlust führen und teilweise geht der Berechtigte seiner Vergütung verlustig, ohne dass es eines Nachweises von Verschulden bedarf. Der Verlust soll jedoch immer nur insoweit stattfinden als das Gericht die Leistung des Berechtigten im Verfahren nicht berücksichtigt.

Folgende Pflichtenverstöße können nach § 8a zum Verlust der Vergütung führen:

32. Die Vergütung des gerichtlichen Sachverständigen – das alte und das neue JVEG

- Unterlassener Hinweis auf das Vorliegen von Befangenheitsgründen;
- Unterlassene Prüfung der fachlichen Kompetenz:
- Verstoß gegen die Pflicht zur persönlichen Gutachtenerstattung;
- Fehlende Angaben des Namens und Umfang der Tätigkeit einer Hilfskraft;
- Fehlende Rückfrage bei Zweifeln am Inhalt und Umfang des Auftrags;
- Erbringung einer mangelhaften Leistung;
- Verursachung von Ablehnungsgründen;
- Keine vollständige Leistungserbringung trotz Festsetzung eines Ordnungsgeldes.

Soweit das Gericht die Leistung berücksichtigt, gilt sie als verwertbar und muss entsprechend vergütet werden (§ 8a Abs. 2 Satz 2).

Ein neuer § 8a Abs. 3 und 4 bestimmt, dass die Vergütung des Sachverständigen in zwei Fallgestaltungen (erhebliche Überschreitung des Auslagenvorschusses oder erhebliches Missverhältnis zum Streitgegenstand) gekürzt werden kann; er muss insoweit seiner Hinweispflicht nicht nachgekommen sein. Nach Absatz 5 erfolgt keine Kürzung, wenn der Sachverständige die Verletzung der ihm obliegenden Hinweispflicht nicht zu vertreten hat. Kann ihm also ein Verschulden (Vorsatz, grobe Fahrlässigkeit, einfache Fahrlässigkeit) nicht nachgewiesen werden, wird seine Vergütung nicht gekürzt.

Abrechnung nach altem und neuem Recht

Ob der Sachverständige nach dem Inkrafttreten der Novelle zum 1.8.2013 noch nach dem alten JVEG abrechnen muss oder schon das neue JVEG seiner Abrechnung zugrunde legen darf, richtet sich beim Sachverständigen und Übersetzer nach dem Zeitpunkt der Erteilung des Auftrags und nicht nach dem Beginn oder dem Schwerpunkt seiner Arbeiten am Gutachten (§ 24). Beim Zeugen und Dolmetscher ist dagegen der Beginn seiner Vernehmung entscheidendes Kriterium.

Bei den Entschädigungsberechtigten kommt es also entscheidend auf den Zeitpunkt der Heranziehung an. Herangezogen sind Sachverständige und Übersetzer mit Zugang der Auftragserteilung im Briefkasten und Dolmetscher und Zeugen mit dem Beginn ihrer Vernehmung im Termin. Liegen die beiden Zeitpunkte vor dem 1.7.2013, müssen die Berechtigten noch nach altem Recht abrechnen. Die namentliche Benennung des Sachverständigen im Beweisbeschluss gilt noch nicht als Auftrag, weil der angesprochene Sachverständige davon noch keine Kenntnis haben kann. Der Auftrag ist eine empfangsbedürftige Willenserklärung. Daher liegt eine Auftragserteilung erst dann vor, wenn der Beweisbeschluss in den Empfangsbereich des Sachverständigen gelangt. Wenn der Auftrag nur einen Tag vor Inkrafttreten der Novelle beim Sachverständigen eingeht und er mit den Arbeiten am Gutachten erst einen Tag später beginnt, muss er noch nach altem Recht abrechnen. Wenn die Ladung zur Zeugenvernehmung am Tag vor dem Inkrafttreten beim Zeugen eingeht, die Vernehmung aber erst eine Woche später stattfindet, rechnet der Zeuge nach neuem Recht ab.

Beim Zeugen und sachverständigen Zeugen kommt es ebenfalls auf den Zeitpunkt der Heranziehung an. Mithin spielt auch hier der Zeitpunkt des Zugangs der Ladung keine Rolle, sondern maßgebend ist allein das Datum des Beginns der Vernehmung.

Hat der Sachverständige sein schriftliches Gutachten aufgrund eines entsprechenden Auftrags vor Inkrafttreten einer Novelle des JVEG erstattet und wird er nach Inkrafttreten der

Novelle damit beauftragt, das Gutachten im Termin mündlich zu erläutern, so fragt sich, ob er diese erneute Tätigkeit in derselben Sache nach neuem Recht abrechnen kann, wenn seine Vernehmung nach Inkrafttreten der Novelle erfolgt. Nach überwiegender Auffassung in Rechtsprechung und Literatur handelt es sich hierbei um einen neuen, selbständigen Auftrag, so dass der Sachverständige seiner Abrechnung für die Vernehmung das novellierte JVEG zugrunde legen kann; gleiches gilt, wenn der Sachverständige nach dem Zeitpunkt des Inkrafttretens der Novelle zur Erstattung eines Ergänzungsgutachtens herangezogen wird.

Literatur zum neuen JVEG

Bleutge, Peter

Gebühren für Gutachter
Das novellierte JVEG vom 23.7.2013
Tipps für die Honorarabrechnung der Gerichtssachverständigen
Berlin, 6. Aufl. 2013, 168 S.

Die Novelle zum JVEG
Änderungen, Verbesserungen, Mängel, Praxistipps
DS 2013 S. 256

Institut für Sachverständigenwesen

Nicht realisierte Novellierungsvorschläge aus der Vergangenheit
IfS-Informationen 2/2013, S. 3

Das neue JVEG – Kurzübersicht zur Novelle mit den wichtigsten Änderungen
IfS-Informationen 4/2013 Sonderausgabe in Heft 4 integriert

Neues JVEG ab 1.8.2013
Übergangsvorschriften beachten
IfS-Informationen 4/2013, S. 2

Jacobs, Wolfgang

Nach der JVEG – Erhöhung ist vor der JVEG- Erhöhung
DS 2013 S. 210

Ulrich, Jürgen

JVEG: Vorher – Nachher
DS 2013 S. 264

Zentralverband des Deutschen Handwerks (ZDH)

Zuordnung von handwerklichen Sacherständigentätigentätigkeiten zu den Sachgebieten der Anlage 1 zu § 9 Abs. 1 JVEG
Berlin, Stand: August 2013

32. Die Vergütung des gerichtlichen Sachverständigen – das alte und das neue JVEG

Anhang 1 zu § 9 Abs. 1 JVEG

Nachstehend der novellierte Anhang 1 zu § 9 Abs. 1 JVEG mit 40 gelisteten Sachgebieten. Jedem Sachgebiet ist eine Ziffer zwischen 1 und 13 zugeordnet, die auf einer der 13 Honorarstufen im Gesetzestext des § 9 Abs. 1 verweist.

Nr.	Sachgebietsbezeichnung	Honorargruppe
1	Abfallstoffe – soweit nicht Sachgebiet 3 oder 18 – einschließlich Altfahrzeuge und -geräte	11
2	Akustik, Lärmschutz – soweit nicht Sachgebiet 4	4
3	Altlasten und Bodenschutz	4
4	Bauwesen – soweit nicht Sachgebiet 13 – einschließlich technische Gebäudeausrüstung	
4.1	Planung	4
4.2	handwerklich-technische Ausführung	2
4.3	Schadensfeststellung, -ursachenermittlung und -bewertung – soweit nicht Sachgebiet 4.1 oder 4.2 –, Bauvertragswesen, Baubetrieb und Abrechnung von Bauleistungen	5
4.4	Baustoffe	6
5	Berufskunde und Tätigkeitsanalyse	10
6	Betriebswirtschaft	
6.1	Unternehmensbewertung, Betriebsunterbrechungs- und -verlagerungsschäden	11
6.2	Kapitalanlagen und private Finanzplanung	13
6.3	Besteuerung	3
7	Bewertung von Immobilien	6
8	Brandursachenermittlung	4
9	Briefmarken und Münzen	2
10	Datenverarbeitung, Elektronik und Telekommunikation	
10.1	Datenverarbeitung (Hardware und Software)	8
10.2	Elektronik – soweit nicht Sachgebiet 38 – (insbesondere Mess-, Steuerungs- und Regelungselektronik)	9
10.3	Telekommunikation (insbesondere Telefonanlagen, Mobilfunk, Übertragungstechnik)	8
11	Elektrotechnische Anlagen und Geräte – soweit nicht Sachgebiet 4 oder 10	4
12	Fahrzeugbau	3
13	Garten- und Landschaftsbau einschließlich Sportanlagenbau	
13.1	Planung	3
13.2	handwerklich-technische Ausführung	3

Nr.	Sachgebietsbezeichnung	Honorar-gruppe
13.3	Schadensfeststellung, -ursachenermittlung und -bewertung – soweit nicht Sachgebiet 13.1 oder 13.2	4
14	Gesundheitshandwerk	2
15	Grafisches Gewerbe	6
16	Hausrat und Inneneinrichtung	3
17	Honorarabrechnungen von Architekten und Ingenieuren	9
18	Immissionen	2
19	Kältetechnik – soweit nicht Sachgebiet 4	5
20	Kraftfahrzeugschäden und -bewertung	8
21	Kunst und Antiquitäten	3
22	Lebensmittelchemie und -technologie	6
23	Maschinen und Anlagen – soweit nicht Sachgebiet 4, 10 oder 11	6
24	Medizintechnik	7
25	Mieten und Pachten	10
26	Möbel – soweit nicht Sachgebiet 21	2
27	Musikinstrumente	2
28	Rundfunk- und Fernsehtechnik	2
29	Schiffe, Wassersportfahrzeuge	4
30	Schmuck, Juwelen, Perlen, Gold- und Silberwaren	2
31	Schrift- und Urkundenuntersuchung	8
32	Schweißtechnik	5
33	Spedition, Transport, Lagerwirtschaft	5
34	Sprengtechnik	2
35	Textilien, Leder und Pelze	2
36	Tiere	2
37	Ursachenermittlung und Rekonstruktion bei Fahrzeugunfällen	12
38	Verkehrsregelungs- und -überwachungstechnik	5
39	Vermessungs- und Katasterwesen	
39.1	Vermessungstechnik	1
39.2	Vermessungs- und Katasterwesen im Übrigen	9
40	Versicherungsmathematik	10

32. Die Vergütung des gerichtlichen Sachverständigen – das alte und das neue JVEG

Anlagen

I. Muster zur Erstellung einer Kostenrechnung
1. Erstattung des schriftlichen Gutachtens

An das
Landgericht Musterstadt

In dem Rechtsstreit
Müller ./. Schulze
- 5 C 345/2004 -
werden für meine Sachverständigentätigkeit folgende Kosten in Rechnung gestellt:

A. Zeitaufwand (§§ 8, 9)

1.	Aktenstudium	1,5 Std.
2.	Prüfung der fachlichen Zuständigkeit und der Angemessenheit des Kostenvorschusses	0,5 Std.
3.	Gedankliche Vorarbeit	1,00 Std.
4.	Diktat des Schreibens zur Abstimmung der Ortsbesichtigung und Ladung, Einholung von Auskünften u.a.	0,75 Std.
5.	Ortsbesichtigung (einschließlich Hin- und Rückfahrt)	9,5 Std.
6.	Zeichen- und Rechenarbeiten	2,00 Std.
7.	Ausarbeitung und Diktat des Gutachtens	6,50 Std.

Gesamtzahl der Stunden	21,75 Std.
Aufgerundet nach § 8 Abs. 2 S. 1	auf 22,00 Std.

8.	Stundensatz: 85,00 Euro (Stufe 5) 22 x 85	**= 1.870,00 Euro**

Erläuterung zu 8.:
Nach Anlage 1 zu § 9 Abs. 1 wird das Sachgebiet Bauwesen (Schadensfeststellung) auf dem die Gutachtenleistung erbracht wurde, der Honorargruppe 5 zugeordnet. Es handelt sich nicht um handwerklich-technische Mängel (dann nur Stufe 2).
Oder (falls die Leistung auf einem Sachgebiet erbracht worden ist, das in der Anlage 1 zu § 9 Abs. 1 nicht gelistet ist und bei dem die Zuordnung auf Antrag des Sachverständige nach billigem Ermessen durch das Gericht erfolgt ist):
„Das Gericht hat die Leistung mit beigefügtem Beschluss vom ... , AZ: ..., der Honorargruppe 5 zugeordnet".
Oder (falls die Leistung auf einem Sachgebiet erbracht worden ist, das in der Anlage 1 zu § 9 Abs. 1 nicht gelistet ist und bei dem das Gericht keine Zuordnung nach billigem Ermessen verfügt hat):
„Im außergerichtlichen Bereich vereinbare ich für Gutachten dieser Art einen Stundensatz von 95 Euro. Unter Berücksichtigung der Vorgabe des billigen Ermessend, bei dem eine Reduzierung um ca. 10 % in der Regel als angemessen angesehen werden kann, lege ich meiner Rechnung einen Stundensatz von 85 Euro zugrunde."

Oder (falls die Leistung auf mehreren Sachgebieten erfolgt, die unterschiedlichen Honorargruppen zugeordnet werden):

„Die Gutachtenleistung erfolgte auf mehreren Sachgebieten, nämlich („Schadensfeststellung", „Baustoffe" und „handwerklich-technische Ausführung"), die unterschiedlichen Honorargruppen zuzuordnen sind. Nach § 9 Abs. 1 S. 3 war jedoch die gesamte Leistung der Honorargruppe 5 zuzuordnen, weil diese Tätigkeit in Bezug auf die beiden anderen Tätigkeitsbereich zeitmäßig im Mittelpunkt stand und somit überwiegend die meiste Zeit in Anspruch genommen hat (Schwerpunkt der Leistung) ."

B. Auslagen- und Aufwendungsersatz (§§ 5-7, 12)

1.	Aufwendungen für Hilfskräfte (gem. § 12 Abs. 1 Nr. 1) (2 Stunden à 31 Euro zuzügl. 15 % Gemeinkosten gem. § 12 Abs. 2)	71,30 Euro
2.	Reisekosten für Ortsbesichtigung gem. § 5 Abs. 2 S. 1 (Fahrt mit eigenem PKW) 200 km à 0,30 Euro	60,00 Euro
3.	Tagegeld (gem. § 6 Abs. 1 i.V.m. § 4 Abs. 5 S. 1 Nr. 5 S. 2 EStG) Abwesenheit vom Wohn- und Tätigkeitsmittelpunkt zwecks Ortsbesichtigung für 9,5 Stunden	6,00 Euro
4.	Fotos (gem. § 12 Abs. 1 S. 2 Nr. 2)	
	5 Originale à 2,00 Euro	10,00 Euro
	25 Abzüge à 0,50 Euro	12,50 Euro
5.	Kopien aus Behördenakten und Gerichtsakten (gem. § 7 Abs. 2)	
	50 Stück à 0,50 Euro*	25,00 Euro
	20 Stück à 0,15 Euro	3,00 Euro
	6 Farbkopien à 1,00 Euro	6,00 Euro
6.	Schreibkosten für Reinschrift des Gutachtens (12 Seiten) (gem. § 12 Abs. 1 S. 2 Nr. 3) Für das Original: 32.400 Anschläge (32.400 : 1000 x 0,90)	29,16 Euro
7.	Kopien für 4 Gutachtenausfertigungen (48 Seiten) auf Anforderung des Gerichts gem. § 7 Abs. 2 (48 x 0,15 Euro)*	7,20 Euro
8.	Porto, Telefon (gem. § 7) **	15,00 Euro
	Auslagen insgesamt	**245,16 Euro**

*) 0,50 Euro für eine Kopie aus Behördenakten und 0,50 Euro für eine Kopie der Reinschrift des Gutachtens gibt es nur dann, wenn die Posten 5. und 6. – zusammengezählt – nicht mehr als 50 Exemplare betragen. Alles, was darüber hinausgeht, wird mit 0,15 Euro pro Kopie bezahlt. In dem Muster wurden bereits 50 Kopien aus Gerichts- und Behördenakten gefertigt, so dass für die weiteren Kopien nur 0,15 je Kopien berechnet werden durften.

**) Auf Nachfrage des Kostenbeamten muss die Pauschale für Porto und Telefon jeweils aufgeschlüsselt werden.

32. Die Vergütung des gerichtlichen Sachverständigen – das alte und das neue JVEG

C.	Gesamtvergütung	
A.	Zeitaufwand	1.870,00 Euro
B.	Ersatz von Aufwendungen	245,16 Euro
		2.115,16 Euro
+ MwSt. 19 % (gem. § 12 Abs. 1 S. 2 Nr. 4) *		401,88 Euro
C.	Gesamtvergütung	**2.517,04 Euro**

*Vorsteuerabzugsberechtigte Sachverständige müssen die oben stehenden Rechnungsposten, soweit sie bereits Mehrwertsteuer enthalten, als Nettobeträge ausweisen.

Ich darf darum bitten, den Betrag auf oben/unten stehendes Konto zu überweisen.

(Unterschrift)

2. Wahrnehmung des Gerichtstermins

An das
Landgericht Musterstadt

In dem Rechtsstreit
Müller ./. Schulze
– 5 C 345/2004 –

werden für die Wahrnehmung des Gerichtstermins am 15. August 2013, 09.00 Uhr, in Musterstadt, zwecks mündlicher Erläuterung des schriftlichen Gutachtens folgende Kosten in Rechnung gestellt:

A. Zeitaufwand (§§ 8, 9)

1.	Vorbereitung des Termins einschl. Studium der Handakten und Durcharbeitung des Gutachtens	1,75 Std.
2.	Anreise zum Termin am 14. August ab: 11:00 Uhr bis 24:00 Uhr*	13,0 Std.
3.	Termin am 15.8, 8:00 bis 11:00 Uhr**	3,0 Std.
4.	Rückreise 11:00 bis 16:00 Uhr	5,0 Std.
		22,75 Std.
	Aufgerundet gem. § 8 Abs. 2 auf	23,00 Std.
5.	Stundensatz: 90,00 Euro 23 x 90	**2.070,00 Euro**

*Die Zeit von 00:00 Uhr bis 8:00 Uhr gilt nicht als Arbeitszeit. Auch wenn die Ankunft im Hotel bereits um 18:00 Uhr erfolgte, werden die Stunden von 18:00 Uhr bis 24:00 Uhr als vergütungspflichtig angesehen, weil in der Zeit zu Hause hätten Arbeiten erledigt werden können.

** Auch wenn der Termin erst um 9:00 Uhr begonnen hat, ist die eine Stunde zwischen 8:00 Uhr und 9:00 Uhr nach der achtsündigen Übernachtung (von 00:00 Uhr bis 8:00 Uhr) vergütungsmäßig zu berücksichtigen.

Erläuterungen zu 5.:
Nach Anlage 1 zu § 9 Abs. 1 wird das Sachgebiet („Bewertung von Immobilien"), auf dem die Gutachtenleistung erbracht wurde, der Honorargruppe 6 zugeordnet.
Oder (falls die Leistung auf einem Sachgebiet erbracht worden ist, das in keiner Honorargruppe genannt und die Zuordnung auf Antrag des Sachverständigen nach billigem Ermessen durch das Gericht erfolgt ist):
„Das Gericht hat die Leistung mit beigefügtem Beschluss vom ... , AZ: ..., der Honorargruppe 6 zugeordnet."
Oder (falls die Leistung auf einem Sachgebiet erbracht worden ist, das in keiner Honorargruppe genannt wird und auch das Gericht keine Zuordnung nach billigem Ermessen verfügt hat):
„Im außergerichtlichen Bereich vereinbare ich für Gutachten dieser Art einen Stundensatz von 100 Euro. Unter Berücksichtigung der Vorgabe des billigen Ermessend, das eine Reduzierung um ca. 10 % erlaubt, lege ich meiner Rechnung einen Stundensatz auf 90 Euro zugrunde."
Oder (falls die Leistung auf mehreren Sachgebieten erfolgt, die unterschiedlichen Honorargruppen zugeordnet werden):
„Die Gutachtenleistung erfolgte auf mehreren Sachgebieten, nämlich (z.B.: „Bauschäden handwerklicher Art" (= Honorargruppe 2) und Immobilienbewertung" = Honorargruppe 6), die unterschiedlichen Honorargruppen zuzuordnen sind. Nach § 9 Abs. 1 S. 3 ist daher die gesamte Leistung der Honorargruppe 6 (höchste Honorarstufe) zuzuordnen."

B. Ersatz von Auslagen und Aufwendungen (§§ 5-7, 12)

1.	Reisekosten (Deutsche Bahn, 1. Klasse, Beleg liegt bei)	190,00 Euro
2.	Taxifahrten am Terminsort (Belege liegen bei)	30,00 Euro
3.	Übernachtung (Beleg liegt bei) § 6 Abs. 2	100,00 Euro
4.	Tagegeld (§ 6 Abs. 1)	
	14. August: 13 Std.	6,00 Euro
	15. August: 8 Std.	6,00 Euro

Auslagen insgesamt **332,00 Euro**

C. Gesamtvergütung

A.	Zeitaufwand	2.070,00 Euro
B.	Ersatz der Aufwendungen	332,00 Euro
	2.402,00 Euro	
	+ 19 % MwSt. gem. § 12 Abs.1 S. 2 Nr. 4 *	456,38 Euro
C.	Gesamtvergütung	**2.858,38 Euro**

*Vorsteuerabzugsberechtigte Sachverständige müssen die oben stehenden Rechnungsposten, soweit sie bereits Mehrwertsteuer enthalten, als Nettobeträge ausweisen.

Ich darf darum bitten, den Betrag auf oben/unten stehendes Konto zu überweisen.

33. Honorierung von außergerichtlichen Sachverständigenleistungen

Werner Seifert

Übersicht

33.1	Allgemeiner Überblick über die Honorierung der Leistungen von Bausachverständigen
33.1.1	Allgemeine Grundsätze für eine angemessene Vergütung
33.1.2	Grundlagen der Honorierung bei der privaten Gutachtenerstattung
33.1.3	Übliche Vergütung
33.1.4	Zahlungsvereinbarungen zur Sicherung von Honorarforderungen
33.2	Freie Honorarvereinbarung
33.2.1	Grundsätze für eine freie Honorarvereinbarung
33.2.2	Stundensatzvereinbarungen
33.2.3	Umfrage von 2002/2003
33.2.4	Umfrage von 2009 (Hommerich/Reiß-Gutachten)
33.2.5	Pauschalpreisvereinbarungen
33.2.6	Differenzvergütungsvereinbarungen
33.3	Honorare für Leistungen bei der Immobilienbewertung
33.3.1	Grundlagen
33.3.2	BVS-Richtline
33.3.3	Honorar-Richtlinie des LVS Bayern
33.3.4	Vergleich der Grundhonorare BVs/LVS Bayern
33.4	Honorar für Grundleistungen nach der HOAI
33.4.1	Grundlagen
33.4.2	Gemischte Aufträge
33.4.3	Honorarberechnung
33.5	Honorar für Besondere Leistungen
33.5.1	Allgemeiner Überblick
33.5.2	Hinzutretende Besondere Leistungen
33.5.3	Ersetzende Besondere Leistungen
33.5.4	Isolierte Besondere Leistungen, Leistungen außerhalb der HOAI
33.6	Honorar für Bausachverständige bei außergerichtlicher Streitbeilegung
33.6.1	Honorar für Schiedsgutachten
33.6.2	Honorar für Sachverständige als Schiedsrichter
33.6.3	Honorar für Sachverständige als Mediatoren
33.6.4	Honorar für Sachverständige als Schlichter
33.6.5	Honorar für Sachverständige bei der Adjudikation
33.7	Nebenkosten
33.7.1	Allgemeines
33.7.2	Nebenkosten bei Leistungen nach der HOAI
33.7.3	Nebenkosten bei Leistungen außerhalb der HOAI
33.8	Verjährung und Verwirken von Honorarforderungen

33. Honorierung von außergerichtlichen Sachverständigenleistungen

33.1 Allgemeiner Überblick über die Honorierung der Leistungen von Bausachverständigen

33.1.1 Allgemeine Grundsätze für eine angemessene Vergütung

Sachverständige sind allgemein Dienstleister. Von vielen anderen Dienstleistern unterscheiden sie sich aber insbesondere dadurch, dass sie über eine besondere Sachkunde verfügen, in der Lage sind, Gutachten zu erstatten und ihre Aufträge unter strenger Wahrung der Unparteilichkeit selbsttätig zu erfüllen. In der Regel sind sie zur persönlichen Gutachtenerstattung verpflichtet. Sie sind deshalb in vielen Fällen auch „Einzelkämpfer", die selbst bei guter Auftragslage nicht ohne Weiteres Mitarbeiter einstellen und beschäftigen können. Als Dienstleister mit einer besonderen Sachkunde muss ihnen deshalb auch eine besondere Vergütung zustehen, die über der Vergütung liegt, wie sie üblicherweise von nicht sachverständigen Kollegen ihres Berufsstands verlangt wird. Soweit sie für ihre Auftragsbewältigung nicht beliebig viele Mitarbeiter einstellen und Aufgaben delegieren können und damit der Mehrwertfaktor „Personal" nur sehr eingeschränkt genutzt werden kann, können sie ihr Einkommen im Wesentlichen nur über zwei Parameter steuern:

- **Zeiteinsatz**
- **Leistungspreis**

Das zur Verfügung stehende Zeitkontingent ist zweifellos begrenzt. Damit ist ersichtlich, dass Bausachverständige im Wesentlichen den Preis für ihre Leistung nutzen müssen, um insgesamt zu einem angemessenen Einkommen zu gelangen. Umso unverständlicher ist es, wenn sich Bausachverständige unter Wert verkaufen und unangemessen niedrige Stundensätze anbieten.

Insbesondere die **fachliche Qualifikation des Sachverständigen** sowie der **Umfang und die Schwierigkeitsgrad der Aufgabenstellung** bestimmen aber die Angemessenheit der Vergütung (*„Honorar"*). Umgekehrt können **einwandfreie Sachverständigenleistungen** dauerhaft nur erbracht werden, wenn Sachverständige eine **angemessene Vergütung** erhalten. Denn diese müssen ihre besondere Sachkunde kontinuierlich auf einem aktuellen Stand halten und neueste fachliche Entwicklungen verfolgen. Sie können sich nicht auf dem Polster einer einmal erlangten öffentlichen Bestellung und Vereidigung ausruhen. Gerade Bausachverständige müssen neben einer sachspezifischen Fortbildung auch die einschlägige Rechtsprechung sowie den fachbezogenen baurechtlichen Meinungsstreit verfolgen. Allgemein sind sie zur Weiterbildung verpflichtet. Damit ist ersichtlich, dass der *Billige-Jakob-Sachverständige* weder sich selbst noch seinen Kunden noch dem gesamten Berufsstand gerecht werden kann.

Darüber hinaus müssen Sachverständige ihre Gutachtenerstattung unabhängig durchführen können. Ihre wirtschaftliche Situation muss es auch zulassen können, Aufträge abzulehnen, wenn beispielsweise das auftraggeberseitig gewollte Ergebnis mit der eigenen fachlichen Überzeugung nicht in Einklang zu bringen ist.

Außerhalb der gerichtlichen Gutachtenerstattung muss sich der Bausachverständige um eine angemessene Vergütung allerdings selbst bemühen. Während der Sachverständige bei Gericht den restriktiven Beschränkungen des JVEG (Justizvergütungs- und Entschädigungsgesetz) unterworfen ist (vgl. Kapitel 32), kann er bei der privaten Gutachtenerstattung, abgesehen von Ausnahmefällen mit preisrechtlichen Beschränkungen durch die

33.1 Allgemeiner Überblick über die Honorierung der Leistungen von Bausachverständigen

HOAI (Honorarordnung für Architekten und Ingenieur; vgl. unter Abschnitte 33.4), die Möglichkeiten des freien Marktes weitgehend nutzen.

33.1.2 Grundlagen der Honorierung bei der privaten Gutachtenerstattung

Bausachverständige erbringen ihre Leistungen für private oder öffentliche Auftraggeber auf Basis zivilrechtlicher Verträge. Die Art der Vergütung richtet sich nach dem Leistungsinhalt des Auftrags. Bei außergerichtlichen Gutachtenaufträgen – so genannten *"Privatgutachten"* – können die Aufgaben von Bausachverständigen vielfältig sein:

BEISPIELE

- Leistungs- bzw. Qualitätskontrolle von Unternehmerleistungen, Bauüberwachung
- Ausarbeiten von Lösungsvorschlägen bei Baumängeln
- Aufstellungen von Abrechnungsunterlagen (z.B. nach VOB oder HOAI)
- Überprüfen von Abrechnungsunterlagen (z.B. nach VOB oder HOAI)
- Vorbereitung von gerichtlichen Auseinandersetzungen durch mündliche Beratung oder schriftliche Gutachten
- Begleitung einer Partei bei gerichtlichen Auseinandersetzungen
- Schriftliche Auseinandersetzung mit Gerichtsgutachten
- Führen oder Begleiten von Schlichtungsgesprächen
- Durchführen oder Begleiten von Mediationsverfahren
- Mitwirken bei Schiedsgerichtsverfahren
- Ausarbeiten von Schiedsgutachten
- sonstige Privatgutachten

Dabei schulden Bausachverständige im Allgemeinen einen werkvertraglichen Erfolg. Dessen Beschaffenheit richtet sich nach der vertraglichen Vereinbarung. Insofern ist regelmäßig Werkvertragsrecht anzuwenden (§§ 631 ff. BGB).

Ausnahmsweise können aber auch dienstvertragliche Leistungspflichten mit einem Bausachverständigen vereinbart sein. Dann ist Dienstvertragsrecht anzuwenden (§§ 611 ff. BGB). Dies ist immer dann der Fall, wenn dieser allein eine Tätigkeit ohne Werkerfolg schuldet.

Beispiel

Ein Dienstvertrag liegt vor, wenn ein Bausachverständiger von einem Prozessbeteiligten allein zur Teilnahme an einer Gerichtsverhandlung beauftragt wird.

Sowohl beim Werkvertrag als auch beim Dienstvertrag sieht das Gesetz keine bestimmte Form der Vertragsvereinbarung vor. Ein Vertrag kann **schriftlich** aber auch **mündlich** geschlossen werden. Ein solcher kann sich auch aus einem **schlüssigen Verhalten** der Vertragspartner ergeben *("konkludenter Vertragsschluss")*. Im Zweifel ist entscheidend, ob die erbrachte Leistung auftraggeberseitig **entgegengenommen** bzw. **verwertet**

33. Honorierung von außergerichtlichen Sachverständigenleistungen

wird.[1] Dabei kommt es auf ein **Erklärungsverhalten des Auftraggebers** an. Ein solches liegt beispielsweise dann vor, wenn der Auftraggeber das Gutachten zur Wahrung seiner Interessen verwertet oder daraus entsprechende Schlüsse zieht oder auf der Basis des Gutachtens bestimmte Handlungen vornimmt oder entsprechende Entscheidungen trifft.

Als Gegenleistung für die übernommene vertragliche Verpflichtung erhält der Bausachverständige allgemein eine Vergütung (Honorar).

> **PRAXISTIPP**
> *Aufträge nur mit schriftlicher Honorarvereinbarung bearbeiten.*

Ein **mündlicher Gutachtenvertrag** kommt allerdings **nicht** zustande, wenn die **Schriftform verabredet** ist. Teilt z.B. ein Sachverständiger auf eine ihm angetragene Bitte um Erstellung eines Gutachtens mit, er werde Untersuchungen vor Ort zu einem bestimmten Stundensatz durchführen, vor Erstellung seines Gutachtens müsse aber ein schriftlicher Vertrag geschlossen werden, erhält er, wenn es nicht zur Vertragsunterzeichnung kommt, auch keine Vergütung für seine durchgeführten Untersuchungen.[2] Dies steht auch im Einklang mit dem Gesetz. Denn wenn eine Beurkundung des beabsichtigten Vertrag verabredet worden ist, so ist im Zweifel der Vertrag nicht geschlossen, bis die Beurkundung erfolgt ist (§ 154 Abs. 2 BGB).

> **PRAXISTIPP**
> *Einen Gutachtenauftrag in der Regel nicht von der Beurkundung abhängig machen.*

Im Zweifel muss der Bausachverständige zunächst beweisen, dass ihm ein Auftrag übertragen wurde und welchen Inhalt dieser Vertrag hat.

Liegt ein geschlossener Vertrag vor, gilt im Zweifel eine **Vergütung** als **stillschweigend vereinbart**, wenn die Leistung den Umständen nach nur gegen eine Vergütung zu erwarten ist – beim Werkvertrag nach § 632 Abs. 1 BGB; beim Dienstvertrag nach § 612 Abs. 1 BGB.

Für die **Bemessung der Vergütung** des Sachverständigen ist zunächst der Inhalt der zwischen den Parteien getroffenen Vereinbarung maßgeblich. Den Inhalt der Honorarvereinbarung können nach § 632 BGB – in dieser Reihenfolge – bestimmen[3]

- **tatsächliche Honorarabsprache**
- **eventuell vorliegende Taxe**
- **übliche Vergütung.**

Gibt es keine übliche Vergütung, ist sie nach den Grundsätzen der **ergänzenden Vertragsauslegung** zu bestimmen. Wenn sich auch auf diesem Wege die Vertragslücke nicht schließen lässt, kann der Bausachverständige die Vergütung **nach billigem Ermessen** einseitig festlegen (vgl. unter Abschnitt 33.1.3).

---

1 *Vgl. ausführlich zum Vertragsschluss: Locher/Koeble/Frik,* 11. Aufl., Einl. Rdn. 54-59.
2 AG Diez, U. v. 27.12.2006 – 8 C 296/06, IBR 2007 S. 1182.
3 BGH, U. v. 4.6.2006 – X ZR 122/05, IBR 2006 S. 1398.

33.1 Allgemeiner Überblick über die Honorierung der Leistungen von Bausachverständigen

Bei der außergerichtlichen Vergütung des Bausachverständigen ist allgemein zu untersuchen, welcher Leistungsinhalt geschuldet ist. Bestehen für Leistungen von Bausachverständigen öffentlich-rechtliche Gebührenvorschriften („Taxen") oder preisrechtliche Vorschriften (insbesondere: Verordnung über die Honorare für Leistungen der Architekten und der Ingenieure – HOAI), können sich Vergütungsvereinbarungen nur in diesem Rahmen bewegen.

Im Regelfall wird bei Leistungen von Bausachverständigen aber davon auszugehen sein, dass eine **freie Honorarvereinbarung** geschlossen werden kann (vgl. unter Abschnitt 33.2). Nur in Sonderfällen, in denen preisrechtliche Bindungen der Vertragspartner vorliegen, wie sie sich insbesondere aus der HOAI[1] ergeben können, liegen **Beschränkungen bei den Honorarvereinbarungen** vor. Leistungen von Bausachverständigen können dabei die verschiedenen **Leistungsbilder der HOAI** mit den dort benannten Grundleistungen (vgl. unter Abschnitt 33.4) und Besonderen Leistungen (vgl. unter Abschnitt 33.5) betreffen. Bei der Frage, ob die HOAI anwendbar ist, kommt es nicht darauf an, ob Leistungen von einem Architekten oder Ingenieur zu erbringen sind, sondern auf den Leistungsinhalt. Die HOAI ist nicht berufsstands-, sondern leistungsbezogen zu verstehen.[2] Für eine **Anwendung der HOAI** muss also eine Leistung vorliegen, deren Honorierung nach dieser Verordnung geregelt ist. Liegt ein Anwendungsfall der HOAI vor, ist zu beachten, dass Honorarvereinbarungen dann regelmäßig preisrechtlichen Einschränkungen unterliegen. Für vertiefende Fragen zur Honorarabrechnung nach der HOAI ist auf die einschlägige Kommentierung zur HOAI zu verweisen.

Schließlich können Bausachverständige auch bei einer außergerichtlichen Streitbeilegung als Schiedsgutachter, Schiedsrichter, Mediator, Schlichter oder Adjudikator tätig werden. Hierfür sind besondere Honorierungsgrundsätze zu beachten (vgl. unter Abschnitt 33.6).

PRAXISTIPP

Zunächst sollte untersucht werden, ob ein Anwendungsfall nach der HOAI vorliegt. Soweit davon auszugehen ist oder Zweifel bestehen, sollte eine Honorarvereinbarung mittels schriftlicher Vertragsurkunde vor Leistungsbeginn getroffen werden.

Wurde trotz Vertragsschluss eine Honorarvereinbarung nicht getroffen und sind auch keine öffentlich-rechtliche oder preisrechtliche Vergütungsvorschriften anwendbar, kann der Bausachverständige die **übliche Vergütung** verlangen (vgl. nachfolgend: Abschnitt 33.1.3).

Kann ein Bausachverständiger einen Vertragsschluss dagegen nicht beweisen, kommen als Anspruchsgrundlage ausnahmsweise auch Ansprüche nach **Treu und Glauben** (§ 242 BGB), aus **Geschäftsführung ohne Auftrag** („GoA"; § 677 BGB) oder **ungerechtfertigter Bereicherung** (§ 812 BGB) in Betracht. Eine Geschäftsführung ohne Auftrag kann vorliegen, wenn ein Vertrag, z.B. aus formalen Gründen, nicht zustande kam, die Übernahme der *Geschäftsführung* muss aber dem wirklichen oder mutmaßlichen Willen des *Geschäftsherrn* entsprochen haben (§ 683 BGB). In diesen Fällen sollte der Bausachverständige jedoch regelmäßig einen im Baurecht erfahrenen Rechtsanwalt konsultieren.

---

[1] Ohne besonderen Hinweis befassen sich die Ausführungen in diesem Kapitel mit der HOAI in der Fassung von 2013
[2] BGH, U. v. 22.5.1997 – VII ZR 290/05, BauR 1997 S. 677, IBR 1997 S. 286.

33.1.3 Übliche Vergütung

Wurde ein Gutachtenvertrag geschlossen, ist die Vergütung über eine Taxe oder über preisrechtliche Vorschriften nicht bestimmt und fehlt auch eine Honorarvereinbarung oder eine sonstige Absprache über die Vergütung, so ist die **übliche Vergütung** als vereinbart anzusehen (§ 632 Abs. 2 BGB).[1]

Allerdings ist die übliche Vergütung bei den Leistungen der Bausachverständigen vielfach nur schwer oder nicht feststellbar.

Allgemein gilt, dass eine **Vergütung üblich** ist, wie sie zur **Zeit des Vertragsabschlusses** für **Leistungen gleicher Art und Güte** sowie **gleichen Umfangs** am **Leistungsort** nach **allgemein anerkannter Auffassung** bezahlt werden muss.[2]

Eine allgemein gültige übliche Vergütung gibt es für Bausachverständige nicht.

Schon die **Stundensätze der vor dem 18.8.2009 gültigen Fassungen der HOAI** (§ 6 Abs. 2 HOAI 1996 mit 38,- bis 82,- Euro für den Auftragnehmer) waren für eine **Bemessung der üblichen Vergütung** bei Gutachtenaufträgen von Bausachverständigen **nicht geeignet**.[3] Zwar werden Baugutachten regelmäßig von Architekten und/oder Ingenieuren erbracht, aufgrund ihres Geltungsbereichs war die HOAI in diesen Fällen aber schon im Grundsatz nicht anwendbar. Denn aufgrund der Ermächtigungsnorm des MRVG (Gesetz zur Verbesserung des Mietrechts und zur Begrenzung des Mietanstiegs sowie zur Regelung von Ingenieur- und Architektenleistungen) gilt die HOAI (nach wie vor) nur dann, wenn es um Leistungen geht, die in der HOAI beschrieben werden.[4] Die Leistungen von Bausachverständigen sind, abgesehen von Tatbeständen, wie sie sich explizit aus der HOAI ergeben (vgl. unter Abschnitt 33.4), nicht von der HOAI erfasst und regelmäßig auch schwieriger als sonstige Leistungen von Architekten und Ingenieuren. Darüber hinaus erfordern sie allgemein auch eine besondere Sachkunde.

Auch die Umfragen unter Bausachverständigen haben gezeigt, dass die Stundensätze der HOAI für derlei Tätigkeiten nicht als *üblich* anzusehen sind (vgl. unter Abschnitt 33.2.4).

Dabei ist auch zu berücksichtigen, dass die Stundensätze der HOAI zuletzt im Jahre 1996 angepasst wurden. Die auch für Architekten und Ingenieure schon damals unzulänglichen Stundensätze nach § 6 Abs. 2 HOAI 1996 wurden allgemein nur hingenommen, weil auf dieser Basis allenfalls ein geringer Auftragsumfang in Architektur- oder Ingenieurbüros bearbeitet wurde. Für einen hochqualifizierten Bausachverständigen, der seine Leistungen selbst zu erbringen hat und Gutachtenaufträge, im Gegensatz zu sonstigen Architekten und Ingenieuren, nicht im Wesentlichen von angestellten Mitarbeitern bearbeiten lassen kann, waren und sind Sätze zwischen 38,00 und 82,00 Euro jedoch weder üblich noch angemessen oder auskömmlich.

Auch aus dem **JVEG** (vgl. Kapitel 32) ergeben sich privatrechtlich **keine üblichen Vergütungen**.[5] Selbst bei einem prozessbegleitend eingeholten Privatgutachten, sind die Vergütungssätze des JVEG nicht maßgeblich.[6]

---

[1] BGH, U. v. 10.10.2006 – X ZR 42/06, BauR 2006 S. 2110; IBR 2006 S. 1559.
[2] *Palandt*, § 632 Rdn. 15; vgl. auch *Roeßner* in: Bayerlein, § 42 Rdn. 10 ff.
[3] Anderer Ansicht *Roeßner* in: Bayerlein, § 42, Rdn. 10a.-
[4] BGH, 22.5.1997 – VII ZR 290/05; BauR 1997 S. 677, IBR 1997 S. 286.
[5] BGH, U. v. 4.4.2006 – X ZR 122/05, IBR 2006 S. 1398; ebenso: *Wessel*, IBR 2013 S. 32; vgl. Praxishinweis zu AG Kassel, U. v. 9.10.2012 – 435 C 6301/11.
[6] BGH, B. v. 25.1.2007 – VII ZB 74/06; BauR 2007 S. 744; IBR 2007 S. 287.

33.1 Allgemeiner Überblick über die Honorierung der Leistungen von Bausachverständigen

Gleichwohl hat das OLG Zweibrücken die Auffassung vertreten, dass das JVEG zwar nicht unmittelbar, aber doch als **Orientierungsmaßstab für die übliche Vergütung** heranzuziehen sei. Demnach sei ein höherer Zuschlag als 20 % auf Sätze des JVEG, für ein von einem Prozessbeteiligten eingeholtes Privatgutachten, nicht gerechtfertigt. Bei einem Satz von 75,00 Euro nach Anlage 1 zu § 9 JVEG hat das Gericht nur einen Stundensatz von **90,00 Euro** und ein **Kilometergeld von 0,36 Euro** als gerechtfertigt angesehen.[1] Weil die Festlegung nach JVEG auf der Basis von inzwischen veralteten Umfragen durchgeführt wurde und dabei erhebliche Abminderungen vorgenommen wurden, ist diese Ansicht **abzulehnen**. Will man auf die Stundensätze abstellen, wie sie bei Sachverständigen nach Bestellungsgebieten abgefragt wurden (vgl. unter Abschnitt 33.2.2), muss mindestens eine entsprechende Preissteigerung berücksichtigt werden. Gerade bei Bausachverständigen sind darüber hinaus erhebliche regionale Unterschiede festzustellen. Dabei liegt eher ein Süd-Nord-Gefälle als ein West-Ost-Gefälle vor. Auch die individuelle Qualifikation eines Sachverständigen darf nicht unberücksichtigt bleiben.

Ein **Netto-Stundensatz von 109,00 Euro** für einen im Bereich der Umwelttechnik und Anlagensicherheit erfahrenen Diplom-Ingenieur waren nach Ansicht des OVG Nordrhein-Westfalen im Jahre 2008 nicht zu beanstanden.[2] Diese Größenordnung ist auch für qualifizierte Bausachverständige nicht überzogen. Vor dem Hintergrund, dass in der freien Wirtschaft für einen freiberuflichen Gutachter häufig höhere Kosten aufgewendet werden müssen als für einen gerichtlich bestellten Gutachter, hat das Schleswig-Holsteinische Oberlandesgericht ebenfalls im Jahre 2008 entschieden, dass es nicht unangemessen ist, wenn sich die Vergütung des Parteigutachters für die Substantiierung der Höhe eines Minderungsanspruchs hinsichtlich einer mangelhaften Leistung in Höhe von **140,00 Euro netto** bemisst.[3] Aufgrund allgemeiner Preissteigerung sind, je nach Sachgebiet, inzwischen auch deutlich höhere Sätze üblich und angemessen (vgl. unter Abschnitt 33.2.4).

Üblich ist aber nicht in jedem Fall eine Abrechnung nach Zeitaufwand. Die Üblichkeit einer Vergütung kann sich allgemein auch über eine am Markt verbreitete Berechnungsregel ergeben.[4] Anders als z.B. bei Kfz-Sachverständigen ist aber bei der Gutachtenerstattung von Bausachverständigen eine **Abrechnung nach Zeitaufwand** regelmäßig als **üblich** anzusehen (vgl. unter Abschnitt 33.2.4). Ausnahmen davon ergeben sich allenfalls für Immobiliensachverständige, die nach Immobilienwerten abrechnen (vgl. unter Abschnitt 33.3).

Kann die übliche Vergütung dann nicht festgestellt werden, ist eine solche Vertragslücke durch eine **ergänzende Vertragsauslegung** zu schließen. Dabei können der **Gegenstand** und die **Schwierigkeit** der Werkleistung und insbesondere die mit dem Vertrag verfolgten **Interessen der Parteien** von Bedeutung sein.[5]

Man wird dann allgemein davon ausgehen können, dass eine **angemessene Vergütung** dem Willen der Vertragspartner entspricht. Für deren Bestimmung kann dann innerhalb der **üblichen Spanne** von einem **Mittelwert** ausgegangen werden. Besondere Umstände des Einzelfalls sind dabei allerdings zu würdigen.[6]

---

1 OLG Zweibrücken, B. v. 12.11.2007 – 1 W 54/07, IBR 2008 S. 119.
2 OVG NRW, B. v. 4.1.2008 – 8 E 1152/07, IBR 2008 S. 1133.
3 OLG Schleswig, B. v. 25.8.2008 – 9 W 52/08, DS 6/2009 S. 195.
4 BGH, U. v. 10.10.2006 – X ZR 42/06, BauR 2006 S. 2110, IBR 2006 S. 1559.
5 BGH, U. v. 4.4.2006 – X ZR 80/05, IBR 2006 S. 459; BGH, U. v. 4.4.2006 – X ZR 122/05, IBR 2006 S. 1398.
6 *Palandt*, § 632 Rdn. 15 f.; BGH, U. v. 4.4.2006 – X ZR 122/05, IBR 2006 S. 1398.

33. Honorierung von außergerichtlichen Sachverständigenleistungen

Weil sich eine angemessene Vergütung nach Marktpreisen richten muss und renommierte Bausachverständige höhere Preise erzielen können, wirkt sich auch die **Auslastung** eines Sachverständigen mit Gutachtenaufträgen und dessen persönliche **Reputation** auf die individuelle übliche Vergütung aus. Entscheidend ist auch das **Verhältnis von gerichtlichen zu privaten Gutachtenaufträgen**. Ein überwiegend mit Gerichtsaufträgen befasster Bausachverständiger wird auch bei Privatgutachten allenfalls entsprechend erhöhte Honorare verlangen können. Bausachverständige, die dagegen schwerpunktmäßig privat tätig sind, erzielen nicht selten Stundensätze, die gerichtliche Stundensätze um das doppelte und mehr überschreiten.

Nur wenn sich nach alledem eine vertraglich festgelegte Vergütung nicht ermitteln lässt, kommt eine **einseitige Bestimmung der Gegenleistung** (also der Vergütung) durch den Sachverständigen **nach billigem Ermessen** in Betracht (§§ 315, 316 BGB).[1] Eine einseitige Festsetzung kann also nicht willkürlich vorgenommen werden. Sie muss vielmehr der Billigkeit entsprechen. Bei der Prüfung der Frage, ob ein Preis „billigem Ermessen" entspricht, geht es aber zunächst nicht um einen *„gerechten Preis"*. Vielmehr ist zu prüfen, ob die getroffene Bestimmung sich noch **in den Grenzen der Billigkeit** bewegt. Dabei sind der **Vertragszweck** und die **Interessenslage der Parteien** zu berücksichtigen. Entscheidend kommt es auch auf die **Bedeutung der Leistung** an, deren **angemessener Gegenwert** zu ermitteln ist. Zu berücksichtigen ist ferner, dass die Vergütung die Gegenleistung für das als Erfolg geschuldete Gutachten darstellt. Es muss daher in **angemessenem Verhältnis** zu dem stehen, was der Auftraggeber durch das Gutachten an **wirtschaftlichem Wert** erhalten soll. Schließlich kommt es darauf an, welche Honorare andere Sachverständige **für ähnliche Gutachten** verlangen.[2]

Der geforderte Stundensatz ist in diesem Zusammenhang nur sekundär zu untersuchen. Zwar rechnen Bausachverständige ganz überwiegend nach Zeitaufwand ab (vgl. unter Abschnitt 33.2.4), so dass sich deren übliche Vergütung allgemein auch über eine Abrechnung nach Stundensätzen ergibt. Setzt der Bausachverständige jedoch einen unangemessen hohen Aufwand an, muss er sich eine entsprechende **Honorarkürzung** gefallen lassen. Denn trotz einer detaillierten und korrekten Zeiterfassung kann der berechnete Zeitaufwand überzogen sein, wenn der Sachverständige **Grundsätze einer wirtschaftlichen Betriebsführung** unbeachtet lässt. Ein überzogener Zeitaufwand stellt eine **Pflichtverletzung** dar, für die der Sachverständige schadensersatzpflichtig sein kann. Der Schadensersatzanspruch des Auftraggebers bemisst sich dann über den nicht gerechtfertigten Aufwand.[3]

Wenn die Grenzen der Billigkeit überschritten werden, kann die Bestimmung der Vergütung nur noch durch eine Entscheidung des Gerichts ersetzt werden.[4]

Für die **Bestimmung der üblichen Vergütung** auf der Grundlage einer **Umfrage** kommt es nach der Rechtsprechung des BGH auf folgende Grundsätze an[5]:

---

1 BGH, U. v. 4.4.2006 – X ZR 122/05, IBR 2006 S. 1398; BGH, U. v. 4.4.2006 – X ZR 80/05, IBR 2006 S. 460.
2 BGH, U. v. 4.4.2006 – X ZR 80/05, IBR 2006 S. 460.
3 OLG Düsseldorf, U. v. 6.12.2002 – 5 U 93/01, BauR 2003 S. 1418; IBR 2003 S. 488.
4 BGH, U. v. 4.4.2006 – X ZR 80/05, IBR 2006 S. 460.
5 BGH, U. v. 4.4.2006 – X ZR 122/05; vgl. auch *Hommerich/Reiß*, Justizvergütungs- und -entschädigungsgesetz, Evaluation und Marktanalyse, Abschnitt 3.1.7.3, S. 43.

- „Da bei der Ermittlung der üblichen Vergütung **Ausreißer** unberücksichtigt bleiben müssen, kann **nicht das gesamte Spektrum** der aus der Umfrage ersichtlichen Beträge zugrunde gelegt werden."
- „Entscheidend ist vielmehr der Bereich, in dem sich die **Mehrzahl** und damit die die Üblichkeiten bestimmenden Werte halten."
- Die Üblichkeit der Vergütung bezieht sich auf Leistungen, die einem „als einheitlich empfundenen Wirtschaftsbereich zuzuordnen sind". Dabei geht es also um **Branchenüblichkeit**.
- Maßgeblich ist die Vergütung, die „**zur Zeit des Vertragsschlusses** nach einer festen Übung am Ort der Werkleistung gewährt zu werden pflegt."

Fraglich ist allerdings für den jeweiligen Einzelfall, was als „Ausreißer" bezeichnet werden kann und wie sich eine „Mehrzahl" zusammensetzt.

Hommerich/Reiß weisen darauf hin, dass in der Statistik Werte als **Ausreißer** angesehen werden, „wenn sie weiter als jeweils das Zweieinhalbfache der Spannbreite des zweiten und dritten Quartils zum Merdian vom Zentralwert entfernt sind. Bei Normalverteilung der Daten ist davon auszugehen, dass rund 5 % der Einzelwerte außerhalb dieser Spannbreiten liegen". [1]

Unter **„Mehrzahl"** ist zunächst schlicht „mehr als die Hälfte" der Befragten zu verstehen[2].

Zur Feststellung einer üblichen Vergütung müssen Einzelwerte um einen **„Median"** (= Zentralwert) herum gruppiert werden. Beim Median handelt es sich um einen Wert, „der in der Mitte einer ihrer Größe nach geordneten Reihe von Einzelwerten liegt". Der Median ist demnach der Wert, den mindestens 50 % der Befragten (= „Mehrzahl") nicht über- und unterschreiten[3]. Am oberen und unteren Ende einer Verteilung können Ausreißer gleichmäßig gestrichen und so die gesuchte Spannbreite um den Zentralwert gefunden. *Hommerich/Reiß* gehen für eine „Üblichkeit" von einer 60 %-Spannbreite als aussagefähige Spanne aus.

Im Gegensatz zum Median ist das **„arithmetische Mittel"** (= rechnerischer Durchschnitt) als geeignete Maßzahl weniger geeignet, da es „ausreißerempfindlich" ist.[4]

Hommerich/Reiß gehen im Ergebnis davon aus, dass der **Median** einer geeigneten Umfrage der Mittelwert ist, die die Anforderungen des BGH zur **üblichen Vegütung** am besten erfüllt[5].

Aufgrund der werkvertraglichen Vorleistungspflicht steht dem Bausachverständigen ohne besondere Zahlungsvereinbarungen die Vergütung in der Regel erst zu, wenn die vertraglich vereinbarte Leistung **vollständig erbracht** und dem Auftraggeber **ausgehändigt** ist.

Um Zahlungs- insbesondere auch Insolvenzrisiken des Auftraggebers zu vermeiden, hat es sich in der Praxis aber bewährt, entsprechende Zahlungsvereinbarungen zu treffen. Dabei können **Abschlags-** oder auch **Vorschusszahlungen** vereinbart werden.

---

1 A.a.O., Abschnitt 3.1.7.4, S. 44.
2 A.a.O., Abschnitt 3.1.7.4, S. 44.
3 A.a.O., Abschnitt 3.1.7.2, S. 42 mit Verweis auf *Kromrey,* Empirische Sozialforschung, S. 439.
4 A.a.O., Abschnitt 3.1.7.5, S. 45.
5 A.a.O., Abschnitt 3.1.7.5, S. 45.

33. Honorierung von außergerichtlichen Sachverständigenleistungen

Vorschusszahlungen werden bereits vor der Leistungserbringung geleistet. Der Sachverständige beginnt mit der Leistungserbringung dann erst nach Eingang der Vorauszahlung.

Abschlagszahlungen werden als Teilzahlung der Gesamtvergütung im Verhältnis zum Bearbeitungsgrad der Leistungserbringung geleistet. Bei größeren Aufträgen können auch feste Zahlungspläne oder monatliche Abschlagszahlungen vereinbart werden.

Auch Kombinationen aus Vorschusszahlung und Abschlagszahlungen können vertraglich vereinbart werden.

Eine besondere Zahlungsvereinbarung bei der Gutachtenerstattung kann auch in der Form getroffen werden, dass das Honorar nach Fertigstellung des Gutachtens gezahlt wird, das Gutachten selbst aber zunächst noch beim Sachverständigen verbleibt und erst nach Eingang der Zahlung an den Auftraggeber ausgehändigt wird.

Schließlich ist es auch möglich, **Lastschriftverfahren** oder eine **Zahlung per Nachnahme** mit der Postzustellung zu vereinbaren. Bei Zahlungsunfähigkeit des Auftraggebers geht der Sachverständige dann allerdings gleichwohl leer aus.[1]

Ohne besondere Zahlungsvereinbarungen können Bausachverständige solche Sonderzahlungen in der Regel allerdings nicht verlangen.

> **PRAXISTIPP**
>
> *Bei Honorarvereinbarungen sollte das Recht auf Abschlags- und Vorauszahlungen vereinbart werden.*

33.2 Freie Honorarvereinbarung

33.2.1 Grundsätze für eine freie Honorarvereinbarung

Zunächst besteht der Grundsatz der Vertragsfreiheit. Dies gilt selbstverständlich auch hinsichtlich der Vergütung als Gegenleistung für die vertraglich geschuldete Leistung des Bausachverständigen. Einschränkungen ergeben sich allenfalls durch öffentlich-rechtliche Taxen oder preisrechtliche Vorschriften (z.B. nach der HOAI). Liegt eine solche Beschränkung nicht vor, kann ein Honorar frei vereinbart werden. Eine solche Abrede, gleichgültig ob schriftlich oder mündlich getroffen, ist bis zur Vertragsbeendigung bindend.

Aufgrund der besonderen Schwierigkeiten bei der Feststellung der üblichen Vergütung (vgl. oben bei Abschnitt 33.1.3), kann den Vertragspartnern nur dringend geraten werden, von der Möglichkeit einer vertraglichen Honorarvereinbarung Gebrauch zu machen.

Allgemein sollten in jedem Fall vereinbart werden:

- **Honorar**
- **Nebenkosten**
- **Umsatzsteuer**

Eine **freie Honorarvereinbarung** kann auf vielfältige Weise erfolgen. Bei Bausachverständigen hat sich im Allgemeinen eine **Vergütung nach Zeitaufwand** mit vereinbarten

---

[1] *Roeßner* in: Bayerlein, § 9 Rdn. 60

Stundensätzen durchgesetzt (vgl. unter Abschnitt 33.2.4). Teilweise werden auch **Tagessätze** vereinbart. Frei vereinbart werden können aber auch **Pauschalhonorare**, die eine Honorierung entweder als **Festpreis** oder nach einem **Berechnungsmodus** vorsehen (vgl. unter Abschnitt 33.2.4). Im Rahmen einer freien Honorarvereinbarung können darüber hinaus auch **Differenzvergütungsvereinbarungen** getroffen werden. Mit solchen Vereinbarung wird dem Bausachverständigen ein Vergütungsausgleich gewährt, wenn er im Rahmen einer privatgutachterlichen Beauftragung als Zeuge bei Gericht geladen wird und dort nur die geringe Zeugenentschädigung erhält (vgl. unter Abschnitt 33.2.6).

Unter **Nebenkosten** sind die bei der Ausführung des Auftrags entstehenden erforderlichen Auslagen zu verstehen (vgl. unter Abschnitt 33.7).

Hinsichtlich der Abrechnung der **Umsatzsteuer** („Mehrwertsteuer") kommt es zunächst darauf an, dass der Auftraggeber nicht von der Umsatzsteuer befreit ist. Andernfalls muss die Umsatzsteuer gemäß § 19 Abs. 1 Umsatzsteuergesetz unerhoben bleiben. Für eine gesonderte Abrechnung der Umsatzsteuer kommt es ferner darauf an, dass eine solche besonders vereinbart ist. Dies gilt insbesondere für Endverbraucher (also z.B. für so genannte „Privatbauherrn"). Ist dazu nichts Besonderes vereinbart, wird der Verbraucher, außerhalb der Abrechnungsvorschriften der HOAI, allgemein von **Bruttovereinbarungen** ausgehen können. Der Umsatzsteueranteil ist dann also vom vereinbarten Honorar abzuziehen. Nur bei einer ausdrücklichen **Nettovereinbarung**, kann dagegen über das vereinbarte Nettohonorar die Umsatzsteuer zusätzlich abgerechnet werden.

Bei Abrechnungen nach der **HOAI** ist die Umsatzsteuer nicht Gegenstand der anrechenbaren Kosten (§ 4 Abs. 1 Satz 4 HOAI). Aufgrund von § 16 HOAI hat der Auftragnehmer einen Anspruch auf Ersatz der Umsatzsteuer, die auf das berechnete Honorar und die Nebenkosten entfällt.

> **PRAXISTIPP**
>
> Die gesonderte Abrechnung der Umsatzsteuer auf Honorar und Nebenkosten gesondert vereinbaren.
> Nettovereinbarungen als solche eindeutig kenntlich machen, z.B. durch die Formulierung „...zuzüglich der gesetzlichen Umsatzsteuer".

33.2.2 Stundensatzvereinbarungen

Für die Abrechnung von Privatgutachtenaufträgen treffen Bausachverständige in den meisten Fällen **Stundensatzvereinbarungen**. Weder für den Auftraggeber noch für den Sachverständigen ergibt sich dabei – eine mangelfreie und wirtschaftliche Gutachtenerstattung vorausgesetzt[1] – ein besonderes Risiko für ein unangemessenes Leistung/Preis-Verhältnis. Insofern sind solche Vereinbarungen allgemein **sach- und interessensgerecht**.

In vielen Fällen verlangt der Auftraggeber aber vor Auftragserteilung wenigstens eine grobe **Einschätzung des erforderlichen Zeitaufwands**. An eine unverbindliche münd-

---

[1] Vgl. oben: Ein überzogener Zeitaufwand stellt eine Pflichtverletzung dar, für die der Sachverständige schadensersatzpflichtig sein kann; OLG Düsseldorf, U. v. 6.12.2002 – 5 U 93/01, BauR 2003 S. 1418; IBR 2003 S. 488.

33. Honorierung von außergerichtlichen Sachverständigenleistungen

liche Schätzung, ohne nähere Prüfung und Berechnung, bei der nur ein ungefährer Betrag benannt wird, ist der Sachverständige nicht gebunden.

Anders verhält es sich bei einem **Kostenanschlag** i.S. von § 650 BGB, bei dem die gewollte Unverbindlichkeit zweifelsfrei ist, der Sachverständige also keine Gewähr für dessen Richtigkeit übernommen hat. Dieser stellt dann zwar auch nur eine unverbindliche fachmännische Berechnung der voraussichtlichen Kosten im Rahmen der Vertragsanbahnung dar und ist damit allenfalls als bloße Geschäftsgrundlage, nicht aber als Vertragsbestandteil anzusehen.[1] Der Sachverständige ist aber verpflichtet, dem Auftraggeber eine zu erwartende Überschreitung anzuzeigen (§ 650 Abs. 2 BGB). Bei einer wesentlichen Überschreitung steht dem Auftraggeber ein **Kündigungsrecht** zu (§ 650 Abs. 1 BGB). Eine solche wird allgemein bei etwa 15 % bis 25 % angenommen.[2] Kündigt der Auftraggeber nicht, so hat er die Vergütung zu bezahlen. Er kann aber gegebenenfalls einen Schadensersatzanspruch geltend machen (§ 280 BGB). Konkrete Aufwandsermittlungen sollten deshalb sorgfältig vorgenommen werden oder ganz unterbleiben.

An solche Schätzungen ist der Sachverständige allerdings nicht mehr gebunden, wenn sich der Gutachtenauftrag später wesentlich verändert hat.

> **PRAXISTIPP**
>
> *Schriftliche Aufwandsschätzungen nur mit einer möglichst genauen Leistungsbeschreibung durchführen und dabei die gewollte Unverbindlichkeit zweifelsfrei zum Ausdruck bringen.*

Voraussetzung bei einer Honorarvereinbarung mit Abrechnung nach Zeitaufwand ist, dass der Auftraggeber dem Sachverständigen bei der **Zeiterfassung** Vertrauen schenken kann. Der Sachverständige ist deshalb verpflichtet, detailliert zu erfassen, an welchem **Tag**, in welchem **Zeitraum**, mit welcher **Dauer**, welche **Leistungsinhalte** von ihm oder seinen **Mitarbeitern**, mit welcher **Qualifikation** erbracht werden. Um den Aufwand möglichst exakt abrechnen zu können, sollte der Zeitaufwand mindestens nach Viertelstunden genau erfasst werden. Gelingt es dem Sachverständigen nicht, angemessene Stundensätze zu vereinbaren, ist es nicht akzeptabel, einen Ausgleich über einen übersetzten Zeitaufwand zu suchen.

> **PRAXISTIPP**
>
> *Vereinbaren, dass die Zeiterfassung des Sachverständigen die Abrechnungsgrundlage darstellt.*

Soweit nichts anderes vereinbart wird, ist die Abrechnung der **Reisezeit** bei Terminen außerhalb des Geschäftssitzes des Bausachverständigen zu den vereinbarten Stundensätzen üblich und auch gerechtfertigt. Denn diese gehört zum Gesamtaufwand bei der Gutachtenerstattung. Sie wird im Übrigen auch bei Gerichtsaufträgen vollumfänglich vergütet. Bei einer freien Vereinbarung gilt bei Reisen ohne entsprechende Vereinbarung auch nicht die 15 km-Grenze des § 15 Abs. 2 Nr. 4 HOAI. Nach dieser Vorschrift im Geltungsbereich der HOAI können Fahrtkosten bis zu einem „Umkreis von 15 Kilometern um

---

[1] *Palandt,* § 650 Rdn. 1
[2] *Palandt,* a.a.O., Rdn. 2

den Geschäftssitz des Auftragnehmers" nicht abgerechnet werden. Außerhalb einer Anwendung der HOAI gilt eine solche Regelung selbstverständlich nicht (vgl. unter Abschnitte 33.7.2, 33.7.3).

PRAXISTIPP

Vertragliche Regelung zur Vergütung der Reisezeit und zur Reisekostenabrechnung treffen.

Nach der Rechtsprechung des Bundesgerichtshofs muss der Auftragnehmer (Sachverständige) zur schlüssigen Begründung eines nach Zeitaufwand zu bemessenden Vergütungsanspruchs grundsätzlich nur darlegen, wie viele Stunden für die Erbringung der Vertragsleistungen angefallen sind.[1]

Bei einer Stundensatzvereinbarung ist der Sachverständige nach Treu und Glauben allerdings zu einer wirtschaftlichen Betriebsführung verpflichtet. Verletzt der Sachverständige eine solche vertragliche Nebenpflicht wirkt sich dies nicht unmittelbar vergütungsmindernd aus. Eine solche Pflichtverletzung führt vielmehr zu Gegenansprüchen des Auftraggebers in Form eines Schadenersatzes wegen Pflichtverletzung (§ 280 Abs. 1 BGB). Der Auftraggeber ist hierzu in der Darlegungs- und Beweislast.[2]

33.2.3 Umfrage von 2002/2003

Sachgebiete	Privat West	Privat Ost
Abbruch	87,75 €	104,20 €
Abrechnung im Hoch- und Ingenieurbau	98,11 €	91,67 €
Akustik, Lärmschutz	90,04 €	67,20 €
Altbausanierung	82,39 €	65,00 €
Altlasten	73,22 €	58,88 €
Bauphysik	89,65 €	69,94 €
Baustoffe	89,52 €	68,33 €
Bauwerksabdichtung	91,20 €	86,34 €
Beton, Stahlbeton und Spannbeton	85,22 €	68,78 €
Bewertung von Immobilien	95,10 €	61,68 €
Brandschutz und Brandursachen	87,52 €	68,07 €
Dachkonstruktionen	83,28 €	80,60 €
Elektro(tech)nische Anlagen und Geräte	87,27 €	76,00 €
Erd- und Grundbau	78,10 €	61,33 €
Fenster, Türen, Tore	89,98 €	81,00 €
Fliesen und Bau- bzw. Bodenkeramik	88,16 €	110,00 €
Fußböden	83,32 €	93,83 €
Heizungs-, Klima und Lüftungstechnik	81,94 €	70,00 €
Holz / Holzbau	79,20 €	57,97 €
Honorare (Architekten und Ingenieure)	102,34 €	69,00 €
Immissionen	88,34 €	60,00 €

---

1 BGH, U. v. 17.4.2009 – VII ZR 164/07.
2 BGH, U. v. 17.4.2009 – VII ZR 164/07; BGH, U. v. 1.2.2000 – X ZR 198/97.

33. Honorierung von außergerichtlichen Sachverständigenleistungen

Sachgebiete	Privat West	Privat Ost
Ingenieurbau	82,08 €	63,56 €
Innenausbau	87,22 €	65,00 €
Kältetechnik	92,06 €	81,27 €
Mieten und Pachten	90,32 €	69,15 €
Sanitärtechnik	84,86 €	70,00 €
Schäden an Gebäuden	92,77 €	72,20 €
Stahlbau	78,53 €	55,33 €
Statik im Bauwesen	83,92 €	62,94 €
Straßenbau	85,21 €	59,92 €
Tiefbau	82,06 €	82,50 €
Vermessungstechnik	65,55 €	- - -
Wärme- und Kälteschutz	94,51 €	62,30 €
Wasserversorgung und Abwasser	75,30 €	60,78 €

Bei den „Ost-Werten" war allerdings zu berücksichtigen, dass in verschiedenen Sachgebieten nur sehr wenige Sachverständige zur Verfügung standen und damit das Umfrageergebnis für diese Bereiche nur eine eingeschränkte Aussagekraft haben konnte. Die West- und Ost-Werte haben sich in den vergangenen Jahren weiter angeglichen. Darüber hinaus war zu beachten, dass bei den Baupreisen sowohl für den Bereich „West" als auch für den Bereich „Ost" bundesweit ein statistisch belegtes Süd-Nord-Gefälle herrschte. Das galt und gilt auch heute noch auch für die Stundensätze der Bausachverständigen.

Aufgrund des Umfragezeitpunkts können die vorbenannten Stundensätze für das letzte Quartal 2002 als allgemein üblich angesehen werden.

33.2.4 Umfrage von 2009 (Hommerich/Reiß-Gutachten)

Mit dem Ziel die Abrechnungspraxis insbesondere auch von Sachverständigen bei der Erbringung von außergerichtlichen Leistungen zu ermitteln, führten *Hommerich/Reiß* im Zeitraum Mai bis August 2009 eine „Marktanalyse zum Justizvergütungs- und -entschädigungsgesetz – die Vergütung von Sachverständigen, Dolmetschern und Übersetzern" durch schriftliche Befragung von über 13.300 Sachverständigen durch.[1]

Gegenstand der Erhebung waren, bezogen auf die verschiedenen Berufsgruppen die Marktüblichkeit von Abrechnungseinheit, Höhe der Leistungshonorare sowie der Umgang mit Nebenkosten.[2]

Im Ergebnis gaben **48 %** an, sich außergerichtliche Leistungen ausschließlich auf der Basis von **Stundensätzen** vergüten zu lassen. Bei **47 %** erfolgt die Abrechnung **teils über Pauschalhonorare und teils auf Stundensatzbasis**. Lediglich **5 %** der Sachverständigen rechnen ihre außergerichtlichen Tätigkeiten **ausschließlich** auf der Grundlage von **Pauschalhonoraren** ab.

Nach der Studie erfolgt die **Kalkulation** der Pauschalhonorare bei 69 % der Sachverständigen wiederum **auf der Grundlage eines Stundensatzes**. Dabei wurde auch ein Zusammenhang zwischen dem Sachgebiet und der Art der Honorarabrechnung festge-

---

[1] *Hommerich/Reiß*, Justizvergütungs- und -entschädigungsgesetz, Evaluation und Marktanalyse.
[2] A.a.O., Abschnitt 1, S. 13.

stellt.[1] Aus der Umfrage ergab sich auch, dass 94 % aller Sachverständigen, die sowohl über Stundensätze als auch über Pauschalhonorare abrechnen, bei Abrechnung über Stundensätze und bei Kalkulation über Pauschalhonorare von gleichen Stundensätzen ausgehen.[2]

Auf der Grundlage von **Stundensätzen** rechnen Bausachverständige zu folgenden Anteilen ab:[3]

- **Honorarabrechnung von Architekten und Ingenieuren (83 %),**
- Bauwesen: handwerklich-technische Ausführung **(62 %),**
- **Bauwesen: Bauvertragswesen, Baubetrieb, Abrechnung von Bauleistungen (62 %).**

Auf der Grundlage von **Pauschalhonoraren** rechnen Bausachverständige zu folgenden Anteilen ab:[4]

- **Bewertung von Immobilien: Gebäude und bebaute Grundstücke (12 %),**
- **Bewertung von Immobilien: unbebaute Grundstücke (11 %).**

Bei diesen beiden Sachgebieten wird aber überdurchschnittlich häufig sowohl nach Stundensätzen als auch über Pauschalhonorare abgerechnet (69 % bzw. 67 %).[5]

Aus der Umfrage ergibt sich, dass sich **12 %** der Sachverständigen bei der Abrechnung von außergerichtlichen Leistungen **an eine Gebührenordnung gebunden** sehen bzw. sahen.[6] Dabei geht es im Wesentlichen um die HOAI.[7] Gemäß *Hommerich/Reiß*-Gutachten gilt dies vor allem für Sachverständige in den Sachgebieten „Bewertung von Immobilien", „Akustik, Lärmschutz" und „Mieten und Pachten".[8]

Dazu ist allerdings festhalten, dass die Umfrage von Mai bis August 2009 durchgeführt wurde, mit dem Inkrafttreten der HOAI 2009 zum 18.8.2009, also unmittelbar zum Ende der Umfrage, die HOAI im Bereich der **„Wertermittlungen"** dereguliert wurde und die entsprechenden Vorschriften des § 34 HOAI a.F. bei der Neufassung **aus der HOAI komplett gestrichen** wurden. Der Anteil der Sachverständigen, die bei außergerichtlichen Leistungen an eine Gebührenordnungen respektive an die HOAI gebunden sind, ist also nach seitdem drastisch gesunken und dürfte nunmehr deutlich unter 5 % liegen. In diesem Punkt ist die Umfrage also nicht mehr aktuell. Damit ist festzustellen, dass Sachverständige im ganz Wesentlichen auf der Grundlage von Stundensätzen abrechnen oder zumindest kalkulieren.

Die Hälfte der Sachverständigen berechnet das Honorar auf der Grundlage **fester Stundensätze**. Die andere Hälfte verwendet **variable Stundensätze**. Sie machen die Höhe des Stundensatzes von folgenden Faktoren abhängig:[9]

---

1 A.a.O., Abschnitt 1, S. 14 und Abschnitt 4.2.1, S. 65.
2 A.a.O., Abschnitt 4.2.4, S. 71.
3 A.a.O., Abschnitt 4.2.1, S. 66, Tab. 17.
4 A.a.O., Abschnitt 4.2.1, S. 66, Tab. 18.
5 A.a.O., Abschnitt 4.2.2, S. 67, Tab. 19.
6 A.a.O., Abschnitt 4.2.2, S. 67, Abb. 8.
7 A.a.O., Abschnitt 4.2.2, S. 68, Tab. 20.
8 A.a.O., Abschnitt 1, S. 14.
9 A.a.O., Abschnitt 1, S. 15 und Abschnitt 4.2.3, S. 70, Abb. 9.

33. Honorierung von außergerichtlichen Sachverständigenleistungen

- **Schwierigkeit der zu erbringenden Leistungen (82 %),**
- **Dringlichkeit der Erledigung (51 %),**
- **Art des Auftraggebers (44 %).**

Innerhalb der Bausachverständigen werden insbesondere von Sachverständigen für die Honorarabrechnung von Leistungen für Architekten und Ingenieure variable Stundensätze verwendet (70 %).[1]

Im Vergleich mit der gerichtlichen Vergütung nach dem JVEG haben *Hommerich/Reiß* aber festgestellt, dass die **außergerichtlichen Stundensätze**, unabhängig vom Sachgebiet, **die Vergütung nach dem JVEG teilweise erheblich übersteigen**.[2]

Nach den Erhebungen von *Hommerich/Reiß* ergeben sich bezogen auf das Bauwesen folgende **feste Stundensätze** für außergerichtliche Gutachten[3]:

Sachgebiete		Median	100% Spannbreite	60% Spannbreite
2	Akustik, Lärmschutz	88 €	60-150 €	74-102 €
3	Altlasten, Bodenschutz	90 €	55-160 €	72-105 €
5	Bauwesen			
5.1	Planung	90 €	60-170 €	75-110 €
5.2	handwerklich-technische Ausführung	80 €	38-150 €	70-95 €
5.3	Schadensfeststellung, -ursachenermittlung und -bewertung	95 €	39-185 €	75-120 €
5.4	Bauvertragswesen, Baubetrieb und Abrechnung von Bauleistungen	96 €	60-175 €	75-120 €
5.5	Baustoffe	98 €	65-180 €	82-120 €
9	Bewertung von Immobilien			
9.1	Gebäude und bebaute Grundstücke	100 €	55-250 €	85-135 €
9.2	unbebaute Grundstücke	100 €	50-180 €	85-134 €
18	Garten- und Landschaftsbau			
18.1	Planung	82 €	55-150 €	75-113 €
18.2	handwerklich-technische Ausführung	85 €	60-120 €	62-100 €
18.3	Schadensfeststellung, -ursachenermittlung und -bewertung	88 €	60-130 €	75 110 €
21	Hausrat und Inneneinrichtung	86 €	60-140 €	70-100 €
22	Honorarabrechnungen von Architekten und Ingenieuren	150 €	120-200 €	120-190 €
30	Mieten und Pachten	120 €	75-180 €	98-127 €
46	Vermessungs- und Katasterwesen	74 €	42-120 €	72-83 €

---

1 A.a.O., Abschnitt 4.2.3 S. 69.
2 A.a.O., Abschnitt 1, S. 15 f.
3 A.a.O., Abschnitt 10 Anhang, S. 268 f. Tab. 20.

Nach den Erhebungen von *Hommerich/Reiß* ergeben sich bezogen auf das Bauwesen folgende **variable Stundensätze** für außergerichtliche Gutachten[1]:

Sachgebiete		Median	100% Spannbreite	60% Spannbreite
2	Akustik, Lärmschutz	83 €	46-149 €	65-94 €
3	Altlasten, Bodenschutz	66 €	40-165 €	55-80 €
5	Bauwesen			
5.1	Planung	80 €	32-150 €	65-95 €
5.2	handwerklich-technische Ausführung	75 €	35-135 €	65-90 €
5.3	Schadensfeststellung, -ursachenermittlung und -bewertung	80 €	40-150 €	70-95 €
5.4	Bauvertragswesen, Baubetrieb und Abrechnung von Bauleistungen	90 €	45-200 €	75-110 €
5.5	Baustoffe	85 €	38-150 €	70-100 €
9	Bewertung von Immobilien			
9.1	Gebäude und bebaute Grundstücke	80 €	30-160 €	70-100 €
9.2	unbebaute Grundstücke	80 €	40-160 €	65-105 €
18	Garten- und Landschaftsbau			
18.1	Planung	80 €	60-110 €	75-90 €
18.2	handwerklich-technische Ausführung	77 €	40-120 €	60-82 €
18.3	Schadensfeststellung, -ursachenermittlung und -bewertung	80 €	50-120 €	68-90 €
21	Hausrat und Inneneinrichtung	79 €	50-120 €	64-90 €
22	Honorarabrechnungen von Architekten und Ingenieuren	102 €	35-170 €	77-123 €
30	Mieten und Pachten	90 €	50-125 €	70-100 €
46	Vermessungs- und Katasterwesen	66 €	45-100 €	50-79 €

33.2.5 Pauschalpreisvereinbarungen

Unter Pauschalhonorar- oder Pauschalpreisvereinbarungen werden allgemein **Festpreisvereinbarungen** verstanden. Dabei wird als Honorar also ein bestimmter Betrag vereinbart.

Aus den Erhebungen von *Hommerich/Reiß* ergibt sich, dass etwa 47 % der Sachverständigen teils auf Stundenbasis und teils über Pauschalhonorare und nur etwa 5 % ausschließlich über Pauschalhonorare abrechnen, wobei letztere zu etwa 69 %, also mehr als zwei Drittel, die Pauschale auf der Grundlage eines Stundensatzes kalkulieren. Damit legen etwa **98 %** aller befragten Sachverständigen der Abrechnung oder der Kalkulation **Stundensätze** zugrunde.[2] In den Sachgebieten „Bauwesen – handwerklich-technische Ausführung", „Bauvertragswesen, Baubetrieb und Abrechnung von Bauleistungen" und „Honorarabrechnungen von Architekten und Ingenieuren" wird überdurchschnittlich

---

[1] A.a.O., Abschnitt 10 Anhang, S. 269 f. Tab. 21.
[2] *Hommerich/Reiß*, Abschnitt 4.2.1, S. 65.

33. Honorierung von außergerichtlichen Sachverständigenleistungen

häufig ausschließlich auf der Basis von Stundensätzen abgerechnet. In diesen Sachgebieten ist die Abrechnung nach Pauschalen also die Ausnahme.[1]

Der Sachverständige ist im Regelfall nicht daran gehindert, Vereinbarungen mit einem Festpreis („Pauschale") einzugehen. Weil er an eine solche einmal vereinbarte Pauschalhonorarvereinbarung gebunden ist, wird der kluge Bausachverständige eine solche Honorarvereinbarung allerdings möglichst nur dann eingehen, wenn er sich weitgehend sicher sein kann, dass der kalkulierte Aufwand auch ausreichend genau eingeschätzt werden kann. Voraussetzung für eine solche Vereinbarung ist also eine möglichst genaue **Leistungs- bzw. Aufgabenbeschreibung**, mit einem klar bestimmten und abgegrenzten **Leistungsumfang** und auf dieser Basis eine **auskömmliche Vorkalkulation** des zu erwartenden Aufwands.

PRAXISTIPP

Bei Pauschalhonorarvereinbarungen sollte eine Leistungsbeschreibung zum Vertragsgegenstand gemacht werden.

Ist eine **Aufwandskalkulation** nicht oder nur vage möglich, sollte eine solche Vereinbarung nicht getroffen und eine Abrechnung nach Zeitaufwand vereinbart werden.

In Pauschalpreisvereinbarungen können auch **Öffnungsklauseln** aufgenommen werden, die eine Honoraranpassung vorsehen, wenn sich z.B. der Aufgabeninhalt erweitert oder sich der Ausführungszeitraum oder die Dauer der Leistungserbringung verändert.

PRAXISTIPP

Bei Pauschalhonorarvereinbarungen vertragliche Öffnungsklauseln bestimmen und dafür klare Berechnungsgrundlagen vereinbaren.
In Verträge keine Absichtserklärungen aufnehmen.

Vereinbarungen über ein Pauschalhonorar können auch über einen bestimmten Berechnungsmodus erfolgen, der in keinem Zusammenhang zum tatsächlichen Aufwand steht. So können beispielsweise Honorare für Aufmaßtätigkeiten oder Substanzaufnahmen in bestehenden Gebäuden über Nutzflächen (NF) oder Brutto-Grundflächen (BGF) i.S. der DIN 277 vereinbart werden. Auch Honorarvereinbarungen nach der **HOAI** sind Pauschalhonorarvereinbarungen mit einem Berechnungsmodus. Die Berechnungsgrundlagen sind dann **anrechenbare Kosten, Honorarzone, Honorartafel** (§ 6 Abs. 1 HOAI) sowie der übertragene **Leistungsumfang** (§ 8 Abs. 1 und 2 HOAI). Darüber hinaus sind pauschale Honorarvereinbarungen auch über andere Modi möglich, wenn auch unüblich.

PRAXISTIPP

Pauschalpreisvereinbarungen nur als deutlich gekennzeichnete Nettovereinbarungen treffen.

Pauschalpreisvereinbarungen für Leistungen außerhalb der HOAI können auch mündlich getroffen werden. Auf die Schriftform kommt es dann also nicht an.

---
1 A.a.O., S. 66.

Wurde eine Pauschalpreisvereinbarung getroffen und erweist sich diese im Nachhinein als unauskömmlich, ist der Auftragnehmer gleichwohl an die getroffene Vereinbarung gebunden. Er kann davon also nicht einseitig abweichen. Anders liegt der Fall nur, wenn von einer **Störung der Geschäftsgrundlage** *(Wegfall der Geschäftsgrundlage")* auszugehen ist (§ 313 BGB). Ein solcher Fall liegt dann vor, wenn...[1]

a) Umstände, die zur Grundlage des Vertrags geworden sind, sich nach Vertragsabschluss **schwerwiegend verändert** haben oder

b) wesentliche Vorstellungen, die zur Grundlage des Vertrags geworden sind, sich als **falsch** herausstellen.

Es muss also zu einem **krassen Missverhältnis zwischen Leistung und Vergütung** gekommen sein, so dass ein Festhalten an der vertraglichen Vergütung unzumutbar wäre.[2]

> **PRAXISTIPP**
>
> *Festpreisvereinbarungen nur bei genauer Vorkalkulation treffen. Gegebenenfalls Öffnungsklausel zu einer Abrechnung nach Zeithonorar vorsehen; z.B. bei Änderung oder Erweiterung des Vertragsgegenstands.*

33.2.6 Differenzvergütungsvereinbarungen

Bausachverständige werden von Prozessparteien vielfach mit prozessvorbereitenden oder -begleitenden Gutachten beauftragt. Schriftsätzlich werden sie dann entsprechend als „Zeugen" benannt. Wird der Sachverständige dann gerichtlich geladen, stellt sich die Frage, ob er gerichtlich nach dem JVEG nur als Zeuge entschädigt wird oder eine gerichtliche Vergütung als Sachverständiger erhält.

Eine Vereinbarung, aus der sich ergibt, dass im Falle einer Ladung als Zeuge für die Zeit der Inanspruchnahme der Unterschiedsbetrag zwischen dem vereinbarten Stundenhonorar und dem vom Gericht gezahlten Geld vom Auftraggeber verlangt werden kann, verstößt nicht gegen die guten Sitten und ist also zulässig.[3] Eine entsprechende Forderung ist auch nicht von einer gerichtlichen Vernehmung abhängig.[4]

> **PRAXISTIPP**
>
> *Im Gutachtervertrag sollte eine Klausel enthalten sein, die bei einer gerichtlichen Ladung eine Vergütung der Differenz zwischen dem vereinbarten privaten Stundenhonorar und einem ggf. gerichtlich gezahltem Geld regelt.*

---

[1] *Werner/Pastor,* Der Bauprozess, 14. Aufl., Rdn. 2956 ff.
[2] BGH, U. v. 14.10.1992 – VII ZR 91/91; BauR 1993 S. 458.
[3] AG Wuppertal, U. v. 3.8.2006 – 97 C 138/06, IBR 2007 S. 1183 mit Praxishinweis von *Ulrich.*
[4] A.a.O.

33.3 Honorare für Leistungen bei der Immobilienbewertung

33.3.1 Grundlagen

Für die Honorierung von Leistungen bei der Immobilienbewertung lagen im Bereich von Privatgutachten schon immer besondere Verhältnisse vor.

Bis zur Neufassung der HOAI von 2009, die zum 18.8.2009 in Kraft trat, waren Wertermittlungsgutachten an die HOAI gebunden. Erstellte ein Sachverständiger ein Immobilien-Wertgutachten, so stand ihm ohne schriftliche Honorarvereinbarung ein Honorar nach § 34 HOAI alte Fassung (a.F.) zu.[1] Die Vorschriften des § 34 HOAI a.F. war anzuwenden, wenn **Werte von Grundstücken, Gebäuden und anderen Bauwerken oder von Rechten an Grundstücken** zu ermitteln waren. Von § 34 HOAI a.F. nicht erfasst waren aber insbesondere Ermittlungen bei Mieten und Pachten sowie Wertermittlung von technischen Anlagen. Honorare für solche Gutachten konnten demnach schon immer frei vereinbart werden.

Weil die HOAI insgesamt **tätigkeitsbezogen** und nicht berufsstandsbezogen gilt,[2] war es für die Anwendung von § 34 HOAI a.F. gleichgültig, ob Wertermittlungen von Architekten bzw. Ingenieuren oder Maklern oder sonstigen Wertermittlungsgutachtern durchgeführt wurden. Für Wertermittlungsgutachten war es also nur entscheidend, ob es sich um ein Gutachten im Anwendungsbereich des § 34 HOAI a.F. handelte.

Mit dem Wegfall des § 34 HOAI a.F. können nun **alle Wertermittlungsgutachten** im privaten Bereich grundsätzlich nach einer **freien Honorarvereinbarung** erbracht werden.

Der Umstand, dass für Wertermittlungsgutachten die HOAI bis 2009 Honorartafeln enthielt und es die Sachverständigen dieser Sachgebiete gewohnt waren damit abzurechnen, hat allerdings dazu geführt, dass Immobilienbewertungsgutachter **pauschalierte Abrechnungssysteme** kennen und im Allgemeinen auch anwenden wollen. Von Verbänden wurden daher verschiedene Honorarempfehlungen mit **Pauschalsätzen** eingeführt, die in der Praxis auch vergleichsweise breite Akzeptanz finden. Nach Einschätzung von Immobiliensachverständigen werden mindestens 90 % aller Wertermittlungsgutachten auf der Grundlage einer solchen freien Pauschalvereinbarung abgerechnet.

Zu nennen sind folgende Empfehlungen, die online auf den Internetseiten der betreffenden Verbände verfügbar sind:

- **BVS-Richtlinie zur Berechnung von Honoraren für Wertermittlungsgutachten über Immobilien (Stand vom Dezember 2010),**[3]
- **Honorar-Richtlinie des LVS-Bayern zur Immobilienbewertung (Fassung vom 22.01.2013).**[4]

---

[1] LG Köln, U. v. 21.3.2007 – 13 S 216/06, IBR 2008 S. 338.
[2] BGH, U. v. 22.5.1997 – VII ZR 290/05, BauR 1997 S. 677; IBR 1997 S. 286.
[3] www.bvs-ev.de.
[4] www.lvs-bayern.de.

33.3.2 BVS-Richtlinie

Die Richtlinie des BVS[1], Berlin, ist überschaubar auf einer Seite zusammengefasst. Sie ist damit vergleichsweise leicht zu handhaben.

In einer Vorbemerkung stellt die Richtlinie zunächst klar, dass die Honorare für Wertermittlungsgutachten grundsätzlich frei verhandelbar sind und die Richtlinie daher nur eine **unverbindliche Empfehlung** darstellen kann.

Die Richtlinie wurde formuliert für die Erstattung von Gutachten über den Verkehrswert von immobilienwirtschaftlichen Grundstücken.

Für die Bemessung des Honorars ist zunächst der durch den Sachverständigen ermittelte **Verkehrswert maßgeblich**. Bezogen auf den jeweiligen Wert werden folgende Grundhonorare als Nettohonorare empfohlen:

Wert:	Honorar:	Wert:	Honorar:
bis 100.000 €	bis 750 €	2.000.000 €	bis 3.400 €
125.000 €	bis 860 €	2.250.000 €	bis 3.600 €
150.000 €	bis 970 €	2.500.000 €	bis 3.800 €
175.000 €	bis 1.050 €	3.000.000 €	bis 4.200 €
200.000 €	bis 1.200 €	3.500.000 €	bis 4.600 €
225.000 €	bis 1.250 €	4.000.000 €	bis 5.000 €
250.000 €	bis 1.300 €	4.500.000 €	bis 5.500 €
300.000 €	bis 1.450 €	5.000.000 €	bis 5.900 €
350.000 €	bis 1.550 €	7.500.000 €	bis 7.800 €
400.000 €	bis 1.650 €	10.000.000 €	bis 9.500 €
450.000 €	bis 1.750 €	12.500.000 €	bis 11.200 €
500.000 €	bis 1.800 €	15.000.000 €	bis 12.600 €
750.000 €	bis 2.100 €	17.500.000 €	bis 14.000 €
1.000.000 €	bis 2.400 €	20.000.000 €	bis 15.200 €
1.250.000 €	bis 2.700 €	22.500.000 €	bis 16.800 €
1.500.000 €	bis 2.900 €	25.000.000 €	bis 18.300 €
1.750.000 €	bis 3.200 €	> 25.000.000 €	bis 20.000 €

Mit der Neufassung der HOAI ist allerdings zu erwarten, dass die vorbenannten Honorare entsprechend erhöht werden. Insofern ist auf den jeweils aktuellen Stand gemäß Internet-Seite des BVS zu verweisen.[2]

In Fällen einer **Wertminderung**, z.B. bei Abschlägen für Instandsetzungseinfluss, Reparatureinfluss, ökologische Lasten, Abbruchkosten oder Erschließungsproblemen usw. soll sich das Honorar auf der Grundlage der **ungekürzten Werte** bemessen.

Zuschläge sind für folgende **Besonderheiten** vorgesehen:

---

1 Bundesverband öffentlich bestellter und vereidigter sowie qualifizierter Sachverständiger e.V.
2 www.bvs-ev.de.

33. Honorierung von außergerichtlichen Sachverständigenleistungen

Besonderheiten:	Korrektur:
bei mehreren Wertermittlungsstichtagen: pro Stichtag	+20 %
bei mehreren Qualitätsstichtagen: pro Stichtag	+20 %
Rechte am Grundstück:	
Wegerecht	+20 %
Leitungsrecht	+20 %
Wohnungsrecht	+30 %
Nießbrauchsrecht	+30 %
Überbau	+30 %
weitere Rechte, je nach Schwierigkeit	+10 % – +40 %

Fallen **mehrere Rechte** am Grundstück zusammen, wird empfohlen, die einzelnen **Faktoren** zu **addieren**, wenn keine Gemeinsamkeiten bei den Rechten bestehen. Unter Gemeinsamkeiten sind z.B. ein kombiniertes Geh-, Fahr- und Leitungsrecht auf der gleichen Teilfläche eines Grundstücks zu verstehen.

Rechte ohne Werteinfluss sind nicht zu berücksichtigen.

Bei Fällen gleicher **Voraussetzungen** (z.B. Wohnungsrecht und Nießbrauch für die gleiche Person) soll **ein Recht voll** und **jedes weitere Recht** mit einem **halben Korrekturfaktor** berücksichtigt werden.

Weitere Zuschläge sind wie folgt vorgesehen:

Zuschlag für **erschwerte Arbeitsbedingungen**, wie z.B. Schmutz, Sicherheit, Gefahrenabwehr usw.: **20 %** („Faktor 1,2").

Zuschlag für **besondere Leistungen**, wie z.B. für die Beschaffung von erforderlichen Unterlagen örtliche Aufnahme der Gebäude und Aufmaß, Erstellung oder Ergänzung von Plänen und maßstabsbezogenen Skizzen: **20 % bis 50 %** je nach Aufwand.

> **PRAXISTIPP**
>
> *Bei besonderen Leistungen sollte im Zweifel ein gesondertes Honorar nach Zeitaufwand vereinbart werden.*

Ein **Minderungsfaktor zwischen 0,9 und 0,6** ist vorgesehen, wenn ein früheres Gutachten zu aktualisieren ist. Die Höhe des Faktors soll vom Aufwand abhängig sein, der mit der Aktualisierung verbunden ist. Hierbei besteht also ein nicht unerheblicher (Verhandlungs-)Spielraum.

Ferner sieht die BVS-Richtlinie vor, dass **Nebenkosten** gesondert frei zu vereinbaren sind. Bei Fahrten mit dem Kraftfahrzeug wird aber eine zusätzliche Pauschale in Höhe von 0,40 Euro pro gefahrenen Kilometer vorgeschlagen.

> **PRAXISTIPP**
>
> Für allgemeine Nebenkosten sollte eine Pauschale in Höhe von 2 % bis 5 % vereinbart werden.

> **PRAXISTIPP**
>
> Bei Bahnfahren sollte 1. Klasse und bei Einsatz einer BahnCard eine anteilige Umlage der Kosten der BahnCard vereinbart werden.

Schließlich stellt die BVS-Richtlinie klar, dass **alle Angaben ohne die gesetzliche Umsatzsteuer** dargestellt sind. Soweit der Sachverständige also von der Umsatzsteuer nicht befreit ist, muss er auf alle berechneten Beträge die Umsatzsteuer noch zusätzlich erheben.

> **PRAXISTIPP**
>
> Im Vertrag ist die zusätzliche Berechnung der Umsatzsteuer klarzustellen. Verbraucher können andernfalls von Bruttobeträgen ausgehen.

33.3.3 Honorar-Richtlinie des LVS-Bayern

Der LVS-Bayern[1] hat demgegenüber eine abweichende Honorar-Richtlinie veröffentlicht.

In einer Vormerkung stellt der LVS-Bayern klar, dass sich die Richtlinie auf die Erstellung von Gutachten zum Verkehrswert (gemäß § 194 BauGB) von Immobilien bezieht.

Nach den Empfehlungen des LVS-Bayern soll sich die Vergütung aus vier Komponenten zusammensetzen:

- **1. Tabellenhonorar als Basishonorar**
- **2. Zeithonorar für die Ortsbesichtigung und Beschaffung von Unterlagen**
- **3. Honorare für Sonderwerte**
- **4. Nebenkosten**

Zu 1. Tabellenhonorar als Basishonorar:

Das Basishonorar ist vorgesehen für die Ausarbeitung, Erstellung und erste Ausfertigung des Gutachtens. Dieses ist zunächst über einen „Sockelbetrag" zu ermitteln, der über einen Anteil aus dem Objektwert zu erhöhen ist:

Objektwert:	Sockelbetrag:	Erhöhung:
bis 1 Mio. €	1.000 €	+ 0,2 % des Objektwertes
über 1 Mio. €	2.000 €	+ 0,1 % des Objektwertes

---

1 Landesverband Bayern öffentlich bestellter und vereidigter sowie qualifizierter Sachverständiger e.V.

33. Honorierung von außergerichtlichen Sachverständigenleistungen

Als **Objektwert** soll nach dieser Richtlinie der ermittelte Verkehrswert im lastenfreien Zustand also ohne wertmindernde Rechte und Lasten gemäß Grundbuch Abteilung II und ohne Abzüge von Sonderwerten, wie z.B. Instandhaltungsrückstand, temporärerer Minderungsertrag usw. gelten.

Für das **Basishonorar** ergibt sich damit folgende Honorartabelle für Nettohonorare (zzgl. MwSt.):

Wert:	Honorar:	Wert:	Honorar:
bis 200.000 €	1.400 €	900.000	2.800 €
250.000 €	1.500 €	950.000	2.900 €
300.000 €	1.600 €	1.000.000	3.000 €
350.000 €	1.700 €	1.100.000	3.100 €
400.000 €	1.800 €	1.200.000	3.200 €
450.000 €	1.900 €	1.300.000	3.300 €
500.000 €	2.000 €	1.400.000	3.400 €
550.000 €	2.100 €	1.500.000	3.500 €
600.000 €	2.200 €	1.600.000	3.600 €
650.000 €	2.300 €	1.700.000	3.700 €
700.000 €	2.400 €	1.800.000	3.800 €
750.000 €	2.500 €	1.900.000	3.900 €
800.000 €	2.600 €	2.000.000	4.000 €
850.000 €	2.700 €		

Die veröffentlichte Tabelle enthält darüber hinaus auch eine Spalte, die das Basishonorar brutto also einschließlich 19 % Mehrwertsteuer enthält.

Die Basishonorare sollen mit **Objektfaktoren** multipliziert werden. Diese sollen die Objekt- bzw. Auftragsmerkmale berücksichtigen. In der Richtlinie werden folgende Einzelfaktoren aufgezählt:

Objekt- und Auftragsmerkmale, Besonderheiten:	Faktor:
keine Besonderheiten	= 1,0
Bewertung von Teileigentum	1,2
Bewertung von Sonderimmobilien	1,4
Bewertung von Erbbaurechten	1,5
Bewertung bei rückliegenden Stichtagen	1,1
Bewertung bei gemischten Nutzungen im Objekt	1,1
bei besonderer Eilbedürftigkeit	1,2
Aktualisierung eines Verkehrswertes aus früheren Gutachten	0,8

33.3 Honorare für Leistungen bei der Immobilienbewertung

Die Aufzählung ist nicht abschließend.

Der Gesamtfaktor soll sich durch Multiplikation der Einzelfaktoren ergeben.

Zu 2. Zeithonorar für die Ortsbesichtigung und Beschaffung von Unterlagen:

Vom Basishonorar nicht erfasst sollen zunächst der Aufwand für **Ortsbesichtigungen** und die **Beschaffung** der für die Gutachtenerstattung erforderlichen **Objektunterlagen**, die nicht vom Auftraggeber gestellt werden, sein. Die Vergütung dafür soll nach **Zeitaufwand** oder mit einer **Aufwandspauschale** vereinbart werden.

Darüber hinaus soll auch die Berücksichtigung von **besonderen objektspezifischen Merkmalen** mit einem Zeithonorar oder einer Aufwandspauschale abgerechnet werden.

Dafür sieht die Richtlinie einen **Basisstundensatz** in Höhe von **119,00 Euro/Std. oder** den individuellen **Bürostundensatz** des Sachverständigen vor. Der Basisstundensatz aus dem Stundensatz abgeleitet, den das Bayerische Staatsministerium des Innern nach der Zuständigkeitsverordnung im Bauwesen (ZustVBau) für Amtshandlungen im Vollzug der Bayerischen Bauordnung (BayBO) bekannt gibt. Die Ableitung ergibt sich unmittelbar aus der Richtlinie.

Über einen **„Bürofaktor"**, als bürobezogener Multiplikationsfaktor bezogen auf den Basisstundensatz, können darüber hinaus die „Personal- und Kostenstruktur des Sachverständigenbüros sowie die regionalen Verhältnisse vor Ort" im Stundensatz berücksichtigt werden.

Zu 3. Honorare für Sonderwerte:

Falls eine **Bewertung von Rechten, Lasten und Beschränkungen** erforderlich ist, wird hierfür ebenfalls eine Abrechnung nach Zeithonorar oder über eine vereinbarte Aufwandspauschale empfohlen.

Zu 4. Nebenkosten:

Als **Nebenkosten** nach dieser Richtline sollen der Ersatz von **Auslagen** und **Aufwendungen** sowie die **Umsatzsteuer** (Mehrwertsteuer) gelten.

Für folgende beispielhaft aufgezählte Auslagen und Aufwendungen werden folgende Empfehlungen gegeben:

Auslagen und Aufwendungen:	Preis:
Reisekostenersatz, Benutzung von eigenem Kfz	0,70 €/km
Sonstige Verkehrsmittel	auf Nachweis
Übernachtungskosten	auf Nachweis
Kopierkosten für Mehrfertigungen, schwarz/weiß	0,15 €/Seite
Kopierkosten für Mehrfertigungen, farbig	1,00 €/Seite
Fotografien, Original (Erstfertigung)	2,00 €/Stück
Fotografien, je Abzug oder Ausdruck	0,50 €/Stück
Portokosten	auf Nachweis

Die Preise für Fotografien entsprechen damit den Sätzen gemäß § 12 JVEG.

33. Honorierung von außergerichtlichen Sachverständigenleistungen

Die Honorare sind um die gesetzliche Umsatzsteuer zu erhöhen.

Honorar für andere Leistungen (Ziff. III der Richtlinie):

Schließlich enthält die Richtlinie unter Ziff. III auch Empfehlungen für Leistungen, die nicht im Zusammenhang mit enem Verkehrswertgutachten stehen, wie z.B. Beratungen, Teilnahme an Abnahmen, fachlichen Stellungnahmen, Schiedsgutachten.

Mit der Richtlinie wird dafür eine Abrechnung nach Zeitaufwand mit dem jeweilingen „Büro-Stundensatz" empfohlen (vgl. oben). Dafür wird eine Erhöhung um einem Faktor vorgeschlagen, der abhängig sein soll, von der Art und der Besonderheit des Auftrags, wie z.B. Schwierigkeit, erforderliche besondere Kenntnisse, Qualifikation usw. Empfohlen wird ein Erhöhungsfaktor zwischen 1,3 und 3,0.

33.3.4 Vergleich der Grundhonorare BVS/LVS-Bayern

Die Honorarempfehlungen des BVS und des LVS-Bayern lassen sich aufgrund unterschiedlicher Berechnungssysteme und Zuschläge nur schwer allgemein vergleichen. Für die Nettogrundhonorare (zzgl. MwSt.) ergibt sich aber folgender Vergleich:

Wert:	Grundhonorare BVS[a]:	Basishonorare LVS-Bayern[b]:
bis 200.000 €	1.200 €	1.400 €
250.000 €	1.300 €	1.500 €
300.000 €	1.450 €	1.600 €
350.000 €	1.550 €	1.700 €
400.000 €	1.650 €	1.800 €
450.000 €	1.750 €	1.900 €
500.000 €	1.800 €	2.000 €
750.000 €	2.100 €	2.500 €
1.000.000 €	2.400 €	3.000 €
1.500.000 €	2.900 €	3.500 €
2.000.000 €	3.400 €	4.000 €
5.000.000 €	5.900 €	7.000 €
10.000.000 €	9.500 €	12.000 €
15.000.000 €	12.600 €	17.000 €
20.000.000 €	15.200 €	22.000 €
25.000.000 €	18.300 €	27.000 €

a. Vvgl. oben Abschnitt 33.4.2; zzgl. Erhöhungen für Besonderheiten, Zuschläge für erschwerte Bedingungen und besondere Leistungen sowie Nebenkosten.
b. Vgl. oben Abschnitt 33.4.3; zzgl. Objektfaktoren, Zeithonorar für die Ortsbesichtigung und Beschaffung von Unterlagen, Honorare für Sonderwerte und Nebenkosten.

33.4 Honorar für Grundleistungen nach der HOAI

33.4.1 Grundlagen

Aufgrund der für den Geltungsbereich der HOAI maßgeblichen Ermächtigungsgrundlage des Art. 10 §§ 1 und 2 MRVG ist die HOAI auf natürliche und juristische Personen unter der Voraussetzung anwendbar, dass sie Architekten- und Ingenieuraufgaben erbringen, die in der HOAI beschrieben sind.[1] Die **HOAI ist also leistungsbezogen** zu verstehen. Ob der Auftragnehmer selbst Architekt oder Ingenieur ist, ist dabei unerheblich.

Soweit von Bausachverständigen in dieser Hinsicht Leistungen nach der HOAI zu erbringen sind, ist für die zutreffende Anwendung der Honorarberechnungsvorschriften zunächst eine Abgrenzung von **Grundleistungen** und **Besonderen Leistungen** vorzunehmen.Bei der Frage der maßgeblichen Fassung kommt es auf den Zeitpunkt des Vertragsschlusses an. Insofern sind folgende Fassung anzuwenden:

Nach § 3 Abs. 1 HOAI umfassen **Grundleistungen** die Leistungen, die zur ordnungsgemäßen Erfüllung eines Auftrags im Allgemeinen erforderlich sind. Sachlich zusammengehörige Grundleistungen sind zu jeweils in sich abgeschlossenen Leistungsphasen zusammengefasst. Die Grundleistungen sind in den einzelnen Leistungsbildern der HOAI **abschließend aufgezählt.**[2]

Werden von Bausachverständigen Grundleistungen nach der HOAI erbracht, sind die Vorschriften der HOAI für die Honorarabrechnung zu beachten. Eine **Honorarabrechnung nach Zeithonorar kommt nur ausnahmsweise in Betracht. Voraussetzung dafür ist dann, dass die** Honorarvereinbarung schriftlich bei Auftragserteilung geschossen wurde und das Honorar im Ergebnis zwischen Mindest- und Höchstsatz liegt (§ 7 Abs. 1 und 5 HOAI).[3] Ist dies nicht der Fall kann der Auftraggeber gegen eine Abrechnung nach Zeitaufwand **Einwendungen gegen die Prüffähigkeit** der Honorarrechnung erheben. Der Bausachverständige ist dann verpflichtet, nach den Abrechnungsvorschriften der einzelnen Leistungsbilder der HOAI abzurechnen. Ohne schriftliche Honorarvereinbarung bei Auftragserteilung kann nur ein Mindestsatzhonorar verlangt werden (§ 7 Abs. 5 HOAI).

Grundleistungen können Bausachverständige grundsätzlich aus allen **Leistungsbildern der HOAI** erbringen:

Teil 2	Abschnitt 1	§ 18	Flächennutzungsplan
Teil 2	Abschnitt 1	§ 19	Bebauungsplan
Teil 2	Abschnitt 2	§ 23	Landschaftsplan
Teil 2	Abschnitt 2	§ 24	Grünordnungsplan
Teil 2	Abschnitt 2	§ 25	Landschaftsrahmenplan
Teil 2	Abschnitt 2	§ 26	Landschaftspflegerischer Begleitplan
Teil 2	Abschnitt 2	§ 27	Pflege- und Entwicklungsplan
Teil 3	Abschnitt 1	§ 34	Gebäude und Innenräume
Teil 3	Abschnitt 2	§ 39	Freianlagen

---

[1] BGH, U. v. 22.5.1997 – VII ZR 290/05, BauR 1997 S. 677, IBR 1997 S. 286.
[2] *Korbion/Mantscheff/Vygen,* 8. Aufl., § 3 Rdn. 33.
[3] BGH, U. v. 17.4.2009 – VII ZR 164/07, IBR 2009 S. 334.

33. Honorierung von außergerichtlichen Sachverständigenleistungen

Teil 3	Abschnitt 3	§ 43	Ingenieurbauwerke
Teil 3	Abschnitt 4	§ 47	Verkehrsanlagen
Teil 4	Abschnitt 1	§ 51	Tragwerksplanung
Teil 4	Abschnitt 2	§ 55	Technische Ausrüstung

Leistungen für **Umweltverträglichkeitsstudie, Bauphysik, Geotechnik** und **Ingenieurvermessung** sind zwar in Anlage 1 der HOAI enthalten. Seit der HOAI in der Fassung von 2009 sind solche Leistungen allerdings nicht mehr preisrechtlich geregelt (§ 3 Abs. 1 Satz 2 HOAI). Die Honorare können dafür also frei vereinbart werden. Honorarvereinbarungen nach Zeitaufwand sind daher im Grundsatz nicht zu beanstanden.Bei Honorarabrechnungen nach der HOAI gelten übergreifend für alle Teile der HOAI zunächst die **allgemeinen Vorschriften** nach Teil 1, §§ 1 – 16.

Bausachverständige werden vielfach beauftragt, auf der Basis von gutachterlichen Feststellungen Grundleistungen zu erbringen, also geeignete Planungen zu fertigen (Leistungsphasen 1 bis 5), die Vergabe vorzubereiten, bei dieser mitzuwirken (Leistungsphasen 6 und 7) oder die Bauüberwachung (Leistungsphase 8) ganz oder in Teilen zu übernehmen. Gerade bei der Objektüberwachung werden Bausachverständige vielfach tätig. Bei der Feststellung von Mängeln, der **Entwicklung eines Sanierungskonzeptes** und der **Beaufsichtigung der Sanierungsarbeiten** handelt es sich um **Architektenleistungen** und nicht um Sachverständigentätigkeiten,[1] auch wenn der Bausachverständige in dieser Sache zuvor ein Gutachten über die erforderlichen Sanierungsarbeiten erstattet hat.[2]

Eine *baubegleitende Qualitätssicherung"* ist eine Objektüberwachung i.S. der Leistungsphase 8, soweit es dabei um Grundleistungen i.S. der HOAI geht. Auch eine als *„Baucontrolling"* verbrämte Objektüberwachungsleistung eines Bausachverständigen oder einer Sachverständigenorganisation kann nicht losgelöst von den preisrechtlichen Vorschriften der HOAI vereinbart werden.[3]

Für alle Grundleistungen kann die Honorarabrechnung grundsätzlich nur nach den Grundsätzen der HOAI erfolgen (vgl. nachfolgend Abschnitt 33.4.3).

> **PRAXISTIPP**
>
> *Leistungsinhalt und Leistungsumfang möglichst scharf definieren.*
> *Begriffe nach der HOAI verwenden.*

Für alle Leistungen nach der HOAI sind die grundlegenden Vorschriften des § 7 HOAI zu beachten. Honorarvereinbarungen müssen allgemein zu einem Honorar führen, das **zwischen Mindest- und Höchstsatz** liegt (Abs. 1). **Mindestsatzunterschreitungen** (Abs. 3) oder **Höchstsatzüberschreitungen** (Abs. 4) sind nur in wenigen Ausnahmefällen zulässig.[4] Solche Abweichungen müssen auch **schriftlich bei Auftragserteilung** vereinbart werden. Nur zu diesem Zeitpunkt kann der durch die HOAI gesetzte Rahmen von Mindest- und Höchstsätzen ausgeschöpft werden (Abs. 1). Fehlt dagegen ein schrift-

---

1 BGH, U. v. 12.5.2005 – VII ZR 349/03, BauR 2005 S. 1349; IBR 2005 S. 429.
2 Ebenso: OLG Düsseldorf, U. v. 1.9.1999 – 5 U 267/98, BauR 1999 S. 1477; IBR 2000 S. 179.
3 LG Berlin, Vergleich v. 30.5.2002 – 16 O 576/01, IBR 2003 S. 89.
4 Vgl. ausführlich: *Locher/Koeble/Frik,* 11. Aufl., § 7

licher Vertrag, der bei Auftragserteilung also bei Leistungsbeginn geschlossen worden sein muss, bleibt nur eine Abrechnung nach den Mindestsätzen der HOAI (§ 7 Abs. 5 HOAI).

33.4.2 Gemischte Aufträge

Bei einer gemischten Leistung, wenn also preisrechtlich nicht geregelte gutachterliche Tätigkeiten und Grundleistungen nach der HOAI innerhalb eines Auftrags zusammentreffen, stellt sich die Frage, ob dann das Preisrecht der HOAI anzuwenden ist. Zu § 33 HOAI a.F. („Gutachten") wurden in der Literatur verschiedene Lösungen diskutiert:[1]

- **Einheitstheorie**
- **Aufspaltungstheorie**
- **Aufragstheorie**
- **Schwerpunkttheorie**

Die **Einheitstheorie**, nach der für alle denkbaren Fälle von Gutachten unterschiedslos die HOAI anzuwenden sein soll, dürfte von vornherein ausscheiden, das das Preisrecht der HOAI nur auf dort geregelte Leistungen beschränkt ist.

Auch die **Auftragstheorie**, nach der es darauf ankommen soll, wie der Gegenstand des Auftrags formuliert ist, dürfte für solche Fälle unmaßgeblich sein.

Nach der **Schwerpunkttheorie** kommt es darauf an, ob der Schwerpunkt der Leitung bei preisrechtlich gebundenen Leistungen, also z.B. bei Planung, Ausschreibung, Vergabe oder Ausführungsüberwachung liegt oder bei gutachterlichen Leistungen, also z.B. Schadensfeststellungen oder baubetrieblichen Untersuchungen. Nach der Rechtsprechung des AG Kassel ist die HOAI jedenfalls nicht anwendbar, wenn sich der Auftrag schwerpunktmäßig mit Fragestellungen beschäftigt, die nicht Gegenstand der Leistungsbilder der HOAI sind.[2]

Dem Zweck des Preisrechts der HOAI wird allerdings nur die **Aufspaltungstheorie** gerecht. Danach ist eine getrennte Betrachtung hinsichtlich des tatsächlichen Auftragsinhalts vorzunehmen. Für **Grundleistungen i.S. der Leistungsbilder der HOAI** ist das Preisrecht der **HOAI anzuwenden**. Für **gutachterliche Leistungen** ist die HOAI dagegen nicht anwendbar. Dafür kann dann eine **freie Honorarvereinbarung** getroffen werden.[3]

Dabei kann es in der Praxis allerdings zu erheblichen **Abgrenzungsschwierigkeiten** kommen. Um solche zu vermeiden, kann nur dringend dazu geraten werden, bei gemischten Aufträgen eine **Honorarvereinbarung schriftlich bei Auftragserteilung** zu schließen. Soweit eine solche Vereinbarung für den preisrechtlich geregelten Teil im Ergebnis zwischen Mindest- und Höchstsatz liegt, ist eine solche Vereinbarung auch dann wirksam, wenn dafür ein Zeithonorar vereinbart wird. Die Vereinbarung eines **Zeithonorars für Architekten- und Ingenieurleistungen i.S. der HOAI** ist nach der Rechtsprechung des Bundesgerichtshofs nämlich **wirksam**, wenn sie schriftlich bei Auftragserteilung unter Berücksichtigung des Preisrahmens der Mindest- und Höchstsätze erfolgt. Die

---

1 *Locher/Koeble/Frik*, 9. Aufl., § 3 Rdn. 13; *Pott/Dahlhoff/Kniffka/Rath*, 8. Aufl., § 33 Rdn. 4 m.w.N.
2 AG Kassel, U. v. 9.10.2012 – 435 C 6301/11, IBR 2013 S. 32.
3 *Wessel*, IBR 2013 S. 32; vgl. Praxishinweis zu AG Kassel, a.a.O.

33. Honorierung von außergerichtlichen Sachverständigenleistungen

Wirksamkeit einer solchen Honorarvereinbarung hängt nicht davon ab, ob die Preisvorschriften der HOAI eine Abrechnung nach Zeithonorar anordnen oder zulassen.[1]

> **PRAXISTIPP**
>
> *Bei gemischten Aufträgen, die Leistungen nach der HOAI und Sachverständigenleistungen enthalten, sollte die Honorarvereinbarung (pauschal oder nach Zeitaufwand) schriftlich bei Auftragserteilung erfolgen. Dabei sollte zumindest überschlägig kalkuliert werden, welches Mindest- und Höchstsatzhonorar sich für die Leistungen nach der HOAI ergibt, um die preisrechtlichen Grenzen auszuloten.*

33.4.3 Honorarberechnung

Für alle Honorarberechnungen sind zunächst die **Honorarberechnungsgrundlagen** nach § 6 Abs. 1 HOAI zu beachten.. Nach § 6 Abs. 1 HOAI richtet sich das Honorar nach folgenden Berechnungsparametern:

- **Nr. 1: anrechenbare Kosten des Objekts auf der Grundlage der Kostenberechnung**
- **Nr. 2: Leistungsbild**
- **Nr. 3: Honorarzone**
- **Nr. 4: Honorartafel**

Bei Umbauten und Modernisierungen gelten diese Grundsätze gemäß § 6 Abs. 2 HOAI analog. Hinzu kommt dann allerdings ein Umbau- oder Modernisierungszuschlag auf das Honorar (Nr. 5).

Die **anrechenbaren Kosten** ergeben sich bei Grundleistungen bei Gebäuden und Innenräumen nach den Vorschriften des § 33 HOAI, bei Grundleistungen bei Freianlagen nach § 38 HOAI, , bei Grundleistungen bei Ingenieurbauwerken nach § 42 HOAI, bei Grundleistungen bei Verkehrsanlagen nach § 46 HOAI, bei Grundleistungen bei der Tragwerksplanung nach § 50 HOAI und bei Grundleistungen bei der Technischen Ausrüstung nach § 54 HOAI.

Sie sind unter Zugrundelegung der Kostenermittlungsarten nach **DIN 276 in der Fassung von 2008** zu ermitteln. Werden Kostenermittlungen nach einer anderen Fassung zugrunde gelegt, ist die Honorarabrechnung in aller Regel als nicht prüffähig anzusehen.[2] Für eine verordnungsgerechte Ermittlung der anrechenbaren Kosten sind nach der HOAI die Kosten allgemein nach vier Kostenkategorien zu unterscheiden:[3]

- **voll** anrechenbare Kosten (bei Gebäuden und Innenräumen: § 33 Abs. 1),
- **bedingt** anrechenbare Kosten (bei Gebäuden und Innenräumen: § 33 Abs. 3),
- **ggf. beschränkt** anrechenbare Kosten (bei Gebäuden und Innenräumen: § 33 Abs. 2),
- **nicht** anrechenbare Kosten (bei Gebäuden und Innenräumen: § 33 Abs. 3).

---

[1] BGH, U. v. 17.4.2009 – VII ZR 164/07, IBR 2009 S. 334.
[2] Analog: BGH, U. v. 22.1.1998 – VII ZR 259/96, BauR 1998 S. 354; IBR 1998 S. 156.
[3] Zu den zahlreichen Sonderfällen bei den anrechenbaren Kosten: vgl. die Kommentarliteratur zur HOAI; insbesondere: *Korbion/Mantscheff/Vygen* und *Locher/Koeble/Frik*.

Werden **vorhandene oder vorbeschaffte Baustoffe oder Bauteile eingebaut**, sind dafür bei den anrechenbaren Kosten ortsübliche Preise anzusetzen (§ 4 Abs. 2 Nr. 4).

Das gleiche gilt, wenn der Auftraggeber selbst Lieferungen oder Leistungen (**„Eigenleistung"**) erbringt: Auch dann sind dafür ortsübliche Preise anzusetzen.

Bei **Baumaßnahmen im Bestand** sind seit der HOAI 2013 bei den anrechenbaren Kosten jetzt wieder[1] **anrechenbare Kosten aus vorhandener Bausubstanz** zu berücksichtigen (§ 4 Abs. 3 HOAI).[2]

> **PRAXISTIPP**
>
> Anrechenbare Kosten aus Eigenleistung (§ 10 Abs. 2 Nr. 1 HOAI), vorhandenen Baustoffen und Bauteilen (§ 4 Abs. 2 Nr. 4 HOAI) und vorhandener Bausubstanz (§ 4 Abs. 3 HOAI) sollten bereits im schriftlichen Vertrag bestimmt werden.

Darüber hinaus ist die auf die Kosten von Objekten entfallende **Umsatzsteuer nicht Bestandteil der anrechenbaren Kosten (§ 4 Abs. 1 Satz 4 HOAI)**. Der Auftragnehmer hat allerdings Anspruch auf Ersatz der gesetzlich geschuldeten Umsatzsteuer (§ 16 HOAI).

Die **Honorarzone** bei Objekten richtet sich nach den **Planungsanforderungen**, wie sie sich für das Objekt ergeben. Als Orientierung dienen dabei die **Objektlisten in den Anlagen 10 bis 15 HOAI:**

- **Anlage 10.2: Objektliste Gebäude**
- **Anlage 10.3: Objektliste Innenräume**
- **Anlage 11.2: Objektliste Freianlagen**
- **Anlage 12.2: Objektliste Ingenieurbauwerke**
- **Anlage 13.2: Objektliste Verkehrsanlagen**
- **Anlage 14.2: Objektliste Tragwerksplanung**
- **Anlage 15.2: Objektliste Technische Ausrüstung**

Maßgeblich ist im Zweifel aber eine Honorarzoneneinordnung nach **Bewertungsmerkmalen:**[3]

- **§ 35 Abs. 2: Bewertungsmerkmale Gebäude**
- **§ 35 Abs. 3: Bewertungsmerkmale Innenräume**
- **§ 40 Abs. 2: Bewertungsmerkmale Freianlagen**
- **§ 44 Abs. 2: Bewertungsmerkmale Ingenieurbauwerke**
- **§ 48 Abs. 2: Bewertungsmerkmale Verkehrsanlagen**
- **§ 56 Abs. 2: Bewertungsmerkmale Technische Ausrüstung**

---

1 Bis zur Fassung von 2009 war diesbezüglich § 10 Abs. 3 a HOAI a.F. anzuwenden. Bei der Fassung von 2009 waren anrechenbare Kosten aus vorhandener Bausubstanz nicht zu berücksichtigen.
2 Vgl. dazu auch die Kommentierung zu § 10 Abs. 3a HOAI; z.B. *Korbion/Mantscheff/Vygen,* 7. Aufl., § 10 Rdn. 34 ff., m.w.N.; *Locher/Koeble/Frik,* 9. Aufl., § 10 Rdn. 89 – 114 m.w.N.; *Seifert,* BauR 1999 S. 304.
3 BGH, U. v. 13.11.2003 – VII ZR 362/02, BauR 2004 S. 354; IBR 2004 S. 78.

33. Honorierung von außergerichtlichen Sachverständigenleistungen

Die Einzelbewertung nach Bewertungsmerkmalen und Punktebewertung kann gegenüber der Objektliste zu einer abweichenden Einordnung führen. Mittels Grobbewertung sind dabei zunächst die **Bewertungsmerkmale** in Anforderungsstufen einzuordnen. Bei fünf Honorarzonen sind dies (§ 5 Abs. 1 HOAI für **Objekt- und Tragwerksplanung**):

Honorarzone I:	sehr geringe Planungsanforderungen
Honorarzone II:	geringe Planungsanforderungen
Honorarzone III:	durchschnittliche Planungsanforderungen
Honorarzone IV:	hohe Planungsanforderungen
Honorarzone V:	sehr hohe Planungsanforderungen

Bei der **Technischen Ausrüstung** mit nur drei Honorarzonen sind dies (§ 5 Abs. 2 HOAI):
Honorarzone I: geringe Planungsanforderungen

Honorarzone II:	durchschnittliche Planungsanforderungen
Honorarzone III:	hohe Planungsanforderungen

Sind Bewertungsmerkmale aus mehreren Honorarzonen anwendbar und bestehen deswegen Zweifel, welcher Honorarzone das Objekt zugerechnet werden kann, dann ist eine **Punktebewertung** bei der Objektplanung durchzuführen:

- **§ 35 Abs. 4, 6: Gebäude**
- **§ 35 Abs. 5, 6: Innenräume**
- **§ 40 Abs. 3, 4: Freianlagen**
- **§ 44 Abs. 3, 4: Ingenieurbauwerke**
- **§ 48 Abs. 3, 4: Verkehrsanlagen**
- **§ 56 Abs. 3, 4: Technische Ausrüstung**

Bei der Tragwerksplanung gibt es über die Objektliste der Anlage 14.2 keine Bewertungsmerkmale oder Punktebewertung.

Dafür ist zunächst die Anzahl der Bewertungspunkte mittels Feinbewertung zu bestimmen. Die Bewertungsmerkmale können dabei mit vorgegebenen Punkten bewertet werden. Beispiel für Gebäude (§ 35 Abs. 4 HOAI):

Einbindung in die Umgebung	1 – 6 Punkte
Anzahl der Funktionsbereiche	1 – 9 Punkte
Gestalterische Anforderungen	1 – 9 Punkte
Konstruktive Anforderungen	1 – 6 Punkte
Technische Ausrüstungen	1 – 6 Punkte
Ausbau	1 – 6 Punkte

Aus der Summe der Bewertungspunkte ergeben sich schließlich die Honorarzonen. Beispiel für Gebäude (§ 35 Abs. 6 HOAI):

33.4 Honorar für Grundleistungen nach der HOAI

Honorarzone I	Bis 10 Punkte
Honorarzone II	11 bis 18 Punkte
Honorarzone III	19 bis 26 Punkte
Honorarzone IV	27 bis 34 Punkte
Honorarzone V	35 bis 42 Punkte

Als Einordnungshilfe für die Punktebewertung wurden in der Literatur Bewertungstabellen entwickelt.[1] Besonderheiten ergeben sich bei der **Honorarzonenermittlung bei Umbau und Modernisierung** (§ 6 Abs. 2 HOAI). In diesen Fällen ist nicht die Honorarzone zu ermitteln, der das Objekt i.S. der Objektliste angehört. Maßgeblich ist vielmehr die Honorarzone, der der Umbau oder die Modernisierung bei **sinngemäßer Anwendung der Bewertungsmerkmale** zuzuordnen ist (§ 6 Abs. 2 Nr. 2 HOAI). Damit ist klar zum Ausdruck gebracht, dass es auf die Objektlisten in diesen Fällen nicht ankommt. Umstritten ist, was unter einer *sinngemäßen Anwendung der Bewertungsmerkmale* zu verstehen ist. Während von Teilen der Literatur und Rechtsprechung die Ansicht vertreten wird, dass nur diejenigen Kriterien zum Ansatz kommen können, die überhaupt vorliegen, dass also beispielsweise das Bewertungsmerkmal *„Einbindung in die Umgebung"* wegzufallen habe, wenn das Objekt in seiner äußeren Gebäudehülle unverändert bleibt und damit keinen Einfluss auf die Umgebung ausübt und umgekehrt, wird dagegen mehrheitlich die Auffassung vertreten, dass anstelle der für den Neubau entwickelten Merkmale, entsprechend angepasste Merkmale heranzuziehen sind, so dass beispielsweise das Bewertungsmerkmal „Einbindung in die Umgebung" sinngemäß als „Einbindung in das vorhandene Gebäude" aufzufassen ist.[2]

Die maßgeblichen Honorare sind den **Honorartafeln** (bei Gebäuden und Innenräumen nach § 35 Abs. 1 HOAI) zu entnehmen. Dabei sind die zulässigen Mindest- und Höchstsätze für Zwischenstufen der in den Honorartafeln angegebenen anrechenbaren Kosten, durch **lineare Interpolation** zu ermitteln (§ 13 HOAI). Liegen die anrechenbaren Kosten unterhalb der Honorartafel kann das Honorar frei vereinbart werden (§ 7 Abs. 2 HOAI).. Das insbesondere auch für Objekte mit anrechenbaren Kosten oberhalb der Honorartafeln.[3]

Darüber hinaus ist auch der **übertragene Leistungsumfang** zu berücksichtigen. Werden dem Bausachverständigen nur einzelne **Leistungsphasen** aus den Leistungsbildern der HOAI übertragen, dürfen dafür nur die bei den Leistungsbildern entsprechend bestimmten **Vomhundertsätze** berechnet werden (§ 8 Abs. 1). Für Leistungen bei Gebäuden bestimmt die HOAI bei den verschiedenen Fassungen für folgende Leistungsphasen folgende Prozentsätze (jetzt: § 34 Abs. 3 HOAI):

---

1 Ausführlich: *Korbion/Mantscheff/Vygen*, 8. Aufl., § 34 Rdn. 26 ff.
2 Zur Fassung des § 24 Abs. 2 HOAI in der Fassung von 1996: *Korbion/Mantscheff/Vygen*, 7. Aufl. § 24 Rdn. 7 m.w.N.
3 BGH, U. v. 24.6.2004 – VII ZR 259/02, BauR 2004 S. 1640; IBR 2004 S. 626.

33. Honorierung von außergerichtlichen Sachverständigenleistungen

Leistungsphasen:		bis HOAI 2009	ab HOAI 2013
1	Grundlagenermittlung	3 v.H.	2 %
2	Vorplanung	7 v.H.	7 %
3	Entwurfsplanung	11 v.H.	15 %
4	Genehmigungsplanung	6 v.H.	3 %
5	Ausführungsplanung	25 v.H.	25 %
6	Vorbereitung der Vergabe	10 v.H.	10 %
7	Mitwirken bei der Vergabe	4 v.H.	4 %
8	Objektüberwachung	31 v.H.	32 %
9	Objektbetreuung und Dokumentation	3 v.H.	2 %

Auch für nur **teilweise übertragene Leistungsphasen** darf nur ein Honorar berechnet werden, das dem Anteil der übertragenen Leistungen an der gesamten Leistungsphase entspricht (§ 8 Abs. 2).

PRAXISTIPP

Leistungsbewertung für den übertragenen Leistungsumfang bereits bei der Vertragsformulierung vornehmen.

Darüber hinaus werden in der HOAI eine Fülle von **Sonderfällen** geregelt, z.B.:

- § 9: Vorplanung, Entwurfsplanung und Objektüberwachung als Einzelleistung
- § 10: Honorar bei Planungsänderungen
- § 11: Honorar bei mehreren Objekten
- § 6 Abs. 2: Umbauten und Modernisierungen
- § 12: Instandsetzungen und Instandhaltungen

Diesbezüglich ist auf die einschlägige Kommentarliteratur zur HOAI zu verweisen.[1]

---

[1] Vgl. einschlägige Kommentarliteratur zur HOAI, insbesondere: *Korbion/Mantscheff/Vygen, Locher/Koeble/Frik* oder *Pott/Dahlhoff/Kniffka/Rath.*

33.4 Honorar für Grundleistungen nach der HOAI

Beispiel

Honorarberechnungen für Grundleistungen bei Gebäuden

Anrechenbare Kosten gemäß §§ 4 und 33 HOAI 6.788.573,65 €

Ermittlung des Gesamthonorars gemäß §§ 35 und 13 HOAI:

Honorarzone:	III	gemäß §§ 5 Abs. 1 und 35 Abs. 2, 4, 6, 7 bzw. 3, 5 – 7 HOAI
Honorarsatz:	Mindestsatz	gemäß §§ 7 und 35 Abs. 1 HOAI

Anrechenbare Kosten:	Mindestsatz:	Höchstsatz:
5.000.000 €	478.207 €	596.416 €
7.500.000 €	686.862 €	856.648 €

Tafelwerte bei vertraglich vereinbartem Honorarsatz:
- 478.207 € Honorar, bei 5.000.000 € anrechenbaren Kosten
- 686.862 € Honorar, bei 7.500.000 € anrechenbaren Kosten

Interpolation:

$$478.207\ € + \frac{(6.788.573{,}65\ € - 5.000.000\ €) * (686.862\ € - 478.207\ €)}{(7.500.000\ € - 5.000.000\ €)}$$

Grundhonorar	627.484,93 €
Zuschlag f. Leistungen bei Umbauten u. Modernisierungen (§ 36 Abs. 1 HOAI) 20%	125.496,99 €
Gesamthonorar mit Zuschlag	752.981,92 €

Ermittlung des Honorars für die Leistungsphasen gemäß § 34 Abs. 3 HOAI:

Leistungsphasen:	Bewertung:	Honorar:
1. Grundlagenermittlung	2%	15.059,64 €
2. Vorplanung	7%	52.708,73 €
3. Entwurfsplanung	15%	112.947,29 €
4. Genehmigungsplanung	3%	22.589,46 €
5. Ausführungsplanung	25%	188.245,48 €
6. Vorbereitung der Vergabe	10%	75.298,19 €
7. Mitwirkung bei der Vergabe	4%	30.119,28 €
8. Objektüberwachung und Dokumentation	32%	240.954,21 €
9. Objektbetreuung	2%	15.059,64 €
Honorarsumme für Leistungsphasen	100%	752.981,92 €

Werden nicht alle Leistungsphasen eines Leistungsbildes übertragen, so dürfen nur die für die übertragenen Phasen vorgesehenen Prozentsätze berechnet werden (§ 8 Abs. 1 HOAI).

Werden nicht alle Grundleistungen einer Leistungsphase übertragen, so darf für die übertragenen Grundleistungen nur ein Honorar berechnet werden, das dem Anteil der übertragenen Grundleistungen an der gesamten Leistungsphase entspricht. Dasselbe gilt auch, wenn dem Auftragnehmer wesentliche Teile von Grundleistungen nicht übertragen werden (§ 8 Abs. 2 HOAI).

33.5 Honorar für Besondere Leistungen

33.5.1 Allgemeiner Überblick

Neben den in den Leistungsbildern der HOAI abschließend aufgezählten Grundleistungen können von Bausachverständigen auch Besondere Leistungen erbracht werden.

Nach der Systematik der HOAI kann es sich dabei grundsätzlich um zwei verschiedene Arten von Besonderen Leistungen handeln:

- **Besondere Leistungen, die zu Grundleistungen hinzutreten (hinzutretende Besondere Leistungen)**
- **Besondere Leistungen, die an die Stelle von Grundleistungen treten (ersetzende Besondere Leistungen)**

In beiden Fällen geht es damit um Besondere Leistungen, die in einer Beziehung zu Grundleistungen stehen. Solche Besondere Leistungen kommen daher nur dann in Betracht, wenn daneben auch Grundleistungen zum Vertragsgegenstand gehören.

Darüber hinaus können aber auch Besondere Leistungen zu erbringen sein, die zwar in den Leistungsbildern der HOAI als solche benannt sind, diese aber weder Grundleistungen ersetzen noch zu solchen hinzutreten. Solche Besondere Leistungen werden als so genannte **„isolierte Besondere Leistungen"** bezeichnet.

Besondere Leistungen werden in den Leistungsbildern der HOAI benannt:[1]

- Anlage 9: Flächenplanung
- Anlage 10.1: Gebäude und Innenräume
- Anlage 11.1: Freianlagen
- Anlage 12.1: Ingenieurbauwerke
- Anlage 13.1: Verkehrsanlagen
- Anlage 14.1: Tragwerksplanung
- Anlage 15.1: Technische Ausrüstung

Sie sind aber in den Leistungsbildern nicht abschließend aufgezählt (§ 3 Abs. 3 HOAI). Sie können auch in anderen Leistungsbildern oder Leistungsphasen vereinbart werden, in denen sie nicht aufgeführt sind, soweit sie dort nicht Grundleistungen darstellen.

---

[1] Ab Anlage 10: jeweils in der rechten Spalte der Tabellen.

33.5.2 Hinzutretende Besondere Leistungen

In den meisten Fällen treten Besondere Leistungen zu den Grundleistungen hinzu. Für solche Besonderen Leistungen kann das Honorar frei vereinbart werden (§ 3 Abs. 3 HOAI). Wird ein Honorar nicht vereinbart, steht dem Auftragnehmer im Zweifel die übliche Vergütung zu (§ 632 Abs. 2 BGB). Das wird im Allgemeinen dann ein Zeithonorar mit ortsüblichen Stundensätzen sein. Voraussetzung ist, dass der Auftragnehmer eine Auftragserteilung für die betreffenden besonderen Leistungen beweisen kann.

Mit Inkrafttreten der HOAI 2009 am 18.8.2009 wurde die restriktive Vorschrift des § 5 Abs. 4 HOAI a.F. beseitigt, nach der es als Anspruchsvoraussetzung für die Abrechnung eines solchen besonderen Honorars auf eine schriftliche Honorarvereinbarung ankam. Allein eine (schriftliche) *„Auftragserteilung"* reichte also nicht aus.

Das Honorar war in einem angemessenen Verhältnis zu dem Honorar für die Grundleistung zu berechnen, mit der die Besondere Leistung nach Art und Umfang vergleichbar ist.

PRAXISTIPP

Hinzutretende Besondere Leistungen nur nach schriftlicher Honorarvereinbarung erbringen.

33.5.3 Ersetzende Besondere Leistungen

Besondere Leistungen können auch Grundleistungen ersetzen. Soll ein Bausachverständiger beispielsweise eine Leistungsbeschreibungen mit Leistungsprogramm aufzustellen, dann tritt diese an die Stelle der Grundleistung *„Aufstellen von Leistungsbeschreibungen mit Leistungsverzeichnissen nach Leistungsbereichen"*. Die HOAI benennt im Leistungsbild Gebäude und Innenräume bei Anlage 10, Ziff. 10.1 folgende ersetzende Besondere Leistungen:

In Leistungsphase 5 „Ausführungsplanung":

- **Aufstellen einer detaillierten Objektbeschreibung als Grundlage der Leistungsbeschreibung mit Leistungsprogramm**
- **Prüfen der vom bauausführenden Unternehmen auf Grund der Leistungsbeschreibung mit Leistungsprogramm ausgearbeiteten Ausführungspläne auf Übereinstimmung mit der Entwurfsplanung**

In der Leistungsphase 6 „Vorbereitung der Vergabe":

- **Aufstellen der Leistungsbeschreibungen mit Leistungsprogramm auf der Grundlage der detaillierten Objektbeschreibung**

In der Leistungsphase 7 „Mitwirkung bei der Vergabe":

- **Prüfen und Werten der Angebote aus Leistungsbeschreibung mit Leistungsprogramm einschließlich Preisspiegel**

Für diese ersetzenden Besonderen Leistungen enthält die Spalte „Besondere Leistungen" folgende Regelung:

„Diese Besondere Leistung wird bei Leistungsbeschreibung mit Leistungsprogramm ganz oder teilweise Grundleistung. In diesem Fall entfallen die entsprechenden Grundleistungen dieser Leistungsphase".

33. Honorierung von außergerichtlichen Sachverständigenleistungen

Demnach ist für solche Besonderen Leistungen im Ergebnis ebenfalls ein Grundleistungshonorar nach den Vorschriften der HOAI zu berechnen. Es ist dann also *ein Honorar zu berechnen ist, das dem Honorar für die ersetzten Grundleistungen entspricht*.[1] Dafür können Bausachverständige also nur das entsprechende **Grundleistungshonorar** beanspruchen. **Eine Abrechnung nach Zeitaufwand ist dagegen nicht ohne weiteres zulässig.**

33.5.4 Isolierte Besondere Leistungen, Leistungen außerhalb der HOAI

Werden dem Auftragnehmer Besondere Leistungen übertragen, die **nicht im Zusammenhang mit Grundleistungen**, sondern isoliert zu bearbeiten sind, handelt es sich dabei um so genannte *„isolierte Besondere Leistungen"*. Dazu gehört beispielsweise eine isoliert beauftragte **Bestandsaufnahme**. Diese ist zwar bei Anlage 10 Ziff. 10.1 HOAI ausdrücklich als Besondere Leistung benannt. Wird der Bausachverständige aber allein mit dieser Leistung beauftragt, tritt diese nicht zu Grundleistungen hinzu und ersetzt solche auch nicht. Eine Leistung also bei der keine sachliche Nähe zu Grundleistungen vorliegt, liegt vollständig außerhalb der HOAI. Dazu gehören beispielsweise auch Leistungen für den **Sicherheits- und Gesundheitskoordinators** nach der Baustellenverordnung („SiGeKo") sowie **Brandschutzkonzepte** oder **Brandschutzgutachten**. Die Honorarabrechnung unterliegt dann von vornherein nicht der HOAI.[2] Ein Honorar kann dafür **völlig frei** verhandelt und vereinbart werden.

Haben die Vertragspartner bei isolierten Besonderen Leistungen beziehungsweise Leistungen außerhalb der HOAI keine Honorarvereinbarung getroffen, so steht dem Auftragnehmer im Zweifel die **übliche Vergütung** nach § 632 Abs. 2 BGB zu. Eine übliche Vergütung wird bei Sachverständigenleistungen in der Regel nach Stundensätzen zu bemessen sein (zur Üblichkeit von Stundensätzen von Bausachverständigen: vgl. oben Abschnitte 33.1.3, 33.2.2 und 33.2.4).

33.6 Honorar für Bausachverständige bei außergerichtlicher Streitbeilegung

Im Rahmen der außergerichtlichen Streitbeilegung kommen für Bausachverständige Leistungen insbesondere bei folgenden Verfahren in Betracht, für die grundlegend unterschiedliche Honorierungsgrundsätze zu berücksichtigen sind:

- **Schiedsgutachtenverfahren** (vgl. nachfolgend Abschnitt 33.6.1)
- **Schiedsgerichtsverfahren** (vgl. nachfolgend Abschnitt 33.6.2)
- **Mediationsverfahren** (vgl. nachfolgend Abschnitt 33.6.3)
- **Schlichtungsverfahren** (vgl. nachfolgend Abschnitt 33.6.4)
- **Adjudikation-Verfahren** (vgl. nachfolgend Abschnitt 33.6.5)

---

[1] Für die HOAI 1996 auch so entschieden: KG, Teilurteil v. 30.7.1999 – 4 U 122/97, IBR 2002 S. 148.
[2] Für den SiGeKo bereits entschieden: OLG Celle, B. v. 5.7.2004 – 14 W 63/03, BauR 2004 S. 1649, IBR 2004 S. 431.

33.6.1 Honorar für Schiedsgutachten

Die Grundlage für jedes Schiedsgutachten sollte regelmäßig ein schriftlicher Schiedsgutachtenvertrag bilden (vgl. Kapitel 30.2), bei dem insbesondere die **Honorierung** des Schiedsgutachters, die Erstattung von notwendigen **Auslagen** sowie die Berechnung der **Umsatzsteuer** zweifelsfrei vereinbart werden (vgl. unter Abschnitt 33.2.1). Zur **Sicherung der Vergütung** sollte vertraglich auch vereinbart werden, dass der Schiedsgutachter berechtigt ist, von den Beteiligten **Kostenvorschüsse** und **Abschlagszahlungen** zu verlangen (vgl. unter Abschnitt 33.1.4).

Verbindliche Honorarregelungen für die Erstattung von Schiedsgutachten bestehen nicht. Insofern besteht hinsichtlich der Gutachtenerstattung bei Schiedsgutachten regelmäßig Vertragsfreiheit.

Für eine **sachgerechte Höhe der Vergütung** für ein Schiedsgutachten kommt es zunächst auf das **betroffene Sachgebiet** an. Hier sind mitunter bereits erhebliche Unterschiede festzustellen (vgl. unter Abschnitt 33.2.2 bis 33.2.4 hinsichtlich der Stundensätze von Bausachverständigen). Weiter sind **Schwierigkeitsgrad** des Schiedsgutachtens, **Umfang** der schiedsgutachterlichen Leistung, **Qualifikation** des Schiedsgutachters sowie die **wirtschaftlichen Interessen der Parteien** für die Bemessung einer sachgerechten Vergütung von Bedeutung.

Die Vereinbarung wird üblicherweise als zeitaufwandsbezogene **Stundensatzvereinbarung** (vgl. oben Abschnitte 33.2.2 bis 33.2.4) oder als **Pauschalhonorarvereinbarung**, mit Festpreis oder Berechnungsmodus (vgl. oben Abschnitt 33.2.5), getroffen. Bei einer Honorarvereinbarung mit Berechnungsmodus kommt bei Bausachverständigen im Wesentlichen die HOAI in Betracht. Bei Schiedsgutachten ist es aber auch nicht ausgeschlossen, eine Honorierung nach **Streitwert** zu vereinbaren. Dabei könnte vertraglich insbesondere auf die Gebührensätze nach Rechtsanwaltvergütungsgesetz (RVG) abgestellt werden.[1]

Die Besonderheit beim Schiedsgutachtenvertrag ergibt sich zunächst daraus, dass der Schiedsgutachter die Leistung als Dritter zu bestimmen hat (§ 317 BGB) und er es deshalb auch mit mehreren Auftraggebern zu tun hat. Insofern ist in besonderer Weise zu regeln, wer welchen Anteil der Vergütung zu tragen hat.

Aufgrund gesetzlicher Regelung haften mehrere Auftraggeber eines Schiedsgutachtens grundsätzlich **gesamtschuldnerisch** (§ 427 BGB). Dass der Schiedsgutachter gegebenenfalls auch berechtigt ist, die vollen Schiedsgutachtenkosten von jedem der Beteiligten zu fordern, sollte aber vertraglich klargestellt werden.

Darüber hinaus sollte die **Verteilung der Kosten** vertraglich vereinbart werden. Allgemein bieten sich drei Möglichkeiten an:

- **Kostenverteilung im Verhältnis des Obsiegens und Unterliegens,**
- **gleichmäßige Kostenverteilung,**
- **einseitige Kostenübernahme durch einen Beteiligten.**

Bei Schiedsgutachten bei Baustreitigkeiten hat sich vielfach eine Kostenverteilung im Verhältnis des **Obsiegens und Unterliegens** eingebürgert. Um Streitigkeiten zu vermeiden, sollte dann aber auch eine Aufteilung der Schiedsgutachtenkosten zwischen Antragsteller und Antraggegner durch den Schiedsgutachter nach **billigem Ermessen** vereinbart wer-

---
[1] Ebenso *Roeßner* in: Bayerlein, § 43 Rdn. 2.

33. Honorierung von außergerichtlichen Sachverständigenleistungen

den. Die vom Schiedsgutachter vorgenommene Kostenaufteilung ist dann nur angreifbar, wenn sie unbillig ist. Eine solche Kostenverteilung entspricht auch den Grundsätzen des Zivilprozesses (§§ 91, 92 ZPO).

Für den Bausachverständigen einfacher und auch hinsichtlich der von den Beteiligten zu zahlenden Beträge weniger Streitpotenzial ergibt sich, wenn vertraglich bereits ein **fester Aufteilungsmodus** der Verfahrenskosten vereinbart wird. Bei einem Antragsteller und einem Antragsgegner wird dann üblicherweise jeweils eine hälftige Kostenbeteiligung vereinbart. Bei mehr als zwei Beteiligten ist vertraglich zu klären, ob die Schiedsgutachtenkosten gleichmäßig oder nach einem anderen Schlüssel aufgeteilt werden. Mitunter wird auch eine ungleiche Aufteilung der Verfahrenskosten vereinbart, z.B. halbiert nach Antragstellern und Antragsgegnern, wobei unter diesen dann jeweils die Kosten entsprechend der auf jeder Seite Beteiligten aufzuteilen sind.

Denkbar ist aber auch, dass ein Beteiligter ein besonderes Interesse an einem Schiedsgutachten hat und deshalb, z.B. um einen zeit- und kostenaufwendigen Zivilprozess zu vermeiden, mit unbekannter Gutachterbeauftragung und unsicherem Gesamtausgang, bereit ist, **die gesamten Schiedsgutachtenkosten vollständig alleine zu tragen**. Dies wird aber nur der Fall sein, wenn die Streitsumme ganz erheblich über den zu erwartenden Schiedsgutachtenkosten liegt.

Eine weitere Besonderheit beim Schiedsgutachtenvertrag liegt in der Tatsache, dass sich daraus eine **Bindungswirkung** für die Verfahrensbeteiligten ergibt. Das Schiedsgutachten darf deshalb nicht unbillig (§ 319 BGB)[1] oder offenbar unrichtig sein. Für ein Schiedsgutachten, das offenbar unbillig oder unrichtig ist, steht dem Schiedsgutachter kein Vergütungsanspruch zu. Dies ist z.B. dann der Fall, wenn das Schiedsgutachten einen **gravierenden Begründungsmangel** aufweist.[2] Ein Schiedsgutachten eines Bausachverständigen kann aber auch dann mangelhaft sein, wenn er dieses auf der Grundlage von **fehlerhaften rechtlichen Grundlagen** erstellt oder allein **Rechtsausführungen** vornimmt. Weil aber Schiedsgutachten im Honorar- und Baubereich regelmäßig ohne eine Darlegung von rechtlichen Grundlagen, mithin ohne Rechtsausführungen, nicht erstellt werden können, sollte sich der Schiedsgutachter, zur **Sicherung seiner Vergütung**, vertraglich entsprechend absichern, gegebenenfalls mit folgender Vertragsklausel:

Beispiel

„Als Grundlage für die Gutachtenerstattung muss der Schiedsgutachter auch von Rechtsgrundlagen ausgehen. Im Zweifel wird dem Schiedsgutachter das Recht eingeräumt, einen im betreffenden Fachgebiet erfahrenen Volljuristen nach dessen Wahl beizuziehen.

Ein Volljurist ist auch dann beizuziehen, wenn einer der Auftraggeber oder deren Verfahrensbevollmächtige einer Rechtsauffassung des Schiedsgutachters ggf. auch im Schiedsgutachten nicht zustimmt. Strittige Rechtsfragen sind dann durch den Volljuristen zu klären.

Ergeben sich daraus Änderungen im Schiedsgutachten oder einem Zwischenergebnis zum Schiedsgutachten, muss das Schiedsgutachten auch bei dieser veränderten Rechtsgrundlage erstellt werden. Der Schiedsgutachter behält dabei seinen Vergütungsanspruch für den gesamten Zeitaufwand.

---

1 Vgl. *Bock* in: Bayerlein, § 26 Rdn. 41 – 50.
2 OLG Frankfurt, U. v. 26.1.2006 – 26 U 24/05, IBR 2006 S. 366.

- *Die Auswahl von geeigneten Volljuristen erfolgt durch den Schiedsgutachter. Die Verfahrensbeteiligten sind darüber vorher in Kenntnis zu setzen. Beigezogene Volljuristen können aus denselben Gründen abgelehnt werden, die zur Ablehnung eines Richters im Sinne der ZPO berechtigen.*

- *Die Kosten von beigezogenen Juristen werden nach folgendem Modus von den Verfahrensbeteiligten getragen:*
- *..."*

Nach werkvertraglichen Grundsätzen kommt bei einer mangelhaften Gutachtenerstattung für den Bausachverständigen eine Nacherfüllung *("Nachbesserung")* in Betracht (§ 635 BGB). Um die Vergütung ganz oder teilweise nicht zu gefährden, sollte der Bausachverständige eine Rüge des einen oder anderen Schiedsbeteiligten sorgfältig prüfen und von sich aus eine Nachbesserung anbieten, soweit Fehler zu korrigieren sind.

33.6.2 Honorar für Sachverständige als Schiedsrichter

Aufgrund der oft engen Verknüpfung von Sach- und Rechtsfragen werden Bausachverständige auch als **Schiedsrichter** benannt bzw. beauftragt (vgl. Kapitel 30.3), z.B. für ein so genanntes Zweierschiedsgericht, bestehend aus einem Juristen und einem Sachverständigen. Hinsichtlich der Vergütung gelten dann besondere Grundsätze.

Bei Schiedsgerichtsverfahren sind zunächst die rechtlichen Grundlagen der §§ 1025 bis 1066 ZPO zu beachten. Vergütungsregelungen enthält die ZPO allerdings nicht. Deshalb sollten darüber hinaus schiedsgerichtliche Regelungen über eine gesonderte **Schiedsordnung** zwischen dem Schiedsgericht und den Parteien vereinbart werden. Insofern ist die Vergütung dann regelmäßig über die anzuwendende Schiedsordnung bestimmt. Bei Baustreitigkeiten können z.B. folgende zwei Schiedsordnungen verwendet werden:[1]

- Schlichtungs- und Schiedsordnung (SOBau): Herausgeber: ARGE Baurecht im Deutschen Anwaltsverein[2]

- Schiedsgerichtsordnung für das Bauwesen einschließlich Anlagenbau (SGO Bau); Herausgeber: Deutscher Beton- und Bautechnik-Verein e.V. und Deutsche Gesellschaft für Baurecht e.V.[3]

Beide Schiedsordnungen regeln voneinander abweichende Vergütungen, die sich aber beide nach dem RVG richten.

Denkbar sind grundsätzlich allerdings auch freie Vergütungsvereinbarungen, z.B. mit einer Honorierung nach Zeitaufwand, mit Stunden- oder Tagessätzen. Üblich sind in solchen Fällen Stundensätze, wie sie von Fachanwälten für Bau- und Architektenrecht vereinbart werden.

Gleichwohl stellt sich bei Schiedsgerichtsverfahren die Frage nach der *üblichen Vergütung* kaum, weil sich spätestens aus dem Verfahrensablauf herauskristallisiert, welche Schiedsordnung gelten soll. So wird ein Schiedsgericht nach Konstituierung in aller Regel den vorläufigen Streitwert festsetzen und von den Parteien entsprechende **Kostenvorschüsse** verlangen. Aus der Einzahlung der geforderten Beträge ergibt sich dann eine konkludente Zustimmung zur Verfahrensweise des Schiedsgerichts.

---

1 Abgedruckt auch bei *Ingenstau/Korbion*, Anhang 4, Annex 1 und 2.
2 www.arge-baurecht.de; www.anwaltverein.de.
3 www.baurecht-ges.de.

33. Honorierung von außergerichtlichen Sachverständigenleistungen

¹Zu den Kosten des Schiedsgerichts gehören, neben den **Vergütungen der Schiedsrichter**, auch die entstandenen **Auslagen** (Nebenkosten), einschließlich der **Kosten für Protokollführer und Schreibkräfte** sowie die gesetzliche **Umsatzsteuer**.

33.6.3 Honorar für Sachverständige als Mediatoren

Seit einigen Jahren haben Bausachverständige auch zunehmend das Betätigungsfeld der „Mediation" für sich erkannt (vgl. Kapitel 30.4).

Honorare für Leistungen bei der Mediation werden allgemein frei verhandelt, im Allgemeinen mit **Stundensätzen** oder **Tagessätzen**. Üblich sind Stundensätze, die etwa 20 % bis 50 % über den sonst üblichen Stundensätzen von Sachverständigen liegen.

33.6.4 Honorar für Sachverständige als Schlichter

Bei einfacher gelagerten Fällen werden Bausachverständige mitunter auch unmittelbar von den Parteien als **Schlichter** gerufen (vgl. Kapitel 30.5) oder von Schlichtungsstellen als Schlichter oder in ein Schlichtungsgremium berufen. Mitunter enthalten auch Verträge bereits Schlichtungsvereinbarungen.

Wird ein Bausachverständiger unmittelbar von den Parteien beauftragt, gelten hinsichtlich der Vergütung als Schlichter die Ausführungen oben zum Honorar für Sachverständige als Schiedsgutachter sinngemäß (vgl. unter Abschnitt 33.6.1).

Darüber hinaus haben auch Kammern als Körperschaften des öffentlichen Rechts (Industrie- und Handelskammern, Handwerkskammern, Architektenkammern, Ingenieurkammern usw.) **Schlichtungsstellen** eingerichtet. Wird eine solche Schichtungsstelle angerufen, sind für die Parteien die Gebührensätze der Schlichtungsstelle maßgeblich. Für Bausachverständige, die von einer solchen Schlichtungsstelle berufen werden, werden von dieser im Allgemeinen Aufwandsentschädigungen gezahlt, die weit unter den sonst üblichen Vergütungen liegen.

Darüber hinaus können Schlichtungsverfahren auch frei vereinbart werden. Es empfiehlt sich dann aber auf eine Schlichtungsordnung zurückzugreifen. Hier ist insbesondere die SOBau zu benennen:

- Schlichtungs- und Schiedsordnung (SOBau): Herausgeber: ARGE Baurecht im Deutschen Anwaltsverein.²

33.6.5 Honorar für Sachverständige bei der Adjudikation

Hinsichtlich einer außergerichtlichen Streitbelegung kommen für Bausachverständige schließlich auch Tätigkeiten in einem Adjudikations-Verfahren in Betracht (vgl. Kapitel 31).

Da der Adjudikator abrufbereit zur Verfügung stehen und auch in der Lage sein muss, zu einer schnellen Entscheidung zu finden, wird das Honorar für den Adjudikator im Allgemeinen mit zwei Sätzen vereinbart:

---

1 *Roeßner* in: Bayerlein, § 45 Rdn. 4; mit Verweis auf: *Maier*, Handbuch der Schiedsgerichtsbarkeit, Rdn. 486.
2 www.arge-baurecht.de; www.anwaltverein.de.

- Monatliche **Bereitschaftspauschale (Standby-Gebühr)**
- **Tagessatz** für die tatsächliche Tätigkeit

Solche Regelungen sind international auch gebräuchlich.[1]

Vergütungsregelungen, wie sie allgemein für Schiedsgerichtsverfahren vereinbart werden, erscheinen für Adjudikations-Verfahren dagegen ungeeignet.[2]

Hinsichtlich der Kosten für ein Adjudikations-Verfahren wird empfohlen, dass diese die Bauvertragsparteien **je zur Hälfte** tragen.[3] Eine dahingehende Vereinbarung sollte mit den Vertragspartnern geschlossen werden. Soweit die Entscheidung des Adjudikators von einem der beteiligten Bauvertragsparteien nicht akzeptiert wird, kann ein Ausgleich der Kosten, über eine Quotenverteilung, in einem gegebenenfalls anschließenden Gerichts- oder Schiedsgerichtsverfahren vorgenommen werden.[4]

Aufgrund von § 427 BGB haften auch beim Adjudikations-Verfahren mehrere Auftraggeber des Adjudikators grundsätzlich **gesamtschuldnerisch**, so dass der Adjudikator gegebenenfalls auch berechtigt ist, die vollen Kosten von jedem der Bauvertragspartner zu fordern. Dies sollte aber vertraglich klargestellt werden.

33.7 Nebenkosten

33.7.1 Allgemeines

Nebenkosten sind **Auslagen**, die dem Bausachverständigen bei der Ausführung seines Auftrags entstehen. Dazu gehören insbesondere

- Binden von Gutachten
- Kosten für Kopien (SW und Farbe), Ausdrucke, Lichtpausen, Fotos und sonstige Vervielfältigungen
- Porto-, Telefon-, Telefaxkosten usw.
- Fahrt- und Reisekosten

Weitere Nebenkosten können hinzu kommen (vgl. z.B. § 14 Abs. 2 HOAI).

Hinsichtlich der Nebenkostenabrechnung von Bausachverständigen ist zunächst zu unterscheiden, ob es sich bei der vertraglich vereinbarten Leistung um eine solche nach der HOAI oder außerhalb des Geltungsbereichs der HOAI handelt.

33.7.2 Nebenkosten bei Leistungen nach der HOAI

Liegen **Leistungen nach der HOAI** vor, ist die Nebenkostenabrechnung nach § 14 HOAI geregelt. Insofern können die Nebenkosten abzüglich der abziehbaren Vorsteuern neben den Honoraren abgerechnet werden. Als Regelabrechnung ist bei den Nebenkosten auch ohne besondere Vereinbarung eine Abrechnung nach Einzelnachweis vorgesehen. Nach Einzelnachweis sind die Nebenkosten also immer dann abzurechnen, wenn nicht eine

---

[1] *Boldt*, Vorläufige baubegleitende Streitbeilegung – Dispute Adjudication Boards in Deutschland, S. 260, m.w.N.
[2] *Boldt*, a.a.O., S. 260.
[3] *Boldt*, a.a.O., S. 259.
[4] *Boldt*, a.a.O., S. 260.

33. Honorierung von außergerichtlichen Sachverständigenleistungen

davon abweichende Vereinbarung **schriftlich bei Auftragserteilung** getroffen wird (§ 14 Abs. 3 Satz 2 HOAI).

Eine **pauschale Nebenkostenabrechnung** können die Parteien bei einem Anwendungsfall von § 14 HOAI dagegen nur dann vereinbaren, wenn diese **schriftlich bei Auftragserteilung** erfolgt (§ 14 Abs. 3 HOAI). Die Höhe der Pauschale ist preisrechtlich nicht beschränkt[1] und damit frei verhandelbar. Die HOAI lässt auch Vereinbarungen zu, die eine Kombination aus Einzelnachweis und Pauschale vorsehen. So kann beispielsweise vereinbart werden, Fahrt-, und Hotelkosten nach Einzelnachweis und alle übrigen Kosten mit einem Pauschalsatz abzurechnen. Voraussetzung dafür ist aber, dass eine solche Vereinbarung schriftlich bei Auftragserteilung erfolgt.

Fahrtkosten, die im Zusammenhang mit Leistungen nach der HOAI entstanden sind, dürfen nach § 14 Abs. 2 Nr. 4 HOAI nur berechnet werden, wenn die Reise über den **Umkreis von 15 km** vom Geschäftssitz des Auftragnehmers hinausgeht. In diesem Fällen können dann in jedem Fall die **steuerlichen Pauschalsätze** abgerechnet werden (0,30 Euro/km). Höhere Sätze können nur abgerechnet werden, wenn der Bausachverständige die höheren Aufwendungen nachweisen kann.

Schriftlich bei Auftragserteilung kann eine Nebenkostenabrechnung bei Leistungen nach der HOAI ausnahmsweise auch **ganz oder teilweise ausgeschlossen** werden (§ 14 Abs. 1 Satz 2 HOAI).

> **PRAXISTIPP**
>
> *Werden Leistungen nach der HOAI erbracht, sollte schriftlich bei Auftragserteilung eine Vereinbarung zur Nebenkostenabrechnung getroffen werden, die wenigstens in Teilbereichen eine Pauschalierung vorsieht.*

33.7.3 Nebenkosten bei Leistungen außerhalb der HOAI

Werden von Bausachverständigen **Leistungen außerhalb der HOAI** erbracht, findet auch § 14 HOAI prinzipiell keine Anwendung. Damit kann dann zu jedem Zeitpunkt jede Vereinbarung getroffen werden. Denkbar ist in einem solchen Fall, im Gegensatz zu § 14 HOAI, also auch eine mündlich vereinbarte Pauschalabrechnung. Zu beachten ist aber, dass der Auftragnehmer in aller Regel beweispflichtig ist, so dass von einer mündlichen Pauschalvereinbarung nur abgeraten werden kann.

> **PRAXISTIPP**
>
> *Bei Leistungen außerhalb der HOAI sollte eine Regelung zu Abrechnung der Nebenkosten ausdrücklich schriftlich vereinbart werden.*

Auf Einzelnachweis kann der beauftragte Bausachverständige entstandene Auslagen in jedem Fall abrechnen.

Hommerich/Reiß haben durch Umfrage ermittelt, dass bei außergerichtlicher Tätigkeit die Mehrzahl der Sachverständigen anfallende Nebenkosten gesondert abrechnen. Die

---

[1] OLG Braunschweig, U. v. 11.3.2004 – 8 U 17/99, IBR 2005 S. 553.

33.7 Nebenkosten

gesonderte **Nebenkostenabrechnung** ist also **marktüblich**. Nach der Studie werden allgemein folgende Nebenkosten im Sachverständigenbüro gesondert angesetzt:[1]

- Kosten für **fachliche Mitarbeiter** auf der Grundlage der angefallenen Arbeitsstunden, bei einem mittleren Stundensatz von 60,00 Euro/Std.
- Kosten für **Hilfskräfte** (z.B. Sekretärin) ebenfalls auf der Grundlage der angefallenen Arbeitsstunden, bei einem mittleren Stundensatz von 40,00 Euro/Std.
- Kosten für **gemietete technische Geräte** gegen Kostennachweis
- **Fremddienstleistungen** nach tatsächlichem Aufwand bzw. Kostennachweis
- **Reisekosten (Bahn, Flugzeug, Mietwagen)** gegen Kostennachweis
- **Reisekosten** mit dem **eigenen Pkw** nach Kilometergeld; im Mittel 0,50 Euro/km
- **Übernachtungskosten** gegen Nachweis
- **Verpflegungsmehraufwand** („Tagegeld") mit einem mittleren Satz von 35,00 Euro
- **Portokosten** nach tatsächlichem Aufwand
- **Fotokopien, Ausdrucke und Fotos** nach tatsächlichem Aufwand und Anzahl der Seiten
- **Schreibkosten** nach tatsächlichem Aufwand, überwiegend nach Seiten mit einem Satz von 2,00 bis 2,40 Euro/Seite

Kosten, die bei der **Nutzung eigener technischer Geräte** entstehen, werden gemäß der Studie von *Hommerich/Reiß* von der Mehrzahl der Sachverständigen bereits bei der Kalkulation des Stundensatzes bzw. des Pauschalhonorars berücksichtigt.[2]

Bei **Telefon- und Telefaxkosten** gibt es in der Praxis keine einheitliche Abrechnungsart. Nach dem Umfrage von *Hommerich/Reiß* rechnen Sachverständige solche Nebenkosten etwa zu gleichen Teilen nach tatsächlichem Aufwand oder über eine Pauschale ab, oder sie sehen solche Kosten als im Stundensatz enthalten an.[3]

Hinsichtlich der allgemeinen Nebenkosten (Telefon, Telefax, sonstige Netzkosten, Porto, Kopien, definierte Anzahl an Vervielfältigungen des Gutachtens, ggf. Fotoarbeiten, mit Begrenzung der Erstbilder und Abzüge) empfiehlt es sich aber, eine **pauschale Nebenkostenabrechnung** zu vereinbaren. Das vermindert den Aufwand bei der Abrechnung. Dabei sollte der tatsächliche Aufwand beim Vertragsschluss abgeschätzt werden. Eine Vereinbarung kann dann als fester Betrag oder als Prozentsatz (z.B. 3 % bis 5 % der sonstigen Nettovergütung) getroffen werden.

Bei umfangreichen Fotodokumentationen sollten Einheitspreise für Bilder und Abzüge vereinbart werden. Dabei sollte auch geregelt werden, ob Bilder und Abzüge analog oder digital hergestellt werden.

Bei den **Fahrtkosten** hat das OVG Nordrhein-Westfallen ein Kilometergeld von 0,50 Euro/km als nicht zu beanstanden angesehen.[4] Dies deckt sich auch mit dem Umfra-

---

1 *Hommerich/Reiß*, Justizvergütungs- und -entschädigungsgesetz, Evaluation und Marktanalyse, Teil A Abschnitt 1, S. 18-20.
2 A.a.O., S. 19.
3 A.a.O., S. 20.
4 OVG NRW, B. v. 4.1.2008 – 8 E 1152/07, IBR 2008 S. 1133.

33. Honorierung von außergerichtlichen Sachverständigenleistungen

geergebnis von *Hommerich/Reiß*, die festgesellt haben, dass im Mittel ein Satz von 0,50 Euro/km in Rechnung gestellt werden.[1]

In Zeiten drastisch gestiegener Treibstoffpreise sind auch deutlich höhere Sätze vertretbar, soweit sie betriebswirtschaftlich realistisch sind.

Bei **Bahnreisen** ist es allgemein üblich, dass Bausachverständige **1. Klasse** reisen. Aus Gründen der Klarheit empfiehlt es sich insofern, dies auch vertraglich zu vereinbaren. Ferner sollte vertraglich geregelt werden, dass der Auftraggeber auch die Kosten für Reservierungen übernimmt. Verwendet der Bausachverständige eine **„BahnCard"**, empfiehlt es sich, eine prozentuale Umlage deren Kosten auf die mutmaßlichen Auftraggeber eines Jahres vertraglich zu vereinbaren.

Beispiel

„Bei Bahnfahrten werden die Kosten für die 1. Klasse einschließlich Reservierungskosten erstattet. Bei Verwendung einer Bahn-Card 25 oder 50 werden zusätzlich 5 % der Kosten der Bahn-Card in Rechnung gestellt. Bei Verwendung einer Bahn-Card 100 gelten die Preise der Deutschen Bahn ohne Ermäßigung"

Bei Verwendung einer Bahn-Card 100 könnte alternativ auch vereinbart werden, dass ersatzweise der steuerliche Satz (zurzeit 0,30 Euro/km) und der Reiseweg angesetzt werden.

Hinsichtlich der **Reisezeit** bei längeren Reisen sollte vereinbart werden, dass auch der dafür benötigte **Zeitaufwand** zu den normalen, ansonsten vereinbarten Stundensätzen bezahlt wird. Das ist zwar allgemein üblich, sollte aber klargestellt werden, um Missverständnisse zu vermeiden.

Ausdrücklich vereinbart sollte schließlich werden, wie die **Umsatzsteuer (USt.)** bei der Nebenkostenabrechnung behandelt wird. Allgemein entfällt die Umsatzsteuer auch auf entsprechende Auslagen, so dass in jedem Fall vereinbart werden sollte, dass die Umsatzsteuer auch auf die Nebenkosten berechnet wird. Bei Nebenkostenabrechnungen auf Einzelnachweis sollte klargestellt werden, ob ein Netto- oder Bruttoansatz von z.B. Hotel-, Bahn- oder Taxikosten vorgenommen wird. Bei einem Bruttoansatz von Nebenkosten erfolgt allerdings ein doppelter Umsatzsteueraufschlag auf den eigentlich gezahlten Nettobetrag. Fair sind deshalb Nettovereinbarungen. Dabei wird die vom Sachverständigen bei Auslagen gezahlte Umsatzsteuer zunächst heraus gerechnet. Auf die so ermittelten Nettoauslagen wird dann, mit der Hauptleistung, der gesetzliche Regelsteuersatz (zurzeit 19 %) berechnet (vgl. nachfolgendes Beispiel). Da es sich bei den Nebenkosten um Nebenleistungen zur Hauptleistung handelt, teilen diese umsatzsteuerrechtlich das Schicksal der Hauptleistung und sind deshalb mit dem Regelsteuersatz zu berechnen (Abschnitt 29 Abs. 5 UStR).

Bei Vereinbarung einer gemischten Nebenkostenabrechnung (Gutachten, Vervielfältigungen, Porto usw. mit einer Pauschale und Fahrt- sowie Hotelkosten auf Nachweis), auf der Basis einer Nebenkosten-Nettovereinbarung, könnte eine Honorarberechnung wie folgt aussehen:

---

[1] A.a.O., S. 19.

BEISPIEL

Rechnungsposition	Brutto:	USt.-Satz	USt.	Betrag:
Honorar gemäß gesonderter Aufstellung				4.500,00 €
Nebenkosten:				
Pauschale, vereinbart: 5 %				225,00 €
Auf Nachweis:				
Bahnfahrten gemäß Beleg	119,00 €	19%	19,00 €	100,00 €
Taxifahrten gemäß Belege	26,00 €	7%	1,70 €	24,30 €
Nettoentgelt				4.849,30 €
Zzgl. Umsatzsteuer		19%		921,37 €
Gesamtsumme, brutto				**5.770,67 €**

33.8 Verjährung und Verwirken von Honorarforderungen

Hinsichtlich der **Verjährung** der Vergütung des Bausachverständigen gelten die allgemeinen Verjährungsgrundsätze des BGB (§§ 194 ff. BGB). Nach § 195 BGB verjähren die Honorarforderungen für die private Gutachtenerstattung nach **drei Jahren**. Die Verjährungsfrist beginnt mit dem Schluss des Jahres in dem der Anspruch entstanden ist (§ 199 Abs. 1 BGB). Der Anspruch entsteht mit der Fälligkeit der Vergütung. Bei Leistungen von Bausachverständigen beginnt die Verjährung demnach regelmäßig mit dem Ende des Jahres, in dem – bei einem Werkvertrag – die **Abnahme** erfolgt (§ 641 BGB) oder – bei einem Dienstvertrag – die **Leistung erbracht** wurde (§ 614 BGB).

Betrifft die Forderung eine Architekten- oder Ingenieurleistung i.S. der **HOAI**, muss, abweichend von § 641 BGB, die Vorschrift des § 15 Abs. 1 HOAI (früher § 8 Abs. 1 HOAI) beachtet werden. Demnach kam es für die Fälligkeit bis zur HOAI 2009 nicht auf die Abnahme der Leistung an, sondern auf die Erteilung einer **prüffähigen Honorarschlussrechnung**, die **nach Leistungserbringung** zu erstellen ist. Der Zeitpunkt der Abnahme der Leistung spielte bei der Fälligkeit von Honoraren bei Architekten- oder Ingenieurleistungen i.S. der HOAI früher also keine Rolle.

Mit der HOAI 2013 wurden die Fälligkeitsvoraussetzungen für das Architektenhonorar bei § 15 Abs. 1 an die allgemeinen gesetzlichen Vorschriften angepasst. Insofern wird das Honorar jetzt fällig, **wenn die Leistung abgenommen und eine prüffähige Honorarschlussrechnung überreicht** worden ist. Wie dem Wortlaut des zweiten Halbsatzes entnommen werden kann, lässt die HOAI davon allerdings auch abweichende Vereinbarungen zu, die entsprechend der bisherigen Regelung z.B. auf die vertragsgemäße Leistungserbringung abstellen können.

Ausnahmsweise kann eine Honorarforderung eines Privatgutachters auch verwirkt sein, wenn eine Forderung zwar noch nicht verjährt ist, sich aber aus anderen Umständen ergibt, dass der Auftragnehmer die Forderung nach Treu und Glauben nicht mehr geltend machen kann. Eine gerichtliche Entscheidung zu einem solchen Fall liegt, soweit ersicht-

33. Honorierung von außergerichtlichen Sachverständigenleistungen

lich, nicht vor. Ein Verwirken ist aber bei Anwendung der HOAI denkbar. Weil es dort für die Fälligkeit auf die Vorlage einer prüffähigen Honorarschlussrechnung ankommt (§ 15 Abs. 1 HOAI) und somit ohne Rechnungsstellung des Auftragnehmers eine Verjährung nicht eintreten kann, kommt hier ausnahmsweise ein **Verwirken** in Betracht, wenn z.B. ein Auftragnehmer nach geraumer Zeit noch nicht abgerechnet hat, und der Auftraggeber aber die Stellung einer Honorarschlussrechnung einfordert. Wird der Auftragnehmer dann nicht tätig, wird man nach Treu und Glauben von einem Verwirken ausgehen können. Nach diesseitiger Auffassung müssen für ein Verwirken von Honorarforderungen dann aber die allgemeinen Verjährungsgrundsätze des BGB maßgeblich sein (§§ 194 ff. BGB).

34. Die Haftung des Sachverständigen bei privatem Auftrag und bei Gerichtsauftrag

Peter Bleutge

Übersicht

34.1	Einführung und Aufgabenstellung
34.2	Klärung der Begriffe
34.2.1	Vertragshaftung
34.2.2	Unerlaubte Handlung
34.2.3	Dritthaftung
34.2.4	Gewährleistung
34.2.5	Vertretenmüssen
34.2.6	Sachverständiger
34.2.7	Gutachten
34.2.8	Gerichtsauftrag, Privatauftrag und hoheitliche Prüftätigkeit
34.2.9	Erfüllungs- und Verrichtungsgehilfen
34.2.10	Vertrag, AGB oder Individualvereinbarung
34.3	Vertragshaftung
34.3.1	Anspruchsgrundlage
34.3.2	Verstoß gegen Pflichtenkatalog
34.3.3	Typische Gutachtenfehler
34.3.4	Verschulden
34.3.4.1	Vorsatz und bedingter Vorsatz
34.3.4.2	Grobe Fahrlässigkeit
34.3.4.3	Leichte (einfache) Fahrlässigkeit
34.3.4.4	Anwendungsbereiche
34.4	Beweislast
34.5	Möglichkeiten zum Haftungsausschluss
34.5.1	Vertraglicher Haftungsausschluss
34.5.1.1	Einschränkung der Haftung durch Allgemeine Geschäftsbedingungen (AGB)
34.5.1.2	Einschränkung der Haftung durch Individualvereinbarungen
34.5.2	Abkürzung der Verjährungsfrist
34.5.2.1	Neue Verjährungsbestimmungen
34.5.2.2	Abkürzung der Verjährung durch Vertrag
34.5.3	Andere Möglichkeiten zur Haftungsbeschränkung
34.5.3.1	Formulierung des Auftragsgegenstands
34.5.3.2	Festlegung des Gutachtenzwecks
34.5.3.3	Einschränkung der Verwendung des Gutachtens
34.5.3.4	Formulierung des Gutachtenergebnisses
34.5.3.5	Marktbeteiligung in der Rechtsform der GmbH
34.5.3.6	Abschluss einer Berufshaftpflichtversicherung
34.6	Haftung aus Unerlaubter Handlung
34.7	Haftung bei Gerichtsauftrag
34.7.1	Gesetzeswortlaut des § 839a BGB
34.7.2	Inhalt und Umfang der neuen Anspruchsgrundlage
34.7.3	Haftungsausschluss
34.7.4	Verjährung
34.8	Wahl der richtigen Gesellschaftsform

34. Die Haftung des Sachverständigen bei privatem Auftrag und bei Gerichtsauftrag

34.8.1 BGB-Gesellschaft
34.8.2 Partnerschaftsgesellschaft
34.8.3 GmbH
34.9 Zusammenfassendes Ergebnis
34.10 Weiterführende Literatur

34.1 Einführung und Aufgabenstellung

Sachverständige müssen für Fehler in ihren Gutachten einstehen. Sie müssen sie korrigieren, wenn dies noch möglich ist, oder sie müssen den Schaden ersetzen, der dem Auftraggeber durch das Vertrauen auf die Richtigkeit eines fehlerhaften Gutachtens entstanden ist. Im Übrigen können sie in der Regel für fehlerhafte Gutachten weder bei Privatauftrag noch bei Gerichtsauftrag eine Vergütung beanspruchen; sie verlieren in diesen Fällen ihre Vergütungsansprüche.

Diese Schadensersatzpflicht ist keine Eigentümlichkeit der Sachverständigentätigkeit. Jeder Freiberufler oder Gewerbetreibende muss nachbessern oder Schadensersatz leisten, wenn er eine fehlerhafte Dienstleistung erbringt oder mangelhafte Produkte liefert. Der Hersteller von Produkten kennt diese Schadensersatzpflicht unter dem Stichwort „Produkthaftung", der Kaufmann fasst sie unter den Begriff „Mängelhaftung" und der Freiberufler subsumiert sie unter die „Berufshaftpflicht".

Es geht dabei zum einen um **Beseitigung des Mangels oder Ersatzlieferung;** solche Ansprüche nennt man Gewährleistungs-, Erfüllungs- oder Garantieansprüche; sie sind ohne Verschuldensnachweis gegeben. Es geht dabei zum anderen um die **Bereinigung der negativen Folgen beim Auftraggeber oder einem Dritten, die auf Fehler im Gutachten zurückzuführen sind und dadurch einen Schaden verursacht haben;** hier muss dem Sachverständigen in der Regel Pflichtverletzung und Verschulden nachgewiesen werden, soll er erfolgreich auf Schadensersatz in Anspruch genommen werden können.

In allen Fällen der Haftung von Sachverständigen muss zwischen der Haftung bei Privatauftrag und der Haftung bei Gerichtsauftrag unterschieden werden. Haftungsgrundlagen und Umfang der Haftung unterscheiden sich in beiden Fällen wesentlich.

Im Bereich der **gutachtlichen Tätigkeit für Gerichte** gelingt es den Geschädigten äußerst selten, den Sachverständigen wegen eines fehlerhaften Gutachtens und den dadurch verlorenen Prozess in die Pflicht zu nehmen. Die gesetzlichen Voraussetzungen für die erfolgreiche Geltendmachung eines Schadensersatzes sind sehr eng und können in der Mehrzahl der Fälle vom Anspruchsteller nicht erfüllt oder nicht nachgewiesen werden.

Bei Privatauftrag bietet sich dagegen ein völlig anderes Bild. Hier hat die Rechtsprechung in den letzten Jahren nachhaltig an der Haftungsschraube gedreht, was sich ausschließlich zum Nachteil des Sachverständigen ausgewirkt hat. Zur Risikoabsicherung bleibt hier letzten Endes nur eine angemessene Berufshaftpflichtversicherung.

Der nachfolgende Beitrag hat sich zur **Aufgabe** gemacht, die **gesetzlichen Grundlagen für die Schadensersatzansprüche wegen schuldhafter Pflichtverletzung des Sachverständigen darzustellen und die Rechtsprechung anhand von Beispielen zu erläutern.** Dabei werden die Neuregelungen des ab 1.1.2002 geltenden Schuldrechts und Verjährungsrechts eingearbeitet sowie der neue Haftungsanspruch nach § 839a BGB vorgestellt. Gleichzeitig werden die wichtigsten und sich ständig wiederholenden Rechtsbegriffe definiert, um den Sachverständigen auch die Rechtssystematik und Rechtsdogmatik näher zu bringen. Schließlich werden Tipps gegeben, wie der Sachverständige die Haftung ausschließen, einschränken oder abmildern kann, wobei jedoch schon jetzt gesagt werden muss, dass immer ein Restrisiko übrig bleibt, das durch eine ausreichende Berufshaftpflichtversicherung abgesichert werden sollte.

34.2 Klärung der Begriffe

34.2.1 Vertragshaftung

Der Begriff der Haftung wird im BGB nicht definiert. Man versteht darunter die Pflicht des Sachverständigen, für ein schuldhaft verursachtes, pflichtwidriges Verhalten und dessen Folgen einstehen zu müssen. Im Gesetz **(§ 280 BGB)** wird die Haftung unter der Überschrift **„Schadensersatz wegen Pflichtverletzung"** geregelt. Danach kann der Auftraggeber eines Sachverständigen Ersatz des Schadens verlangen, wenn der Sachverständige schuldhaft eine Pflicht aus dem Werkvertrag verletzt. Daher nennt man diese Haftung Vertragshaftung.

34.2.2 Unerlaubte Handlung

Neben der Vertragshaftung gibt es die Haftung auf der Rechtsgrundlage der unerlaubten Handlung. Die entsprechenden Haftungsgrundlagen sind in den §§ 823 Abs.1, 823 Abs. 2, 826, 839a und 839 BGB geregelt. Im Unterschied zur Vertragshaftung, die nur zwischen den jeweiligen Vertragspartnern besteht, können die Ansprüche aus unerlaubter Handlung von jedermann geltend gemacht werden; deshalb nennt man diese Haftung auch die „Jedermann-Haftung". Allerdings sind die Haftungsansprüche an enge Voraussetzungen geknüpft: Verletzung eines absoluten Rechtsguts, Verletzung eines Schutzgesetzes, gewissenlose und leichtfertige Schadenszufügung oder Verletzung einer Amtspflicht. Bei allen Anspruchsgrundlagen ist Verschulden erforderlich; bei Nutzung der Anspruchsgrundlage des § 826 BGB muss sogar der Verschuldensgrad des Vorsatzes nachgewiesen werden, wobei allerdings auch der so genannte bedingte Vorsatz ausreicht.

34.2.3 Dritthaftung

Nach ständiger BGH-Rechtsprechung haftet bei Privatauftrag der Sachverständige nach Vertragsgrundsätzen nicht nur dem Auftraggeber, sondern auch **dritten Personen** gegenüber, **denen das Gutachten weitergegeben wurde** und die im Vertrauen auf die Richtigkeit des Gutachtens für sie nachteilige Vermögensdispositionen vornehmen. Auch die Ansprüche aus unerlaubter Handlung sind eine Dritthaftung, weil sie von jedermann, der durch ein fehlerhaftes Gutachten einen Schaden erleidet, geltend gemacht werden können, wenn die übrigen Voraussetzungen vorliegen.

34.2.4 Gewährleistung

Der Sachverständige hat zunächst die Pflicht, das Gutachten fehlerlos – frei von Sach- und Rechtsmängeln – zu erstellen (vgl. § 633 Abs. 1 BGB); das bezeichnet man als Gewährleistung oder Sachmängelhaftung. Bei Fehlern im Gutachten gibt es gem. § 634 BGB folgende Rechte des Bestellers:

- Nacherfüllung gem. § 635 BGB;
- Beseitigung des Mangels in eigener Regie gem. § 637 BGB;
- Rücktritt vom Vertrag nach §§ 636, 323, 326 Abs. 5 BGB;
- Minderung der Vergütung nach § 638 BGB.

Verschulden braucht bei diesen Ansprüchen nicht nachgewiesen zu werden, weil es nicht zu den Anspruchsvoraussetzungen gehört.

Die Ansprüche auf Gewährleistung werden meist auch unter dem Begriff der Haftung abgehandelt. In den folgenden Ausführungen werden diese Ansprüche jedoch nicht kommentiert.

34.2.5 Vertretenmüssen

Eine Haftung des Sachverständigen für die Folgen eines fehlerhaften Gutachtens ist u.a. an die Voraussetzung geknüpft, dass der Sachverständige seine Pflichtverletzung zu vertreten hat. Darunter versteht man, dass dem Sachverständigen ein Verschulden nachgewiesen werden muss. Es gibt vier Verschuldensgrade: Vorsatz, bedingter Vorsatz, grobe Fahrlässigkeit und einfache Fahrlässigkeit.

Die Unterscheidungen der Verschuldensgrade sind insbesondere für folgende Fälle von Bedeutung:

- Haftung als **Schiedsgutachter** (nur bei Vorsatz und grober Fahrlässigkeit).
- Haftung als Sachverständiger eines **Schiedsgerichts** (nur bei Vorsatz und grober Fahrlässigkeit, weil sich hier nach BGH-Rechtsprechung das Verschulden nach dem Verschulden eines gerichtlich beauftragten Sachverständigen richtet und dieser nach dem neuen § 839a BGB für Vorsatz und grobe Fahrlässigkeit haftet).
- Haftung nach **§ 826 BGB** (nur bei Vorsatz und bedingtem Vorsatz).
- Haftung nach dem neuen **§ 839a BGB** (nur bei Vorsatz und grober Fahrlässigkeit).
- Haftung nach **§§ 634 Nr. 3 und 280 BGB** (bei Vorsatz, grober Fahrlässigkeit und einfacher Fahrlässigkeit).

34.2.6 Sachverständiger

Ein bundesweit geltendes **Sachverständigengesetz gibt es in Deutschland nicht.** Auch die Bezeichnungen wie Gutachter, Experte, Sachkundiger, Sachverständiger u.Ä. sind nicht gesetzlich geschützt. Lediglich einzelne Sachverständigengruppen, wie beispielsweise Umweltgutachter, staatlich oder amtlich anerkannte und öffentlich bestellte Sachverständige, haben gesetzliche Berufszulassungs- und Berufsausübungsregelungen.

Aus diesen gesetzlichen Regelungen sowie aus der Rechtsprechung zum UWG lässt sich folgende Definition des Sachverständigen ableiten:

Sachverständiger ist eine natürliche Person, die persönlich integer ist, die über besondere Erfahrungen und überdurchschnittliches Fachwissen auf einem abgrenzbaren Spezialgebiet verfügt und die ihre gutachterlichen Leistungen persönlich, unabhängig, unparteiisch, gewissenhaft und weisungsfrei erbringt.

Besonders sachkundige Sachverständige werden von Bestellungskörperschaften (Kammern) öffentlich bestellt und vereidigt; sie sind von Gerichten bevorzugt zur Gutachtenerstattung heranzuziehen.

Sachverständigentätigkeit kann außerhalb der gerichtlichen Inanspruchnahme auch von **juristischen Personen** (z.B. einer GmbH) erbracht werden. In diesen Fällen müssen dann die für die GmbH handelnden Personen (Geschäftsführer, Angestellte oder Gesellschafter) persönlich integer und fachlich besonders qualifiziert sein, also die oben genannten Kriterien eines Sachverständigen erfüllen. Der Vertrag kommt in diesem Fall mit der GmbH und nicht mit den handelnden Sachverständigen zustande.

Bei Sozietäten, die nicht in Form von juristischen Personen am Gutachtenmarkt ihre Dienste anbieten, kommt der Vertrag mit allen Gesellschaftern zustande mit der Wirkung, dass auch alle Gesellschafter in gleicher Weise für Schäden aus fehlerhaften Gutachten haften, auch mit ihrem persönlichen Vermögen. Je nach Gesellschaftsform haften entweder alle Gesellschafter (BGB-Gesellschaft) oder einzelne Gesellschafter (Partnerschaftsgesellschaft) und die Gesellschaft.

Bei **Gemeinschaftsgutachten**, die klar erkennen lassen, wer für welchen Teil des Gutachtens verantwortlich zeichnet, haftet jeder Sachverständige nur für seinen Teil des Gutachtens.

34.2.7 Gutachten

Für das Produkt Gutachten gibt es keine Legaldefinition. Mithin muss auch hier auf die einschlägige Rechtsprechung und Literatur zurückgegriffen werden. Gutachten ist danach die objektive, gewissenhafte und sachlich begründete Beurteilung eines vorgegebenen Sachverhalts in einer für den Laien verständlichen und den Fachmann nachprüfbaren Weise. Im Gutachten werden in Form einer objektiven, unparteiischen und allgemein gültigen Beurteilung Tatsachen festgestellt, Bewertungen vorgenommen oder Schlussfolgerungen gezogen. Ein Gutachten muss systematisch aufgebaut, übersichtlich gegliedert, nachvollziehbar begründet und auf das Wesentliche konkretisiert sein.

Das Leistungsangebot eines Sachverständigen ist allerdings nicht auf die Erstattung von Gutachten beschränkt. **Seine Dienstleistungspalette umfasst auch Prüf- und Überwachungstätigkeit, baubegleitende Qualitätskontrolle, schiedsgutachterliche und schiedsrichterliche Tätigkeit, Mediation und die Erteilung eines fachlichen Rates.** Alle diese Tätigkeiten hat er jedoch nach denselben Kriterien zu erledigen wie die Erstattung von Gutachten, also unabhängig, unparteiisch, weisungsfrei, persönlich und gewissenhaft. Die rechtliche Würdigung seiner gutachterlichen Ergebnisse ist ihm aber bei Gerichtsauftrag in allen Fällen untersagt. Bei Privatauftrag erlaubt das neue Rechtsdienstleistungsgesetz, das zum 1.7.2008 in Kraft getreten ist, die Rechtsberatung, Rechtsbetreuung und Rechtsbesorgung in den Fälle, in welchen eine Annextätigkeit im Sinne von § 5 RDG vorliegt.

34.2.8 Gerichtsauftrag, Privtauftrag und hoheitliche Prüftätigkeit

Die Unterscheidung zwischen Gerichtsauftrag und Privatauftrag hat entscheidende Konsequenzen hinsichtlich der Haftungsgrundlagen, der Haftungsfolgen und der Bezahlung.

Der Sachverständige ist **Gerichtsgutachter,** wenn er vom Gericht mit der Gutachtenerstattung beauftragt wird. Ein gerichtliches Verfahren ist auch das Zwangsversteigerungsverfahren nach dem ZVG. Der vom Vollstreckungsgericht beauftragte Sachverständige haftet dem Ersteigerer gegenüber daher nicht aufgrund vertraglicher Grundlagen (OLG Frankfurt, 6.7.2000, BauR 2000 S. 1521), sondern er haftet nach § 839a BGB (BGH, 9.3.2006, IBR 2006 S. 285 = DS 2006 S. 240).

Der Sachverständige ist **Privatgutachter**, wenn das Gutachten nicht von einem Gericht, sondern beispielsweise von einem Unternehmen, einem Rechtsanwalt, einer Versicherung, einer Bank oder einem Verbraucher in Auftrag gegeben worden ist. Auch eine Behörde (Gemeinde), die einen Sachverständigen beauftragt, gilt insoweit als privater Auftraggeber, auch wenn sie in einzelnen Fällen hinsichtlich der Honorierung aufgrund einer gesetzlichen Vorgabe nach dem JVEG abrechnen muss. Auch die schiedsgutachterliche Tätigkeit des Sachverständigen beruht auf einem Privatauftrag, so dass sich auch hier die Haftung nach Vertragsrecht richtet (*Lembcke*, DS 2011 S. 96)

Bei **Gerichtsauftrag** haftet der Sachverständige **nicht aus Vertrag,** sondern lediglich nach **§ 839a BGB** (ab 1.8.2002). Bezahlt wird er nach dem JVEG. Die Anspruchsgrundlagen der §§ 823, 826 BGB gelten auch künftig für alle Fälle, in welchen ein gerichtliches Verfahren nicht mit einem Urteil, sondern auf andere Weise endet (z.B. Vergleich, Klagerücknahme).

Bei **Privatauftrag** haftet der Sachverständige nach den Vorschriften über den Werkvertrag und zusätzlich nach den §§ 823, 826 BGB, in einigen Ausnahmefällen auch nach § 839 BGB (z.B. bei hoheitlicher Prüftätigkeit durch den TÜV).

Privatgutachten dienen in zunehmendem Umfang dem Zweck, in Gerichtsverfahren eigene Ansprüche fachlich zu untermauern oder gegnerische Ansprüche mit fachlicher Argumentation zu entkräften. Weiterhin werden sie von der Prozesspartei dazu benutzt, das Gutachten eines gerichtlich bestellten Sachverständigen auf Richtigkeit zu überprüfen. Haftungsrechtlich entstehen dadurch keine anderen Ansprüche gegen den Privatsachverständigen als bei einem Gutachten, das zu anderen privaten Zwecken in Auftrag gegeben wird. Prozessual hat das Privatgutachten in Rechtsprechung und Literatur an Bedeutung gewonnen. So darf ein von einer Partei im Rechtsstreit vorgelegtes Privatgutachten, dessen Ergebnisse im Widerspruch zu den Erkenntnissen des gerichtlich bestellten Sachverständigen stehen, vom Gericht nicht übergangen werden (BGH, 12.1.2011, DS 2011 S. 211). Auf die Beiträge von *Deitschun* (Der Bausachverständige 6/2011 S. 58), *Koenen* (Der Bausachverständige 3/2012 S. 51), *Seibel* (Der Bausachverständige 4/2010 S. 52) und *Ulrich* (Der Bausachverständige 1/2010 S. 52) wird verwiesen.

Bei **hoheitlicher Prüftätigkeit** im Sicherheitsbereich haftet der amtlich anerkannte oder staatlich beliehene Sachverständige (oder auch die Prüforganisation) nach § 839a BGB. Es gibt jedoch feine Unterschiede zur privatrechtlichen Haftung, auf die *Hammacher* (Der Bausachverständige 6/2010 S. 52) in Bezug auf die Landesbauordnungen hinweist. Der staatlich anerkannte Sachverständige nach den neuen Bauordnungen der Länder ist ebenfalls ein Privatgutachter (siehe *Werner/Reuber*, BauR 1996 S. 796).

34.2.9 Erfüllungs- und Verrichtungsgehilfen

Der Sachverständige muss sein Gutachten grundsätzlich persönlich erstatten. Das bedeutet aber nicht, dass er jeden einzelnen Arbeitsgang in eigener Person erbringen muss. An der Vorbereitung seines Gutachtens darf er auch Hilfskräfte der verschiedensten Art beteiligen, wenn dadurch das Gutachten nicht den Charakter einer eigenverantwortlichen Leistung des beauftragten Sachverständigen verliert. Solche Hilfskräfte können seine **eigenen Angestellten** sein; dies können aber auch **selbständige Unternehmen** sein, die beispielsweise ein Gerüst aufstellen, die Grundmauer eines Hauses freilegen oder eine Materialprüfung vornehmen. In diesem Zusammenhang stellt sich die Frage, ob und, wenn ja, wie der Sachverständige für Schäden haftet, die durch die von ihm beauftragten Hilfskräfte verursacht und verschuldet worden sind.

Die Beantwortung dieser Frage hängt davon ab, welche Anspruchsgrundlage zur Anwendung kommt.

Liegt ein **Privatauftrag** vor, so wird der Sachverständige aufgrund eines Vertrags tätig. Für Schäden, die die Hilfskraft verursacht hat, muss der Sachverständige nach § 278 BGB **in gleichem Umfang haften, wie wenn er selbst den Schaden verursacht hätte**. Allerdings müssen seiner Hilfskraft Pflichtverletzung und Verschulden nachgewiesen werden, die dann dem Sachverständigen in vollem Umfang angelastet werden. Die Hilfskraft nennt man in diesem Fall Erfüllungsgehilfe. Die Regelung gilt übrigens auch, wenn ein gesetzlicher Vertreter des Sachverständigen handelt. Ergänzend wird auf die IfS-Broschüre „Der Sachverständige und seine Mitarbeiter" 2. Aufl. 2003 verwiesen.

Beispiel (BGH, 10.11.1994, NJW 1995 S. 392)

Der Angestellte eines Sachverständigen führt im Rahmen einer Immobilienbewertung die Besichtigung eines Hauses durch. Dabei unterlässt er die erforderliche Besichtigung des Dachstuhls, der später aufgrund von Feuchtigkeitsschäden abgerissen und neu gebaut werden muss. Der BGH sah darin eine schuldhafte Pflichtverletzung des Angestellten, die dem Sachverständigen in vollem Umfang zugerechnet wurde.

Anmerkung: An sich müsste der Sachverständige schon deshalb aus eigenem Verschulden haften, weil er die Objektsbesichtigung nicht in eigener Person vorgenommen hat.

Liegt ein **Gerichtsauftrag** vor oder kommen aus anderen Gründen die Anspruchsgrundlagen der §§ 823, 826, 839 und 839a BGB zur Anwendung, haftet der Sachverständige für das Fehlverhalten seiner Hilfskräfte nur für das sog. **Auswahlverschulden**; die Hilfskraft nennt man in diesem Fall Verrichtungsgehilfe. Die entsprechende Haftungsgrundlage findet sich in § 831 BGB. Wenn also beispielsweise der vom Sachverständigen eingesetzte Unternehmer bei der Freilegung der Grundmauer an dieser einen Schaden verursacht, haftet der Sachverständige dem Eigentümer gegenüber nur dann, wenn er bei der Auswahl

34. Die Haftung des Sachverständigen bei privatem Auftrag und bei Gerichtsauftrag

des Unternehmers nicht die im Verkehr erforderliche Sorgfalt hat walten lassen. Wird ihm also nachgewiesen, dass er wusste oder hätte wissen müssen, dass dieser Unternehmer schon mehrfach schlecht gearbeitet hatte, haftet er für den durch ihn angerichteten Schaden.

Beispiel

> *Ein vom Gericht beauftragter Sachverständiger setzt für den Aufbau des Gerüsts oder für Ausschachtungsarbeiten, die für die Untersuchung von Feuchtigkeitsschäden erforderlich sind, ungelernte Schwarzarbeiter ein. Diese beschädigen bei ihren Arbeiten die Außenwand des Hauses erheblich. Der Sachverständige haftet für die entstandenen Schäden, weil er bei der Auswahl der Hilfskräfte nicht die notwendige Sorgfalt hat walten lassen. Die Schwarzarbeiter sind keine Erfüllungsgehilfen, für die der Sachverständige immer haften müsste, weil bei Gerichtsauftrag zwischen dem Kläger oder Beklagten und dem Sachverständigen kein Vertragsverhältnis besteht.*

34.2.10 Vertrag, AGB oder Individualvereinbarung

Wenn der Sachverständige den Auftrag erhält, ein Gutachten zu erarbeiten, entsteht nach ständiger BGH-Rechtsprechung ein **Werkvertrag** (BGH, NJW 1966 S. 539; NJW 1976 S. 1502). Die gesetzlichen Regelungen befinden sich in §§ 631 ff. BGB. Schriftform ist nicht erforderlich, jedoch empfehlenswert. Zumindest sollten darin die präzise Beschreibung des Auftrags, der Zweck des Gutachtens, der Pflichtenkatalog des Sachverständigen sowie des Auftraggebers und die Vergütung inklusive Auslagen geregelt werden. Vertragsmuster finden sich in der IfS-Broschüre „Guter Vertrag – Weniger Haftung" (Köln, 2. Aufl. 2009) Neben Vertragsansprüchen kann ein Geschädigter auch Ansprüche aus unerlaubter Handlung nach §§ 823 und 826 BGB geltend machen.

Benutzt der Sachverständige ein **Vertragsmuster**, das er sich selbst erarbeitet oder – besser – von einem Rechtsanwalt oder Berufsverband hat entwerfen lassen, kommen die §§ 305 ff. BGB zur Anwendung. Die dortigen Bestimmungen waren vor dem 1.1.2002 im „Gesetz zur Regelung der Allgemeinen Geschäftsbedingungen (AGB)" zu finden; das AGB-Gesetz ist nunmehr in das BGB integriert worden. AGB sind alle für eine Vielzahl von Verträgen vorformulierten Vertragsbedingungen, die eine Vertragspartei (Sachverständiger) der anderen Vertragspartei (Auftraggeber) bei Abschluss des Vertrages stellt (vgl. § 305 Abs. 1 BGB). **Bei der Verwendung von solchen Musterverträgen erklärt das BGB viele Klauseln für unwirksam, weil hier der Verbraucherschutz im Vordergrund steht.** Unwirksame Klauseln werden auch nicht dadurch wirksam, dass der Auftraggeber den Vertrag mit dem Sachverständigen unterschreibt.

Die BGB-Vorschriften über die Verwendung von AGB finden aber dann keine Anwendung, wenn der gesamte Vertrag oder einzelne Klauseln individuell ausgehandelt werden (§ 305b BGB). Man nennt dies eine **Individualvereinbarung.** Will der Sachverständige also beispielsweise eine Haftungsausschlussklausel vereinbaren, die bei der Verwendung von AGB unwirksam wäre, kann er versuchen, diese Klausel in Form einer Individualvereinbarung mit dem Auftraggeber wirksam werden zu lassen. Bei einem Streit darüber, ob eine solche Individualabrede getroffen wurde oder nicht, ist er allerdings beweispflichtig.

Bei **Gerichtsauftrag** entsteht kein Vertragsverhältnis, sondern ein sog. öffentlich-rechtliches Rechtsverhältnis. **Der Sachverständige schließt mit dem Richter keinen Vertrag,** sondern bekommt den Auftrag zur Gutachtenerstattung, dem er Folge zu leisten hat. Er kann auch keinen Mustervertrag verwenden. Schadensersatzansprüche richten sich hier ausschließlich nach den Ansprüchen über die unerlaubte Handlung (§§ 823 ff. BGB, insbesondere § 839a BGB), nicht aber nach §§ 631, 280 BGB.

34.3 Vertragshaftung

34.3.1 Die Anspruchsgrundlage

Als **Anspruchsgrundlage** für einen schuldhaft verursachten Schaden, der auf einem fehlerhaften Gutachten beruht, kommt **§ 634 Nr. 4 in Verbindung mit den §§ 280, 281 BGB** in Betracht. Abgestellt wird dabei nicht auf den Fehler, sondern auf eine Pflichtverletzung. Mithin ist es ganz entscheidend, welche Pflichten ein Sachverständiger hat. Diese wiederum ergeben sich zum einen aus § 633 Abs. 1 BGB: Der Sachverständige hat dem Auftraggeber ein Gutachten abzuliefern, das frei von Sach- und Rechtsmängeln ist. Nach § 633 Abs. 2 BGB ist das Gutachten dann frei von Sachmängeln, wenn es die vereinbarte Beschaffenheit hat. Soweit es eine solche Vereinbarung nicht gibt, muss das Gutachten gem. § 633 Abs. 2 Satz 2 BGB die für die nach dem Vertrag vorausgesetzte oder für die gewöhnliche Verwendung erforderliche Eignung besitzen und eine Beschaffenheit aufweisen, die bei Gutachten der gleichen Art üblich ist und die der Auftraggeber erwarten kann. Im Übrigen ergeben sich die Pflichten von Sachverständigen aus dem Pflichtenkatalog der für die öffentlich bestellten Sachverständigen geltenden Sachverständigenordnung. Für die übrigen Sachverständigen gelten diese Pflichten aufgrund ergänzender Vertragsauslegung ebenso. Mithin besteht auch dann ein Schadensersatzanspruch, wenn das Gutachten sachlich richtig ist, aber wegen Verstoßes gegen die Pflicht zur Unparteilichkeit oder zur persönlichen Gutachtenerstattung nicht verwendet werden kann bzw. nicht verwertbar ist.

Die eigentliche Anspruchsgrundlage des § 280 Abs. 1 BGB lautet, auf den Sachverständigen abgestellt:

> *Verletzt der Sachverständige eine Pflicht aus dem Vertrag, so kann der Auftraggeber Ersatz des hierdurch entstehenden Schadens verlangen. Dies gilt nicht, wenn der Sachverständige die Pflichtverletzung nicht zu vertreten hat.*

Entscheidende Anspruchsvoraussetzungen sind demnach die Pflichtverletzung und das Vertreten müssen. Was der Sachverständige zu vertreten hat, steht in § 276 BGB: Vorsatz und Fahrlässigkeit. Auf die Ausführungen in den Abschnitten 34.2.5 und 34.3.4 wird insoweit verwiesen.

Eine Haftung tritt nur ein, wenn dem Sachverständigen eine Pflichtverletzung nachgewiesen werden kann, die zu einem fehlerhaften Gutachten führt (§ 280 Abs. 1 BGB). Verschulden wird vermutet, so dass hier der Sachverständige den Gegenbeweis führen muss, will er sein Verschulden bestreiten.

34.3.2 Verstoß gegen Pflichtenkatalog

Der Pflichtenkatalog eines Sachverständigen ist nicht besonders gesetzlich geregelt. Er ergibt sich aus der Natur des Sachverständigenvertrags, der ein Werkvertrag ist, und aus der damit verbundenen gesetzlichen Pflicht, das Werk frei von Sach- und Rechtsmängeln herzustellen. Für den **öffentlich bestellten Sachverständigen** ergeben sich weitere Pflichten aus der **Eidesleistung nach § 36 GewO** sowie aus den Vorschriften der **Sachverständigenordnung.** Für den gerichtlich beauftragten Sachverständigen regelt das Gesetz in § 407a ZPO einen Pflichtenkatalog, der für alle vom Gericht beauftragten Sachverständigen gilt.

Die Grundpflichten eines jeden Sachverständigen können wie folgt definiert werden:

> *Jeder Sachverständige hat die Pflicht, ein sachlich begründetes, eigenverantwortliches und richtiges Gutachten zu erstatten. Dazu hat er seine besondere Sachkunde und Erfahrung unabhängig, unparteiisch, weisungsfrei und nach objektiven Maßstäben anzuwenden und soweit erforderlich den aktuellen Stand von Wissenschaft und Technik zu berücksichtigen. Jedes Gutachten muss persönlich erstattet werden, übersichtlich gegliedert sein und nachvollziehbar sowie nachprüfbar begründet sein.*

Diese Pflichten sind vom Sachverständigen sowohl beim Gerichtsauftrag als auch beim Privatauftrag einzuhalten. Insoweit gibt es **zwischen gerichtlicher und außergerichtlicher Tätigkeit überhaupt keine Unterschiede** (vgl. DIHK-Broschüre „Der gerichtliche Gutachtenauftrag", Berlin, 8. Aufl. 2007).

Die vorstehend entwickelten Grundsätze gelten auch dann, wenn der Sachverständige vor Gericht oder vor der Bestellungsbehörde einen Eid dahin leisten musste, seine Gutachten nach **bestem Wissen und Gewissen** zu erstatten. In diesem Falle kann er sich gegenüber einem Regressanspruch wegen eines Fehlers im Gutachten nicht darauf berufen, er habe es persönlich nicht besser gewusst oder besser gekonnt. Nach bestem Wissen und Gewissen bedeutet nämlich nicht, dass der Sachverständige die im konkreten Fall objektiv gebotene Sorgfaltspflicht bei der Erarbeitung des Gutachtens vernachlässigen darf, weil er subjektiv die Materie nicht ausreichend beherrscht, es nicht „besser weiß".

Beispiel

> *Hat der Sachverständige in seinem Gutachten die Volllackierung eines beschädigten Pkw angeraten, obwohl nach dem neuesten Stand der Technik eine Teillackierung dasselbe Ergebnis gebracht hätte, kann er sich nicht damit herausreden, diesen Umstand nicht gekannt zu haben.*

34.3.3 Typische Gutachtenfehler

Logischerweise können in einem Gutachten also folgende Fehler auftreten, die auf die vorgenannten Pflichtverletzungen zurückzuführen sind:

Das Ergebnis ist falsch oder teilweise fehlerhaft, weil

- die dem Gutachten zugrunde gelegten Befunde oder Anknüpfungstatsachen falsch oder lückenhaft ermittelt wurden;

- die im Gutachten aus richtigen und vollständigen Tatsachen gezogenen Schlussfolgerungen fehlerhaft sind;
- die im Gutachten enthaltenen Beurteilungen oder Bewertungen auch bei Berücksichtigung üblicher Toleranzgrenzen nicht akzeptiert werden können.

34.3.4 Verschulden

In den gesetzlichen Bestimmungen über die Leistung von Schadensersatz wird neben der Pflichtwidrigkeit als weitere Anspruchsvoraussetzung Verschulden verlangt. Das BGB spricht dabei von **Vertretenmüssen** (§ 276 BGB) und unterscheidet Vorsatz, bedingten Vorsatz, grobe Fahrlässigkeit und leichte Fahrlässigkeit. Eine Definition gibt es im BGB nur für einfache (leichte) Fahrlässigkeit. Die einzelnen Ansprüche auf Schadensersatz verlangen teilweise vorsätzliches Verhalten (§ 826 BGB), teilweise Vorsatz oder grobe Fahrlässigkeit (§ 839a BGB), und teilweise genügt bereits leichte Fahrlässigkeit, um einen Schadensersatzanspruch gegen einen Sachverständigen zu begründen (§ 280 BGB).

34.3.4.1 Vorsatz und bedingter Vorsatz

Mit vollem Bewusstsein (Vorsatz) wird eine Pflichtwidrigkeit ins Werk gesetzt. Es gibt keine gesetzliche Definition des Vorsatzes. Vorsatz liegt vor, wenn der Sachverständige mit Absicht – **mit Wissen und Wollen** – ein falsches Gutachten erstattet oder eine fehlerhafte fachliche Dienstleistung erbringt, aus welchen Motiven heraus auch immer. Dabei braucht sich der Vorsatz nur auf die wissentliche und willentliche Verletzung einer dem Sachverständigen obliegenden Pflicht zu beziehen, nicht aber auf den durch die Pflichtverletzung herbeigeführten Schaden. Der Sachverständige kann sich also bei seiner Inanspruchnahme nicht damit herausreden, er habe den durch seine Pflichtverletzung eingetretenen Schaden weder gewollt noch beabsichtigt.

Beispiel

- *Ein Sachverständiger für Orientteppiche, der zugleich hauptberuflich ein Teppichgeschäft betreibt, täuscht seine Käufer über Alter und Wert der von ihm angebotenen Teppiche, indem er jedem Teppich ein von ihm selbst erstelltes falsches Wert- und Echtheitsgutachten beifügt. Hier hat der Sachverständige mit Wissen und Wollen fehlerhafte Gutachten erstellt, um sich ungerechtfertigte Vermögensvorteile zu verschaffen. Ihm wurde daher von der Kammer die öffentliche Bestellung widerrufen, was vom VGH Baden-Württemberg (22.9.1976, GewA 1977 S. 19) bestätigt wurde. Er muss außerdem seinen Kunden den Schaden ersetzen, den diese durch seine unrichtigen Gutachten erlitten haben.*
- *Ein Sachverständiger hat Importautos aus den USA mit Absicht zu niedrig bewertet, um den Einfuhrzoll für seinen Auftraggeber zu mindern.*
- *Ein Sachverständiger hat mit Absicht eine fehlerhafte Grundstücksbewertung für seinen Auftraggeber gefertigt, damit dieser ein höhere Beleihung von seiner Bank erhält.*

34. Die Haftung des Sachverständigen bei privatem Auftrag und bei Gerichtsauftrag

> • *Ein Sachverständiger hat mit Wissen und Wollen eine fehlerhafte Hausrats- oder Antiquitätenbegutachtung abgeliefert, damit sein Auftraggeber nach einem Diebstahl oder einer Beschädigung bei der Versicherung ungerechtfertigte Ansprüche geltend machen kann.*

Vorsätzlich handelt übrigens auch der Sachverständige, der den als möglich erkannten Fehler billigend in Kauf nimmt. Dies nennt man ein **Handeln mit bedingtem Vorsatz.** Der Sachverständige ist sich dabei bewusst, dass das Gutachten einen Fehler hat, **hofft aber, dass kein Schaden eintreten werde.** Für den Fall des Eintritts des Schadens nimmt er diesen jedoch billigend in Kauf. Er handelt **gewissenlos und leichtfertig,** also mit bedingtem Vorsatz.

Beispiel

> *Ein Sachverständiger für die Bewertung von bebauten und unbebauten Grundstücken hat für einen Hauseigentümer für dessen Haus einen Wert von 151.000,- DM ermittelt. Daraufhin erhielt der Hauseigentümer von der Bank, der er das Gutachten vorlegte, ein Darlehen in Höhe von 50.000,- DM. In Wirklichkeit war das bereits mit 80.000,- DM vorbelastete Grundstück nur etwa 82.000,- DM wert. Der Sachverständige hatte ein Drittel aller Wohnungen nicht besichtigt und somit die feuchten Außenwände, aufgerissenen Fußböden und Schwammbildungen nicht festgestellt. Außerdem war er in seinem Gutachten von der falsch festgestellten Tatsache ausgegangen, es handele sich bei dem Hausgrundstück um einen erst zehn Jahre alten Neubau, obwohl es in Wirklichkeit 60 bis 70 Jahre alt war. Dem Darlehensgeber entstand bei der späteren Zwangsversteigerung des Grundstücks ein erheblicher Ausfallschaden.*
>
> *Der BGH (28.6.1966, BB 1966 S. 1324) hat dem Kläger den Schaden zugesprochen, weil der Sachverständige den Schaden mit bedingtem Vorsatz verursacht habe. Der Sachverständige habe mit der Möglichkeit gerechnet, dass ein Schaden eintreten könne, und dennoch das fehlerhafte Ergebnis billigend in Kauf genommen. Er sei in erheblichem Maße von unrichtigen wertbildenden Faktoren ausgegangen und habe zudem die Grundsätze einer richtigen Verkehrswertschätzung gröblich missachtet. Somit sei dem Sachverständigen ein besonders grober und leichtfertiger Verstoß gegen seine Pflichten vorzuwerfen.*

34.3.4.2 Grobe Fahrlässigkeit

Für diese Verschuldensform gibt es keine gesetzliche Definition. Nach herrschender Auffassung in Rechtsprechung und Literatur ist diese Verschuldensform dann gegeben, wenn der Sachverständige **die im Verkehr erforderliche Sorgfalt in besonders schwerem Maß verletzt.** Grobe Fahrlässigkeit liegt dann vor, wenn einfache, ganz nahe liegende Überlegungen nicht angestellt wurden oder, besser gesagt, wenn das nicht beachtet wurde, was in der gegebenen Situation jedermann hätte einleuchten müssen. Man muss sagen können: „Das darf einfach nicht vorkommen" oder „das ist ja unglaublich".

Beispiele

- *Ein Schiedsgutachter hatte eine technische Anlage als mangelhaft bezeichnet, weil sie einen Konstruktionsfehler aufweise. In Wirklichkeit beruhten die vom Schiedsgutachter festgestellten Störungen jedoch auf einem Fehler bei der Bedienung der Anlage. Der BGH (26.10.1972, DB 1973 S. 129) hat das Gutachten für offenbar unrichtig und damit für unverbindlich erklärt, weil sich die Fehlerhaftigkeit des Gutachtens dem sachkundigen und unbefangenen Beobachter sofort – wenn auch erst nach eingehender Prüfung – aufdrängte.*
- *Ein anthropologischer Sachverständiger hat einen Angeklagten anhand von Videoaufzeichnungen irrtümlich als Bankräuber identifiziert. Grobe Fahrlässigkeit wurde angenommen, weil der Sachverständige bei der Auswertung der Aufnahmen im Bankgebäude den aktuellen wissenschaftlichen Standard nicht in seine Beurteilung einbezogen hat (OLG Frankfurt/M, 2.1.2007, DS 2008 S. 115).*

34.3.4.3 Leichte (einfache) Fahrlässigkeit

Die im Verkehr erforderliche Sorgfalt wird nicht beachtet. Faustregel: „Das kann jedem einmal passieren". Die Definition findet sich in § 276 Abs. 2 BGB: **Fahrlässig handelt, wer die im Verkehr erforderliche Sorgfalt außer Acht lässt.** Diese Sorgfalt wird daran gemessen, wie sich ein ordentlicher, normal veranlagter und gewissenhafter Sachverständiger in der betreffenden Situation verhalten würde. Weicht ein Sachverständiger dabei von dieser objektiven Norm ab, handelt er fahrlässig.

Beispiel

Ein Kfz-Sachverständiger legt seinem Gutachten irrtümlich einen falschen Stundensatz für eine Lackiererstunde zugrunde oder er verrechnet sich beim Zusammenzählen der einzelnen Rechnungsposten. Wenn er dagegen bei einer Ortsbesichtigung vergisst, neben dem Kläger auch den Beklagten einzuladen, handelt er grob fahrlässig.

34.3.4.4 Anwendungsbereiche

Die abgestuften Verschuldensgrade (siehe Ausführungen unter 34.3.4.1 bis 34.3.4.3) sind deshalb von rechtlicher Bedeutung, **weil die einzelnen Haftungstatbestände von unterschiedlichen Verschuldensgraden ausgehen** (vgl. hierzu die Ausführungen unter 34.2.5). Aber auch für die Vereinbarung eines Haftungsausschlusses oder einer Haftungsbeschränkung sind die einzelnen Verschuldensformen von Bedeutung. Eine entsprechende Vereinbarung ist bei der Nutzung von Musterverträgen (AGB) nur für die Fälle leichter Fahrlässigkeit zulässig und dort auch nur unter bestimmten Voraussetzungen (Stichwort: „Kardinalpflichten"). Der öffentlich bestellte Sachverständige darf seine Haftung nach dem Satzungsrecht der Bestellungskörperschaften lediglich für die Fälle leichter (einfacher) Fahrlässigkeit ausschließen oder der Höhe nach beschränken, was ihm bei der Verwendung von Musterverträgen (AGB) aber nicht viel bringt (vgl. IfS-Broschüre „Guter Vertrag – Weniger Haftung", 2. Aufl. 2009).

34.4 Beweislast

Alle haftungsbegründenden Anspruchsvoraussetzungen müssen vom Anspruchssteller nachgewiesen werden. Wenn ein durch ein fehlerhaftes Gutachten geschädigter Auftraggeber gegen den Sachverständigen einen Schadensersatzanspruch geltend machen möchte, muss er also behaupten und nachweisen, dass das Gutachten fehlerhaft ist, dass der Sachverständige einen Pflichtenverstoß begangen hat und dass dadurch ein Schaden eingetreten ist. Beim Verschulden wird allerdings ein Unterschied gemacht: Wird der Schadensersatz aus **§ 280 BGB** geltend gemacht, wird bei Nachweis einer Pflichtverletzung **Verschulden vermutet** und der Sachverständige muss sich entlasten. Bei Ansprüchen aus §§ 823, 826 und 839a BGB muss dagegen der geschädigte Auftraggeber auch das Vorliegen von Verschulden nachweisen. Im Übrigen muss der Sachverständige die Tatsachen beweisen, die er zu seiner Entlastung vorbringt.

Wichtig ist in diesem Zusammenhang, dass der Sachverständige den **Zeitpunkt der Orts- und/oder Objektsbesichtigung** im Gutachten genau angibt, weil es bei der Prüfung der Richtigkeit eines Gutachtens entscheidend auf diesen Zeitpunkt ankommt; später eintretende werterhöhende oder wertmindernde Umstände dürfen dem Sachverständigen nicht mehr zugerechnet werden, es sei denn, sie waren für den Sachverständigen im Zeitpunkt der Gutachtenerstattung vorhersehbar. In diesem Zusammenhang wird empfohlen, dass der Sachverständige von jeder Ortsbesichtigung ein Protokoll fertigt. Einzelheiten finden sich in der IfS-Broschüre „Die Ortsbesichtigung durch Sachverständige, 7. Aufl. 2011".

34.5 Möglichkeiten zum Haftungsausschluss oder zur Haftungsminderung

34.5.1 Vertraglicher Haftungsausschluss

Es gibt **zwei Möglichkeiten,** die Haftung in einem Vertrag auszuschließen oder einzuschränken: Durch entsprechende Vertragsklauseln in einem **Mustervertrag oder durch individuelle Vereinbarungen in einem auszuhandelnden Vertrag.** Im ersten Fall müssen die Bestimmungen im BGB über Allgemeine Geschäftsbedingungen beachtet werden. Sie verbieten über 50 Einzelklauseln; aufgrund einer Generalklausel können jederzeit weitere Klauseln für unwirksam erklärt werden. Im zweiten Fall können Klauseln vereinbart werden, die nach den AGB-Bestimmungen unwirksam sind. Allerdings ist es nicht einfach, zu Individualvereinbarungen zu gelangen; das Gesetz verlangt hier die Einhaltung bestimmter Vorgaben. **In beiden Fällen wirkt ein Haftungsausschluss auch gegenüber einem unbeteiligten Dritten,** dem später das fehlerhafte Gutachten vorgelegt wird und der dann gegenüber dem Sachverständigen, mit dem er keinen Vertrag abgeschlossen hat, Vertragsansprüche geltend macht. Der Dritte kann immer nur so viel Vertrauen für sich in Anspruch nehmen, wie das der eigentliche Auftraggeber des Sachverständigen kann. Hat der Auftraggeber einem Haftungsausschluss im Vertrag mit dem Sachverständigen zugestimmt, gilt dieser auch gegenüber dem Dritten.

34.5.1.1 Einschränkung der Haftung durch Allgemeine Geschäftsbedingungen (AGB)

Die Sachverständigen werden bei der Haftung für Schäden, die durch schuldhaft verursachte Pflichtverletzungen verursacht werden, insoweit nachteilig betroffen, als sie ihre Haftung in Musterverträgen (AGB) selbst für die Fälle leichter Fahrlässigkeit kaum mehr rechtswirksam ausschließen oder der Höhe nach beschränken können. Die Möglichkeiten für zulässige Haftungsausschlüsse und -beschränkungen werden durch neue Bestimmungen im BGB, durch die Rechtsprechung zur Dritthaftung und zur Haftung für Kardinalpflichten bei leichter Fahrlässigkeit erheblich eingeschränkt. Man kann vereinfacht sagen, dass ein Haftungsausschluss oder eine Haftungsbeschränkung in AGB (vorgefertigter Mustervertrag) nur eingeschränkt möglich und schwierig zu formulieren ist. Gerichtsfestigkeit kann nicht garantiert werden.

Will der Sachverständige unter Berücksichtigung der vorstehenden zwingenden Vorschriften eine Haftungsausschlussklausel in seinen Mustervertrag einstellen, **müsste diese Klausel ungefähr wie folgt formuliert werden:**

> *Muss der Sachverständige nach den gesetzlichen Bestimmungen nach Maßgabe des vorliegenden Vertrages für einen Schaden aufkommen, der leicht fahrlässig verursacht wurde, so ist die Haftung, soweit nicht Leben, Körper und Gesundheit verletzt werden, beschränkt. Die Haftung besteht in diesen Fällen nur bei Verletzung vertragswesentlicher Pflichten und ist auf den bei Vertragsabschluss vorhersehbaren typischen Schaden begrenzt.*
>
> *Unabhängig von einem Verschulden des Sachverständigen bleibt eine etwaige Haftung des Sachverständigen bei arglistigem Verschweigen des Mangels, aus der Übernahme einer Garantie oder eines Beschaffenheitsrisikos und nach dem Produkthaftungsgesetz unberührt.*
>
> *Ausgeschlossen ist die persönliche Haftung des gesetzlichen Vertreters, Erfüllungsgehilfen und Betriebsangehörigen des Sachverständigen für von ihnen durch leichte Fahrlässigkeit verursachte Schäden.*

Die Frage, ob eine Haftungsausschluss- oder eine Haftungsbegrenzungsklausel auch gegenüber einem Dritten wirkt, dem das fehlerhafte Gutachten vorgelegt wird und der im Vertrauen auf die Richtigkeit für ihn nachteilige Vermögensdispositionen vornimmt, ist noch nicht eindeutig geklärt. In der Literatur wird die Auffassung vertreten, dass der Dritte nur insoweit in das Vertragsverhältnis „Auftraggeber–Sachverständiger" einbezogen wird, als der Auftraggeber selbst daraus gegen den Sachverständigen Ansprüche herleiten kann. Ist also ein Anspruch rechtswirksam ausgeschlossen oder der Höhe nach begrenzt, gilt dies auch gegenüber einem Dritten.

34.5.1.2 Einschränkung der Haftung durch Individualvereinbarungen

Will der Sachverständige dennoch eine Haftungsausschluss- oder Haftungsbeschränkungsklausel formulieren, kann er sie nur dann – abweichend von den strengen Vorgaben der §§ 307, 308 und 309 BGB – wirksam werden lassen, wenn er sie nicht in Form von AGB, sondern als Individualvereinbarung trifft. Nach § 305b BGB haben individuelle Vertragsabreden Vorrang vor AGB. Nach § 305 Abs. 1 Satz 3 BGB liegen AGB nicht vor, soweit die Vertragsbedingungen zwischen den Vertragsparteien im Einzelnen ausgehan-

34. Die Haftung des Sachverständigen bei privatem Auftrag und bei Gerichtsauftrag

delt sind. Für diesen Fall könnte eine Haftungsausschlussklausel wie folgt formuliert werden:

Der Sachverständige haftet für Schäden, die auf einem mangelhaften Gutachten beruhen gleich aus welchem Rechtsgrund nur dann, wenn er oder seine Erfüllungsgehilfen die Schäden durch eine vorsätzliche Pflichtverletzung verursacht haben. Dies gilt auch für Schäden, die der Sachverständige bei der Vorbereitung seines Gutachtens verursacht hat, sowie für Schäden, die nach erfolgter Nacherfüllung entstanden sind. § 639 BGB bleibt unberührt. Alle darüber hinausgehenden Schadensersatzansprüche werden ausgeschlossen.

Betont werden muss erneut, dass die vorstehende Klausel nur in Form einer Individualabrede rechtswirksam vereinbart werden kann. Als Klausel in AGB ist sie absolut unwirksam. Allerdings werden an solche individuelle Vereinbarungen strenge Anforderungen gestellt. Der Sachverständige muss entweder den gesamten Vertrag oder die konkrete Einzelklausel mit dem Auftraggeber **Punkt für Punkt verhandeln und aushandeln.** Dabei muss er ihm vor allem die Möglichkeit geben, auf die Formulierung und den Inhalt jeder einzelnen Klausel Einfluss nehmen zu können. **Das Prinzip des Vogel friss oder stirb, will sagen: Auftraggeber, unterschreibe den Vertrag oder ich führe den Auftrag nicht durch, darf hier nicht angewendet werden.** Außerdem darf ein öffentlich bestellter Sachverständiger die Haftung für Vorsatz und grobe Fahrlässigkeit auch nicht durch eine Individualvereinbarung ausschließen oder der Höhe nach beschränken. Das verbietet § 14 der Sachverständigenordnungen der Industrie- und Handelskammern und Handwerkskammern

Schwierig ist auch der spätere Nachweis, dass eine bestimmte Klausel nach diesen Vorgaben ausgehandelt wurde. Die Beweislast liegt hier beim Sachverständigen, der behauptet, eine bestimmte Klausel sei individuell ausgehandelt worden. Auch wenn sich der Sachverständige durch eine weitere Klausel schriftlich bestätigen lässt, dass eine einzelne Klausel oder der gesamte Vertrag individuell ausgehandelt wurde, ist auch diese Bestätigungsklausel wiederum unwirksam (§ 309 Nr. 12b BGB). Also sollte man zu den Vertragsverhandlungen einen Zeugen hinzuziehen, wenn man ganz sicher gehen möchte. Einige Sachverständige gehen wie folgt vor: Sie senden ihrem Auftraggeber den Vertragstext zu, fordern ihn auf, diesen zu studieren und gegebenenfalls zu ändern und bitten darum, ihn dann – geändert oder unverändert – unterschrieben zurückzusenden. Darin könnte man ein individuelles Aushandeln sehen.

34.5.2 Abkürzung der Verjährungsfrist

34.5.2.1 Neue Verjährungsbestimmungen

Die Regelverjährung wurde im Jahre 2002 **von 30 Jahre auf drei Jahre reduziert,** bei Gewährleistung der Fehlerfreiheit im Kauf- und Werkvertragsrecht dagegen von sechs Monaten auf zwei Jahre erhöht. **Der Verjährungsbeginn wird jedoch mit Ausnahmen nicht an einen festen Zeitpunkt geknüpft,** sondern die Verjährung beginnt mit dem Schluss des Jahres, in dem der Anspruch entstanden ist, und der Auftraggeber des Sachverständigen von den den Anspruch begründenden Umständen und der Person des Schuldners Kenntnis erlangt hat oder ohne grobe Fahrlässigkeit hätte erlangen müssen.

Ohne Rücksicht auf eine solche Kenntnis oder ein solches Kennenmüssen verjähren die Ansprüche in **zehn Jahren** von ihrem Entstehen an (§ 199 Abs. 3 Nr. 1 BGB). Schadensersatzansprüche, die auf der Verletzung des Lebens, des Körpers, der Gesundheit und der Freiheit beruhen, verjähren in **30 Jahren** von der Begehung der Handlung, der Pflichtverletzung oder dem sonstigen den Schaden auslösenden Ereignis an (§ 199 Abs. 3 Nr. 2 BGB).

Eine Besonderheit gibt es bei Mängelansprüchen im Rahmen eines Bauwerks und eines Werks, dessen Erfolg in der Erbringung von Planungs- oder Überwachungsleistungen hierfür besteht. Hier beträgt die Verjährungsfrist fünf Jahre, und die Verjährung beginnt mit der Abnahme. Unter diese Bestimmung fallen Sanierungs-, Gründungs- und Statikgutachten. Wird ein Schadensersatzanspruch nach § 280 BGB geltend gemacht, gelten jedoch wieder die oben genannten Verjährungsvorschriften von drei, zehn und 30 Jahren.

34.5.2.2 Abkürzung der Verjährung durch Vertrag

Die Verkürzung der Verjährungsfrist von 30 auf drei Jahre im neuen BGB bedeutet nur auf den ersten Blick eine Erleichterung der Haftung. Der Beginn der Verjährung wird nämlich nicht an einen festen Zeitpunkt (z.B. die Abnahme des Gutachtens) geknüpft und kann daher bis zu zehn Jahre und in bestimmten Ausnahmefällen auch bis zu 30 Jahre betragen. Einer Abkürzung dieser Fristen in Musterverträgen wird durch neue AGB-Bestimmungen teilweise ein Riegel vorgeschoben. **Im Übrigen kann man die Verjährungsfrist nur dort abkürzen, wo auch ein Haftungsausschluss oder eine Haftungsbeschränkung zulässig ist.** Da nach den AGB-Bestimmungen die Haftung für Vorsatz und grobe Fahrlässigkeit weder ausgeschlossen noch eingeschränkt werden darf, kann für diese Fallgruppe auch die Verjährung nicht abgekürzt werden. Nach § 202 Abs. 1 BGB darf die Verjährung bei Haftung wegen Vorsatzes nicht im Voraus durch Rechtsgeschäft erleichtert werden.

34.5.3 Andere Möglichkeiten zur Haftungsbeschränkung

Durch präzise Formulierung des Auftragsgegenstands, durch Bestimmung des Zwecks des Gutachtens, durch stimmige Formulierung des Ergebnisses, die mit der Begründung im Einklang steht sowie durch die Begrenzung der Nutzung des Gutachtens lassen sich ohne Gesetzesverstoß Haftungseinschränkungen erreichen. Bei der Bildung einer Sozietät sollte überlegt werden, welche Gesellschaftsform unter steuerlichen und haftungsrechtlichen Gesichtspunkten die günstigste ist.

34.5.3.1 Formulierung des Auftragsgegenstands

Der zentrale Punkt jedes Vertrags ist die Frage, **welche Leistung in welchem Umfang geschuldet wird.** Die Umschreibung und Beschreibung des Vertragsgegenstands sind wichtiger als die Fragen der Honorierung oder des Haftungsausschlusses. Haftung und Honorierung richten sich nach der Richtigkeit der Begründung und des Ergebnisses des Gutachtens; diese wiederum beurteilen sich nach Inhalt und Umfang des Gutachtenauftrags. **Bei der Formulierung des Auftragsinhalts muss daher größte Sorgfalt an den Tag gelegt werden.** Dabei sollte man nicht nur positiv festlegen, zu welchem Thema, in welchem Umfang und nach welcher Methode ein Gutachten gefertigt werden soll, sondern es sollte auch negativ ausdrücklich festgelegt werden, was nicht Gegenstand des Gutachtens sein soll, falls dazu ein berechtigter Anlass besteht. Insbesondere

34. Die Haftung des Sachverständigen bei privatem Auftrag und bei Gerichtsauftrag

muss zum Ausdruck gebracht werden, dass nicht ein vom Auftraggeber vorgegebenes Ergebnis geschuldet wird, sondern ein Ergebnis, das auf einer objektiven, weisungsfreien und gewissenhaften Anwendung der besonderen Sachkunde und Erfahrung des Sachverständigen beruht. Es sollte also möglichst ausführlich vereinbart werden, welche Leistungen in welchem Umfang im Einzelnen geschuldet werden und welche nicht. **Diese Vereinbarung muss auch im Gutachten selbst wiedergegeben werden, und zwar am Beginn des Gutachtens als Auftragsgegenstand.**

Beispiel

- *Das Hausgrundstück (genaue Bezeichnung) des Auftraggebers soll nach folgender Methode (Angabe der Bewertungsmethode wie z. B. Ertragswert, Vergleichswert, Sachwert, Beleihungswert, Marktwert, Wiederbeschaffungswert usw.) bewertet werden. In die Bewertung soll nicht einbezogen werden eine etwa im Boden befindliche Kontamination oder eine für später geplante, an dem Grundstück vorbeiführende Autobahn.*
- *Bei dem zu bewertenden Gemälde soll lediglich der Marktwert festgestellt werden; seine Echtheit wird unterstellt.*

Ergänzend könnte noch die Klausel aufgenommen werden, dass der Auftrag nicht die rechtliche Würdigung des festgestellten Sachverhalts oder des fachlichen Ergebnisses umfasst. Eine solche Tätigkeit ist dem Sachverständigen nach dem neuen Rechtsdienstleistungsgesetz unter bestimmten Voraussetzungen als sog. Annextätigkeit erlaubt. Soll eine erlaubte rechtliche Annexleistung erbracht werden, sollten Inhalt, Umfang und Intensität im Vertrag und im Gutachten präzise konkretisiert werden.

Wie wichtig die präzise Definition der Aufgabenstellung sein kann, zeigt die Entscheidung des OLG Düsseldorf (23.2.2012, DS 2012 S. 321): Soll der Gutachter die Ursache der bemängelten Heizleistung ermitteln, reicht es nicht aus, die Vertragsunterlagen mit der tatsächlichen Beschaffenheit der Anlage abzugleichen; er hat vielmehr die Qualität des Systems zu untersuchen und seine Schwachstellen aufzuzeigen. Da der Sachverständige den Auftrag nicht in vollem Umfang erledigt hatte, musste er Schadensersatz leisten. Er hatte den Umfang des Auftrags schuldhaft nicht erkannt, weil er ihn vertraglich nicht konkret genug festgelegt hat. In diesem Zusammenhang wird auf den Beitrag von *Achmus* (Der Bausachverständige 3/2009 S. 18) verwiesen, der die Anforderungen an ein Baugrundgutachten darstellt. Auf die haftungsrechtliche Bedeutung vertraglicher Leistungsbeschreibung für erweiterte BQÜ im Bereich energetische Sanierungen macht der Beitrag von *Schmitz* (Der Bausachverständige 1.2011 S. 55) aufmerksam.

34.5.3.2 Festlegung des Gutachtenzwecks

Ob ein Gutachten Fehler hat oder nicht, hängt u.a. davon ab, **zu welchen Zwecken das Gutachten erstattet wird.** Wird ein Grundstück zu Beleihungszwecken bewertet, sieht das Bewertungsergebnis anders aus, als wenn es zum Zwecke des Verkaufs oder der Erbauseinandersetzung bewertet wird. Außerdem beantwortet der Zweck des Gutachtens, welchen Personen das Gutachten vorgelegt werden darf, was auf die Frage der Dritthaftung eine entscheidende Auswirkung hat.

Wird im Vertrag bestimmt, dass das Gutachten nur der Versicherung vorgelegt werden darf, darf der Auftraggeber das Gutachten nicht für einen Verkauf der begutachteten

Objekte verwenden. Ein geschädigter Dritter kann dann aus dem fehlerhaften Gutachten keine Ansprüche gegen den Sachverständigen geltend machen. Also sollte der Sachverständige in jedem Vertrag den Zweck des Gutachtens präzise definieren **und diesen Zweck auch im Gutachten selbst bei der Auftragsdefinition mit aufnehmen**.

Beispiel

Zum Zwecke der Erbauseinandersetzung, der Vorlage bei Gericht durch eine Partei (Privatgutachten), der Ehescheidung, der Vorlage bei der Versicherung, der Beleihung durch die Bank X usw.

34.5.3.3 Einschränkung der Verwendung des Gutachtens

Die Sachverständigen sind überwiegend der Auffassung, dass sie aufgrund ihres **Urheberrechts am Gutachten** Inhalt und Umfang der Nutzung des Gutachtens durch den Auftraggeber bestimmen könnten. Diese Rechtsauffassung ist in der Allgemeinheit nicht richtig (KG, 11.5.2011, juris § 2 Abs. 1 UrhG; LG Berlin, 3.7.2012, juris § 2 Abs.1 UrhG; *Ulrich*, DS 2011 SW. 308 u. 352; *Bleutge*, IfS-Informationen 4/2011 S. 4). Die Frage, ob der Sachverständige an seinem Gutachten ein Urheberrecht hat, lässt sich nicht mit einem eindeutigen Ja oder Nein beantworten. Vielmehr lautet die Antwort: Es kommt auf den Einzelfall an. Nach § 1 UrhG hat ein Urheber von Werken der Literatur, Wissenschaft und Kunst kraft Gesetzes einen Urheberrechtsschutz. Nach § 2 UrhG gehören dazu insbesondere Schriftwerke und Darstellungen wissenschaftlicher und technischer Art. Allerdings muss im Einzelfall nachgewiesen werden, dass ein Gutachten einen hohen geistig-schöpferischen Gehalt hat; dabei kommt es auf die Eigentümlichkeit der Anordnung des dargebotenen Stoffes an. Fließbandgutachten wie Teppichgutachten oder Schadensgutachten im Kfz.-Bereich dürften diesen kreativen Charakter nicht aufweisen; sie genießen daher keinen urheberrechtlichen Schutz. Aus dem Urheberrechtsgesetz kann der Sachverständige in diesen Fällen keine Ansprüche herleiten. Lediglich die im Gutachten integrierten Fotos genießen Urheberschutz (BGH, 29.4.2010, DS 2010 S. 391; *Otto Zülling*, DS 2013 S. 48).

Auf keinen Fall kann man durch eine Vertragsklausel bestimmen, dass das Gutachten Urheberrechtsschutz genießen soll. Dagegen kann man durch besondere Vereinbarung mit dem Auftraggeber den Nutzungsumfang des Gutachtens regeln, und das sollte man auch tun, um auf diese Weise die umfassende Dritthaftung einzuschränken. Die entsprechenden Vertragsklauseln könnten etwa wie folgt formuliert werden:

- Der Auftraggeber darf die gutachterliche Leistung nur zu dem Zweck verwenden, für den sie vereinbarungsgemäß bestimmt ist.
- Eine darüber hinausgehende Verwendung, insbesondere eine Weitergabe an Dritte, ist nur zulässig, wenn der Sachverständige zuvor befragt und seine Einwilligung dazu gegeben hat. Gleiches gilt für eine Textänderung oder eine auszugsweise Verwendung.
- Eine Veröffentlichung des Gutachtens bedarf in allen Fällen der vorherigen Einwilligung des Sachverständigen.
- Vervielfältigungen sind nur im Rahmen des Verwendungszwecks des Gutachtens gestattet.

- Untersuchungs- und Gutachtenergebnisse dürfen zu Zwecken der Werbung durch den Auftraggeber nur mit Zustimmung des Sachverständigen und mit seiner Billigung des Wortlauts der Werbung verwendet werden.

An Fotos, die in das Gutachten integriert werden oder ihm beigefügt werden, besteht jedoch ein Urheberrecht des Sachverständigen (BGH, 29.4.2010, DS 2010 S. 391; *Ottofülling*, DS 2013 S. 48).

34.5.3.4 Formulierung des Gutachtenergebnisses

Der Sachverständige sollte auch bei der Formulierung des zusammenfassenden Ergebnisses vorsichtig zu Werke gehen. **Es sollte vor allem kein sicheres Ergebnis vorgespiegelt werden, wo mit gutem Gewissen nur ein mehr oder minder hoher Grad von Wahrscheinlichkeit begründet werden kann.** So sollten beispielsweise bei Wertgutachten von Grundstücken oder Kunstgegenständen Margen angegeben werden, es sei denn, man kommt unter Anwendung mathematischer Formeln zu einem auf Heller und Pfennig nachrechenbaren Wert.

34.5.3.5 Marktbeteiligung in der Rechtsform der GmbH

Bietet der Sachverständige seine gutachterlichen Leistungen in einer Sozietät mit anderen Kollegen an, sollte er überlegen, ob er dazu nicht die Rechtsform der GmbH wählt (vgl. 34.8.3). **Der Gutachtenvertrag wird in diesem Falle mit der GmbH geschlossen und für Fehler im Gutachten, die einen Schaden verursachen, haftet grundsätzlich die GmbH, nicht aber der einzelne Sachverständige.** Bei Gerichtsauftrag muss der Sachverständige jedoch das Gutachten **persönlich** erstatten; er haftet dann auch persönlich.

Erstattet der Sachverständige als Angestellter oder Geschäftsführer einer GmbH sein Gutachten, so verliert er seine Freiberuflichkeit; die Tätigkeit in einer GmbH unterliegt der Gewerbesteuer. Will er aber die Freiberuflichkeit erhalten, sollte er die Rechtsform der **Partnerschaftsgesellschaft** (vgl. 34.8.2) wählen. Auch hier gibt es eine gesetzliche Haftungsbeschränkung. Für Fehler im Gutachten haftet nur die Gesellschaft und der Sachverständige, der den Fehler zu verantworten hat, der aber dann auch mit seinem persönlichen Vermögen.

34.5.3.6 Abschluss einer Berufshaftpflichtversicherung

Jeder Sachverständige sollte eine seinem vorhersehbaren Schadensrisiko **angemessene Haftpflichtversicherung** abschließen. Dabei sollte darauf geachtet werden, wie die Leistungsbeschreibung der Versicherung formuliert ist und welche Ausschlüsse darin enthalten sind. Ausschlüsse sollten, soweit erforderlich, durch den Erwerb zusätzlicher „Versicherungsbausteine" beseitigt werden, soweit das für erforderlich gehalten wird. Das gilt insbesondere für Sanierungsvorschläge, die in der Grundversicherung von Bausachverständigen meist ausgeschlossen sind; gerade in solchen Gutachtenteilen liegt bei Bausachverständigen aber das größere Risiko.

34.6 Haftung aus unerlaubter Handlung

Wird der Sachverständige auf der Grundlage der §§ 823, 826 BGB in Anspruch genommen, muss der durch ein fehlerhaftes Gutachten Geschädigte folgende Voraussetzungen nachweisen.

§ 823 Abs.1 BGB: Verletzung eines absolutes Rechtsguts wie beispielsweise Leben, Gesundheit, Freiheit. Das Vermögen gilt nicht als ein solches absolutes Rechtsgut. Verschulden muss nachgewiesen werden.

§ 823 Abs. 2 BGB: Verletzung eines Schutzgesetzes. Die Sachverständigenordnung ist kein solches Rechtsgut. Wird der Sachverständige jedoch auf die Richtigkeit seines Gutachtens vereidigt, ist bei Nachweis eines Meineids die Haftung gegeben. Verschulden muss nachgewiesen werden.

§ 826 BGB: Verstoß gegen die guten Sitten. Hier muss vorsätzliche Schadenszufügung nachgewiesen werden, wobei bedingter Vorsatz (leichtfertiges und gewissenloses Verhalten) ausreicht. Auf die Beispiele in Abschnitt 34.3.4.1 wird hierzu verwiesen. Es gibt mehrere Urteile zum Nachteil der betroffenen Sachverständigen bei fehlerhaften Gutachten in Zwangsversteigerungsverfahren. Nunmehr werden diese Fälle nach § 839a BGB entschieden, wenn ein Gericht den Gutachtenauftrag erteilt.

§ 839 BGB: Hier kann es über Art. 34 GG zur Amtshaftung (Staatshaftung) kommen, wenn der Sachverständige in Erfüllung einer hoheitlichen Aufgabe handelt (z.B. Gutachterausschuss nach dem Baugesetzbuch, Vermessungsingenieur oder TÜV). In diesen Fällen haftet der Staat, nicht der einzelne Sachverständige, Ingenieur oder Prüfer (OLG Naumburg, 22.1.2004, BauR 2004 S. 1043; OLG Dresden, 9.8.2006, DS 2007 S. 308; OLG Hamm, 17.10.2006, DS 2007 S. 154).Die Lageplanerstellung und die Gebäudeeinmessung durch öffentliche Bestellte Vermessungsingenieure werden im Land Berlin nicht als öffentliche Aufgabe durchgeführt. Die Haftung für Vermessungsfehler gegenüber dem Auftraggeber bestimmt sich insoweit nach werkvertraglichen Grundsätzen und nicht nach Maßgabe des § 839 BGB (BGH, 29.11.2012, DS 2013 S. 68). Die nach dem TEHG handelnden Verifizierer werden dagegen hoheitlich tätig (BGH, 15.9.2011, juris § 839 BGB).

Eine Möglichkeit zum Haftungsausschluss oder zur Haftungsbeschränkung gibt es hier nicht, weil es sich nicht um eine Vertragshaftung handelt. In Übrigen gelten die allgemeinen Verjährungsvorschriften (drei, zehn und 30 Jahre); auf die Abschnitte 34.7.4 und 34.5.2.1 wird verwiesen.

Die vorstehenden Anspruchsgrundlagen kommen insbesondere dann in Betracht, wenn zwischen dem Sachverständigen und dem Geschädigten kein Vertragsverhältnis besteht.

34.7 Haftung bei Gerichtsauftrag

Seit dem 1.8.2002 muss der vom Gericht beauftragte Sachverständige Schadensersatz leisten, wenn er vorsätzlich oder grob fahrlässig ein unrichtiges Gutachten erstattet hat und das Urteil auf dem fehlerhaften Gutachten beruht. Dies bestimmt ein neuer § 839a BGB, der durch das „Zweite Gesetz zur Änderung schadensersatzrechtlicher Vorschriften" vom 19.7.2002 (BGBl. I S. 2674) in das BGB eingefügt wurde.

34. Die Haftung des Sachverständigen bei privatem Auftrag und bei Gerichtsauftrag

Die neue Rechtslage gilt für alle Fälle, die nach dem 1.8.2002 beim Sachverständigen in Auftrag gegeben werden. Für die Gutachtenaufträge, die der Sachverständige vor dem 1.8.2002 erhalten hat, gilt die alte Rechtslage. Präzise heißt es in den Übergangsvorschriften des vorgenannten Gesetzes: Es kommt entscheidend darauf an, wann das schädigende Ereignis eingetreten ist.

Eine interessante Information vorab: Von den 52 in JURIS (Juristische Suchmaschine) veröffentlichten Urteilen zu der neuen Haftungsvorschrift für Schadensersatzansprüche gegen den Gerichtssachverständigen gibt es **nur zwei Entscheidungen, die zu Ungunsten des Sachverständigen** ausgegangen sind:

LG Frankenthal, 6.10.2011, juris § 839 a BGB

Ein Bausachverständiger hat in seinem gerichtlichen Gutachten eine völlig unnötige Maßnahme der Mängelbeseitigung für erforderlich gehalten. Sein Einwand, er habe sich auf die Empfehlungen eines Wirtschaftsverbandes verlassen dürfen, kann seine grob fahrlässig Pflichtverletzung nicht entschuldigen, es gehört zu dem elementaren Pflichten des Sachverständigen ‚solche Empfehlungen zu hinterfragen und sie auf ihre Richtigkeit und Aussagekraft für den zu beurteilenden Sachverhalt zu überprüfen.

Thüringer OLG ‚Urteil vom 7.11.2012, juris § 839 a BGB)

Erstattet ein Gerichtssachverständiger, der mit der Prüfung beauftragt wird, ob ein Estrich in einer Garage ordnungsgemäß verlegt worden ist, ein fehlerhaftes Gutachten, so handelt er grob fahrlässig, wenn er die einschlägige DIN-Vorgabe nicht berücksichtigt, die erforderlichen Messungen nicht fehlerfrei vornimmt und zeit- und lastabhängige Verformungen nicht in seine Beurteilung mit einbezieht.

Ein interessanter Fall nach alter Rechtslage, das nach neuem Recht genauso zu entscheiden wäre:

OLG Frankfurt/M, 2.10.2007, (Az.: 19 U 8/2007), DS 2008 S. 115, IfS-Informationen 5/2007 S. 15

Ein angeblicher Bankräuber, wurde aufgrund eines grob fahrlässig verschuldeten unrichtigen Gutachtens des vom Gericht bestellten anthropologischen Sachverständigen zu sieben Jahren Gefängnis verurteilt, wovon er sechs Jahre abgesessen hat; der Sachverständige musste dem Geschädigten 150.000 Euro Schmerzensgeld zahlen.

Alle anderen 50 Urteile scheiterten an den fehlenden Anspruchsvoraussetzungen, die teilweise nicht nachgewiesen werden konnten, teilweise aus anderen gründen nicht vorgelegen haben.

34.7.1 Gesetzeswortlaut des § 839a BGB

Der neue Haftungstatbestand des § 839a BGB hat folgenden Wortlaut:

(1) Erstattet ein vom Gericht ernannter Sachverständiger vorsätzlich oder grob fahrlässig ein unrichtiges Gutachten, so ist er zum Ersatz des Schadens verpflichtet, der einem Verfahrensbeteiligten durch eine gerichtliche Entscheidung entsteht, die auf diesem Gutachten beruht.

(2) § 839 Abs. 3 ist entsprechend anzuwenden.

34.7.2 Inhalt und Umfang der neuen Anspruchsgrundlage

Der Sachverständige muss **von einem Gericht** ernannt sein. Wird der Sachverständige vom Staatsanwalt, von einer Behörde oder einem Privatmann mit der Erstattung eines Gutachtens beauftragt, kommen wie bisher die Vorschriften der §§ 823, 826 BGB beim Auftrag der Staatsanwaltschaft und die Vorschriften des Vertrages oder der unerlaubten Handlung bei Behördenauftrag und Privatauftrag zur Anwendung. In bestimmten Fällen kann als Anspruchsgrundlage auch § 839 BGB (hoheitliche Prüftätigkeit) als Anspruchsgrundlage in Betracht kommen. Für Urteile im privaten Schiedsgerichtsverfahren gilt § 839a BGB ebenfalls nicht. Dagegen kommt § 839a BGB als Anspruchsgrundlage im Zwangsversteigerungsverfahren in Betracht (BGH, 9.3.2006, IBR 2006 S. 285 = DS 2006 S. 240). Es wird aber in der Literatur teilweise auch schon die Auffassung vertreten, dass auch bei einem Gutachtenauftrag der Staatsanwaltschaft oder eines privaten Schiedsgerichts die Anspruchsgrundlage des § 839 a BGB analog anzuwenden sei.

Der Sachverständige muss ein **unrichtiges Gutachten** erstattet haben. Fehler können bei der Tatsachenermittlung und bei den fachlichen Schlussfolgerungen gemacht werden. Die Frage der Fehlerhaftigkeit eines Gutachtens ist insbesondere bei Bewertungsgutachten nicht immer einwandfrei zu beantworten; hier gewährt die Rechtsprechung zum Schiedsgutachten dem Sachverständigen Toleranzen bis zu 20 %, innerhalb deren das Gutachten noch richtig sein kann. Bei einem Verkehrswertgutachten im Zwangsversteigerungsverfahren wurde eine Abweichung von 12,5 % für tolerabel gehalten (OLG Schl.Holst., 6.7.2007, DS 2008 S. 32) Entscheidend für die Beurteilung der richtigen Ausgabenlösung ist immer der Inhalt des Auftrags, also die Aufgabenstellung. In allen Fällen muss das Gutachten persönlich erstellt, systematisch aufgebaut, übersichtlich gegliedert, nachvollziehbar begründet und auf das Wesentliche konzentriert sein. Kommen für die Beantwortung der gestellten Fragen mehrere Antworten ernsthaft in Betracht, so hat der Sachverständige diese darzulegen und den Grad der Wahrscheinlichkeit für die Richtigkeit der einen oder anderen Antwort gegeneinander abzuwägen.

Der Sachverständige muss das unrichtige Gutachten **vorsätzlich oder grob fahrlässig** erstattet haben. Einfache (leichte) Fahrlässigkeit reicht nicht aus. Vorsatz ist gegeben, wenn der Sachverständige mit Wissen und Wollen ein unrichtiges Gutachten erstattet. Dieser Sachverhalt kommt in Frage, wenn der Sachverständige aus Gefälligkeit oder aufgrund finanzieller Zuwendungen einer Prozesspartei ein unrichtiges Gutachten erstattet. Grobe Fahrlässigkeit liegt vor, wenn der Sachverständige die im Verkehr erforderliche Sorgfalt in besonders schwerem Maße verletzt. Es muss ihm dazu nachgewiesen werden, dass er einfache, ganz nahe liegende Überlegungen nicht angestellt oder das nicht beachtet hat, was in der gegebenen Situation jedermann hätte einleuchten müssen. Man muss sagen können: „Das darf einfach nicht vorkommen" oder „Das ist ja unglaublich". Einfache Fahrlässigkeit wird im Gesetz (§ 276 Abs. 2 BGB) so definiert: „Fahrlässig handelt, wer die im Verkehr erforderliche Sorgfalt außer Acht lässt". Diese Sorgfalt wird daran gemessen, wie sich ein ordentlicher, normal veranlagter und gewissenhafter Sachverständiger bei der Erledigung eines solchen Gutachtenauftrags verhalten würde. Es handelt sich hier also lediglich um Fehler oder Pflichtwidrigkeiten, die auch einem gewissenhaften Sachverständigen einmal unterlaufen können.

Die ganz entscheidende Frage wird in Zukunft sein, ob der Sachverständige noch leicht fahrlässig oder schon grob fahrlässig gehandelt hat.

34. Die Haftung des Sachverständigen bei privatem Auftrag und bei Gerichtsauftrag

Einen **klassischen Fall unterschiedlicher juristischer Wertung von Fahrlässigkeit** bieten die beiden Entscheidungen des LG und OLG München. Es gib um die Frage, ob für Badheizkörper und Fußbodenheizung zwei getrennte Heizsysteme vorzusehen und wie die DIN 1264-1 und DIN 4725 Teil I Abs. 2.1 auszulegen seien. Der Sachverständige bejahte das Erfordernis von zwei separaten Heizkreisen und wurde vom LG München (4.6.2009) wegen groben Verschuldens zum Schadensersatz verurteilt. Das OLG München (21.5.2010, juris § 839a BGB) verneinte das Vorliegen grober Fahrlässigkeit und wies die Schadensersatzklage ab.

Leitsätze der OLG Entscheidung des OLG München:

1. Eine grobe Fahrlässigkeit nach § 839a BGB setzt einen objektiv schweren und subjektiv nicht entschuldbaren Verstoß gegen die Anforderung der im Verkehr erforderlichen Sorgfalt voraus.

2. Ein solches Verschulden ist nicht gegeben, wenn es für einen technischen Sachverhalt keine allgemein anerkannten Regeln der Technik gibt und der Sachverständige insoweit auf seinen eigenen Erfahrungshorizont zurückgreifen muss und dabei eine vorhandene DIN-Norm überinterpretiert.

Einem Verfahrensbeteiligten muss ein Schaden entstanden sein. In Frage kommen nicht nur Verletzungen des Körpers, der Gesundheit, der Freiheit und anderer absoluter Rechtsgüter, sondern auch Vermögensschäden. Insoweit besteht Deckungsgleichheit mit dem Anspruch aus § 826 BGB.

Der Schaden muss **durch eine gerichtliche Entscheidung** verursacht worden sein, die auf dem unrichtigen Gutachten beruht. Wird ein Verfahren durch einen Vergleich beendet, bei dem beide Prozessparteien von dem Ergebnis des fehlerhaften Gutachtens ausgehen, gibt es keinen Schadensersatzanspruch nach § 839a BGB. Vielmehr kommen in einem solchen Fall wiederum die Vorschriften der §§ 823, 826 BGB zum Tragen.

Zusätzlich muss der Geschädigte hinsichtlich der erforderlichen **Kausalität** nachweisen, dass das Urteil auf dem fehlerhaften Gutachten beruht. Wird zwar ein Gutachten eingeholt, im Urteil aber nicht berücksichtigt, weil das Gericht sein Votum auf andere Umstände (z.B. Zeugenaussagen, Urkunden) stützt, beruht das Urteil gerade nicht auf dem Gutachten; der Geschädigte kann gegen den Sachverständigen keinen Anspruch aus § 839a BGB herleiten. Zweifel hinsichtlich des Vorliegens der Kausalität sind aber vor allem deshalb angebracht, weil zwischen dem Gutachten des Sachverständigen und dem späteren Urteil die freie Beweiswürdigung des Richters stattfindet, so dass die eigentliche Ursache für ein falsches Gutachten letztlich der Richter, nicht aber der Sachverständige setzt.

Der Sachverständige kann erst dann in Anspruch genommen werden, wenn der Geschädigte zuvor **den möglichen Instanzenzug durchlaufen hat.** Das ergibt sich aus der Bezugnahme in § 839a Abs. 2 BGB auf § 839 Abs. 3 BGB. Danach tritt die Ersatzpflicht dann nicht ein, wenn es der Geschädigte – vorsätzlich oder fahrlässig – unterlassen hat, den Schaden durch den Gebrauch eines Rechtsmittels abzuwenden. Der durch das unrichtige Gutachten Geschädigte muss also zunächst alle möglichen Rechtsmittel ausschöpfen, bevor er den Sachverständigen auf Schadensersatz in Anspruch nehmen kann. Der Begriff des Rechtsmittels wird von der Rechtsprechung weit gefasst. Dazu gehören auch der Antrag einer Partei auf Ladung des Sachverständigen zur mündlichen Anhörung, Beweisanträge und der Antrag auf Ablehnung des Sachverständigen wegen

Besorgnis der Befangenheit. Versäumt der Kläger oder Beklagte schuldhaft die Stellung solcher Anträge, kann er später den Sachverständigen nicht in Regress nehmen. Das Verschulden hinsichtlich der Unterlassung muss ihm jedoch nachgewiesen werden.

34.7.3 Haftungsausschluss

Der Sachverständige hat **keine Möglichkeit zum Haftungsausschluss oder zur Haftungsbeschränkung,** weil er aufgrund eines öffentlich-rechtlichen Rechtsverhältnisses zur gerichtlichen Gutachtentätigkeit herangezogen wird. Weder mit dem Gericht noch mit den Verfahrensbeteiligten kommt es zu einem Vertrag. Mithin können auch kein Haftungsausschluss und keine Haftungsbeschränkung vertraglich vereinbart werden.

34.7.4 Verjährung

Es gilt das neue Verjährungsrecht. Die Regelverjährung beträgt **drei Jahre** (§ 195 BGB). Die Frist beginnt jedoch nicht mit der Ablieferung oder Abnahme des Gutachtens. Sie beginnt vielmehr mit dem Schluss des Jahres, in dem der Anspruch entstanden ist, und dann auch erst, wenn der Anspruch entstanden ist und der Geschädigte von den den Anspruch begründenden Umständen und der Person des Schädigers Kenntnis erlangt hat oder in der Verschuldensform der groben Fahrlässigkeit hätte erlangen müssen (§ 199 Abs. 1 BGB). Es gibt dann eine Kappungsgrenze bei **zehn Jahren** (§ 199 Abs. 1 Nr. 1 BGB). Schadensersatzansprüche, die auf der Verletzung des Lebens, des Körpers, der Gesundheit oder der Freiheit beruhen, verjähren nach wie vor erst in **30 Jahren** (§ 199 Abs. 3 Nr. 2 BGB).

34.8 Wahl der richtigen Gesellschaftsform

Sachverständige können ihre gutachterlichen Leistungen bei Privatauftrag (nicht bei Gerichtsauftrag) auch in Form von Sozietäten anbieten und erbringen (vgl. dazu: *Bayerlein/Bock*, Praxishandbuch Sachverständigenrecht, 4. Aufl. 2008, § 6 und *Vormbrock*, Der Kfz-Sachverständige 6/2010 S. 18, *Volze*, DS 2013 S. 334). Selbst den öffentlich bestellten Sachverständigen ist erlaubt, sich mit anderen Sachverständigen oder Berufsangehörigen in jeder rechtlich zulässigen Gesellschaftsform zusammenzuschließen. Allerdings muss dabei gewährleistet sein, dass ihre Glaubwürdigkeit, ihr Ansehen und die Einhaltung ihre Pflichten nicht infrage gestellt werden (vgl. § 21 Muster-SVO des DIHK).

Für die Sachverständigen kommen vor allem folgende Gesellschaftsformen in Betracht:
- Gesellschaft bürgerlichen Rechts (BGB-Gesellschaft),
- Partnerschaftsgesellschaft, Partnerschaftsgesellschaft mit beschränkter Berufshaftung (mbB)
- Gesellschaft mit beschränkter Haftung.
- Unternehmensgesellschaft (haftungsbeschränkt)

Die hier allein interessierende Frage ist die Problematik der Haftung der Sozietät als solcher und die zusätzliche persönliche Haftung der einzelnen Sachverständigen. Die Beantwortung dieser Frage hängt entscheidend davon ab, in welcher Gesellschaftsform die Sozietät geführt wird. Die Sachverständigen sollten sich aber bei der Wahl der richtigen Gesellschaftsform für ihre Sozietät nicht allein von Haftungsfragen leiten lassen; steuer- und gesellschaftsrechtliche Fragen sind für die richtige Entscheidungsfindung mindestens ebenso wichtig. Eine ausführliche Übersicht zur haftungsrechtlichen Problematik bei den einzelnen Gesellschaftsformen findet sich bei *Bayerlein/Bock*, Praxishandbuch Sachverständigenrecht, § 6 Rdnrn. 1–35.

In allen Fällen sollte der Sachverständige auf Folgendes achten: Auch wenn die Verträge mit den einzelnen Auftraggebern nicht mit den Sachverständigen, sondern mit der Gesellschaft zustande kommen, sollten alle Rechte und Pflichten, insbesondere Haftungsausschlussklauseln im selben Umfang vertraglich vereinbart werden, wie dies bei Verträgen eines einzelnen Sachverständigen mit seinem Auftraggeber möglich ist.

Im Einzelnen gilt hinsichtlich der Haftung Folgendes:

34.8.1 BGB-Gesellschaft

Die BGB-Gesellschaft wird in §§ 705 ff. BGB geregelt (*Bayerlein/Bock*, § 6 Rn. 7). Sie ist zwar keine juristische Person, besitzt aber nach neuer BGH-Rechtsprechung (BGH, 29.1.2001, NJW 2001 S. 1056) eigene Rechtsfähigkeit. Sie kann also im Rechtsverkehr Träger von Rechten und Pflichten sein. Ein Gutachtenvertrag wird also nicht – wie es früher der Fall war – mit allen Gesellschaftern geschlossen, sondern kommt mit der Gesellschaft zustande. Daher haften bei fehlerhafter Gutachtenerstattung zunächst die Gesellschaft mit ihrem Gesellschaftsvermögen, subsidiär aber auch alle Gesellschafter für den dadurch entstandenen Schaden persönlich mit ihrem Privatvermögen (vgl. *Palandt*, Kurzkommentar zum BGB, 67. Aufl. 2008, § 714 Rdnr. 11, *Volze*, DS 2013 S. 334). Auch wenn im Innenverhältnis eine Haftungsbeschränkung der einzelnen Sozien geregelt werden kann, wirkt diese nicht nach außen; der Geschäftsführer verpflichtet im rechtsgeschäftlichen Verkehr die anderen Sozien wie sich selbst. Für Verbindlichkeiten haften also die GbR selbst und die Gesellschafter der GbR in gleicher Weise. Zwar ist über eine Beschränkung der Vertretungsmacht z. B. auf das Gesellschaftsvermögen eine Haftungsbegrenzung möglich; sie wirkt aber nur im Innenverhältnis. Hinweise auf Briefköpfen von Geschäftsbriefen oder gar eine Bezeichnung „Gesellschaft bürgerlichen Rechts mit beschränkter Haftung" helfen da juristisch überhaupt nicht (vgl. OLG Jena, 28.4.1998, ZIP 1998 S. 1797; BayObLG, 24.9.1998, DB 1998 S. 2319). Soll die Außenwirkung erreicht werden, muss dies bei jedem einzelnen Vertragsabschluss individuell vereinbart werden (s. Rspr. bei *Palandt*, § 714, Rdnr. 18). Ein weiteres Haftungsrisiko ergibt sich daraus, dass der neu eintretende Gesellschafter nach neuester BGH-Rechtsprechung persönlich für Altschulden der BGB- Gesellschaft haftet (BGH, 7.4.2003 und 12.12.2005, juris § 705 BGB).

Schlussfolgerung: Der Vertrag zur Erstattung eines Gutachtens kommt zwar mit der BGB-Gesellschaft zustande. Gehaftet wird aber sowohl mit dem Gesellschaftsvermögen als auch mit dem persönlichen Vermögen der Gesellschafter. Eine individuelle Vereinbarung einer Beschränkung der Haftung auf das Gesellschaftsvermögen ist rechtlich möglich. Auch andere Haftungsausschluss- und -beschränkungsvereinbarungen sind, soweit rechtlich zulässig, im Vertrag zwischen Gesellschaft und Auftraggeber möglich und empfehlenswert.

34.8.2 Partnerschaftsgesellschaft

Diese Gesellschaftsform ist im „Gesetz über Partnerschaftsgesellschaften Angehöriger Freier Berufe" geregelt (vgl. dazu: *Bayerlein/Bock*, § 6 Rn. 13); *Jacobs*, Der Bausachverständige 2/2012 S. 58). Sie kommt nur für solche Sachverständige in Betracht, die ihre Gutachtentätigkeit hauptberuflich und freiberuflich ausüben. Die außerdem im Gesetz geforderte Freiberuflichkeit richtet sich nicht nach dem steuerrechtlichen Begriff der Freiberuflichkeit; vielmehr sind die einzelnen Berufe in diesem Gesetz expressis verbis aufgezählt, und der hauptberufliche Sachverständige wird in dieser Aufzählung ebenfalls erwähnt, also den Freien Berufen gleichgestellt. Eine Definition der Hauptberuflichkeit wird im Gesetz nicht gegeben. Die Gutachtentätigkeit muss jedoch schon im Mittelpunkt einer beruflichen Tätigkeit stehen und einnahmenmäßig den Schwerpunkt bilden.

Die Partnerschaft ist keine juristische Person, ist aber Träger von Rechten und Pflichten und im Zivilprozess parteifähig; sie folgt auch sonst im Wesentlichen dem Recht der OHG. Für Verbindlichkeiten der Partnerschaft haften den Gläubigern das Gesellschaftsvermögen und die Partner mit ihrem persönlichen Vermögen als Gesamtschuldner (§ 8 Abs. 1 PartGG). War nur ein einzelner Partner mit der Bearbeitung des Gutachtens befasst, so haftet neben der Partnerschaft nur er mit seinem persönlichen Vermögen (§ 8 Abs. 2 PartGG); die Partner, die nicht an der Erledigung eines Gutachtenauftrags beteiligt waren, sind also kraft Gesetzes von der persönlichen Haftung mit ihrem Privatvermögen ausgeschlossen.

Schlussfolgerung: Eine interessante Gesellschaftsform für hauptberuflich und freiberuflich tätige Sachverständige. Sie verlieren nicht ihre Freiberuflichkeit, wie dies bei der GmbH der Fall ist. Die persönliche Haftung der Gesellschafter ist auf eigens Fehlverhalten beschränkt. Wenn also ein Gesellschafter ein fehlerhaftes Gutachten mit Schadensfolgen abliefert, haften nur das Gesellschaftsvermögen und er selbst; die übrigen Gesellschafter bleiben kraft Gesetzes von der persönlichen Haftung ausgeschlossen. § 8 Abs. 2 PartGG ist keine abschließende Regelung. Im einzelnen Vertrag mit dem jeweiligen Auftraggeber können weitergehende Haftungsbeschränkungen vereinbart werden.

Zu erwähnen bleibt, dass am 19.7.2013 das Gesetz zur Einführung einer **Partnerschaftsgesellschaft mit beschränkter Berufshaftung (mbB)** in Kraft getreten ist. Für Verbindlichkeiten haftet wie bisher auch künftig die Partnerschaft mit ihrem Gesellschaftsvermögen. Wenn nur einzelne Partner mit der Bearbeitung eines Auftrags befasst sind, haften nur die befassten Partner für berufliche Fehler neben der Partnerschaft. Dieses bisherige Haftungsmodell der Partnerschaftsgesellschaft wird durch einen neuen § 8 Abs. 4 PartGG um die Möglichkeit einer beschränkten Berufshaftung erweitert, so dass auf diese Weise jegliche persönliche Haftung der Gesellschafter ausgeschlossen werden kann.[1]

34.8.3 GmbH

Diese Gesellschaftsform ist im „Gesetz betreffend die Gesellschaften mit beschränkter Haftung" geregelt (vgl. dazu: *Bayerlein/Bock*, § 6 Rn. 10). Die GmbH ist eine juristische Person. Der Vertrag kommt daher mit der GmbH, nicht aber mit den Gesellschaftern

---

1 Siehe: Pressemitteilung des BMJ: Eine Alternative für die Freien Berufe – eine Lücke im System wird geschlossen; Stand: 5.7.2013.

zustande. Bei Gerichtsgutachten kann allerdings nur eine natürliche Person, also der Gesellschafter, Angestellte oder Geschäftsführer der GmbH, nicht aber die GmbH als solche zum Sachverständigen bestellt werden.

Zum 1.11.2008 hat der Gesetzgeber neben der herkömmlichen GmbH eine „Kleine GmbH", die so genannte „Unternehmergesellschaft (haftungsbeschränkt)" eingeführt. Mit der UG soll Existenzgründern oder Kleinunternehmern mit nur geringem Eigenkapital die Möglichkeit geboten werden, unternehmerische Aktivitäten unter Ausschluss der persönlichen Haftung zu betreiben (vgl. dazu *Luxem*, Der Bausachverständige 1/2010 S. 62). Mithin kommt auch diese Gesellschaftsform für die Sachverständigentätigkeit in Betracht und kann zum Ausschluss der persönlichen Haftung führen.

Ist das von der GmbH „hergestellte" Gutachten fehlerhaft, so haftet die GmbH für den dadurch verursachten Schaden mit dem Gesellschaftsvermögen, nicht aber die Gesellschafter, Geschäftsführer oder Angestellten mit ihrem persönlichen Vermögen. Die GmbH haftet dann aber unbeschränkt; beschränkt haften nur die Gesellschafter, nämlich mit ihren Einlagen. Allerdings können in bestimmten Fällen auch die Gesellschafter, Geschäftsführer und Angestellten persönlich in Anspruch genommen werden. Zum einen, wenn die vom BGH entwickelte Durchgriffshaftung zum Zuge kommt, zum anderen, wenn die Voraussetzungen der §§ 823 und 826 BGB nachgewiesen werden können (vgl. *Bayerlein/Bock*, § 6 Rn. 31). Eine unmittelbare Haftung des Sachverständigen in einer GmbH kommt insbesondere dann in Betracht, wenn er einen eigenen Verpflichtungsgrund gesetzt hat, z.B. durch Übernahme einer Bürgschaft oder aufgrund Rechtsscheins. Es genügt aber auch, wenn er selbst besonderes persönliches Vertrauen in Anspruch genommen und dadurch die Vertragsverhandlungen beeinflusst hat. Dies wäre bei der Einpersonengesellschaft der Fall, wenn dabei die öffentliche Bestellung besonders herausgestellt würde. Sachverständige, die in der Rechtsform der GmbH auftreten, sollten daher vermeiden, die GmbH als wirtschaftliche Trägerin ihrer Sachverständigentätigkeit auf sie persönlich auszurichten und zuzuschneiden und damit die GmbH gegenüber Dritten völlig in den Hintergrund treten zu lassen (vgl. *Bayerlein/Bock*, § 6 Rdnr. 11 und 31 – 32 u. *Volze*, GuG 2002 S. 26). Dies mag zwar mit dem Bilde des persönlich verantwortlichen Sachverständigen korrespondieren, kann aber im Krisenfall zur Mithaftung führen (so *Bock,* a.a.O., wörtlich).

Schlussfolgerung: Die GmbH schützt nachhaltig gegen die persönliche Haftung des Sachverständigen. Der Gutachtenauftrag kommt mit der GmbH, nicht aber mit dem Sachverständigen zustande. Im Schadensfall kann grundsätzlich nur die GmbH in Anspruch genommen werden. Die von der BGH-Rechtsprechung entwickelte Durchgriffshaftung erlaubt jedoch in Ausnahmefällen auch die Inanspruchnahme des Geschäftsführers oder Gesellschafters, der das Gutachten erstellt hat. Eine gerichtliche Entscheidung zur Sachverständigen-GmbH und zur persönlichen Haftung eines einzelnen Sachverständigen gibt es bis heute noch nicht.

34.9 Zusammenfassendes Ergebnis

Die Haftung des Sachverständigen bei **Privatauftrag** ist sehr streng. Möglichkeiten zur Vereinbarung eines Haftungsausschlusses oder einer Haftungsbeschränkung gibt es praktisch nicht. Allerdings müssen beim Anspruch auf Schadensersatz stets ein unrichtiges Gutachten und eine Pflichtverletzung nachgewiesen werden; Verschulden wird vermutet, so dass sich der Sachverständige entlasten muss. Gefährlich ist insbesondere die Dritthaftung, d.h., der Sachverständige haftet auch jedem Dritten gegenüber, dem das Gutachten „vorhersehbar" vorgelegt wird und der auf dieser Grundlage für ihn nachteilige Vermögensdispositionen vornimmt. Wichtig ist, dass der Sachverständige Inhalt, Zweck und Umfang des Gutachtenauftrags konkret beschreibt und eingrenzt und die unbeschränkte Weitergabe an Dritte vertraglich einschränkt.

Die Haftung des Sachverständigen bei **Gerichtsauftrag** hat sich seit 2002 geändert. Der neue § 839a BGB bringt eine Haftungsverschärfung für gerichtlich beauftragte Sachverständige. Das liegt zum einen daran, dass die einschränkenden Voraussetzungen der §§ 823 und 826 BGB nicht mehr gelten; bisher konnten die Sachverständigen nur bei Verletzung eines absoluten Rechtsguts (§ 823 Abs. 1 BGB), bei Verletzung eines Schutzgesetzes (§ 823 Abs. 2 BGB) und bei Nachweis von Vorsatz (§ 826 BGB) in Regress genommen werden. Das beruht zum anderen darauf, dass nunmehr für jeden Vermögensschaden in der Form grober Fahrlässigkeit gehaftet wird. Die Gerichte vermeiden in diesem Zusammenhang eine übermäßige Inanspruchnahme des Sachverständigen, indem sie das Vorliegen grober Fahrlässigkeit nur bei offenbarer Pflichtwidrigkeit bejahen. Wichtig ist vor allem, dass jeder Sachverständige eine ausreichende, auf seine Haftungsrisiken zugeschnittene **Berufshaftpflichtversicherung** hat. Die Sachverständigen sollten sich daher auf die seit 2002 eingetretene neue Rechtslage einstellen und mit den Versicherern über eine notwendige Absicherung der neuen Risiken sprechen. Hier sind die Berufsverbände der Sachverständigen aufgefordert, Pionierarbeit in Richtung Gespräche und Rahmenvereinbarungen mit den Versicherungsgesellschaften zu leisten, damit ihre Mitglieder die Möglichkeit erhalten, die neuen Risiken zu angemessenen Prämien absichern zu können. Wenn die Versicherer jedoch der Meinung sind, dass die bisherigen Verträge ausreichen, insbesondere das Risiko aus dem neuen § 839a BGB abzusichern, könnte alles beim Alten bleiben. In allen Fällen sollte der Bausachverständige dafür sorgen, dass nicht nur Gutachten über die Feststellung von Bauschäden, sondern auch Sanierungsgutachten abgesichert sind, weil darin das größere Risiko liegt. Gleiches gilt für den Fall, dass der Sachverständige Rechtsdienstleitungen als Annex zu seiner gutachterlichen Tätigkeit erbringt, was ihm nach dem neuen Rechtsdienstleistungsgesetz (RDG) in eingeschränktem Rahmen und nur bei außergerichtlicher Gutachtentätigkeit erlaubt ist (vgl. dazu: *Bleutge*, Der Bausachverständige 2/2008 S. 48); eine solche juristische Annextätigkeit ist mit einem intensiven Haftungsrisiko verbunden, was durch eine Erweiterung der Berufshaftpflichtversicherung aufgefangen werden sollte.

34.10 Weiterführende Literatur

Bayerlein, Walter, Die Haftung des Sachverständigen als Gerichtsgutachter und als Prüfer im sicherheitstechnischen Bereich, in Bayerlein, Walter, Praxishandbuch Sachverständigenrecht, München, 4. Aufl. 2008, § 34

Bleutge, Katharina/Bleutge, Peter, Guter Vertrag – Weniger Haftung, Rechtsgrundlagen – Muster – Checklisten, Köln, 2.Aufl. 2009

Bröcker, Jörn, Haftungsbeschränkungen, Möglichkeiten und Grenzen der Haftungsfreizeichnung für Architekten und Ingenieure, Der Bausachverständige 2008, Heft 6, S. 69

Fuchs, Elmar, Die Haftung des gerichtlich bestellten Sachverständigen, Der Kfz-Sachverständige 1/2013, 17

34. Die Haftung des Sachverständigen bei privatem Auftrag und bei Gerichtsauftrag

Hammacher, Oeter, Zur Haftung der Prüfsachverstämdigen und der staatlich anerkannten Sachverständigen, Der Bausachverständige 6/2010, 52

Lehmann, Felix, Die Haftung des gerichtlichen Sachverständigen nach § 839a BGB aus richterlicher Perspektive, Eine Bilanz aus den ersten fünf Jahren, Der KFZ-Sachverständige 2008, Heft 5, S. 21 u. Heft 6, S. 24

Lehmann, Felix, Die Haftung des Gerichtssachverständigen nach § 839 a BGB, Die Rechtsprechung aus den Jahren 2008 – 2012, Der Kfz-Sachverständige 2/2013 S. 25, 3/2013 S. 13, 4/2013 S. 17

Liebheit, Uwe, Bauteileöffnungen, Teil 1: Die Haftung des gerichtlichen Sachverständigen, Teil II: Befugnis des Gerichts zur Anweisung des Sachverständigen, gemäß § 404a ZPO eine Bauteileöffnung zu veranlassen, BauR 2008 S. 1510 und 1790

Littbarski, Sigurd, Die Haftpflichtversicherung des Sachverständigen in: Bayerlein, Walter, Praxishandbuch Sachverständigenrecht, München, 4. Aufl. 2008, § 40

Morgenroth, Bernd, Die Haftung des Bau- und Immobiliensachverständigen – Ein Überblick, DS 2010, 264

Pinger, Winfried/Behme, Caspar, Die Haftung Sachverständiger für fehlerhafte Wertgutachten, DS 2009 S. 54

Roeßner, Wolfgang, Die Haftung des Sachverständigen in: Bayerlein, Walter, Praxishandbuch Sachverständigenrecht, München, 4. Aufl. 2008, §§ 32-38

Tödtmann, Ulrich/Schwab, Rouven, 10 Jahre Sachverständigenhaftung, Ein Überblick über die Rechtsprechung zu § 839 a BGB, DS 2012, 302

Zimmermann, Peter, Sachverständigenhaftung für Mangelfolgeschäden einer falsch durchgeführten Begutachtung, Teil I: Vertragliche Haftung gegenüber dem Auftraggeber, DS 2007 S. 286, Teil 2: Vertragliche Schadensersatzhaftung des Sachverständigen für Mangelfolgeschäden gegenüber Dritten, DS 2007 S. 32, Teil 3: Schadensersatzhaftung der gerichtlich anerkannten Sachverständigen nach § 839a BGB. DS 2007 S. 367, Teil 4: Allgemeine Deliktshaftung, DS 2008 S. 8

35. Die Haftpflichtversicherung des Sachverständigen

Benjamin Gartz

Übersicht

35.1	Einleitung
35.2	Praxisrelevante Haftungsfälle
35.3	Allgemeine Grundlagen der Haftpflichtversicherung
35.3.1	Gesetze/Regelwerke
35.3.2	Pflichtversicherung/anderweitige Berufs- oder Betriebshaftpflichtversicherung
35.3.3	Der „richtige" Versicherungsschutz
35.4	Umfang des Versicherungsschutzes/Obliegenheiten/Ausschlüsse
35.4.1	Umfang des Versicherungsschutzes
35.4.2	Obliegenheiten
35.4.3	Ausschlüsse
35.5	Hinweise zu den Praxisfällen
35.6	Fazit

35.1 Einleitung

Die Tätigkeit des Bausachverständigen kann ein umfangreiches Leistungsbild beinhalten. Auf dem Ergebnis seiner Begutachtungen oder Bewertungen beruhen nicht selten Entscheidungen eines Gerichts oder eines privaten Auftraggebers mit erheblichen wirtschaftlichen Folgen. Mit dem Umfang des Leistungsgebiets eines Sachverständigen steigen entsprechend auch seine Haftungsrisiken. Ein Bausachverständiger wird zwar sicherlich immer über eine Haftpflichtversicherung verfügen. Oft zeigt sich jedoch erst im Haftpflichtfall, ob diese auch tatsächlich für die Tätigkeit des Sachverständigen ausreichend war/ist und was im Rahmen der Versicherung an Obliegenheiten oder Haftungsausschlüssen beachtet werden muss.

Nachfolgend sollen hierzu praxisrelevante Hinweise gegeben werden.

35.2 Praxisrelevante Haftungsfälle

Die Haftung des Bausachverständigen wird an anderer Stelle dieses Buches ausführlich behandelt. Es sollen daher hier nur einige praxisrelevante Fälle der Haftung des Sachverständigen aufgezeigt werden, bei denen sich die Frage stellen kann, ob und wenn ja, in welchem Umfang eine Haftpflichtversicherung eintritt.

- **Bauteilöffnungen:** Im Rahmen der Begutachtung führt der Bausachverständige eine Bauteilöffnung (etwa bei einer Fassade) durch, um die dahinterliegende Bauleistung prüfen zu können. Hier können bei der Bauteilöffnung Beschädigungen an anderen Bauteilen verursacht werden oder aber es kommt zu einem Schadensfall aufgrund einer nicht fachgerechten Verschließung der Bauteilöffnung und Wiederherstellung des ursprünglichen Zustands.

- **Haftung nach § 839a BGB:** Der als Gerichtsgutachter tätige Sachverständige erstattet ein vorsätzlich oder grob fahrlässig unrichtiges Gutachten, woraus der belasteten Partei ein Schaden entsteht.
- **„Fachbeirat":** Ein als Gerichtsgutachter tätiger Sachverständiger zieht für die Begutachtung zu einem bestimmten Teilgewerk, zu dem ihm eigene Fachkenntnisse fehlen, einen Fachbeirat hinzu. Die Begutachtung dieses Fachbeirats ist fehlerhaft, woraus der belasteten Verfahrenspartei ein Schaden entsteht, den sie gegenüber dem Gerichtsgutachter geltend macht.
- **Erstmaliges „Großprojekt":** Ein Sachverständigenbüro war bislang ausschließlich mit kleineren Begutachtungen beauftragt. Nunmehr wird das Büro erstmals in einem „Großprojekt" mit einer Bausumme von mehreren Millionen Euro tätig und verursacht dort durch fehlerhafte sachverständige Auskunft einen Schaden.
- **Wiederholungsleistung:** Ein Sachverständiger erstellt ein fehlerhaftes Gutachten. Auf Aufforderung des Auftraggebers wiederholt der Sachverständige die Begutachtung mit entsprechenden Mehrkosten. Die Mehrkosten will der Sachverständige bei der Haftpflichtversicherung geltend machen.
- **Verspätetes Gutachten:** Der als Gerichtsgutachter tätige Sachverständige hält mehrfach die vom Gericht gesetzten Fristen zur Vorlage des Gutachtens nicht ein. Schlussendlich werden Ordnungsgelder gegen den Sachverständigen verhängt.
- **Rechtsberatung:** Ein Sachverständiger erbringt im Rahmen seiner Gutachtertätigkeit – in den Grenzen des nach dem Rechtsberatungsgesetz zulässigen – eine rechtliche Beratung. Diese Rechtsberatung ist jedoch fehlerhaft, woraus dem Auftraggeber ein Schaden entsteht.
- **Strafrechtliche Haftung:** Ein Sachverständiger wird wegen fehlerhafter Bewertung der Tragfähigkeit eines Gebäudes strafrechtlich verfolgt.

Zu den vorgenannten Haftungsfällen finden sich unter Abschnitt. 35.5 dieses Kapitels weiterführende Hinweise.

35.3 Allgemeine Grundlagen der Haftpflichtversicherung

35.3.1 Gesetze/Regelwerke

Die Haftpflichtversicherung deckt das Haftungsrisiko für die Fälle, in denen der Versicherungsnehmer wegen eines Schadensereignisses aufgrund gesetzlicher Haftpflichtbestimmungen privatrechtlichen Inhalts von einem Dritten auf Schadensersatz in Anspruch genommen wird. Vereinfacht soll der Versicherte – mit den Worten des Bundesgerichtshofs – *„gegen Schäden geschützt werden, die infolge seines Verhaltens eingetreten sind und für die er auf Schadensersatz in Anspruch genommen wird ... ."* (vgl. BGH, U. v. 13.5.1981 – IVa ZR 96/80, NJW 1981 S. 1780).

Wesentliche gesetzliche Grundlage der Haftpflichtversicherung ist das Gesetz über den Versicherungsvertrag, abgekürzt VVG (derzeit in der am 1.1.2008 in Kraft getretenen Gesetzesfassung) und hier insbesondere die §§ 100 bis 112 VVG. Für die praktische

Anwendung konkretisiert werden diese gesetzlichen Regelungen in den „Allgemeine Versicherungsbedingungen für die Haftpflichtversicherung (AHB)". Hinzu kommen die speziell für die Tätigkeiten eines Architekten, Bauingenieurs oder beratenden Ingenieurs entwickelten „Besondere Bedingungen und Risikobeschreibungen für die Berufshaftpflichtversicherung von Architekten, Bauingenieuren und beratenden Ingenieuren", abgekürzt als BBR. Daneben bestehen im Versicherungsmarkt zunehmend besondere Bedingungen, die speziell für die Sachverständigen- oder Gutachtertätigkeit konzipiert sind, teilweise als Erweiterung der allgemeinen BBR, zum Teil aber auch als ausschließliche Sonderbedingungen für eine Sachverständigentätigkeit. Auch wenn für die BBR Musterbedingungen (etwa des Verbandes der Schadenversicherer VdS oder des Gesamtverbandes der Deutschen Versicherungswirtschaft e.V. GdV) zur Verfügung stehen, zeigt sich mit der Vielfalt der Versicherungsangebote, dass es nicht „die" einheitlichen Versicherungsbedingungen gibt, sondern dass im Einzelfall überprüft werden muss, ob der Versicherungsschutz für die jeweilige Tätigkeit „passend" ist (dazu auch unten Abschnitt 35.3.3).

35.3.2 Pflichtversicherung/anderweitige Berufs- oder Betriebshaftpflichtversicherung

Je nach Bundesland und den dortigen gesetzlichen Vorgaben oder Regelungen der Berufskammern, kann der Sachverständige verpflichtet sein, eine Haftpflichtversicherung abzuschließen. So u.a. in Hessen für öffentlich bestellte und vereidigte Sachverständige auf dem Gebiet des Ingenieurwesens oder in Niedersachsen und Sachsen-Anhalt allgemein für öffentlich bestellte Sachverständige (zitiert nach *Garbes*, Die Haftpflichtversicherung der Architekten/Ingenieure, 4. Aufl., Anhang S. 202 ff.).

Regelmäßig ergibt sich eine Verpflichtung zur Haftpflichtversicherung aber auch bereits aus einer anderweitigen Tätigkeit des Bausachverständigen, etwa als Architekt, Prüfsachverständiger oder als Sachverständiger nach Bundes-Bodenschutzgesetz. Gerade in diesen Fällen ist es aber dringlich geboten, im eigenen Interesse zu überprüfen, ob die für die anderweitige Tätigkeit abgeschlossene Haftpflichtversicherung auch die Risiken aus Sachverständigenleistungen überhaupt oder ausreichend abdeckt.

35.3.3 Der „richtige" Versicherungsschutz

Die vorstehenden Hinweise führen zu der Frage, was der „richtige" Versicherungsschutz für einen Sachverständigen ist. Eine einheitliche Beantwortung dieser Frage ist nicht möglich, nachdem der Leistungsumfang einer Sachverständigentätigkeit von Fall zu Fall völlig unterschiedlich sein kann. Insbesondere ist die Entscheidung, welchen Versicherungsschutz der Sachverständige benötigt, abhängig davon

- welche Tätigkeit oder welche mehrere Tätigkeiten konkret betrieben wird bzw. werden (etwa ausschließliche Privat- oder aber – auch – Gerichtsbegutachtung, Tätigkeit als Schiedsgutachter, spezielle Leistungen als Energieberater oder Bewertungsgutachter etc.),
- mit welchem Haftungspotenzial aus der Tätigkeit des Sachverständigen zu rechnen ist (wird der Sachverständige etwa nur oder im Wesentlichen bei kleineren Begutachtungen oder aber ausschließlich bei „Großprojekten" tätig?),

35. Die Haftpflichtversicherung des Sachverständigen

- welche sonstigen Tätigkeiten (haupt- oder nebenberuflich) neben der Arbeit als Sachverständiger erbracht werden,
- wie der Sachverständige beruflich organisiert ist (Einzelbüro, Partnerschaft, Beschäftigung von Angestellten etc.).

Diese Fragen stellen nur einen Ausschnitt aus den Punkten dar, die für die Festlegung des Versicherungsschutzes klärungsbedürftig sind. Es empfiehlt sich, den Versicherungsschutz eingehend mit dem jeweiligen Makler oder Versicherungsvertreter zu besprechen und auch kritisch die für den Umfang der Haftpflichtversicherung maßgeblichen Vertragsbedingungen zu überprüfen. Einen sehr guten Überblick über die Themen, die für ein Gespräch mit dem Versicherungsvertreter von Bedeutung sind, gibt die „Checkliste eines Fragenkatalogs zur Absicherung des Haftungsrisikos von Sachverständigentätigkeiten", erstellt vom Institut für Sachverständigenwesen IfS (kostenfrei abrufbar unter www.ifsforum.de, hier unter „Publikationen-IfS aktuell/Info downloads"; mit Stand vom 1.2.2011). Auch die Industrie- und Handelskammern stellen oft hilfreiche Informationen und Checklisten zur Verfügung, mit denen ein Gespräch zur Klärung des Haftpflichtversicherungsschutzes umfassend vorbereitet und geführt werden kann.

35.4 Umfang des Versicherungsschutzes/ Obliegenheiten/Ausschlüsse

35.4.1 Umfang des Versicherungsschutzes

Neben der ausreichenden Beschreibung des versicherten Risikos (also insbesondere der zu versichernden Tätigkeit) ist die Festlegung der Deckungssummen von erheblicher Bedeutung. Auch hier bedarf es einer Berücksichtigung des Tätigkeits- und Risikoumfangs des jeweiligen Bausachverständigen. Liegt die Tätigkeit regelmäßig in einem höheren Haftungsrisikobereich, werden sich grundsätzlich auch höhere Deckungssummen empfehlen. Ist der Sachverständige eher mit kleineren Haftungsrisiken konfrontiert und erhält er dann einen Auftrag mit einem erkennbar höheren Haftungsrisiko, kann es sich empfehlen, für diesen Auftrag eine spezielle Objekt-Haftpflichtversicherung mit einer höheren Deckungssumme abzuschließen, die dann ausschließlich für das Risiko aus diesem Auftrag haftet. Eine solche Objekt-Haftpflichtversicherung (wenn nicht schon vom Auftraggeber vertraglich gefordert) wird auch dann sinnvoll sein, wenn überhaupt aus einem Auftrag erhebliche Haftungsrisiken erkennbar sind (etwa bei der Sachverständigenberatung zum Brandschutz eines Großflughafens).

Die Deckungssummen sind nach den Versicherungsbedingungen regelmäßig auf eine Jahreshöchstersatzleistung pro Versicherungsjahr maximiert (üblich ist eine 2-fache Maximierung). Ist etwa eine Deckungssumme der Haftpflichtversicherung von 200.000,00 Euro für das Versicherungsjahr 2-fach maximiert, und realisieren sich im Versicherungsjahr drei Schadensfälle, die diese Deckungssumme jeweils übersteigen, ist der dritte Schadensfall nicht von der Haftpflichtversicherung gedeckt (in diesem Zusammenhang empfehlen sich aber dringlich auch Haftungsbeschränkungsvereinbarungen in den jeweiligen Aufträgen, um so das Gesamtrisiko in einem Versicherungsjahr überschaubar zu halten).

35.4 Umfang des Versicherungsschutzes/Obliegenheiten/Ausschlüsse

Im Zusammenhang mit der Versicherungssumme ist auf § 23 VVG hinzuweisen. Hiernach hat der Versicherungsnehmer für eine Gefahrerhöhung die Einwilligung des Versicherers einzuholen bzw. bei erkannter Gefahrerhöhung ohne Einwilligung des Versicherers diesen unverzüglich zu unterrichten. Diese Regelung kann Bedeutung haben, wenn der Sachverständige erkennt, dass über seine übliche und versicherte Tätigkeit hinaus mit einem neuen Auftrag ein erhebliches Gefahrenpotential übernommen wird. Sofern dann nicht ohnehin (siehe oben) eine Objekt-Haftpflichtversicherung abgeschlossen oder insgesamt das Haftpflichtvertragsverhältnis auf die neue Tätigkeit abgestimmt wird, ist in jedem Fall anzuraten, die aus dem neuen Auftrag entstehende Gefahrerhöhung mit dem Haftpflichtversicherer abzuklären.

Ist der Sachverständige (auch) im Ausland oder für ausländische Auftraggeber tätig, bedarf es einer Abklärung, ob der Versicherungsschutz für diese Leistungen ausreichend ist.

Zeitlich erfasst der Versicherungsschutz Schadensfälle, die aus Verstößen resultieren, die zwischen Beginn und Ablauf des Versicherungsvertrages begangen wurden. Nicht maßgeblich ist somit, wann sich ein Schaden zeigt oder wann der Versicherte von dem Geschädigten in Anspruch genommen wird. Endet der Versicherungsvertrag, bleibt der Versicherungsschutz für diesen Versicherungszeitraum auch für solche Schäden erhalten, die erst nach Ablauf des Versicherungsvertrages erkannt werden. Diese Nachhaftung ist jedoch regelmäßig dahingehend begrenzt, dass ein Versicherungsschutz insoweit nur dann gilt, wenn dem Versicherer die Verstöße innerhalb von fünf Jahren nach Ablauf des Vertrages gemeldet werden. Die früher in der Rechtsprechung streitige Frage, ob die Begrenzung der Nachhaftung auf fünf Jahre auch dann gilt, wenn der Versicherungsnehmer den Versicherungsfall unverschuldet nicht innerhalb dieses Zeitraums melden konnte, ist mittlerweile dadurch erledigt, dass die Versicherungsbedingungen heute regelmäßig vorsehen, dass die Nachhaftung auch über die grundsätzliche Befristung hinaus besteht, wenn der Versicherungsnehmer nachweist, dass ihn an der Versäumnis der Frist kein Verschulden trifft.

Im Umfang des Versicherungsschutzes einer Haftpflichtversicherung besteht auch eine Rechtsschutzfunktion. Zum einen ersetzt der Haftpflichtversicherer im Wesentlichen die Kosten eines gegen den Sachverständigen geführten Schadensersatzprozesses. Daneben hat der Haftpflichtversicherer aber auch in den Fällen einzutreten und die Kostenvorschussleistung zu übernehmen, in denen es um die Abwehr solcher Ansprüche geht, die unberechtigt gegenüber dem Sachverständigen geltend gemacht werden. Standardmäßig nicht erfasst ist eine Deckung von Kosten eines gegen den Sachverständigen eingeleiteten Strafverfahrens. Dies auch in den Fällen, in denen ein Strafverfahren erkennbar unbegründet ist und mit einem Freispruch für den Versicherungsnehmer endet. Einige Versicherer bieten jedoch entsprechende Bausteine für die Ergänzung dieses strafrechtlichen Versicherungsschutzes an. Bei Sachverständigen, die in strafrechtlich relevanten Bereichen tätig sind (etwa zum Brandschutz oder zur Gebäudestatik), wird eine Abdeckung dieses Risikos zu überlegen sein.

Nachdem die Haftpflichtversicherung, wie oben ausgeführt, den Versicherungsnehmer vor Schadensersatzansprüchen schützen soll, ist abzugrenzen, welche Ansprüche nicht in den Versicherungsschutz fallen. Nicht erfasst werden von der Haftpflichtversicherung insofern zunächst weitere Ansprüche außerhalb von Schadensersatz, die im Zusammenhang mit einem pflichtwidrigen Verhalten gegen einen Sachverständigen geltend gemacht werden können. So insbesondere Ansprüche auf Minderung des Gutachterhonorars oder die Erstattungen von Kosten, die dem Auftraggeber dafür anfallen, dass er als Ersatz für das fehlerhafte Gutachten ein Gutachten eines anderen Sachverständigen einholen muss. Letzteres steht im Zusammenhang mit der wesentlichen Einschränkung der Haftpflichtversicherung, dass Erfüllungsansprüche oder Ansprüche, die an die Stelle von Erfüllungsansprüchen treten, nicht versichert sind. Es soll, verkürzt formuliert, nicht die mangelhafte Leistung des Sachverständigen abgedeckt werden sondern (nur) das, was als Schadensersatzanspruch aufgrund der pflichtwidrig fehlerhaft erbrachten Leistung geltend gemacht wird. Der Sachverständige hat daher insbesondere auch keinen Versicherungsschutz für die Kosten, die ihm selbst dadurch entstehen, dass er eine fehlerhafte Gutachterleistung nochmals erbringen muss (vgl. auch BGH, U. v. 19.11.2008 – IV ZR 277/05, BauR 2009 S. 290).

35.4.2 Obliegenheiten

Eine wesentliche Obliegenheit des Versicherungsnehmers ist die unverzügliche Anzeige jedes Versicherungsfalles bei dem Haftpflichtversicherer. Diese Anzeigeobliegenheit besteht unabhängig davon, ob schon konkrete Schadensersatzansprüche gegen den Sachverständigen geltend gemacht sind oder nicht. Ausreichend ist, dass der Sachverständige erkennen kann, dass er haftungsrelevant pflichtwidrig gehandelt hat. Zwar hat sich der nach der früheren Gesetzesfassung des VVG strenge Ausschluss des Versicherungsschutzes bei Verletzung der Anzeigeobliegenheit nach der Reform des VVG dahingehend abgeschwächt, dass grundsätzlich nur ein vorsätzlicher Verstoß gegen diese Obliegenheit (und auch dieser nicht immer) den Versicherungsschutz ausschließen kann. Jedoch muss es allein zur Meidung von Risiken dringend empfohlen bleiben, dass jeder Verdacht eines Haftungsfalles dem Versicherer gemeldet wird. Vielmehr sollte der versicherte Sachverständige zusammen mit der Anzeige auch Weisungen des Versicherers einholen, wie er sich in dem (möglichen) Haftungsfall zu verhalten hat.

Für Haftungsfälle aus Altverträgen, die vor der Reform des VVG (d.h. vor dem 1.1.2009) eingetreten sind, ist ferner das sogenannte „Anerkenntnisverbot" zu beachten. Hiernach kann der Versicherungsschutz ausgeschlossen sein, wenn der Versicherungsnehmer ohne Zustimmung des Versicherers den Schadensersatzanspruch des Geschädigten anerkennt. Mit der heutigen Fassung des VVG (und den darauf aufbauenden Versicherungsbedingungen) ist dieses Anerkenntnisverbot entfallen. Es wird sich aber auch hier empfehlen, dass ein in Anspruch genommener Sachverständiger nicht „ohne Not" den Anspruch des Geschädigten anerkennt, sondern vielmehr in enger Abstimmung mit dem Versicherer dessen Weisungen beachtet, wie auf den Anspruch zu reagieren ist, um so Diskussionen über den Versicherungsschutz zu vermeiden.

35.4.3 Ausschlüsse

Die mit dem Versicherungsvertrag vereinbarten Bedingungen (siehe dazu auch die AHB und die BBR) enthalten Auflistungen von Schadensfällen, bei denen die Inanspruchnahme der Versicherung ausgeschlossen ist. Die Ausschlüsse sind meist klar formuliert, so dass hier nur auf folgende Fälle hinzuweisen ist:

Nicht versichert sind regelmäßig Schadensersatzansprüche aus der Nichteinhaltung von Fristen und Terminen. Dieser Haftungsfall wird beim Bausachverständigen, insbesondere einem Gerichtsgutachter, eher selten vorkommen. Sollte der Sachverständige sich aber seinem Auftraggeber gegenüber vertraglich gebunden haben, eine Begutachtung/Bewertung bis zu einem bestimmten Termin abzuschließen, hält der Sachverständige dann diesen Termin nicht ein und verursacht er hierdurch einen Schaden des Auftraggebers, wären derartige Schadensersatzansprüche aus der Haftpflichtversicherung ausgeschlossen.

Ausgeschlossen vom Versicherungsschutz sind ferner Ansprüche wegen Schäden, die der Sachverständige durch ein bewusst gesetzes-, vorschrifts- oder sonst pflichtwidriges Verhalten verursacht hat. Ein „bewusstes" Verhalten ist insbesondere bei vorsätzlicher Schadensverursachung gegeben, jedoch auch dann, wenn der Versicherer nachweisen kann, dass der Versicherungsnehmer gegen sogenanntes „Elementarwissen" verstoßen hat. So wird etwa für den Architekten oder Ingenieur angenommen – und dies muss auch für den Sachverständigen gelten – dass er die in seinem Fachgebiet einschlägigen geläufigen Vorschriften und Regeln kennen muss (so etwa das OLG Hamm, U. v. 7.3.2007 – 20 U 132/06, VersR 2007 S. 1550, für den Fall eines Architekten, der im Sinne eines „Elementarwissens" davon ausgehen muss, dass ein ohne Dachneigung geplantes Dach nicht ohne eine Abdichtung ausgeführt werden darf). Allerdings ist auch zu sehen, dass der Versicherer den Ausschluss, d.h. den bewussten Pflichtverstoß, beweisen muss und dass an diese Beweisführung nach der Rechtsprechung strenge Anforderungen gestellt werden.

35.5 Hinweise zu den Praxisfällen

Zu den unter Abschnitt 35.2 dieses Kapitels aufgelisteten Haftungsfällen lassen sich folgende weiterführende Hinweise geben:

- **Bauteilöffnungen:** Führt der Sachverständige selbst die Bauteilöffnung durch oder lässt er sie durch einen Bauunternehmer in seinem Auftrag ausführen, kann es sich mit dieser „Bauleistung" um einen Tätigkeit handeln, die nicht zum Leistungsbild eines Sachverständigen gehört. Es empfiehlt sich daher dringlich die Abklärung mit dem Haftpflichtversicherer, ob Schäden aus Bauteilöffnungen bzw. aus der mangelhaften Wiederherstellung des ursprünglichen Zustands vom Versicherungsschutz umfasst sind. Regelmäßig wird das nicht der Fall sein.

- **Haftung nach § 839a BGB:** Erfasst die Haftpflichtversicherung des Sachverständigen seine Gutachtertätigkeit – diese allgemeine Abklärung ist, wie gesehen, immer zu empfehlen –, ist der Schadensersatzanspruch grundsätzlich Gegenstand des Versicherungsschutzes. Bei einer vorsätzlichen Pflichtwidrigkeit kann jedoch der im Versicherungsvertrag vereinbarte Haftungsausschluss zugunsten des Versicherers greifen.

- **„Fachbeirat":** Ist der vom Sachverständigen hinzugezogene „Fachbeirat" Angestellter oder freier Mitarbeiter des Sachverständigen, wird er regelmäßig in der Haftpflichtversicherung des Sachverständigen mitversichert sein. Ist der Fachbeirat jedoch als eigenständiger „Subgutachter" beauftragt, dürfte eine solche Mitversicherung nicht bestehen. Da der Sachverständige jedoch im Außenverhältnis grundsätzlich auch für ein pflichtwidriges Verhalten der von ihm hinzugezogenen Dritten haftet, sollte der Sachverständige in diesen Fällen immer eine eigene Beauftragung des Fachbeirats ablehnen und die Beauftragung dieses weiteren Gutachters dem Gericht überlassen.

- **Erstmaliges „Großprojekt":** Für ein erhöhtes Schadensrisiko aus einem „Großprojekt" wird sich der Abschluss einer Objekt-Haftpflichtversicherung empfehlen. In jedem Fall sollte der Sachverständige die mögliche Gefahrerhöhung gegenüber seinem Versicherer anzeigen.
- **Wiederholungsleistung:** Die bei einer wiederholten Begutachtung anfallenden Mehrkosten sind nicht von dem Versicherungsschutz der Haftpflichtversicherung erfasst. Es handelt sich um die Nacherfüllung einer mangelhaften Leistung, die – anders als Schadensersatzansprüche – nicht von der Versicherung gedeckt wird.
- **Verspätetes Gutachten:** Ordnungsgelder, die vom Gericht gegen einen säumigen Gutachter verhängt werden, sind kein Schadensersatz und somit nicht Gegenstand des Versicherungsschutzes der Haftpflichtversicherung.
- **Rechtsberatung:** Sofern es sich um eine nach dem Rechtsdienstleistungsgesetz (RDG) als Nebenleistung ausgeübte Rechtsberatung handelt, wird sie regelmäßig vom Versicherungsschutz der Haftpflichtversicherung erfasst sein. Es empfiehlt sich aber eine ausdrückliche Klarstellung in den Bedingungen des Versicherungsvertrages.
- **Strafrechtliche Haftung:** Sofern nicht ausdrücklich im Versicherungsvertrag vereinbart, deckt die Haftpflichtversicherung keine Kosten aus einer Strafverfolgung gegen einen Sachverständigen.

35.6 Fazit

Mit den vielfältigen Haftungsrisiken eines Sachverständigen ist eine Haftpflichtversicherung – wenn nicht ohnehin schon nach Landesgesetz oder berufsständischer Verordnung verpflichtend – dringend geboten. Aufgrund der je nach Sachverständigentätigkeit unterschiedlichen Art und dem vielfältigen Umfang der Haftungsrisiken muss im Gespräch mit Vertretern der Versicherungswirtschaft eine auf das Leistungsbild des jeweiligen Sachverständigen abgestimmte Haftpflichtversicherung gefunden werden. Die Hinweise dieses Kapitels und insbesondere die vom Institut für Sachverständigenwesen (IfS) und einzelnen Industrie- und Handelskammern herausgegebenen Checklisten geben hier wichtige Anhaltspunkte zur sachgerechten Vorbereitung eines Gesprächs mit einem Versicherungsvertreter für die Findung des „richtigen" Versicherungsschutzes.

36. Ablehnung wegen Besorgnis der Befangenheit im Zivilprozess

Peter Bleutge

Übersicht

36.1	Einleitung
36.2	Begriffsdefinition „Besorgnis der Befangenheit"
36.3	Besorgnis der Befangenheit – ein Makel?
36.4.	Gesetzliche Grundlagen
36.5	Absolute und relative Ablehnungsgründe
36.6	Pflichtenkatalog im Rahmen einer Gutachtenerstattung
36.6.1	Auftragserteilung
36.6.2	Vorbereitung des Gutachtens
36.6.3	Ortsbesichtigung
36.6.4	Formulierung des Gutachtens
36.6.5	Stellungnahme zur Kritik am Gutachten und zu Einwänden gegen die Person des Sachverständigen
36.6.6	Erläuterung des Gutachtens im Termin
36.7	Besonderheiten
36.8	Was muss der Sachverständige vom Ablehnungsverfahren wissen?
36.8.1	Antrag auf Ablehnung
36.8.2	Einhaltung einer Zweiwochen-Frist
36.8.3	Kreis der Antrags-Berechtigten
36.8.4	Begründung des Ablehnungsgesuchs
36.8.5	Stellung des Sachverständigen im Ablehnungsverfahren
36.8.6	Entscheidung
36.8.7	Selbstständiges Beweisverfahren
36.9	Rechtsfolgen der Ablehnung
36.10	Neue gesetzliche Bestimmungen zum Vergütungsverlust nach erfolgreicher Ablehnung
36.11	Weiterführende Literatur

36.1 Einleitung

Unparteilichkeit ist eine der herausragenden Pflichten des Sachverständigen. Streitenden Prozessparteien muss der gerichtlich bestellte Sachverständige neutral und unvoreingenommen begegnen. **Bereits der Anschein der Parteilichkeit ist dabei zu vermeiden**. Zweifel an seiner Unparteilichkeit gehen stets zu seinen Lasten; der Richter muss einem berechtigten Ablehnungsgesuch der angeblich beeinträchtigten Partei stattgeben. Entscheidend für den Erfolg des Ablehnungsgesuchs ist nicht, ob der Sachverständige tatsächlich befangen ist, sondern es genügt, dass die antragsberechtigte Partei aus ihrer subjektiven Sicht mit guten Gründen Zweifel an der Unparteilichkeit des Sachverständigen haben kann. In schwerwiegenden Fällen von nachgewiesener Befangenheit, also bei vom Sachverständigen bewusst oder grob fahrlässig verursachter Ablehnung, verliert er seinen Vergütungsanspruch.

36. Ablehnung wegen Besorgnis der Befangenheit im Zivilprozess

Dass das Thema „Befangenheitsablehnung" in der Alltagspraxis der Gerichte von immenser Bedeutung ist, mögen die Zahlen der veröffentlichten Gerichtsentscheidungen verdeutlichen, soweit sie in der Datenbank JURIS veröffentlicht sind. Von 1970 bis 20011 finden sich in JURIS **6000 Entscheidungen** zu dieser Thematik. **Im Jahre 2012 wurden darin 60 Urteile veröffentlicht**. Zu vermerken bleibt auch, dass den Prozessparteien kein Verhalten des Sachverständigen zu schade ist, um die Ablehnung eines Sachverständigen zu begründen. So wurde jüngst vorgetragen, dass die Benutzung der Toilette durch den Sachverständigen während der Ortsbesichtigung im Haus einer Prozesspartei den Anschein der Parteilichkeit erwecke; das Gericht hat diesen Einwand für unbeachtlich erklärt. Dagegen war ein Ablehnungsantrag erfolgreich, der damit begründet wurde, dass der Gerichtssachverständige sein Gesicht verzogen und hämisch gelächelt habe, als der Privatgutachter des Beklagten im Erörterungstermin Kritik an seinem Gutachten übte.

Die zunehmende Zahl der Befangenheitsanträge ist auch darauf zurückzuführen, dass eine spätere **Haftung des Sachverständigen nach § 839a BGB wegen Erstattung eines unrichtigen Gutachtens** nur dann infrage kommt, wenn die im Regressprozess klagende Partei nachweisen kann, im vorangegangenen Hauptverfahren alle prozessualen Möglichkeiten wahrgenommen zu haben, um das angeblich fehlerhafte Gutachten zu Fall zu bringen. Dazu gehört zum einen, dass die Partei den Sachverständigen im Hauptprozess zur mündlichen Erörterung des Gutachten durch das Gericht laden lässt und zum anderen, dass bei Vorliegen entsprechender Fakten die nachteilig betroffene Partei einen Antrag auf Ablehnung wegen Besorgnis der Befangenheit stellt.

36.2 Begriffsdefinition „Besorgnis der Befangenheit"

Weder der Begriff „Befangenheit" noch der Begriff „Besorgnis" wird vom Gesetzgeber definiert oder erläutert. Für die Besorgnis der Befangenheit ist es nicht erforderlich, dass der vom Gericht beauftragte Sachverständige nachweisbar parteiisch ist oder das Gericht Zweifel an seiner Unparteilichkeit hat. Vielmehr rechtfertigt bereits der bei der ablehnenden Partei erweckte Anschein der Parteilichkeit die Ablehnung wegen Besorgnis der Befangenheit. Dieser Anschein muss sich auf Tatsachen oder Umständen begründen, die vom Standpunkt des Ablehnenden aus bei vernünftiger Betrachtung die Befürchtung wecken können, der Sachverständige stehe der Sache nicht unvoreingenommen und damit nicht unparteiisch gegenüber (BGH, 11.6.2008, DS 2008 S. 266). Anders ausgedrückt: **Ausreichend für eine Ablehnung ist bereits, dass vom Standpunkt der ablehnenden Partei aus ein objektiver Grund gegebene ist, der in den Augen eines vernünftigen Menschen geeignet ist, Zweifel an der Unparteilichkeit und Objektivität des Sachverständigen zu erregen.**

Dieses hohe Gut der Unparteilichkeit eines Sachverständigen wird vom Gesetzgeber dadurch besonders herausgestellt, dass in der Eidesformel für Sachverständige die Pflicht zur unparteiischen Gutachtenerstattung enthalten ist (vgl. § 410 Abs. 1 ZPO und § 79 Abs. 2 StPO). Entsprechend ist auch die Eidesformel für die öffentliche Bestellung von Sachverständigen formuliert (vgl. § 36 Abs. 1 Satz 2 GewO).

36.3 Besorgnis der Befangenheit – ein Makel?

Nein und ja. Es gibt Fälle, in denen ein Sachverständiger schuldlos in eine Ablehnungsfalle hinein gerät und Fälle, die der Sachverständige grob fahrlässig selbst herbeigeführt hat.

Nein deshalb, weil Ablehnungsanträge immer häufiger aus prozesstaktischen Überlegungen heraus gestellt werden. Eine Prozesspartei spielt damit entweder auf Zeit oder versucht, einen missliebigen, weil seriösen und gründlichen Sachverständigen aus dem Prozess „herauszuschießen". Ein Mittel zum Erfolg ist die Provokation des Sachverständigen, wozu jedes Mittel Recht ist. In einigen Fällen muss ein Befangenheitsantrag gestellt werden, um im späteren Regressprozess nicht dem Vorwurf der Untätigkeit entgegengehalten zu bekommen.

Ja nur in den Fällen, in welchen dem Sachverständigen ein grober Verstoß gegen die Pflicht zur Neutralität oder gar ein vorsätzlich erstelltes Gefälligkeitsgutachten nachgewiesen werden kann. Dann dürfte der gute Ruf eines Sachverständigen beschädigt sein, so dass bei einer öffentlichen Bestellung der Widerruf wegen fehlender persönlicher Eignung geprüft werden muss. Leider bekommen die Bestellungskörperschaften in solchen Fällen ähnlich wie bei fehlerhaften Gutachten von den Gerichten keine Rückmeldung, so dass der an sich erforderliche Widerruf der öffentlichen Bestellung unterbleibt.

36.4 Gesetzliche Grundlagen

Die einzige Vorschrift zur Ablehnung eines Sachverständigen befindet sich in § 406 ZPO. Sie enthält außer der Generalklausel in Absatz 1 ausschließlich Verfahrensregeln wie, wann, wo und mit welcher Begründung ein Ablehnungsgesuch gelten zu machen ist und welche Rechtsmittel es gibt, wenn das Ablehnungsgesuch abgelehnt oder wenn ihm statt gegeben wird.

Die Vorschrift des § 406 ZPO hat folgenden Wortlaut:

1. Ein Sachverständiger kann aus denselben Gründen, die zur Ablehnung eines Richters berechtigen, abgelehnt werden, Ein Ablehnungsgrund kann jedoch nicht daraus entnommen werden, dass der Sachverständige als Zeuge vernommen worden ist.

2. Der Ablehnungsantrag ist bei dem Gericht oder Richter, von dem der Sachverständige ernannt worden ist, vor seiner Vernehmung zu stellen, spätestens jedoch binnen zwei Wochen nach Verkündung oder Zustellung des Beschlusses über die Ernennung. Zu einem späteren Zeitpunkt ist die Ablehnung nur zulässig, wenn der Antragsteller glaubhaft macht, dass er ohne sein Verschulden verhindert war, den Ablehnungsgrund früher geltend zu machen. Der Antrag kann vor der Geschäftsstelle zu Protokoll erklärt werden.

3. Der Ablehnungsgrund ist glaubhaft zu machen; zur Versicherung an Eides statt darf die Partei nicht zugelassen werden.

4. Die Entscheidung ergeht von dem im zweiten Absatz bezeichneten Gericht oder Richter durch Beschluss.

5. Gegen den Beschluss, durch den die Ablehnung für begründet erklärt wird, findet kein Rechtsmittel, gegen den Beschluss, durch den sie für unbegründet erklärt wird, findet sofortige Beschwerde statt.

36. Ablehnung wegen Besorgnis der Befangenheit im Zivilprozess

Eine unmittelbare, gezielt auf das Verhalten eines Sachverständigen abgestimmte Regelung der Befangenheit in Form von aufgezählten Fallgruppen gibt es in der ZPO nicht; vielmehr werden in Form einer Verweisung die Ablehnungsgründe eines Richters für anwendbar erklärt. Gemäß § 406 Abs. 1 Satz 1 ZPO und § 74 StPO kann ein Sachverständiger aus denselben Gründen abgelehnt werden, die zur Ablehnung eines Richters berechtigen. Die Ablehnung des Richters ist in § 42 ZPO geregelt. Danach kann ein Richter sowohl in den Fällen, in denen er von der Ausübung des Richteramtes **kraft Gesetzes** ausgeschlossen ist, als auch wegen **Besorgnis der Befangenheit** abgelehnt werden.

Im Gegensatz zur Ablehnung des Richters gibt es für den Sachverständigen keine automatische Ausschließung von der Gutachtentätigkeit kraft Gesetzes. Es muss also zunächst ein Prozessbeteiligter aktiv werden und einen Antrag auf Ablehnung wegen Besorgnis der Befangenheit stellen und diesen glaubhaft begründen. Ein Ablehnungsgrund ist entweder dann gegeben, wenn **einer der Ausschlusstatbestände** des § 41 ZPO vorliegt (§ 42 Abs. 1 ZPO) oder wenn ein Grund vorliegt, der geeignet ist, Misstrauen gegen die Unparteilichkeit eines Sachverständigen zu rechtfertigen (§ 42 Abs. 2 ZPO). Für den Sachverständigen steht der Ablehnungsgrund wegen **Besorgnis der Befangenheit** im Vordergrund.

36.5 Absolute und relative Ablehnungsgründe

Das Gesetz unterscheidet zwischen den sog. absoluten Befangenheitsgründen und dem allgemeinen Ablehnungsgrund der Befangenheit. Während bei den absoluten Befangenheitsgründen die Ablehnung stets gerechtfertigt ist, ohne dass im Einzelfall geprüft zu werden braucht, ob ein Misstrauen gegen die Unparteilichkeit gegeben ist, muss bei Berufung auf die Ablehnung wegen Besorgnis der Befangenheit stets ein Ablehnungsgrund glaubhaft gemacht werden.

Die **absoluten Ablehnungsgründe** sind in § 41 ZPO geregelt. Sie gelten zwar in erster Linie für die Ablehnung des Richters, sind aber wegen der Verweisung in § 406 Abs. 1 ZPO auch auf Sachverständige anzuwenden, soweit sie passen. Der Sachverständige kann danach in folgenden Fällen abgelehnt werden:

- In Sachen, in denen er selbst Partei des Verfahrens ist oder an dem Rechtsverhältnis, das den Gegenstand des Rechtsstreits bildet, in Form einer unmittelbaren Mitberechtigung, Mitverpflichtung oder Regresspflicht beteiligt ist;
- In Sachen seines Ehegatten, auch wenn die Ehe nicht mehr besteht;
- In Sachen seines Lebenspartners, auch wenn die Lebenspartnerschaft nicht mehr besteht;
- In Sachen einer Person, mit der er in gerader Linie verwandt oder verschwägert, in der Seitenlinie bis zum dritten Grade verwandt oder bis zum zweiten Grade verschwägert ist oder war;
- In Sachen, in denen er als Prozessbevollmächtigter oder Beistand einer Partei bestellt oder als gesetzlicher Vertreter einer Partei aufzutreten berechtigt ist oder gewesen ist;

- In Sachen in denen er in einem früheren Rechtszug oder im schiedsrichterlichen Verfahren bei dem Erlass der Entscheidung mitgewirkt hat (z.B. als Schiedsgutachter oder als Handelsrichter).

Ein Ablehnungsgrund kann jedoch nicht daraus entnommen werden, dass der Sachverständige als Zeuge vernommen worden ist (vgl. § 406 Abs. 1 Satz 2 ZPO).

Die **relativen Ablehnungsgründe** sind nicht im Gesetz geregelt. Sie ergeben sich aus der Formulierung der §§ 406 Abs. 1, 42 Abs. 2 ZPO. Danach findet die Ablehnung auf Antrag statt, wenn ein Grund vorliegt, der geeignet ist, Misstrauen gegen die Unparteilichkeit des Sachverständigen zu rechtfertigen. Im Gegensatz zu den absoluten Ablehnungsgründen gibt es hier keine gesetzliche Aufzählung der infrage kommenden Tatbestände; vielmehr muss im Einzelfall jeweils konkret der Grund für das Vorliegen der Besorgnis der Befangenheit festgestellt und bewertet werden. Die Zahl dieser Gründe ist nicht beschränkt, und die Gründe selbst sind nur schwer systematisch katalogisierbar. Meist wird in den Kommentaren folgende Grobgliederung vorgenommen:

- Persönliche oder geschäftliche Beziehungen zu einer Partei, deren Anwalt, Versicherung oder Privatgutachter;
- Wirtschaftliche Abhängigkeiten von einer Partei oder der Versicherung einer Partei;
- Vorprozessuale Beratung und Gutachtentätigkeit für eine Partei (Vorbefasstheit);
- Vom Sachverständigen selbst geschaffene Ablehnungsgründe (z.B. Überreaktion auf Kritik gegen sein Gutachten, abfällige Äußerung zur Person oder zur Leistung einer Partei);
- Nichtbeachtung der Neutralitätspflichten Im Rahmen der Orts- und Objektsbesichtigung;
- Überschreitung des Gutachtenauftrags zum Nachteil einer Partei.

Die relativen Ablehnungsgründe müssen also der Gesetzgebung und der Rechtsprechung entnommen werden, Maßgebend sind hier Verletzungen von solchen Pflichten, die Vorgaben zur Neutralität, Objektivität und Sachlichkeit enthalten.

36.6 Pflichtenkatalog im Rahmen einer Gutachtenerstattung

Es gibt nur vereinzelte Bestimmungen in unterschiedlichen Gesetzen, aber zahlreiche Fundstellen in gerichtlichen Entscheidungen, welchen man die Pflichtenkataloge zur Neutralität, Unabhängigkeit und Unbefangenheit entnehmen kann. Eine umfassende Darstellung findet man bei *Lehmann* (Der Bausachverständige, 2011, Hefte 3-6), der über 70 Urteile aus den Jahren 2009/2010 nach Schwerpunkten gegliedert in Leitsätzen und Auszügen aus den Urteilsgründen darstellt und in Heft 6/2012 (S. 69) praxisorientierte Handlungsempfehlungen für den Sachverständigen gibt, um das Ablehnungsrisiko zu minimieren. Über 120 Urteile, nach sachlichen Inhalten alphabetisch geordnet und mit Leitsätzen versehen, finden sich in der Broschüre des Instituts für Sachverständigenwesen „Abgelehnt wegen Befangenheit" (3. Aufl. 2010); auch hier gibt es Praxishinweise in Form eine Fragenkatalogs unter der Rubrik „Zehn Gebote zur Neutralität".

Unter Nutzung dieser Quellen können die Pflichten, Fragestellungen und Gefahrenquellen gekürzt wie folgt formuliert werden:

36.6.1 Auftragserteilung

Vor Übernahme des Gutachtenauftrags muss der Sachverständige das Gericht über etwa vorhandene Ablehnungsgründe unterrichten (Selbstanzeige). Dazu gehört die Prüfung folgender Umstände:

- Gibt es oder gab es persönliche, berufliche oder fachliche Beziehungen zu einer Partei, ihrem Anwalt, ihrem Versicherer oder ihrem Privatgutachter?
- Steht der Sachverständige in einem wirtschaftlichen Abhängigkeitsverhältnis oder einem Konkurrenzverhältnis zu einer Prozesspartei?
- War der Sachverständige schon einmal mit demselben Streitgegenstand im Rahmen eines Privatgutachtens oder einem anderen gerichtlichen Verfahren befasst gewesen?

Bei offensichtlichen und leicht erkennbaren Ablehnungsgründen sollte der Sachverständige aber nicht auf ein Ablehnungsgesuch warten, sondern von sich aus spontan dem Gericht den Ablehnungsgrund bekannt geben **(Selbstanzeige)** und vor Arbeitsbeginn dessen Entscheidung abwarten. Manche Kommentatoren und Gerichte verstehen die Selbstanzeige schon als Pflicht, so dass das **Verschweigen etwaiger Ablehnungsgründe** durch den Sachverständigen als selbst herbeigeführter Ablehnungsgrund qualifiziert wird, der wegen der dann vorliegenden groben Fahrlässigkeit zum Verlust des Vergütungsanspruchs führen kann.

Aber **auch in Zweifelsfällen** sollte der Sachverständige vor Beginn der Arbeiten am Gutachten das Gericht auf etwaige Befangenheitsgründe hinweisen und dabei folgende **Formulierung** verwenden: „Ich fühle mich nicht befangen, möchte aber vorsorglich darauf hinweisen, dass ..." (es folgt die Schilderung des Ablehnungsgrundes). Eine solche Selbstanzeige wird in der Regel dazu führen, dass der Sachverständige durch das Gericht vom Gutachtenauftrag entbunden wird. Der Sachverständige vergibt sich durch eine Selbstanzeige nichts, sondern **gewinnt vielmehr an Glaubwürdigkeit**, sollte er dennoch mit der Erstattung des Gutachtens beauftragt werden, was durchaus möglich ist.

36.6.2 Vorbereitung des Gutachtens

- Informationen, Auskünfte und Unterlagen darf der Sachverständige nur dann von einer Partei einholen bzw. anfordern, wenn er das Gericht und die andere Partei zuvor davon unterrichtet. Eigene Ermittlungen, die über das im Beweisbeschluss vorgegebene Beweisthema hinausgehen, führen zur Befangenheitsablehnung.

36.6.3 Ortsbesichtigung

- Zur Ortsbesichtigung müssen beide Parteien, deren Anwälte und der Nebenintervenient (falls vorhanden) eingeladen werden.

- Der Sachverständige darf nicht im Pkw einer Prozesspartei oder eines Prozessbevollmächtigten zur Ortsbesichtigung fahren, um Fahrtkosten zu sparen.
- Von der Ortsbesichtigung darf der Sachverständige nicht eine Partei dadurch benachteiligen, dass er dem Hausverbot der anderen Partei nachgibt und die Besichtigung nur mit der einen Partei durchführt.
- Die Durchführung der Ortsbesichtigung muss in zurückhaltender, distanzierter und nüchterner Atmosphäre durchgeführt werden.

36.6.4 Formulierung des Gutachtens

- In seinem Gutachten muss sich der Sachverständige einer objektiven Darstellung und einer zurückhaltenden Ausdrucksweise befleißigen. Sprachliche Entgleisungen können einen Befangenheitsantrag rechtfertigen.
- Er darf nur die gestellten Fragen beantworten.
- Er darf keine rechtlichen Wertungen und keine den Gericht vorbehaltene Beweiswürdigung vornehmen.
- Er darf streitige Tatsachen nicht als unstreitig darstellen und sollte herablassende Wertungen von Leistungen einer Partei nach Möglichkeit vermeiden.

36.6.5 Stellungnahme zur Kritik am Gutachten und zu Einwänden gegen die Person des Sachverständigen

Der Sachverständige wird in vielen Fällen vom Gericht aufgefordert, zur Kritik einer Partei am Inhalt seines Gutachtens oder zu Einwänden gegen seine Person Stellung zu nehmen. Diese Kritik ist in einigen Fällen hart an der Grenze der Beleidigung und Diskriminierung. Um hier eine Ablehnung zu vermeiden, sollte der Sachverständige bemüht sein, sachlich zu bleiben und nicht versuchen, mit gleicher Münze zurück zu zahlen. Genau dies provoziert in vielen Fällen die Partei, zu deren Ungunsten das Gutachten ausgegangen ist, um den „unliebsamen" Sachverständigen dann ablehnen zu können.

36.6.6 Erläuterung des Gutachtens im Termin

- Bei der Erläuterung seines Gutachtens in der mündlichen Verhandlung sollte sich der Sachverständige stets zurückhaltend und sachlich ausdrücken; er darf sich nicht provozieren lassen und muss der Sache und den Prozessbeteiligten unvoreingenommen und mit der gebotenen Distanz gegenüberstehen.
- Provozierende Äußerungen über den Inhalt seines Gutachtens sollte der Sachverständige mit sachlichen Argumenten erwidern.

… 36. Ablehnung wegen Besorgnis der Befangenheit im Zivilprozess

36.7 Besonderheiten

Das Ablehnungsgesuch kann sich nur auf die Person beziehen, die vom Gericht zum Sachverständigen bestellt wurde. Überträgt der Sachverständige bei der Vorbereitung und Formulierung des Gutachtens in unzulässiger Weise Kernaufgaben auf eine andere Person (**Hilfskraft, Mitarbeiter, Untersachverständigen)**), so kann diese Person nicht wegen Besorgnis der Befangenheit abgelehnt werden. In einem solchen Fall kann aber eine Besorgnis der Befangenheit des beauftragten Sachverständigen gegeben sein, wenn der Sachverständige die wesentlichen Teile der Vorarbeiten von einem Mitarbeiter oder Untersachverständigen erledigen lässt, bei dem selbst Befangenheitsgründe vorliegen.

Es können nur natürliche Personen abgelehnt werden. Bei Gutachtentätigkeit von **Behörden oder juristischen Personen** kann nicht die Behörde oder juristische Person als solche abgelehnt werden, sondern nur die natürliche Person, die im Namen der Behörde oder juristischen Person auftritt. Mitglieder eines Gutachterausschusses nach dem Baugesetzbuch, die natürliche Personen sind, können aber nicht wegen Besorgnis der Befangenheit abgelehnt werden, weil deren Gutachten als behördliche Auskünfte zu qualifizieren sind. Gleiches gilt für andere amtliche Auskünfte, beispielsweise durch Körperschaften des öffentlichen Rechts (Anwaltskammer, Handwerkskammer, Industrie- und Handelskammer).

Eine Ablehnung des Sachverständigen findet auch im **Selbstständigen Beweisverfahren** und in anderen eilbedürftigen Verfahren statt. Voraussetzung ist allerdings, dass durch das Ablehnungsgesuch der besondere Beschleunigungseffekt eines derartigen Verfahrens nicht verhindert wird. Eine erst im Hauptprozess angebrachte Ablehnung des Sachverständigen ist unzulässig, wenn der Ablehnungsgrund schon vor Einreichung des Gutachtens im Beweissicherungsverfahren bekannt gewesen ist.

Keine Ablehnungsgründe sind **mangelnde Qualifikation des Sachverständigen und Fehler im Inhalt des Gutachtens.** Diese Einwände betreffen nicht die Befangenheit des Sachverständigen und sind daher bei der fachlichen Prüfung durch das Gericht zu bewerten. Ist das Gutachten aber so mangelhaft, dass es unter keinem Gesichtspunkt verwertet werden kann, kann über § 412 ZPO ein weiterer Sachverständiger bestellt werden; in diesem Fall verliert der Sachverständige bei Nachweis grober Mängel bereits aus diesem Grunde seinen Vergütungsanspruch (vgl. § 8a Abs. 2 Nr. 2 JVEG). Gleiches gilt, wenn der Sachverständige gegen seine **Pflicht zur persönlichen Gutachtenerstattung** verstößt; auch in diesem Fall ist das Gutachten unverwertbar mit der Rechtsfolge des Vergütungsverlustes (vgl. § 8 Abs. 2 Nr. 1 JVEG).

Kein Ablehnungsgrund ist die **Kontaktaufnahme mit dem Gericht** oder dem einzelnen Richter eines Kollegiums zum Zwecke der Abstimmung des Beweisbeschlusses vor Auftragsübernahme oder zum Zwecke der Beantwortung ungeklärter Fragen nach Übernahme des Gutachtenauftrags durch den Sachverständigen. Dazu sind Sachverständige und Richter sogar gesetzlich verpflichtet (vgl. §§ 404a und 407a ZPO).

Die erfolgreiche Ablehnung eines Sachverständigen wegen Besorgnis der Befangenheit hindert nicht daran, ihn als **Zeugen oder sachverständigen Zeugen** über Tatsachen zu vernehmen, die ihm bei Durchführung des ihm erteilten Auftrags bekannt geworden sind oder ihn zu Wahrnehmungen anzuhören, die er im Zusammenhang mit der Beschaffung von Tatsachen für die Erstellung des Gutachtens gemacht hat. Sie verbietet aber, ihn als

Zeugen zu Schlussfolgerungen zu hören, die er aus jenen Tatsachen aufgrund seiner Sachkunde gezogen hat und auf die das Gericht für die Urteilsfindung angewiesen ist.

Zeugen, sachverständige Zeugen und Gehilfen des Sachverständigen können nicht wegen Besorgnis der Befangenheit abgelehnt werden. Dies gilt insbesondere dann, wenn der abgelehnte Sachverständige als Zeuge vernommen werden soll. Bei Zeugen kann später nur die Glaubwürdigkeit seiner Aussagen in Frage gestellt werden.

Mit streitiger Verhandlung über das Beweisergebnis oder mit Zustimmung zur Beauftragung eines bestimmten Sachverständigen **verwirkt eine Partei das Recht auf Ablehnung eines Sachverständigen**. Teilweise spricht man auch vom Verzicht auf das Ablehnungsrecht.

36.8 Was muss der Sachverständige vom Ablehnungsverfahren wissen?

36.8.1 Antrag auf Ablehnung

Erkennbare Ablehnungsgründe gegen den Sachverständigen sind **nicht von Amts wegen** zu berücksichtigen, sondern müssen von der betroffenen Partei im Wege eines formalen Ablehnungsantrags geltend gemacht werden. Der Ablehnungsantrag ist **bei dem Gericht oder Richter** zu stellen, von dem der Sachverständige ernannt ist (vgl. § 406 Abs. 2 Satz 1 ZPO); der Antrag unterliegt nicht dem Anwaltszwang.

Wird ein **Ablehnungsgesuch während der Ortsbesichtigung** an den Sachverständigen selbst gerichtet, so sollte der Sachverständige wie folgt verfahren:

- Erfährt er von der Ablehnung vor Beginn oder in der Anfangsphase der Ortsbesichtigung, so sollte er den Termin abbrechen oder bei möglicher telefonischer Verständigung mit dem Richter dessen Rat einholen.
- Ist der Ortstermin jedoch schon so weit fortgeschritten, dass die damit verbundenen Kosten im Wesentlichen schon entstanden sind, sollte der Sachverständige die Ortsbesichtigung zu Ende führen, auch auf die Gefahr hin, dass beim Erfolg des Ablehnungsgesuchs das Ergebnis des Ortstermins insgesamt nicht mehr verwertbar ist. In diesem Fall ist eine sofortige Kontaktaufnahme mit dem Richter nach Beendigung der Ortsbesichtigung empfehlenswert.

36.8.2 Einhaltung einer Zweiwochen-Frist

Das Ablehnungsgesuch kann frühestens nach der Ernennung des Sachverständigen gestellt werden. Nach § 406 Abs. 2 Satz 1 ZPO muss die Ablehnung vor der Vernehmung des Sachverständigen erfolgen, **spätestens jedoch binnen zwei Wochen** nach Verkündung oder Zustellung des Beschlusses über die Ernennung. Zu einem späteren Zeitpunkt ist die Ablehnung nur zulässig, wenn der Antragsteller glaubhaft macht, dass er ohne sein Verschulden verhindert war, den Ablehnungsgrund früher geltend zu machen (§ 406 Abs. 2 Satz 2 ZPO); in diesem Fall muss der Antrag unverzüglich, also analog § 121 BGB, ohne schuldhaftes Zögern nach Kenntniserlangung des Ablehnungsgrundes gestellt werden. Verhandelt eine Partei in Kenntnis des Ablehnungsgrundes zur Sache, so geht ihr Ablehnungsrecht verloren.

Ein Ablehnungsgesuch, das sich auf das Gutachten selbst stützt, muss unverzüglich nach Kenntniserlangung erhoben werden; andernfalls ist es als verspätet und damit als unzulässig zurückzuweisen.

Ergeben sich aus den Unterlagen einer Partei Anhaltspunkte dafür, dass der vom Gericht bestellte Sachverständige in derselben Sache bereits für die andere Seite tätig war, hat sie selbst Erkundigungen anzustellen, ob der Ablehnungsgrund tatsächlich besteht (BGH, 23.9.2008, DS 2009 S. 32). Unterlässt sie dies, verliert sie ihr Ablehnungsrecht (OLG Celle, 21.1.2005, juris § 406 Abs. 2 Satz 2 ZPO).

Eine Prozesspartei verliert ihr Ablehnungsrecht weiter dann, wenn sie sich in Kenntnis des Anlehnungsgrundes in eine Verhandlung eingelassen hat oder Anträge gestellt hat (§ 43 ZPO). Wenn sich also beispielsweise eine Partei, nachdem ihr Sachvortrag vom Sachverständigen im Verhandlungstermin als „frech" bezeichnet wurde, gleichwohl weiterhin auf die Anhörung des Sachverständigen einlässt, ohne die Rüge der Befangenheit zu erheben, ist sie mit einer späteren Ablehnung des Sachverständigen gemäß § 43 ZPO ausgeschlossen OLG Köln, 21.12.2008, DS 2009 S. 351).

36.8.3 Kreis der Antrags-Berechtigten

Ablehnungsberechtigt sind die **Prozessparteien und deren Streitgehilfen.** Das Ablehnungsgesuch unterliegt im Anwaltsprozess keinem Anwaltszwang, so dass auch eine Partei persönlich den Ablehnungsantrag bei Gericht anbringen kann. Der Antrag auf Ablehnung des Sachverständigen kann außerhalb der mündlichen Verhandlung vor der Geschäftsstelle zu Protokoll erklärt werden (vgl. § 406 Abs. 2 Satz 3 ZPO). In der Verhandlung ist der Antrag im Sitzungsprotokoll aufzunehmen.

36.8.4 Begründung des Ablehnungsgesuchs

Der Ablehnungsgrund ist glaubhaft zu machen; zur Versicherung an Eides Statt darf die Partei nicht zugelassen werden (vgl. § 406 Abs. 3 ZPO). Die Glaubhaftmachung erfordert gem. § 294 ZPO den Nachweis der ablehnenden Partei, dass der von ihr vorgetragene Sachverhalt mit überwiegender Wahrscheinlichkeit zutrifft. Die Anhörung des Sachverständigen kann als Beweismittel in Betracht kommen. Eine eigene eidesstattliche Versicherung einer Prozesspartei ist ausgeschlossen.

Über den Ablehnungsantrag muss nicht mündlich verhandelt werden (vgl. § 406 Abs. 4 ZPO). Jedoch muss allen Verfahrensbeteiligten rechtliches Gehör gewährt werden. Dem Prozessgegner muss also Gelegenheit der Stellungnahme gegeben werden.

36.8.5 Stellung des Sachverständigen im Ablehnungsverfahren

Der Sachverständige gehört nicht zu den Verfahrensbeteiligten; mithin muss ihm – rein formal – keine Möglichkeit zur Stellungnahme eingeräumt werden. Im Hinblick auf Art 103 Abs. 1 GG wird von der herrschenden Auffassung in Literatur und Rechtsprechung eine **obligatorische Anhörung** für notwendig gehalten.

Wird der Sachverständige aufgefordert, zu dem Ablehnungsantrag schriftlich Stellung zu nehmen, sollte er seine Ausführungen in einer nüchternen, sachlichen und gelassenen Weise formulieren. Der souveräne Sachverständige nimmt es mit Würde hin, wenn er einmal mit Erfolg wegen Besorgnis der Befangenheit abgelehnt wird, weil darin keine Diskriminierung liegt. Überreaktionen in der schriftlichen Stellungnahme begründen vielleicht erst das Ablehnungsgesuch. Je sachlicher er zum Ablehnungsgesuch Stellung nimmt, desto mehr werden seine innere Sicherheit, Objektivität und Überlegenheit in Erscheinung treten.

36.8.6 Entscheidung

Das Gericht entscheidet über den Ablehnungsantrag durch **gesonderten Beschluss** und nicht im Rahmen der Endentscheidung.

Gegen den Beschluss, durch den die Ablehnung für **begründet** erklärt wird, findet kein Rechtsmittel statt (vgl. § 406 Abs. 5 ZPO). Auch dem Sachverständigen stehen gegen den erfolgreichen Ablehnungsbeschluss keine Rechtsmittel zu; ihm stehen aber Rechtsmittel nach dem JVEG zur Verfügung, wenn ihm nach der Ablehnung wegen angeblich grob fahrlässiger Verursachung der Ablehnung sein Vergütungsanspruch auf Null festgesetzt wird.

Gegen den Beschluss, durch den die Ablehnung für **unbegründet** erklärt wird, findet das Rechtsmittel der sofortigen Beschwerde statt (vgl. § 406 Abs. 5 ZPO).

36.8.7 Selbstständiges Beweisverfahren

Die Ablehnung eines Sachverständigen im selbstständigen Beweisverfahren ist **grundsätzlich zulässig** (KG, 1.10.1997, BauR 1998 S. 364; OLG Koblenz, 7.8.2008, DS 2009 S. 79; *Ulrich*, Selbständiges Beweisverfahren mit Sachverständigen, Rdn. 106). Soweit ein Sachverständiger mit einer Partei **vorprozessuale Kontakte** zum Zwecke der Abklärung seiner Bereitschaft zur Übernahme des Auftrags und seiner Zuständigkeit für die speziellen Fachfragen im Beweissicherungsverfahren gehabt hat, liegt darin kein Grund zur Besorgnis der Befangenheit.

Eine von der Partei erst im Hauptprozess angebrachte Ablehnung des Sachverständigen ist unzulässig, wenn ihr die behaupteten Ablehnungsgründe schon vor Einreichung des Gutachtens im Beweissicherungsverfahren bekannt gewesen sind.

Wenn die **Beweissicherung** allerdings durch eine Ablehnung praktisch **vereitelt** würde, hält die Rechtsprechung ausnahmsweise eine Ablehnung des Sachverständigen in einem solchen „Eil-Verfahren" für unzulässig. Beispielsweise wäre eine Ablehnung unzulässig, wenn dadurch der Beschleunigungseffekt eines Eilverfahrens verloren ginge oder das zu begutachtende Objekt während der Dauer des Ablehnungsverfahrens in seinem Zustand verändert oder inzwischen sogar zerstört würde (vgl. Rspr. bei *Ulrich*, a.a.O., Rdn. 5.137 in Fn. 727).

Wird dem Befangenheitsantrag im Beweiserhebungsverfahren stattgegeben, ist die entsprechende Entscheidung auch für das Hauptverfahren bindend. Ein bereits im selbstständigen Beweisverfahren vom Gericht bestellter Sachverständiger kann im anschließenden Hauptprozess abgelehnt werden, wenn zur Ablehnung im vorangehende Beweiserhebungsverfahren dazu keine Möglichkeit bestand (BGH, 23.5.2006, IfS-Informationen 5/2006 S. 11 = DS 2006 S. 317).

36.9 Rechtsfolgen der Ablehnung

Mit der erfolgreichen Ablehnung des Sachverständigen **erlischt sein Gerichtsauftrag.** Sein Gutachten darf nicht mehr verwertet werden. Er darf am Verfahren nicht mehr teilnehmen und auch seine das Gutachten vorbereitende Tätigkeit darf im Verfahren oder in der gerichtlichen Entscheidung nicht verwertet werden. Allerdings kann der abgelehnte Sachverständige unter bestimmten Voraussetzungen über die von ihm bei der Vorbereitung des Gutachtens festgestellten Tatsachen oder gemachten Wahrnehmungen als Zeuge oder als sachverständiger Zeuge vernommen werden.

Der Sachverständige kann nun eine **Vergütung nach dem JVEG** für alle Leistungen verlangen, die bis zum Zeitpunkt der erfolgreichen Ablehnung erbracht hat. Das gilt sowohl hinsichtlich der erforderliche Zeit für die erbrachten Vorarbeiten als auch für die Auslagen (Fahrtkosten, Fotos, Hilfskräfte, Kopien usw.).

Wird der Sachverständige aus einem Grunde abgelehnt, den er selbst entweder bei der Annahme des Auftrags, bei der Vorbereitung des Gutachtens, bei der Stellungnahme zu den Einwänden gegen das Gutachten oder aber während der mündlichen Verhandlung bei der Erläuterung seines Gutachtens **grob fahrlässig verursacht hat**, entfällt der Vergütungsanspruch ersatzlos (vgl. Kapitel 36.10).

Grobe Fahrlässigkeit liegt dann vor, wenn der Sachverständige einen Ablehnungsgrund in besonders krasser Weise verursacht hat oder bei seinem Verhalten im Prozess die Pflicht zur Neutralität in ungewöhnlich großem Maße verletzt und nicht das beachtet hat, was jedem ordentlichen Sachverständigen hätte einleuchten müssen. Wenn man also ein Fehlverhalten des Sachverständigen wie folgt definieren kann: „... das ist ja unglaublich; das darf einem ordentlichen Sachverständigen einfach nicht passieren", dann ist der Tatbestand der groben Fahrlässigkeit erfüllt.

Während im Ablehnungsverfahren der Ablehnungsgrund nur glaubhaft gemacht zu werden braucht, muss im Verfahren über den Verlust des Vergütungsanspruchs die grobfahrlässige Pflichtverletzung bewiesen werden; die **Beweislast liegt hier bei der Staatskasse.**

Bei **leicht fahrlässiger Pflichtverletzung** bleibt der Vergütungsanspruch des Sachverständigen bestehen. Nur wenn der Sachverständige vor Übernahme des Auftrags das Gericht nicht auf etwaige Befangenheitsgründe hinweist, soll leicht fahrlässige Pflichtverletzung zum Vergütungsverlust führen (OLG Rostock, 16.7.2008, DS 2008 S. 355; vgl. dazu Kapitel 36.10).

Die Rechtsprechung zu der Abgrenzung zwischen leichter und grober Fahrlässigkeit ist vielfältig und lässt leider keinen roten Faden erkennen. Man findet nicht selten Fallgestaltungen, die identisch sind, rechtlich aber unterschiedlich beurteilt werden. Was bei einigen Gerichten noch als leicht fahrlässig beurteilt wird, wird von anderen Gerichten schon der groben Fahrlässigkeit zugeordnet. In der IfS-Broschüre „Abgelehnt wegen Befangenheit" werden auf den Seiten 30 – 39 35 Gerichtsentscheidungen zu dieser Problematik in Leitsätzen vorgestellt.

36.10 Neue gesetzliche Bestimmungen zum Vergütungsverlust nach erfolgreicher Ablehnung

Das „Zweite Gesetz zur Modernisierung des Kostenrechts" vom 23.7.2013 sieht u.a. in Art. 7 eine Novellierung des JVEG vor. In einem neuen § 8a JVEG wird geregelt, unter welchen Voraussetzungen der Sachverständige seinen Vergütungsanspruch verliert. Darunter befinden sich auch zwei Gebührentatbestände, die sich mit der Problematik der Befangenheit beschäftigen.

§ 8a Abs. 1 JVEG

Der Anspruch auf Vergütung entfällt, wenn der Berechtigte es unterlässt, der heranziehenden Stelle unverzüglich solche Umständen anzuzeigen, die zu seiner Ablehnung durch einen Beteiligten berechtigen, es sei denn, er hat die Unterlassung nicht zu vertreten.

§ 8 a Abs. 2 Nr. 3 JVEG

Der Berechtige erhält einer Vergütung nur insoweit, als seine Leistung bestimmungsgemäß verwertbar ist, wenn er

1. ......

2. ....

3. im Rahmen der Leistungserbringung grob fahrlässig oder vorsätzlich Gründe geschaffen hat, die einen Beteiligten zur Ablehnung wegen Besorgnis der Befangenheit berechtigen.

Beide Verlusttatbestände entsprechen in etwas der Rechtsprechung zum aktuellen JVEG.

Einen wesentlichen Unterschied gibt es allerdings: Nur für die Fallgestaltung, dass der Sachverständige seine Ablehnungsgründe selbst geschaffen hat, wird als Voraussetzung mindestens grobe Fahrlässigkeit verlangt (§ 8a Abs. 2 Nr. 3). Für die Fälle des § 8 a Abs. 1, also bei Verletzung seiner Hinweispflicht, verliert der Sachverständige seinen Vergütungsanspruch bereits bei Vorliegen leichter Fahrlässigkeit, was bisher nicht der Fall war.

36.11 Weiterführende Literatur

Bayerlein, Walter, Ablehnung des gerichtlichen Sachverständigen wegen Besorgnis der Befangenheit, in: Bayerlein, Praxishandbuch Sachverständigenrecht, 4. Aufl. 2008, § 20

Bleutge, Katharina, Die Unparteilichkeit von Gerichtssachverständigen – Nicht nur eine Frage der Ehre, DS 2012 S. 338

Bleutge, Peter, Abgelehnt wegen Befangenheit – Vermeidung und Handlungsstrategien – Institut für Sachverständigenwesen, Köln, 3.Aufl 2010, S. 885.

Bleutge, Peter, Befangenheit wegen Überreaktion auf persönliche Angriffe, Der Bausachverständige 2007, Heft 5, S. 62

Lehmann, Felix, Die Rechtsprechung 2009/2010 zur Befangenheit des Sachverständigen, Der Bausachverständige 3/2011. S. 62 , 4/2011, S. 62 , 5/2011, S. 72 u. 6/2011, S. 62

Morgenroth, Bernd, Die Ablehnung des gerichtlich bestellten Sachverständigen wegen Befangenheit und deren Folgen, Ein Überblick der aktuellen Rechtsprechung, DS 2011 S. 26

Pleines, Heiko, Ablehnung des gerichtlich bestellten Sachverständigen, Befangenheit und die Auswirkungen für den Vergütungsanspruch, Der Bausachverständige 2/2007 S. 45

Ulrich, Jürgen, Ablehnung des gerichtlichen Sachverständigen, in: Der gerichtliche Sachverständige, 12. Aufl. 2007, S. 113 – 158 und in: Selbständiges Beweisverfahren mit Sachverständigen, München 2008, Rdn. 106 – 145

Wittmann, Ralf-Thomas, Ablehnung eines Sachverständigen, Aktuelle Rechtsprechungsübersicht, DS 2009 S. 138

37. Strafe muss sein

Dieter Ansorge

Übersicht

37.1	Einleitung
37.2	Wohnanlage im Südwesten
37.2.1	Dachentwässerung
37.2.2	Dachabdichtungsbahn
37.2.3	Dachbegrünung – Windlasten
37.3	Reihenhäuser bei Stuttgart – Totalschaden durch vorsätzliche falsche Bauwerksabdichtung und Überlastung der Obergeschossdecke
37.3.1	Bauwerksabdichtung
37.3.2	Obergeschossdecke

37.1 Einleitung

In Kapitel 22 „Die Einbindung des Sachverständigen bei der Bauwerksplanung" wurde die allgemeine Planungsmisere bei Baumaßnahmen, deren Ursachen und Folgen beschrieben. Inzwischen veröffentlichte die Dekra in ihren Schadensberichten 2007 und 2008 ihre Untersuchungen über die Häufigkeit und Ursachen von Bauschäden. Im Dekra Schadensbericht 2008 werden die besonders gravierenden Steigerungen von Bauschäden vor allem beim Ausbau von Gebäuden erläutert. Während im Bericht 2007 die Schäden noch wie folgt gelistet und bewertet wurden, haben diese erheblich zugenommen. Was kommt auf die am Bau beteiligten Investoren, Planer, Firmen, aber auch Sachverständige, Juristen, Gerichte und Versicherungen zu.

Sind wegen des rasant zunehmenden Planungspfuschs am Bau neue Insolvenzwellen zu erwarten? Eine Auslese von Korn und Spreu ist zwingend erforderlich, auch wenn dadurch manche Existenz gefährdet oder sogar zerstört wird.

Nachfolgende Beispiele zeigen, welche Schäden aus **oft auch vorsätzlichen** Planungssünden von Bauträgern und Überwachungsfehlern entstanden sind und wie die Beteiligten die Schadensregulierungen betreiben. Erschreckend ist das Verhalten eines großen Bauträgers gegenüber seinen Kunden in Verbindung mit während der Gewährleistungsfrist entstandenen und bei der Abnahme von Sonder- und Gemeinschaftseigentum bewusst verschwiegener, für Baufachleute offensichtlicher Planungs- und Ausführungsmängel.

37.2 Wohnanlage im Südwesten

Eine aus fünf Gebäuden bestehende Eigentumswohnungsanlage wurde zwischen 2002 und 2004 gebaut und an die Käufer nach Abnahme unter Teilnahme eines eigentlich renommierten Bausachverständigen (ständig für den Bauträger tätig und auch von diesem bezahlt) übergeben. Die letzte Wohnung wurde 2007 verkauft und übergeben. Schon vor Abnahme dieser Wohnung wurde vom Käufer ein Bausachverständiger mit der

37. Strafe muss sein

Überprüfung beauftragt. Alle von ihm festgestellte Mängel wurden sofort beseitigt, auch die die Wohnung direkt betreffenden am Gemeinschaftseigentum.

In der Gewährleistungsfrist traten an den Gebäuden unzählige Mängel auf, die zu einem nur geringen Teil, erst nach Androhung gerichtlicher Schritte und Einschaltung der Presse, beseitigt wurden. Vor der Entscheidung über die Einleitung eines selbstständigen Beweisverfahrens vor Ablauf der Gewährleistungsfrist wurde ein anderer Bausachverständiger mit der Überprüfung des gesamten Objekts auf Übereinstimmung mit den vereinbarten Vertragsinhalten, öffentlich-rechtlichen Baubestimmungen und allgemein anerkannten Regeln der Technik beauftragt. Dieser forderte von seinen Auftraggebern alle relevanten Planungs-, Genehmigungs- und Vertragsunterlagen an, erhielt jedoch nur eine äußerst umfangreiche Auflistung der gerügten Mängel, unvollständige und fehlerhafte Gutachten, den notariellen Kaufvertrag. Alle anderen Unterlagen befanden sich beim Bauträger bzw. dessen mit der Hausverwaltung beauftragten Schwesterfirma. Beide Firmen verweigerten mit bisher zwei Ausnahmen die Herausgabe oder Einsicht in Pläne und Verträge, obwohl die Gewährleistungsansprüche gegen alle am Bau beteiligten Planer und Handwerker an die WEG abgetreten waren. Wie in solchen Fällen immer, versuchte auch dieser Bauträger Vertragsabweichungen, Planungs- und Aufsichtsfehler sowie Abnahmemängel durch Aushungern seiner Kunden zu vertuschen.

Örtliche Bauteilüberprüfungen von Dächern und Fassaden, Bauwerksabdichtung und Entwässerung, Sanitärinstallation und Schallschutz sowie Einsicht in die Bauakten der Baurechtsbehörde und einen Detailplan des Architekten deckten bereits gravierende Mängel bei Planung, Genehmigung, Objektüberwachung und Bauausführung auf.

Nachfolgend werden gravierende Mängel am Dach beschrieben:

37.2.1 Dachentwässerung

Bild 1: Blick über die Dächer

37.2 Wohnanlage im Südwesten

Die Gebäudegruppe besteht aus drei ca. 18 m hohen und zwei ca. 15 m hohen Gebäuden. Sie steht exponiert im geringen Abstand über einer ca. 30 m senkrecht abfallenden Felswand und ist den sehr starken Winden und Stürmen aus Süd- und Nordwesten voll ausgesetzt.

Die Dächer wurden als Schmetterlingsdächer mit innenliegenden Dachabläufen geplant. Die Dachflächen über den Wohnungen wurden als Stahlbetondecken, weit auskragende Dachüberstände aus gestalterischen Gründen als nur 4 cm dicke Sperrholzkonstruktion mit ca. 5 cm hohen Randaufkantungen ausgeführt. Die Abdichtung erfolgte als Warmdach mit zweilagiger Bitumenbahnabdichtung, im Bereich der Dachvorsprünge nur als zweilagige Bitumenabdichtung. Die Dachflächen sind mit Ausnahme der dünnen Dachüberstände extensiv begrünt.

Die Kehle der zusammenstoßenden Dachflächen wurde gefällelos ausgebildet und mit gewaschenem Kies ca. 7 cm hoch aufgefüllt. Die Dachabläufe befinden sich im Abstand von über 10 m von den Rinnenenden nicht an den durch die Deckendurchbiegung eingestellten Tiefpunkten der Kehlrinnen, sondern in Nähe der Hochpunkte neben der Kehle. Nach nur leichten Regenfällen sammelt sich Wasser an den Rinnenenden der Dachüberstände und staut sich tagelang bis über 7 cm auf. Nach starken Regenfällen überschießt das Wasser die Aufkantungen und stürzt auf die Dachterrassen der Dachgeschosswohnungen.

Nach mehrjährigem Streit – Bauträger und ein vom Bauträger bestellter, eigentlich renommierter Gutachter behaupteten, der Wasseranstau sei gewollt, damit die Begrünung nicht verdorre – wurden die Dachaufkantungen erhöht und an den Kehlrinnenenden ca. 3 cm hohe Scheingefälle mittels mehrlagigen Dachabdichtungsbahnkeilen aufgebracht. Durch diese Keile sollte der Wasserabfluss zu den ca. 12 m entfernten Abläufen verbessert werden. Eine nach langen Verhandlungen vom Bauträger erlaubte Planeinsicht beim Bauleiter ergab, dass die Bauausführung von der Detailplanung der Architekten erheblich abwich, die Situation wurde dadurch nicht besser. Örtliche Untersuchungen ergaben, dass in der Kehlrinne so genannte Triangel-Wasserleitsysteme verlegt waren, welche vor den Dachabläufen endeten. Laut technischem Merkblatt des Begrünungssystemgebers liegt die Abflussleistung dieses Wasserleitsystems bei > 2 % Gefälle und direkter Einleitung in den Ablaufschacht bei nur 2 l/s. Bei fehlender Einleitung in den Ablauf und fehlendem Gefälle wurde die Abflussleistung mit ca. < 0,5 l/s angegeben.

Die erforderliche Abflussmenge bei mittlerem Regen r_5 beträgt für diese Dächer ca. 6 l/s, bei Jahrhundertregen $r_{5/100}$ über 10 l/s.

Welche Folgen ergeben sich aus dem unzureichenden Wasserabfluss und langem Wasseranstau?

37. Strafe muss sein

Bild 2: nachträglich aufgebrachte Keile im Dauerwasserstand

Bild 3: Dachablaufsystemschacht ohne Anschluss der Triangelleitungen

37.2.2 Dachabdichtungsbahn

Die Abdichtungsbahnen für begrünte Dachflächen werden wurzelfest ausgerüstet. Die Wurzelfestigkeit wird durch Wurzelwachstum verhindernde Additive (Mecoprop) in den Abdichtungsbahnen erreicht. Im Sicherheitsdatenblatt des Herstellers – dieses wurde erst auf besondere Anforderung des Gutachters verfasst – werden diese Abdichtungsbahnen vom Hersteller wie folgt eingestuft: *Gefährliche Inhaltsstoffe: keine. Nach den bisherigen Erfahrungen verhalten sich Bitumenbahnen umweltneutral. Durch ihre Materialeigen-*

schaften sind sie wasserunlöslich. Es sind keine negativen ökologischen Effekte bekannt und zu erwarten. Doch diese Additive sind wasserlöslich und nach schweizerischen und österreichischen Untersuchungen stark Grundwasser gefährdend. Der Materialhersteller hatte zwar in Zusammenarbeit mit dem betreffenden schweizerischen Institut Lösungsmöglichkeiten zur Verminderung der Mecopropauswaschungen gesucht, es gab jedoch noch keine diesbezüglichen Verbesserungen. Ähnliche Additive sind seit über acht Jahren von der EU-Kommission verboten und wurden vom Markt genommen. Bei funktionierendem Wasserablauf werden diese Additive nur in sehr geringen Mengen aus der Abdichtungsbahn gewaschen, bei Wasseranstau jedoch in großen Mengen. Nach Angabe des Herstellerlabors hilft in diesem Fall nur Hoffen und Beten.

Das Regenwasser dieser Gebäudegruppe sollte angeblich in die Kläranlage eingeleitet werden. Unterhalb der Gebäudegruppe befindet sich ein großes Regenrückhaltebecken mit direkter Wassereinleitung in einen Fluss. Etwa 500 m von diesem Becken entfernt wird Trinkwasser gefördert.

37.2.3 Dachbegrünung – Windlasten

Weitere Untersuchungen ergaben, dass die Sogsicherung der Dachabdichtung unzureichend ist. Weder die Auflasten aus der Begrünung noch die Befestigungen der auf den Dachüberständen unverklebt liegenden Abdichtungsbahnen erfüllen die Mindestanforderungen der DIN 1055 Lastannahmen und der Flachdachrichtlinien.

Der Gutachter testierte unter Berücksichtigung der Stark- und Jahrhundertregen eine völlig untaugliche Dachentwässerung und nicht ausreichende Sogsicherung der Dachabdichtung. Insbesondere wurde auf die Grundwassergefährdung durch Auswaschen von Mecoprop hingewiesen. Der WEG wurde geraten, von den Stadtwerken, einer Schwesterfirma in der städtischen Holding, eine Unbedenklichkeitsbestätigung für das Einleiten des Regenwassers zu verlangen.

Nach Übergabe dieser Stellungnahme reagierte der Bauträger plötzlich sehr nervös, denn die möglichen Folgen aus diesen Erkenntnissen konnten für ihn äußerst fatal werden.

Eine den Mindestanforderungen entsprechende Dachentwässerung kann nur durch eine völlige Änderung der Dachgefälle erreicht werden. Die Dachabläufe müssen so versetzt werden, dass Regenwasser diese ohne Beeinträchtigung erreichen kann. Jeglicher Wasserrückstau ist zur Verringerung von Mecopropauswaschungen zu vermeiden. Ob das Regenwasser weiterhin abgeleitet werden kann, muss durch entsprechende Wasseruntersuchungen überprüft werden.

Eine Erhöhung der Begrünungsauflast ist aus statischen Gründen nicht möglich. Eine Sogsicherung der Begrünung kann nur durch zusätzliche Maßnahmen wie Schutznetze oder Verankerungen erfolgen. Die für die Eck- und Randbereiche erforderlichen Auflasten oder mechanischen Sogsicherungen können die dünnen Dachüberstände nicht aufnehmen.

Warum kam es zu diesem Ergebnis? Durch Planungsmängel der Architekten, fehlende Bauüberwachung, blinde baubegleitende Qualitätskontrolle durch den TÜV und offensichtlich prüfungslose Technische Abnahme durch den vom Bauträger ständig beauftragten Gutachter.

Konnten diese gravierenden Mängel verhindert werden? Ja!

37. Strafe muss sein

Bauträger und Architekten arbeiteten seit Jahrzehnten erfolgreich zusammen. Die Objektüberwachung übernahm immer das selbe Büro, ein ehemaliger Mitarbeiter, der sowohl von den Architekten als auch vom Bauträger abhängig war.

Besonders kritisch ist es, wenn – wie in diesem Fall – der Bauträger ein kommunales Unternehmen ist und der Oberbürgermeister gleichzeitig Aufsichtsratsvorsitzender des Bauträgers und auch für das Baudezernat zuständig ist. Da müssen Interessenkollisionen entstehen.

Das Bauvorhaben wurde nach Kenntnisgabeverfahren genehmigt. In diesem Genehmigungsverfahren wurden die eingereichten Unterlagen nur auf Vollständigkeit, jedoch nicht bautechnisch überprüft und überwacht. Somit wurden die offensichtlichen Fehler der Dachkonstruktion und Dachentwässerung schon im Genehmigungsverfahren nicht erkannt.

Der bestellte und immer wieder beauftragte Bauleiter verstand nach eigenen Angaben seine Aufgabe nur in der Vereinbarung von Terminen, nicht jedoch in der Überprüfung von Planung und Ausführung der Bauleistungen. Schon bei der Überprüfung von Planung und Ausführung konnte er die gravierenden Fehler von Dachentwässerung und Windsogsicherung erkennen und verhindern.

Doch wer sägt sich den Ast ab, auf dem er sitzt?

Der TÜV führte die baubegleitende Qualitätskontrolle nur stichprobenartig aus. Dass dabei Planung und Ausführung ausreichend überprüft wurden, ist nicht anzunehmen, denn Dauerkunden wollen keine Mängel offenbart bekommen.

Somit wurde das „Drei Affen Prinzip" angewendet und dem Dauerauftraggeber die mangelfreie Bauleistung bescheinigt.

Bei der Abnahme des Gemeinschaftseigentums durch die von der WEG beauftragten Laien erfolgte die Abnahme durch eine Begehung im „Schnellverfahren". Die WEG-Vertreter wurden abgelenkt, die Bauleistung wurde vom Dauergutachter überwiegend als mangelfrei bestätigt, nur kleine von den Baulaien erkennbare „Anstrichmängel" oder leichte Verschmutzungen wurden aufgenommen.

Wie auch immer war es dem Bauträger inzwischen gelungen, den Verwaltungsbeirat zu spalten. Die besonders kritischen Sprecher wurden ruhig gestellt. Die weiteren Untersuchungen von Bauwerksabdichtung, Wärme- und Schallschutz, Grundstücksentwässerung unterblieben. Der Gutachtervertrag wurde auf Drängen des Bauträgers durch den Verwaltungsbeirat der WEG gekündigt.

Weitere Untersuchungen mit Offenlegung verschwiegener Mängel hätten sicherlich verheerende Folgen für den Bauträger und die Planer gehabt. Das Objekt wurde mehrfach als besonders gelungen ausgezeichnet und wird noch heute als Beispiel für eine besonders gelungene Quartierbebauung auch im Internet von Bauträger und Architekten vorgestellt. Wie sollte der Bauträger handeln?

- Gewährleistung unterbrechen,
- alle Planungen und Werkverträge offenlegen,
- gemeinsam mit einem von der WEG bestellten Gutachter die gesamte Planung und Ausführung überprüfen,
- alle gravierenden Mängel wirklich beseitigen,

- alle entstandenen Kosten widerspruchslos übernehmen,
- berechtigten Schadenersatz leisten.

Doch wie handelte der Bauträger? Nach Aussage eines ehemaligen Verwaltungsbeirats wurden die notwendigen Überprüfungen auf Abnahmefähigkeit nicht durchgeführt, die Verjährung trat ein.

Bei gerichtlicher Bestätigung der Mängel wäre die Gewährleistung unterbrochen worden, durch weitere Prozesse wäre der Pfusch öffentlich bekannt geworden, zum Schaden des Bauträgers.

Die Zusammenarbeit des Bauträgers mit dem langjährigen Bauleiter wurde beendet, dessen Büro geschlossen.

Die Eigentümer haben sich nach Aussage des ehemaligen Verwaltungsbeirats über den Tisch ziehen lassen, die Kungelrunden waren für den Bauträger erfolgreich, für die Eigentümer leider nicht

Strafe muss sein, für beide.

37.3 Reihenhäuser bei Stuttgart – Totalschaden durch vorsätzliche falsche Bauwerksabdichtung und Überlastung der Obergeschossdecke

Wenige Kilometer von Stuttgart entfernt hatte ein Bauträger durchaus ansprechende Reihenhäuser in einem Neubaugebiet errichtet. Die funktionelle und optische Gestaltung hebt sich wohltuend erheblich von den sonst bundesweit üblichen 08/15 Reihenhäusern ab. Doch bei der Planung und Ausführung wurden bewusst gravierende Abweichungen von bauaufsichtlichen Festsetzungen in Bebauungsplänen, Entwässerungssatzungen, bei Lastannahmen von Solaranlagen und Herstellerverarbeitungsrichtlinien vorgenommen, die zu Totalschäden bei mehreren Häusern führen können. Wie kam es dazu?

37.3.1 Bauwerksabdichtung

Das Neubaugebiet liegt am westlichen Ortsrand einer Kleinstadt bei Stuttgart. Das Baugelände liegt unterhalb von großen hügeligen landwirtschaftlich genutzten Flächen. Das Gelände fällt zu einem ehemaligen, das Baugebiet durchfließenden Bach ab. Der Baugrund ist überwiegend wasserundurchlässig mit einzelnen wasserführenden Schichten. Insbesondere nach starken oder längeren Niederschlägen fließt Grund- und Schichtenwasser in Richtung Exbach ab. Diese Schichten liegen ca. – 30 cm bis + 50 cm über den bauaufsichtlich festgelegten Bauwerkssohlen der Gebäude. Da das Ableiten von Grund- und Schichtenwasser wasserrechtlich verboten ist, wurde bereits in den Bebauungsplänen und Entwässerungssatzungen festgelegt, dass die Untergeschosse gegen aufsteigendes und drückendes Wasser entsprechend DIN 18195-6 abzudichten sind. Der beauftragte, auch die Objekte überwachende Architekt (Bruder des Bauträgers) plante deshalb alle Untergeschosse als wasserdichte weiße Wanne in Stahlbetonmassivausführung. Die Gebäude wurden nach dem Kenntnisgabeverfahren (vereinfachtes Genehmigungsverfahren ohne Prüfung der Planungen und Ausführungen durch die Baugenehmigungs- und

37. Strafe muss sein

Bauaufsichtsbehörden) errichtet. Da der Bauträger mit Wissen der grundwasserrelevanten Festsetzungen mit seinen Kunden die Abdichtungen der Untergeschosse nur nach DIN 181954 gegen Bodenfeuchte vertraglich vereinbart hatte, wurden die als wasserdicht geforderten weißen Wannen nur für den Lastfall Bodenfeuchte geplant.

Zur Ableitung von Schichten- bzw. Grundwasser ließ er sich etwas Besonderes einfallen, nämlich ein Schal-Dränagekombielement. Das wird zur seitlichen Abschalung von Fundamenten und Bodenplatten verwendet und braucht keine besonders auffälligen Dränagegräben und dicke Filterschichten. Nach der Fertigstellung von Gründung und Bodenplatten wurde ein Mitarbeiter des Tiefbauamts gebeten, nachträglich der eingebauten Sicherheitsdränage zuzustimmen und eine Genehmigung zu erteilen, was dieser ablehnte. Erst nach Beauftragung eines Bausachverständigen, die Abnahmefähigkeit eines bereits bezogenen Gebäudes zu überprüfen, wurde durch diesen bei der Überprüfung von Bauherrenfotos und der Hausanschlussschächte die Brisanz der vorhandenen Abdichtung erkannt. Statt Mindestwanddicken von 24 cm und Bodenplattendicken von 25 cm für den Lastfall aufstauendes oder drückendes Wasser wurden die Wände 20 cm und die Bodenplatten 15 cm dick geplant und ausgeführt.

Da die Kommune für die wasserrechtlichen Belange unzuständig ist, wurde das zuständige Landratsamt eingeschaltet. Die zuständige Abteilung Wassertechnik und Naturschutz lehnt ohne Langzeitprüfung der Grundwasserabflüsse eine Genehmigung der Wasserableitung ab. Es wurde nun eine Langzeitüberwachung für ca. 2 Jahre verfügt. Dazu müssen alle Dränagen verschlossen werden, die Wasserabläufe sind regelmäßig zu prüfen und zu dokumentieren. Sollte eine nachträgliche Genehmigung versagt werden, kann das Grundwasser stellenweise bis zu 2 m ansteigen mit der Folge, dass die dünnen Bodenplatten dem Wasserdruck nicht standhalten und brechen. Auch ein Auftreiben der Häuser ist nicht ausgeschlossen, da die auf die Untergeschosse aufgesetzten Geschosse in Leichtbauweise errichtet wurden und somit die erforderlichen Auflasten fehlen. Ob nachträgliche Auftriebssicherungen bei den leichten Untergeschossen möglich sind, ist noch nicht geklärt. Im schlimmsten Fall müssen die Gebäude abgerissen und neu errichtet werden. Der Bauträger wird dann mit Sicherheit insolvent, die Dummen sind die Bauherren.

37.3.2 Obergeschossdecke

Nicht genug, alles Gute kommt von oben. In diesem Fall könnte es die Obergeschossdecke sein.

Zur Warmwassererzeugung wurden Solarkollektoren auf die Flachdächer gestellt und durch Betonplattenauflasten gegen Abheben gesichert. Der Bausachverständige hatte erhebliche Bedenken wegen durch Auflast möglicher Schäden an der Dachabdichtung. Bei der Überprüfung stellt sich Folgendes heraus:

- Bituminöse Flachdachabdichtung als Umkehrdach mit Begrünung,
- Holzbalkendecke mit äußerst geringen Balkenquerschnitten,
- Deckenschalung ohne ausreichende Tragfähigkeit der vorhandenen Kollektorauflast,
- verwendete Einzelbetonplatten ohne für die Verankerungsschrauben erforderlichen Mindestdicken,
- schraubenbelastete Betonplatten gerissen, da Mindestdicke nicht eingehalten,

37.3 Reihenhäuser bei Stuttgart – Totalschaden durch vorsätzliche falsche Bauwerksabdichtung

- erforderliche Windsoglasten nach DIN 1055-4-2005 Windlasten bei Tragwerksplanung und Ausführung nicht berücksichtigt,
- Einsturzgefahr für die Dachdecke.

Was war hier passiert?

Dem Tragwerksplaner waren nach dessen Angabe weder die Bauart der vorgesehenen Kollektoren noch die sich daraus ergebenden Lasten bekannt. Er hatte deshalb keine diesbezüglichen Lasten bei der Planung der Dachdecke berücksichtigt, sondern nur 0,4 KN/M² als Kollektorlast vorsorglich angesetzt, die in seine Berechnungen jedoch nachweislich nicht eingeflossen waren.

Der Kollektorhersteller hatte in seinen Montagerichtlinien die Auflast für 3 Kollektoren mit nur 5,25 KN angegeben.

In einer besonderen Windlasttabelle entsprechend der DIN 1055-4-2005 des Herstellers müssen die Auflasten gegen Winddruck und -sog über 14,82 KN/Seite wiegen.

Die tatsächliche Lastüberschreitung betrug 27,62 KN.

Wie kann dieses Problem gelöst werden? Durch den Austausch der Kollektoren.

Der Bauträger hat in den inzwischen vergangenen zwei Jahren zu diesem gravierenden Mangel keine Stellung bezogen.

Fazit: Haus- oder Wohnungskäufe bei leider den meisten Bauträgern erfüllen die Käufererwartungen nicht. Es treten immer wieder dieselben Mängel bei Termineinhaltung, Planungs- und Ausführungsqualitäten und schleppender Mängelbeseitigungauf.

Vor allem im Fall des zweiten Beispiels sind unter Umständen Totalschaden und Ende des Bauträgers nicht ausgeschlossen. Sollte die bereits widerrechtlich verlegte Dränage nicht nachträglich genehmigt werden, könnten Totalschäden an den Reihenhäusern auftreten, wahrscheinlich mit dem Ende des Bauträgers.

Herausgeber

Dipl.-Ing. (FH) **Michael Staudt** war von 1973 bis 2010 von der Industrie- und Handelskammer für Oberfranken Bayreuth öffentlich bestellter und vereidigter Sachverständiger für Wohn- und Siedlungsbau, landwirtschaftliche Bauten, Grundstücks- und Gebäudebewertungen, Bewertung von Mieten. Für den Bestallungsbegriff Wohn- und Siedlungsbau steht heute der Bestallungstenor „Schäden an Gebäuden". Vom Juni 2000 bis zum Juni 2007 war Michael Staudt ehrenamtlicher Präsident des BVS – Bundesverband öffentlich bestellter und vereidigter sowie qualifizierter Sachverständiger in Berlin. Nach Rückgabe des Amtes wählte ihn die Delegiertenversammlung im Juni 2007 zu ihrem Ehrenpräsidenten.  Den Deutschen Sachverständigentag (DST) hat Michael Staudt von 2000 bis 2008 als Präsident geleitet. Seit 1992 ist er Dozent beim Institut für Sachverständigenwesen IfS in Köln, vorwiegend bei der Sachverständigen-Nachwuchsausbildung, tätig. Seit 2000 lehrt er im Rahmen feststehender Zyklen zur Ausbildung von Bausachverständigen beim IFbau der Architektenkammer Baden-Württemberg in Stuttgart. Ferner hält er zahlreiche Fachvorträge und Seminare bei diversen Berufsverbänden. Mit zahlreichen Fachbeiträgen in Zeitschriften, Verbandsorganen und Fachbroschüren hat sich der Herausgeber einen Namen gemacht, u.a. ist er seit Herausgabe der Zeitschrift „Der Bausachverständige" Mitglied des Beirates. Sieben Jahre lang war er der Herausgeber der Verbandszeitschrift des BVS „DER SACHVERSTÄNDIGE". Er war der ursprüngliche Ideengeber für dieses Handbuch, das nunmehr in 3. Auflage erscheint.

Richter am Oberlandesgericht Dr. iur. Mark Seibel ist seit Dezember 2010 (noch bis Dezember 2013) als wissenschaftlicher Mitarbeiter im u.a. für das Bau- und Architektenrecht zuständigen VII. Zivilsenat des Bundesgerichtshofs in Karlsruhe tätig. Nach Abschluss des ersten juristischen Staatsexamens arbeitete er einige Jahre als Dozent für ein juristisches Repetitorium. Währenddessen promovierte er im Bereich des Technikrechts (Titel: Der Stand der Technik im Umweltrecht, Veröffentlichung: Hamburg 2003, Verlag Dr. Kovač). Unmittelbar nach Abschluss des zweiten juristischen Staatsexamens trat er Anfang 2005 in den richterlichen Dienst beim Landgericht Münster ein. 2008 erfolgte die Ernennung zum Richter am Amtsgericht, 2009 die Versetzung zum Richter am Landgericht – jeweils in seinem Heimatort Siegen – und 2013 die Ernennung zum Richter am  Oberlandesgericht Hamm. Im Technik- sowie (öffentlichen und privaten) Baurecht ist er durch zahlreiche Buchveröffentlichungen, Aufsätze in Zeitschriften (u.a. in: BauR, BauSV, BrBp, DRiZ, IBR, IMR, NJW, Rpfleger, VersR, ZfBR), Vorträge und Seminarveranstaltungen bekannt. Zudem ist er ständiger Mitarbeiter der Zeitschriften „IBR Immobilien- & Baurecht", „ZfBR – Zeitschrift für deutsches und internationales Bau- und Vergaberecht" und „Der Bausachverständige" (dort auch Mitglied des Beirates) sowie Autor bzw. (Mit-)Herausgeber u.a. folgender Werke: Seibel, Baumängel und anerkannte Regeln der Technik

Herausgeber

(1. Aufl. 2009); Seibel, ibr-online-Kommentar Selbständiges Beweisverfahren (online seit 15.04.2010, fortlaufend aktualisiert); Siebert/Eichberger, AnwaltFormulare Bau- und Architektenrecht, dort: § 11 Zwangsvollstreckung (1. Aufl. 2010); Seibel/Zöller (vormals: Staudt/Seibel), Baurechtliche und -technische Themensammlung (Heftsammlung, fortlaufend erweitert, Grundwerk: 2011); Seibel u.a., Zwangsvollstreckungsrecht aktuell (2. Aufl. 2013); Seibel, Selbständiges Beweisverfahren – Kommentar zu §§ 485 bis 494a ZPO unter besonderer Berücksichtigung des privaten Baurechts (1. Aufl. 2013).

Autoren

Dipl.-Ing. **Dieter Ansorge** ist freier Architekt und Bauingenieur. Nach einer Ausbildung zum Stahlbetonbauer absolvierte er ein Studium im Bereich Bauingenieurwesen, 1973 legte er ein externes Examen in der Fachrichtung Architektur ab. Seit 1970 hat Dieter Ansorge eigenes Büro für Architektur und Bauingenieurwesen, seit 1976 arbeitet er als freier Sachverständiger, vielfach in den Bereichen Sicherung und Erneuerung von historischen Bauten und Schäden an Gebäuden. Er ist Referent bei diversen Seminaranbietern und Bildungseinrichtungen. Dieter Ansorge (Mitglied BDB, LVS, AKBSV, WTA) ist Autor von Fachveröffentlichungen in diversen Fachzeitschriften sowie Autor der Fachbuchreihe „Pfusch am Bau".

Dipl.-Ing. **Arno Bidmon** (Jahrgang 1958), absolvierte von 1980 – 1985 ein Studium an der Technischen Universität Dresden, Fachrichtung Konstruktiver Ingenieurbau, war 1985 – 1990 Mitarbeiter (Projektingenieur) Projektierung Statik und Konstruktion bei IPRO Dresden Architekten- und Ingenieurgesellschaft mbH (früher VEB BMK Kohle und Energie Kombinatsbetrieb Forschung und Projektierung Dresden) und hat seit 1991 die Zulassung als privater Ingenieur. Seit 1996 ist er Bauvorlageberechtiger Ingenieur. Im Planungsbüro Wapenhans und Richter in Dresden ist er seit 1991 Mitarbeiter. Seit 2000 ist Arno Bidmon öffentlich bestellter und vereidigter Sachverständiger für Mauerwerksbau und Stahlbetonhochbau der IHK Dresden und seit 2008 Sachverständiger für Schäden an Gebäuden (EIPOS).

Dr. Peter Bleutge, 76 Jahre alt, ist Rechtsanwalt und verantwortlicher Redakteur der Zeitschrift „IfS-Informationen". Gleichzeitig ist er Verfasser und Mitautor zahlreicher Veröffentlichungen zum Sachverständigenrecht. Seit Gründung des Instituts für Sachverständigenwesen – IfS im Jahre 1974 führt Dr. Peter Bleutge zusammen mit Richtern Seminare für die juristische Aus- und Fortbildung von öffentlich bestellten Sachverständigen durch. Nach dem Studium der Rechtswissenschaften, Referendarausbildung und zweijähriger Tätigkeit als Referent der IHK in Frankfurt/Main war Dr. Peter Bleutge drei Jahre Assistent der juristischen Fakultät der Universität Bochum. Anschließend war er bis zu seinem altersbedingten Ausscheiden 31 Jahre Leiter des Referats Zivilrecht, Handelsvertreterrecht, Produkthaftung, Sachverständigenrecht, Versteigerungsrecht und Strafrecht im Deutschen Industrie- und Handelskammertag (DIHK) in Bonn.

Prof. Dr. Antje Boldt ist seit 1994 als Rechtsanwältin in Frankfurt zugelassen und Partnerin in der Kanzlei SIBETH Partnerschaft Rechtsanwälte Steuerberater. Sie berät Bauunternehmen ebenso wie Investoren und vertritt diese in gerichtlichen und schiedsgerichtlichen Verfahren. Ein besonderer Schwerpunkt liegt in dem Bereich der baubegleitenden Beratung von Krankenhäusern und Alten- und Pflegeheimen. Ihre Tätigkeit erstreckt sich ferner auf das Vergaberecht insbesondere im Gesundheitswesen. Prof. Dr. Antje Boldt ist neben zahlreichen Veröffentlichungen in Fachzeitschriften Autorin der Bücher „Vorläufige baubegleitende Streitentscheidung – Dispute Adjudication Boards in Deutschland" sowie Mitautorin des Kommentars „Privates Baurecht" von Messerschmidt/Voit. Sie hat einen Lehrauftrag an der Hochschule Fresenius in Idstein. Seit einigen Jahren ist Prof. Dr. Antje Boldt auch als Schiedsrichterin nach der Schiedsgerichtsordnung für Baustreitigkeiten (SGOBau) und nach der Schiedsgerichtsordnung der Deutschen Institution für Schiedsgerichtsbarkeit (DIS) tätig. Sie ist Mitglied des DAV und der ARGE Baurecht, des Deutschen Baugerichtstages e.V. sowie Mitglied im Verein zur Förderung von Forschung und Lehre im privaten Baurecht an der Philipps-Universität in Marburg e.V.

Autoren

Christian Fichtl studierte Architektur an der Fachhochschule Würzburg, war 1996 bis 2006 Mitarbeiter (Projektleiter) in einem Architekturbüro in Kulmbach und wurde 2005 Sachverständiger für Schäden an Gebäuden und Gebäudeinstandsetzung (TÜV). Seit 2006 ist er von der Industrie- und Handelskammer Oberfranken Bayreuth öffentlich bestellt und vereidigt für den Bereich Schäden an Gebäuden und leitet das Architektur- und Sachverständigenbüro Fichtl in Neuenmarkt.

Rechtsanwalt **Benjamin Gartz** ist Fachanwalt für Bau- und Architektenrecht und Partner der auf Immobilien- und Baurecht spezialisierten Kanzlei Wagensonner Rechtsanwälte Partnerschaft (München/Berlin) in München. Benjamin Gartz berät und vertritt Mandanten aus dem In- und Ausland in allen bau- und architektenrechtlichen Angelegenheiten. Ein Schwerpunkt liegt dabei in der vorbereitenden und baubegleitenden Rechtsberatung zu Bauprojekten jeder Art. Daneben vertritt Benjamin Gartz in komplexen baurechtlichen Gerichts- und Beweisverfahren. Benjamin Gartz ist Mitglied der Deutschen Gesellschaft für Baurecht und veröffentlicht regelmäßig Beiträge in Fachzeitschriften.

Professor Dr. Gerd Motzke war von 1997 – 2006 Vorsitzender Richter am Oberlandesgericht München (Bausenat in Augsburg). Seit 2006 ist er im Ruhestand und seit 2010 als Rechtsanwalt zugelassen. Professor Dr. Gerd Motzke ist Honorarprofessor für Zivilrecht und Zivilverfahrensrecht an der Juristischen Fakultät der Universität Augsburg, Mitherausgeber der Neuen Zeitschrift für Baurecht und Vergaberecht (NZBau) sowie Mitglied des Beirats der Zeitschrift Der Bausachverständige und beratendes Mitglied des Deutschen Beton- und Bautechnik-Vereins e.V. Im Bereich des Privaten Baurechts und des Architektenrechts ist er durch verschiedene Veröffentlichungen ausgewiesen. Professor Dr. Gerd Motzke entfaltet Tätigkeiten als Schiedsrichter und Schlichter und ist in der Ausbildung und Fortbildung von Sachverständigen und Fachanwälten für Bau- und Architektenrecht engagiert.

Dipl.-Ing. **Jens Richter** (Jahrgang 1952) war nach dem Studium (1970 – 1974) des Bauingenieurwesens an der Technischen Universität Dresden bis 1990 angestellter Ingenieur in der Tragwerksplanung, Bereich F + E im BMK Kohle und Energie, zuletzt als Abteilungsleiter. Seit 1991 ist er freiberuflich als geschäftsführender Partner der GbR Wapenhans und Richter und seit 2006 als Geschäftsführer der GbR Wapenhans und Richter, Tragwerksplanung und Gutachten tätig. Prüfingenieur für Baustatik/ Massivbau ist er seit dem Jahr 2001, seit 2008 Partner im Ingenieurbüro Heidensohn – Richter – Kempe.

Rechtsanwalt **Axel Rickert** war nach dem Studium der Rechtswissenschaften in Berlin und dem Referendariat beim Kammergericht sechs Jahre Justiziar der Industrie- und Handelskammer Frankfurt (Oder) und dabei u.a. für die öffentliche Bestellung der Sachverständigen sowie die Schiedsgerichtsordnung der IHK Frankfurt (Oder) verantwortlich. Gleichzeitig war er von 2002 bis 2006 Handelsrichter am Landgericht Frankfurt (Oder). Seit 2003 leitet er das Referat Kammerrecht, Sachverständigenwesen beim Deutschen Industrie- und Handelskammertag e. V. (DIHK) in Berlin. Er ist Vorstandsmitglied im Institut für Sachverständigenwesen e. V. (IfS) sowie Mitglied des Beirats der Zeitschrift Der Bausachverständige.

Dipl.-Ing. (FH) **Stephan Schwarzmann** ist seit 2000 selbständiger Architekt. Durch den Bau von Passiv- und sog. 3-Liter-Häusern erfolgte eine intensive Auseinandersetzung mit dem Thema Energiesparen im Bauwesen. Seit 2007 ist er durch den TÜV Süd geprüfter Vor-Ort-Energieberater. 2008 erhielt er die Zertifizierung als Sachverständiger für Schäden an Gebäuden und Gebäude-Instandsetzung (TÜV).

Dipl.-Ing. (FH) Architekt **Werner Seifert** ist seit 1998 öffentlich bestellter und vereidigter Sachverständiger für Architekten- und Ingenieurhonorare. Er ist u. a. Mitautor des HOAI-Kommentars Korbion/Mantscheff/Vygen, Autor des HOAI-Tabellenbuches und des Buches „Baukostenplanung". Ferner ist er Mitherausgeber und ständiger Mitarbeiter der Zeitschrift „IBR – Immobilien- und Baurecht", Mitarbeiter der Zeitschrift Baurecht (BauR) sowie Autor zahlreicher Fachveröffentlichungen. Er leitet den Bundesfachbereich Architekten- und Ingenieurhonorare des BVS – Bundesverband öffentlich bestellter und vereidigter sowie qualifizierter Sachverständiger und Mitglied des Fachausschusses „Architektenhonorare" der IHK Stuttgart. Mit Prof. Jürgen Ulrich leitet er mehrfach den Arbeitskreis Sachverständigenwesen beim Deutschen Baugerichtstag. Er ist Lehrbeauftragter an der Hochschule für Technik in Stuttgart, Mitglied und Leiter verschiedener Fachgremien und Ausschüsse sowie Referent für verschiedene Architekten- und Ingenieurkammern, Verbände und private Seminaranbieter.

Dr. iur. Rolf Theißen ist Rechtsanwalt und Notar in Berlin sowie Fachanwalt für Bau- und Architektenrecht. Darüber hinaus ist er Lehrbeauftragter für Bau- und Vergaberecht an der Hochschule für Technik Berlin und zugleich Vorsitzender des Fachanwaltsausschusses für Bau- und Architektenrecht der Rechtsanwaltskammer des Landes Berlin. Der Autor ist seit vielen Jahren in den Bereichen des Immobilien-, Architekten- und Baurechts tätig. Als Sozius der Kanzlei TSP Theißen Stollhoff & Partner vertritt er u. a. Gebietskörperschaften, Stadtwerke, Verkehrsunternehmen, Bauträger sowie institutionelle Investoren. Dr. Rolf Theißen ist Verfasser zahlreicher Beiträge zum Bau-, Immobilien- und Architektenrecht.

Dipl.-Ing. **Helge-Lorenz Ubbelohde** absolvierte bis 1987 ein Studium an der RWTH Aachen, Fachbereich Allgemeiner Ingenieurbau, bevor er anschließend bis 1989 Mitarbeiter in einem namhaften Ingenieurbüro in Berlin (Schwerpunkte: Bauphysikalische Beratungen Fassadentechnik) wurde. Es folgte die Qualifikation zum technischen Betriebsleiter für das Beton- und Stahlbetonhandwerk sowie die Gründung einer eigenen Ingenieurgesellschaft. Darüber hinaus war Helge-Lorenz Ubbelohde von 1995 – 1998 Lehrbeauftragter an der Fachhochschule Dessau. Seit 2004 ist er Vizepräsident des Bundesverbandes der öffentlich bestellten und vereidigten Sachverständigen (BVS), Fachbereichsleiter Bau. Außerdem ist er seit 2002 Beiratsvorsitzender der Gesellschaft für technische Überwachung für den Bereich baubegleitende Qualitätsüberwachung.

Dr. Mark von Wietersheim wurde nach dem Studium der Rechtswissenschaften in Freiburg, Edinburgh und München 1996 als Rechtsanwalt zugelassen. Von 1996 bis 2000 war Dr. Mark von Wietersheim in Berlin als Rechtsanwalt bei Luther & Partner und von 2000 bis 2009 als Syndikusanwalt bei der Deutsche Bahn AG tätig. Seit Januar 2009 ist Dr. Mark von Wietersheim Geschäftsführer des forum vergabe e.V. und daneben als freier Rechtsanwalt tätig. Dr. Mark von Wietersheim hat bereits zahlreiche Bauvorhaben im Bereich des Vergaberechts und des Privaten Baurechts betreut. In einer Vielzahl von Artikeln, Vorträgen und Büchern hat er diese Themen für die Praxis aufgearbeitet.

Dr.-Ing. habil. Stefan Wirth ist seit Jahren von der IHK Karlsruhe für Heizungs-, Lüftungs-, Klima- und Sanitärtechnik öffentlich bestellt und vereidigt, **Oliver Wirth** ist amtlich anerkannter Sachverständiger für Prüfungen nach § 22 VAwS und freier Sachverständiger für Sanitärtechnik. Zudem hat Dr.-Ing. habil. Stefan Wirth 1997 die amtliche Anerkennung für Prüfungen an Lüftungsanlagen und CO-Warnanlagen durch das Innenministerium Baden-Württemberg erworben. Als Partner betreiben sie ein in Deutschland überregional tätiges Sachverständigenbüro und decken neben ihren eigenen Fachgebieten durch feste Kooperationen mit anderen Sachverständigen den gesamten

Autoren

Bereich der technischen Gebäudeausrüstung ab. Neben ihrer hauptberuflichen Tätigkeit sind sie durch zahlreiche Veröffentlichungen hervorgetreten. Dr.-Ing. habil. Stefan Wirth gibt seine Erfahrungen darüber hinaus als Lehrbeauftragter an der Hochschule Karlsruhe bzw. Privatdozent an der Universität Dortmund weiter.

Stichwortverzeichnis

Numerics
1. Ölkrise 431
1. Sachmangelvariante 199
2. Deutscher Baugerichtstag 129, 137
   Empfehlungen des Arbeitskreises VI 138
2. Sachmangelvariante 199
3. Sachmangelvariante 199
3-Stufen-Theorie 203
4. Sachmangelvariante 200

A
Abdichtung
   unzureichende 216
Abdichtungssystem 228
Abnahmefähigkeit 225
Abrechung
   Zeitaufwand 509
Abschlagszahlungen 511
Abwasserinstallationsanlage 372
Abwassertechnik
   Mängel 376
Adjudikation 469
   Honorar 544
Adjudikations-Verfahren
   gesamtschuldnerische Haftung 545
   Wesen 470
Adjudikator 469
   Neutralität 472
   Nominating Bodies 470
AGB 558, 565
Allgemein anerkannte Regeln der Baukunst 58
Allgemein anerkannte Regeln der Technik 58
   Baumangelbeurteilung 197
   Begriff 59
   Inhalt 202
   Prüfung der Aktualität 60
Allgemeine wissenschaftliche Anerkennung 58
Alternativgutachten 51
Anerkannte Regeln der Technik 180
Anrechenbare Kosten 532
   vorhandene Bausubstanz 533
Anscheinsbeweis
   Ausschluss 262
   bezüglich des Auftragsumfangs 262
   im Sachmangelbereich 261
Anscheinsbeweisregeln 250
Arbeitshilfen 341

Arbeitsschutz
   duales System 419
   Überwachung 420
Arbeitsschutzgesetz 419
Arbeitssicherheitsgesetz 419
Arbeitsstättenverordnung 419, 422
Aufgabenbeschreibung 520
Aufrechnung 302
Aufspaltungstheorie 531
Auftragstheorie 531
Auftragsumfang
   Dokumentation 355
Aufwand
   unangemessener 510
Aufwandskalkulation 520
Aufwendungsersatz 483
Aufwendungspauschale 492
Augenscheinnahme 95
Augenscheintermin 95
Ausgleich zwischen den Parteien 452
Auslagen 545
Auslagenersatz 483
Auslagenpauschale 492
Ausschreibung
   funktionale 166
Außergerichtliche Streitbeilegung 540
Außergerichtlicher Vergleich
   Mediationsergebnis 465

B
Badewannenkurve 393
Bahnreisen 548
Bauablauf
   Feststellung von Teilleistungen 350
Bauabnahme 223
   Grundlagen zur Durchführung 225
Bauabwicklung 322
Bauausführung
   Überwachung 234
Baubegleitende Qualitätsüberwachung 333
   Projekthandbuch 338
   Verfahren 337
   Vertrag 337
   Ziele 335
Baubeschreibung
   Kontrolle 339
Baucontrolling 530
Baudenkmal
   Begutachtung 413

Stichwortverzeichnis

Bauherrenverantwortung 323
Bauleistung 158
   Beurteilung der Mangelhaftigkeit 198
   gewöhnliche Verwendung 200
   Mindeststandard 201
Bauliche Anlage 158
Baumangel 215, 219
   Beispiele 216
Baumangelbeurteilung
   allgemein anerkannten Regeln der Technik 197
Bauphysik 530
Bauprozess
   privater, Beweislaständerung 206
Bausachverständiger
   Haftung 581
   Überprüfung 603
Bauschaden 216, 219, 329
   Beispiele 216
   Beurteilung 87
Bauschadensbericht 322
Baustellenverordnung 419
Baustoffe
   nicht miteinander harmonisierende 217
   Untersuchungen 91
Bauteil
   Untersuchungen 91
Bauteilöffnung
   außergericht beauftragter Sachverständiger 118
   Bauteilöffnungsgutachten 114
   Beteiligung Dritter 116
   Durchführung durch die Parteien, Rechtsprechung 112
   für Probeentnahmen 110
   gerichtlich bestellter Sachverständiger 109
   Haftung des außergerichtlich beauftragten Sachverständigen 118
   Haftung des gerichtlich bestellten Sachverständigen 117
   Hinweise des Sachverständigen 115
   keine ausdrückliche Anordnung des Gerichts 113
   Kostenerstattung 116
   Rechtsmittel der Parteien 115
   Risikohinweise 114
   Vornahme durch den Sachverständigen, Rechtsprechung 111
   Weigerung des Sachverständigen 116
   Weisung des Gerichts 110
   Wiederherstellung 113
Bauteilüberprüfung 604
Bauvertrag 298
Bauvertragsrecht 146
Bauwerk 158
   Verjährung 281
Bauwerksabwicklung
   Tätigkeitsbereiche des Sachverständigen 350
Bauzeit
   Überschreitung 314
Befangenheit
   absolute und relative Ablehnungsgründe 592
   Begriff 590
Befangenheitsablehnung 590
Befangenheitsantrag 590
Beibringungsgrundsatz 244
Bereicherung
   ungerechtfertigte 507
Berufsausübung
   freie 21
Berufsgenossenschaft 419
   Unfallverhütungsvorschriften 425
Berufshaftpflichtversicherung 570
Beschwerde 489
Besondere Leistungen 507, 538
   hinzutretende 539
   isolierte 540
Besorgnis
   Begriff 590
Bestandsaufnahme 540
Bestandserkundung 402
Bestreiten 251
   beachtliches 252
   bloßes 246
Bestreiten mit Nichtwissen 252
Betriebssicherheitsverordnung 422, 424
Beweisantritt 258
Beweisbeschluss 126
   Anforderungen 139
   mit Rechtsfragen 80
Beweiserhebung
   Gericht als 139
Beweislast 243, 245, 564
   bei Vertragsstrafe 264
   für fehlendes Verschulden 263
   für Mängel nach der rechtsgeschäftlichen Abnahme 263
   Umkehr 263
   Verteilung 255
Beweislastregel 258
Beweislastumkehr
   durch die Rechtsprechung 264
Beweislastverteilung 245
Beweislosigkeit 256
Beweisnotstand 264

Beweissicherung 599
   Festhalten von Momentaufnahmen 121
   kurzfristige 122
   Umfang 123
   visuelle Darstellung 121
   Zweck 121
Beweisvereitelung 264
Beweisverfahren 604
   selbständiges 126
Bewertungsauftrag 86
Bewertungsmerkmale 534
Bezugsfertigkeit 225
BGB-Bauvertrag 185
BGB-Gesellschaft 576
BGB-Werkvertrag 198
BG-Informationen 426
BG-Regeln 426
BG-Vorschriften 425
billiges Ermessen 506, 510
Blowerdoortest 334
Brandabschottung 224
Brandschutzgutachten 540
Brandschutzkonzept 540
Bruttovereinbarungen 513

C
Chemikaliengesetz 419

D
Dachabdichtungsbahn 606
Dachabdichtungsbeschichtung 228
Dachbegrünung 607
Dachentwässerung 604
Dachkonstruktion
   nicht abgestimmte 217
DAfStB-Richtlinie 162
DAKKS 26
Dampfsperre 224
   Ausführung 236
Darlegungslast 243, 244
   sekundäre 254
Deckenauflager 408
Denkmallisten 413
Denkmalpflege 414
Denkmalschutz 413
Deutsche Akkreditierungsstelle 26
Dienstvertrag 150
Dienstvertragsrecht 505
Differenzvergütungsvereinbarungen 521
DIN-Gläubigkeit 59, 197, 205
DIN-Normen 57, 197, 227
   Alter 204

   keine Rechtsnormen 204
   Prüfung 206
   Vermutungswirkung 206
Dispute Adjudication 469
Dispute Adjudication Board 469, 473
Dokumentation 353
   baulicher Zustände 349
   des Auftragsumfangs 355
Dokumentationspflichten
   des Sachverständigen 350
Dritthaftung 553
Druckprüfungsprotokoll 239
Dynamikorientierung der Technik 60

E
Eigenschaften
   zugesicherte 167
Eigenüberwachung 334
Einheitstheorie 531
Einwendungen 252
Einwirkungen 386
Einzelschiedsrichter 461
Elektroinstallationen 373
Endenergiebedarf 433
Energieausweis 434
   Ausstellung 442
Energieeffizienz
   Verbesserung 444
Energieeinsparverordnung 364, 433
Energieeinsparverordnung 2009 437
Energieverbrauch
   verringern 432
EnEV
   Anforderungen an Gebäude 438
   Anwendungsbereich 437
   Begriffsbestimmung 438
EnEV 2007 434
EnEV 2009 434
Erdbewegungsarbeiten 271
Erdwärmeaustauscher 367
Erfüllungsgehilfen 557
Ergänzungsgutachten 51
   schriftliches 130, 139, 141
Ergänzungsgutachtenauftrag 139
Ermessen
   billiges 510
Erneuerbare-Energien-Wärmegesetz 435
ETB 204
Eurocodes 391
EU-Verbrauchsgüterkaufrechtsrichtlinie 148

F

Fachplaner 323
Fahrlässigkeit
  leichte 563
Fahrtkosten 546, 547
Faltwerk 390
Farbabweichungen 216
Fehler
  als Doppeltatbestand 169
  objektive und subjektive Komponente 167
Fehlerquelle 394
Festpreisvereinbarung 519
Finite-Elemente-Methode (FEM) 398
Flachdachrichtlinien 204
Fotoausrüstung 97
Fotodokumentation 90
Fotokopien 486
Freizeichnung
  von der Vorbehaltsnotwendigkeit 315
Fremdüberwachung 334

G

Gasinstallationsanlage 373
Gebäude
  Nachrüsten 440
Gebäudeleittechnik 375
Gebäudemodelle 397
Gebäudetechnik
  Prüfung der Anlagen durch einen Bausachverständ 375
Gebrauchstauglichkeit 401
Gegenbeweis 256
Gemeinschaftsgutachten 51, 555
Generalübernehmerobjekte 328
Geotechnik 530
Geräte- und Produktsicherheitsgesetz 421
Gerätschaften 98
Gerichtsauftrag
  Haftung 571
Gerichtsgutachten
  Aufbau 41
  Fehlerquellen 43
  Gliederung 42
Gerichtsgutachter 556
Gerichtsverfahren
  faires 132
Gerüstbauer 271
Gesamtverband der Deutschen Versicherungswirtschaft e.V. 583
Geschäftgrundlage
  Störung 521
Geschäftsführung ohne Auftrag 507

Gewährleistung 554, 604
Gewährleistung rechtlichen Gehörs 132
Gewerkeüblichkeiten 163
Gleichgewicht 399
GmbH 570, 577
Grobe Fahrlässigkeit 562
Grundleistungen 507, 529
Gutachten 23, 53, 221, 555
  äußere Form 45
  Formulierung 595
  Nachvollziehbarkeit 53
  rechtliche Ergänzungsfragen 80
  typische Fehlerquellen 54
  unrichtiges 573
  Vergütung 46
  Versand/Überbringung 45
  Verständlichkeit 53
  Verwendung 569
  Vorspann 53
Gutachtenerläuterung
  Frage- und Einwendungsrecht der Parteien 136
  mündliche 130, 133
  mündliche, vor Gericht 140
Gutachtenerstattung
  aktuelle technische Entwicklungen 63
  Pflichtenkatalog 593
Gutachtenfehler
  typische 560
Gutachtertätigkeit
  private 47
GUV-Informationen 428
GUV-Regeln 428

H

Haftpflichtversicherung 581
Haftung 581
  des Schiedsgutachters 458
  des Schiedsrichters 462
Haftungsausschluss 564
Haftungsbeschränkung 567
Haftungsminderung 564
Haftungsrisiko 582
Hauptbeweis 255
Heizkessel 442
Heizungssystem
  Abnahme 239
Heizungstechnik 361
  Mängel 378
Hilfskräfte 557
HOAI 507
  Anwendung 507

Besondere Leistungen 538
Geltungsbereich 508
Grundleistungen 529
Leistungsbilder 529
Pauschalhonorarvereinbarung 520
Stundensätze 508
Umsatzsteuer 513
Höhenanbindungen
   fehlerhafte 216
Höhenausbildung
   unzureichende 217
Honorar 477, 512, 517, 518, 522
   Adjudikation 544
   anrechenbare Kosten 532
   außergerichtliche Sachverständigenleistungen 503
   außergerichtliche Streitbeilegung 540
   baubegleitende Qualitätssicherung 530
   Baucontrolling 530
   Beaufsichtigung von Sanierungsarbeiten 530
   berechnungsfähige Arbeitszeit 478
   besondere Leistungen 538
   Bestandsaufnahme 540
   Brandschutzgutachten 540
   Brandschutzkonzepte 540
   Ersatz für besondere Aufwendungen 483
   Fahrtkosten 485
   Grundleistungen 529
   Hilfskräfte 484
   Höchstsatzüberschreitung 530
   Honorarzone 533
   Leistungsphasen 535
   Leistungsumfang 535
   Lichtbilder 484
   Mediator 544
   mehrere Aufträge 479
   Mindestsatzunterschreitung 530
   nicht berechnungsfähige Arbeitszeiten 478
   Planungsanforderungen 533
   private Gutachtenerstattung 505
   Punktebewertung 534
   Sanierungskonzept 530
   Schiedsgutachten 541
   Schiedsrichter 543
   Schlichter 544
   SiGeKo 540
   Stoffe 483
   Vomhundertsätze 535
   Werkzeuge 483
   Wertermittlungen 522
Honorarabsprache 506, 511
Honorarberechnungsgrundlagen
   Grundleistungen 532

Honorarforderungen
   Sicherung 511
Honorargruppen 479
Honorarkürzung 510
Honorarstufen
   Sachverständiger 491
Honorartafel 535
Honorarvereinbarung 259, 506
   Beschränkungen 507
   freie 507, 512
Honorarzone 533
   Umbauten und Modernisierungen 535

I

IfS 40
Individualvereinbarung 558, 565
Insolvenz
   Eröffnungsantrag 289
   Eröffnungsbeschluss 290
   Eröffnungsgrund 289
   Sicherungsmaßnahmen 290
Insolvenzeröffnung
   nach Abnahme der Bauleistung 303
Insolvenzfähigkeit 288
Insolvenzgefahr
   beim Auftraggeber 294
   beim Auftragnehmer 292
Insolvenzrisiken 511
Insolvenzschuldner 295
Insolvenzverfahren
   Anrechnung 307
   Aufrechnung 307
   Eröffnung 288
   Eröffnungsantrag 291
   Eröffnungsbeschluss 295
   Mängel an bisher erbrachter Leistung 302
   nach Geltendmachung der Mängelansprüche 303
   Verrechnung 307
   Zulässigkeit 288
Insolvenzverwalter
   Entscheidungsmöglichkeiten 299
   vorläufiger 291, 292
Instandsetzung 271
Institut für Sachverständigenwesen 40
Investoren
   Planungsfehler 323

J

Jahres-Primärenergiebedarf 433, 439
Justizvergütungs- und -entschädigungsgesetz
   Änderung 491

Stichwortverzeichnis

JVEG
  Abrechnung nach altem und neuem Recht 494
  Novelle 491
  Orientierungsmaßstab 509

K
Kalkulation
  Aufwand 520
Kaufrecht 150
Kaufvertrag 150
Klimaanlage 441
Klimatechnik 366
Klimatisierung 366
KMB 162
Kompetenzanmaßungen 80
Kompetenz-Kompetenz 458, 460
Konstruktionsbereich
  verdeckter, Abnahme 226
Kostenanschlag 166, 514
Kostenerstattungsanspruch 189
Kostenverteilung 541
Kostenvorschussanspruch 188
Kühltechnik 442
Kündigungsrecht
  wegen Kostenüberschreitung 514

L
Ladung des Sachverständigen zur mündlichen Gutachtenerläuterung 136, 140
Ladung zur mündlichen Gutachtenerläuterung
  vor Gericht
  Voraussetzungen 133
Lastschriftverfahren 512
Lastumlagerung 411
Leistung
  mangelhafte 269
  nach Probe und Muster 183
Leistungen
  HOAI 508
Leistungen außerhalb der HOAI 540
Leistungsbeschreibung 520
Leistungsbilder der HOAI 507, 529
Leistungsphasen 535
Leistungsumfang 535
Lineare Interpolation 535
Lokaltermin 95
Luftschallschutz 168
Lüftungsanlagen 433
Lüftungstechnik 366

M
Mangelbegriff
  subjektiver 171
Mängelbeseitigung
  Verweigerung 187
Mängelbeseitigungsarbeiten
  Abnahme 284
Mängelbeseitigungskosten 186
Mangelhaftigkeit einer Bauleistung
  Beweisfragen 140
Mängelrüge 186
Maßabweichungen
  kleine 216
Materialverwechslungen 216
Mauerwerksbau 411
Mecopropauswaschung 607
Mediation 352, 462, 469
  Ablauf des Verfahrens 465
  Beteiligte des Verfahrens 463
  Ergebnis des Verfahrens 465
  Freiwilligkeit 464
  Vertraulichkeit 464
  Ziel 464
Mediationsgesetz 462
Mediationsverfahren 352, 463
  Ablauf des Verfahrens 465
  Beendigung 464
  Grundsätze 463
Mediator 352, 453
  Anforderungen 466
  Ausbildung 466
  Honorar 544
  Rechtsberatung 467
  Tätigkeit 466
  Unabhängigkeit/Allparteilichkeit 463
Mehrwertsteuer 513
Messgeräte 99
  Einsatz 107
Messmethoden
  aufwändige 107
Messungen
  Durchführung 90
Mietobjekt
  Feuchtigkeit 219
  Schimmel 219
Mietstreitigkeiten 219, 222
Minderung 278, 304, 309
  Vollzug 190
Minderungsvoraussetzungen
  nach BGB 190
Mindestwärmeschutz 439

Modellbildung 412
Modernisierung 271

N
Nacherfüllungsanspruch 186
Nachnahme 512
Nebenkosten 512, 517, 518, 522, 545
 außerhalb der HOAI 546
 Bahnreisen 548
 Fahrtkosten 546, 547
 nach der HOAI 545
 Umsatzsteuer 548
Nebenkostenpauschale
 außerhalb der HOAI 547
 nach der HOAI 546
Nebenpflichten
 Verletzung 270
Nettovereinbarung 513
Niederspannungs-Elektroinstallationen 374
Nutzung von Kernenergie 431
Nutzwertanalyse 190

O
Obergutachten 51
Objekt
 zu begutachtendes, Begehung 88
Objekt-Haftpflichtversicherung 584
Objektliste 533
Objektsbesichtigung 564
Objektüberwachung 150, 608
Objektüberwachungsleistungen 153
Ortsbesichtigung 564, 594
Ortstermin 103
 Anhörungstermin 92
 Aufzeichnungen 89
 Beendigung 91
 Durchführung 85, 357
 Ladung 84
 Verhandlungstermin 92
 Vorbereitung 84

P
Partnerschaftsgesellschaft 577
Passivhaus 361
Pauschalhonorar 519
Pauschalpreis 519
Persönliche Schutzausrüstungen-Benutzungs-
 verordnung 423
Pflichtverletzung 510
Planerleistungen 153
Planungsanforderungen 533

Planungsleistungen 158
 atypische 165
Porto 486
Pressfitting 240
Privatgutachter 556
 Haftung 50
 Pflichten 49
 Rechte 49
Probeentnahme 100, 357
 Wiederherstellung 111
Proben
 zwingende Zerstörung 110
Produktsicherheitsgesetz 419
Prozessverschleppung 133
Prüfpflichten 392
Prüfungs- und Überwachungsaufgaben 23
Punktebewertung 534

Q
Qualität
 energetische 441
Qualitätskontrolle
 baubegleitende 351, 608
Qualitätsmanagement 323
Qualitätssicherung 334
Qualitätsüberwachungsmaßnahmen
 baubegleitende 224

R
Radieschenhaus 410
Ratschläge 23
Raumheizeinrichtung 363
Raumlufttechnik 442
Rechtsberatung 153
 Grenzen für den Mediator 467
 Grenzen für den Schiedsrichter 461
 Grenzen für den Streitschlichter 468
Rechtsdienstleistung
 Grenzen für den Schiedsgutachter 455
Rechtsmängel 157
Regel
 mündlich überlieferte technische 207
Regeln der Baukunst 213
Regeln der Technik 444
Reisezeit 514
Risse 393
Robustheit 402
Rücktritt 269

S
Sachgebiete
 Stundensätze 515, 518, 519

Stichwortverzeichnis

Sachkunde
  technische 58
Sachmangel
  nach der VOB/B 182
Sachmangelfreiheit 157
Sachmängelhaftung 157
Sachmängelhaftungsansprüche
  Verjährung 195
Sachmangelkriterien 199
Sachmängelrechte
  Beweislastregeln 259
Sachverständigenauftrag
  als Werkauftrag 352
Sachverständigenbeweis 160
Sachverständiger
  Ablehnung 591
  Ablehnungsverfahren 597
  Akquisition 37
  als Einzelschiedsrichter 461
  als Schiedsgutachter 453
  amtlich anerkannter 24
  Arten 24
  Aufbewahrung von Unterlagen 34
  Aufenthalt im Ausland 481
  Aufzeichnungen 34
  Auskunft 34
  Bedürfnisprüfung 28
  Beendingung der Bestellung 38
  Befristung der Bestellung 38
  Büroorganisation 36
  Definition 554
  Dokumentationspflichten 350
  Eignung 30
  Entwicklung in der EU 39
  Erlöschen der öffentlichen Bestellung 39
  Fortbildung 34
  Genauigkeitsgrenzen 230
  gewissenhafte Gutachtenerstattung 31
  Haftung 34
  Hilfskräfte 357
  Hilfspersonen 596
  Homepage im Internet 33
  Honorar 38
  Nachweis der besonderen Sachkunde 29
  neues Sachgebiet 28
  öffentlich bestellter und vereidigter 24
  öffentlich bestellter, Pflichten 31
  persönliche Gutachtenerstattung 32
  Pflicht zur Erstattung von Gutachten 33
  Qualitätsanforderungen 226
  Rechte 35
  Rechtsfolgen der Ablehnung 600
  Rechtsnatur der Bestellung 28
  Schutz der Bezeichnung 35
  Schweigepflicht 33
  selbst ernannter 25
  Sorgfaltspflicht 233
  Streitschlichter 467
  Tätigkeitsbereiche 23
  Umfang der Tätigkeit 224
  Unabhängigkeit 31
  unparteiische Aufgabenerfüllung 31
  verbandsanerkannter 26
  Vernehmung 51
  vertragliche Grenzen der Überwachungstätigkei 230
  vertragliche Vereinbarungen 241
  Voraussetzungen einer öffentlichen Bestellung 28
  Vorbereitung der mündlichen Verhandlung 141
  Weisungsfreiheit 32
  Werbung 37
  Widerruf der öffentlichen Bestellung 39
  zertifizierter 25
Sachverständiger Zeuge 481
Sanierungskonzept 414
Sanitärtechnik 369
Schadenermittlung
  technische Möglichkeiten 103
Schadensentwicklung 393
Schadensersatzanspruch 585
Schadensersatzansprüche 191
Schadensregulierungen 603
Schallschutz
  im modernen Wohnungsbau 209
Schallschutzmängel 213
Schätzung
  Zeitaufwand 514
Schiedsgericht
  Ad-hoc-Schiedsgericht 460
  allgemein 459
  institutionelle Schiedsgerichte 460
  Zusammensetzung 460
Schiedsgerichtsordnung 460
  Vereinbarung einer 460
Schiedsgerichtsverfahren 470
  Vergütung 543
Schiedsgutachten 23, 451, 452
  Abgrenzung 454
  allgemein 453
  Arten 453
  Bindungswirkung 542
  gesamtschuldnerische Haftung 541
  Honorar 541
  Inhalt 454

626

Rechtsausführungen 542
Verbindlichkeit 453, 454, 455
verfahrensrechtliche Mindestanforderungen 455
Verteilung der Kosten 541
Schiedsgutachtenklausel
   Wirksamkeit 457
   Zweifel an Wirksamkeit 457
Schiedsgutachtenvertrag
   Inhalt des Vertrages 458
Schiedsgutachter 352, 452
   Anforderungen 456
   Aufgabe 453
   Ausschlussgründe 456
   Beauftragung 457
   Haftung 458
   Rechtsberatung 455
Schiedsgutachterklausel 453
Schiedsgutachtervertrag 457
   Beteiligte 457
Schiedsklausel 459
   Wirksamkeit 462
Schiedsordnung 543
Schiedsrichter 452
   allgemein 459
   Anforderungen 461
   Benennung 460
   Haftung 462
   Honorar 543
   Kompetenz 459
   Rechtsberatung 461
   technischer 352
Schiedsrichtervertrag
   Beteiligte 462
   Formerfordernis 462
   Inhalt 462
Schiedsspruch
   Wirksamkeit 459
Schiedsvereinbarung 459
   Formerfordernis 459, 460
   Wirksamkeit 459, 460, 462
Schiedsverfahren 462
Schimmelpilz 219
Schlichter
   Honorar 544
Schlichtung 469
Schlichtungsstellen 544
Schlussrechnungsstellung 249
Schreibgebühren
   für die Reinschrift des Gutachtens 484
Schutzgesetz
   Verletzung 429
Schwerpunkttheorie 531

Schwindrissbildungen 216
Selbständiges Beweisverfahren 125
   Zulässigkeit 126
Selbstbeseitigung
   nach § 637 BGB 188
Selbstbeseitigungsrecht
   Verlust 189
Sicherheit 398
Sicherheits- und Gesundheitskoordinator 540
Sonderbauten
   Klimatisierung 369
   Lüftung 369
Sowieso-Kosten 186
Speicherheizsystem 441
Stand der Technik 203
Stand von Wissenschaft und Technik 203
Steuerberatung 153
Störung der Geschäftgrundlage 521
Streitbeilegung
   außergerichtliche 451
Streitschlichter 467
   Rechtsberatung 467
Streitschlichtung 452, 467
   durch Sachverständigen und Rechtsanwalt 468
Stundensätze 513
   HOAI 508
   übliche Vergütung 510
Stundensatzvereinbarungen 513, 515, 516
Subtraktionsmethode 222
Subunternehmer 153

T

Tagegeld 485
Tagessätze 513
Tandem-Lösung 472
Taxe 506, 511
Technische Gebäudeausrüstung 330
   Anlagen 361
   Bedeutung 360
Technische Regelwerke 227
Technische Spezifikation 178
Technische Zwischenbegehungen 340
Telefon 486
Thermografieaufnahme 334
Transmissionsverluste
   Begrenzung 433
Transparenzgebot 315
Trennlage 408
Treu und Glauben 507
Trinkwasserinstallationen
   Mängel 378

Trinkwasserinstallationsanlage 370
Trittschallschutz 168

U
Übernachtungsgeld 486
Überschuldung 289
Übliche Vergütung 508
   Marktpreise 510
   Stundensätze 510
Umbau 271
Umluft-Kühlgerät 368
Umsatzsteuer 512, 517, 518
   HOAI 513
Umweltverträglichkeitsstudie 530
Unebenheiten 216
Unerlaubte Handlung 553, 571
Unfallkassen
   Unfallverhütungsvorschriften 428
Unfallversicherungsträger 419
Ungerechtfertigte Bereicherung 507
Unparteilichkeit 589
Unterbeauftragung
   für ein Schiedsgutachten 458
Untersuchungsmethoden
   aufwändige 107
Unverbindlichkeit
   Kostenanschlag 514

V
VDE-Vorschriften 204
VDI-Richtlinien 204
Verarbeiter 163
Verband der Schadenversicherer 583
Vereinbarung
   Differenzvergütung 521
Verfahren
   Schiedsgutachten 453
Verformung 409
Vergütung
   angemessene 504, 509
   Bemessung 506
   Bestimmung durch Gericht 510
   billiges Ermessen 510
   des Schiedsgutachters 458
   Differenzvergütung 521
   einseitige Bestimmung 510
   Geltendmachung 487
   Kürzung 490, 493
   stillschweigend vereinbart 506
   übliche 506, 507, 508
   Vereinbarung 482

   Verlust 490, 493
   Zeitaufwand 512
Vergütungsprinzip 476
Vergütungsverlust 601
Verjährung 487
   Fristbeginn 277
   Hemmungstatbestände 279
   nach Werkvertragsrecht 268
   Sachmängelhaftungsansprüche 195
   Unterbrechungstatbestände 279
   Unterbrechungstatbestände nach VOB/B 283
   von Gewährleistungsansprüchen 267
Verjährung von Honorarforderungen 549
Verjährungsbeginn 282
Verjährungseinrede 247
Verjährungsfrist
   Abkürzung 566
Verjährungsregeln
   nach BGB 268
   nach VOB/B 280
Verkehrssicherungspflichten
   Verletzung 429
Verrichtungsgehilfen 557
Versagenswahrscheinlichkeit 386
Verschulden 561
Versicherungsnehmer
   wesentliche Obliegenheiten 586
Versicherungsschutz 583
   Umfang 584
Versicherungsvertrag
   Bedingungen 586
Vertrag 558
   beurkundeter 150
   mündlich 505
   schlüssiges Verhalten 505
   schriftlich 505
Vertragsauslegung
   ergänzende 506, 509
Vertragsfreiheit 150
Vertragshaftung 553, 559
Vertragsnatur
   Leistungsinhalt 151
Vertragsschluss
   konkludent 505
Vertragsstrafe 311
   als Schadensersatzanspruch 320
   Höhe 316
   Regelungsort 312
   Vereinbarung 312
   Verwirkung 318
   Verzug 314
Vertragsstrafenvereinbarung
   ausgehandelte 312

Vertragsstrafenversprechen
  vorformuliertes 313
Vertraulichkeit
  des Verfahrens 452
  im Mediationsverfahren 463, 464
Vertretenmüssen 554
Verwirken von Honorarforderungen 549
Verzugseinheit 316
VOB-Bauvertrag
  Zahlungseinstellung des Auftragnehmers 292
VOB-Werkvertrag 198
Vomhundertsätze 535
Vorauszahlung 512
Vorbereitungsarbeiten 111
  Durchführung durch die Parteien, Rechtsprechung 112
  Vornahme durch den Sachverständigen, Rechtsprechung 111
Vorsatz 561
  bedingter 561
Vorschuss 490
Vorschusszahlungen 511

W

Warenlieferungsvertrag 147
Wärmebrücken 439
Wärmedämmmaßnahmen
  unzureichende Ausbildung 217
Wärmeschutz
  Schimmelpilz 219
Wärmeschutzverordnung 432
Warmwasserversorgung 442
Warmwasser-Zentralheizung 364, 371
Wegfall der Geschäftsgrundlage 521
Werkbeschreibung 160
Werkerfolg
  funktionaler 199
Werkleistung
  geistige 159
  Mangel 167
Werklieferungsvertrag 148
Werkstattwagen 105
Werkvertrag 154
Werkvertragsrecht 146, 505
  Beweislastregeln 258
Werkzeug 98, 106
Wertermittlungsgutachten
  Anwendungsbereich 522
  freie Honorarvereinbarung 522
  Honorargrundlagen 523, 525, 528, 531
Widerstand 387
Wohngebäude
  Klimatisierung 368
Wohnungslüftung
  maschinelle 366
WU-Richtlinie 162

Z

Zahlung 512
Zahlungsrisiken 511
Zahlungsunfähigkeit 289
  drohende 289
Zeitaufwand
  Abrechnung 509
  Schätzung 513
  übersetzter 514
  überzogener 510
Zeitaufwand für Reisezeit 548
Zeiterfassung 514
Zeitvergütung 477
Zertifizierungsstellen 26
Zeuge
  Entschädigungssätze 492
Zielbaummethode 215
Zielbaumverfahren 190